"331"首区试验队四分队合影 84.4.12.

本书的出版是作者在中国航天事业中又一贡献。正如作者所希望的「对从事发射技术事业的同志会有一定的启迪作用」。

任新民

一九九六年十二月十日

运载火箭发射技术及地面设备试验

王瑞铨　著

中国宇航出版社
·北京·

图书在版编目(CIP)数据

运载火箭发射技术及地面设备试验 / 王瑞铨著. -- 北京：中国宇航出版社，2019.3 (2021.10 重印)

ISBN 978-7-5159-1552-4

Ⅰ.①运…　Ⅱ.①王…　Ⅲ.①运载火箭—火箭发射—技术 ②运载火箭—地面发射—发射设备—地面试验　Ⅳ.①V475.1 ②V554

中国版本图书馆 CIP 数据核字(2018)第 280959 号

责任编辑　彭晨光
责任校对　祝延萍　　**封面设计**　宇星文化

出版发行　中国宇航出版社

社　址　北京市阜成路 8 号　**邮　编**　100830
(010)60286808　(010)68768548
网　址　www.caphbook.com
经　销　新华书店
发行部　(010)60286888　(010)68371900
(010)60286887　(010)60286804(传真)
零售店　读者服务部　(010)68371105
承　印　北京厚诚则铭印刷科技有限公司

版　次　2019 年 3 月第 1 版
2022 年 8 月第 3 次印刷
规　格　787×1092
开　本　1/16
印　张　42.75　**彩　插**　4 面
字　数　1020 千字
书　号　ISBN 978-7-5159-1552-4
定　价　128.00 元

序　一

地面测试发射系统是导弹和运载火箭测试发射不可缺少的重要系统。它与火箭的关系可以比喻为弓与箭的关系。它的研制涉及火箭的使用，性能的发挥。它服务于火箭。40年来，地面测试发射系统随着火箭技术的进展得到了很大的发展和进步。

地面测试发射系统与发射场的关系也很密切，地面测试发射系统的瞄准、发射、供配气、供配电、加注、动力测试、运输、调温、起重、吊装停放等大部分设备将配属于基地。它也是发射场的重要组成部分。

40年来，十五所广大科技工作者发扬了自力更生、艰苦奋斗、大力协同、刻苦钻研的精神，对地面测试发射技术的发展作出了贡献。地面测试发射设备圆满完成了历次试验和发射任务。

王瑞铨同志历任DF-5、CZ-3、CZ-3A、CZ-4A地面设备主任设计师，现任CZ-3A、CZ-3B副总设计师。

这文集反映了王瑞铨同志在地面测试发射系统研制各个时期所写的一些技术报告、技术总结、技术论文。系统地反映了作者在地面设备领域内理论与实践、继承与创新、设计与生产、系统与总体、研究与试验、质量与可靠性的追求。相信该文集会对从事地面测试发射技术的广大工程技术人员有一定参考价值。

谢光选

26. Nov. 1996.

序　二

长征三号和长征三号甲火箭是我国自行研制的低温火箭。第三子级推进剂均采用液氢和液氧。它们的地面支持系统和设备因火箭采用液氢、液氧及低温氦气，使其规模与其他运载火箭相比要大很多，技术难度和技术风险也明显增加。地面支持系统和设备的安全性、可靠性及维修性方面要求也很高。

作者自 2001 年到 2006 年以来，为配合新一代运载火箭研制，在我院和航天系统多种学术交流会上发表了多篇论文，总结了低温系统和设备的研制心得体会。本书收集了其中公开发表的 9 篇与低温加注系统有关的论文，相信会对同行在研制新一代运载火箭地面支持系统和设备时有所启迪和参考。

新一代运载火箭芯级直径 5 米，采用无毒无污染的液氢-液氧作为推进剂，助推级采用液氧-煤油作为推进剂。因此，地面支持系统和设备的规模将更加庞大。由于火箭低温推进剂装填量比长征三号甲增大好几倍，加注速度也比长征三号甲增大好几倍，因此低温系统迎来规模大、设备多、技术新的大变化。这种变化传达一个信息，传统的系统设计理念将受到挑战，如何使系统更可靠、更安全，值得我们在总结以往经验的同时，去进一步创新和提高。

龙乐豪

2007.5.1

序　三

众所周知，氢是一种化学元素，在元素周期表中位居第一位。氢是一种能量密度很高的清洁能源，在航天领域有着广泛的应用，特别是载人航天，作为火箭燃料成了不可或缺的选择。但是氢在常温常压下难以保存，泄漏后易燃、易爆，突破贮存和运输技术便成了关键。

王瑞铨同志是千万个航天人中的一位工程技术人员。他用毕生的精力、经验、智慧和执着，默默地为氢在应用中续写着航天精神。本书不仅是一本技术参考资料，也是一份精神食粮。

2016 年 6 月 20 日

前 言

60年来，我国的运载火箭技术与火箭配套的专用地面测试发射系统和发射设备从无到有、从小到大、从弱到强、从有毒推进剂到无毒推进剂、从液体到固体，不断成长。地面设备的数量从十几种、几十件台套发展到今天几百种、几千件台套，技术难度越来越大，高新技术也越来越多。为适应火箭发展的需要，作者及同仁做了不少开拓性的工作，不断创新研发了较多填补我国空白的设备，创造了不少国内第一，满足了型号测试发射的需要。

火箭专用地面设备涉及运输、起竖、发射、瞄准、加注、供配电、供配气、自动控制运载等多种专业和光、机、电、液、气等多种学科的知识，因此一个型号的研制成功，尤其超低温设备的研制成功，带动了我国相关设计水平的提高和生产工艺技术的发展。

世界各国非常重视发射支持系统和地面设备的发展。高可靠、高性能、高效率、低成本、自动化、简化测试程序，缩短发射场停留时间，发射场测试网络化、信息化管理的先进地面发射系统成为大家追求的目标。我国经过几十年的努力，现已有四个现代化的发射基地。不同的火箭可以采用不同的发射模式：分级水平测试、分级水平转运、分级起竖对接模式（三分级）；整体垂直组装、整体垂直测试、整体垂直运输（三垂）；整体水平组装、整体水平测试、整体水平运输模式（三水平）。今后，我们要遵循国家的战略目标，做好重型运载火箭的研制以及发射场的建设论证和各种准备工作。

本书62篇文章较为完整地记录了作者和航天一院15所技术人员从火箭和地面发射技术初创到各型号自主研制的发展历程中，自力更生、艰苦奋斗、攻坚克难取得的成果；体现了学习和创新、理论与实践相结合以及科研工作应有的态度和方法方面的经验。

本书提供了大量的国内外火箭发射技术和地面发射设备方面的信息，对正在从事该专业的科技人员在后续型号，特别是重型运载火箭地面发射系统和设备的研制有一定的参考价值，同时对从事低温技术工程的同志有一定的参考作用。

本书的出版可以让热爱、关心航天事业的同志对航天系统有一个更完整、全面的了解，使相关高校学习本专业的同学了解更多的专业知识。通过与火箭型号相互匹配的发射支持系统设计、研制的发展史实，本书对航天发射中心的管理、技术人员更好地掌控和熟悉业务也有一定的帮助。

今年是中国运载火箭技术研究院成立60周年。60一甲子，航天事业取得了举世公认的辉煌成就。本书献给所有从事发射技术工作和研究发展的同志。

本书是在以前几本书的基础上，加上最近撰写的文章，重新结集出版的。几位老前辈、老专家、老领导分别为以前几本文集题词做序，本书一并附上，并对各位老专家、老领导表示感谢和敬意。

王瑞铨

2017年11月5日

目　录

第一篇　火箭地面设备研制与设计

第一篇

火箭地面设备研制与设计

运载火箭发射支持系统和地面设备

（2005.4.1）

摘　要：本文从航天工程系统的观点，明确了航天发射技术的定义和组成、火箭发射系统和地面设备的专业内容。

关键词：航天；发射支持系统；地面设备

本文介绍了发射支持系统、航天发射技术、专业技术以及目标思路方法 4 个问题。

1　运载火箭发射支持系统

我国航天工程系统通常由多个系统组成。卫星发射工程包含运载火箭、测控通信、发射场、有效载荷、测量船五大系统。运载火箭发射支持系统是航天工程系统的重要组成部分，包括地面操作系统和地面支持系统。

1.1　地面操作系统（Ground Operation Equipment，GOE）

地面操作系统是指不随火箭和卫星飞行，但发射火箭和卫星时必需的地面设备，主要包括：发射台、电气设备、发控指挥设备、勤务塔、管线和脐带、电源设备、瞄准设备、推进剂加注系统、消噪和消防系统。

1.2　地面支持系统（Ground Support Equipment，GSE）

地面支持系统是指发射中在火箭、卫星测试及平时日常维护、修理、指挥需要的，但不是发射时需要的地面设备。主要包括：检测设备、起重设备、运输设备、指挥设备、修理设备、推进剂贮运设备、综合匹配试验设备和各种建筑设施。

美国在一些论著中将 GOE 和 GSE 统称为地面支持系统。

一院 15 所是从事地面支持系统的一个研究所。目前主要的专业有总体、发射、瞄准、电源、特种车辆、供配气、加注、液压传动、测量与控制、吊装及停放等十多个专业。

2　航天发射技术

2.1　发射技术定义

发射技术是指将火箭（导弹）和有效载荷（卫星、飞船）发射进入预定轨道的一整套技术。包括火箭及有效载荷的运输、吊装转载、水平测试、转运、对接测试检查、加注、发射、分离、目标跟踪、测量、入轨和回收等一系列技术。从广义上讲，发射技术是指上述各种技术及其综合应用。

航天一院15所目前负责将运载火箭从承制厂经由铁路和海上运到发射中心（基地），直至将运载火箭（导弹）发射上天的一整套设备及其技术的一部分。航天工程系统是一个巨系统，发射技术只是这个巨系统的一部分。本文介绍的只是围绕15所负责的发射技术及相关设备，因此可以说是狭小的，但它是一个重要的系统。

总体设计技术主要研究不同型号的运载火箭（导弹）地面测试发射技术的共同规律和方法，以确保型号战术技术性能得到一整套最佳的相互匹配和协调的系统和设备。

总体设计内容和任务是根据国家关于发展航天事业的方针、政策及中长期航天产品发展规划进行预先研究或者根据上级（国务院、中央军委、国防科工委、总装备部）下达的专项工程，进行顶层设计（技术经济可行性论证、发射方式论证、总体技术方案论证和关键课题的确定），根据总体部对地面发射支持系统设计要求提出地面设备各分系统设计任务书、配合各分系统方案设计和技术设计、接口协调、编写总体技术文件（总体技术方案论证报告、可靠性指标分配、技术配套表、文件配套表、合练大纲、合练细则、可靠性和安全性评估、分系统和设备的工艺土建要求）和编制有关图纸（各种接口协调图、阵地装备布局配置图、技术中心和发射中心地面设备系统气路原理图、电路原理图和液路原理图）。

（1）地面发射支持系统设计要求

地面发射支持系统设计要求包括：战术技术指标和作战使用要求（射前射后生存能力、快速机动能力、连续发射能力、野战使用、阵地坚固性、阵地形式、作战样式和发射方式）；运载火箭（导弹）特征参数与特点（外形尺寸、结构质量、质心位置、转动惯量、火箭级数、接口、推进剂种类和性质）；火箭（导弹）对地面系统和设备的要求（安全性、可靠性、协调性和性能）。

（2）地面发射支持系统主要设计内容

地面发射支持系统主要设计内容包括：发射方式、发射流程、发射场总体方案论证及发射场建设要求、地面发射支持系统设计要求、合练、飞行试验和定型试验大纲。

2.2 发射方式研究

发射方式按其发射动力分为热发射和冷发射。热发射是借助火箭（导弹）自身的动力，冷发射是借助外力发射使其离开发射筒（井）。当然也有其他分类方法，如按发射基点分，如陆基、水基、空基，也有按活动能力分固定式、机动式、半机动发射方式等。几十年来，航天一院成功研制了十几个型号：CZ-1、CZ-2、CZ-2C、CZ-3、CZ-2D、CZ-2E、CZ-2F、CZ-3A、CZ-3B 9个运载型号和新一代运载火箭CZ-7、CZ-5、CZ-11。15所研制了与这些型号相配套的地面设备，同时参与研制车载有依托预有准备、有限范围内的区域公路机动发射、地下井热发射（如图1所示）、有依托预有准备的多阵地公路机动（如图2所示）和车载冷发射（如图3所示）。

15所还进行过一些其他发射方式的研究，诸如铁路机动发射、气垫船发射、多功能发射车（图4）等。

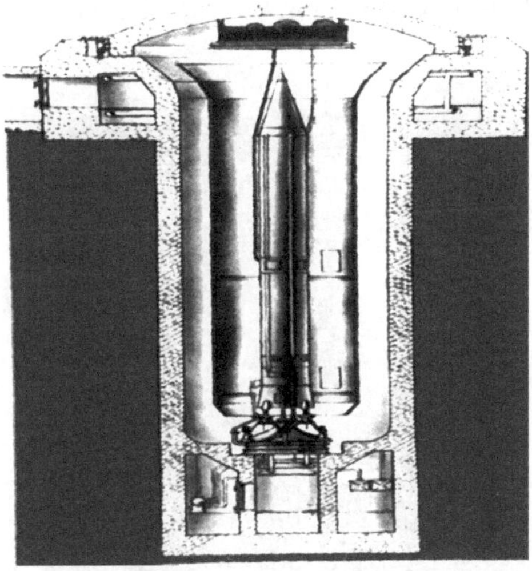

图 1　DF-5 地下井热发射

图 2　DF-3A 公路机动

图 3　DF-31 车载冷发射

图 4　DF-15A 多功能发射车

2.3　运载火箭上架方式研究

不同的火箭有不同的上架方式，我国长征系列火箭最早采用分级运输、分级对接的上架方式，如图 5 所示。

CZ-2F 和飞船、新一代运载火箭 CZ-7、CZ-5 采用的是整体垂直运输、垂直测试、垂直发射的“三垂方式”，如图 6 所示。

CZ-2F 大型活动发射平台：长 24.4 m，宽 22 m，高 8.4 m，质量 750 t，承载800 t。最高运行速度 28 m/min，回转范围±180°。

CZ-7 发射台质量 1 800 多吨。CZ-5 发射台质量 2 000 多吨（如图 7 所示）。

国外大型运载火箭也有采用整体水平起竖的上架方式，有水平对接、水平整体运输、整体起竖（如图 8 所示），像俄罗斯联盟号运载火箭、天顶号运载火箭等。这种方式在我国其实早已采用，如 DF-4 托架发射。这种方式的起竖运输车在发射前要提前撤走。

图 5　CZ-3 火箭上架方式

图 6　三垂方式

图 7　CZ-5 发射台

图 8　水平整体运输、整体起竖方式

2.4　测试发射工艺流程

运载火箭（导弹）从承制厂运到发射中心（基地），一旦确定发射日期和发射窗口后，均有一整套严格的测试发射工艺流程。对于不同运载火箭、不同导弹、不同发射方式和上架方式，工艺流程及完成该工艺流程的区域（地域）是不同的。

卫星整流罩工艺流程简图如图9所示，航天飞机工艺流程图如图10所示。CA－3、CA－3A发射中心布局图如图11所示，DF－3阵地布局图如图12所示。

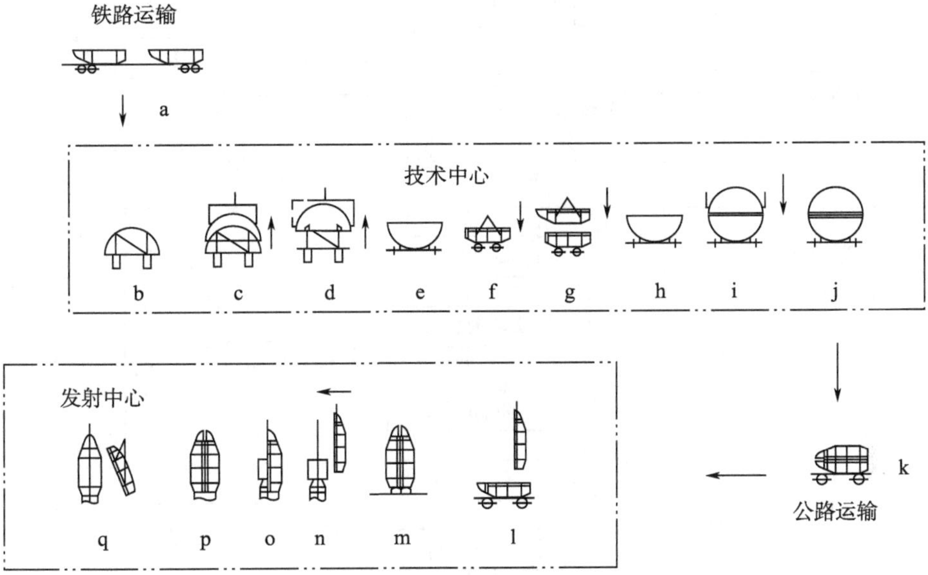

图9　卫星整流罩工艺流程简图

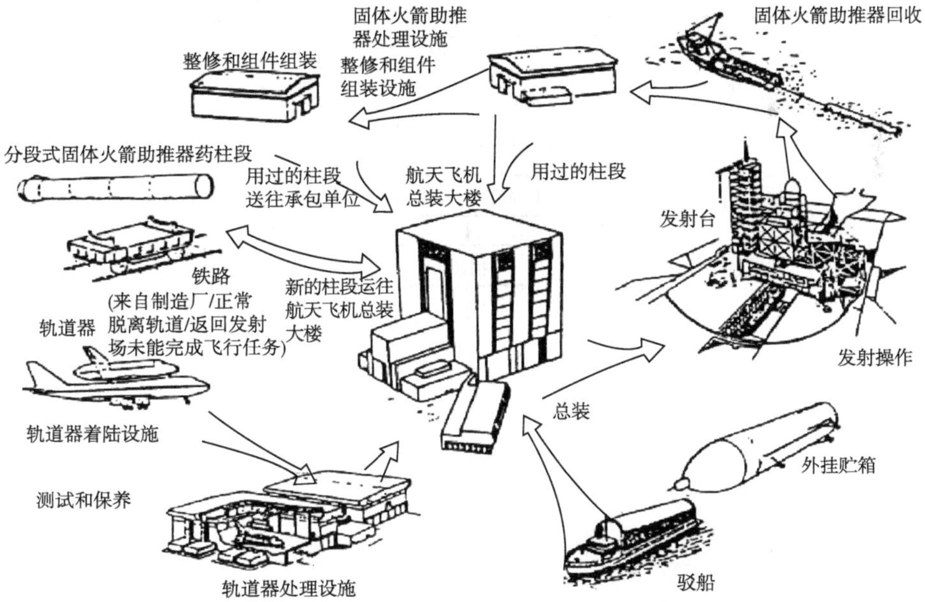

图10　航天飞机工艺流程图

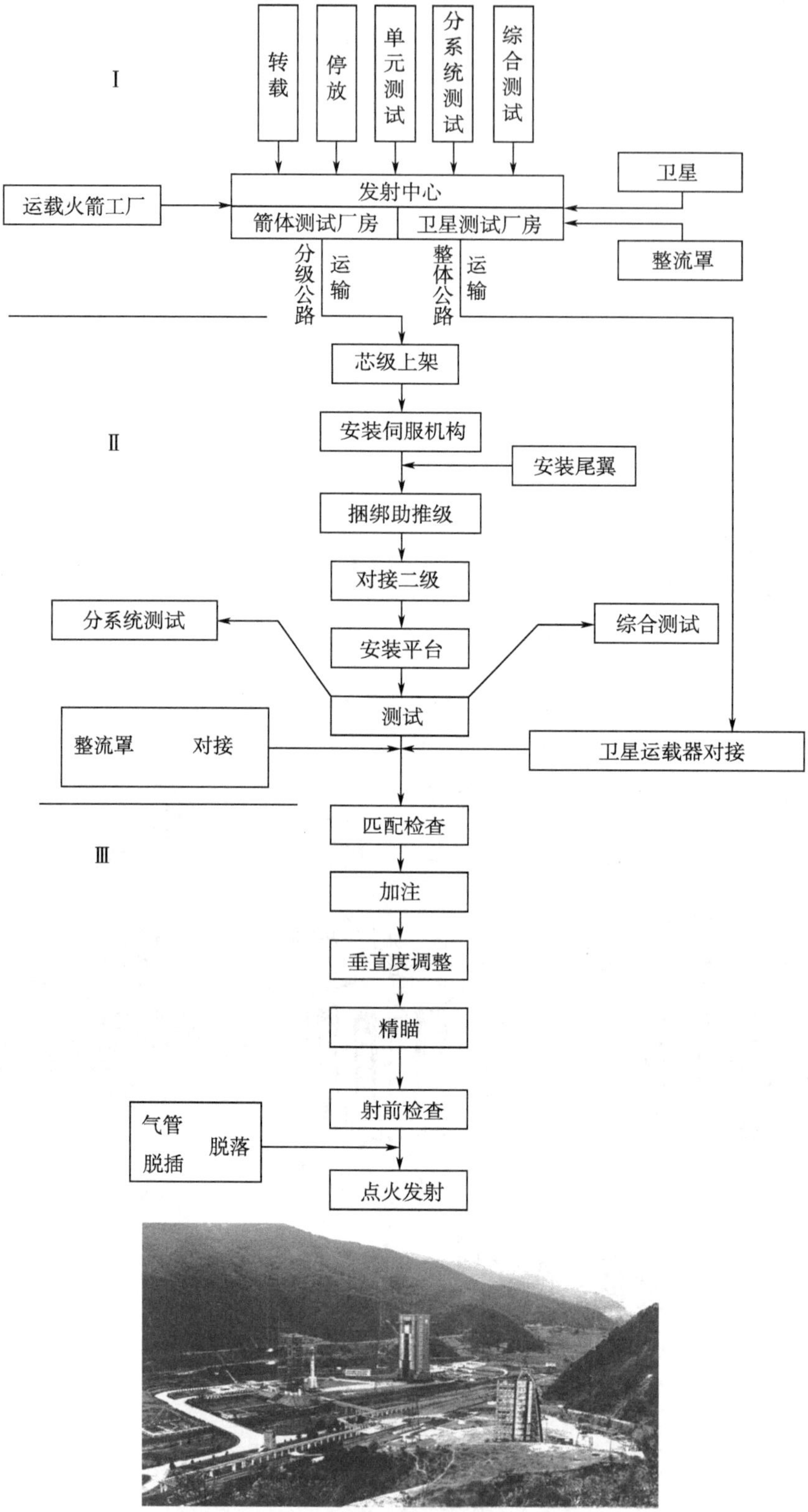

图 11　CZ-3、CZ-3A 发射中心布局图

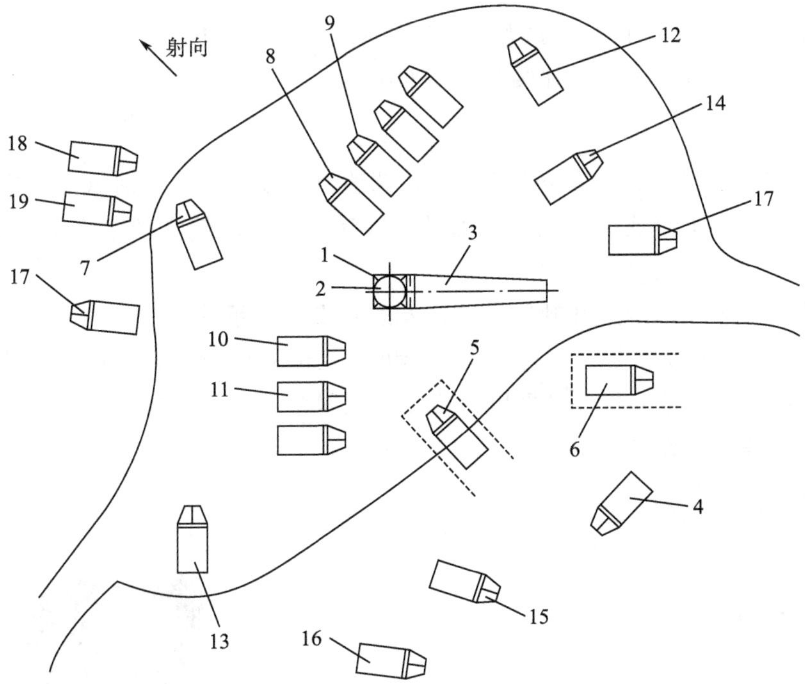

图 12　DF－3 阵地布局图

1—发射台；2—导弹；3—起竖车；4—瞄准车；5—交流车；6—电源车；7—气瓶车；8—氧化剂泵车；9—氧化剂公路槽车；10—燃料泵车；11—燃料公路槽车；12—氧化剂备附件车；13—燃料备附件车；14—消防车；15—电缆车；16—发控车；17—避雷车；18—工作台；19—发射台运输车

以上研究内容是 15 所总体专业的一部分工作，其他有地面设备顶层设计、策划、总体方案论证、阵地工艺布局、阵地工艺设计、设备配套、系统可靠性计算和风险分析、研制文件等。任何一种发射方式、任何一种工艺流程都要有专业技术的支撑。最好的策划、顶层设计如果没有先进技术作为后盾，也是无法实现的。如“832”方式如果没有二级导弹加注连接器自动脱落技术的攻破、液压地锚的研制成功以及弹体的水平对接试验成果，就不可能离开地下井。DF－3 导弹，以及后来的 DF－31 导弹如果没有全轮转向技术的研制成果，就不可能在有限区域机动。美国早期导弹没有铁路机动发射方式，因为瞄准过不了关。所以先进的、成熟的专业技术是新型先进发射方式的基础。

3　专业技术

3.1　发射专业

发射分为热发射和冷发射。热发射主要研究的内容有地下发射井、发射台；冷发射主要研究的内容有发射筒、弹射动力装置、发射车和装填设备等。

3.1.1　地下发射井

15所设计研制完成了DF－5试验井、DF－4地下井、DF－5热发射井和DF－5A简化地下井。这些地下井已经定型并装备使用部队。

3.1.2　发射台

发射台是支撑火箭、赋予运载火箭射向、调整射击方位角、对箭（弹）进行垂直度调整的设备。在发射台上可连接固定各种附件（气浮接头、时统支架、电缆支架等）。发射台设计时应考虑燃气流的排导。

几十年来，发射台从承重几吨的中小型发射台发展为承载600 t、800 t、2 000 t的大型发射台（图13）和CZ-5机动发射平台。操纵方式也从手动变为计算机自动控制。发射台结构很复杂，图14是多种型号采用的四支柱发射台，它由回转部、台体、千斤顶、导流器、液压电气系统等组成。

图13　CZ－2E大型捆绑运载火箭发射台

图14　四支柱发射台

发射台的垂直度调整和回转是基本功能，它的技术随着科学技术的发展而迅速发展，如发射台传动部件千斤顶从螺旋千斤顶发展到挤压锁紧油缸千斤顶，减速器由行星齿轮减速器发展到摆线针轮减速器和谐波齿轮减速器，从而使传动效率大大提高，速比大，体积小，质量轻。随着计算机技术的发展，发射台的控制也已从手动控制变为可编程计算机程序自动控制。电子器件从分立元件发展到集成式电路。

3.2　瞄准专业

瞄准系统任务是为运载火箭（导弹）射前标定射击方向，确保运载火箭（导弹）准确入轨。40多年来，我国的瞄准设备随着航天技术的发展而发展，大大缩短了与世界先进水平的差距，同时也推动了我国光电技术行业的发展。

技术方面取得的进步有：

1）瞄准原理从光学瞄准发展到今天的光电瞄准法（激光光电瞄准仪如图15所示）。

2）瞄准方式从单一转发射台手动瞄准到半自动瞄准（转平台直角棱镜）和全自动瞄准。

3）瞄准精度从一个密位（3.6′）发展至今的20″，提高10倍以上。

4）光机方面的进步：小型化、近距离。望远镜管、光学准直管、光电准直管三管合一，近距离（≤20 mm）光电准直系统进行瞄准。为此采用了半导体激光技术、分光镀膜技术、CCD图像显示技术等。原先瞄准仪采用的是锥形竖轴系，而今采用高精度平面密珠竖轴系；金属齿盘、光学度盘改为光栅度盘。

5）电气电子元器件从分立元件发展到采用集成式电路。电路板从CZ-3初期的48块减少到CZ-3A的5块（CZ-3A瞄准设备如图16所示），使瞄控系统呈现自动化、智能化、小型化，且可靠性大幅度提高，操作简单。

图15　激光光电瞄准仪

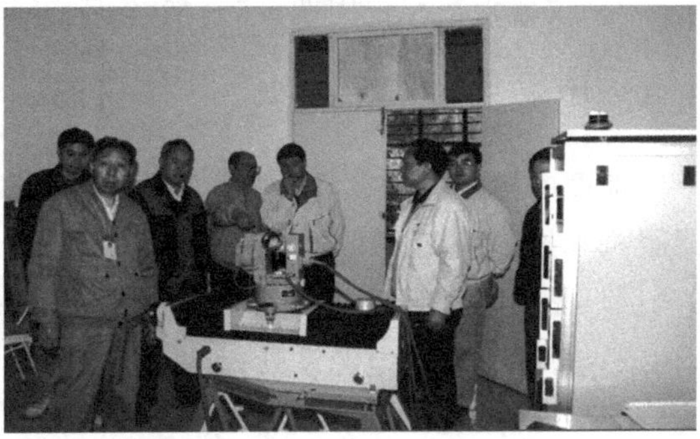

图16　CZ-3A　瞄准设备

定向技术已成为机动武器系统实现快速反应的重要技术。20世纪70年代，15所研制了DJT—Ⅱ型陀螺经纬仪；80年代研制了TDJ—83型陀螺经纬仪；90年代攻克了悬丝摆式罗盘自动寻北仪的关键技术（摆式陀螺定向经纬仪如图17所示），研制了精度优于40″、反应时间小于5 min的陀螺经纬仪；1995年，攻克了高精度、高稳定性偏量零位补偿技术及精密伺服技术；1998年研制了SD08陀螺经纬仪，正式用于火炮和导弹地面定向基准装置，技术性能处于国内领先水平；1999年又研制出SD09新陀螺经纬仪，使仪器的精度、稳定性及可靠性有了进一步提高。

图17　摆式陀螺定向经纬仪

SD09 由主机、三脚架、电控箱等构成。主机由标准自准直 JZ 经纬仪和定向罗盘部分组成，能自动寻北。主要性能如下：

1）寻北精度及反应时间：26″（1σ），8 min；10″，12 min；

2）工作温度：−40～+50℃；

3）工作纬度：≤50°；

4）工作湿度：≤98%（25℃）；

5）使用寿命：2 000 h；

6）粗瞄角：≤10°；

7）仪器常数标定周期：6～12 个月。

3.3 电源专业

地面电源任务是在箭（弹）的测试、发射中为地面测试设备、火箭测发控设备、箭上伺服机和控制系统提供电源。目前已形成四大系列：

1）晶体管直流电源系列（图 18）；

2）可控硅直流电源系列；

3）软开关直流电源系列；

4）中频逆变电源。

地面测试电源的技术和水平随着航天事业的发展而不断提高，大体经历了三个阶段：第一阶段，电子变流的饱和电抗器型和可控硅型电源代替仿苏直流电机，产品用在型号中，从而解决了电源与导弹系统匹配稳定性问题；第二阶段，高精度的晶体管型大功率直流电源及中频逆变电源取代可控硅电源和中频电机，产品用在 CZ-2、CZ-3 系列，从而满足了微机和 CAMAC 测试系统静态、动态特性精度高的要求；第三阶段，机动发射要求电源体积小、质量轻，为适应此要求，研制了模块电源和开关电源，应用于在电源车上（图 19）。

图 18　晶体管直流稳压电源

图 19　1ND1-31 电源车

3.4 特种车辆专业

运载火箭和有效载荷的运输、发射离不开车辆。由于运载火箭和有效载荷的特殊性，除一般的性能要求外，运输车辆具有高减震性能，良好的机动性、越野性和可靠性（抗核、伪装），可作战使用。因此我们研制的车辆都是属于特装车，包括运载火箭（导弹）

运输车（如图 20～图 23 所示）、运载火箭（导弹）发射车（如图 24～图 26 所示）、瞄准车、弹头车、电源车、加注车（如图 27～图 30 所示）以及气源车等。

图 20　整流罩铁路运输平板车与火箭铁路运输车

图 21　一级箭体公路运输车

图 22　CZ-5 火箭集装箱运输车

图 23　卫星密容器运输车

图 24　DF-31 导弹发射车

图 25　DF-15 导弹发射车

图 26　A100 远程火箭发射车

图 27　液氮加注运输车

图 28　液氧自动加注车

图 29　液氢自动加注车

图 30　液氢加注铁路运输车

为使特装车辆具有高减震性能，我们研制了单气室油气悬挂和带反压气室的油气悬挂，总体设计时又采用了单侧贯通式平衡悬挂和串通式油气弹簧平衡悬挂，使发射车和卫星运输车减震性能大大提高；为了使长轴距运载火箭（导弹）运输车机动性能满足山区公路和四级公路要求，我们研制了液压全轮转向系统；为了使整车高度满足通过性要求，我们研制了低车架全挂车。为了提高作战使用性能，我们进行了伪装和抗核加固设计。

3.5　供配气专业

供配气任务是为运载火箭（导弹）及各分系统与设备提供不同的压力、温度、流量和不同品种的测试发射用气体，包括置换、吹除、气密性检查、消防、各种阀门的开闭、箭上增压、气瓶充气等。

CZ－3 发射中心供气系统如图 31 所示。

几十年来，15 所研制了一系列先进的设备（图 32）和供气元件（图 33～图 34），特别是冷氦连接器、远控气体减压器、高压平衡截止阀、可逆电磁阀、高压卸荷阀及低温高压传感器等，这些元件为远控供配气创造了条件。供气设备的主要技术指标和应用范围见表 1。CZ－3A、CZ－2F 供气系统设计比较先进，确保了人员安全和操作方便。

表 1 供气设备主要技术指标与应用范围

供气设备	主要技术指标	应用范围
活动制氮设备	气氮产量 50～200 m^3/h，气氮纯度大于 99%	制取氮气（20、25、27 基地）
液氮汽化车	液氮装载量 2.8 t，日蒸发率小于 1.5%，工作温度 80 K	制取氮气（20、25、27 基地）
增压补气车	最高增压压力 35 MPa	增压气体（20、25、27 基地）
气瓶车	容积 1.6 m^3，输出压力 1～35 MPa	运输气体（20、25、27 基地）
各种配气台	配气压力 0.02～35 MPa	控制燃料加注、输送气体（20、25、27 基地）
净化装置	净化后含量低于 10^{-9}级，露点不大于－68 ℃	净化气体（20、25、27 基地）
纯化器	出口氦气纯度不低于 99.999%，工作温度 80 K	纯化冷氦（27 基地）
供气远控台	24 路信号监视，控制配气设备配气	控制气体输送（20 基地）
常温连接器	8 路供气，工作压力 23 MPa，射前自动脱落	输送常温氮气、氦气、空气（20、25、27 基地）
冷氦连接器	3 路供气，压力 23 MPa，工作温度 80K	输送低温氦气（27 基地）
高中低压电磁阀	工作压力 0.8～35 MPa	控制燃料加注、输送气体（20、25、27 基地）
手动截止阀	工作压力 0.02～35 MPa	控制燃料加注、输送气体（20、25、27 基地）
减压器	进口压力 35 MPa，出口压力 0.02～23 MPa	控制燃料加注、输送气体（20、25、27 基地）
安全阀	工作压力 1～23 MPa，起跳精度±0.03 MPa	排放超压气体（20、25、27 基地）
单向及双向精密过滤器	过滤精度 10～40 μm	过滤各类气体（20、25、27 基地）

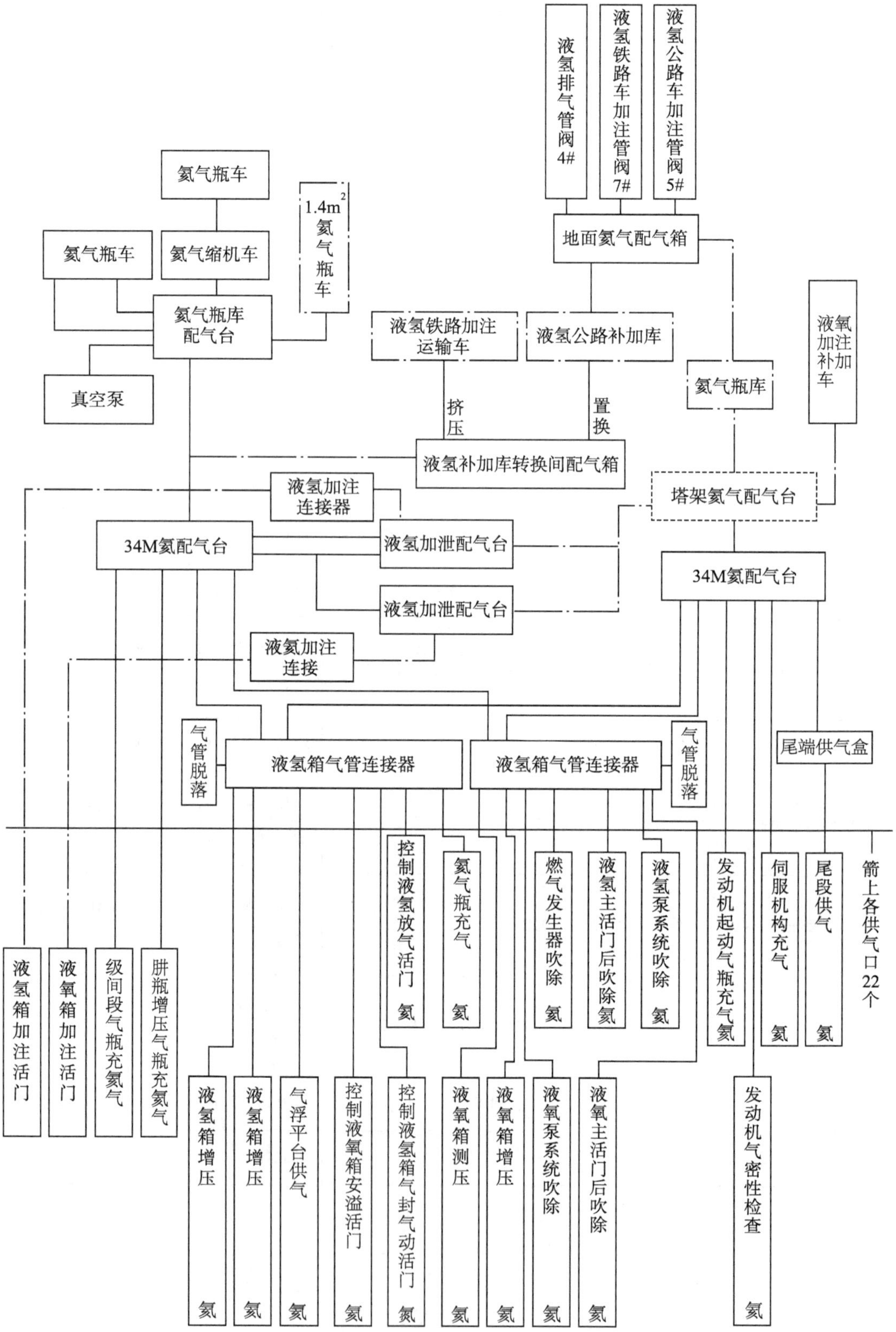

图 31　CZ－3 发射中心供气系统

图 32　纯化器

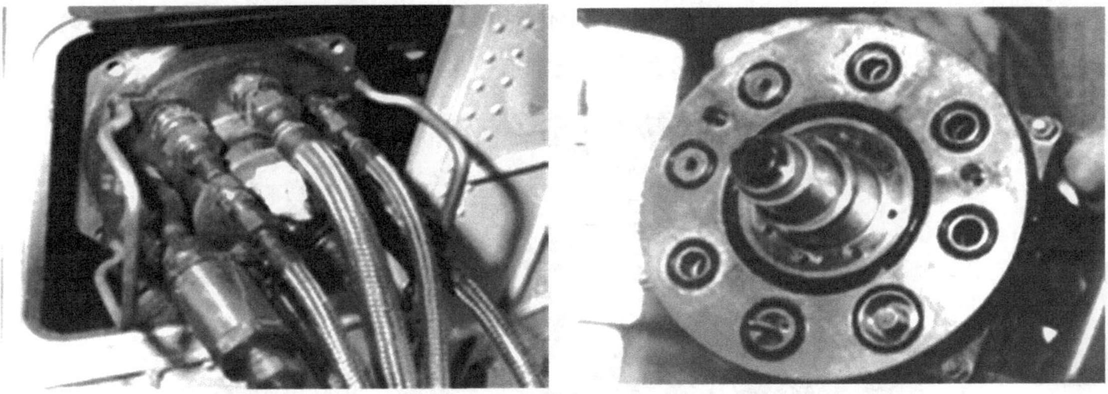

图 33　常温连接器

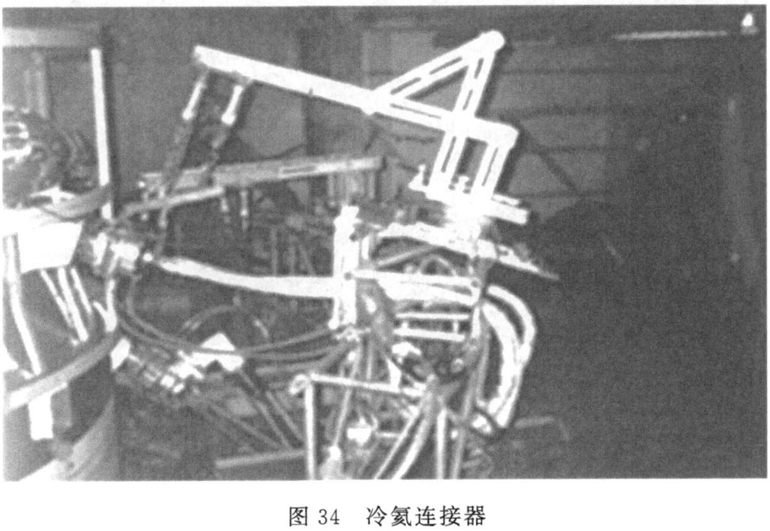

图 34　冷氦连接器

3.6 加注专业

加注系统的任务是为运载火箭发动机和卫星姿控发动机提供合格的推进剂。目前15所承担两类推进剂加注任务，它们分别是：可贮常规推进剂和低温推进剂加注，按加注设备状态分为液氧固定贮罐（图35）泵式加注和活动式车载液氢加注。核心技术是确保精度、确保安全、定时定量远控加注。图36为液氧加注系统流程原理图。

几乎绝大部分基地的低温加注系统都是15所负责设计和研制配套。CZ－2系列采用的是有毒、有污染的常规推进剂加注。CZ－3系列采用的是液氢和液氧推进剂。

几十年来，15所还研制了自动脱落连接器，大流量N_2O_4和偏Ⅱ甲肼的屏蔽泵，双向电动气活门，液氧泵（图37），液氢（液氧）自动脱落加排连接器（图38），液氢铁路运输车，液氮加注运输车，液氢、液氧、液氮微机远控加注台（图39～图41），各种可远控低温加注阀门和流量调节阀门（图42），安全阀（图43）高精度液氢过滤器（10μ），高真空绝热加注管路（图44），这些先进的设备使加注系统迈上了新的台阶。微机和各种传感技术（液面、温度、压力、湿度）的结合，使加注系统自动化程度大大提高，加注定量定时更加精确。图45为液氢加注系统流程原理图。表2为主要技术指标与应用范围。

图35　液氧固定贮罐

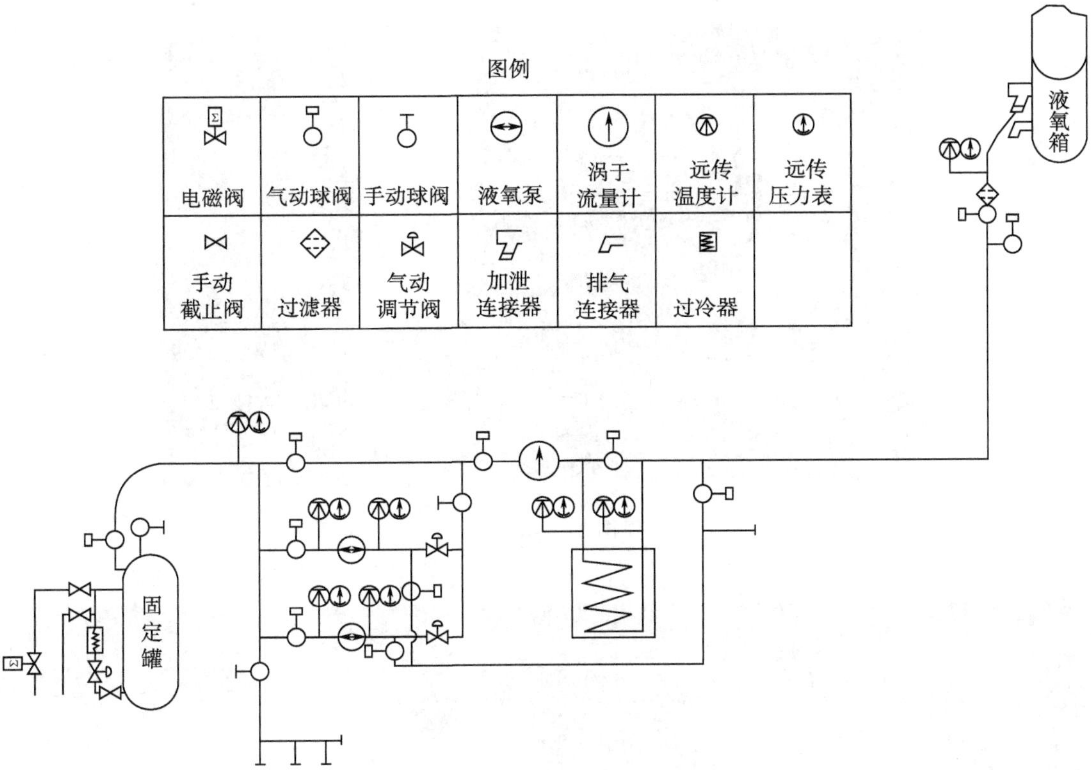

图 36　液氧加注系统流程原理图

表 2　加注设备主要技术指标与应用范围

加注设备	主要技术指标	应用范围
液氢铁路车	容积 85 m^3，日蒸发率小于 0.4%，工作温度 20 K	远程运输液氢，加注液氢（27 基地）
液氧车	容积 11 m^3，日蒸发率小于 0.4%，工作温度 80 K	短程运输液氧、加注液氢（27 基地）
加注槽车	容积 8 m^3	常规燃料加注（25 基地）
液氧泵	流量 1 000 L/min，扬程 90 m	加注液氧（27 基地）
液氢与液氧加注测试控制台	24 点参数测量、加注工序控制	控制液氢、液氧的加注（27 基地）
低温加注与溢出连接器	结合处泄漏量不大于 0.1 Pa·L/s，工作温度 20～80 K	液氢液氧的加注与排放（27 基地）
常温加注与溢出连接器	通径 Φ50～Φ100 mm，无泄漏	常规燃料加注与排放（20、25、27 基地）
加注信号台	接收与转发 7 路信号，显示加注液位与状态	常规燃料加注（20、25、27 基地）
加注小车	加注精度±80 g	常规燃料加注（25 基地）
低温加注阀门	漏放气速度大于 6.7×10^{-7} Pa·L/s，工作温度 20～80 K	液氢液氧加注（27 基地）
常温加注阀门	通径 Φ50～Φ100 mm，无泄漏	常规燃料加注（20、25、27 基地）

图 37　液氧泵

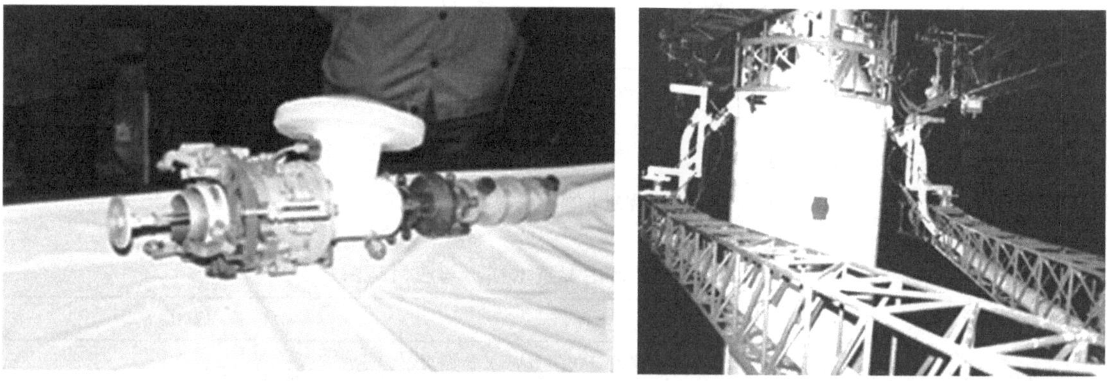

图 38　液氢加注和排气自动脱落连接器

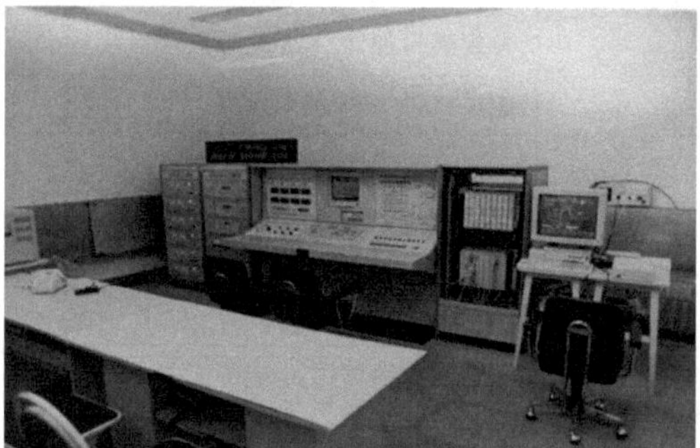

图 39　液氢加注微机站

图 40　液氧加注微机站

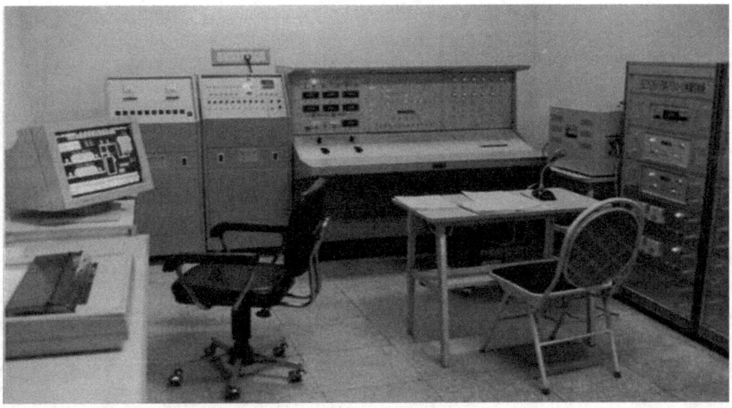

图 41　液氮加注微机站

图 42　远控调节阀

图 43　安全阀

图 44　高真空绝热加注管路

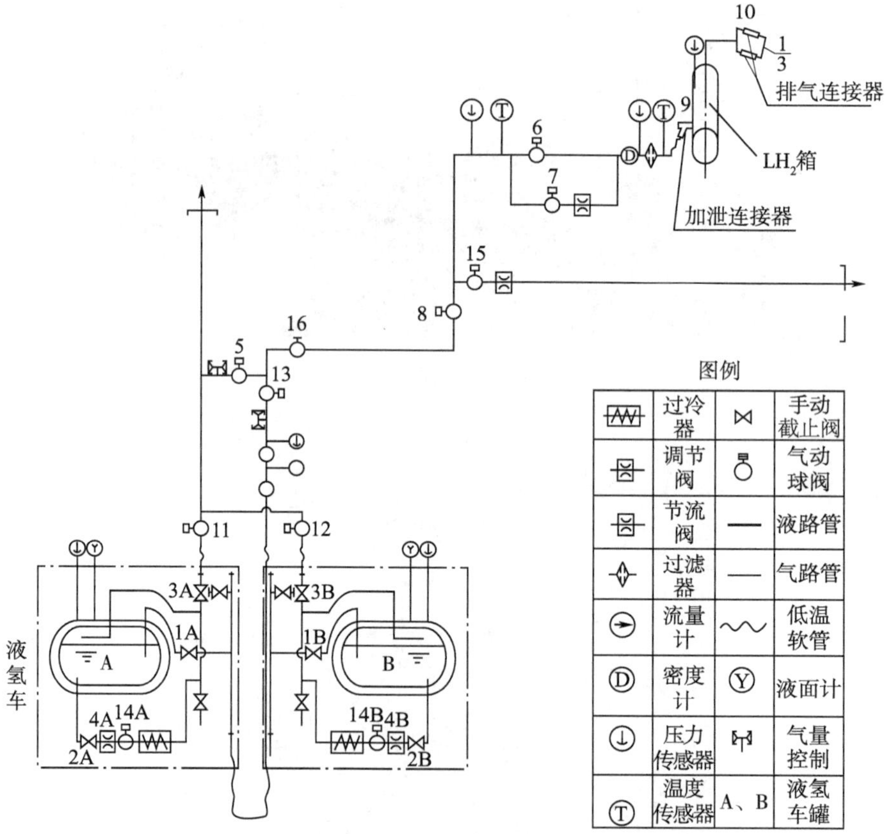

图 45　液氢加注系统流程原理图

3.7 测量专业

测量的任务是围绕各专业技术，测量各系统和设备在工作状态下的应力、应变、噪声、压力、温度和流量过载等。

3.8 液压传动专业

发射台的转动和垂直度调整、多功能发射车发射筒的起竖、大直径长轴距运输车的转向等都离不开液压技术。由于火箭发射支持系统的一些特殊要求和特性功能，使得液压专业得到了很好的发展。15 所先后研制了液压钢球马达、锁紧油缸、大扭矩液压马达、数字溢流阀（图 46）、多级缓冲起竖液压缸（图 47）、恒流安全阀、电液控制阀（图 48）、数字流量换向阀（图 49）、存贮式伺服阀。这些先进液压元件，使全轮转向技术、运载火箭对接起竖技术、导弹连续推进水平装填技术、发射台调平回转技术、导弹发射车的控制技术等上了新的台阶，为武器系统的机动快速、精确、可靠作出了贡献。

图 46　数字溢流阀

图 47　液压缸

图 48　电液控制阀

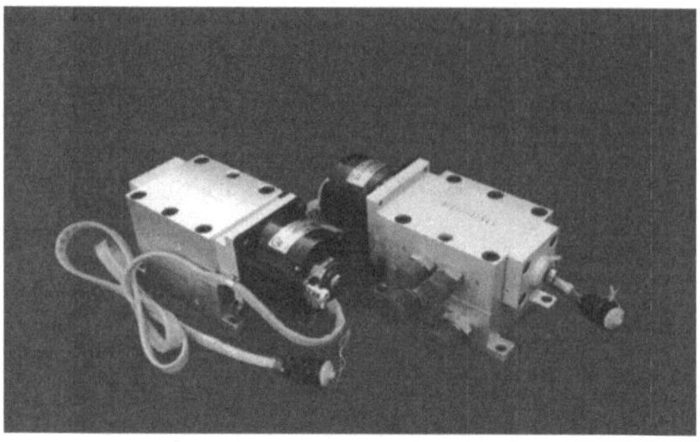

图 49　数字流量换向阀

3.9　吊装及停放设备

吊装及停放设备是指完成弹（箭）各级和有效载荷的吊装及停放需要的各种特装设备，包括特种起重设备、吊挂设备和升降设备。15 所先后研制了高架起重机、单台轮式双钩起重机（图 50）、地下井专用伸缩式起重机和固定桥式起重机（图 51～图 53）、车载垂直升降工作台、车载轮式伸缩臂式工作台、车载轮式折叠臂式工作台（图 54）、桅杆式升降工作台（图 55）。此外还设计了各种专用吊具，诸如弹（箭）水平吊具（图 56～图 57）、翻转吊具（图 58）、密封容器吊具（图 59）、整流罩水平吊具等，配合各种起重设备完成吊装任务。停放支承设备包括各种工作台梯、支架车、整流罩装配型架（图 60）、卫星密封容器与吊栏（图 61）等。

图 50　单台轮式双钩起重机

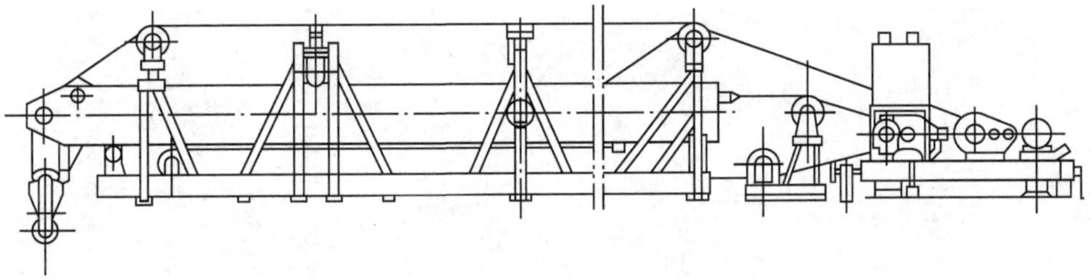

图 51　伸缩式起重机

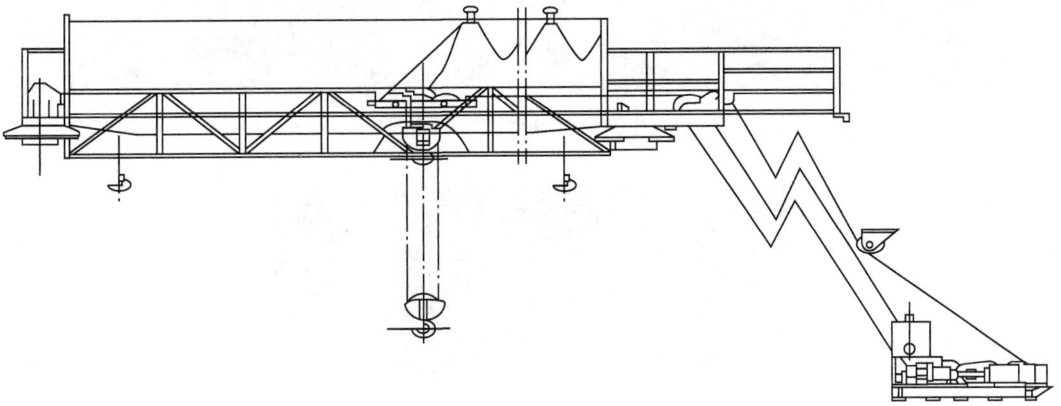

图 52　固定桥式起重机

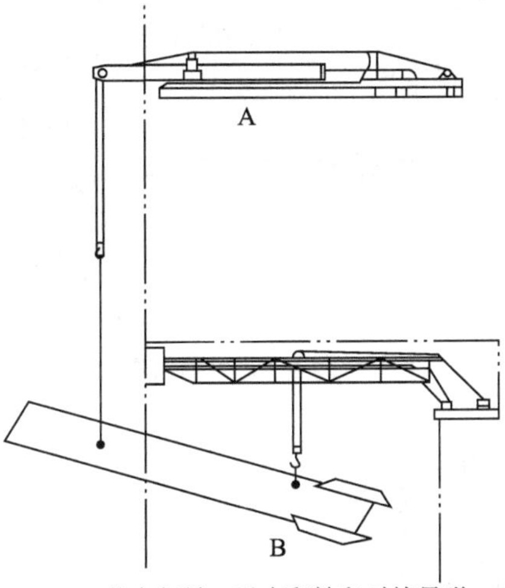

井内起吊、垂直翻转和对接导弹

图 53　伸缩式起重机和固定桥式起重机在翻转导弹图

A—伸缩式起重机；B—固定桥式起重机

图 54　折叠臂式工作台

图 55　卫星密封容器与桅杆式升降工作台

图 56　在吊装中的箭体水平吊具

图 57　一级箭体水平吊装

图 58　一级火箭翻转

图 59　吊装中的卫星密封容器

图 60　整流罩装配型架

图 61　卫星密封容器与吊栏

4　目标—思路—方法

1）详细研究课题相关的国内外资料，并认真分析，筛选出有用的资料；

2）进行理论（原理）分析和研究；

3）明确关键点和关键技术；

4）制订方案和实施步骤；

5）试验（实验）——改进——再试验（实验）；

6）总结；

7）善于听取不同意见，吸收一切有益的东西；

8）不唯上；

9）工程观——系统观—— 艺术观。

5 结束语

回顾过往，我们感慨良多。

（1）特种机械研究所名副其实

四十年来，随着我国航天事业的发展，发射技术和地面设备有了长足的进步和发展，我们研制了不少国内最早、国内第一、世界一流的中国特色的产品，因此产生了一大批科研成果，截至2000年，获国家级科技进步特等奖2项，全国科技大会奖3项，国防科技进步奖1项，发明奖2项，部级科技进步奖一等奖7项、二等奖50项、三等奖109项。这都凝聚了一代代航天人的心血。

（2）技术进步促使产品升级换代

地面设备随着科学技术的发展，特别是计算机技术的应用，发射技术和地面设备跟踪世界先进水平，不断升级换代，适应运载火箭（导弹）发展的需要，使武器的作战使用性能得到极大的发挥。

（3）三结合会使产品使用性能和可靠性大幅提高

几十年来，15所和试验单位紧密结合，以考核弹（箭）地面设备的设计性能；还和使用单位紧密结合，以考核设备的使用性能和武器的作战能力、发射方式的正确性、工程设施合理性。在结合过程中，学到了更多的东西，吸取了更多的营养，为改进、完善设计提供了依据。

我们地面设备的生产协作遍及全国各地，已经形成了设计、试制中心在北京，生产向全国辐射的专业网。我们的产品是全国大协作的产物，当然我们的产品“军转民”也武装了很多中小企业，使他们的经济效益大大提高。

（4）发展是硬道理，面向国防现代化努力奋斗

尽管我们取得了很大成绩，但是和一些武器强国、航天强国相比差距又很明显。发射技术和地面设备的发展一方面受到弹（箭）的牵引和带动，另一方面又受制于弹（箭）状态。

因此，需要广大研制人员眼睛盯着航天强国，发挥聪明才智，研制出更精良、更先进、更高水平的地面设备。当前要立足现有水平，更好地面向社会、面向四个现代化、面向国防现代化，为国防现代化服务。

附表1 地面发射技术专业

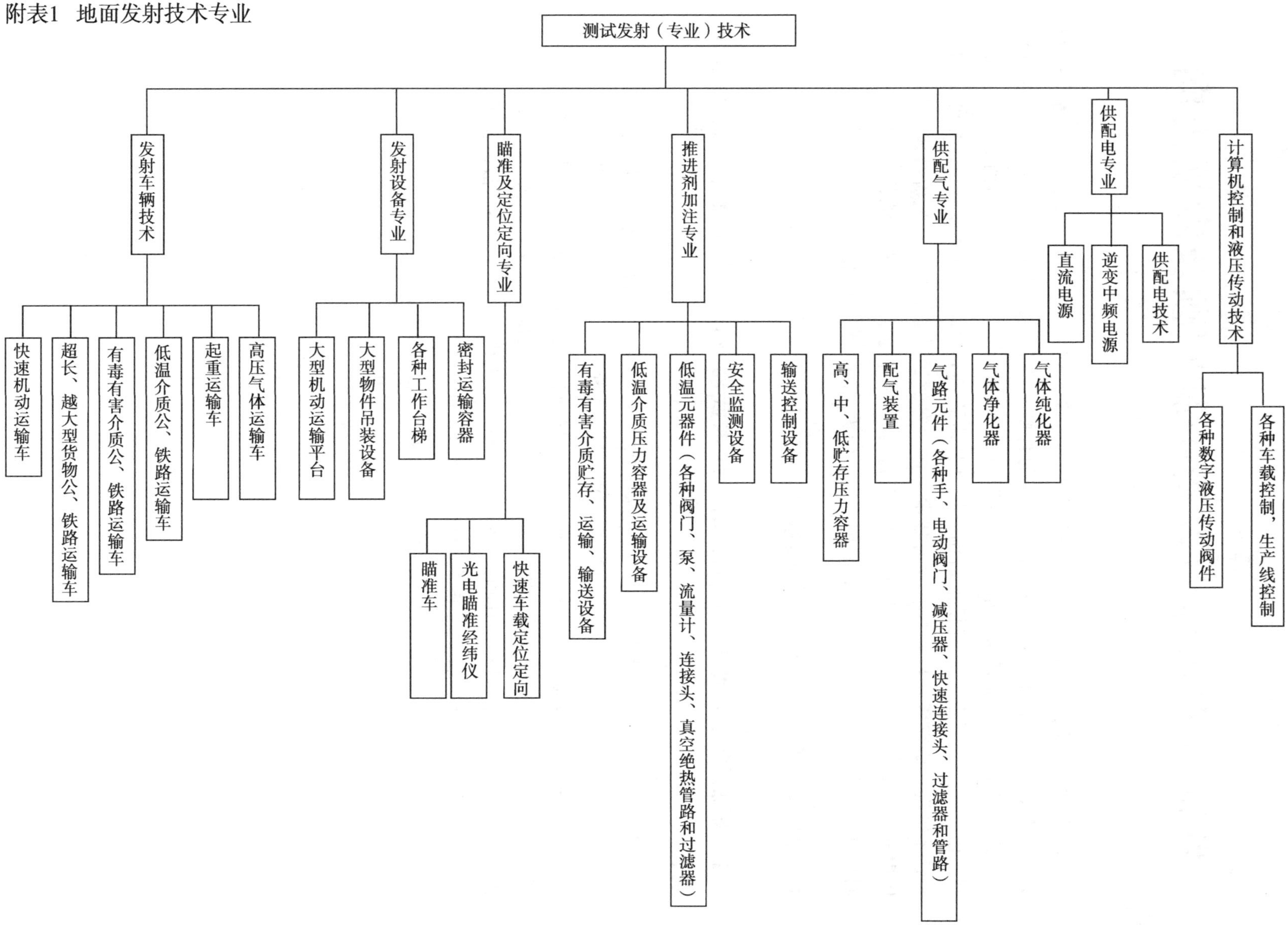

发射技术与地面设备研制回顾及发展方向

（1992.3）

35年来，我国航天工业取得了举世瞩目的成就。在毛主席、周总理和聂帅等老一辈无产阶级革命家的关怀和领导下，在部、院的直接领导下，我所攻克了一个又一个技术难关，取得了丰硕的科研成果，培养了一支训练有素、水平较高、作风顽强的老、中、青研制队伍。15所已具备一定规模的研制手段和技术设施，已成为一个多学科、多专业的综合性系统设计研究所。目前具有发射技术总体、发射、瞄准、加注、低温技术、供配气、供配电、运输、空调、温控、起重、吊装及综合测试等专业，集光、机、电、控于一身。回顾过去，艰苦创业，成果累累；展望未来，任重道远，充满信心。

1　35年来的主要成就和经验

1.1　研制了战略武器、运载火箭、战术武器及国外卫星4个方面的地面设备

建所以来，在战略武器方面，我们从仿制1059导弹地面设备起步，经过改进设计、自行设计，先后研制了DF-2、DF-3、DF-3A、DF-4、DF-5、DF-5A、巨浪1号7个型号的配套地面设备。运载火箭是在战略导弹基础上发展起来的，先后研制了CZ-1、CZ-2（含CZ-2C）、CZ-3、CZ-4、CZ-2E 5个型号的配套设备，以及CZ-2D部分设备的研制（上海风暴1号借用的CZ-2发射设备未计入内）。表1列举了战略武器各型号的地面设备配套情况。表2列举了5种火箭地面设备配套情况。

表1　DF型号地面设备配套表（15所负责部分）

型号＼配套数＼类别	发射瞄准设备	起重运输设备	加注消防设备	供气设备	电源设备	辅助设备
DF-2	4	3	7	2	5	11
DF-3	3	6	7	2	5	8
DF-3A	4	7	4	2	3	8
DF-4	7	12	38	8	2	2
DF-5	6	2	11	5	1	16

表 2　CZ 型号地面设备配套表（15 所负责部分）

配套数 类别 型号	发射瞄准设备	起重运输设备	加注消防设备	供气设备	电源设备	辅助设备	其他	备注
CZ-1	3	12	25	32	2	6	5	
CZ-2	2	11	24	22	3	8	4	
CZ-3	11	6	57	27		5		不含上海地面设备
CZ-4	1	9	18	25				不含上海地面设备
CZ-2E	6	45	12	35	5			

在亚星和澳星任务中，我们为亚星设计了亚星密封容器及密封容器运输车，为澳星设计了空调净化运输车。

1.2　配合发射方式开展了发射技术的研究

导弹武器的发射方式实际上是导弹武器如何使用的问题，这个问题在仿制阶段并不突出；但是随着我国战略导弹的发展，此问题日益引起重视。35 年来，我们先后参与研制了 DF-2 、DF-3、DF-3A 有依托、预有准备，有限机动范围内的区域公路机动方式；DF-4 井口装填、井内准备、提升井口发射的地下井发射；DF-4 井内起竖对接准备，提升井口发射的地下井发射；DF-4 洞内准备，洞口场坪托架发射（即“832”方式）；DF-5 地下井热发射；巨浪水下发射（研制后期转二院）。

根据这些发射方式，我所直接参与了国防科工类导弹（火箭）发射基地和二炮作战基地的建设。在 1965 年以前，我们进行了 DF-2 、DF-3 有依托机动发射方式的认证，并为 8120 部队 2 号发射场和 520 部队 5 号阵地配套了全部设备，定型后为二炮配备了全部地面设备。

DF-4 导弹是我国第一个二级液体中程导弹，1965 年论证确定为井口装填、井内准备、提升井口发射的地下井发射方式。我们参与了 138 工程、DF-4 工位 01 批一组和 01 批 3 组导弹地面设备的技术配套和各项设备的研制。1970 年 4 月 24 日，我国发射的第一颗东方红卫星就是在这个工位起飞的。

3202 工程是我国第一个导弹地下井工程。该工程由我所技术抓总，进行技术总体设计。通过多发导弹的飞行试验，证明工程总体设计和各分系统设计是成功的，导弹和地面设备、地下井的协调是正确的，为今后地下井的建设工程提供了宝贵的经验。我们为二炮设计了 305、306 战斗井。为了隐蔽，我们将 3201 工程技术阵地取消，用一条和井相连的坑道代替，同时改井口装填为井内起竖对接导弹。

根据国防科工委和总参 832 文件精神，为克服地下井“工程大、周期长、造价高、样式单一”的不足，结合我国实际情况，提出了 DF-4 的定型方式——洞内准备、洞口场坪托架发射的“832”方式。“832”工程首次采用二级水平对接、整体起竖方案，并由我所负责技术抓总和总体设计，负责技术配套、分系统及单项设备的研制。为考验“832”方式，又在东北实施了 3201－1 工程。经过两发弹的试飞，证明“832”方式是可行的。

DF－5 导弹是我国二级液体洲际导弹。为考验 DF－5 导弹互为备份的 2 个工程（5020 工程和 138 工程），采用活动测试塔和固定加注塔。在岢岚，我们还为 3201－7 工程进行了加注供气系统的设计并研制了发射 DF－5 全套地面设备，3201－8 工程是考验 DF－5 导弹地下井热发射的试验井，经过 2 发飞行试验考核，证明地下井热发射是可行的。在此基础上，为二炮设计了发射 DF－5 导弹的简化井 319 工程。为进一步提高生存能力和使用性，缩短了发射准备时间。根据 7911－1 会议精神，在 319 工程基础上为二炮重新设计了 7911 甲工程发射井。

从战略导弹发射方式的演变和发展，我们得出一些有益的经验。

（1）任何一种新型发射方式的产生必须是有先进与成熟的技术作为后盾

DF－3 导弹之所以能在有限区域机动，主要是我们在 1965 年完成了长轴距公路车全轮转向技术的研制，使导弹运输能在低级公路上进行，从而减小了发射场坪的面积，降低了山区公路的造价。

DF－4 导弹发射方式几经变化，最后定型在“832”方式，主要基于 3 个方面：导弹的水平对接试验成功；第二级导弹的加注和溢出自动脱落连接器研制成功；托架整体起竖导弹通过液压地锚、液压千斤顶得以实现。如果没有这些技术，“832”方式仍然摆脱不了原来的地下井方案。

DF－5 导弹地下热发射井的成功是因为攻克了井型、减震、排烟、消音等 8 个课题。

CZ－3 运载火箭采用液氢、液氧作为推进剂。液氢、液氧发射前都需要进行自动补加，因此加注连接器只能在发射前 3 min 才能脱落，由于我们成功地研制了超低温自动脱落加注排气连接器，保证了发射需要的额定推进剂量，使得这一难题得以解决，否则这种发射方式是不可能成立的。

（2）发射方式必须符合国情，还要在实践中不断改进完善

任何一种发射方式都有其固有的优缺点，并受到历史阶段、费用、技术成熟度的制约，更受制于导弹和火箭状态。

DF－3 导弹可靠性很高，技术性能也比较好。但毕竟受到 20 世纪 60 年代技术和工业条件的限制，只反映出我国当时的导弹和地面设备技术水平。随着时间的推移，它的一些不足，如地面设备多、武器机动性能差、准备时间长，必须加以克服。我们遵照上级指示精神，对地面设备做了改进，车辆行驶速度由10 km/h 提高到 30 km/h，从而缩短了行军时间；头体连接的程序使发射准备时间缩短了 15％，缩短了暴露时间，提高了生存能力。

DF－5 导弹由于其弹体长、直径大，很难机动。第一个热发射井于 1976 年建成，暴露了工程规模太大、隐蔽性差、耗资巨大、建井周期长的缺点。根据张爱萍秘书长“一要简化，二要隐蔽”的指示，对原 3201－8 号井进行了简化，先后建成了“319”简化井和“7911A”井。主要进行了如下几点改进：

1）充分利用外井空间对空目标；

2）研制了横向起吊火箭的双沟起重机，减少了1台16 t起重机，并缩短了1 h的操作时间；

3）分析了用气程序和工艺，提出了合理的用气方案，减少了气瓶和设备数量，节省了经费；

4）瞄准舱口由2个增至3个，瞄准射击范围从50°变为300°；

5）取消2个场坪的2条断头公路，提高隐蔽性；

6）活动泵车加注改为固定泵式加注。

如何提高导弹武器的机动性在20世纪60年代初是一个大难题。我们在1964年开始机动性课题的研究，1965年试验成功。成果很快应用于DF－3、DF－4、DF－5导弹运输车上，使机动性能大大提高。在此基础上，我们又研制了“转向超限保护装置”“凸轮转向机构”，以防止过度转向引起机构的过载破坏等。

（3）工程总体设计水平是提高生存能力的关键

我国早期的导弹核武器基本上模仿了苏联和美国第一代、第二代武器的发射方式。如DF－4导弹3202工程发射井设计参照了美国宇宙神导弹地下井，DF－5导弹3201工程8号地下井参照了美国大力神导弹地下井。在学习国外经验的基础上，结合我国的国情，贯彻少花钱、多办事的原则，不断提升我国导弹核武器的发射技术总体水平。

DF－4导弹“832”发射方式就是一种创新，较之美国MX导弹，平行公路机动发射方式要早4年。

DF－5导弹“7911A”发射井，在保证导弹发射工艺流程要求的基础上，总体做了改进，减少了地面暴露环节，提高了生存能力，缩短了发射现场准备时间，采用均衡加固，导弹在发射井内更换仪器，非连续通风，错过用电高峰，在测试加注发射过程中，可不保证70％的环境湿度要求等，从而大大减少了工程量，可见总体设计指导思想的重要性。

发射方式作为导弹武器系统4个主要战术技术指标（射程、精度、威力、发射方式）之一，是否可行、是否先进、是否符合国情，主要取决于导弹地面设备及其阵地工程布局和工艺要求，二者有区别又有关联。工程布局和地面设备有关，而这都涉及总体设计。地面设备的重要性就在于它是确定发射方式和进行发射阵地设计的主要依据，同是DF－4导弹，采用地面设备不同，一个是提升机，一个是托架，则是两种截然不同的发射方式。而不同的发射方式和阵地设计，其生存能力和工程经费大不一样，我们追求的应是总体最优。

（4）发射技术和地面设备必须进行预先研究

35年来，15所开展了各种发射技术的研究，由于我们研制了三用车，采用8×8全驱动和动液转向等技术，才为第二代战略导弹武器DF－31和战术武器DF－15机动发射奠定了一车制基础。

1.3 产生了一大批科研成果

35 年来，我们为每个型号研制了上百台套设备，产生了一大批科研成果。1983 年以前，获成果奖一等奖 1 项、二等奖 13 项、三等奖 20 项、四等奖 16 项。1987 年以来获得国家发明奖 3 项，国家科技进步奖特等奖 2 项，国家科技进步奖 3 项，部级科技进步奖一等奖 3 项二等奖 29 项三等奖 48 项。这些成果具有中国特色，具有当代世界水平和国内先进水平。诸如，常规的射前 2 min 脱落的七气管连接器、常规耐腐蚀介质加注溢出自动脱落连接器、液氢液氧加注排气自动脱落连接器、高压平衡截止阀、偏二甲肼和四氧化二氮屏蔽泵、高压卸荷阀、液氢液氧加注运输车、氦气储运设备、自动跟踪风摆瞄准设备、承载 800～2 000 t 的多种捆绑式运载火箭大型发射平台、双钩起重机、各种直流电源、高减震性能的油气减震技术、重载导弹对接起竖技术、火箭导弹整流罩的对接吊装技术、连续推进水平装填技术、导弹发射车控制技术、加注供气遥控技术、冷发射技术、排烟技术等。

这些技术为我国第一代导弹和运载火箭发射成功打下了坚实的基础，也为军转民创造了良好条件。当前我国正在开展第二代导弹武器系统和运载火箭系统地面设备的研制，随着研制的进展，肯定还会产生一批新的、更先进的技术成果。

1.4 我国导弹武器和宇航地面设备的特点

1.4.1 运载火箭地面设备和战略导弹地面设备关系密切

从整体研制发展情况看，我们和苏、美走了同一条发展道路，即运载火箭是从战略导弹基础上发展的。因此，初期火箭地面设备大部分借用战略导弹地面设备执行发射任务。长征系列火箭的地面设备是在 DF－4、DF－5 导弹，尤其是 DF－5 导弹地面设备基础上发展起来的。表 3 说明了这一发展特点。

表 3　运载火箭地面设备借用导弹地面设备情况

型号＼配套数＼类别	火箭配套地面设备	修改设计数	使用导弹地面设备数	新设计地面设备数	备注
CZ－1	85	1	75	10	新设计 10 项因增加固体三级
CZ－2	74	1	73		
CZ－4A	53	3	46	4	不包括上海

CZ－3 运载火箭采用超低温液氢作为推进剂，CZ－2E 是捆绑式运载火箭，因此重新设计了一整套地面设备。但是这两种型号仍然借用了以往战略型号和其他火箭的一些地面设备。如 CZ－2E 132 项地面设备中，借用的有 34 项。

1.4.2 地面设备研制经费投入少产出多

35 年来，我们共研制了 5 个运载型号、5 个战略型号和 2 个改进型号的地面设备，参加了国防科委3个发射场的建设和二炮的几个基地的设计和建设。但是地面设备研制经费所占比例相当少，以运载火箭5个型号地面设备为例，投资总额为1.33亿元。这些设备分布在3个发射场。CZ-2E运载火箭为3.5亿元，地面设备研制经费仅3 000多万元，连1/10都不到，且地面设备是一次投入，多次使用。另一方面也是地面设备技术状态整体水平和世界先进国家比尚有一定差距，自动化程度比较低。尽管我们的研制手段不断完善，但是我们实验室规模小，设备不配套，计量测试仪器技术状态相当落后，在这样的实验室能够研制出具有相当技术水平的地面设备，充分体现了我们因陋就简办大事的精神面貌。

1.4.3 地面设备发射技术受导弹和火箭技术发展思想的制约

我国导弹和火箭的发展，首先是解决有无问题，因此带来不少技术上和使用上的问题。地面设备处处受到火箭设计状态的制约，如火箭设计从自身减重考虑比较多，因此加注口、供气口分散设计，导致地面机械连接口很多，摆杆数量很多。目前CZ-3火箭加注和供气连接器共有17个，发射外国星和风云2号卫星要有19个，临射前3 min有7～9个连接器要依次脱落。CZ-2E火箭共有加注、供气、空调连接器32个。这种设计无疑使地面设备控制复杂化，有一个连接器不脱落，有一根摆杆不摆开就无法发射，这对发射可靠性要求是很不利的，也是很危险的。DF-5导弹长而粗，机动性很低，因此只能埋在井下，没有更好的发射方式来提高生存能力。

第一代战略导弹和运载火箭的地面设备设计基本上没有初样和试样阶段的区分，一次设计成功，一次配套、多次使用，属于可维修系统。在第一代导弹武器和运载火箭研制时代是可以理解的，但随着武器系统的复杂和使用要求的提高，地面设备如何做到精良，还必须经过初样和试样阶段。

1.4.4 形成了地面设备生产协助网

地面设备系统专业庞杂，一发导弹配套的地面设备项目较多，生产厂家遍及全国各地。35年来已经形成设计中心在北京、生产点向全国各行业辐射的协作网。地面设备取得的成就是各工业部大力协同的结果，我们必须发扬这种传统，使地面设备生产配套工作做得更好。

2 发射技术与地面设备发展展望

当今世界并不太平，我们希望和平，希望有一个良好的建设环境。但是战争不以人们意志为转移，因此我们不能高枕无忧。另外人类已经进入宇宙空间，我国是大国，在宇宙探索方面应当对人类做出自己的贡献，因此我们要主动跟踪世界先进水平，不断努力，缩短差距，为人类和平利用空间和争取人类持久和平而努力。新的火箭和空间技术发展对发射技术和地面设备提出了越来越高的要求。

2.1 加速第二代战略武器DF-31和运载火箭CZ-3A地面设备研制

DF-31导弹采用多阵地公路机动车载冷发射方式，核导弹要同时适应铁路机动发射、地下井发射及其他多种发射方式。它的难度和以往型号相比大得多。目前已攻克了一系列的关键技术。

DF-31导弹武器系统共提出13项重大技术关键课题。其中地面设备有2项：一为75 t级重型超长半挂列车式多功能导弹发射车，四级公路机动性，弹、车比接近1∶1；二为大型固体导弹冷弹射发射技术。

DF-31所定地面设备的关键技术课题有30多项，其中导弹发射车有13项。如发射车的动液伺服转向信号预储存多轴同步转向系统，高减震性油气弹簧单侧贯通式平衡悬挂，大承载轻结构车架，C/C复合材料发射筒段，铝质轻型初容室及外网格结构发射筒，内装集中连续注水式高能弹射动力装置，二维视觉自动插拔装置，数字式液压系统，分布式发射车微机控制系统等。

通过方案阶段的预研攻关，一系列关键技术已经突破，为型号研制作了充分的技术储备。通过这些新技术、新原理、新材料、新工艺的攻关研究，使我所的技术水平上了一个新台阶，使年轻一代航天发射技术地面设备科研技术队伍得到了锻炼与培养。集运输、保温、起竖、发射于一体的多功能导弹发射车，通过模样车的机动性试验，证明超长超重型发射可以在山岭重丘四级公路上实现机动。这些关键技术的突破，为DF-31成为机动的战略武器奠定了技术基础。

冷发射技术在我所、我院还是第一次研究，经过原理试验，缩比和1∶1弹射试验等攻关研制，低过载的冷弹射发射技术，已取得丰硕成果，为导弹适应地下井发射和铁路机动发射等多种发射方式提供了先决条件。

目前DF-31地面设备，已进入初样阶段后期，各初样产品正在进行总装调试。我们将以更加严谨的科学态度、奋力拼搏的航天精神，继续努力完成初样各项大型试验及试样研制工作，为我国第二代固体远程机动的战略武器做贡献。

CZ-3A地面设备经过关键技术和预研及单项设备原理性试验，目前已结束初样研制，全面进入试样生产阶段。由于CZ-3A采用一系列新技术，诸如冷氦技术、液氧过冷技术和微机远控远测技术等，因此地面设备比以往任何型号都复杂。我们一定要认真贯彻周总理提出的十六字方针，把好质量关，确保CZ-3A运载火箭各阶段任务完成。

2.2 针对航天运载器大型化以及武器小型快速机动化方向发展的特点，开展关键发射技术的研究

2.2.1 发射方式的研究

35年来，我们对发射方式的研究始终围绕着机动、快速、隐蔽（伪装）、抗核加固四个方面进行。根据我国“后发制人”的“有限核反击战略”，在发射方式上先后提出“有依托的有限机动坑道发射”“陆地区域性机动设想方案”“有依托的一弹多头、一头多弹山区机动”“三用车陆地机动发射”“水上机动轮船发射”“洞内准备、洞口场坪托架发射”“铁路机动发射”“隧道口托架发射”“简化井发射”“气垫船发射”等。这些方案、设想和建议针对不同型号各有其特点，在这些方案中提出了“一弹多点”“洞穴战术”“轻装坑

道”“鱼目混珠”“以假乱真”等设想。这些设想对确定我国第二代导弹以陆基机动为主，配以多种发射方式的战术仍旧有作用，我们要继续完善这些方案。第二代武器的发射方式，不应当是单一模式，要进一步开展多种模式发射方式的认证、探索和试验研究。特别是我国山地较多，海岸线长，要结合国情开展水上水下发射方式的研究和利用山区地形提高生存概率的研究。

战略武器研制的最终目的是为了执行统帅部的命令，完成对敌作战、保卫祖国的任务。而这些都必须通过战斗发射阵地来实现。战斗阵地的总体设计对能否达到武器的战术技术性能，能否体现发射方式的优越性，能否做到土建、保障工程、基建工程协调一致，能否做到工程经济性好，至关重要。为此要加强地面设备总体工作，把导弹发射阵地的总体设计当作导弹地面设备技术总体工作的主要内容。我们的目标是工程总体优化，而不仅是追求单项技术的先进。

2.2.2 深入开展发射技术的研究

2.2.2.1 发射牵制机构的研制

国外运载火箭（导弹）广泛采用牵制释放机构。美国土星系列火箭发射台应用了两种类型牵制释放装置；其中之一是液压——气动支撑装置；美国航天飞机发射平台使用的牵制释放机构为高可靠的爆炸螺栓。阿里安火箭采用了液压机械式牵制释放装置。苏联的火箭，如联盟号、天顶号，采用的牵制释放装置，称为锁定装置，目前这一技术在国外已经很成熟，随着火箭捆绑技术和载人飞船的发展，为提高发射可靠性和入轨精度，这门技术应当突破。

这门技术涉及两项关键技术：减载缓释放装置的研制，模拟发射装置的研制。

这门技术的突破对火箭和发射场的安全至关重要，尤其对载人飞船及其运载火箭更为重要，因此我们一定要组织力量进行攻关。

2.2.2.2 连接器自动对接技术的研究

在我国第一代运载火箭研制过程中，我们圆满地解决了各种加注、供气连接器的自动分离技术，但是安装还需要人在火箭旁边，采用的是端面密封。对使用液氢液氧作为推进剂的高能火箭，人员安全问题比较突出，在国外推进剂加注时人员就离开现场。为此，我们应开展连接器自动对接技术研究，这一方面关键技术有：

1）摄像系统及图像识别组成和数据处理；

2）光学成像跟踪系统；

3）对接控制的理论与技术；

4）三自由度运动体的仿真试验技术与仿真实验室；

5）接近传感器；

6）对接机构系统和对准装置。

2.2.2.3 超低温介质系统储运输送设备研制

这一方面主要是改善液氢品质，避免两相流研制液氢过冷器，缩短加注时间研制新的超低温、大流量、高扬程加注泵，研制新的大型柱状液氢罐和球形罐替代液氢铁路车。

美国、苏联都采用液氢过冷技术。美国管道系统的过冷器能使液氢过冷到－254.5℃，苏联设计的过冷器能使液氢过冷到－256℃。过冷器研制的关键是真空度的保持和过冷器液面的控制需要的一系列条件和测量装置。

缩短加注时间是缩短火箭在发射阵地停留时间的关键问题之一，尤其对捆绑和大运载火箭，更为迫切。美国肯尼迪发射中心，液氢输送速率大流量 37 854 L/min，小流量 3 785 L/min，而在范登堡新建的航天飞机发射场中，液氢输送也达 20 000 L/min，而我们目前加注速率为 1 000 L/min。苏联联盟号火箭，加注推进剂 1 000 t，加注仅用 1 h，液氧大流量每分钟 7 t。因此我们要结合型号需求，加快预研的步伐。

2.2.2.4　进行高性能伺服反馈减震系统的研究

未来战争怎样做到后发制人，有效地确保自身生存能力、有效打击敌人，机动性和越野性是关键。牵引车的性能取决于选用好的底盘，这种底盘具有大马力发动机、液力变扭器、新型高效差速器和越野性能好的轮胎中央充气系统。在高速下行驶，车载固体导弹在减震方面有更高的要求，因此必须进一步开展高性能的随机伺服减震系统研究。

2.2.2.5　广泛采用并开发计算机技术

现代战争的特点实际上是高科技装备在战场上的竞技，而电子技术是战争胜负的关键因素之一，而计算机技术和人工智能又是电子战的核心技术，只有广泛采用计算机，提高计算机的应用水平，才会使地面设备的设计、生产和使用发生新的飞跃。只有强化计算机技术的运用研究，才能使武器系统快速反应能力达到新的高度。这一方面我们有很多工作要做，诸如自动化、程序化、快速反应技术、系统故障检测技术、容错军用车载加固计算机系统研究、分布式军用加固计算机系统研究、导弹发射作业专家系统、多路加注系统自动控制技术等。

2.2.2.6　具有反后坐力装置的弹射发射筒的研究

大型固体导弹，弹射发射的后坐力达到几百吨，为了减小结构承受的后座力，苏联的 ss－20、ss－25 战略导弹将发射筒的底部制成具有反后坐能力的伸缩筒。这样，改善了载荷环境，减小了结构质量，缩小了结构尺寸，提高了发射车的机动性。结合我国型号研制需求，我们应加速弹射发射反后坐力装置的研究工作，提高我国冷发射技术水平，缩短与国际水平的差距。另外还有配套研制非金属夹层结构轻型发射筒，进一步减轻发射车总体质量，提高机动性。

2.2.2.7　弹射动力装置用固体冷却器的研究

目前我国东风和巨浪型号所使用的弹射动力装置均采用水冷却的方式。高温燃气通过水气化降温，达到冷却目的，而水做工质所需冷却系统结构复杂、质量大、密封性要求高。采用固体升华降温，可使冷却系统结构简单、密封要求降低，而且可以大大提高弹射动力装置的使用性与可靠性，因此要积极开展立题研究工作。

2.2.2.8　多自由度弹性系统动态响应计算机仿真技术的研究

多功能导弹发射车的弹、筒、车组成了一个复杂的弹性结构系统，外载荷多是随机或变化的。要设计出高可靠性、先进精良的设备，必须对载荷分布、动态响应进行计算分析，对诸参数进行优化，进行计算仿真。为提高设计质量，加快研制进度，必须引进、开发先进的设计计算软件，开展多自由度弹性结构动态响应与计算机仿真技术的研究工作。

2.2.2.9　积极开展大马力高机动重型牵引车的研制工作

今后，战略战术武器的主要发展方向是机动、快速、隐蔽和高可靠性。为了实现机动性，必须研制一种高机动性大马力的重型牵引车。苏联导弹发射车汽车底盘主要是由8×8重型汽车MAZ-543变形改装而成，根据不同型号需要，变形为12×12、14×14等型式。20世纪60年代开始，由于型号需求，使MAZ-543基本型得到不断完善与改进，成为一种技术性能比较完善的重型汽车。我国从70年代末80年代初根据型号需求，也研制了8×8重型汽车，先后有066基地研制的8×8重型汽车W-580、山东研制的8×8重型汽车TS580及武汉研制的8×8重型牵引车HY-480等，性能各有优劣。但是这些车要作为基本型，以适应型号研制变形改装，均存在许多技术问题。为了今后机动型号的需要，我们必须研制出一种基本型大马力重型汽车。

2.2.3　针对液体大运载商业化特殊需要，开展测试发射工艺流程及相关技术的研究

随着商业化、空间竞争和空间技术的发展，有效载荷逐渐增大，火箭相应地采用捆绑技术、大推力发动机，从而给地面设备带来新的课题，主要是大直径火箭从承制厂到发射场的运输问题、装配问题、发射场火箭的整体运输及发射工艺流程问题、大载重发射平台、快速加注技术等。

上述问题在美国、苏联、法国都已得到较好的解决，这些问题的解决涉及火箭和有效载荷的测试——组装体制，涉及发射场的建设方案、地面设备整体运输起竖技术。我们必须适应客观形势的需要，在借鉴国外有益经验的同时，结合我国技术发展途径的特点，研究新的运输起竖设备和大型发射平台。

美国和苏联在上述的问题解决中，都结合他们自己的长期技术发展途径，已完成过渡。如美国，从发射中心测试厂房到发射塔，运输采用履带车驮运大型发射平台的整体运输方式；苏联采用整体水平运输、整体举升的运输方式。我们将采用何种形式需要进一步研究，但从技术成熟程度来看，整体水平运输更适合国情；垂直整体运输方案在我国也有一定技术基础，这些问题是可以圆满解决的。

2.3　开展飞船地面设备的研制

航天发射场产生许多变化，诸如救生、着落、维修、航天医学等，发射场不再单纯是一个发射场地，而将是总装、测试、发射、维修、训练一体化的场所。飞船地面设备除传统的专业门类外，还涉及生命保障系统、环境保持和空间飞行地面模拟试验设备，航天员训练设施、地面回收和救生系统等一系列设施，为填补这一空白，15所已积极准备大力开展这方面的工作。

2.4　进一步开展地面设备的可靠性设计和维修工作

35年来，可靠性设计在地面设备设计中不断加强，积累了一定的经验，较好地完成

了第一代航天产品研制任务，多次圆满完成导弹和火箭的飞行试验任务。第一代航天地面设备经过一个个型号研制的经验积累，一些产品技术继承性较好，但是还没有上升到理论高度，可靠性和维修性工作没有全面深入地展开。国外可靠性工程已全面迅速发展，可靠性、维修性和可生产性作为首要事情，提出的目标是“可靠性加倍，维修减半”。

我们应按可靠性大纲要求，全面开展各项工作，完善地面设备可靠性各项标准与规范，加强地面设备可靠性设计、试验和验证方法的研究，特别是工程应用工作，形成适合我所的标准与规范。相应的地面设备要在总结第一代航天产品设计与使用的基础上，进行系列化、标准化、规范化工作，并提高通用性，以获得更好的维修性。

汽车列车转向运动学研究

（1981.10.10）

1 运动学研究的目的和意义

牵引车拖带挂车（列车）的转弯运动，主要是研究列车的机动性能。众所周知，列车的机动性可以用转弯时道路宽度、列车最小转弯半径、运动轨迹、挂车轮迹对牵引车轮迹的偏移量、水平柔性角（牵引车纵轴对挂车纵轴的夹角）等来衡量。研究这些参数的作用有 4 个方面：

1）完善拖挂理论，提高列车使用的经济性和实用性。拖挂理论研究的问题很多，有操纵性、稳定性、机动性等。运动学主要研究其机动性，我国在拖挂理论研究方面还不完善。我们于 1965 年用全轮转向试验车在 20 m 和 15 m 弯道上做过机动性试验。为了进一步扩大拖挂使用范围，使其能在山区、林区、港口使用，还必须开展深入的研究，而运动学的研究将会完善拖挂理论。

2）确定和选择山区公路等级。为了能在山区运输长型货物，需要重新辟山造公路，通过机动性分析就能提供确切的弯道半径，合理的参数有利于缩小建设规模，节省资金。

3）设计高机动性能的汽车列车。表 1 是几个不同车型的结构参数及其机动性性能参数，从表中可以看出挂车轴距一个比一个长，轮距一个比一个宽，而在 20 m 弯道上转弯时的通过宽度和扫过宽度甲型值最大，其他车型的公路车（列车）反而小。这是因为从乙型开始，采用了先进的全轮转向机构，使机动性能大大提高。

表 1　几个不同车型的结构参数及其机动性性能参数

参数 车型 性能	甲型/mm	乙型/mm	丙型/mm	丁型/mm	试验车/mm
挂车轴距	9 000	10 000	11 400	14 100	10 000
挂车轮距	2 000（前） 1 760（后）	2 200	1 850（前） 2 200（后）	2 600	1 700
牵引臂长	7 140	5 630	4 840	4 660	4 400
后二轴轴距	/	1 120	1 120	1 240	1 400
运输车长	20 697	19 320	20 090	22 400	
宽	2 700	3 080	3 100	3 500	
列车最小转向半径	14 130	14 000	14 900	17 000	13 000

续表

性能 \ 参数 车型	甲型/mm	乙型/mm	丙型/mm	丁型/mm	试验车/mm
挂车自身最小转向半径	11 400	11 500	12 800	14 500	
20 m 弯道通过宽度	5 470	3 400	3 000	3 500 （正牵）	5 280（后轴不转向） 2 380（后轴转向）
20 m 弯道扫过宽度	7 410	5 200	5 000	6 500 （正牵）	
牵行车	CA－30	JN252	JN252	JN252	CA－30

机动性分析提供了采用先进结构的必要性，试验研究得出了采用先进结构的可能性。

4）确定能在指定等级公路上通过的列车最大结构尺寸（挂车轴距、牵引臂长度）以及运输“产品”之最大外形尺寸（长和宽）。

2　机动性的确定方法

机动性的测定方法通常有两种：直接测定法和计算法。

2.1　直接测定法

即采用直接测量牵引车或挂车在完成调车回转或转弯时留下的痕迹方法（见图 1）。

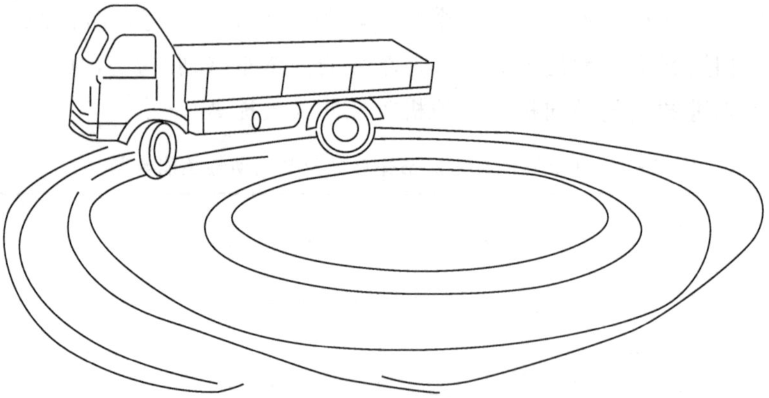

图 1　牵引车转弯轮迹

根据牵引车和挂车留下的圆周直径确定牵引车前外轮轮迹的最小转弯半径 $R_{1\min}$ 、挂车后内轮之最小转弯半径 $R_{2\min}$ 、最小的外轮廓半径 $R'_{r\min}$ 、最小内轮廓半径 $R''_{r\min}$ ，如图 2 所示。

按这些数值就能确定最小的扫过宽度 B_r。 扫过宽度是牵引车拖带挂车或半挂车时用最小半径来完成转弯所必需的宽度值，以及确定不用倒车就可以进行 180°转弯的最小

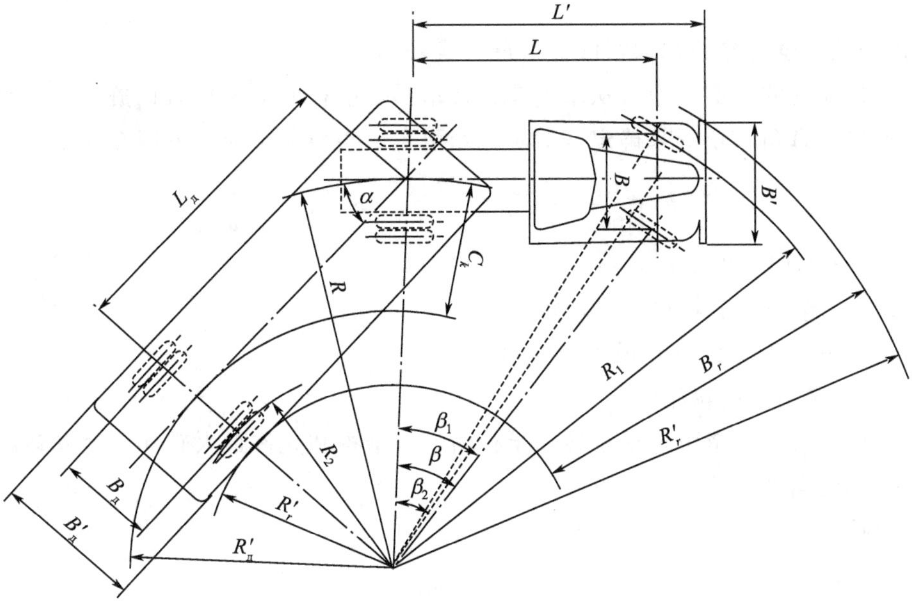

图 2　挂车转向简图

路面宽度 $B_{\text{п}}$

$$B_{\text{r}} = R'_{\text{rmin}} - R''_{\text{rmin}} \quad \text{（未考虑安全区）}$$

$$B_{\text{д}} = 2R_{1\min} \quad \text{（未考虑安全区）}$$

有时为了简化起见，扫过宽度和道路宽度是用列车外轮迹、内轮迹半径、数值为 0.3～0.5 m 的安全区 C 值来确定

$$B_{\text{r}} = R_{1\min} - R_{2\min} + 2C$$

$$B_{\text{д}} = 2R_{1\min} + 2C$$

实物的直接测定通常用于考核理论结论的正确性或阐明实际的运动条件，即动力学现象（转弯时的横向力、纵向力、速度和加速度）。后者也可以说，实物的直接测定法通常用于研究转向运动学和转向动力学问题。这一方面的情况可以见 1965 年全轮转向试验车液压方案室外牵引试验记录和钢丝绳方案室外牵引试验记录，该试验就是采用了直接测定法，测定了后轮转向和后轮不转向试验车的机动性指标，验证了理论计算的最小转向半径 13.3 m 和试验实测值 13.25 m 的近似程度，此外测定了轴转向压力值、不同转角和压力之间的关系以及路面轨迹。

2.2　计算法

在遇到新的列车设计而不具备实测法的条件时，可以用计算法。

计算时假设：

1）牵引车和挂车轮子在转弯时都毫无侧滑，即认为牵引车和带挂车在绕着一个回转中心转弯；

2）所有轮子的旋转轴应该垂直于它们自身的滚动平面并交于一点，这一点叫旋转中心；

3）机动性的全部参数都取极限值（最大或最小）。

这样，机动性的全部参数可从牵引车、挂车和牵引臂的纵轴以及由旋转中心至相应点的半径所形成的直角三角形来确定，对轮式牵引车最小转向半径（见图 2）为

$$R_{1\min}=\frac{L_a}{\sin\alpha_{\max}}+\frac{1}{2}B_a \quad \text{或} \quad R_{1\min}=\frac{L_a}{\sin\alpha_{2\max}}$$

式中 L_a —— 牵引车轴距；

$\alpha_{\max}$ ——牵引车前轮最大平均转角；

$\alpha_{2\max}$ ——牵引车前外轮最大转向角；

B_a ——牵引车前轮轮距。

从公式可以看出，牵引车最小转向半径由本身结构和允许最大转向角度来确定。

挂车最小转向半径的确定如下。

（1）半挂车

半挂车转向简图见图 3。

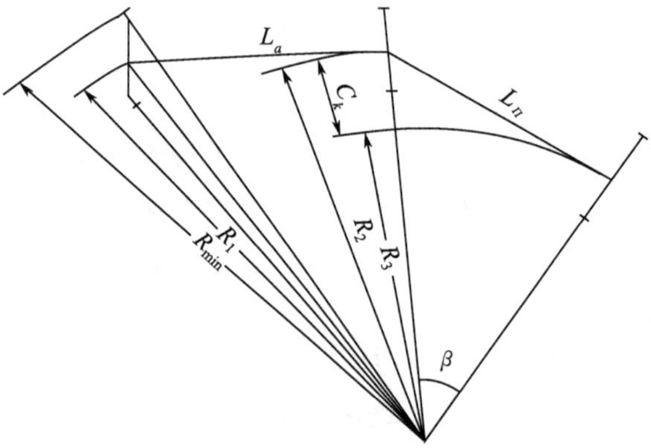

图 3　半挂车转向简图

为简化计算，略去轮绕其回转中心旋转时纵向和横向位移值。半挂车最小转向半径 $R_{\min}$ 为

$$R_{\min}=\sqrt{L_a^2+\frac{L_п^2}{\sin^2\beta_{\max}}}+\frac{B_a}{2}$$

式中 B_a ——牵行车轮距（以下同）；

$L_п$ ——牵行车轴距（以下同）；

L_n ——半挂车轴距。

当 $\beta_{\max}=90°$时

$$R_3=L_п$$

$$R_{\min}=\sqrt{L_a^2+L_п^2}+\frac{B_a}{2}$$

在转弯时，挂车后轴运动的轨迹相当于牵行车运动轨迹的最大移动量 C_k

$$C_k = R_2 - R_3 = R_2\left(1 - \frac{R_3}{\sqrt{R_3^2 + L_{\text{п}}^2}}\right) = R_2 \cdot \lambda$$

其中

$$\lambda = 1 - \frac{R_3}{\sqrt{R_3^2 + L_{\text{п}}^2}}$$

式中　λ——相当偏移。

（a）以最小转向半径转向时的路面宽度 $B_{0\max}$

$$B_{0\max} = R_{\min} + \frac{B_a}{2} = \sqrt{L_a^2 + L_{\text{п}}^2} + \frac{B_a + B_{\text{п}}}{2}$$

式中　$B_{\text{п}}$——挂车后轮轮距。

其实汽车列车以最小转向半径转向是很少见的。汽车列车最小转向半径之所以不能充分发挥是因为受到公路本身的局限。研究汽车列车的机动性本质上是研究通过道路的能力。

（b）挂车后桥沿等级公路内侧运行时的路面宽度 B_0

$$B_0 = R_{\min} - R_3 + \frac{B_{\text{п}}}{2}$$

$$R_{\min} = R_1 + \frac{B_a}{2} \quad R_1 = \sqrt{R_2^2 + L_a^2} \quad R_2 = \sqrt{R_3^2 + L_{\text{п}}^2}$$

$$R_3 = \left(R_{公} - \frac{B_{路}}{2}\right) + \frac{B_a}{2}$$

故

$$B_0 = \sqrt{\left[\left(R_{公} - \frac{B_{路}}{2}\right) + \frac{B_{\text{п}}}{2}\right]^2 + L_{\text{п}}^2 + L_a^2} + \frac{B_a}{2} - \left(R_{公} - \frac{B_{路}}{2}\right)$$

驾驶员欲使挂车后轴内轮沿公路内侧运行是有困难的（图 4）。一般沿公路外侧运行，司机可以目测。所以我们要算沿外侧运行时通过的路面宽度。

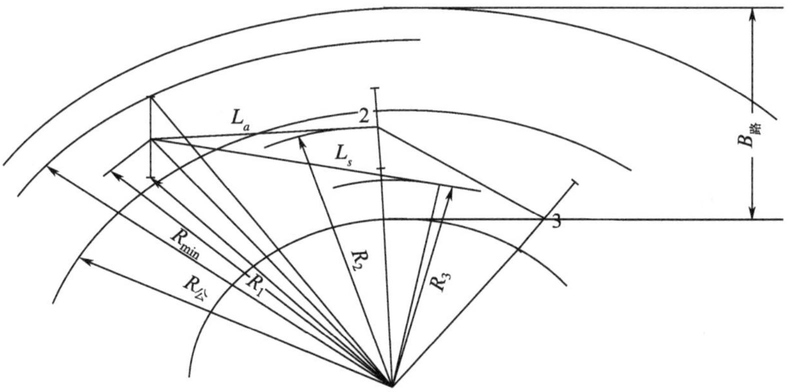

图 4　半挂车后轴内轮沿公路内测运行转向简图

（c）列车前外轮贴公路外侧运行时路面宽度 B_0

$$B_0 = R_{\min} - R_3 + \frac{B_{\text{п}}}{2}\text{，}R_{\min} = R_{\text{公}} + \frac{B_{\text{路}}}{2}$$

$$R_1 = R_{\min} - \frac{B_a}{2} = R_{\text{公}} + \frac{B_{\text{路}}}{2} - \frac{B_a}{2}$$

$$B_0 = R_{\text{公}} + \frac{B_{\text{路}}}{2} - \frac{B_a}{2} - \sqrt{\left(R_{\text{公}} + \frac{B_{\text{路}} - B_{\text{п}}}{2}\right)^2 + L_{\text{п}}^2 + L_a^2} + \frac{B_{\text{п}}}{2}$$

（2）全挂车

全挂车转向简图见图 5。

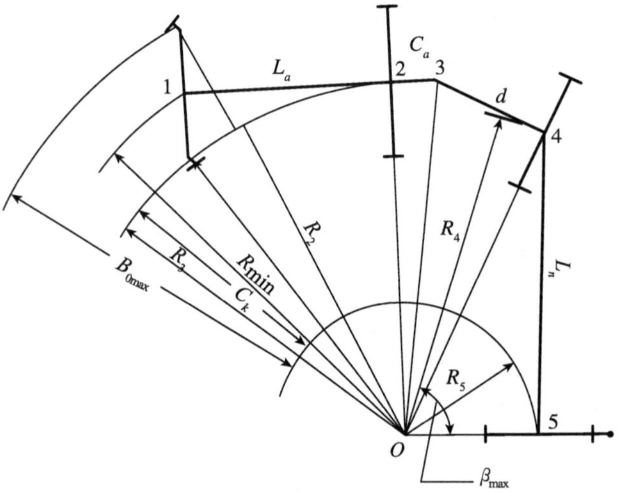

图 5　全挂车转向简图

（a）最小转向半径

由图 5 得知

$$R_{\min} = R_1 + \frac{B_a}{2}$$

$$R_1 = \sqrt{L_a^2 + R_2^2}, R_2 = \sqrt{R_3^2 - C_a^2}, R_3 = \sqrt{R_4^2 + d^2}, R_4 = \frac{L_{\text{п}}}{\sin\beta_{\max}}$$

将有关公式代入得

$$R_{\min} = \sqrt{\left(\frac{L_{\text{п}}}{\sin\beta_{\max}}\right)^2 + d^2 - C_a^2 + L_a^2} + \frac{B_a}{2}$$

（b）路面宽度公式

由图 5 得知路面宽度

$$B_0 = R_{\min} - R_5 + \frac{B_{\text{п}}}{2}$$

将有关公式代入得

$$B_{0\min} = R_{\min} - \sqrt{\left(R_{\min} - \frac{B_a}{2}\right)^2 - L_a^2 - L_{\text{п}}^2 - d^2 + C_a^2} + \frac{B_a}{2}$$

如前面所述，汽车列车沿公路运行时，最小转向半径往往发挥不出来。所以我们进一步推导牵引车前外轮沿公路外侧运行时的路面通过宽度

$$B_0=\left(R_{公}+\frac{B_{路}}{2}\right)-\sqrt{\left(R_{公}+\frac{B_{路}}{2}-\frac{B_a}{2}\right)^2-L_a^2-L_{\text{п}}^2-d^2+C_a^2}+\frac{B_a}{2}$$

(c) 相对偏移

$$C_k=R_2-R_5=R_2\left[1-\sqrt{1+\left(\frac{C_a}{R_2}\right)^2-\frac{L_\pi^2}{R_2^2}(1+\theta^2)}\right]=R_2\lambda$$

其中
$$\theta=\frac{d}{L_{\text{п}}}$$

$$\lambda=1-\sqrt{1+\left(\frac{C_a}{R_2}\right)^2-\frac{L_\pi^2}{R_2^2}(1+\theta^2)}$$

(3) 半挂车后轴轮转向

半挂车后轴轮转向简图见图 6。

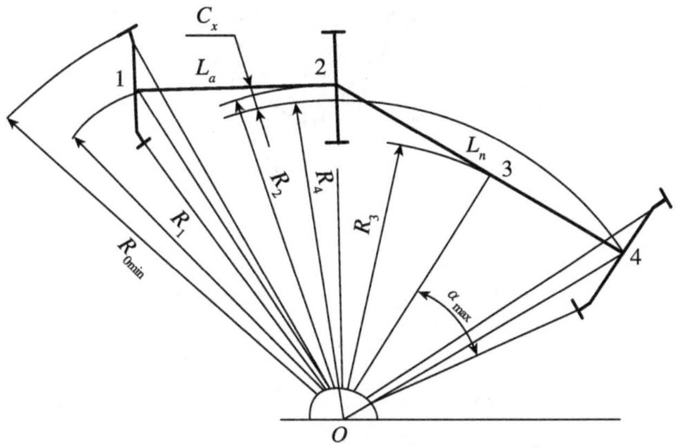

图 6 半挂车后轴轮转向

(a) 最小转向半径（推导从略）

$$R_{\min}=\sqrt{L_a^2+L_{\text{п}}^2-2L_{\text{п}}L_c+\left(\frac{L_c}{\sin\alpha_{\max}}-\frac{B_{\text{п}}}{2}\right)^2}+\frac{B_a}{2}$$

公式受牵引车最小转向半径的限制，式中，L_c 为后轮转向机构设计的虚轴距，$\alpha_{\max}$ 是挂车后轮转向之最大转向角。当 $R_{\min}$ 大于牵引车最小转向半径时，公式成立。

(b) 最小转向半径时的路面通过宽度

$$B_{0\max}=R_{\min}-\sqrt{\left(R_{\min}-\frac{B_a}{2}\right)^2-L_a^2-L_{\text{п}}^2+2L_{\text{п}}L_c}+\frac{B_{\text{п}}}{2}$$

相对偏移

$$C_k=R_2-R_4=\sqrt{\left(\frac{L_c}{\sin\alpha_{\max}}-\frac{B_{\text{п}}}{2}\right)^2-2L_{\text{п}}L_c+L_{\text{п}}^2}-\left(\frac{L_c}{\sin\alpha_{\max}}+\frac{B_{\text{п}}}{2}\right)$$

从上式看出，$C_k=0$ 的条件是 $L_{\text{п}}=2L_c$ 。

牵引车前外轮沿公路外侧运行的路面宽度

$$B_0=\left(R_{公}+\frac{B_{路}}{2}\right)-\sqrt{\left(R_{公}+\frac{B_{路}}{2}-\frac{B_a}{2}\right)^2-L_a^2-L_{\text{п}}^2+2L_{\text{п}}L_c}+\frac{B_{\text{п}}}{2}$$

（4）全挂车后轮转向

全挂车后轮转向简图见图 7。

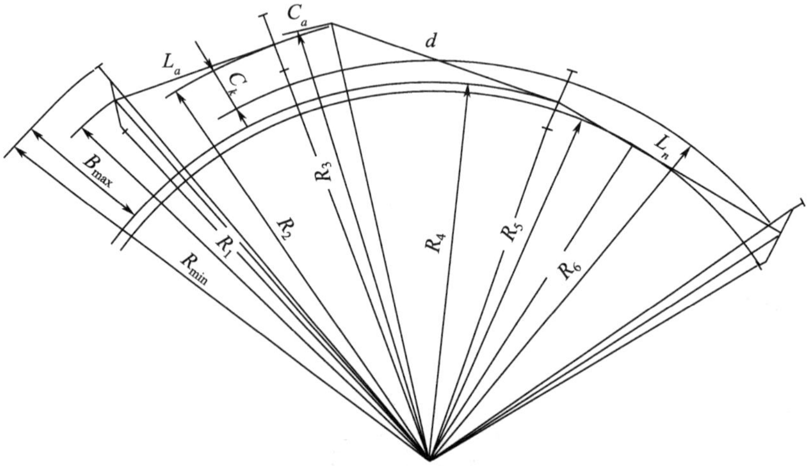

图 7　全挂车后轮转向简图

（a）最小转向半径

$$R_{\min}=\sqrt{L_a^2+d^2+L_{\text{п}}^2-2L_{\text{п}}L_c+\left(\frac{L_c}{\sin\alpha_{\max}}-\frac{B_{\text{п}}}{2}\right)^2}+\frac{B_a}{2}$$

这个公式和其他机动型公式一样，受牵引车最小转向半径的限制，当列车最小转向半径值小于牵引车最小转向半径时，公式是不成立。当列车最小转向半径大于牵引车转向半径时，牵引车的性能就发挥不出来。但此时牵引车可以继续向其本身最小转向半径方向变化。不过这时对挂车的静液转向系统和钢丝绳系统会出现过载甚至造成元件损坏。

（b）路面通过宽度

$$B_{0\max}=R_{\min}-\sqrt{\left(R_{\min}-\frac{B_a}{2}\right)^2-L_a^2-L_{\text{п}}^2-d^2+C_a^2+2L_{\text{п}}L_c}+\frac{B_{\text{п}}}{2}$$

相对偏移

$$C_k=R_2-R_6=\sqrt{\left(\frac{L_c}{\sin\alpha}\right)^2+L_{\text{п}}^2+d^2-C_a^2-2L_{\text{п}}L_c}-\frac{L_c}{\sin\alpha}$$

$$C_k=R_2\cdot\lambda$$

$$\lambda=1-\frac{\dfrac{L_c}{\sin\alpha}}{\sqrt{d^2-C_a^2+L_{\text{п}}^2-2L_{\text{п}}L_c+\left(\dfrac{L_c}{\sin\alpha}\right)^2}}$$

$C_k=0$ 的条件是 $L_{\text{п}}=\sqrt{C_a^2-d^2+L_c^2}+L_c$ 才行，另外此式成立必须

$$C_a^2 + L_c^2 > d^2$$

即
$$d < \sqrt{C_a^2 + L_c^2}$$

牵行车前外轮沿公路外侧运行时路面宽度 B_0

$$B_0 = \left(R_{公} + \frac{B_{路}}{2}\right) - \sqrt{\left(R_{公} + \frac{B_{路}}{2} - \frac{B_a}{2}\right)^2 - L_a^2 - L_{\text{п}}^2 - d^2 - C_a^2} + \frac{B_a}{2}$$

(5) 半挂车，牵引车前后桥、挂车后桥车轮均转向

半挂车全部车轮转向见图 8。

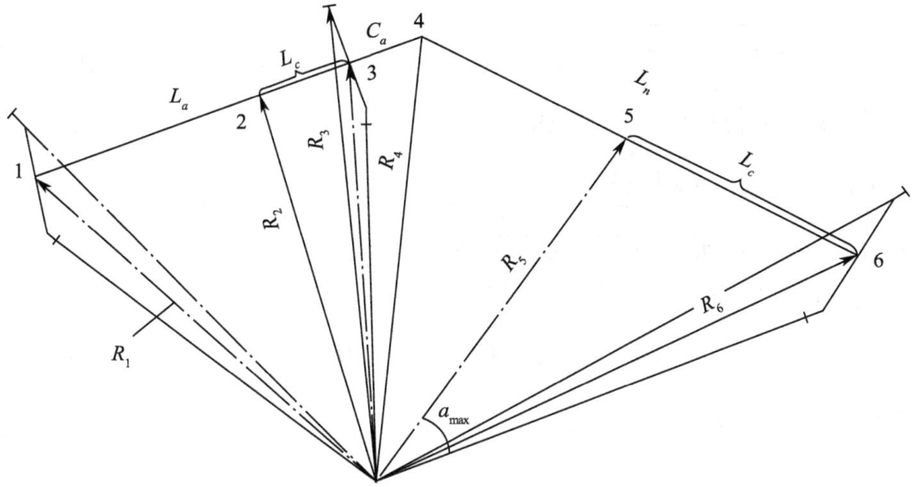

图 8　半挂车全部转向简图

(a) 最小转向半径

从图 8 得出

$$R_{\min} = R_1 + \frac{B_a}{2}$$

$$R_6 = \frac{L_c}{\sin\alpha_{\max}}$$

$$R_5 = \sqrt{R_6^2 - L_c^2}$$

$$R_4 = \sqrt{(L_{\text{п}} - L_c)_{\text{п}}^2 + R_6^2 - L_{\text{п}}^2} = \sqrt{R_6^2 + L_{\text{п}}^2 - 2L_{\text{п}}L_c}$$

$$R_2 = \sqrt{R_6^2 + L_{\text{п}}^2 - 2L_{\text{п}}L_c - (L_c' + C_a)^2}$$

$$R_1 = \sqrt{R_6^2 + L_{\text{п}}^2 - 2L_{\text{п}}L_c - 2L_c'C_a - C_a^2 + (L_a - L_c')^2}$$

$$= \sqrt{R_6^2 + L_{\text{п}}^2 - 2L_{\text{п}}L_c - 2L_c'C_a - C_a^2 + L_a^2 - 2L_aL_c'}$$

$$\therefore R_{\min} = \sqrt{\left(\frac{L_c}{\sin\alpha_{\max}} + \frac{B_{\text{п}}}{2}\right)^2 + L_{\text{п}}^2 - 2L_{\text{п}}L_c - 2L_c'C_a - C_a^2 + L_a^2 - 2L_aL_c'} + \frac{B_a}{2}$$

如果在设计时使 $L_c = \frac{L_{\text{п}}}{2}$，$L_c' = \frac{L_a}{2}$，则上式可简化为

$$R_{min}=\sqrt{\left(\frac{L_c}{\sin\alpha_{max}}+\frac{B_п}{2}\right)^2-C_a^2-2L'_cC_a}+\frac{B_a}{2}$$

（b）路面宽度

以最小转向半径转向时的路面通过宽度

$$B_{0max}=R_{min}-R_6+\frac{B_a}{2}$$

$$=R_{min}-\sqrt{\left(R_{min}+\frac{B_a}{2}\right)^2-(L_a-L'_c)^2+(L'_c+C_a)^2-(L_п-L_c)^2+L_c^2}+\frac{B_a}{2}$$

$$=R_{min}-\sqrt{\left(R_{min}+\frac{B_a}{2}\right)^2-L_a^2+2L_aL'_c+2L'_cC_a+C_a^2-L_п^2+2L_пL_c}+\frac{B_a}{2}$$

（c）沿公路外侧运行时路面宽度 B_0

$$B_0=\left(R_公+\frac{B_路}{2}\right)-R_6+\frac{B_п}{2}$$

$$R_6=\sqrt{L_c^2+R_5^2}=\sqrt{L_c^2-(L_п-L_c)^2+R_4^2}$$

$$=\sqrt{R_2^2+(L'_c+C_a)^2-L_п^2+2L_пL_c}$$

$$=\sqrt{R_1^2-L_a^2+2L_aL'_c+2L'_cC_a+C_a^2-L_п^2+2L_пL_c}$$

$$R_1=R_公+\frac{B_路}{2}-\frac{B_a}{2}$$

$$\therefore B_0=\left(R_公+\frac{B_路}{2}\right)-R_6+\frac{B_п}{2}$$

$$=\left(R_公+\frac{B_路}{2}\right)-\sqrt{\left(R_公+\frac{B_路}{2}-\frac{B_a}{2}\right)^2-L_a^2+2L_aL'_c+2L'_cC_a+C_a^2-L_п^2+2L_пL_c}+\frac{B_n}{2}$$

$$R_6=\frac{L_c}{\sin\alpha_{max}}+\frac{B_a}{2}$$

$$C_k=R_3-R_6$$

$$R_3^2=R_2^2+L'^2_c=R_4^2-(L'_c+C_a)^2+L'^2_c$$

$$=R_4^2-2L'_cC_a-C_a^2$$

$$=R_5^2+(L_п+L_c)^2-2L'_cC_a-C_a^2$$

$$=R_6^2+L_п^2-2L_пL_c-2L'_cC_a-C_a^2$$

$$R_3=\sqrt{\left(\frac{L_c}{\sin\alpha_{max}}+\frac{B_a}{2}\right)^2+L_п^2-2L_пL_c-2L'_cC_a-C_a^2}$$

$$\therefore C_k=\sqrt{\left(\frac{L_c}{\sin\alpha_{max}}+\frac{B_a}{2}\right)^2+L_п^2-2L_пL_c-2L'_cC_a-C_a^2}-\left(\frac{L_c}{\sin\alpha_{max}}+\frac{B_п}{2}\right)$$

此公式是在 R_3 等于 R_1 的情况下成立，因为一般设计

$$L'_c=\frac{1}{2}L_a$$

$$C_k=R_3\left(1-\frac{R_6}{R_3}\right)=R_3\cdot\lambda$$

$$\therefore \lambda = 1 - \frac{\dfrac{L_c}{\sin\alpha_{\max}} + \dfrac{B_п}{2}}{\sqrt{\left(\dfrac{L_c}{\sin\alpha_{\max}} + \dfrac{B_a}{2}\right)^2 + L_п^2 - 2L_п L_c - 2L'_c C_a - C_a^2}}$$

<说明>

1）我们在推导机动性参数时，仅选用上述汽车列车的 5 个方案，实际上的汽车列车结构方案是多种多样的，如半挂车和牵引车的铰接点不一定刚好在牵引车后轴中点上方，可以位于后轴销前等，挂车前桥为轮转向不是轴转向，挂车后桥是轴转向等。本文的目的是提供一种分析方法，所以不一一罗列多种方案的计算公式。

2）本文提供的分析方法，实际情况中由于驾驶员的视差、驾驶技术水平不等，也为了安全起见，牵引车前外轮沿公路外侧运行是不可能的，应有一个安全值 ΔS ，所以实际计算时应对上述 B_0 公式作一修正。

3　通过路面的条件公式

在我们工作中，经常遇到判定某种运输车能否通过某一弯道的问题。一是挂车和牵引车的轮子是否在路面上，即路面通过宽度是否满足要求；二是空间通道要满足要求，不能碰撞所运输的物体。回答上述问题，有两种办法：一是在弯道上走一走，另一种是进行机动性计算。前者在没有把握的情况下一般不敢试，尤其对山区弯道更不敢轻易试行，容易出危险，所以往往做一些计算工作来确定。再如特种运输列车总体设计阶段，为满足整个技术指标（通过性要求）要做多次复杂的转向轨迹图，或做多次机动性计算，反复调整定下一种结构合理的、各系统匹配的机动性能合格的特种运输车。为能迅速确定运输车能否通过技术要求规定的等级公路，我们找到了一种简单的判据，叫做通过性公式。有了这个方法，我们就在今后的工作中不必做复杂的轨迹图了，从而对通过性计算增加了一种新的方法。

3.1　“相当长度”的概念

图 9 是一个半挂车后轮转向的简图。

从点 1 作 15 直线切 R_4 为半径的圆弧于 5 点，此时当列车进入弯道稳定转向以后，其在路面上的轨迹可以用具有 15 直线长度的轴距的牵行车来代替，其转向效应是一样的。我们把 15 直线长度叫作“相当长度”，其符号定义为 l_s 。利用这一等效性，把汽车列车的运动学研究看作是具有相当长度 l_s 的牵引车运动学研究。他们之间具有等效性。从图 9 可以看出

$$R_4 = \sqrt{R_1^2 - L_a^2 - (L_п - L_c)^2 + L_c^2}$$

式中　L_c ——全轮转向设计时确定的虚轴到后轴的距离。

则

$$l_s = \sqrt{R_1^2 - R_4^2} = \sqrt{L_a^2 + L_п^2 - 2L_п L_c}$$

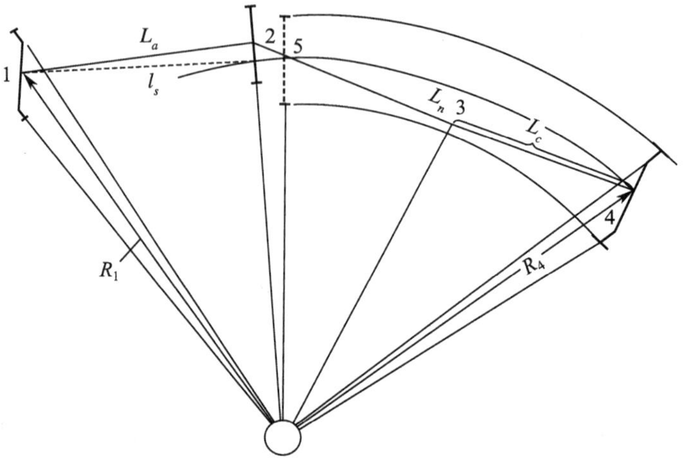

图 9　半挂车后轮转向简图

3.2　相当长度和通过路面的条件

（1）全挂车的相当长度

如图 5 所示

$$l_s = R_1^2 - R_s^2$$

$$R_s = \sqrt{R_1^2 - L_a^2 + C_a^2 - d^2 - L_{\text{п}}^2}$$

两式合并得

$$l_s = \sqrt{L_a^2 + L_{\text{п}}^2 + d^2 - C_a^2}$$

（2）半挂车后轮不转向的相当长度

如图 4 所示

$$l_s = \sqrt{R_1^2 - R_3^2}$$

$$R_3 = \sqrt{R_1^2 - L_a^2 - L_{\text{п}}^2}$$

两式合并得

$$l_s = \sqrt{L_a^2 + L_{\text{п}}^2}$$

（3）全挂车后轮转向的相当长度

如图 7 所示

$$l_s = \sqrt{R_1^2 - R_6^2}$$

$$\begin{aligned} R_6^2 &= R_1^2 - L_a^2 + C_a^2 - d^2 - (L_{\text{п}} - L_c)^2 + L_c^2 \\ &= R_1^2 - L_a^2 + C_a^2 - d^2 - L_{\text{п}}^2 - 2L_{\text{п}}L_c \end{aligned}$$

两式合并得　$$l_s = \sqrt{L_a^2 - C_a^2 + d^2 + L_{\text{п}}^2 + 2L_{\text{п}}L_c}$$

(4) 牵行车前后轴轮转向，半挂车后轴轮转向相当长度

如图 8 所示

$$l_s = \sqrt{R_1^2 - R_6^2}$$

$$R_6 = \sqrt{R_1^2 - L_a^2 + 2L_a L_c' + 2L_c' C_a + C_a^2 - L_п^2 + 2L_п L_c}$$

两式合并得

$$l_s = \sqrt{L_a^2 - 2L_a L_c' - 2L_c' C_a - C_a^2 + L_п^2 + 2L_п L_c}$$

$$l_s = \sqrt{L_a^2 - C_a^2 + d^2 + L_п^2 - 2L_п L_c} \leqslant L_s$$

化简得

$$L_a^2 - C_a^2 + d^2 + L_п^2 - 2L_п L_c \leqslant \left(R_{外} - \frac{B_a}{2}\right)^2 - \left(R_{内} + \frac{B_п}{2}\right)^2$$

则

$$L_п^2 - 2L_п L_c + d^2 \leqslant \left(R_{外} - \frac{B_a}{2}\right)^2 - \left(R_{内} + \frac{B_п}{2}\right)^2 + C_a^2 - L_a^2$$

等式右边是一个常数，当 $L_c = \frac{1}{2} L_п$ 时，d 是一个常数，对于半挂车后轴轮转向的结构关系

$$l_s = \sqrt{L_a^2 + L_п^2 - 2L_п L_c} \leqslant L_s$$

$$L_п^2 - 2L_п L_c \leqslant \left(R_{外} - \frac{B_a}{2}\right)^2 + \left(R_{内} + \frac{B_п}{2}\right)^2 - L_a^2 = \text{const}$$

……

在判定了路面通过宽度以后，还应对列车扫过空间能否满足要求作出判定，下面我们来进一步推导满足扫过宽度的相当长度计算公式。

3.3 满足扫过空间要求的相当长度

(1) 等级公路允许的扫过空间最大相当长度 L_s

$$L_s = \sqrt{\left(R_{外} - \frac{B_a}{2}\right)^2 - \left(R_{内} + \frac{B_п}{2}\right)^2}$$

其中

$$R_{外} = R_{公} + \frac{1}{2} B_{路}$$

$$R_{内} = R_{公} - \frac{1}{2} B_{路}$$

式中 $R_{公}$——等级公路最小平曲线半径；

$B_{路}$——等级公路的路面宽度。

只要满足下列条件

$$l_s \leqslant L_s \tag{1}$$

则汽车列车所有轮组都能在路面上顺利通过弯道，上式就是条件公式。

对于全挂车后轴轮转向，可以求出其结构参数关系式。

以半挂车和全挂车后轴轮转向为例。

（2） 半挂车后轴轮转向

图 10 是半挂车后轴轮转向装载产品的外形图。a、b、c、d 是其在路面上的投影。假定 b 点刚好落在公路路基的最外侧（并不一定这样）。由于我们引进了虚轴这个概念，点 7 刚好和马路路基内侧外相切（并不一定这样）。在这种情况下，空间被全部占用，超过这个范围就算通不过。通过点 1 作一和以 R_3 为半径的圆的切线 16，此时，从图上可以看出，由于考虑了扫过空间宽度，列车的“相当长度”不是 15 了，而是比它大的一个值 16。

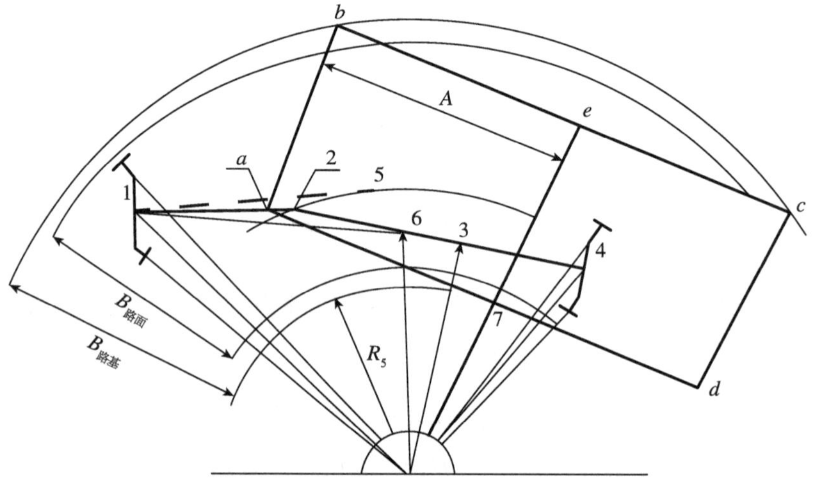

图 10　半挂车后轮转向简图

从图 10 看出

$$R_3=\sqrt{R_1^2-L_a^2-(L_п-L_c)^2}$$

$$l_s'=\sqrt{R_1^2-R_6^2}=\sqrt{R_1^2-R_3^2}$$

$$=\sqrt{R_1^2-[R_1^2-L_a^2-(L_п-L_c)^2]}$$

$$=\sqrt{L_a^2+(L_п-L_c)^2}$$

对一定的公路只要满足下列条件

$$l_s'\leqslant L_s' \tag{2}$$

则汽车列车扫过空间也在马路范围之内，上节公式和本节公式合起来就可以决定列车的通过性，公式（1）是必要条件，公式（2）是充分条件。

注意：

1）此时和列车等效的具有相当长度的 l'_s 单车后轮轮距不是 $B_п$，而是 B_s，B_s 是“产品”之最大宽度。如产品（可以是运输的任何货物，本书是指运载火箭），要用运输车架包住，则 B_s 就是产品运输车车架的宽度（以下同）。

2）此时公路的最大允许通过相当长度 L_s' 公式中 $B_п$ 要改成 B_s

$$L_s'=\sqrt{\left(R_{外}-\Delta s-\frac{B_a}{2}\right)^2-\left(\frac{R_{内基}+B_s}{2}\right)^2}$$

其中 $$R_{内基}=R_{公}-\frac{1}{2}B_{路基}$$

(3) 全挂车后轮转向

图 11 是一个全挂车后轮转向带“产品”的转向简图，与半挂车一样，b 点沿公路外侧。17 为其相当长度

$$R_7=\sqrt{R_1^2-L_a^2+C_a^2-d^2-(L_{\text{п}}-L_c)^2}$$

$$l_s'=\sqrt{R_1^2-R_7^2}=\sqrt{L_a^2-C_a^2+d^2+(L_{\text{п}}-L_c)^2}$$

此时相当长度 L_s' 的单车（产品车）后轮轮距为 B_s 。

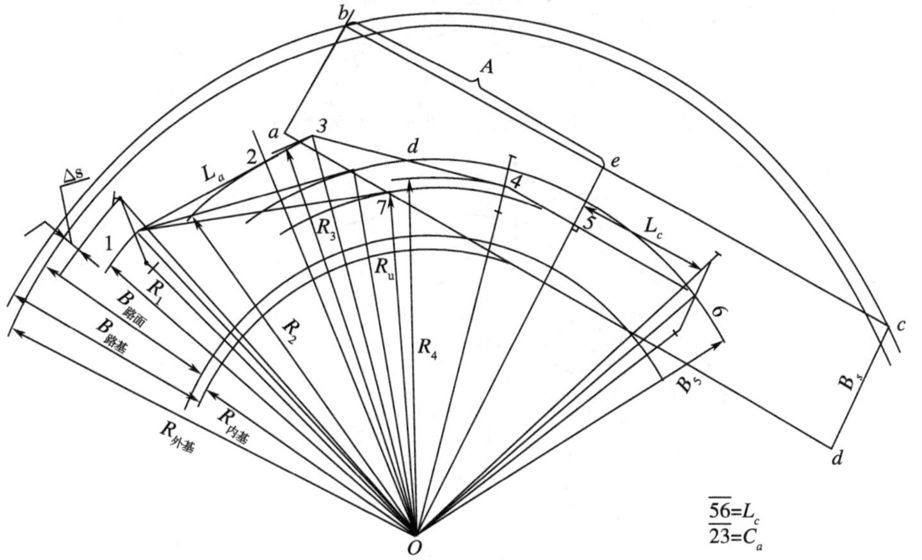

图 11　全挂车后轮转向简图

(4) 全挂车（后轴不转向）

图 12 为全挂车后轴不转向简图。

$$l_s'=\sqrt{R_1^2-R_5^2}$$

$$R_5=\sqrt{R_1^2-L_a^2+C_a^2-d^2-L_{\text{п}}^2}$$

∴ $$l_s'=\sqrt{L_a^2+L_{\text{п}}^2+d^2-C_a^2}$$

注意：

此公式从形式上看，和路面等效长度 l_s 完全相同，但是列车等效长度 l_s' 的单车后轮轮距不是 $B_{\text{п}}$ ，而是 B_s。B_s 是“产品”之最大宽度或拖挂之车架的外廓尺寸。

(5) 半挂车“后轴不转向”

图 13 为半挂车转向简图。

由图 13 得出

$$l_s'=\sqrt{R_1^2-R_3^2}$$

$$R_3^2=\sqrt{R_1^2-L_a^2-L_{\text{п}}^2}$$

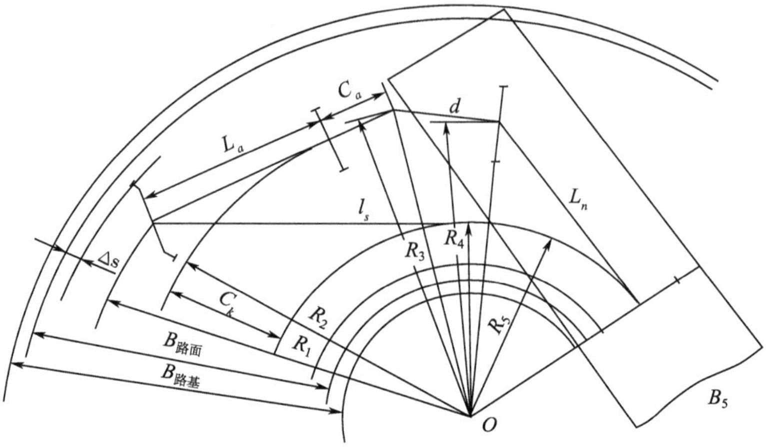

图 12　全挂车后轴不转向简图

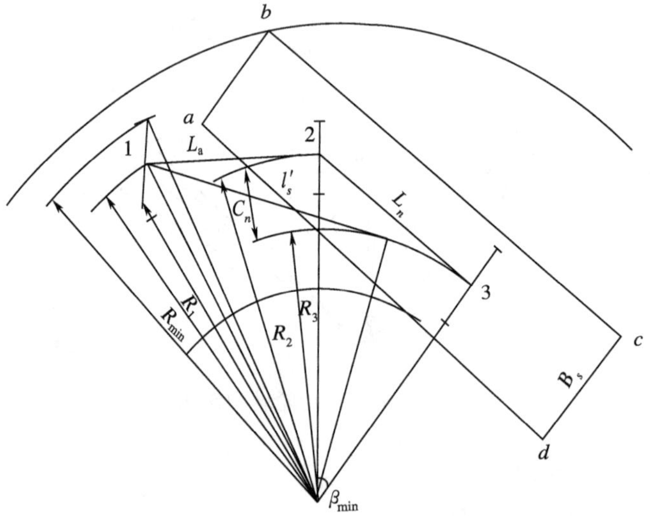

图 13　半挂车转向简图

$$l_s'=\sqrt{L_a^2+L_{\text{п}}^2}$$

同样，此公式从形式上看和路面等效长度 l_s 完全相同，但是列车等效长度 l_s' 的单车后轮轮距不是 $B_{\text{п}}$，而是 B_s。

（6）半挂车后轴轮转向和牵引车前后轴轮转向

牵引车前后轴、半挂车后轴轮转向简图如图 14 所示。

$$l_s'=\sqrt{R_1^2-R_5^2}$$

$$\begin{aligned}R_5^2&=R_4^2-(L_{\text{п}}-L_c)^2=R_2^2+(L_c'-C_a)^2-(L_{\text{п}}-L_c)^2\\&=R_1^2-(L_a-L_c')^2+(L_c'-C_a)^2-(L_{\text{п}}-L_c)^2\\&=R_1^2-L_a^2+2L_aL_c'-2L_c'C_a+C_a^2-L_{\text{п}}^2+2L_{\text{п}}L_c-L_c^2\end{aligned}$$

$$l_s'=\sqrt{L_a^2-2L_aL_c'+2L_c'C_a-C_a^2+L_{\text{п}}^2-2L_{\text{п}}L_c+L_c^2}$$

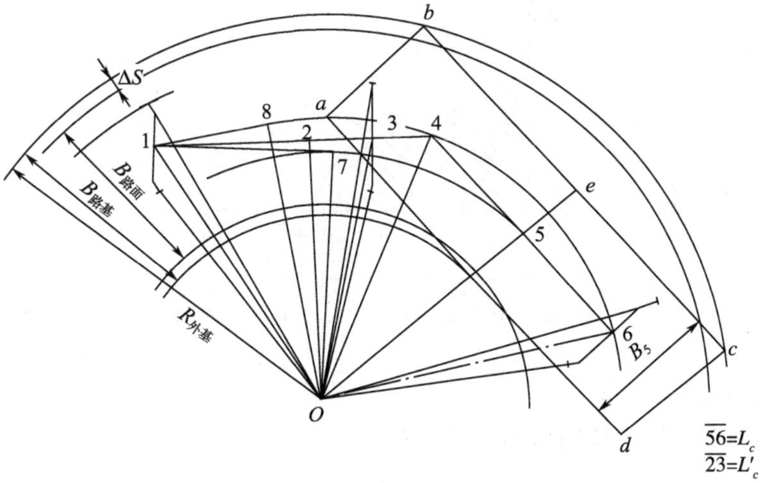

图 14　牵引车前后轴、半挂车后轴轮转向简图

3.4　“相当长度”应用之二

前面利用相当长度作为能否通过等级公路的条件是其应用之一，确定在给定的通道尺寸内“产品”的极限尺寸及列车最小转向半径是其应用之二。

（1）半挂车后轴轮转向

图 10 是汽车列车通过某一个弯道的极限状态

$$R_b^2 - A^2 = \left(R_3 + \frac{1}{2}B_s\right)^2$$

∵

$$R_b = R_{外基}，R_{外基} = R_{公} + \frac{1}{2}B_{路基}$$

$$R_3 = R_{内基} + \frac{1}{2}B_s$$

∴

$$R_{外基}^2 - A^2 = \left(R_{内基} + \frac{1}{2}B_s + \frac{1}{2}B_s\right)^2 = (R_{内基} + B_s)^2$$

$$A^2 + (R_{内基} + B_s)^2 = R_{外基}^2 = \text{const}$$

式中　A —— “产品”的一半长度。

上面的公式是圆方程式。我们做一个该方程式的简图，图 15 阴影形区部分是 A 和 B_s 的尺寸取值范围图。在该范围内的产品结构尺寸组合都可以通过等级公路

$$R_b^2 - A^2 = \left(R_5 + \frac{1}{2}B_s\right)^2$$

从图 15 中可以找到半挂车（后轮转向）在等级公路上通过的各种产品的结构尺寸（A 和 B_s）的组合，而其极值点在以（O，$-R_{内基}$）为圆心的$\frac{1}{4}$圆上。阴影区是运输物体（产品）选取范围。

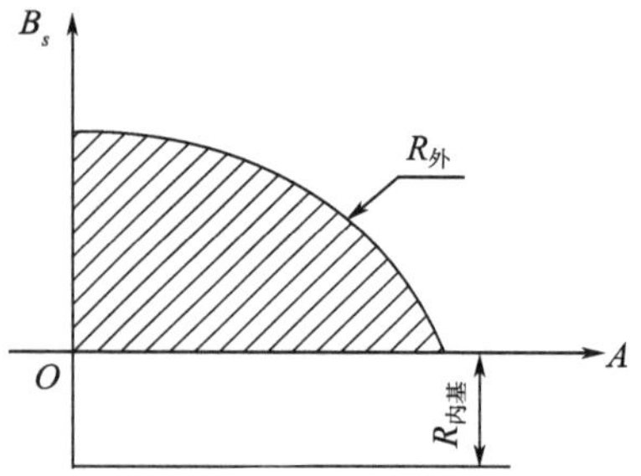

图 15 半挂车“产品”尺寸取值范围图

(2) 全挂车后轴轮转向

图 11 是全挂车后轴轮转向简图，可以看出

$$R_b^2 - A^2 = \left(R_5 + \frac{1}{2}B_s\right)^2$$

∵ $$R_b = R_{外基}, R_5 = R_{内基} + \frac{1}{2}B_s$$

∴ $$R_{外基}{}^2 - A^2 = \left(R_{内基} + \frac{1}{2}B_s + \frac{1}{2}B_s\right)^2$$

$$A^2 + (R_{内基} + B_s)^2 = R_{外基}{}^2 = \text{const}$$

(3) 半挂车及牵引车全部轮转向

由图 14 得出

$$R_b^2 - A^2 = \left(R_5 + \frac{1}{2}B_s\right)^2 = (R_{内基} + B_s)^2$$

$$A^2 + (R_{内基} + B_s)^2 = R_{外基}{}^2 = \text{const}$$

由此，3 种车型推导出的公式完全一样。这就说明，对于一定的等级公路在其通道内允许通过的“产品”外形尺寸是一个定值，不取决于列车的形式，只和本身的宽度有关，产品愈宽，允许通过的长度就愈短，反之就长。但是牵引车前外轮和公路外侧的距离 ΔS 是不一样的，它和挂车的结构形式有关。

3.5 “相当长度”应用之三——确定牵行车前外轮和道路外侧的距离

(1) 半挂车后轴轮转向

从图 10 得知

$$R_{内基} = R_3 - \frac{1}{2}B_s \quad R_3 = R_{内基} + \frac{1}{2}B_s$$

$$R_3 = \sqrt{R_1^2 - L_a^2 - (L_{\text{п}} - L_c)^2}$$

$$R_1 = \sqrt{\left(R_{内基} + \frac{1}{2}B_s\right)^2 + L_a^2 + (L_{\text{п}} - L_c)^2}$$

$$R_{\min} = \frac{B_a}{2} - \sqrt{\left(R_{内基} + \frac{1}{2}B_s\right)^2 + L_a^2 + (L_{\text{п}} - L_c)^2}$$

司机应当保持前外轮和路外侧的距离 ΔS

$$\Delta S = R_{外} - \left[\frac{B_a}{2} - \sqrt{\left(R_{内基} + \frac{1}{2}B_s\right)^2 + L_a^2 + (L_п - L_c)^2}\right]$$

(2) 对于全挂车后轴轮转向

从图 11 得知

$$R_5^2 = R_1^2 - L_a^2 + C_a^2 - d^2 - (L_a - L_c)^2$$

$$R_1^2 = R_5^2 + L_a^2 - C_a^2 + d^2 + (L_п - L_c)^2$$

$$R_5 = R_{内基} + \frac{1}{2}B_s$$

$$R_1 = \sqrt{\left(R_{内基} + \frac{1}{2}B_s\right)^2 + L_a^2 - C_a^2 + d^2 + (L_п - L_c)^2}$$

$$R_{\min} = \frac{1}{2}B_a + \sqrt{\left(R_{内基} + \frac{1}{2}B_s\right)^2 + L_a^2 - C_a^2 + d^2 + L_п^2 - 2L_пL_c + L_c^2}$$

$$\Delta S = R_{外} - R_{\min}$$

$$= R_{外} - \frac{1}{2}B_a + \sqrt{\left(R_{内基} + \frac{1}{2}B_s\right)^2 + L_a^2 - C_a^2 + d^2 + L_п^2 - 2L_пL_c + L_c^2}$$

3.6 相当长度运用之四——确定挂车和牵引车结构参数

本节再以全挂车为例（后轮不转向），叙述如何利用它确定并选择合理的结构参数

$$l_s = \sqrt{L_a^2 + L_п^2 + d^2 - C_a^2} \leqslant \sqrt{\left(R_{外} - \frac{B_п}{2}\right)^2 - \left(R_{内} - \frac{B_п}{2}\right)^2}$$

对一定结构的牵引车而言，C_a、L_a 都是定值，可以看作是已知数，则

$$d^2 + L_п^2 \leqslant \left(R_{外} - \frac{B_п}{2}\right)^2 - \left(R_{内} - \frac{B_п}{2}\right)^2 + C_a^2 - L_a^2$$

上述等式是一个圆方程，挂车要通过某一等级公路，必须使牵引臂和轴距满足此方程，即 d 和$L_п$ 在一定范围内变化（如图 16 所示），超出这一范围是不可能通过等级公路的。

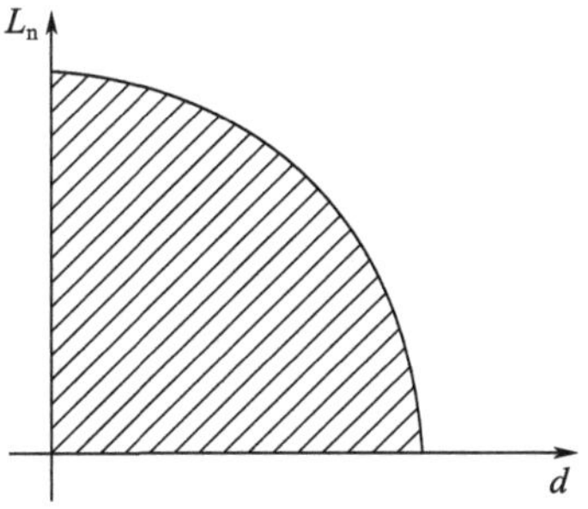

图 16　挂车结构参数选择范围

上面是从通过路面而言。从通过空间扫过宽度的条件公式，可以得出 d 和$L_{\text{п}}$ 的关系式

$$l_s'=\sqrt{L_a^2-C_a^2+d^2+(L_{\text{п}}-L_c)^2}\leqslant L_s'$$

$$L_s'=\sqrt{\left(R_{外}-\Delta S-\frac{1}{2}B_a\right)^2-\left(R_{内基}+\frac{1}{2}B_s\right)^2}$$

$$\therefore L_a^2-C_a^2+d^2+(L_{\text{п}}-L_c)^2\leqslant\left(R_{外}-\Delta S-\frac{1}{2}B_a\right)^2-\left(R_{内基}+\frac{1}{2}B_s\right)^2$$

对一定的牵引车 C_a、L_a 都是定值

$$d^2+(L_{\text{п}}-L_c)^2\leqslant\left(R_{外}-\Delta S-\frac{1}{2}B_a\right)^2-\left(R_{内基}+\frac{1}{2}B_s\right)^2+C_a^2-L_a^2$$

上面公式同样是一个圆方程式。由此推论，同样可以求出半挂车轴距的选择范围

$$l_s'=\sqrt{L_a^2+L_{\text{п}}^2}\leqslant\left(R_{外}-\frac{1}{2}B_a\right)^2-\left(R_{内基}+\frac{1}{2}B_{\text{п}}\right)^2$$

对于牵引车而言，L_a 是定值，所以

$$L_{\text{п}}\leqslant\sqrt{\left(R_{外}-\frac{1}{2}B_a\right)^2-\left(R_{内基}+\frac{1}{2}B_{\text{п}}\right)^2-L_a^2}=\text{const}$$

图 17 是半挂车轴距的选取范围，即选用阴影区内的任何一个 $L_{\text{п}}$ 值的列车，其轮迹应在路面宽度内，否则就要越出路面。

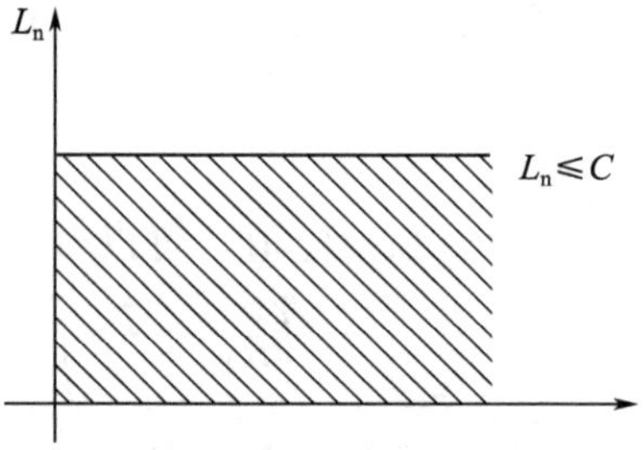

图 17　半挂车轴距范围

考虑带产品时

$$l_s'=\sqrt{L_a^2+L_{\text{п}}^2}\leqslant\sqrt{\left(R_{外}-\Delta S-\frac{1}{2}B_a\right)^2-\left(R_{内基}+\frac{1}{2}B_s\right)^2-L_a^2}=\text{const}$$

对全挂车（全轮转向）同样可以求得

$$d^2+L_{\text{п}}^2\leqslant\left(R_{外}-\frac{1}{2}B_a\right)^2-\left(R_{内基}+\frac{1}{2}B_s\right)^2+C_a^2-L_a^2=\text{const}$$

此方程式也是一个圆方程。

对后轮转向半挂车如图 9 所示，同样可以求得

$$L_{\text{п}}^2-2L_{\text{п}}L_c\leqslant\left(R_{外}-\frac{1}{2}B_a\right)^2-\left(R_{内基}+\frac{1}{2}B_a\right)^2-L_a^2$$

对半挂车和牵引车全部轮转向的情况，如图 14，同样可以求出

$$L_{\text{п}}^2-2L_{\text{п}}L_c\leqslant\left(R_{外}-\frac{1}{2}B_a\right)^2-\left(R_{内基}+\frac{1}{2}B_a\right)^2-L_a^2+2L_aL_c+2L_c'C_a+C_a^2$$

注意：

1）如果是 $L_{\text{п}}=2L_c$，公式左边是零，其物理意义是牵引车和挂车同轨迹。这种情况下只考虑牵引车的通过性就可以代表整个列车的通过性。

2）上面最后 3 种情况没有考虑带载空间扫过宽度的情况。

对于半挂车（图 14）考虑空间通过性

$$l_s'=\sqrt{L_a^2-2L_aL_c'-2L_c'C_a-C_a^2+L_{\text{п}}^2-2L_{\text{п}}L_c+L_c^2}\leqslant L_s'$$

$$L_s'=\sqrt{\left(R_{外}-\Delta S-\frac{1}{2}B_a\right)^2-\left(R_{内基}-\frac{1}{2}B_a\right)^2}$$

$$\therefore L_a^2-2L_aL_c'-2L_c'C_a-C_a^2+L_{\text{п}}^2-2L_{\text{п}}L_c+L_c^2\leqslant\left(R_{外}-\Delta S-\frac{1}{2}B_a\right)^2-\left(R_{内基}-\frac{1}{2}B_a\right)^2$$

牵引车假定 L_a、C_a、L_c' 都是定值，上式变为

$$L_{\text{п}}^2-2L_{\text{п}}L_c+L_c^2\leqslant\left(R_{外}-\Delta S-\frac{1}{2}B_a\right)^2-\left(R_{内基}-\frac{1}{2}B_a\right)^2-L_a^2+2L_aL_c'-2L_c'C_a+C_a^2=\text{const}$$

$$(L_{\text{п}}-L_c)^2\leqslant\text{const}$$

$$L_{\text{п}}-L_c\leqslant C_1=\sqrt{\text{const}}$$

如果 $L_{\text{п}}=\frac{1}{2}L_c$，上式变为 $L_{\text{п}}=2C_1$。

此公式说明对于牵引车和挂车车轮均转向的场合，在 $L_{\text{п}}=\frac{1}{2}L_c$ 时，轴距只有一个最大值。

利用相当长度的公式，在挂车这个结构参数给定以后，可以确定牵引车的长度 L_a 和 C_a，以全挂车（后轮不转向）为例

$$l_s=\sqrt{L_a^2+L_{\text{п}}^2+d^2-C_a^2}\leqslant\sqrt{\left(R_{外}-\frac{1}{2}B_a\right)^2-\left(R_{内}-\frac{1}{2}B_a\right)^2}$$

当 $L_{\text{п}}$、B、d 一定，此公式可简化为下式

$$L_a^2-C_a^2\leqslant\left(R_{外}-\frac{1}{2}B_a\right)^2-\left(R_{内}-\frac{1}{2}B_a\right)^2-d^2-L_{\text{п}}=\text{const}$$

同理可以求得后轮转向全挂车、后左转向和不转向半挂车式的牵引车有关这个参数 L_a 和 C_a 值的大小关系式。

说明：推导 L_s 和 L_s' 时，都运用了公路路面和路基平曲线半径的最大值，实际使用时应考虑留有一定的安全余量（安全区）。

4 轨迹的制作和研究

研究轮迹的着眼点是为了寻找挂车沿给定牵引车运动的轨迹，确定在转向过程中牵引车和挂车各结构参数对挂车（牵引车）轮迹、偏移量的影响。

4.1 图解法

图解法是把一个系统的任何运动看作是这个系统和旋转中（极点）一起的直线运动以及绕这个中心的旋转运动所组成。

最精确、简单地制作挂车车轴中点按给定的挂车主动点的运动轨迹，是把挂车看作一根轴 AB 的图解法。在自身运动时，该轴任何时间都朝着 B 点（挂车车轴中点，如图 18 所示）轨迹的切线方向。

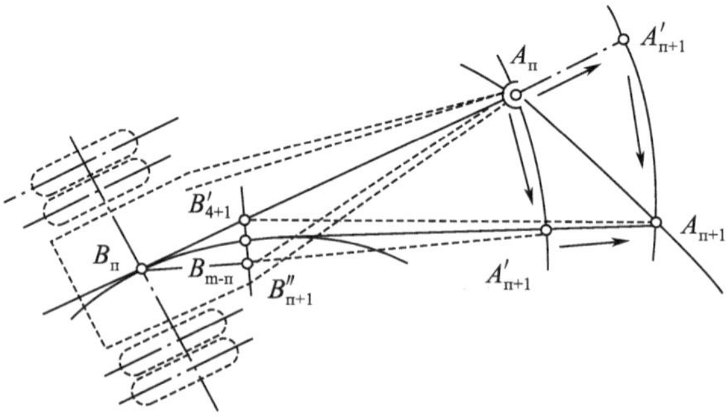

图 18　半挂车后轴中点轨迹图

为了从 $A_{п}B_{п}$ 位置过渡到临近的 $A_{п+1}B_{п+1}$ 位置，轴 AB 起初应当沿着 $A_{п}B_{п}$ 方向移动一个距离到 $A'_{п+1}B'_{п+1}$ 位置。然后在 $B_{п+1}$ 附近旋转，使点 $A'_{п+1}$ 落在 $A_{п+1}$ 位置上。或者相反轴 AB 首先应当在 B 点附近旋转一角度，以便使它的方向通过 $A_{п+1}$（$A''_{п+1}B_{п}$ 的位置），然后移动到 $A_{п+1}B''_{п+1}$ 位置上。若 $A_{п}$ 和 $A_{п+1}$ 之间的距离无穷小，点 $B'_{п+1}$ 和 $B''_{п+1}$ 就要重合，而且将位于 B 点的实际轨迹上。若 $A_{п}$ 和 $A_{п+1}$ 之间的距离是某一个有限值，点 $B'_{п+1}$ 和 $B''_{п+1}$ 相互间就有某一距离。B 点实际轨迹将通过 $B'_{п+1}$ 和 $B''_{п+1}$ 之间。

根据上面所述以及由分析法和图解法的结果来看，B 点的实际轨迹位于按“移动 — 旋转”系统找到的($B'_{п+1}$) 和按“旋转 — 移动”系统找到的($B''_{п+1}$) 轨迹之间的中间位置，可用下面的简单方法制作。

把 A 点的轨迹分成一系列的线段，而且愈小愈好。由获得的点，用等于轴的长度 l 为半径，在 B 点轨迹应该通过的地方画圆弧Ⅰ、Ⅱ、Ⅲ等（图 19），按照“移动—旋转”方法制作的图中找出轨迹上的点。

1）直线 AB 和圆弧Ⅰ的交点——点 1′；

2）直线 1′1 和圆弧Ⅱ的交点——点 2′；

3）直线 2′2 和圆弧Ⅲ的交点——点 3′；

按照“旋转-移动”方法得到的图中轨迹上的各点：

1）直线 B_1 和圆弧Ⅰ的交点——点 1″；

2）直线 1″2 和圆弧Ⅱ的交点——点 2″；

3）直线 2″3 和圆弧Ⅲ的交点——点 3″；

把圆弧 1′1″、2′2″和 3′3″等分后就可找到点 B 运动的真实轨迹的各点 A，B，C 等。

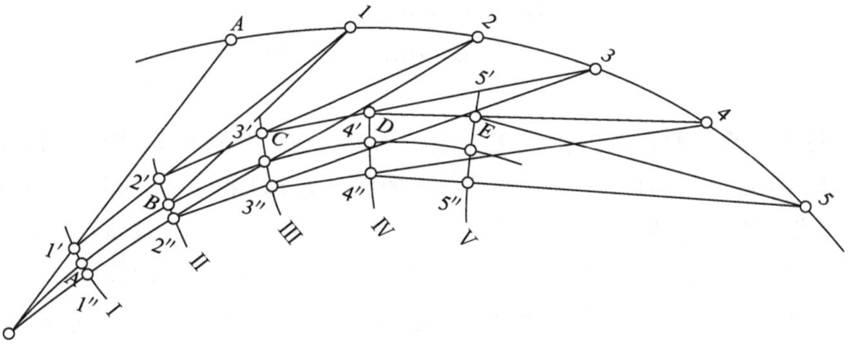

图 19 移动-旋转求迹图

由此可见，图解方法相当简单和足够精确，借助图解法，按已知的牵引车运动轨迹，不管列车组拖车数量如何多，均能够作出列车组中任何一个挂车的运动轨迹。图解法是一个比较笨拙的方法，它不易立即得出挂车的最终位置，或任一中间位置，而是需要按顺序做完全部的轨迹。

4.2 图解分析法

这一方法是制作轨迹的主要部分，由计算方法得到，而计算所用的原始数据是在图解法的基础上得到的。

牵引车后轴中点的旋转半径，在任何一瞬间皆由下式决定（见图 20）

$$R = L_a C \tan a_1 + 0.5 B_a$$

设牵引车前内轮转向角 a_1 遵循线性规律变化

$$a_1 = \sigma t$$

式中 σ ——转向轮旋转角速度；

t ——时间。

如果经过一段很短的时间间隔，研究牵行车的转向，那么起始曲率为（$1/R_{n-1}$）和最终曲率为 $1/R_0 d$ 的任何一段轨迹，可以用相应的时间间隔 $t_{cp}=(t_{n-1}+t_n)/2$ 对应的平均半径 R_{cpn} 的圆弧来代替。而且，这个弧的中心是在半径≪ R_{n-1} 的方向上。假如牵引车转弯的每个时间间隔是一样的，且是相等的 Δt ，那么牵引车在每一个时间间隔所通过的路程 ΔS 为

$$\Delta S = V_t \cdot \Delta t$$

式中 V_t ——牵引车运动的速度。

在制作运动轨迹时，把牵引车方向盘从正中位置旋转到极限位置的时间间隔 t 分成 m 等分 Δt ，且找出下列数值

$$t_{cp1} = (1/2)\Delta t$$

$$t_{cp2} = (3/2)\Delta t$$

…

找出相应的半径值

$$R_{cp1} = L_c \tan\sigma t_{cp1} + 0.5B_a$$
$$R_{cp2} = L_c \tan\sigma t_{cp2} + 0.5B_a$$
$$\cdots$$

在点 B 运动所给出的直线的垂线上有一点 B_0，点B_0 相应于转弯的开始（见图 20），取等于半径 R_{cp1} 的直线段 B_0O_1 并作长为 ΔS 的弧。如 ΔS 很小时，弧可以用弦代替。找到弧终点后，把它和曲率中心 O_1 联结，就可确定半径 R_{cp1} 在弧段终点的方向，用相类似的方法绘制轨迹的下面各段，用半径为 R_{cp2} 的值在 R_{cp1} 的终点方向上取。

从点 m 开始，点 B 将按照半径为常数值 R_{min} 作圆周运动。表 2 为 1965 年试验车（CA－30牵引车）后轴中点轨迹的数据。

用同一方法可以绘制出牵引车由转弯行驶至直线行驶过渡过程中运动的各段轨迹。

牵引车运动的轨迹找出后，用前面介绍的图解法即能绘制出挂车的运动轨迹。

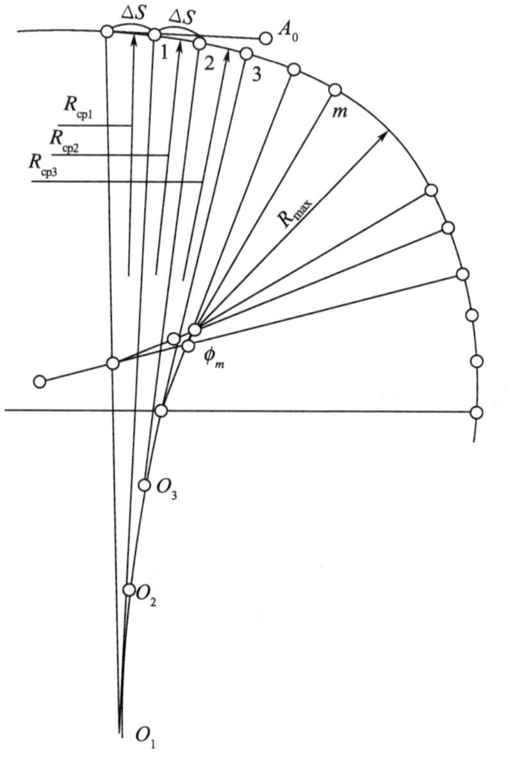

图 20　后轴中点轨迹

表 2　CA－30 牵引车后轴中点轨迹图

项目 / 值 / 序号	Δt/s	t_{cp1} /s	σt_{cp1}	$\cot\sigma t_{cp1}$	$L_a \cot\sigma t_{cp1}$	$\sum_{i=1}^{n} s = \sum vt$
1	0.2	0.1	0.34′	101	426.73	0.56
2	0.2	0.3	1°43′	33.37	140.98	1.12

续表

序号 \ 值 \ 项目	Δt/s	t_{cp1} /s	σt_{cp1}	$\cot\sigma t_{cp1}$	$L_a \cot\sigma t_{cp1}$	$\sum_{i=1}^{n} s = \sum vt$
3	0.2	0.5	2°51′	20.21	85.39	1.68
4	0.2	0.7	4°06′	14.3	60.41	2.24
5	0.2	0.9	5°10′	11.06	46.73	2.8
6	0.2	1.1	6°18′	9.31	39.29	3.36
7	0.2	1.3	7°27′	7.647	32.3	3.92
8	0.2	1.5	8°30′	6.61	27.93	4.48
9	0.2	1.7	9°44′	5.83	24.63	5.04
10	0.2	1.9	10°54′	5.19	21.97	5.06
11	0.14	2.04	11°42′	4.83	20.43	

4.3 分析法

分析法既可用于简单的运动情况，也可用于较复杂的运动情况，来研究牵引车同挂车的运动学。

分析法按给定的牵引车运动轨迹来绘制挂车运动的轨迹时，需要做相当复杂和大量的计算。在牵引车沿复杂的轨迹运动时，分析法可能十分困难，甚至于不能完成任务。

举单挂车为例，假定下面方程式给定挂车主动点 A（图 21）的运动轨迹

$$\eta = f(\xi)$$

找出挂车轮轴中点 B 有曲线方程式

$$y = f(x)$$

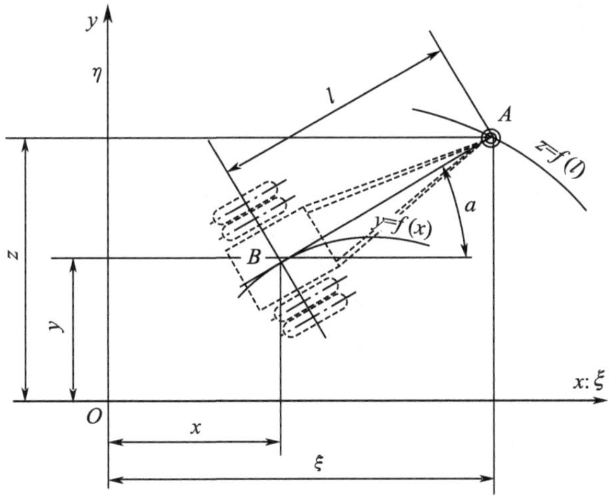

图 21　挂车轨迹图

从图 21 得到

$$y=\eta-l\sin a$$

$$x=\xi-l\cos a$$

式中　y，x —— B 点的轨迹参数；

η，ξ —— A 点的轨迹参数；

a ——挂车纵轴 AB 和 x 轴的夹角。

因 AB 是点 B 轨迹的切线

故
$$\tan a=\frac{\mathrm{d}y}{\mathrm{d}x}$$

由此得出

$$y=\eta-l\frac{\frac{\mathrm{d}y}{\mathrm{d}x}}{\sqrt{1+\left(\frac{\mathrm{d}y}{\mathrm{d}x}\right)^2}}$$

$$x=\xi-l\frac{1}{\sqrt{1+\left(\frac{\mathrm{d}y}{\mathrm{d}x}\right)^2}}$$

这些方程式的联立解可找出未知的关系 $y=f(x)$ 或 $x=f(y)$。

当挂车主动点沿与 x 轴重合的直线运动时，而且车起动时刻，挂车 AB 纵轴同 y 左重合时（图 22），未知的关系采用下面的形式

$$x=\sqrt{l^2-y^2}-\ln\frac{l-\sqrt{l^2-y^2}}{y}$$

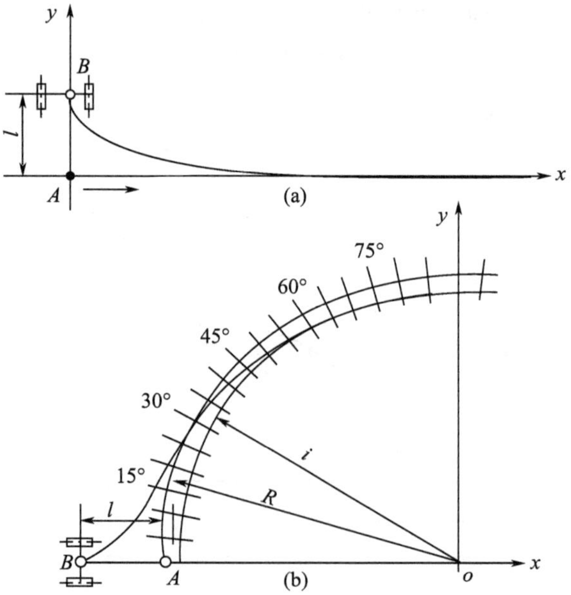

图 22　轨迹图

这个等式的分析证明，随着点 A 通过的距离的增加（即 $x \to \infty$ 时），点 B 的轨迹渐渐接近于点 A 的轨迹（x 轴）。在 $x=3l$ 时，B 点轨迹完全接近 A 点轨迹。

在点 A 以 R 为半径作圆周运动的情况下，圆的中心位于坐标起点，而且最初的时刻挂车纵轴 AB 同 x 轴重合［图 22（b）］。为了简化，利用关系式进行极坐标变换

$$x=\rho\cos\theta$$

$$y=\rho\sin\theta$$

式中 ρ —— B 点的半径；

θ ——半径矢量和轴之间的夹角。

未知关系可用下式表示

$$\theta=\frac{1}{2}\arcsin\left\{\frac{(R^2-l^2)+\rho^2}{2R^2\rho^2}\times\sqrt{4l^2\rho^2-[\rho^2-(R^2-l^2)]^2}\right\}-\frac{1}{\sqrt{R^2-l^2}}\times$$

$$\ln\left\{\left[\frac{4l^2(R^2-l^2)}{\rho^2-(R^2-l^2)}+2l^2+\frac{2l\sqrt{R^2-l^2}}{\rho^2-(R^2-l^2)}\times\sqrt{4l^2\rho^2-[\rho^2-(R^2-\rho^2)]^2}\right]\frac{1}{2Rl}\right\}$$

对于这个方程式的分析证明，在 $\theta \to \infty$ 时，B 点轨迹渐近地接近半径 $r=x=\sqrt{R^2-l^2}$ 的圆周。

实际上，由于道路的不平坦，旋转到 1/4 圆周末端，B 点就沿着这个圆周运动。

4.4 实验研究方法

我们做过一次机动性试验，试验车详细地记录挂车的实际轨迹。路面轨迹的测定是用滴水的方法，根据水的痕迹，在试验场上任选一点为基点，以后顺次和痕迹上的多点相连，测出基点到轨迹上各点的距离，记入表格，然后按一定比例画在方格纸上。试验证明理论轨迹有足够的精确度（如图 23 所示）。

5 结论

1）半挂车和全挂车横向位移 C_k 不可能等于零，半挂车和全挂车后轮转向时 C_k 可以等于零，因此可以使通道宽度和扫过宽度大大减小，从而提高了机动性。

2）汽车列车转弯运动同车长为相当长度 l_s' 的汽车转弯效果一样，而且能够用它评价汽车同挂车车轮显示的不重合值。

3）后轮转向的挂车和半挂车列车的相当长度比不转向的要小。

4）不必要做复杂的计算和作图，用条件公式 $l_s<L_s$，$l_s'<L_s'$ 可以确定列车通过等级公路的可能性。

5）应用“相当长度”可以找到通过等级公路的挂车的结构参数（d，$L_{\text{П}}$）的关系及其范围。

6）应用“相当长度”可以估算出司机驾驶牵引车时前外轮离路面外侧的最小距离 ΔS 。

7）应用“相当长度”可确定运输车之最大外廓尺寸长和宽的关系，从而确定同允许

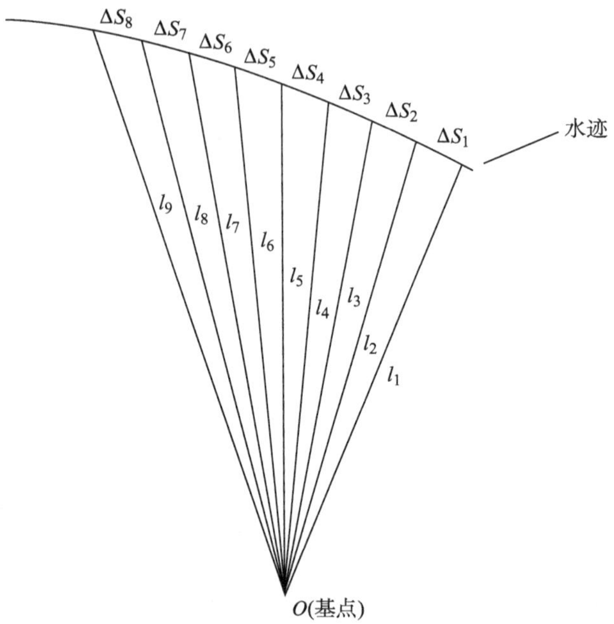

图 23　水迹图

运输产品的最大长度和直径。

8）汽车列车的转向半径相同时（例如牵引车前外轮沿着公路车的外侧运行时），空间扫过宽度的值与挂车的这个结构形式以及挂车的轴距、轮距和装载的产品外壳尺寸等有关（一般来说后轴轮转向的挂车 B_s 要小）。

9）转向过程一般分为 3 个阶段：第一阶段是牵引车从直线运动到曲线运动；第二阶段是列车绕一固定不变中心做定径旋转运动；第三阶段是从定径旋转运动恢复成直线运动。第一、第三阶段为不稳定转向过程，其轨迹一般是抛物线，这一过程横向偏移比较小，即通过宽度和空间扫过宽度都小于稳定阶段的值。转向通过性最紧张的是在弯道上进入稳定段以后，如稳定段能通过，非稳定段通过是不成问题的。因此通过性只研究稳定段就足够了。

10）求转向运动的轨迹，有分析法、图解法、图解分析法、模型试验和实物道路试验 5 种，它们各有其特点，任何一种方式选择取决于要解决的目的和任务，取决于给定的原始参数。

11）分析法研究旋转过程时，常常要知道牵引车的运动轨迹，但牵引车不是简单的直线和圆周运动，而是复杂的运动，因而挂车的运动方程式往往得不到明显的解，但分析法允许阐明各种因素（包括结构和运动条件）的影响。

12）图解分析法用于不知道牵引车轨迹，但其规律以分析形式给出，挂车运动轨迹用图来构作。

13）图解法足够精确，但必须知道主动点的轨迹，然后利用“移动⇆旋转”办法求解，作图法比较累赘。

14）模型研究方法简单、直观、方便。它可以用于研究牵引车沿任意轨迹运动时，对挂车运动学的影响。

15）实物试验方法通常用在考核理论计算的准确性或阐明在实际运动的条件下，结合动力学现象进行研究的场合。

运载火箭公路运输车机动性论证报告

（1964.11.18）

根据使用单位的反映，运载火箭的公路运输车和托架（起竖运输车）机动性很差。使用单位希望把公路运输车机动性指标提高，以便能在简易公路上顺利通过。

我国的公路条件是比较差的，根据公路局普查，全国有公路 47～48 万千米，其中 6 级公路 17 万多千米，5 级以上的公路只有 3 万多千米，简易公路有 24 万千米，简易公路以下有 3 万多千米。如仍按 5 级公路标准来设计公路运输车，将会限制部队作战使用范围。为此必须对提高运载火箭的公路运输车机动性进行研究。

这个认证报告主要是分析提高机动性的途径，通过分析证明后轮转向机构是提高机动性最有效的方案，通过对后轮转向全挂车的轨迹研究和国内外资料收集说明后轮转向是完全可能实现的。

1 机动性的分析

运用后轮转向机构的优越性和必要性是在一定的道路条件下来讲的，我们没有必要在好的道路条件下，也去运用高机动性的、结构比较复杂的后轮转向机构。所以，本文的道路条件是山岭地区工程困难地段的简易公路。

山区简易公路的指标：最小转弯半径是 15m，路面宽度是 3m，转弯处、路面和路基各加宽 0.5m。

评价机动性指标用下列参数：

R_{min} ——汽车列车的最小转向半径；

B_0，B_s ——汽车列车转向时段路面宽度值和空间宽度值；

C_k ——汽车或牵引车后轴中点对挂车或半挂车后轴中点的基本轨迹之最大偏移。

1.1 全挂车机动性分析

（1）列车最小转向半径

列车以最小转向半径转弯，如图 1 所示。

为简化计算，略去了转向时车轮绕其回转中心旋转时产生的纵向、横向位移值，全挂车的最小转向半径由图 1 得出

$$R_{min}=R_1+\frac{B_a}{2}$$

$$R_1=\sqrt{R_2^2+L_a^2}$$

$$R_2=\sqrt{R_3^2-C_a^2}$$

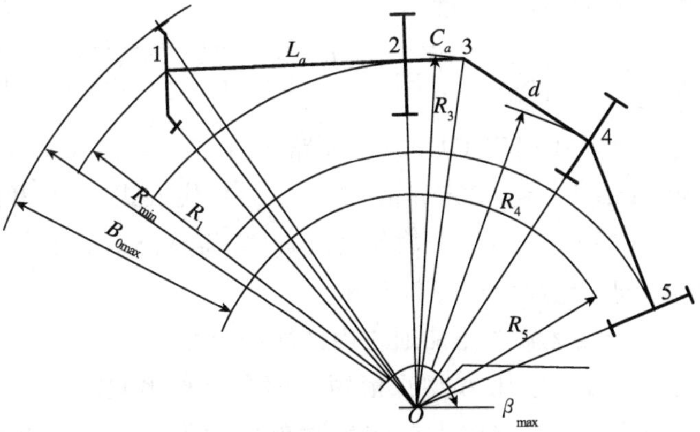

图 1　汽车列车转向简图

$$R_3=\sqrt{R_4^2+d^2}$$

$$R_4=\frac{L_{\Pi}}{\sin\beta_{max}}$$

将有关公式依次代入得

$$R_{min}=\sqrt{\left(\frac{L_{\Pi}}{\sin\beta_{max}}\right)^2+d^2-C_a^2+L_a^2}+\frac{B_a}{2} \tag{1}$$

沿公路外侧路边运行时列车最小转向半径（如图 2 所示）

$$R_{0min}=R_{公}+\frac{B_{路}}{2} \tag{2}$$

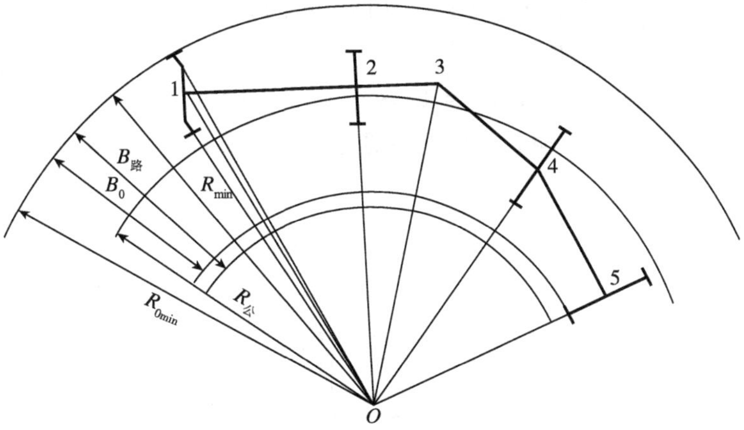

图 2　牵行车沿公路外侧运行转向简图

（2）路面宽度值

列车以最小转向半径转向时的路面宽度 B_{0max}

$$B_{0max}=R_{min}-\sqrt{\left(R_{min}-\frac{B_a}{2}\right)^2-L_a^2-L_{\Pi}^2-d^2+C_a^2}+\frac{B_{\Pi}}{2} \tag{3}$$

沿公路外侧路边运行时的路面宽度 B_0。

$$B_0 = R_{公} + \frac{B_{路}}{2} - \sqrt{\left(R_{公} + \frac{1}{2}B_{路} - \frac{B_a}{2}\right)^2 - L_a^2 - L_{\Pi}^2 - d^2 + C_a^2} + \frac{B_{\Pi}}{2} \tag{4}$$

为了得到定量的概念，我们用 QU001A 公路运输车的结构（$d = 7\ 140$ mm；$L_{\Pi} = 9\ 000$ m；$B_{\Pi} = 1\ 760$ mm；$L_a = 4\ 225$ mm，$\beta_{max} = 60$）代入式（1）和式（3）得：$R_{min} = 14.07$ m；$B_{0max} = 8.9\ \text{m} > 3.5$ m（山区简易公路）。将简易公路指标代入式（2）和式（4）得到：$R_{0min} = 16.75$ m；$B_0 = 7.4\ \text{m} > 3.5$ m。

计算说明 QU001A 公路运输车不能通过山区简易公路。

图 3 是 B 型火箭的尺寸。它比 A 型火箭短，用全挂车比 QU001A 公路运输车机动性要好，但能否通过简易公路呢？（图上标的尺寸单位均为毫米，以下各图尺寸单位均同此图。）

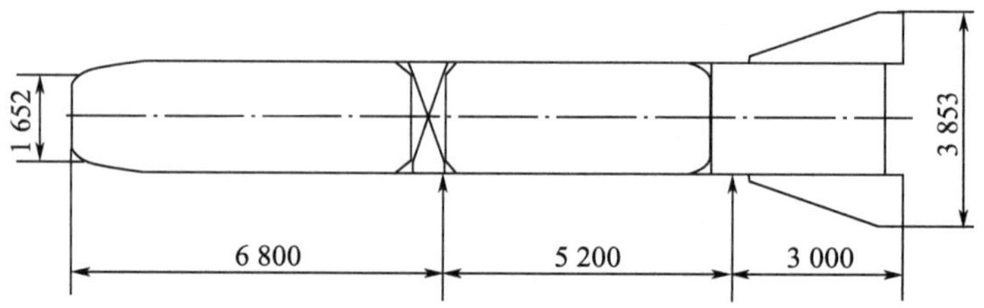

图 3　B 型火箭

将火箭与公路车做如下配置，取牵引臂长 $d = 6$ m，$L_{\Pi} = 6$ m，代入式(1) 得：$R_{min} = 10.84$ m。

此值实际上达不到，它受到牵引车最小转向半径的制约。CA－30 汽车 $R_{min} = 12.5$ m，因此只能以此值代入式（1）得

$$B_{0max} = 4.83\ \text{m} > 3.5\ \text{m}$$

所以 B 型火箭用全挂车运输时，也不能通过山区简易公路。B 型火箭在公路运输车上的位置尺寸见图 4。

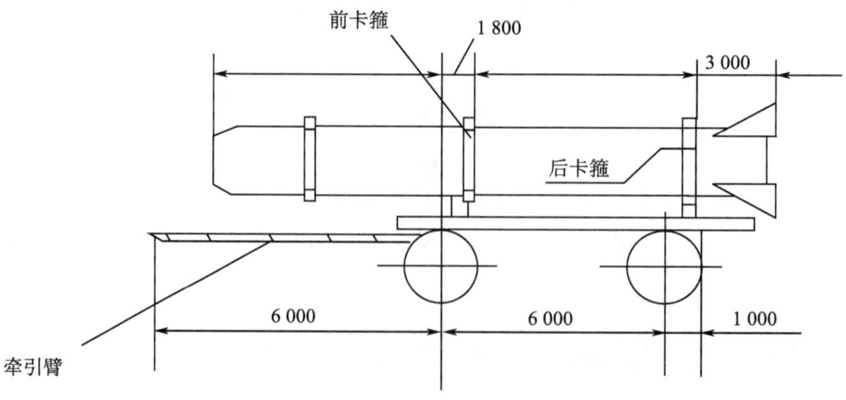

图 4　B 型火箭在公路运输车的位置尺寸

（3）空间宽度 B_s 的计算

①QU001A 公路运输车拖带 A 型火箭时的空间宽度

CA－30 拖带 A 型火箭公路运输车（QU001A）最小转向半径如图 5 所示，从图 5 看出

$$B_s = R_{外} - R_{内}$$

由计算得知

$$R_{中} = 18.41\ \text{m}$$

$$R_{外} = R_{中} + \frac{1.015}{2} = 18.92\ \text{m}$$

$$R_{内} = 8.92\ \text{m}$$

故 $$B_s = 10\ \text{m}$$

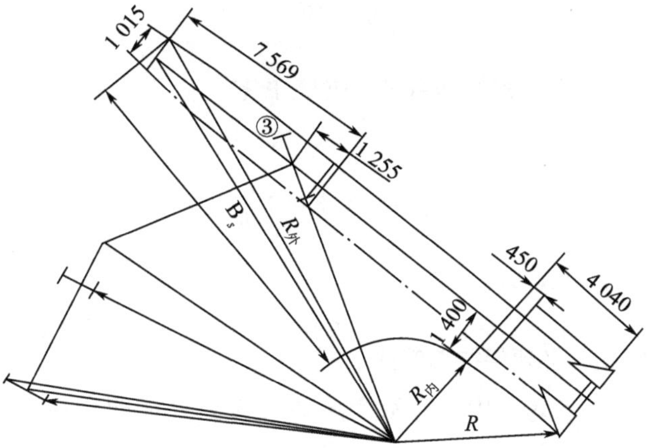

图 5　CA－30 拖带 A 型火箭公路运输车（QU001A）最小转向半径转向时简图

② B 型火箭用 $d = 6$ m，$L_{\Pi} = 6$ m 的公路运输车拖运

CA－30 拖带 B 型火箭公路运输车最小转向半径如图 6 所示。

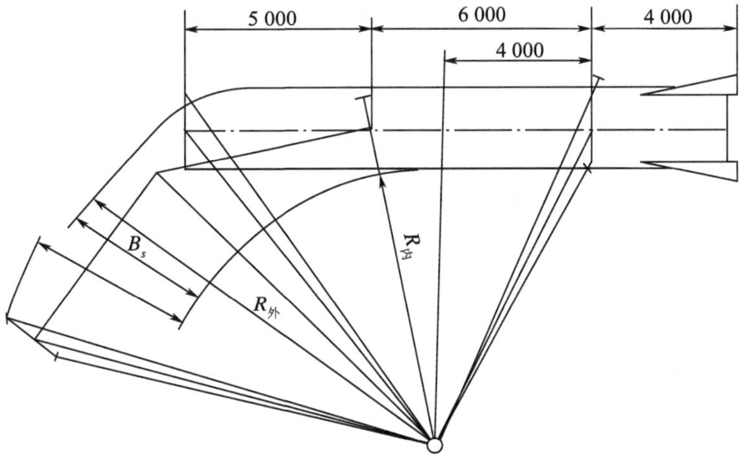

图 6　CA－30 拖带 B 型火箭公路运输车最小转向半径转向时简图

由图 6 可得：

$$R_{中}=16.89\ \text{m}$$

$$R_{外}=R_{中}+\frac{1.015}{2}=17.72\ \text{m}$$

$$R_{内}=11.4\ \text{m}$$

故 $$B_s=6.32\ \text{m}$$

上述两种情况的空间宽度 B_s 是牵引车沿公路外侧运行情况下获得的，从数值看偏大。

（4）相对偏移 C_k 值

从图 1 得知

$$C_k=R_2-R_5=R_2\left[1-\sqrt{\left(\frac{C_a}{R_2}\right)^2-(1+\theta^2)\frac{L_{\Pi}^2}{R_2^2}}\right] \tag{5}$$

其中 $$\theta=\frac{d}{L_{\Pi}}$$

为了获得最好的机动性，相对偏移 C_k 应等于零。从式（5）看出，要使全挂车 C_k 为零，只有满足

$$\frac{C_a^2}{R_2^2}=(1+\theta^2)\frac{L_{\Pi}^2}{R_2^2}$$

或 $$\theta=\sqrt{\left(\frac{C_a}{L_{\Pi}}\right)^2-1} \tag{6}$$

为了使 θ 不成为虚数，必须保持不等式 $C_a>L_{\Pi}$，但 C_a 在 CA－30 汽车上仅有1.592 m，一般结构限制也不超过 1.8 m。因此，对于运输货物和火箭的全挂车，相对偏移等于零实际上不可能。

① QU001A 的 C_k 值

当牵引车沿公路外侧路边运行时

$$R_2=\sqrt{\left(R_{公}+\frac{1}{2}B_{路}-\frac{B_a}{2}\right)^2-L_a^2}=15.29\ \text{m}$$

$$R_5=10.22\ \text{m}$$

故 $$C_k=5.07\ \text{m}$$

② B 型火箭在公路运输车外侧运行时

$$R_2=\sqrt{\left(R_{公}+\frac{1}{2}B_{路}-\frac{B_a}{2}\right)^2-L_a^2}=15.29\ \text{m}$$

$$R_5=12.8\ \text{m}$$

故 $$C_k=2.49\ \text{m}$$

1.2 半挂车方案机动性的分析

B 型火箭在公路运输车运输时，公路运输车轴距取 10 m 左右是合适的。图 7 是半挂车转向简图，图 8 是半挂车与 B 型火箭的配置图。

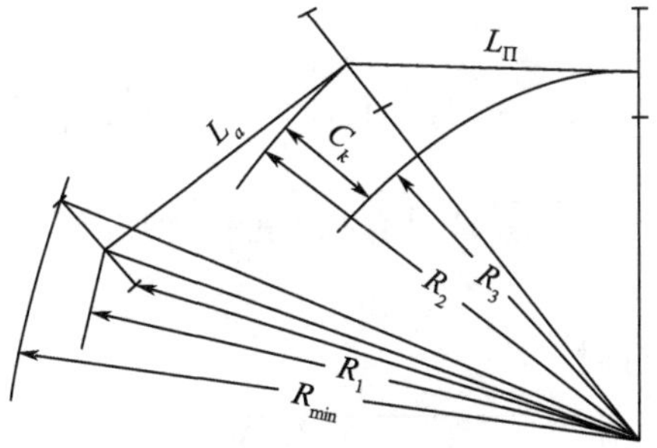

图 7　半挂车转向简图

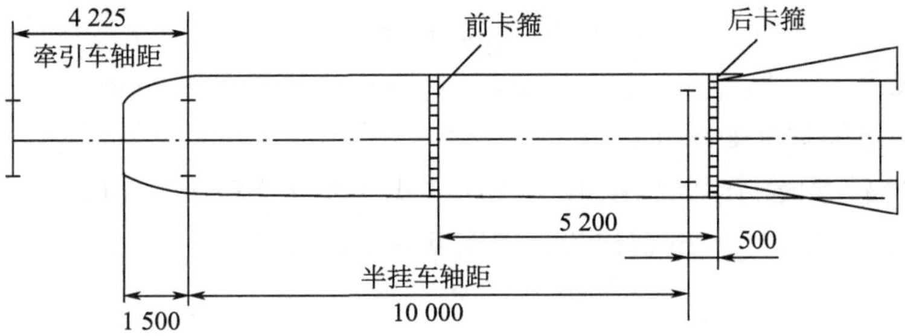

图 8　半挂车与 B 型火箭配置图

（1）最小转向半径

从图 7 可以看出，最小转向半径发生在 $R_3=0$ 的时候，此时

$$R_{min}=\sqrt{L_a^2+L_\Pi^2}+\frac{B_a}{2} \tag{7}$$

将 $L_\Pi=10$ m 代入得 $R_{min}=11.73$ m，但是实际上达不到此值，R_{min} 受牵引汽车自身的最小转向半径的限制，对于 CA－30 汽车，式（7）只有在 $L_\Pi>11.7$ m 时才成立。小于 11.7 m 时，列车最小转向半径即用牵引车最小转向半径代替。换句话说，牵引车最小转向半径就是列车的最小转向半径。

（2）路面宽度

① 最小转向半径转向时的路面宽度 B_{0max}

$$B_{0max}=R_{min}+\frac{B_\Pi}{2} \tag{8}$$

② 沿等级公路外侧运行时的路面宽度

$$B_0=R_{min}-R_3+\frac{B_\Pi}{2}=\left(R_{公}+\frac{B_a}{2}\right)-\sqrt{\left(R_{公}+\frac{1}{2}B_{路}-\frac{B_a}{2}\right)^2-L_a^2-L_\Pi{}^2}+\frac{B_\Pi}{2} \tag{9}$$

将有关数值代入式（8）和式（9）得

$$B_{0max}=9.23\ \text{m}$$

$$B_0=6.6\ \text{m}>3.5\ \text{m}$$

由此看出用半挂车运输 B 型火箭不能通过山区简易公路。

（3）相对偏移 C_k 值

$$C_k = R_2 - R_3 = R_2\left[1 - \frac{R_3}{\sqrt{R_3^2 + L_{\Pi}^2}}\right] \tag{10}$$

欲使 $C_k = 0$，则 $R_3 = \sqrt{R_3^2 + L_{\Pi}^2}$，只有在 $L_{\Pi} = 0$ 时才有可能，这意味着汽车或牵引车拖带挂车后，C_k 不可能为零。

当牵引车沿公路外侧运行时

$$R_2 = \sqrt{\left(R_{公} + \frac{1}{2}B_{路} - \frac{B_a}{2}\right)^2 - L_a^2} = 15.3\ \text{m}$$

$$R_3 = \sqrt{R_2^2 - L_{\Pi}^2} = 11.57\ \text{m}$$

$$C_k = 3.73\ \text{m}$$

（4）空间宽度

半挂车转向空间宽度如图 9 所示。

当牵引车公路外侧运行时，$R_{中} = 16.31$ m，考虑头部直径 $R_{中} = 17.14$ m，$R_{内} = 11.57$ m$-$1.4 m$=$10.17 m，式中 1.4 m 假定为护架宽度一半，可得

$$B_s = R_{外} - R_{内} = 6.97\ \text{m}$$

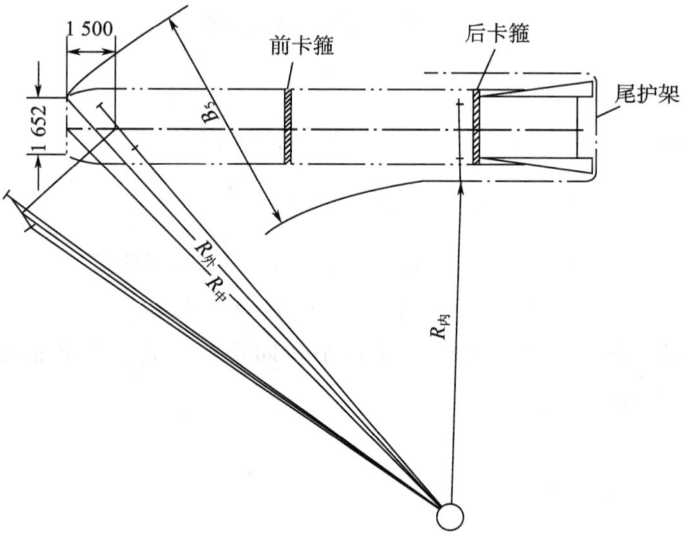

图 9　半挂车转向空间宽度计算图

1.3　半挂车后轴轮转向机动性分析

转向简图如图 10 所示。

（1）最小转向半径

$$R_{\min} = \sqrt{L_a^2 + L_{\Pi}^2 - 2L_{\Pi}L_c + \left(\frac{L_c}{\sin\alpha_{\max}} - \frac{B_{\Pi}}{2}\right)^2} + \frac{B_a}{2} \tag{11}$$

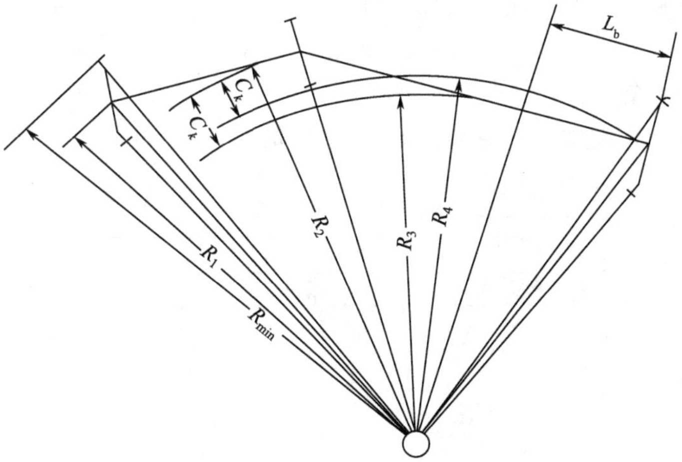

图 10　半挂车后轮转向简图

式中　L_c ——后轮转向机构设计的虚轴距；

α_{max} ——后轮转向之最大转向角，对于一定的结构，是已知数。

式（11）受牵引车最小转向半径的限制。

（2）路面宽度

① 以最小转向半径转弯时的路面宽度

$$B_{0max}=R_{min}-\sqrt{\left(R_{min}-\frac{B_a}{2}\right)^2-L_a^2-L_{\Pi}^2+2L_{\Pi}L_c}+\frac{B_{\Pi}}{2} \tag{12}$$

②沿公路外侧路边运行时的路面宽度 B_0

$$B_0=R_{公}+\frac{B_{路}}{2}-\sqrt{\left(R_{公}+\frac{1}{2}B_{路}-\frac{B_a}{2}\right)^2-L_a^2-L_{\Pi}^2+2L_{\Pi}L_c}+\frac{B_{\Pi}}{2} \tag{13}$$

（3）相对偏移 C_k 值

$$C_k=R_2-R_4=\sqrt{L_{\Pi}^2-2L_{\Pi}L_c+\left(\frac{L_c}{\sin\alpha_{max}}-\frac{B_{\Pi}}{2}\right)^2}-\left(\frac{L_c}{\sin\alpha_{max}}-\frac{B_{\Pi}}{2}\right) \tag{14}$$

$$\lambda=1-\frac{L_c}{\sqrt{{L_c}^2+(L_{\Pi}^2-2L_{\Pi}L_c)\sin^2\alpha}} \tag{15}$$

欲使 $\lambda=0$，则　　$L_c=\sqrt{L_c^2+(L_{\Pi}^2-2L_{\Pi}L_c)\sin^2\alpha}$　　(16)

分析式（16），使方程式为零的条件有 3 个：$L_{\Pi}=2L_c$，这是可能的；α 和L_{Π} 为零；C_k 也为零；但是后两种是没有意义的。

如 B 型火箭，用后轮转向的半挂车拖运，半挂车轴距仍旧为 10 m，$L_c=5$ m，后轮转向最大转角 $\alpha_{max}=34°$（CA－10 汽车转向机构，是前轮旋转的最大转角）。将上述数值代入式（11）得 $R_{min}=9.98$ m。

实际上受牵引车的限制达不到此值。所以，最小转向也就是牵引车最小转向半径12.5 m 此时用式（12）得出

$$B_{0max}=2.56\ \text{m}<3.5\ \text{m}$$

沿山区公路外侧转向时，用式（13）得出

$$B_0 = 2.33\ \text{m} < 3.5\ \text{m}$$

（4）空间宽度计算 B_s

后轮转向半挂车空间宽度计算简图如图 11 所示。

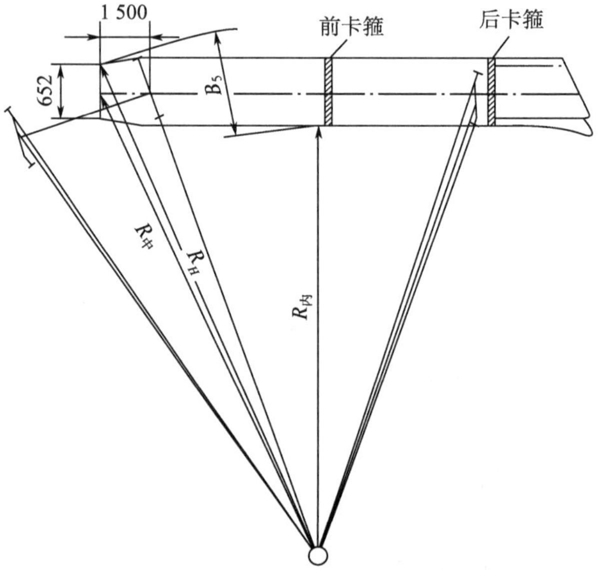

图 11　后轮转向半挂车空间宽度计算简图

当牵引车沿公路外侧运行时

$$R_{内} = \sqrt{\left(R_{\min} - \frac{B_a}{2}\right)^2 - L_a^2 - (L_{\Pi} - L_c)^2} + \frac{D}{2} = 13.34\ \text{m}$$

式中　D——火箭外直径。

由图 11 可得

$$R_{中} = 15.87\ \text{m}$$

$$R_{外} = 16.7\ \text{m} < R_{\min} = 16.75\ \text{m}$$

故　$$B_s = 3.35\ \text{m}$$

严格讲在 $R_{外} < R_{\min}$ 情况下，应该

$$B_s = R_{\min} + \Delta S - R_{内} = 3.6\ \text{m}$$

式中　ΔS——牵引车前外轮到外轮廓之间的距离。

1.4　全挂车后轮转向机动性分析

（1）最小转向半径

全挂车后轮转向简图如图 12 所示。由图 12 可得

$$R_{\min} = \sqrt{L_a^2 + d^2 + L_{\Pi}^2 - C_a^2 + \left(\frac{L_c}{\sin\alpha_{\max}} - \frac{B_{\Pi}}{2}\right)^2} + \frac{B_a}{2} \tag{17}$$

该公式受牵引车最小转向半径限制，当 $R_{\min}$ 小于 12.5 m 时不适用。

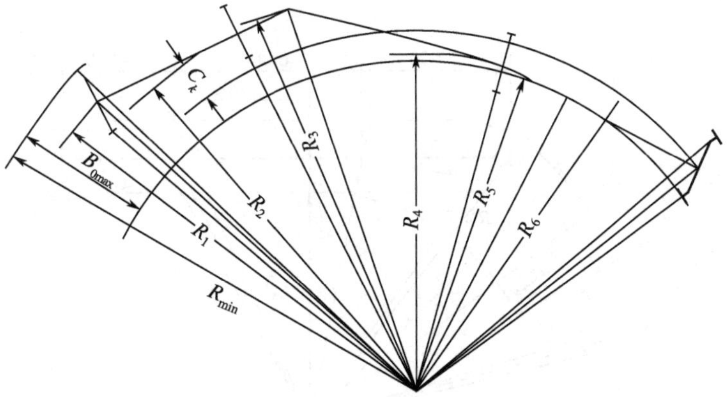

图 12　全挂车后轮转向简图

(2) 通过宽度

① 以最小转向半径转向时的路面宽度

$$B_{0\max}=R_{\min}-\sqrt{\left(R_{\min}-\frac{B_a}{2}\right)^2-L_{\Pi}^2-2L_{\Pi}L_c-d^2+C_a^2-L_a^2}+\frac{B_{\Pi}}{2} \tag{18}$$

② 牵引车沿公路外侧运行时

$$B_0=R_{公}+\frac{B_{路}}{2}-\sqrt{\left(R_{公}+\frac{1}{2}B_{路}-\frac{B_a}{2}\right)^2-L_a^2+C_a^2-L_{\Pi}^2+2L_{\Pi}L_c}+\frac{B_{\Pi}}{2} \tag{19}$$

(3) 相对偏移 C_k 值

从图 12 看出

$$C_k=R_2-R_6=R_2\cdot\lambda=\sqrt{\left(\frac{L_c}{\sin\alpha}\right)^2+L_{\Pi}^2+d^2-C_a^2-2L_{\Pi}L_c}-\frac{L_c}{\sin\alpha} \tag{20}$$

$$\lambda=1-\frac{\dfrac{L_c}{\sin\alpha}}{\sqrt{\left(\dfrac{L_c}{\sin\alpha}\right)^2+L_{\Pi}^2+d^2-C_a^2-2L_{\Pi}L_c}} \tag{21}$$

将式 (21) 化解，得知偏移值为零的条件是

$$L_{\Pi}=\sqrt{C_a^2-d^2+L_c^2}+L_c \tag{22}$$

或

$$d<\sqrt{C_a^2+L_c^2} \tag{23}$$

我们把 QU001A ($d=7\ 140$ mm，$L_{\Pi}=9\ 000$ mm) 改装成后轮转向，设计时取 $L_c=5$ m，$\alpha_{\max}=34°$ (采用 CA-10 的转向机构)，将参数代入式 (17)、式 (18)、式 (19)、式 (20) 分别得 $R_{\min}=15.45$ m，$B_{0\max}=3.88$ m，$B_0=3.68$ m，$C_k=2.78$ m。

B 型火箭用后轮转向的全挂车运输时，$R_{\min}=12.5$ m，$B_{0\max}=3.6$ m，$B_0=3.05$ m (<3.5 m)，$C_k=2.78$ m。

所以，B 型火箭用后轮转向的全挂车运输时，机动性大大提高，能在山区简易公路上顺利通过。QU001A 运输车改装后，机动性指标也显著改善，B_0 由 7.4 m 下降为 3.68 m。

(4) 空间宽度

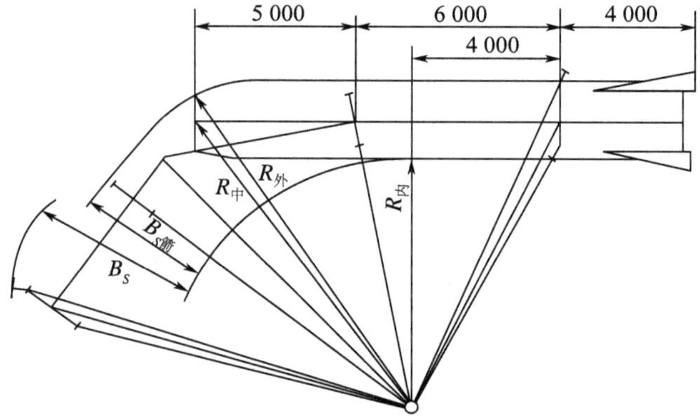

图 13　后轮转向全挂车拖运 B 型火箭空间宽度 B_s 计算图

后轮转向全挂车拖运 B 型火箭空间宽度 B_s 如图 13 所示。

当牵行车沿山区简易公路外侧运行时，$R_{min}=16.75\ m$，此时

$$R_{内}=\sqrt{R_{min}{}^2-L_a^2+C_a^2-(L_{\Pi}-L_c)^2}-\frac{D}{2}=14.02\ m-1.12\ m=12.9\ m$$

$$R_{中}=14.67\ m$$

$$R_{外}=15.52\ m<R_{min}$$

$$B_s=R_{min}-R_{内}+\Delta S=4.05\ m(\Delta S\ 取\ 0.2\ m)$$

1.5　条件公式

上述机动性分析指出，对于一定机构尺寸的公路运输车，不论是挂车还是半挂车，要说明能否通过山区简易公路，需做两次计算。一方面要算出最小转向半径，另一方面还要算出通过路面宽度。

(1) 相当长度概念

从图 14 可以看出

$$R_4=\sqrt{R_1^2-L_a^2-(L_{\Pi}-L_c)^2+L_c^2}$$

从点 1 作直线 15，切以 R_4 为半径的圆弧于 5 点，直线 15 就叫做列车的相当长度 $l_э$。

利用这个相当长度可以把汽车列车运动学的研究，看作是具有相当长度的牵引车运动学的研究

$$l_э=\sqrt{R_1^2-R_4^2}=\sqrt{L_a^2+L_{\Pi}^2-2L_{\Pi}L_c}\tag{24}$$

应用相当长度的意义是研究轴距 $l_э$ 的汽车转弯效果，即评定通过公路的可能性，从而简化了计算程序。

(2) 相当长度公式

1) 全挂车

$$l_э=\sqrt{L_a^2+L_{\Pi}^2+d^2-C_a^2}\tag{25}$$

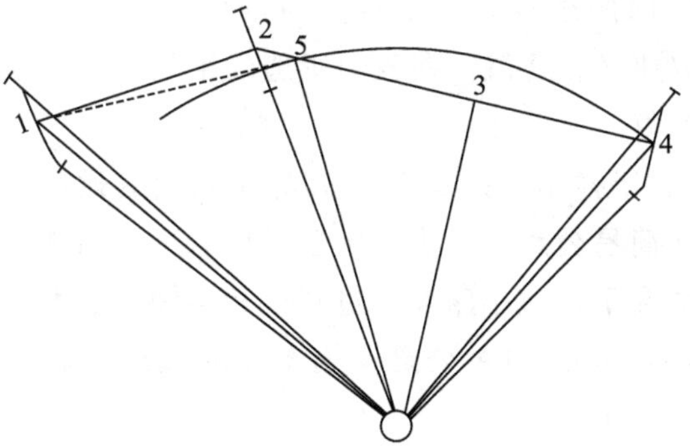

图 14　半挂车后轴轮转向相当长度计算简图

2）半挂车

$$l_э = \sqrt{L_a^2 + L_П^2} \tag{26}$$

3）全挂车后轮转向

$$l_э = \sqrt{L_a^2 - C_a^2 + d^2 + L_П^2 - 2L_ПL_c} \tag{27}$$

4）等级公路允许的最大相当长度

$$l_э = \sqrt{\left(R_外 - \frac{B_a}{2}\right)^2 - \left(R_内 - \frac{B_П}{2}\right)^2} \tag{28}$$

其中

$$R_外 = R_公 + \frac{R_路}{2}$$

$$R_内 = R_公 - \frac{R_路}{2}$$

对于山区公路，$l_э = 7.2$ m，用前面提到的运输B型火箭半挂车或全挂车的结构参数代入式（24）、式（25）、式（26）、式（27）得 $l_{э全} = 9.84$ m，$l_{э半} = 10.85$ m，$l_{э全后} = 6.27$m，$l_{э半后} = 4.23$ m。

将上面计算得出的机动性参数汇总，见表1。

表1　机动性参数汇总

列车 \ 火箭运输车 \ 机动性参数		R_{min}/m	B_{0max}/m	B_0/m	B_s	C_k/m	$l_э$/m
半挂车	B型公路运输车	12.5	9.23	6.6	6.97	3.73	10.85
全挂车	A型 QU001A	14.07	8.9	7.4	10	5.07	12.13
	B型公路运输车	12.5	6.48	4.83	6.32	2.49	9.84
半挂车后轮转向	B型公路运输车	12.5	2.56	2.33	3.61	0	4.23
全挂车后轮转向	A型 QU001A	15.45	3.88	3.68		2.78	7.56
	B型公路运输车	12.5	3.6	3.05	4.05	1.37	6.27

1.6　结论

1）无论从机动性公式还是机动性量值来比较，后轮转向的半挂车机动性比不转向的半挂车机动性好。后轮转向的全挂车比不转向的全挂车机动性好。而半挂车与全挂车相比，要看具体结构参数 d 和 L_{Π} 之值，在我们所选的结构参数情况下，半挂车不论后轮转向否，均较全挂车性能为好。

2）后轮转向的挂车和半挂车，拖运 B 型火箭能顺利通过山区简易公路，未用后轮转向机构，则不能通过山区简易公路。从表 1 中还可以看出，后轮转向机构的主要作用是在保持最小转弯半径相同情况下，减小路面通过宽度和空间通过宽度。A 型火箭全挂车拖运不能通过山区简易公路，将 QU001A 公路运输车改装成后轮转向后，虽然不能通过山区简易公路，机动性大大提高了。

上面两点说明了，要通过山区简易公路必须运用后轮转向机构。

3）从全挂车的条件式（25）可以看出 L_a 和 C_a 对于选用的牵引车来说是常数，通过 d 和 L_{Π} 的匹配关系来达到提高机动性的目的，对于运输长的火箭作用不大，因为它们都平方项目，d 减少，L_{Π} 必然增大，反之亦然。而且不管如何调整 d 和 L_{Π} 的匹配关系，要运输 B 型火箭通过山区公路是根本不可能的。

因为要通过山区公路，$l_э=\sqrt{L_a^2+L_{\Pi}^2+d^2-C_a^2}\leqslant 7.2$ m，采用 CA-30 将 $C_a=1.592$ m，$L_a=4.225$ m 代入，$L_{\Pi}^2+d^2\leqslant 36.58\ \mathrm{m}^2$，$d$ 和 L_{Π} 只能在这个区域内变动，而 DF-4 火箭全长约为 15 m（不带头部），仅两个卡箍之间的距离就是 5.2 m，因此用全挂车运输 B 型火箭通过山区简易公路是根本不可能的。这一点，也从另外一个角度说明了 B 型火箭通过山区简易公路不用后轮转向是不行的。

4）用后轮转向时，d 和 L_{Π} 能在较广泛的范围内变动，因此有可能选用合适的组合关系，既满足机动性好的要求，又考虑到汽车列车运行的其他性能，如平顺性、通过性等（这些性能和火箭在挂车上配置有关）。选择 d 和 L_{Π} 关系时，可运用式（27）、式（22）和式（23）。

2 轨迹的研究

我们研究转向轨迹的目的是：第一，校核机动性理论计算，形象地判断通过山区公路的可能性；第二，分析汽车拖挂车后的实际转向过程；第三，牵引车汽车转弯时，挂车后轮转向、转向角度与牵引车转向的配合关系。尤其是第三个目的，对于后轮转向可能性提供一些理论根据。

图 15 是运输 B 型火箭的全挂车后轮转向轨迹图，我们首先说这个图的制作方法。

2.1 后轮转向全挂车的制作

汽车列车转向时，他们的轨迹决定于转向轮的偏转角速度 σ 以及行驶的线速度 V，对于不同的 σ 和 V，轨迹是不同的。为此在制作轨迹时，我们假设的转向角度 $\sigma=0.1$ rad/s，转向时汽车行驶的线速度为 10 km/h。

制作的方法是图解分析法，当牵引车进入稳定运动后，挂车的轨迹则用图解法，有关这两种方法不作介绍，需要时可参考《ВОПРОСЫ КИНЕМАТИКИ И

ДИНАМИКИ ПОВОРОТА ТЯГАЧА С ПРИЦЕПОМ》一书。

牵引车后轴中点的轨迹见图 16，公式为

$$R_2 = L_a \cdot \cot\gamma = L_a \cdot \cot\sigma t \tag{29}$$

在牵引车沿山区简易公路外侧运行时

$$\sin\gamma = \frac{L_a}{R_{\min} - \frac{R_a}{2}} = 0.2662$$

$$\gamma_{\max} = 15°30'$$

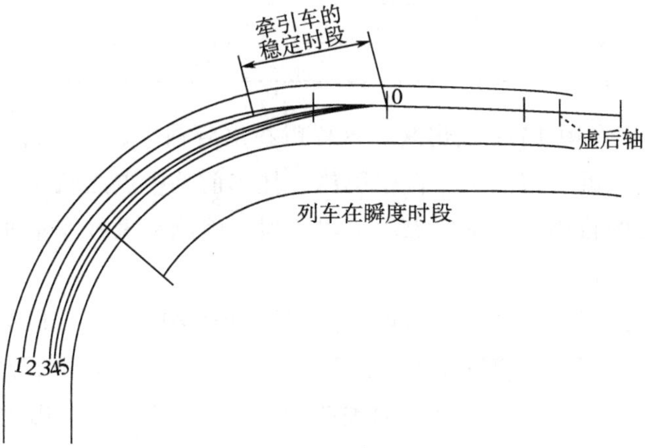

图 15　全挂车后轴轮转向轨迹图

0—开始进入稳定运动之点；1—牵引车前轴中点之轨迹；2—牵引车后轴中点之轨迹；
3—挂车前轴中点之轨迹；4—挂车虚后轴中点之轨迹；5—挂车后轴中点之轨迹

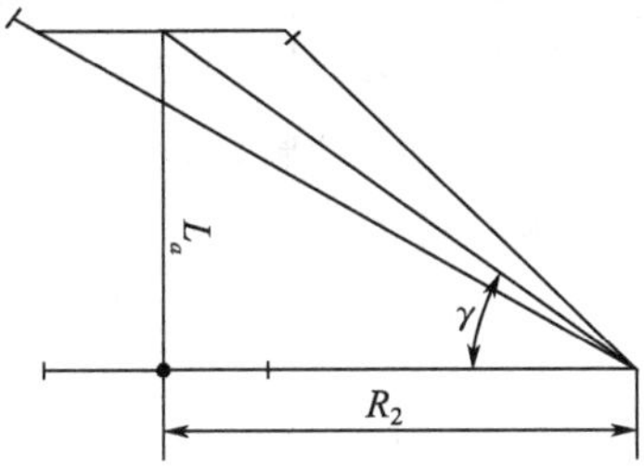

图 16　后轴中点的轨迹公式图

根据图解分析法列出表 2。

表 2　图解分析法数据表

	$\Delta t/s$	t_{cp1}/s	σt_{cp1}	$\cot\sigma t_{cp1}$	$L_a \cot\sigma t_{cp1}$	$\sum_{n=1}^{14} S = \sum v_0 t$
1	0.2	0.1	0°34′	103	437.17	0.56
2	0.2	0.3	1°72′	34	143.65	1.12
3	0.2	0.5	2°52′	20.2	85.39	1.68
4	0.2	0.7	4°	14.3	60.42	2.24
5	0.2	0.9	5°9′	11	46.47	2.8

续表

	$\Delta t/s$	t_{cp1}/s	σt_{cp1}	$\cot\sigma t_{cp1}$	$L_a\cot\sigma t_{cp1}$	$\sum_{n=1}^{14} S=\sum v_0 t$
6	0.2	1.1	6°18′	9	38.03	3.36
7	0.2	1.3	7°27′	7.6	32.11	3.92
8	0.2	1.5	8°36′	6.6	27.89	4.48
9	0.2	1.7	9°44′	5.8	24.5	5.04
10	0.2	1.9	10°53′	5.2	21.97	5.6
11	0.2	2.1	12°1′	4.7	19.86	6.16
12	0.2	2.3	13°10′	4.28	18.04	6.72
13	0.2	2.5	14°20′	3.92	16.56	7.28
14	0.2	1.7	15°24′	3.65	15.41	7.84

将表 2 中 R_2 数据在图 15 上点出来，这样就找出后轴中点在各瞬间的轨迹了，牵引车后轴中点轨迹做出后，就可用图解法做牵引钩、挂车前轴中点之轨迹。

牵引车、牵引钩的轨迹和后轴中点轨迹很近似，因此在做挂车前轴中点轨迹时，可用牵引车后轴中点轨迹来代替。

后轮转向情况下，挂车后轴中点轨迹的制作用图解法就行了，但必须首先做出虚轴中点的轨迹。后轮转向的实质是使轴距 L_{Π} 缩短了。由于后轮转向，轴距变成($L_{\Pi}-L_c$)，L_c 是后轮转向结构设计的虚轴距(L_c 位置的轴叫虚轴)。所以首先做出虚轴的轨迹，我们可以肯定挂车后轴中点轨迹一定在虚轴中点轨迹之外。

图 15 上表示各轴中点轨迹以及转向中心不断向固定中心靠近的情况。

从图 15 的 0 点上或表 3 上可以看出，牵引车经过 2.7 s 开始进入稳定运动，牵引车进入稳定运动后，保持方向盘的转角不变，挂车继续由非稳定运动进入稳定运动阶段。

挂车进入稳定运动后，轨迹可用分析法或图解法求出。在牵引车进入稳定运动前，它的轨迹只能用图解分析的方法，挂车只能用图解法。

在牵引车进入稳定运动，挂车还没有进入稳定运动的这一瞬间，挂车前轴中点的轨迹既可用图解法又可用分析法。下面介绍在这一瞬间（阶段）用分析法求挂车前轴中点轨迹的方法。

牵引车的轨迹是圆方程（如图 17 所示）

$$R^2=\eta^2+\zeta^2 \tag{30}$$

$$\frac{dx}{dt}=\sqrt{\left[\frac{1}{\eta(\zeta)-y}\right]^2-1}\ ^{*} \tag{31}$$

将式（31）代入式（30）得到

$$x^2+y^2+2\ell\frac{x+y\cdot y'}{\sqrt{1+y'^2 L_c}}=R^2-\ell^2 \tag{32}$$

应用极坐标 $x=r\cos\theta$，$y=r\sin\theta$，$r^2=x^2+y^2$，$ds=\sqrt{dr^2+r^2d\theta^2}$，代入式（32）得

* 式（31）的推导可见 Э－М　Автомобилъный－транспорт　1963№23 P17－29

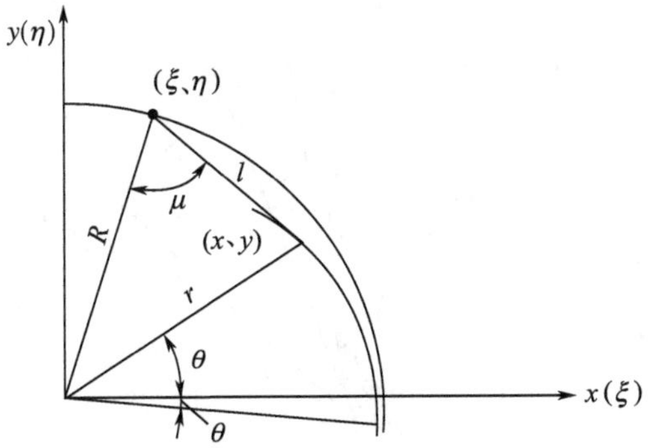

图 17　分析法求轨迹原理图

$$d\theta = \frac{dr\sqrt{2(R^2+\ell^2)r^2 - r^4 - (R^2-\ell^2)^2}}{r(R^2-\ell^2-r^2)} \tag{33}$$

从 r，R，ℓ 形成的三角形中

$$r^2 = R^2 + \ell^2 - 2\ell R\cos\mu \tag{34}$$

式（34）进行微分并将 dr 值代入式（33）得

$$d\theta = \frac{1}{2}d\mu - \frac{R^2-\ell^2}{2(R^2+\ell^2-2lR\cos\mu)}d\mu + \frac{\ell}{R\cos\mu - l}d\mu \tag{35}$$

应用 $\tau = \tan\frac{\mu}{2}$，式（35）变为

$$d\theta = \frac{d\tau}{1+\tau^2} - \frac{R^2-\ell^2}{(R-\ell)^2+(R+\ell)^2\tau^2}d\tau + \frac{2l}{(R-l)-(R+l)\tau^2}d\tau \tag{36}$$

该等式可以积分，但结果将取决于 ℓ/R 之比，在 $R<\ell$ 时得到不确定解，在 $R>\ell$ 时能得到确定解。事实上 ℓ 总是比 R 要小，不可能也没有必要将 ℓ 设计得大于 R。积分后得到

$$\theta = \cot\frac{2\ell\tau}{(\ell-R)-(R+\ell)\tau^2} - \frac{2l}{\sqrt{\ell^2-R^2}}\cot\sqrt{\frac{\ell+R}{\ell-R}}\tau + C \tag{37}$$

由初始条件确定积分常数 C 得到

$$\theta = \frac{2\lambda\tau}{(1-\lambda)-(1+\lambda)\tau^2} + \frac{\lambda}{\sqrt{1-\lambda^2}}\ln\frac{(1+\lambda)\tau+\sqrt{1-\lambda^2}}{(1+\lambda)+\sqrt{1-\lambda^2}}\cdot\frac{(1+\lambda)\tau-\sqrt{1-\lambda^2}}{(1+\lambda)-\sqrt{1-\lambda^2}} \tag{38}$$

其中
$$\lambda = \frac{\ell}{R}$$

方程式（38）是挂车前轴中点的轨迹分析式。至此上面谈了轨迹的制作法。图 15 可以看出，后轮转向的全挂车可以运送 B 型火箭顺利通过山区简易公路。

2.2　转向过程的分析

汽车列车转弯时，常常假设围绕同一个中心——旋转中心。车轮是纯滚，而不是又滚又滑。实际的情况如图 18 所示。

汽车列车转向一般分为 3 个阶段：第一个阶段是牵引车和挂车进入曲线运动；第二个

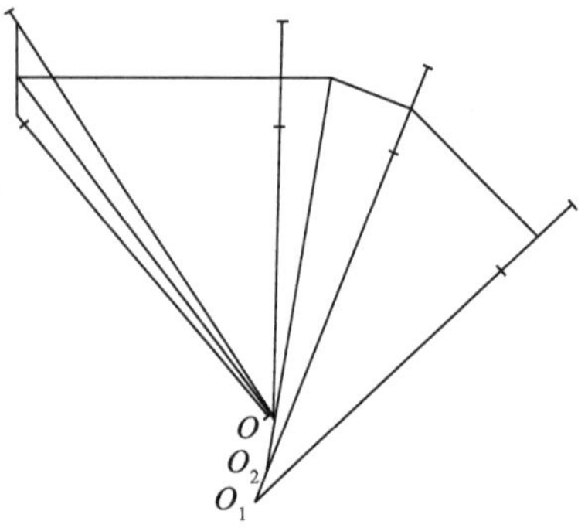

图 18　中心位置变化图

阶段是汽车列车绕一个固定不变的中心做定直径的旋转运动；第三个阶段是列车从定直径旋转运动恢复成直线运动。实际上第一阶段可分成两个过程：一个是汽车和挂车都做半径不断改变的曲线运动；第二个过程是牵引车进入定直径旋转运动，而挂车还在做非定径的旋转运动。所以严格科学划分，分成 4 个阶段更合理些。

按性质分，第二个阶段叫作稳定的转向运动，第一、三两个阶段叫作非稳定转向运动阶段。

牵引车开始转弯时，挂车一方面和牵引车一起运动——牵连运动，另一方面挂车围绕牵引钩做旋转运动——相对运动。相对运动使挂车逐渐向转向中心靠拢，直到列车各车轴围绕同一个旋转中心旋转为止。当挂车向转向中心靠拢到某一个值时，可能越出路面，如图 19 所示。后轮转向可大大提高机动性，减小相对偏移，如图 20 所示，虽然他们几个参数相同，但路面通过宽度 B_0 并不一样。

（1）非稳定阶段的转向轨迹及偏移植

非稳定阶段的转向轨迹，一般不能用分析法求解，只能用图解法作轨迹。但在前面已指出牵引车进入稳定运动、挂车仍做非稳定运动时，挂车前轴中点轨迹还是可以用分析法求出（由图 15 可看出）。

在稳定阶段的特点是：

1）转向半径变化——非稳定阶段的轨迹是半径不断变化的曲线，随着驾驶员不断回转方向盘，此时转向中心位置不停地向固定中心方向移动。

2）转向超前——牵引车转向时，它偏离原来的方向，挂车开始转向，这就是挂车比牵引车提前一段距离开始转向造成的。

3）时间滞后——汽车进入稳定阶段后，挂车还没有进入稳定段，造成时间滞后。

4）偏移由小向大变化——当挂车进入稳定段后偏移成为定值，在此之前偏移是变化的，变化规律由小向大，稳定运动阶段偏移达到最大值。

（2）稳定运动阶段的转向轨迹及偏移值

汽车列车进入稳定运动以后，转向轨迹可用分析法和图解法求得，转向轨迹是简单的圆方程，偏移是个常数。对于不同配合的汽车列车 C_k 可用公式算出或从图中量出。

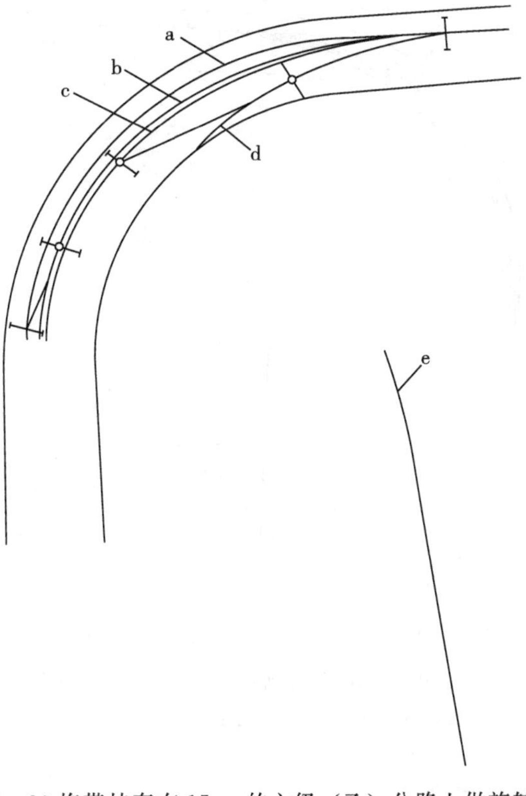

图 19　CA－30 拖带挂车在 15 m 的六级（乙）公路上做旋转的轨迹图

a—牵引车前轴中点轨迹；b—牵引车后轴中点轨迹；c—挂车前轴中点轨迹；d—挂车后轴中点轨迹；
e—转向时牵引车瞬时中心轨迹（$v=10$ km/h，$б=0.1$ rad/s，$\Delta t=0.2$ s）

2.3　牵引车与挂车的配合关系

（1）挂车进入稳定运动的时间

前面已经提到牵引车进入转向稳定运动的时间是 2.7 s，如果令 $\Delta t'$ 为挂车滞后于牵引车进入稳定运动的时间，则（$t+\Delta t'$）是挂车由非稳定段到稳定运动的时间。该时间可用图解法间接得到

$$t+\Delta t'=\frac{L}{\Delta S}$$

式中　L ——挂车后轴中点轨迹半径开始达到稳定半径前经过的路程；

ΔS——Δt 时间内经过的单位路程(Δt 见表 2)。

（2）后轮最大转向角（沿公路外侧运行时）

对于一定结构的公路运输车，在沿公路外侧运行或以最小转向半径转向时，都可以求出它的最大转向角。

当沿公路外侧运行时，全挂车后轴轮转向（结构参数如前所示）时

$R_1=15.87$ m，$R_2=15.3$ m，$R_3=15.38$ m，$R_4=14.37$ m，$R_5=14.23$ m，$R_6=14.78$ m

故
$$\sin\gamma=\frac{L_c}{R_6}=0.270\,6,\gamma=15°40'$$

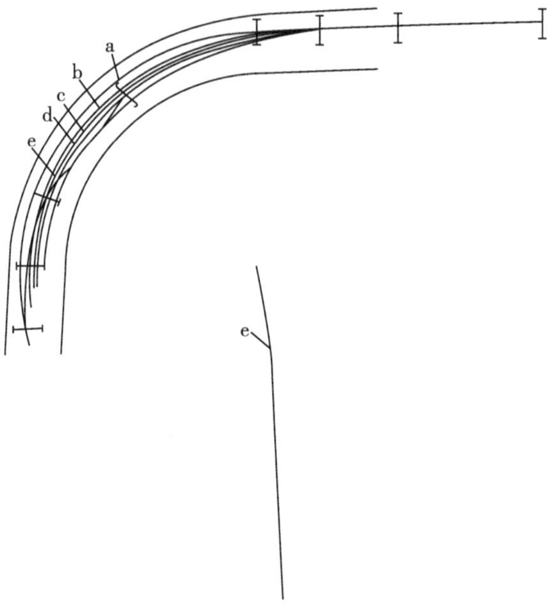

图 20　CA－30 拖带后轴轮转向挂车沿六级（乙）公路上做转向轨迹图

a—牵引车前轴中点轨迹；b—牵引车后轴中点轨迹；c—挂车前轴中点轨迹；d—挂车后轴中点轨迹；
e—转向时牵引车瞬时中心轨迹（$v=10$ km/h，$б=0.1$ rad/s，$\Delta t=0.2$ s）

（3）挂车转向车轮之角速度

前面已经算出了 γ 角和挂车进入稳定运动的时间（$t+\Delta t'$），所以挂车转向车轮的角速度为

$$б'=\frac{\gamma}{t+\Delta t}$$

在此角速度 $б'$ 下，经过（$t+\Delta t'$）s 后，挂车转角到达最大转向角，而且进入稳定运动。

牵引车转向角速度改变时，牵引车经过的路程和进入稳定运动的时间都要改变，这些又要影响到挂车后轴转向轮 $б$ 的改变。挂车后轴转向轮的角速度也应做改变，当大于或小于这一值时，都可引起轮胎的剧烈磨损。

2.4　结论

1）从图 15 可以看出，后轴轮转向时，全挂车运送 B 型火箭，可以顺利通过山区简易公路。比较图 19 和图 20 可以看出，后轮转向的优点是汽车列车的最小转向半径和通过宽度显著降低，实际轨迹也能和理论计算一样精确。所以造成偏移小的基本问题是后轮转向使轴距缩短，整个挂车向转向中心靠拢倾向减小了，即挂车相对运动倾向比不转向的挂车要小。

2）运用图解分析法，牵引车在一定速度下，转向轮在一定的角速度下，可以近似求得挂车所对应的转向角速度。在此角速度作用下，挂车稳定地从非稳定运动进入稳定运动。

3）列车的转向运动，可以分为稳定和非稳定两个过程，在非稳定过程中，由于挂车转向提前和时间滞后造成偏移，该偏移是不能消除的，此偏移是逐渐由小向大的变化，到稳定阶段变为最大值。稳定转向运动过程中，偏移是定值。此偏移值对于后轮不转向的挂车或半挂车，由牵引车后轴中点转向半径和挂车后轴中点转向半径之差即 C_k 确定；对于后轮转向的挂车或半挂车相对偏移由牵引车后轴中点转向半径和挂车虚后轴中点转向半径之差确定。从图 15 可以看出，虚后轴中点转向半径比后轴中点转向半径小。

3　研究后轮转向机构的意义

（1）提高技术性能指标

前面指出我国公路条件差，为使火箭系统具有高机动性，必须提高每个单项设备的战术技术性能，目前火箭运输技术离不开公路运输车。因此公路运输车能否在狭窄路面较小的弯道上运行很重要，应用后轮转向机构可使机动性能大大提高。

（2）减轻质量

A 型火箭起竖运输车 FS002 - A 后轮强制转向机构，该机构比较复杂，结构质量大。为此我们必须研究一种质量轻的后轮转向机构，从我们收集的资料可以看出，实现减轻质量的目的是完全有可能的。

4　国内外研究、生产和运用情况

4.1　国内情况

我国汽车工业的发展始于新中国成立后，汽车挂车发展的历史就更短了，因此，后轮转向的挂车或半挂车核心技术国内还没有掌握。我国有一些工作机是运用后轮转向机构的，如联合收割机（1964 年 8 月生产出 2 台样机）和其他一些挖土机。在这些工作机上，不用前轮转向是因为机器前部的负荷很大，用两个轮子已不足以承受质量，为此只能将前轮（驾驶室下面的轮子）装置成固定的非转向轴，后轮做成轮转向。

4.2　国外情况

后轮转向机构已被广泛地应用在长形货物和大直径火箭运输车上。

（1）美国 ATLAS 火箭公路运输车

图 21～图 26 是 ATLAS 火箭运输车的 6 张图片，图 23 和图 24 是两张后轮转向的原理图。

后轮转向机构由设置在运输车两侧驾驶室内的驾驶员操纵，每个驾驶员仅仅看到各自的一边，因此驾驶员的配合由通信系统联系。

转向机构是机械式的，有空气加力器帮助转向，在空气加力器失效时，机械式转向机构能单独执行工作。

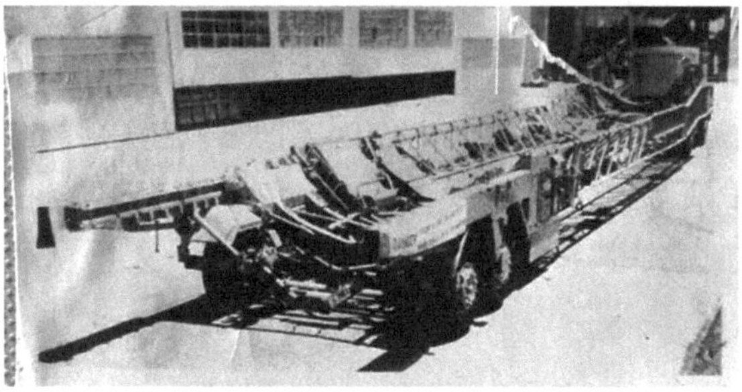

图 21　ATLAS 火箭公路运输车

图 22　ATLAS 火箭公路运输车后部

图 23　后轮转向原理图

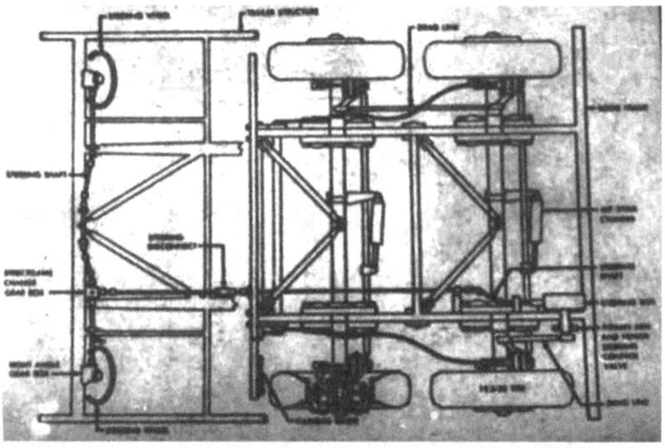

图 24　后轮转向结构立体图

图 25　后轮转向驾驶室

图 26　后轮转向仪表板

（2）运送长形货物的液压传动后轮转向半挂车

图 27 是苏联 1961 年 3 月制成的运输长形货物的后轮转向半挂车。这种半挂车的后轮转向机构采用液压操纵，如图 28 所示。

液压系统的操纵是自动完成的，在牵引车转弯时，转向主销 1 的杠杆转动，带动液压缸活塞杆 19，同时排出油液到液压输送管 8 中进入后面的活塞缸后，液体推动活塞杆 13，转向垂臂 9 和杠杆 14，15 使车轮旋转。

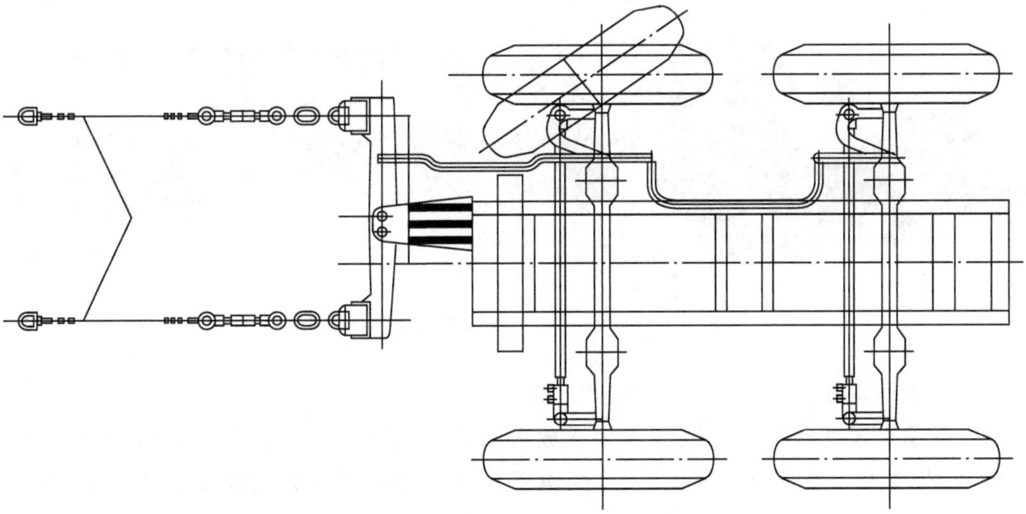

图 27　运输桁架的后轮转向半挂车原理图

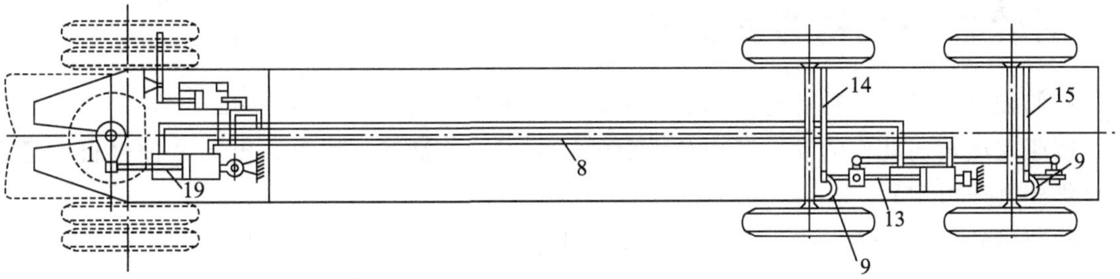

图 28　后轮转向的液压传动原理图

(3) 长形货物用半挂车

图 29 是苏联发明的运输车长尺寸的半挂车，图右是牵引车，图左为半挂车，牵引车与半挂车之间用桁架结构相联系。后轮的转向由驾驶室操纵。

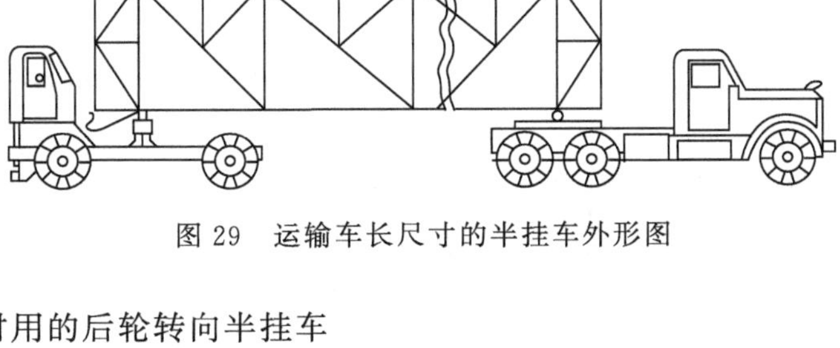

图 29　运输车长尺寸的半挂车外形图

(4) 运输木材用的后轮转向半挂车

图 30 是运输木材的半挂车。它由牵引车、箱型车体和后转向轮组成，金属桁架后端依靠在两轴小车上，前端支撑在带主销的平板上。

后轮转向机构由牵引车鞍座装置下面专门设置的底盘带动传动索而实现。

图 30　长形货物半挂车

（5）土星运输车

土星运输车尺寸很大。它既能作为盛放火箭的固定设备，又能作为火箭的运输车。它共有 24 个直径为 5 英尺（1 524 mm）的轮子，每一对轮子可分别驾驶，轮子的驾驶操纵由一个 3 匹马力的发动机所带动的电动机拖动。电动机经过一整套变速装置，直接带动车轴旋转。

5　后轮转向机构方案分析

我们按分类法对 5 种后轮转向机构的典型方案进行讨论。

按照完成转向动作的动力源来分：后轮转向机构有液压、机械、电动 3 种（目前还没有收集到气压方案）；

按照后轮转向机构的操纵方式可分为：非独立的自动转向式（图 28，图 30）和驾驶员独立操纵式（图 29，图 23）；

按照装设助力器方面可分为：有助力器的转向机构和无助力器转向机构。

上面提出的 5 种典型后轮转向机构方案和 A 型火箭或 B 型火箭用公路运输车后轮转向机构相比，第三种和第四种方案对于运输火箭具有明显的缺点。所以我们只比较第一、第二和第五 3 种方案。

（1）ATLAS 驾驶员独立操纵式后轮转向机构

优点：

1）它不考虑牵行车和挂车转向的配合，只要在转弯时视具体的路面情况随机而灵活地转动车轮；

2）装设后轮转向助力器可以大大减轻转向力；

3）后轮转向机构使用可靠，在助力器失效以后，仍可用方向盘转动转向轮；

4）左右设置驾驶员座舱可照顾两侧前后，避免在后轮转向时挂车相对牵行车的折叠角在某些滞后情况下，后轮极为敏感的感受牵行车的细小转弯，造成挂车向公路外侧甩出去，从而保证了行驶的安全；

5）结构紧凑，适应于大尺寸（长而粗）的火箭公路运输车；

6）机械式转向机构比较成熟，可应用于一般的牵行车转向机构的设计资料及工艺；

7）由于工艺和设计较为成熟，所以经济性好。

缺点：

1）两边设置驾驶室，占用空间尺寸大，在火箭运输车的布局上会增加一定的困难，即在运输车中增加一个设计因数；

2）左右驾驶室设正、副驾驶员各1名，增加了操作人员；

3）不用助力器，驾驶员操纵力较大，操纵不轻便；用助力器则增加一套执行机构和动力装置，如驱动油缸的动力源、控制阀、动力缸和高压油泵等。

（2）液压式非独立自动转向方案

优点：

1）它是非独立自动转向式后轮转向机构，其原理是利用牵引车转弯时和挂车之间形成的折叠角产生一种力，利用这种力带动液压缸的活塞，因此可自动转向，不需人为控制和操纵，节省人力；

2）省去转向助力器；

3）管道敷设方便，降低运输车重心，提高行驶稳定性。没有驾驶室结构布置方便，省去空间位置，从而减小车架宽度。方案4不行，因为钢索下垂造成车架提高和操纵不便。

缺点：

1）在半挂车运用这一后轮转向机构时，必须对牵引车进行适当的改装，重新设计牵引—连接装置；

2）根据作用力和反作用力的原理，牵引车转弯时产生带动液压缸一种力量，而牵引车必须克服使后轮转向的液压缸的阻力，这个力导致汽车功率消耗增大和牵引车驾驶员转动方向盘困难（操纵力加大）；

3）工艺方面技术要求较高，不允许液压系统有油和空气进入该系统，液压缸的密封性要求高。一旦液压系统出现故障（漏油、管子破裂），就会影响汽车列车行驶的稳定性和安全性；

4）由于国内还缺乏这种车辆和可供参考的设计资料，设计这种液压转向系统会有一定困难，设计周期较第一方案要长。

（3）电动式独立转向机构方案

优点：

1）电动式方案和第一方案一样，具有可视具体路面情况进行灵活转动车轮的优越性；

2）电动方案虽然仍要有人管理，但它的“按钮式”操作比第一方案转动方向盘要方便；

3）这种后轮转向方案省去了转向梯形，无需用助力器，因此独立性较高。

缺点：

1）电传动机构结构复杂，价格昂贵是这一方案的主要缺点；

2）设计这种电动马达和传递扭矩的机构，目前缺乏资料和可供参考的实物，因此研制周期肯定要加长。

从以上的分析可以看出，第一方案——驾驶员独立操纵机械式后轮转向机构，最容易实现，且设计周期比较短；第二方案——液压式非独立自动转向且方案优点明显，缺点是不能独立转向且设计周期较长。这两种方案都可以用在QU001A公路运输车上。

QU001A 公路运输车改装后轮转向机构的几个关键设计问题如下。

(1) 转向梯形的设计

不论第一方案或第二方案，转向梯形是必须进行设计的，它要求转向梯形转动时，两个转向车轮转过不同的角度，且这两个角度之间有一定的比例要求。

(2) 转向轮联动机构

如图 24 和图 28 所示，转向轮之间用拉杆作为联动机构。联动机构有多种方案，如日本日野汽车的联动机构用纵拉杆代替，在 QU001A 公路运输车改进设计时，也可考虑这一方案。结合 QU001A 公路运输车车架特点，选用 ATLAS 式的联动机构是较合适的（图 23）。

(3) 悬挂系统的改装

QU001A 公路运输车改进后轮转向机构，后悬挂及后轴都需重新设计，因此会遇到要运用平衡悬架的问题，必须重新设计行这部分机构。

(4) 转向传动机构的设计和布局

QU001A 公路运输车车架是前端前束，大梁很窄。装上部件，布设一般载重汽车用的蜗杆滚子式传动机构有一定困难，而必须进行方案改革，可选用其他传统方案，使其适合 QU001A 公路运输车的特点，降低布局困难。

(5) 助力器的设计

转向助力器方案很多，选择一个适合 QU001A 公路运输车的特点方案，可大大节省设计周期、人力和物力，因此这是一个关键问题。

这 5 个问题，在用第一方案时都应考虑；用第二个方案时，第三和第四个问题可以不考虑。当选择第五个方案时，则要增加液压系统设计这一新任务。如果系统设计有把握，运用这一方案，在改装 QU001A 公路运输车问题上，大大简化了布局困难这个问题。

在全挂车上用第二方案时，可用牵引臂带动活塞杆，活塞安装在大梁的前端。

6 结束语

通过以上分析，可以看出后轮转向机构具有很多优点，能大大提高机动性指标。后轮转向机构的运用在 QU001A 公路运输车上是完全可行的。通过对后轮转向机构进行理论分析，可以看到该方案的可行性，关键在于进行合理设计和布局。

车辆动荷系数计算方法

(1981.6)

1 前言

车辆在不平路面上行驶时，车轮上动载荷值往往比较大。在设计过程中，一定要进行平顺性的计算。平顺性计算的目的是使得乘员不至于因振动引起不适，以及保持所运送产品的完整无损，对运输化工设备、危险介质、导弹和卫星而言更具有重要意义。车辆行驶时，车轮上的动载荷通过悬挂系统减振后，传递到车辆身上。近年来，通过传递函数及悬挂的频率响应函数，能够表达其衰减振动的特性。

车轮上的动载荷值对车身的强度寿命、运输产品的安全很有影响。所以，对车身振动加速度都有一个限制范围，一般小于 1 g 。当运输特殊产品时，任务书上往往对所运送产品的过载有一个要求，这个过载值习惯称为动荷系数，也称为过载系数。本文将对该值进行阐述，以便统一认识，供设计时使用。

2 单自由度振动系统的计算方法

(1) 假设条件

1) 略去非悬挂质量的影响；

2) 忽略前后悬挂之间的关系；

3) 不计算簧片等摩擦；

4) 不考虑阻尼器的影响。

(2) 当量系统

经过上述简化，我们可将运输车的振动，简化成图 1 所示的模型。

图中 m 是缓冲作用的悬挂质量，k 是轮胎与板簧合成的相当刚性

$$k=\frac{k_1-k_2}{k_1+k_2}$$

式中 k_1——板簧刚性；

k_2——轮胎刚性。

研究轮胎载重缓冲的运动时，设定它从高为 200 mm 处滑下，也可以看作将重物从高处落到刚性为 k 的弹簧上。

(3) 振动的微分方程式

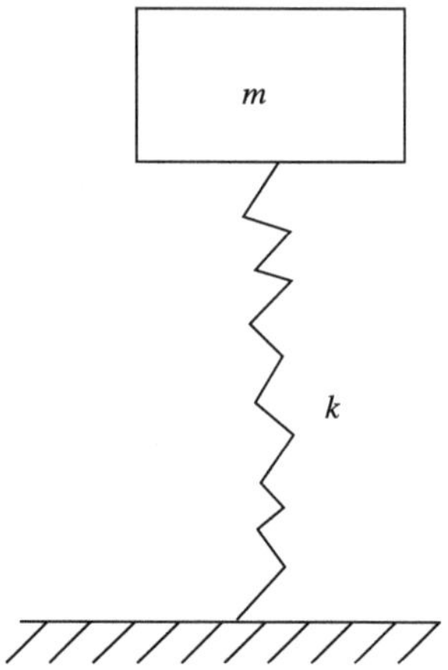

图 1　一个自由度振动模型

$$m\frac{d^2x}{dt^2}=mg-kx$$

$$\frac{d^2x}{dt^2}=g-\omega^2x\left(\omega^2=\frac{k}{m}\right)$$

$$\frac{d^2x}{dt^2}+\omega^2x=g$$

通解为　$$x=A\sin\omega t+B\cos\omega t+\frac{g}{\omega^2}$$

（4）初始条件确定

$t=0$ 时　$$x=0$$

$$B=-\frac{g}{\omega^2}$$

$$V=V_0$$

$$\dot{x}=A\omega\cos\omega t-\omega B\sin\omega t=V_0$$

$$A=\frac{V_0}{\omega}$$

可得　$$x=\frac{V_0}{\omega}\sin\omega t-\omega\frac{g}{\omega^2}\cos\omega t+\frac{g}{\omega^2}$$

（5）加速度

$$\frac{dx}{dt}=v_0\cos\omega t+\frac{g}{\omega}\sin\omega t$$

$$\frac{d^2x}{dt^2}=-v_0\omega\sin\omega t+g\cos\omega t$$

式中 V_0 的计算方法见下面一节，设上式全部系数为已知，则根据此式可求出最大的振动加速度。

3　初始条件的确定

根据典型的方法，动荷系数的计算是将运输车的振动看作从高为 200 mm 处滑下的质量。假设此时车以等速通过障碍，纯滚而且无滑动，板簧和轮胎呈线性。根据这些假设和条件，车轮的运动可分为三个阶段：

1）滚动阶段——如图 2 中Ⅰ区所示；

2）回转阶段——如图 2 中Ⅱ区所示；

3）下滑阶段——如图 2 中Ⅲ区所示。

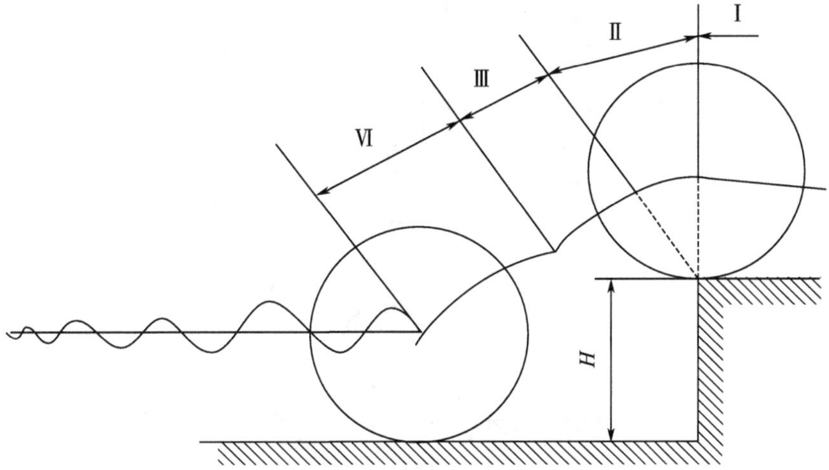

图 2　轮胎滚动简图

实际上Ⅲ区是下滑阶段。此时车轮尚未与障碍脱离，但由于回转，使车轮重力偏出于障碍外，重力之分力大于轮胎与尖点的摩擦力而下滑。其轮迹变化如图 3 所示。

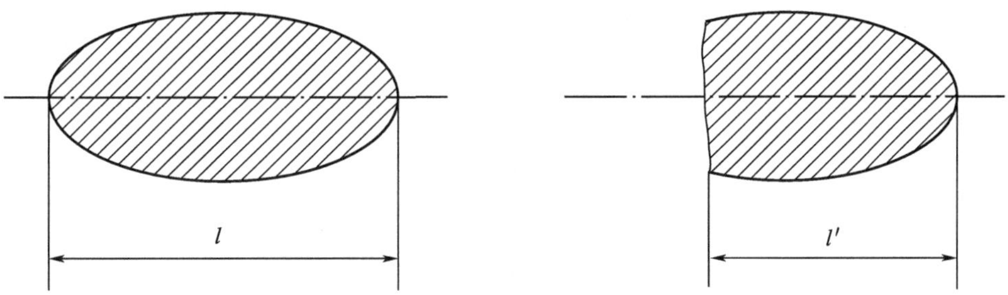

图 3　轮胎印迹

滚动过程中，轮胎与地面的接触长度，从 $l \to l'$，如图 3 所示，轮胎对地面的压强增加，滚动半径减小，考虑到时间较短，滚动半径（R_d）当作不变。

回转过程中，轮胎作平面运动，会出现垂直位移与垂直加速度，反力 N 也在改变，此时钢板弹簧也伸长。

图 4 是轮胎在 H 落高时的状态示意图。

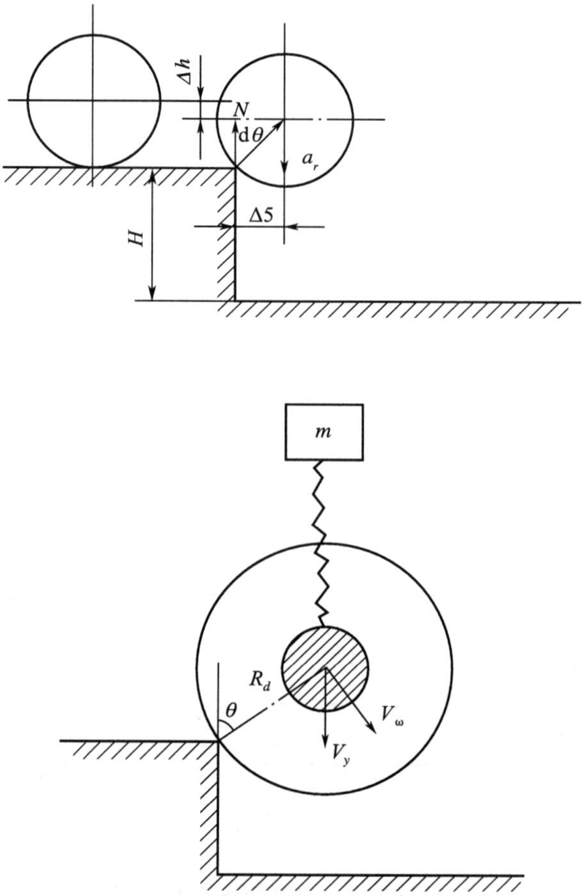

图 4　轮胎滚动状态图

$$V_y = V_\omega \sin\theta$$

$$\theta = \arcsin \frac{vt}{R_\mathrm{d}}$$

$$V_y = R_d \frac{\mathrm{d}\theta}{\mathrm{d}t} \frac{vt}{R_d}$$

$$= vt \left[\frac{\mathrm{d}\sin^{-1} \dfrac{vt}{R_d}}{\mathrm{d}t} \right]$$

$$= \frac{v^2}{R_d} \left[\frac{t}{\sqrt{1 - \left(\dfrac{vt}{R_d} \right)^2}} \right]$$

$$\frac{\mathrm{d}v_y}{\mathrm{d}t}=\frac{v^2}{R_d}-\frac{\mathrm{d}\left[\frac{t}{\sqrt{1-\left(\frac{vt}{R_d}\right)^2}}\right]}{\mathrm{d}t}$$

$$=\frac{v^2}{R_d}\left[\frac{\left[1-\left(\frac{vt}{R_d}\right)^2\right]^{\frac{1}{2}}+\frac{v^2}{R_d}t^2\left(1-\left(\frac{vt}{R_d}\right)^2\right)^{-\frac{1}{2}}}{1-\frac{vt}{R_d}^2}\right]$$

$$a_y=\frac{v^2}{R_d}\left\{\frac{1}{\left[1-\left(\frac{vt}{R_d}\right)^2\right]^{\frac{3}{2}}}\right\}$$

当回转终点时，a_y 变成自由落体加速度，即 g。

滚动速度 t 为

$$t=\frac{v^2}{R_d}\left[\sqrt{1-v\sqrt[3]{\frac{v}{g^2R_d^2}}}\right]$$

此式成立的条件是

$$v\sqrt[3]{\frac{v}{g^2R_d^2}}\leqslant 1$$

$$v\leqslant\sqrt{gR_d}$$

当轮胎的滚动半径 $R_d=0.481$ m 时，$v\leqslant\sqrt{9.8\times 0.481}=2.17(\mathrm{m/s})\approx 7.82$ km/h。

其物理意义是：如果速度大于 8 km/h，板簧不可能全部恢复，仍处于受力状态。车轮不存在滚动，可直接越过 200 mm 的凹坑，或者掉入凹坑（在凹坑长时）。此时，动荷要超过 1 g， 存在冲击。

根据上式的 t，可以求出 θ 和 h_1，从而可以确定滚动而下降的距离

$$\Delta h=R_d-h_1$$

准确测定滚动时间，对于决定落高是重要的。从公式中可以看出 h_1 不仅与时间有关，而且与速度、滚动半径有关，而滚动半径本身又与速度有关，为此想从理论上精确推出 Δh 值是有困难的，但精度已足够可用。

这样可以算出实际的冲击高度不是 200 mm，而是要减去轮胎、板簧的回弹，以及轮胎滚动下落的距离

$$H'=H-(f_p+f+\Delta h)$$

式中 f_p ——轮胎的变形回弹量；

f ——板簧的变形回弹量；

Δh ——轮胎的滚动下降量。

有了 H'，初速度是初始条件之一，此时，可按自由落体公式算出

$$V_0=\sqrt{2gH'}$$

V_0 求出后，速度、加速度就可求出。

4　两个自由度系统的计算方法

（1）假设条件

1）$\varepsilon=1$，即不考虑前后悬挂的振动联系；

2）忽略悬挂之间的摩擦等影响，视其为线性振动；

3）不考虑避振器的影响。

（2）示力图

示力图如图 5 所示。

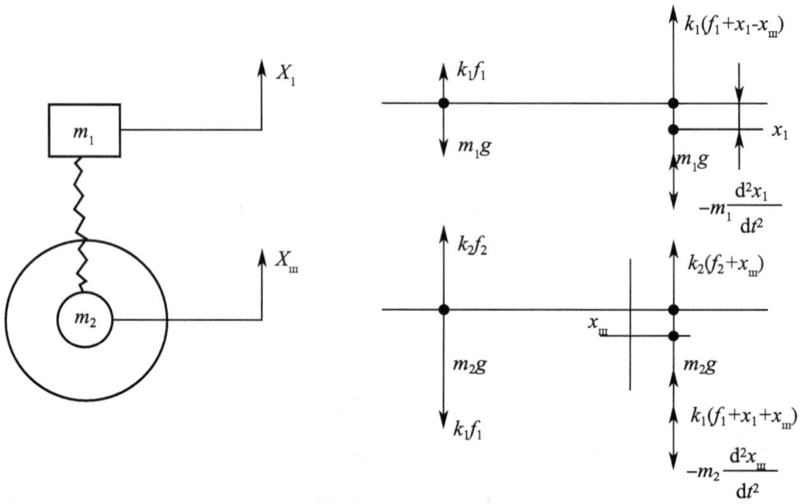

图 5　二自由度振动模型

（3）运动微分方程式

$$m_1\frac{\mathrm{d}^2x_1}{\mathrm{d}t^2}+k_1(x_1-x_{\mathrm{III}})=0$$

$$m_2\frac{\mathrm{d}^2x_{\mathrm{III}}}{\mathrm{d}t^2}+(k_2+k_1)x_{\mathrm{III}}-k_1x_1=0 \qquad \text{(a)}$$

取方程式的解

$$x_1=a_1\sin\omega t \qquad \text{(b)}$$

$$x_{\mathrm{III}}=a_2\sin\omega t$$

令

$$\frac{k_1+k_2}{m_2}=a,\frac{k_1}{m_2}=b,\frac{k_1}{m_1}=c \qquad \text{(c)}$$

则方程可简化为

$$\ddot{x}_1+cx_1-cx_{\mathrm{III}}=0 \qquad \text{(d)}$$

$$\ddot{x}_{\mathrm{III}}+ax_1-bx_1=0$$

将式（b）代入式（d）得

$$-a_1\omega^2\sin\omega t+ca_1\sin\omega t-ca_2\sin\omega t=0 \tag{e}$$

$$-a_2\omega^2\sin\omega t+aa_2\sin\omega t-ba_1\sin\omega t=0$$

在下列情况下，式（b）才能满足式（d）

$$a_1(c-\omega^2)-ca_2=0$$

$$-a_1b+a^2(a-\omega^2)=0 \tag{f}$$

方程式有两个解：一个解是 $a_1=a_2=0$，另一个是 a_1 与 a_2 的系数行列式等于 0。

$$\Delta=\begin{vmatrix} c-\omega^2 & -c \\ -b & a-\omega^2 \end{vmatrix}=0$$

$$(c-\omega^2)(a-\omega^2)-bc=0 \tag{g}$$

$$\omega^4-(a+c)\omega^2+c(a-b)=0 \tag{h}$$

这个 ω^2 的二次方程式，称为系统的频率方程式，其根为

$$\omega_{1,2}^2=\frac{a+c}{2}\pm\sqrt{\left(\frac{a+c^2}{2}\right)-c(a-b)} \tag{i}$$

下面再看一下系数 a_1 和 a_2 的关系。由式（f）得

$$\frac{a_1}{a_2}=\frac{c}{c-\omega^2}\text{或}\frac{a_1}{a_2}=\frac{a-\omega^2}{b} \tag{j}$$

将式（j）代入式（i），得到两个不同的振幅比

$$\frac{a_1'}{a_2'}=\frac{c}{c-\omega_1^2}=\frac{a-\omega_1^2}{b}=\frac{1}{\lambda_1} \tag{k}$$

$$\frac{a_1''}{a_2''}=\frac{c}{c-\omega_2^2}=\frac{a-\omega_2^2}{b}=\frac{1}{\lambda_2} \tag{l}$$

振幅虽然不能定出，但是可以确定 a_1 与 a_2 的比值，该比值是一个定常数。此时特解式（b），可以写成下列两种形式的任何一种形式

$$x_1'=a_1'\sin\omega_1 t \qquad x_{\text{III}}'=\lambda_1 a_1'\sin\omega_1 t \tag{m}$$

$$x_1'=a_1''\sin\omega_2 t \qquad x_{\text{III}}''=\lambda_2 a_1''\sin\omega_2 t \tag{n}$$

方程式的通解为

$$x_1=a_1'\sin\omega_1 t+a_1''\sin\omega_2 t$$

$$x_{\text{III}}=\lambda_1 a_1'\sin\omega_1 t+\lambda_2 a_1''\sin\omega_2 t \tag{o}$$

（4）初始条件

上述方程式包含有两个常数 a_1' 和 a_1''，确定这两个常数，可根据初始条件。将两个方程式微分得到

$$(\dot{x}_1)_{t=0}=(\dot{x}_1)_0 \tag{p}$$

$$(\dot{x}_{\text{III}})_{t=0}=(\dot{x}_{\text{III}})_0$$

将式（o）微分

$$\dot{x}_1=a_1'\omega_1\cos\omega_1 t+a_1''\omega_2\cos\omega_2 t \tag{q}$$

$$\dot{x}_{\text{III}}=\lambda_1 a_1'\omega_1\cos\omega_1 t+\lambda_2 a_1''\omega_2\cos\omega_2 t$$

将式（p）代入式（q）得

$$a_1'\omega_1 + a_1''\omega_2 = (\dot{x}_1)_0 \tag{r}$$

$$\lambda_1 a_1'\omega_1 + \lambda_2 a_1''\omega_2 = (\dot{x}_{\text{III}})_0$$

由式（r）得

$$a_1' = \frac{(\dot{x}_1)_0 - a_1''\omega_2}{\omega_1}$$

将此代入式（r） $\lambda_1\left[\frac{(\dot{x}_1)_0 - a_1''\omega_2}{\omega_1}\right]\omega_1 + \lambda_2 a_1''\omega_2 = (\dot{x}_{\text{III}})_0$

化解得

$$a_1'' = \frac{(\dot{x}_{\text{III}})_0 - \lambda_1(\dot{x}_1)_0}{\lambda_2\omega_2 - \lambda_1\omega_2} = \frac{(\dot{x}_{\text{III}})_0 - \lambda_1(\dot{x}_1)_0}{\omega_2(\lambda_2 - \lambda_1)}$$

$$a_1' = \frac{(\dot{x}_1)_0 - \dfrac{(\dot{x}_{\text{III}})_0 - \lambda(\dot{x}_1)_0}{\omega_2(\lambda_2 - \lambda_1)}}{\omega_1} \tag{s}$$

$$= \frac{\lambda_2(\dot{x}_1)_0 - (\dot{x}_{\text{III}})_0}{\omega_1(\lambda_2 - \lambda_1)}$$

（5）加速度的求法

将上式微分两次得

$$\ddot{x}_1 = -a_1'\omega_1^2\sin\omega_1^2 t - a_1''\omega_2^2\sin\omega_2 t$$

$$\ddot{x}_{\text{III}} = -\lambda_1 a_1'\omega_1^2\sin\omega_1^2 t - \lambda_2 a_1''\omega_2^2\sin\omega_2 t$$

从上式看出，加速度变化曲线仍旧是一个复杂的组合，不是一个简单的直线或有周期变化的曲线。可以取其最大值

$$\ddot{x}_1 = |a_1'\omega_1^2| + |a_1'\omega_2^2| \tag{t}$$

$$\ddot{x}_{\text{III}} = |\lambda_1 a_1'\omega_1^2| + |\lambda_2 a_1''\omega_2^2|$$

（6）计算实例

取两个型号公路运输车的托架及轮轴上一点的加速度，作为计算实例，说明上述公式的应用。

① ××公路运输车前轮组

已知前悬挂质量 2 375 kg，前板簧刚性 c_p = 217 kg/cm(单片)。前轮胎刚性 c_{III} = 430 kg/cm(单轮)。前轮架质量为 360 kg。

计算

$$m_1 = \frac{2\ 375}{g} \quad m_2 = \frac{360}{g}$$

$$k_1 = 2c_p = 2 \times 217 = 434(\text{kg/cm})(\text{双片})$$

$$k_2 = 2c_{\text{III}} = 2 \times 430 = 860(\text{kg/cm})(\text{双轮})$$

根据前面推导的公式

$$a = \frac{k_1 + k_2}{m_2} = \frac{434 + 860}{\dfrac{360}{g}} = 3\ 522.5\left(\frac{1}{\text{s}^2}\right)$$

$$b=\frac{k_1}{m_1}=\frac{434}{\dfrac{360}{g}}=1\ 181.4\left(\frac{1}{s^2}\right)$$

$$c=\frac{k_1}{m_1}=\frac{434}{\dfrac{360}{g}}=179.1\left(\frac{1}{s^2}\right)$$

$$\frac{a+c}{2}=\frac{3\ 522.5+179}{2}=1\ 850\left(\frac{1}{s^2}\right)$$

$$c(a-b)=179.1\times(3\ 522.5-1\ 181.4)=429\ 291\left(\frac{1}{s^4}\right)$$

将上述数据代入式（i）

$$\omega_{1.2}^2=\frac{a+c}{2}\pm\sqrt{\left(\frac{a+c}{2}\right)^2-c(a-b)}$$

$$=1\ 850\pm\sqrt{1\ 850^2-419\ 291}$$

$$=3\ 583;117.1$$

$$\omega_1=10.8\left(\frac{1}{s}\right)\qquad \omega_2=59.86\left(\frac{1}{s}\right)$$

将上述数据代入式（k）和式（l）

$$n_1=\frac{\omega_1}{2\pi}\times 60=\frac{10.8}{2\times\pi}\times 60=103(\text{次}/\text{分})$$

$$n_2=\frac{\omega_2}{2\pi}\times 60=\frac{59.86}{2\pi}\times 60=571(\text{次}/\text{分})$$

$$\lambda_1=\frac{b}{a-\omega_1^2}=\frac{1\ 181.4}{3\ 522.5-117}=0.346\ 9$$

$$\lambda_2=\frac{b}{a-\omega_2^2}=\frac{1\ 181.4}{3\ 522.5-3\ 583^2}=-19.527\ 2$$

板簧变形 $$f=\frac{2\ 375}{2\times 217}=5.47(\text{cm})$$

轮胎变形 $$f_{\text{轮}}=\frac{2\ 375+360}{2\times 430}=3.18(\text{cm})$$

轮胎下落的距离 $$h=200-(50+54.7+31.8)=63.5(\text{mm})$$

上式中："50"为轮胎滚动下降量（回弹量 f_p）。

将有关参数代入式（s）

$$a_1''=\frac{(\dot{x}_{\text{III}})_0-\lambda_1(x_1)_0}{\omega_2(\lambda_2-\lambda_1)}=\frac{111.56-0.346\ 9\times 111.56}{59.86(-19.527\ 2-0.346\ 9)}=-0.06$$

$$a_1'=\frac{(\dot{x}_1)_0(\lambda_2)-(\dot{x}_{\text{III}})_0,}{\omega_1(\lambda_2-\lambda_1)}=\frac{111.56-0.346\ 9\times 111.56}{10.8(-19.527\ 2-0.346\ 9)}=9.629\ 5$$

将上述数据代入式（t）

$$\ddot{x}_1 = |a_1'\omega_1^2| + |a_1''\omega_2^2|$$

$$= |9.6295 \times 117.1| + |-0.06 \times 3583|$$

$$= 1127.6 + 214.98 = 1342.58\ (\mathrm{cm/s^2})$$

$$= 1.37\ g$$

根据试验，在前托架处的值分别为 1.16 g（双坑）和 1.21 g（单坑）。试验时坑高比 200 mm 低，所以理论计算比较近似实际值

$$\ddot{x}_{\mathrm{III}} = |\lambda_1 a_1'\omega_1{}^2| + |\lambda_2 a_1''\omega_2^2|$$

$$= |-19.527 \times (-0.06) \times 3583|$$

$$= 4589(\mathrm{cm/s^2}) = 4.68\ g$$

② ×××公路运输车前轮组

已知：前悬挂质量 1 750 kg，前板簧刚性 c_y =143.4 kg/cm（单片），前轮架质量为 c_p =360 kg/cm，前轮胎刚性 c_{III} =430 kg/cm（单轮）。计算

$$m_1 = \frac{1750}{g} = 1.78[(\mathrm{kg \cdot s^2})/\mathrm{cm}]$$

$$m_2 = \frac{372}{g} = 0.38[(\mathrm{kg \cdot s^2})/\mathrm{cm}]$$

$$k_1 = 2c_p = 286.8\ \mathrm{kg/cm} \qquad k_2 = 2c_{\mathrm{III}} = 860\ \mathrm{kg/cm}$$

$$a = \frac{k_1 + k_2}{m_2} = 3017\left(\frac{1}{\mathrm{s^2}}\right)$$

$$b = \frac{k_1}{m_1} = 755\left(\frac{1}{\mathrm{s^2}}\right)$$

$$c = \frac{k_1}{m_1} = 161\left(\frac{1}{\mathrm{s^2}}\right)$$

$$\frac{a+c}{2} = \frac{3017 + 161}{2} = 1589\left(\frac{1}{\mathrm{s^2}}\right)$$

$$c(a-b) = 161 \times (3017 - 755) = 364182\left(\frac{1}{\mathrm{s^4}}\right)$$

将上述数据代入式（i）

$$\omega_{1.2}^2 = \frac{a+c}{2} \pm \sqrt{\left(\frac{a+c}{2}\right)^2 - c(a-b)}$$

$$= 1589 \pm \sqrt{1589^2 - 364182}$$

$$= 1589 \pm 1467 = 122;3056$$

$$\omega_1 = 11\left(\frac{1}{\mathrm{s}}\right) \qquad \omega_2 = 55\left(\frac{1}{\mathrm{s}}\right)$$

$$n_1 = \frac{\omega_1}{2\pi} \times 60 = 105(\text{次}/\text{分})$$

$$n_2 = \frac{\omega_2}{2\pi} \times 60 = 525(\text{次}/\text{分})$$

将上述数据代入式（k）和式（l）

$$\lambda_1=\frac{b}{a-\omega_1^2}=\frac{755}{3\ 017-122}=0.26$$

$$\lambda_2=\frac{b}{a-\omega_2^2}=\frac{755}{3\ 017-3\ 056}=-19.36$$

板簧变形 $$f=\frac{1\ 750}{2\times 143.4}=61(\mathrm{cm})$$

轮胎变形 $$f_{轮}=\frac{1\ 750+372}{2\times 430}=24.7(\mathrm{cm})$$

轮胎下落的距离 $$h=200-(50+61+24.7)=64.3(\mathrm{mm})$$

上式中："50"为轮胎滚动下降量（回弹量 f_p）

$$v=\sqrt{2gh}=\sqrt{298\times 64.3}=112(\mathrm{cm/s})$$

将有关参数代入式（s）

$$a_1''=\frac{(\dot{x}_{\mathrm{III}})_0-\lambda_1(x_1)_0}{\omega_2(\lambda_2-\lambda_1)}=\frac{112-0.26\times 112}{55(-19.36-0.26)}=-0.0768$$

$$a_1'=\frac{(\dot{x}_1)_0(\lambda_2)-(\dot{x}_{\mathrm{III}})_0}{\omega_1(\lambda_2-\lambda_1)}=\frac{112(-19.36)-112}{11(-19.36-0.26)}=10.57$$

将上述数据代入式（t）

$$\begin{aligned}\ddot{x}_1&=|a_1'\omega_1^2|+|a_1''\omega_2^2|\lambda\\&=|10.57\times 11^2|+|0.076\ 8\times 55|^2\\&=1\ 511.3(\mathrm{cm/s^2})=1.54\ g\\&=1.37\ g\end{aligned}$$

$$\begin{aligned}\ddot{x}_{\mathrm{III}}&=|\lambda_1a_1'\omega_1^2|+|\lambda_2a_1''\omega_2^2|\\&=|-0.26\times 10.57\times 121|+|-19.36\times 0.076\ 8\times 3\ 056|\\&=4\ 589(\mathrm{cm/s^2})=4.98\ g\end{aligned}$$

5 过载系数和动荷系数

5.1 过载系数 n

过载是一种无量纲的量，通常看作是矢量。大小表示作用在物体上的力和物体质量之间的比值，方向与加速度的方向相反，即在加速时与运动方向相反，而在减速时则与运动方向相同。

过载公式

$$n=\frac{\bar{g}}{g}-\frac{\bar{a}}{g}=\cos\varphi-\frac{\bar{a}}{g}\tag{u}$$

式中 φ ——铅垂线与过载方向角度；

$\bar{g}$ ——自由落体加速度，过载方向的分量；

$\bar{a}$ ——由作用力所产生的物体加速度在过载方向的分量。

对于汽车或汽车列车来说，过载只发生在 3 个方向：纵向、横向、侧向。

纵向 $$n = 1 - \frac{\bar{a}}{g} \tag{v}$$

从式（v）看出静止时汽车过载为 1。

侧向和横向 $$n = -\frac{\bar{a}}{g} \tag{w}$$

由式（w）看出，过载由两部分组成：一部分为等于 1 的静止载荷；另一部分为动荷过载。对侧向和横向而言，无静止过载。

5.2 动荷系数 k

定义：车辆动荷系数是作用在车轮上的动载荷值与静载荷值之比

$$k = \frac{P_{д}}{p_c} \tag{x}$$

式中 $P_{д}$—— 动载荷；

p_c—— 静载荷。

$$P_{д} = p_c + \Delta P$$

$$k = \frac{P_{д} + \Delta P}{p_c} = 1 + \Delta P$$

比较式（v）和式（w）很容易知道，k 和 n 本质上没有什么区别的。动载荷系数对载荷，过载系数对加速度，只是从不同角度来阐明过载。

5.3 强度计算

在使用载荷下，为了不破坏车辆结构，应该有一定的剩余强度，我们用安全系数来表示

$$f = \frac{P_{破坏д}}{p_{使用}} = \frac{n_{破坏}}{n_{使用}}$$

其中 $$n_{破坏} = f_{\times} n_{使用}$$

根据定义，过载是作用在物体上的力量和物体质量之比，所以据前面方程式算出的 $x_{ш}$ 和 x_1 可算出过载系数值。如前例中公路运输车前轮组车轴以上的过载和轴处的过载分别为 $n_1 = \frac{1.37\ g}{g} = 1.37$；$n_{ш} = \frac{4.68\ g}{g} = 4.68$。

6 结束语

通过上述计算可以发现，动荷值（过载值）的方法与实际测量值有一定的近似性。因此，在运输车辆的方案设计阶段，本文推导的公式及采用的方法可供参考。

本文，将 200 mm 落高作为方程组的初始条件是一种尝试，实际上路面条件并非这样恶劣的。本文做的计算有代表性，是偏于安全的。

公路运输车全轮同步随动转向系统

(1985.6)

摘　要：本文对公路车全轮随动转向系统的方案做了探讨和试验，理论计算和试验结果证明，全轮转向是提高列车机动性的最有效方法。本文介绍了我国第一代战略导弹运输车全轮转向的两种传动方案——静压方案和钢丝绳方案，同时还介绍了一种转向阻力矩的计算公式和蓄压器的计算。

1　前言

DF-2 导弹的公路运输车和托架的机动性很差。1964 年开始研制公路运输车的全轮转向系统，当时我国的公路比较差，全国有 47～48 万千米公路，简易公路 24 万千米，五级以上的公路只有 3 万多千米，六级公路 17 万多千米。如按五级公路标准来设计公路运输车，将会限制部队作战使用范围，为此必须提高公路运输车的机动性。

1965 年全轮转向试验车研制成功，随后，其成果应用于我国自行研制的第一代战略导弹公路运输车上。该车和美国宇宙神导弹公路运输车、土星号运载火箭公路运输车相比较，采用的全轮转向系统具有结构简单、成本低、转向同步性好等优点。

2　研究全轮转向的必要性

2.1　对车辆机动性的影响

根据使用部队的反馈，公路运输车必须提高机动性指标，使导弹在低级公路上通过。为使导弹武器系统具有高机动性，采用全轮转向是最好的办法，表 1 列出了我国第一代战略导弹运输车（DF-3）和试验车的结构参数和机动性能参数，可以看出由于运输的导弹一个比一个长，轮距一个比一个宽；DF-2 在 20 m 弯道上的通过宽度和扫过宽度最大，其他型号的运输车在相同位置的通过宽度反而小，这是因为从 DF-3 导弹开始，运输车采用了全轮转向系统，从而使机动性大大提高。

2.2　对确定和选择山区公路等级的影响

导弹基地和试验靶场往往设置在偏僻的山区，为了能运输战略导弹，需要重新建设公路。通过机动性分析计算，就能提供确切的弯道半径（如 DF-5 基地是 20 m）。合理的数据有利于缩短基地的建设周期和规模，从而节省资金和人力。

2.3　减轻运输车的结构质量

DF-2 起竖运输车 FS002-A，使用后轮强制转向机构（仿制 1059 起竖运输车），结构笨重、复杂，为此必须找到一种结构合理、质量又轻的新转向机构。而我国第一代战略导弹使用的转向机构正是比较理想的结构。

2.4 确定运输车和导弹的结构参数

导弹运输车的结构尺寸和导弹外形有关。由于采用全轮转向技术能使机动性大大提高，在一定等级的公路上，我们通过计算可以找出运输车允许的轴距、轮距及牵引臂长度等结构尺寸，以及运输导弹的最大外廓尺寸，这一点在型号研制的初期起到很大的作用。

表 1 机动性参数比较表

<table>
<tr><th colspan="2">型号
项目参数</th><th>DF—2/mm</th><th>DF—3/mm</th><th>DF—4/mm</th><th>DF—5/mm</th><th>试验车/mm</th></tr>
<tr><td colspan="2">运输级弹长</td><td>19 150</td><td>16 968</td><td>17 415</td><td>20 520</td><td></td></tr>
<tr><td colspan="2">导弹直径</td><td>1 652</td><td>2 250</td><td>2 550</td><td>3 350</td><td></td></tr>
<tr><td rowspan="12">公路运输车</td><td>轴距</td><td>9 000</td><td>10 000</td><td>11 400</td><td>14 100</td><td>10 000</td></tr>
<tr><td>轮距</td><td>2 000（前）
1 760（后）</td><td>2 200</td><td>1 850（前）
2 200（后）</td><td>2 600</td><td>1 700</td></tr>
<tr><td>牵引臂长</td><td>7 140</td><td>5 630</td><td>4 840</td><td>4 660</td><td>4 400</td></tr>
<tr><td>后二轴轴距</td><td></td><td>1 120</td><td>1 120</td><td>1 240</td><td>1 400</td></tr>
<tr><td>长</td><td>20 690</td><td>19 320</td><td>20 090</td><td>22 400</td><td></td></tr>
<tr><td>宽</td><td>2 700</td><td>3 080</td><td>3 100</td><td>3 500</td><td></td></tr>
<tr><td>高（带载）</td><td>3 215</td><td>3 990</td><td>4 000</td><td>4 500</td><td></td></tr>
<tr><td>列车最小转向半径</td><td>14 130</td><td>14 000</td><td>14 900</td><td>13 300</td><td></td></tr>
<tr><td>挂车自身最小转向半径</td><td>11 400</td><td>11 500</td><td>12 800</td><td>16 500</td><td></td></tr>
<tr><td>20 m 弯道通过宽度</td><td>5 470</td><td>3 400</td><td>3 000</td><td>3 500（正牵）
4 480（倒牵）</td><td>5 280（后轴不转向）
2 380（后轴转向）</td></tr>
<tr><td>20 m 弯道扫过宽度</td><td>7 410</td><td>5 200</td><td>5 000</td><td>6 500（正牵）
7 100（倒牵）</td><td></td></tr>
<tr><td>牵引车</td><td>CA－30</td><td>JN－252</td><td>JN－252</td><td>JN－252</td><td>CA－30</td></tr>
</table>

3 全轮转向试验车

美国宇宙神导弹公路运输车和土星运输车都要靠工作人员来操纵，传动结构复杂，价格昂贵，而且这两种运输车都不具备倒牵的功能。经过充分的论证，导弹公路运输车采用的全轮转向系统，可以有两种方案：一种是钢丝绳机械传动方案，一种是液压传动方案。这两种方案主要的优点是：

1）通过性强，在运输车上能用，在起竖托架车上也能用；
2）布局方便，结构简单，并可实施倒牵；
3）不用增加设计驾驶人员，不必要考虑人的工作环境条件；
4）对校核转向运动理论进行计算，更直接地掌握转向规律及转向的轨迹。

3.1 试验车的结构及方案

全轮转向试验车是由 CA－30 作牵引车的全挂车，挂车的前轴为轴转向，后面采用双桥，中桥和后桥均采用轮转向，车桥经常用 CA－10 前桥，前转向的轴转向架用摩擦片减振，后双桥用转向杆系和转向梯形，如图 1 所示。

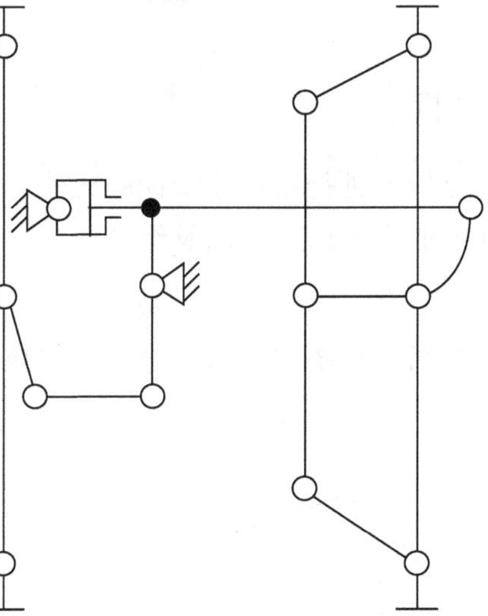

图 1 转向杆系和转向梯形

其动作原理是当牵引车转弯时，牵引车带动牵引臂，牵引臂围绕前转向杆系和转向梯形，按设计要求执行转向。液压转向原理如图 2 所示。钢丝绳方案和液压方案不一致的地方是液压传动系统改用钢丝绳代替，钢丝绳转向原理如图 3 所示。

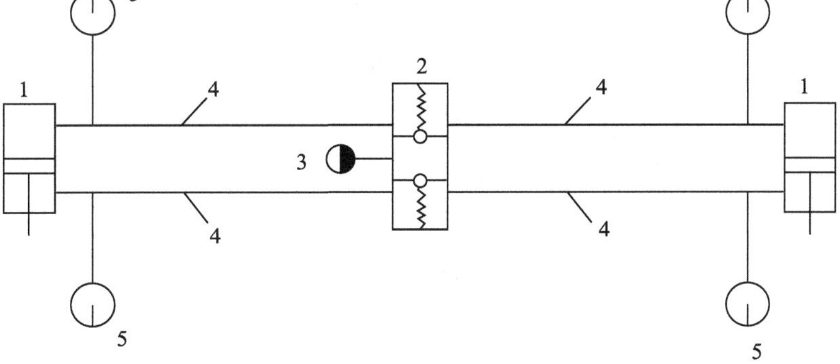

图 2 液压转向原理图

1－油缸；2－单向阀；3－过滤器；4－油管路；5－压力表

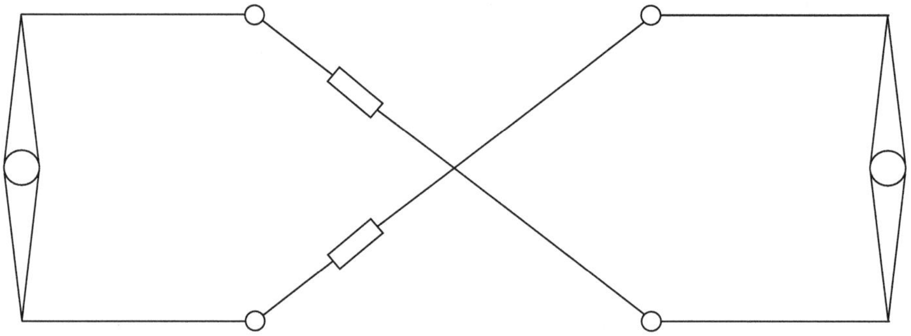

图 3　钢丝绳转向原理图

3.2　试验车机动性分析

为了校核机动性理论分析，进行制动性指标的比较，全轮转向试验车有三种状态：全挂车后轴轮转向、后轮锁死前轴转向状态以及倒牵状态。

3.2.1　全挂车后轴轮不转向

图 4 是后轴轮不转向简图，从图中可以看出，列车最小转向半径受到公路限制，其最小转向半径为 21.75 m。

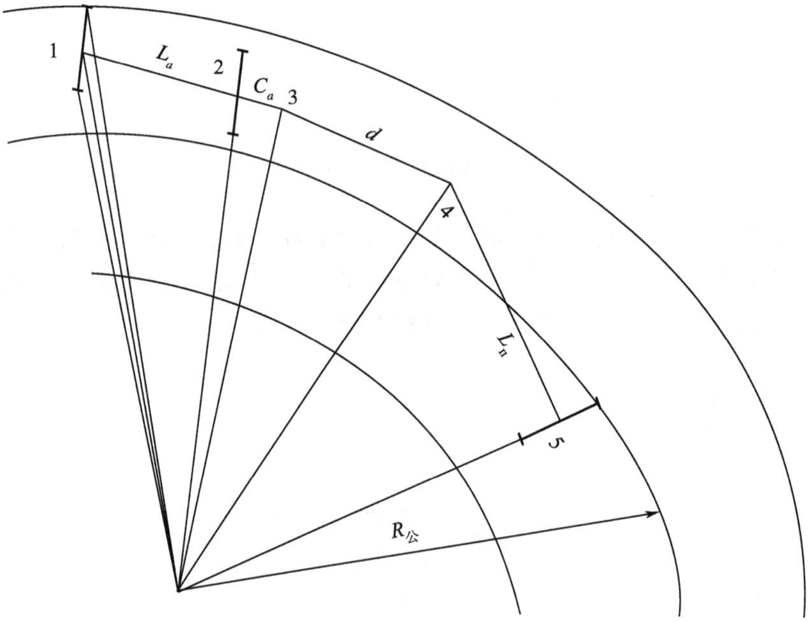

图 4　试验车后轴轮不转向

$$R_{\min}=R_{公}+\frac{1}{2}B_{路}=21.75\ \text{m}$$

式中　R—— 是公路的转弯半径；

$R_{公}=20\text{m}$；

$B_{路}$ —— 公路的路面宽($B_{路}=3.5\text{m}$)。

牵引车 CA－30 前外轮沿公路外侧运行时的路面宽度为

$$B_0=\left(R_0+\frac{1}{2}B_{路}\right)-\sqrt{\left[\left(R_{公}+\frac{1}{2}B_{路}\right)-\frac{1}{2}B_a\right]^2-L_a^2-L_n^2-d^2+c_a^2}+\frac{1}{2}B_b$$

$$=5.28\ \text{m}$$

式中　L_a、c_a、B_a—— 牵引车 CA－30 的结构尺寸，$L_a=4.225$ m，$c_a=1.592$ m，$B_a=1.76$ m；

B_b——CA－10 的车桥，$B_b=1.7$ m。

3.2.2　全挂车后轴轮转向

牵引车前外轮沿公路外侧运行，其转向简图如图 5 所示。此时路面宽度为

$$B_0=\left(R_0+\frac{1}{2}B_{路}\right)-\sqrt{\left[\left(R_{公}+\frac{1}{2}B_{路}\right)-\frac{1}{2}B_a\right]^2-L_a^2+c_a^2-L_n^2-d^2+2L_nL_c}+\frac{1}{2}B_b$$

$$=2.38\ \text{m}$$

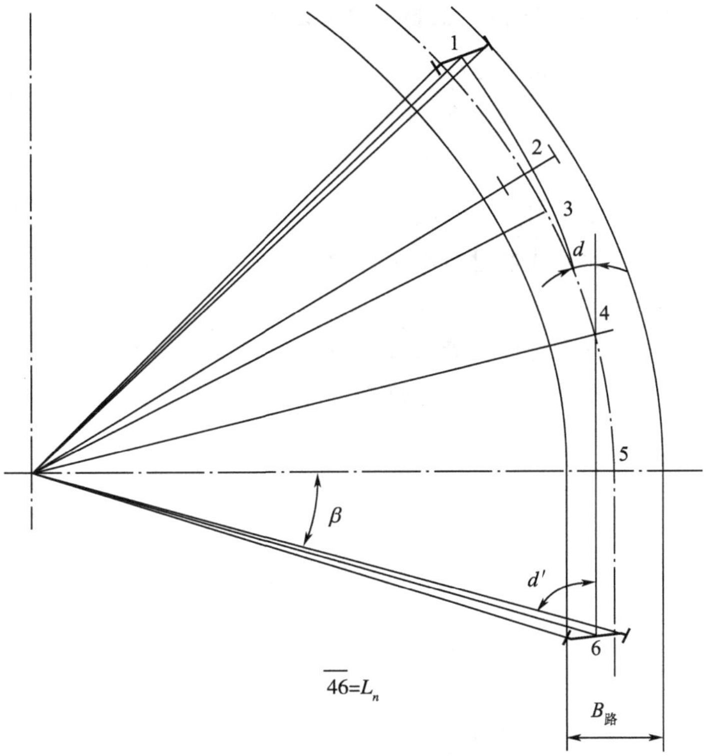

图 5　全挂车后 轴轮转向原理图

从这两种状态看出，当试验车后轴不转向时，不能通过 3.5 m 的六级公路路面（旧标准)，而采用全轮转向时，试验车路面宽度仅为 2.38 m，可以通过六级公路。这里要说明

的是试验车设计时，虚轴距取 5 m，挂车轴距 $L_b=10$ m，因此实际的路面通过宽度应由牵引车的前外轮和挂车后桥的内轮轨迹距离来决定，要比理论值 2.38 m 略大一点，这在后面的试验实测值中可以得出。

3.3 试验车液压系统分析

3.3.1 转向阻力矩计算

挂车转向时，作用在转向机构上的外力取决于道路和车轮之间的作用力。作用力可分为 5 种：车轮滚动阻力、轮胎和道路之间的表面摩擦阻力、转向轮转向时车架前后部抬起所造成的阻力、转向时的侧向反力、车轮碰上障碍物。我们考虑原地转向时，其阻力矩比运动中要大，故采用汤姆森公式来计算转向阻力矩

$$M_c=\frac{\mu G^{\frac{3}{2}}}{3P^{\frac{1}{2}}}$$

式中 μ—— 附着系数；

G—— 后轮轴负荷(kg)；

P—— 轮胎气压(kg/cm²)。

将试验车有关数据代入公式得，试验车阻力矩 M_s

$$M_s=\frac{\mu G^{\frac{3}{2}}}{3P^{\frac{1}{2}}}=\frac{0.8\times 7\ 000^{\frac{3}{2}}}{3\times 5^{\frac{1}{2}}}=695\ (\text{kg}\cdot\text{m})=6\ 881\ \text{N}\cdot\text{m}$$

3.3.2 液压缸验算

液压缸采用“8102”设备上行程为 200 mm、内径为 54 mm、活塞杆直径为 20 mm，负荷为 5 t 的作动筒。因此，我们进行不了强度校核和行程验算。

(1) 行程验算

已知液压缸放在中间位置允许其最大长度 $AB=517$ mm，前后轮最大转向角度 $\alpha_{max}=25°$，摇臂长度 $OA=230$ mm。机构布局如图 6 所示。

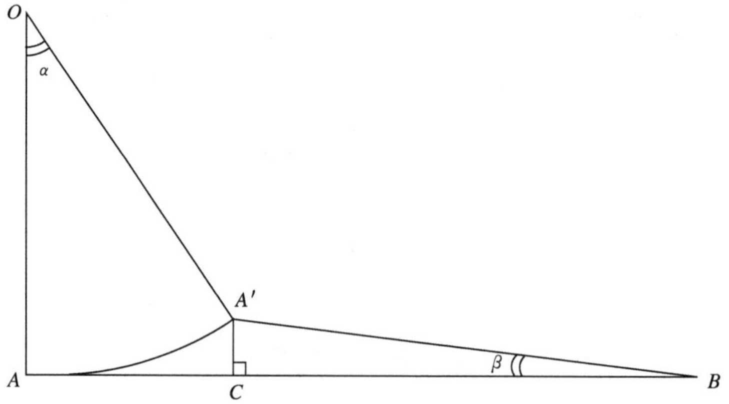

图 6 转向时液压缸计算行程示意图

液压缸最大行程 h 为

$$h = AB - BA' = AB - \frac{OA(1-\cos a)}{\sin\left[\tan^{-1}\dfrac{OA(1-\cos a)}{AB - OA\ \sin a}\right]}$$

将数据代入得 $h = 100$ mm，油缸的行程为 200 mm，满足要求。

（2）最大压力验算

当液压缸在 A' 位置时，压力最大

$$M_s = OA' \cdot \cos a_{\max} \cdot P_s$$

$$P_s = \frac{M_s}{OA'\cos a_{\max}} = 3\ 300\ \text{kg}$$

$$P = \frac{4P_s}{\pi(D^2 - d^2)} = 168\ \text{kg/cm}^2 (1\ 646 \times 10^2 \text{N/mm}^2)$$

3.4 全轮转向系统

汽车列车的转向，就其性能可分为稳定的转向运动和非稳定的转向运动。非稳定的转向运动，就是当驾驶员在不断回转方向盘时列车的运动，此时转向半径随时改变，转向中心也不停地移动。各车轮的轨迹是曲率半径变化的曲线。稳定的转向运动，就是当汽车列车以不变的转向半径绕某一个固定转向中心做圆周运动，驾驶员将方向盘固定在某一回转角度上，各车轮划出圆弧形的轨迹。试验目的：观察全轮转向由非稳定段进入稳定段转向的运动现象及轨迹变化；验证全轮转向机动性分析及转向机构设计的正确性；检验试验车前后转角之间的同步性；比较后轮转向与不转向的试验车在路面轨迹和机动性指标上的差距。

试验在直径 20 m 和宽 5 m 弯道下进行。图 7 是试验弯道的简图。

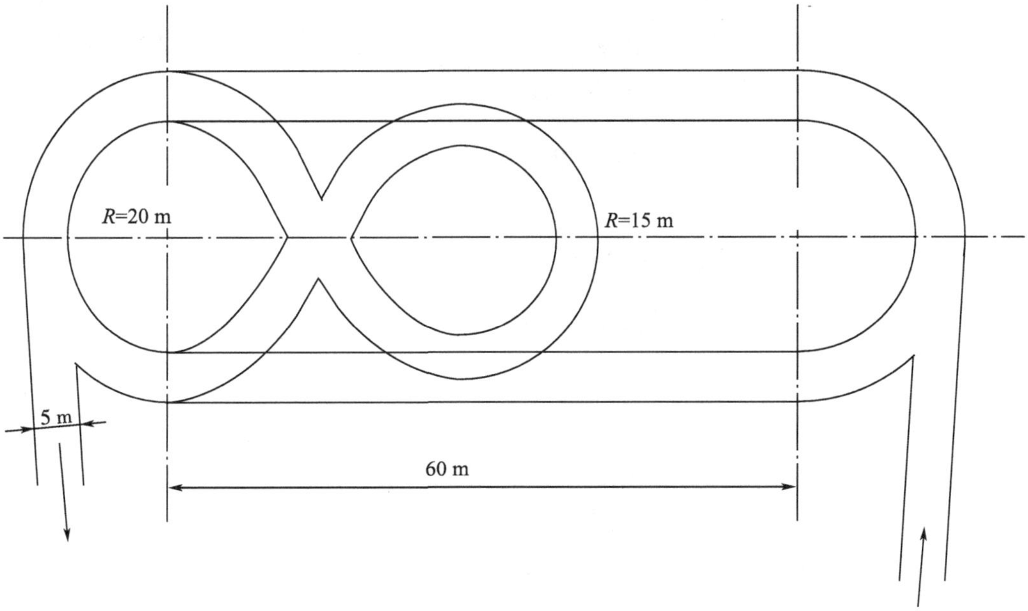

图 7　试验弯道

3.4.1　钢丝绳方案全轮转向试验（在 20 m 弯道）

最小转向半径　$R_{min}=12.47$ m

牵引车前外轮　$R=21.3$ m

挂车中轴内径　$R=18.84$ m

$B_0=2.46$ m

接近于理论计算值 2.38 m，以上数据为实测值。

3.4.2　液压方案全轮转向试验

最小转向半径在 20 m 弯道上转弯时的转向半径 $R_{min}=13.5$ m。

牵引车前外轮　$R=21.25$ m

挂车中轴内径　$R=18.35$ m

$B_0=2.5$ m

以上数据为实测值。

3.4.3　锁紧后轮转向机构的轨迹试验（在 20 m 弯道上）

牵引车前外轮　$R=23.45$ m

挂车后轴内径　$R=18.34$ m

$B_0=5.11$ m

接近于理论计算值 5.28 m，以上数据为实测值。

根据试验，可以明显看出全轮转向使汽车列车的最小转向半径和通过宽度值显著降低，实际轨迹和理论计算相当接近，误差很小。造成偏移小的原因是后轮转向使“轴距”缩短了，整个挂车向中心折叠倾向减小了。也可以说，挂车相对运动倾向由于采用全轮转向机构而减小了。

全轮转向试验车试验成功后，其成果迅速被应用到 DF－3、DF－4、DF－5 导弹公路运输车上和 DF－3 导弹起竖车上，并得到进一步的完善。

4　公路运输车的同步转向系统

4.1　DF－3 导弹公路运输车的转向系统

转向系统分液压转向系统和机械转向系统，机械转向系统作为液压转向系统的备份或互为备份。

4.1.1　组成

转向系统由液压传动系统、机械传动系统和传动杆系统三部分组成。

液压传动系统由前液压缸、后液压缸、手摇泵、单向阀、液压、管路和截止阀等组成，其原理如图 8 所示。它和试验车转向方案没有本质差别。

机械传动系统由前转盘、后转盘、钢丝绳、拉紧器、滑轮变向装置等组成，其原理与试验车钢丝绳方案相同。

转向力传递过程为：当公路运输车转弯时，牵引臂通过板簧箱带动前轴转向，并使转盘转向，前转盘通过液压传动或机械传动把转向力传到后转盘上，后转盘通过杆系把转向力传至左右转向节，使车轮转动。

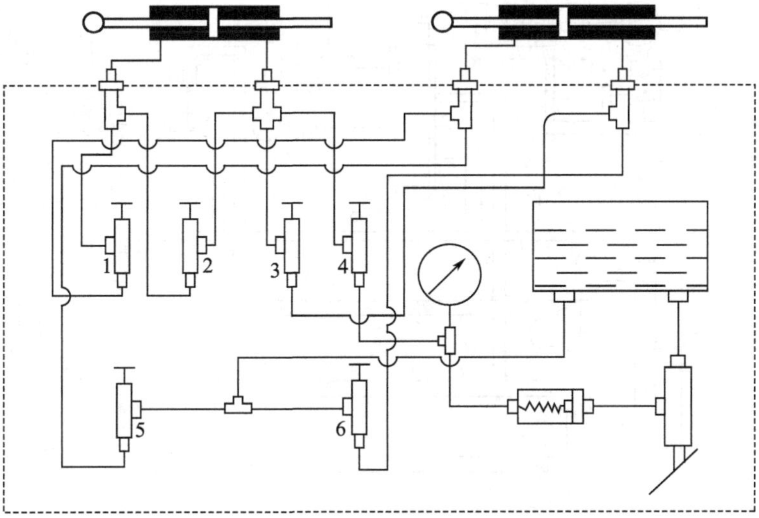

图 8　液压传动系统原理图

4.1.2　状态

DF－3 转向系统有正牵运行、后轮锁紧、后轮反转、倒牵运行、停放、加油等状态。

在场坪调车和铁路运输装卸时，为了保持运输车直线行驶性能，往往需要将后轮锁紧。这就需要控制油路使后液压缸油路闭锁。

当公路运输车需要接近或避开建筑物、装备和障碍物时，就要用后轮转向或平推公路车等办法，这可控制油路达到上述要求。

4.2　DF－5 导弹公路运输车转向系统

DF－5 第一级公路运输车只有钢丝绳机械传动一个方案，它的转向原理同试验车和 DF－3 公路运输车，只是在杆系系统结构上有所不同。

DF－5 二级公路运输车的转向系统全部是杆系系统。

DF－5 公路运输车只有倒牵运行和正牵运行两种状态。因为没有液压系统，所以不能平移。

5　DF－3 导弹起竖车同步转向系统

5.1　转向原理

起竖车同步转向系统是静液系统，其转向原理如图 9 所示。

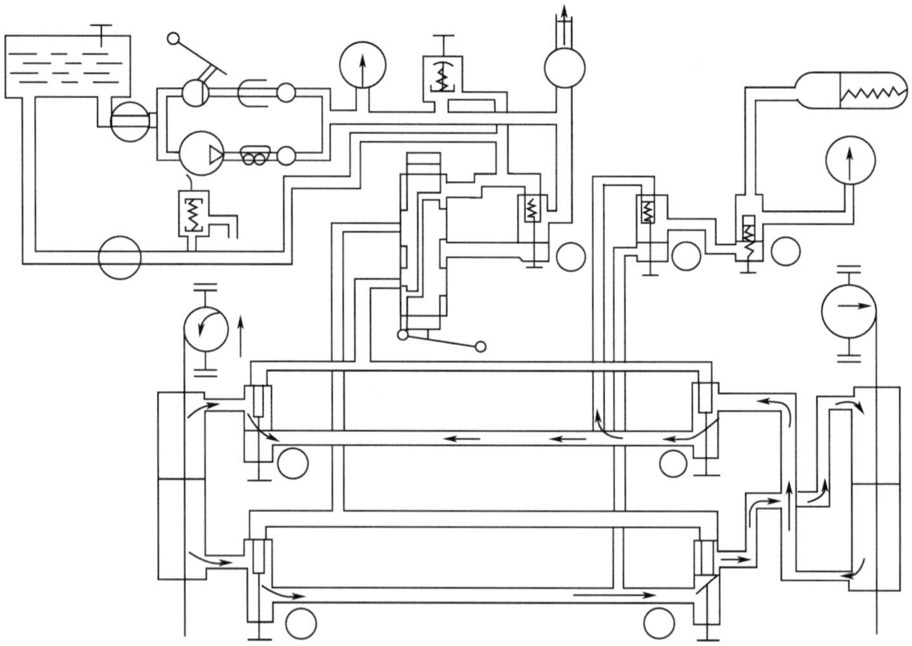

图 9　起竖车同步转向系统

液压转向系统设计比较完整。它由前后转盘、前后转向油缸、转向操纵箱、蓄压器以及连接它们的管路等组成。前后转向油缸一端以铰链与车架相连，活塞杆的另一端分别与固定在前后轮组的转盘上的主轴相连。牵引车转向时，牵引臂带动前轮组转向，同时通过转盘使固定前转向油缸的主轴围绕转盘中心旋转，推动前转向油缸活塞，利用前后转向油缸组成的静液转向系统将转向信号与动力传至后转向油缸，推动后轮转向。

5.2　系统特点

5.2.1　具有温度补偿系统

国外专利中没有考虑不同环境条件下，由于外界温度变化而带来的影响；油管及液压油由于受热膨胀造成系统严重漏油或破坏；在低温下工作又容易形成气穴和漏油，破坏同步转向精度，使后轮转向滞后或失调。我们设计时考虑了这个问题，为适应不同地区，包括车库和野外，不同季节昼夜温差的影响，设计了带安全阀的蓄压器，防止封闭的液压转向系统的油由于热胀冷缩带来的危害。

5.2.2　具有 11 种工作状态

变换阀门 1～7 及调节滑阀形成不同的组合，产生 11 种工作状态以适应不同地段、不同工况对转向系统的要求，从而使挂车使用极为方便。这 11 种状态是：行军转向状态，行军前转向充压系统，人为操作前轮后轮自由转向，牵引臂带动前轮组转向而后轮组锁死状态，牵引臂带动后轮组转向而前轮组锁死状态，人为操作前转后锁，人为操作后转前锁，前后轮组自由搬动各自独立转向，储存状态，转向系统注油，贮存前蓄压器充压。

5.2.3 转向同步精度好，可靠性高

为保持转向同步精度及可靠性，在系统中采用的转向油缸，两端有直径相同的活塞杆分别从两腔伸出来，转向油缸两边都是杆腔，使左右腔左右值相等，互相能够平衡以保证前后轮组转角相等，从而使得转向同步不失调。

由于地区转移和昼夜温差变化的原因，系统里可能进入气体。当系统里存在气体时，系统工作不稳定，前后轮组不能保证同步转向，为此系统设有排气接头。这样根据情况，可及时排出带气泡的油和气，保证转向精度。

5.3 起竖车的转向性能

起竖车在各种情况下的通过性能参数见表 2。

表 2 起竖车通过性能参数

列车状态	牵引方式	转向方式	弯道半径	扫过宽度	通道宽度	起竖车转角
空载	正牵	全轮转向	15 m	7.5 m	4.5 m	32°
		前转后锁	29 m	6.8 m	6.5 m	29°30′
	倒牵	全轮转向	15 m	6 m	4.8 m	32°
		后转前锁	26 m	7.5 m	6 m	29°
满载		全轮转向	15 m	9.0 m	4.5 m	32°

6 结束语

全轮转向技术，从 1965 年试验车研制成功至今已有近 30 年的历史，先后用在第一代导弹公路运输车上，并于 1967 年、1968 年两次在东北海拉尔做过－40°的低温试验，1968 年在青海做过高海拔试验，在云南西双版纳做过高温试验，此外还做过淋雨试验。试验证明该技术性能良好，对不同环境具有很好的适应性。

20 多年来，DF－3 导弹公路运输车，执行约 30 发导弹的发射场飞行试验。DF－4 导弹公路运输车参加过 20 发导弹的飞行试验，DF－5 公路运输车经过 20 多发导弹的飞行试验运输考核。全轮转向机构及其设备已通过鉴定定型。DF－5 导弹一级公路车，如果不是采用全轮转向，不可能将导弹从工厂测试车间整体分级运至全弹振动塔和经过天安门接受检阅。

任何一种技术都不是十全十美的。我国第一代战略导弹运输车采用的全轮转向技术在超越转向时，或者过度转向时，往往容易损坏元件。在公路运输车上采用提前报警方法，但由于转向运动的惯性，来不及减速，因此有待进一步解决和完善设计。DF－2 导弹多功能发射车采用的凸轮转向机构是解决上述问题的一种途径。

附录 A

1　全轮转向试验车部分试验记录

1）试验车在室外牵行试验旋转 90°轨迹值（液压方案）见表 1。

表 1　液压方案轨迹值记录表

名称＼弯道	在 $R=15$ m 处		在 $R=20$ m 处		
	在中间位置/m	在出口位置/m	在入口位置/m	在中间位置/m	在出口位置/m
牵行车前外轮	16.34	16.35	21.28	21.35	21.15
牵行车前内轮		14.65			
牵行车后外轮		15.85			
牵行车后内轮		14.11	19.35	19	18.52
挂车前内轮	13.37	13.55	19.39	18.75	18.74
挂车中内轮	13.41	13.31	19.39	18.57	18.61
挂车中外轮	15.05	14.97			
挂车后内轮	13.95	13.55	19.66	18.95	18.83
挂车后外轮	15.56	15.25	21.35	20.56	20.5

牵引车最小转向半径 $R_{min}=12.47$ m，牵行车前外轮转向半径也就是列车最小转向半径，试验值为 $R_{min}=13.25$ m。

2）试验车在室外牵行试验旋转 90°轨迹值（钢丝绳方案）见表 2。

表 2　钢丝绳方案轨迹值记录表

名称＼弯道	在 $R=20$ m 处		在 $R=15$ m 处			
	入口位置/m	中间位置/m	出口位置/m	入口位置/m	中间位置/m	出口位置/m
牵行车前外轮	21.44	21.3	21.22	16.58		
牵行车后内轮	19.58	19.25	19.295	14.52		
挂车前内轮	19.37	18.94	18.99	14.52		
挂车中内轮	19.3	18.84	18.94	18.63		
挂车后内轮	19.55	19.195	19.02	14.97		
挂车后外轮	21.22	20.08	20.72	16.62		

3）锁紧后轮转向机构的轨迹试验：在 $R=20$ m 转弯处，牵行车前外轮转弯半径 $R=23.45$ m，挂车后内轮转弯半径 $R=18.34$ m。

2 蓄压器的计算

2.1 蓄压器的工作条件

1）使用温度：−40～50℃；

2）油缸本身形成回路，当前（后）轮组单独转向时，保证系统内不产生真空；

3）系统内压力范围为 5～20 表压。

在上述条件下蓄压器能保证液压系统正常工作。

2.2 蓄压器的计算

2.2.1 液压系统总体积

油缸腔的体积

$$v_d = S \times \frac{\pi(D^2 - d^2)}{4}$$

式中 S——活塞杆的行程；

D——油缸内径；

d——油缸活塞杆的内径。

导管的总体积

$$v_{导} = \frac{\pi d_{导}^2}{4} L$$

式中 $d_{导}$——导管内径；

L——导管长度。

手动开关活门座体积

$$v_{活} = \frac{\pi D_{活}^2}{4} L_{活}$$

式中 $v_{活}$——活门座内径；

L——活门长度。

阀的体积 $v_{阀} = v_{阀1} + v_{阀2} + \cdots\cdots + v_{阀7}$

液压系统总体积 $v_{总} = v_d + v_{导} + v_{活} + v_{阀}$

2.2.2 温度变化而引起系统体积变化量

温度从−40℃升高到 45℃，使活塞杆处于中间位置，液体膨胀量为 Δv_t

$$\Delta v_t = a(t_1 - t_2) v_{总}$$

式中 a——油的膨胀系数；

t_1——油温 45℃；

t_2——油温−40℃。

2.2.3 蓄压器内活塞行程的计算

假定−40℃时，蓄压器和活塞所处位置为计算起点，此时转向油缸处于中间位置，蓄压器内温度从−40℃增加到 45℃时，系统内油液膨胀，需吸入液体 Δv_t，此时行程为 ΔL_t

$$\Delta L_t = \frac{\Delta v_t}{\frac{\pi D_{蓄}^2}{4}}$$

2.2.4 蓄压器弹簧计算

计算液体摩擦力 f，目前没有合适的公式，假设为 100 kg，当弹簧在 −40℃ 时最小负载值为 P_1。设系统压力为 5 kg/cm^2

$$P_1 = f + \frac{\pi D_{蓄}^2}{4} \times 5$$

当弹簧 45℃时，弹簧最大负荷

$$P_2 = f + \frac{\pi D_{蓄}^2}{4} \times d_{簧}$$

弹簧刚度

$$P' = \frac{P_2 - P_1}{\Delta L_t}$$

弹簧钢丝直径计算，取弹簧指数 $C=3.8$，弯曲度系数 $K=14$，弹簧材料为 60 Si_2MnA

$$d_{簧} = 1.6\sqrt{\frac{KP_2C}{t}}$$

弹簧圈数 n 的计算

$$n = \frac{Gd_{簧}}{8C^3P'}$$

式中　G——剪切模数。

总圈数 $n_0 = n + 2$。

弹簧能承受的极限载荷 P_3

$$P_3 = \frac{\pi D_{蓄}^{2\tau} T}{8KC}$$

弹簧在不同载荷下的变形

在 P_1 时　　$F_1 = \frac{P_1}{P'}$

在 P_2 时　　$F_2 = \frac{P_2}{P'}$

在 P_3 时　　$F_3 = \frac{p_3}{P'}$

弹簧外形尺寸计算

中径　　$D_2 = c \times d_{簧}$

内径　　$D_1 = D_2 - d_{簧}$

外径　　$D_3 = D_2 + d_{簧}$

长度　　$L = n \times f + (n_0 - 0.5)d_{簧}$

火箭贮箱及推进剂地面贮存罐的置换公式

（1980.7）

1　推进剂应当避免污染

火箭推进剂由强氧化剂和还原剂组成。各个国家都对推进剂制定了严格的规范和标准，我国第一代运载火箭所采用的推进剂，诸如液氧、液氢、偏二甲肼、四氧化二氮、硝酸、酒精等，在军用标准中对它们的成分、性质都有明文规定。美国军用推进剂标准中规定偏二甲肼最低含量为98.0%，余下的主要是一些胺类和水（最大0.3%）。美国液氢的技术指标见表1。

表1　美国液氢技术指标

项目 \ 制定的标准		SAE-AMS	USAF-MIL
H_2	不小于	99.998	99.995
杂质含量			
总　　量	不大于	0.002	0.005
O_2	不大于	0.000 2	0.000 1
N_2	不大于	0.001	0.000 9
He	不大于	—	0.003 9
C_o+C_2	不大于	—	0.000 1

四氧化二氮纯度的最低百分浓度为99.5%，含水量不大于0.1%。从这些简单的数据，可以看出对火箭用推进剂要求很高。为保证质量，除对推进剂本身的技术指标要求外，确保安全和满足使用技术指标还需在3个方面严格控制，才能确保推进剂不受污染。

1）推进剂的贮存、运输方面严格执行标准，以免污染；

2）推进剂进入贮箱是由泵或气体（氮气或氦气）挤压进入箱体的，因此对泵系统及管路系统也应有相应的要求，对挤压气体氮和氦也应执行相应的标准。美国对推进剂级氮气的纯度规定为99.5%，0.5%的杂质中氧小于4 900 PPM，水的含量小于26.3 PPM；氦气的纯度在99.995%，要求含氧量小于2 PPM，水的含量小于10PPM。

3）推进剂贮箱本身要避免污染。

我们以欧洲空间局研制的、在1979年发射成功的阿里安火箭为例，运载火箭第三级用氢氧发动机，液氢箱系统先用40℃的氮气吹除，然后用氦气吹除（置换）22次，最后检查氦中含水量小于15 PPM，含氮量小于1 000 PPM，即认为可以加注液氢。

为什么这样要求呢？因为只要有氢气存在，则始终存在着着火的危险。如果液氢因低温而引起的固氧或固空污染，就存在着爆炸的危险。所以推进剂贮箱的置换非常重要。

上面 3 个方面中，第一个问题有专门的著作予以阐述。本文推导的公式是从理论上解决如何用合格的气体对贮箱进行置换，即确定达到要求纯度的置换次数。采用本文公式可以使推进剂贮箱免于污染。

2　关于“331 工程”CZ－3 液氢箱体纯度置换公式

2.1　假设条件

当氦气进入箱体后，充入气体和箱体内原来的气体均匀混合，而且置换前后温度不改变。

2.2　置换条件和方法

当置换开始时，贮箱内为 1 个绝压的空气或氮气。置换时每次充 2 个绝压（1 个表压），然后放至 0.1 表压。依次重复进行。

2.3　公式推导

设 a_0 为原始贮箱的空气或其他气体所含氦气的容积浓度；a 为置换气体氦气的容积浓度；n_1 为第一次置换时充入贮箱的氦气平衡后的表压；$n_2 \cdots n_m$ 为第二次至第 m 次充入贮箱的氦气平衡后的表压；a_1、$a_2 \cdots a_m$ 为置换 1、2、… m 次后贮箱的容积浓度。

对应 a_0 时，即置换开始时，贮箱的压力为一个大气压，第一次置换时充入贮箱一个表压的氦气，此时贮箱浓度为

$$a_1=\frac{a_0+n_1a}{1+n_1}=\frac{a}{2}$$

因为 $a_0=0$，即认为箱体内部，全部是非氦介质(大气中氦含量约占百万分之五)，$n_1=1$。故

$$a_1=\frac{a_0+n_1a}{1+n_1}=\frac{a}{2}$$

根据 CZ－3 置换条件规定，将氢箱的气体放至 0.1 表压，进行第二次及以后多次置换

$$a_2=\frac{1.1a_1+n_2a}{1.1+n_2}=\frac{1.1\frac{a}{2}+n_2a}{1.1+n_2}=\frac{1.1\frac{a}{2}}{1.1+n_2}+\frac{n_2a}{1.1+n_2}$$

$$a_3=\frac{1.1a_1+n_2a}{1.1+n_2}=\frac{1.1\left[\frac{1.1\frac{a}{2}+n_2a}{1.1+n_2}+\frac{n_2a}{1.1+n_2}\right]+n_2a}{1.1+n_2}$$

$$=\frac{1.1^2\frac{a}{2}}{(1.1+n_2)^2}+\frac{1,1n_2a}{(1.1+n_2)^2}+\frac{n_2a}{1.1+n_2}$$

$$a_4=\frac{1.1a_3+n_2a}{1.1+n_2}=\frac{1.1\left[\frac{1.1^2\frac{a}{2}}{(1.1+n_2)^2}+\frac{1,1n_2a}{(1.1+n_2)^2}+\frac{n_2a}{1.1+n_2}\right]+n_2a}{1.1+n_2}$$

$$=\frac{1.1^3\frac{a}{2}}{(1.1+n_2)^3}+\frac{1.1^3n_2a}{(1.1+n_2)^3}+\frac{1,1n_2a}{(1.1+n_2)^2}+\frac{n_2a}{1.1+n_2}$$

$$a_m=\frac{1.1^{m-1}\frac{a}{2}}{(1.1+n_2)^{m-1}}+\frac{n_2a}{1.1+n_2}\times\left[\frac{1.1^{m-2}}{(1.1+n_2)^{m-2}}+\frac{1.1^{m-3}}{(1.1+n_2)^{m-3}}+\cdots+\frac{1.1}{1.1+n_2}\right]+\frac{n_2a}{1.1+n_2}$$

$$=\frac{1.1^{m-1}\frac{a}{2}}{(1.1+n_2)^{m-1}}+\frac{n_2a}{1.1+n_2}S_{m-2}+\frac{n_2a}{1.1+n_2} \tag{1}$$

$$S_{m-2}=\frac{1.1^{m-2}}{(1.1+n_2)^{m-2}}+\frac{1.1^{m-3}}{(1.1+n_2)^{m-3}}+\cdots+\frac{1.1}{1.1+n_2}$$

其中

$$q=\frac{1.1}{1.1+n_2}$$

$$A=\frac{1.1}{1.1+n_2}$$

$$A_m=Aq^{m-1}$$

$$S_{m-2}=\frac{A-A_mq}{1-q}=\frac{A-(1-q^{m-1})}{1-q}=\frac{\frac{1.1}{1.1+n_2}\left[1-\left(\frac{1.1}{1.1+n_2}\right)^{m-2}\right]}{1-\frac{1.1}{1.1+n_2}} \tag{2}$$

将式（2）代入式（1）得

$$a_m=\frac{1.1^{m-1}\frac{a}{2}}{(1.1+n_2)^{m-1}}+\frac{n_2a}{1.1+n_2}\left\{\frac{\frac{1.1}{1.1+n_2}\left[1-\left(\frac{1.1}{1.1+n_2}\right)^{m-2}\right]}{1-\frac{1.1}{1.1+n_2}}\right\}+\frac{n_2a}{1.1+n_2}$$

化解

$$a_m=\frac{1.1^{m-1}\frac{a}{2}}{(1.1+n_2)^{m-1}}+\frac{n_2a}{1.1+n_2}\left\{\frac{1.1\left[1-\left(\frac{1.1}{1.1+n_2}\right)^{m-2}\right]}{n_2}\right\}+\frac{n_2a}{1.1+n_2} \tag{3}$$

当贮箱放气至 0.1 表压，氢箱再充入气体使贮箱达到 2 个绝压（1 个表压），此时实际进入氢箱的气体为 0.9 表压。将 $n_2=0.9$ 代入式（3）中

$$a_m=a_a\left[1-0.5\left(\frac{1.1}{2}\right)^{m-1}\right] \tag{4}$$

2.4 置换次数的确定

从纯度讲，CZ－3 要求置换后，氢的纯度达到 99.9%，置换次数为 22 次。但是并没

有介绍具体的公式，现在我们可以根据式（4）计算出纯度达到99%的氦气浓度的置换次数。

由式（4）化解得

$$\frac{a_m}{a}=1-0.5\left(\frac{1.1}{2}\right)^{m-1}$$

$$\left(\frac{1.1}{2}\right)^{m-1}=\left(1-\frac{a_m}{a}\right)/0.5=\frac{a-a_m}{0.5a}$$

$$m-1=\frac{\lg\frac{a-a_m}{0.5a}}{\lg\frac{1.1}{2}}$$

$$m=1+\frac{\lg\frac{a-a_m}{0.5a}}{\lg\frac{1.1}{2}} \tag{5}$$

将置换工质氦气的纯度 $a=99.99\%$，要求达到程度 $a_m=99.9\%$代入式（5）得

$$m=1+\frac{\lg\frac{a-a_m}{0.5a}}{\lg\frac{1.1}{2}}=1+\frac{\lg 0.0018018}{\lg 0.55}$$

$$=11.7(\text{次})\cong 12(\text{次})$$

结论：从氦的置换程度而言，置换12次即可达到要求。

3　关于偏二甲肼和四氧化二氮贮箱的置换公式

3.1　假设条件

当氮气充入贮箱后，氮气和贮箱内原来的空气均匀混合，而且置换前后温度不变。

3.2　公式推导

设 a_0 为原始贮箱空气所含氮气的容积浓度，a 为置换气体的容积浓度，a_1，a_2，…，a_m 为置换1，2，…，m 次后贮箱氮气的容积浓度。

对应 a_0 时，即置换开始时，贮箱内的压力为一个大气压，贮箱置换一次，贮箱浓度为

$$a_1=\frac{a_0+na}{1+n}$$

如贮箱放气放至零表压，再进行第二次置换，置换第二次后的贮箱浓度为

$$a_2=\frac{a_1+na}{1+n}$$

将 a_1 代入 a_2 得

$$a_2=\frac{a_1+na}{1+n}=\frac{a_0}{(1+n)^2}+\frac{na}{(1+n)^2}+\frac{na}{1+n}$$

$$a_3=\frac{a_2+na}{1+n}=\frac{a_0}{(1+n)^3}+\frac{na}{(1+n)^3}+\frac{na}{(1+n)^2}+\frac{na}{1+n}$$

置换 m 次后贮箱的浓度为

$$a_m=\frac{a_0}{(1+n)^m}+\frac{na}{(1+n)^m}+\frac{na}{(1+n)^{m-1}}+\frac{na}{(1+n)^{m-2}}+\cdots+\frac{na}{1+n} \tag{6}$$

$$a_m=\frac{a_0}{(1+n)^m}+na\left(\frac{1}{(1+n)^m}+\frac{1}{(1+n)^{m-1}}+\frac{1}{(1+n)^{m-2}}+\cdots+\frac{1}{1+n}\right) \tag{7}$$

括号内的数是一个等比级数，它们的公比是 $q=\dfrac{1}{1+n}$，令首项 $A=\dfrac{1}{1+n}$，前 m 项之和

$$s_m=\frac{A(1-q^m)}{1-q}=\frac{\frac{1}{1+n}\left[1-\left(\frac{1}{1+n}\right)^m\right]}{1-\frac{1}{1+n}}=\frac{\left[1-\left(\frac{1}{1+n}\right)^m\right]}{n} \tag{8}$$

将式（8）代入式（7）得

$$a_m=\frac{a_0}{(1+n)^m}+a\left[1-\frac{1}{(1+n)^m}\right] \tag{9}$$

3.3 置换次数的确定

根据式（9）我们可以求出置换次数 m

由
$$a_m=\frac{a_0}{(1+n)^m}+a-\frac{a}{(1+n)^m}$$

化解

$$a_m(1+n)^m=a_0+a(1+n)^m-a$$

$$a-a_m=(a-a_0)\frac{1}{(1+n)^m}$$

$$\frac{1}{(1+n)^m}=\frac{a-a_m}{a-a_0}$$

$$m=\frac{\lg\frac{a-a_m}{a-a_0}}{\lg\frac{1}{1+n}} \tag{10}$$

式中 a_m——火箭贮箱要求达到的氮气纯度，一般为 98%；

a_0——空气中含氮的百分数，占 78.1%；

n——为置换的氮气进入火箭贮箱平衡后的分压值，一般取低压 1～3kgf/cm² 范围内，n 值越大，置换次数就越少。

3.4 公式的几点说明

1）在东风型号火箭推进剂贮箱中，我们似乎并没有对贮箱进行置换，其实我们在技术阵地气密性检查和发射阵地气密性检查及全系统气密性检查中，已用高纯度氮气对贮箱进行了净化处理。如东风型号火箭每发在出厂状态，推进剂贮箱经气密性检查后，都带0.3～0.5余压，到基地技术阵地进行气密性检查也带0.3～0.5余压。在发射阵地再次经过气密性检查，贮箱纯度满足98%。

2）本公式尚可应用在推进剂槽车、槽罐、推进剂库贮存罐，以及氮气瓶库和氦气瓶库的贮存气瓶的净化处理上，以确保推进剂储存期间质量及推进剂气体的纯度。贮存罐及气瓶不像火箭箱体，还可以用抽真空的办法达到要求。但一般基地并不专门配备真空泵，所以用上面推导的公式对贮存罐及气瓶进行置换。25基地7号工程的燃烧剂和氧化剂库就是应用上面的公式进行了置换，纯度达到85%以上，然后再将推进剂车的介质转注到罐里。

3）为了节省用气量（对氦气尤为重要），在置换过程中应尽可能充分发挥置换气体的作用，即宜一个一个气瓶置换。当一个气瓶第一次置换后，气瓶内的气不放入大气，而是将它平衡到第二个气瓶内，进行一次低一级的置换。因为第一次置换后的气，纯度比后面没有置换的气瓶的纯度要高得多（尤其是氦置换），完全可以利用这部分气体对其他气瓶进行初级置换。

氦气回收论证报告

（1983.3.15）

1　氦气回收的必要性和可能性

1.1　必要性

氦气是一种战略物资，空气中含量极微，仅占 $1.3\times10^{-6}\%$。在天然气中含量稍高，但也只有万分之几到百分之几。我国只有威远气田可以提供 CZ－3 任务所需的氦气，年产 $1\times10^4\sim2\times10^4$ m^3。但目前威远气田的氦的生产能力急剧下降。今年 27 基地已订货 8 000 m^3，上半年和下半年各 4 000 m^3，航天部试车尚缺少 700～800 m^3。

氦气的运输很困难，发射 1 枚 CZ－3 火箭，需要从威远气田用 5 辆氦气瓶车拉运 3 次，才能将 27 基地的 9 个高压氦气瓶充满。

氦气价格昂贵，常压下氦气的销售价格为每立方米 200 元。今年发射场合练氦气一项耗资达百万余元。

当今，氦气资源是战略物资，美国从国外购进氦气储存在井下，国际上也成立了氦气保护委员会。因此，氦气回收不仅经济上合算，而且能够保护国家资源不流失，具有战略意义。

1.2　可能性

（1）氦气用量情况及可回收率

表 1 是氦气用量统计表，可以看出 1 枚 CZ－3 三子级火箭共消耗氦气约263 kg。表 1 中氦气的使用情况分为 4 种。

1）一种是表列 1、2、3、4 项用气，是可以回收的，共 89.11 kg，占实际一枚火箭用氦气量的 33.88%；

2）第二种情况是贮箱已加注推进剂，贮箱内是氦和氢的混合物（表内 5、6、7、8、9、10 项属于这类用气），共计 19.212 kg；目前对于氦氢混合气因没有脱氢设备，尚不能处理，今后经过研制纯化带氢的氦气，技术上是可以实现的；

3）第三种情况是吹除用气（表 12、13、14 项属于这类用气），共计 16.2 kg；

4）第四种情况是加注系统用气，主要用在液氢铁路运输车汽化器失灵时挤压用气。如果汽化器效果很好，这部分气体是可以不消耗的，或备而不用，以防万一。

考虑上述情况，实际发射 1 枚火箭消耗氦气 124.5 kg，回收的氦气占的比例不是 33.88%，而是 71.5%，约 499 m^3。因此回收氦气的作用很大。

表 1　氦气用量统计表

序号	项目	充气容积/L	充气压力表压	充气流量/（kg/s）	需要量/kg
1	氦气瓶充气	20×10	230±5		6.5
2	氦气瓶置换	20×10	50±5		1.41
3	液氢箱气密性检查	22×10^3	3.05±0.05		12.7
4	液氢箱置换	22×10^3	充 1 放到 0.1		68.5
5	液氧箱初始气枕增压	0.5×10^3	2.8+0.25		0.215
6	液氢箱初始气枕增压	1.0×10^3	2.2+0.25		0.347
7	发动机地面液氧箱预冷增压	连续供气 20 分钟		≥0.002	2.4
8	发动机地面液氢箱预冷增压	连续供气 20 分钟		≥0.008	9.6
9	泄出液氢用气	22×10^3	1.5		4.67
10	泄出液氧用气	7×10^3	2		1.98
11	地面加注用气				138
12	发动机氢泵吹除	供气 10 分钟		>0.006	3.6
13	燃气发生器吹除	连续供气 1 小时	3～8	≥0.002 5	9
14	发动机泄漏供气	连续 5 小时		≥0.002	3.6

（2）回收可能性

目前就西昌发射场加注、供气系统的现状而言，回收 1～4 项用气是完全有可能的。在确定置换方案时，采用贮箱和加注管路一起整体置换方法——从气管连接器进气到 1 表压止，打开加注连接器进行活门排气，到 0.1 表压，关闭箭上活门。这部分气是打开氢管路系统 4 号阀，进入地面排氢管高空排放。如果在 4 号阀处将其堵截，不让这部分气体排走，就可以收集起来（如图 1 和图 2 所示）。

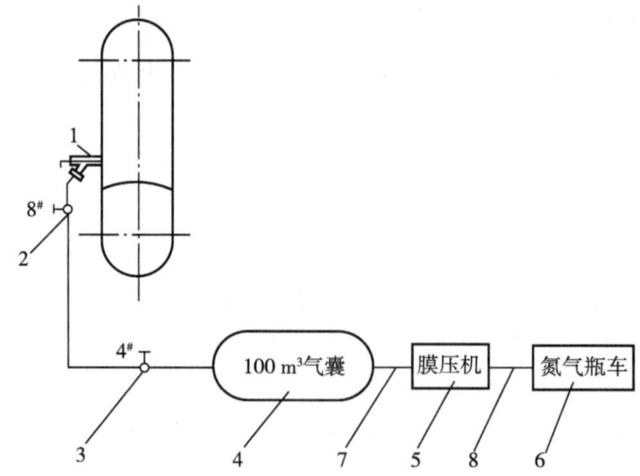

图 1　置换示意图

1—加注连接器；2—8# 手动阀门；3—4# 气动阀门；4—气囊；5—膜压机；6—氮气瓶车；7—管路；8—管路

根据总体部意见，置换后的氦气不是每次从地面排氢管排放，而是分三次从排气连接器排出（2 次压力为 3.05 表压，1 次为 1 表压），所以也可以从山顶上排放口收集。但这样更困难些。

液氢公路车使用前也要进行氦气置换，这部分氦气可以直接回收。

2 回收方案及分工

2.1 方案

（1）第一阶段

发射场火箭合练分两个阶段进行，第一阶段对地面设备进行加注和供气合练。这一阶段 101 站纯化系统赶不上进度，置换气回收采用将（氮气和氦气）混合物回收到氮气瓶车贮存起来的方案。

（2）第二阶段

火箭合练阶段，101 站纯化装置运至基地，可用原理图 2 进行闭回路回收，就地纯化。

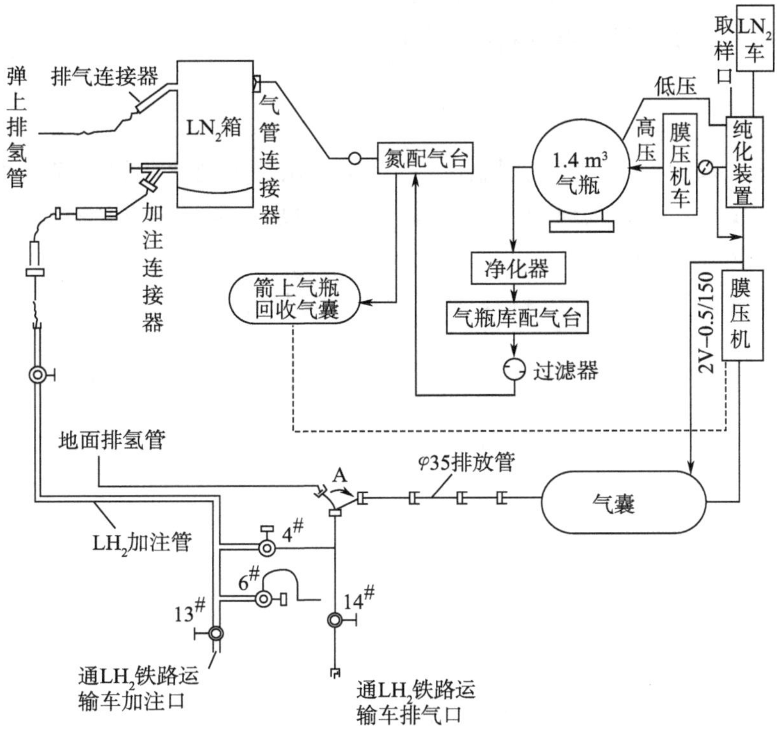

图 2 氦气闭回路回收原理图

从图 2 可以看出，回收氦气时只要将软管 A（φ75）从原来的地面排氢管卸下，连接到 φ75 排放管就可以回收。该方案，经现场商定正式确定后，这一系统纳入合练。操作上应增加装卸 φ75 软管 A 的口令。

那么系统是否安全呢？膜压机（2V－0.5/150）每小时排量为 30 m^3，100 m^3。气囊要抽3小时，这一阶段火箭置换已近一半的工作量，整个系统（自始至终）处于正压状态，不可能抽成负压，箭体是安全的。万一有故障，气囊可以随时更换。

由于纯化后要取样化验，合格后方能注入1.4 m^3 的氦气瓶中，故要延长些时间。如果影响不大，试验队认为适当延长合练时间是容许的，万一耽搁，可用更换气囊，不影响连续置换。

(3) 远期方案

1) 建议将气囊改为60～70 m^3 的固定贮罐；

2) 在贮罐前后装设0～1 600 mm水柱的膜盒压力表；

3) 在贮罐后装电动气活门和继电器线路控制膜压机工作或切断气路；

4) 在系统上，为回收箭上气瓶的氦气铺设固定管路；

5) 为回收氦气，系统上的 $\varphi21\times3$ 氦气供气管路增设相应阀门及管路；

6) 在软管A处设计三通接头和两通阀门，以避免拆卸的麻烦；

7) 在排放管（山顶上）设计回收口，并将其引至回收贮罐；

8) 研制新的纯化装置，使其与CZ-3用气种类相适应；

9) 研制可以脱氢的纯化系统，使回收工作更趋完善；

10) 做相应的土建工程，增设新的回收库房。

2.2 分工

根据谢光选总师的指示，氦气回收由15所技术抓总，纯化装置、膜压机（2V-0.5/150）、气囊由101站负责，基地配合，一部、15所参加；液氮车由基地负责；回收系统图2中其余设备均由15所负责。

基地提供必要的管线材质，辅料，加工手段和安装力量。

（以下省略）

改装法国车 SR42000 的论证报告*

（1982）

1　可能性

1.1　水力学计算

1.1.1　已知参数

1）液氢箱液位最高时距场坪 0-0 平面为 40.8 m；

2）铁路车停车场坪标高为 10 m；

3）球阀 3 个；

4）转弯处共有 15 处；

5）3 m 长软管 11 根，共 33 m；0.25 m 长补偿管 31 根，共 7.75 m；硬管总长（除去补偿管长）161.15 m；

6）连接器 1 个；

7）硬管直径 $\phi 80\times 2.5$（内径 $\phi 75$）；

8）过滤器、流量计各 1 个。

1.1.2　阻力损失

（1）局部阻力系数

过滤器为 $\zeta_1=8.5$，贮箱入口为 $\zeta_2=1$，流量计为 $\zeta_3=2.75$，球阀为 $\zeta_4=6$（5～7），连接器为 $\zeta_5=3.1$，加注活门为 $\zeta_6=5$，弯头为 $\zeta_7=0.6\times 15=9$（0.22～0.9），软管每米为 $\zeta=1.47$，$\zeta_8=1.47\times 40.8=59.976$，已包括补偿管的长度，接头为 $\zeta=0.02\sim 0.07$，取 50 个连接头，每个取 0.04，$\zeta_9=0.04\times 50=2$，因此，总的局部阻力系数 $\zeta_{局}=\sum\zeta i$

$$\zeta_{局}=8.5+1+2.75+6+3.1+5+9+59.976+2=97.326$$

（2）管路沿程阻力系数

$$\zeta_{沿}=\frac{\lambda L}{d}$$

其中
$$L=161.15+7.75+33=201.90\ \text{m}$$
$$d=75\ \text{mm}$$

式中　λ——摩擦系数。

$$Re=\frac{vd}{\upsilon}$$

* 本文 1、2 部分由肖道先编写，关于汽化器设计部分由王瑞铨编写。

其中 $\upsilon = 1.97 \times 10^{-3}\ \mathrm{cm^2/s}$

$$v = 1\,000\ \mathrm{L/min} = 3.77\ \mathrm{m/s}$$

$$Re = \frac{3.77 \times 100 \times 7.5}{1.97 \times 10^{-3}} = 1.435 \times 10^{6}$$

$Re > 10^{-5}$ 使用 $\lambda = 0.000\,32 + 0.221Re$

$$\lambda = 0.000\,32 + 0.221(1.435 \times 10^{6})^{-0.237}$$
$$= 0.000\,32 + 0.221 \times 0.347\,5$$
$$= 0.010\,877\,5$$

加注速度 $v = 1\,000\ \mathrm{L/min}$ 时

$$\zeta_{沿} = 0.010\,877\,5\ \frac{201.90 \times 100}{7.5} = 29.282\,23$$

（3）总阻力系数

$$\zeta_{总} = \zeta_{局} + \zeta_{沿}$$
$$= 97.326 + 29.282 = 126.608$$

（4）管路引起的阻力 Δh

$$\Delta h = \zeta_{总} = \frac{V^2}{2\,g} = 126.6 \times \frac{(3.77\ \mathrm{m/s})^2}{2 \times 9.8\ \mathrm{m/s^2}} \approx 91.754\ \mathrm{m}$$

$$v = 1\,000\ \mathrm{L/min} = \frac{1\,000 \times 1\,000}{60\ \mathrm{s}} \times \frac{4}{\pi(7.5\ \mathrm{cm})^2} = 3.77\ \mathrm{m/s}$$

（5）管路总阻力损失 P_2

$$P_2 = (\Delta h + \Delta h_{流})\rho$$

流量计阻力损失 $\Delta h_{流} = 2.75\ \mathrm{m}$

$$\rho = 0.070\,8\ \mathrm{g/cm^3}$$

$$P_2 = (91.754 + 2.75) \times 0.070\,8 = 0.669\ \mathrm{kg/cm^2}$$

1.1.3 加注车辆内压力 P_1

$$P_1 = P_{大} + P_2 + P_{反} + \Delta P_{过}$$
$$= 1 + 0.664 + 0.5 + 0.41 = 2.58\ \mathrm{kg/cm^2}$$

式中 $P_{反}$ —— 氢箱加注时的反压力，为 0.5 $\mathrm{kg/cm^2}$；

$\Delta P_{过}$ —— 过滤器压力损失，0.4 bar，0.4 bar$=0.4 \times 1.02 = 0.408\ \mathrm{kg/cm^2}$；

$P_{大}$ —— 大气压力，为 1 $\mathrm{kg/cm^2}$。

1.1.4 法国车用于加注时内压可达 4 bar

根据法国车试验数据，本身出口的压力降可达 0.7 bar（$0.7 \times 1.02 = 0.714\ \mathrm{kg/dm^2}$），因此，要达到加注速度 $v = 1\,000\ \mathrm{L/min}$ 时，车内压力值为

$$P_{内} = P_1 + \Delta P_{损}$$

$$\Delta P_{损} = 0.714\ \mathrm{kg/cm^2}$$

$$P_{内} = 2.58 + 0.714 = 3.294\ \mathrm{kg/cm^2}$$

结论：如果这个计算是正确的话，那么，该车可以作为加注车使用，而且车身的结构

设计强度可以满足要求。

1.2 使用程序和场地布置

1.2.1 容量的估算

C′40 及 SR42 有效利用率按 80%计，则

$$(40+42)\times 0.80=65.6\ m^3$$

液氢箱加注量：21 235 L；

液氢箱预冷耗量：6 m^3；

补加车贮放量：9 m^3；

管道预冷耗量：2 m^3；

发动机预冷耗量：1 m^3；

液氢箱蒸发量（5 h）：$1.6\times 5=8\ m^3$；

管道蒸发量：1 m^3；

补加车蒸发预冷量：2 m^3；

总共需要用氢量：49.235 m^3。

1.2.2 使用程序

使用程序可以这样考虑：

SR42 作为加注基本量用，即预冷量为 8 m^3，加注量 22 $m^3\approx 30\ m^3$，用 C′40 作为补加车的补充量和液氢箱蒸发损失耗量用。

第一次补加车用量 9 m^3，补加车蒸发预冷量 2 m^3，贮箱蒸发量 8 m^3，管道蒸发量 1 m^3，发动机预冷量 1 m^3，第二次补加用量 5 m^3，总共：$21\ m^3+5\ m^3=26\ m^3$。

1.2.3 场地的安排方案

场地的安排可以设想成两种方案：

1）用铁路方法，把 SR42 及 C′40 分别安装在两辆 D_{16} 的平板铁路车上，C′40 与 SR42 连接后停靠在置换间，当 SR42 工作完后，可以先拉走，也可等 C′40 工作完后拉走。

2）液氢公路车直接停靠在置换间的场坪上。

2 方案探讨

2.1 利用 SR42 改装汽化器

利用 SR42 的原设计能力，改装一个新的汽化器。根据试验报告，600 L/min 的流量加注应是可以实现的。

局部阻力系数

$$\zeta_{总}=\zeta_{局}+\Delta\zeta_{局}$$

$$\begin{aligned}\Delta\zeta_{局}&=\zeta_{球}+\zeta_{接}+\zeta_{弯}+\zeta_{软}\\&=6+0.04\times 5+0.6\times 2+1.47\times 10=21.90\end{aligned}$$

增加球阀 1 个，接头 5 个，弯头 2 个，软管 10 m

$$\zeta_{局} = 97.326 + 21.90 = 119.226$$

长度增加 15 m，其中软管 10 m

$$v = 600\ \text{L/min} = \frac{1\,000 \times 1\,000}{44.2 \times 60 \times 100}\ \text{m/s} = 2.26\ \text{m/s}$$

$$R_e = \frac{2.26 \times 100 \times 7.5}{1.97 \times 10^{-3}} = 8.613 \times 10^5$$

$$\begin{aligned}\lambda &= 0.003\,2 + 0.221 \times (8.613 \times 10^5)^{-0.237} \\ &= 0.003\,2 + 0.221 \times 0.039\,188 \\ &= 0.011\,86\end{aligned}$$

可得沿程阻力系数

$$\zeta_{沿} = 0.011\,86\ \frac{216.90 \times 100}{7.5} = 34.3$$

$$\zeta_{总} = 119.226 + 34.3 = 153.526$$

$$\Delta h = \zeta_{总} \frac{V^2}{2\text{ g}} = 153.45\ \frac{2.26^2}{2 \times 9.8} = 39.987\,817$$

阻力损失

$$\begin{aligned}P_2 &= (39.987\,8 + 2.75) \times 0.070\,8\ \text{g/cm}^2 \\ &= 0.302\,6\ \text{kg/cm}^2\end{aligned}$$

所需加注压力 P_1

$$\begin{aligned}P_1 &= P_{大} + P_2 + P_{反} + \Delta P_{过} + \Delta P_{损} \\ &= 1 + 0.3 + 0.5 + 0.41 + 0.71 = 2.92\ \text{kg/cm}^2\end{aligned}$$

按 $v = 600$ L/min 加注，那么所需时间 t

$$t = 22\,000\ \text{L}/600\ \text{L/min} = 36.67\ \text{min} \approx 40\ \text{min}$$

损耗的液氢量

$$Q = 1.6\ \text{m}^3/\text{h} \times 40/60 = 1.067\ \text{m}^3$$

所需时间

$$t = (22\,000 + 1\,067)/600 = 38.45\ \text{min}$$

2.2 利用氦气挤压方案

(1) 计算条件

1) 挤压按法国车承受的 4 kg/cm^2 来考虑；

2) 法国车的气枕容积 (40+42) ×20%=16.4 m^3；

3) 加注预冷量的计算：加注量为 30 m^3 (见前面计算)，补加量和发动机预冷量共计 26 m^3 (见前面计算)，共计为 56 m^3。

（2）计算

耗氦量的计算

$$G=\frac{PV\cdot 10^4}{RT\zeta}=\frac{4\times 56\times 10^4}{212\times 288\times 1.158}=31.68\ \text{kg}$$

一个球形气瓶装氦量

$$G=\frac{PV\cdot 10^4}{RT\zeta}=\frac{330\times 1.4\times 10^4}{212\times 288\times 1.158}=65.35\ \text{kg}$$

故用一个球形气瓶是可以满足挤压需要的（此处忽略管道压力损失）。

但是氦气比较贵，1 个压力、1 m^3 的氦气资金约为 250 元，那么 56 m^3、4 个压力的氦气的费用

$$S=56\times 4\times 250=56\ 000\ 元$$

所以尽管用氦挤压是可行的，但是费用太高了，这一方案尽量不采用。

3 分析意见

1）由液氢公路车向火箭液氢箱预冷及加注过程中通常会是稳定的单向流，但存在着不同程度气液两相流动状态。因此，SR42 能不能作为加注车辆使用，还必须有待合练验证。通过合练以验证将来的理论计算并确定其加注最大速度。

2）从 SR42 验收试验报告来看，对车辆的技术性能尚未十分掌握，缺少操作使用经验。为了积累经验和熟悉操作，该车应该多加利用。譬如参加 101 站试车。

3）需要配置信号联系装置，该信号装置应设有预冷、加注、$\text{I}_{液位}$、$\text{II}_{液位}$、$\text{IV}_{液位}$、转注开始、转注结束、场地故障、本车故障等 9 个信号指示灯或按钮。目前加注信号监视箱的信号不完全相适应，但可勉强予以应付。若采用现有加注信号监视箱，则必须协调电缆的连接、匹配等。

4）需要协调的问题：从安全角度出发，SR42、C′40 与原置换间的管路相连接时，应设计三通真空绝热接头，还应该配置 2 个球阀，如图 1 所示。同时还要协调气、液管路，确定软管数量和规格。

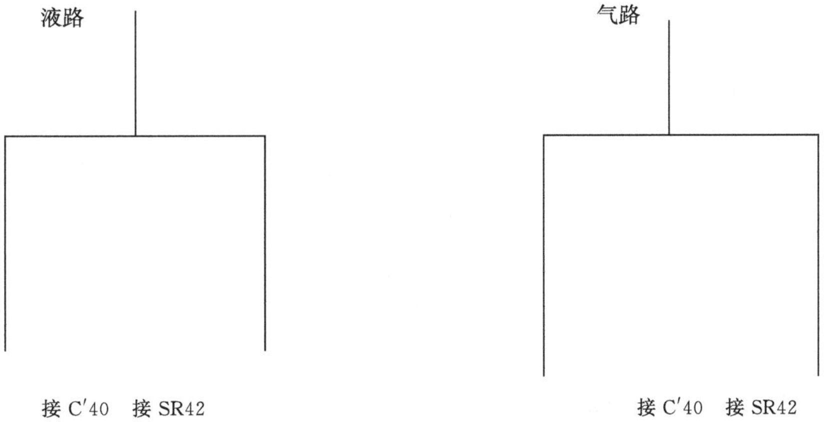

图 1　SR42、C′40 与原置换间的管路连接

5）从机动性考虑，用公路车直接停在置换间为好。当然，这必须同运输液氢的方式相联系。如果运输液氢采用铁路运输方式，那么，用 2 个 D16 的平板车方案也是可行的。

4　汽化器设计

4.1　法国车存在的问题

法国车汽化器增压能力差，高压时流量达 800 L/min，低压时，流量可达 350 L/min。作为加注车在靶场用是不行的，主要原因是法国车汽化器存在着下列缺陷：

1）进气口和出气口尺寸不符合正常设计要求的内径为 $\phi 25$，一般进液管直径为返回管的一半。

2）进液口应低，排气口应高，有利气氢的排出，不形成气阻。法国车则相反。

3）法国车液面和汽化器高差仅 200 mm，一般应高于 500 mm。在尺寸允许的情况下达到1 m以上更好。

4）法国车螺旋散热片和光管之间有空隙，在冷的情况下收缩，空隙更大，这对换热不利。

5）汽化器有两段 6 m 的光管，当进液管不是真空绝热管时，会出现液氢尚未进入汽化器就汽化的情况。

4.2　新的汽化器估算

（1）正反馈输送系统

正反馈输送系统如图 2 所示。

（2）计算条件（SR42000 主要技术性能）

几何容积（L）：42 000；

工作容积（L）：37 800（充满率 90%）；

最大工作压力（巴）：4；

汽化器挤压贮罐最大压力：3.5 kg/cm^2（表压）；

环境温度：－40；

加注流量：1 500 L/min。

（3）汽化器入口直径的计算

根据 AD 报告，系统最小加压气体量与输送流量之间的关系式

$$\frac{W_i}{W_o}=1/\left(\frac{\rho_L}{\rho_T}\right)-1 \tag{1}$$

式中　ρ_T ——汽化器出口气体密度，kg/m^3；

ρ_L ——LH_2 密度，kg/m^3；

W_o ——加注流量，1 500 L/min；

W_i ——汽化器流量，L/min。

设：罐内 LH_2 的温度为 20.4K，罐体漏热很小，可略去不计。

当排出压力达到 3.5 kg/cm^2 时，绝对压力为 4.5 kg/cm^2。

$T=20.4K$，$P=4.5\ kg/cm^2$ 时，LH_2 的密度查《深冷手册》。

$$P=0\quad \rho_L=70.79\ kg/m^3$$

$$P=13.2\ kg/cm^2\quad \rho_L=72.31\ kg/m^3$$

$P=4.5\ kg/cm^2$ 时，用插入法求 ρ_L

$$\rho_L=70.79+\frac{72.31-70.79}{13.2}\times 4.5$$

$$=70.79+0.52=71.3\ kg/m^3$$

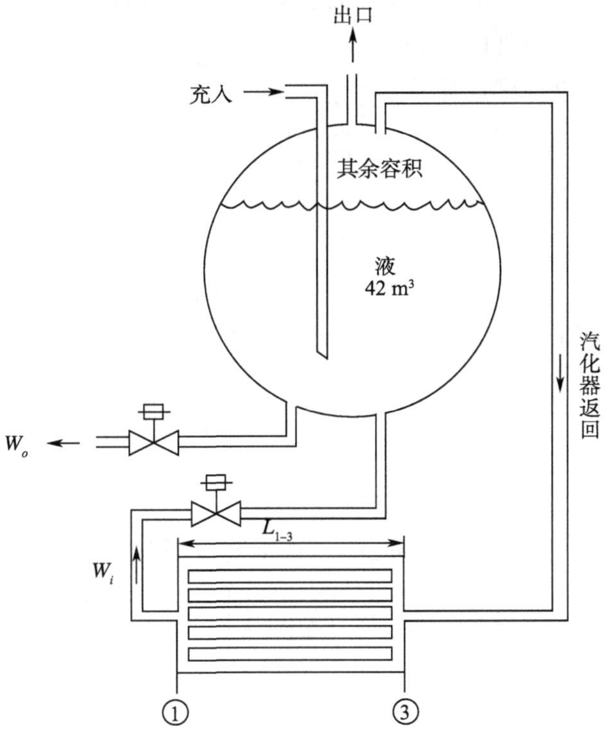

图 2　输送系统简图

根据 AD 报告出口处氢气的密度

$$\sqrt[5]{\frac{\rho_L}{\rho_r}}=2.1,\frac{\rho_L}{\rho_r}=2.1^5$$

$$\rho_r=\frac{\rho_L}{2.1^5}=\frac{71.3}{2.1^5}=\frac{71.3}{40.84}=1.75\ kg/m^3$$

代入式（1）得

$$W_i=W_o/\left(\frac{\rho_L}{\rho_T}\right)-1=1\,500/\left(\frac{71.3}{1.75}\right)-1=\frac{1\,500}{39.84}=37.65\ L/min$$

为了安全可靠，在设计中将进入汽化器的 LH_2 流量扩大 1.5 倍作为设计依据

$$W_i = 1.5 \times 37.65 = 56.5\ \mathrm{L/min}$$

汽化器管内径的计算

$$W = \frac{\pi}{4} D^2 V$$

$$D = \sqrt{\frac{w_i}{\pi v}} \tag{2}$$

根据 LH_2 手册215页，LH_2 在管内的单相流速设为 1.5 m/s（维持单相流），可得

$$D = \sqrt{\frac{56.5 \times 10^3}{3.14 \times 1.5 \times 10^2 \times 60}} = \sqrt{\frac{56.5}{3.14 \times 1.5 \times 6}} = 2.83\ \mathrm{cm}$$

现选用内径大于 2.83 cm 的 $\phi 35 \times 2.5$ 的不锈钢管作进料管，$\phi\ 65 \times 2.5$ 的紫铜管作返回管，返回管内径近似进料管的两倍。

（4）汽化器的出口处温度计算

根据 AD 报告
$$r = \frac{P}{RT}$$

故
$$T = \frac{P}{rR} \tag{3}$$

查《深冷手册》表 1－1 得，$R = 420.63\ \mathrm{kg \cdot m/kg \cdot K}$；$P$ 为绝压，4.5 $\mathrm{kg/cm^2}$；r 为重度（即比重），2.23 $\mathrm{kg/m^3}$。

∴
$$T = \frac{P}{rR} = \frac{4.5 \times 10^4}{420.63 \times 2.23} = 48\ \mathrm{K}$$

（5）汽化器换热量

$$Q = C_P G_W \Delta T + G_W \gamma \tag{4}$$

$$G_W = W_i \rho_L = 56.5 \times 71.3 \times 10^{-3}$$
$$= 4\ \mathrm{kg/min} = 0.067\ 14\ \mathrm{kg/s}$$

式中 C_P ——恒压比热，值为 2.59 kcal/（kg·K）；

γ ——汽化热，值为 105.5 kcal/kg。

代入式（4）得

$$Q = 2.59 \times 241.7 \times (4.8 - 20.4) + 241.7 \times 105.5$$
$$= 17\ 277.7 + 25\ 499.4 = 42\ 777\ \mathrm{kcal/h}$$

（6）传热系数计算

① 光管表面通过辐射换热

$$Q_л = \varepsilon_n \cdot C_O \cdot F\left[\left(\frac{T_n}{100}\right)^4 - \left(\frac{T_O}{100}\right)^4\right]\psi \tag{5}$$

其中
$$\varepsilon_n = \varepsilon_1 \cdot \varepsilon_2$$

式中 C_O ——绝对黑体的辐射系数，值为 4.9 kcal/（$\mathrm{m^2}$·h·K）；

F ——核算面积；

T_n ——环境温度，－40 ℃（即 233 K）；

T_O ——管外表面液态空气层的温度（查深冷手册）81.8 K；

ψ ——平均角系数，对于单根而言，$\psi=1$；

ε_n ——系数的黑度；

ε_1——液态空气层的黑度，查兰州铁道学院编热工学得 $\varepsilon_1=0.96$；

ε_2——铁板的黑度，查兰州铁道学院编的《热工学》得 $\varepsilon_2=0.82$。

$$\varepsilon_n=\varepsilon_1\cdot\varepsilon_2=0.7872$$

$$Q_л=0.787\times 4.9F\left[\left(\frac{233}{100}\right)^4-\left(\frac{81.8}{100}\right)^4\right]\times 1=0.787\times 4.9\times 29.F=112F$$

$$Q_л=\alpha_r\cdot F(233-81.8)=151.2F$$

$$\alpha_r=\frac{Q_л}{151.2F}=\frac{112F}{151.2F}=0.74\ \text{kcal/(m}^2\cdot\text{h}\cdot\text{K)}$$

② 光管表面通过对流换热

单根水平放置光管

$$\alpha_{hk}=1.1\left(\frac{Q_h}{D}\right)\frac{1}{4}(\text{对流给热系数}) \tag{6}$$

式中 D ——管外径，设为 66 mm；

Q_h ——空气温度与管外表面液态空气温度之差，$Q_h=233-81.8=151.2$ K。

$$\alpha_{hk}=1.1\times\left(\frac{151.2}{0.065}\right)^{\frac{1}{4}}=1.1\times(2\ 326)^{\frac{1}{4}}=1.1\times 6.94=7.64\ \text{kcal/(m}^2\cdot\text{h}\cdot\text{K)}$$

③ 空气侧的当量放热系数 α_1

$$\alpha_1=\alpha_{hk}\xi+\alpha_r\phi$$

式中 ξ ——折温系数，在－40℃时含温量很小，$\xi=1$；

ϕ ——形状系数，对单排 $s/d=1$ h，$\phi=0.63$。

$$\alpha_1=7.64\times 1+0.74\times 0.63=8.10\ \text{kcal/(m}^2\cdot\text{h}\cdot\text{K)}$$

④ 液态空气度的热阻 R_L

根据 LH_2 手册219页

$$\delta_k=\frac{K_L(T_L-T_S)}{(g/A)_L}$$

$$R_L=\frac{\delta_k}{K_L}=\frac{T_L-T_S}{(g/A)_L}$$

式中 T_L ——液氮空气层的温度，查深冷手册为 81.8 K；

T_S ——液态空气层凝固温度，查深冷手册为 55 K。

$(g/A)_L=5.68\times 10^4\ \text{m}^2\cdot\text{h}\cdot\text{K}$，代入得

$$R_L=\frac{81.8-55}{5.68\times 10^4}$$
$$=4.75\times 10^{-4}$$
$$=4.75\times 10^{-4}\ \text{kcal/m}^2\cdot\text{h}\cdot\text{K}$$

⑤ 固态空气层的热阻 R_S

查 LH_2 手册219页

$$\delta_S = \frac{K_S \cdot (T_S - T_W)}{(g/A)_S}$$

$$R_S = \frac{\delta_s}{K_S} = \frac{T_S - T_W}{(g/A)_S}$$

式中 T_S ——液态空气层凝固温度，查得为 55 K；

T_W ——管壁外表面的平均温度，$T_W = 33$ K；

g/A—— 热通量，$(g/A)_S = 20\ 000$ 美热单位/尺^2 · h=5.6×10^4 kcal/（m^2 · h）。

故 $$R_S = \frac{55 - 33}{5.6 \times 10^4} = 3.93 \times 10^{-4}\ (\text{m}^2 \cdot \text{h} \cdot \text{K})/\text{kcal}$$

⑥ 管内气膜系数

查 LH_2 手册204页

$$\frac{h}{C_P G}\left(\frac{C_P \cdot \mu}{K}\right)\frac{2}{3} = \frac{0.023}{\left(\frac{DG}{\mu}\right)^{0.2}}$$

$$h = 0.023 \times \frac{C_P \cdot G}{\left(\frac{C_P \cdot \mu}{K}\right)\frac{2}{3} \cdot \left(\frac{DG}{\mu}\right)^{0.2}}$$

$$Re = \frac{DG}{\mu} = \frac{pV \cdot D}{\mu}$$ 雷诺准则

$$P_r = \frac{G_w}{K}$$ 普色特准则

$$G = pV = \frac{4G_w}{\pi D^2} = \frac{4 \times 0.067}{3.14 \times 0.060^2} = 23.71\ \text{kg/m}^2 \cdot \text{s}$$

式中 h ——气膜系数，kcal/（m^2 · h · K）；

μ ——粘度。

用插入法计算 $T = 48$ K 时的 μ，查深冷手册得

$P = 1.033\ 6$ kg/cm^2(1 个大气压)

$T = 40$ K，$\mu = 20.67\times10^{-6}$泊；$T = 50$ K，$\mu = 24.89\times10^{-6}$泊；$T = 48$ K 时

$$\mu = 20.67\times10^{-6} + \frac{(24.89-20.67)\times10^{-6}}{50-40}\cdot(48-40)$$

$$= 24\times10^{-6}\text{泊}$$

$P = 51.7$ kg/cm^2 时(50 个大气压)

$\mu/\mu_O = 1.59$

$\mu = 1.59\mu_O = 1.59\times24\times10^{-6} = 38\times10^{-6}$泊

$P = 4.5$kg/cm^2 时

$$\mu = 24 \times 10^{-6} + \frac{38 \times 10^{-6} - 24 \times 10^{-6}}{51.7 - 1.033\ 6} \times (4.5 - 1.033\ 6)$$

$$= 25 \times 10^{-6}\ \text{泊} = 25 \times 10^{-7}\ \text{kg/(m} \cdot \text{s)} = 90 \times 10^{-4}\ \text{kg/(m} \cdot \text{h)}$$

$$Re=\frac{DG}{\mu}=\frac{0.06\times 23.71}{25\times 10^{-7}}=5.69\times 10^{5}$$

$$P_r=\frac{C_P\cdot\mu}{K}=\frac{2.59\times 90\times 10^{-4}}{0.0131}=1.78$$

$$h=0.023\times\frac{2.59\times 23.71}{(1.78)\frac{2}{3}\cdot(5.69\times 10^{5})^{0.2}}$$

$$=6.98\times 10^{-2}\ \text{kcal/(m}^2\cdot\text{h}\cdot\text{K)}$$

$$=244.5\ \text{kcal/(m}^2\cdot\text{h}\cdot\text{K)}$$

⑦ 总的传热系数

$$K=\frac{1}{\frac{1}{\alpha_1}+R_L+R_S+R_W+\frac{1}{a}}$$

$$=\frac{1}{\frac{1}{81}+4.75\times 10^{-4}+3.93\times 10^{-4}+\frac{1}{251}}=\frac{1}{0.123+4.75\times 10^{-4}+0.004\,1}$$

$$=\frac{1}{0.127\,968}=7.82\ \text{kcal/(m}^2\cdot\text{h}\cdot\text{K)}$$

其中 R_W 为管壁热阻，忽略不计。

⑧ 蒸发器几何尺寸的计算

根据 AD 报告

$$L_{1-2}=\frac{\rho_1 V_1 D_1(\Delta h)_{1-2}}{4(g/A)_{1-2}}$$

$$L_{2-3}=\frac{\rho_1 V_1 D\bar{C}p}{4K_{2-3}}\ln\left(\frac{T_a-T_2}{T_a-T_3}\right)$$

$$L_{1-3}=L_{1-2}+L_{2-3}$$

1）在过冷及二相流区域的热通量（据 AD 报告），$(g/A)_{1-2}=7\,000$ 美热单位/尺^2·时$=1.96\times10^4$ kcal/（m^2·h）；

2）从过冷至饱和蒸汽的热焓变化（据 AD 报告），$\Delta h_{1-2}=208$ 美热单位/磅$=114.4$ kcal/kg；

3）$\rho=71.3$ kg/m^3

$C_p=2.59$ kcal/（m^2·h·K），$K_{2-3}=7.82$ kcal/(m^2·h·K)，$T_a=233$ K，$T_2=26$ K（在 $P=4.5$ kg/cm^2 的饱和温度），$T_3=48$ K（汽化器出口温度），$D=60$ mm（汽化器管内径）。

LH_2 在管内的流速

$$V_1=\frac{4Wi}{\pi D^2}$$

$$V_1=\frac{4\times 56.5\times 10^3}{3.14\times 0.6^2}=1\,999(\text{cm/min})$$

$$= 33.3\ \text{cm/s}$$

$$= 1\,198\ \text{m/h}$$

$$\therefore \quad L_{1-2} = \frac{\rho_1 V_1 D_1 (\Delta h)_{1-2}}{4(g/A)_{1-2}}$$

$$= \frac{71.3 \times 1\,198 \times 0.06 \times 114.4}{4 \times 1.96 \times 10^4} = 7.478\ \text{m}$$

$$L_{2-3} = \frac{\rho_1 V_1 D \overline{C}_p}{4K_{2-3}} \ln\left(\frac{T_a - T_2}{T_a - T_3}\right)$$

$$= \frac{71.3 \times 1\,198 \times 0.06 \times 2.59}{4 \times 7.82} \ln\left(\frac{233-26}{233-48}\right)$$

$$= 424.3 \times 0.112 = 47.53\ \text{m}$$

$$L_{1-3} = L_{1-2} + L_{2-3} = 7.478 + 47.53\ \text{m} = 55.01\ \text{m}$$

⑨ 汽化器出口温度的校核

根据 AD 报告公式 8

$$T_3 = T_a + (T_2 - T_a)\exp\left[\frac{k_{2-3}}{C\rho_{2-3}}\left(\frac{\Delta h_{1-2}}{(g/A)_{1-2}} - \frac{4L_{1-3}}{DW/A_1}\right)\right]$$

$$= 233 + (26 - 233)\exp\left[\frac{7.82}{2.59}\left(\frac{114.4}{1.96 \times 10^4} - \frac{4 \times 55.01}{0.06 \times 241.7 / \frac{\pi}{4} \cdot 0.06^2}\right)\right]$$

$$= 233 + (-207)\exp\left[3\left(5.84 \times 10^{-3} - \frac{220}{14.5/2.83 \times 10^{-3}}\right)\right]$$

$$= 233 + (-207)\exp[3 \times (-37.1) \times 10^{-3}]$$

$$= 233 + (-207)\exp[-111.3 \times 10^{-3}]$$

$$= 233 + (-207)(0.8946)$$

$$= 233 - 185.2 = 47.8\text{K} \approx 48\ \text{K}$$

⑩ 汽化器压力降计算

(a) 进料管道压力降计算

假设进料管线上装有蝶型控制阀 1 个，90°的弯头 5 个，直角折道 2 个，进料管线长度为 3 m。

ⓐ 沿程阻力降为

$$\Delta P_{沿} = \frac{32f}{\pi^2} \cdot \frac{\tau_w^2}{grD^5}$$

$$f = \frac{\tau_w}{rQ^2/2\ g} = \frac{2g\tau_w}{rV^2}$$

$$T_W = \frac{h_w rF}{\pi DL} \qquad hw = \lambda\ \frac{L}{D} \cdot \frac{V^2}{2g} \qquad \tau_w = \frac{\lambda rF\nu^2}{2g\pi D^2}$$

$$f = \left(2g \times \frac{\lambda rF\nu^2}{2g\pi D^2}\right) \div rv^2 = \lambda F/\pi D^2 = \frac{\lambda}{4} \qquad \left(F = \frac{\pi D^2}{4}\right)$$

$$\because \quad Re = 5.24 \times 10^5 > 10^5$$

$$\lambda = 0.0032 + 0.221(Re)^{-0.237}$$

∴ $$= 0.0032 + 0.0095 = 0.0127$$

$$f = \frac{\lambda}{4} = 0.0032$$

参考 LH_2 手册 f 取 0.005。

$$W = G_W = 241.7\ \text{kg/h} = 4\ \text{kg/min} = 0.067\ \text{kg/s}$$

$$D = 30\ \text{mm}$$

$$\Delta P_{沿} = \frac{32f}{\pi^2} \cdot \frac{LW^2}{grD^5} = \frac{32 \times 0.005}{3.14^2} \times \frac{3 \times 0.067^2}{9.8 \times 71.3 \times 0.03^5}$$

$$= 0.0162 \times 793.14 = 12.85\ \text{kg/m}^2 = 12.85 \times 10^{-4}\ \text{kg/cm}^2$$

ⓑ 阀门阻力降计算

$$\Delta P_{阀} = \sum \xi \frac{V^2}{2g} \cdot r = \frac{8}{\pi^2} \sum \xi \frac{W^2}{grD^4}$$ （液压设计手册）

若 $G_{max} = 0.067$ kg/s 进料时，$\xi < 3$

$$\Delta P_{阀} = \frac{8}{\pi^2} \cdot 3 \cdot \frac{(0.067)^2}{9.8 \times 71.3 \times (0.03)^4} = 19.3\ \text{kg/m}^2$$

ⓒ 弯道阻力降计算

$$\Delta P_{阀} = \sum \xi \frac{V^2}{2g} \cdot r = \frac{8}{\pi^2} \sum \xi \frac{W^2}{grD^4}$$ （液压设计手册）

$$\xi_{折} = 1.12 \times 2 = 2.24$$ 直角弯道

$$\xi_{弯} = 0.13 \times 5 = 0.65$$ 90°弯道

∴ $$\sum \xi = \xi_{折} + \xi_{弯} = 2.24 + 0.65 = 2.89$$

$$\Delta P_{弯} = \frac{8}{\pi^2} \sum \xi \frac{W^2}{grD^4}$$

$$= \frac{8}{\pi^2} \cdot 2.89 \cdot \frac{6.7^2 \times 10^{-4}}{9.8 \times 7.13 \times 3^4 \times 10^{-7}} = 18.6\ \text{kg/m}^2$$

$$= 18.6 \times 10^{-4}\ \text{kg/cm}^2$$

ⓓ 进料管道总阻力降

$$\Delta P_{进} = \Delta P_{沿} + \Delta P_{阀} + \Delta P_{弯} = 12.85 + 19.3 + 18.6$$

$$= 50.75\ \text{kg/m}^2 = 50.75 \times 10^{-4}\ \text{kg/cm}^2$$

（b）汽化器压力降计算

$$\Delta P_{1-2} = 4f \cdot \frac{L_{1-2}}{D} \cdot \frac{\rho_1}{\rho_2} \cdot \frac{\rho_1 V_1^2}{2g} + \left(\frac{\rho_1}{\rho_2}\right) \cdot \frac{\rho_1 V_1^2}{g}$$

$$\Delta P_{2-3} = \left(\frac{W}{A_1}\right)^2 \frac{RT_a}{g\rho_2} \left[\left(\frac{T_a - T_2}{T_a}\right)\left(1 - \frac{2f}{\alpha D}\right)(1 - e^{-\alpha L_{2-3}}) + \frac{2 + fL_{2-3}}{D}\right]$$

式中　$P_1 = 71.3\ \text{kg/m}^3$——进入汽化器 LH_2 的密度；

P_2——进入过热段饱和蒸汽的密度（在 $4.5\ \text{kg/cm}^2$ 时）。

用插入法求 $T = 26.5$ K 时的 ρ_2。

$$T = 23.27\ \text{K} \qquad \rho = 2.64\ \text{kg/m}^3$$

$$T = 27.43\ \text{K} \qquad \rho = 6.13\ \text{kg/m}^3$$

$$\rho_2 = 2.64 + \frac{6.13 - 2.64}{27.43 - 23.27} \times (26.5 - 23.27) = 2.64 + 2.71 = 5.35\ \text{kg/m}^3$$

$T_3 = 48$ K（汽化器出口温度），$T_a = 233$ K，$R = 420.63$（kg·m）/（kg·K），$f = 0.005$，$V_1 = 33.3$ cm/s=1 198 m/h

$$A_1 = \frac{\pi}{4}D^2 = \frac{\pi}{4} \cdot 0.062 = 2.83 \times 10^{-3}\ \text{m}^2$$

$$\alpha = \frac{\pi D \cdot K_{2-3}}{G_w C \rho_{2-3}} = \frac{3.14 \times 0.06 \times 7.83}{241.7 \times 2.59} = 2.356 \times 10^{-3} \left(\frac{1}{\text{m}}\right)$$

1－2 段压力降为

$$\Delta P_{1-2} = 4 \times 0.005 \times \frac{7.478}{0.06} \times \frac{71.3}{5.35} \times \frac{71.3 \times 0.333^2}{2 \times 9.8} + \left(\frac{71.3}{5.35} - 1\right) \cdot \frac{71.3 \times 0.333^2}{9.8}$$

$$= 13.4 + 12.327 \times \frac{71.3 \times 0.333^2}{9.8}$$

$$= 13.4 + 9.95 = 23.345 \approx 23.3\ \text{kg/m}^2$$

2－3 段压力降为

$$P_2 = P + \Delta P = P + \Delta P_{进} + \Delta P_{1-2} = 3.5 \times 10^4 + 50.75 + 23.3 = 35.074\ \text{kg/m}^2$$

$$\Delta P_{2-3} = \left(\frac{0.067}{2.83 \times 10^{-3}}\right)^2 \times \frac{420.63 \times 233}{9.8 \times 35\ 074 \times 9.8}\left[\left(\frac{233 - 26}{233}\right)(1 - \ell^{-2.35 \times 10^{-3} \times 47.53}) \cdot \left(1 - \frac{2 \times 0.005}{2.35 \times 10^{-3} \times 0.06}\right) + \frac{2 \times 0.005 \times 47.53}{0.06}\right]$$

$$= 16.3[0.88(1 - 0.89)(1 - 70.9) + 7.9]$$

$$= 16.3[0.88 \times 0.11 \times (-69.9) + 7.9]$$

$$= 16.3(1.13) = 18.4\ \text{kg/m}^2 = 18.4 \times 10^{-4}\ \text{kg/cm}^2$$

$$\Delta P_{1-3} = \Delta P_{1-2} + \Delta P_{2-3} = 23.3 + 18.4 = 41.7\ \text{kg/m}^2$$

（c）返回管道的压力降

假设返回管道上有弯曲半径 $R = 200$ mm 的 4 个弯道，返回管没有阀门，返回管道的长度为 20 m。

ⓐ 弯道阻力降

$$\Delta P_{弯} = \sum \xi \frac{V^2}{2g} \cdot r = \frac{8}{\pi^2} \Sigma \xi \frac{W^2}{grD^4} \qquad \text{（液压设计手册）}$$

$$d/2R = \frac{56}{2 \times 200} = 0.14$$

$$d/2R = 0.1\ 时，\xi = 0.13$$

$$d/2R = 0.2\ 时，\xi = 0.14$$

$$d/2R = 0.1\ 时，\xi = 0.13$$

$$d/2R = 0.14\ 时，\xi = 0.13 + \frac{0.14 - 0.13}{0.2 - 0.1} \times 0.14 = 0.13 = 0.131$$

$$\sum\xi=4\times0.131=0.524$$

$$\Delta P_{弯}=\frac{8}{3.14}\times0.524\times\frac{0.067^2}{9.8\times0.06^4\times2.23}$$
$$=6.74\ \mathrm{kg/m^2}=6.74\times10^{-4}\ \mathrm{kg/cm^2}$$

ⓑ 沿程阻力降

$$\Delta P_{沿}=\frac{32f}{\pi^2}\cdot\frac{LW^2}{grD^5}=\frac{32\times0.005\times20\times0.067}{3.14^2\times9.8\times0.06^5}=85\ \mathrm{kg/m^2}=85\times10^{-4}\ \mathrm{kg/cm^2}$$

ⓒ 返回管道总的压力降

$$\Delta P_{返}=\Delta P_{弯}+\Delta P_{沿}=6.74+85=92.5\ \mathrm{kg/m}=92.5\times10^{-4}\ \mathrm{kg/cm^2}$$

$$\Delta P_{总}=\Delta P_{进}+\Delta P_{返}+\Delta P_{蒸}=50.75+92.5+41.7=184.95\ \mathrm{kg/m}\approx185\ \mathrm{kg/m}$$

⑪ 汽化器安装的位置

1）汽化器必须安装在贮缸底下的必要高度 h_o。

$$h_o=\frac{\Delta P}{\rho_L}=\frac{185}{71.3}=2.6\ \mathrm{m}$$

2）汽化器安装的高度必须符合 $h/h_o\geqslant1$，设 $h=2.61\ \mathrm{m}$，此时气体进入罐内的速度最小值

$$V_{\min}=\sqrt{2g\left(h-\frac{\Delta P}{\rho_L}\right)}=\sqrt{2g(h-h_o)}=\sqrt{2\times9.8\times(2.61-2.60)}$$
$$=\sqrt{2\times9.8\times0.1}=\sqrt{0.98}\cong0.99\ \mathrm{m/s}$$

⑫ 汽化器在 LH_2 未输送前要达到输送压力所需要的时间

根据AD报告所述，被加压的气体通过长度 9 m、直径 0.1 m 的返回管线产生345 K的温升。本汽化器被加压气体通过返回管线将产生的温升约 42 K。那么，进入贮罐排出容积的气体温度将是 48+42=90 K。

$$\gamma=\frac{P}{RT}=\frac{4.5\times10^4}{420.63\times90}=1.2\ \mathrm{kg/m^3}$$

$$V_O=V(1-90\%)=10\%V=10\%\times42=4.2\ \mathrm{m^3}$$

排出容积充满 4.5 kg/cm² 气体所需的气体质量为

$$G=V\cdot\gamma=4.2\times1.2=5.04\ \mathrm{kg}$$

排出容积充满 4.5 kg/cm² 气体所需 5.04 kg 汽化气体。也就是需要 5.04 kg LH_2 进行汽化。

LH_2 进入汽化器的体积流速

$$W_i=56.5\ \mathrm{L/min}$$

LH_2 进入汽化器的质量流

$$G_w=W_i\gamma\times10^{-3}=56.5\times71.3\times10^{-3}$$
$$=4.01\ \mathrm{kg/min}$$

给汽化器送入 8.4 kg LH_2 所需的时间 t（即要给排出容积充满 4.5 kg/cm² 气体所需的时间）

$$t=\frac{G}{G_W}=\frac{5.04}{4.01}=1.26\ \text{min}$$

由于受导温板的影响，排出 4.5 kg/cm^2 气体所需的时间比原来的时间延长了 11.7%，实际需要时间

$$t'=t(1+11.7\%)=1.41\ \text{min}$$

⑬ 汽化器的结构设计

汽化器水平放置，总长 55m，其中长为 6m，宽为 3.5m。原理图见图 1。

CZ－3 三子级地面设备分系统研制报告

（1981.9.21）

1970 年 7 月，“331”工程在西昌卫星发射中心进行了现场勘察并定点。1970—1975 年这一段时间主要是 CZ－3 箭体和各分系统进行方案论证。15 所负责的 CZ－3 飞行试验用地面设备是 1975 年以来逐步开展研制的。到目前为止已全部完成技术设计，有的设备已生产出来交付靶场，有的设备正在投产。今将地面设备研制情况汇报如下。

1　设计依据和原则

1）总体设计部各研制阶段编写的对地面设备设计要求（有关 15 所负责部分）。由于 CZ－3 研制时间长，三级箭体方案几经变动，对地面设备要求逐步明确，逐步完善。在 1978 年编写的《CZ－3 地面设备方案设计技术要求》和《CZ－3 对地面设备方案设计技术要求的修改与补充》基础上，1980 年 12 月由 15 所提出了《CCJY－13 CZ－3 地面设备设计要求》，以后又不断进行修改。

2）历次会议的会议纪要。CZ－3 协调关系复杂，上述总体设计部的要求不能全部反映地面设备的设计要求，为此，我室向各兄弟室提出的设计任务书还包括一些会议纪要内容。在靶场由国防科委主持召开的大型会议有三次：1975 年 3 月召开的工程现场会、1978 年 5 月召开的“‘331’工程测试发射系统现场协调会”以及 1981 年 4 月召开的“331 工程现场协调会议”。这些会议纪要记载着 15 所分工承担的一部分工作和有关协调内容。

除上述 3 次现场协调会外，1977 年 11 月召开的“五省二市会议”，1977 年 12 月科委召开的“7712 会议”，1979 年 10 月北京召开的“331 七机部工作会议”，1980 年科委召开的“331 大总体协调会”以及“15 所加注、供气两系统与基地、科委设计所现场协调会”定下的问题都是设计的依据。

3）总师联席会议精神和历次 331 院调度会议精神和纪要。

4）对 7201 首期工程的初步战术要求及其补充设计技术要求 CCTY－1。

2　设计指导思想

“331”工程难度大，技术复杂，要做到一箭成功是件不容易的事。地面设备中不少技术是第一次遇到的，诸如液氢使用、储运中的安全问题、氦气质量保证问题、加注连接器自动脱落问题等。因此面对任务新，技术复杂，我们贯彻了如下指导思想。

（1）坚持实践是检验真理的唯一标准

在新的问题面前，为了增加认识，提高设计质量及产品可靠性，我们几年来做了大量的试验研究工作。

加注系统方面：

1）加注连接器常温脱落试验、低温液氮试验、45 min 和 30 h 液氢介质试验；

2）液氢自动调流量装置试验；

3）液氧全启式安全阀试验；

4）ф80 球阀、ф75 金属软管粉末冶金过滤器流动阻力试验；

5）加控台输入单元的原理编排、矩阵网络变换、输出单元开关放大器线路、故障报警线路等试验；

6）流量计二次仪表跑车试验。

供气系统方面：

1）气瓶置换试验（采用正压置换，以-60℃露点的空气为置换气体）；

2）气瓶放气过程中含水量的变化试验；

3）氦气和空气漏气量对比试验；

4）气瓶密封试验；

5）净化器净化效果试验；

6）过滤器试验；

7）高压减压器和常开式双向电磁阀试验；

8）氦压缩机膜片寿命试验。

瞄准设备：

1）光栅度盘的高低温试验；

2）电子细分与电路的高低温试验；

3）穿雾试验。

发射台：

1）自动调平试验；

2）单摆线轮减速器试验。

公路运输车：

跑车试验。

（2）确保安全，稳妥可靠

“331”系统采用液氢作为介质，液氢具有低温、易积累静电的特性以及氢与空气混合易爆易燃的特性，因此我们在设计中强调了要考虑使用安全问题。设计中贯彻用氢三原则：通风、防漏、消除火源。所以低温加注车停放地、停车棚均采用敞开式建筑。

（3）应用先进成果

我们这次运用了如下先进技术：如激光瞄准设备的自动跟踪风摆技术，加注加控台采用了矩阵网络，发射台采用了单摆线轮减速器等。

（4）经济实用

这一方面有不少例子，如“331”发射台利用 01 批 DF-5 发射台改装，缩短了生产周期，降低了成本。

CZ-3 三子级和星罩运输车原来是两个公路运输车，考虑到西昌卫星发射中心靶场的实际情况，只在发射阵地到技术阵地使用，且运输距离不长，运输时间上可以有先后，结构上也无难点，因此用一个车来代替。但也存在可能会影响对接时间的问题。

星罩的水平吊具和翻转吊具原来也是分别设计，但考虑到结合起来比较经济，利用星罩吊点吊耳比较长的特点，把两个吊具合二为一。

铁路运输车、发射台都是用 DF－5 设备改装设计而成。

3 地面设备分系统及其组成

3.1 地面设备任务

（1）发射瞄准设备任务

赋予 CZ－3 箭体发射方位，装订方位角。支承 CZ－3 箭体，调整其垂直度。

（2）加注设备的任务

完成 CZ－3 箭体三子级氢箱、氧箱的置换、预冷、加注和补加、泄回、发动机预冷等工作。

（3）供气设备任务

完成 CZ－3 箭体三子级在西昌卫星发射中心靶场技术阵地、发射阵地测试发射过程中氦气、氮气供气任务。

（4）起重运输设备任务

完成 CZ－3 箭体三子级及风罩从承制厂到西昌靶场的运输，完成 CZ－3 箭体三子级及风罩从技术阵地到发射阵地的转运。

（5）辅助设备任务

完成 CZ－3 箭体三子级及风罩在技术阵地的起吊和停放，在发射阵地的起吊任务。

3.2 地面设备组成及其主要设备性能

地面设备主要有发射设备、加注设备、供气设备、起吊运输、停放设备、辅助设备，共有 99 个品种 705 台件，其中含金属软管和基地自备的设备。新研制的设备有 65 个品种 146 台件，改装的有两台设备（发射台和铁路运输车）。

（1）发射瞄准设备

由发射台和激光瞄准仪、标杆仪及其地面配套设备组成，共 11 项设备（专用设备 1 项，修改设计专用设备 1 项，通用 4 项）。

发射台任务是支撑 CZ－3，调整其垂直度和激光瞄准仪，一起赋予发射方位。激光瞄准设备任务是进行方位角的装定，完成本身对大地坐标点的对心。

① 发射台性能

水平调整精度实际可达 30″，理论上液压马达以最低速回转时可小于 2.5°/min，实际回转速度 4.6°/min。

按 CZ－3 考虑，载荷加至 400 t，台体应力为 640 kg/cm^2，回转部应力为754 kg/cm^2。

框架材料采用 16Mn，尚有较大安全系数。

②“331”工程激光瞄准仪主要性能

对心误差	±0.2 mm
调焦误差	−1.5″
对准误差	±3″
一次测角误差	±3.6″
两轴平行差	−4″
俯仰偏差	+1.2″
导轨直线误差	±2″
光电准直误差	+3″
平移零点漂移	±2″

设备精度≤1′，工作距离 135 m，工作仰角 17°。

（2）加注设备

加注设备由液氢、液氧两大加注系统组成，共有 382 项专用设备，13 项通用设备。

液氢系统采用铁路车加注基本量，液氢公路车自动补加，箭体定量，地面监视方案。

液氧系统采用液氧公路加注补加车进行基本量加注和补加，箭体定量，地面监视的方案。

液氢铁路加注运输车设计能以不大于 1 000 L/min，向火箭进行加注。液氧自动补加车能以 200 L/min 向火箭进行补加。液氧加注补加车能以 600 L/min 向火箭贮箱进行加注和以 200 L/min 进行补加。

其主要设备性能如下。

① 液氢公路自动补加车性能

内罐容积	5.4 m^3
内罐工作压力	2.2 kg/cm^2
安全阀打开压力	2.4～2.5 kg/cm^2
球阀口径	ϕ40
内罐爆破膜爆破压力	3～3.5 kg/cm^2
外罐爆破膜爆破压力	0.5～1 kg/cm^2
球阀气动控制压力	50 kg/cm^2
真空夹层封口真空度	不低于 1×10^{-4}毛
真空夹层漏放气总速率	不大于 3.6×10^{-7}毛·升/秒
昼夜蒸发损失	1.376%（实测）

② 液氧公路加注车

内罐几何容积	10 m^3
内罐工作压力	7 kg/cm^2
内罐爆破膜爆破压力	8.7～9.1 kg/cm^2
外罐爆破膜爆破压力	0.5～1 kg/cm^2

球阀口径	$\phi 40$
真空夹层封口真空度	不低于 1×10^{-2}毛
真空夹层漏放气总速率	不大于 1×10^{-4}毛·升/秒
昼夜蒸发损失	0.7%

③ 液氢铁路加注运输车

内罐几何容积	70 m^3
内罐工作压力	3.5 kg/cm^2
真空夹层封口真空度	不低于 1×10^{-4}毛
漏放气总速率	不大于 1×10^{-6}毛·升/秒
昼夜蒸发损失	≯0.3%

④ 液氢地面管路系统

管径	$\phi 75$ mm
管长	204 m
管工作压力	4 kg/cm^2
管内体积	0.887 m^3
真空夹层封口真空度	不低于 1×10^{-4}毛
真空夹层漏放气速率	5×10^{-7}毛·升/秒
过滤器精度	40μ
球阀口径	$\phi 80$

⑤ 液氧地面加注管路系统

管径	$\phi 75$
管长	100 m
管径	$\phi 80$
管工作压力	7 kg/cm^2
过滤器	150μ

用聚氨酯发泡绝热。

(3) 供气设备

供气设备要配合西昌卫星发射中心靶场技术阵地测试、发射阵地的测试发射时的用气。

氮气供配气设备主要由氮压缩机车、氮气瓶车、氮气瓶、气体净化器、氮配气台、氦气配气台、气管连接器、气浮接头等 16 项专用设备和 10 项通用设备组成。发射阵地供气系统和技术阵地供气系统见图 1 和图 2。

① 氮气瓶车主要性能

在黄河 252 型车底盘上装 32 个 50 L 的气瓶，分两大组八小组。每小组 4 个 50 L 气瓶，能提供 250～350 kgf/cm^2 的高压和 50 kgf/cm^2 的中压、0～10 kgf/cm^2 的低压用气。每辆气瓶车装氮气 86 kg。气瓶充 2 kgf/cm^2的保护压力。

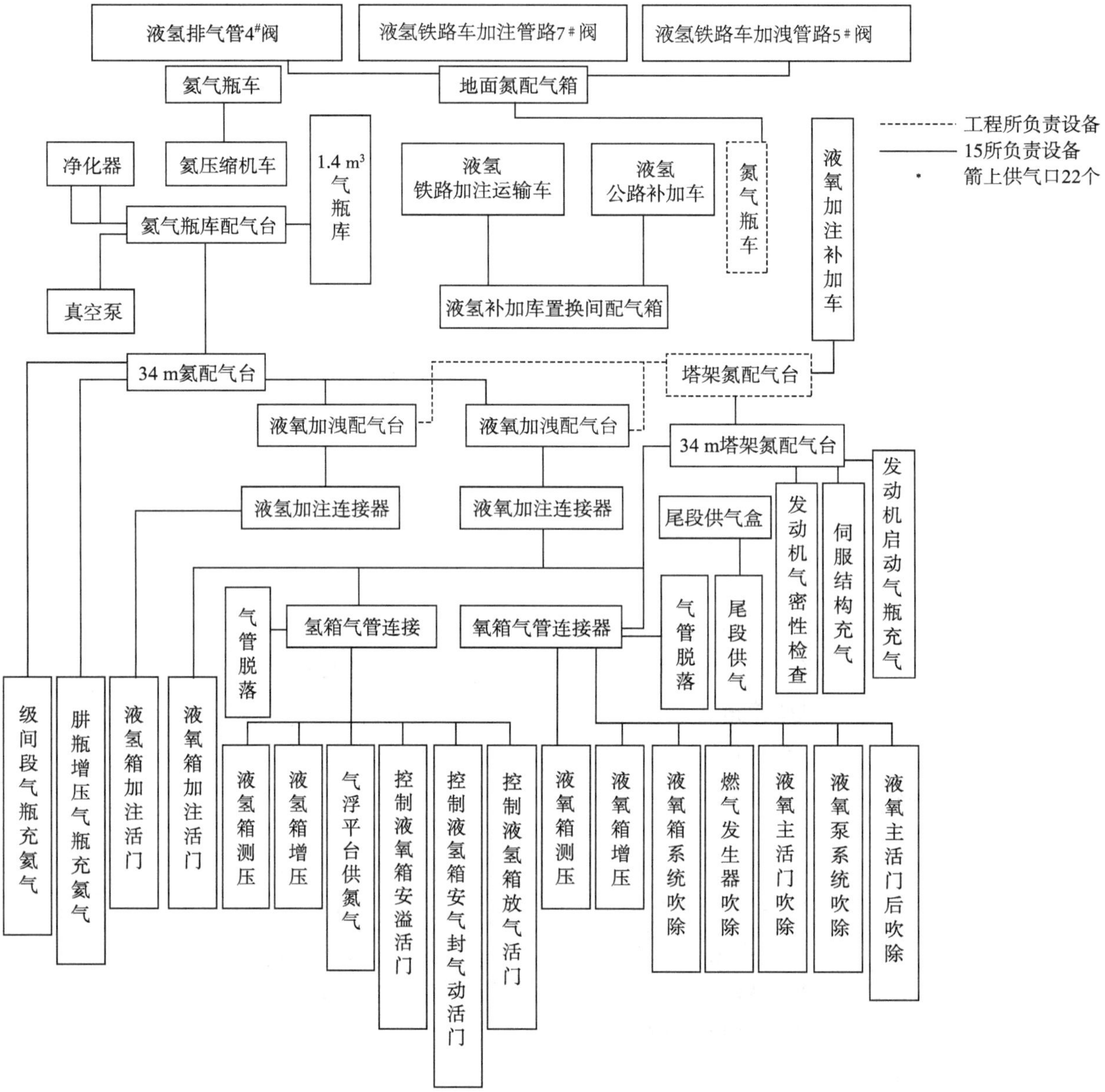

图 1　发射阵地供气系统

② 氦压缩机车

氦压缩车由 G52－15/1000 型膜片压缩机装于 CA－30 解放牌汽车上组成。

进气压力 350 kgf/cm^2，排气压力 350 kgf/cm^2，排量 15 m^3/h。

膜片为 1Cr18Ni9Ti 钢板，寿命 400～500 h。

③ 气体净化器

最大流量时空塔速度≈0.04 m/s，H_2O<10 ppm。

用 5A 分子筛为吸附剂，粒度为 $\phi2-\phi3$。

氮气源由科委设计所负责，配气设备同氦气供气系统。

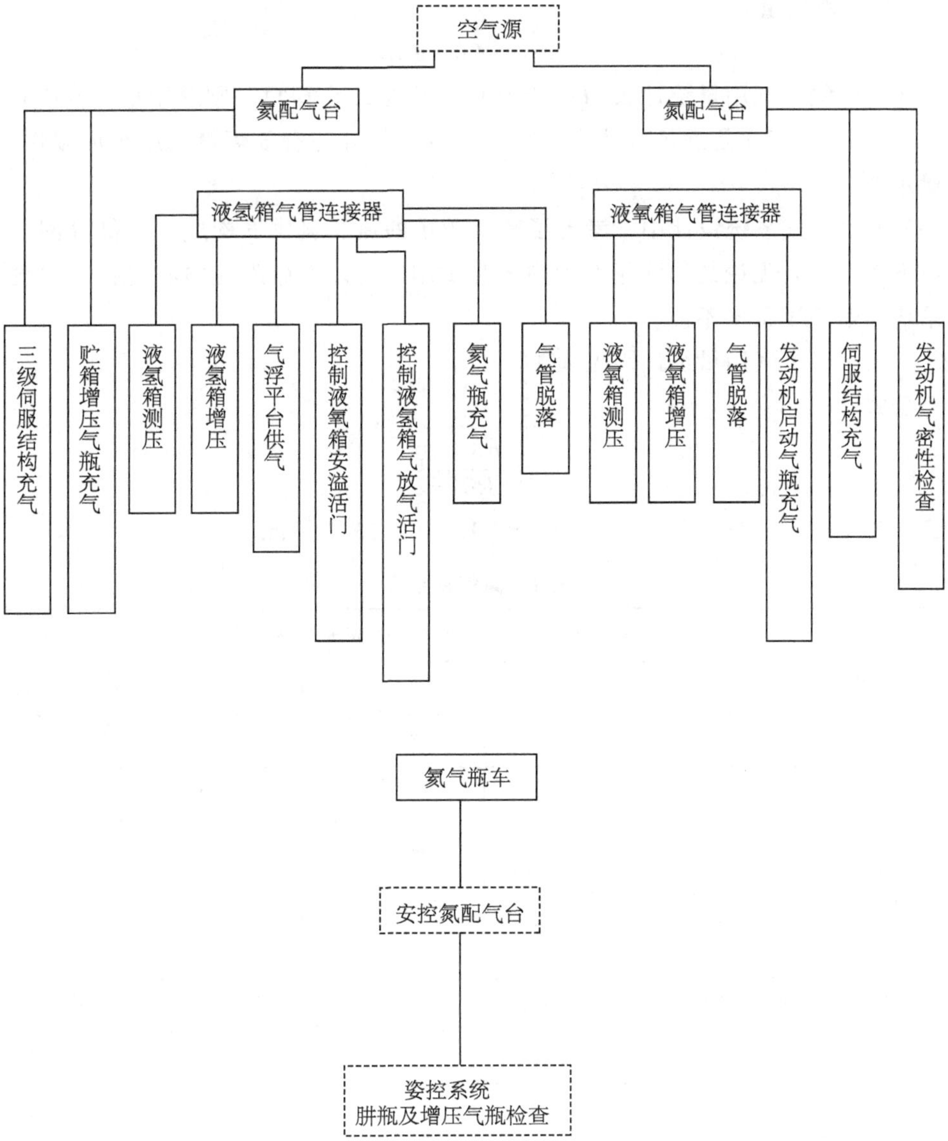

图 2　技术阵地供气系统

④ 氦气瓶

氦气瓶库放置 9 个氦气瓶，每个 1.4 m^3。它由 66 mm 厚 15MnMoVN 普通低碳钢钢板焊成。每个氦气瓶可装 350 kgf/cm^2 的高压气。

每个氦气瓶装的氦气量为 G

$$G=\frac{pv.10^4}{R\cdot T\cdot \varepsilon}=\frac{350\times 1.4\times 10^4}{212\times 288\times 1.158}=69.3\ \mathrm{kg}$$

9 个氦气瓶装氦气量为　　$G_1=9\times 69.3\approx 623.7\ \mathrm{kg}$

如果每个气瓶剩余 50 kgf/cm^2 余气，则一个气瓶剩余

$$G_{剩}=\frac{50\times 10^4\times 1.4}{212\times 288\times 1.158}=10\ \mathrm{kg}$$

9 个气瓶总剩余量

$$G_9 = 90\ \text{kg}$$

CZ－3 三子级氦气用量统计表，$G_{总} = 251$ kg 考虑二个窗口，则总用量为 500 kg 左右。因此 9 个气瓶 623.7 kg 是满足总体设计部要求的，另外还有 6 辆氦气瓶车可以作为备份，氦气用量足够。

CZ－3 氦气供气系统设计中，考虑了整个靶场的氮、氦供气构成一个供气网，这点和有的基地不大一样，无论是加注用气和弹上测试用气均以气瓶库为中心向备用户输送，不是自成系统，避免了很多不便。

CZ－3 三子级氦气用量统计表见表 1。

计算公式

$$G = \frac{pv \cdot 10^4}{RT \cdot \varepsilon}$$

式中，$T = 273 + 15 = 288$ ℃，$R = 212$，$\varepsilon = 1.158$（15 ℃情况下）。

表 1　氦气用量表

序号	项目	充气容积/L	充气压力/表压	充气流量/（kg/s）	需气量/kg
1	氦气瓶充气	20×10	230±5		6.5
2	氦气瓶置换	20×10	230±5		1.41
3	发动机罩泄漏供气	连续 5 小时		≥0.000 2	3.6
4	LO_X 箱初始气枕增压	0.5×10^3	$2.8^{+0.25}$		0.215
5	LH_2 箱初始气枕增压	1.0×10^3	$2.2^{+0.25}$		0.347
6	发动机地面液氧箱预冷增压	连续供气 20 分钟		≥0.000 2	2.4
7	发动机地面液氢箱预冷增压	连续供气 20 分钟		≥0.008	9.6
8	LH_2 箱气密性检查	22×10^3	$3.05^{\pm0.05}$		12.7
9	LH_2 箱置换	22×10^3	充 1 放 0.1		12.7
10	发动机氢泵系统吹除	供气 10 分钟		≥0.006	3.6
11	地面加注系统用气				138.6
	置换	800	350		
	挤压	2 000	350		
12	泄出 LH_2 用气	22×10^3	1.5		4.67
13	泄出 LO_X 用气	7×10^3	2.0		1.98
14	其他		3－8		
15	总计				251

(4) 运输停放设备

① 三子级和星罩公路运输车（见图3）

列车外形尺寸

长：15 480 mm；

宽：3 400 mm；

装Ⅲ子级高：≯4 500 mm；

装整流罩：≯4 050 mm。

列车质量

列车空重：8 020 kg；

牵引车自重：3 820 kg；

半挂车自重：4 200 kg。

轴距

牵引车：4 000 mm；

半挂车：8 200 mm。

轮距

前轴：1 700 mm；

中轴：1 740 mm；

后轴：1 740 mm。

最小离地间隙（中轴下）：265 mm。

最小转弯半径（15 m 弯道 6 m 宽）：18 m。

通道宽度：4.4 m。

扫过宽度：5.1 m。

接症角：40°。

离去角：20°。

车速：30～40 km/h。

② 铁路运输车（由 DF－5 铁路运输车改装）

外形尺寸

总高：4 800 mm；

总长：22 500 mm。

平板车外形尺寸

总长：22 500 mm；

转向架距离：16 000 mm；

支架车轨距：1 820 mm。

③ 停放设备

停放设备由Ⅲ子级箭体支架车、卫星整流罩支架车和辅助千斤顶等组成。

(5) 吊具及其他辅助设备

吊具及其他辅助设备包括端头工作梯和吊具工作梯，卫星整流罩吊具，Ⅲ子级水平吊

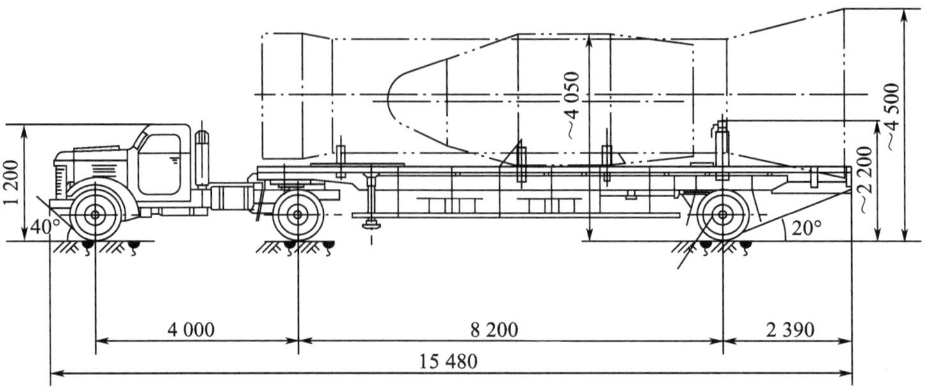

图 3　QY114－5 公路运输车

具，Ⅲ子级翻转吊具。

3.3　地面设备在发射阵地的配置

CZ－3 三子级地面设备在发射阵地的配置情况见图 4。

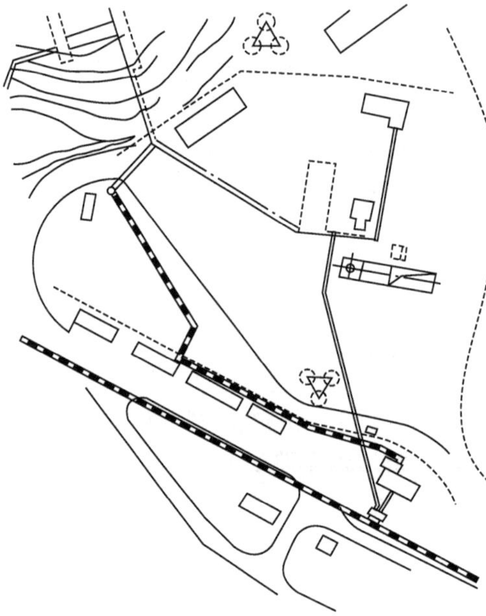

图 4　地面设备配置图

发射台操纵间：301－2 房间；

瞄准间：303－3；

氦气瓶库：309－1；

液氢加注附属间：343－1；

液氢补加库：343；

置换间（LH_2）：344；

液氧加注补加库：345。

4 主要协调关系

4.1 加注系统和箭体的协调关系

1）LH_2 加注连接器和 LH_2 加注活门的协调：爪式连接，行程≮55 mm。

2）LO_x 加注连接器和 LO_x 加注活门的协调：爪式连接，行程≮20 mm。

3）LH_2 排气连接器和箭上 LH_2 排气活门的协调：爪式连接，行程≮55 mm。

4）LO_x 排气连接器和箭上 LO_x 安溢活门的协调：爪式连接，行程≮20 mm。

4.2 供气系统与箭体的协调部位

（1）LH_2 气管连接器和 LH_2 箱气管插座的协调

共有 7 个供气口。液氢箱测压单向活门离插座表面 21 mm，气管插座中心点到卫星整流罩的垂直距离为 47 mm，气管插座下边到卫星整流罩的垂直距离为 37 mm。气管插座舱口尺寸 260 mm×230 mm。

（2）LO_x 气管连接器和 LO_x 箱气管插座的协调

供气管的参数和位置见表 2、表 3。

表 2 氢箱供气管性能参数

序号	管子内径	管子名称	介质种类	最大工作压力/（kgf/cm^2）
1	8	液氢箱测压	He. N_2，H_2	$2.2^{+0.25}$
2	12	液氢箱增压	He	230^{+5}
3	4	气浮平台供气	N_2	210^{+5}
4	4	控制液氧箱安溢活门	He	210^{+5}
5	10	控制“氦”气封气动活门	N_2	210^{+5}
6	10	控制液氢箱放气活门	He	50^{+5}
7	10	氦气瓶充气	He	210^{+5}

表 3 氧箱供气管性能参数

序号	管子内径	管子名称	介质种类	最大工作压力/（kgf/cm^2）
1	8	液氢箱测压	He，O_2，N_2	$2.8^{+0.25}$
2	12	液氧箱增压	He	230^{+5}
3	4	液氧泵系统吹除	N_2	3－8
4	4	发动机起动气瓶充气	N_2	$160^{+0.5-5}$
5	10	液氢主活门后吹除	N_2	3－8
6	10	液氧主活门后吹除燃气发生器	N_2	3－8
7	10	液氢泵系统吹除	He	3－8

共有 7 个供箭上用气。气管连接器顶杆尺寸要大于 21 mm，管口的有效流通面积不小于 ϕ4 管子的面积。气管插座仓口尺寸为 ϕ175。气管插座距火箭蒙皮 2 mm。

（3）气浮接头和箭体尾段供气口的协调

尾段供气口箭上供气接头孔径为 ϕ8 mm，外径为 $\phi 16_{-0.035}$，尾段供气口位于火箭Ⅰ-Ⅳ象限距Ⅳ象限 8°。

（4）箭上其他供气口协调关系

箭上其他供气口协调关系见表 4。

表 4　箭上其他供气口

	供气口名称	箭上供气口尺寸	供气口箭上位置
1	肼瓶增压充瓶充气口	M20×1.5 喇叭口（60±1）°	Ⅰ-Ⅳ距Ⅳ12°离子级后过渡段端框 320 mm
2	Ⅲ子级级间段氦气瓶充气口	M20×1.5 喇叭口（60±1）°	Ⅱ-Ⅲ象限距Ⅲ10°离Ⅲ子级级间段 F 端面 900 mm
3	发动机气密性检查口	M14×1.5 喇叭口（60±1）°	距Ⅰ级发动机尾喷口 29 m
4	Ⅲ子组伺服机构充气接管嘴	M14×1.5 球形接头外套螺帽	供气时在配气台旁边进行

4.3　发射瞄准设备

1）箭体棱镜 35 mm×85 mm，瞄准距离 135 m，瞄准仰角 17°。

2）发射台支承盘与箭体支承点的协调（见图 5）。

3）箭体起飞触点、地面时统触点与发射台支架的协调。时统压板位于Ⅰ-Ⅱ象限，离Ⅱ象限 16°。

4）箭体离台触点与发射台上离台触点支架的协调：离台压板在Ⅱ象限支点上。

5）气浮供气用气浮接头支架。

4.4　起吊、运输、停放设备与箭体及风罩协调尺寸

起吊、运输、停放设备与箭体及风罩协调尺寸，如图 5 所示。

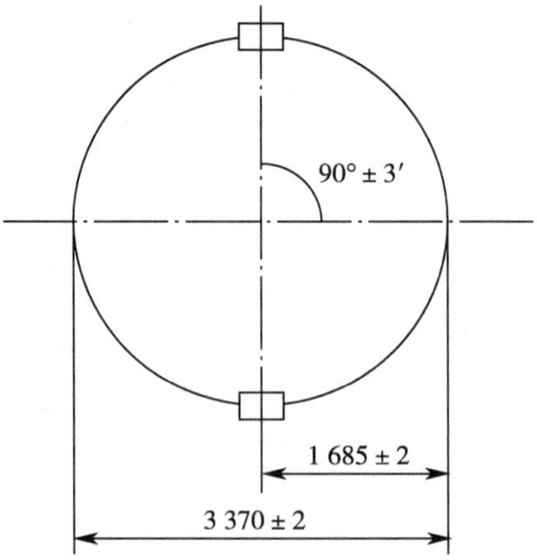

图 5　发射台支承点的位置图

1）CZ－3 三子级吊点和水平吊具、翻转吊具的协调；

2）风罩吊点和水平、翻转吊具的协调关系；

3）CZ－3 三子级停放支点、运输支点和铁轮支架车、公路运输车、铁路运输车的协调；

4）风罩停放支点，运输支点和公路、铁路、铁轮支架车的协调关系。

4.5 测试端头工作梯和装卸吊具用工作梯协调关系（略）

4.6 地面设备和发控台的信号协调关系

（1）供气系统和发控台继电器柜的协调关系

发控台控制七管连接器的脱落，脱落后返回一个信号给发控台。15 所负责配电缆，电缆插头为 Y2－50TK，12 所的继电器柜插座为 Y2－50ZJBM，电缆长度不小于 120 m。

（2）加注系统和发控台的协调关系

加注系统和发控台之间的信号有 2 个：一是加注到Ⅲ液位后，LH_2、LO_x 加控台自动向发控台发出Ⅲ液位的信号；二是 LO_x 加注控制台向发控台发出加注连接器，排气连接器脱落好的讯号。

发控台到液氧加注控制台的电缆长度不小于 65 m，电缆插头 Y2－65TK，发控台上设插座 Y2－65ZJBM。

上述关系见发射阵地电气系统协调，如图 6 所示。

4.7 地面设备和箭体水平仪信号联系

发射台自动调平仪与箭体水平指示仪之间的电缆由 15 所设计，插头型号为 X14J4PJS。数字式自动水平指示仪插座型号为 X14KAJS。

4.8 地面设备与塔架的协调关系

（1）加注系统与塔架的协调

1）LH_2 加注连接器支架及 LH_2 加注软管与电缆摆杆的关系。

2）LO_x 加注连接器支架及 LO_x 加注软管与电缆摆杆的关系。

3）LH_2 排气连接器支架与电缆摆杆的关系。

4）LO_x 排气连接器支架与电缆摆杆的关系。

5）LH_2 加注管路走向与塔架协调关系。LH_2 加注管路由塔架左侧上塔（面向塔架），见图 4。LO_x 加注管路由塔架右侧上塔。

6）液氢、液氧排气管在塔架场坪处与工程所排气管连接关系。液氢排气软管位置高出发射场场坪约 1 500 mm，液氧系统的安溢软管位置高出发射场场坪约 1 200 mm。软管接头为凹平活套法兰连接。

7）液氢、液氧排气管在电缆摆杆水平段上与工程所排气管连接关系。液氢箱液氧箱的氢氧排气（安溢）自动脱落连接器接头为凸活套法兰连接。

8）LH_2 排气连接器与工作平台协调关系，由于安装需要工作平台暂定切割宽为

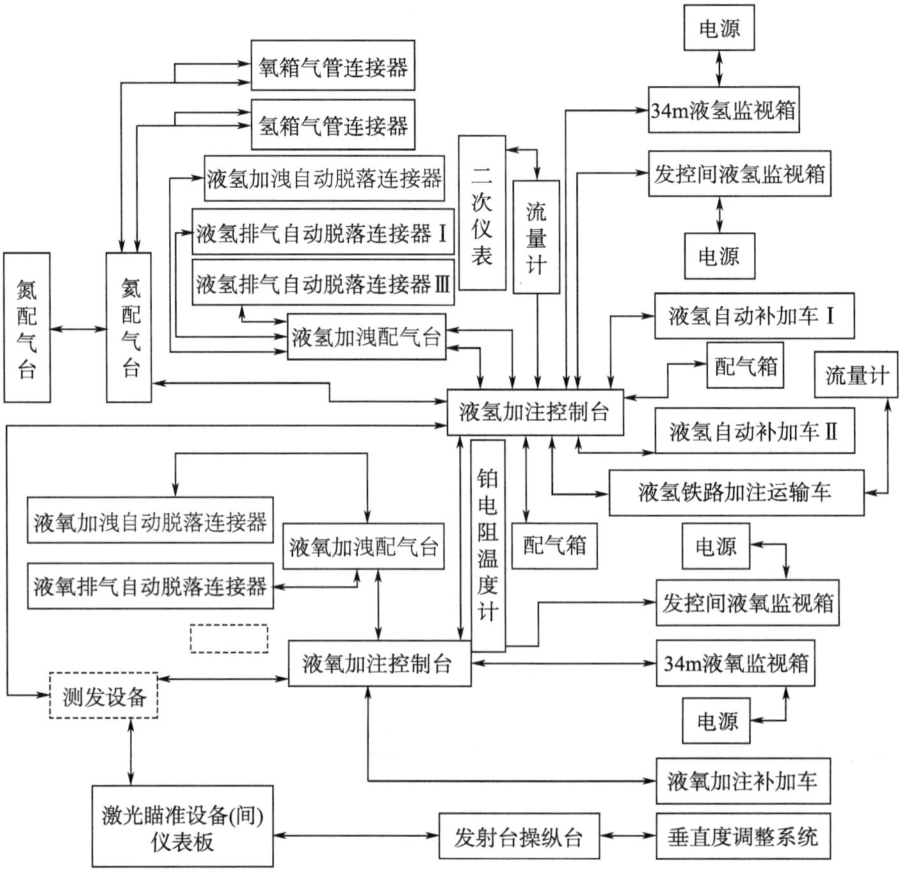

图 6　电气系统协调图

500 mm，长 900～1 000 mm。

(2) 供气系统与塔架的协调关系

1) LH_2 气管连接器供气软管与电缆摆杆的协调关系。

2) LO_x 气管连接器供气软管与电缆摆杆的协调关系。

4.9　氮气源与加注、供气系统的协调关系

(1) 加注系统与氮气源的协调关系

1) 塔架底层地面配气台向 34 m 液氢、液氧加注配气台供氮气，压力为 50 kgf/cm^2，供气管直径 ϕ10 mm×1 mm，15 所配管子与球形接头相焊。

2) 塔架底层地面配气台向液氧加车补加车库供氮气。压力为 (230±5) atm，15 所供气管直径为 ϕ12 mm×2 mm，15 所配管子与球形接头相焊。球形接头，外套螺母由科委工程设计所配备。

3) 氮气瓶库，按 (230±5) atm 大气压向液氢自动补加车库供氮气，我所供气管直径为 ϕ12 mm×2 mm，15 所配管子与球形接头相焊。球形接头，外套螺母由科委工程设计所备。

(2) 加注系统与消防系统连结关系

液氢自动补加车库的配气箱里装有消防系统控制元件双向电动截止阀，其接管嘴连接尺寸为阳螺纹 M14×1.5，60°锥。

(3) 供气系统与氮气源的协调关系

1) 氮配气台于 29.40 固定平台上的氮气管相连，氮气管上设三通接头，阳螺纹 M27×1.5，喇叭口 37°。

2) 塔架地面配气台与箭体尾段供气协调，配气台出口的接头为三通 Dg 15 阳螺纹 M27×1.5，喇叭口 37°。

3) 氮气瓶库向氦气瓶库输出一路氮气供吹除用。

工程设计所管子是 ϕ16 mm×3 mm，我所配 ϕ14 mm×2 mm 的管子与其相焊。

4.10 技术阵地供气系统有关协调内容

1) 空气源与氦、氮配气台协调关系：技术阵地测试厂房内气井接头为 M22×1.5－2a，喇叭口 60°±1° (ϕ16 mm×3 mm)，氦、氮配气台用软管与此相配。

2) 氦气源 (氦气瓶车) 与外气井协调关系：测试厂房外气井接头为 M27×1.5－2a，喇叭口 37±1°我所按此配接头。

3) 姿控配气台与室内气井氦气管路系统的协调：姿控配气台的进气接头为阳螺纹 M16×1.5，喇叭口 60°±1°，我所按此配接头和软管。软管另一端和我所气井接头相连，我所气井接头为 M27×1.5－2a，(37±1)°。

4) 技术阵地与箭体测试用各供气口的协调尺寸，同发射阵地供气项目，如图 2 所示。

4.11 地面设备系统间协调关系

1) 34 m 处氦配气台至液氢、液氧加注配气台之间的协调。15 所四室设计的氮配气台供气出口接头为 M16×1.5，喇叭口 60°±1°，供气管道由三室敷设。在发射阵地，液氢、液氧加注配气台，控制贮箱排气和安溢活门的两条气路，经由氦配气台到达液氢箱气管连接器，氦配气台与液氢、液氧加注配气台之间的管道由三室敷设，氦配气台上的两个出口接头均为 M14×1.5，喇叭口 60°±1°。

2) 氦气瓶库至液氢置换间氦配气箱的协调关系。氦气瓶库向液氢加注系统置换间的氦配气箱提供 50～350 kgf/cm^2 氦气，氦配气箱进气接头为阳螺纹 M24×1.5，喇叭口 60°，管路由 15 所四室设计。

3) 氦配气台与加控台之间信号联系：

· 置换时：氦配气台上设 1.0 表压和 0.1 表压规格的两种发讯装置；

· 预冷时：氦配气台上设 0.1 表压和 0.3 表压规格的两种发讯装置；

· 控制 LH_2 气封活门的电动气活门装在氦配气台上，控制由 15 所三室进行，具体时间为加注、排气连接器脱落开始至起飞止；

· 氦配气台与加注控制台之间的电缆由 15 所三室设计，四室的插座型号为 Y2－24ZJBM，三室电缆插头型号为 Y2－24TK，电缆长度为 280 m。

CZ－3 火箭一级火箭直径是 3 350 mm，长 20 210 mm，二级火箭直径是 2 250 mm 长 6 916 mm；三级火箭直径是 2 250 mm，长 10 284 mm ；整流罩长5 834 mm。发动机喷口离开火箭尾端 920 mm。火箭最高处总长 43 244 mm 。

5　存在问题

（1）可靠性工作

331 工程难度大，新技术多，要求一箭成功，地面设备任务很艰巨。液氢加注系统 15 所第一次尝试，低温、真空技术、氦气的贮存、使用、纯度含水量的保证也是首次接触。液氢、液氧加注自动脱落连接器在低温状态下，临射前 3′才脱落，气管连接器发射前 2′才自动脱落。这时人都不在场，脱落时脱落物还不能碰触箭体，环境和时间条件都很恶劣，这也是我们首次遇到。尽管我们对液氢加注安全、连接器脱落的可靠性做了一些工作，但是要做到真正万无一失，可靠性试验工作还是不够充分的，而做这些可靠性试验工作存在一定困难，我们的低温试验室还没有建成。气源试验室用电问题尚未彻底解决，进一步做试验还有不少困难。

另外，我们对可靠性原因的分析工作做得不够，气管连接器每次脱落压力值不一样，有时差异很大。除设计可靠性外，工艺生产也会影响可靠性，使用不当也会降低可靠性指标。一些偶然因素安装位置不正确也可能造成故障。因此为确保地面设备一定的可靠性，应制订提高设备可靠性的措施，作可靠性指标分配。

（2）防爆问题

我们对这一问题做了些工作，如置换用压力信号器和预冷用压力信号器是防爆型的，加注连接器干簧管为安全火花型，34 m 配气台间取消正压通风以后，氦、氮配气台采用了台间正压通风，液氢液氧加泄配气台采用了空气吹除方法防爆。但是压力信号目前尚没有拿到手，液氢加注管路系统上的涡轮流量计（即一次仪表）传感器和二次仪表是不防爆的，发射台和瞄准设备的电气部分是不防爆的，主要是选不到合适的元件。

（3）液氢、液氧使用安全问题

上面提到了对液氢、液氧的使用安全，设计中作了认真考虑，如提出液氢、液氧停车棚、加注间均采用敞开式建筑，液氢加注间、管接头间、停车棚的房顶均设消防喷头等，但尚存在下列问题：

1）两辆液氢公路补加车的停放距离太近，这两辆车安全距离小于 18 m。

2）气瓶库和液氢补加车库、推进剂库之间距离小于 45 m，和铁路车之间距离小于 60 m；根据规定，如没有防护墙，气瓶库与其他建筑距离应大于 180 m，有防护墙应大于 73 m。

（4）防雷问题

这一问题提出比较晚，大多数地面设备采取了下列三条措施：

1）地面电缆用屏蔽套屏蔽；

2）各系统管线每隔 20 m 接地；

3）设备本身接地。

除此之外，我们对连接件接触电阻也做了些测量。准确提出要求接触电阻小于 10 mΩ（注：根据实测，球头螺母有油时，接触电阻为 1.5 mΩ，无油时接触电阻为 0.5 mΩ，七管连接器接触电阻为 1.48 mΩ）。

但是设备本身要采取何种措施我们没有经验。例如七管连接器在雷电情况下，感应电压会不会导致按断开关接通，向发控台发出脱落的假信号，这点没有十足的把握避免。目前各设备、加注间、管沟的接地点尚未正式提供，因此接地线长度就不好确定。

（5）协调问题

1）任务书提出气氢排气管气封空气时间 $-2''\sim0''$，我们设计状态是加注连接器脱落 $-4'$ 开始到 $0''$，当否请总体部考虑。

2）置换过程中，一部正式设计要求中没有提出放气压力值，我们现在是 0.1 表压，排气活门到 1 表压关，增压活门关闭是自动进行的，这样效果如何？能否在短时间内置换好。原一部提出置换 22 次，新要求未提及，这个问题有待合练时请总体部进一步明确。如果 0.1～1 表压不合适，在置换时只能手动置换。

3）根据计算，氦配气台各电动气活门的实际工作电压在发控台以 27 V 供电时，电磁铁工作电压小于 24 V，达不到额定值，主要是由于电缆压降太大，为此我们希望一部正式明确：继电器柜供出电压值和电压应大于 28 V。

4）气管连接器氦气瓶充气压力能否从 230^{+5} kgf/cm^2 降为 210 kgf/cm^2。

5）由于气管连接器在 $-2'$ 脱落，脱落环境条件比 DF－5 火箭恶劣，为此我们希望给定气管连接器的温度场。在简易试车、全系统试车中多提供几次气管脱落的机会，以考核其可靠性。

6）为保证安全可靠脱落，操作方便，使用可靠及协调关系的正确性，气管连接器顶杆的尺寸、Ⅲ－2 气管连接器距火箭蒙皮的尺寸及Ⅲ－Ⅰ气管连接器气管插座和卫星整流罩关系尺寸应明确无误，否则影响图纸下厂。

7）供气程序的提供。

8）三子级火箭支点支承板宽度及有关级间分离插头整流罩和其他凸出物位置及其尺寸正确性、齐备性请一部核实。

（6）靶场协调问题

1）氢氧电缆系统的铺设应由基地负责实施。

2）加注供气管路的安装应由基地负责实施。

3）加控台房间能否改为两个房间。

6　今后工作

1975 年开展地面设备预研以来，地面设备已完成全部设计工作。有的地面设备已经生产出来，有的地面设备正在生产过程中，今后我们还有如下工作要做：

1）CZ－3 火箭地面机械设备交付靶场前和箭体、风罩的对接合练，以便检查公路运输车、铁路运输车、水平吊具、翻转吊具、气管连接器、铁轮支架车和 CZ－3 火箭箭体及风罩的协调性。

2）CZ－3 火箭加注、供气系统设备、管路系统电缆在靶场的安装、调试、合练。

3）CZ－3 火箭地面设备在靶场进行合练，检查地面设备和靶场塔架、箭体的协调性，最终考核加注、供气系统设计性能和指标。检验资料文件的齐全性与正确性，设备配套的合理性和完整性。

4）编写 CZ－3 火箭三子级和整流罩飞行试验文件配套表。

5）下列设备作进一步的试验，以提高其可靠性。

· 气管连接器可靠性试验；

· 气管连接器在氢环境下的防爆试验；

· 激光瞄准设备在氢环境下的防爆试验；

· 瞄准通视试验；

· 气管连接器、三室电源和电缆的防雷试验；

· 电动气活动的可靠性试验。

6）排除发射台在满负荷下，自动调平不能进行的故障。争取在年内得以解决。

附 1　控制箭上用气电动气活门汇总（见表 5）

表 5　控制箭上用气电动气活门汇总

序号	名称	工作状态	所属设备	备注
1	氦气瓶充气用电动气活门	断电打开气路通，工作时通电关闭，气路断	氮配气台	
2	氧箱增压用电动气活门	通电打开气路通，断电关闭，气路断	氮配气台	
3	氢箱增压用电动气活门	通电打开气路通，断电关闭，气路断	氮配气台	
4	氧箱安溢活门控制	通电打开气路通，断电关闭，气路断	LO_x 加泄配气台	手动时由氮配气台控制
5	氢箱放气电动气活门	通电打开气路通，断电关闭，气路断	LH_2 加泄配气台	手动时由氮配气台控制
6	气浮平台供气电动气活门	断电打开气路通，通电关闭，气路断	氮配气台	
7	控制氢排气管气封气动活门	断电打开气路通，通电关闭，气路断	氮配气台	
8	发动机主活门后和燃气发生器吹除用电动气活门	通电打开，通气断电关闭	氮配气台	

附 2　安溢、增压活门控制分工（见表 6）

表 6　安溢、增压活门控制分工

序号	工序名称	安溢（排气）活门			增压活门		
		箱体压力/(kgf/cm²)	动作	控制打开设备	箱体压力/(kgf/cm²)	动作	控制打开设备
1	气密性检查	液氧箱 3.3±0.05 液氢箱 3.05±0.05	手动	氦配气台	氧箱 3.3±0.05 氢箱 3.05±0.05	手动	氦配气台
2	液氢箱置换	1 开； 0.1 关	自动	液氢加配台 液氢加控台	0.1 开； 1 关	自动	液氢加配台 液氢加控台
3	地面管路及箱体预冷	液氧箱全开， 0.3 开液氢箱 0.1 关	自动	液氢加配台 液氢加控台			
4	加注	液氢、液氧箱全开	自动	液氢、液氧 加控台			
5	发动机增压预冷				氧箱、氢箱 $2.8^{0.25}$	自动	发控台
6	泄压	液氢 0.3 开	自动	液氢加控台			
7	补加	液氢 0.3 全开、 液氧箱全开	自动	液氢、液氧 加控台			
8	射前增压				氧箱、氢箱 $2.8^{0.25}$	自动	发控台

附 3　液氢用量统计

1）铁路车在基地停放 30 天蒸发量

$$G_1 = 0.5\% \times 30 \times 63 = 9.45\text{m}^3$$

式中 63 m^3 为铁路车实际容量，两辆铁路车的用量为 18.9 m^3。

2）加注量：21～22 m^3。

3）预冷氯箱量：6 m^3。

4）发动机预冷量：1 m^3。

5）补加量：液氢加注在发射前 92.5 h 开始，停放到 96 h 起飞，共 3.5 h，蒸发量为 G_2

$$G_2 = 1.6 \times 3.5 = 5.6\ \text{m}^3$$

式中 1.6 m^3/h 为一部任务书给定。

6）铁路车向公路车转注 10 m^3，总的加注量为

$$G = 62.5 \sim 63.5\ \text{m}^3$$

如果推迟 24 小时，则 $G_{\text{退}} = 24 \times 1.6 = 38.4\ \text{m}^3$。两辆铁路车是满足总体部要求的。

附 4　液氧用量统计

1）液氧车在基地停放 30 天蒸发量

$$G_1 = 0.7\% \times 30 \times 0.9 = 1.89\ \text{m}^3$$

两辆液氧车的蒸发量为 3.78 m^3。

2）加注量：6～7 m^3。

3）氧箱预冷量：1 m^3。

4）发动机预冷量：0.25 m^3。

5）补加量：液氧加注在发射前 5 h 开始，到起飞止共蒸发量为 $G_{补}$

$$G_{补}=1.5\ \text{kg/min}\times 60\times 5=450\ \text{kg}\approx 400\ \text{L}$$

（液氧比重为 1.14 kg/L，1.5 kg/min 为其每分钟蒸发量）

如果推迟 24 小时，则 $G_{退}=24\times 1.5\times 60=720\ \text{kg/h}\approx 700\ \text{L}$

总的加注量为 $G=12\sim 13.2\ m^3$

两辆液氧加注补加车可以满足总体部一个发射窗口的发射要求，但满足不了两个发射窗口的发射需要。

注：液氧和液氢加注量计算中均未考虑损失。

附 5 支承宽度的计算

（1）三子级公路车支承宽度的计算

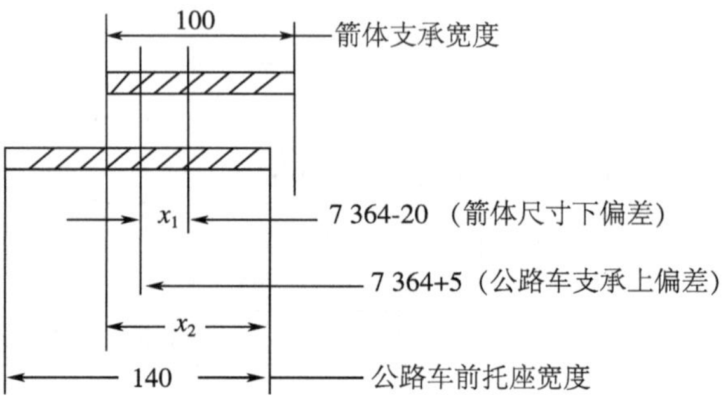

图 7 三子级支承宽计算简图

$$7\ 364-20=7\ 344$$

$$7\ 364+5=7\ 369$$

$$x_1=7\ 369-7\ 344=25$$

实际支宽度 $$x_2=\frac{140}{2}+\left(\frac{100}{2}-x_1\right)=95\ \text{mm}$$

在最恶劣的情况下，最小支承可达 95 mm，即支承宽度在 95～100 mm 内变化，但是，当箭体尺寸公差在±20 范围之内任何一值时，箭体支承宽度的位置在托座上是不一样的。当箭体尺寸在上偏差时 7 364＋20 mm、公路车支承在下偏差时，就和上图相反，即支承宽度小于 95 mm，如图 8 所示。

（2）铁轮支架车支承宽度的计算

图纸尺寸为（6 732±20）mm，宽度为 80 mm，由于支架车分开为两个架车，且互相独立，因此实际支承宽度和设计支承宽度完全符合，为 80 mm。

（3）三子级铁路车支承宽度的计算

图纸尺寸为（7 364±20）mm，支承宽度为 80 mm，由于支架车前后两个支架车是可调的，和地板固定由拉紧杆来进行调整，因此实际支承宽度和设计支承宽度完全符合，为 80 mm。

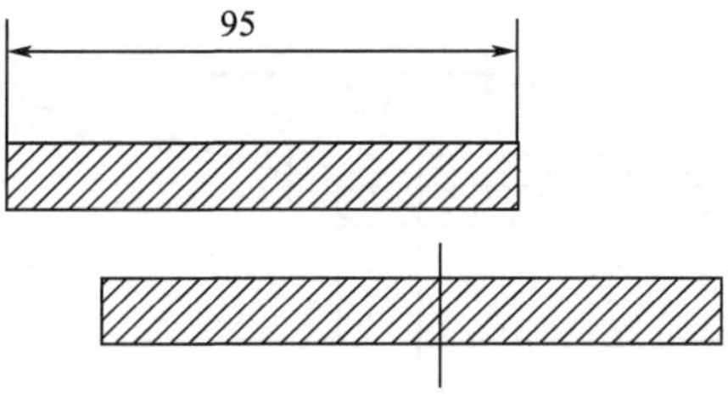

图 8　支承宽度示意图

(4) 整流罩公路车支架宽度

图纸支点尺寸为（1 615±3）mm，产品支点尺寸为（1 650±10）mm。如图 9 所示。

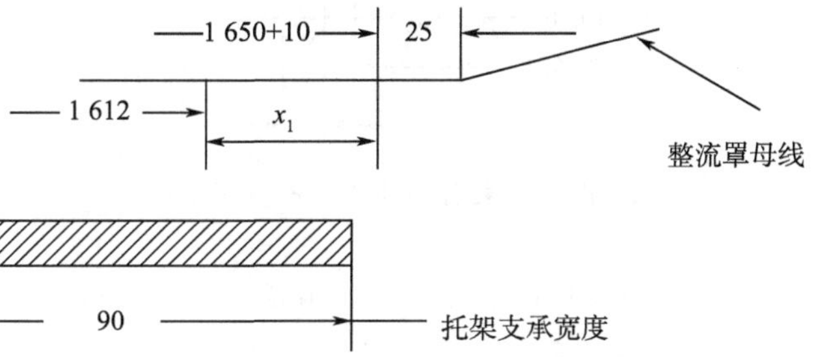

图 9　整流罩与公路车托架支撑宽度

$$X_1=(1\ 650+10)-(1\ 615-3)=48\ \text{mm}>45\ \text{mm}$$

所以支承宽度为 90 mm。

当公路车支撑做成上偏差 1 615＋3＝1 618 mm，箭体风罩做成下偏差 1 640 mm，则

$$X_1=1\ 640+25-1\ 618=47\ \text{mm}$$

支撑宽度可以比设计大 2 mm，但因托架支承宽度只有 90 mm，所以公路车风罩支承做成 90 mm。如图 10 所示。

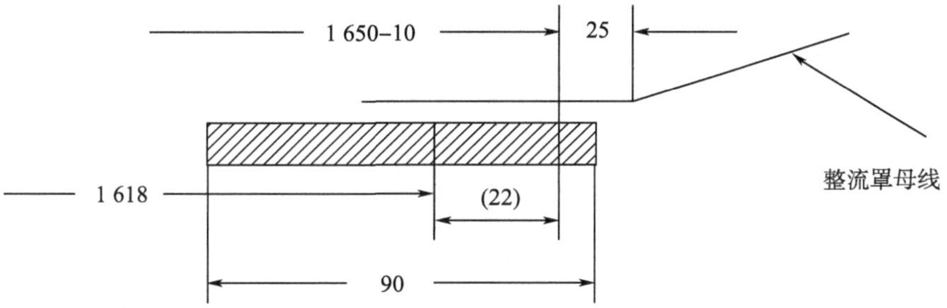

图 10　三子级火箭实际支承简图

(5) 整流罩铁路车支架车支承宽度

铁路车风罩支架支点实测为 1 650＋2＝1 652 mm，支承宽度为 83 mm，如图 11 所示，支承宽度为 83 mm。

当风罩做成（1 650－10）mm，即 1 640 mm 下偏差时，如图 12 所示，支承宽度为 77 mm

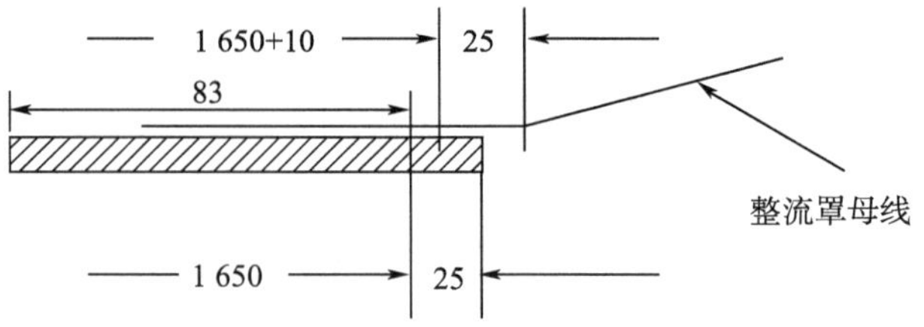

图 11　整流罩上偏差时支承简图

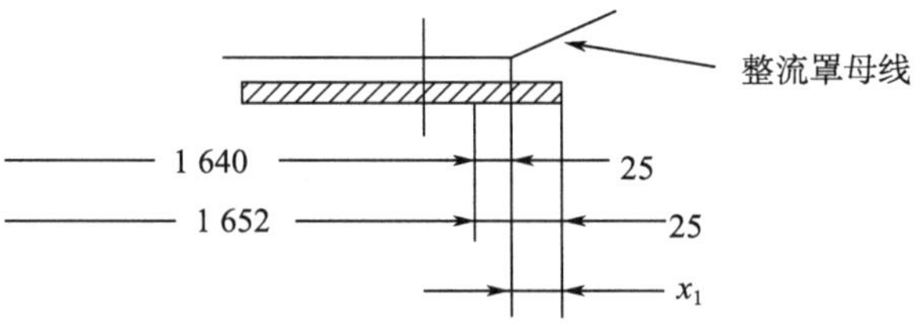

图 12　整流罩下偏差时支承简图

$$x_1=(1\ 640+25)-(1\ 652+25)=-12$$

尺寸 12 分时前后各 6 mm，所以支承宽度 $X=83-6=77$ mm。

（6）铁轮支架车

图纸设计为 1 620 mm（无公差），支承宽度 80 mm。由于螺栓孔可调，所以支承宽度为 80 mm。

表 7　支撑宽度计算汇总表

设备名称		要求支承宽度/mm	设计支承宽度/mm
铁路运输车	三子级	80_{-5}	80
	整流罩	80～90	77～83
公路运输车	三子级	80～90	95～100
	整流罩	80～90	90
三子级铁轮支架车		前后停放点均为 80_{-5}	80
卫星整流罩铁轮支架车		80～90	
辅助千斤顶		80_{-5}	

附 6　支承包角的比较

1）公路运输车三子级前托架包角 70°；

2）公路运输车风罩托架包角 90°；

3）卫星风罩支架车托架包角 90°；

4）Ⅲ子级箭体支架车托架包角 70°；

5）铁路运输车三子级前托架包角 72°；

6）铁路运输车风罩前托架包角 100°。

根据总体部 CCJY－13 地面设备设计要求，三子级包角≥70°；卫星整流罩包角≥90°，上述设计参数满足设计要求。

忆 867 工程亚星地面设备的研制

（1995. 9. 10）

1990 年 4 月 7 日，我国首次用 CZ－3 运载火箭发射国际商用通信卫星——亚洲 1 号，并获得圆满成功。

为了满足亚洲 1 号卫星（以下简称亚星）发射需要，除 CZ－3 运载火箭发射配套用的地面设备外，还专门研制了亚星密封容器、密封容器运输车、亚星集装箱运输车、整流罩空调连接器等 7 项主要专用设备。亚星密封容器和运输车的主要功能是在运输和转载过程中保护卫星，并提供所需要的各种环境条件。整流罩空调连接器的作用是当卫星和火箭对接之后，为在整流罩内的亚星提供洁净的空调气体，并在射前 20 min 可靠脱落。

1　中国人迎波音机，外国人登中国车

1990 年 2 月 12 日上午 12 点 35 分，一架硕大的美制波音 747 货机平稳地降落在西昌卫星发射中心机场上。等待迎接亚星的人群奔向飞机，经过互相问候和简短的磋商，列队的各种运输车依次有序地驶向波音，准备卸下 11 个集装箱。我们研制的亚星密封容器运输车和集装箱运输车色彩鲜艳，尤其引人注目。

我们纷纷照相希望留下这一珍贵的历史镜头。然而，外国公司有关技术人员则另有一种感觉。他们围绕着中国造的运输车忙个不停，有的绕车一圈，有的弯下腰观看结构轻巧的悬挂系统，有的干脆坐在离地仅仅 800 mm 高的车上照相合影留念，不放过车上的每个部分。他们惊异这小巧玲珑的元宝车是怎样满足他们的要求的。加拿大 TELESAT 公司的高级工程技术人员陆滨（ROBIN）在寻找中国技术人员，当找到我时，陆滨详细地询问了这个车的技术性能和结构。

下午 5 点，我们两辆车载着亚星和反推火箭的 4 个集装箱缓缓地驶离机场。根据安排，允许休斯公司两个人（含一名翻译）上车，但他们硬是挤上来 5 个人。一个人在驾驶室，其余的人上了车箱，轮流监视运输过程中的测振仪记录的加速度过载值。他们中的一个还不间断的用对讲机向前方导引车中休斯公司的负责人报着加速度过载值。当运输车经过 50 km 运输，安全抵达 581 卫星测试厂房门口，我问陆滨，对车子有什么感受，他回答“Very good!”我接着用英语问他“愿不愿意给我们写点什么意见呢!”。他拿过年轻设计师陆友林的本子写下了如下一段话“Excellent design in all *X*.*Y*.*Z* axes. Smoth ride! Cogratulation an efficient design”。

2　紧锣密鼓抓协调，明确要求订合同

1987 年 2 月 20 日，一院于龙淮副院长通知我所，要我们承担卫星容器和运输车的设

计任务，并要求在年底以前拿出合格的产品。任务很突然，任务的具体细节和产品设计要求一无所知。我们对车辆设计有经验，而且卫星密封容器的研究在我国还是空白，再加上过去国内星从不用容器运输。这一任务分配到了我们室。我首先查找国外有关这方面的要求和资料。当时我查到一张美国运输卫星容器的照片，以及阿里安用户手册中有关阿里安卫星密封容器的 3 条简单技术的要求。这 3 条要求为：容器要用连接干燥氮气吹除；运输中最大的垂直加速度为 0.5 *g*，水平加速度为 0.3 *g*；卫星用螺栓直接螺接在 1 920 mm 直径的底面上。虽然简单，但对“一无所知”的我们起到了启蒙作用。此时我向下正式布置任务，开展下列工作：一是了解亚星的性能尺寸；二是加强与科委设计所和一院总体部的协调，以便明确容器在发射场的工艺流程，落实设计指标；三是组织队伍开展方案论证工作。

3 月 4 日，科委作试部的上官部长和李宝民部长召开了协调会，参加会议的有一院、五院、二十七基地、科委设计所的代表以及科委机关的领导。会上，我介绍了对容器和运输车的设计要求、技术难点、方案设想、容器和整流罩上塔“见面”和“不见面”的两种程序、研制进度设想和存在问题。这次会议明确了由 15 所提出的对开式卫星密封容器作为主方案和外商谈判。容器温控准备用英文文本与外商协调。由于我们的汇报充满信心并且论据充足，与会领导打消了引进国外高性能运输车的想法，而且给我们所增加了一辆高性能集装箱平板运输车的研制任务。

1987 年 3 月 11—12 日，我和周孝琼、蓝伟风同志在远望楼参加了中方与特雷公司为首的西方代表团的第一次亚星技术协调会。在这次会上我们见到了亚星和长城公司签订的“关于用 CZ－3 运载火箭发射 WEST 卫星协议”附件一，其中关于卫星密封容器一章规定“容器应由西联批准通过，容器设计应当使容器内的卫星满足下述要求：温度 (24±6)℃，环境为干燥氮气，无污染，最大运输振动应不大于下述值：振动频率 1～9 Hz 时过载为 0.5 *g*，9～34 Hz 过载为 ±0.9 *g*，34～85 Hz 时过载为 ± 0.3 *g*。由于我们做了充分准备，西方在会上对我们的方案未提出任何不同意见。为了更好地进行设计，对影响开展设计的 9 个方面向美方提出了要求。它们分别为：卫星运输吊装状态；卫星起吊环和起吊销在起吊状态时的最大外廓尺寸；卫星热容量；卫星质心在 X、Y、Z 三个方向的具体坐标位置；卫星升温速率；包装箱和运输车的连接关系；包装箱的尺寸；包装箱自身有无减震设施；能否提供运输振动试验体。

本次技术协调会达成如下协议：

1）卫星运输过程中振动加速度值的测点位置在卫星质心处，安装于容器外表面；

2）卫星在密封容器内，起吊环和起吊销不安装在卫星上；

3）双方讨论后，确认中方提出的加温方案；

4）3 月底以前，美方向中方提供下列数据：

a）卫星起吊环和起吊销与起吊状态的最大外廓尺寸；

b）卫星的升温速率；

c）卫星的热容量；

d）卫星散装件包装箱的固定点位置以及钩环的尺寸；

5）中方在技术设计后向美方提供卫星密封容器说明书，一个月内提供加热元件和温度测点布置图。

在这次会议之后，3 月 17 日在科工委办公楼又召开了一系列的技术协调会，卫星密封容器由于受到西昌 3＃工位塔架大封闭间空间尺寸以及塔架平台承载能力的制约，最终确定容器的设计质量不超过 5 000 N，容器开度在长度方向不超出 5 800 mm，端头方向宽度受 2 500 mm 的限制。因塔上空间不允许采用分屉装、卸罐式容器，会议再次确定容器采用对开式方案。1987 年 3 月 24 日，正式由我和二十七基地的孟庆华同志签订了设计任务书。同年 5 月 19 日国防科工委司令部、后勤部正式下文批复该任务书，并指出接任务书的要求后，“抓紧开展工作，……，保证 867 任务的顺利执行”。

3　明知山有虎，偏向虎山行

从 2 月 20 日接受任务，到年底前要生产出合格的产品——两辆车一个容器，难度相当大。虽然过去我们有车辆设计的经验，但过去设计的火箭运输车过载的技术指标是：垂直方向不超过 2 *g*，水平方向不超过 1 *g*。现在要设计的车子过载是 0.5 *g* 和 0.3 *g*。运输 1.4 t 卫星的密封容器质量只有 5 000 N。真正是一无图纸，二无资料，风险很大。当时我们在容器设计中着重考虑的关键问题有：容器的整体密封，正压保护技术，容器的质量和起吊中防止翻转问题。运输车遇到的技术关键是低车架、小高度、轻轴载、油气悬挂。其中最难的有 4 个方面：一是如何满足过载要求，二是如何减轻容器质量，三是如何保证密封，四是如何检测过载和环境参数。

为了祖国的荣誉，参加这一工作的周孝琼、蓝伟风、孙翠娥、杨昭儒、吕业燕和其他 20 多名同志没有退却，昼夜加班，连夜苦战了三个月按时完成了设计任务。当时 15 所的三楼重现 20 世纪 60 年代灯火通明的景象，一切为了 867，一切服从 867，一切想着 867。大家只有一个信念，外国人能办到的，我们一定能办到，而且还要比外国人办得更好。为了保证运输车有良好的性能，传统的减震元件，包括第一代油气悬挂已不能满足要求，陆友林同志从难设计了结构较复杂的反压气室的油气弹簧，整车设计时采用悬挂串通式油气弹簧平衡悬挂，利用串联技术使得车辆平顺性大大提高，利用并联效应提高了抗倾角刚度，使车辆行驶横向稳定性有所提高。为了一次成功，带反压气室油气弹簧在设计阶段就提前研制出试验件，经过台架试验证实，这种弹性元件性能明显优于板簧和不带反压气室的油气弹簧。

为了减轻容器的质量，并且在设计中对主要承力的底架的可靠性做到万无一失，决定采用钢制构件，而容器本体采用了高强度的铝镁合金，在蒙皮和骨架之间充填硬质聚氨脂泡沫塑料，导轨选用 16Mn 钢，充分利用材料弹性变形来设计，不使质量太大。

为了保证 13 m 长的密封面有较好的密封性能，决定采用平面加压和自动补偿正压保护相结合的办法，为此专门研制了定时定量自动补压系统和新的闭孔密封带。

由于卫星质心在容器上部，质心位置高易在起吊过程中翻倒，但又因质量的限制不宜采用传统的十字梁式吊具，因此专门在容器上设计了“低吊点”，上设辅助“稳定点”的单梁起吊方式，后来美方交口称赞这一巧妙的处理。

为了检验运输过程中 X、Y、Z 三个方向的振动加速度是否满足要求，保证在超过额定值时能实时声光报警及打印监测数据，研制了运输振动监测仪。当时国内尚没有实时连续监测振动加速度参数并实时计算、显示、打印结果的设备，传统的监测设备无法胜任。齐玉成和尉培旭在研制中克服了较恶劣的车载环境与隔离抗干扰，连续长时间监测稳定性之间的矛盾、普通计算机与较大的存贮空间、较快运算速度之间的矛盾、空间条件限制造成的要求振动监测系统体积小与功能齐全之间的矛盾，实现了产品智能化。该设备可实时采集数据，实时处理数据，实时数字式显示结果，实时连续打印结果及蜂鸣报警，分级声光报警，随时调控运输状态。

4　严峻的考验

在科委和部院领导及总师系统的亲切关怀下，亚星地面设备先后经过方案评审、设计评审、下厂配合生产，1987 年 12 月 23 日至 24 日在山西 519 厂进行了出厂验收，当年运抵西昌基地。由于西星公司的倒闭，这些设备在 1990 年亚星发射时才正式投入使用。

1990 年元月，两辆公路运输车接受基地第一次考核，事先我们对此一无所知。西昌卫星发射中心为检验我所研制的两辆车在实际运输条件下三向振动加速度值，专门出资请国防科技大学一系研制了一整套加速度测量设备，元月在西昌基地进行实际路况下的全程考核。除两辆新车外，还有一辆普通平板运输车一起参加对比复测。复测结果得出的结论是“振动加速度值与路面状态、车速及车速平稳性直接有关，横向水平加速度与路面、转弯及错车直接有关。具有减震措施的拖车，垂直方向的振动加速度明显降低”。“只要路面平整，车速不要太快，并且驾驶平稳，可使振动加速度控制在规定的标准内，水平方向加速度 $< 0.3\,g$，垂直方向加速度 $< 0.5\,g$”。这个结果无疑使基地诸人心里落下了一块石头，终于放心了。

1990 年 2 月 12 日，卫星密封容器运输车参加了亚星固体反推火箭的运输，卫星集装箱运输车参加了亚星三个集装箱的运输任务。

1990 年 2 月 21 日至 3 月 10 日，在西昌卫星发射中心进行了亚星有关项目的合练，15 所参加合练的新设备有：卫星密封容器、卫星密封容器运输车、卫星集装箱运输车、整流罩垂直停放平台、整流罩吊具、空调连接器、空调连接器供气系统（包括解锁供气盒、脱落控制盒）。合练取得圆满成功。

在合练中，3 月 5 日，美方参观了空调连接器的脱落试验，休斯卫星操作负责人马克先生说“Excellent! Both air conditioning inlet and umbilical disconnections are excellent just like Ariane”。

经过运输和合练，应当说美方已经没有什么意见了。但是正式转运亚星前，休斯公司亚星总负责人江可达在协调会上突然提出，要求在容器上安装振动加速度监测装置和温湿度监测仪。这意味考核没有到此为止，美国人还有疑虑。美方要求在容器里面打孔固定。这是协议和合同上从来没有明确过的。当时有人表示不同意。我觉得这是美国人还不太相信中国的技术水平，拒绝只会增加美方的怀疑。我提出打孔固定不可能了，这样会破坏容器的密封，请美方采用其他固定方法。会上美方简单的商议了一下，决定在容器内部用胶带固定温湿度监测仪，用卡具在容器的底架平面上安装机械式加速度测振装置。3 月 27 日正式转运亚星时，中美双方的监测设备都同时进行了监测，这是一场严峻的考核和技术的较量。美方记录的结果：运输中的振动加速度几乎是一条直线，他们说“Very small! Very small!”。我们自己的打印记录在三个方向也远远小于 0.3 *g*。容器内温度始终保持在 20℃左右。美方为此写下了“Transpotation to launch successfully completed”的公正评语。

事实胜于雄辩，它向全世界表明，中国航天人的技术是可信的，过硬的。从此之后，无论是澳星还是亚太 1 号，再也没有一个外国人提出要在我们的车上和容器上装他们的监测仪器。

5 经验和体会

亚星发射成功已有 5 年多。这一成功标志着中国航天技术已跻身于国际市场，向全世界庄严宣布中国有足够能力承接商用通信卫星的发射，中国已成为商业卫星发射国际市场中强有力的竞争者。

从 1987 年 2 月底接受任务到 1990 年 4 月 7 日发射结束，867 工程画了一个圆满的句号。卫星密封容器、卫星密封容器运输车和集装箱运输车，小型定值报警振动监测仪，远控自动脱落连接器获得两项部级进步二等奖，三项部级科技进步三等奖。它们填补了国内空白，参加研制的不少同志现在已经退休，一些年轻的同志也锻炼成为技术骨干，回忆往事，历历在目，不能不说是有惊有险，有苦有乐。回顾这段历史感谢这些老同志在 867 工程中做出的贡献。同时我们也应总结有益的经验和体会。

1）我们既不能妄自菲薄，也不能妄自尊大。我深深地感到我国航天科技人员不仅思想过硬，而且业务优秀，他们造诣有数，知难而进，拼死拼活，讲究质量，拿出最佳方案，采用最佳技术。他们设计的产品巧、轻、新，连外国人都是比较吃惊的。为 867 工程设计的新设备填补了国家空白，水平也不低于国外同类产品的水平。如果当时我们不以积极的态度迎接挑战，而引进国外设备，难道不是一种遗憾吗？

在卫星发射的日子里，我们也看到外国技术人员作风是非常严谨的，他们带来的不少产品在设计技巧、构思方面有不少是值得我们借鉴的。美方在协调中多次让我们提供技术文件、技术数据，所提的内容证明他们是行家，是一流的科技人才。他们产品的工艺水平很高，发射全过程中我们也虚心学习他们的好技术和好作风。

2）航天精神必须在新的形势下发扬光大。为什么短短的 3 个月时间里，我们能一次设计成功？为什么当时有那样高的政治热情，连续 3 个月挑灯夜战，日夜兼程？我认为基本的就是老一代的革命家、老干部把“三八作风”、延安精神结合科研生产和航天高科技的特点培养了这支队伍，孕育了航天精神。现在在新的形势下，我们要进一步把航天精神发扬光大，形成一种新的、更适合市场经济的科学精神，这个责任在我们身上，也在新的一代航天人身上。

我国航天地面设备发展设想

（1988.7）

摘　要：我国航天地面设备研制30年，圆满完成了CZ－1、CZ－2、CZ－3火箭发射任务。研制工作取得了优异的成绩。本文从我国地面设备的特点和存在的问题出发，分析国际上航天发射场地面设备情况，找出差距。在此基础上结合2000年前后我国航天事业的发展需要，阐明2000年前后我国航天地面设备的发展战略和目标。本文强调如下基本观点：

1）我国航天地面设备应和2000年前后的运载技术相适应，以期取得同步协调发展。我国航天发射场建设要和航天发展的整体规划结合起来，不能走一步看一步。

2）在资金不足的情况下，贯彻勤俭节约的原则，充分注意技术继承性，充分利用成熟技术和设备，集中有生力量，研制出适合中国国情的整体技术先进的地面设备系统。

3）充分利用航天主战场的地面设备研制项目，为航天高技术地面设备初步试验创造方便条件。

本文规划了2000年前后我国地面设备发展的蓝图，根据这一蓝图可以缩小我国和世界先进航天国家地面设备发展水平的差距。另外本文指出，为克服目前地面设备管理体制上和研制分工上的问题，提出了成立地面设备研究院的设想。

前言

1957年10月4日，苏联发射第一颗人造地球卫星，人类进入了航天时代。20多年来，苏美在航天领域展开了激烈的竞争，世界各国的航天活动也非常活跃。加拿大早在1972年建立了第一个卫星通信系统，法国的阿里安火箭也已跻身世界市场，承接卫星发射业务，并取得了明显的经济效益。当今世界各大国航天活动竞争越来越激烈。日本正在研制自己的H－2火箭，1992年要发射自己的通信卫星。印度极地轨道卫星运载火箭也拟于1989年发射。当前航天活动的趋势：一是航天活动军事化，这方面苏美为首，他们把未来战争的重要战场扩大到了外层空间，空间利用作为未来战争战略部分的重要组成；二是航天活动商业化；三是永久性载人轨道和航天飞机的研制已势不可挡。面对这些挑战我国应如何适应这一形势，保持我国大国地位，保持我国航天技术领先地位，缩小与苏美之间的差距，是大家关心的问题。本文从分析我国航天地面设备的现状和特点出发，对比苏美两国航天发射场地面设备技术发展情况，阐明2000年前后我国航天地面设备的发展战略和目标。

1　我国航天地面设备的现状和特点

从1970年4月24日我国发射第一颗东方红卫星到现在，我国已先后研制了CZ－1、

CZ－2、CZ－3 和风暴 1 号四种运载火箭。CZ－4 目前正在进行首发飞行试验。与此相适应，我们研制了相应的 CZ－1、CZ－2、CZ－3 和 CZ－4 四种型号的地面设备。表 1 是 15 所研制的四种型号的专用地面设备情况。

表 1　四种型号的专用地面设备

数量 类别 / 型号	起重输停放设备	发射瞄准设备	加注设备	供气设备	电源设备	其他
CZ－1	3	18	25	32	2	5
CZ－2	2	19	24	22	3	4
CZ－3	11	11	57	27		不包括上海研制设备
CZ－4A	1	9	18	25		

上述型号的地面设备圆满完成了 CZ－1 两枚、CZ－2 十枚、CZ－3 四枚的飞行试验，CZ－4A 即将进行首发飞行试验。30 年来，我国的航天地面设备遵循“自力更生、奋发图强”等方针，建成了有一定规模的航天运载科研生产基地和一支训练有素的研制队伍，取得了巨大成绩。30 年来我国航天地面设备有如下特点：

1）我国 CZ－1、CZ－2、CZ－4A 运载火箭的地面设备，大部分是沿用战略导弹的部分飞行试验地面设备。CZ－3 由于采用液氢和液氧超低温介质，因此研制了一整套新设计的地面设备。但是仍然有一些设备是沿袭 DF－5 和风暴的设备。例如发射台是从 DF－5 零一批发射台改装设计而来的。

2）地面设备自动化程度较低，技术状态比较落后。造成这一局面的原因，一是由于酒泉卫星发射中心地面设备的重视程度远不如火箭本身。地面设备设计周期往往很短，没有初样和试样之分，研制工作不充分，又要做到一次设计成功，水平很难提高。二是我们航天队伍基本上是 50 年代末、60 年代初建立起来的，研制生产的设备也比较陈旧。虽然近年来进行了逐步更新换代，但整体上科研设备和生产手段没有改变多少，同世界航天强国相比差距比较大。

3）发射场及地面设备设施适应能力差。我们建立了四个发射场，目前有三个发射场已改建用于发射各种卫星。这些发射场在完成和即将发射卫星方面起到了重要作用。但是设备可塑性差，考虑后续型号需要少。目前没有一个发射场可以满足捆绑火箭的需要。发射场的主要设施对大型火箭的发射技术继承性几乎等于零。

4）地面设备经费少。30 年来地面设备总投资费用仅为 1.12 亿，这些设备分布于所有试验基地，CZ－3 运载火箭投资是 3.8 亿元，（1985 年比价），但是 CZ－3 地面设备的投资仅为 2 282.7 万元（1987 年比价），1/10 都不到，做到了少花钱办大事。

2　国际航天地面设备技术发展情况

众所周知，美国目前最大的航天发射场是佛罗里达州的肯尼迪航天中心，苏联当今最大的发射场是拜科努尔航天发射场，法国阿里安运载火箭在法属圭亚那库鲁发射场发射。航天地面设备随着航天活动的发展，也显得异常活跃，主要表现如下。

(1) 建立新的发射工位，以适应航天竞争的需要

美国为了向西发射卫星，在范登堡空军基地建立了新的航天飞机发射工位。苏联为了和美国在航天飞机上进行势均力敌的竞赛，在拜科努尔繁忙地进行装配大楼和跑道的施工，已具备发射航天飞机的基本条件。法国为了提高阿里安火箭发射能力，并使之适应阿里安 4 和阿里安 5 火箭发射大型卫星的需求，在库鲁发射场修建了第二工位，并已启用。日本为发射 H－2 火箭，在种子岛空间中心，离 H－1 火箭发射场大崎约 1 km 处的东海角补建了名为光信琦的发射场。

(2) 改变传统的工艺流程，增添新的发射设施

苏美两国的运载火箭初期也都是从战略导弹演变而来的。但他们早就完成了过渡，新的运载火箭相继出现，传统的发射工艺流程已无法满足高技术的发展需要。大型运载火箭已在发射场进行组装和测试。改造后的发射场的工艺流程解决了大型火箭无法从生产厂运送到发射场的难题，运输手段也日益多样化，高度可调的运输车代替了传统的高度不可调的运输车，大型发射平台代替了传统“四条腿”的发射台，加注自动化程度和加注速度大大提高，加注、发射均可在飞行控制中心单独实现。在美国，新的发射工位取消了笨重的履带运输车，而改用新世纪的自动胶轮运输车。新的运输车可以从装配大楼等地向发射场地运送轨道飞行器、外贮箱和固体火箭助推器。新的机动的有效载荷转接设备也已研制出来。为满足新的空间活动需要，随着多次重复使用的运载器出现，相应地增添了轨道飞行器处理设施和外贮箱助推器处理和储存设施。

(3) 地面设备的概念在广度和深度上有所扩展

载人航天飞机永久性轨道站的发射，已使航天发射场产生许多质的变化。苏美发射场已成为集设计、生产、维修一体化的综合性场所。这一新的趋势要引起我们高度重视。

3 2000 年前后航天地面设备发展的战略和目标

当今世界上许多国家在航天活动方面的费用是惊人的。美国从 20 世纪 60 年代到 20 世纪末在航天活动方面的总投资达到 7 790 亿美元（1983 年比价）。世界闻名的阿波罗登月飞行共耗资 240 亿美元。而近 30 年来，我国航天事业的总投资仅为 148.81 亿元，一院 30 年总投资为 30 亿元。我国是一个经济落后的大国，在投资上不可能和苏美相比。那么我国航天技术在缩小与世界先进水平差距，保持当前的地位的同时，如何发展航天地面设备呢？

(1) 制订正确的发展战略

1) 地面设备和运载火箭与航天高科技的研究应同步发展。地面设备的发展不是孤立的，它的发展要和运载火箭相适应。在 2000 年前后，地面设备要通过捆绑火箭和航天飞机的研制，要取得技术上的突破。

2) 充分注意技术的继承性，力求整体优化。30 多年来，我们在航天地面设备设计、生产方面积累了丰富的经验。在争取技术进步的同时，要充分利用成熟的设备，不追求技术的先进，以地面设备系统整体性能的优越为我们航天地面设备的发展目标。

3）认真总结地面设备和发射场的研制教训，贯彻勤俭节约原则。在过去30年中，我们为每一个型号建一个发射场，建一个工位，这种做法是不合适的。目前我国发射场摊子大，工程项目多，配套齐全，可是利用率很低。在CZ-4运载火箭地面设备研制中，能用原来DF-5的设备尽量采用，因此CZ-4运载火箭地面设备节省了投资。航天发射场的建设应与国家的航天发展规划结合起来，发射场的建设不能走一步看一步，要留有充分发展的余地。

4）在资金不足的情况下，改变目前的运行机制，集中有生力量，选择有限目标，积极跟踪世界航天地面设备的先进技术。研制出适合中国国情和中国大运载火箭相适应的一整套地面设备，对一般技术不立预研课题，不搞低水平的重复性研究。

5）充分利用当前航天主战场的地面设备研制，为航天高技术地面设备试验和研究创造方便条件。即利用正在开展的CZ-2E和CZ-3A运载火箭的地面研制项目，诸如发射平台、加注自动化、大直径高重心运输车等，埋伏看准了的高技术需要的关键技术有关项目的前期试验，从而为研制多次重复使用飞行器地面设备打下良好的基础。

（2）战略目标

2000年前，我国航天地面设备发展战略目标分两步走。

第一步：90年代初，为了适应我国航天事业发展和国际上卫星发射市场的需要，抓紧研制CZ-3A和CZ-2E运载火箭地面设备。在设计上以90年代的国际市场的主流火箭阿里安4的地面发射设备为我国第一代航天运载火箭地面设备的最终目标。在这一阶段，充分利用我国现有发射场的地面设备满足CZ-3A运载火箭发射，力争在90年代初建成一应备份发射工位和相应的地面设备，满足CZ-3A和CZ-2E捆绑火箭的发射。这一阶段的主要关键技术有：

1）大扭矩高速比的重负荷发射平台减速器研制；

2）高减震性能的有效载荷垂直运输车研制；

3）大流量高扬程液氧泵的研制；

4）大型液氢贮罐绝热技术研究；

5）大流量常规屏蔽泵的研制；

6）捆绑火箭快速起竖对接技术的研究。

第二步：1995年以后研制了大型运载火箭（直径为4.5～5 m）相适应的地面设备，进行发射场的改造并建立新的航天发射场，以适应载人航天运载器的需要。在设计上应以美国航天飞机地面设备为蓝本，建设一整套符合我国国情的航天飞机地面设施，承担大运载火箭和航天飞机的装配、测试、运输、加注、发射、整修贮存、清洗等任务。要突破一个禁区——不准上天，地面设备技术要进入航天飞机，进入空间站。

第二步的关键技术有：

1）载人航天运载器（大型运载火箭）的同步释放技术的研究；

2）运载器供氧系统的研究；

3）救生系统及其技术的研究；

4）高功率巨型牵引车的研究；

5）超级温介质的过冷技术的研究；

6）烃类推进剂贮运加注技术的研究；

7）运载器上生活设施，供应系统（生命保障）的研究；

8）空间推进剂补给系统的研究。

以上地面设备的发展蓝图及每个阶段任务是与我国运载火箭和航天飞机发展基本协调的。每一阶段的发展都为下一阶段打好基础，可以缩小我国与世界先进水平的差距。

4 中国航天地面设备的管理

中国航天事业由国防科工委拨款，航天部成立以后研制经费拨款方式有所变化，但一直是公给制。地面设备研制费一部分直接有所支出，一部分科委和部院甚至基地支出，这种方式到了今天给地面设备的管理带来了很多麻烦，地面设备每年的维修、更新成了老大难。

在分工体制上，以往控制、遥测、外侧地面测试发射设备由各系统自己负责配套，但控制系统地面电源是15所负责设计配套的。地面设备和发射场加注供气设备由科工委设计所和航天系统15所两家设计，存在着分工不明确，设计力量分散的缺点，且设计权归属不明确。

地面设备维修管理方面和基地关系扯不清。过去经济不算账，现在谁维修出钱，大家向外推。这些年企图按固定和活动两类设备分工，有些设备分不清，如运输、加注车辆算是固定还是活动的呢？

我认为上述管理问题应该研究解决。

航天地面设备的历史回顾与发展展望

（1990.10.7）

1　航天地面设备的历史回顾

1970年4月24日，我国发射第一颗东方红卫星到现在，已成功地发射了30颗卫星，先后研制了CZ－1、CZ－2C、CZ－3、CZ－4A和CZ－2E、风暴1号6种运载火箭，15所研制了6个型号的地面设备（风暴1号的地面设备基本上借用了CZ－2地面发射设备）并参加了3个运载火箭发射场的建设。

15所参试人员圆满完成了CZ－1 2枚、CZ－2C 12枚、CZ－3 7枚，CZ－4A 2枚，CZ－2E 1枚的发射任务。35年来，地面设备研制中，我们遵循自力更生，艰苦奋斗，从简单到复杂，从研制可贮常规推进剂加注到研制液氢氧液加注设备，培养了一支训练有素、吃苦耐劳的研制队伍，研制手段和研制设施不断充实和完善，为运载火箭成功发射做出了贡献。

在上述配套设备中，研制了不少具有中国特色、具有当代世界水平的产品，诸如常规的自动脱落连接器、液氢和液氧自动脱落连接器、七管连接器、高压平衡截止阀、高压卸荷阀、液氢加注贮运设备、氮气贮运设备、CZ－2E火箭发射平台、激光瞄准设备、全轮转向技术等。35年来，我国航天地面设备的发展存在如下特点。

（1）运载火箭地面设备和战略导弹地面设备关系密切，可靠性高

从整体发展情况看，我们和苏、美走了同一条发展道路，运载火箭是在战略导弹基础上发展起来的，初期火箭地面设备也大部分是借用战略导弹的地面设备执行发射任务的，CZ系列火箭地面设备是在导弹地面设备基础上发展起来的。

CZ－3运载火箭采用超低温液氢作为推进剂，CZ－2E是捆绑式运载火箭，因此重新设计了一整套的地面设备。但是这两种型号也仍然借用了以往战略型号和其他火箭的一些地面设备，如CZ－2E的132项设备中的34项。

（2）地面设备研制经费少，技措投资更少

35年来，我们共研制了5个运载型号的地面设备，投资总额仅为1.33亿元。这些设备分布在3个试验基地。CZ－3运载火箭投资3.8亿元（85年比价），但是地面设备的投资仅为282.7万元。CZ－2E火箭3.5亿元，地面设备研制费仅为2 109万元，十分之一都不到。这种状态决定了地面设备技术状态整体水平和世界先进国家比尚有较大差距，自动化程度比较低。尽管我们的研制手段不断完善，但是我们试验室规模小，设备不配套，计量仪器技术状态相当落后，在这样的试验室能研制出具有相当技术水平的地面设备，应当说是很不容易的。但是这种落后状态要研制出全面、精良、高水平的地面设备，困难相当

大。这对中国的航天技术走向世界也是无益的。重箭不重视地面设备，重出产品不重视技措设施的局面应当迅速扭转。此期间上级技措拨款仅319.07万元。

（3）航天地面设备没有一个整体长远规划

从早期运载火箭的研制情况来看，发射一种卫星用一种火箭，一种火箭用一种地面设备，建一个发射场。发射场建设没考虑后续型号任务需要，可改造性也差，没有一个整体规划。这种状态导致发射场摊子很大，工程项目多，配套齐全，可是利用率很低。

（4）第一代运载火箭的地面设备设计，基本上没有初样和试样阶段区分，要求一次设计成功。根据经验，相当一部分设备是可以做到的。但也造成几种情况：一是有的地面设备设计出图后因火箭要求变更而进行更改，有的甚至进行实物更改；二是地面设备仓促上阵，设计周期过短，2～3个月出实物的例子不胜枚举，设计上水平困难，同时也带来使用上的不方便。

（5）形成了地面设备生产协作网

地面设备涉及多专业、多学科，完成一发火箭发射，地面设备配套项目很多，生产厂家遍及全面各地。35年来已经形成设计中心在北京，生产向全国辐射的一个专业协作网。

2　航天地面设备发展展望

当今人类已进入宇宙空间，苏、美在争夺空间这一战略问题上展开了激烈的竞争。苏联处处争第一（第一颗卫星，第一艘飞船，第一个女飞行员，空间行程和生活最长时间等），美国标新立异从登月到航天飞机。苏、美在航天地面设备方面早已摆脱战略导弹的影响，尤其是经过大运载、捆绑火箭和飞船的发射之后，地面设备在深度和广度上已向前推进了一大步。我们在航天方面地位属于世界前列，但和苏、美相比差距甚远。目前苏、美大力发展的大型运载火箭大大增加了有效载荷，满足一箭多星载荷需求，可以进行载人航天和建立空间站。因此我们要主动跟踪先进航天技术的发展，采取相应对策。

2.1　针对航天运载器大型化、低成本方向发展的特点开展关键技术的预先研究

2.1.1　发射牵制释放机构的研制

（1）国外运载火箭和弹道式导弹广泛采用牵制释放机构

美国土星系列火箭发射台应用了两种不同类型的牵制释放装置，其中之一是液压—气动支撑装置。美国航天飞机发射平台使用的牵制释放机构为高可靠的爆炸螺栓。法国阿里安火箭采用了液压机械式牵制释放装置。苏联先后研制的导弹、火箭也均使用牵制释放装置。这些国家早在50—60年代就开始研究和使用牵制释放机构，目前这一技术已经成熟。随着火箭捆绑技术和载人飞船的发展，发射可靠性和入轨精度得到了提高，牵制释放机构技术显得日益重要。采用牵制释放装置可以达到下述条件后才让火箭起飞：

1）主发动机和助推级发动机全部正常点火；

2）发动机全部正常工作；

3）达到发动机预定的起飞推力。

例如美国的航天飞机发射时，先由机载计算机在射前发出主发动机系统起动指令，当三台主发动机都处于 90%或大于 90%额定推力，同时任何一台主发动机都不出现故障且助推点火控制装置正常时才发出固体助推火箭点火指示，否则到 4.6 s 发动机依次关机。H-2火箭和阿里安 5 火箭发射时都准备先起动低温芯级的主发动机，当发动机的推力达到预定值时，再点燃固体助推火箭发动机，牵制装置释放火箭完成发射。

在我国发射 xx-xx 遥二时；就因Ⅰ-Ⅲ发动机未点火而紧急关机，导致发生支点错位现象，如果错位严重，火箭可能因紧急关机带来的冲击导致火箭倾斜坠毁，其后果不堪设想。

CZ-2E 火箭使用 8 台发动机同时有序点火，然而存在着相当大的隐患，因此加速研制出高可靠性的发射牵制释放装置实属当务之急。

（2）牵制释放装置的技术关键

① 减载缓释放装置的研制

设计一种载荷从 35 t→0 t，时间 3～5 s，同步时间 10 ms 的气动阻尼缓释放结构或缓释放销。

② 模拟发射装置的研制

目的是研制一套包括加载、高精度测力传感器、推力测试及比较系统、信号转换系统的模拟释放起飞的设备。

2.1.2 超低温介质系统贮运、输送设备研制

1）液氢和液氧在相当长一段时间仍将是大推力发动机选用的推进剂。目前 CZ-3 和 CZ-3A 运载火箭一样，靠铁路和公路运输车完成大型火箭的加注补加任务已属不可能。美国、苏联、日本都采用大型球形贮罐储存液氢和液氧。球形贮罐在我国运输有困难，根据我国实际情况，采用大型柱形贮罐是可行的，大型液氢贮罐真空绝热技术仍将是关键。

2）为了缩短在发射阵地的停留时间，缩短加注时间是关键之一，这对捆绑和大运载火箭尤为迫切。美国肯尼迪发射中心液氢输送速率为大流量 37 854 L/min，小流量 3 785 L/min，而在范登堡新建航天飞机发射场中，液氢加注速率也达 20 000 L/min，而我国目前的加注速率仅为 1 000 L/min。挤压方案要采用庞大汽化系统，显然已不理想，因此研制新的超低温、大流量、高扬程加注泵是今后必须攻关的。加注泵的密封也是一大难关。

3）液氢输送中，尤其在长管道输送中，为避免两相流，改善液氢品质，美国在管道系统中增设了液氢过冷器，这种过冷器能使液氢过冷到－254.5℃。过冷器液面的控制需要一系列的调节系统，真空度保持和测量装置将是解决这一课题的关键。

2.1.3 连接器的自动对接技术研究

在我国第一代运载火箭研制过程中，我们圆满地解决了多种连接器的自动分离技术，研制出了具有高水平的液氢、液氧加注自动脱落连接器及气管连接器、空调连接器。这些连接器的脱落可靠性都很高，但是，都需要人在火箭旁边，依靠人去对中连接，尤其加注

连接器对接好坏，软管憋劲与否要靠人的经验和目测。我们的同志在临射前 15 min 还在现场进行监视，人的安全是个问题。为此我们应立即开展连接器自动对接技术研究，这一方面关键技术有：

1）摄像系统及图像识别组成和数据处理；

2）光学成像跟踪系统；

3）对接控制的理论与技术；

4）三自由度运动体的仿真试验技术与仿真试验室；

5）接近传感器的研制；

6）对接机构系统和对准装置。

连接器的自动对接技术集微电子、信息技术、人工智能、激光和遥感成像等高技术之大成。它的研究为飞船交会对接技术打下一个坚实的基础，因此及早地开展这一课题的工作是有现实和长远的意义。

2.2 针对液体大运载和商业化特殊需要，开展测试发射工艺流程及相关技术的研究

世界各国在运载火箭的流程及相关技术的研究发展中，几乎遵循了同一条道路，先期都是从战略火箭演变而来。而后随着商业化、空间竞争和空间技术的发展，有效载荷逐渐增大，火箭采用捆绑技术和大推力发动机，箭体直径不断加粗，苏、美一代代新的大型火箭相继出现。如苏联 1988 年投入使用的能源号火箭与美国土星 5 号火箭相当，起飞质量达2 500 t，西欧的阿里安运载火箭从Ⅰ型发展到Ⅳ型，起飞质量从Ⅰ型的 210 t 提高至Ⅳ型470 t。随着大型火箭的出现，传统的发射工艺流程已无法满足现实的需要，发生了一系列的新变化。如大型火箭已在发射场组装、测试、试车，这一工艺解决了大型火箭无法从承制厂运送到发射场的难题。火箭运输手段日益多样化，陆运、海运和空运相结合，大型发射平台代替了传统的“四条腿”发射台。

高度可调的运输车代替了传统的高度不可调运输车。新设计的自动胶轮运输车可以从装配大楼向发射场运送轨道飞行器，固体助推器在发射场装配。这些变化中，最大的变化是火箭和有效载荷整体运往发射场。在美国肯尼迪发射场，航天飞机和运载火箭是在装配大楼组装、测试后，和发射平台一起由履带车垂直运至发射场。装配大楼高 160 m。苏联运用了运输起竖车，整体将组装好、测试好的火箭、有效载荷从铁轨上运送至发射场，然后整体起竖到发射台上。法国阿里安 3，阿里安 4 火箭也是从铁轨上整体垂直运输至发射场。阿里安 5 更进一步，助推级生产、试车、组装均在库鲁发射场进行，阿里安火箭和助推级火箭、有效载荷在总装厂房组装，测试后与脐带塔一起垂直运输到发射场。因此总装厂房高 95 m。这种处理流程的好处有：

1）减少占用发射工位的时间，提高发射频率，适应商业化的需要；

2）简化发射设施，减少重复测试，节省试验经费；

3）室内环境组装条件好，减少操作失误。

苏联、美国、法国均完成了从积木式到整体起竖的过渡，无疑这将改变传统的测试、

运输、发射工艺流程。当然采取什么样的整体运输方案，需要结合我国的国情。法国模式没有什么技术难度，但是我国测试厂房距离发射场较远，有些基地道路坡度大，实现困难大。美国模式在经济上和技术上都有难度。苏联的模式技术上更接近我们一些，在平坦的基地采用这种方案完全是可以办到的。整体有许多优点，在第一代运载火箭方面：整流罩的运输基本上是分开水平运输，CZ－2E 整流罩和有效载荷一起采用整体垂直运输，整体越吊，简化了工艺流程，改善了有效载荷的环境条件，因此我们今后要开展地面流程的探讨，研制相应的地面设备。这一问题涉及火箭和有效载荷的测试—组装体制、发射场的建设方案、地面设备整体运输、起竖技术，因此上级领导和专家要充分重视。传统的“1059”式：运输—测试—起竖对接—发射测试模式的改变应该提到日程上来。

设计一辆运输起竖车或垂直机动运输发射平台以满足今后大运载和 CZ－2E 火箭—载人飞船整体运输起竖的需要，目前技术上是可行的。

2.3 开展飞船地面设备发射工艺流程及相应地面设备的研究

载人航天使地面设备的概念在广度和深度上都有较大的变化，使航天发射场产生许多质的变化，诸如救生、着陆、维修、航天医学等。苏、美、法发射场现在已经成为生产、总装、维修、训练一体的场所，发射场不再单纯是一个发射的场地。

飞船的地面设备涉及飞船运输、装配、环境保持和控制设备，空间飞行地面模拟试验设备，航天员的训练设备，飞船上发动机的加注和供气设备，地面测试电源，生保系统辅助设备，回收场配套设施等。这些设备应当说有相当一部分设备或系统类型和运载器地面设备相似，可以应用成熟的技术和设备为飞船服务。但是相当一部分是载人飞船必须配置的特种设施。

飞船的地面处理流程是分舱分段还是整体运输，是单独测试然后运往发射阵地还是和运载火箭一起运至发射场地，飞船是水平运输还是垂直运输、垂直起吊，这些在飞船方案论证时均要考虑。

2.4 进一步开展地面设备的可靠性设计，火箭的发展要考虑地面设备可靠性

1）过去 30 多年，可靠性设计在地面设备设计中不断加强，如在设计中进行了可靠性指标分配，采用冗余技术降负荷设计，进行失效模式和效应分析等，今后还要进一步提高，同时不应忽视火箭对地面设备的要求，这与地面设备发射的可靠性有直接关系。例如火箭设计从自身减重考虑比较多，因此加注口、供气口分散设计，导致地面机械接口很多，电缆摆杆数量很多。目前 CZ－3、CZ－3A 火箭加注和供气连接器共有 17 个，发射外星和风云 2 号卫星有 19 个，临射前 3 min 以后有 7～9 个应依次脱落；CZ－2E 火箭共有加注、供气、空调连接器 32 个。这种设计无疑使地面控制复杂化，有一个不脱落，有一根摆杆不摆开都无法发射；这对发射可靠性是很不利的，也是很危险的。因此在火箭设计中要考虑接口火箭设计对地面设备的需求，如国外一样，箭体尽量减少接口。在结构方面也要充分考虑公路和铁路运输的可能性，尤其是一些突出物的布置，要做到适合运输，避

免不必要的运输超限。

2）充分注意地面设备技术的继承性，力求整体优化。30多年来，我们在航天地面设备设计、生产方面积累了丰富的经验。在跟踪世界先进水平、争取技术进步的同时，要充分利用成熟的技术，不追求局部技术的先进，以地面设备系统整体性能优越为我们航天地面设备的发展目标。

3　结束语

地面设备、发射场建设、运载火箭、飞船应统筹规划，统筹协调，统一论证。经过“三统”达到“四性”，即实用性、经济性、匹配性和先进性，这样就能得到整体协调一致的完美统一。要防止各自为政、重复投资，避免为一个型号建一个发射场，建一个射工位。发射场的建设不能走一步看一步，要为发展留有后劲，要留有充分发展余地。地面设备要和运载火箭发展、飞船的研制相适应，我国经济实力不算雄厚，如何发挥有限资金的作用，统筹规划最重要。

地面设备技术的发展和运载火箭发展紧密相连。它的发展涉及国家航天规划，涉及国家投资可能性和投资的强度。本文一些观点不免有所局限，不当之处请批评指正。

921运载火箭地面设备和逃逸救生系统地面设备技术经济可行性论证

（1992.8.3）

1 本系统的任务

1）将运载火箭和逃逸救生火箭从承制厂运往酒泉卫星发射中心；

2）在酒泉发射场技术区配备完成火箭转载和测试所需的停放、吊装、供配气、电源等设备和系统；

3）为运载火箭发射区提供吊装、瞄准、供配气、电源、加注、发射等设备和系统；

4）为运载火箭和逃逸救生火箭转运提供特种运输车辆和设备；

5）为整流罩提供装配、吊装设备。

2 技术指标和技术要求

2.1 CZ-2E运载火箭的原始数据

（1）火箭长度和直径

总长	49.7 m
尾翼处最大外圆直径	ϕ 12 m
无尾翼最大外圆直径	ϕ 8.55 m
第一运输子级长度	24.5 m
第一运输子级直径	ϕ 3.35 m
第二运输子级长度	15.5 m
第二运输子级直径	ϕ 3.35 m
助推器长度	15.5 m
助推器直径	ϕ 2.25 m
整流罩长度	10.5 m
整流罩最大直径	ϕ 4.2 m

（2）CZ-2E火箭结构质量

第一运输子级	15 t
第二运输子级	6 t
助推级	4 t

(3) 推进剂加注量（一发）

四氧化二氮	310 t
偏二甲肼	150 t

(4) 加注后火箭总质量

加注后火箭总质量为 550 t。

(5) 发动机地面推力和安装角

(a) 第一级发动机

推力	4×740 kN
安装角	2°50′

(b) 助推级发动机

推力	4×740 kN
安装角	6°

2.2 飞船的原始数据（略）

2.3 飞船返回舱参数（略）

3 指导思想

“921”工程是跨世纪的任务，在政治、技术上意义都十分重大，因此做好工程论证是当前“921”工程关键的一步，为此制定如下指导思想。

1) 经济上要节省经费；

2) 确保论证质量；

3) 实事求是：

· 继承和发展：既要考虑成熟技术的继承，又要考虑技术的进步和发展；

· 整体和局部：力求地面系统整体方案的先进性，不求某一单项设备的先进性；

· 长远和目前：以目前为主，兼顾长远为辅；

· 既要跟踪世界先进水平，又要从我国国情出发；

· 既要吸取国外载人航天地面系统的先进成果，又要发扬航天传统精神，坚持自力更生的原则。

4 技术方案

4.1 测试发射工艺流程

图 1 是运载火箭测试发射工艺流程图。这个流程图所列各个工艺程序，不论上架方式是哪一种，都必须完成。

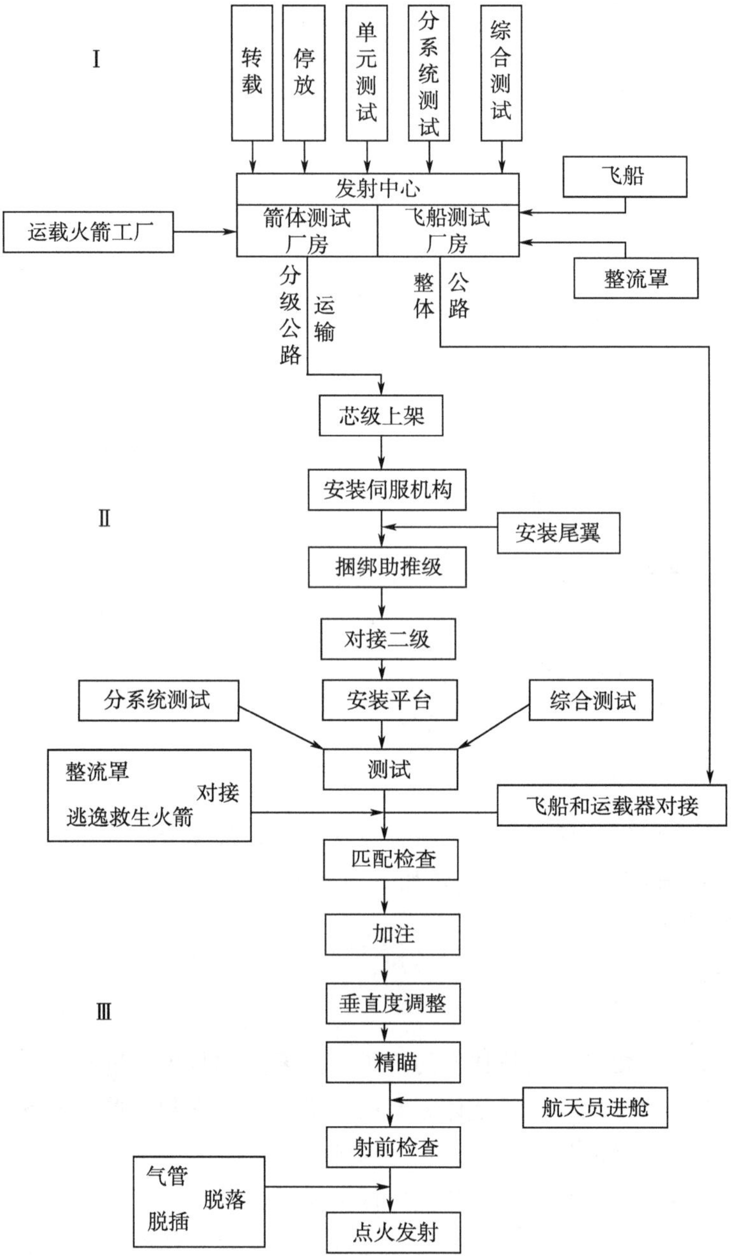

图 1　运载火箭测试发射工艺流程图

4.2　上架方案

“921” 明确在 20 基地进行建设，1991 年《发射场、回收地面设备方案论证》报告中提到，CZ－2E 运载火箭以及飞船上架方案共有 3 种典型的模式。

4.2.1　20 基地改建方案

这种方案是传统的测试发射工艺流程。运载火箭从北京运至基地，经转载后在技术区进行单元测试、分系统测试、综合测试，并和飞船完成对接匹配试验，然后分级运往发射区。

飞船整体水平运往发射区并和运载火箭对接，运载火箭在发射区进行分系统测试和总检查，然后按流程进行加注、瞄准直至发射。

在20基地采用这一工艺流程，需对技术区和发射区进行改造，如新建固定塔或活动塔，扩建推进剂库、供气站、变电所，新建导流槽和发射场坪等。

4.2.2 水平整体运输

该方案类同苏联联盟号运载火箭的运输方式。这一方案需研制一辆水平总装—运输—起竖车，承担装配运载器各部段、逃逸救生火箭、整流罩、飞船的装配任务。在该车上，还进行分系统测试、总检查，最后完成和飞船的匹配测试。完成匹配测试后，用起竖车整体水平运往发射区后，将火箭和飞船起竖并放在发射台上，连接有关管线，经功能测试后进行加注，航天员在射前2～3 h进入飞船座舱，确认无问题后，进行发射。

4.2.3 垂直整体运输方案

这一方案是美国、日本、法国均采用的模式，其核心是研制一个自行式测试发射平台，运载火箭在发射平台上进行组装、测试，飞船测试合格后，垂直对接在运载火箭上进行匹配检查，匹配检查合格后，由自行式测试发射平台整体垂直运往发射阵地。

4.3 三种典型方案工艺流程比较

不论何种方案，其流程都是一样的，问题是这些流程在技术区还是在发射区完成，为此我们把图1流程分成三个区。改建方案流程Ⅰ区在原技术区完成，流程段Ⅱ区和Ⅲ区在原发射区完成；垂直整体运输和水平整体运输方案，流程段Ⅰ区和Ⅱ区在技术区完成，Ⅲ区在发射区完成。方案不一样对发射中心的工艺要求是不一样的，表1说明了三种工艺要求和它们的关键问题。

表1 方案工艺流程比较表

序号	方案名称	工作流程段	特殊工艺要求	关键问题	备注
1	改建	技术区Ⅰ 发射区Ⅱ Ⅲ	改建推进剂库房、供气站、变电所、技术中心、导流槽、发射场坪、固定塔	20基地测试发射设施可利用程度待核查	Ⅰ，Ⅱ，Ⅲ
2	水平整体运输	技术区Ⅰ Ⅱ 发射区Ⅲ	水平整体运输2 km左右，建水平对接测试厂房水平整体起竖运输车，运载火箭适应性更改	水平整体运输车的研制，大直径长千斤顶工艺同，火箭惯性平台的适应性更改	起竖在发射区
3	垂直整体运输	技术区Ⅰ Ⅱ 发射区Ⅲ	垂直运输2 km左右，建高大测试装配楼，机动发射平台，运载火箭适应性更改	可移动发射平台的调平技术、减震技术	起竖在技术区

4.4 运载火箭地面设备的组成

方案不一样，地面设备的组成也不同。改建方案中，火箭地面设备将由发射台、瞄准设备、加注系统及设备、供配气系统及设备、铁路运输设备、公路运输设备、电源设备、吊运支承停放设备等组成。

水平整体运输方案将增加 1 辆总装—运输—起竖车。

垂直整体运输方案将增加 1 个自行测试发射平台。

4.4.1 发射台

发射台的方案与 CZ－2E 发射台基本构成相同，该发射台承载能力为 800 t。考虑到载人飞船的可靠性，同时也参照美、法、俄、日等国的经验，需要增加牵制释放系统。图 2 和图 3 是牵制释放装置的两个原理图。

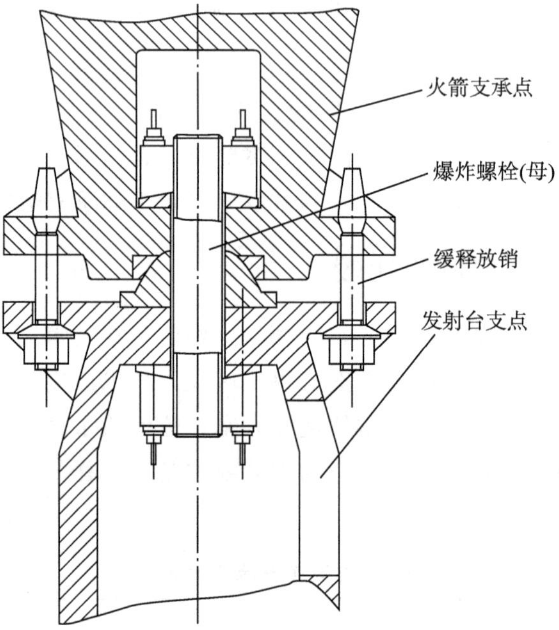

图 2 爆炸螺栓方案 1

由于发射台增加牵制释放装置，因此现有的 CZ－2E 发射台进行适当的改造，以承受牵制力。当然运载火箭的支承点也将作适当的适应性修改，如运载火箭的支承点必须受牵制力，承受由于突然释放而产生的加速度和冲击。

牵制释放装置的控制必须进入发射程序的并网以提供释放信号。

4.4.2 瞄准

瞄准设备可沿用 CZ－2E 瞄准设备，瞄准仰角为 15°，激光光电瞄准仪与发射点距离可在 160～165 m 范围内。

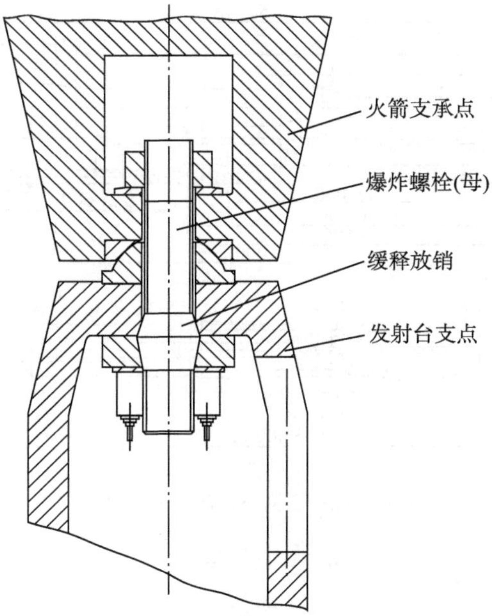

图 3　爆炸螺栓方案 2

4.4.3　加注系统和设备

CZ－2E 运载火箭的加注系统和设备在 20 基地已经过考验，今后重点进一步提高可靠性。

4.4.4　电源设备

CZ－2E 运载火箭的交直流电源设备可继续用于载人飞船运载火箭测试发射。

4.4.5　供配气系统和设备

可沿用 CZ－2E 运载火箭的供配气系统及相应设备。

4.4.6　铁路运输设备

由于 CZ－2E 运载火箭技术状态变化不大，故芯级铁路运输车可沿用，助推级尺寸有变化，仅需要对车辆拉紧装置的位置做适当地调整。

4.4.7　公路运输设备

CZ－2E 运载火箭公路运输设备基本上都可沿用，助推级尺寸有变化，助推级公路运输车作适应性修改。

4.4.8　吊运支承停放设备

水平总装—运输—起竖方案使装配、吊运设备出现较大的变化，尤其是助推级的装配停放设备要有新的设备相适应。图 4 所示是水平总装—运输—起竖车，图 5 所示是火箭、飞船、逃逸救生火箭装配工艺流程图。

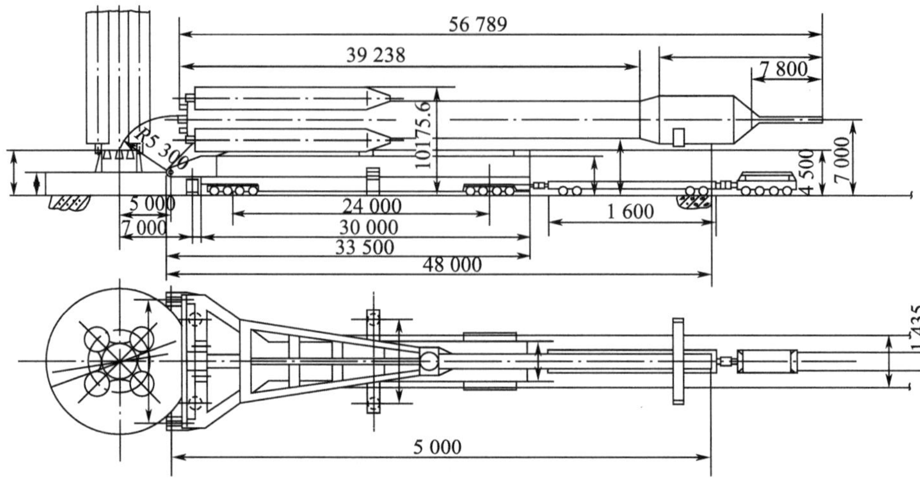

图 4　水平总装—运输—起竖车图

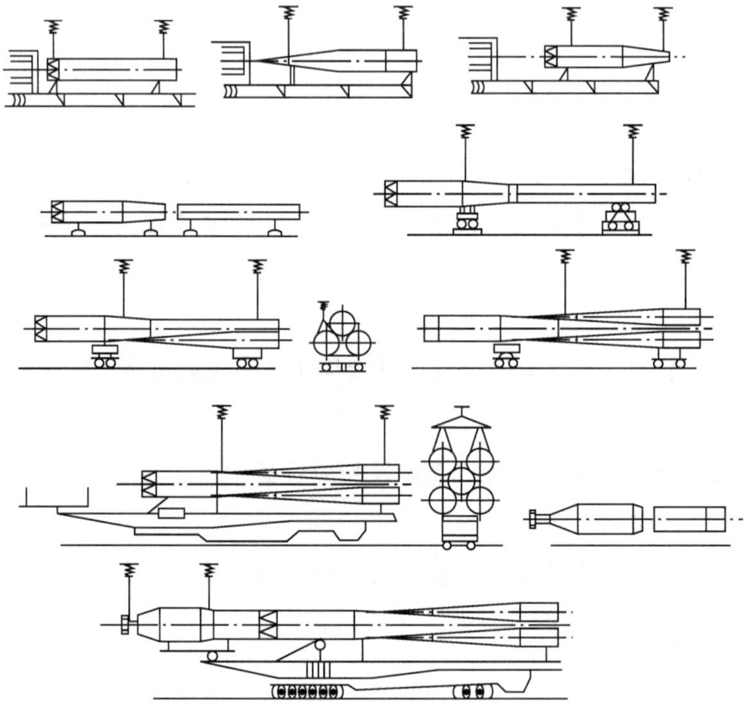

图 5　运载火箭、飞船、逃逸救生火箭流程图

4.4.9　自行式测试发射平台

第三种方案需要研制自行式测试发射平台，该发射平台是在 CZ－2E 运载火箭发射台基础上增加行走机构。在总装测试厂房内，该发射平台作为垂直装配、测试的基座，完成测试后，在直线大跨度钢轨线路上低速机动行驶至发射工位。

发射平台由台体、回转部、牵制支承装置、驱动装置、液压系统、控制系统、调平系统、制动系统、电源系统、减震系统、附件等组成。图 6 是机动发射平台。

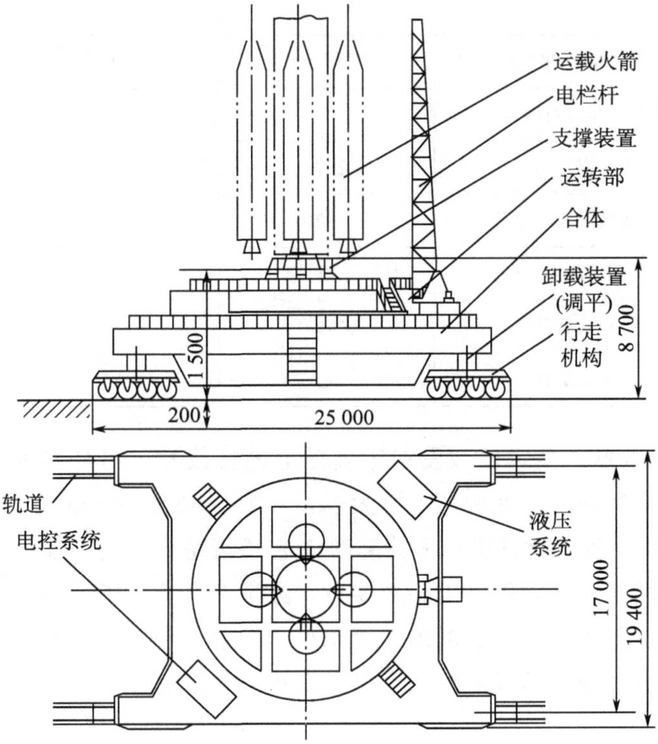

图 6　机动发射平台图

4.4.10　水平总装—运输—起竖车

该车由起竖车、平板车和牵引机车组成。平板车上设有空调装置以满足飞船载人运输过程中的环境要求。起竖车由起竖臂、车体、转向架、液压系统、电气系统等组成。平板车和牵引机车选用标准轨距铁道车辆。

4.4.11　逃逸救生系统地面设备尚无任务书或设计要求

根据经验，将由逃逸救生火箭公路运输车、铁路运输车、铁轮支架车、翻转吊具，整流罩铁路运输车吊运框架、翻转吊具、装配型架组成。

4.5　三种方案的综合比较

3 种方案的综合比较见表 2。

表 2　3 种方案的定性比较

序号	方案项目	Ⅰ	Ⅱ	Ⅲ
1	技术继承性	好	一般	一般
2	地面设备费用	低	较高	高
3	主要地面设备研制难度	一般	较高	较高

续表

序号	方案项目	Ⅰ	Ⅱ	Ⅲ
4	发射工位滞留时间	长	短	短
5	技术区滞留时间	较长	长	长
6	发射场配套设备费用	一般	较高	高
7	装配测试环境条件	差	好	好
8	对火箭设计特殊要求	较少	较多	一般
9	技术先进性	差	较好	较好

方案 1 是在原 20 基地技术区和发射区基础上进行改建，另外两种方案都要重新进行新建。新建时，技术区和发射区距离不宜太远，一般可取 2～3 km。

3 种方案的地面设备与分系统技术关键解决途径清楚，都具有实现的可能。方案 1 是沿用的传统方案，继承性好，经济上相对要省。方案 2 和方案 3 技术进步明显，缩短了发射工位滞留时间，改善了测试、装配的环境条件，发射区设施相对简化，有利于测试体制的改变，带动地面设备技术的发展，缺点是经费投入较大。

4.6 可靠性分析

载人飞船发射可靠性是一个十分重要而关键的问题，应当高于运载火箭，地面设备可靠性涉及安全和能否准时可靠发射，因此在论证工作中专门认真进行了分析。

1）地面设备技术继承性好，设计可靠性高。由于飞船采用 CZ－2E 运载火箭发射，因此 CZ－2E 大部分地面设备可供借用，而且经过 CZ－2E 二次飞行试验考核，可靠性是有把握的，运载器地面设备共 80 项，62 项可重新生产，直接借用；12 件外购；需要设计的仅仅 6 项，占 7.3%，而且这 6 项有参考设备。地面设备可靠性工作，重点放在新研制的设备和关键技术上。

2）地面设备绝大多数是可维修设备，多数设备在投入使用前或临射前是可修复的。这样保证地面设备参与值班站岗时处于完好状态，使可靠性实际上接近于 1 的水平。

3）地面设备可靠性重点是提高临射前的发射可靠性，也就是提高临射前 1 小时尚在工作的那些设备的可靠性。可靠性及飞船临射前处于工作的地面设备串联模型如图 7 所示。

根据总体的初步要求，地面设备可靠性将由 0.93 提高到 0.956。地面电源未列入串联模型内。地面电源的可靠性属控制系统可靠性串联模型。

4）可靠性分析。

对射前 1 h 内参加工作的地面设备进行可靠性指标初步分配。

系统可靠性

$$R_S = \prod^{6} Ri = 0.956$$

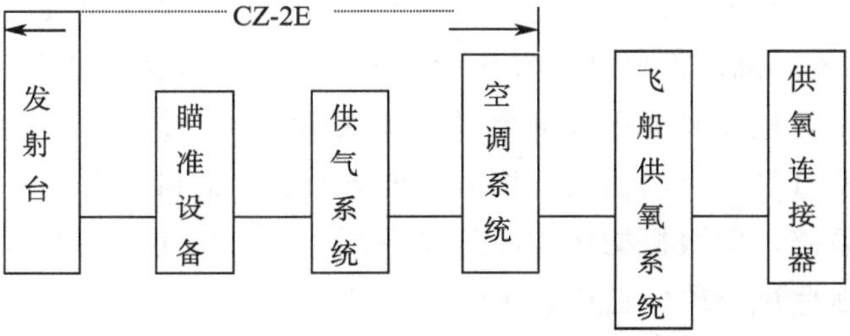

图 7　可靠性及飞船临射前处于工作的地面设备串联模型

系统不可靠性

$$P_S = 1 - R_i = 0.044$$

按因子分配法分配 6 个系统的可靠性指标。各系统因子见表 3。

表 3　各系统因子分配表

	发射台 1	瞄准设备 2	供气设备 3	空调系统 4	供氧系统 5	连接器 6
复杂因子 N_i	8	5	5	2	5	3
重要因子 W_i	5	2	2	3	3	3
继承因子 M_i	0.8	1	1	0.8	0.6	0.6

按公式 $P' \propto = \frac{N_i}{WM}$ 计算出各设备的不可靠比例因子，经化简得到

$$P_1' : P_2' : P_3' : P_4' : P_5' : P_6' = 8 : 10 : 12.5 : 3.3 : 11.1 : 10.8$$

比例和　$Z = 55.7$

按 $P_i = \frac{P_i}{Z} \times P_S$ 计算出各系统的不可靠性并经调整后得出

$P_1 = 0.006$　$P_2 = 0.007$　$P_3 = 0.008$

$P_4 = 0.003$　$P_5 = 0.009$　$P_6 = 0.009$

则系统的可靠性指标为

$R_1 = 0.994$　$R_2 = 0.993$　$R_3 = 0.992$

$R_4 = 0.997$　$R_5 = 0.991$　$R_6 = 0.991$

$\prod^{6} R_i = 0.9587$，略大于 $R_s = 0.956$。

5）制订《载人地面设备质量与可靠性大纲》，在设计中贯彻地面设备行之有效的方法，诸如尽量采用成熟技术、降额设计、冗余设计、关键件控制……，进行失效模式后果分析。

5　关键技术及解决途径

5.1　机动发射平台

机动发射平台行驶速度虽慢，由于垂直装载火箭和飞船高度高，所以行驶中稳定性和

平顺性问题突出，要求高可靠性和安全性，其主要关键是调平系统和减震性能。

1）自动水准系统。机动发射平台尺寸大，火箭顶点高度离地面约 65 m，因此动态下大尺寸、大面积调平是机动发射平台研制的技术关键。该系统能自动敏感于因路面不平、风力和运输中载荷质量等产生的振动，该振动可造成平台的倾斜和不平。系统把敏感到的误差信号传给伺服系统，伺服机构操作液压校平作动筒，从而调整水平，保持移动发射台与火箭垂直。还应做些试验确定精度、上下可活动范围以及一定的校正速度。

2）伺服反馈减振系统。由于逃逸救生火箭采用固体发动机，因此运输中的减振要求比一般要高，如果采用整体垂直运输或整体水平运输方案，铁轨的接缝、转向轮质地不均匀等造成周期性振动和启动停车时过载与振动，对整个运载火箭和飞船、逃逸救生火箭等都是相当不利的。为此要采用高减振性能的元件，而伺服反馈油气减振系统正是理想的系统，它可随时反馈路面情况，使振动减小，另外它还可使振动的周期衰减加快。详见图 8 调平系统原理图。

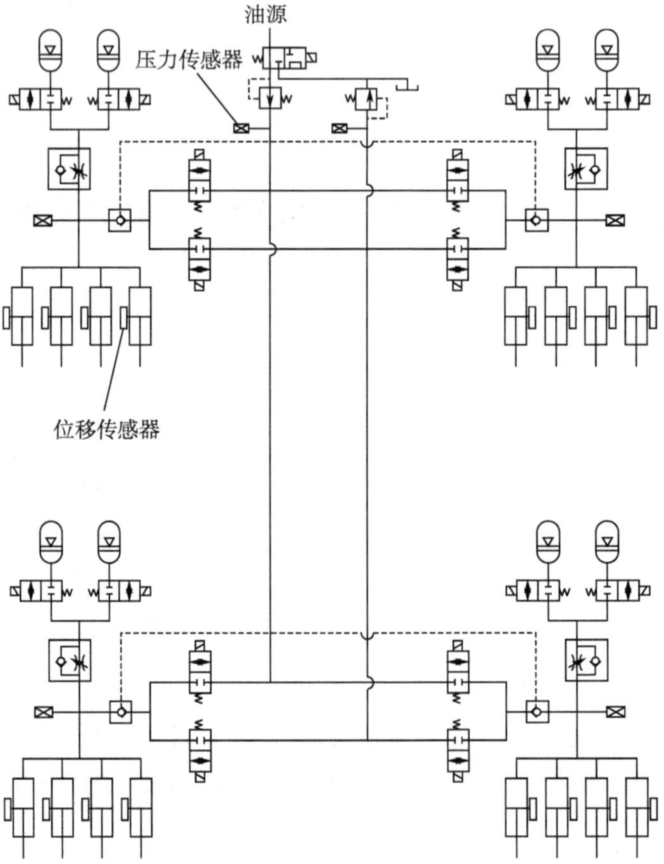

图 8　调平系统原理图

3）火箭牵制机构。垂直运输重心高、稳定性差，在有水平方向过载或振动情况下，运载火箭平台的牵制是一个关键问题，牵制机构的设计涉及箭体尾段支承的变化，好的牵制机构可以减少支承处的变化。

4）高精度（同步误差 10 ms）、高可靠性（$R=0.999$）大承载（拉力 3～35 t）爆炸螺栓的研制。

5）减载 3～5 s 内载荷由 35 t→0；四支点同步释放误差（10 ms）缓释放装置的研制。

6）模拟发射装置和高精度测力传感器等的研制。模拟发射装置可模拟各种起飞状态和飞行距离（约 100 mm），起飞推力—质量随时间变化。

7）大跨度高性能转向架的设计。

5.2 发射台

发射台的关键技术同机动发射平台的 5.1 节。

5.3 水平总装—运输—起竖车

主要关键技术有：

1）大轨高性能四轴转向架的设计、试验和鉴定。

2）多级（四级）、大直径（最大 500 mm）、超长（展开长度 18.5 m；收缩长度4.5 m）千斤顶的制造工艺。

3）大流量中压液压阀件的试制与测试；工作压力 14 MPa，最大流量 280 L/min 的溢流阀、平衡阀、流量阀。

6 保障条件

15 所在研制战略地地导弹长征系列运载火箭 35 年中，建立了液压、电源、供配气、加注及瞄准实验室，为了完成技术更高的载人飞船地面的研制，必须对现有的实验室进行改造和完善，以完成飞船的运输、装配设备、液压系统的试验任务以及牵制释放技术的研究试验。重点的技措项目有：

1）油气悬挂实验室设备的购置；

2）液压元件和系统实验室的改造；

3）牵制释放发射技术实验系统的建立；

4）气源实验室的现代化建设。

详细内容见技措项目建议书。

7 进度安排

运载火箭地面设备绝大部分是借用 CZ－2E 地面设备，因此借用设备可直接投产。根据 921 工程总进度，以及运载火箭先行的观点，地面设备必须提前研制和安装调试。

为此我们初步考虑如下几条线：

1）92 年进行地面设备总体方案和分系统方案论证；

2）93 年进行新设计关键设备的原理性试验并下达设计任务书；

3）94 年完成大部分设备的技术设计和修改设计，继续对关键项目进行攻关；

4）95 年完成全套地面设备的研制；

5）96 年完成安装、调试交付合练和使用。

8 经费估算和投资强度

8.1 经费估算方法

3 个方案的经费完全不一样。运载火箭和逃逸救生火箭地面设备的研制经费，采用经验系数法进行工程估算，其结果具有较高的精确性。

分系统的研制成本按下式计算

$$K_i = K_c \cdot N \cdot F_1 \cdot F_2 (1 + F_3 \cdot C)$$

式中 K_i——i 系统或设备的研制成本；

K_c——i 系统的参考系统或设备某年度的订货价格；

N—— 规定的配套数量；

F_1——i 系统或设备相对于参考系统或设备的规模、质量的综合系数；

F_2——i 系统或设备与参考系统或设备的复杂程度，研制难度的综合系数；

F_3—— 年平均物价指数；

C—— 成本计算年度与参考价格年度的差。

8.2 运载器地面设备经费

运载器地面设备经费见表 4。

表 4 运载器地面设备经费

	分系统		经费/万元
1	发射设备（台）		833
2	运输设备	（铁）	657.8
		（公）	414.1
3	加注设备		779.275
4	供气设备		229.81
5	停放吊装		98.81
6	瞄　准		85
7	电　源		194
	总　计		3 291.795

8.3 运载火箭地面设备研制费及提高可靠性经费

地面设备研制费　494 万元

牵制释放装置研制费　640 万元

发射台修改设计　95 万元

脱落连接器可靠性试验	35 万元
车辆可靠性试验	75 万元
电源系统可靠性试验	55 万元
总计	1 394 万元

8.4 专用设备

机动发射平台	3 230 万元
水平总装、运输、起竖车	2 145 万元

8.5 技措

总计 2 670 万，详见技措项目建议书。

8.6 逃逸救生系统地面设备

按初步配套产品研制经费为 122 万元。

8.7 三种方案总经费

方案 3 未计入发射台费用，经费见表 5。

表 5 总经费表 万元

项目＼方案	1	2	3
运载器地面设备产品费	3 291.795	3 291.795	2 458.795
地面设备研制费	494	494	494
提高可靠性费用	900	900	900
水平总装运输—起竖车		2 145	
机动发射平台			3 230
逃逸救生系统地面设备产品费	258.2	258.2	258.2
逃逸救生系统地面设备研制费	39＋83＝122	39＋83＝122	39＋83＝122
技措	4 076	4 076	4 076
总计	9 142.155	11 287.155	11 539.155

上述经费不包括管理费、不可预见费和收益。

8.8 投资强度

投资强度如下：

1）1992 年，投资强度为 2％；

2）1993 年，投资强度为 18%；

3）1994 年，投资强度为 23%；

4）1995 年，投资强度为 45%；

5）1996 年，投资强度为 12%。

9 后续载人航天任务（建成载人空间站之前）衔接设想

载人航天的前期，地面设备的任务是完成 3～5 发提高可靠性后的 CZ－2E 运载火箭的发射，完成 2 艘不载人飞船的发射。如果后面继续发射一个 8 t 的空间试验室，那么地面设备只要做维修性工作或少量电气设备的更新。如果大运载火箭研制成功，虽然技术继承性是有的，但 CZ－2E 地面设备基本上已不能沿用。如果所报的技措项目能够落实，载人航天地面设备试验技术也有了足够条件，可以说打下了一个坚实的基础。

发射场的建设做如下工作：

1）远景工位勘察定点，留下发展余地；

2）道路以及其他基建项目的配置预案。

10 结束语

运载火箭提高可靠性措施尚未最后确定，逃逸救生火箭尚未提出正式设计要求，因此本文的论证只能是初步的。

发射场建设原则和上架方案是 2 个关键，因此应尽快决策，以便进一步开展各分系统的论证工作。

关于立即开展牵制释放发射技术研究的请示报告

（1990.8.23）

引言

牵制释放发射技术研究在国外已有四十多年的历史，我国尚属空白，在《8·5》中长期预先研制导弹机动与发射技术项目发展战略设计纲要中曾被列入，但一直未进行实质性的工作。为此本报告恳请领导重视，使该重大课题能在我们这一代可以实现。

1　为什么要研究火箭的牵制释放发射技术

1.1　国内火箭曾发生两次紧急关机事故，火箭有倾覆的危险

1972 年 12 月 26 日，DF－5 导弹按下点火按钮后，一级发动机点火不正常，Ⅰ分机和Ⅲ分机没有按预定程序工作，发控台对一级发动机实施紧急关机。作者在现场记录了火箭偏移情况。

1992 年 3 月 22 日，CZ－2E12 火箭发射澳大利亚 Aussat B1 卫星，按下点火按钮后，火箭按程序点火，发动机喷出火焰，但Ⅰ、Ⅲ级助推发动机熄火，火箭自动关机。其主要原因是程序配电器第 4 接点上有铝质多余物，在大电流作用下产生的高温使触点引起外燃，加上程配器结构设计本身的缺陷，导致中止发射。

这两次发射，因紧急关机，导致火箭在发射台上发生振动而偏移，DF－5 导弹错位比较小，但是 CZ－2E 火箭 3 个支点偏移中心 40mm 以上，已到了极限位置，事后 3 个防风拉杆，无法穿进火箭，泄出推进剂时为防倾倒，只能用钢丝绳将火箭支点拉在发射台上，图 1 是当时拍摄的照片。

图 1　CZ－2E 火箭支撑与发射台支撑盘错位状态

1.2 国外相关情况

国外36年中，火箭一共出现过271次事故，其中失败的有108次，部分失败是点火后发现的。例如，1957年12月，美国先锋号运载火箭点火1 s后，发动机推力不正常。1983年9月，载有飞船的联盟号火箭点火后，发现助推级的一个推进剂阀门失灵……。1993年8月12日至1994年8月18日，航天飞机3次点火后，因泄漏和发动机故障紧急关机。若不是采用牵制释放发射技术，其经济损失就可想而知了。

1994年8月18日，日本H2火箭主发动机点火正常后，因固体推进剂未能点火而中止发射。1989年8月，H1火箭也发生类似故障，发射前1 s中止发射。由此可见国内外在火箭点火后都出现过故障，需立即将火箭紧急关机。有牵制释放装置，火箭紧急关机后，可以使火箭牢牢地固定在发射台上，保全火箭、人员及其发射设施；无牵制释放装置，火箭会倾覆，造成箭毁人亡，发射场陷于瘫痪，其损失难以估计。

2 为什么说牵制释放是一种发射技术

牵制释放装置是在火箭发射时，一方面作为防风装置，另一方面用于火箭起飞牵制和释放。这种装置对可靠性要求很高，不该放时不放，需要释放时又必须准时安全，可靠地释放。

具体地讲，这种装置在下列状态起作用：

1）当火箭发动机不同时点火以及任何一枚火箭未达到额定推力时，均不能释放火箭起飞；

2）火箭点火后，若火箭上任何一个系统出现故障，则紧急关机，可让火箭不起飞；

3）火箭点火后，若飞船上任何一个系统出现故障，则紧急关机，可让火箭不起飞；

4）火箭点火后，等所有发动机（包括助推火箭）均达到额定推力时，则按推力—时间历程适时顺利释放火箭起飞；

5）释放火箭起飞瞬间，要尽量避免牵制力消失而引起的作用在火箭上的非对称干扰力。

这种装置的具体设计要求是：

1）适当的结构尺寸和设计强度，使其满足牵制力和火箭支点的协调要求；

2）各牵制点能根据指令可靠地同步释放火箭；

3）系统可靠性高（0.999，置信度0.6）；

4）爆炸元件应能在高温高速燃气流冲刷和由发动机工作引起的振动环境下正常工作；

5）操作使用方便。

因此，该装置涉及推力测试、传感技术、释放控制技术、释放装置的防热和抗震设计、瞬变量计算机数据采集和处理技术等，而且在点火前后几秒钟之内起作用，所以是一种发射技术。这种技术在国外相当成熟，但在我国尚属空白，一直未采用。这样发射时就潜伏着隐患，有可能因点火后，万一释放不同步，火箭或飞船出现故障而紧急关机导致支点错位、火箭倾覆爆炸、人员伤亡的严重事故。

3　火箭的牵制释放发射技术在国外研究运用情况

西方主要的航天大国，采用牵制释放发射技术，作为提高发射可靠性和发射精度的手段。当今世界上有两大类型牵制释放装置：机构型和爆炸型。表 1 列举了西方主要国家牵制机构类型。从表中可以看出，美国的宇宙神Ⅰ、宇宙神Ⅱ、土星Ⅰ、土星Ⅴ、英国的蓝光，法国阿里安各种型号是机构型，大力神Ⅰ、大力神Ⅱ、航天飞机为爆炸型。图 2 为土星Ⅰ牵制释放臂，共有 8 个；图 3 为土星Ⅴ牵制释放臂。

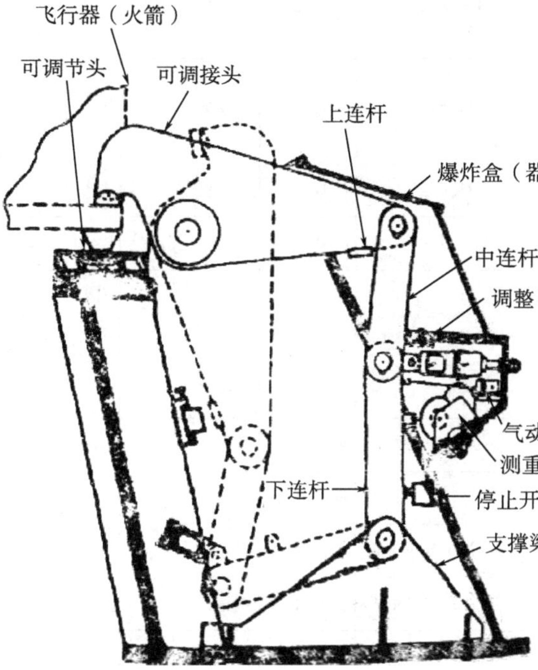

图 2　土星Ⅰ牵制释放臂

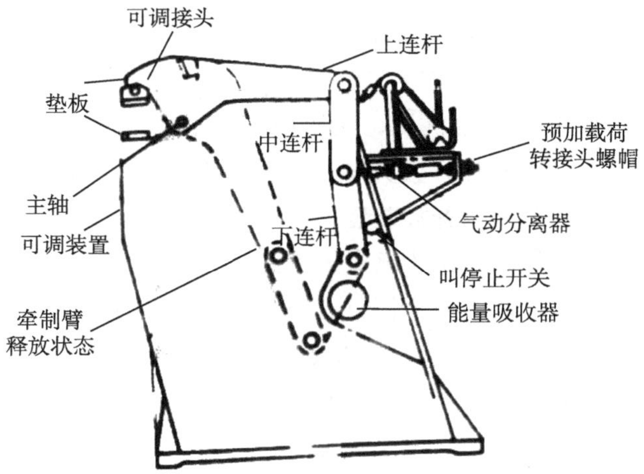

图 3　土星Ⅴ牵制释放臂（牵制指在垂直状态）

从图 3 可以看出，土星 5 号保留了土星Ⅰ牵制释放装置的主要部件和释放工作原理，但做了较多的改进，最主要的是增加了控制释放机构（图 4）。土星Ⅴ有 4 个释放臂，但牵制载荷增大十倍。

表 1　西方主要国家牵制机构类型

运载火箭	起飞质量/t	起飞推力/kN	推力质量/g	第一级（地面点火）发动机			牵制发射装置				备注
				组成	燃烧剂	氧化剂	数量	类型	承载/N	最大牵制力/N	
宇宙神Ⅰ	99.8	1 734	1.98	3－M5A	煤油	液氧	2	机构型		$3\ 718\times 10^{3}$	2 个稳定装置
宇宙神Ⅱ		2 108		3－5M	煤油	液氧	2				2 个稳定装置
蓝光	95.5	1 216	1.30	2RZ.2	煤油	液氧	4			2.79×10^{6}	
土星Ⅰ	508	6 668	1.34	8－H－1	煤油	液氧	8		1.44×10^{6}	8.8×10^{6}	
土星Ⅴ	2 928	34 049	1.18	5－F－1	煤油	液氧	4		5.34×10^{6}	2.68×10^{7}	8 个辅助释放装置
阿里安Ⅰ	207	2 404	1.18	4－维金 5	RP－1	液氧				3.68×10^{6}	
阿里安Ⅱ	210	2 698	1.31	4－维金 5 改	偏二甲肼	N_2O_4					
阿里安Ⅲ	227	4 022	1.8	4－维金 5 改＋2 固	偏二甲肼	N_2O_4					
阿里安Ⅳ	295	5 396	1.86	4－维金 5 改＋1 固	偏二甲肼	N_2O_4					
阿里安Ⅴ	308	5 396	1.79	4－维金 5 改＋4 固	偏二甲肼	N_2O_4					
SS－6	303	6 374	2.1	20＋12	煤油	液氧	4				
大力神Ⅰ	99.8	1 336	1.337	2－LR－AJ－3	煤油	液氧	6	爆炸型			
大力神Ⅱ	185	1 910		2－LR－87	偏二甲肼	N_2O_4	6				
航天飞机	2 041	31 000	1.548	3－SSME＋2 固	液氢	液氧	8		5.2×10^{7}	1.9×10^{7}	

图 5 为阿里安火箭的牵制释放机构，从图中可以看出装置高度比人高，结构相当复杂。图 6 是大力神火箭的分离螺栓，大力神火箭有 6 个直径为 32 mm 的不锈钢爆炸分离螺栓。图 7 为航天飞机发射台牵制释放装置。

在西方国家中，美国牵制释放机构已进入第四代。

俄罗斯火箭有 2 种情况：联盟号火箭只有锁定机构，没有牵制释放装置；质子号有牵制释放装置，当火箭点火上升 20 mm，火箭各系统没有问题时支撑下降，连接点迅速松开，机构退回，门关上，否则支撑机构不松脱。能源号设计了牵制释放装置，但没有投入使用。

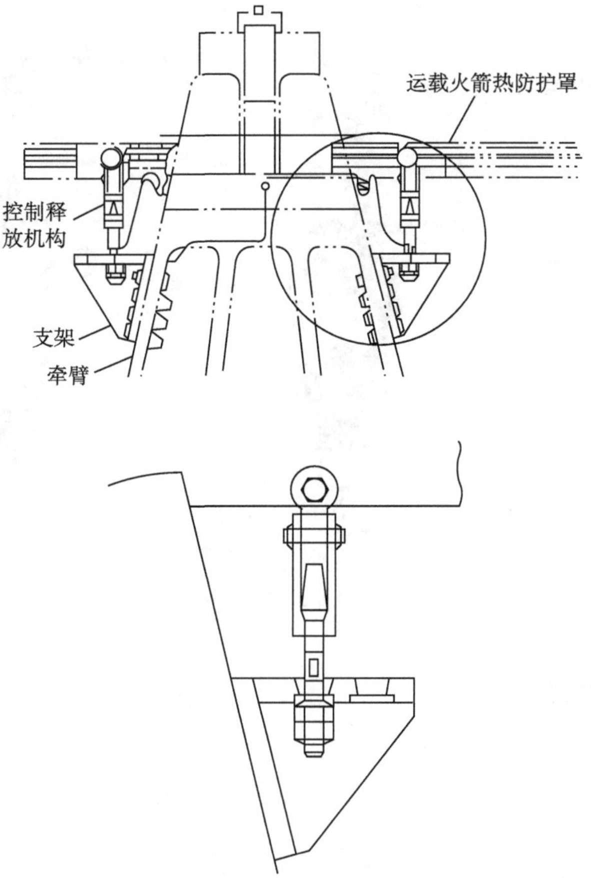

图 4　土星Ⅴ控制释放机构

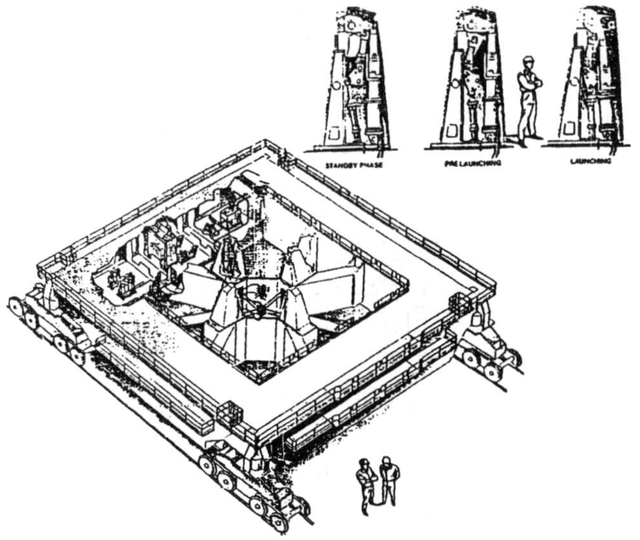

图 5　阿里安火箭的牵制释放机构

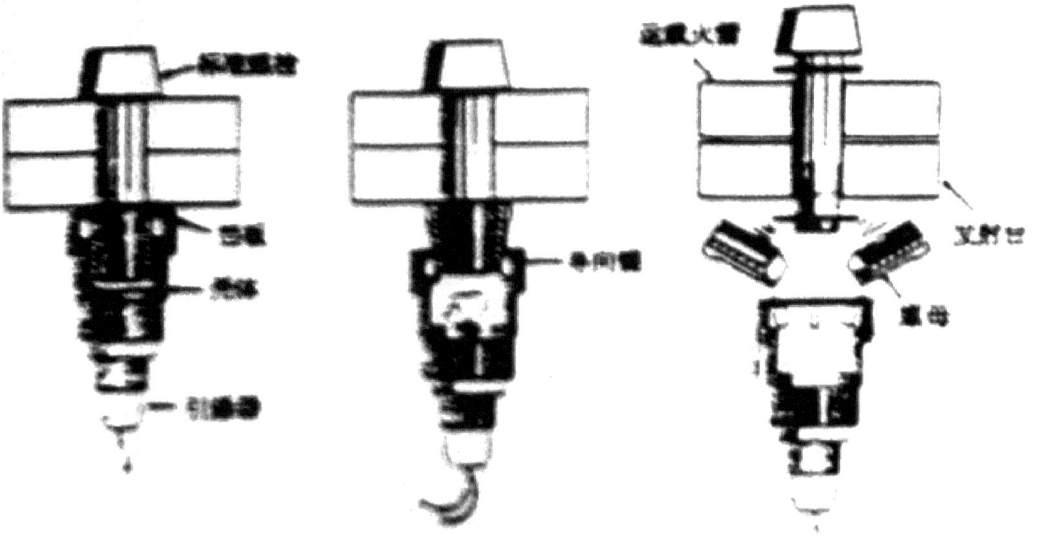

图 6　大力神火箭的分离螺栓

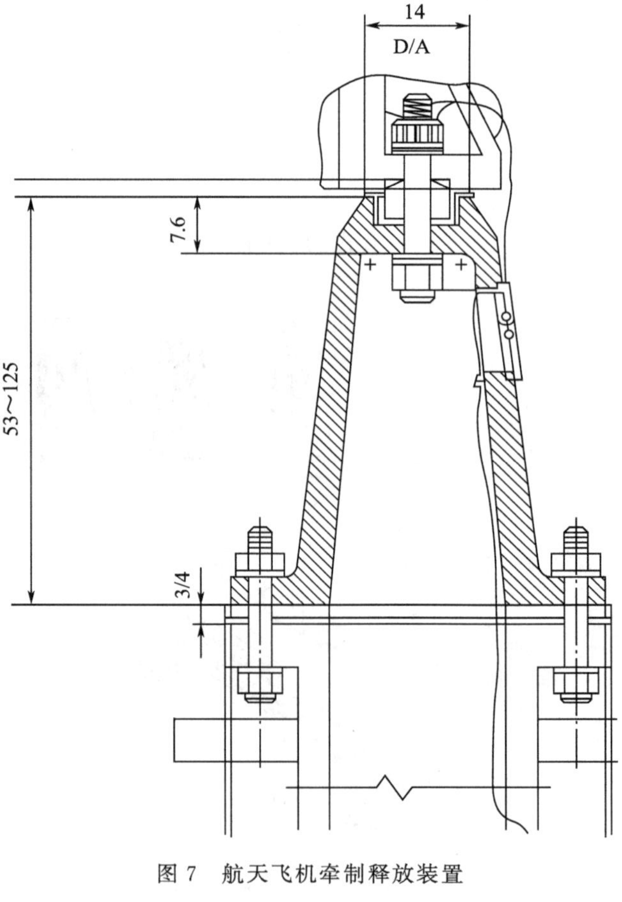

图 7　航天飞机牵制释放装置

4 牵制释放装置的关键技术及解决途径

（1）我国牵制释放装置的主要性能指标（目前长征系列火箭）

1）支承载荷：每个支点 180～220 t；

2）牵制力：每个支点 30～35 t；

3）牵制时间：3～5 s；

4）同步释放误差小于 30 ms；

5）系统可靠性 0.999（置信度 0.6）。

（2）主要关键技术

高精度、高可靠性的爆炸型分离螺栓（母），是牵制释放装置的关键部件。主要研究：爆炸元件的方案，爆炸元件性能的最佳选择，爆炸元件的可靠性设计，尤其是耐高温主装药成分选择和药量的确定。为使箭体支点结构不变，螺栓直径不大于 50 mm，承受拉力 50 t。

（3）减载缓释放机构的研制要用机械式缓释放销

在 3～5 s 释放时间内，从 50 t 逐渐变为零，其难点是 4 支点同步时间 10 ns 缓释放可靠 0.999（置信度 0.6）。

（4）模拟发射装置系统的研究

这一系统是在实验室的条件下模拟发射，对牵制释放装置进行研究和可靠性试验，主要功能是：

1）模拟起飞过程中牵制释放装置的所有受力状态，并通过受力传感器实时将总受力状态的信息传出，以验证理论分析和计算。

2）模拟发射时的振动过程和火箭发动机喷出的高温高速燃气射流流场的环境状态。

3）能实时采集数据，并显示和记录有关数据，发出有关指令。

其主要组成：模拟发射台、液压加载系统、高精度称重传感器、计算器数据采集与处理系统以及指挥控制系统。

模拟发射台用来承载和安装多个装置和系统，并模拟真实发射台的振动状态和燃气流环境，以完成规定的各项试验。主要技术关键为振动环境的真实模拟，台面振动的激发和燃气流冲刷环境的形成和仿真模拟。

液压加载系统用来实施模拟牵制释放装置的受载情况，要求每个油缸能产生 30 t 的力，能单独加载和联合同时加载。

高精度称重传感器用来精确测量每个支点受力情况，测力范围从承压 200 t～受拉80 t，测力精度 0.2%，反应时间 5 ms。

计算器数据采集与处理系统，采集各受力传感器推力以及推力—时间历程曲线，并能实时记录和显示，并将测力值进行比较，计算综合后传至控制系统。

指挥控制系统用来发出各种指令，控制同步释放时间。

5 研制程序、进度和经费

15 所经过 3 年时间，牵制释放装置可达到投入发射现场正式使用的程度。研制内容和经费见表 2。

表 2 研制内容和经费

时间	研制内容	经费
1994 年	进一步开展总体和分系统方案论证	
1995 年	1）完成爆炸螺栓（母）初样，缓释放装置原理性试验； 2）推力测试系统、液压加载系统，计算器数据采集记录系统方案设计及原理性试验。高精度称重传感器研制； 3）起飞模拟器方案设计，发射台修改设计； 4）爆炸螺栓（母），缓释放装置可靠性试验	100 万 100 万
1996 年	1）分系统投产，设备总装； 2）牵制释放装置全系统模拟试验； 3）发射火箭模拟试验	200 万
1997 年	现场试验	80 万

6 我国研制高可靠性牵制释放装置的条件已经成熟

虽然目前我国尚无牵制释放装置，但是 30 多年来，我们一直在密切关注着这些技术的发展动向。15 所从事发射技术研究的老同志，一刻也没有停止对这些技术的跟踪和资料的分析研究工作。早在 20 世纪 60 年代，曾经设计出了爆炸螺栓解锁的爆炸钩，其结构类似于宇宙神 G 型下牵制释放方案。1989 年曾将牵制释放技术列入专业发展规划，但一直没有具体设施，根据国外这些技术的发展，在 863 高技术论证中和载人飞船技术经济可行性论证阶段，我们提出了爆炸型牵制释放装置加缓释销或两者联为一体的两个方案。详见图 8 和图 9。两种方案是我们综合研究了国外的先进经验，避开了结构复杂庞大的机构，充分利用我国分离技术成熟的经验而构思出来的。众所周知，运载火箭的级间分离、整流罩纵向和横向分离、助推火箭与芯级火箭及星箭分离等都有很高的可靠性。所以我们不用走国外的老路，就可以迎头赶上。各种爆炸螺栓、螺母的设计和生产，航天总公司 692 厂、北京理工大学等单位都有长期和丰富的实践经验，生产质量稳定可靠。如上面一节讲的，新研制爆炸螺栓方案，其技术关键清楚，没有大的难点。

涉及试验的模拟发射系统及相应设备在当今计算机时代已无大的障碍，虽然测量和控制，都有一定难点，但都是可以解决的。

总之，设计适合我国的牵制释放装置，技术能力已不成问题，应当尽快安排并进入研究实施阶段，从而使我国火箭发射可靠性迈进世界先进行列。

注：国外大型捆绑火箭和航天飞机的牵制机构设在助推器上。今后我国大运载火箭的牵制机构设计在什么位置？牵制点的数目多少合适？将根据火箭结构和方案及释放可靠性计算来确定。这样每个释放装置的牵制力就不是本文的数字了。

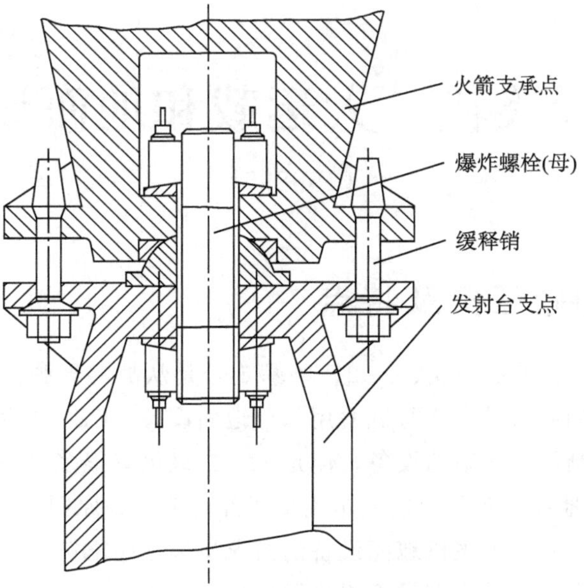

图 8　爆炸型加缓释销牵制释放装置

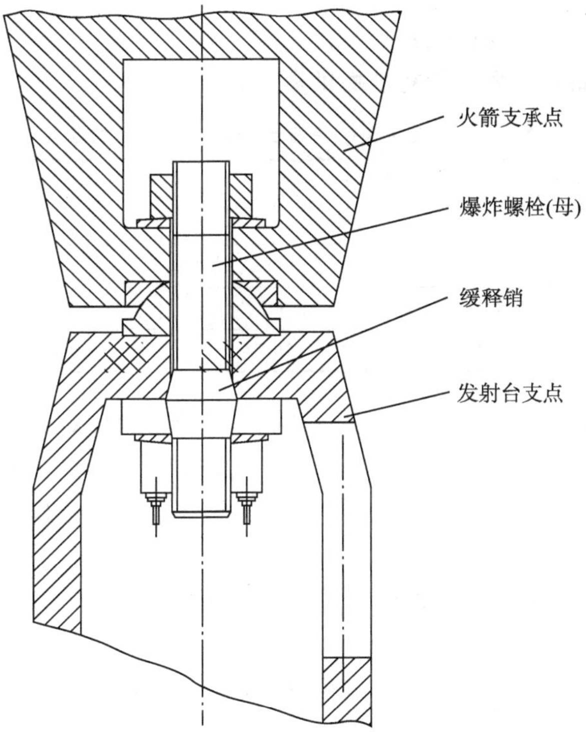

图 9　爆炸型牵制缓释放装置

航天飞机、大运载和地面设备

（1988.5）

1 地面设备的新任务及特点

我国第一代运载火箭 CZ－1、CZ－2、风暴 1 号是从战略导弹演变而来的，因此其地面设备基本上都是借用原来导弹飞行试验用部分地面设备。CZ－3 由于采用氢氧推进剂和氦气做工质，因此研制了一些新的设备，但是一、二级仍有很多设备是借用的。发射台也是用 DF－5 改造的。地面设备的研制基本贯彻了经济节约的原则。

新的一代运载火箭和航天飞机地面设备的需求将远远超出第一代运载火箭可沿用武器设备这一范围。由于大运载和小型航天飞机天娇号的需要，除了原来的发射、测试、运输停放、加注、供气、供配电、消防、废液废水处理、通信等任务外，还将有如下具体任务。

1）承担大运载和航天飞机的装配。

根据航天飞机天娇号及大运载初步提供参数见表 1。

表 1　航天飞机天娇号及大运载初步提供的参数

参数＼性能 级数	直径/m	长度/m	质量/t	备注
运载器芯级	4.5	46	27.7	
助推级	3.35	3.5	15	
天娇号	4.5～12	16.5	20	12 m 为翼展

由此可见，采用现行的分级运输方法（公路、铁路）很困难，甚至不可能，因此就存在用空运或拆散分段运输到发射场，然后再进行组装。故发射场要考虑建设具有装配能力和测试能力的多用途厂房，这种厂房配有多种工装设备、装配工作台，从而使原来的测试厂房更为复杂。

2）轨道机的着陆、维护、修复场所。由于返回式可重复使用运载器要求，天娇号航天飞机的导航设备、着陆场所相应要增加，要有停放航天飞机的厂房，着陆场地和停放厂房之间要有通道相连。航天飞机的清洗、维修和贮存可在同一厂房进行。

3）航天员训练模飞设施。

4）有效载荷装配、转运、测试等设施。

5）航天员和地面测试勤务工作人员的救生系统。

6）航天飞机上的航天员的生存和工作条件的设施。

航天员上天以后，一要生存，二要工作，因此第二代航天运载器将突破“地面设备不准上天”的分工原则。地面上的供水供氧、食物供应、锻炼设施根据航天员的需要而给予保证。航天员的工作条件，包括机械手工具也要给予配备。

综合上述任务，新一代地面设备具有如下特点：

1）地面设备的任务和范围大大扩大。

2）航天飞机本身将增加很多地面系统和设备，以满足航天员空间飞行时的需要。

3）地面设备技术要先进，设备性能指标高。地面设备具有高、大、重的特点，但操作要方便灵活。这些特点区别于战略导弹地面设备小型机动的特点。

2 天娇号航天飞机地面设备关键课题

上面谈到了新一代航天器不同于第一代运载器任务的六个方面。每一方面对地面设备都提出了新的课题，而其他一些任务，诸如运输、发射测控、加注、供配气、通信测量等，也都有一些新的关键课题进行攻关，有一些关键专用设备需要结合发射场、运载器以及地面设备要求进行方案比较和论证才能确定。

（1）发射勤务塔架

新的发射勤务塔架要做成活动的，测试时将运载器包围起来，测试合格后开至安全地带。要能防雨、防霉，要有空调净化间；塔上要有多种测试工艺设备间、人员休息间，要装有应急用的救生系统。因此新的勤务塔架要进行总体方案论证。

（2）有效载荷运输车和发射场大型运载火箭和航天飞机转运运输车

有效载荷、大型运载器和航天飞机从承制厂生产出来如何运到发射场取决于两个方面：一是运载器和航天飞机参数（直径、长度、质量）；二是未来的航天发射场位置。公路、铁路运输方案对参数要求严格，需要分段；只有空运或海运（当发射场在沿海附近时）不允许分段。发射场内由于发射测试工艺流程需要，在有效载荷、大运载、航天飞机组装测试厂房、维修清洗厂房和发射阵地之间的转运，采用公路还是铁路运输方案，需要进一步比较和探讨。苏联和法国在测试总装厂房和发射阵地间的运输采用铁路运输方案，美国采用公路运输方案。我国采用哪一种运输方案将根据总体布局和要求、发射场地形地貌、总工艺流程以及我国的传统经验而决定。

（3）发射平台

新的发射平台将是千吨级的大型综合设施。发射平台任务一方面是满足火箭和航天飞机垂直发射需要，另一方面将提供很多工艺房间以满足多种测试设备、供电设备、消防设备、加注控制设备的需要。

（4）主要关键技术

1）大流最高扬程液氧泵和常规泵研制。大型运载火箭推进剂量大，为做到快速加注，缩短在发射场停留时间，必须进行预研。

2）火箭同步释放支承牵制装置研究。这一装置要求不到额定推力不予释放。其目的有利于起飞安全，有利于航天员救生。

3）捆绑火箭快速起竖对接技术及方案。

4）遥控自动化加注供气系统研究。

5）自动化遥控测试系统。

6）有效载荷大型密封容器密封性能研究。

7）救生系统方案研究。

8）航天员在航天飞机中环境控制系统的研究（温度、空气净化等）。

9）大功率巨型牵引车研制。

10）高减振性有效载荷垂直保温运输车研制。

11）天空机械手研制。

3　未来航天发射场

（1）发射场蓝图

由于航天运载器的日益完善和吨位加大，宇航发射场日趋现代化，规模日趋庞大。作者设想今后理想的宇航发射场将是生活、生产、工作的大型综合性特区。在这一特区内，既有一般的多种社会生活管理机构和服务事业，又有特殊的置作性质和任务。

作者认为特区内的发射场区由下列区域构成：

1）航天飞机降落区：配有机场和跑道，导航通信设施。

2）测试区：配有大型火箭测试总装厂房和符合环境要求的有效载荷测试厂房。

3）发射场区：配有多种发射设施，如勤务塔架、加注库房、供配气装置……。

4）轨道器清洗维修处理区。

5）航天员模拟训练区。

6）测控中心区：包括计算机综合网络数传和多种显示系统及数据处理系统。

（2）发射场址的选择

目前我国的发射场不适合新一代运载器的发展需要。西昌、酒泉发射场能否作为新一代航天发射场，在其他几篇文章中已有分析，本文不再累述，但是在2000年前后是否建一个新的发射场，作者认为根据我国的国力和财力恐怕难以实现。西昌、酒泉发射场的1985年统计投资情况见表2。

表2　西昌、酒泉发射场的1985年统计投资情况

经费＼类别／基地	基本建设/亿	科研经费/亿	设备费/亿	公路/km	铁路/km	大型设备/套
西昌	2.27	2.24	1.4	91.5	31	200
酒泉	4.56	7.5	1.2	578	419	150

现在重建一个航天发射场，以适应天娇号发射的需要，规模将更加宏大，至少需要30～40亿，因此，存在下面两个问题要重点考虑：

1）充分利用现有基地设备；

2）注意技术继承性。

其目的是将经费用于必须开发的新技术。为了实现上述蓝图建设，分两步实现是必要的。第一步改建酒泉基地，以满足天娇号发射的需要，发射场的大型设备、公路、铁路、生产设施基本可不增加，只要增加新的发射工位和维修清理厂房等，这样就可以做到投资少。第二步在 2000 年之后，在国力和财力容许的条件下，在沿海地区建设一个新的、理想的、大型载人航天发射场和回收场。

由于航天飞机尚处于概念论证阶段，关于地面设备的总体设想也只能是初步的，文中不当之处在所难免，请大家指正。

我国低温加注技术的发展及2000年前后发展蓝图

（1995.8.1）

摘　要：本文回顾了我国运载火箭低温加注技术的发展概况，在此基础上阐明了我国2000年前后低温加注技术的发展蓝图，指出了2000年前着重完善改进现有的低温加注系统；2000年后从大运载火箭需求牵引出发，开展我国低温加注技术研究的发展战略方针。本文对2000年前后发展蓝图作了说明。

关键词：火箭　地面设备　低温加注发展蓝图

1　我国地面低温加注技术的发展概况

低温加注技术的发展在我国已有35年的历史，和其他地面发射测试设备的研制一样，经历了仿制到自行设计、独立研制和瞄准国际先进水平、独立自主发展我国航天低温加注设备的三个阶段。

50年代末期—60年代初期，我们下厂仿制液氧推进剂加注设备—液氧加注槽车及其附属配套设备，并以仿制的设备为基础，采取改进提高的办法，设计了液氧自动补加车。由于液氧沸点低（—183℃），极易挥发，如何保证火箭起飞前的推进剂量，需要进行补加。改进设计的液氧自动补加车的研制成功为我国后续型号低温加注槽车的独立研制打下了基础。

70年代中期，我国决定研制CZ－3运载火箭，三子级采用液氢和液氧作为推进剂，为此研制了一整套低温加注地面设备。它们包括液氢铁路加注运输车、液氢公路自动补加车、液氧公路自动补加车、液氢输送真空绝热管路、液氢液氧自动脱落加排连接器、低温流量计、液氢液氧过滤器、各种低温压力温度传感器、加注控制设备和各种配气设备。这些设备有一定技术难度，攻克了不少技术难关，尤其液氢的贮运输送技术在国内尚无先例，是我国首次研制。

CZ－3三子级地面低温加注设备的研制，标志着我国地面设备在低温技术上有了较大的发展，说明我们在真空多层缠绕绝热技术、低温密封、低温监测和低温加注控制等方面有了长足的进步。归纳起来，它的意义有3个方面：一是为CZ－3运载火箭的发射提供了一整套性能满足要求、可靠性较好的三子级低温加注设备；二是在航天队伍中培养和造就了一支老、中、轻相结合的低温设备设计队伍；三是建成了一批具有一定规模的低温设备专业生产厂家和生产线。从而，它奠定了我国低温技术进一步发展的技术基础和物质基础，为我国新型运载火箭低温设备的研制展现了美好的前景。

80年代中期，我国决定研制跨世纪的大型运载火箭CZ－3A。CZ－3A三子级仍旧采用液氢和液氧作为推进剂，但加注量是CZ－3的一倍，且采用冷氦增压新技术，因而对地面加注提出了更高更新的要求，在规模上、技术难度要大要高。

CZ－3A 地面加注设备进行了认真的攻关，解决了一系列难题：为保证液氧进行前温度不大于 85 K 研制了过冷器；为保证液氧大流量加注速率达到 1 000 L/min 研制了液氧泵；为保证能使进箭前氦气温度达到液氮级、氦气纯度达到 99.999％研制了换热器和纯化器、小口径高压低温真空管；为减少发射现场人数，为了更加安全可靠，研制了液氢、液氧、液氮和动力测试发控 4 个可远控的微机测控系统；为了满足液氢加注量，研制了 2 辆 85 m^3 液氧铁路加注运输车。

CZ－3A 低温加注系统是在原 CZ－3 低温加注设备基础上发展起来的，和 CZ－3 地面设备相比，主要区别有：

1）液氢液氧的加注实现按工序自动控制，做到既可手动控制，又可通过 115U 控制机实现自动控制，也可通过计算机实现联机控制，并保留了原 CZ－3 加注时人工干预的单点控制方式。这样改变了原来只能进行手动工序控制的单一模式，从而使可靠性有了很大的提高。

2）液氢液氧各种加注参数（压力、温度、流量、液面）实现自动巡回监测，并可按时序存盘打印。

3）各种低温加注阀门和液氧低温泵的工作均有工作信号和状态信号。

4）液氧加注采用固定罐和泵式加注方案，使大流量加注速度提高了一倍。

5）液氧采用过冷器，使射前补加进箭温度从 CZ－3 的 90 K 以上降到 85 K 以下。

6）研制了液氢流量测试装置，能测出各个时段气液两相的比例值。

7）液氢加注系统流量调节从 CZ－3 单一的有级挤压压力调节变为无级挤压压力调节和节流阀调节的组合调节方式。

8）增加了冷氦增压系统。

9）增加了液氮加注系统。

10）液氢、液氧加排连接器采用备保锁紧和备保脱落系统，从而使脱落和锁紧可靠性又有了进一步的提高。

我国运载火箭地面测试发射设备都是从战略导弹地面设备演变和发展起来的。CZ－3 和 CZ－3A 地面设备的研制成功使我们完全脱离了原来的影响及其范围，它说明了我国低温研制队伍的成熟。CZ－3A 低温加注设备的研制，使我国低温加注技术有了新的突破。突出的特点是自动化程度高、系统级水平高，高难技术多，可靠性安全性高，整体上赶上了世界 80 年代先进水平，缩短了技术上的差距。

2　2000 年前后我国低温加注技术的发展蓝图

2.1　指导思想

1）2000 年前，完善 CZ－3A 地面低温加注设备，改进薄弱环节，使可靠性、安全性更有保障。

2）2000 年后，从我国大运载和天地往返运输系统的需求出发，研制和大运载配套的低温加注系统。

3）坚持独立自主、自力更生的方针，走中国自己低温加注技术的航天发展道路。

4）继承 CZ－3A 低温加注系统的成熟技术，突出重点，开展预研工作。

5）借鉴各国低温加注技术的先进经验，结合我国低温加注技术的实际，循序渐进，以求低温加注系统的持续发展。

2.2 发展蓝图

指导思想明确指出 2000 年前的主要任务是对 CZ－3A 低温加注设备进行完善改进，同时积极从大运载和天地往返运输系统需求出发，积极开展关键课题和支撑技术的预研。其发展蓝图如下。

1）低温加注贮运系统。研制的主要设备有：大容量液氢和液氧贮罐，大口径真空绝热输送管，大容量汽化器装置，大容量过冷装置，大流量的液氧泵，大口径的自动对接连接器，液氢真空绝热阀。

2）独立的补加系统。

3）超低温介质参数测量系统。

4）低温加注冗错系统。

5）低温供配气系统。研制的主要设备有：长时间工作低温截止阀，可控长时间工作低温电磁阀，可控长时间工作低温减压器。

6）低温气体排放系统。

7）安全报警系统。

8）在发射场建立固定的液氢液氧生产厂。

2.3 关于发展蓝图的说明

2.3.1 2000 年前低温加注系统的完善改进

CZ－3A 低温加注系统整体上是上了一个台阶，但由于认识和知识的局限，需完善改进的地方还是不少的，如液氮加注系统控制方案从工业控制机改为 115U 控制机，电控柜和切换机柜因生产质量要在适当时候进行更新；液氧过冷器气枕太小，加上土建施工无排水设施，造成过冷器常年泡在水里，今后要改造并放到场坪上，相应的管路走向应改造；85 m^3 液氢铁路车功能改为运输车，场地加注补加任务由 200 m^3 液氢储罐完成。液氧泵采用变频调速，使液氧泵不仅能在大流量时采用，在射前补加时也能采用。

2.3.2 为什么要研制大的固定罐

21 世纪，我国航天技术发展的主要目标是研制 5 m 直径的大运载火箭以及天地往返运输系统。我国低温加注系统主要任务是从大运载和天地往返系统需求出发。目前，它们正处于方案论证阶段，根据 863 高技术专家论证组的意见，推进剂将采用无毒、无污染的液氢和液氧、液氧和煤油。表 1 为世界各国主要运载火箭和我国 CZ－3 系列火箭有关加注参数。

表 1　世界各国主要运载火箭与我国 CZ－3 系列有关加注参数比较表

<table>
<tr><th rowspan="2">型号</th><th rowspan="2">级数</th><th rowspan="2">火箭长度和直径/m</th><th colspan="2">低温介质</th><th colspan="2">常温介质</th><th colspan="2"></th><th colspan="2">加注用容器</th><th rowspan="2">罐箭之间距离/m</th><th rowspan="2">备注</th></tr>
<tr><th>LH_2/t</th><th>LOX/t</th><th>偏二甲肼/L</th><th>四氧化二氮/L</th><th>煤油/t</th><th>液氧/t</th><th>LH_2/m^3</th><th>LOX/m^3</th></tr>
<tr><td>CZ-3</td><td>3</td><td>$L=44.6$
$\varphi_{\text{I-II}}=3.350$
$\varphi_{\text{III}}=2.250$</td><td>1.486</td><td>7.189</td><td>Ⅰ：72 183
Ⅱ：14949</td><td>Ⅰ：82 530
Ⅱ：16 731</td><td></td><td></td><td>液氢铁路加注车
70 $m^3\times2$</td><td>液氧公路加注车
10 $m^3\times3$</td><td>150（LOX）
304（LH）</td><td></td></tr>
<tr><td>CZ-3A</td><td>3</td><td>$L=52.5$
$\varphi_{\text{I-II}}=3.350$
$\varphi_{\text{III}}=3.000$</td><td>3.1</td><td>15.1</td><td>Ⅰ：69 765
Ⅱ：12 514</td><td>Ⅰ：80 156
Ⅱ：14 299</td><td></td><td></td><td>液氧铁路加注车
85 $m^3\times2$</td><td>液氧公路加注车
45 m^3</td><td>200（LOX）
350（LH）</td><td></td></tr>
<tr><td rowspan="2">AR1</td><td rowspan="2">3</td><td rowspan="2">$L=47.7$
$\varphi_{\text{I}}=3.8$
$\varphi_{\text{II-III}}=2.6$</td><td colspan="2">8.142</td><td colspan="2">145 t</td><td rowspan="2"></td><td rowspan="2"></td><td rowspan="2">100 $m^3\times2$</td><td rowspan="2">100 $m^3\times2$</td><td rowspan="2"><300</td><td rowspan="2">1）液氮贮罐 5 个能贮存 300 m。
2）Ⅰ级推进剂 144 t。
3）Ⅱ级推进剂 34 t</td></tr>
<tr><td>1.492</td><td>6.65</td><td>$V_{\text{I}}=65\ 920$
$V_{\text{II}}=15\ 520$</td><td>$V_{\text{II}}=15\ 520$
$V_{\text{I}}=65\ 920$</td></tr>
<tr><td rowspan="2">AR2</td><td rowspan="2">3</td><td rowspan="2">$L=49.5$
$\varphi_{\text{I}}=3.8$
$\varphi_{\text{II-III}}=2.6$</td><td colspan="2" rowspan="2">10.5</td><td colspan="2">145 t</td><td rowspan="2"></td><td rowspan="2"></td><td rowspan="2">100 $m^3\times2$</td><td rowspan="2">100 $m^3\times2$</td><td rowspan="2"><300</td><td rowspan="2">AR3 捆 2 台固定助推器</td></tr>
<tr><td>$V_{\text{I}}=65\ 920$
$V_{\text{II}}=15\ 520$</td><td>$V_{\text{II}}=65\ 920$
$V_{\text{I}}=15\ 520$</td></tr>
<tr><td rowspan="2">AR3</td><td rowspan="2">3</td><td rowspan="2">$L=49.5$
$\varphi_{\text{I}}=3.8$
$\varphi_{\text{II-III}}=2.6$</td><td colspan="2" rowspan="2">10.5</td><td colspan="2">145T</td><td rowspan="2"></td><td rowspan="2"></td><td rowspan="2">固定贮罐</td><td rowspan="2">固定贮罐</td><td rowspan="2">400</td><td rowspan="2">1）液氢液氧贮罐在火箭同一侧，中间隔一土墙。
2）一级贮箱每个加长了 3 m</td></tr>
<tr><td>$V_{\text{I}}=65\ 920$
$V_{\text{II}}=15\ 520$</td><td>$V_{\text{II}}=65\ 920$
$V_{\text{I}}=15\ 520$</td></tr>
<tr><td rowspan="2">AR4</td><td rowspan="2">3</td><td rowspan="2">$L=54-58$
$\varphi_{\text{I}}=3.8$
$\varphi_{\text{II-III}}=2.6$</td><td colspan="2" rowspan="2">10.5</td><td colspan="2">226 t</td><td rowspan="2"></td><td rowspan="2"></td><td rowspan="2"></td><td rowspan="2"></td><td rowspan="2">400</td><td rowspan="2">1）捆 2～4 个固体或液体助推器。
2）一级贮箱每个加长了 3 m</td></tr>
<tr><td></td><td></td></tr>
</table>

续表

型号	级数	火箭长度和直径/m	低温介质		常温介质				加注用容器		罐箭之间距离/m	备注
			LH_2/t	LOX/t	偏二甲肼/L	四氧化二氮/L	煤油/t	液氧/t	LH_2/m^3	LOX/m^3		
AR5	2	$\varphi_{I}=4.52$ $\varphi_{II}=4.52$ $L=54.65$	27	130	一甲基肼	四氧化二氮			活动贮罐 320 $m^3\times5$	活动贮罐 140 $m^3\times5$ 20 $m^3\times16$	200	1）LH_2 用 3 个活动贮罐。 2）有 2 台固体推进级。 3）二级推进剂质量因任务不同可为 5 t、7 t、9 t 几种
H-Ⅰ	3	$L=40.3$ $\varphi=2.44$	8.8				81.4		固定贮罐	固定贮罐		捆 9 个液氢液氧火箭共 33.6 t 液氢和液氧
H-Ⅱ	2	$L=49$ $\varphi=4$	Ⅰ级 86.2 Ⅱ级 14						540 $m^3\times2$	固定贮罐	250	1）捆 2 个固体助推级。 2）50 m^3 液氢阻推贮罐提供汽化器用液氢
土星Ⅴ	SⅠC	$L=42.6$ $\varphi=10.0534$					681.1	1 488.8	3 217.59	3 406	440	
	SⅡC	$L=24.8412$ $\varphi=10.0584$	47	411								
	SⅣB	$L=18.0746$ $\varphi=6.614$	20.636	91.2								
能源		$\varphi=7.8$							1 400 $m^3\times4$			
联盟		$L=49.3$ $\varphi_{II}=2.66$					300		固定罐	固定罐		

从表中可以看出，国外火箭均采用大容量的固定储罐，而不采用机动加注方式。我国目前液氢加注方式是集运输和加注补加任务于一身，采用 85 m^3 液氢铁路加注运输车。但是这种方案存在着较大的隐患。由于集运输加注于一身，管路阀门较多，在振动环境下，密封可靠性比地面固定管路相对要低。CZ－3 和 CZ－3A 两个型号的铁路车都发生过类似的泄漏现象。这样一方面危险性大，另一方面如果泄漏发生在任务期间，会影响发射任务的执行。铁路加注运输车容积也有限，因此国外从不采用运输、加注和补加合一的机动方式。即使大运载加注量大，也不可能采用机动方案，为此必须研制大的球形储罐。

2.3.3 为什么研制大容量的汽化装置和大流量的液氧泵

从总体考虑，火箭及有效载荷在发射阵地停留的时间愈短愈好，由于加注量大，低温推进剂沸点低，易挥发，也不希望时间过长，导致射前大的补加量。为缩短停留时间，最好的办法是加大流量，因此在蓝图中提出研制大容量汽化器装置和大口径真空绝热输送管路、大容量过冷装置等。国外为缩短发射中心停留时间，提高发射频率加注速率是相当高的。美国肯尼达发射中心液氢输送速率大流量为 37 854 L/min，小流量是 3 785 L/min；土星 5 号液氧泵流量为 37 854 L/min，土星 1 号液氧泵流量为 9 500 L/min，范登堡航天飞机发射场，液氢加注速率为 20 000 L/min；苏联联盟号火箭加注推进剂 1000 吨仅用 1 小时，液氧大流量每分钟 7 吨。由此可见我们提高加注速率的任务很重。我们必须采取措施，研制大容量液氢汽化器系统和大流量高扬程和液氧泵、大口径的自动对接连接器和大口径真空绝热管路。

2.3.4 为什么要研制独立的补加系统

由于大运载直径大、加注量大，因此贮箱蒸发损失也很大，从而导致补加量大，采用长三加注系统方案，在同一条管路上通过调节和节流控制完成加注和补加任务显然有不少矛盾。一是储罐容积有限，二是推进剂品质、加注时间、系统设置合理性都希望加注和补加适当独立，如补加罐和加注罐分开，补加管路和加注管路分开，加注和补加控制分开，在程序上合理安排两套管路的预冷时间等。

2.3.5 超低温介质参数测量系统

超低温介质参数测量系统的主要任务是进一步提高压力、温度、液面、质量流量的测试精度，研制高精度、高可靠性的各种传感器和测试仪表。

3 结束语

由于大运载方案尚处方案论证阶段，最后的方案还没有最终确定，由于低温介质用量大，带来很多新问题。就液氢、液氧而言，如何满足试车和发射的需要都是要重新规划的，因此本文提到的发展蓝图是初步的。由于低温加注设备和技术的独特，规划大运载方案的时候，我们就要密切关注，因为地面加注设备的难度会影响方案，譬如，当前加注连接器输送液体进箭方式、供配气通过气管连接器进箭的方式等。运载火箭是一个系统工程，互相之间均有制约作用，分系统要满足总体的要求，但也存在能否实现的反作用，所以传统的模式会有一个“度”，超过一定“度”，传统模式将会被替代，出现一种更协调、更合理的方案。

本文的分析，欢迎批评指正。

CZ－3A 地面设备分系统方案设想

(1986.9.17)

本方案设想是15所前阶段开展工作的基本意见，由于尚无具体要求，一些意见和设想还很粗糙。4月份，15所曾提出过40多份专题报告，由于经费没有落实，所以没有深入开展工作。一些关键课题，这次做了一些调查、学习和方案工作，各设备和分系统发展也不平衡，因此本文仅供参考，错误之处在所难免，请领导和总体部批评指正。

1 方案设想依据和指导思想

1.1 依据

1）1985年9月，总体部《CZ－3A方案设想》；

2）1986年8月20日，大总体协调会精神；

3）总体部关于冷氦的要求及历次来往技术协商意见；

4）总体部测试一发火箭对各分系统测试发控的原始要求。

1.2 指导思想

1）面向21世纪，具有国际80年代初的世界先进水平，技术上有所前进和突破。

2）高可靠性和安全性。

3）力争主动，不能坐等，尽快进行关键课题的预研，主动配合总体部工作。

4）满足总体部技术要求的情况下，设备要少，经济性要好。原来CZ－3地面设备状态不能破坏。

5）动力系统测试设备从控制系统中独立出来。

2 方案及关键课题

2.1 起重运输设备

2.1.1 公路运输车

CZ－3A应配备一级公路运输车、二级公路运输车、三级公路运输车和整流罩公路运输车4辆。考虑到，一级箱体增长2.8 m，故不能借用DF－5的运输车。三级长度为8.7 m，星罩长度为8.887 m，三级的直径为3.35 m，星罩直径为3.35 m，因为长度和直径相近，因此三级和整流罩运输车有可能合一。

关键课题：1）刹车滞后；2）两车合一要考虑变刚性悬挂的设计。

2.1.2 铁轮支架车

CZ－3A 各级和整流罩均需重新设计支架车，将来一级、二级有可能沿用东风 5 号支架车。为避免从高架车向低架车转移，延测试时间和增加不安全因素三级支架车要考虑能自动调节高度。

2.1.3 铁路运输车

将有 3 辆铁路运输车和 1 辆平板车组成。从北京向西昌运输火箭，是从低海拔向高海拔地区转运，不必要再增加补气小车设施。车厢最多也只能运输 24 m 长的火箭体。因为长度变化，布局改变，窗口位置也改变了，所以车辆均需重新设计。

关键课题：拉紧器用橡胶——金属减震器，需要研制新的夹胶车轮。

上述设备的研制可以改善轴向过载和降低振动冲击。

考虑过去火箭和运输车之间的连接方法太笨拙（1059 导弹沿用至今），建议改变原来的连接耳，如图 1 所示。

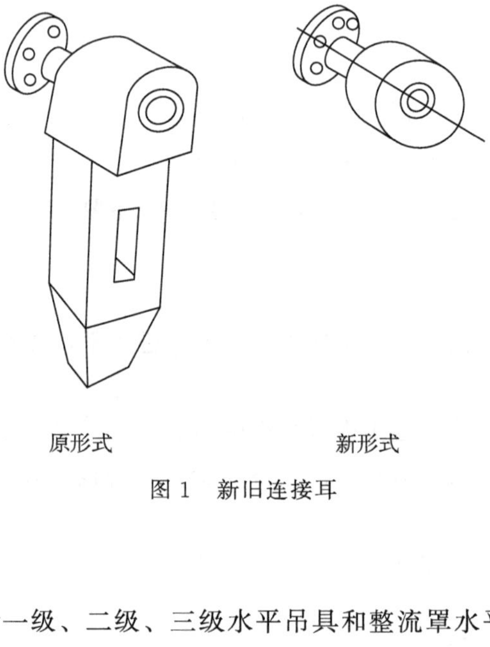

原形式　　新形式

图 1　新旧连接耳

2.1.4 吊具

均需新设计。应设计一级、二级、三级水平吊具和整流罩水平吊具。翻转吊具应由一级、二级、三级翻转吊具组成，整流罩翻转吊具和水平吊具能合一。尾翼吊具请总体部考虑是否需要？

2.1.5 各种工作台梯

铁路车卸、挂用工作台，公路车卸、挂用低工作台，测试用各种高空工作台梯，尾翼安装用低工作台等。

2.2 发射瞄准设备

2.2.1 发射台

目前 CZ－3 没有备份台，考虑到将来火箭捆绑的需要（起飞质量达 380～440 t），必须重新设计研制。

关键课题：重负荷特种减速器的研制。

2.2.2 瞄准设备

采用激光瞄准设备。瞄准间不做变动，射向仍为 104°。如果射向有变动，瞄准间也会有变动。

2.2.3 其他

1）为了缩短加注时间，需研制高扬程大流量的液氧泵。如果塔架下配气装置能适当改善，调整参数样仍旧用挤压方式也可以。

2）研制直径 40 mm 的真空绝热调节阀。

3）低温质量流量计和液面计的研制。

4）压力、温度、流量和液位 4 种防爆传感器的研制。

5）防爆电磁阀。

6）液氢和液氧加注控制台。

关于一、二级加注方案，仍同 CZ－3。加注是否需要自动化，待总体部要求明确后考虑。相应的有关设备和协调需及时进行考虑。主要的设备有：加注连接器（R、Y），溢出连接器（R、Y），信号箱，加注连接器支架，溢出连接器支架，加注软管，溢出软管。

总体部对一、二、三级加注参数应尽快明确。

2.3 加注设备

三级加注方案有两种：一种是固定罐方案，一种是活动车方案。对于固定罐方案，液氢采用 2 个 110 m^3 罐或 1 个 200 m^3 罐，液氧采用 40～56 m^3罐。液氢仍采用真空绝热管，液氧采用发泡管。管路上设置多种真空阀门、压力和温度传感器。考虑到液氢位置比现在液氢铁路车位置远，在管路中设置液氢过冷装置，这种过冷装置实质上是一个热交换器。加注采用计算机自动程序控制，要求能自动控制系统中各阀门开启、关闭，能自动控制各设备阀门的开启、关闭，能进行参数的自动显示和调节，能自动查询故障并报警，能进行故障的诊断，能模拟自动程序，能手动遥控各阀门开启和控制加注连接器的自动脱落。

对于活动车方案，采用铁路车进行液氢加注和补加任务，采用公路自动补加车进行液氧加注和补加。根据液氢实际用量（管路预冷，贮箱预冷，加注量，贮箱蒸发损失，发动机增压预冷和自流预冷消耗，补加，运输停放损耗，贮罐的安全余量等），约为 90～95 m^3，2 发窗口为 150～166 m^3，故需要 2 辆液氢车停放加注场坪，需要 1～2 辆备份车。铁路车进行并联，需进行路轨的改造。液氧采用原方案，但因用量增加很多，为此现场需停放 3 辆车，考虑备份车还要增加 1～2 辆。

两种方案，我们倾向于采用固定罐，其主要理由为：

1）改变原方案，更能满足总体部技术参数和设计要求，不是勉强。

2）安全可靠。根据用氢安全规范，液氢加注设备（储罐）没有保护墙的，要远离其他设备。铁路车 70 m^3 不设防火墙，要远离 183 m，两个液氢储罐距离应为 27 m。采用铁路车并联方案满足上述要求比较困难。存在不可靠因素。

3）世界各国（苏联、美国、日本）均采用固定罐加注方案，运输车作为储存车加注没有先例。

4）省经费。以液氢为例，山区 1 km 铁路造价为 400 万元，平原地区造价为 100 万元，铁路车并联加注必然要修改原铁路线，增加 2 辆铁路车过去的价格为 500 万元，1 辆 350～400 万元，而 2 个固定罐仅为 400～500 万元。固定方案总造价（含调试费）1 041 万元，机动方案为 1 407 万元。

5）固定罐设置在原液氢库东侧或河边，施工时不影响执行 CZ－3 第 4～7 发任务。改轨后影响执行 CZ－3 任务。

关键课题：

1）真空绝热罐研制；

2）过冷装置，其原理图见图 2。

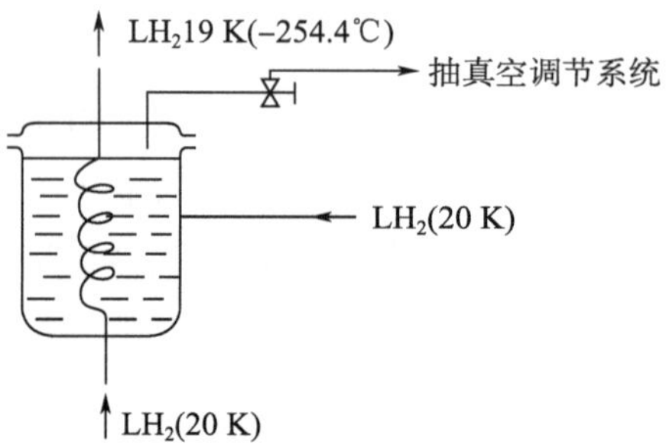

图 2　过冷器原理图

其原理是用液氢作为冷却剂，液氢储罐气枕抽成一定的真空，随着压力下降，液氢汽化降温。当液氢经过输送管路时，管路中的液氢将被冷却而达到过冷。

2.4　空气系统

2.4.1　动力装置测试台

根据 CZ－3 测试情况，动力系统复杂程度比以往型号大，功能增加了很多，因此动力系统测试应从控制系统配合中独立出来，这样可以减少控制系统测试负担。动力系统也应该减少对控制系统依赖关系。动力系统尽量做到测试项目封闭在内部，这样有利于缩短发射程序，有利于减少由于匹配衔接不当而造成的差错，统一指挥的同时控制和测试规程可以大大简化，减少由于两系统互相不了解、状态不清楚而造成的差错。

CZ－3 动力系统测试中，现场指挥员是远离操作岗位，下达口令后，不清楚各岗位动作的效果和参数，要通过查询才能得知。为改善指挥员条件，应设计一个测试台。设想的原理图和协调关系图如图 3 所示。

关键课题：

1）远控低压减压器；

2）气管连接器强脱落装置；

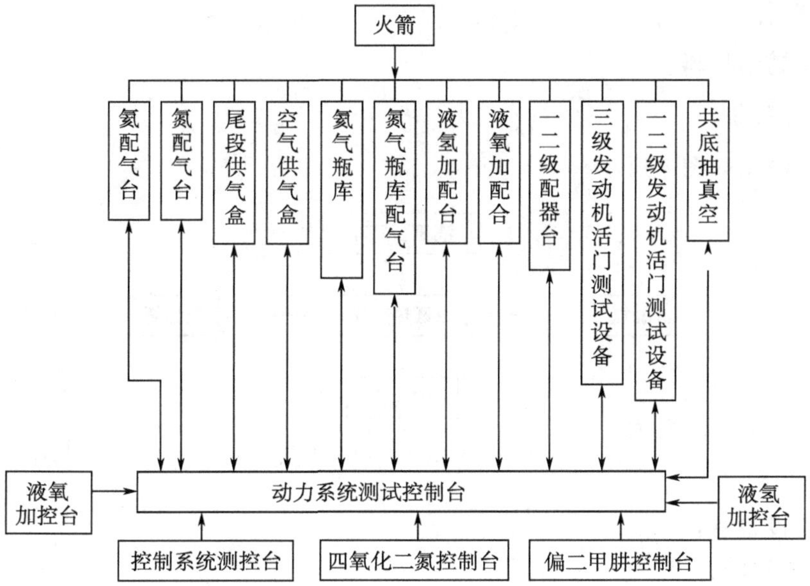

图 3　动力系统测试台原理框图

3）350 kg/cm²可逆电动截止阀；

4）氦气回收系统；

5）动力系统测试台采用微机控制，能进行各种压力、温度、参数显示，进行故障诊断、故障显示、参数比较、参数打印，手动控制保留。与以太网关系如图 4 所示。

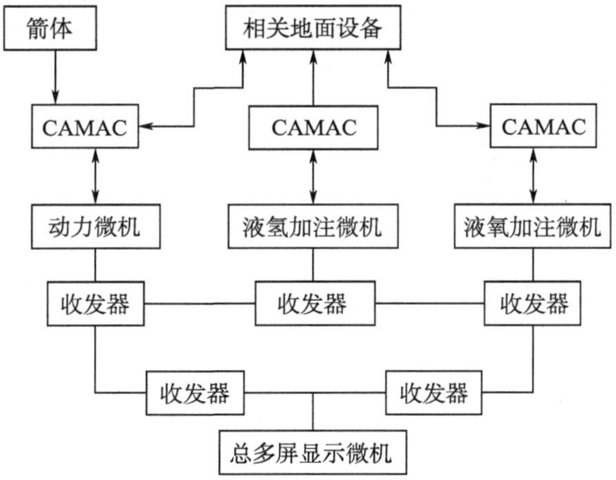

图 4　测控系统原理框图

2.4.2　各配气点设置配气设备

应配备氦配气台，氦气瓶库配气台，氮气瓶库配气台，膜压机，氮气配气台，尾段供气盒，空气供气盒（一、二、三级），气管连接器，一、二级配气台。

2.4.3　氦气瓶车

管路为不锈钢材料。

2.4.4　冷氦系统

初步方案设想如图 5 所示。

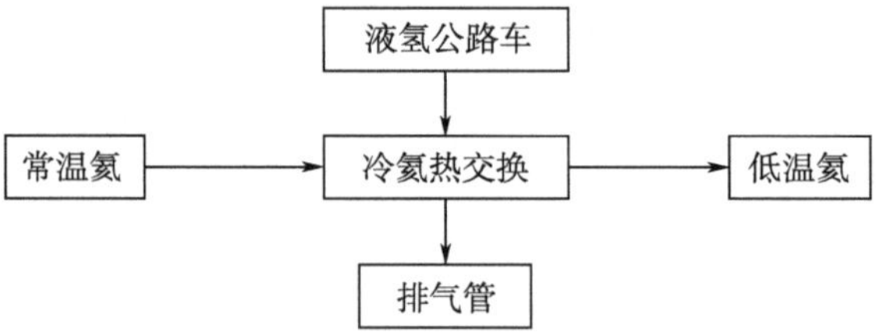

图 5　冷氦系统原理框图

需研制的设备有：

1）冷氦连接器；

2）冷氦热交换器；

3）低温、小流量、小直径真空管。

2.5　电源系统

Ⅰ、Ⅱ、Ⅲ级测试采用中频、直流电源。

2.6　温控系统

卫星整流罩需要调温、调湿，待总体部明确后再进行研制。

2.7　捆绑级对接设备

待总体部明确后再进行研制。

2.8　塔架的协调

我们的原则是改造后的塔架不影响 CZ－3 任务的执行，重点协调：

1）加注口的标高（Ⅰ、Ⅱ、Ⅲ级）。

2）供气口的标高（Ⅰ、Ⅱ、Ⅲ级）。

3）冷氦操作间。

4）液氢和液氧加注、溢出连接器支架与电缆摆杆的标高。

5）各供气连接器标高。

为不改变 CZ－3 状态，尽可能用塔上原供气管路进行加高，加阀或采用过渡管的办法。

2.9　导流问题

在不改变目前导流槽的情况下，芯级可采用 CZ－3 方法。捆 2 个助推级可以设置 2 个单边场坪导流器，捆 4 个助推级可采用折流导流器以避免火焰冲刷塔架基座（见图 6）。

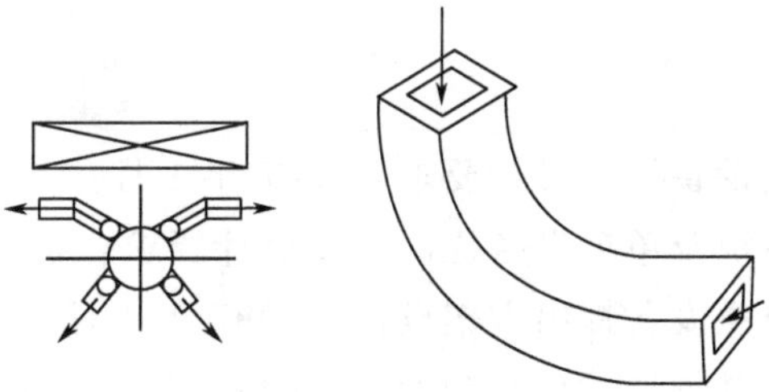

图 6　场坪导流器

3　需总体部提供的条件和几个待明确的主要问题

1）地面设备要求中有关加注、供气的参数及液位传递途径。

2）捆绑在第一期地面设备中要考虑吗？或者说哪些地面设备要考虑捆绑的要求。

3）如果动力系统测试台软件和硬件均由 15 所设计承担，总体部要明确要求测试台的功能有哪些。

4）测试用电源谁设计：

a）180 A（全晶体化、手动、自动）；

b）250 A（已开始设计）；

c）中频后 40A（火工品用）；

d）Ⅰ、Ⅱ、Ⅲ级不同时工作时，切换用Ⅲ级电源。

5）Ⅰ、Ⅱ级加注责任单位和配套单位。

6）冷氦温度能否从 30 K 变为 90 K？

7）冷氦连接器脱落时间能否改为－20′？

8）冷氦连接器的接口和密封要求。

9）Ⅲ级加注方案用固定式还是机动式。

10）加注系统和地面设备相连接口能否用 P－C 可编程控制器而不用 CAMAC 接口。

11）加注微机站增加 1 个，即液氢和液氧各 1 个。

12）出厂测试设备及振动弹地面设备是否提供？

13）鼓包在Ⅲ-Ⅳ象限为好。

14）经费问题：能否今年先拨一部分以保证关键课题提前进行，以免形成短线。

15）其他问题：

a）气瓶充气时间加长，冷氦连接器数量？

b）充气项目分开？

c）2 液位后的充气时间？

d）换热器位置？

e）连接器箭上部分结构？

f）塔上房间分配？

4　进度设想

1）总体部提出对地面设备初步设计要求：1987 年 1 月；

2）所总体室向各分系统及单项设备提出初步设计要求：1987 年 3—4 月；

3）开展各分系统及单项设备提出方案设计：1987 年 4 月—1988 年 9 月；

4）设备生产、齐套（总装测试厂房和发射场配套）：1988 年 10 月—1989 年 12 月；

5）发射场专用设备安装调试：1990 年 1—6 月；

6）发射场机械设备合练和加注：1990 年下半年；

7）发射场飞行试验：1991 年 4 季度。

CZ－3A 地面设备的研制

（1995.7.8）

1994 年 2 月 8 日，1994 年 11 月 3 日，我国先后成功发射了两枚新型运载火箭 CZ－3A，达到了预定的目标，夺取了双连冠的巨大成绩。CZ－3A 地面发射设备系统在两次飞行试验中，经受了检查，接受了考验，圆满地完成了任务。两次飞行试验证明，地面发射设备系统总体方案正确，各分系统及单项设备性能良好，与发射场和火箭协调关系正确，设备配套齐全

1 研制概况

1.1 总体先行

CZ－3A 地面设备总体从 1985 年开始，配合总体部开展方案论证工作。针对我国大型火箭在 CZ－3 的基础上走“上改下捆，先改后捆”战略思想，编写了《CZ－3A 地面设备论证用初步技术要求及说明》及《CZ－3A 地面设备方案报告》。报告对 CZ－3A 发射工位及地面设备新研制项目和关键技术提出了初步意见，指出 CZ－3A 对发射场和地面设备建设有重大影响，建议统筹全局，立足当前，着眼未来，建设 1 个新的发射工位和设计 1 个新的发射台，即现在的 CZ－2E 和 CZ－3A 发射时都可采用的西昌基地 2 号发射工位和发射台。

1986 年 3 月，中央批准开始研制 CZ－3A。地面设备总体根据《CZ－3A 方案设想报告》编写了《CZ－3A 地面设备分系统方案设想》，进一步明确了研制指导思想、各分系统方案和关键课题、进度设想，从而全面开展地面设备的方案论证工作和课题攻关工作。

1.2 地面设备研制指导思想

1）面向 21 世纪，瞄准 20 世纪 80 年代世界先进水平，在继承原有 CZ－3 成果的基础上力争有所前进和突破。

2）高可靠性和高安全性。

3）满足总体部技术指标要求的前提下，尽量简化系统提高经济性。

4）在确保安全可靠的原则下，尽可能采用先进技术，提高自动化水平，方便使用，减少塔上、场区的工作人员。

5）设备研制要考虑一年内发射多发的可能性，适当留有余地以提高应变能力，适应新情况，满足总体部可能提出的新要求。

上述指导思想在研制过程中得到了切实的贯彻，收到了预期的效果。

1.3 课题研制阶段

根据方案论证和总体部对地面设备提出的技术要求，1986 年 11 月，上报了过冷器等 14 个方面、17 个项目进行立题攻关的报告。后来由于要求变动又增加和调整了一些项目，经过多年努力，相继完成了 26 项课题的研制与试验，取得了较好的成绩，为 CZ－3A 地面设备开展方案设计、技术设计，打下了良好的基础。这些关键课题是：

1）氢氧加注微机控制；

2）液氧过冷器；

3）液氢质量流量计；

4）液氧泵；

5）大口径真空绝热调节阀；

6）大容量液氢贮罐；

7）液氢、液氧加泄排气连接器备保装置；

8）三级动力测试发控台；

9）远控减压器；

10）长时间通电电磁阀；

11）发射台的大速比、重负载、小体积减速器（该成果提前用于长征二号乙发射台上）；

12）双向电磁阀；

13）高压可逆电磁阀；

14）冷氦热交换器；

15）冷氦输送真空管路；

16）纯化器；

17）高压低温自动脱落冷氦连接器；

18）全卸荷截止阀；

19）长轴距大尺寸运输车刹车滞后研究（该成果用于长征二号乙公路运输车上）；

20）液氢液氧低温绝热接头；

21）低温安全阀；

22）液氢质量流量传感器；

23）液氢温度变换器；

24）液氢夹气量密度计；

25）低温液面计；

26）85 m^3 液氢铁路加车运输车爆破膜片装置。

1.4 方案设计及技术设计（1986 年下半年—1990 年底）

地面设备由于受到发射工位不确定以及总体部进展速度的影响，方案设计经常反复，尤其是低温加注系统，方案论证时间比较长。如液氢氧采用固定加注方案还是机动加注方案做了反复探讨，(按照有关会议精神，CZ－3A原立足在老工位发射)。1988年上半年完成了《二十七基地三号工位CZ－3A氢氧加注系统方案》论证，到1988年10月，科工委又明确CZ－3A在新工位发射。根据新的决定，十一月完成了《CZ－3A新工位液氢液氧加注系统方案设计》报告，其中液氢液氧均采用固定贮罐式加注方案。1989年7月，科工委主持召开加注供气专题研究会，会上又确定液氢采用车辆机动加注方案，液氧采用固定罐式加注方案，同时通过了15所提出的氦气瓶库改扩建方案。在此基础上，1991年底完成了各系统技术设计，同时对地面大型设备进行了定点选择，地面设备陆续投产。

1.5 地面设备系统参加的大型试验项目

1.5.1 全箭振动试验

从1991年7月8日至1992年3月31日，地面设备共有26项设备参加工作，其中一车三用的8QG2－3AG公路运输车，即可用于CZ－3AⅡ级和整流罩的运输，又适当改造用于CZ－3AⅡ级的运输，贯彻了一品多用、一车多用的原则。另外整流罩的上塔是一个难题，为此专门设计了吊具，为实验节省了大量资金。

1.5.2 三子级动力系统试车

从1992年11月23日到1993年4月10日期间，共进行了3次动力系统试车，动力测试发控台等24项设备参加了试验，其中液氢加泄配气台和液氧配气台是从CZ－3配气台改装的。3次试车，我们发现了新研制的一些设备在元器件方面和系统上存在的6个问题，为靶场合练提前暴露了问题。

1.5.3 全箭电器系统初样匹配试验

液氢测控系统、液氧测控系统、动力发控系统、瞄准设备部分设备和控制、遥测、动力、外侧总体网一起参加了1990年7月至10月的电器系统初样匹配试验。通过试验初步考核了液氢液氧加注微机站。

1.5.4 地面设备安装和调试

由于地面设备项目多，安装工作量很大，加上各设备生产周期长短不一，完成时间参差不齐，也由于发射场土建工艺条件施工进度等原因，地面设备共进行了3次安装。第一次安装是1992年9月5日到10月17日，第二次安装是1993年3月20日到5月1日，第三次安装在遥一前，提前进场进行了安装。

第一次安装的项目主要有液氢、液氧真空管路，液氧发泡管和供气管，Ⅲ级供气管路和配气设备，液氧泵，液氧罐，过冷器，纯化器，换热器等大型设备。

第二次安装的设备有45个子系统和相应的设备，主要是液氢、液氧微机测控系统，动力测试发控系统。共铺设电缆25 940多米，各种供气管路2 000多米，并对液氢、液氧、液氮、冷氦、尾段加温、液氢排放、液氧排放、液氧排放进行了介质调试和试验。

第三次安装主要是氦气瓶库收尾工作和瞄准设备的调试。

三次安装，参加的部内外单位有10多个，劳动量大、协调面广、困难大、技术性强。

在这期间由于各单位团结协作，充分体现了航天献身精神，克服困难，按期保质圆满完成了任务，为合练打下了基础。

1.5.5 发射场合练

1993 年 5 月 5 日至 6 月 17 日，在技术中心和发射阵地进行了合练，地面设备全部参加了合练，三级火箭在发射阵地进行了真实加注。除低温连接器没有真实脱落和 85 m^3 第二辆液氢铁路车因生产进度未参加外，其余都按测试程序进行实战演练。这次合练检验了地面设备和火箭、塔架的协调性，检验了地面设备各分系统之间的协调性，考核了地面设备使用性能和使用文件的正确性、完整性；合练也暴露了地面设备在设计、管理和生产方面存在的问题；通过合练还锻炼了队伍，在技术上、思想上为遥一飞行试验的成功创造了良好条件。

2 地面设备组成和特点

（1）组成

CZ－3A 地面设备系统共分 7 大类，分别为发射瞄准、加注（常规和低温）、供气、动力测试发控、运输吊装和辅助设备，共计 187 项。其中新设计 95 项，占 52.4％；修改设计 17 项，占 9.09％；借用 62 项，占 33.15％；外购 13 项，占 6.95％。

（2）特点

CZ－3A 地面设备与以往型号地面设备相比具有以下特点。

2.1 规模大，继承性好

从表 1 可以看出 CZ－3A 地面设备规模最大。但是继承性很好，除必须新设计的 95 项外，其余均为借用和修改设计，而且借用的设备大部分是可靠性较高的 CZ－3 运载火箭地面设备，继承性好。

表 1 几个典型型号的配套情况

配套情况＼状态 型号	配套总数	修改设计数	借用数（含外购）	新研制数	备注
CZ－1	86	1	75	10	
CZ－2	74	1	73	0	
CZ－4A	53	3	46	4	借用 15 所部分
CZ－3	106	0	34	72	外星 162 项
CZ－2E	141	17	59	65	
CZ－3A	187	17	62	95	

2.2 新技术多，难度大

为了实现火箭总体的设计技术指标，运载火箭及各系统共采用了百余项重要的新技术，龙副院长总结这些采用的新技术中，重大新技术项目为41项，其中地面设备有5项，它们分别为：

1）液氧固定贮罐及泵式加注技术；

2）液氧加注过冷技术；

3）液氢液氧加注微机控制技术；

4）高压、低温自动脱落连接器技术；

5）氦供气系统换热及纯化技术。

在这些技术项目中，又有许多支撑技术和项目，如低温液面压力温度流量测量技术、低温绝热技术、低温加注控制技术、远控供气技术。其中不少项目填补了国内的空白，有些达到或超过了世界先进水平。这些项目是：液氧泵、过冷器、液氢质量流量仪、冷氦连接器、液氢加泄自动脱落连接器、纯化器、可远控的低压减压器、长时间工作电磁阀、长时间双向通电电磁阀、冷氦输送真空管、大口径低温调节阀。

2.3 自动化程度和系统级水平高

CZ－3A地面设备是继承CZ－3地面设备基础上发展起来的，与CZ－3地面设备相比，自动化程度有了很大的提高，设计更加合理，使用更加方便，因此可以说系统级水平比较高。地面设备在技术方面上了一大台阶。

CZ－3A液氢液氧加注系统和CZ－3加注系统相比，主要区别有：

1）液氢液氧加注实现自动控制，改变了原来只能进行手动控制的单一模式，从而使可靠性有了大的提高。

2）液氢液氧各种加注参数实现自动监测，并可按时序存盘打印。

3）各种低温加注阀门、泵的工作均有工作信号和状态信号。

4）液氧大流量挤压加注方式改用泵进行加注，速度提高了一倍。

5）液氧采用过冷器，使射前补加进温度从CZ－3加注的90～95 K降为83.3 K（遥一）。

6）液氢加注为两相流状态，CZ－3A通过液氢流量测试装置测出液氢的密度，从而经计算机计算出各个时段液相和气相的比例。

7）液氢加注流量调节从CZ－3A单一的挤压压力有级调节变为挤压压力无级调节和节流阀调节的组合调节方式。

8）液氢、液氧加排连接器，增加锁紧和脱落备保系统，从而提高了锁紧和脱落的可靠性。

供气系统与CZ－3主要区别是：

1）为保证增压总时间和压力精度，采用了大、小流量分级增压。即大流量保证增压时间、小流量保证增压压力精度。

2）由于研制了动力测试发控系统和一系列的先进元件，可实现远控供配气，从而使供气系统安全和可靠性进一步得以提高。

3）增加了冷氦增压系统。

4）增加了动力测试发控系统。

2.4 可靠性高，安全性高

大部分地面设备临射前 30 min 尚在工作，而 CZ－3A 负 2 min 尚在工作的有 97 项，占地面发射总数的 49％。而这时岗位人员早已撤离现场，为满足发射可靠性指标和按发射窗口准时发射，冗余设计是我们提高可靠性的最主要措施和行之有效的方法。设计中我们切实贯彻了这一指导思想。如液氢液氧射前补加是关键，因此液氢射前补加用 2 辆车互为备份，液氧射前补加除采用汽化器增压外，还采用外接气源增压。液氧大流量加注有 2 台泵互为备份。液氢、液氧、液氮加注控制有微机自动控制和手动控制两种手段，任何一种控制方式失效不会影响加注的正常进行。液氢、液氧加排连接的自动脱落和锁紧有备保和正常的锁紧和脱落两种方式。瞄准设备也是热备份，可以随时互相切换。过冷器和换热器的液面有点式和连续两种测量手段。动力测试发控系统的电源是热备份，通过冗余手段，地面发射设备组成一个有机整体，体现了高可靠性和安全性。

3 采用的新技术和新设备

3.1 为什么要研制 85 m^3 液氢铁路加注运输车

CZ－3A 液氢加注量是 CZ－3 的一倍，加注管路增加 100 多米，因此原 CZ－3 70 m^3液氢铁路加注运输车在加注容量和挤压压力方面已满足不了任务的需要。研制 85 m^3 液氢车，贮罐容积大，这样使车辆长度上超长，且质量超过 72 t，要按 84 t 设计，超高超长超重给整车底架、贮罐支承、强度、刚度、整车稳定性设计带来了很大困难。

85 m^3 液氢铁路车首次全面按压力容器规定进行规范化设计。在设计中研制了新的绝热接头、真空绝热球阀、全启式安全阀、低温流量调节阀、内外罐的安全爆破装置，压力和液位监测装置等，成功地解决了低温绝热、密封、冷收补偿等低温技术难点，在 85 m^3 液氢车上可说是集低温技术之大全。

85 m^3 液氢铁路车经过装载液氮和液氢运行试验、动力学性能试验，第一辆于 1993 年 6 月参加靶场合练。

3.2 为什么要研制液氧过冷器

CZ－3A 推进剂温度控制较 CZ－3 有更多的不利因素，主要有贮箱容积大，加注管路长，漏热多，且滑行时间长。时间长，温度就高。为保证泵的入口条件，CZ－3A 一开始，就对推进剂品质提出了要求，贮箱入口的温度≤85 K。如果不研制过冷器，贮罐内液氧温度即使是饱和温度 90 K，那么流过 225 m 管路后，进箭前的液氧温度肯定大于 90 K，为此不研制液氧过冷器已无法满足发动机的要求。

新研制的液氧过冷器，采用 u 型六管程式方案，换热面积为 60 m^2，176 根管子在同一个管板上实现六管程工艺，难度相当大。液氧流过浸泡在液氮中的近 2 000 m 管子进行热交换，在液氧 300 L/min 情况下，一次过冷液氧可达 3 t。

液氧通过液氧过冷器和射前补加前，将液氧管路中过热的液氧排放掉，两项措施使液氧品质大大提高，满足了发动机泵正常工作的入口条件。液氧过冷器的研制成功填补了发动机泵正常工作的入口条件，填补了我国国内的空白，提升了液氧系统水平。

3.3 为什么要研制液氧泵

由于 CZ－3A 液氧加注流量比 CZ－3 大一倍，加注流量要求为 1 000 L/min，加上加注管长为 225 m，用挤压加注。所需挤压压力大，从而造成固定罐壁厚，而很难制造，用泵式加注可以提高加注速度。

在研制中，解决了泵的低温密封、泵的效率、轴承及总体布局等一系列难点。经过水试和液氧介质试验，成功地完成了泵的研制，经遥一和遥二飞行试验使用，效果明显。大流量 10 min 就加到额定值，运转平稳，性能可靠。

大流量高扬程的液氧泵在我国航天史上首次使用，其性能高于国外同类液氧泵。详见表 2。

表 2　国内外液氧泵主要性能比较

参数型号	流量 Q /（L/min）	扬程 H /m	转速 n /（r/min）	比转速/（N·s）	效率 H /%	备注
中国 8ZY5－3A 液氧泵（CZ－3A 液氧泵）	1 000	109	2 970	41	55	
	1 400～1 600	104～100	2 970		60	
美国 3×4×220 液氧泵 Cryogenic Components INC	1 000	120	3 900	51	46.8	原文资料（1984 年 8 月）数据自相矛盾，按其高的统计
	1 700	107	3 900		55	
美国 Lawrence″ AL 液氧泵	1 000	120	2 900	38	38.7	
	1 211	108	2 900		40.1	
日本 2.2 kW 液氧泵	110	15	1 750	36	≯35	

3.4 为什么要研制冷氦纯化器

箭上冷氦气瓶试车中，曾发生过因氦气纯度不够而堵塞冷氦气瓶充气管路的问题，为此要求氦气纯度从 99.99%提高到 99.999%，这样可除去氦气中微量 N_2，O_2 的成分。研制过程中主要解决承受高压、低温纯化筒，确定分子筛再生对吸附深度的影响，找出吸附深度与入口氦气纯度和氦气流量的关系。经过研制试验找出了规律，得出了当入口氦气纯度不低于 99.9%、出口纯度不低于 99.999%，即出口纯度与入口氦气纯度无关，流量从 3 g/s上升到 50 g/s 时，出口纯度不低于 99.999%的结论。

纯化器经合练，遥一、遥二火箭的飞行试验考核满足了使用要求，达到了预定的设计指标，填补了国家空白，为冷氦供气做出了贡献。

3.5 为什么要研制低压减压器

液氢和液氧加注安全问题十分突出，三级加注系统从－6 h开始工作，为了减少在塔上工作人员的数量，配气台必须实现远控。配气台的远控关键是低压减压器能进行远控调压，因为在测试和发射前，要对液氢液氧主活门、燃气发生器、氢氧泵进行吹除。所以低压液压器必须调节出口压力，以满足要求。当时减压器只能手动操作，为此必须研制新的远控可调减压器。

远控可调的低压减压器的工作原理，是用2个控制电磁阀来控制减压阀内腔的充气压力，形成不同的加载力，以调节减压阀的出口压力。新研制的远控可调的减压器装置，既可自动调节，也可手动调节出口压力。

远控可调的减压器在研制中，克服了出口压力突升、出口压力稳不住，升压太快不能微调，膜片与阀件交界面泄漏等难点，并先后做了高低温试验、性能试验、寿命试验、动静压差试验，取得了成功，从而为供气系统的远控创造了先决条件。同时为我国气动系统实现自动化填补了一项空白，在国外目前也无此结构的减压装置。

3.6 为什么要研制动力测试发控系统

CZ－3和CZ－3A三子级都采用低温推进剂，三子级动力系统比任何一个型号都复杂，但过去型号动力系统测试，发射过程中的指挥只靠口令进行，动力系统的工作情况和参数靠指挥员询问，不利于指挥的监视。早在CZ－3的时候就提出把动力系统从地面测试发控系统中独立出来，为此，1986年在《CZ－3A地面设备分系统方案设想》报告中正式提出将动力系统测试从发控系统中独立出来，建设一个动力台，这一设想和总体部提法不谋而合。由于供气系统有关器件远控的实现也为动力测试发控独立出来创造了条件。

动力测试发控系统从1987年开始方案论证，到1991年初样研制结束，参加了101站的试车，受到用户好评。

新研制的动力测试发控系统可显示19路压力、5路温度参数，能和地面控制测试系统、加注系统、推进剂利用系统、卫星系统、遥测系统、总体以太网相联系。系统有9种功能：

1）贮箱置换、增压、卸压、补压；

2）常温气瓶、冷氦气瓶的置换、充气、放气；

3）发动机预冷，吹除；

4）Ⅲ级箭体的发动机舱的气封、吹除；

5）Ⅰ级、Ⅱ级、常温、冷氦及空调连接器的脱落；

6）卫星脱落插头脱落；

7）氦气瓶高压、低压供气；

8）尾端加温速度、吹除压力调节；

9）压力参数超差时声光报警。

3.7 低温加注测控系统

为满足火箭发射程序、微机联网、远控及监测自动化的要求，以及与国际先进技术相适应的需要，研制了液氢、液氧、液氮3个控制与监测的微机站。液氢和液氧对控制要求大体相同，为满足使用和维修方便，设计中在系统结构和设备选型等方面尽可能做到一致。它们由上位机、下位机组成。上位机有管理、监测及上网功能。其中一台管理机可将系统的工作程序、状态参数有关数据及回令送以太网（液氮微机不上网），另一台为图形机，可实时、动态、直观、多曲线、多画面、多参数显示流程图及各种参数，给以形象化的动态感觉，并可贮存、处理及打印。下位机为控制机，可完成动作控制与参数监测。监测参数有流量、液面、温度、压力、阀门开度等。采用了4～20 mA电流传输，成功地解决了约500 m信号远传抗干扰问题。控制功能有流量及压力自动调节、加泄连接器锁紧脱落与阀门开闭等。采用了模块化、单元化及多种冗余设计，可靠性高、维修性好。使加注系统自动化及监测技术上了新台阶。

3.8 高压低温冷氦连接器的研制

冷氦自动脱落连接器是一项重大的攻关项目。它要求向火箭输送氢箱增压、氧箱增压、冷氦气瓶三路不同供气参数的冷氦气体。在研制中着重解决高压低温密封、自动脱落和绝热三大关键。先后在结构上、供气口布局上、密封方式上进行了多次改进。经过四轮试验，最后做到脱落和密封两个100%，满足了设计要求，超过世界先进水平。

3.9 氢氧加泄排气连接器备保装置的研制

CZ-3采用的氢氧加泄排气连接器有一定的可靠性，但是由于在飞行试验任务中多次发现聚酰亚胺隔热套原材料和工艺不稳定，材料又比较贵，另外原连接器锁紧脱落只有一种手段，万一失灵，将影响加注过程中锁紧（防止泄露）和射前$-3'$的脱落。为此新研制的连接器套筒材料改用F_4与金属复合材料制造，脱落和锁紧有常规和备保两种手段，从而提高了可靠性，降低了研制成本。

3.10 各种供气阀门的研制

为了供气系统实现远控，我们研制了长时间工作电磁阀、高压可逆长时间工作电磁阀、手电动截止阀以及全卸荷截止阀。高压可逆电磁阀的研制成功，使氦气进出氦气瓶库时能进行远距离控制。

3.11 液氧固定贮罐加注系统研制

为满足CZ-3A液氧加注任务的需要，我们研制了45 m^3固定贮罐，该罐有别于国内贮液罐，它不单单是一个贮液罐，而且是一个加注罐。它具有加注所需的一切必须装置和阀门，包括流量调节阀、大排量安全阀、真空绝热截止阀、各种安全装置和汽化器。罐上的液面流量、温度、压力均可远传至控制间。

CZ－3A 液氧采用固定罐加注，这是和国际上接轨的重要措施，它的研制成功，标志着我国液氧加注系统向世界水平迈进了一大步。

3.12 液氮加注系统研制

为了给冷氦供气系统的热交换器、纯化器和液氧加注系统的液氧过冷器提供冷源，设计了液氮加注系统。

液氮加注系统主要设备有：10 m^3 液氮加注补加车、液氮微机测控系统、场地配气台、液路系统、监测系统等。

4 主要性能参数

4.1 液氢系统

4.1.1 液氢加注管

直径：$\phi75$；

管长：300 m；

过滤精度：10μ；

进箭前液氢温度：20.5 K；

绝热方式：真空多层绝热。

4.1.2 85 m^3 液氢铁路加注运输车

几何容积：85 m^3；

工作压力：0.5MPa；

流量：2 000 L/min；

绝热方式：真空多层绝热或二氧化碳充填；

日蒸发损失：3.3‰。

4.1.3 2 个窗口液氢运输量

2 个窗口液氢运输量：140 m^3。

4.2 液氧系统

4.2.1 液氧加注管

直径：$\phi75$；

管长：225 m；

过滤精度：150μ；

绝热方式：真空多层绝热；

进箭前液氢温度：83 K。

4.2.2　45m^3 固定贮罐

几何容积：45 m^3；

工作压力：0.8MPa；

绝热方式：真空粉末绝热；

流量：300 L/min；

日蒸发损失：1‰。

4.2.3　液氧泵

扬程：110 m；

流量：1 000 L/min；

转速：2 970 r/min；

效率：55%。

4.2.4　2个发射窗口液氧运输量

2个发射窗口液氧运输量：45 m^3。

4.2.5　过冷器

换热管长：2 000 m；

液氧流量：250 L/min；

过冷后液氧温度：81 K；

一次过冷液氧：3 t。

4.3　液氮系统

4.3.1　液氮加注管

直径：ϕ50；

管长：220 m；

过滤精度：150μ；

绝热方式：聚酯发泡。

4.3.2　液氮车

几何容积：10 m^3；

绝热方式：真空粉末；

日蒸发损失：4‰。

4.3.3　2个发射窗口液氧运输量

2个发射窗口液氧运输量：18 m^3。

4.4 冷氦系统

4.4.1 热交换器

冷氦气温度：78～79 K；

三路热交换器能力分别为：氧增 80 g/s；氢增 120 g/s；气瓶 80 g/s。

4.4.2 纯化器

提纯：99.999%。

4.4.3 两个发射窗口

氦气贮量：32MPa；

1.4 m^3 球形气瓶：25 只；

气瓶车：8 辆。

4.4.4 冷氦管路

口径：$\phi 10$；

长度：3×30 m；

绝热方式：真空多层绝热；

进箭前冷氦气温度（大流量）：85 K。

4.4.5 发射台

直径：14 m；

测力传感器：4×200 T。

5 经验和教训

历时八年，体会很多，关键是贯彻“质量第一，安全第一”，落实周总理生前确定的十六字方针。根本的根本还是如何抓好质量，没有质量也就没有安全。

5.1 设计质量是确保成功的根本

CZ-3A 地面设备系统和设备共计 187 项，和以往型号地面设备相比，不仅数量多而且系统级水平比较高，高、新、难技术比较多，而且地面设备一般没有初样和试样两个阶段，要求一次成功，关键是搞好设计质量。

5.1.1 认真抓好方案论证工作

我们从方案论证、方案设计抓起，经过关键技术的攻关，对一些高、新、难技术经过充分的试验，在成熟以后开展技术设计，这样设计出的产品，质量和可靠性比较有把握。

供气系统为实现远距离控制，两个最关键的课题是低压远控减压器和高压可逆电磁阀。在远控减压器方案论证中，最初提出的方案是研制一种伺服电机，经减速机构驱动减压器的调节螺杆进行远控调压，这样产生了电机防爆和结构技术复杂等一系列问题，经费投入也多。经过陈佩玲同志的认真探索，提出了用 2 个控制电磁阀来控制减压器内活塞腔的充气压力，形成不同的加载力以调节减压器的出口压力。电磁阀通过按钮开关远距离控制其启闭，从而达到远控调压目的。这一方案缩短了攻关周期，节省了研制经费，封闭在供气专业现有的技术基础之上，因而可靠性高。这一原理的突破也为今后中压、高压减压器的远控打下了基础。

冷氦增压系统是 CZ-3A 的一个新系统，开始任务书提出建设 1 个冷氦增压配气台，在论证过程中分析这样 1 个低温配气台要研制不少品种的低温阀件，如远控低温减压器，远控低温电磁阀，高、中、低压力的低温手动阀等。研制周期长，技术风险大，相应的试验费用多。经过论证，领导决策，最后采用氦配气台后加冷氦换热器、冷氦真空管路、冷氦连接器的方案。这样的方案经合练和遥一、遥二飞行试验证实，完全满足总体技术指标要求。

液氧加注系统论证中，采用固定罐泵式加注方案，其中液氧泵研制是关键。在液氧泵方案设计中，泵的效率和密封问题是关键。当时争论的焦点是采用机械密封还是迷宫式充气密封，在泵的设置上是卧式还是立式，综合了多种意见和权衡利弊，为避免机械密封冻死等缺点，决定采用现在的迷宫式充气密封立式方案。实践证明这种方案安全可靠，一次性研制成功，没有走弯路。液氢液氧自动脱落连接器在 CZ-3 任务中，经常出现密封件和轴套材料工艺质量问题而引起故障，使得可靠性降低。在方案设计中，设计人员提出为提高脱落和锁紧可靠性，增加备保系统。这一系统涉及锁紧和脱落的控制、配气及使用一系列问题。在采用/不采用备保问题上意见是相当分散的，出发点都是为了提高可靠性。经过认真讨论，考虑到连接器工作到射前一3 min，是影响发射可靠性的关键设备，采用备保可提高可靠性 30%，从总体上讲，有备保系统比没有备保系统好。从上面几个简单例子已经可以看出：方案论证、方案设计是至关重要的。我们的体会是方案应建立在现实的基础上，从实际出发，既积极又稳健，不同方案力求论证透彻，利弊摆得清楚。

5.1.2 充分做好方案性试验

CZ-3A 液氢液氧计算机测控系统在当前国内火箭加注控制技术中水平是最高的。在技术设计前做了大量的试验工作，诸如 PID 算法流量调节软件试验；微机站、控制机、开关量匹配试验；各种传感器、变送器和长电缆的匹配试验；控制和自控 15V 电压输入模块匹配试验；计算机自动控制转手动控制二级管隔离试验；计算机、质量流量测试仪、液面计匹配试验；计算机和数显表匹配试验等。通过上述匹配试验，解决了诸多棘手问题，然后进行具体的线路设计。冷氦连接器是新设计的一个产品，我们先后经过单管原理性试验、三管方案性试验、初样研制和可靠增长等四轮试验，最终达到了密封和脱落两个百分之百，在第四轮后再投入正式使用。

5.1.3 FMECA 工作

为了确保 CZ-3A 地面设备的设计质量和使用可靠性，我们进行了失效模式、后果与严重度分析。对一个型号的全部地面发射设备及系统进行分析，在 15 所还属首次。经过失效模式、失效原因、失效后果分析，对地面发射设备各产品存在的隐患和薄弱环节做到心中有数，设计中采取相应的冗余。此外，这次分析对确定发射前设备重点检查项目和发射前的预案制订提供了依据，相应采取的措施针对性也比较强。

5.1.4 搞好冗余设计

冗余设计是地面设备的看家本领，是提供地面设备可靠性的最重要手段。几乎绝大部分地面设备，尤其是临射前尚在工作的设备都采用了冗余。

5.1.5 提高系统设计水平

CZ-3A 地面发射设备是在 CZ-3 地面设备基础上进行研制的，但在技术上有了很大的提高，突出的一点是系统水平高。液氢加注系统采用改变液氢车挤压压力和调节管路末端节流阀开度的方法控制小流量加注，以及将发动机增压预冷过程中管路过热的液氢在射前补加时排放掉的两项措施，使液氢的补加时间和品质有了明显提升。为确保液氧品质，液氧系统除和液氢系统一样，采取将过热的液氧排放外，还增设过冷器使射前补加进入的液氧过冷到 81 K 左右，明显优于 CZ-3。为确保液氢箱、液氧箱射前增压的精度，防止停止增压后管路里的一部分高压气体进入贮箱，供气系统设计时采用了分步增压到位的措施，即先大增确保增压时间，然后小增确保精度的措施。为实现远距离自动加注，液氢、液氧、液氮加注系统上装设了“眼睛”和“耳朵”，由于广泛采用了传感技术，在控制间根据反馈信号能及时掌握各种阀门的开启和关闭状态，能调节各种压力和流量参数以满足程序的需要。冷氦系统除提供符合要求的低温氦气外，还设置了提高纯度的纯化器。液氢、液氧、液氮测控系统除实现自动控制外，还能进行手动控制，能通过工序键自动化控制外，还可人工单点干预。所有这一切使得地面发射设备可靠性和安全性有了很大的提高，在继承 CZ-3 的基础上，技术上有所发展和突破。

5.2 把握生产和安装阶段的质量

5.2.1 抓生产质量必须铁面无私

生产质量的控制对确保产品设计性能和产品可靠性起决定性的作用。地面设备生产厂家遍及全国各地，为确保生产质量，我们采取下厂监督生产质量。液氢、液氧加泄配气台，液氢氦、氮配气台从安装到使用从未出过任何问题，主要是生产过程中对元器件进行了严格把关，不合格的坚决不让装台。液氢铁路加注运输车生产中要不要坚持按有关压力容器和相关标准实施，一开始就和厂方有争议。我所工作组的同志坚持质量第一，并针对工厂忽视检验等情况，由技术处签发了“CZ-3A85m^3液氢铁路加注运输车生产质量控制要求”，专门由技术处负责同志下厂进行宣贯，并明确了设计方拟参加交验的 13 个项目。尽管如此，第二辆液氢铁路出厂时仍存在着调节阀入口法兰处泄露以及安全阀密封面有铜屑等问题。85-1 车贮罐的气相管与液相管接头处在遥二任务期间发生泄漏，排故时发现铅垫沿缝隙处挤出，不起密封作用；大四通结霜严重已破空，表观质量较差。

抓质量必须铁面无私，15 所生产的 8 个配气台由于元件质量问题给出厂和发射场安装带来很多问题，技术处就是不开合格证，坚持必须将发现的 14 个问题处理好后才开合格证。其中压力表漏气时隐时现、压力指示不准等质量问题属于批次性问题，全部退货，更换合格的压力表。1TY25-2 减压器批次性质量不合格全部退宁波厂返修。对未做典试或典试不合格的产品，严格按图纸技术要求进行典试。产品的生产质量问题迟早要暴露，上述液氢铁路加注运输车的问题瞒过一时，很快暴露也实属少见。外协产品质量差带有一定的普遍性，应继续引起重视。

元器件质量控制始终是我们重视的另一个问题。我们要坚持复验和筛选。液氢、液氧、液氮测控台所用的电子元器件按优选目录选用。对生产过程中发现的继电器质量问题要实事求是地分阶段、分关键部位进行更换。

在地面发射设备研制过程中，坚持产品质量评审。如我们在自贡氦压缩机厂出厂评审时，检查出了管路被油污染的严重问题；简阳液氮加注补加车出厂评审时，提出了包括汽车底盘在内的 14 个应解决的问题；杭氧生产的液氧罐评审时解决了液面计不准的问题等。产品出厂评审对于部外单位尤其必要。当前的质量形势要求我们把好评审关，这对产品最终完善是不可少的环节。

5.2.2 安装中有质量问题

地面设备是一次投产，多次重复使用，有的固定设施要用 10～20 年，因此安装期间的质量对当前和长远使用关系都十分密切。在安装中，发现设计协调上的薄弱环节，改进完善设计，改进管理，进一步发现生产中存在的问题。CZ－3A 安装中发现简阳生产的不锈钢接头材质有问题，管路施工质量不好。杭氧生产的液氧罐阀门及附件，在运输中没有固定，包装箱不严实，尘土污染了阀门，所有的不锈钢连接螺钉也没有带去。供气系统没有安装走向图，个别几根电缆不够长。调试中发现液氧罐汽化器与调节阀之间硬管没有考虑冷补偿问题，导致低温下汽化器阀与调节阀之间法兰处泄露，以及过冷器气枕偏小等问题。以上这些问题安装时能解决的都做了处理。

5.3 质量问题是财富

CZ－3A 研制过程中，我们进行 4 次质量归零工作。我们在归零工作中，不仅仅是对上面布置的、知道的问题进行归零，而且对自检中的问题也不放过。4 次归零工作，一次是三子级动力试车以后，对试车中 6 个问题进行归零；遥一后三期安装中，设备状态自检及遥一发射后，状态检查中存在的共 16 个问题进行了归零；遥二后对 52 个问题进行了归零。在 CZ－3A 队伍中，质量信息收集是比较容易，这和“质量问题是财富”的宣传工作有关，大家不把它作为负担。我们对一些质量问题也是抓住不放，务求彻底弄清。液氢、液氧加排连接器在合练中发现固定架变形，回北京后，分解检查有 2 个固定架断裂，我们用了 2 个月的时间，对连接器进行了失效分析、材料检测、故障复现、受力计算、动态应力测试，并按 8 种工况来做脱落试验。这 8 种工况有的是非正常工况，但操作错误会引起脱落，因此，这比实际脱落苛刻得多。经过上述各个环节的工作，最终做到原因清楚，结论明确，属于材料强度不够，采取加强固定架的措施。遥二期间液氢、液氧加排连接器自检中出现发讯异常，试验队抓住不放，穷追不舍，最后发现是批次性质量问题。工厂没有按技术要求订货，经检查 3 000 个干簧管，只有 18 个合格品，200 个只有 1 个合格品，以前一直存在隐患，且一直在用这批产品。液氮加注系统合练时发现过冷器液位灯不亮，换热器液位常亮的不正常现象。最初分析是液面计和变换器有问题，经检查没有问题后，又从电缆、电源、切换柜、微机系统逐一进行检查，没有发现其中的原因。数个月过去，在遥一前终于找到了原因，是过冷器的点式液位计变换器转接电缆18、19点短接，这种故障只有在过冷器和纯化器同时工作时才会出现。平时过冷器和纯化器液面单独检查，18、19点短接也不出现。同时工作时，两点短接，使纯化器的电路加了一个3.8V电压，导致纯化器的继电器吸合，发出三液位信号。原因查清，故障排除，大家很高兴。

故障有的比较直观，但有些故障属于隐性故障，给查找带来困难。但是故障分析工作对提高队伍素质、增长才干，是很好的机会。我们体会到一个技术指挥员，不仅要善于技术决策，还应善于领导故障分析和诊断。一个队伍，只有经过成功和失败正反两个方面锻炼，才能锤炼成一支过硬的队伍。因此我们体会到质量问题是财富。

5.4 发射场质量管理不能放松

发射场质量管理，之所以重要，有两方面的原因：一是前面提到的地面设备要多年多次重复使用，除少数因发射时火焰冲刷、烧蚀破坏需要替换更新外，大部分属于可维修系统。发射场的管理现状和各种地面设施所处的环境条件，在执行飞行试验期间，必须做状态检查，这样很多问题和故障是可以避免的。事后诸多遗憾，原因是没有检查到或者没有想到。发射场质量管理重要的另一方面原因是大部分地面设备在临射前尚处于工作状态，必须确保安全可靠。液氢、液氧、液氮、三子级供气系统和动力测试发控系统在临射前－3 min和－2 min尚在紧张工作，因此一定要检查好，使其具备高可靠性。为达到这一目的，我们的做法就是火箭和卫星技术中心测试的同时，发射中心要做好转场、测试、发射的各种准备。这些准备工作包括：参试设备的状态和功能检查，供气系统和低温系统的气密性检查，低温系统的冷调，监测系统检查，全系统联调，气、液、电准备及化验等。这些检查具体的要求是：真实，全面，不走过场，凡事能动作的必须动作；凡是能通电通气检查的，要做到通电通气；凡是能冷调的要进行冷调。我们认为，发射阵地检查可分为两个阶段：第一阶段要详查，我们叫“过筛子”；在此基础上进行第二阶段重点检查，即进行关键设备、关键点的检查。地面发射设备做了上述过细工作，圆满完成测试、发射任务是有把握的。

火箭发射的管理是一个系统工程，任何一个系统出现故障，必然牵连到方方面面，当外系统出问题，波及地面设备也是常有的。CZ－3A遥一延长3 min，就是因为地面氮气源压力不足，使得7个连接器不能按时脱落。此时液氢、液氧必须做到可靠地保持在三液位直到故障排除。因此地面发射设备在发射场的工作还要进行外系统可能出事的预想，并根据这种可能，提前做好预案工作，制定相应的对策。在这种情况下，往往是不能按照原规程进行操作。

发射场发现的一些问题，往往是我们事先没有认识到，如贮箱气检，置换后的放气，历来是沿原来进气的方向放气，反方向放气对过滤器能否承受没有考虑。冷氦连接器－2 min脱落后，发讯推迟2 min41 s才到，使发射前十分危急，原因是空调的热空气将冷氦连接器结成的霜化成了水，水流入按断开关，射前增压时的低温将开关冻住，导致脱落后不能及时释放。这种现象遥一时不存在，遥二时碰到了。在研制中我们没有想过这种环境条件，所以要重视发射场使用中出现的问题，完善我们的设计。

6　地面设备还存在着薄弱环节

虽然地面设备已经过合练和飞行试验的考核，但我们认为还有不少薄弱环节，需要做工作。

6.1　液氢加注系统还是采用固定贮罐方式为好

将运输和加注合一，使液氢铁路加注车辆搞得比较复杂，车上阀门、管路很多，在运输中由于车辆振动，阀门和管路上各种接头的环境条件比地面固定的要恶劣得多。而这些低温接头在振动条件下寿命有多长，我们还没有经验，也无法做试验。75 m^3 和 85 m^3 液氢车都发生接头泄露的故障，尤其 CZ－3A 85 m^3 液氢车在遥二任务期间发生泄漏，严重影响任务的执行，所以必须把运输车和储存加注任务分开，这样起码可以简化车辆结构，减少泄漏点，有利于提高车辆可靠性，避免发射时因车辆故障而影响任务的正常执行。目前的加注方式存在很大的隐患。

6.2　部分实验项目试验不充分，理论上分析也不够

由于地面设备受经费和时间的制约，有些项目试验不充分，如各种低温安全阀没有做可靠性试验。冷氦纯化器的低温吸附剂 13X 分子筛没有做过冲击粉碎性试验，无法确切知道它的寿命。纯化筒在高压、低温、高温下工作，其寿命可靠性又如何？液氢管路水锤现象如何解决，有待深化和进一步试验。低温管路接头在地面冷热交变使用中，密封性能寿命如何？在运输振动条件下，低温密封接头的可靠性和寿命等，都要进一步探索。我们目前的有些认识在很多方面还有待进一步深化。

7　结束语

CZ－3 地面设备系统历经 8 年，从 15 所立论到 1994 年遥一飞行试验近 10 年，成功来之不易，凝结了地面设备全体科研人员和生产人员的心血和汗水，是全体研制人员相互配合、团结战斗、努力奋斗的结晶。忆往昔峥嵘岁月，看今朝迈步从头越。

试论地面测试发射系统总体技术

（1997.4.16）

摘　要： 本文从系统基本观点和方法出发，阐明系统工程中总体地位。在此基础上进一步阐明总体工作的研究对象、工作内容、工作方法，总体人员应有的基本素质，具体技术工作内容与计划管理的结合点和不同点。

关键词： 火箭　地面设备　测试发射系统　总体技术

1　地面测试发射系统是航天发射场一个重要组成部分

航天工程技术结构复杂，规模庞大。以卫星发射技术为例，除卫星、火箭两部分外，还包括发射场技术、测试技术、海上测量技术等几个部分，每一个部分又由许多子系统构成。众所周知，火箭本身由箭体结构、导管活门、发动机、控制系统、遥测系统、外测系统等组成。CZ－3A 火箭控制系统的平台有 1 000 多个电子元器件，电子箱绝大多数元器件是二次集成，所以航天工程是一个巨系统。火箭发射还必须有一整套地面测试发射设备为其服务，涉及多种专业、多种学科，是发射场系统的重要组成部分，因此地面测试发射设备，也是航天发射工程系统不可缺少的子系统。

2　建立系统观（系统思想）是认识总体工作的关键

系统观是马列主义的方法论。恩格斯早就在《路德维希·费尔巴哈和德国古典哲学的总结》这部著作中，根据自然科学发展的内在规律提出了科学的系统思想。恩格斯指出，物质世界是由无数互相联系、互相依赖、互相制约、互相作用的事物和过程所形成的统一整体。这就是关于物质世界普遍联系及其总体性的思想。它是辩证唯物主义的核心，也是现代科学系统观点的精髓，也是地面测试发射系统总体工作的理论基础。

地面测试发射系统，由发射、瞄准、吊装运输、加注、供配气、供配电、空调、消防等专业设备和多种勤务系统组成。这些专业本身又自成系统，它们既互相独立，又互相联系。但是，我们总有些同志建立不起这个系统思想。表现形式之一是强调自己的特殊地位；表现形式之二是认为总体工作可有可无；表现形式之三是要求总体服从分系统，别人服从自己，强调分系统的地位高于总体；表现形式之四是口头上承认系统观，但把系统思想具体运用于某个领域（方面）又是另外一回事，缺乏自觉性。因此我们周围总有些人，自觉不自觉地不接受总体，不理解总体，认为总体工作是不需要的。

这种不接受，不理解，甚至不需要的思想导致工作效率低，从而使系统从原来的无序状态变为有序状态的过程产生了不必要的延长。在人际关系之间有时还会产生很多矛盾和隔阂，以致影响工作。当然总体工作人员缺乏应有的素质和科学的工作方法也会影响和分系统的关系。但是当前主要的倾向还在于忽视总体工作。所以，在讲总体技术工作之前，先论述一下系统观点和方法是非常必要的。有了鲜明的系统观点，总体工作的地位也就容易确定。

3 系统思想的基本观点和方法

3.1 系统的普遍性

自然界和人类社会都有多层次系统，系统无处没有，无时不在，任何一个人都自觉或不自觉地在一个系统内工作。军队分师、政、后。一个单位党政部门是一个系统，行政部门是一个系统，科研生产是一个系统。一个系统总是属于另一个更大的系统，这个系统自身又由许多小系统组成。15所是地面测试发射设备研究所，研制的设备是发射场的组成部分，从归类看就是发射场系统的一个子系统。地面设备内部有很多专业，每个专业又是一个子系统，甚至这个子系统的设备本身就是一个系统。这就是上面说的系统的普遍性和系统的层次性。

3.2 系统划分的相对性

社会和自然界都是一个多层次系统，每个系统在大系统中都有一定地位和作用，系统划分又具有相对性，取决于研究对象和管理的需要，随着研究的深入和管理的发展，系统会出现新的调整。从管理深度讲，对于一个系统结构层次的多少会反映出管理工作的效率，在商业系统有利于创收，在研究单位有利于出成果，在生产单位有利于出产品和提高生产力。系统的划分必须科学、客观地反映事物多因素、多变量、多层次交互作用的复杂关系以及系统内部的、复杂的因果关系和质变、量变关系。总之，系统的划分在一定时期、一定阶段必须遵循一定的客观规律，系统层次多了不好，少了也不好。

3.3 系统内外的联系性

既然一个大系统是由很多次系统组成的，这就决定了系统内部和外部环境之间互相联系，互相作用，互相对立，因此必须处理上、下、左、右的内部关系或者说纵向和横向的关系。

我们以发射台为例，发射台的任务是支撑火箭，赋予火箭以射向，对火箭进行垂直度调整，连接火箭发射所需的多种附件。发射台要完成这一任务又离不开瞄准设备和火箭的配合。加注系统的任务是定时、定量、安全可靠地完成火箭推进剂的加注，但是要完成这一任务又离不开供配气系统、动力系统和地面勤务系统的配合。所以我们一定要树立这样一种观念，任何一个系统都不是孤立的存在，系统是系统内部和系统之间互相作用、互相联系的对立统一体。我们研究系统必须是整体的、内外联系的，而不是孤立的考察系统。

3.4 系统的整体性

系统方法就是从系统的全面出发，我们既要研究系统各部分，又要研究系统各部分之间、整体和环境之间的协调与配合。整体性就是全局性，全局利益高于一切，为了全局也可能牺牲（舍去）某一局部利益。就设计而言，我们先研究各子系统（小系统）某个方案最优，大系统选取时有可能有些子系统不取最优方案，而是次优方案。

地面测试发射系统的研制就是考虑整体协调，整体最佳。我们追求系统（整体）在一定阶段、一定程度上的完美统一。CZ－4A 是常规三级运载火箭，研制初期经费比较紧张，地面设备系统基本上沿用原二级火箭的发射、加注、配气设施，确保了飞行试验的成功。CZ－3 也是一种三级运载火箭，但第三节采用液氢和液氧作为推进剂，推进剂的低温特性使加注、供配气系统必须研制一套全新设备，以达到预期的目的，完成加注和补加任务。

3.5 环境适应性

任何系统都在一定环境下生存、发展。任何一个系统的生命力与周围环境相互依存，相互作用，相互制约。如我们研制的铁路车受到涵洞和桥梁的制约，运输卫星用的卫星密封容器受到塔架大封闭空间和底板承载能力的限制，CZ－3A 研制的液氢铁路车容积受到转向架承载能力的制约。所以系统整体性考虑的往往是需要，而适应性偏重于可能。

3.6 系统的发展性

叙述了整体性、环境适应性，再谈系统的发展性就容易理解。环境是变化的，整体最优秀也是相对的。随着科学技术不断发展，系统也在不断地改变。我们的研究、我们的设计就要适应这些变化的环境、不断发展的技术，因此系统和周围环境的物质能量、信息进行不断的交流。系统具有开放性，不断适应这世界的变化以求得生存和发展。CZ－3A 和 CZ－3 火箭一样，都是采用液氢和液氧作为三级推进剂，但与 CZ－3 加注系统相比，的确上了一个很大的台阶，原因是 CZ－3 研制初期计算机还未采用到控制方面，所以加注采用可靠性较高的二极管矩阵控制网络。但进入 80 年代，计算机技术的发展在控制领域已开始采用，所以 CZ－3A 研制初期我们就明确提出采用先进的计算机进行加注控制。自然界和人类社会的发展是从低级到高阶，科学技术的发展也是从低级到高级。系统的发展还体现了系统在时间、空间或功能上的动态。但是这种动态不是无序的，永不停止的。系统的任务是使系统从无序走向有序，从不平衡走向平衡，最后达到预定的目标，出现相对稳定。当然系统结构上的开放，不平衡是绝对的，系统结构上的平衡和稳定是相对的。

4 地面测试发射总体技术研究对象

总体工作的主要研究对象，是各种不同型号火箭地面测试发射技术的共同规律和方法，以确保型号战术技术性能得到最佳的发挥，同时总体也探索火箭地面测试设备的特殊方法及技术。不同型号，如CZ-2系列和CZ-3系列，在发射方式和配套项目上存在许多共性，我们研究它们并从中找出规律和正确的方法，提高研究工作效益。

我们这一代人在一些老专家的指引下，已经经历了众多型号的研制，积累了较丰富的设计经验。总体完全有能力克服专业不同、知识结构不同、经验不同、时代不同而导致的看法不同。几十年的磨合，也使得总体工作从摸索阶段步入正轨阶段，有它自己的规律。地面测试发射技术研制程序的编制就是由经验向理论升华的一例，不同型号地面设备可以进行配套分类又是一例。当然不同型号也有其特殊性的一面。CZ-3采用低温三级，和CZ-2相比，有许多不同的特点，相应的地面测试发射设备系列也有一些质的差异。因此，我们还要研究它的不同点，当然在系统内部又可找到它们的共同点。

5 总体工作研究内容和任务

有了系统观点，明确了工作的研究对象，总体工作的研究内容就比较清楚。地面测试发射总体不同于专项设备或子系统总体，它不是一个具体产品的总体设计，而是发射火箭所需的地面测试系统的总体。它的工作是总体设计，要完成各种专业的功能综合，通过论证设计以达到发射测试技术的最佳求解，得出系统方案最优。

5.1 型号研制初期论证工作

5.1.1 发射方式论证

这一阶段就火箭而言，我们要制定它的工艺流程，包括从承制厂运送到发射基地，从基地测试中心运送到发射场，在发射场（发射点）又如何发射。在论证中，要盯住国外先进水平，要从技术先进、性能充分发挥、缩短发射周期和发射可靠性等方面综合比较。最后由事先研究的综合评价指标确定出最优方案。

5.1.2 总体方案论证

地面设备总体要根据国家对型号的总的技术指标要求，确定火箭使用原则，明确设计指导思想，制定总体级各分系统方案。方案论证初期往往会有多种方案，譬如DF-5导弹的发射方式，一开始论证时有铁路机动、公路机动和固定地下井方案，后来比较的结果，因火箭过长，机动不可能而被淘汰。所以我们应进行筛选，优选出1～2种方案或技术路线，供上级进行决策。

方案选择原则：

1）从航天技术长远发展规划的角度和后续任务衔接等方面进行选择。在这一阶段将逐步明确地面设备必须攻关的关键技术、关键课题、技措项目和配套项目。

2）从地面设备生产制造技术和试验基地工程设施方面进行选举。

3）经济承受能力。

4）技术指标实现可能性。一旦上级批准地面设备总体方案和发射方式，总体工作就进入下一阶段。这阶段在充分论证基础上，统一目标，统一思想，最终进行全系统的综合、平衡、协调，以求方案的协调和优化。

5.1.3 技术经济可行性论证

这一阶段的任务是紧紧围绕着型号相适应的地面测试发射的技术方案、研制阶段、技术状态、试验项目及保障条件等进行。分析型号使用技术性能，确定设计指导思想，并对各种可能系统方案和分系统方案进行技术经济摸底，排队调查。技术经济可行性的主要内容应包括科研试制经费、技术改造经费、基本建设经费、对外技术引进、技术合作等所需经济费用。

科研试制费包括可行性论证、方案论证、方案设计、产品初样研制、产品试样研制到发射的全部经费。其中包括新材料、电子元器件等协作配套方面所需的经费，非产品型的技术软件所需经费。

技术改造费指新型号研制必须增添的关键工艺设备、仪器和土建项目经费。仪器包括自制、国内购置和国外进口的应有仪器。

基本建设经费主要指新型号研制所需新增基建项目经费，包括土建工程及配套工艺设备仪器等经费。

技术经济可行性论证和型号研制程序的阶段、进度要求、技术方案等因素密切相关。不同技术方案经费和研制周期不尽相同。所以技术经济可行性论证应包括几种不同方案的经费和研制周期的对比，以便国家进行综合比较，最终做出抉择。

5.2 参加型号战略发展规划的制定（略）

5.3 提出各分系统和单项设备的设计任务书

设计任务书是分系统和单项目设备的设计依据，应坚决贯彻总体的指导思想。任务书力求全面、正确、内容翔实，不能有所遗留，更不能有错误，一般任务书应包括下列内容：

1）任务来源和依据；

2）设计指导思想和方针；

3）设计条件（用途、功能、环境、尺寸、质量等）；

4）性能参数；

5）生产数量；

6）系列化要求；

7）操作性和维修性要求；

8）可以采用的新技术、新材料和新工艺；

9）可靠性指标要求；

10）经济型指标要求。

5.4 配合分系统方案设计和技术设计

地面测试发射系统是一个子系统。设计任务书下达后，总体承上启下配合各分系统方案设计。总体对任务书在方案过程中满足情况进行监督，对火箭总体可能进行的修改进行协调并反映到任务书中。同时，对分系统设计中发现任务书不完善部分或提出更合理的意见进行反馈，适当时候进行完善。

5.5 编写总体各种文件和编制有关图纸

总体的技术文集除任务书外，还有技术配套表、文件配套表、合练大纲、合练细则、分系统和设备的工艺土建要求，地面测试发射系统可靠性指标分配和可靠性评估，总体方案论证报告，总体方案报告，协调文件等。

5.6 技术协调

负责地面测试发射系统和火箭、发射场之间的技术协调。

6 总体工作方法

6.1 定性和定量结合

在长期的型号实践中，总结和归纳的技术、策略和方法叫做定性方法。定性方法有可能信息不完全，数据不精确，在方案比较时常常用好、较好、差求得问题的圆满回答。定量是依靠建立数学模型采用推导和计算。这种方法具有解的唯一性。采用定性和定量相结合的方法，取长补短是方案比较中经常采用的求解方法。

6.2 分解和联合

分解是将系统分解为若干简单的小系统，先单独研究和解决得出各系统的局部最优化。再经过协调，在各小系统局部最优解、相互配合的基础上，求解系统的全局最优。在此基础上再排队，解决各小系统之间的各种矛盾（冲突）。总体设计从系统合理性、技术先进性、经济适用性等全局出发，很好地与小系统（或单相设备）协调和合作，进行综合，以及实现系统和全局最优。在综合过程中，有可能放弃某一、二个子系统的局部最优，以获得系统的稳定和可靠。所以分解—联合方法，常用于求解系统的最优和稳定化。

6.3 有目的提问法

将注意力集中到问题上来，比较各种设计主张、意见和方案对所提问题的答复，从中比较，哪种最适用，最可取，这也是常常使用的方法之一。

6.4 分工和合作

地面测试发射系统是多种学科、多种专业的结合。有些单项设备涉及多种学科知识，往往是机、电、液的组合，在处理这种知识范围广而复杂的任务时，分工是很好的办法。

6.5 技术抓总（略）

7 总体人员的基本素质

7.1 合作精神

我们的事业是成千上万人的劳动结晶。在这样一个大集团中，每一个成员相互之间的合作精神是至关重要的。一个极其和谐的气氛，相互间良好的合作，就会产生出巨大的生产力：出产品、出成果、出效益。总体人员比一般工程技术人接触的面要宽。在工作中，用良好的合作风范，推动工作是十分有益。

7.2 原则性和灵活性

总体人员的原则性是非常重要的，因为站在系统的抓总位置和连结点的位置，总体人员的原则性应表现在下列方面：

1）技术性能指标的明确性和不可改变性；

2）研制设计指导思想的坚定性；

3）整体最优的原则性；

4）质量与安全的第一性；

5）设备可靠性。

但是总体人员在一些具体问题上应体现出相对的灵活。要善于采百家之长，在可这样可那样的情况下，要充分调动分系统人员的积极性，尊重分系统和设备技术人员的意见。

7.3 富有协调能力

由于总体工作的特点，在型号研制全过程中，协调工作量多、面广。因此方案论证阶段的纵向和横向协调、方案设计阶段的性能参数协调，工程设计阶段的内外协调和接口协调都要与单位和个人接触打交道，富有协调能力是总体人员的一种看家本领。

7.4 诚实

人的思维差错是不可避免的，一个最细致的人也难免在工作上失误。而对失误或考虑欠周最好的办法是承认，而且公开认错，那么任何一个人决不会因坦诚而得不到别人的理解，反而会得到更多的合作伙伴，因此诚实是有力量的表现。

7.5 创造性

技术发展到今天，已进入相当高级阶段。如果说牛顿、爱因斯坦等伟大科学家在多方面有造诣的话，那么20世纪和21世纪不可能产生这些典型的科学家，因为现代科学技术的综合性、复杂性和学科间的交叉性，决定了人们只能在某一方面推动科学技术的发展。

众多的发明于一身的时代已不存在。但是人们创造性的劳动，在前人的事业基础上的继续开拓从来没有停止，任何无所作为、无所进取的观点是不对的。一个总体人员在自己所从事的系统中，创造性的思维比墨守成规贡献要大得多。

一个好的总体人员不仅自己要有创造性，而且要善于调动系统工作人员的积极性和创造性，使得系统工作人员最大限度地发挥他们的天分和工作才能。

7.6 平等精神

尽管有少数人没有从系统工程的观点上看待总体工作，不了解总体工作，但是总体工作的地位是客观存在的。有些同志不接受总体工作的另一个原因是：一些总体人员在具体工作中缺乏平等思想，在具体问题处理过程中和协调工作中，不能平等对待分系统工作人员，有些盛气凌人，把总体工作处于系统顶层位置，不恰当地看成高人一等。因此总体人员在协调工作中要有修养，应当平等待人。

8 总体与计划的结合点和区分点

总体与计划是两个性质不同的工作。前面讲的总体任务都是技术性的，当然也有一些属技术管理性的，而计划则是纯管理性的。总体是解决系统合理分割，解决系统之间的连接性和共同目标性，使系统从无序状态逐步达到有序状态，完成这一阶段的任务和目标。总体要不断调整系统内部结构；而计划是监督某一阶段任务的完成，是任务调度的调度，力量的调研和组织，纯属管理性工作。计划工作本身有一些专门知识和学问。总体工作和计划管理工作任务性质不同，产出形式也各不相同。总体工作和计划工作的结合是通过计划以实现总体和分系统任务的完成。总体工作的有关任务（书）通过计划下达到分系统和各单项设备。

9 结束语

今年是建院 40 周年，航天总公司加强总体的决策，我认为是科学的正确的决定，是科学系统在体制上的体现。在建院 40 周年前夕，总结多年的总体工作体会发表这篇文章，期望 15 所总体工作确实有所加强，总体人员素质确实有所提高。愿航天事业更加大步向前迈进。

大型运载火箭地面发射支持系统发展展望

（1999.9.30）

摘　要： 文章简要地回顾了我国运载火箭地面发射支持系统的研制概况和取得的成就。中国国家航天局局长栾恩杰在联合国外空委员会上讲到中国将重点发展廉价、无毒、无污染、高可靠的大型运载火箭，本文提出了我国21世纪大型运载火箭地面发射支持系统的发展思路和框架、支撑技术和关键课题。

关键词： 大型　运载火箭　地面发射支持系统　展望

1　简要回顾

自1970年4月24日成功发射东方红一号人造卫星至1998年，我国发射了49颗国内研制的人造卫星，29颗国外研制的人造卫星。15所参与了所有运载火箭的研制、全部国内外卫星的发射以及国内3个卫星发射中心的建设。我们研制的地面发射支持系统满足了各种运载火箭测试、发射任务的需要，圆满完成了历次发射工作。

世界各国的运载火箭地面发射支持系统的发展都走了同一条道路，都是从初期的战略导弹发射支持系统演变而来。我国第一颗人造卫星所用的发射支持系统，几乎全部是借用导弹的地面发射设备；随后的返回式卫星也是大部分借用的，且在导弹同一发射工位进行发射；CZ－3因为采用低温三级，因此围绕低温三级研制了一整套低温加注系统；CZ－3A发射东方红三号通信卫星，除低温三级液氢液氧加注量增加一倍外，由于火箭采用先进的冷氦增压系统，使地面支持系统相应增加了一整套全新的液氢液氧加注设备和冷氦增压设备，液氢液氧采用的重大新技术有：液氧固定贮罐及泵式加注技术，液氧加注过冷技术，液氢液氧加注微机控制技术，高压、低温自动脱落连接器技术，氦供气系统换热及纯化技术；CZ－2F运载火箭上架方式从原来的积木分体式变为先进的“三垂”方式。

航天工程系统是一个巨系统，它既包括火箭、卫星发射时必须的各种地面设施及地面设备，也包括平时发射中在火箭和卫星测试、修理、指挥、日常维护所必须的全套设施及设备。

中国国家航天局局长栾恩杰在联合国外空委员会上讲到“中国将重点发展廉价、无毒、无污染、高可靠的大型运载火箭”。为此，我们将在21世纪研制满足未来大型运载空间技术发展的地面发射支持系统。

2　我国未来航天地面发射支持系统发展思路

1）充分利用现有型号和现有发射场的地面设备、地面设施，改进其薄弱环节，充分挖掘其潜力，提高发射可靠性，为发射多种有效载荷服务。

2）开展建立新型沿海发射场的论证工作。

3）与未来大型运载火箭同步论证，使地面发射支持系统在性能上、功能上、协调匹配上适应火箭的需要，做好前期支撑课题的研究。

4）在现有的低温系统框架上，大力开展全新的低温系统地面设备安全性和可靠性设计。

5）选择有限重点目标，吸取国外航天地面支持设备的先进技术，缩小与国外差距。

3 发射支持系统支撑技术及关键课题

3.1 开展自主的牵制同步释放发射系统的研制

我国运载火箭与发射台的连接，历来采用非强制式牵制方案。当加注推进剂及精瞄结束以后，即可解除火箭与发射台的连接，这种方案随着我国载人航天和火箭故障诊断技术的发展受到了挑战。为确保载人航天的安全和防止火箭点火后，故障火箭飞离发射台，可远控自主式牵制发射装置是应该加速研制的。美、法、日等西方航天大国无一例外，均采用这种技术，且西方国家火箭多次在点火后终止发射，都是自主式牵制机构发挥了作用，避免了故障火箭的起飞，防止了重大事故的发生，减少了经济损失、信誉损失和人员伤亡。

美国曾先后采用两种形式的牵制发射装置：一种是以土星系列为代表的机构爆炸复合型牵制方案，另一种是以航天飞机为代表的单一爆炸释放型分离螺栓（螺母）。法国阿里安火箭采用的是机构爆炸复合型方案。

我国将开展新一轮的论证，在吸取国外成功经验的基础上，结合我国火箭的尾段结构及非自主式使用经验确定合适的方案，而远控爆炸释放型分离螺栓（螺母）方案应成为首选方案。

3.2 大流量，高扬程远控低温加注系统

3.2.1 液氢、液氧加注补加方案可行性论证

由于大型运载火箭加注量的增加，传统的加注和补加方式满足不了要求，为此要建立适应新要求的加注——补加方案，以正确处理加注速度、加注精度、加注安全、加注和补加时间带来的多种矛盾，这方面核心问题如下所示。

（1）液氢加注流量调节方案

世界各国液氢加注无一例外，采用挤压加注。加注速度和加注时间通过调节挤压压力得以实现，也可以使挤压压力不变、通过改变管路阻力的节流调节方法得以实现。节流调节又可采取多种方法。因此新的流量调节方法，在系统上如何实现，是应充分论证的。

（2）液氧加注流量调节方案

液氧加注可采用泵式加注，也可采用挤压加注，也可兼而有之。如大流量采用泵式加注，小流量采用挤压加注。而泵式加注调速方案可分变频调速和变速调节。加注时流量可

调是低温推进剂必须考虑的。要达到加注流量平稳地变化使泵处于高效低耗，必须充分论证，择优而定。

(3) 多级同时加注和补加

随着有毒、有污染推进剂的消亡，各级火箭均采用无毒、无污染推进剂，对低温多级火箭传统的分级加注已不适应。为缩短加注时间，减少加注时的人员疲劳，缩短火箭在发射场停留时间，减少推进剂的损耗，同种推进剂多级同时加注方案值得考虑。为提高推进剂品质，减少两相流，补加管路与主管路分开是有好处的。为此新的低温加注系统应研究一个可能的完整的方案以确保安全、可靠、定量、定时的要求。

(4) 发射基地建立液氢、液氧生产厂

这是新型大运载火箭的必由之路，也是世界航天基地采取的最经济、最安全的办法。发射需要时，生产液氢和液氧，平时可生产民用需要的其他化工产品。

3.2.2 支撑性课题

3.2.2.1 大流量长寿命低温真空绝热阀门的研制

目前我们使用的真空球阀口径小，绝热效果差，结构上还存在着憋压等缺陷。为此，我们正在开展新一轮的大流量可远控低温真空阀门的研制。可以预见，这种阀门将在21世纪低温系统上被采用。

3.2.2.2 低温真空绝热管路系统方案论证

由于液氢液氧的低温特性，世界各国贮存容器均远离发射台，从推进剂库到火箭，管路少则300～500 m，多则上千米。为此，低温真空绝热管路方案的优劣涉及漏热多少、寿命长短、维修方便及安全等一系列问题。管路是分段式螺栓连接还是整体式焊接各有利弊，为此应予以论证和研讨。

3.2.2.3 管路真空封口阀门的结构研究

我国目前管路抽真空封口阀门的结构原理是利用负压原理。这种密封方式受密封圈材料、密封圈质量、安装工艺、安装人员水平等的影响，安装以后无法检查其质量情况。为此，应进行结构上的改进，重新研制新型真空封口阀。

3.2.2.4 低温大口径自动对接自动脱落连接器

目前，我们研制的ϕ 75 mm口径自动脱落连接器尚不能自动对接，口径也小，满足不了今后的运载火箭发展的需要。另一方面连接器一旦脱落后，火箭出现故障，目前的连接器不具备自动对接功能。而排故障时，连接器必须首先对接，及时打开箭上放气活门，并泄出推进剂，如无远控自动对接连接器，排故时人到发射塔上去做各种工作，人员的安全、发射场的安全就无法保证。因此，我们将研制大口径自动对接、自动脱落连接器，解决这一难点。

3.2.2.5 集成式加注供气连接器

我国运载火箭连接器的数量之多，在世界上是独一无二的，尤其是捆绑火箭和低温三级火箭。如CZ-3B运载火箭，各种连接器多达39个，无疑降低了发射可靠性。一旦有一个连接器脱落不了，发射就无法进行。因此，应改进这方面的设计，在箭体加注、供气口改进位置与减少数量的前提下，设计集成式加注供气连接器是提高发射可靠性的最好出路。

3.2.2.6　进一步改进、完善目前采用的远距离自动测控加注方案

CZ－3B系列火箭，液氢和液氧、液氮已采用远控远测方法实现无人加注。但相对距离比较近，设备技术相对落后。21世纪拟采用分布式测控系统，它可由前置设备、通信电缆、测控中心等组成。前置设备主要由各种压力、温度、流量和液面传感器、变换器、测控微机、电源等组成。远距离测控中心由监测微机、图形微机、控制台及电源等组成。新的测控加注方案将有良好的扩展性和延伸性，可统一上网，也可分享网上资源。

3.2.2.7　研制大流量高扬程液氧泵和煤油泵

目前，CZ－3A系列的液氧泵流量仅1 000～1 500 L，为提高新型运载火箭加注速率，要研制3 000～5 000 L/min高扬程液氧泵，新的液氧加注将采用双机并联的新方案，以缩短加注时间。大流量煤油泵我们尚未研制过，这又是一个新课题，要开展可行性论证和方案探讨。

3.2.2.8　研制大容积真空绝热球罐

目前，CZ－3A系列采用的液氧贮罐为45 m^3，液氢为运输和贮存、加注合一的多功能液氢铁路运输车，远远满足不了发展需要。为此要研制特大型的球形贮罐，一方面将运输和加注功能分开，另一方面球形罐在同体积情况下表面积最小，可减少蒸发损失，节省经费。当然，这在工艺上和设计上都将遇到很多新的技术问题，但是将推进我国低温贮罐向国际先进水平靠拢。

3.3　可远控低温供气系列阀门

在CZ－3A系列火箭研制中，我们成功地研制了一系列高水平的气动元件，诸如低压远控减压器、手电动远控电磁阀、双向高压可逆电磁阀、长闭二位三通电磁阀等。但是我们还缺乏能耐低温的、长时间可远控的减压阀和电磁阀、高压气体流量计等。在新的一轮研制中，将开展这一方面的研究和攻关，以填补其空白，将供配气专业水平推向一个新的高峰。

3.4　新型运载火箭的运输方式研究

目前，我国运载火箭的最大直径为3.35 m，世界上航天大国运载火箭直径都比我们大。如果新的运载火箭直径大于3.35 m，目前铁路—公路运输方式将无法解决从承制厂到发射场之间的运输问题。解决大直径运输有三条途径：一是建立沿海发射场，从海路予以解决；二是从空中运输，像美、俄那样采用飞机驮运或将火箭置于机身内装运；三是将总装厂建在发射场。飞机运输我们要研究的主要课题：

1）驮运结构及过载研究；

2）驮运和装运环境条件研究。

4 建立沿海发射场

目前，我国有3个航天发射场。发射高轨道同步通信卫星的只有西昌卫星发射中心，但它有很多不利条件，其发展受到地形、雷雨、航区、落点等制约，所以要持续发展我国航天事业，保持我国航天大国的地位，使航天事业发展不受发射场的影响，提高商业竞争能力，开展建立沿海发射场的论证时机已经成熟。我们要吸取世界航天大国发射场的成功经验，特别是近年来发射场发展的做法，并为今后发展留有余地，变单一发射任务模式为发射—装配—维修一体化模式。做到既能执行火箭发射，又能成为旅游、科教的场所，其设施充分考虑发射任务和平时民用工业相兼顾，能充分发挥设备和设施的经济效益。一旦沿海发射场建成，我国火箭运载能力将得到进一步的提高，大直径火箭运输问题也将变成可能。

浅谈牵制释放发射技术

（2001.5.25）

摘　要：本文分析了国外火箭牵制释放发射技术装置的设计特点和设计要求，对其结构进行了综合研讨，在此基础上归纳了国外牵制释放发射机构的8点设计要求。文章提出了我国新一代运载火箭型号强制牵制释放机构的设计思想和设计条件。

关键词：火箭　发射技术　牵制释放　地面设备

火箭的牵制发射是世界各国均采用的一种发射技术。几十年来，我们已经收集到了美国、英国、法国、印度的一些关于牵制释放技术的情报资料、专利及一些规范。日本、俄罗斯也有这种技术。牵制释放发射技术分为强制释放和非强制释放两大类型。美国的土星Ⅰ、土星Ⅴ、大力神和宇宙神火箭虽结构不一样，但均属于强制释放；法国阿里安火箭系列延用同种类型的强制释放机构；英国兰光火箭牵制机构类似于美国宇宙神火箭的牵制机构；我国一直沿用的是非强制释放发射；俄罗斯两种方式均被采用，质子号、天顶号采用的是强制释放技术，联盟号采用的是非强制释放技术。

1　国外牵制发射装置的特点和设计思想

1.1　特点

1）国外发射装置都十分庞大，土星Ⅴ仅支撑臂长3.04 m、宽1.82 m、高3.35 m、质量20 412 kg。H－ⅡA火箭发射台长25.4 m，宽22 m，高7 m。阿里安火箭装置同样十分高大。运载火箭发射装置如此大，一方面和火箭的质量和尺寸有关，另一方面和火箭支承部有关。国外火箭发射装置集支承、牵制、释放功能于一身，牵制发射技术总是和发射台支承臂一起报道，其实结构并不十分复杂。另外国外火箭由于采用箭上自瞄，所以发射装置均无回转功能。我国运载火箭发射装置具有支承、回转、垂调、牵制、释放功能，但总的规模相对比国外运载火箭发射装置要小一些。

2）国外牵制装置设计是充分考虑了牵制释放的可靠性，解决的途径是关键点搞冗余设计。如大力神Ⅰ火箭，采用的是爆炸分离螺栓，每枚火箭用4套螺栓，每套有2个平行布置的螺栓互为备份，只要有1套起作用，就能安全可靠地释放牵制机构；美国宇宙神牵制释放机构把冗余技术应用到起稳定作用的液压系统中，保证在液压系统失灵时，仍能继续工作；阿里安火箭牵制释放技术中机构型和爆炸型互为冗余；土星Ⅴ当牵制臂释放系统失效，如分离器在0.18″内没有释放，则炸开爆炸螺帽的连接使其释放。

3）牵制机构释放时，过程受控，防止过早释放。土星Ⅴ火箭点火后，上升15 mm才完全释放火箭，宇宙神导弹点火并达到额定推力后，牵制臂的气压式作动筒逐渐升起数厘米，然后作动筒泄压到零，火箭离开发射装置。俄罗斯质子号火箭，点火起飞上升20 mm后，才完全释放。阿里安火箭从－6″进入同步发射程序，此时做各种射前各种参数的最终测试和检查。正常后，0″点火，3″～4″才最终释放火箭。

1.2 国外牵制释放技术设计要求

1）火箭牵制释放必须全过程受控，待火箭各系统参数正常后才释放火箭。火箭牵制释放是一个过程，国外牵制释放过程分三个阶段：第一阶段为点火前判定箭上各系统及参数是否正常，例如低温级的液面，控制系统的电源参数，有效载荷各系统及参数是否正常；第二阶段是点火后判定发动机推力是否达到额定值；第三阶段则是牵制释放。第三阶段时间最短，火箭开始起飞，正常则释放，不正常则紧急关机。这三个阶段互相关联，阿里安火箭系列是10″。在第三阶段中，火箭逐渐升高直至完全释放，从而避免突加载荷对火箭及有效载荷的瞬时冲击。

2）牵制释放控制程序必须自动进行。以阿里安火箭为例，同步发射程序由阿里安中心2台并联的计算机系统进行，在－4″自动释放系统的逻辑程序器开始工作，并按预定程序发出定时脉冲，直至火箭离开发射装置（台）。

3）发射装置上装有测量推力、导弹的质量等测量系统。测力传感器精度0.5%。

4）牵制发射装置应能承受火箭牵制时的负荷、发射时的热负荷，紧急关机时突然下降运动的冲击力。

5）牵制装置操作简单、准确。

6）牵制装置必须绝对安全可靠，该释放时必须准时释放，不该释放时必须牢牢地将火箭固定在发射装置上。爆炸释放时不得损伤火箭。

7）当支点不在火箭尾段时，支承臂在释放时应后倒，以让出通道，使火箭安全无障碍地飞离发射装置。

8）不同火箭牵制点数量不同。为防止初始飞行姿态的失控，牵制装置必须做到同步释放。

2 国外牵制释放机构的组成分析

前面已经讲到，国外介绍牵制释放机构的时候，往往将支承、牵制、释放一起介绍，实际使用时，它们往往设计成一体，所以显得很庞大。我国发射装置的设计已有40多年历史，火箭的支撑、垂直度调整、方位回转技术上相当成熟。为此，我们分析一下国外众多的牵制释放机构是有益的，国外牵制释放机构组成由两个系统组成：一个是牵制，一个是释放。牵制和释放两个系统也有做成合一的。牵制的结构和火箭连接部位密切有关，因此各种火箭牵制结构不完全相同，但彼此经过充分的协调。释放的方式和牵制预紧力的力源有直接关系。土星牵制臂的连杆结构释放是由缓释销完成；大力神是爆炸分离螺母和双头螺栓，宇宙神导弹牵制臂是A型框架，释放是牵制释放气缸使牵制销从火箭上拔出，阿里安火箭和兰光火箭牵制臂均由液压缸筒和主连杆组成；印度采用开口套筒夹紧和液压系统牵制火箭；美国航天飞机的牵制采用易碎螺母和牵制双头螺栓。在众多的牵制和释放机构中有哪些基本的要素呢？

1）牵制力的力源选择设计——气动力，液压力，还是机械力？

2）火箭和牵制机构的连接结构设计——销接、压接还是螺接？

3）缓释方案设计——缓释销、液压阻尼、气动阻尼还是机械阻尼？

除了以上3个要素外，如果火箭支承在腰部，为避免起飞时火箭尾端碰撞牵制机构，支承牵制臂在火箭起飞时要后倒。这样就存在第4个设计要素。

4）支承牵制机构（牵制臂）后倒方案设计——机构、气动、液压、气动机械混合型还是液压机械混合型方案。

应当指出的是大力神和航天飞机、H2火箭采用的是爆炸螺母和双头螺栓牵制方案，这种方案没有谈到缓释，这意味着火箭能够承受突然释放对火箭和有效载荷的瞬时冲击，这是一个很值得研究的问题。火箭在飞行中的过载有时很大，如遇到高空风切换、三级二次点火等，若能不考虑缓释，牵制释放机构中的要素就又少了1个，设计机构也将简单，越简单，可靠性也越高。

另一个值得研究的是牵制点问题，如果牵制点位置在尾端支点，像CZ－3A、CZ－2E，牵制臂后倒这个设计要素也就可以不考虑了，从而设计得以简化。

3　我国大型运载火箭设计牵制释放机构的设计思路和设计原则

40多年来，我们先后研制了远控自动脱落的各种加排连接器、供气连接器、空调连接器、电连接器，这些连接器的锁紧连结采用弹子机械锁和气动爪式锁紧。在液压系统设计方面，我们设计了高可靠的液压锁，自动远距离操纵和控制脱落技术也已相当成熟，各种连接器和箭体的接口协调部经受住了火箭发射的考验。所以按照牵制释放设计要素，15所已经具备开展第一代设计的条件。我们的设计原则：

1）在设计思路上要充分应用已有成熟技术，其好处是可节省研制经费。

2）可靠性高。最好的办法是对关键点采用双冗余，设计时要确定冗余工作，以保证在单点失效情况下，系统仍能成功地工作。

3）制订牵制释放装置的设计规范：明确特性，要求产品的可跟踪性、安全性，质量保证规范，验收方法和要求等。

4　牵制释放与新一代火箭的接口协调

（1）牵制点的箭上结构

国外火箭箭上与地面牵制之间的连接形式不尽相同，箭上结构影响牵制机构设计要素，在设计新的一代火箭时，是采用销接、压接还是螺接，要考虑这一需求和关系。

（2）牵制点的数目和位置

国外火箭牵制点有2个、4个、6个、8个，能源号火箭多达32个。牵制点的数目和牵制力有关，牵制力和火箭推力有关，所以这是必须预先商定的。牵制点的位置，有的在芯级，也有在助推级的。印度火箭的牵制点在芯级，美、俄在助推级。单级火箭牵制点有在火箭腰部和尾段支点两种情况。

（3）释放时间和条件

前面已经讲到一些国外火箭牵制释放的时间和条件，各国不尽相同。印度火箭更为特别，助推级先点火，正常后释放牵制机构，确认牵制已释放，芯级发动机再点火。我们认为释放时间主要是和火箭动力系统、控制系统、有效载荷系统有关。

（4）控制释放的管理和分工

国外火箭是由地面发射系统计算机进行管理，释放前的各种信息送到地面牵制释放控制计算机。我国的发射体制如何适应这一新的变化，管好、用好，这也是必须研究的。但控制释放必须是远距离自动控制。

随着火箭故障诊断技术和载人飞行空间技术的发展，牵制释放技术的必要性越来越明显。它的应用，可在全箭各系统及有效载荷在临射前出现故障时终止发射，从而避免不必要的损失，它在确保火箭安全可靠发射方面是非常必要的。除我国外，各国火箭都已采用强制式牵制释放发射技术，在我国，有必要考虑采用这一技术。我们的牵制释放发射技术还是空白，如何更可靠地发射火箭，确保万无一失，是从自由王国到必然王国必须要掌握的一种技术。

新一代运载火箭脐带连接器研讨

（2001.7.28）

摘　要：本文介绍了俄、美、法、日脐带连接装置及其特点。在此基础上分析了我国脐带连接器的现状，探讨了新一代运载火箭研制中减少连接器数量的技术途径和难点，提出了当前应开展的工作。

关键词：新一代运载火箭　地面设备　脐带连接器

1　国外运载火箭脐带连接器

运载火箭在加注、供配气和供配电方面离不开连接器，作为地面和运载火箭之间的连接器，其结构形式、密封形式、组合程度、连接和脱落方式各不相同。本文重点介绍几个航天大国运载火箭脐带连接器的情况。

1.1　美国运载火箭脐带连接器

图 1 是土星ⅤS－Ⅱ级组合式脐带自动脱落连接器，这种连接器是电气组合式连接器。44 路气路、电路和 1 个空调管，集中在 1 个长方形的脐带自动脱落连接器上，当火箭起飞至离开发射台 1.9 cm 才自动脱开。

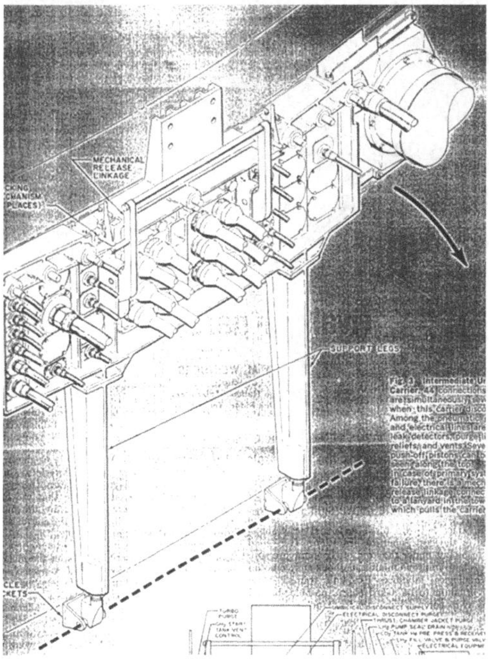

图 1　土星Ⅴ运载火箭电气组合式连接器

土星 VS－Ⅱ级上还有 2 个 8 英寸（203.2 mm）口径的液氢和液氧加注连接器。它装在第Ⅱ级中间，由服务臂支承，图 2 是这种连接器的外形（a）、连接（b）和脱落（c）状态。

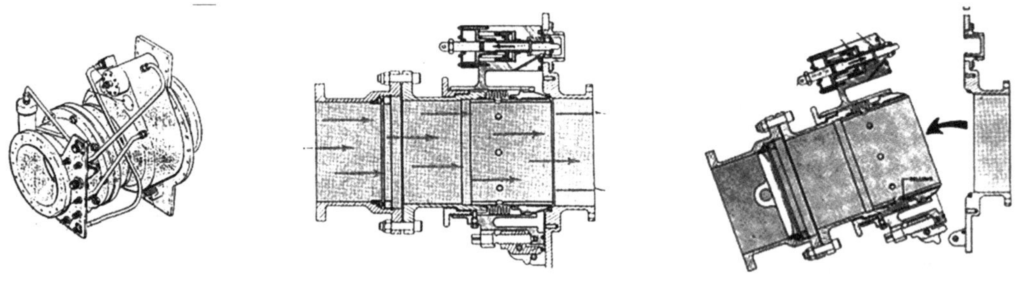

（a）外形　　（b）连接　　（c）脱落

图 2　土星ⅤS－Ⅱ级液氢液氧加注连接器

图 3 是土星ⅤS－Ⅱ上的中间脐带架和脐带连接器，这种组合式连接器共有 10 个。

图 3　中间脐带架和脐带连接器

图 4 和图 5 是美国发明的用于土星Ⅴ上的另一种加注连接器，图 4 是连接状态，图 5 是脱落状态。这种连接器特点是分离机构与连接机构各自分开，分离机构可不考虑密封和低温对它的影响。

图 6 航天飞机轨道飞行器脐带装置（平衡臂式和万向伸缩式脐带装置）。起飞前收到尾部两个服务塔里面，防止火焰烧坏。图 7 是尾部服务塔结构原理图。图 8 是航天飞机即

将起飞的状态，外贮箱头部是一个帽盖将液氧蒸汽排出。它也是一个组合式连接装置，起飞前由摆臂摆开。

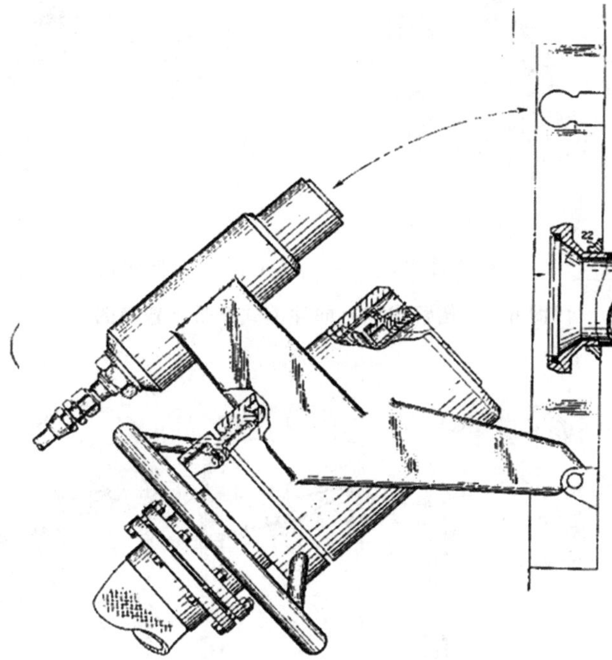

图 4　燃料加注连接器与火箭连接状态

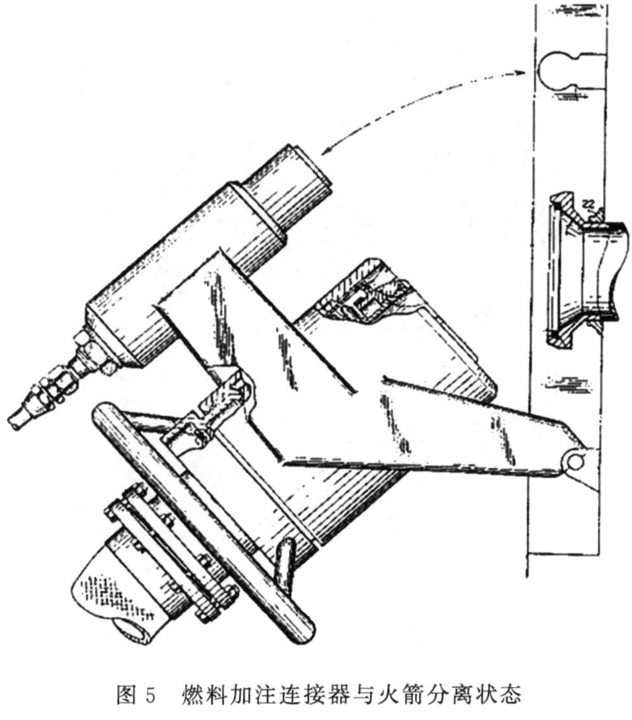

图 5　燃料加注连接器与火箭分离状态

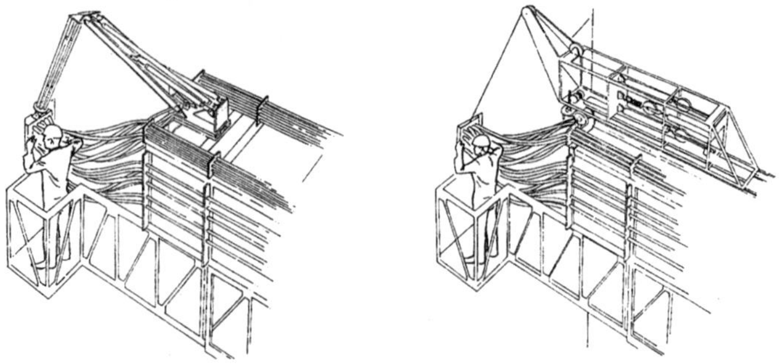

（a）平衡臂式　　　　（b）万向伸缩式

图 6　平衡臂式和万向伸缩式脐带装置简图

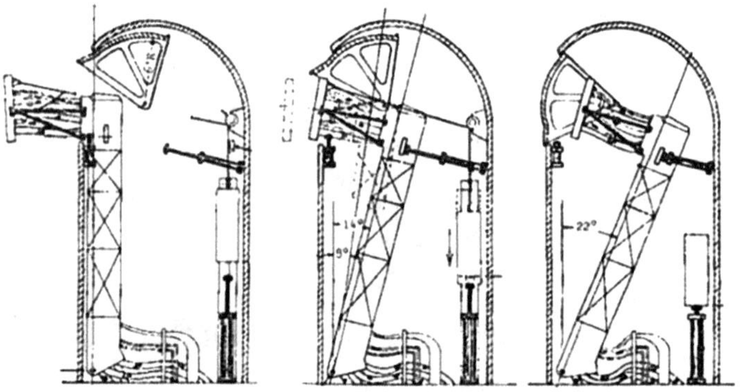

图 7　尾部服务塔结构原理图

图 8　航天飞机起飞前状态

图 9 是助推级脐带装置，这几幅图都用来说明连接器和火箭的连接关系及脱落方式。前者连接器靠平衡臂支承和钢索吊挂，以减少火箭的承力，脐带支承连接板靠气动脱落；后者支承连接板靠火箭起飞插拔脱落。图 10 是助推级起飞时箭上组合式气电脐带装置与地面脐带装置分离的状态；图 11 是另一种推进剂自动对接装置。

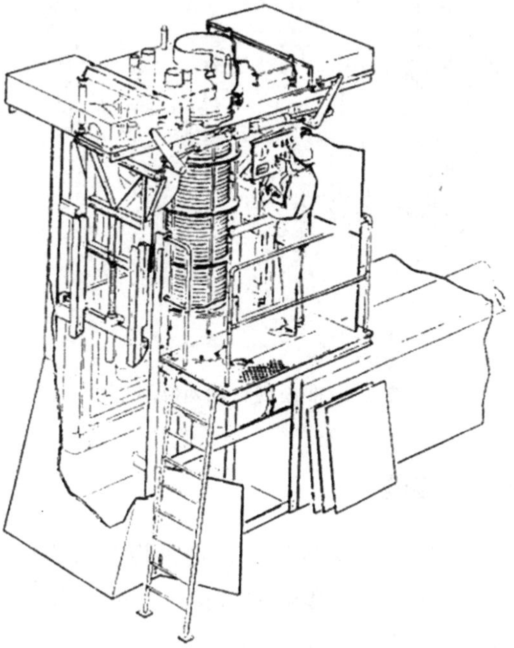

图 9　助推级脐带装置简图

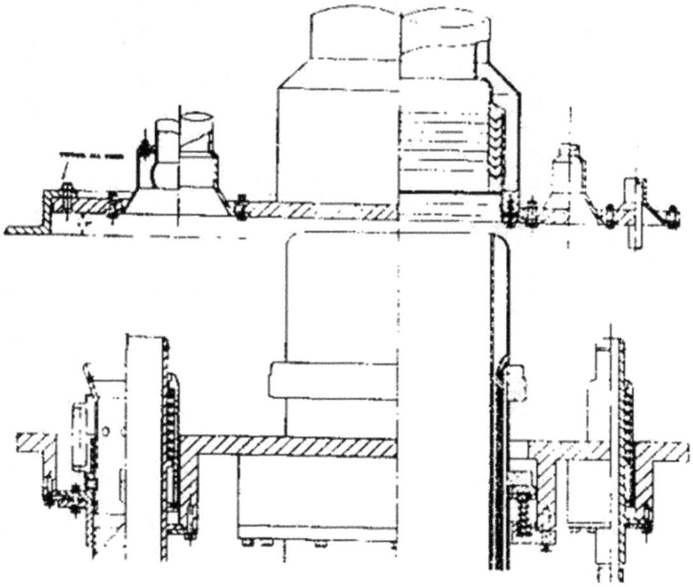

图 10　起飞时气电脐带装置分离状态

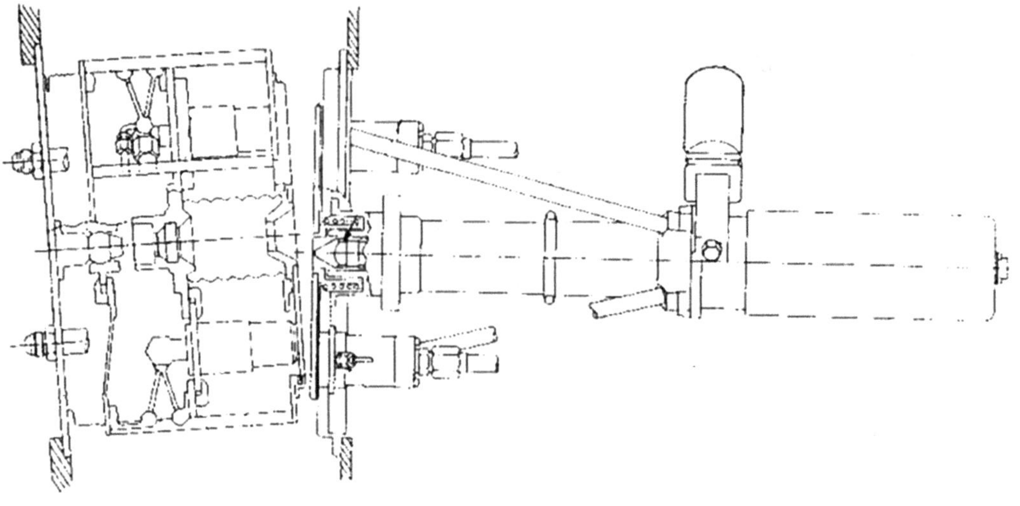

图 11　推进剂自动对接装置

1.2　俄罗斯火箭脐带连接器

图 12 是俄罗斯旋风号 ACK 管线对接设备，这种设备可完成火箭的电气、加注、温控和吹除管线与相应的地面系统管线对接和解除对接。这种设备放在运输安装车和起重安装设备上。图 12 中间是电气和气动管线，两侧是燃料和氧化剂液路管线。

图 13 是电气设备自动对接设备，它可用于测试厂房，完成运载火箭各系统与装配厂房内各设备的自动连接。

图 12　气、电、液对接设备

图 13　电气设备自动对接设备

图 14 是天顶号电气与气动管线连接设备，电缆杆是管状悬臂的状态，在杆内敷设电缆和向火箭供应压缩气体的导管，在杆端固定着接头组件，用来和运载火箭上的电气与气体管线连接板（图 15）对接和解除对接。

图 16 是天顶号气、液连接装置，它能使液氧、煤油、冷氦管路和恒温管路与火箭的第一级加注口自动对接或自动脱落。

图 17 是电脱落插头连接装置，它可使地面测发控设备电插头与火箭各电路系统自动对接和解除对接。

图 14　电气与气动管线连接设备

图 15　电气与气体管线连接板

图 16　气、液连接装置

图 17　电脱落插头连接装置

俄罗斯联盟号运载火箭为提高加注速度，采用多贮箱同时加注，为此研制了环形汇总管分别连到各自的箱体，适用于有助推级的火箭。

1.3　法国火箭脐带连接器

根据阿里安运载火箭报道：法国阿里安运载火箭加注和泄出系统中，地面系统与火箭连接处装有 2 个可脱落的单向活门盘。液氧系统可脱落的单向活门盘由液氧加注活门、液氧箱测压活门、液氧箱增压放气活门、氦泄出单向活门以及 48 项充气活门组成。液氢系统可脱落的加泄连接器由液氢加注活门、液氢箱增压放气活门、换气单向活门、控制系统充气活门、换气活门、液氢箱测压活门组成。这 2 个单向活门盘在火箭起飞前 4 秒自动脱落的。但这一报道，目前我们尚未收集到图片资料。

图 18 是阿里安 4 运载火箭起飞前的状态，可清楚地看出三级头部左、右 2 根电缆摆杆是固定液氧和液氢脐带连接器的。图 19 是阿里安 4 运载火箭正在对接的常规连接器。

图 18　阿里安 4 运载火箭起飞前的状态

图 19　阿里安 4 运载火箭正在对接的常规连接器

1.4　日本火箭脐带连接器

日本 H－2A 低温管路采用自动连接系统，这种连接系统使液氧和液氢连接器能在不到半个小时内分别和管路接通或卸开，连接时采用垂直连接和垂直卸开。图 20 表示活动发射台上低温管路自动连接系统的外观，图 21 看出火箭上部仍有脐带连接系统。

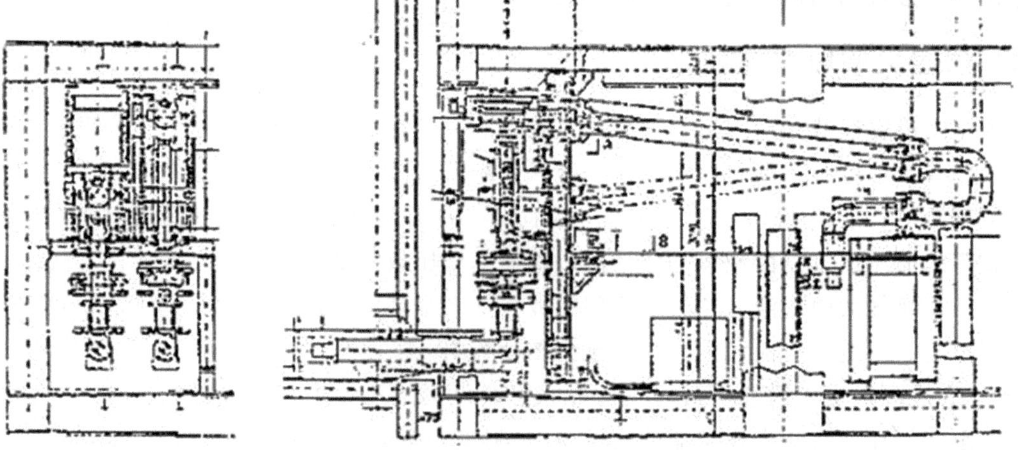

图 20　自动低温管路连接系统

图 21　H－2A 火箭发射状态

2　国外火箭脐带连接器特点

从以上国外火箭连接器的介绍，我们归纳其主要特点如下。

1）普遍采用组合式连接器。为了减少连接器的数量，组合式连接器在美俄早已被采用。土星Ⅴ组合式连接器有 10 个。美国组合式连接器主要是电气接头和供气接头两种组合，俄罗斯则有多种型式组合，图 12 是气、电、液三种管线接头组合在一起的连接器装置，图 14 是电气与气动管线组合式的连接装置，图 16 是气、液连接装置。也有单一电气的组合式连接装置，如图 13 和图 17 所示。

2）美国和俄罗斯组合式连接器是将各种管线接头装在 1 个支承板上，支承板（组合式连接器）与火箭再对接。组合式连接器的对接系统往往很复杂。

3）连接器均可实现自动脱落。

4）美俄组合式连接装置设置在火箭各个部段侧面，也可设在尾端。设在尾端时，连接器可多次使用，故有防烧措施。

5）美国组合连接器均有两种互为冗余的脱落系统。连接器强调快速但不一定自动连接。

6）俄罗斯天顶号和旋风号的组合式连接器具有自动对接和自动脱落两种功能，连接器与自动对接系统组成一个复杂的设备。

3 我国火箭脐带连接器的现状和分析

3.1 脐带连接器现状

我国已经研制了多种脐带连接器，并成功地应用在各个型号上。气路方面有七管连接器（图 22、图 23）、常温八管连接器、三管冷氦连接器（图 24、图 25）、空调连接器；加注方面有氧化剂加注连接器、氧化剂加注溢出连接器（图 26）、燃烧剂加注连接器、燃烧剂溢出连接器、低温液氢自动脱落加注连接器（图 27）、液氢排气连接器（图 28）、液氧自动脱落加注连接器和液氧排气连接器（图 29）；电气方面有各种脱插连接装置。此外还有二维视角插拔装置和四连杆液压插拔装置。

图 22　七管连接器

图 23　七管连接器与火箭连接状态

图 24　三管连接器

图 25　三管连接器与火箭连接状态

图 26　氧化剂加注溢出连接器

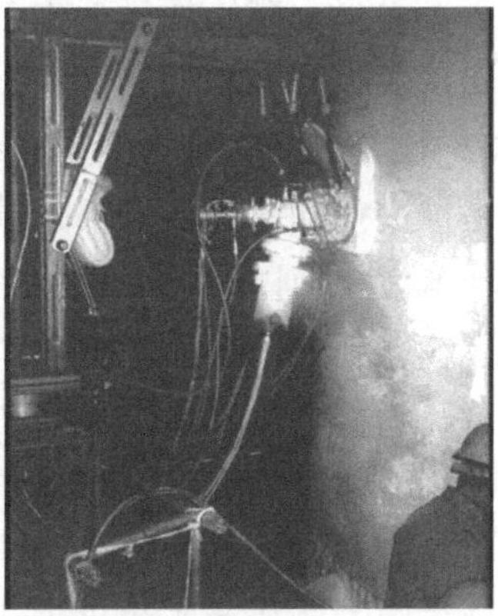

图 27　低温液氢自动脱落加注连接器

图 28　液氢排气连接器

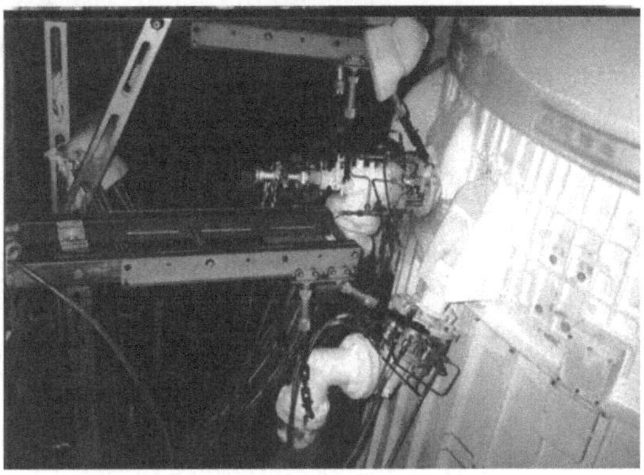

图 29　液氧排气连接器

3.2　脐带连接器分析

1）我国的脐带连接器均可自动脱落，最后两种电气连接器装置可进行自动对接。这些连接器的脱落时间因型号不同，要求不同，可在不同时段与箭进行分离。长则在发射前 40 min，短则射前—2 min 脱落。

2）上述提到的各种连接器用途单一，数量很多，与箭的配合位置分散，因此发射准备时间很长，检查时间很长，发射可靠性受制于这些连接器能否安全脱落和电缆摆杆能否安全摆开。

我国运载火箭供气、加注连接器的数量可称为世界之最，主要原因是各供气口和加注口分散布置。CZ－2E 二级捆绑火箭共有 32 个连接器：燃烧剂加注连接器 6 个，溢出连接器 6 个；氧化剂加注连接器 6 个，溢出连接器 6 个；空调连接器 2 个；气管连接器 6 个。此外尾段还有 1 个气浮接头供气口。CZ－3A 三级运载火箭共有 18 个连接器：空调连接器 2 个；八管连接器 1 个；气管连接器 2 个；氧化剂加注连接器 2 个；溢出连接器 2 个，燃烧剂加注连接器 2 个，溢出连接器 2 个；液氢加注连接器 1 个，排气连接器 2 个；液氧加注连接器1个，排气连接器1个；此外还有尾端2个气浮接头供气口。CZ－3A三级捆绑火箭连接器数量更多，达39个连接器，详见表1。

3）我国连接器基本上是非组合式连接器，除个别电连接器外，基本上不能自动对接，特别是推进剂加注连接器都是单一品种。

4）除表1列出的各种连接器外，CZ－3A和CZ－3B还有一些供气管口，是直接通过电缆摆杆连到火箭上去的。如氢泵吹氦、氧泵吹氮，补压气瓶和姿控气瓶充气各一路4个供气口，它们在－40 min时断开连接。这样必然导致电缆摆杆数量增加，而且要根据这些供气口、加注口的标高，所在象限位置，设置不同高度、不同方向的电缆摆杆以固定各种连接器支撑架和各种管线。CZ－3B共有11根电缆摆杆，也可说是世界之最。这种状况与其他航天国家相比差距相当大。

表1　CZ－3A系列火箭气、液连接器汇总表

序号		名称	箭上标高/mm （离尾段端面）	开口尺寸/mm 所在象限	数量	脱落方式
1	助推	七管连接器	370	Ⅰ－Ⅳ离Ⅰ 55° Ⅰ－Ⅱ离Ⅱ 45° 170×$\widehat{170}$	4	自动 手动
2	助推	R加注连接器	2 025	Ⅰ－Ⅱ离Ⅱ 45° ϕ227	4	手动
3	助推	R溢出连接器	1 971	Ⅰ－Ⅱ离Ⅱ 10° ϕ169	4	
4	助推	Y加注连接器	6 761	Ⅲ－Ⅳ离Ⅳ 10° ϕ248	4	
5	助推	Y溢出连接器	6 707	Ⅰ－Ⅳ离Ⅳ 25° ϕ192	4	
6	Ⅰ	R加注连接器	3 230	Ⅰ－Ⅱ离Ⅱ 45° ϕ227	1	
7	Ⅰ	R溢出连接器	2 875	Ⅰ－Ⅱ离Ⅱ 32° ϕ169	1	
8	Ⅰ	Y加注连接器	11 664	Ⅲ－Ⅳ离Ⅲ 30°30′ ϕ227	1	
9	Ⅰ	Y溢出连接器	11 812	Ⅲ－Ⅳ离Ⅳ 30°30′ ϕ227	1	
10	Ⅱ	R加注连接器	26 257	Ⅰ－Ⅱ离Ⅱ 35° ϕ227	1	
11	Ⅱ	R溢出连接器	26 252	Ⅰ－Ⅱ离Ⅱ 11° ϕ168	1	
12	Ⅱ	Y加注连接器	29 477	Ⅲ－Ⅳ离Ⅳ 50° ϕ227	1	

续表

序号		名称	箭上标高/mm（离尾段端面）	开口尺寸/mm 所在象限	数量	脱落方式
13	Ⅱ	Y 溢出连接器	29 453	Ⅲ-Ⅳ离Ⅳ 12° ϕ 169	1	
14	Ⅰ	七管连接器	11 815	Ⅲ-Ⅳ离Ⅳ 45° $170\times\overset{\frown}{170}$	1	手动
15	Ⅱ	七管连接器	31 328	Ⅲ-Ⅳ离Ⅳ 6° $170\times\overset{\frown}{170}$	1	手动
16	Ⅲ	液氧加注连接器	35 669	Ⅱ-Ⅲ离Ⅲ 60° ϕ 75	1	手动自动
17	Ⅲ	液氧排气连接器	35 637	Ⅱ-Ⅳ离Ⅲ 6° ϕ 75	1	
18	Ⅲ	液氢加注连接器	37 562	Ⅰ-Ⅱ离Ⅰ 45° ϕ 75	1	
19	Ⅲ	液氢排气连接器	44 000	Ⅲ-Ⅳ离Ⅳ 26° ϕ 75	1	
20	Ⅲ	液氢排气连接器	44 000	Ⅰ-Ⅱ离Ⅱ 26° ϕ 75	1	
21	Ⅲ	常温连接器	35 652	Ⅲ-Ⅳ离Ⅳ 28°	1	
22	Ⅲ	冷氦连接器	44 127	Ⅰ-Ⅳ离Ⅰ 35°	1	
23	整流罩	空调连接器	49 867	Ⅰ-Ⅱ离Ⅱ 30°	1	
24	整流罩	空调连接器	49 867	Ⅲ-Ⅳ离Ⅳ 30°	1	

4 减少连接器数量的技术途径初探

综合国内外脐带管线的情况，我国与国外的差距主要有三点：国外普遍采用组合式连接器，采用自动连接，数量少，可靠性高。为了缩短发射时间，为了提高火箭自动化水平，为了增加发射可靠性和安全性，在新一代运载火箭研制构思时，减少连接器数量并采用自动对接是缩小与国外火箭差距的途径之一。调整火箭与地面各接口布局位置是重要的方法。如何才能减少呢？需要箭和地面设备共同做工作，整合和交连是主要的工作思路。

4.1 采用组合气路连接器

其实组合式连接器在我国早有研究。表 2～表 4 列出的各种气管连接器就是一种整合的结果。问题是整合的数量有限（最多的为 8 路）。不像俄、美那样多而集中。表 2 是我国常温连接器供气项目表，表 3 是冷氦连接器供气项目表，表 4 是七管连接器供气项目表，表 5 是尾段加温供气项目表。扩大整合的数量是方向。

表 2　CZ－3A 系列火箭常温连接器供气项目表

序号	供气项目	气体种类	箭上管径/mm	气压/MPa	本体管径/mm
1	液氧箱测压	He、N_2	8	0.32	ϕ 8
2	控制液氢箱放气活门	He、N_2	6	4.42	ϕ 6
3	氦瓶充气	He、N_2	12	22.56	ϕ 10
4	发动机氢主活门后吹除	He、N_2	12	0.98	ϕ 10
5	液氢箱测压	He、N_2、H_2	8	0.22	ϕ 8
6	发动机氧主活门后 吹除燃气发生器吹除	He、N_2	12	0.98	ϕ 10
7	伺服机构氦能源	He	6	4.42	ϕ 6
8	控制液氧箱安溢活门	He、N_2	6	4.42	ϕ 6

表 3　CZ－3A 系列火箭冷氦连接器供气项目表

序号	供气项目	气体温度/K	管径/mm	压力/MPa	流量/（kg/s）	本体管径/mm
1	冷氦瓶充气	80～85	6	20.6	0.06	ϕ 6
2	液氢箱增压	80～85	6	4.9	0.10	ϕ 6
3	液氧箱增压	80～85	6	4.9	0.62	ϕ 6

表 4　CZ－3A 系列火箭七管连接器供气项目表

序号	项　目	气体种类	气压/MPa	箭上管径/mm	本体管径/mm
1	补压气瓶	N_2	22.6	ϕ 10	ϕ 12
2	R 增压	N_2	0.25（Ⅰ） 0.22（Ⅱ） 0.26（助推）	ϕ 12	ϕ 12
3	Y 增压	N_2	0.22（Ⅰ） 0.27（Ⅱ） 0.26（助推）	ϕ 12	ϕ 12
4	R 测压	N_2、偏二甲肼	0.25（Ⅰ） 0.32（Ⅱ） 0.26（助推）	ϕ 4	ϕ 8
5	Y 测压	N_2、N_2O_4	0.22（Ⅰ） 0.37（Ⅱ） 0.26（助推）	ϕ 4	ϕ 8
6	（Y、R）安溢活门气控	N_2	4.9MPa	ϕ 8	ϕ 8
7	蓄压器气检	N_2	0.286（Ⅰ） 0.17（Ⅱ） 0.286（助）	ϕ 8	ϕ 8

表 5　CZ－3A 系列火箭尾段加温供气项目表

序号	供气接头	供气项目	压力/MPa	气体种类	温度
1	气浮接头Ⅰ	三子级发动机吹除	2.934～19.62	N_2	20～100℃
		前底舱吹除			
2	气浮接头Ⅱ	氢排管气封	4.9	He	
		氧排管气封			
		氢放气活门控制管气封			
		氢安溢活门控制管气封			
		氧箱地面增压管气封			
		氢箱地面增压管气封			
		冷氦气瓶充气管气封			
		冷氦气瓶放气管气封			

4.2　整合的几个问题

4.2.1　气体种类问题

我国火箭采用的气体有 N_2、He、H_2、O_2、偏二甲肼、N_2O_4，品种多，不同种类气体共用 1 条管路是不妥的。天顶号运载火箭采用的推进剂是液氧和煤油，全箭用的气体是 N_2 和 He，尤其是最后全部用 He，品种单一。我国大运载火箭采用的是液氢、液氧和煤油，因此气体种类可以像天顶号一样，只考虑 N_2 和 He。在允许的情况下，同 1 条管路可先通 N_2 后通 He。当然测压路 O_2 和 H_2 还是要分开。

4.2.2　气体压力不同问题

高、中、低压力是不能互相串用的，但是可以通过合理安排供气程序予以解决，冷氦连接器管路可以合为一路。必须同时进行高压低压供气的项目可在箭上或地面设计成交叉管路，在交叉管路上设置电动气活门和减压器以满足需要。这样交连、合并的好处是可以减少供气路数，减少箭上管路质量。

4.2.3　扩大气浮接头的使用范围

长征系列火箭尾段供气采用气浮接头方式。在火箭起飞时，接头从支承支架的气浮接头中拔出。CZ－3A、CZ－3B 采用了 1 个支架支撑 2 个气浮接头，从来没有出过问题。因此是否可以考虑多设这种支架，进一步减轻组合式供气连接器的压力（减少质量和体积）。当然这种支架和气浮接头应进行改进，使得对中的性能更加完善，且具有抗烧蚀性能。

4.2.4　同种推进剂加注和溢出（排气）连接器的组合

这种组合国外已普遍采用。如果采用这种组合，CZ－3A 和 CZ－3B 5 个低温连接器就变成了 2 个。

4.2.5　气路和液路组合式连接器

这种组合，在俄罗斯火箭上已有采用，它将氧化剂和燃烧剂，冷氦管路、恒温气体管路与火箭的第一级自动对接，如图 12 所示。这是一种大胆的组合。美国则采用将燃烧剂和氧化剂分开，再和气路一起组合。这种组合式连接器，箭上管路往往要跨级，因此火箭级间分离是一个难点，箭上要研制一种推进剂管路分离接头，这种接头密封性要好，且可随箭级间分离时一起分离。

4.2.6　气路和电路的组合式连接器

俄、美普遍采用这种方式，图 1、图 15 是两个国家的典型模式。在一种火箭上可能存在几种模式的组合式连接器。土星Ⅴ现电（路）、气（路）组合式连接器，也有气（路）、液（路）组合式连接器；俄罗斯天顶号也同样存在这种情况。应当说液路数量相对少，容易整合，气路则相当多，若将各种气路组合包罗在一个连接器上有困难时，就可以分一部分气路到液路连接器上。这是火箭总体设计时应该考虑的问题。

通过以上国内外脐带连接器情况的分析，我们可以得出一个结论：减少连接器的数量是必要的，也是可能的。

我们首要的问题是结合火箭（总体结构）设计选择何种组合，同时要分析不同组合式连接器的设计难点。两方面结合起来，通过对比分析，最终找到一种适合我国新型火箭使用的、能够攻克连接器难点的组合式脐带连接装置。

5　组合式脐带连接装置难点分析

5.1　连接器设计条件和要求

综合国内外脐带连接装置的设计，可归纳如下基本要求和条件。

1）自动对接和自动脱落或者快速对接自动脱落。

2）脐带连接装置的尺寸和质量：脐带的尺寸和质量取决于接头的数目和尺寸，组合路数越多，连接器越重。

3）对中方式和要求。我国脐带连接对中方式有定位销、光纤视觉系统、法兰端面等方式，国外普遍采用的是球锥式或杆锥式导向对中。由于火箭安装到发射台上后，脐带对接时要适应火箭随风引起的摆动，因此要提出左右偏摆和角位移的要求。美国提出的是任意方向±2 英寸，角位移±0.5°。同样对接后也要考虑火箭和脐带连接器相对于地面固定装置的相对运动。国外提出的是任意方向为±1 英寸。设置在火箭尾部的连接器左右偏摆和角位移的要求可放宽。

4）温度要求。低温连接器要考虑使用环境温度，设置在火箭尾端的连接器要考虑发动机点火后至起飞离开发射台这一段时间的温度场，以便采取相应措施。

5）结冰问题。低温连接器应有防结冰或破冰的措施，以保证可靠脱落。在加注过程中，国内外普遍采用氮气和氦气不断吹洗连接器，或者采用有效的绝热方式防止结冰。俄罗斯则用加温气体吹除方法。

6）检漏。组合式连接器如何检漏的方法和连接器结构有关系，不同结构方法不一，目前我国采用的是氢浓度报警仪。美国连接器采用的是在连接器双道密封之间设检漏管，加注时把漏出的推进剂排向燃烧池。连接器漏率应有要求。

7）脱落前输送管路应卸压，电缆应断电。

8）加注连接器脱落时间要求。

9）液氢加注连接器脱落后应有自密封功能，防止起飞火焰点燃连接器中的氢气，防止起飞烟灰污染加注管路。

10）便于安装连接和检查：美国要求燃料系统能以最少的操作人员在 1 h 之内完成连接和检查。俄罗斯时间更短。

11）低温连接器再对接：由于低温推进剂易挥发，因此连接器脱落后，一旦因故不能发射，贮箱会产生憋压。这时如不首先对接连接器，泄出低温蒸汽，易产生爆炸。故从泄压和再次组织发射，对接连接器都是必须要考虑的。

12）连接装置可重复使用。这一点设计时应考虑在分离和发射时要采取保护措施，连接器一些易损的零件要易于修复。美国航天飞机的连接器脱落后，收回到尾部服务塔内，避免烧蚀。

5.2 难点分析

作为可自动对接和自动脱落的组合式连接装置，根据国内外研制的经验看，我觉得难点有 3 个方面。

（1）自动对接系统

自动对接系统的设计涉及光、机、电、传感技术的应用。这方面我们已经设计过导弹头部与火箭的对接系统、导弹与装填筒的对接，我们有二维视觉插拔系统设计应用经验，低温加注连接器自动跟踪对接系统的预研成果等。今后的设计可能只是一个工作量，不会影响成败，绝不会是研制的拦路虎。

（2）组合式脐带释放系统和连接机构

国外脐带释放系统有 8 种方案。它们分别是截断机、剪切释放、电磁线圈释放、拉火索释放、炸药释放、气动释放、易熔导线释放、拉力释放。这方面资料很少，有些介绍也很简单。我国习惯采用气动释放，其他释放方式没有研制过，缺少经验。由于组合式连接器质量大，体积大，释放系统的力必须大于固接力。目前我们采用的是弹子锁式和爪式两种连接。对于组合式连接器采用何种方式与箭相连接以形成足够大的固接力，我们没有经验。这一点取决于连接器总体方案及试验。俄罗斯天顶号气、液连接器与箭之间的爪式连接的方式可参考。

（3）组合式脐带连接装置的密封

密封问题有多层含义：一是各种管线接头和连接器本体之间的密封，二是本体和箭之间的密封，三是连接器自身结构的密封。密封结构的选择涉及密封效果。如果气液组合由于高压气的存在，固定连接器的力要足够大。密封问题也因加注口径大、高压气的存在，可能成为拦路虎。

6 当前我们应开展的工作方向

6.1 初步确定组合方案

这一工作刻不容缓，是开展好这一预研课题的前提。本报告已经介绍了国内外的各种连接器的特点、组合模式，但我们究竟采取什么组合？为什么采取这种组合？要进行一轮方案比较，分析各自的优缺点、难点，以及对新一代运载火箭的适应能力。在方案中要考虑Ⅰ、Ⅱ级的关系、芯级和助推级的关系、连接器在火箭上的部位（侧面、端部、中间）、连接器和固定脐带塔的关系、连接器和发射台的关系。箭上要适应组合式连接器应解决的难点和攻克的课题。只有这样才能得出一个比较好的组合方案，这个方案要经过总体的认同。笔者认为尾端气浮接头要多设，可减少组合的难度，尤其是助推级可考虑取消传统的七管连接器。

6.2 火箭总体应逐步明确的一些技术问题

1）动力输送系统管路整合、交连的结果；

2）组合式连接器设置在火箭尾端还是在火箭侧面、火箭上面还是下面；

3）组合式连接器在新一代运载火箭上是否跨级组合；

4）燃烧剂和氧化剂分开组合还是一起组合；

5）推进剂加注连接器口径范围；

6）组合式连接器的质量允许控制范围。

以上工作，地面和火箭总体互相交叉进行，边工作、边讨论、边明确，互相促进。但地面不应等待。

6.3 进行组合式连接器的方案设计和试验

作者认为三个难点中必须先进行组合式连接器的方案设计，只有方案出来了，攻关的难点和重点也就进一步明确了。但是方案的最终可行程度要经过试验来验证。可以预见，组合式连接器装置将是一个庞大的系统，其研制周期会很长，攻关的难度会很大，因此需要各有关人员通力合作，抓紧开展工作，特别是做好前期方案工作。有幸参加预研的人必须经过艰苦努力和投入大量精力，才能取得成功。但我深信，经过设计—试验—修改设计—再试验，多次反复甚至失败，最终一定会成功。

俄罗斯铁路液氢贮运罐

（2003.4.14）

摘　要：本文介绍了俄罗斯 100m^{3}液氢贮罐的特点、设计思路、有关真空工艺和蒸发损失测量等内容。

关键词：俄罗斯　铁路　液氢罐

前　言

2001 年 3 月 5 日，中—俄双方在北京签订了购买 100 m^3 液氢铁路运输车 3 个液氢贮罐的合同。合同明确俄方提供 3 个罐及相应的备附件和文件，底架由中方生产，安装和相关试验在中国进行。合同总价为 115 万美元。付款按节点分 4 次付清。

到 2001 年 12 月底，3 个贮罐先后分两批运抵中国满洲里。第 1 个贮罐于 2003 年 2 月 11 日在北京 101 所完成了汽化器安装、真空检测和液氢蒸发损失试验，并签署了有关验收协议。

第二批贮罐 2 个于 2003 年 2 月 24 日在武昌完成了汽化器和贮罐与底架的焊接、安装和试验工作。

100 m^3 液氢车自签订合同，历经近 2 年时间完成第 1 个贮罐的全部验收工作。其中俄方因合同许可证的审批用了近 7 个月的时间，贮罐验收后，俄方过关手续用了近 2.5 月的时间，因办理出国手续，中方第 1 个验收团晚了 2 个月赴俄，故实际有效设计、生产日期基本上是 1 年左右。

1　100 m^3 俄罗斯液氢铁路贮罐的几个特点

俄罗斯（以简称俄）119 m^3 液氢铁路运输槽车，共生产了几十辆。其外形见图 1。

图 1　俄 119 m^3 液氢铁路运输槽车

100 m³ 液氢铁路贮罐是根据 15 所提出的主要技术指标专门设计的。其外形见图 2，原理图见图 3。

图 2　俄 100 m³ 液氢铁路运输罐

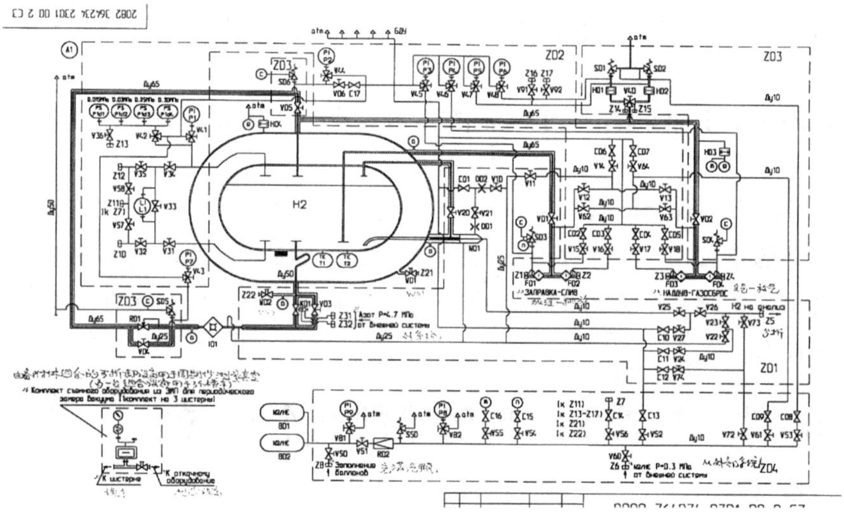

图 3　100 m³ 液氢铁路运输贮罐原理图

其原理图较我国 85 m³ 液氢铁路运输槽车要复杂得多。图 4 是我国西安车辆厂生产的 85 m³ 液氢铁路加注运输槽车外形，图 5 是气液原理图。

从原理图可以看出两个罐差别很大，100 m³ 罐有如下基本特点。

(1) 阀门数量多

贮罐抽空阀 1 个（W01）；管路抽空阀 1 个（W02）；液路真空阀门有 9 个，分别是加排阀（V01）、取样阀（V20）、排气阀（V02）、手动阀（V03～05）、气动阀（K01）、压力调节阀（R01）、取样阀（N01）；气路单向阀 17 个（C01～C17）；各种气路阀 53 个；安全阀 7 个；连接安全阀的二位三通阀（V40）1 个；接压力表的三通阀 10 个；压力表 9

图 4　85 m³ 液氢铁路加注运输槽车外形

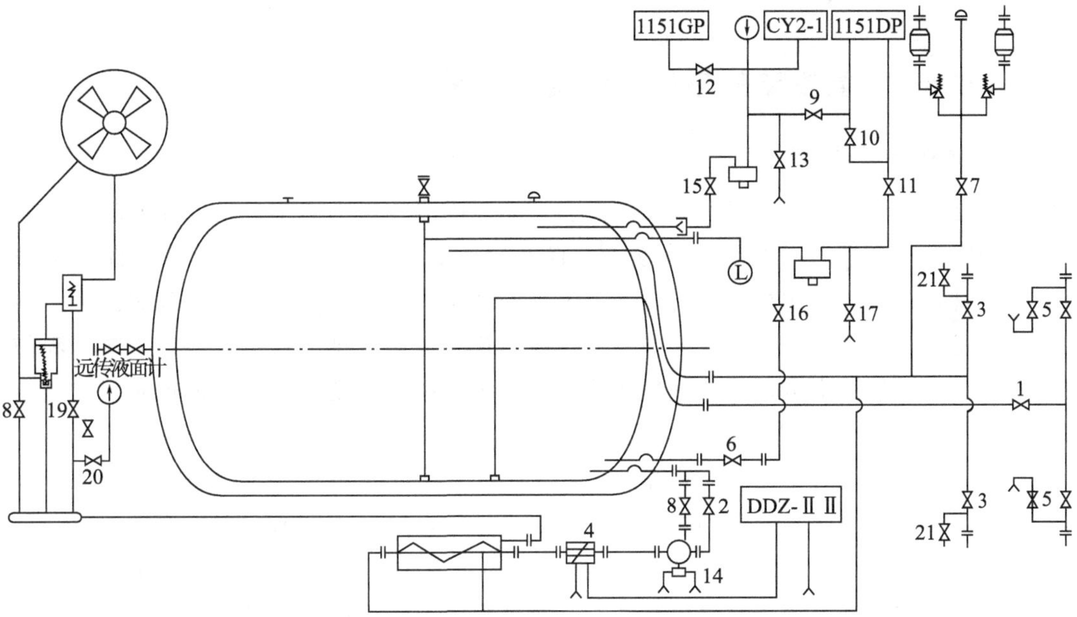

图 5　我国 85 m³ 液氢加注车铁路槽车气液原理图

个；爆破膜 4 个；压力继电器 4 个；电阻温度计 2 个；过滤器 4 个；液面计 1 个；减压器 1 个；320 L 气瓶 2 个。

从 85 m³ 原理图可以看出，85 m³ 真空阀 6 个，分别是加排阀 1 个、放气阀 2 个、汽化器阀 1 个、调节阀 1 个、气动阀 2 个；气路手动阀 27 个；抽空口 1 个；安全阀 2 个；爆破膜 2 个；气动马达 1 个；稳压器 1 个；缓冲器 1 个；液压面计 1 个；压力变送计和差压变送器各1个；压力传感器1个；外罐安全装置1个。

（2）安全阀多

100 m^3 共有7个安全阀，除内罐2个安全阀外，液路上还设有4个安全阀以防止液路超压，另在气路上设有1个安全阀（S50），防止气路超压。其工作压力均为0.3MPa。气、液管路上都设置安全阀是有异于85 m^3 贮罐的。

（3）爆破膜多

100 m^3 内外罐设有爆破膜外，液路上为防止绝热腔压力升高，还设有防爆膜（H03），这一点也与85 m^3 不同。而且内罐爆破膜2个互相并联，它们一方面起到防止内罐超压，另一方面又保护2个安全阀。一旦安全阀失灵，由于H01和H02防爆膜的存在，空气与系统是隔绝的。在一个失效情况下，关闭后另一个起冗余作用。

100 m^3 除4个贮罐压力继电器可远控贮罐压力外，还有9个压力表。它们可随时显示贮罐压力，还可显示加注—排气管路中的压力、充气、放气管路中的压力、阀门之间吹气管道压力、充气管路之间的压力、减压器进出口压力、防爆膜后边压力、汽化器前后管路压力。因为压力表多，所以各种气管线就多。

2　俄罐的设计

2.1　100 m^3 液氢铁路贮罐的总体设计思路

2.1.1　重视安全性设计

前面已经提到100m^3液氢贮罐安全阀多、防爆膜多、压力表多，已经充分看出俄对液氢贮罐的安全非常重视。贮罐有安全阀，防止压力升高，加排管路、排气管路、增压管路、氮气管路都有安全阀防止压力升高。不仅安全阀一种手段，压力表还随时监视。俄罐的排放管路有4条途径可以排放，如氢气排放，首先应通过排气管线排放，生产厂和使用单位可以通过罐顶的安全排放装置集流管管线排氢。在运输途中进行排氢也必须在选定的合适位置通过集流管线排气。与集流管相连吹洗的氢、氮排放阀门有V15～18、V10、V21、V24、V27、V12～V14、V73～V74。安全排放装置设计为防止排氢过程中燃烧，防止对铁路上机车电网、邻近列车和站上设施有影响，每个支管有弯曲段指向地面，与地面呈30°角，支管上有2条缝隙，保证排出气流与垂直轴成25°和60°。第二条排氢管道是在罐后侧的排放竖管，这条管路仅在Φ 100安全膜由于贮罐超压而破裂时，氢蒸气打开安全阀排入大气。

当真空管路出现超压打开安全阀，可通过Φ50排放气管排出气氢，进入大气。当罐和管夹层出现超压，爆破膜Φ100、Φ50破裂，氢气通过排放管排入大气。另外，为防止空气进入管道中，设计了16个单向阀，为防止空气进入贮罐也设计了单向阀。

俄罐在仪表箱中还装置了自动灭火系统，这种装置当仪表箱温度和环境温度相差40℃时，信号线能引燃，自动启动消防系统灭火。灭火系统由灭火烟雾发生器、火花保护器和变换器组成。

在技术文件上，对于使用安全和维护保养都有各种明确的规定。这里特别提出的是100 m^3 罐只允许装85.1 m^3。他们主要从俄使用安全标准规定出发的，其实装90 m^3 也是可以的。

2.1.2 重视可靠性设计

在系统上，俄设计师们非常注意可靠性设计。采取的主要措施尽可能在关键处采用冗余，如汽化器前后进液阀和出气阀均设计阀门冗余。阀门做到既可远控也可手动打开，一旦远控失效，可手动打开，确保汽化器不影响工作。内罐超压防爆膜H01和H02互为冗余，一路失效另一路仍可继续工作。

在结构上，内罐引出管线避开从应力集中区封头端和其他应力较大处引出，而从罐中间部位引出。所有真空管的补偿采用硬补偿，空间交叉。汽化器的进液管、出气管在罐外空间交叉，增加补偿能力。液面计的内外引压管为使测量精度高、液氢充分气化，在罐内也作了空间交叉。

2.1.3 总体性能优化，尽可能降低生产成本

工厂抽空工艺采用内罐加温（60℃），抽真空时间较85 m^3 短很多。在结构上设了大、小2个抽孔口，大抽空阀（Φ200）抽到1×10^{-2} mmHg就封口，并焊死抽空口。这个抽孔是1个工艺口。封死后用小泵抽，抽至5×10^{-4} mmHg停止。一般10天，多至2周。但使用起来相当方便，用户可以在使用前随检随抽，这是合理的。实际上罐并不长期贮存液氢，在装液氢前只要达到1×10^{-2} mmHg就可以了，因为加液氢后真空度还会提高1～2个数量级。这种做法对降低成本非常有利。

俄罐在生产过程中，内罐并不进行抛光，只是清洗除脂，除油有一定标准（详见《赴俄监造100 m^3 液氢贮罐工作总结》报告化验结果）。

液氢车气、液路的密封是一个特别重要问题。减少接头是100 m^3 液氢贮罐在设计和工艺上采取的一个措施，特别是液路，几乎全部焊死。但由于运输不得不将排气管分段，另外内外连接，阀门的拆装都用密封垫片。在我们设计时，总是采用F4垫或紫铜垫。但100 m^3 罐车有所区分，根据温区范围和是否经常拆卸选用不同的材质，只要不接触深冷，大多数场合采用了廉价的石棉橡胶板压制的垫圈。甚至，连接加排管的垫圈（外径Φ195，内径Φ174）都采用石棉橡胶板。但耐超低温阀门的密封材料，则用较好的聚碳酸酯复合密封材料。

2.2 阀门系列化及其设计思路

2.2.1 阀门系列化

阀门已经形成系列，从温度上分：常温阀门（符号T）和低温阀门（符号B）；控制上分：可调节阀门（符号Γ）和不可调节；结构上分：长时间接触低温的真空阀门（符号B）和短时间接触低温阀门（符号K）；功能上分：带远传信号的气动阀门和不带远传信号的普通气动阀门。其他有：特种功能阀（符号C）、安全阀门（符号П）。

100 m^3 液氢运输贮罐共有下列几种阀门：

1）АЗТ——常温开关阀（V52～V56、V60～61、V72、V81 等）；

2）АСК——短时间接触低温特殊阀（V40）；

3）АЗВ——长时间接触低温的真空阀（V01～V05、V20 等）；

4）АОУ——单向阀（C01～C17 等）；

5）АПК——短时间接触低温安全阀（S01～S06 等）；

6）АПТ——常温安全阀（S50）；

7）АЗК——短时间接触低温，大部分时间为常温状态开关阀（V06、V10～18、V21～27、V31～35、V41～45、V62～64、V73～74、V81、V91～92 等）；

8）АГК——短时间可调节低温阀（蒸发损失试验台用）；

9）АГТ——常温下可调节流量（蒸发损失试验台用）；

10）АРК——压力调节器（R01）。

100 m^3 液氢贮罐上没有配 АГВ（可调节真空阀），但其原理和结构图在给我们的阀门使用说明书中也已带过来了。

阀门系列化除进行上述型号和功能分类外，在标注上还可分出阀门直径、工作压力和阀门型式（角阀、直通阀等）。例如：

1）АЗТ－40－10/63－5："63"表示工作压力，"5"表示角阀，"10"表示通径，"40"表示气动阀。

2）АЗТ－41－10/63－5："41"表示信号可远传。

2.2.2 阀门的设计思路

2.2.2.1 关键点阀门设置冗余

100 m^3 罐液氢的输出，唯一的方法是利用汽化器自身增压，所以俄在汽化器液路系统设计中除 K01 调节阀外，还保留了手动阀（V03）。在汽化器后液路设计中，除 R01 可调稳压器外，并联一个手动阀（V04）。

2.2.2.2 取样阀（N01）

为确保取样正确性，俄液氢取样国家标准规定，气枕压力不小于 0.1 MPa，温度不小于 22.8 K。因为他们认为不同温度杂质含量不同，可信度当然不同。V20 阀就是提供液氢回流的一个通路，保证取样器毛细管内液氢温度。

从汽化器引出一路约 100 K 左右的气氢作为热源（具体是从贮罐返回汽化器后，再从一旁支路引入 100 K 左右的气氢）；加热贮罐中过来的液氢，使其变成氢气供化验，完成加热的氢气作为废气被排掉。在排气路上还设有一个 D01 限流嘴，目的是限制进取样器的热氢量。使加热废氢排放速度变慢，起一定憋压作用，使得后续的气氢通过取样器速度变慢，有利于取样器热交换。

由此看出俄取样阀在结构设计上考虑非常周全。

2.2.2.3 安全阀设计

安全阀结构及其设计原理与我国没有什么不同，他们也是按某种故障状态下需要的排量来考虑，但是俄 100 m^3 贮罐的安全阀是按外罐出现裂缝长度 200～400 mm 来考虑。他们的经验是外罐出现裂缝危险性比内罐大，不按内罐破裂情况算。他们另一观点是内罐与爆破膜有关，即爆破膜是以内罐工作压力超压为依据设计的。

另外，俄罐安全阀在阀体下部进气方向外壁做成锯齿状，目的是加强冷氢气进入阀体后充分换热，减小对密封圈的冲击，排放的温度不致太低。

2.2.2.4　调节阀（R01）

调节阀是俄罐另一特种结构的阀。它的基本作用是确保 1 000 L/min。调该阀必须在液氢状态下，调好后不再改变。

R01 的设计原则是到 0.25MPa 时关闭，小于该压力则自己打开。其特点能感受进口的压力，随压力的升或降而相应的减小或增大流通面积，以确保出口压力的稳定，即贮罐气枕压力的稳压，使流量稳定在 1 000 L/min。

由于 R01 阀存在，进入汽化器的液氢流量就不会增大，即汽化器的汽化能力还受制于 R01 阀，不会使罐的气枕压力超过额定值。这一点排除发射时担心 85 m^3 液氢车气枕压力不可控的后顾之忧。

2.2.2.5　二位三通阀（V40）

二位三通阀是俄罐独有的一种新颖结构阀门，它装在排氢路上。一旦贮罐内外罐破裂，贮罐气枕超压，大量液氢汽化，经过该阀可使爆破膜引爆，放出气氢。

这个阀的特点是可以连接 H01 和 H02 两个防爆膜，这两个防爆膜既可同时工作，也可在一路有故障（H02 或 H01）状态时关闭故障通路，使一路正常工作。

2.2.2.6　抽空阀（W01、W02）

贮罐有 2 个抽空阀，Φ 50 W01 用于贮罐夹层抽空。W01 用于管路夹层抽空。但是在生产过程中，贮罐抽空是用大的抽空工艺口（Φ 200）进行，达到 1×10^{-2} mmHg，焊接封死。用小抽空口（Φ 50）抽空至 1×10^{-4} mmHg。其好处是平常可用小泵在 W01 处抽空，这种抽空阀采用常温橡胶密封，封口阀门与阀座采用平面密封。间隙（Δh）是胶圈直径(D)的 20%，压缩量 δ 为

$$\delta=\frac{\Delta h}{D}=20\%$$

管路是分段焊死，采用小泵和 W02 阀抽空。其结构与 W01 相仿，这两种阀门使用非常灵活方便。

2.3 罐体和管路设计

2.3.1 罐体设计

贮罐采用内加强圈，共计 41 个，分布不均匀，材料为 09Mn2，内罐内加强圈数量是 20 个，采用 90×8×50 角钢，材料为“321”不锈钢，分布也不均匀，最大距离为 1 300 mm。内罐内部还设有 6 块防波板，其形状为 2 m 高的扇形板，中间开 4～5 孔成为罐内的通路以减小运输时液氢对防波板的冲击载荷。

2.3.2 内外罐支撑的设计

内外罐之间有支腿相连。内罐上焊有受力的颈块，外罐上焊接支座，颈块和支座之间

有钢杆（07Х21Г7АМ5）互相连接。主要受力件是 Φ 100 的不锈钢杆（也有说是 Φ 16）。内罐颈块和支座之间除连接钢杆外，内外罐运动时靠颈块上方和下方的球铰垫以保证内罐温度应力变化而产生的伸缩。

内外罐支腿间隙要考虑伸缩量在支腿高度方向的变化量和绝热层厚度，以防互相碰撞。即留有一定的安全余量，俄专家介绍球铰在垂直方向有一定的余量，控制在上 3 mm，下 2 mm，四周方向按前后罐支座支承点距差（7 750 mm）×3‰考虑。支腿处间隙 13 mm左右。内外支座抽成真空。

2.3.3 罐体和管路补偿设计

内外罐之间除有前后支腿相连外，在罐的中间顶部有支点可上下移动 30 mm，罐的下部有 2 个支点，内外罐可纵向移动 25 mm。

为了排除管路冷却时产生的温度应力，必须进行补偿设计。

一般俄罗斯采用的补偿方法有补偿器。补偿器可用不同的弹性元件，如波纹管、软管和膨胀节等，也有采用管路本身的弹性变形（自补偿）。100 m^3 俄罐，大部分采用自身硬补偿。在外管路上设应力补偿膨胀节，或利用管路空间交叉。内罐伸出管均从直筒段中部伸出在夹层内作适当空间交叉，增大管路之间的跨距，使受力状态成三维空间状况。俄认为能耐 1 000 次以上疲劳循环。引出管路的最大应力点认为在内外罐连接处，即外罐处；汽化器的进液管和出气管也是空间三维状态，但最大薄弱点在内罐处。

2.3.4 气体分配器

液氢经汽化器汽化后进入贮箱，俄罐内设计了一个分配器，使挤压气体能均匀进入气枕空间，有利工作中液面稳定。

2.3.5 管路的接头设计和接头气检装置

俄 100 m^3 液氢运输车上，管路与管路的连接、管路与阀门之间的连接几乎都是焊死的（安全阀除外）。这样做的好处是漏点少，可靠，使用方便。但由于从俄运到中国运输安装工艺的要求，有分段的少数几根管，另外加排口与外接软管连接处也是必须分开连接的。为检查这些管路连接时的气密性，俄设计了专门的气检装置。气检装置由小气瓶、减压器、分配气、转接头和连接软管等组成。这种气检装置改变了传统的内部充压——保压方法，原理图如图 6 所示。按图连接好以后，用这种气检装置检查时，从外部充压至 14.7MPa，再用减压器调整好气检压力，然后通过分配器向被测接头供气。当分配器上压力表显示压力（3 min）不降时则合格，如接头漏气，气体通过转接器流入管内，压力表值必然下降。

因此，管路接头处都专门设计有 1 个特殊的加压接头，气检装置的转接头和管路上的加压接头相连。当管路与管法兰相连时，密封垫在外压下变形压缩使其密封。用气检装置检查时如果漏气，则说明分配器的气体通过加压接头的气道进入管路接头密封垫之间的微小通路而漏入管内，此时需重新拧紧接头，直到不漏为止，实在不行则应更换密封垫。

俄罗斯的真空管路接头上除设计有气检接头外，还设计装有抽空阀。

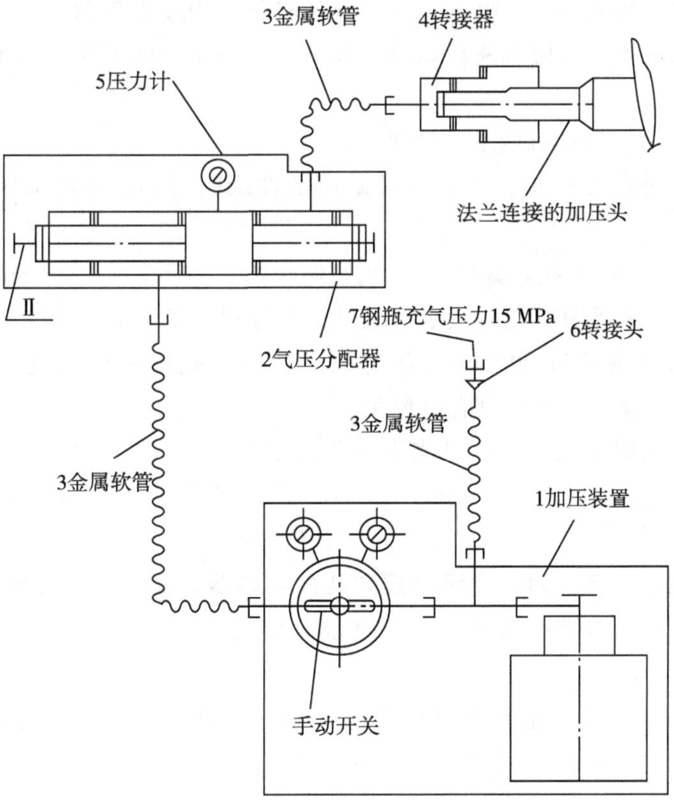

图 6　气检装置连接图

2.4　内罐壁温度测量

100 m³ 液氢贮罐与 85 m³ 不同的一点是在内罐壁设置了 2 个电阻温度计。为了输出信号，在贮罐的外罐上装有插头和插座。

3　工艺结构特点

3.1　抽空工艺及吸附剂

100 m³ 液氢贮罐抽空分两个阶段：第一个阶段，为加温抽空，用 100 kW 电设备使空气加至 60℃充入内罐，内罐压力维持在不大于 0.05MPa。加温时间说法不一，有的说加温 72h，有的说 24 h，但出口温度应是 40℃，低于 40℃则应继续加温，大泵抽到 1×10^{-2} mmHg后，就可停止。大泵抽速 50 L/s。由此推算是两个指标：一是出口温度 40℃，二是抽到夹层真空度 1×10^{-2} mmHg 停抽。大泵停抽后，Φ 200 工艺抽空口就焊接封死。封口前夹层通 1atm 干燥氮气正压保护，干燥氮气是液氮汽化后从 Φ 50 抽孔口进入。封死后再由 Φ 50（W01）口小泵常温抽空，抽至 5×10^{-4} mmHg 停止。小泵抽速 20 L/s。

按这一抽空工艺，抽空的时间 10～12 天足够，俄的记录不完全，但从介绍情况和记录看，真正抽的时间也就是 7～10 天。俄方说的抽空 3 周是无根据的。这一方法在前面已讲到，有其合理的因素，可降低生产成本，另外大小两个口的方案及其抽空阀的结构使抽空相对容易。

真空检测时的抽空泵是机械泵，抽速 5 L/s。

俄罐真空寿命规定为 5 年。真空夹层采用活性炭吸附剂，平时靠吸附剂保持真空寿命，原则上不用抽。

俄方装颗粒吸附剂 20 kg，其活化温度为 40～65℃，吸附量为 10 cm^3/g，真空夹层容积为 47 m^3。装填装置吸附剂的装填量及装置距离通过计算确定。但 2000 年 12 月设计验收时吸附剂是碳布，质量为 200 kg，究竟是活性炭还是碳布有待进一步考证。质量从 200 kg变到 20 kg 究竟为什么？也有待释疑。

真空管路充填吸附剂 0.2 kg，其真空容积为 10 L。

3.2 绝热层安装工艺

内罐的基本绝热层有五列，按顺序排列装配在容器表面，并固定在玻璃纤维衬套上，每一列中有热反射层（双面镀铝薄膜层）22 层，玻璃纸衬垫 21 层，这样五列共有热反射层 110 层，厚约 3～4 mm。

据专家介绍热反射层是塑料为基的真空涂膜。最外层是锡箔板厚 $\delta=0.5$ mm，宽 500 mm包裹，防焊接时火花溅落烧坏绝热层。

管路采用宽 50～70 mm、长 5 000 mm 细绝热束，采用螺旋缠绕方法安装在管路上。绝热束 14～20 层，由玻璃纤维材料分离的热反射层组成。

装配中也采用玻璃带层隔离保护热反射层，每束都一层一层地缝到补套上。

底架从内部用一组 10 层和 30 层绝热层的直角束和一组端面圆形束缠绕，再用玻璃纤维缝合进行绝热，绝热层上也采用螺旋缠绕的方法装有玻璃带层，用于焊接隔离保护。

支架和罐底中央部分以及传感器导线输出接点都采用环形和圆形束（30 和 45 层绝热层）再用玻璃纤维缝合，每束缝到金属结构扣环上或衬套上。

这里要提到的是为了安装需要，在各束中留有十字形切口。安装好绝热层后再缝合切口。

3.3 内罐强度试验

除进行 5.3 kgf/cm^2 气密性检查外，还进行了声发射检测试验，这一点在我国液氢罐的生产检查工艺中，尚未采用。俄罗斯采用的声发射仪器是匈牙利生产的 DEFECTO-FONNEZ - 220 型，共有 12 个通道。测试时，贮罐压力从 2.0，3.0，4.2 和 5.3 kgf/cm^2 依次进行。

4 蒸发损失测试设备和抽空设备

4.1 蒸发损失测试设备

俄罗斯低温联合体给 100 m^3 液氢铁路运输车配属了一套蒸发损失测试设备，如图 7 所示。它由液氢蒸发损失试验台、精密气压计、测温表、气体流量计、液氢汽化装置、各种阀门和管路等组成。这一整套专用设备过去我们是没有的。

俄专家们强调液氢蒸发损失试验应非常严格，主要体现在：

1）管路必须进行充分置换，先氮后氢气吹洗。所有接头不允许漏气。

2）开始测量前，正仲氢的转换必须非常充分，正氢的含量不应超过 0.2%。

3）时间不应短于 12 天。

4）测量时，氢气应排到室外。

5）大气环境与压力和外罐温度都必须认真记录，24 小时值班。

6）各种仪器仪表都应经过标校，且有检定证书。

7）储罐的上液位压力稳定值比当地大气压高出 133Pa［北京 101 站为(790±1) mmHg］。

8）在蒸发损失稳定期间压力计应是 1mmHg，在稳定工况下可为 65Pa。超过此值应调节测量台上的阀门开度。

图 7 蒸发损失测试设备

俄罗斯专家指出，俄测量的这一套理论和方法是国际上公认的，指出 95%仲氢是使用标准，而不是蒸发损失测定的标准。正—仲氢转换要放出热量，是必然要产生的，而与贮罐绝热好坏无关。俄专家讲这一套设备首次送给中国。美国、印度买液氢设备均没有这一套设备。蒸发损失可以用不同方法测，要求可以放松，但误差大一点。

俄测量时，气体流量计、气压计均在罩内，方法比我国严格，环境条件控制也非常严格，这是值得我们借鉴的。

4.2 抽空设备

100 m^3 液氢铁路运输车还配了一套真空检测设备。它有机械泵、集气管、真空吸附泵、冷阱化学吸附泵、抽真空阀和软管、电离真空计、压力真空计等一整套设备组成。该设备是当管路和贮罐夹层真空度下降时，用它连接起来，通过罐上 W01、W02 两个阀可分别抽空。

5 体会和初步结论

5.1 体会

1）100 m^3 液氢贮罐历经 10 年多才引进到中国，可谓来之不易。从 1992 年 5 月对俄罗斯低温联合体进行首次考察，以后又有两个团对该单位进行考察。期间航天部驻莫斯科办事处的曹中俄司长做了大量的协调工作。整个过程始终得到了院、集团各级领导的关心，得到了机关的大力帮助，特别是 1998 年以郭绍贵为团长的代表团使引进工作有了新的进展，签订了商务和技术两个协议，总装胡士祥副主任、曹刚川主任对院、集团公司的两级的引进报告作了决策性的批准，并给予经费上的支持，使这一工作得以真正落实。

引进工作过程中，以王本合和吴宏恩为代表的院机关做了大量的协调和组织工作，使两国四方的有关问题，尤其是进度、经费、质量、试验等工作得以保证。

2）一院 15 所所有参加这一工作的同志（包括译员），在全过程中兢兢业业，一方面消化吸收各阶段提供的资料，一方面监督俄方在设计、生产中存在问题和薄弱环节，严格履行合同有关规定，控制性能指标，在验收中又严格把关，避免了很多质量问题，使产品性能得以保证，真正做到引进了设备，学到了技术，达到了预期目的。在全过程中，15 所编写了各种技术文件和报告，有效地控制了国内外工作的质量，同样，武昌和 101 所也编写了各种文件。

3）俄液氢贮罐很多设计思路是值得我们今后借鉴的。任何墨守成规都有碍我们低温技术的进步和发展。我国在低温技术上的投入、在低温理论上的研究与俄罗斯相比，差距很大。俄罗斯在低温方面的著作不少，现在我们已经通过引进设备，学到了技术，呼吸到了新鲜空气，这是和 80 年代引进法国车最主要的区别。引进 C40 法国车在技术上的消化和资料的吸收方面不很充分，没有产生后效。此外我们还得到了 4 本书：《液氢的制取》（已译）、《低温液体系统》（已译）、《低温学物理原理》、《压力容器的安装与安全使用条例》。这对提高我们队伍的整体素质，必然有益处，也将产生后效。

4）苏联航天工业全盛时期是 50 年代～80 年代末，后来由于经费的关系，有所收缩，到了 90 年代已显乏力，现在困难就更大。俄罗斯 100m^3 罐是 80 年代技术，但整体水平不低，后来没有太多的发展，也可以说是当今俄罗斯的技术水平。俄罗斯罐的结构、阀门设计有大量的科研工作和试验根据做为基础。

5）这次引进 100 m^3 液氢贮罐用了 115 万美元，共包括：3 个罐、2 套设备、3 根金属软管、相当数量的备附件、各个时期提供的资料，可以说收获不少，但也有一定教训，如果早些购买，总价格还低廉，我们错失了一些机会。

6）由于我们存在语言的障碍，在技术交流效率较低，什么问题都要通过翻译，这导致时间上不经济，交流上不方便，所以今后要提高这方面的水平，组团不带译员直接交流，收获将更大。

7）由于国际之间来往和外交手续上的不方便，使监督质量和来往组团产生困难，俄罐封头和罐体对接焊接表现质量太差，这在国内生产是不可能发生的。如何简化出国手续值得研讨。

5.2 今后工作和初步结论

5.2.1 今后工作

1）继续完成后续验收工作：动力学试验和两辆车的液氢蒸发损失试验。

2）进一步深入消化俄罐设计和图纸资料，做好技术转化工作。

3）翻译液氢槽车的使用文件。第一步应翻译阀门技术说明书和使用细则，第二步应翻译履历书和其他使用文件和试验报告。

4）做好资料归档和备附件清理工作。

5）做好设备移交工作。

5.2.2 初步结论

由于100 m^3 运输车尚未完成动力学试验，两个罐尚要进行蒸发损失试验，最终结论还有待时间考核。但就目前第一个罐试验和两辆车的组装结果，已可得出如下结论：

1）100 m^3 液氢贮罐和100 m^3 液氢铁路运输车性能满足与俄签订的合同和与武昌签订的合同中多项技术性能指标。

2）100 m^3 液氢铁路运输车不仅可以作为运输车使用，而且可以作为CZ－3A系列火箭加注车使用。

俄罐的使用寿命和真空寿命、焊接强度和结构强度，在今后长期使用中还应进一步考核和检验，保持一份警觉，还是必要的。

低温加注技术的发展与对策研讨

（2003.7.1）

摘　要：文章回顾了我国火箭低温加注技术的发展历史以及取得的技术进步，介绍了世界航天大国火箭低温加注技术的状态和现状，国外低温技术在民用工业方面的现状和前景。在此基础上总结了我所在火箭低温技术和民用低温技术项目开发、创新两个方面的差距，提出了我所加注、配气专业改变现状，提高同行业竞争力，求生存，求发展的应对策略。

关键词：火箭　低温技术　加注　对策

1　我国火箭低温加注技术的发展

火箭低温加注技术的发展在我国已有40多年的历史，经历了从仿制、自行设计和独立研制自主发展三个阶段。

1958年8月，我院翻译了苏联5R15液氧公路加注车，经1年零9个月，南京晨光机器厂于1960年5月仿制成我国第一辆国产液氧加注车，1963年一季度又生产出9辆液氧车，1964年5月成功地用于我国首枚火箭DF－1的发射加注。这个加注车为全拖车型，带牵引杆时，总长9.06 m，总质量为15 500 kg，贮罐容积为6 m^3，可装载6 500 kg液氧，工作压力为2.2 kg/cm^2。安全膜片爆破压力为3～4 kg/cm^2。内罐与外罩之间用钢链环连结，夹层空间用米波拉（译音）均匀充填。

同期，我院在大连机车车辆厂仿制了5R52液氧铁路运输车。该车长14.308 m，装载质量74 000 kg。罐容积32.1 m^3，可装载32 000 kg液氧。工作压力不大于2.5 kg/cm^2，夹层绝热材料为米波拉。

1966年7月，在DF－1导弹用5R15和5R52 2种车辆的基础上，为了提高射程，自行设计了液氧自动补加车，代号JZ11－3。该车可代替5R15车作加注车用，也可作为东风-2A补加液氧用。自动补加系统是加注系统的一个重大改进，它为我国后续型号低温加注槽车的独立研制打下了一个很好的基础。

1965年至1969年，在研制发动机试车用60 m^3液氢铁路运输车前（1975年11月第一辆出厂，1976年1月第二辆出厂），先研制了35 m^3真空多层绝热中间试验容器，为研制60 m^3液氢铁路运输车打下了基础，中间试验容器由大连光明研究所和物理化工研究所参加，协作单位有浙江大学等。

根据1965年上海“140”会议精神，由七机部一院15所提出60 m^3液氢铁路加注车设计任务书。交通部（71）交计字第580号文件规定由大连机车车辆厂试制。1973年8月底完成了液氢铁路车的总装和厂内测试，1975年9月在涿县召开介质试验工作会，1976

年 1 月结束介质试验工作并召开了技术鉴定会，该车正式移交 101 站使用。

为满足 331 工程地面设备配套需要，在研制 60 m^3 液氢铁路加注运输车的基础上，1975 年 10 月，香山“1405”会议上决定研制新的液氢铁路加注运输车，由一院 15 所提出 70 m^3 液氢铁路加注运输车的设计任务书和设计方案，西安车辆厂设计制造。1978 年 6 月完成方案设计，7 月在北京召开了方案审查会，1979 年完成了技术设计，1980 年投产，1982 年 9 月完成第一辆出厂介质试验，1983 年 7 月完成第二辆出厂介质试验，并正式移交 101 站保管和发射场使用。

70 年代中，我国决定研制 CZ－3 运载火箭，三子级采用液氢和液氧作为推进剂，为此研制了一整套低温加注地面设备。其中有 10 m^3 液氧公路自动补加车，5.4 m^3 液氢公路自动补加车（1980 年 5 月第一辆出厂，1982 年 7 月第二、三辆出厂），液氢液氧加注阀门、ϕ75 mm液氢输送真空绝热管路、液氢液氧过滤器、各种低温压力温度传感器、加注控制设备和各种配气设备。上述设备均属于首次研制。这些设备有很大技术难度，尤其是液氢的贮运输送技术在国内尚无先例。

液氢液氧自动脱落加排连接器的研制是 CZ－3 地面发射测试设备的另一项攻关项目。该连接器具有手动连接自动脱落、自动打开和自动关闭加注活门、自动发讯等多种功能。在超低温环境下工作 6 h，－3 min 远控脱落，密封问题是该项目的关键。

此外，CZ－3 三子级地面加注设备和系统的研制，标志着我国地面设备在低温技术上有了较大的发展。说明我们在真空多层缠绕绝热技术、低温密封、低温加注控制等方面有了进步。它的研制有三个方面意义：一是为 CZ－3 运载火箭的发射提供了一整套性能满足要求、可靠性较好的三子级低温加注设备；二是在航天队伍中培养和造就了一支老、中、青相结合的低温设备设计队伍；三是建成了一批具有一定规模低温设备专业生产厂家和生产线，为奠定我国运载火箭低温设备的研制展现了美好的前景。

80 年代中期，我国决定研制跨世纪的大型运载火箭 CZ－3A 系列。CZ－3A 运载火箭三子级仍旧采用液氧和液氢作为推进剂。但发动机采用 YF－75，火箭贮箱容量与 CZ－3 运载火箭相比增加了一倍，且 CZ－3A 运载火箭各系统采用很多高新技术，重大新技术项目有 41 项。地面设备，尤其是低温加注系统与 CZ－3 运载火箭相比，在规模上和先进性上都有了很大的变化。主要有 5 大项：

1）液氧固定罐及泵式加注技术；

2）液氧加注过冷技术；

3）液氢液氧加注微机控制技术；

4）高压低温自动脱落冷氦连接器技术；

5）氦供气系统换热及纯化技术。

在这些技术项目中，又有不少支撑技术和项目，先后攻克了 24 个课题，这些关键课题是：

1）氢氧加注微机站；

2）液氧过冷器；

3）液氢质量流量计；

4）液氧泵；

5）大口径真空绝热调节阀；

6）大容量液氧贮罐；

7）液氢液氧加泄排气连接器备保装置；

8）三级动力测试发控台；

9）中压远控减压器；

10）长时间通电电磁阀；

11）双向电磁阀；

12）高压可逆电磁阀；

13）冷氦热交换器；

14）冷氦输送真空管路；

15）纯化器；

16）高压低温自动脱落冷氦连接器；

17）全卸荷截止阀；

18）液氢液氧低温绝热接头；

19）低温安全阀；

20）液氢质量流量传感器；

21）液氢密度变换器；

22）液氢夹气量密度计；

23）连续式低温液面计；

24）85 m^3 液氢铁路加注运输车爆破膜片装置。

这些课题使低温系统自动化程度（控制、测量）有了很大的提高，从而为发射场增添了很多新的低温设备。主要有：

1）可远控加注的 85 m^3 液氢铁路加注运输车；

2）可远控起动 1 000 L/min 的液氧泵；

3）流量 300 L/min，每次过冷液氧 3 t 的液氧过冷器；

4）使氦气纯度从 99.99%可以提高到 99.999%，温度从常温到液氮级的冷氦换热器和纯化器；

5）可实现远距离控制低温阀门的开和关，加注连接器自动脱落，各种低温参数（压力、温度、液面）可实时显示记录的液氢、液氧、液氮和冷氦测控设备；

6）可远控脱落的高压低温冷氦连接器；

7）可远控加注的 45 m^3 液氧固定加注罐；

8）可远控加注的 10 m^3 液氮加注补加车。

这些课题的攻克、新设备的研制使低温加注系统级的水平有了很大的提高，低温技术上了一个新的台阶。低温加注新技术可以归纳为 7 个方面。

（1）液氢、液氧、液氮微机测控技术

液氢、液氧加注实现微机联网自动加注是以往所没有的。微机测控可实现“联机”

(联合控制机)、“自动”(控制机单独控制)和“手动”(加注控制台控制)三种方式全过程控制加注、补加任务，能对液氧压力、温度、流量、液位 37 个参数和液氢压力、温度、密度、液位、流量 17 个参数自动检测、显示、存贮和实时打印。

该技术对加注、补加流量实行闭环自动调节，使加注补加过程流量稳定，火箭贮箱液面平稳、安全。监测系统对测得的液氢车和液氧贮罐的压力经微机处理后，送入计算机并和流量算法公式进行比较，调节阀门开度，控制进入液氢铁路车汽化器的量，达到罐内压力的平稳。

微机测控的全部加注流程及参数，可动态显示在画面上。

(2) 液氧固定罐及泵式加注技术

低温液氧泵加注在国内首次应用，在加注量比 CZ－3 运载火箭大一倍的情况下，用不到 10 min 完成大流量加注，缩短了加注时间。泵的设计效率高，并较好地解决了低温介质排气和用普通轴承在低温泵轴上合理布局的两个难点。

(3) 液氧过冷技术

为提高运载能力和改善液氧品质，CZ－3A 运载火箭首次采用该技术，使液氧过冷后温度达到 81.5K，过冷效果明显，过冷量大，一次过冷 3 t，每小时过冷 20.5 t。

(4) 高压低温自动脱落连接器技术

CZ－3 运载火箭研制了低温加注自动脱落连接器，CZ－3A 运载火箭采用冷氦增压技术，为此新研制了能在 21 MPa 和 80 K 低温下配气的冷氦自动脱落连接器，它解决了氦气瓶、氢箱增压、氧箱增压 3 路不同压力供气的密封问题和临射前－2 min 自动脱落的技术，该产品系国内首创。

(5) 地面冷氦增压及纯化技术

该项技术包括冷氦大小增压技术(大增保时间，小增保精度)、冷氦高压真空金属管技术、使常温氦气变为 (80±3) K 的低温氦气、纯度从 99.99%提高到 99.999%的一整套设备和纯化技术。

(6) 大容量液氢贮运、输送技术

CZ－3 运载火箭研制了 70 m^3液氢铁路车。由于 CZ－3A 运载火箭液氢加注量达 40 m^3以上，而且要实现微机自动远控加注，所以原来 70 m^3液氢铁路车满足不了要求。新研制的 85 m^3液氢铁路车在内外罐安全性设计、液位和压力监测等方面作了改进。

(7) 远控供配气技术

在 CZ－3A 运载火箭地面测试发射设备中，由于增加了冷氦系统、液氢液氧加注自动备保脱落和备保锁紧系统，使三级配气技术大为复杂。为此采用了远控减压器技术，研制了高压可逆电磁阀、长时间工作电磁阀和二位三通电磁阀。系统通过动力测试发控台实现远距离自动控制和调节一、二、三级和氦气瓶库供气，实现远控贮箱置换、增压、卸压、补压；气瓶置换、充气、放气；发动机预冷、吹除；一级、二级常温、冷氦及空调连接器脱落；卫星脱落插头脱落；氦气瓶库高低压供配气；尾段加温速度、吹除压力调节。能实时显示 19 路压力、5 个温度参数的测量。对氢箱压力、冷氦气瓶压力、氧箱压力等值超过预定值则自动报警。能与计算机联合完成自动控制、自动查询、采集和传输各种数据，接受控制系统、低温加注系统、常规加注系统、推进剂利用系统、卫星系统、遥测系统的信号和有关数据。

从仿制到独立研制 CZ－3 运载火箭低温加注设备，使我们上了一个台阶，而 CZ－3A 系列火箭低温设备的研制又使我国低温技术有了一个跨越式的发展，一方面保障了火箭发射，另外某种程度上刺激了国家基础工业的发展，特别在液氢使用、贮运和输送方面，航天走在全国的最前面。但是随着改革开放，又使我们感到与国外尚有较大差距。与国内一些同行相比，我们也存在不少差距。

2 国外火箭低温加注技术的现状

2.1 日本航天低温技术

日本 H－1、H－2 火箭，以及 H－2A 运载火箭均采用液氢和液氧。为此研制了 LE－5（推力 10 吨级）和 LE－7（推力 100 吨级）两种发动机。H－I 运载火箭采用固定贮罐，H－2A 运载火箭液氢采用 2 个 540 m^3 球罐。LE－5 发动机试车每年用量为 1 500 m^3。1975 年以前，日本尚无液氢工业。表 1 是日本航天工业领域的氢液化装置。为了满足试车和 H－2 运载火箭发射的需求，1978 年 9 月在尼崎建成 730 L/h 的液氢生产装置。初期日本采用 10 m^3 液氢公路槽车运送液氢，运送 1 500 m^3 需 15 台次以上。

表 1　日本航天领域的氢液化装置（10 L/h 以上）

安装单位及地点	制造时间	规模，L/h	制造公司	备注
三菱重工业（株）长崎	1975	20	日本氧气公司	JT＋LN_2
航空宇宙技术研究所　角田	1976	37	L'AIR LIQUIDE－帝国氧气	LN_2，HeET×1
大阪氢工业　尼崎	1976	10	日立制作所	JT＋LN_2
石川岛播摩重工业　相生	1976	10	DHILIPS－大阪氧气	JT＋LN_2
大阪氢工业　尼崎	1978	730	帝国氧气	JT＋LN_2，HeET×3

注：JT—焦耳汤姆逊膨胀阀；HeFT—透平膨胀机；LN_2—液氮

H－2 运载火箭液氧站共有 2 个 160 m^3 液氧罐，液氢液氧站离发射距离是 250 m，互相之间距离是 145 m，图 1 是它们的配置图。日本液氢站主要设备有贮罐、汽化器、气氢液化装置、液氢加压泵、气氢罐、真空输送管等组成。液氧站主要有液氧贮罐、汽化器、输送管路等组成。气氢液化装置使能源再利用，这是日本发射场一大特点。但是后来建设中是否建成液化装置没有报道。

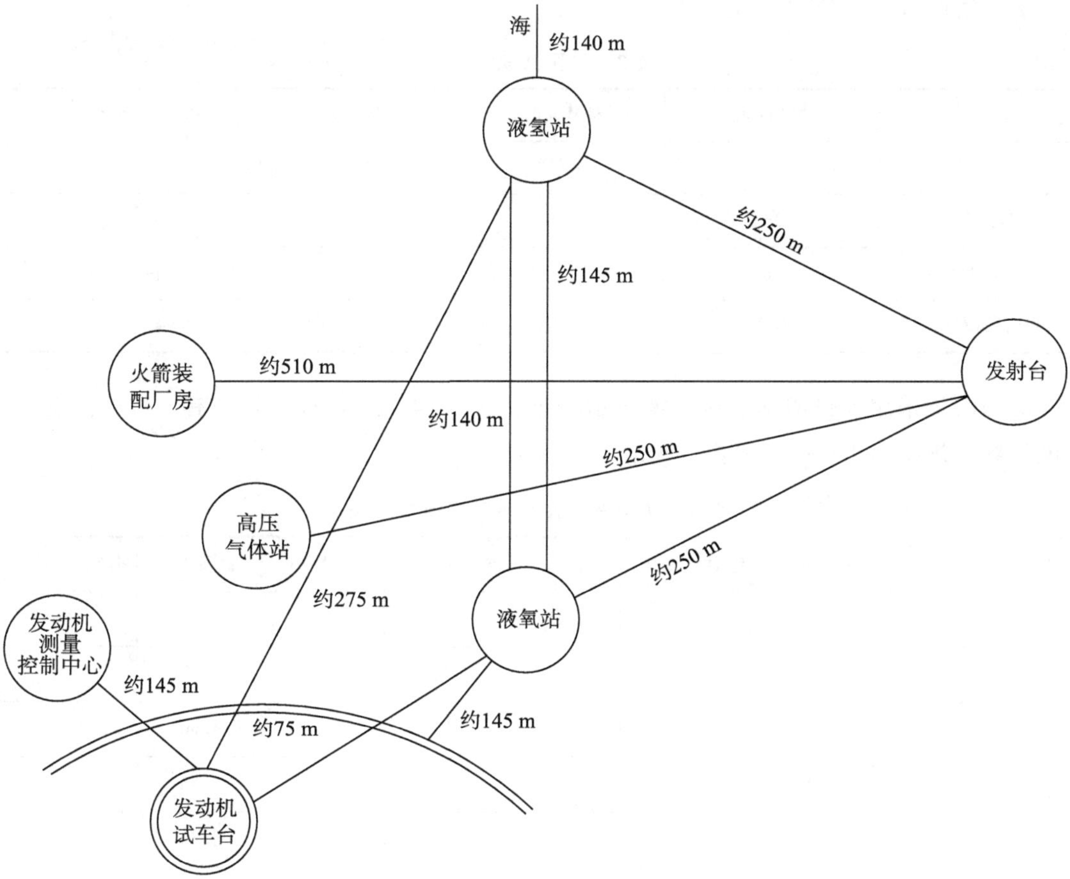

图 1　吉信发射场地面设施布局图

2.2　法国航天低温技术

法国阿里安系列火箭共有三个发射场。第一、第二两个发射场的液氢液氧采用卧式贮罐，彼此距离火箭发射台 400 m，各自分别用厚约 1 m 的安全防护土墙与火箭发射台隔离。地面输送管内径为 50 mm。液氧在发射场生产，法国液氢用 C_{40}^{1} 液氢公路车经海上运输到库鲁发射场。第二发射场的液氢由新建的圭亚那液氢生产厂提供。

法国是较早进行氢氧发动机研制的国家，1973 年着手研制 HM－7 和 HM－60 两种发动机，表 2 是法国两种发动机与液氢耗量情况的比较。

表 2　法国 HM－7 和 HM－60 参数比较表

参数 \ 发动机名	HM－7	HM－60
真空推力/t	6	100
液氢耗量/（L/min）	45.5	555.8
工作时间/s	563	500

法国生产液氢的公司见表 3。

表 3　法国液氢生产厂

生产单位	制造时间	规模，L/h	制造公司	备 注
法国吐鲁兹	1960	不详	法国空气液化公司	
法国塞纳	1964	98		
法国杜埃	1966	500～800		供应全欧洲
圭亚那库鲁	不详	1 375		

法国液氢采用公路槽车输送，液氢运输车从 0.5～42 m³各种规格都有。法国液空公司的液氢容器规格为 1～450 m³，详见表 4。

表 4　法国液空公司液氢容器规格表

容器容量/L	全容量/L	型式	绝对压力/bar	质量/t	充填质量/t	直径/m	高度/m	损耗/（%/日）
1 000	1 100	立	50	1.45	1.52	1.1	3.75	3.0
1 200	1 320	球	300	4.40	5.72	1.54	1.675	—
2 500	2 780	立	17	2.00	2.175	1.41	4.60	1.0
2 600	2 800	球	300	15.0	—	2.15	3.35	8.0
4 000	4 400	立	6	2.5	2.78	1.6	4.64	1.0
10 000	11 000	立	6	4.2	4.9	2.0	6.55	0.6
15 000	16 500	立	6	5.5	6.55	2.0	8.70	0.5
20 000	22 450	立	16	12.0	34.94	2.20	10.50	0.6
50 000	52 250	立	2	12.0	15.0	2.90	11.66	0.45
50 000	53 000	立	8	20.0	23.5	3.2	12.68	0.45
100 000	110 000	立	8	31.5	38.5	3.8	15.10	0.35
100 000	110 000	卧	8	31.0	38.0	3.8	4.60	0.3
225 000	236 250	球	2	50.0	65.75	9.7	10.9	0.2
450 000	472 500	球	2	60.0	91.5	11.8	13.0	0.15

阿里安Ⅴ的芯级液氧箱和液氢箱比阿里安其他型号大得多，液氧 130 t，液氢 27 t 分别是阿里安Ⅳ的 14 倍和 13.5 倍，因此阿里安第三发射场和第一、第二发射场加注系统有明显的不同，它是在发射场建立一个日产 33 m³的液氢生产厂。液氧和液氮生产厂作了适应性改造，改造后日产液氧 14 m³，液氮 60 m³。液氢液氧都是射前将贮罐用公路拖车运送到发射区。液氢是用 3 个 320 m³的卧式贮罐，液氧用 5 个 140 m³和 16 个容积为 20 m³

的贮罐。它们分别位于发射台两侧约 200 m 左右。阿里安Ⅴ低温加注系统突出的一点是活动贮罐，发射后又拉走。

2.3 美国航天低温技术

美国是最早采用液氢液氧低温推进剂的国家。美国用氢历史比法国早 10 年，比日本早 20 多年。美国早年在阿波罗登月计划中研制了低温土星火箭。在肯尼迪航天发射中心，液氢采用可贮 3 217.59 m^3液氢的球形罐（容积号称 3 400 m^3或 3 500 m^3）。罐采用珠光砂粉末真空，内球用不锈钢材料制造，内径 18.7 m，外罐采用碳钢，直径 21.3 m，夹层真空压力为 5×10^{-2}mmHg，蒸发损失 0.03%/d，设计工作压力 6.3 kgf/cm^2（表压）。液氧采用 3 406m^3球形罐，它们分别设置在发射台两边。图 2 是土星Ⅴ液氢（液氧）贮罐，图 3 是土星Ⅴ液氢加注系统原理图。

图 2　土星Ⅴ液氢（液氧）贮罐

土星Ⅴ共加注液氢 1 275 m^3（90 t），耗时 45 min，大流量加注速度 10 000 加仑/分（37 854 L/min），补加流量为 1 500 加仑/分。液氧总加注量为 1 730 m^3（2 000 t）。

图 4 是土星Ⅴ低温加注活门一角。液氢加注采用汽化器挤压加注。液氢输送管直径为 0.25 m，每节管长 13.7 m，全长 442 m，采用真空多层绝热（20 层，真空度 1×10^{-4}mmHg，吸附剂 5A 分子筛和活性炭）。汽化器长 793 m（铝管），输送压力 4.2 kgf/cm^2，管径 100 cm。液氧采用泵式加注，大泵 9.5～38 m^3/min，小泵 0.38～0.57 m^3/min。泵的转速和流量均可按照需要进行调节。大泵用于一、二级火箭加注，小泵用于三级火箭加注和一、二、三级补加。补加也可用挤压加注。

表 5 是美国土星火箭和航天飞机用量表，由表可见美国耗氢量相当大。美国航天领域使用的液氢主要由 4 家大液氢生产厂供应。这些厂建在 60 年代，地点集中在加利福尼亚州和路易斯安那州的新奥尔良。表 6 是 60 年代美国航天领域液氢四大生产厂家的生产能力及液氢罐。

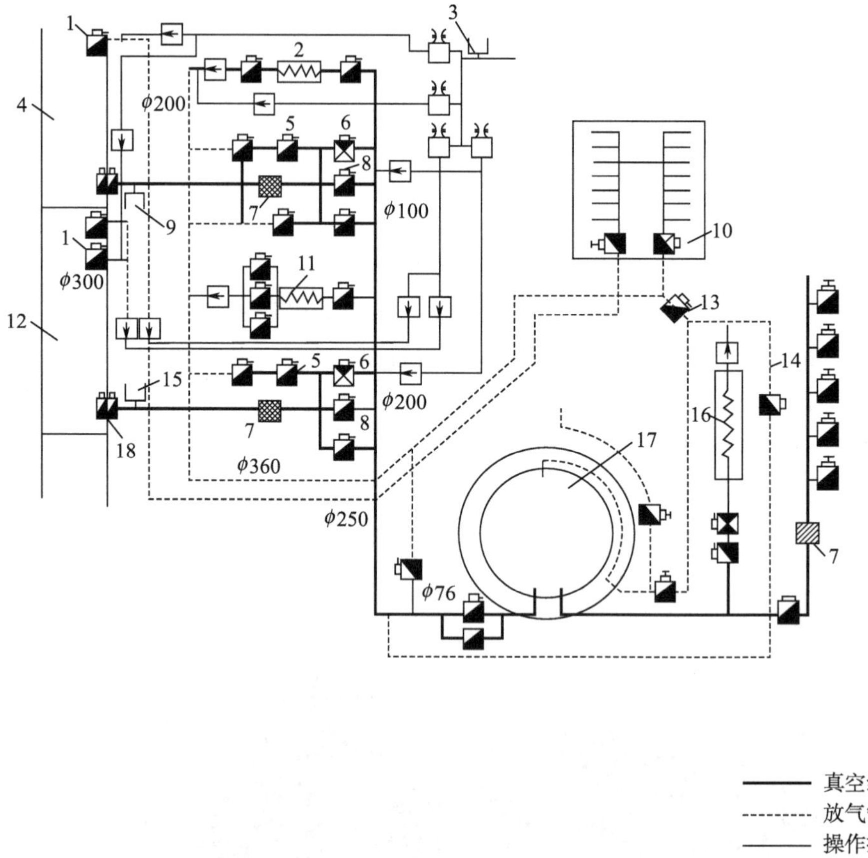

1 -放气阀门；2 -三级火箭氦热交换器；3 -气态氦（2 840 L）；4 -三级氢箱（约 280 m^3）；
5 -塔架的放气管路；6 -加注阀门；7 -过炉器；8 -主加注阀门；9 -气氦（190 L）；10 -燃料焚烧池；
11 -二级氦热交换器；12 -二级氢箱（约 1 020 m^3）；13 -放气阀门；14 -加注管放气；15 -气氦（380 L）；
16 -蒸发器；17 -液氢贮存容器（约 3 220 m^3）；18 -滤水池

图 3　土星Ⅴ液氢加注系统原理图

图 4　土星Ⅴ低温加注活门现场一角

表 5　美国研制的氢氧火箭用量表

指标 项目	运载火箭	级别	发动机	在飞船中的近似容量		使用时间
				t	m^3	
阿波罗计划	土星Ⅰ	S-Ⅳ	六台 RL-10	7.65	107.1	65 年 3 次
	土星ⅠB	S-ⅣB	J-2	19.35	270.9	68 年 1 次
	土星Ⅴ （总计质量）	S-Ⅱ S-ⅣB	五台 J-2 J-2	71.55 19.35 (90.90)	1 001.7 270.9 (1 272.6)	67 年—72 年 13 次
航天飞机	航天飞机	主级	SSME	102.7	1 467	81 年—90 年 26 次

表 6　美国航天领域液氢生产厂一览表

建造公司	地点	投产年份	生产能力		生产用贮罐			充满本厂贮罐所需天数
			t/日	m^3/日	容积/m^3	绝热结构	日蒸发率,%	
联合碳化物公司林德公司	加州安大略	1962	30	420	1 430	多层绝热	0.1	3.40
空气产品与化学公司	加州长滩	1963	32	448	760×2	多层绝热	0.07	3.38 (1.69×2)
联合碳化物公司林德分公司	加州萨克拉门托	1964	60	840	2 650	珠光砂真空	0.1	3.15
空气产品与化学公司	路州新奥尔良	1965	32	448	1 900×2	珠光砂真空	<0.1	8.48 (4.24×2)
美国总计			154	2 156	9 392			平均 4.35

液氢生产都有固定贮槽，表 7 是美国大型液氢贮槽一览表。

表 7　美国大型液氢贮槽一览表

容器型式	容量	绝热型式	蒸发损失%/天	使用地点
固定式	85 000 加仑	珠光砂粉末真空	0.03	肯尼迪航天中心
固定式	50 000 加仑	珠光砂粉末真空	<0.1	内华达火箭研制站及新奥尔良厂
固定式	10 500 加仑	珠光砂粉末真空	0.3	
固定式	70 000 加仑		0.1	萨克拉门托厂
固定式	100 吨	多层绝热	0.1	安大略厂
固定式	200 000 加仑	多层绝热	0.07	长滩厂
固定式	28 000 加仑			西棕榈海滩厂
固定式	90 000 加仑	珠光砂	0.13	
拖车槽车	6 000 升	珠光砂粉末真空	1.5	西棕榈海滩厂
拖车槽车	7 800 加仑	多层绝热	0.5	
拖车槽车	13 000 加仑	多层绝热	0.4	

续表

容器型式	容量	绝热型式	蒸发损失%/天	使用地点
拖车槽车	20 000 加仑			肯尼迪航天中心
槽车	26 000 加仑	珠光砂粉末真空	0.5	
槽车	283 000 加仑	多层绝热	0.26	
槽车	340 000 加仑	多层绝热	0.5	
驳船	240 000 加仑	珠光砂粉末真空	0.15	从新奥尔良运到密西西比州

注：到 1975 年，美国液氢运输采用公路、铁路和水上多种运输方式。公路拖车有 3 种规格，分别可装运 30 m^3、50 m^3、75.5 m^3，后者用于发射场内部。铁路有 107 m^3、129 m^3 两种槽车。

2.4 俄罗斯航天低温技术

俄罗斯东方系列火箭采用液氢和煤油作为推进剂。能源号火箭助推级采用液氧和煤油作为推进剂，芯级用液氢和液氧作为推进剂。俄罗斯联盟号液氧加注系统原理如图 5 所示，该系统主要由贮罐、泵组、输送管路、液氧过冷系统、贮罐增压系统和排气系统组成。联盟号火箭液氧采用半地下卧式罐贮存，每个容积是 230 m^3，8 个罐总容积为 1 840 m^3。液体输送管路为粉末真空，直径为 250 mm。液氧在射前由液氧铁路车转注进罐，加注管直径为 100 mm。在向火箭加注前，先将库存液氧降温到 70 K。降温的方法是用两级引射泵对贮存容器的气腔抽空。小离心泵的作用是向汽化器提供液氧，液氧汽化作为液氧罐的增压用气。小离心泵的另一作用是预冷直径为 250 mm 的加注管。大离心泵是在加注管预冷并充满后正式向火箭加注。液氧大流量加注 7 t/min。

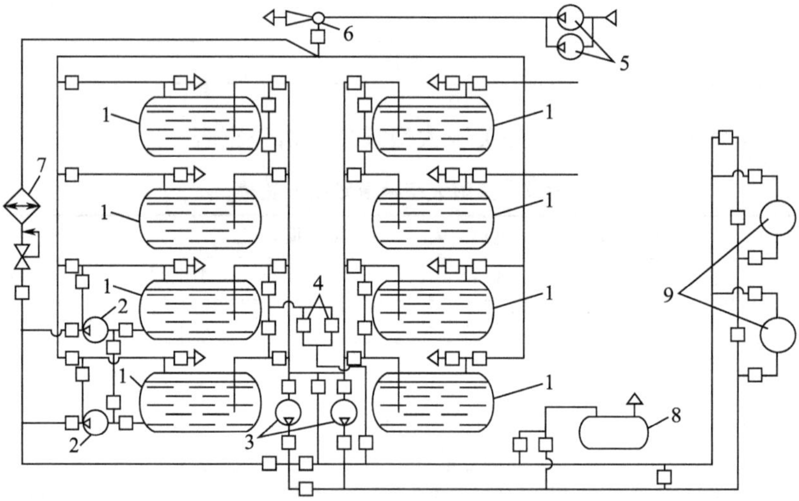

图 5　联盟号液氧加注系统原理图

1—容器；2—小离心泵；3—主离心泵；4—阀门控制箱；5—离心压缩机；6—引射器组件；7—容器增压蒸发器；8—排放容器；9—箭上贮箱。

能源号液氢采用 4 个 1 400 m^3 球形固定罐，液氧采用 3 个 1 400 m^3 球形固定罐，液氮采用 3 个 1 400 m^3 球形固定罐。能源号两个工位相距 15 km，共有 20 个球形固定罐。

罐离发射台 1 km 左右，冲击波压力不超过 0.2 kg/cm^2。液氢、液氧都采用挤压加注。从 1982 年安装，1984 年正式使用到现在，设备状态良好。图 6 是能源号火箭竖在发射台上，图 7 是能源号球罐现场。内球罐直径 14 m，外球罐直径 16 m，内罐壁厚 20～30 mm，外罐壁厚 20 mm。每一个球形罐有 2 个吸附泵，每 3～4 个球罐设 1 个抽空泵。图 8 是能源号火箭液氢、液氮、液氧球形罐布局图。

能源号火箭是液氢和液氧同时加注。在发射场，俄罗斯液氢和液氧均采用铁路槽车方式运送。液氧和液氮在发射场生产，液氢从俄罗斯原加盟共和国乌兹别克生产。试车用液氢、液氧和液氮在莫斯科化学机械制造研究所生产，液氢采用水电解法制取。

在世界上，天顶号火箭是自动化程度最高的一种两级火箭，采用液氧和煤油作为推进剂。一级也可作为能源号助推器，直径 ϕ 3.9 m，长 54～57 m。一级推进剂 325.3 t，二级推进剂 82.5 t，均用冷氦增压。天顶号对接、起竖、加注、检查测试、发射整个工艺流程 40 min。加注采用泵式，液氧大流量加注 8 000 L/min，L 液位后转入小流量加注和补加。加注时Ⅰ～Ⅱ级可同时加注，也可分开加注，考虑安全，煤油和液氧分开加注。加注口直径分别为 ϕ 200 mm 和 ϕ 80 mm。

图 6　能源号火箭竖立在发射场

图 7　能源号球罐

图 8　能源号火箭液氢、液氮、液氧球形罐布局图

表 8 是国外主要运载火箭与我国 CZ－3 系列火箭加注参数性能比较表。

表 8　国外主要运载火箭与我国 CZ－3 系列有关加注参数比较表

型号	级数	火箭长度和直径/m	低温介质		常温介质				加注容器		罐箭之间距离/m	备注
			LH_2/t	LOX/t	偏二甲肼/L	四氧化二氮/L	煤油/t	液氧/t	LH_2/m^3	LOX/m^3		
CZ－3	3	$L=44.6$ $\phi_{I-II}=3.350$ $\phi_{III}=2.250$	1.486	7.189	V_{I}：72 183 V_{II}：14 949	V_{I}：82 530 V_{II}：16 731			70 m^3×2	10 m^3×3	150 (LOx) 304 (LH_2)	
CZ－3A	3	$L=52.5$ $\phi_{I-II}=3.350$ $\phi_{III}=3.000$	3.1	15.1	V_{I}：69 765 V_{II}：12 514	V_{I}：80 156 V_{II}：14 299			85 m^3×2	45 m^3	200 (LOx) 350 (LH_2)	
AR1	3	$L=47.7$ $\phi_{I-II}=3.8$ $\phi_{III}=2.6$	8.142		145 t （固定贮罐 125 m^3 各 1 个）				固定贮罐 100 m^3×2	固定贮罐 100 m^3×2	400	1）液氮贮罐 5 个能贮存 300 m^3。 2）液氢液氧贮罐分别在火箭两侧，中间隔一土墙。 3）液氢补加采用 C_{40} 液氢公路车
			1.492	6.65	$V_{I}=65\ 920$ $V_{II}=15\ 520$							
AR2	3	$L=49.5$ $\phi_{I-II}=3.8$ $\phi_{III}=2.6$	10.5		145 t （固定贮罐 125 m^3 各 1 个） $V_{I}=65\ 920$ $V_{II}=15\ 520$				固定贮罐 100 m^3×2	固定贮罐 100 m^3×2	400	1）AR1 第 2 次飞行试验后偏二甲肼改为混肼。 2）氢氧箱加长
AR3	3	$L=49.5$ $\phi_{I-II}=3.8$ $\phi_{III}=2.6$	10.5		181.5 t $V_{I}=65\ 920$ $V_{II}=15\ 520$				固定贮罐	固定贮罐	400	1）一级贮箱每个加长了三米。 2）AR3 捆二台固体助推器
AR4	3	$L=57\sim59.8$ $\phi_{I}=3.8$ ϕ_{II-III} 2.6	10.5		204～268 t				固定贮罐	固定贮罐	400	1）捆 2～4 个固体或液体助推器。 2）一级贮箱每个加长了 3 米

续表

型号	级数	火箭长度和直径/m	低温介质		常温介质				加注容器		罐箭之间距离/m	备注
			LH_2/t	LOX/t	偏二甲肼/L	四氧化二氮/L	煤油/t	液氧/t	LH_2/m^3	LOX/m^3		
AR5	2	L =54.65～59.8 ϕ_{I} =5.4 ϕ_{II} =3.6～3.94	27	130	7.2～9.7 天 一甲基肼	四氧化二氮			活动贮罐 320 m^3×5	活动贮罐 140 m^3×5 20 m^3×16	200	1）LH_2 用 3 个 320 m^3 活动贮罐。 2）捆两台固体推进级，推进剂质量 2×230 t
H-Ⅰ	3	L =40.3 ϕ =2.44	8.8				81.4	固定贮罐	固定贮罐			捆 9 个固体助推器
H-Ⅱ	2	L =49 ϕ =4	Ⅰ级 86.2 Ⅱ级 14						球罐 540 m^3×2	固定贮罐 160 m^3×2	250	1）捆 2 个固体助推级。 2）50 m^3 液氢贮罐提供泵和汽化器用。 3）160 m^3 和 640 m^3 贮罐各 1 个
土星Ⅴ	SⅠC	L =42.6 ϕ =10.053 4	19.35				681.1	1 488.8	球罐 3 217.59	球罐 3 406	440	粉末真空绝热
	SⅡC	L =24.841 2 ϕ =10.058 4	47	411								
	SⅣB	L =18.074 6 ϕ =6.614	20.636	91.2								
能源	2	L =60 ϕ =8（芯级）	100	600			1 300		球罐 1 400 m^3×4	球罐 1 400 m^3×3		每个工位 10 个球形罐，其中 $LH_2$4 个；LOX3 个；$LN_2$3 个。2 个工位相距 15 km，共 20 个球形罐
联盟	2	L =49.52（载人） ϕ = 2.66（二级）					300		煤油 固定罐	固定罐 230 m^3×8		液氧罐粉末真空绝热
天顶	2	L =54～57 ϕ =3.9					Ⅰ级 325.3 Ⅱ级 82.5		煤油 固定罐	固定罐 1 400 m^3×3		煤油固定罐位于地下。 三级天顶号长 58.9～61.4 m

从表中可以看出，我国低温加注技术和国外相比差距体现在以下几个方面。

(1) 规模小

特别是和美国、俄罗斯两个航天大国相比，我们的规模小得多，俄罗斯能源号 1 400 m^3液氢球形罐有 3 个，液氢用量是 CZ－3A 加注量的 25 倍多，美国土星Ⅴ液氢球形罐是我们的 20 倍，加注用量是 30 倍，加注速度是 37.85 倍。

(2) 理论基础差，缺少试验条件

美国和苏联在 20 世纪 50 年代至 70 年代，对液氢的理化性质和工程应用方面进行了大量的专题研究，如液氢的两相流、液氢的温度分层、氢胶、氢的无损贮存、真空屏蔽放射特性、真空材料、低温材料、低温密封材料、低温容器寿命、真空测量仪器等。我们的很多知识来自国际上公开发表的研究论文、书籍等，也设计了不少低温产品，但是并没有自主知识产权，很多问题认识不深不透。另外 15 所没有完整的、系统级的低温试验室，缺乏很多必要的系统级试验手段（系统级试验只能到发射场去做）。

(3) 国际学术交流空白

15 所从来未参加过低温国际学术交流活动，如两年一次的国际低温工程会议、国际低温材料会议（ICEC）、低温工程学术会议（SCW）和四年一次的国际制冷大会（ICR）。在很多方面我们孤陋寡闻，这一点应引起我们足够重视，一方面影响人才的培养，另一方面也影响我们自身的发展。

(4) 低温专业面较窄

前面，我们介绍了低温专业技术，尤其是液氢、液氧和液氮在火箭方面的应用情况。低温专业技术重要的一个分支是低温制冷，在航天方面，航天器的太空制冷技术发展得很快。这方面有辐射制冷、固体介质制冷、机械式制冷、脉管制冷、超流氦制冷和磁制冷。航天飞机多次反复使用验证了超流氦制冷，并已正式进入应用。最大的太空液氦容器已达 10 m^3。我们的航天器制冷还停留在辐射制冷和固体介质制冷阶段，功率也小，离俄、美有较大差距。

在我国，与低温有关的科研所，主要有五院 510 所和 511 所，一院 11 所和 101 所，中科院低温物理技术实验中心。这 5 家从事的研究任务各不一样。低温物理技术实验中心主要从事低温物理理论研究，也做些小型制冷机。510 所主要从事真空低温技术的研究，有 2 个国家级试验室，专门从事空间制冷技术的研究、空间材料应用和物理性能研究、极高真空技术和应用表面物理研究。511 所主要从事航天器冷热环境试验。101 所主要从事火箭低温发动机的热试车、火箭的系统试车和各种低温器件的试验和研究；现在可从事液氢生产（300 L/h），主要产品有水电解制氢设备和低温温度传感器、低温真空管和真空阀门；近年来又成立了低温设备维修中心，对外承担低温设备的维修和生产，液氢生产能力基本满足试车的需要。11 所主要从事低温发动机的研制；此外，在民品方面设全国泵阀检测中心，且成立了特种阀门、特种泵和热能化工工程 3 个事业部，民品产值主要是石化企业的泵、阀任务。510 所在无氟绝热方面，每年创造的产值就近 1 个亿，而投入的人力却不多。511 所的民品主要是离子镀铝、铜薄膜和太阳能热水器。低温产品附加值很高，市场有广阔的前景，当然竞争也很剧烈。

15 所低温专业面只偏重低温介质的贮运和输送。我们和这些单位相比，存在如下差别：

1）基础设施差。15 所在低温试验手段方面，只能做些小设备的液氮级阀门和连接器试验，无法做系统级的基础理论方面的试验和研究，而且试验设备也都是东拼西凑。

2）没有形成国家重点实验室的实力和设备。

3）缺乏研制大型低温设备的生产手段。15 所设计的各种低温设备分散在几个大型工厂生产，如 211 厂、307 厂、西安车辆厂、简阳空分厂、杭州制氧机厂……。

4）技术力量正在削弱，队伍也不稳定。

5）军转民的效益基本上为零，主要是开发能力低。

3 低温技术在民用方面的进展概况

3.1 概况

空气分类产品有 7 种之多，其低温产品如液氧、液氮等较为常用，这里先介绍液氢。1898 年杜瓦实现了氢的液化，1952 年美国建立第一个日产 0.5 t 液氢的工厂，1959 年美国首次实现液氢作为火箭推进剂，从此液氢从实验室应用研究走向工业化应用。航天技术率先使用液氢，不断带动民用工业的发展。以美国为例，从 1993 年到 1997 年间，每年液氢用量达 7 800～9 200 t，1997 年消耗液氢 170 t/d，而航天只占 15%，化工占 37%，金属制造业占 21%，电子工业占 16%，浮法玻璃 4%，其他 7%。图 9 是 1959 年到 1997 年，美国液氢生产能力和消耗量增长的情况。

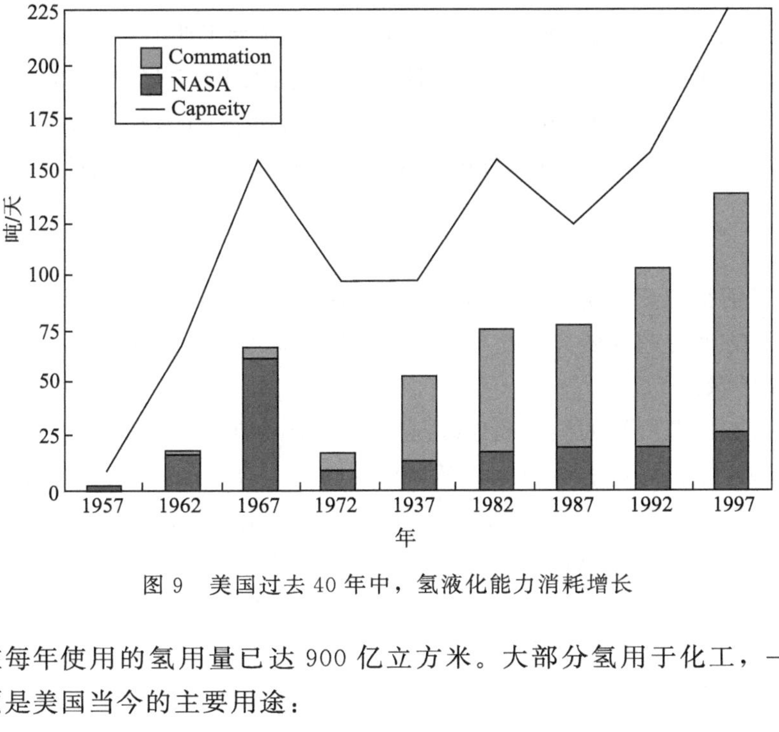

图 9 美国过去 40 年中，氢液化能力消耗增长

美国现在每年使用的氢用量已达 900 亿立方米。大部分氢用于化工，一部分用于能源。下列各项是美国当今的主要用途：

1）生产合成氨肥料；

2）医药卫生部门的抗生素和维生素的生产；

3）在石化工业中加氢脱烃、加氢裂解、加氢脱硫、加氢精制生产甲醇和乙烷；

4）电子工业中用于电子管、氢闸管、离子管、激光管和显像管、半导体晶体等生产；

5）粉末冶金方面用于金属冶炼、退火和金属高温加工时的保护气；

6）建材部门浮法玻璃生产中锡槽加氢和氮保护；

7）等离子焊接及特性焊接（水下切割等）；

8）超导基础研究；

9）生产盐酸；

10）氢能燃料电池；

11）原子能和电力工业用于发动机冷却和反应堆冷却等。

正因为民用氢的比例已大大超过航天，因此液氢的费用在全世界范围内是最廉价的。60 年代，液氢的出厂价格 1 L 仅为 8～12 美分（1 m^3 液氢价为 80 美元～120 美元）。1982 年美国液氢价格 1 m^3 为 212 美元。美国的价格如此便宜，主要原因是生产规模大，设备先进，液化成本低，另外就是综合利用，军民兼顾。在全国各地设有很多氢站。第三原因是政府补贴使电价便宜，氢价稳定。

这种廉价氢促进了氢经济的发展，也促进了液氢贮存、运输技术的发展，并形成了相当规模的贮力和运力，扩大了就业市场。

美国在液氢生产厂和用户之间存在着一个配售网络，全国各地建立很多氢站，向用户提供 150 L 和 1 000 L 的瓶装液氢。大的液氢工厂也向用户或氢站用拖车或铁路运输槽车提供大批量的液氢。

俄罗斯、法国、德国、日本液氢生产同样除了满足航天工业的需要外，也不断为其他工业部门开放，扩大其应用范围。1995 年，日本氢产量达到 1.7 亿立方米，比 1994 年增长 6%，销售额 1.43 亿美元，液氢用量 1 200 m^3；1996 年氢气用量为 1.81 亿立方米，在电子工业、油脂化学品、玻璃工业、光导纤维用量都不断增加，航天用液氢量达到 4 000 m^3。

3.2 能源

低温工程目前很主要民用用途是作为能源，这对改善能源结构和调节应用方面有巨大的应用前景。这方面有超导研究、超导发电、超导磁悬浮列车、热核反应中都要用氦液化/制冷系统提供冷量。

液化天然气在能源短缺的国家和地区已得到青睐。70 年代，美国建立了 50 多个天然气液化工厂，现在全世界已有几百家天然气液化工厂，年产百万吨。液化、贮存、运送、分配已形成国际贸易的产业链，从 60 年代到 1997 年，国际上运送 LNG 已达 8 万多船次，容量在 10 万立方米以上的槽船长 300 m，宽 55 m。LNG 汽车和铁道运输罐车在很多国家投入运营。我国西安生产的液化石油气罐车供不应求，最近新疆石化也在开发这种罐车运送产品。我国研制液化天然气成套设备的有安徽六方深冷公司。日本每年进口 LNG 占全世界 50%以上，韩国每年进口占全世界 9%以上，法国每年进口占 8%以上。

近年来，液氢作为燃料电池，得到广泛重视。它可应用多种场合，使用方便灵活，可以取暖，发电，为发电站、家庭和大的商业建筑社区提供能源，既可用于固定场合，也可用于作机动车的清洁能源。特别是近几年燃料电池汽车得到了极大的发展，主要原因是：石化有机燃料日见减少，人类面临全球性的能源危机，尤其像美国这样一些先进工业大国更是迫不及待；另外是氢燃料电池的副产品是水和热量，不污染环境，属清洁能源，且其燃料氢和氧在地球上蕴藏丰富。燃料电池产生的电能不是靠氢气和氧气间的直接燃烧，而是氢氧两种原子之间进行的一种特殊化学反应。以质子交换膜燃料电池为例，它的机理是将储存在燃料和氧化剂中的化学能，通过电化学反应转化为电能。图 10 是其结构原理简图。其电化学反应步骤为：经增湿后的氢气和氧气分别进入阳极室和阴极室，经气体电极扩散层扩散，到达催化层与质子交换膜的界面，分别在催化剂作用下发生氧化和还原反应。阳极的催化剂将氢分子电离生成氢离子（H^+），氢离子透过质子膜到达阴极与氧结合，生成水。同时，阳极反应生成的电子，通过外部电路形成电流，到达阴极。氢燃料电池中，氧气可直接从空气中获得，氢可从电解水或从天然气中获得。

发展以氢燃料电池汽车运输系统为基础的氢能源战略问题上，美国、德国、日本走在最前面，特别是美国。美国科学家劳温斯预言下次工业革命将从氢能源开始。世界科学家都在寻找一种既清洁又无污染的能源，氢正是科学家最看好的、最理想的原料。

20 世纪 60 年代以前，燃料电池一直处于理论和应用基础的研究阶段，主要从事概念、材料与原理方面的研究。60 年代，由于载人航天大功率、高比能量电池的迫切需求，美国率先研制成 O_2—H_2—碱—Ni 电极燃料电池，成功地应用于阿波罗宇宙飞船。这组燃料电池由 3 个单元组成，每个单元装有 31 个串联的电池（单元电压为 31V），各单元的最大输出为 2 kW，质量 90 kg。70 年代～80 年代，由于世界出现能源危险，以美国为首发达国家大力支持民用燃料电池的开发，使磷酸型及溶融碳盐型燃料电池发展到兆瓦级试验电池站的阶段，至今已有数百台 200 kW 磷酸电池电站在世界各地运行。进入 20 世纪 90 年代以来，出于可持续发展、保护地球、造福子孙后代等目的以及能源枯竭的危险，基于质子交换燃料电池的高速进步，燃料电池车成为美国政府和各大汽车公司关注和竞争的焦点。下面看看报道的各国政府和汽车商们的态度。

（1）美国

总统办公厅科技政策办公室 1995 年公布了第三个双年度美国国家关键技术报告。该报告列举了对美国经济和国家安全至为关键的七大类技术，它们共包括 27 个关键技术领域，90 个子领域，290 个专项技术。其中燃料电池是 27 个关键技术领域之一。

氢燃料具有长期提供能源的潜力，面临的挑战是找到安全、高效、成本低廉的生产氢的方法，同时与燃料电池配套。氢是零污染资源，美国国内的高效氢能源系统的产业化目标是迅速发展汽车加氢站，使其成为四通八达的加氢网。

电池汽车运输系统为基础的氢能战略问题上，美国能源部长在 2002 年 11 月在运输论坛上介绍了联邦政府氢经济总蓝图。他在 2003 年 3 月初，底特律经济俱乐部发表演说，政府坚信燃料电池汽车和氢燃料加注基础设施到 2015—2020 年就能准备就绪。

美国参议院于 2003 年 4 月签署了一项为期 5 年，价值近 30 亿美元的氢燃料电池及氢

反应原理示意图

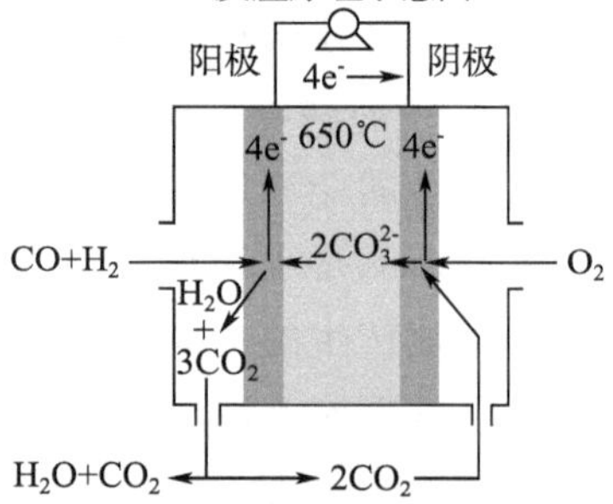

电池隔膜

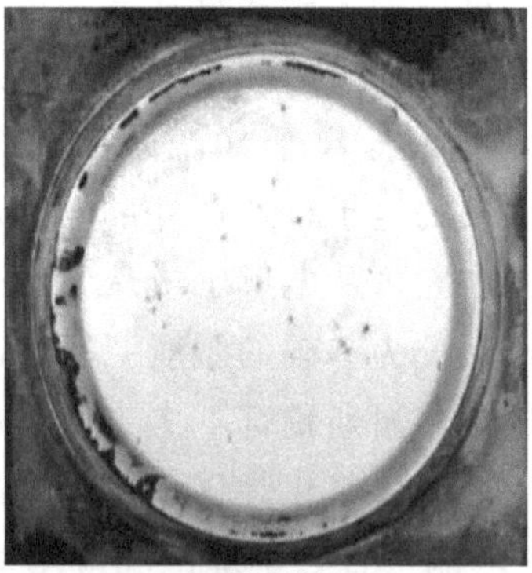

电池隔膜剖面

110 cm²电池试验

图 10　燃料电池原理图

气供应系统的研究计划，比布什年初国情报告提出的美国向以氢为能源的国度迈进、拨款12亿美元加了一倍以上。这一计划更加大了对车用和发电用燃料电池的研究力度，同时加快发展氢气制造技术和供应系统的研究。2002年底，美国预计到2003年，在加州至少将有70种燃料电池汽车进入公路测试阶段，而且会建立4家加氢站。

2002年9月报道，美国政府每年花费9 000万美元用于燃料电池的研发，如戴姆勒—克莱斯勒公司同巴拉德燃料电池公司组成合伙企业，研发生产燃料电池。

我们看一看世界汽车业巨头美国通用公司对燃料电池及燃料电池车的研发史。美国通用汽车公司从1964年进行第一个燃料电池试验，1968年生产出第一辆可使用的燃料电池车。1997年3月在日内瓦国际汽车展上推出欧宝实验燃料电池车。1998年9月在巴黎汽车展上推出第一辆可行驶的燃料电池概念车。2000年3月在日内瓦的国际汽车展上推出欧宝骞飞利概念车，同年9月欧宝赛飞利“氢动一号”燃料电池车作为领跑车，引导了澳大利亚悉尼夏季奥运会的男女马拉松比赛。2001年6月开始与多家公司合作，在欧洲、亚洲等市场全面推出燃料电池车。2002年8月，通用汽车公司成立一个新的燃料电池研发中心，为实现大规模商业化生产奠定基础，把氢为能源的燃料电池作为21世纪汽车的核心技术。该研发中心占地144000平方英尺，有300位工作人员在进行研发工作。通用副总裁（Larry Burns）认为这个研发中心意义重大，将决定燃料电池以市场能够承受的价格和耐用性走向商业化生产。他承诺通用将成为首家售出100万辆燃料电池车的公司。

通用汽车燃料电池轿车2010年能大批量生产。其副总裁称，基础设施建设不会影响其2010年的既定目标。他认为基础设施很简单，只是设备问题。

著名石油专家迈克尔·丁·埃克诺米迪斯副博士预测，主宰未来世界的主要能源将是氢气。到2020年，石油和煤炭在世界能源消费中的比例分别降到18%和23%。

通用公司在2000年9月巴黎汽车展上亮相的燃料电池车（HY - WIRE）被评为本年度全球最佳发明之一。

美首批零污染汽车于今年6月上旬在美国全国道路上实地驾驶运行（商业运行），这是美国环保局与戴姆勒·克莱斯勒公司、美国联合邮政服务公司联合研制的首批氢燃料电池，预计2004年氢燃料电池大客车也将投入商业运行。美国环保局为这些汽车提供加氢站，宾夕法尼亚空气产品和化学有限公司也准备为此投资，建一些加氢站。

（2）日本

2002年7月，日本报道了丰田燃料电池汽车首次上市，成为小汽车上市的全球第一名。该车为5门多功能运动车。氢气由车上的高压氢气罐供给。日本资源能源厅将专设加氢站为这种车提供氢气。

2002年10月15日，本田公司生产的FCX燃料电池车获得日本国土交通大臣的公路行驶认可，预计年内可上市销售。最高时速150千米，加满氢气后可行驶335千米。该车获得了美国环境保护局和加利福尼亚空气资源局的认证，FCX为国家低排放车。

2002年10月29日，本田公司在36届东京汽车展上示了FCX型燃料电池车。

2002年12月2日，日本丰田和本田两家汽车公司共向政府部门交付5部燃料电池车，且丰田公司的燃料电池车《FCH V4》政府已经批准上市。日本首相小泉纯一郎在东京首相官邸前乘坐本田公司的FCX型燃料电池动力汽车并向人民挥手。

（3）欧洲

2002年9月22日，德国奔驰汽车厂生产的燃料电池公交车，在布鲁塞尔首次推出。该车可载70人，最大行驶速度为每小时80千米，是欧盟向成员国推荐的车型，首批30辆环保公交车也将于2003年5月在欧盟10个城市投入运行。

德国研制的世界第一艘燃料电池驱动的潜艇“U31”号2003年4月7日在基尔港下水，开始首次试航。

2002年10月10日，欧盟成立了“氢燃料和燃料电池技术”高级研究小组。2003年6月，该小组提出了《氢燃料经济——通向可持续能源的桥梁》的研究报告。该报告认为，氢燃料和氢燃料电池对于欧盟发展非常重要，其优势在于：可降低温室效应气体排放；保证能源安全和能源供应的多样性；提高空气质量；提供工业竞争力……报告强烈建议欧盟内部建立研究机制和合作伙伴的研究平台，投入更多资金，支持氢燃料和燃料电池的战略研究，这些研究包括：降低燃料电池费用、改进性能和耐用性，建立安全标准……研究小组认为通过几个示范项目研究后，再进行推广，到2003年将成为欧盟的重要能源。

（4）中国

我国最早在1958年，在航天事业推动下，燃料电池研究呈现第一次高潮。“九五”期间，科技部与中科院将燃料电池列入“科技攻关”计划，电动汽车也被列入国家重大科技产业工程中，燃料电池研究进入第二个高潮。“十五”期间在“863”“873”等国家计划中都安排了燃料电池技术的计划和项目。

中国科学院大连化学物理研究所在20世纪60年代已经成功研制了石棉膜型、动态排水的航天用氢氧燃料电池系统，在电催化剂、膜电极三合一制备、流场结构、水热管理、电池系统等方面批报了31项专利。采用十多项专利技术，组装了10 kW和20 kW电池组性能试验。90年代研制成功我国首台再生氢氧燃料电池系统，“十五”期间又把目标瞄准燃料电池汽车和燃料电池客车方面，预计2008年上市。

国家科技部“863”立项，2001年，开始组织以燃料电池汽车为重要内容的电动汽车专项作为12个国家重大科技项目，取得显著进展，截至2002年底，第一批63个课题通过了验收。整车方面，5个整车车型的功能样车已完成，与整车产业配套的政策、标准、网络总线、车辆性能测试规范等课题也取得了阶段性成果；燃料电池发动机的研究，已突破了大功率氢—空燃料电池组制备的关键技术，加强了系统集成；我国自主开发的轿车用30 kW，客车用50 kW燃料电池发动机系统取得了可喜的成绩。

2002年11月11日，大连化学物理研究所研制的50 kW燃料电池城市客车发动机通过科技部专家组测试考核。测试表明发动机氢气利用率高达97%，电池组发电效率达57%，发动机效率大于42%，接近国际先进指标。

2002年11月，上海工博会展示了“863”计划电动车——四轮驱动燃料电池概念车“春晖一号”。

2002年11月23日，上汽集团正在以桑塔纳2000型为基础，加速研究燃料电池汽车，力争 2005 年推出。

2002 年 12 月 2 日，清华大学、清华工业开发研究院、北京市客车总厂共同筹建的“清华大学城市客车基地”正式挂牌，目标研制尾气排污为零的燃料电池车。预计年底将研制成功样车。

2002 年 12 月 11 日，同济大学校园中以“绿色心脏”氢为燃料的“超越一号”未来汽车平衡行驶。这项由上海汽车集团、同济大学等 10 多家企业、学校、科研机构联合组成的项目组，通过了科技部的专业年度评审。

2003 年 3 月 27 日，中国燃料电池公共汽车商用化示范项目在北京正式启动。这项计划为期 5 年，共 3 236 万美元，由中国政府、全球环境基金、联合国开发计划署共同支持，科技部和北京市、上海市共同组织实施。该计划将根据北京、上海的地域和资源特点而设计出燃料电池化公共汽车系统技术指标，采用全球招标方式购置 12 辆燃料电池公共汽车，并建立相应加氢设施，在北京和上海示范运行。在示范运行中，将系统采集和分析各种试验数据，验证燃料电池公共汽车技术可行性，积累包括可靠性、失效模式方面的知识和经验，进一步改进设计，降低成本，最终推动燃料电池公共汽车在中国产业化和推广应用。

2003 年 4 月 22 日，山东理工大学山东省清洁能源工程技术研究中心研发成功甲醇燃料电池。

科技部高新技术司司长李健说，在传统汽车领域，中国落后于发达国家二三十年，已经失去了追赶机会，而在电动车领域，中国与国外技术水平和产业化程度差距相对较小，中国电动车研发有一定的基础，一些企业在 20 世纪 90 年代已经推出了电动车样车概念车，燃料电池车也已经问世。

综上所述，世界各国都把新一代无污染清洁能源——氢燃料电池开发作为国策，加速研发。而最有希望实现产业化的则是氢燃料电动车。德国、日本等国家正在加速燃料电池的商业化。目前存在着成本高、加氢设施缺乏，跑不远等问题，只有加氢站成为像如今加油站一样方便的燃料补给点，才能从概念变为商用车。

美国能源部长测算，目前燃料电池生产成本每千瓦时 500 美元，必须将成本降低到每千瓦小时 50 美元才能普及。

美国最新一次调查，当燃料电池车和燃油汽车的价格相差不超过 10%，燃料补充又足够方便的话，他们会选择购置燃料电池车。

通用公司对氢燃料电池车商业化的定义是：批量生产，售价合理，能够盈利。通用的目标是 2010 年之后，成为第一家售出一百万辆燃料电池车的公司。

目前燃料电池汽车技术，正处于研究开发和示范运行阶段，在车辆系统技术、加氢设施、车辆储氢、制造成本、运行经验、标准和法规方面还有大量工作需要系统的考虑和解决。全世界产业巨头争抢燃料电池汽车制高点，不是没有道理。过去三年内关键部件质子膜的成本降低了一半，目前仅占电池总成本的 5%，降低成本，大有希望。我们积极跟进势在必行。图 11 是美国加州燃料电池电动车加氢站。加氢站主要由以下组成：

1）4 500 加仑的液氢储存罐；

2）液氢转化为气氢的蒸发器；

3）将气氢压缩到 6 520 帕的压缩机；

4）3 个气氢输送管道；

5）2 套根据电动车要求的配氢器，以 3 600 帕或 5 000 帕压力给车辆配氢。

以上介绍可以看出，加氢站组成和我们熟悉的加注系统非常接近。氢也由液氢槽车运送到各个加氢站，和加油站送油原理一样。

图 11　美国加州燃料电池电动车加氢站

2003 年 6 月 18 日，美国加州理工学院研究人员特蕾西·特龙普利用计算机模型进行研究后发现，在生产和运输氢燃料电池的工程中，不可避免地会有 10%～20%的燃料泄漏到大气中，这可能会导致大气中氢气含量在目前 0.5PPM 的基础上提高 3 倍，结果是大气中的氢氧结合，使得距离地面 30 英里左右的同温层中的水蒸气含量大幅度增加，而令地球上出现多云天气的机会增加。这还可能导致同温层气温降低 0.5℃，延缓南极和北极春季的到来时间，南极上空的臭氧空洞会因此增大，对地球的生物造成不良影响。同时氢气是不少微生物的“养分”，过多的氢气也会使地球地表生物目前的平衡受到威胁，直接影响生物多样性。

空分产品除了氢以外，还有氮和氧。氮和氧的用处比氢更广泛，医疗用氧，炼钢用氧等，氮是惰性气体，广泛应用在食品保鲜，工业用保护气等方面。液氧、液氮在工业中的应用已非常广泛，不少已经形成产业，这里介绍一个小例子，即废旧轮胎的利用。我国每年可处理的废旧轮胎，可生产橡胶粉 63 000 t。橡胶粉和废塑料可生产复合式铁路枕木，橡胶粉可生产再生铰集装箱托盘等。橡胶粉及其延伸产品具有高附加值，其市场及销售利润非常可观。一条复合式铁路枕木，国际市场每条 70 美元，年产 100 万条，吞用2 100 t 橡胶粉，销售额 7 000 万美元，利润 2 000 万美元。最近青岛绿叶公司引进了一套设备，全部投产后可生产 300 万条。橡胶粉制取最好的方法是冷冻粉碎，具有非常大的“钱”途，因此很多专家呼吁尽快出台政策，支持废旧轮胎回收利用，给加工利用废旧轮胎企业以政策支持，这样不仅改善环境，还可节省大量的自然资源。

综上所述，低温技术应用前景非常广阔，任何一个项目的创新，都将会形成一个产业链，产生很可观的经济和社会效应。

4　任务和形势，机遇与挑战

4.1　任务和形势

前面我们介绍了低温技术在航天和民用工业方面的应用，论述了我们自己在低温技术，特别是液氢、液氧方面应用的成绩和进步，也对我们与国内外的差别作了一些分析。目的是研究我们今后如何办？

4.1.1　民用航天

新一代运载火箭预研工作从 2001 年正式启动，新一代运载火箭 120 t 级液氧和煤油发动机、50 t 级液氢和液氧发动机先后已获国家立项，“大运载发动机先行”的格局已经形成。全面论证工作开展到现在，已接近 3 年的时间，火箭各系统的攻关和预先研究课题正在积极地向前推进，发射场论证工作尽管进展不快，但也在同步进行。新一代运载火箭按照三化原则设计，特点是“一个系列、两种发动机、三个模块”。三个模块是指 5 m 直径的模块、3.35 m 直径的模块和 2.25 m 直径的模块。5 m直径的模块是全新的大直径技术，采用 2 台 50 吨级氢氧发动机；3.35 m 直径采用 2 台 120 t 液氧和煤油发动机。3.35 m 直径模块既可作为 5 m 直径新一代火箭的助推器，也可作为 3.35 m 直径中型火箭的芯一级。2.25 m 直径火箭继承现有火箭的 2.25 m 直径技术，使用 1 台 120 t 液氧煤油发动机。2.25 m 直径模块既可作为 5 m 直径新一代大型火箭的助推级，也可作为 3.35 m 直径中型火箭的助推器和 2.25 m 直径小型火箭的芯一级。图 12、图 13、图 14 分别为三个模块的示意图。

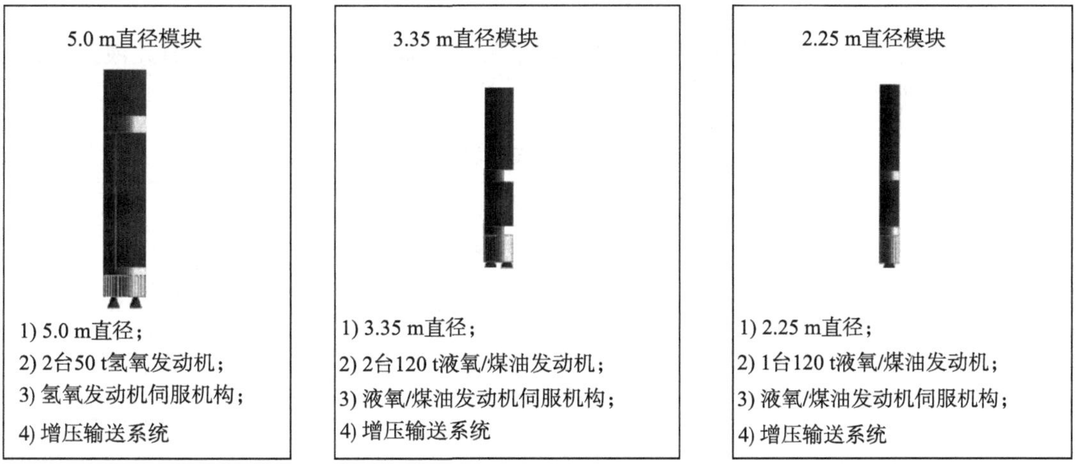

图 12　三个模块示意图

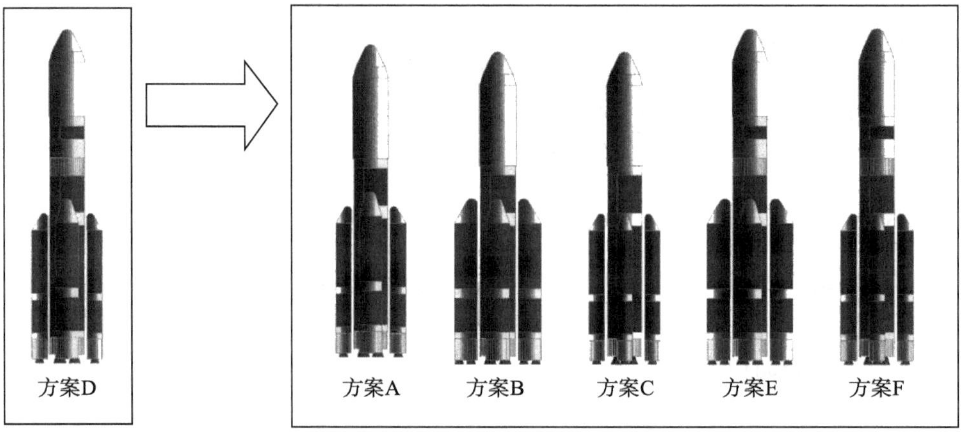

图 13　5 m 直径火箭组合示意图

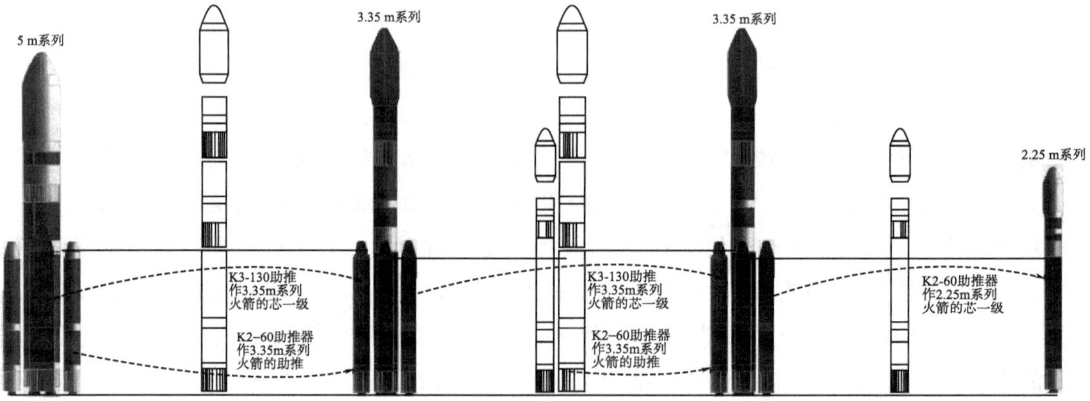

图 14　新一代火箭模块化组

由于新一代运载火箭采用无污染的液氢液氧和液氧煤油作为推进剂，因此液氢和液氧在发射场的用量非常大。详见表 9 和表 10。

表 9　5 m 直径模块加注参数

	芯级	上面级
氧箱长度（m）/容积（m^3）	4.21/123.57	0.65/17.86
氢箱长度（m）/容积（m^3）	16.54/365.68	0.82/56.70
总长度	31.022 5	9.82
氧箱加注量（t）/容积（m^3）	133.3/117.28	19.1/16.54
氢箱加注量（t）/容积（m^3）	24.7/350.69	3.8/53.95
推进剂加注总量（t）	158.00	22.90
推进剂工作量（t）	154.00	22.00
起飞前消耗量（t）	1.50	
结构质量（t）	17.80	4.80

续表

	芯级	上面级
加注后总质量（t）	175.80	27.70
发动机工作时间（s）	487.00	590.00

表 10　3.35 m 和 2.25 m 直径模块加注参数

	3.35 m 直径模块	2.25 m 直径模块
推进剂	液氧/煤油	液氧/煤油
氧箱长度（m）/容积（m^3）	8.97/90.67	9.63/42.31
煤油箱长度（m）/容积（m^3）	4.06/47.70	4.50/22.02
总长度	26.275 7	25.043 8
氧箱加注量（t）/容积（m^3）	97.5/85.78	45.5/40.03
煤油箱加注量（t）/容积（m^3）	37.5/44.83	17.5/20.92
推进剂加注总量（t）	135.00	63.00
推进剂工作量（t）	131.00	61.00
起飞前消耗量（t）	2.00	1.00
结构质量（t）	12.00	6.00
加注后总质量（t）	147.00	69.00
发动机工作时间（s）	159.90	148.90

新一代运载火箭芯级加上面级发射的最大液氢加注量约为 28.5 t（～405 m^3），考虑到 2 个发射窗口和损耗按 2 倍算，大约为 1 215 m^3。液氧加注量芯级和上面级约为152.4 t（133.82 m^3）。按 5 m 直径捆 4 个 3.35 m 直径的助推级即 E 方案，助推级液氧量为97.5×4＝390（t）（～343 m^3），则 E 方案液氧加注量最大。两个发射窗口和损耗粗略按 2 倍算，大约为 1 192.05 m^3，按 3 倍算则为 1 430.46 m^3。如此大的贮存量，液氢、液氧各需要用 1 400 m^3 俄罐各 1 个，才能满足发射任务的需要。由此产生的液氢、液氧和液氮、煤油供应问题，贮存问题，如何提高加注速率，采取什么加注和补加方案等，都较 CZ－3A 有许多质的变化。根据现在的估计和论证：液氢拟 2 用两个 700 m^3 贮罐，或 1 个 1 400 m^3 的俄制贮罐，或 2 个 750 m^3 液氧贮罐；液氧和液氢拟在发射场建氮氧站；液氢拟在发射场附近建军民两用制氢厂或建 1 个合成氨化肥的工厂；煤油根据调研拟从新疆油田提供。液氧大流量加注用泵，液氢拟用挤压方式，液氧大流量为 5 m^3/min（芯）～8.5 m^3/min（助）；液氢大流量为 4 m^3/min；低温管路直径液氧加注管为 160～180 mm，补加管路为 120 mm 左右液氢，加注管路为 120 mm，补加管路为 75 mm。可以预计，低温加注系统将突出新 、大和多，即技术新，规模大，设备数量多。

4.1.2　民用方面

我们在低温技术的民用方面在前面已作了一些介绍，意图非常清楚，即氢经济时代即将到来，美国科学家劳温斯在新出版的《自然资本论》一书中预言，下次工业革命将从氢能源开始。氢能汽车将作为最先产业化的领头羊。美国将之作为国策，我国也早已列入“863”和“873”等国家计划。作为在液氢的贮运、输送有一定经验的15所，在我国加氢站的发展和建设上应当有所作为，这是新的历史机遇。我们必须紧跟这一趋势，跟踪国内外的动态。正如科技部高新技术司司长李健所说，中国在传统汽车领域，已经失去追赶机会，而在电动车领域，中国与国外技术水平和产业化程度的差距相对较小，中国电动机研发有一定基础。

在美国，1997年用氢量7 800～9 200 t，用液氢170 t/d，我国一年最多液氢用量不足美国一天用量的十分之二。主要原因在于我们工业还不发达，除了航天用外，民用远远没有走到这一步。其他低温液体的推广应用市场前景同样很大，需要我们去开发，谁开发谁得益。机遇已经摆在大家面前，市场潜力对我们自身就是一个挑战。

4.2 机遇和挑战

新一代大运载火箭要研制些什么呢？我想有下列新设备是必须的：700～1 400 m^3 大液氢贮罐、液氧贮罐；5 m^3 左右和1.5 m^3 左右的液氧泵；ϕ 120～ϕ 180 mm的液氢、液氧真空管；煤油泵及煤油输送管路；ϕ 120～ϕ 180 mm大口径液氢、液氧、液氮加注阀；煤油加注阀门；液氧过冷器；冷氦电磁阀、冷氦纯化器、换热器、冷氦真空管、冷氦供气阀、高压冷氦传感器和冷氦连接器；液氢、液氧、液氮远距离测控系统，包括测控台、微机站和各种压力、液面、温度、流量传感器；各种供配气装置（台），管路和传感器；各种介质的运输设备，包括液氢运输车、液氮运输车、液氧运输车、煤油运输车、氦气运输车和液氮汽化车等。其中最棘手的设备将是大直径、大容积的球形贮罐，目前国内尚未研制过200 m^3 以上的真空夹层贮罐，其难度可想而知。作为15所要投入多大的力量才能完成上述任务呢？

新一代运载火箭中需要花大力气研制的低温课题有：自动对接、自动脱落组合式连接器，特别是密封问题有可能成为拦路虎；发射台牵制释放装置；大口径可远控开度可调的低温调节阀；大流量液氧泵的轴承；液氢大流量流量计；大直径球形罐；液氢管路两相流和防水击问题研究；配气方面有低温供气电磁阀、低温减压器、液氢液氮级低温气体（手动或自动）截止阀等。

作为国民经济主战场，目前可考虑的项目有：低温阀门、低温液体运输车、低温粉碎（孢子粉碎、橡胶粉碎等）、CNG、LNG和加氢站等。对后者，目前主要是跟踪，解决加氢站的几个关键问题，诸如计量、长时间工作可手动操纵的阀门、安全设施和标准等。

面对这些任务，尤其在民用航天方面，一旦任务采取招标方式，15所面临的形势又很严峻。因此充分认识这一形势，采取相应的对策是十分必要的。

4.3 对策

4.3.1 建立两个平台

当前我们要抓住历史机遇，搭建2个科技创新和技术进步的大平台。这2个平台是：

1）以新一代大运载火箭研发牵引低温技术发展的大平台，抓住这一契机研制新一代与大运载火箭相匹配的新的低温设备和低温系统。

2）低温技术实现向民用战略大转移，积极寻找适销对路，高附加值的低温产品或低温工程项目为目标的大平台。

这2个平台，有联系，也有互补作用。

4.3.2　对策探讨

1）首先，我认为要把低温加注技术作为战略技术来认识对待，要看到低温技术有广阔的前景，其产品有很大的市场和较高的附加值，要想到美国今天拥有的技术就是我们明天拥有的技术。

2）要充分利用大运载，牵引开展科技创新，提高竞争力。努力培育核心技术（贮存、运输、输送），努力应用高新技术和先进适用技术，提升低温推进剂（低温液体）产品档次和附加值，从而增强低温液体贮存、运输、输送产品的档次，增强核心竞争力。

3）联合研制，联合开发新产品。提出这个问题是针对15所生产力量不足、经费投入不足、人员力量不足而采取的应对方法。今后，剧烈的竞争，必然是谁先抢占先机、拿出产品，谁就有可能拿到项目。这种可联合的单位有简阳、杭氧和总装研究所等单位。

4）适当加大资金投入，加快研制高难技术的产品。如果所有实力，自筹资金可以尽快购买俄罗斯1 400 m^3 液氢和液氧球罐。目前的价位：制造—安装—运输—海关费用共计3 675 000美元/个。国内生产绝对拿不下来，还能拿到安装工艺和技术、必要的图纸和设计理念。在俄是成熟技术，在我们是引进技术和工艺。俄近期有意向还可能降些价，愿意进一步进行技术和商务谈判。

5）稳定队伍信心，培养新的领军人物。低温加注专业，我认为在15所是增值潜力的一个专业，也是15所的战略技术，尽管15所和国外相比，有技术上的、实力上的、开发能力上和研究方面的差距，但是我认为当前最大的差距还在于人才上的差距，缺少领军人物更是当务之急。因此，要抓紧培养，必要时也可引进外来人员，但是，首先要用好所内人员（包括离退休人员）。营造一个用人机制，全面充分发挥人作用的机制，同时促进技术决策的民主化和科学化，造就自己的新的领军人物。

6）充分消化吸收俄罗斯100 m^3 液氢铁路运输贮罐的技术，为军民两用服务。本文研究了我国火箭低温的加注技术发展史，走学习、自行设计和自主发展的道路。现在我们又引进俄罗斯航天全盛时期100 m^3 液氢运输罐的设计技术，这一技术是建立在大量的试验和研究工作基础上的，其部分理论反映在《液氢制取》《液体低温系统》和《低温学物理原理》3本书中，虽然这是20世纪80年代技术，但整体水平不低，也可以说是俄罗斯当今的技术水平。因此学习、借鉴俄罗斯的总体设计技术、阀门技术、真空绝热技术、安全技术必然对我们的技术升级和持续发展有较大的帮助。

7）在民用低温技术的开发方面，要采取稳步推进，选准切入点，胆子要大一点。借用项目的单位投入的资金，作为我们前期开发项目的经费。低利润和无利润搞好项目的开发和再开发。这种开发，自己省了钱，但是掌握了技术，积累了经验。

8）加速建立对外开放型的系统级低温试验室，尽快创造条件建成我国第一个有权威的国家（劳动部）批准的全国低温气液输送安全评估和技术监测中心。

9）在三室推行难题招标制和项目负责人制，有助于人才的脱颖而出。项目负责制是西方的制度，我们可以试行，不一定照搬，可以先从个人承包，个人组阁开始，室所两级监督的方式。

以上观点纯属个人观点，和大家商洽，研讨。

液氢加注系统设计规范

（2005.6.25）

1 主题内容与适用范围

本标准规定了低温推进剂液氢加注系统的设计、制造和安全管理的基本技术要求。

本标准适用液氢的运输、贮存、输送、控制、测量、安全监控和管理等方面。

2 引用标准

GB 146.1—83　标准规距铁路机车车辆限界
GB 150—1989　钢制压力容器
GB 151—1989　钢制管壳式换热器
GB 190—1990　危险货物包装标志
GB 191—2000　包装贮运图示标志
GB 576—1988　加注车通用技术条件
GB 1220—1992　不锈钢棒
GB 1589—1989　汽车外廓尺寸限界
GB 2894—1988　安全标志
GB 3280—1984　不锈钢冷轧钢板
GB 3323—1987　钢熔化焊对接接头射线照相和质量分级
GB 3531—1983　低温压力容器用低合金钢厚钢板
GB 3836.1—2000　爆炸性环境用防爆电气设备通用要求
GB 4237—1984　不锈钢热轧钢板
GB 4385—1995　防静电胶底鞋、导电鞋技术要求
GB 4387—1984　工业企业厂内运输安全规程
GB 4753—1984　铸造铝镍钴永磁合金
GB 4844.2—1995　纯氦
GB5099—1994　钢质无缝气瓶
GB 5599—1985　铁道车辆动力学性能评定和试验鉴定规范
GB 6654—1986　压力容器用碳素钢和低合金钢厚钢板
GB 7144—1999　气瓶颜色标记
GB 7258—1987　机动车运行安全技术条件
GB 7703.1—1987　铁道车辆标记　一般规则

GB 7703.2—1987　铁道车辆标记　文字与字体
GB8979—1988　纯氮
GB 12014—1989　防静电工作服
GB 50057—1994　建筑物防雷设计规范（2000 版）
GB 50116—1998　火灾自动报警系统设计规范
GJB 71—1985　液氢
GJB145A—1993　防护包装规范
GJB368.2—1987　装备维修通用规范　维修性基本要求
GJB368.5—1987　装备维修通用规范　维修性的试验与评定
GJB368A—1994　装备维修性通用大纲
GJB576—1988　加注车通用技术条件
GJB805.3—1990　地地战略导弹地面设备通用规范　设计制造要求
GJB805.4—1990　地地战略导弹地面设备通用规范　环境条件及试验方法
GJB805.5—1990　地地战略导弹地面设备通用规范　标志 包装 运输 储存
GJB813—1990　可靠性模型的建立和可靠性预见
GJB899—1990　可靠性鉴定与验收试验
GJB941—1990　7804 号抗化学介质润滑脂
GJB 1474.3—1993　航天发射场推进剂使用规则　液氢
GJB 2301—1995　液体推进剂容器颜色标志
GB/T 1184—1996　形状和位置公差　未注公差
GB/T 1804—2000　一般公差　未注公差的线性和角度尺寸的公差
GB/T 3191—1998　铝及铝合金挤压棒材
GB/T4423—1992　铜及铜合金拉制棒
GB/T 4844.1—1995　工业氦气
GB/T 5600—1997　铁道货车通用技术条件
GB/T 5601—1997　铁道货车组装后的检查与试验规则
GB/T6519—2000　变形铝合金产品超声波检验方法
GBn 221—1984　铝及铝合金冷拉管
GBn 223—1984　铝合金锻件
GB/T 6567.1—1986　管路系统的图形符号　基本原则
GB/T 6567.2—1986　管路系统的图形符号　管路
GB/T 6567.3—1986　管路系统的图形符号　管件
GB/T 6567.4—1986　管路系统的图形符号　阀门和控制元件
GB/T 6567.5—1986　管路系统的图形符号　管路、管件和阀门等图形符号的轴测图画法
GBJ 16—1987　建筑设计防火规范　GBJ 232—1982　电气装置安装工程施工及验收规范

TB1335—1978　　铁道车辆强度设计及试验鉴定规范

TB10063—1999　　铁路工程设计防火规范

JT3130—1988　　汽车危险货物运输规则

QJ1327—1987　　低温型汽车槽车安全管理规范

QJ2297—1992　　液氧加注车通用技术条件

QJ2298—1992　　用氢安全技术规范

QJ2481—1993　　低温铁路罐车设计、制造和安全管理规范

QJ3029—1998　　低温加注系统安全要求

(1980) 后联字 10 号《军用危险货物铁路运输规则》1980 年 6 月　总参谋部、总后勤部、铁道部

(81) 铁货字 78 号《关于对军用危险货物铁路运输规则附件二内容进行补充的通知》1981 年 1 月　铁道部、总后勤部

(1983) 货管字第 107 号《关于 140—Ⅰ、140—Ⅱ槽车运输介质问题的通知》1993 年 9 月　铁道部运输局、总后军交部

(85) 铁运字 1173 号《关于修改〈军用危险货物铁路运输规则附件二〉的通知》1985 年 11 月　铁道部、总后勤部

《压力容器安全技术监察规程》劳动部颁发 [1990] 8 号

《锅炉压力容器安全技术监察暂行条例》实施细则　劳动部颁发　1982.8 号

3　设计准则

1) 确保系统的安全;

2) 确保系统的可靠;

3) 系统要完全自动化;

4) 系统要使用标准的、经过考验的成熟产品;

5) 确保火箭发射技术的先进性和火箭的适应性;

6) 贯彻“三化”(系列化、通用化、组合化) 原则。

4　设计依据

1) 火箭总体部对发射场建设要求;

2) 火箭总体部对地面支持系统的要求;

3) 地面支持系统总体对液氢加注系统的要求 (任务书)。

5　一般要求

1) 液氢温度极低，在大气中很快蒸发，氢气无色、无味、透明、易爆，因此从事液氢加注系统设计的人员都应熟悉液氢的物理化学性能 (附表 1)。

2) 推进剂液氢加注管路系统与液氧 (或液氮) 加注管路系统应设置在发射勤务塔相

对的两侧，液氢与液氧的贮罐也应设置在发射台相对的两侧。

3）推进剂液氢可分开式挤压加注或泵式加注两种方式。液氢的密度小，需要的挤压压力不大，一般多采用开式挤压加注。

4）挤压加注分为外气源挤压和汽化器自增压两种方式，增压气体可用氢气或氦气。

5）液氢排气管路系统与液氧（或液氮）排气管路系统应设置在发射塔相对的两侧。液氮和液氧可从发射勤务塔高处向高空排放，也可引向适当远的地方排放，液氢宜引向适当远的地方焚烧。

6）液氢加注库区应与发射勤务塔、建筑物、压力容器库、常规推进剂库、公用道路以及火种保持一定的安全距离。加注库区液氢贮存量与上述建筑的安全距离见附表 2。加注库区液氢与液体氧化剂同时贮存时，液氢贮存量与上述建筑物的安全距离见附表 3。加注库区与发射勤务塔之间的安全距离，应以火箭发射时产生的冲击波在库区液氢罐表面的超压低值与 0.003 5 MPa 或库区发生爆炸产生的冲击波在火箭表面的超压低值与 0.003 5 MPa为准。

7）液氢库区、液氢管线区、火箭发射勤务塔区的电气设备的防爆应符合 GB3836.1 中Ⅱ类 C 级 T1 组，或正压通风型防爆。

8）电气设备应保护接地和工艺接地，液氢的运输设备必须设计接地装置，与加注场地的接地网连接后，接地母线截面积应大于 300 mm^2；接地电阻不大于 4Ω；液氢管线每隔 20～30 m 接地一处；接地电阻不大于 100Ω（也有资料不大于 20Ω），每对法兰之间应搭接，接触电阻小于 0.01Ω。

9）液氢库区不应有高压线通过，库区场地应敞开、平坦、通风。建筑物应采用活动屋顶或通风良好的倒人字形屋顶，避免氢的积存。

10）液氢库区 50 m 设安全警戒线。

11）液氢库区火灾自动报警系统应符合 GB50116—98 的规定、消防设施应符合 TB10063—99 的规定、避雷设施应符合 GB50057—94 的规定。

12）贮运、输送设备所用材料应与液氢相容且低温下不氢脆。

13）贮运、输送设备的工具必须使用铜、铝或镀铜的工具。

14）液氢库区或液氢停放区贮运、输送设备氢气的排放应按 GJB2645 规定执行。一般采用高空排放（或引向燃烧池燃烧），排空管应垂直设置，高度不低于 20 m，管口应超过附近建筑物 5 m 以上。

15）系统设计时，应充分采用冗余设计，电系统设计要采用降额设计和双点双线技术。

16）系统设计时，关键设备要采取热备份。

17）结构设计应符合 GB/T 1184—1996、GB/T 1804—2000 和 GJB805.3—1990 的规定。

18）设备的标志、包装、运输和贮存应符合 GJB805.8—1990 和 GB191—2000 的规定。液氢的使用标准见附表 4。

19）系统和设备设计应按 GJB450—1988 的规定进行可靠性分配。

20）系统和设备应按 GJB813—1990、GJB805.3—1990、GJB899—1990 和 QJ1408—1988 的规定进行可靠性设计、分析，产品生产合格后进行可靠性试验。

6 系统设计

1）系统设计应具备的条件：

a）发射场区的地理位置、大气压、环境温度、湿度、海拔高度、风速；

b）发射场区的规模和布局、交通和道路情况；

c）火箭液氢箱的容积及液位高度、总加注量、预冷量、加注流量、补加流量、加注口标高、加注口方位、加注口管径、排气口标高、排气口方位、排气口管径；

d）液氢生产地。

2）每发火箭液氢实际用量计算应包括：加注管路预冷量，加注管路液氢充填量，火箭液氢箱预冷量，火箭液氢箱加注量，火箭液氢箱补加量，发动机预冷量，发动机自流预冷量，火箭液氢箱发射前补加量，加注管路漏热引起的蒸发量，火箭液氢箱漏热引起的蒸发量，加注管路液氢排放量。

3）每发火箭最低运输量应包括：每发火箭实际用量、火箭推迟发射用量、液氢铁路加注运输车罐体预冷量、液氢铁路加注运输车装填量（一般为液氢铁路加注运输车罐体容积的90％）、液氢铁路加注运输车日蒸发量，液氢铁路加注运输车放气消耗量，液氢化验消耗量，液氢铁路加注运输车贮罐汽化器增压消耗量，液氢铁路加注运输车贮罐中最低残存量。

4）加注库存量计算应包括正常情况下每发火箭的实际用量、火箭推迟发射用量和全年发射火箭的频率等因素综合考虑，一般为火箭实际用量的2.5～3倍。

5）确定加注和补加流程（方案）。根据总体的设计要求（或任务书）和低温加注的特点设计流程，并按GB/T 6567.1—86、GB/T 6567.2—86、GB/T 6567.3—86、GB/T 6567.4—86、GB/T 6567.5—86绘制流程原理图。低温加注和补加流程设计在满足任务和安全的情况下应尽量简化管路系统。

6）根据流程和低温加注的特点编制工序表，每一工序应明确阀门开或关的状态。工序表是加注控制系统设计的主要依据。

7）工序设计要考虑两种情况：一种是以加注火箭为对象，主要的工序有置换、预冷、大流量加注、补加、发动机预冷、射前补加和加注连接器脱落等；一种是以液氢贮罐为对象，主要的工序有贮罐置换、贮罐加注、贮罐之间转注和贮罐汽化器增压等。

8）加注管路的走向设计应遵循直路径的原则。只要有可能，就应避免管路弯曲和接头。

9）加注流量的调节有两种方法：一种是改变挤压压力的压力调节法，另一种是改变管路阻力的节流调节法。

7 系统计算

7.1 管路流通直径的计算

管路流通直径按下式计算

$$d = 10\sqrt{\frac{2Q}{3\pi v}}$$

式中　d ——管路流通直径，mm；

Q ——要求的加注流量，L/min；

v ——管中流速。

液氢流速应小于 12 m/s。

7.2　液氢输送管路系统水力计算

液氢输送管路系统的水力计算除在一般流体计算中应考虑的摩擦阻力和局部阻力外，还应考虑保证液氢处于单向流状态输送的条件，因此液氢输送管路系统水力计算比较复杂。不同的算法，结果有一定的差别，主要是传热计算、压降计算都有误差，所以理论计算与试验都应进行。理论计算公式见附录 1。

7.3　耗液量计算

每发火箭的耗液量，如液氢箱加注量、发动机预冷量和发动机自流预冷量等由火箭总体部给定，加注管路漏热引起的蒸发量、火箭液氢箱漏热引起的蒸发量、液氢铁路加注运输车日蒸发量、液氢贮罐汽化器增压消耗量、加注管路预冷量和火箭液氢箱预冷量通过计算确定。

预冷加注管路和液氢箱的耗液量

$$V_1 = \left[\frac{(m_1\bar{c}_1 + m_2\bar{c}_{2)})(T_1 - T_2)}{L}\right]/\rho_l$$

式中　V_1——预冷加注管路和液氢箱的耗液量；

m_1，m_2——分别为加注管路和液氢箱被预冷的质量；

$\bar{c}_1$，$\bar{c}_2$—分别为上述被预冷质量的平均比热容，kJ/（kg·K）；

T_1，T_2——分别为预冷前和预冷后的温度，K；

ρ_l ——液氢的密度，kg/L；

L ——液氢的汽化热，kJ/kg。

按上式计算的是最大预冷耗液量，并未考虑冷蒸汽对结构的预冷作用。

考虑冷蒸汽对结构的预冷作用，则预冷液量可用下式计算

$$V_1 = \left[\frac{(m_1\bar{c}_1 + m_2\bar{c}_2)(T_1 - T_2)}{L + \bar{c}_q(T_1 - T_2) \times 0.5}\right]/\rho_L$$

式中　$\bar{c}_q$ ——冷蒸汽的平均比热容，kJ/（kg·K）。

按上式计算的是最小预冷耗液量，实际的预冷耗液量应介于上述两者之间。

加注管路和液氢箱漏热引起的蒸发耗液量

$$V_2 = (\phi_1 + \phi_2)t/L_v$$

式中　V_2——漏热引起的蒸发耗量；

ϕ_1，ϕ_2——分别为加注管路和液氢箱漏热，kJ/min；

t ——从预冷结束到射前补加结束的时间，min；

L_v ——液氢的单位容积汽化热，kJ/L。

加注时，液氢贮罐汽化器增压消耗液量

$$V_3 = \frac{(V_{02} - V_{01}) + (p_{02} - p_{01})V_{02}}{10^3 \times ZRT\rho_l}$$

式中 V_3——贮罐汽化器增压消耗液量，L；

V_{02}，V_{01}——分别为挤压输送终了和开始时贮罐的气枕容积，m^3；

p_{02}，p_{01}——分别为挤压输送终了和开始时贮罐的气枕压力，Pa；

Z——气枕中液氢蒸汽的压缩性系数；

R——气枕中氢气的气体常数，N·m/（kg·K）；

T——气枕中氢气的温度，K；

ρ_l——液氢的密度，kg/m^3。

贮存期间的蒸发损耗液量

$$V_4 = V \cdot \eta \cdot t$$

式中 V_4——贮存期间的蒸发损耗液量，L；

V——总贮存量，L；

η——昼夜蒸发损耗率，%；

t——贮存天数。

8 液路系统设计

1）根据流程和加注管路系统布局（走向）合理安排阀门、硬管、软管、过滤器、流量计、热交换器、各种传感器（或装置）、各种接头、连接器及连接器支架的数量和位置。

2）加注管路的布局应允许在轨维修、检查和具有可拆卸性。

3）绘制接口控制图（协调图）和走向工程图。

4）根据加注管路系统布局（走向）设计上述各种器件相适应的支座。

5）液氢加注管应设计成高真空绝热、真空粉末绝热和多层绝热形式。绝热管路由同心配制的内管和外管构成。内管用不锈钢、铜或铜合金制造。发射场宜用多层绝热形式的无缝不锈钢内管和外管。管路封口时夹层真空度$\leqslant 1\times10^{-2}$ Pa，漏放气速率$\leqslant 5\times10^{-5}$ Pa·L/s。

6）根据加注管路系统布局（走向）确定管路的长度，考虑运输的方便，每段长度应不超过 6～12 m。

7）为减少泄漏点和漏热，尽可能防止出现分叉管路，直管路也应少分段，因此多层绝热管路可以由几段组焊装配而成。

8）高真空绝热管路应设有抽空封口塞。分段制造时，每根管路应有独立的真空室。整体管路视长度要设一个或几个真空绝热套。

9）绝热管路的接头漏热应小，因此连接处结构要设计成插入式或迷宫式。接头的材料应当与管路和邻接的接头一致。

10）加注管路应充分考虑温度补偿，12 m 长的不锈钢内管从 300 K 冷缩到 20 K，其长度缩短 25 mm。

11）内管补偿器可以使用不同的弹性元件：波纹管，软管或膨胀节。当环境温度变化很大时，外管上也应装补偿器。

12）内管和外管之间采用支架固定。支架必须保证内外管同轴和内管向外管传递力负荷。为减少传热，支架结构材料应采用绝热性能好又有一定强度的材料。

13）高真空绝热管路应设有爆破膜。

14）高真空绝热管路夹层采用的反射屏层数应不少于 16 层。

15）进液口应设有 20～40 μ 的过滤器，离火箭最近的加注连接器后应设有 10 μ 的过滤器。

16）低温排气管路的走向设计也应遵循直路径的原则。只要有可能，就应避免管路弯曲和接头。排气管路管径设计不仅要考虑火箭和加注管路预冷时的排量，而且要计算管路液氢排放时的排量。

9 气路系统设计

1）根据流程和加注管路系统布局（走向）确定供气设备和管路的布局及走向。

2）配气设备的功能应能满足系统的气检，各种阀门的控制，液氢挤压，管路吹除，贮罐和火箭贮箱的置换。

3）根据系统要求编制配气设备气路和电路原理流程图和管路走向图。

4）系统的主要设计和计算项目应有：供气管径和气流压降，用气量，电路压降和导线的截面积。

5）配气设备结构应紧凑，操作要方便，排出的气体应排至室外。

6）氢环境附近的配气间为防止氢的渗透，应采取正压通风。

7）与低温系统相互有关的气体种类有氮气、氢气和氦气，氮气温度可分为热氮和常温氮气。氮气除用作阀门的控制气外，还和氦气一样常作为吹除气。氮气的标准见附表 5，氦气的标准见附表 6，氢气的标准见附表 7。

8）在低温系统库区，加注连接器周围应配备吹除或烘干用热氮气。

9）火箭贮箱的置换必须先用氮气，确保其纯度达到 96%，后用氦气或氢气置换，使其纯度达到 99.9%。氮气置换合格标准见附表 8，氦气置换合格标准见附表 9。

10）火箭贮箱和液氢贮罐的置换公式。

置换时，贮箱每次充置换气 0.1MPa（表压），贮箱每次放气至 0.01 MPa（表压），置换公式如下

$$n = 1 + \frac{\lg \dfrac{a - a_n}{0.5a}}{\lg 0.55}$$

式中 n ——置换次数；

a ——置换工质的纯度，%；

a_n ——置换后贮箱要求达到的纯度，%。

11）系统和配气设备均要设计防多余物的过滤器，配气台后过滤器为 10 μ，火箭入口过滤器为 4 μ。

12）耗气量的计算

吹除用气量

$$v = qv \cdot t$$

式中 V——耗气量，m^3；

qv——体积流量，m^3/s；

t——用气时间，s。

控制用气量

$$v = \frac{nV_1}{\rho_0 R}\left(\frac{P_2}{K_2 T_2} - \frac{P_1}{K_1 T_1}\right)$$

式中 V——耗气量，m^3；

V_1——用气容积，m^3；

n——用气次数；

ρ_0——气体在标准状态下的密度，kg/m^3；

R——气体常数，J/（kg·K）；

T_1，T_2——用气前、后容器气体温度；

P_1，P_2——用气前、后压力，MPa；

K_1，K_2——P_1，P_2压力下气体压缩性系数。

一般控制用气P_1为零，公式简化如下

$$V = \frac{nV_1}{\rho_0 R} \cdot \frac{P_2}{K_2 T_2}$$

10 贮罐和液氢运输车的设计

液氢运输车可分液氢公路运输车和液氢铁路运输车两种。液氢公路运输车由液氢贮罐和汽车底盘两大部分组成。液氢铁路运输车由液氢贮罐和铁路车底盘两大部分组成。

液氢贮罐主要由内罐、外罐、真空夹层（缠绕层）、内外罐支撑、管路系统、电路系统、各种阀门、压力检测装置、液位检测装置、贮罐底座与连接装置等组成。

1）运输罐车的内罐材料应选用 $0C_r18Ni10T_i$ 不锈钢板。

2）内罐的设计压力应符合设计任务书的规定；内罐的内压力，按 TB1335 确定的压力与所装液体的液柱静压力之和，加上 0.1 MPa，但其数值应高于内罐爆破片的爆破压力。罐体的壁厚、强度和刚度应按 GB150 或 CD130A7 中的有关公式计算。

3）外罐按外压容器设计，其设计压力应不小于 0.1 MPa，外罐所能承受的内压应不小于外罐爆破片爆破压力的 1.15 倍与外罐爆破片的爆破压力加上 0.1 MPa 两者中的较大值。

4）罐体的绝热层采用真空多层绝热时，反射屏材料应选用高反射率的铝箔、镀铝聚酯薄等，间隔物应采用导热系数小、放气率低的脱脂玻璃纤维布、植物纤维纸、填碳纸等材料。绝热材料在缠绕前应进行脱脂、烘干处理。

采用真空粉末绝热时，填充物应采用导热系数小、适用温度范围广、吸附量大、装填

前含水量低、且与低温液体物化性能相容的多孔材料，如珠光沙、硅气凝胶、碳酸镁等。

5）铁路运输罐车上不允许设计人员押运间。

6）罐车根据需要应设置（远传）传感器和直读式压力表，其精度应不低于 1.5 级。液位计应设抗震性能好、准确性高、安全可靠的液位指示装置。人员在押运途中应通过无线远传装置监视液位和压力。

7）低温罐车管路系统应包括进出液管路、气体排放管路、化验取样管路、汽化器管路、仪表管路和吹除置换管路。

8）液氢罐车的排气管路末端应设置阻火器和防止雨雪侵入装置。

9）液氢罐车的排放管路应高于车顶，排放的氢气流速不得超过 16 m/s，以防止静电过高而产生火花或爆炸。

10）内罐和管路使用前必须进行氮气和氢气（或氦气）置换，氮气置换的合格标准见附表 10。

11）低温罐车液气管路，除压力表和液位计外，应采用真空绝热。

12）管路与管路，管路与阀门应减少法兰连接，尽量用焊接结构代替，不得已，必须用法兰连接的应选好密封结构形式和密封材料。

13）真空管路应设计爆破膜片。

14）贮罐的液路上应设置能耐低温介质的过滤器，液氢过滤器小于 40 μm，液氮和液氧小于 100 μm。

15）罐的真空夹层应设可供检查夹层真空度和用户方便抽空的抽空阀。

16）安全阀。

安全阀的开启压力应大于内罐的最大工作压力，而不得超过内罐的最大设计压力，一般为最大工作压力的 1.1～1.15 倍。

安全阀必须具备自动和手动开启功能，手动机构应方便操作。

安全阀应有合格证和质量证明书，并经低温复验合格后方可使用。

安全阀应铅直安装在罐体的排气管路上。

安全阀的最大排气量应按贮罐外罐出现裂纹，真空绝热被破坏，贮罐的最大日蒸发损失量或按汽化器的最大汽化能力，选两者中较大者作为安全阀的最大排气量。

安全阀在存贮和使用中，应定期检查和维修。

17）爆破片。

内罐爆破片的最低标定爆破压力与容器的最大工作压力之间的关系按 GB150 附录 B（补充件）B6.1 条确定，且应大于安全阀的泄放压力，内罐爆破片应在罐内最大工作压力的 1.2～1.25 倍时爆破。

外罐爆破片的设计压力为 0.07～0.1 MPa（表压）（不含 0.1MPa）。

爆破片的截面积应保证膜片爆破时能迅速释放出罐内或罐体夹层（或管路）里的气体。

18）铁路运输罐车操作间应设自动消防设备。

19）运输罐车罐内增压应设集气管，集气管的出气孔开在管子的上基线上，孔面积的

总和应与集气管截面积的关系可按下式计算

$$nd^2 \leqslant D^2$$

式中 d ——孔的直径，mm；

n ——孔的数量；

D ——集气管的直径，mm。

20）增压集气管安装应高出罐的液面，可按下式计算

$$h \geqslant \frac{1}{3}H$$

式中 h ——集气管中心线距液面的高度，mm；

H ——液面离罐顶的高度，mm。

21）低温铁路罐车其他的设计、制造和安全管理按 QJ 2481—93 执行。

22）低温汽车槽车其他的设计按 GJB576—88 和 QJ 1327A—98 执行。

23）液氢的正仲氢转换达到99.8%后，在稳定的贮存工况下，贮罐的蒸发损失可由气量表来测定。

热损失按下式计算

$$q = r\frac{M}{t} \cdot \frac{\rho_y}{\rho_y - \rho_q}$$

式中 q ——热损失，即单位时间内转给产品的热量，J/（s·K）；

r ——氢的汽化比热，J/（kg·K）；

M ——排入大气的蒸汽质量，kg；

t ——时间，s；

ρ_y ——液氢的密度，kg/m^3；

ρ_q ——液氢蒸汽的密度，kg/m^3。

11 测控系统设计

1）根据系统的设计要求、加注流程图、加注工序表和发控网数据接口及信号传递约定和外系统设备接口进行控制系统方案论证。

2）控制系统应由加注控制台、微机站、图形机、控制机、电源和电缆网等组成。

加注控制台应具有以下测试和控制功能：程序控制功能、加注参数测试功能、加注参数显示功能、供配电及转电功能。

微机站应具有以下功能：通信功能，压力、温度、流量显示和参数打印功能。

控制机应具有以下功能：通过计算机网络接收上一级指挥员发出的控制命令，控制各加注工序，控制各加注工序相应的阀门，调节阀门的开度对加注压力和流量进行控制，与微机站、图形机进行数据及指令交换和通信。

图形机应具有以下功能：实时显示各工序的命令和状态命令，具有动态显示各工序液氢和气氢流动的流程图，实时显示各工序阀门开和关状态，实时显示测试、加注过程中有关压力、温度、密度参数，实时显示贮罐液面和容积，实时显示故障和参数超限情况，数

据文件可在线查询和打印，具有通信和上网功能。

3）加注测试台电路应具备自动和手动两种控制方式，手动测试控制能干预自动测试控制，而自动测试控制不能干预手动测试，即单点操作优先。

4）加注控制台应具备参与火箭测试检查的功能。

5）测控系统设计应进行电磁兼容性设计，远距离传输的检测信号应采用 4～20 mA 电流传输。

6）加注控制台可靠性设计应按 QJ2668 执行。

7）加注控制台应具备自检功能。

8）加注控制台所用的电子元器件应按规定的优选目录中选用，继电器应按 QJ789A、QJ1078 进行选型。

9）加注控制台各独立电路相互之间及独立电路对机壳的绝缘电阻应不小于 20 mΩ，在湿热情况下一般不小于 2 mΩ。

10）加注控制台各独立电路相互之间及独立电路对机壳的抗电强度，正常试验大气条件下，试验电压为 500 V，通电 1 min 不应出现击穿现象。

11）微机站硬件设备应为军品级或正品工业级，硬件设备的选型应尽可能与各系统一致。

12）微机站软件应为正版软件。

13）系统内所有软件应采用符合国家标准的程序设计语言，尽量采用结构化设计，使其具有良好的、清晰的程序结构。易读、易扩展、易维护。

14）系统内所有软件设计按 GB/T 8566 及 GJB437 的有关规定执行。

15）控制机、图形机制定设计程序框图。

16）控制机按 QJ908 规定进行常温 200 h 老炼试验。

17）加注控制台、控制机应选择三级公路进行运输试验，最大行驶速度 40 km/h，累积距离 500 km，速度在 30 km/h 状态下刹车 3 次。

18）图形机应能区分液路管路和气路管路，当管路中有液体、气体流动时能直观显示其状态。

19）图形机软件要进行防通信误码设计。

20）图形机软件要进行数据存取设计，数据应能定时保存，数据量大时，可以分类保存。

21）图形机软件能对重要事件，如工序状态变动、阀门开闭发生的时间进行保存。

22）图形机软件要进行故障文件设计。当故障发生时，故障记录应包括故障发生时间、故障名称、故障类别、故障级别、报警上限、报警下限和故障值。

12 液氢加注和排气连接器设计

1）根据设计任务书进行连接器总体方案论证，论证的重点是锁紧和脱落机构方案、密封结构方案、信号方案、绝热方案。

2）连接器的设计应具备以下功能：打开和关闭火箭加注阀门功能，与火箭加注阀门锁紧和脱落功能，发出锁紧好和脱落好讯号功能，液氢加注连接器加注口应有自密封功能。

3）连接器应既能手动锁紧和脱落，也能遥控自动锁紧和脱落。

4）连接器应在下列环境条件下正常工作：环境温度为－10～45℃；相对湿度不大于98%（25℃时）；地面平均风速不大于17 m/s；中雨，雨量不大于8 mm/h；大气压力不小于79.5 kPa（海拔高度不大于2 000 m）或不小于70.1 kPa（海拔高度不大于3 000 m）。

5）连接器与火箭阀门接口应相互协调、匹配。

6）连接器与气路、液路、电路和安装支架的接口尺寸应协调一致。

7）连接器与火箭阀门之间的密封应符合如下要求：

低温静密封：漏率小于5×10^{-1} L·Pa/s；

低温动密封：漏率小于8×10^{-1} L·Pa/s。

8）密封件应选择低温收缩率小、玻璃化温度点低、无冷流现象与液氢相容的耐低温材料。

9）连接器的绝热性能应确保液氢流动时，本体表面温度应在0℃以上。

10）连接器本体的绝热方式多种多样，或真空或聚氨酯发泡绝热。

11）连接器结构件设计要充分重视低温应力、低温冷缩的影响，零件和部件除应避免直角和尖角等容易引起应力集中的形状外，还要力求均匀对称，防止冷缩引起的不规则变形。

12）密封件在低温下收缩后会影响压紧程度，因此要有补偿措施。

13）连接器应进行受力分析，结构受力件安全系数应不小于3，非金属材料受力件安全系数应大于3。

14）铝合金材料受力件要求如下：

应使用硬铝合金材料，并按GB/T 3191—1988、GB/T 3197—2001、GB/T 3880—1997、GJ502—1989、GB_n 221—1984及GB_n 223—1984规定执行；采用热处理提高综合机械性能；采用超声波探伤，应符合GB/T 6519—2000中的A级规定。

15）不锈钢材料受力件要求如下：应选用面心立方晶格的不锈钢材料；不锈钢材料应按GB/T 1220—1992、GB/T 4240—1993、QJ1386A—1995规定执行。

16）聚酰亚胺材料受力件要求如下：毛坯应一次成型，毛坯采用超声波探伤复验，按QJ167A—1995规定执行。

17）铜合金材料受力件应符合GB/T 4423—1992的规定。

18）连接器上的紧固件应有防松设计。

19）电子元器件的选用，应按QJ3065.1—1998规定执行。

20）发讯装置应进行防爆设计，防爆等级为Hm_a级，也可用安全火花型防爆方式。

21）连接器的设计应按GJB 3207—1998规定，采用人机工程设计原理给操作人员创造一个方便、安全的工作条件。

22）包装设计应符合GB191—2000及GJB145A—1993的规定。

13 低温阀门设计

1）定义：低温阀是一种在温度等于或低于 120 K 的介质中工作的阀门。其用途和普通阀门没有区别，也是用来直接切断或调节液流和气流的。

2）低温阀门的设计要求。

a）可靠性高，一般使用寿命为 10 年或 3 000～5 000 次。

b）绝热性好，不应在低温介质中成为一个显著热源，以防对系统造成危险。阀门结构应进行绝热和隔热设计。

c）直接和低温介质下接触的阀门组合件应具有防爆和防火结构。

d）耐磨性好，在低温下工作的阀门组合件无法润滑，所以结构上要采取措施，以防止摩擦件擦伤。

3）低温阀有多种分类方法，可按自动和驱动分类、按用途和作用分类、按主要技术分类、按结构特性和原理分类。按结构和用途可分四类：具有堆积式绝热层的阀门（整体式阀门）、真空绝热冷冻式阀门、短时间在低温下工作的阀门和其他形式的阀门（过滤器、控制阀）等。

4）常用的低温阀门有截止阀、调节阀、安全阀、止回阀等。

5）低温阀的材料。

a）低温阀主体材料及选用原则。低温阀主体材料应选用具有面心立方晶格的奥氏体钢、铜、铝等，其选用原则：阀门的最低使用温度；在低温及无油润滑的情况下，具有良好的耐磨性；

在低温下保持工作条件所需要的机械力学性能，特别是冲击韧性、相对延伸率及组织稳定性；符合低温介质防爆性的相容条件；采用焊接连接时，材料的焊接性能好。

阀体、阀盖、阀座、阀瓣（闸板）材料选用原则：温度高于－100 ℃选用铁素体钢；温度低于－100 ℃时选用奥氏体钢。

阀杆及紧固体材料选用原则：温度高于－100℃时，选用 Ni、Cr－Mo 等合金钢，温度低于－100℃时，采用奥氏体不锈耐酸钢。阀杆表面要镀硬铝或进行氮化和镀镍处理，以提高表面硬度。长期在低温下工作的阀杆用 12X18H10T 钢。短时间冷冻的阀杆用 2X13 或 3X13 钢。

低温钢铸件应符合 JB/T 7248—1994 的规定。

b）低温阀垫片和填料可采用柔性石墨填料，以防止填料与阀杆的磨损。根据不同压力和温度，填片应选择性能变化小的材料，如长纤维白石棉的石棉橡胶板、耐酸钢带夹石棉缠制的缠绕式垫片、聚四氯乙烯和耐酸钢带绕制而成的缠绕式垫片、柔性石墨与耐酸钢绕制而成的缠绕式垫片，不锈钢垫片和青铜（退火）垫片。

c）特氟隆（Teflon）材料系列也是一种非常好的垫片和填料。制造密封副最常用的配对材料应采用 12X18H10T 钢-青铜、12X18H10T 钢-黄铜、钢-氟塑料和钢-聚碳酸酯。

特氟隆及改进的特氟隆（荧光绿 Fluorogree）常用在液氧活门座上。

d）低温阀垫常用的材料应采用玻璃钢管、玻璃钢棒或玻璃夹布胶木等。

e）铸钢体材料应符合 GB/T12230 - 1989、JB/T7248 - 1994 规定，密封面等离子焊用合金粉末应符合 JB/T7744 - 1995 规定。

6）低温阀的设计，主要应包括结构设计、绝热设计、热桥设计、摩擦副设计、填料函设计、密封结构设计和传动机构设计等。

a）低温阀门设计输入基本条件：阀门的用途和种类，介质的工作压力，介质的工作温度，介质的物性，公称通径，结构尺寸（长度），与管道的连接形式，工作寿命和阀门的操作方式等。

b）液氢低温阀门区别于一般阀门的设计，主要是增加了绝热设计。绝热设计包括绝热结构形式设计（真空绝热或发泡绝热），绝热层（发泡层）设计，热桥设计。

c）填料函的温度应满足－50～60 ℃。

d）真空粉末绝热和真空屏蔽绝热式低温阀可以用法兰，也可让阀门真空腔和管道真空腔焊接连接在一起，后者对系统的漏热少，应尽可能采用。为便于维修，在保证绝热腔真空的情况下阀杆组件应做成可拆卸的。

e）液氢、液氧或易爆气（液）阀门的阀杆使用波纹管密封阀杆。无毒、无害不产生爆炸或易燃介质，可采用填料函密封。

f）在压力较高的情况下，要采用多层波纹管的结构以提高工作寿命。

g）非金属材料和金属组成的摩擦副线膨胀系数是不同的，因此结构上必须采取措施防止轴和套筒咬死。

h）真空绝热低温阀，为了减少辐射传热，外壳的内表面和阀体的外表面都要抛光。屏蔽绝热一般缠绕 20～25 玻璃丝布。

i）真空绝热低温阀，内管因温度变形要将力传递给外壳，应在阀门真空腔上加支承座结构，支承座可用玻璃钢棒，从而相对固定内部的阀体和外壳之间的相对位移。

j）低温阀启闭密封件设计与常温阀结构形式相似，但工作温度范围宽，既在低温介质中工作，也在环境温度下保存，密封件材质在低温下变形大于金属材料，密封件仍应保持密封。常温下密封比压和低温下密封比压是不一样的，应选两个值中较大者。

k）阀门的结构设计标准可参考一般阀门的国内外设计标准。液氢系统低温阀门主要有截止阀、球阀、安全阀、调节阀和止回阀等。下列产品标准可供参考：GB/T12241—1989、GB/T12243—1989、GB/T13932—1992、GB/T4213—1992、GB/T15185—1994、JB/T2203—1999、JB/T7745—1995、JB/T8864—1999、JB/T7749—1995。

l）阀门的结构要素及零部件，如阀杆头部、密封座、锥形密封面、填料函尺寸、阀瓣与阀杆连接槽尺寸、垫片、锁紧螺母、衬套、填料压套、填料压盖、压盖螺母、轴套等应尽可能选用 GB/T 和 JB/T 标准规定的参数。

7）低温阀门计算。

a）低温阀门计算原则上与常温阀门计算项目是一致的，即其计算公式都可作为低温阀门计算参考。

b）阀门通用部分的计算应包括：壁厚、阀杆强度、阀瓣厚度、闸板、填料厚度、紧固件强度、法兰强度、螺纹强度和密封比压计算。

c）阀门的专用部分计算包括：通道孔径计算、启闭行程计算、阀杆力矩计算、流量计算、排量计算、密封计算和弹簧计算。

d）低温安全阀应进行安全泄放量的计算和排放能力的计算。

e）低温阀应进行传热特性（热流）计算。

8）低温阀门试验。

a）低温阀门试验前应按 ZBJ16　006 做常温试验，合格后才能进行低温试验。

b）低温试验方法和试验步骤按 JB/T　7749－1995 的规定。

c）安全阀性能试验按 GB/T　12242－1989 的规定。

9）低温阀门的标志按 GB/T 12220－1989 的规定。

10）低温阀门的包装运输和储存应符合 GB/T　12252 的规定。

14　安全性设计

1）液氢加注系统安全性设计

液氢加注系统安全性设计应包括液氢运输、液氢输送、液氢贮存和液氢安全防护、液氢转注、液氢排放、液氢操作等多个方面。

2）液氢加注系统安全性设计必须遵循三个基本原则：足够的通风、防止泄漏和消除火源。

3）液氢加注系统设计应在设计施工各个阶段进行安全性评估。

a）初步设计阶段应进行危险性和事故形式的分析。

b）技术设计阶段应对产品设备设计图纸进行功能和性能安全性评估。

c）操作规程重点应进行工序和测试仪器以及探测方案的评估。

d）在液氢（或气氢）设施、设备或系统的生产、安装、建造之前应由负责安全的部门对设计进行安全审核和评估。

4）容器阀门、管路和控制设备的安全性设计按本标准 5.5～5.13 条规定进行。

5）建筑物和房间的设计应符合《GBJ16－87 建筑设计防火规范》要求。电器设备应按《GB3836.1－83 爆炸性环境电器设备通用》要求进行设计。

a）氢的设备要尽可能在户外进行操作。

b）为防雷雨、雪天气，建筑物应具备良好的通风，不设尖屋顶，以防止氢的积聚，也不应设侧面墙以利于氢的扩散。

c）建筑物内各种氢加注系统配气和控制设备应良好通风或采用空气进行正压通风。

d）室内应设置浓度报警装置。

e）原则上不准有含氢的导管进入操作间和地道，不得已要有通风措施。

f）电器设备防爆等级应为Ⅱ类 C 级 T_1 组。

g）液氢的贮存、处理、试验场所应设避雷装置，其总散流电阻不大于 10Ω。

h）液氢容器、管路以及经常处于密封保存的贮氢系统，都应设置防爆膜和安全阀，并应定期检查。

i）液氢贮存和使用场地应设干粉、水蒸气、二氧化碳、氮气等灭火剂和自动水消防装置。

6）氢现场往往会形成氢的积聚，应设有氢浓度监测。氢浓度探测器的传感器精度和灵敏度要高，安装位置尽可能靠近容易泄漏的地方。探测器应能开动警报器。

7）液氢的贮存容器、导管、阀门、转接头应采用面心立方体的金属和合金材料：铝、铜、镍和奥氏体不锈钢等。

8）液氢容器、导管和阀门应进行绝热设计，液氢系统常采用的绝热形式有：粉末真空、高真空、高真空多层屏蔽绝热。后者为常用的绝热形式。常用的绝热计算可见附录2。夹层真空度小于 100 Pa 时，会出现出汗现象，影响使用的安全，应及时对容器和管路抽空。

9）应尽量避免在液氢容器底部开孔。

10）液氢加排管路中应尽量避免出现低凹（陷阱），以防止污染物积累，如低凹区域是不可避免的，应保证低凹区域污染的排泄。

11）在系统或设备中，必须避免不同金属的相互接触，以防加速腐蚀。

12）液氢容器、阀门和管路都应考虑温度补偿。不锈钢管路的热收缩通常是根据温度降到－251 ℃时，收缩长度为原长的 0.35％来进行计算。长距离导管要求每隔一定距离，设置一个允许轴向运动，但限制横向和垂直运动的支撑。

13）必须考虑横向和垂直运动的场合，应设计特殊的补偿装置。

14）氢系统设计要考虑排气管放气的流速，一般排放马赫数不能大于 0.2。

15）排气管进大气端应设置单向阀，以防止空气回流。如果排气管直径超过2.54 cm，则在连接氢流动之前，都应该用氮气对排气管进行吹除，以防静电积聚和出现固空，导致产生爆燃和爆轰。

16）放空管距避雷设施应大于 20 m，放空管应高出附近建筑物 5 m 以上，使低温气氢出口温度大于 90 K。

17）放空管应有防止雨、雪、水汽凝集、冻结和外来异物堵塞措施。

18）液氢贮存可使用固定式和移动式容器贮存。容器设计应严格按 GB150－1989 钢制压力容器进行设计，移动容器还应符合交通部或铁道部相应的规范进行设计。

19）液氢贮存容器停放应选择空旷和通风良好场地。大型贮存容器不应设置任何形式的围墙。为防止液氢万一失控泄漏起火，以阻止火焰扩散漫延，在容器周围允许设计较低的堤堰，堤堰一般高度限制在 0.6～1 m，堤内的容积等于最大贮存容量再加上其 10％。

20）贮存容器使用必须保持正压，一般要求高于环境压力 0.5～1 表压。

21）贮存容器底部和导管中，往往会积聚杂质，特别要防止固氧杂质，因此每年定期对容器进行一次回温清洗净化和吹除处理。

22）液氢贮存，试验场所使用的电器设备应符合 GB3836.1－83 的规定，其安全要求应符合 GJB1474.3－92 中 5.10 条规定。

23）液氢铁路运输按（78）铁运字（1874 号液氢铁路运输安全规定）文件执行。槽车的交装系数一般不大于 0.9，但也不能过少，充装 30％以下会引起燃氢对贮罐的冲击并使气枕压力升高。

24）液氢运输途中禁止在车站、居民密集点和附近有火源的地方排泄氢气，排放气氢或液氢应在空旷地处进行，严禁在山洞内进行排放。

25）拆卸液氢系统或液氢设备、阀门、管路接头时，有可能产生氢空混合，瞬间浓度大于 4％～75％会引起爆燃，大于 18％～59％会引起爆轰。因此拆卸前，必须用氦或氮气系统进行置换，确认系统和设备中无氢成分才允许拆卸，严禁在氢环境下拆卸管路、阀门和接头等。

26）液氢加注，系统预冷、加注、转注和排气过程中，阀门开闭可能会引起瞬间水击，为此针对系统要采取相应措施，控制阀门的开闭速度。

27）液氢加注系统要防止工序安排不当，或临时改变工序而引起系统局部憋压造成系统和设备的破坏。

28）液氢和空气、液氢和液空、液氢和液氧、液氢和固氧在一定条件下都会发生爆炸，液氢爆轰和爆燃产生的破坏性很大，其爆炸威力和冲击波超压计算可参考附录 3。

29）接头、不锈钢板等的焊接必须采用熔焊工艺，氩弧焊是常用的工艺方法。

30）防止和警惕潜在的火源。

a）不允许在贮氢现场进行施工，以防止硬物体（金属与金属、金属与石头等）相互强烈碰撞或摩擦产生火花或撞击火花，更不允许切割和焊接，使用的扳手必须是镀铜或铜制工具。

b）在贮氢现场必须穿防静电服、防静电鞋、戴防静电帽。

c）氢现场所存的设备和连接件都应可靠接地，不允许在通电情况下，连接连接件或接插电缆，以防产生火花。

d）氢现场严禁吸烟。

31）从事液氢和氢操作人员必须经过培训，懂得液氢和气氢的性质和特点，熟悉设备性能的合格人员。

32）所有使用液氢或氢的场所，都应制订安全操作守则和安全操作规程，切忌麻痹大意。

附表 1　液氢的物化性质

性质名称	环境与条件	数值
液氢冰点	大气压下	14 K
液氢沸点	大气压下	20.45 K
临界温度		33.1 K
临界压力		12.83 kg/cm^2
临界密度		31.2 kg/m^3
汽化热	正常沸点下	215 卡/克分子
液氢密度	20 K	70.09 kg/m^3
液氢粘度★	大气压下，288.15 K	8.7×10^{-6} Pa·s
液氢汽化体积膨胀率	标准情况下	860
氢气扩散系数	0℃	0.63 cm^2/s
氢气比重	常温下	0.069
每立方米氢燃烧所需空气	化学计量	2.38 m^3
每立方米氢燃烧所需氧气	化学计量	0.5 m^3
氢燃烧热	化学计量	3 029.15 kJ/m^3
氧气中最高火焰温度	78%的氢	2 660 ℃
空气中最高火焰温度	31.6%的氢	2 129 ℃
自燃温度	空气中	585～574 ℃
	氧气中	560 ℃
空气中燃烧极限（体积比）	常温下	4%～75%
	−173 ℃	10%～70%
燃烧极限（体积比）	常温下	4.5%～94%
	−173 ℃	10%～90%
爆轰极限（体积比）	空气中	18.3%～59%
	氧气中	15%～90%
最小点火能量	空气中氢含量 30%	0.019 mJ
	氧气中氢含量 70%	0.006 mJ
灭火距离	空气中氢含量 30%	0.64 mm
	氧气中氢含量 70%	0.38 mm
最大燃烧速度	空气中氢含量 43%	2.7 m/s
	氧气中氢含量 70%	8.9 m/s
最大爆轰速度	空气中氢含量 58.9%	2 100 m/s
	氧气中氢含量 90%	3 550 m/s
爆燃温度	空气中氢含量 29.5%	2 038℃
爆燃压力	空气中氢含量 29.5%	8 atm
爆轰最大压力	空气中氢含量 29.5%	20 atm
最易点燃浓度	空气中	20%～22%

★氢的粘度与温度有关。

附表 2　液氢贮存安全距离

液氢贮存量/kg		居民建筑、公路、铁路与液氢贮存距离/m		另一个液氢贮存距离/m
大于	不大于	没有防护墙	有防护墙	
1	2	3	4	5
0	045.36	182.88	24.38	9.14
45.36	90.72	182.88	30.48	10.67
90.72	136.08	182.88	33.53	12.19
136.08	181.44	182.88	36.58	13.72
181.44	226.60	182.88	39.62	15.24
226.80	272.17	182.88	41.15	15.24
272.17	317.52	182.88	42.67	16.76
317.52	362.88	182.88	44.2	16.76
362.88	408.24	182.88	45.75	18.29
408.24	453.60	182.88	45.75	18.29
453.60	907.20	182.88	53.34	19.81
907.20	1 360.80	182.88	57.91	21.34
1 360.80	1 814.40	182.88	60.96	22.86
1 814.40	2 268.00	182.88	64.00	24.38
2 268.00	2 721.70	182.88	67.06	24.38
2 721.70	3 175.20	182.88	68.58	25.91
3 175.20	3 628.80	182.88	70.10	25.91
3 628.80	4 082.40	182.88	71.63	27.43
4 082.40	4 536.00	182.88	73.15	27.43
4 536.00	6 809.00	365.76	79.25	28.96
6 809.00	9 072.00	365.76	83.82	30.48
9 072.00	11 340.00	365.76	86.87	32.00
11 340.00	13 608.00	365.76	89.92	33.53
13 608.00	15 876.00	365.76	91.44	33.53
15 876.00	18 144.00	365.76	94.49	35.05
18 144.00	20 412.00	365.76	96.01	36.58
20 412.00	22 680.00	365.76	97.54	36.58
22 680.00	27 216.00	365.76	100.58	38.10
27 216.00	31 752.00	365.76	103.63	39.62

附表 3　液氢与液体氧化剂同时贮存时的安全距离

液氢贮存量/kg	防爆安全距离/m			
	居民建筑物		公用道路	
	有防护墙	无防护墙	有防护墙	无防护墙
≤75	60	120	35	70
75～225	80	160	50	100
225～380	100	200	60	120
380～755	120	240	85	150
755～2 265	175	355	105	210
2 265～3 780	210	420	125	250
3 780～7 560	265	530	160	320
7 560～8 900	335	645	215	385
8 900～37 800	450	850	270	510
37 800～75 600	565	1105	340	665
75 600～189 000	960	1315	575	790

附表 4　液氢使用指标（GJB 1474.3—1992）

液氢名称	使用指标
氢含量	≥99.995
氧（含氩）含量	$\leqslant 2.0\times10^{-6}$
氮含量	$\leqslant 8.0\times10^{-6}$
水含量	$\leqslant 10.0\times10^{-6}$
总碳含量	$\leqslant 2.0\times10^{-6}$

注：含量均为体积比。

附表 5　氮气标准（GJB 2253—1994）

项目	纯度/%	含 O_2/%	含 H_2O 体积/ppm	C－H 化合物/ppm	颗粒物质直径/(mg/ m^3)	含油量/ppm
指标	≥98	≤2	≤26.3 （或露点低于－53.3 ℃）	≤58.3	≤1.5	≤0.3

附表 6　氦气标准

项目	纯度/%	O_2/%	H_2O/ppm	固体颗粒/μm
指标	≥99.99	＜10	＜12	高压时不大于 50 中低压不大于 20

附表 7　氢气标准　　ppm

项目	纯度	O_2+（Ar）	N_2	H_2O
指标	≥99.99%	≤14.98	≤59.97	$\leqslant 2\times10^{-2}$ （或露点低于−52.5 ℃）

附表 8　火箭贮箱氮气置换合格标准　　ppm

项目	含 N_2 体积	H_2O	O_2
指标	>98%	<1 000	$<2\times10^4$

附表 9　火箭贮箱氦气置换合格标准　　ppm

项目	含 He（或 H_2）体积	N_2	O_2	H_2O	其他
指标	≥99.9%	<800	<30	<30	<50

附表 10　液氢罐车氮气置换合格标准（GJB 1474.3—1992）　　ppm

项目	N_2（含 Ar）	O_2	H_2O
指标	800	30	30

附录 1　液氢输送管路系统的水力计算

（1）方法一

假设管内液氢流动是单向流状态，管路入口处所需压力可按下式计算

$$P_i = P_t + P_f$$

式中　P_i——管路入口处所需压力（挤压压力）；

P_t——由输送管路热力特性及饱和曲线所需压力；

P_f——克服管路阻力所需压力。

计算管路的水力损失

$$\lg P_t = \left[2.93031 - 44.345\left(T + \frac{\sum ql}{WC_p}\right)^{-1} + 0.02093\left(T + \frac{\sum ql}{WC_p}\right)\right]$$

$$P_t = \exp_{10}\left[2.93031 - 44.345\left(T + \frac{\sum ql}{WC_p}\right)^{-1} + 0.02093\left(T + \frac{\sum ql}{WC_p}\right)\right]$$

式中　q——传入管路系统的热量（英热单位/英尺·秒）；

l——实际管长（英尺）；

C_p——液氢比热（英热单位/磅·K）；

w——质量流量（磅/秒）；

T——温度，K；

$\exp_{10}$——10 为底的指数。

$$P_f = \Delta P_1 + \Delta P_2 + \Delta P_3$$

式中　ΔP_1——管路摩擦阻力损失；

ΔP_2——管路局部阻力损失；

ΔP_3——静扬程。

$$\Delta P_1 = \frac{0.1197 W^{1.821} l_1}{D^{4.821}} \text{（磅/英寸}^2\text{）}$$

式中　W——质量流量（磅/秒）；

l_1——计算管长（英尺）；

D——管径（英寸）。

因输送系统除硬管外，还有软管和补偿管，计算管长按直软管的当量长度来确定

$$\Delta P_2 = \sum \zeta \frac{V^2}{2g} \gamma$$

式中　ζ——阻力系数；

V——流速（m/s）；

γ——液氢比重，kg/m^3；

g——重力加速度，m/s^2。

$$\Delta P_3 = H \cdot \gamma$$

式中　H——静扬程，m；

γ——液氢比重，kg/m^3。

注：1. 本计算方法延用老单位；

2. 本计算方法未考虑火箭贮箱反压。

（2）方法二

管路入口处所需压力

$$p_i = [\rho g (h_3 - h_0) \times 10^{-6} + P_3 + P_f]$$

式中　p_i——管路入口处所需压力（挤压压力），MPa；

g——重力加速度，g =9.81 m/s；

h_3——火箭贮箱液位高度，m；

p_3——火箭贮箱规定反压，MPa；

p_f——管路系统总阻力损失，MPa。

计算管路的水力损失

$$p_f = \frac{20 \cdot \rho \cdot Q^2}{9 \cdot \pi^2 \cdot d^5} (\lambda_1 . L_i + \lambda_2 \cdot L'_i) + \frac{2}{9} \times 10^{-2} \cdot \rho \cdot \left(\sum_{i=1}^{n} \zeta_i \right) \frac{Q^2}{\pi^2 d^2}$$

式中　p_f——管路的水力损失，MPa；

ρ——推进剂的密度，kg/m^3；

Q——加注或补加流量，L/min；

λ_1——金属软管直管的延程阻力系数；

λ_2——金属硬管直管的延程阻力系数；

L_i ——金属软管直管的累加长度，m；

L'_i ——金属硬管直管的累加长度，m；

d ——管路流通直径，mm；

ζ_i ——各局部阻力构件阻力系数之和。

液氢加注系统，管路的总阻力损失亦可按下式计算

$$p_f = 0.01022 \cdot Q_m^{1.821} \cdot \frac{1}{d^{4.821}} + 1.57 \times 10^{-6} \cdot \sum \xi_i \frac{Q^2}{d^4}$$

式中 p_f ——管路系统总阻力损失，MPa；

Q_m ——质量流量，MPa；

L ——管路总长度，cm；

d ——管路流通直径，mm；

ξ_i ——各部分的局部阻力系数；

Q ——体积流量，L/min。

附录2 绝热计算

低温加注系统的一个主要特点是设备——贮存容器、输送管路、阀门和接头等均要求完善的绝热技术。绝热好坏是系统设计水平的一个恒量，也是贮运罐使用低温介质的关键技术。绝热的效果是最大限度降低外界热量传入，以减少介质的损失，同时可避免加注过程中出现两相流，使流动过程中产生不稳定而导致危险的发生。

(1) 传导传热公式

传导及传热定理

$$\phi = -\lambda \frac{\mathrm{d}T}{\mathrm{d}X} \cdot A$$

式中 ϕ ——传导传热流，W；

A ——垂直于导流方向的传热面积，m^2；

λ ——热导率，W/（m·K）；

$\frac{\mathrm{d}T}{\mathrm{d}X}$ ——温度梯度。

1) 多层平面的传热方式

$$\phi = \frac{T_1 - T_{n+1}}{\sum_{i=1}^{n} R_{\lambda i}}$$

$$R_{\lambda i} = \frac{\delta_i}{\lambda_i A}$$

式中 $\sum_{i=1}^{n} R_{\lambda i}$ ——多层传热热阻之和，K/W；

λ_i —— $i_{层}$热导率，W/（m·K）；

δ_i —— $i_{层}$厚度，m。

2）圆筒壁面间的传热公式

$$\phi = \frac{T_1 - T_{n+1}}{\sum_{i=1}^{n} R_{\lambda i}}$$

$$R_{\lambda i} = \frac{1}{2\pi L_{\lambda i}} \ln \frac{\mathrm{d}_i + 1}{\mathrm{d}_i}$$

式中 $R_{\lambda i}$ ——第 i 层的传热热阻，K/W；

L ——圆筒长度，m；

λ_i ——第 i 层的热导率，W/（m·k）；

d_i ——第 i 层的直径，m。

3）气体传导传热公式

$$\phi = \alpha\left(\frac{k+1}{k-1}\right)\sqrt{\frac{R}{8\pi}}\frac{P}{\sqrt{mT}}A_1（T_2 - T_1）$$

$$\alpha = \frac{1}{\frac{1}{\alpha_1} + \frac{A_1}{A_2}\left(\frac{1}{\alpha_2} - 1\right)}$$

式中 ϕ ——单位时间传热量，W；

T_2，T_1——分别为壁面 2 和 1 的温度，K；

A_2，A_1——分别为壁面 2 和 1 的面积，m^2；

m ——分子量，kg/mol；

T ——压强测点的温度，K，在气体分子运动平均自由程大于壁面间距离的系统中，$P/\sqrt{T}$ =常数，此现象称为热分子压强效应，因此取得任一测点的温度代入式中均可；

P ——压强，Pa；

$n = C_p/C_v$ ——绝热指数；

R ——普适气体常数，R =8 316 N·m/（kg·mol·K）。

α_1，α_2——分别是气体分子与壁面 1、2 碰撞的适应系数，主要决定于气体种类和壁面温度，空气、氢、氦的适应性系数见表 1。

表 1 空气、氢、氦的适应性系数

温度/K	空气	氦	氢
20	—	0.6	1
76	1	0.4	0.5
300	0.8～0.9	0.3	0.3

（2）辐射传热

1）斯蒂芬/波耳兹曼定律。

该定律指出，黑体的辐射能力与温度四次方的正比

$$E_b = \sigma_b \cdot T^4$$

工程上通常写如下形式

$$E_b = C_b \left(\frac{T}{100}\right)^4$$

式中 E_b ——黑体的辐射能力，W/m^2；

$C_b = 5.67$，W/（$m^2 \cdot K^4$）。

2）两个平衡的平面壁之间的辐射传热

$$\phi_{1-2} = \sigma_b (T_1^4 - T_2^4) A$$

式中 A ——平面壁表面积，m^2。

$\sigma_b = 5.67 \times 10^{-8}$，W/（$m^2 \cdot K^4$），称为波耳兹曼常数。

3）包容壁与被包容壁之间的辐射传热

$$\phi_{1-2} = C_{1-2} A_1 \left[\left(\frac{T_1}{100}\right)^4 - \left(\frac{T_2}{100}\right)^4\right]$$

$$C_{1-2} = C_b \left[\frac{1}{\varepsilon_1} + \frac{A_1}{A_2}\left(\frac{1}{\varepsilon_2} - 1\right)\right]^{-1}$$

式中 ϕ_{1-2} ——两个壁的辐射传热量，W；

ε_1，ε_2——两个壁的发射系数；

T_1，T_2——两个壁的温度，K。

当有几个辐射屏时，辐射传热可减小到无屏时的 $\frac{1}{n+1}$ 。

当 $A_1 = A_2$，ε_1，$\varepsilon_2 \cdots\cdots = \varepsilon_n = \varepsilon$，$\varepsilon$ 又很小时，公式可简化为

$$\phi_{1-n} = C_b \cdot \frac{\varepsilon}{2 + (n+1)} \left[\left(\frac{T_2}{100}\right)^4 - \left(\frac{T^1}{100}\right)^4\right] = \frac{\sigma_b \cdot \varepsilon}{2 + (n+1)} (T_2^4 - T_1^4) A$$

4）存在多个发射屏时的辐射传热

$$\phi = \frac{\sigma\varepsilon}{2(n+1)} (T_2^4 - T_1^4) \cdot A$$

式中 σ ——斯蒂芬-波尔兹曼常数；

ε ——发射屏的发射系数（也称黑度）；

n ——层数；

T_1、T_2——内外壁温度。

（3）对流传热

基本计算公式如下

$$\phi = \alpha A (T_1 - T_2)$$

式中 ϕ ——传热流，W；

α ——传热系数，W/（$m^2 \cdot K$）；

A ——传热面积，m^2；

T_1、T_2——分别为壁面和流体的温度，K。

（4）低温绝热技术

常见的低温绝热形式有非真空绝热、高真空绝热、真空粉末绝热和真空多层绝热。通

过绝热层的传热通常包括辐射传热、气体传导传热和固体传导传热三部分

$$\phi = \phi_K + \phi_G + \phi_S$$

式中 ϕ——总传热，W；

ϕ_K——辐射传热，W；

ϕ_G——气体传导传热，W；

ϕ_S——固体传导传热，W。

采用表现热导率的概念，可用传导传热的公式计算出通过绝热层的传热

$$\phi = \frac{A\bar{\lambda}(T_2 - T_1)}{\delta} = \phi_K + \phi_G + \phi_S$$

式中 $\bar{\lambda}$——表现热导率，W/（m·K）；

A——传热面积，m^2；

δ——绝热层厚度，m；

T_1，T_2——两传热面的温度，K。

液氢加注系统的贮罐和真空绝热管路，都属于双壁多层缠线高真空绝热系统，其多层绝热高真空辐射传热公式和气体传导传热公式如前所述，固体传导传热公式如下

$$\phi_S = \frac{\lambda_m}{\delta}(T_2 - T_1)A$$

式中 λ_m——材料平均导热系数，W/（m·K）；

A——平均传热面积，m^2；

δ——传热厚度，m。

附录3　氢爆炸威力及冲击波超压值的计算

液氢－液氧在封闭空间或非封闭空间发生爆轰，以 TNT 当量表示，爆炸威力有多种计算方法，这里介绍其中最常见的两种方法：$W_T = 60\% W_P$ 计算方法和 $W_T = 4W_p^{\frac{2}{3}}$ 计算方法。

(1) $W_T = 4W_p^{\frac{2}{3}}$ 方法

在形状相似的容器中，推进剂总质量 W_P 与容器直径 d 成正比，用公式表示为

$$W_P \propto d^3 \tag{1}$$

参与爆炸的液氢－液氧的 TNT 当量 W_T 与容器中推进剂混合面积成正比，用公式表示为

$$W_T \propto d^2 \tag{2}$$

将式（1）与式（2）联系起来得

$$W_T \propto W_p P^{\frac{2}{3}}$$

根据 PYRO 工程的 23 次试验，得出关系式中的比例常数为 4，即

$$W_T \equiv 4W_p P^{\frac{2}{3}}$$

这是一个爆炸当量的经验公式，适用于质量不同的液氢－液氧推进剂的 TNT 爆炸当

量的初步计算，且符合实际。

(2) $W_T = 60\% W_P$ 方法

通常将液体推进剂的爆炸威力换算为 TNT 当量来表示。当氢发生爆轰时，TNT 当量系数约为 60%，即 100 kg 的氢——空气混合物的爆炸威力相当于 60 kg 的 TNT。

用公式表式

$$W_T = W_p \cdot 60\%$$

式中 W_T ——氢爆炸性混合物 TNT 当量，kg；

W_p ——氢与空气混合物的总质量（kg）或是液氢与液氧混合物的总质量。

特别要注意的是液氢-固氧混合物爆炸时，TNT 当量系数为 200%～500%。因此在液氢生产、转注、加注时要严格把好质量关，认真置换，采取防止固氧产生积累的措施。

(3) 冲击波超压计算

实验证明，在爆炸源附近液体推进剂爆炸波和 TNT 的爆炸波有所不同，推进剂的爆炸冲量大于 TNT 的冲量，推进剂的超压峰值小于 TNT 的超压峰值。只有当距离爆炸源大于 20m 以外时，推进剂和 TNT 爆炸波有相同的特性。空气冲击波超压峰值可以用相似公式计算求得。

TNT 球状装药（或形状相似的装药）在开阔空间中爆炸时，空气冲击波峰值超压计算为

$$\Delta P_m = \left(0.84 \frac{\sqrt[3]{W}}{r} + 2.7 \frac{\sqrt[3]{W}}{r}\right)^2 + 7\left(\frac{\sqrt[3]{W}}{r}\right)^3$$

装药在地面爆炸时，空所冲击波峰值超压计算为

$$\Delta P_{\mathrm{mgr}} = 1.06 \frac{\sqrt[3]{W}}{r} + 4.3\left(\frac{\sqrt[3]{W}}{r}\right)^2 + 14\left(\frac{\sqrt[3]{W}}{r}\right)^3$$

装药在普通土垠地面爆炸时，空气冲击波峰值计算为

$$\Delta P_{\mathrm{mg}} = 1.02 \frac{\sqrt[3]{W}}{r} + 3.99\left(\frac{\sqrt[3]{W}}{r}\right)^2 + 12.6\left(\frac{\sqrt[3]{W}}{r}\right)^3$$

式中 ΔP_{m} ——在开阔空间爆炸时冲击波峰值超压，kg/cm^2；

ΔP_{mgr} ——在刚性地面（混凝土、岩石一类地面）爆炸时空气冲击波峰值超压，kg/cm^2；

ΔP_{mg} ——在土垠地面爆炸时的冲击波峰值超压，kg/cm^2；

W ——TNT 装药质量，kg；

r ——距离爆炸中心距离，m。

开阔空间爆炸是指炸药在无边界的空中爆炸。这时，空气冲击波不受其他界面的影响。一般认为，开阔空间爆炸时，装药的对比高度应符合

$$\frac{H}{\sqrt[3]{W}} \geqslant 0.35$$

式中 H ——装药离地面的高度，m；

W ——TNT 装药质量，kg。

（4）冲击波对人体和各类建筑物的危害

人体受冲击波压力的伤害程度取决于人体对冲击波的相对位置（站着，坐着，面向波阵面还是侧向波阵面），取决于波阵面压力的波形是速升、缓升，还是突然上升。一般，人体对瞬时冲击波压力容限大于冲击压力长时间作用的容限。冲击波对人体的伤害作用主要是引起血管破裂，致使皮下或内脏出血，特别是肝、脾和肺部器官破裂。多次试验表明，肺脏可以作为受冲击波压力伤害的主要鉴定器官。文献记载：超压为 0.21 kg/cm^2 的冲击波峰能把站着的人卷起抛出；超压为 0.35 kg/cm^2 的最大超压可使人耳鼓膜破裂；更高的超压直接导致内部器官损伤，直至死亡。而冲击波超压在 0.035 kg/cm^2 以下时，人不会受到任何直接的内部损伤，也不会被抛出。冲击波超压对建筑设施的破坏情况详见表 2。

表 2　爆炸冲击波超压对建设施破坏情况表

最大超压（kg/cm^2）	建筑设施破坏特征
0.015 3～0.020 4	玻璃窗全部破碎
0.035 7～0.071 4	玻璃窗全部破碎，拌灰脱落，有时窗框也破坏
0.081 5～0.122	满装的液体燃料贮藏池轻度破坏，窗门框及隔墙破坏，木骨梁房屋中等程度损坏
0.143	工厂烟囱、无线电塔架和电线杆轻度破坏
0.173	厂房中等损坏，木架房屋严重破坏
0.224	汽车输送轻度损坏，用矿渣砖砌的墙破坏
0.285	厂房和砖房中等损坏，木架屋破坏，通信线和电力网损坏（故障）
0.387	办公楼和钢筋混凝土建筑中等损坏，房屋严重破坏
0.540	钢和钢架混凝土建筑厂房严重损坏，一砖半厚的砖墙毁坏
0.714	整体墙建筑和汽车输网中等损坏，满装的液体燃料贮藏池和汽车运输网中等损坏
1.019	一切建筑物严重破坏

为了保证安全，在采取措施时，除考虑上述因素以外，还应防止爆炸碎片对人员的伤害，防止试验生产场地周围危险物品、有毒化学药品、推进剂库房以及放射性物质等无控制的释放或引起二次爆炸。综合上述情况，分别采取掩蔽或屏障等安全设施进行防护，以达到安全的目的。

低温推进剂加注管路系统设计几个问题的探讨

（2006.9）

摘　要：文章探讨了火箭低温推进剂加注管路系统的设计方案、结构、补偿和管路寿命问题。

关键词：火箭　低温　加注管路系统

前言

管路运输发展迅猛，已经成为世界第五大运输产业。低温液体的贮存、运输、输送技术在近几十年中有了长足的发展，各国在这一领域的技术差距日益缩小。常用的低温输送液体有液氢、液氧、液氮、液化天然气和液化石油气等。液氢和液氧作为推进剂已被俄、美、法、中、日、印度等国家先后应用于航天，液化天然气和液化石油气则广泛应用于民用工业和能源方面。本文根据我国 CZ－3、CZ－3A 系列火箭应用的经验，对液氢、液氧、低温真空管路系统的几个问题进行一些研讨，使我们在新一代运载火箭低温加注系统设计方面有所获益。

1　低温加注管路系统方案

1.1　低温管路系统方案选择因素

低温真空管路方案要从生产运输、安装、抽空检漏、维护和维修等方面进行综合比较，也应在绝热性、安全性、可靠性和经济性等方面进行评估。

1.2　低温管路系统整体方案

液氢加注管路世界各国均采用真空多层缠绕绝热形式。液氧加注管路有的采用外发泡绝热形式，有的采用真空多层缠绕绝热形式。

目前世界上管路系统整体方案有两种：一种是采用一定长度的（4 m、3 m、2 m）标准管段，两端用螺栓连接成数百米的加注补加管路系统；另一种是采用较长的标准管段，用焊接方法连接成数百米的加注补加管路系统。前者在我国 CZ－3 火箭和 CZ－3A 系列火箭发射场被采用，后者在俄、美航天发射场的低温火箭能源号和航天飞机加注系统中被采用。

这两种方案各有优缺点。在同样的绝热形式和真空指标情况下，焊接管段漏点不存在，漏热也少。管路整体性能好，管路维护保养方便；但是管路必须现场施工，施工条件差，一旦出现管路质量问题，维修难度大。螺接管段不足之处为：漏热相对大，使用前检查工作量大，连接处泄漏概率大；使用 3～5 年以后，真空度下降，需重新分段抽真空，工作量大。优点是：个别管路出现质量问题（有漏点），更换管段相对比较容易。综合看，焊接管路比较受使用方欢迎，利大于弊。

由于真空管路的真空寿命，使用到一定年限，都需要抽真空，因此焊接管段应采用现场抽空的方案，新一代运载火箭宜采用整体焊接管段的方案。

2 整体管路结构

整体管路结构有两种设计和安装的方法。第一种：每一标准管段有独立的真空室，在工厂完成抽空后，运到安装现场，各个管段在发射场焊接起来，再对两个管段之间的焊接区进行抽真空。另一种：在工厂内加工好真空夹层未进行封闭的管段，在发射场进行组焊，形成很长的管路系统，管路和需要安装的真空阀门壳体也焊在一起，随后整体抽空。这种结构优点是：

1）使管路上的抽真空阀和安全阀减到最小；

2）有利于真空度的检查和保持；

3）使用若干年后不用拆装管路，直接现场抽空。

后一种方法可以更充分发挥焊接式整体管路的优势。

按照后一种设计安装的典型结构形式，真空管段可由内管、外管、内管的补偿波纹管、内外管之间的支撑圈（支架）、外管温度应力补偿膨胀节、绝热层、焊破膜、真空阀和真空规管组成。这种长真空管段可以长达几十米到上百米。

真空管路系统往往还要安装多种控制阀门、测量仪表和过滤器等，尚需要采用法兰连接适当分段。但与 3～4 m 段的具有独立真空管相比，管段数量已大为减少。

长管段中间应有吸附管段，吸附管段内放置可再生的吸附剂。

3 管道的抽空指标

目前管路抽空的封口指标小于 1×10^{-2}Pa，漏放气速率小于 5×10^{-5}Pa·L/s。因为我们采用的是短管螺栓连接的方式，希望管路的真空寿命长达 3 年，有时往往因经费原因，两次抽真空的间隔时间长达 5 年。从现在看来，经济上是不合算的。现在大家已认可整体焊接管路，我们的封口指标应降低。俄罗斯管路抽空的封口指标是 1Pa。夹层内的工作压力 $10^{-2}\sim10^{-3}$Pa，是靠低温推进剂预冷管路过程中吸附剂冷却后，吸附残余气体而达到的。我们是否应调整我们传统的理念，对于不是长期输送和贮存的低温管路，降低一些封口真空指标，会更科学合理？这样可大大降低生产成本，大大缩短抽空时间。

俄罗斯和美国在低温系统附近设抽空间。只要管路真空度低于 1Pa，随时可以在任务前进行抽空，以满足发射火箭加注的要求。

4 管路补偿结构设计问题

低温管路设计要考虑管路冷却时引起的补偿。管路补偿常用的元件有波纹管、软管、膨胀节。俄罗斯有时为了补偿温度应力，也常常使用管路自身弯头的弹性变形或膨胀节，我们称这种补偿为硬补偿。这种硬补偿只适用于直径大于 50 mm 的管路。内管一般都采用波纹管，其长度只要计算管路冷却时的收缩变形就可以了。不锈钢的冷缩变形可按长度的 3‰来考虑。

管路系统布局上由于地势地貌上塔的布局、管路分叉的需要，不完全是直管路，而需要设计多种角度的弯头、三通、二通管段，这些管段也要考虑补偿的设计。补偿管段一般可采用传统的波纹管或软管补偿，有时也可研制铰接式接头进行补偿。

5 管路寿命

5.1 机械寿命

管路寿命是评价管路技术水平的指标之一。根据我们长期使用的经验，机械寿命为 20 年是比较合适的，国外标准也是 20 年。管路补偿和管路机械寿命有关，真空管路最薄弱的环节就是波纹管补偿部分，某种程度上真空管路的寿命就是补偿管的寿命。因此在波纹管的设计计算上，要确保安全余量（强度、长度），在工艺上要确保焊接质量，要进行严格的检漏和试验。系统工作期间任何一根管子不能有问题，这在焊接管路的系统尤为重要，否则后果就很严重。

5.2 管路出汗和结霜

管路外壁结霜是不正常的现象。出现这一问题的原因有三个：真空度已不合格；内管局部微小漏点；阀门和管路、管路和管路的接头处传热。对于前面两个原因，要引起重视并采取措施。对于接头处结霜不必担忧，霜本身也起隔热作用，根据几十年使用经验和俄罗斯资料，管壁温度控制在－5°是没有任何问题的。但是管路接头绝热结构设计，从当前的技术水平已经可以做到不结霜。因此，我们在新一代运载火箭加注系统管路设计中，应采用先进的绝热结构设计。

6 抽空阀

我国真空管路采用的抽空阀是封口塞型。这种抽空阀的结构在封口时稍有不慎，易使密封圈受损，造成真空度损失，或使真空寿命达不到使用年限。因此今后管路系统的抽空阀应选用操作方便的新型抽空阀。

运载火箭低温加注系统研讨

（2012.10.14）

摘　要：本文研究了国内外低温加注系统的基本情况和特点，提出了我国新一代运载火箭低温加注系统的设计准则和发展思路。

关键词：运载火箭　低温　加注系统

1　我国火箭低温加注系统

运载火箭低温加注系统的设计应包括低温推进剂的运输、贮存、输送、控制、测量、安全监控和管理等内容。

火箭低温加注技术的发展在我国已有40多年的历史，经历了从仿制、自行设计和独立研制自主发展三个阶段。20世纪70年代中，我国决定研制CZ-3运载火箭，三子级采用液氢和液氧作为推进剂，为此研制了一整套低温加注地面设备。

20世纪80年代中期，我国决定研制跨世纪的大型运载火箭CZ-3A系列。CZ-3A三子级仍采用液氧和液氢作为推进剂，但发动机采用YF-75，火箭贮箱容量与CZ-3相比增加了一倍。地面设备，尤其是低温加注系统与CZ-3相比，在规模上和先进性上，都有了很大的变化。

加注方案：液氢加注仍然采用氦气挤压的方法，液氧加注采用固定罐泵式加注方法。液氧发射前补加要过冷。

为此发射场增添了很多新的低温设备。主要有：

1）可远控加注的85 m^3 液氢铁路加注运输车；

2）可远控起动的1 000 L/min液氧泵；

3）流量300 L/min，每次过冷液氧3 t的液氧过冷器；

4）使氦气纯度从99.99%提高到99.999%，温度从常温到液氮级的冷氦换热器和纯化器；

5）可实现远距离控制低温阀门的开和关，加注连接器自动脱落，各种低温参数（压力、温度、液面）可实时显示记录的液氢、液氧、液氮和冷氦测控设备；

6）可远控脱落的高压低温冷氦连接器；

7）可远控加注的45 m^3 液氧固定加注罐；

8）可远控加注的10 m^3 液氮加注补加车。

这些新设备的研制使低温加注系统级的水平有了很大的提高，低温技术上了一个新的台阶。从仿制到独立研制CZ-3火箭低温加注设备，使我们上了一个台阶，而CZ-3A系列火箭低温设备的研制又使我国低温技术有了一个跨越式的发展，一方面保障了火箭发射，另外某种程度上刺激了国家基础工业的发展，特别在液氢使用、贮运和输送方面，航天走在全国的最前面。但是随着改革开放，又使我们感到与国外尚有较大差距。主要的差距是规模小、加注时间长、低温设备可靠性低、寿命短。

2 国外火箭低温加注技术

（1）美国航天低温加注技术

美国从1955年研制阿特拉斯液体洲际导弹，为了在预定的有效反映时间内完成准备和发射，一开始就研制了完全自动大型液氧加注系统，加补速度高达18 927 L/min（5 000加仑/分），管径304.8 mm，采用700 m^3 真空柱形罐。在液氧泵研制成功以前，液氧加注采用氧气挤压法，后来采用3台并联泵（每台10 410 L/min）。补加的液氧需用液氮过冷。加注控制可完全自动，自动失效转手动。

在阿波罗登月计划中，研制了低温土星火箭。在肯尼迪航天发射中心土星发射场，液氧加注系统采用泵式加注，一级加注速度为9 480 L/min，压头122 m，输送管路229 m，管径203 mm绝热铝管，二级和三级加注速度为3 780 L/min，二级压头183 m，管径152.4 mm绝热铝管，一级和二级加注泵互相分开，二级和三级用同一台加注泵，但加注三级时要节流。液氧采用473 m^3 球形罐，球形罐的工作压力为2.8大气压（表压），液氧补加采用49.2 m^3 柱形罐，工作压力为14大气压。补加管分别为76.2 mm、50.8 mm和25.4 mm绝热铝管。液氧加注系统由控制室内的加控台进行自动控制。

美国是最早采用液氢液氧低温推进剂的国家。美国用氢历史比法国早10年，比日本早20多年。土星V共加注液氢1 275 m^3（90 t），耗时45 min，大流量加注速度37 854 L/min（10 000加仑/分），补加流量为5 678 L/min（1 500加仑/分），液氧总加注量为1 730 m^3（2 000 t）。液氢加注采用汽化器挤压加注。液氢输送管直径为0.25 m，每节管长13.7 m，全长442 m（也有报道为580 m），采用真空多层绝热。汽化器长793 m（铝管），输送压力4.2 kgf/cm^2，管径100 cm。液氢加注采用可贮3 217.59 m^3 液氢的球形罐（容积号称3 400 m^3 或3 500 m^3）。罐采用珠光砂粉末真空，内球用不锈钢材料制造，内径18.7 m，外罐采用碳钢，直径21.3 m，夹层真空压力为 5×10^{-2} mmHg。蒸发损失0.03%/d，设计工作压力6.3 kgf/cm^2 表压。液氧采用3 406 m^3 球形罐，大泵9.5～38 m^3/min，小泵0.57～0.38 m^3/min。泵的转速和流量均可按照需要进行调节。大泵用于一、二级火箭加注，小泵用于三级火箭加注和一、二、三级补加。补加也可用挤压加注，它们分别设置在发射台两边。所有加注和补加由计算机按预先制定的程序进行自动控制。

航天飞机采用液氢液氧低温推进剂，液氢加注仍采用土星V可贮3 217.59 m^3 液氢的球形罐（容积号称3 400 m^3 或3 500 m^3），液氧加注仍采用3 406 m^3 球形罐。航天飞机共加注液氢102.7 t。

加注连接器有多种形式：球面对锥面的连接器；插拔式的连接器。各种形式的加注连接器都集中装在脐带支撑板上。

(2) 俄罗斯航天低温加注技术

俄罗斯火箭也是从导弹武器演变过来，由于苏联保密的原因，加注系统的情况无从了解，但是可以从后续火箭型号中可见一斑。

俄罗斯东方系列火箭采用液氧和煤油作为推进剂；能源号火箭助推级采用液氧和煤油作为推进剂，芯级用液氢和液氧作为推进剂；联盟号液氧加注系统主要由贮罐、泵组、输送管路、液氧过冷系统、贮罐增压系统和排气系统组成，液氧采用半地下卧式罐贮存，每个容积是 230 m^3，8 个罐总容积为 1 840 m^3。液体输送管路为粉末真空，直径为 250 mm。液氧贮罐的液氧在射前由液氧铁路车转注进罐，加注管直径为 100 mm。在向管上加注前，先将库存液氧降温到 70 K。降温的方法是用两级引射泵对贮存容器的气腔抽空。小离心泵的作用是向汽化器提供液氧，液氧汽化作为液氧罐的增压用气。小离心泵的另一作用是预冷直径为 250 mm 的加注管。大离心泵是在加注管预冷并充满后正式向火箭加注。液氧大流量加注每分钟 7 t。

能源号液氢采用 4 个 1 400 m^3 球形固定罐，液氧采用 3 个 1 400 m^3 球形固定罐，液氮采用 3 个 1 400 m^3 球形固定罐。能源号两个工位相距 15 km，共有 20 个球形固定罐。罐离发射台 1 km 左右，冲击波压力不超过 0.2 kg/cm^2。液氢、液氧都采用挤压加注。从 1982 年安装，1984 年正式使用到现在，设备状态良好。内球罐直径 14 m，外球罐直径 16 m，内罐壁厚 20～30 mm，外罐壁厚 20 mm。每一个球形罐有 2 个吸附泵，每 3～4 个球罐设一个抽空泵。

能源号火箭是液氢和液氧同时加注。在发射场，液氢和液氧均采用铁路槽车方式运送。液氧和液氮在发射场生产，液氢从俄罗斯原加盟共和国乌兹别克生产。试车用液氢、液氧和液氮在莫斯科化学机械制造研究所生产，液氢采用水电解法制取。

天顶号火箭在世界上是自动化程度最高的一种两级火箭，采用液氧和煤油作为推进剂。一级也可作为能源号助推器，直径 ϕ 3.9 m，长 54～57 m。一级推进剂 325.3 t，二级推进剂 82.5 t，均用冷氦增压。天顶号对接、起竖、加注、检查测试、发射整个工艺流程 40 min。加注采用泵式，液氧大流量加注 8 000 L/min，Ⅰ液位后转入小流量加注和补加。加注时Ⅰ～Ⅱ级可同时加注，也可分开加注，考虑安全，煤油和液氧分开加注。加注口直径 ϕ 200 mm，加注管 ϕ 80 mm。

天顶号的组合式连接器具有自动对接、自动脱落两种功能，连接器与自动对接系统组成一个复杂的设备。

(3) 法国航天低温加注技术

法国阿里安系列火箭共有 3 个发射场。第一、第二两个发射场，液氢液氧采用卧式贮罐，彼此离火箭发射台各相距 400 m，中间隔着厚约 1 m 的安全防护土墙。地面输送管内径为 50 mm。液氧由发射场自己生产，法国生产的液氢用 C_{40}^{1} 液氢公路车经海上运输到库鲁发射场。

法国液氢采用公路槽车输送，规格从 0.5～42 m^3 都有。

法液空的液氢容器规格从 1～450 m^3。

阿里安Ⅴ的芯级液氧箱和液氢箱比阿里安其他型号大得多，液氧 130 t、液氢 27 t 分别是阿里安Ⅳ的14倍和13.5倍，因此阿里安第三发射场和第一、第二发射场加注系统有明显的不同。它是在发射场建立一个日产33 m^3 的液氢生产厂。液氧和液氮生产厂作了适应性改造，改造后日产液氧14m^3，液氮60 m^3。液氢液氧都是射前将贮罐用公路拖车运送到发射区。液氢是用3个320 m^3 的卧式贮罐，液氧用5个140 m^3 和16个容积为20 m^3 的贮罐。它们分别位于发射台两侧约200 m左右。阿里安Ⅴ低温加注系统突出的一点是活动贮罐，发射后又拉走。

（4）日本航天低温加注技术

日本H－1、H－2火箭，以及H－2A火箭均采用液氢和液氧，为此研制了LE－5（推力10吨级）和LE－7（推力100吨级）两种发动机。H－1火箭采用固定贮罐，H－2A火箭采用2个540 m^3 球罐。补加采用2个辅助容器，分别为7.4 m^3和27 m^3，液氢的加注速度为5.8 m^3/min，系统有能力同时向火箭一级和二级加注。H－2A火箭液氧站共有2个160 m^3 液氧罐，液氧的加注速度为1.88 m^3/min。液氢液氧站离发射台距离是250 m，互相之间距离是145 m。发射前1 h液氧需要过冷。日本液氢站主要设备有贮罐、汽化器、气氢液化装置、液氢加压泵、气氢罐、真空输送管等组成。液氧站主要有液氧贮罐、汽化器、输送管路等组成。气氢液化装置是能源再利用和发动机试车在发射场进行，这是日本发射场两大特点。

LE－5发动机试车每年用量为1 500 m^3。1975年以前日本尚无液氢工业。为了满足试车和H－2火箭发射的需求，1978年9月在尼崎建成730 L/h的液氢生产装置。初期日本采用10 m^3 液氢公路槽车运送液氢，送1 500 m^3 需15台次以上。

3 国外低温加注系统的特点

国外运载火箭低温加注系统也是从导弹低温加注系统发展而来，随着液氢液氧发动机推力的增大，低温加注系统趋于大型化。国外低温加注系统发展有下列特点：

1）缩短发射场停留时间，变分级加注为多级同时加注；

2）进一步提高加注自动化，加注程序控制变继电器线路为智能计算机控制；

3）减少连接器数量，变分散设置为组合式（气—气，气—液，气—电）脐带支撑板连接装置；

4）液氢生产厂靠近发射场，变远距离运送为短距离运送；

5）大容量液氢贮存普遍采用球形罐；

6）加注和补加采用不同管路，不同容器。

4 我国航天低温加注技术发展思路

充分利用CZ－3A系列火箭和现有发射场低温加注的地面设备设施，改进其薄弱环节和不安全因素，充分挖掘其潜力，提高发射可靠性，为发射多种有效载荷服务。做好新一代运载火箭低温加注系统方案论证，使地面发射支持系统在性能上、功能上、协调匹配上满足火箭的需要。

《中国航天白皮书》在运载火箭方面明确指出我们的目标："全面提高中国运载火箭的整体水平和能力。提高现有长征系列运载火箭的性能和可靠性；开发新一代无毒、无污染、高性能和低成本的运载火箭，建成新一代运载火箭型谱化系列，增强参与国际商业发射服务的能力。"因此，我们面临十分艰巨的任务。

新一代运载火箭采用无污染的液氢液氧和液氧煤油作为推进剂，液氢和液氧在发射场的用量非常大。5 m 直径的模块，液氢加注量 28.5 t 以上，液氧加注量 542 t 以上。可以预计，低温加注系统将突出一个新 、大和多，即技术新，规模大，设备数量多。任何一个系统都要投入很大的人力和物力。

低温加注系统的设计准则如下：

1） 确保系统的安全和可靠；

2） 系统要完全自动化；

3） 系统要使用标准的经过考验的成熟产品；

4） 确保火箭发射技术的先进性和火箭的适应性。

低温加注系统有如下几个问题。

（1） 液氢、液氧加注补加方案

由于大型运载火箭加注量的增加，传统的加注和补加方式满足不了要求，为此要建立适应新要求的加注-补加方案，以正确处理加注速度、加注精度、加注安全、加注和补加时间带来的多种矛盾，优化加注工艺流程，这方面核心问题如下。

①液氢加注流量调节方案

世界各国液氢加注无一例外，采用挤压加注。加注速度和加注时间通过调节挤压压力得以实现，也可以使挤压压力不变，通过改变管路阻力的节流调节方法得以实现。节流调节的方法在系统上实现又可采取多种方法。因此新的流量调节方法，在系统上如何实现，是应充分论证的。

②液氧加注流量调节方案

液氧加注可采用泵式加注，也可采用挤压加注，也可兼而有之，但各国都倾向用泵式加注。大流量采用泵式加注，小流量两者均可。而泵式加注调速方案可分变频调速和变速调节。加注时流量可调是低温推进剂必须考虑的。要达到加注流量平稳地变化，使泵处于高效低耗，必须充分论证，择优而定。

③多级同时加注和补加

随着有毒、有污染推进剂的消亡，各级火箭均采用无毒、无污染推进剂，对低温多级火箭传统的分级加注已不适应。为缩短加注时间，减少加注时的人员疲劳，缩短火箭在发射场停留时间，减少推进剂的损耗，同种推进剂多级同时加注方案值得考虑。为提高推进剂品质，减少两相流，补加管路与主管路分开是有好处的，否则，同一条管路在流量相差很大的情况下，管路流量特性很难满足要求。为此新的低温加注系统应研究一个可能的完整的方案以确保安全、可靠、定量、定时的要求。

（2） 发射基地建立液氢、液氧生产厂

这是新型大运载火箭的必由之路，也是世界航天基地采取的最经济、最安全的办法。

发射需要时生产液氢和液氧，平时可生产民用需要的其他化工产品。

(3) 做好支撑性课题研究

①大流量、长寿命低温真空绝热阀门的研制

目前我们使用的真空球阀口径小，绝热效果差，结构上还存在着憋压等缺陷。为此，我们正在开展新一轮的大流量可远控低温真空阀门的研制。可以预见，这种阀门将在21世纪低温系统上被采用。

②低温真空绝热管路系统方案论证

由于液氢液氧的低温特性，世界各国贮存容器均远离发射台，从推进剂库到火箭管路少则300～500 m，多则上千米。为此低温真空绝热管路方案的优劣涉及漏热多少、寿命长短、维修方便及安全等一系列问题。管路是分段式螺栓连接，还是整体式焊接各有利弊，分段式方案的优点是制造方便，拆装方便，缺点是接头太多，漏热大，漏点可能多，维护不便；整体式方案的优点是维护方便，漏热小，漏点少，缺点是制造不便，拆装不便。为此应予以论证和研讨。美、俄均为整体式加注管路。

③管路真空封口阀门的结构研究

我国目前管路抽真空封口阀门的结构原理是利用负压原理。这种密封方式受密封圈材料、密封圈质量、安装工艺、安装人员水平等影响，安装以后无法检查其质量情况。为此，应进行结构上的改进，重新研制新型真空封口阀。

④低温大口径自动对接、自动脱落连接器

目前，我们研制的ϕ 75 mm口径自动脱落连接器尚不能自动对接，口径也小，满足不了今后的运载火箭发展的需要。另一方面连接器一旦脱落后，火箭出现故障，目前的连接器不具备自动对接功能。而排故障时连接器必须首先对接，及时打开箭上放气活门，并泄出推进剂，如无远控自动对接连接器，排故时人到发射塔上去做各种工作，人员的安全、发射场的安全就无法保证。因此，我们应研制大口径自动对接、自动脱落连接器，解决这一难点。

⑤集成式加注供气连接器

在发射时，我国运载火箭连接器的数量之多，在世界上是独一无二的，尤其是捆绑火箭和低温三级火箭。如CZ-3B运载火箭，各种连接器多达39个，无疑降低了发射可靠性。一旦有一个连接器脱落不了，发射就无法进行。因此，应改进这方面的设计，在箭体加注、供气口改进位置与减少数量的前提下，设计集成式脐带支撑板连接装置，是提高发射可靠性的最好出路。这种设计集成式脐带支撑板连接装置可以是自动对接自动脱落的，支撑板较大时也可以手动对接自动脱落，美国土星运载火箭采用后者。

⑥智能化远距离自动测控加注方案

CZ-3A系列火箭，液氢和液氧、液氮已基本实现远控、远测、无人值守自动加注方案。但相对距离比较近，设备技术相对落后。21世纪拟采用分布式测控系统，实现一体化设计，充分体现智能化。它可由前置设备、通信电缆、测控中心等组成。前置设备主要由各种压力、温度、流量、液面传感器和变换器、测控微机、电源等组成。远距离测控中心由监测微机、图形微机、控制台及电源等组成。新的测控加注方案将有良好的扩展性和延伸性，可统一上网，也可分享网上各种资源。

⑦研制大流量、高扬程液氧泵和煤油泵

目前，CZ－3A 系列的液氧泵流量仅 1 000～1 500 L/min 左右，为提高新型运载火箭加注速率，要研制 3 000～5 000 L/min 高扬程液氧泵，新的液氧加注将采用双机并联的新方案，以缩短加注时间。

⑧研制或引进大容积真空绝热球罐

目前，CZ－3A 系列采用的液氧贮罐为 45 m^3，液氢为运输和贮存、加注合一的多功能液氢铁路运输车，远远满足不了发展需要。为此要研制特大型的球形贮罐，一方面将运输和加注功能分开，另一方面球形罐在同体积情况下表面积最小，可减少蒸发损失，节省经费。当然，这在工艺上和设计上都将遇到很多新的技术问题，但是将推进我国低温贮罐向国际先进水平靠拢。

⑨真空管路补偿技术的研究

低温系统和设备管路的补偿有各种方式，如选用金属软管、膨胀节补偿器、补偿管、特种铰链或自补偿等，对结构和空间尺寸进行优化设计。

⑩可远控低温供气系列阀门

在 CZ－3A 系列火箭研制中，我们成功地研制了一系列高水平的气动元件，诸如低压远控减压器、手电动远控电磁阀、双向高压可逆电磁阀、长闭二位三通电磁阀等。但是我们还缺乏能耐低温的、长时间可远控的减压阀和电磁阀、高压气体流量计等。在新的一轮研制中将开展这一方面的研究和攻关，以填补其空白，将供配气专业水平推向一个新的高峰。

新一代大运载火箭要研制些什么呢？我想有下列新设备是必须的：大液氢贮罐、液氧贮罐；大流量液氧泵；大直径液氢、液氧真空管；煤油泵及煤油输送管路；大口径液氢、液氧、液氮加注阀；大口径低温连接器，煤油加注阀门；液氧过冷器；冷氦电磁阀、冷氦纯化器、换热器、冷氦真空管、冷氦供气阀、高压冷氦传感器和冷氦连接器；液氢、液氧、液氮远距离测控系统，包括测控台（柜）、微机站和各种压力、液面、温度、流量传感器；各种供配气装置（台），管路和传感器；各种介质的运输设备，包括液氢运输车、液氮运输车、液氧运输车、煤油运输车、氦气运输车和液氮汽化车等。我们在火箭发展的牵引带动下，在低温加注技术方面应该有所前进，有所发展。

大型运载火箭与地面发射技术

（1996.6）

摘　要： 文章叙述了2000年后地面发射技术与运载火箭发展的关系，同时论证了大型运载火箭地面设备发射技术的关键技术及其应开展的前期工作。

关键词： 大运载　火箭　地面发射技术

我国到目前为止，已研制成功了CZ－1、CZ－2A、CZ－2C、CZ－2D、CZ－2E、CZ－3、CZ－4、CZ－3A多种运载火箭，它们分别可以完成低轨道、太阳同步轨道、同步转移轨道卫星的发射。但是同美、俄相比，在运载火箭能力上还有相当大的距离，主要是我国缺乏大推力运载火箭和重复使用或部分重复使用运载工具。我国是12亿人口的大国，航天技术是高技术产业，如果我们不发展大运载火箭，我国空间事业的发展就会受到影响，与美、俄的差距就会进一步扩大。因此大运载火箭的研究刻不容缓，方向应及早明确。

运载火箭的发展带动地面测试技术的发展。运载火箭的研制进一步推动地面发射技术的发展。地面设备要紧跟大运载火箭和天地往返技术的论证，以求同步发展。

1　运载火箭的发展带动地面测试技术的发展

地面测试发射技术是航天家族中的一个重要成员，为满足运载火箭发射的需要，我国研制了与其相配套的多种专门设备，在技术上取得了长足的进步。

瞄准设备，从原来的光学瞄准，发展到光电瞄准，取消了高空作业，从单一转发射台进行手动瞄准，到进行半自动和全自动瞄准，在光机、电器、使用上进行广泛的改进，采用了分光镀膜技术、半导体激光技术、CCD图像显示技术、电子计算机技术，从而使智能化、小型化、自动化得以实现。瞄准的精度和可靠性大大提高。

发射台在结构上、垂直度调整方案上、回转机构技术上，从手动发展到既可手动、又可自动，既可近台控制、又可远距离控制。

在加注方面突破了大容量液氢贮运技术、液氢液氧加注微机测控和加注流量闭环调节技术、液氧固定罐及泵式加注技术、液氧过冷技术、高压低温自动脱落连接器技术、远控供配气技术、氦供气换热纯化技术、液氢液相测量技术，从而使加注供配气技术上了一大台阶。

在运输设备上，采用了全轮转向技术、油气悬挂技术，使得机动性和减震性上达到了世界先进水平，为外星发射服务创造了良好的运输环境条件。

地面测试电源历经仿苏直流电机到自制造可控硅型电源、电子变流的饱和电抗器型电源、高精度晶体管型大功率直流电源。近来又研制成功中频逆变电源和模块电源、开关电源，在型号中受到欢迎。

从运载火箭发射服务的瞄准、发射、加注、供配气、供配电、起吊运输和辅助设备技术状态来看，我们有两点是值得特别提出的。

(1) 火箭和地面连接关系趋于复杂化

由于捆绑和低温技术的发展和运用，火箭和地面连接关系更为密切、更为复杂化。维持地面设备研制了各种常温连接器、低温连接器，分别是气管连接器、常规加注连接器、液氢液氧加排连接器和高压低温冷氦连接器。CZ-2E有32个连接器，CZ-3B有39个连接器和2个气浮接头。加上控制、遥测、外侧和卫星的脱插、脱拔达50个之多。在射前30 s左右脱落的有32个。临射前—3 s脱落的有5个液氢液氧加排连接器，—2 s脱落的有1个冷氦连接器和1个常温气管连接器，给临射前火箭发射的可靠性带来很多困难。因此在大运载火箭论证时，应当考虑如何将连接器数量减少到最少。

(2) 地面设备发射技术的可靠性和安全性设计

在地面设备发射技术可靠性设计、安全性设计方面还有不少工作要开展，主要有：

1) 发射牵制释放技术始终没有进入发射系统；

2) 连接器还没有实现远控自动对接；

3) 液氢运输加注车在加注中使用的可靠性问题。

2 地面设备发射技术发展的指导思想

航天技术是保持我国国际地位的需要，也是我国高技术发展的需要，地面发射技术当然要适应大运载的需要，因此我国运载火箭地面设备发展的指导思想是：

1) 充分利用现有发射场的地面设施，充分挖潜，改进薄弱环节，防止加注泄漏，提高自动化程度，加大流量，加大库存量，完善设备发射可靠性的功能，在完成现有型号发射任务的同时，开展建立新型沿海发射场的论证工作。

2) 推进系列化、通用化、标准化的发展。根据地面设备专业门类繁多的特点，按系统工程办法在专业内部做好目标分解以缩短研制周期，降低成本，适应国内外发射市场发射要求。

3) 地面发射技术要与火箭的研制和发射场建设，统筹规划、统筹协调、统一论证，经过“三统”达到地面设备经济性好、实用性好、匹配性好、先进性好。

4) 选择有限重点目标，积极吸取国外航天地面设备的先进技术，充分为运载火箭现代化服务，做好大运载火箭研制前期的支撑课题研究。

5) 地面设备发射技术要大力开展安全性、可靠性、维修性设计。

3 大运载火箭地面设备支撑性课题及前期工作

3.1 立即开展发射牵制技术的研究

这一技术在我国是一项空白。这是老问题，当今非解决不可的时候了。国内我们已发生两次紧急关机，尤其是1992年3月22日，CZ-2E遥二火箭紧急关机险些倾倒，火箭关机后偏移中心 40mm 以上，已到了极限位置。在国外同样也发生类似故障，如 1957 年 12 月，美国的先锋号火箭；1983 年 9 月，载有航天员的联盟号火箭点火后，助推级上的一个推进器阀门失灵；1993 年 8 月 12 日至 1984 年 8 月 18 日，航天飞机共 5 次点火后，因泄漏和发动机故障而紧急关机；日本 1989 年 8 月 H－1 火箭、1984 年 8 月 H－2 火箭都是在点火后紧急关机而中止发射。现在进入载人航天时代，火箭出现故障，影响或危害更大。随着火箭故障诊断技术的发展，除了因发动机问题而终止发射外，火箭各部分出事（结构、密封、发动机等）也都要中止发射。因此这一问题的确应该提到日程上，不是可有可无，这是系统可靠性设计问题，有了它，心里踏实，可避免人员、发射场、火箭不必要的损失。

牵制释放装置的研究是大系统应考虑的事。地面发射技术主要的技术关键为：

1）设计减载缓释放装置；

2）研制高精度、高可靠性的爆炸螺栓。

3.2 低温加注方面的关键技术

（1）提高加注速率

从总体考虑，火箭及有效载荷在发射阵地停留的时间越短越好，由于加注流量大，低温推进剂沸点低，容易挥发，因此不希望时间过长，导致发射前大的补加量。因此要仿效美、俄两国家，提高加注速率。美国肯尼迪发射中心液氢液氧输送速率大流量37 854 L/min，范登堡航天发射中心输送速率大流量 20 000 L/min，俄罗斯液氧大流量 7 t/min。为此必须采取的主要技术途径有：

1）研制高扬程、大流量的液氧泵；

2）研制大流量的液氢汽化系统；

3）研制大直径低温输送管路；

4）研制独立的补加系统；

5）研制大口径的低温连接器。

（2）液氢贮运技术

根据“863”技术专家论证组的意见，推进剂将来采用无毒、无污染的液氢和液氧，液氧和煤油。21 世纪，我国航天技术发展的主要目标是研制 5 m 直径的大运载火箭。表 1、表 2 设想了可能的有效载荷分别为 10 t 基本型和 20 t 扩张型大型运载火箭方案及性能参数表。从表中可以看出，无论哪一种方案的加注量都在百吨级以上。所以采用目前的铁路运输加注方案显然是不可能了，而且采用的 85 m^3 液氢铁路加注运输车存在较大的隐患。由于集运输、加注任务于一身，管路阀门较多，接头也多。在振动环境下，密封可靠性比地面固定设备低得多，CZ－3 和 CZ－3A 两个型号的铁路车都发生过类似的泄漏现象。这种泄漏一旦发生在装满液氢的运输途中，危险性很大，而且影响发射或者试车任务按计划进行。液氢铁路运输车作为单一的运输车，阀门数量减少，结构大为简化，安全性就好得多。目前，国外航天发射场几乎没有采用运输加注和补加合一的模式。大运载火箭加注量如此之多，只能研制大的球形或柱形贮罐。

表 1　10 t（空间试验室）大运载性能参数表

级 \ 方案 \ 参数 \ 性能		火箭全长/m	起飞质量/t	起飞推力/t	助推级直径/m	子级总重/t	推进剂加注量/t
一级半	RH1	56	466	606	3.35×2	液氧/煤油 117.2×2	105.5×2
						液氧/液氢 213.3	185.6
	HH1	59	425	537.7	3.35×2	液氧/液氢 80.6×2	70.1×2
						液氧/液氢 233.3	203
	RR1	46	897	1219.8	3.35×2	液氧/煤油 226.3×2	203×2
						液氧/液氢 426	383.4
二级半	RH2	60.4	384	无助推		液氧/煤油 258	232.7
						液氧/液氢 107.7	93.7
	RR2	57.8	605.3	无助推		液氧/煤油 402.9	362
						液氧/煤油 183.9	165.5
	HH2	66.5	280.7	无助推		液氧/液氢 152.9	133
						液氧/液氢 109.3	94.8

表 2　20 t（空间试验室）大运载性能参数表

级 \ 方案 \ 参数 \ 性能		火箭全长/m	起飞质量/t	发动机推/t	子级总重/t	推进剂加注量/t	备注
一级半	RH1	60.85	825	2×109 4×42.5	助推 136×4 芯级 256	123.8×4	1）均以酒泉发射场计算； 2）助推器为 4 个，直径为 3.35 m； 3）整流罩直径 5 m，长 14 m
						222.7	
	HH1	64.7	725	4×47 3×53.9	助推 104×4 芯级 230	92.4×4	
						243	
	RR1			4×127.5 3×53.9	助推 306×4 芯级 576	278.46×4	
						518.4	
二级半	RRH2	65.35	725	2×113.6 4×113.3 2×525	助推 112×4 芯Ⅰ级 336 芯Ⅱ级 140	101.9×4	
						305.8	
						121.3	
	HHH2	86.51	575	4×44.69 8×44.69 441.25	助推 77×4 芯Ⅰ级 231 芯Ⅱ级 165	67.76×4	
						203.28	
						143.55	
	RRR2	62.75	1 225		助推 188.4×4 芯Ⅰ级 565.2 芯Ⅱ级 258	171.45×4	
						514.33	
						232.2	

（3）液氢过冷技术

如何提高液氢加注品质是从事低温技术和火箭总体及发动机专业人员十分关心的问题，国外有采用抽真空过冷方法。美国管道输送系统过冷装置使液氢过冷到－254.5℃，俄罗斯设计的过冷器能使液氢过冷到－256℃。采取的措施是研制液氢过冷装置，解决过冷器液面控制需要一系列的调节和测量技术，从而确定真空泵合理的抽吸等。

（4）大口径连接器自动连接技术

目前我国运载火箭加注技术中，解决了连接器远控自动分离技术，但是没有解决远控自动再对接技术。CZ－3、CZ－3A 火箭连接器在－2s 全部脱落后，因故要终止发射，连接器在连接时必须能人到塔上去，否则贮箱升压无法排出。这样要做很多处理工作，时间要很长，危险性很大，也从未真实演练过。从安全角度讲，这也是必须解决的远距离自动对接技术。过去因低温加注连接器技术难度大，重点先解决自动分离技术，现在看，这种想法是不完善的，因此这一技术的解决有非常重要的现实意义。

3.3 完善地面测试自动化远控技术

地面测试自动化在 CZ－3A 走了一大步，但是发展并不平衡，低温加速走得快一点，供气系统走得慢一点，主要是被控对象元器件没有达到能实现自动控制的程度。解决这方面的技术途径有：

1）研制可控长时间工作低温气体电磁阀；

2）研制可控长时间工作低温气体减压器；

3）研制高压远控减压装置。

3.4 大运载火箭运输技术

由于大运载火箭直径为 5 m，目前的铁路运输无法将火箭运往发射中心，国外采用空运或海运。我国目前的 3 个发射场均在内地，如果不兴建沿海发射场，陆路、海路就没办法运输。因此只有空运，空运可以驮运和装在机身内运输。苏联采用安 25 驮运能源号火箭贮箱和暴风雪号航天飞机。美国航天飞机采用波音 747 驮运和在机身内装运。驮运和在机身内装运都有优缺点，机身内运输明显的优点是温湿度可保证，但航天飞机那样大尺寸的飞机，在我国制造方面还是有困难。

我们要研究飞机运输的主要问题有：

1）驮运结构及过载研究；

2）驮运和装运环境条件的研究。

苏联驮运与美国航天飞机驮运结构大致相同，采用三点式，苏联运贮箱时，两个在机翼，另一个是在机身上。美国航天飞机三点都设在驮运机身上，航天飞机左右翼都有一个支点。苏联航天飞机一点在机身上，其他两点是在航天飞机和驮运机机翼上。根据资料安 22 驮运试验在空中遇到的载荷一般为 1.1 g ～1.2 g，只有一次过载为 1.6 g，因此飞机采用 2.4 g 设计，但考虑硬件情况，航天器和飞机连接强度按 6 个 g 考虑，航天器内部连接也按 6 g 去考虑。

表 3 和表 4 是美国军用飞机货物承受过载值，应当注意到各种振动条件下频率范围对航天器（包括仪器，箱体等）的影响，也是要研究的。

环境条件方面主要在温度、湿度和噪音方面进行研究。

表 3　货物承受过载值（无防护）

方向	固定翼飞机/g	直升机/g
向前	8.0	4.0
全部	1.5	2.0
向下	5.25	4.0
向上	2.25	2.0
侧向	1.5	1.5

表 4　货物承受过载值（有防护）

方向	固定翼飞机/g	直升机/g
方向	固定翼飞机/g	直升机/g
向前	2.5	4.0
全部	1.5	2.0
向下	5.25	4.0
向上	2.25	2.0
侧向	1.5	1.5

4　发射场建设

航天发射场的建设要和航天发射的规划结合起来，要和大运载火箭和天地往返技术发展结合起来。如果没有一个国家级的航天发展规划，就无从谈论航天发射场的建设。现在的 3 个发射场有很多经验教训值得总结，但主要的问题是没有与航天发射联系起来。因此走一步看一步，一个型号，一个基地，有些基地在山区，发展余地更小，当然形成目前的格局也与历史因素有关。从长远看，大运载火箭的发射场应在沿海地区建设。另辟途径的好处有：运输大直径火箭技术途径可以实现海、空；发展余地大，发射方向上没有障碍，落点好等。根据国力和财力适当时候再建一个沿海航天发射场是完全必要的。

本文感谢肖锡琪同志、张忠相同志在瞄准、电源技术进步方面提供的资料。

新一代大型运载火箭与低温加注系统

（2008.8.15）

摘　要：本文粗略介绍了新一代大型运载火箭与低温加注系统，主要介绍国内外低温加注系统的核心设备低温贮罐状态，大型低温贮罐设计的关键技术和设计要点。

关键词：大型运载火箭　低温加注系统　低温贮罐

1　前言

新一代运载火箭预研工作从2001年正式开始启动，2006年8月8日经国家批准正式立项，新一代运载火箭120 t级液氧和煤油发动机，50 t级液氢和液氧发动机。新一代运载火箭按照三化原则设计，特点是“一个系列、两种发动机、三个模块”。三个模块是指5 m直径的模块、3.35 m直径的模块和2.25 m直径的模块。

新一代运载火箭海南文昌发射场2007年8月经国家批准正式立项。

2　低温加注系统

由于新一代运载火箭采用无毒无污染的液氢液氧和液氧煤油作为推进剂，因此液氢和液氧在发射场的用量非常大。低温加注系统有液氢加注系统、液氧加注系统、液氮加注系统和冷氦系统。

新一代运载火箭芯级加上面级发射的最大液氢加注量约为430 m^3，是CZ－3A系列加注量近10倍。考虑到2个发射窗口和损耗，按2倍算，大约为1 000 m^3。液氧加注量芯级和上面级约为155.325 t（177.07 m^3），是CZ－3A系列加注量的10多倍。按5 m直径捆4个3.35 m直径的助推级，即E方案，则E方案液氧加注量最大571.3 m^3。按2个发射窗口和损耗，粗略按2倍算，大约为1 230 m^3。液氮用量1 960 m^3，如此大的贮存量，液氢、液氧都需要用较大容量的贮罐或多个较小容量的贮罐，才能满足发射任务的需要。

众所周知，低温加注系统有低温绝热贮罐（车）、低温管路、低温阀门、过滤器、低温加注控制设备和各种压力、温度、流量传感器等。

低温加注系统的关键设备有：

1）液氧液氮系统：3～4 m^3/min液氧泵、大容量低温绝热贮罐、大口径可远控调节真空加注阀、氮氧站。

2）液氢系统：高真空大容量低温绝热贮罐、大口径可调节真空阀、制氢和氢液化设备。

3）各种自动脱落气液加注连接器。

关键课题有：

1）组合式自动连接自动脱落低温连接器；

2）集成式自动连接自动脱落供气连接器；

3）大口径可远控低温系列阀门；

4）大流量液氧泵；

5）大容积真空球型罐或圆柱罐；

6）液氢生产线。

低温加注系统中最核心的设备是低温绝热贮罐。它在方案设计中举足轻重，不同的贮罐形式和贮罐数量决定系统的大小、复杂程度、技术难度和可达性；方案的先进性、合理性、经济性；使用操作方便性和维护性。因此，本文简略介绍低温绝热贮罐的情况。

3 世界发射场低温贮罐

火箭推进剂加注有固定和活动两种方式。除法国阿里安5采用活动式车载贮罐向火箭进行推进剂加注外，目前5个航天大国低温加注基本上采用固定贮罐向火箭进行推进剂加注，见表1。

表1 航天大国运载火箭和发射场低温贮罐

火箭	级数	液氢/t	液氧/t	液氢容器	液氧容器
CZ-3	3	1.486	7.189	液氢铁路加注车 70 $m^3 \times 2$	液氧公路加注车 10 $m^3 \times 3$
CZ-3A	3	3.1	15.1	液氢铁路加注车 85 $m^3 \times 2$	固定罐 45 m^3
AR-1	3	1.492	6.65	固定罐 100 $m^3 \times 2$	固定罐 100 $m^3 \times 2$
AR-2	3	10.7	液氢液氧共重	固定罐 100 $m^3 \times 2$	固定罐 100 $m^3 \times 2$
AR-3	3	10.7	液氢液氧共重	固定罐 100 $m^3 \times 2$	固定罐 100 $m^3 \times 2$
AR-4	3	10.7	液氢液氧共重	固定贮罐	固定贮罐
AR-5	3	27	130	活动贮罐 320 $m^3 \times 5$	活动贮罐 140 $m^3 \times 5$ 20 $m^3 \times 6$
H-Ⅰ	3	8.8	液氢液氧共重	固定贮罐	固定贮罐
H-Ⅱ	2	100.2	液氢液氧共重	球罐 540 $m^3 \times 2$ 80年代末研制	固定贮罐 160 $m^3 \times 2$
土星Ⅴ	3	1 289.2	液氢液氧共重	球罐 3 217.59 m^3 60年代初研制	球罐 3 406 m^3
能源	2			1 400 $m^3 \times 4$ 球罐 1985年研制	1 400 $m^3 \times 4$ 球罐
天顶	2				固定球罐 1 400 m^3 海上天顶号垂直固定罐
联盟	2		300 煤油液氧共重		固定球罐 230 $m^3 \times 8$

固定贮罐又分球形和柱形贮罐。球罐的优点：对一定的体积而言，球罐具有最小的表面积——蒸发损失小；对一定直径和壁厚而言，球罐具有2倍于筒形贮罐的耐压强度。缺点是制造难度大一点，但由于技术的进步，如今制造已较容易。大型超低温容器和高压容

器由于经济上合算，普遍采用球罐。图 1、图 2 和图 3 是美国土星Ⅴ、俄罗斯能源号和天顶号发射场的液氢液氧贮罐。

图 1　美国土星Ⅴ液氢液氧贮罐

图 2　俄罗斯能源号液氢液氧贮罐

图 3　天顶号液氢液氧贮罐

法国、英国、德国、日本从20世纪80年代后期，先后研制成功了真空球罐，我国90年代初四川简阳空分研制成了真空球罐。这是低温技术发展的需要和必然结果，也是国家工业生产技术能力和水平强弱的一个标志。

大型低温贮罐设计的关键技术有：内外罐的支撑技术，内外罐管线补偿技术，缠绕绝热技术，内外罐夹层抽空技术，内外罐焊接工艺技术，装配工艺技术。

4　俄罗斯1 400 m^3 球罐

俄罗斯1 400 m^3 球罐的主要技术性能：外径16 m，内径14 m，内罐壁厚20～30 mm，内罐材料03X20H16AL6，外罐材料09M2C，总质量为300～320 t，真空夹层1 m，日蒸发率0.13%，总高20.1 m，内外罐由24块橘瓣组成，上下各12块，上下极各12块。绝热层150层（7摞），工作压力1.0 MPa。其原理图和结构图如图4和图5所示。

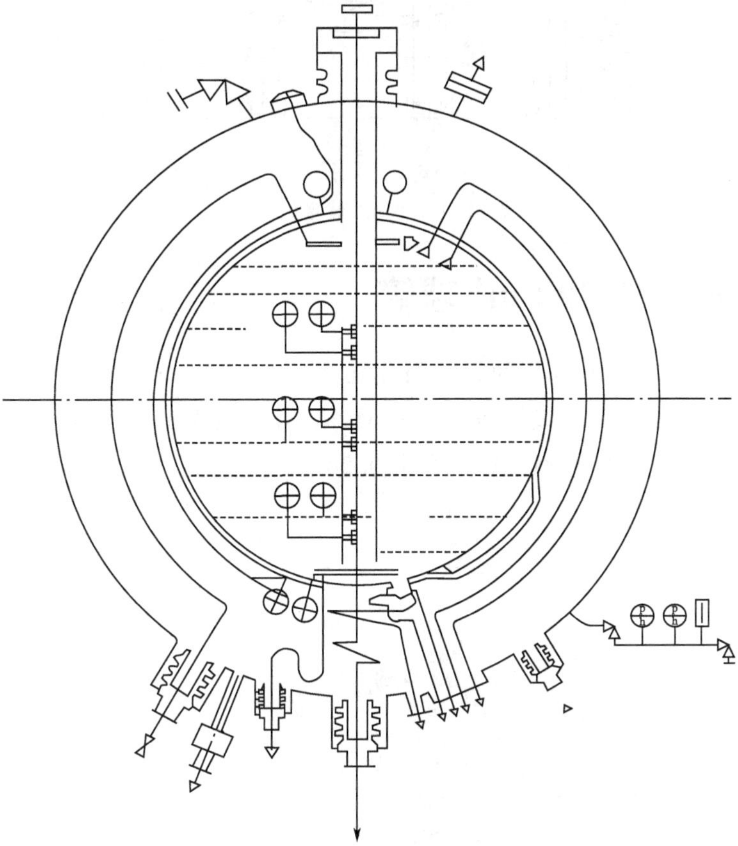

图4　1 400 m^3 球罐原理图

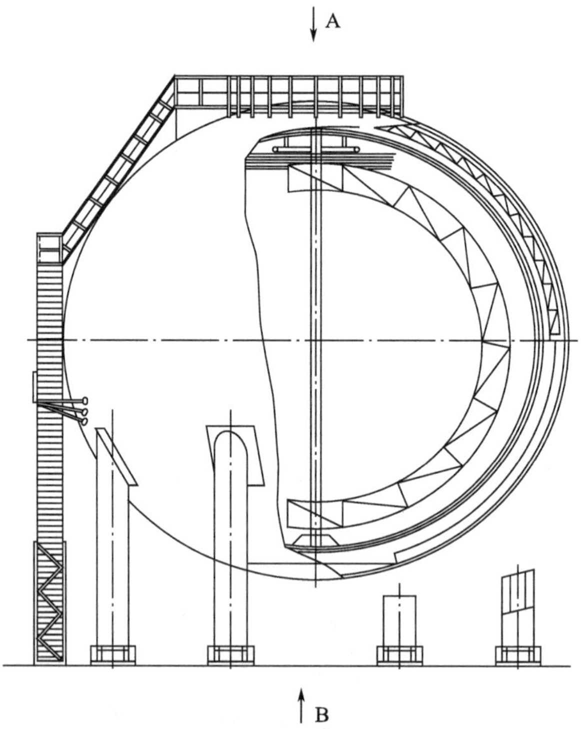

图 5　1 400 m³ 球罐结构图

5　四川简阳空分 200 m³ 球罐

图 6 为四川简阳空分 1993 年为天津石化建造的一台 200 m³ 液氮真空粉末绝热球罐。内罐最高工作压力 0.8 MPa，设计压力 1.0 MPa，外罐最高工作压力－0.1 MPa，设计压力－1.0 MPa，绝热真空度 3 Pa，日蒸发率 0.28％。

图 6　200 m³ 球罐外形图

6 球罐可靠性和安全性设计与计算

球罐可靠性和安全性设计与计算应重点注意三个方面：

1）总体设计，包括布局设计、各种功能结构和安全装置设计；

2）强度计算，特别是由于自由变形不一致而引起的二次应力；

3）热性能：各种传热量计算和蒸发量计算。

工艺方面应重点注意四个方面：

1）焊接；

2）检漏；

3）抽空；

4）装配。

作者认为低温加注系统，尤其是液氢加注系统，采用真空绝热球罐是海南发射场的一大亮点，发表本文供同行讨论。

再谈牵制释放发射技术

（2008.9.25）

摘　要：介绍了牵制释放发射装置的由来，研制运载火箭牵制释放机构的必要性，我国研究牵制释放发射装置的历史和成果，当前牵制释放发射装置遇到的问题和我们的态度。

关键词：火箭　发射技术　牵制释放　地面设备

1　前言

在世界上，从有导弹开始，牵制发射装置就伴随而生。不过最早的牵制装置比较简单，主要作用是防止导弹竖立在发射台上后被风吹倒，所以叫防风装置（又名防风拉杆），防风装置在发射前要撤收。随着导弹（火箭）技术的发展和大型化，牵制装置的作用不再是单一防风装置，当导弹（火箭）的发动机点火后有故障，或未达到额定推力可以牵制住导弹（火箭），达到不释放导弹（火箭）的目的，极大地提高了火箭发射的可靠性。这时牵制装置的规模变得大而复杂，结构形式也随火箭尾段结构不同而异。为简化结构，产生第二代、第三代牵制装置，但共同的特点要求高可靠性。目前世界上按牵制装置结构，可分成机构型和爆炸型两类。机构型的牵制释放系统的牵制力为气动力或液压力，按牵制装置释放方式可分成牵制释放和非牵制释放两种类型，也称为可控释放和非可控释放。可控释放的技术难度当然要高很多。到目前为止，火箭的牵制发射技术已有50多年的历史，美国、英国、法国、印度（见图1）、日本、俄罗斯都有这种技术。美国的土星Ⅰ、土星Ⅴ、大力神、宇宙神和德尔他Ⅳ火箭虽结构不一样，但均属于牵制释放，英国兰光火箭牵制机构是一种应用液压阻尼技术研制的支撑、牵制、减载缓释放一体化结构。法国阿里安Ⅰ～Ⅳ火箭牵制释放机构则是在兰光火箭牵制机构的基础上因牵制载荷增大而做的优化设计。日本H-2火箭采用爆炸型牵制释放装置。俄罗斯两种牵制释放方式均有采用，天顶号、质子号、能源号火箭采用的是牵制释放技术，联盟号火箭采用的是非牵制释放技术，但结构类型与世界各国均不相同。我国一直采用的是非牵制释放技术，即简单的防风拉杆。

2　为什么要研究牵制释放发射技术

我国已研制了几十种型号导弹（火箭），一直采用的是非牵制释放技术，即功能单一的防风拉杆或其演变，在推进剂加注结束后就撤收了。此技术最大的缺陷是发动机点火后，一旦有故障，可能会造成箭毁人亡。1972年12月26日，我国曾发生过DF-5 1分机和分机没有按预定程序工作；1992年3月22日，CZ-2E火箭发射澳大利亚卫星按程序点

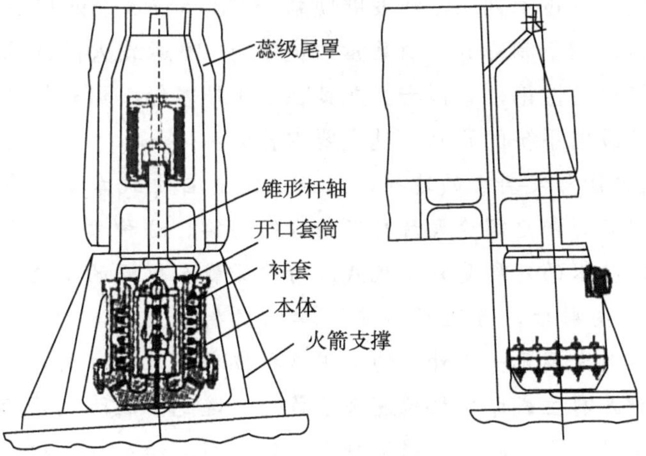

图 1　印度牵制机构图

火，发动机喷出火焰，但 1、3 两个助推级发动机熄火；均是点火系统的故障被迫紧急关机，虽未造成箭毁人亡的后果，但火箭的 4 个支点已严重偏离发射台支撑盘的中心点，紧急关机的冲击使火箭的 4 个支点到了支撑盘边缘（偏离 40 mm）。

采用牵制释放技术，没有这种风险。作者统计了国外 36 年火箭发射的故障（不包括未公开的故障），271 次事故中失败的有 108 次，部分失败是点火后出现的。例如 1957 年 12 月，美国先锋号火箭发射 1 s 后，发动机推力不正常；1983 年 9 月载有飞船的联盟号火箭点火后，发现助推级上的一个推进剂阀门失效终止发射；1993 年 8 月 12 日至 1994 年 8 月 18 日，发动机有 3 次点火后，因泄漏和发动机故障而紧急关机；1994 年 8 月 18 日，日本 H－2 火箭主发动机点火正常后，因固体燃料火箭未能正常点火，而终止发射；1989 年，H－1 火箭也发生类似故障，发射前 1 s 终止发射。若不采用牵制释放发射技术，其经济损失和人员伤亡可想而知了。

国内外在火箭点火后都出现过故障，都立即关机终止发射。有牵制释放发射装置可以使火箭牢牢地固定在发射台上，保全火箭、有效载荷（卫星或飞船）及其发射场各种设施。无牵制释放装置火箭会倾覆，造成箭毁人亡，发射场陷于瘫痪，其后果不堪设想。

3　我国导弹（火箭）牵制发射技术的研制现状和历史

15 所的技术人员一直跟踪世界上该技术的应用和发展情况，并开展了一定的分析和研究工作，编写了一些论文，代表性的文章有：《发射台牵制释放技术》《牵制释放发射技术》《关于立即开展牵制释放发射技术的请示报告》《浅析牵制释放发射技术》。

在上述文章中，系统详细地介绍了航天大国各发展阶段的牵制释放发射装置，提出了牵制释放发射装置的主要设计要求和性能指标。1965 年前后列入预研课题，设计了爆炸螺栓解锁的爆炸钩，类似于宇宙神 G 型的牵制释放发射装置方案，完成了课题研究，但未被应用到型号上。在《八・五》开展“中长期预先研究导弹机动与发射技术项目发展战略设计纲要”时，牵制释放技术列入专业发展规划。863高技术论证和1992年921技术经济可行性论证阶段又将研制牵制释放发射装置写进了《921运载火箭地面设备和逃逸救生系统地面设备技术经济可行性论证》报告。尤其在921技术经济可行性论证报告中提出开展自主的牵制同步释放发射系统的研制，其主要内容为：

“我国运载火箭与发射台的连接，历来采用非自主式牵制方案。当加注推进剂及精瞄结束以后，即可解除火箭与发射台的连接。这种方案随着我国载人航天和火箭故障诊断技术的发展受到了挑战。为确保载人航天的安全和防止火箭点火后故障火箭飞离发射台，可远控自主式牵制发射装置是应该加速研制的。美、俄、法、日等航天大国无一例外，均采用这种技术。且西方国家火箭多次在点火后终止发射，都是自主式牵制机构发挥了作用，避免了故障火箭的起飞，防止了一件件重大事故的发生，减少了经济损失、信誉损失和人员伤亡。

美国曾先后采用两种形式的牵制发射装置，一种是以土星系列为代表的爆炸复合型牵制方案，另一种是以航天飞机为代表的单一爆炸释放型分离螺栓（螺母）。法国阿里安Ⅰ～Ⅳ火箭采用的是机构爆炸复合型方案。

我国已经开展新一轮的论证，在吸取国外成功经验的基础上，结合我国火箭的尾段结构及非自主式使用经验确定合适的方案，而远控爆炸释放型分离螺栓（螺母）方案应成为首选方案。”

这一阶段的主要研究成果在于：

1）指出非自主式牵制方案随着我国载人航天和火箭故障诊断技术的发展受到了挑战。

2）结合我国火箭的尾段结构及非自主式使用经验确定合适的方案，提出远控爆炸释放型分离螺栓（螺母）方案应成为首选方案。

当时提出远控爆炸释放型分离螺栓（螺母）方案如图2所示。

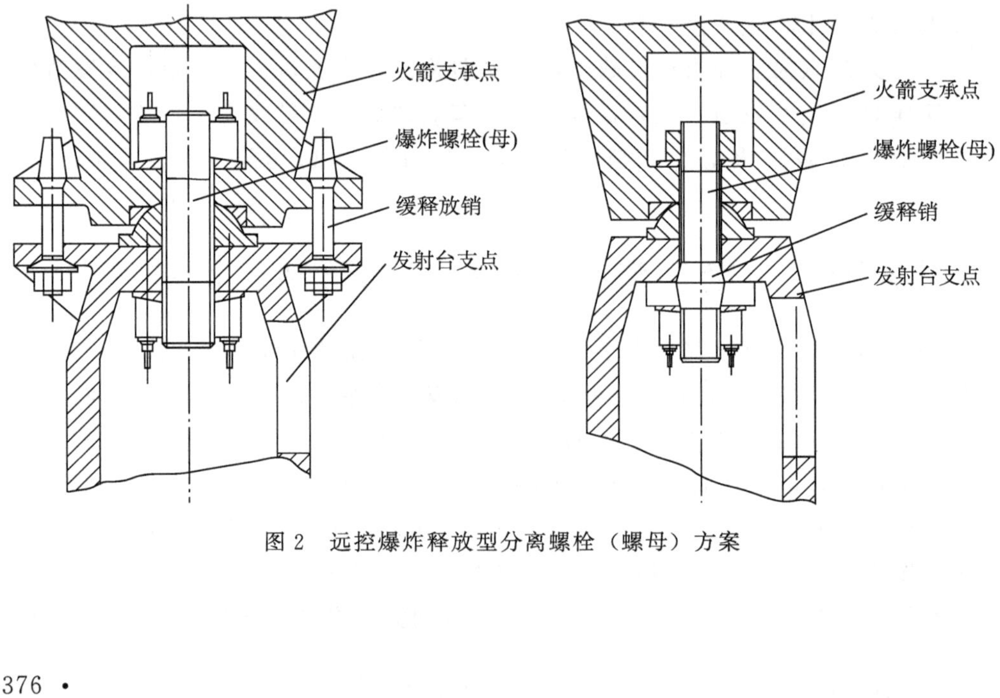

图2　远控爆炸释放型分离螺栓（螺母）方案

3）提出了牵制释放发射装置的主要性能指标、关键技术及解决技术途径

主要性能指标：火箭共设 4 个支点，每个支点支撑载荷 1 765～2 157 kN；每个支点牵制力 294～343 kN；牵制时间 3～5 s；同步释放误差小于 30 ms；系统可靠性 0.999（置信度 0.6）。

主要关键技术：高性能、高可靠性的爆炸释放型分离螺栓（螺母），减载机械式缓释放销，模拟发射装置系统，高精度测力传感系统，计算机数据采集与处理系统等。

新一代大型运载火箭立项前预研阶段，15 所在以往研究的基础上又进一步综合研讨了国外牵制释放机构的组成、特点、控制释放时段、设计思想和设计要求；我国牵制释放机构的设计方案、设计思路和设计原则；牵制释放与火箭的接口；统一了认识，明确了目标和主攻方向。研制了高精度（同步误差 10 ms）、高可靠性（$R=0.999\,9$，置信度 0.9）大承载（拉力 1 177 kN）爆炸螺母，减载能力（0.5～1 s 内）载荷由 353 kN→0，4 支点同步释放误差达 10 ms，以及缓释放装置和模拟发射装置，用于模拟各种起飞状态和飞行一定距离（约120 mm）起飞推力——质量随时间变化的关系，包括高精度测力传感器和释放控制及实时记录设备等，详见图 2。经试验验证，牵制释放发射装置取得了实质性进展和技术突破，通过了评审。474 厂对 1 177 kN 爆炸螺母先后进行了各种试验和小批量生产共 23 件，全部成功分离；15 所进行了分系统试验（单螺母、双螺母及空爆三项），11 件爆炸螺母全部成功分离，各项技术指标满足设计要求。牵制释放发射装置参加了新一代大型运载火箭预研成果展览。2006 年 8 月，国家正式批准新一代基本型大型运载火箭立项，牵制释放发射技术第一次正式纳入国家批准的 CZ-5 型号中，并成为新一代大型运载火箭三大关键技术之一。

该牵制机构的主要特点：

1）总体方案优化，结构紧凑，质量小，紧密结合我国运载火箭的尾段支承结构，又吸收了国外第二代牵制释放发射装置的成功技术，第一次研制了自主式牵制同步释放发射系统。

2）第一次成功研制了模拟发射装置，为后续试验打下基础。

3）该系统进行了冗余设计，具有高可靠性和高同步性。

图 3 是 15 所二室丛小鹏等同志研发的同步缓释放牵制装置及主要元件图。

4　当前的问题

当前新一代基本型大型运载火箭即将从方案设计阶段转入初样设计阶段，但是现在遇到了疑问：牵制释放系统是继续进行研制还是停止研制两种观点。

不同意进行的主要意见：

1）牵制释放系统是新一代大型运载火箭三大关键技术之一，但是比较复杂，突然释放引起的对全箭环境（振动）的影响缺乏研究，特别是横向振动方面，验证有困难。

2）该问题对研制周期影响大，新一代大型运载火箭 1～3 发先不上，分步实施。

3）牵制释放装置好不好用，可靠不可靠？会不会该释放时又释放不了？

(a) 大推力模拟发射装置

(b) 缓释销

(c) 爆炸后的爆炸螺母

(d) 释放控制及实时记录设备

图 3　同步缓释放牵制装置及主要元件的设备

4）为什么老一代火箭不用，为什么 921 不用？为什么新一代火箭要用？牵制释放不一定上。

5）牵制释放装置控制的判别准则如何定？如发动机推力和发动机故障的模式？

6）牵制释放装置在我国没有，应立足自己（火箭）的可靠性，不要根据外国有，我们也要有！CZ－2F 可靠性最高，不可能有问题，我们保证发动机没问题。

7）牵制释放装置，小火箭可用，大火箭不需要。

同意继续进行的主要意见：

我国已是航天大国，已经不是解决火箭有无问题的年代，而是进一步提高火箭可靠性的年代，特别是我们已经进入了载人航天和深空研究的新时代，采用自主式牵制同步释放发射系统是进一步提高发射可靠性的重要手段。新一代大型运载火箭的可靠性指标比 CZ－2F 还高。

国内外航天发射史案例表明，在点火后和发射上升段出现故障的概率不可小视，尤其是新火箭研制发射最初阶段。几十年国内外火箭发射经验告诉我们，任何一种火箭在研制初期发射成功率较低，都因各种技术问题没有吃透，或设计方案或认识不到工艺质量问题等，从而导致发射失败。表 1 列出了几个主要国家早期火箭型号前 50 次发射成功的情况。

表 1　几个主要国家早期火箭型号前 50 次发射成功的记录情况

国家	型号	完成时间段	发射次数	失败次数	成功率
苏联	质子号系列	1965.07—1975.06	50	16	70%
	四级质子号	1967.03—1978.10	50	14	72%
	其他型号总计	1957.10—1963.04	50	19	62%
美国	宇宙神系列	1958.12—1964.2	50	18	64%
	雷神系列	1958.8—1961.11	50	17	66.7%
	其他型号总计	1955.07—1960.04	50	30	40%
中国	长征火箭	1970.04—1998.03	50	6	88%
欧空局	阿里安火箭	1979.12—1992.04	50	5	90%
日本	各型号总计	1966.09—1990.12	50	9	82%
印度	各型号总计	1979.08—1994.10	10	4	60%

新一代大型运载火箭两种发动机都是新研制的，尤其是液氧-煤油发动机燃烧稳定性差，点火方式与 CZ－2 系列有区别并且发动机有 10 台，不同时点火的可能性概率是存在的，动力系统也采用了很多新技术，要重视早期发射技术的提高对火箭成功的重要性。

新一代大型运载火箭自主式牵制同步释放发射系统关键技术已取得突破性进展，我们离首发还有 6 年多的时间，我们应当和其他关键问题一样，建立信心，不畏艰险，勇往直前。

分步实施是可以的，但是计划必须具体明确，措施要到位。立足首发要上，这个决心应该下。因为自主式牵制同步释放发射装置与火箭尾段的机械接口是协调的，各自的进一步研究互不影响。

释放的判别准则（判据）和全火箭的故障诊断系统有关系，也可以先抓主要的，如火箭发动机点火段、起飞段。先做减法，后做加法。最近总体部有同志提出第一步释放的时间可选择在芯级和部分助推级点火正常并处于额定推力以下进行。这是一个积极的好建议。

5　结束语

牵制释放系统是新一代大型运载火箭三大关键技术之一，难度大才定为关键技术，但能否顺利进行下去，现在有疑问，我的认识和态度是应当进行研究，要尽早要进行研究，早进行研究比晚进行研究好，我们这一代都想进行研究，这次不进行研究就失去机会。若轻若重，应该是很清楚的，信心和决心是关键。

采用球罐和卧罐问题比较意见

（2008.10.20）

1　国内外同类系统的情况

新一代运载火箭 CZ－5 低温加注系统的设计体现在以下 9 个方面。

1）液氢、液氮、液氧加注量和各种气体用量大大增加。新一代运载火箭芯级加上面级发射的最大液氢加注量约为 430 m^3，是 CZ－3A 系列加注量的 10 倍左右，考虑到 2 个发射窗口和损耗按 2 倍计算，贮存量大约为 1 000 m^3。液氧加注量芯级和上面级约为 155.325 t（177.07 m^3），是 CZ－3A 系列加注量的 10 多倍，按 5 m 直径捆 4 个 3.35 m 直径的助推级，即 E 方案，则液氧加注量最大 571.3 m^3，按 2 个发射窗口和损耗粗略按 2 倍计算，贮存量大约为 1 230 m^3。液氮贮存量约为 1 960 m^3，氦气贮存量约为47 000 m^3，芯级火箭贮箱采用氢气置换，氢气贮存量约为 2 000 m^3。此外还有大量控制、置换和吹除用氮气和空气。

2）系统多，规模大。液氢加注系统、液氧加注系统、液氮加注系统和冷氦系统 4 个低温系统中，液氢、液氮、液氧和各种气体都需要用较大容量的贮罐或多个较小容量的贮罐贮存，用高真空大口径绝热管路、阀门和气体管路输送液体介质，才能满足发射一发火箭任务的需要。所以系统规模远远超过 CZ－3A 系列运载火箭低温加注系统，在世界上仅次于美国和俄罗斯。

3）加注速率大。液氢、液氧在额定时段内向火箭加注和补加速率大。如液氧大流量加注 3～4 m^3/min，液氢大流量加注 4～5 m^3/min。

加注和补加速率大，易产生静电和水锤现象，最初俄罗斯和美国大流量加注都发生过，俄罗斯发生在阀门关闭时，美国发生在阀门打开时。因此，系统设计时，一要考虑避免盲支管，万不得已对盲支管进行合理的布局设计；二要最大限度减少系统的漏热，大口径管路和阀门接口漏热比以往管路会多；三要考虑系统工况在过渡状态下的平稳，要有排除意外动负荷的方法。

4）液氢汽化器系统设计能力要足够大。世界上液氢加注时，液氢均经汽化器汽化后，放氢气进入贮罐，挤压贮罐液氢，汽化器系统设计能力一定要满足要求，增压气量应及时补充贮罐液氢液面下降而维持额定增压压力，保持稳定的流量。

5）液氧多贮箱同时加注。为缩短发射场地停留时间，CZ－5 首次采用多贮箱同时加注，在系统设计时要考虑多贮箱液位精度和同时达到的难点。

6）液氢贮箱置换首次应用氢气。液氢排放系统设计要考虑静电积累，采取相应的防雨水、防火、防空气倒灌等措施。

7）液氢加注连接器零秒脱落。这是对液氢加注连接器设计的新要求，但是加注系统设计时不可忽视，确保射前加注精度的难度有所增加。

8）液氢液氧加注阀门为气动控制阀。火箭对液氢液氧加注阀门进行自控，减少加注连接器设计的难度，但是加注连接器要不要自密封没有明确，系统设计存在不确定因素。

9）CZ－5的飞行可靠性设计指标不低于0.98。这一指标与德尔它和阿里安Ⅴ相同，CZ－5是目前我国可靠性要求最高的火箭，由于CZ－5系统多而复杂，分配到低温加注系统的要求会更高。

CZ－5是全液体火箭，推进剂使用液氢液氧的国家有美国、俄罗斯、法国、日本、印度。法国阿里安Ⅴ是固体助推级，液氢液氧总量比CZ－5少，无可比性。当今能和我国CZ－5火箭比较的只有美国的土星Ⅴ和俄罗斯的能源号火箭。美国是最早采用液氢液氧低温推进剂的国家，美国用氢历史比法国早10年，比日本早20多年。

在肯尼迪航天发射中心土星发射场，液氧采用3 406 m^3 球形罐，液氧总加注量为1 730 m^3（2 000 t）。液氧加注系统采用泵式加注，大泵9.5～38 m^3/min，小泵0.57～0.38 m^3/min。泵的转速和流量均可按照需要进行调节。大泵用于一、二级火箭加注，小泵用于三级火箭加注和一、二、三级补加。一级加注速度为9 480 L/min，压头122 m，输送管路229 m，管径203 mm绝热铝管；二级和三级加注速度为3 780 L/min，二级压头183 m，管径152.4 mm绝热铝管，一级和二级加注泵互相分开，二级和三级用同一台加注泵。但加注三级时要节流，并采用473 m^3 球形罐，球形罐的工作压力为2.8大气压（表压）。补加也可用挤压加注，补加采用49.2 m^3 柱形罐，工作压力为14大气压，补加管分别为76.2 mm、50.8 mm和25.4 mm绝热铝管。

土星Ⅴ共加注液氢1 275 m^3（90 t），耗时45 min，大流量加注速度37 854 L/min（10 000加仑/分），补加流量为5 678 L/min（1 500加仑/分）。液氢加注采用汽化器挤压加注。液氢输送管直径为0.25 m，每节管长13.7 m，全长442 m（也有报道长580 m），采用真空多层绝热。汽化器长793 m（铝管），输送压力4.2 kgf/cm^2，管径100 cm。液氢加注采用可贮3 217.59 m^3 液氢的球形罐（容积号称3 400 m^3 或3 500 m^3）。罐采用珠光砂粉末真空，内球用不锈钢材料制造，内径18.7 m，外罐采用碳钢，直径21.3 m，夹层真空压力为 5×10^{-2} mmHg，蒸发损失0.03％/d，设计工作压力6.3 kgf/cm^2 表压。

液氢和液氧球形罐分别设置在发射台两侧。所有加注和补加由控制室内的加控台计算机按预先制定的程序进行自动控制。该发射场建于20世纪60年代。

航天飞机液氢加注仍采用土星Ⅴ可贮液氢液氧的球形罐，航天飞机共加注液氢102.7 t。

加注连接器有多种形式：球面对锥面的连接器，插拔式的连接器。各种形式的加注连接器都集中装在脐带支撑板上，个别的安装在顶端或上面级。

俄罗斯能源号火箭助推级采用液氧和煤油作为推进剂，芯级用液氢和液氧作为推进剂。能源号液氢采用4个1 400 m^3 球形固定罐，液氧采用3个1 400 m^3 球形固定罐，液氮采用3个1 400 m^3 球形固定罐。内球罐直径14 m，外球罐直径16 m，内罐壁厚20～30 mm，外罐壁厚20 mm。每一个球形罐有2个吸附泵，每3～4个球罐设1个抽空泵。

能源号2个工位相距15 km，共有20个球形固定罐。罐离发射台1 km左右，冲击波压力不超过0.2 kg/cm^2。能源号火箭是液氢和液氧同时加注，而且都采用挤压加注方式。从1982年安装，1984年正式使用到现在，设备状态良好。

从美、俄两国液氢和液氧加注系统的情况，我们可以借鉴：

1）液氧采用泵式加注和补加，液氢采用挤压式加注；美国汽化器为管式，俄罗斯为板式；

2）液氢和液氧都采用球形固定罐，布局合理，寿命长；

3）加注补加流量都很大；

4）加注和补加管路分开，美国不同级的补加管路也不同；

5）加注控制自动化程度高。

2　低温大型绝热真空球罐和低温大型绝热真空卧罐的比较

卧式贮罐大家都很熟悉，使用也很广泛。改革开放以来，球形容器在大中城市也屡见不鲜，成为一道亮丽的风景，但球形贮罐与卧式贮罐相比有什么优点可能不太清楚。球形容器诞生于1930年，距今有78年的历史。球壳的形状比其他形状在强度上为更稳定的结构，且对一定的体积而言，球罐具有最小的表面积。由于本身的形状特点所致，对大容量的低温容器，球形贮罐具有比卧式贮罐更好的性能，具体表现为：

1）球在体积相同情况下，减少容器数量，除节省场地面积外，对低温加注系统更大的好处是减少歧管（分叉管），提高了安全性；

2）在相同体积条件下，球形贮罐比表面积最小，因而传热面积小，有利于获得比较好的绝热性能，降低日蒸发率；

3）在体积相同情况下，一个大容积球罐与几个小容积卧罐相比，日蒸发损失和预冷损耗小；

4）罐承压性能好，在相同直径和压力情况下，球罐壁厚约为卧罐壁厚的50%，可以大大节省设备用材，降低设备造价。

正因为球形贮罐与卧式贮罐相比有这些优点，所以美国、俄罗斯和日本对大容量低温推进剂的火箭加注系统都采用真空绝热球形贮罐。

球形贮罐在设计上比卧式贮罐相对要容易些，制造上与卧式贮罐相比要困难，但是由于技术进步如今制造已较容易。大型真空绝热低温贮罐作为低温系统的关键设备，其方案选形至关重要。在多个卧式贮罐和1个球形贮罐都可以满足系统要求的情况下，进一步对两种贮罐的方案进行全面比较是很必要的。

无论是大型真空绝热低温卧罐还是球罐，在设计方面要考虑的基本因素有：设计输入条件的确定（容积、压力、温度、湿度等）——结构设计（材料的选择和预处理要求、各种应力计算、功能设计和安全性设计、制造验收技术条件编写）——绝热设计和吸附剂的选择——试验大纲的编制。制造方面要考虑的基本因素有：材料的采购——总工艺方案和工艺路线编制——各种工艺的编制（零部件加工、焊接、检漏、探伤、多层缠绕、内外罐套装、抽空、总装、涂漆等）——工装设计——运输和安装——试验和验收。

2.1 设计和加工制造能力

无论是大型真空绝热低温卧罐，还是球罐，目前国内设计和生产都已不成问题，设计涉及的因素基本一致。液氮液氧及 LNG 型低温固定卧式贮罐和槽车在国内应用广泛，基本属于成熟产品。液氢固定卧罐和运输槽车在国内也有一定的应用，目前已成功设计制造过 100 m^3 液氢固定卧罐和 85 m^3 液氢铁路槽车、380 m^3 LNG 真空粉末绝热固定卧罐。真空绝热低温球罐，国内仅在 20 世纪 90 年代初设计制造过一例 200 m^3 液氮真空粉末球罐。但国内单层球罐技术成熟，应用广泛，兰州蓝亚石油化工装备工程有限公司已可设计制造安装最大 1 万立方的大型 LNG 球罐，此外沈阳三羊球罐有限公司最大能生产 5 000m^3 球罐，合肥通用院能生产 2 000 m^3 球罐等，可见球罐设计制造基础也较好。目前国内已开展双层球罐的应用推广工作，正在进行 1 500 m^3 双层非真空球罐的加工制造。

根据前面基本因素，大型真空绝热低温卧罐和球罐在加工工艺方面是基本一致的，主要是工作量大小不同。球罐因焊缝多，所以在焊接、检漏、探伤 3 个方面工作量大。目前国内生产能力已不成问题，而且有的工厂在抽空技术上已达到世界先进水平，极大地缩短了抽空时间。1979 年，我国在生产第一辆 5 m^3 液氢公路运输槽车抽空用了 1 031 h，现在生产一辆 100 m^3 真空绝热低温液氢贮罐，抽空仅 7～10 天，主要在多层缠绕和加温抽空工艺技术方面有了长足进步。

2.2 生产总装场地和运输

大型真空绝热低温卧罐和球罐在生产总装场地和运输方面有较大区别。卧式贮罐的全部加工在工厂完成，然后通过公路运至附近港口，从海上运输至海南港口，再从海南港口运到发射场，在现场进行安装调试。由于贮罐外形尺寸和质量较大，因此运输保障条件要求较高。为方便运输，在贮罐设计阶段需要综合考虑以确定贮罐外形尺寸。贮罐可选择靠近港口的制造单位，在工程实施阶段进行一定的更新改造，以适应大型真空绝热低温卧罐的生产。球罐除零件加工和部分桔瓣部件焊接在工厂完成外，其他均在现场安装制造，因此只需要运输工厂预制好的球壳板和现场施工工具、工装，不存在大件运输和吊装问题，对运输保障条件要求较低，不存在运输难度。

球罐对现场保障要求较高，施工难度相对卧罐较大，主要表现为：需搭建临时简易工房。为保证现场加工的要求，需要在现场设置焊接、吊装、工装、检验、抽空、加热等设备设施，特别是在海南高湿环境下，营造一个小环境，提供一定温度和湿度，又能防风和雨，以控制和保证施工质量，尤其是焊缝质量。国内外在沿海地区制造大型球罐的经验告诉我们，在沿海地区生产完全是可能的，不存在制约性技术难题。

2.3 技术创新

目前液氧液氮及 LNG 型低温卧式贮罐和槽车在国内应用已十分广泛，技术也基本成熟，液氢贮罐和槽车也有一定应用，已能够自主设计容积达 100 m^3 液氢卧式贮罐、

150 m³液氧卧式贮罐、380 m³LNG卧式贮罐以及85 m³ 液氢铁路槽车。容积300 m³ 以上的贮罐和槽车由于尺寸较大，在其他行业应用较少，不具备推广前景。而随着国内LNG的广泛应用，大型低温球罐具有较广阔的应用推广前景。因此，相对于大型固定卧式贮罐和槽车，通过建设大型低温球罐，可以全面推动我国低温真空球罐设计、制造和安装技术的建立、发展，促进低温真空球罐在国民经济其他领域的推广应用，弥补我国在低温技术领域与国外的差距，具有技术创新性。

2.4 经济性

由于大型液氢卧式贮罐和球罐在国内都是第一次设计制造，对建设投资和建设工期的分析具有一定的不确定性。通过目前对国内制造单位的初步了解，1 000 m³ 液氢球罐的建设投资比3个330 m³ 液氢卧罐高约一倍，而2个650 m³ 液氢球罐投资比1个1 000 m³ 球罐高约40%左右，俄罗斯深冷公司1 400 m³ 液氢球罐报价800万美元，比国内便宜多，提供全部技术、材料、工装和设备（包括简易工房），而且可由国内公司负责施工，在此影响下，国内厂家也表示可以降价（目前不锈钢已降价30%）。但是我认为应该立足国内，有困难但不存在技术障碍和风险。

2.5 设计和生产周期

大型液氢卧罐建设工期约2.5年，这是保守的估计，因为很多厂家对大型液氢卧罐的支撑缺乏设计和生产经验。其实从引进俄罗斯100 m³ 液氢运输罐开始，该问题已经得到解决。俄罗斯深冷公司在中国现场生产1 400 m³ 液氢球罐，从合同生效后，设计制造、安装调试的时间为2年。我估计中国自己设计制造、安装调试1 000 m³ 球罐，用2～3年就可完成。

2.6 系统使用的合理性

本文前面已指出："球在体积相同情况下，可减少容器数量、节省场地面积，对低温加注系统更大的好处是减少歧管（分叉管），提高了安全性"，而且使加注工序得以简化，有利操作。所以在新一代运载火箭液氢加注系统采用1个1 000 m³ 球罐是非常必要和合理的。但是液氧系统由于火箭4个助推级需要同时加注，用1个大型球罐就不一定合理。当然采用多泵并联技术也是可行的，但难度就较大，需要进行预研。

3 结论

综上所述，我认为采用球罐是合理的选择。我们从9个方面进行比较。

表1 球罐和卧罐的比较表

序号	分类＼类别	球罐	卧罐	其他
1	性能	好	差	
2	设计和生产能力	有	有	

续表

序号	类别 分类	球罐	卧罐	其他
3	设计和生产周期	长	短	
4	生产总装场地	差	好	
5	技 术 创 新	好	差	
6	经 济 性	略差	略好	
7	运输方便性	好	差	
8	系统使用合理性	好	差	
9	社会和经济效益	好	差	减少液氢蒸发和预冷损失

综合以上各方面分析比较，选择大型真空绝热低温球罐虽然成本高，但具有安全性好、蒸发损失小、占地面积小、操作方便等主要优点，而且在其他低温领域具有广阔的潜在应用前景。通过新一代运载火箭液氢加注球罐的建设，可以全面推动我国低温真空球罐设计、制造和安装技术的发展，促进低温真空球罐在国民经济其他领域的推广应用，弥补我国在低温技术领域与国外的差距，具有技术创新性。

通过竞选或招投标，国内现有的生产低温工业设备的工厂在设计单位的技术指导和帮助下，能够完成低温加注系统的生产和配套。我国自行研制的 CZ－3 系列低温运载火箭经历了 30 多年的历程，取得了举世瞩目的成就，已迈入航天大国行列，火箭的低温加注系统同样经历了 30 多年，目前世界上，能采用液氢和液氧作为火箭推进剂的只有美、俄、法、日、印度等 6 国，其实力和规模也位居前列，相信我国完全有能力实现建设一个高起点、高定位、世界一流、现代化的发射场。

三谈牵制发射技术

——避免有故障的火箭飞上天空

（2015.9.7）

摘　要：介绍了我国牵制释放发射技术研究的历史和成果，再次阐明运载火箭采用自主牵制释放机构的必要性。

关键词：火箭　发射技术　地面设备　牵制释放

我国火箭历史上有过 2 次在火箭点火口令下达后，实施“紧急关机!”。一次是 1972 年 12 月 26 日，发射 DF－5 导弹；一次是 1992 年 3 月 22 日，CZ－2E 发射美国生产的澳星，虽然火箭没有因紧急关机震倒在发射场，但是火箭 4 个支点出现了位移，最严重的已偏离支撑盘中心点 40 mm，紧靠在支撑盘的边缘，事后用钢丝绳将火箭捆在发射台上，继续处理后续工作。这一事故国内外影响很大，造成的经济损失也很可观。在有国外保险公司和国内外火箭专家的审议会上，我国的一位技术专家，回答美国专家提出的“你们火箭发射没有牵制机构”时，竟然回答说：“我国有特殊的技术!”。其实，这位负责人根本就不知道牵制机构是什么？

发射台是火箭发射场非常重要的一个设备。最早发射台在一院一部是一个工程组，伴随着火箭的发展，发射台结构的复杂和承担的功能也越来越多，研究发射台的力量从一个组发展为一个室。从 20 世纪 60 年代到现在，技术人员从来没有停止过对国外火箭牵制机构发射技术的跟踪和分析研究。最早的有情报室的李广裕，他收集了不少国外有关该问题的报道；胡朝良、曹长生等同志也进行了一些研究，设计了爆炸螺栓解锁的爆炸钩，该方案类似于宇宙神 G 型的牵制释放发射装置，1965 年前后列入预研课题，但完成了课题研究后，未被应用到型号上，部分技术用到后来某火箭的后倒式支撑臂上。在《八·五》开展“中长期预先研究导弹机动与发射技术项目发展战略设计纲要”时，牵制释放技术被列入专业发展规划，但一直没有实质性进展。20 世纪 90 年代情报室的程水旺和 15 所张福全同志合作发表过一篇有关国外发射牵制机构的文献综述性研究报告，该报告在介绍国外牵制释放机构情报资料的基础上，首次对国外牵制释放机构进行了分类和研究。20 世纪末，情报室的沈法元在退休前，在国外浩如烟海的一种机械刊物上首次找到了印度 SSLV 火箭的牵制释放机构的详细结构图。1987 年 9 月，我随部地面设备特种机械考察团赴美、法考察，回国后我在《地面特种设备考察团技术报告》中，详细地介绍了美国土星Ⅴ和航天飞机的两种牵制机构。1992 年 5 月，航空航天部地面设备考察团应邀赴俄罗斯考察，回国后我在《俄罗斯运载火箭和飞船地面设备技术》一文中介绍了俄罗斯联盟号、质子号和能源号的牵制释放机构。两次出国实地考察参观了美俄的火箭地面设备，尤其对牵制释放机构与国外同行进行面对面的讨论、学习和了解，这和阅读情报有很大的区别，而且有些火箭（如天顶号）的牵制机构就没有报道过。我们要感谢上级的培养，也要感谢有关部门的安排。同年12月，CZ－2E发射失利，1994年8月书面向上级申请《关于立即开展牵制释放发射技术研究的请示报告》，但一直没有回复。1996年6月，我在《大型运载火箭与地面发射技术》一文中论证了大型运载火箭地面设备发射技术的关键技术及其应开展的前期工作，其中第一项支撑性课题就是“开展发射牵制技术的研究”。1999年9月30日，中国国家航天局局长栾恩杰在联合国外空委员会上公开中国将重点发展廉价、无毒、无污染、高可靠的大型运载火箭。为此，我撰写了《大型运载火箭地面发射支持系统发展》一文，再次提出开展自主的牵制同步释放发射系统的研制。2001年5月25日，为了配合新一代运载火箭的论证，我撰写了《浅谈牵制释放发射技术》。该文详细介绍了国外（尤其是航天大国）牵制同步释放发射装置的设计特点和设计要求，对各航天大国牵制同步释放发射技术装置的结构进行了综合研讨，归纳了牵制同步释放发射技术装置的8点设计要求，提出了我国新一代运载火箭强制释放机构的设计思想及设计条件、与火箭的接口协调等4个问题（牵制点的箭上结构、牵制点的位置和数目、释放时间和条件、控制释放的管理和分工）。

在“863”高技术论证和1992年921技术经济可行性论证阶段，我又将研制牵制释放发射装置写进了《921运载火箭地面设备和逃逸救生系统地面设备技术经济可行性论证》报告，尤其在921技术经济可行性论证报告中再次提出开展自主的牵制同步释放发射系统的研制，其主要内容为：“我国运载火箭与发射台的连接，历来采用非自主式牵制方案。当加注推进剂及精瞄结束以后，即可解除火箭与发射台的连接。这种方案随着我国载人航天和火箭故障诊断技术的发展受到了挑战。为确保载人航天的安全和防止火箭点火后故障火箭飞离发射台，可远控自主式牵制发射装置应该加速研制。美、俄、法、日等航天大国无一例外，均采用这种技术，且西方国家火箭多次在点火后终止发射，都是自主式牵制机构发挥了作用，从而避免了故障火箭的起飞，防止了一件件重大事故的发生，减少了经济损失、信誉损失和人员伤亡。我国已经开展新一轮的论证，在吸取国外成功经验的基础上，结合我国火箭的尾段结构及非自主式使用经验确定合适的方案，而远控爆炸释放型分离螺栓（螺母）方案应成为首选方案。”

新一代大型运载火箭立项前的预研阶段，15所在以往研究的基础上又进一步综合研讨了国外牵制释放机构的组成、特点、控制释放时段、设计思想和设计要求；我国牵制释放机构的设计方案、设计思路和设计原则；牵制释放与火箭的接口；统一了认识，明确了目标和主攻方向。15所成立了以丛小鹏同志为首的课题组，研制了高精度（同步误差10 ms）、高可靠性（$R=0.999\,9$置信度0.9）大承载（牵制力1 177 kN）爆炸螺母；减载能力（0.5～1 s内）载荷由353 kN→0；4支点同步释放误差（10 ms）缓释放装置；模拟发射装置，该装置可模拟各种起飞状态和飞行距离（约120 mm）\起飞推力—质量随时间变化；高精度测力传感器；释放控制及实时记录设备等。

以丛小鹏同志为首的课题组历经1 177 kN安全火花型爆炸螺母的研制（474厂共23件）、各种出厂试验、小批量生产缓释销、缓释销螺母分离状态试验（单螺母、双螺母及空爆三种状态）；在此基础上创造性地设计了单支点释放装置（因经费问题未研制四支点同步释放装置），进行了四螺母多轮同步缓放系统试验。试验验证牵制释放发射机构取得了实质性进展和技术突破，通过了评审。11 件爆炸螺母全部成功分离，各项技术指标满足设计要求。

牵制释放发射装置参加了新一代大型运载火箭预研成果展览，一批关键课题参加了成果展。此外还有 1∶1 的大流量液氢调节阀、气液组合式自动对接连接器试验件、大运载 1∶1火箭牵制释放发射装置试验件图和 5 m^3/min 的卧式液氧泵等。

2006 年 8 月，国家正式批准新一代基本型大型运载火箭立项，牵制释放发射技术第一次正式纳入国家批准的 CZ-5 型号中，并成为新一代大型运载火箭三大关键技术之一。

该牵制机构的主要特点：

1）总体方案优化，结构紧凑，质量小，紧密结合我国运载火箭的尾段支承结构，又吸收了国外几代牵制释放发射装置最先进的技术，第一次研制了自主式可控牵制同步释放发射系统。

2）第一次成功研制了模拟发射装置，为后续试验打下基础。

3）该系统进行了冗余设计，具有高可靠性和高同步性。

但是，由于总体部在预研阶段对总体各个专业的关键技术没有实质性的成果和对难点问题缺乏全面深入的分析和研究，提出了延长 5 个月预研时间，各专业所进展受到影响，体现在对我所发射技术的初步设计要求迟迟提不出来。后来的推迟远远超过了 5 个月。至 2002 年以前，牵制释放发射系统的进一步研制基本上处于停摆状态。一部不断传出不和谐的声音，如气液组合式自动对接连接器试验件太笨重、大运载 1∶1火箭牵制释放发射装置不安全等。后来又提出火箭牵制释放发射装置“分步走，首三发不上”。我在“分步走，首三发不上”座谈会上明确指出：分步走的结果是停止研制牵制释放发射装置。CZ-2F 总指挥黄春平提出，先不要说首发不上，继续研制下去，到时不成熟再不上嘛！这个会上意见并不统一，后来的事实证明我的看法。在科工局大运载专家顾问组会上，一些一院专家不同意上该关键题目，在 2007 年的大运载转阶段会上，该关键题目再次被否定。而这些在会上不支持该关键题目的专家，提出的否定的理由有些实在可笑。为此 2008 年 11 月，我公开发表了《再谈牵制释放发射技术》一文，再次阐明该不该发展这种技术，并公开两种不同意见，供同行们讨论。在参加了 CZ-5 运载火箭 2007 年转阶段会以后不久，我就被退休回家了。15 所整整几代人的努力，离成功一步之遥，在即将进入工程阶段时就此化为乌有。后来，听说总体部对 15 所提出了提高牵制力的新要求，这时老同志都退休了，新一代的年轻人又按新指标做了一轮试验。试验很成功，我感到一种宽慰，说明技术和试验装备得以传承和保留。我认为丛小鹏同志为首的牵制释放发射系统（牵制销、1 177 kN 安全火花型爆炸螺母的研制，牵制缓释放装置的设计）和牵制缓释放原理样机应作为预研阶段的成果进行申报。

时隔多年，2014 年又听到了一种声音“火箭牵制释放发射技术是一个学术问题”。我听到了，感觉是对火箭牵制释放发射技术认识的一个进步，但有必要再说点意见供有心人批判。

首先，我认为火箭牵制释放发射技术是一个工程应用问题，已不是一个单纯的学术问题。

如果真正认为牵制发射是一个学术问题，那么对 CZ－5 运载火箭三大关键技术之一的牵制发射技术问题就应该有一个公开、公平、公正的环境，就应该展开一些专题会，可以采取多种方式进行学术的交流，包括质疑和争论，哪怕是进行面对面辩论都是可以的，如果真正认为牵制发射是一个学术问题，技术负责人和专家们应该到 15 所试验现场听一听、看一看，了解一下第一手真实的情况。这样一个重大的技术问题的处理是否太轻率！根本的问题是不想用、不敢用的想法在起作用。几十年的固执，几十年的被动，因此找出一些理由直到现在。几十年前，就有专家说过‘牵制机构技术不可靠，会影响一个好火箭的发射’，因此关于牵制释放的立题报告和预研是一概不予受理。现在对 CZ－5 的牵制释放机构采用爆炸螺母也有专家说‘不可靠’。请问火箭上的火工品有多少？不可靠吗？

现在是应该认真再次思考几个问题的时候了。

1）牵制释放发射技术的可靠性有那么可怕吗？北京理工大学在一篇有关牵制释放发射装置的论文中，对国外 9 种型号的发射可靠性作了详细的统计，详见表 1。

表 1　世界各国主要火箭的牵制发表机构使用情况表

项目 / 型号	牵制释放机构类型	统计区间（年）	发射次数	牵制装置（失效次数/失败次数）	牵制装置成功率（%）
宇宙神	机构型	1958—1994	273	0/36	100
土星ⅠB-Ⅴ	机构型	1966—1975	23	0/0	100
航天飞机	爆炸器型	1981—1994	66	0/1	100
阿里安Ⅰ-Ⅲ	机构型	1984—1999	28	0/4	100
阿里安Ⅳ	机构型	1988—1999	93	0/12	100
H－2	爆炸器型	1995—1999	7	0/2	100
质子号	机构型	1965—1999	269	0/36	100
大力神/运载	爆炸器型	1964—1994	184	0/14	100

表 1 中可以看到牵制装置的可靠性远远高于火箭的成功率。我们为什么要那么胆小呢！牵制释放发射技术在国外早已是一种成熟的技术。美、俄、英、法、日和印都已采用。小火箭采用，大火箭也用；固体火箭采用，液体火箭也用。但是火箭结构不同，具体的技术方案和结构各有千秋。

2）牵制释放发射技术的作用和功能是解决火箭任何一个子系统（发动机、控制系统、有效载荷）在火箭点火到发射的 10～20 s 的时间内，发现火箭有故障的情况下，防止火箭飞出去，从而避免箭毁人亡，确保发射场人员、设备和设施的安全。这种故障现象国外和国内都发生过。目前世界上还没有一个航天国家采用其他技术手段来解决该问题。火箭发射的成功概率不是 100%，因此它是确保发射成功率以及发射本身安全可靠、万无一失的一种必要的工程技术手段。新一代运载火箭有什么新的技术途径解决该问题了呢？

3）牵制释放发射问题的解决有一定难度，包括地面和箭上。地面部分，经过 15 所不断的努力，研究和分析了国外的各种牵制释放机构的优缺点，克服了一系列的技术难点，如释放销的材料、形状和试验，缓释时间的计算，1 177 kN 安全火花型爆炸螺母的研制，牵制释放发射系统的试验装置等，问题一一得以解决。虽然火箭上的难点我没有发言权，但是我从来没有在公开场合听过究竟有哪些难？有牵制和没有牵制突然释放对火箭有哪些影响？这些影响有多大？我国火箭没有牵制释放装置与国外火箭有牵制释放装置在结构有什么不同？如果有牵制释放装置，在结构上我们要有哪些变动？国外是采取什么办法解决的？

4）CZ－5 运载火箭从 1999 年 9 月 30 日中国国家航天局局长栾恩杰在联合国外空委员会上公开中国将研制大型运载火箭开始到现在 25 年，从 2006 年 8 月国家正式批准 CZ－5 新一代大型运载火箭立项开始到现在也 9 年了，没有认识到的关键问题不也一个一个剖解了吗？如果我们不动摇，敢于攻坚克难，有关牵制的难点不能解决吗？搞一个型号这样的速度是不是太慢了！一个人有几个 10 年？难道不值得我们思考吗？火箭总体部准备什么时候解决该难点呢？采用“分步走，首三发不上”，分步走的每一步具体有什么内容？回避难题不是我们航天人应有的态度。

5）中国已经成功发射 200 多发火箭，火箭技术从仿制到自主研制经历了 50 多年的发展，队伍历尽千辛万苦，攻坚克难，创造了一个一个的辉煌，振奋了国人。现在我国已经迈入航天大国之列，火箭总体技术的发展也带动了地面设施和地面设备的发展，尤其改革开放，使我们进一步缩小了和国外的差距。但是我们和先进国家在水平上还有差距，因此我们应该有清醒的认识，我们在管理制度上还存在一定的问题，技术上民主还不够，还是有权的说了算，个人、部门、单位之间互相保守不开放，技术系统之间存在大系统和小系统之间互相制约的现象。体现为办事效率低，有些技术领导能力和决策水平低，指导思想上还停留在满足“有无”问题上，不能实现跨越式的发展。这就是有的专家说的我国火箭的现状是“缺一、少二、三不多”。值得深思！

感悟火箭低温加注系统

(2006.11)

摘　要：本文通过低温加注系统在发射任务期间发生的问题，介绍了自己一生从事低温加注工作的体会和今后从事低温加注系统和低温设备研制的建议。

关键词：火箭　低温　加注系统

1989年氢气液化成功，伟大的俄罗斯科学家、火箭之父齐奥尔科夫斯基1903年就指出，液氢和液氧组成的推进剂是最高效。美国在1961年10月成功发射氢氧级土星1号，继美国之后液氢液氧火箭发动机技术已成功地被俄、法、中、日、印等航天大国所掌握。我国在1984年1月29日成功发射了氢氧三级的CZ-3运载火箭。1994年2月8日，我国又成功发射了更大推力的CZ-3A运载火箭。CZ-3A系列火箭地面发射支持系统历经15次发射。从总体上讲，设计的指导思想和技术方案是正确的，不少技术还比较先进，各系统和设备满足火箭总体的要求，完成了历次发射任务。根据统计，任务中也发生过一些质量问题。其中机械问题较少，低温加注系统问题较多；本文是作者在2003年CZ-3A主管设计师以上骨干培训班的发言，通过低温加注系统的6个故障谈点体会和建议。

1　三点体会

1.1　从源头抓起——完善设计

从CZ-3A到CZ-3B根据技术的发展和认识的深化，技术状态有3次变动：第一次在CZ-3B遥一前；第二次在CZ-3A Y3任务前；第三次是在CZ-3B Y5以前。3次共57项状态变动，较大的有12项。三次状态变动，一是为了提高可靠性，二是为了提高系统的安全性，三是为了提高操作和使用的方便。较大的变动12项中，低温加注系统改进11项。

1）冷氦连接器按断开关防冻措施和脱落发讯的冗余设计；

2）液氧、液氢加排连接器脱落发讯装置的冗余设计；

3）液氧过冷器位置的搬迁；

4）液氮测控系统由工控机改为115U控制机；

5）液氧、液氢安全阀的改进设计；

6）防液氢加注连接器转接头在拆卸时爆轰措施；

7）液氧、液氮管路涡轮流量计改装为涡街流量计；

8）液氢双向过滤器和液氧70μ过滤器及液氢、液氧入口加装40μ过滤器；

9）液氢、液氧管路防止水锤现象在阀门上加装阻尼器；

10）液氧阀门瞬间关闭1′后，又恢复正常所采取的综合措施；

11）液氢、液氧低温加注管路密封接头试验及垫片厚度研究。

1.2 低温问题无小事

1）CZ-3A Y2液氢加注阀门关闭时出现管路水击现象；

2）CZ-3B Y1过滤器堵塞造成液氢补加延时；

3）CZ-3B Y1液氢加注连接器脱落发讯故障造成CZ-3B Y1火箭推迟1′32″发射；

4）CZ-3B Y2时冷氦连接器脱落信号晚发讯，导致火箭推迟起飞2′12″。

1.3 低温问题具有突发性

1）CZ-3A Y2液氢加注阀门关闭时出现管路水击现象；

2）CZ-3A 液氢加注连接器转接头发射后拆卸时出现爆轰；

3）CZ-3B Y1摆杆上的液氢加注真空金属软管破空；

4）CZ-3A Y4液氢液氧加注排气连接器10台中有8台锁紧腔漏气。

2 6个故障

2.1 液氢、液氧加排连接器自密封失效

液氢、液氧加排连接器是20世纪70年代末80年代初研制的。它有5种功能：打开加注活门、关闭加注活门、自密封、脱落、连接。由于在一3′脱落，长时间工作在（—183～—253℃）温度下，其技术难度很大。在低温火箭发射技术中，它是一个关键产品，曾获两项国家二等发明奖。尽管完成了历次发射任务，但是它是一个故障率非常高的连接器。2001年以前，CZ-3、CZ-3A、CZ-3B共执行发射任务23次，合练4次，在这27次任务中，只有CZ-3 Y7、Y8、Y11、Y12和CZ-3B Y2、Y3，CZ-3A Y1共7次任务没有出现故障。它是在设计、工艺、操作和出厂试验条件等方面存在诸多问题的一个非常典型产品，表现在皮碗质量稳定性差，出现漏气；CZ-3曾经发生轴套断裂；发讯装置不可靠，该发讯时不发讯；结构上曾经存在薄弱环节；尤其动密封设计属于风险设计，技术上没有完全吃透，有时皮碗状态失控。

CZ-3和CZ-3A（CZ-3B）连接器的状态，主要区别有两个方面：CZ-3连接器无备保气缸，脱落和锁紧无冗余设计，CZ-3A连接器有备保系统；另外轴套材料由聚酰亚胺改为不锈钢。为什么CZ-3A要改变CZ-3连接器状态，主要从脱落和锁紧可靠性出发。CZ-3连接器只有一种手段，万一皮碗漏气，就无法脱落和锁紧，把宝压在皮碗质量上，但恰巧在2000年CZ-3A Y4发现皮碗批次性质量问题，10台有8台漏气，当时已无合格皮碗可用，如果不是有备保系统，专家们决不会轻易放行参加Y4发射任务。

现象：CZ-3 Y5任务中，液氢加注连接器在脱落后，发现自密封失效。火箭起飞后点燃加注连接器喷出氢气，事后发现限位体断裂成三块。

故障原因：

1）限位体生产采用两种不同厂家的粉料，存在分层现象，断口颜色两边不一致，使材料承受拉力能力降低。

2）限位体是非金属材料（聚酰亚胺）存在应力集中区（内外螺纹退刀槽），当脱落工序前，加注管路先泄压排空 1 min，这时小气缸（腔充气）将前后顶杆向后拉，受力超过允许值。

3）连接体，内腔是空气，前顶杆长时间接触液氢后，将冷量传至连接体内腔，使湿空气存在结冰可能，过去没有认识到，导致向后拉力变大，限位体是薄弱环节而断裂。

解决措施：

1）限位体在聚酰亚胺外加金属套；

2）连接体在置换时用低压氦气吹除 5 min。

2.2 连接器转接头加注管接头之间爆燃

现象：在 CZ－3A Y3 发射后，撤收液氢加泄连接器接头与加注软管连接螺栓过程中，发生了氢气爆燃，螺栓松动后，瞬间有强烈气流伴随着较大声响，从连接处冲出，导致螺栓脱扣，转接头变形。

故障原因：当液氢加注后，在加注压力下，液氢经软管，通过内密封垫圈进入接头空腔 。接头和连接器在液氮调试时尚未连接起来，连接器和转接头、软管在箭塔协调时连接起来，当垫片厚度不足以保证软管和转接头之间的密封情况时，少量液氢汽化会进入热桥空腔中。或者当加注结束回温后，液氢汽化，在热桥空腔中积存了一部分气氢。热桥空腔在拆卸时未进行置换，加注前空腔中还存在少量空气。氢空混合在松动螺栓瞬间快速释放，产生了燃轰现象。

解决措施：

1）为防止接头热桥空腔中积存气氢，内密封垫厚度应有规定保持在 3 mm，使压紧量足够；

2）液氢工序预冷时，对转接头处螺栓实施冷紧；

3）在管路预冷准备时，先拆除气检螺钉，让预冷时可能进入热桥空腔中的少量气氢放入大气；

4）发射后，8＃以上对加注管路用 0.9 MPa He 气吹除 30 min。

2.3 液氧预冷工序中，液氧箱 700″未增加液面问题

现象：CZ－3B Y4 任务中，液氧预冷工序中，氧箱液位出现 0.5 m^3 液氧，700″后液氧箱液面始终不升，而地面液氧贮罐液位减少 6 m^3。

过程：10：09′液氧流动；

10：58′氧箱液位到 0.5 m^3；

11：08′场地发现泵 2 盘根密封处有轻微漏液，现场要求关闭 13＃（过去未出现过）；

11：09′关闭13＃阀；

此时状态28＃、17＃、9＃、13＃、10＃、14＃、5＃、25＃、8＃、11＃都是打开的。

指挥考虑到13＃关闭后，泵2管路会引成封闭空间而憋压，又下口令打开24号阀（忘了关！）。

此时液氧经过14＃阀，24＃阀进入氧排管，问题比较明显。

故障原因：

1）指挥当时对流程原理理解不透，掌握不深不牢，现场处理不正确，关闭13＃阀不会引起憋压，因为泵后14＃是打开状态。

2）指挥经验不足，指挥过程中长达700″，但箱压降低比以往各次发射的火箭慢的原因分析不清楚。曾产生打开地面氧排阀排气的做法，但没有把这个问题和故障联系起来。这个做法对正确处理这一问题产生了一定的干扰。

3）一岗当晚－12 h检查液位，回去很晚休息，而液氧加注又提前改为9：50′进行。指挥仓促上岗，上岗受到领导批评，情绪未稳定下来就进入指挥状态。

4）系统内岗位之间互动不够，也导致该岗位人员未能及时提醒指挥。

5）预案工作还有漏洞，泵前小漏可不预处理，因大流量加注时，泵前压力低于预冷工序后阶段压力。

教训：

1）对流程必须真正熟练掌握，吃透技术；

2）对历次试验关键数据和时段应有所掌握；

3）预案工作需要不断完善；

4）任何一个口令和动作必须想到其后果和相应的反应；

5）管系统的要尽可能熟悉设备，管设备的要最大限度熟悉系统，相关岗位才能互动，及时做出反应，纠正误口令，误动作。

2.4 球阀喷液与波纹管失稳

现象：低温Φ80气动球阀最早用在CZ－3液氢和液氧加注系统中。由于其流阻比气动截止阀小，所以在CZ－3A/B中也一直沿用至今。CZ－3液氢加注系统中，该阀使用基本正常（偶尔也发生波纹管失稳现象），但到了CZ－3A阀门关闭时，球阀喷液与波纹管失稳出现次数比较多。这是一个很严重的问题。

故障原因：在球阀压紧块和球阀之间存在一个密封腔A，液氢加注停止快速关闭过程中产生水击，液氢通过螺纹间隙，透到A腔，当停止加注阀门关闭时，进入A腔的液氢压力极大升高，结果出现大的响声，造成波纹管失稳或者阀盖C处喷液。

解决措施：在阀门上安装阻尼器，使关闭时间限长，达到缓缓关闭。

2.5 冷氦连接器脱落信号晚发出2′12″

现象：CZ－3B Y2时，冷氦连接器脱落信号开始未发出，过了2′12″又发出，导致火箭推迟2′12″起飞。

故障原因：冷氦连接器输送高压低温氦气，温度为 77～80 K 左右，不是所有时段都工作。由于供气程序不连续，当增压或冷氦气瓶充气时，处于低温状态，连接器对接面会结霜，不充气时霜会变成水，由于连接器是倾斜（18°）位置安装，水可能会进入发讯按断开关，再充气时水会结冰，将按断开关冻住。冷氦连接器脱落后不释放，发讯电路未接通。1′以后，回温，冰化成水，按断开关在弹簧力作用下弹出，接通电路，信号返回。

解决措施：

1）采用非金属隔热套，将按断开关与连接器对接面之间传递冷量通路切断；

2）在按断开关缝隙处涂低温脂，防止水流入按断开关；

3）平时要加强除霜，不使霜层积累。

教训：火箭上连接器对接面改为倾斜 18°后，增压过程中（开—停），对低温环境结霜，回温后化成水，水经过缝隙流进按断开关，充气时，水变成薄冰过程的物理变化，会影响按断开关工作可靠性，由于缺乏认识，所以研制早期未采取上述措施。

2.6 CZ-3B Y1 液氢延时补加和真空金属软管破空

从预冷到大流量加注都很顺利，补加时，液氢理应经 13＃、8＃、7＃、9＃进入火箭贮箱。但贮箱液面不升。

现象：CZ-3B Y1 任务中，液氢大流量结束转入前补加工序，目标要补到Ⅳ液位。进行了 54″以后，流量指示为零。管末、管中压力一致，贮箱液面不升，出现故障。

排故过程：

1）7＃阀后节流阀未打开。开 6＃阀，流量仍为零。

2）加注连接器未打开。开 15＃阀，出现流量高达 1 628 L/min，说明 6＃、7＃阀均无问题，箭上流体经加注连接器和 15＃阀排向燃烧池。进一步证明 6＃、7＃阀无问题。

3）上塔检查，发现摆杆上一根金属软管破空，严重结霜，判断是气堵导致，提高压力至 0.36 MPa（正常补加压力为 0.16～0.17 MPa），管中、管末压力下降，流量计有指示值，完成补加任务。

故障原因：事后在恢复过程中，发现过滤器已破，贮箱液面不升的原因是过滤器堵塞，在 0.36 MPa 下过滤器脱胶破损。

解决措施：

1）防止多余物进入管路：禁止使用棉布和丝绸布进行管路清洗。液氮调试前，拆下过滤器，连接好管路，全开 7＃阀后节流阀，关 8＃阀，氢加注管路充 0.5 MPa，关 6＃阀开 7＃阀吹除 2 次，开 6＃阀关 7＃阀吹除 2 次。在管路末端放气口装一个工艺过滤器，以检查洁净度。吹除后，再装上正式加注用过滤器。在液氢和液氧加注管路入口加装 40μ 过滤器。

2）过滤器清洗出厂前，必须用超声波清洗和放大镜检查，并用 0.5 MPa 压力作液氮通过性试验。执行完发射任务后，都要返厂清洗检查。每三发更换新的过滤器。滤网采用电子束焊接代替胶接。

3）调整末端压力测点位置：过滤器前的末端压力测点移至过滤器位置后的过滤器管

段上，以便判断过滤器是否堵塞。

教训：

应当说当时出现故障后，排故的思路基本上是对的，依次排除7#阀——连接器——铁路车有无故障。但对过滤器堵没有思想准备，因为所有氢、氧加注管路刚抽过空，清洗后重新安装的。预冷、大流量加注时一切都很正常，对补加时出现多余物缺乏思想准备，加上当时摆杆末端的确有1根真空管破空，做出了提高压力到0.36 MPa的错误指挥，歪打正着。在设计上压力测点布置欠周全，造成判据不足，也是一个因素。

3 两点建议

3.1 低温系统要防止崩溃性（灾难性）故障的出现

这不是耸人听闻，国外航天大国有过，我们自己型号也有过。CZ－3A系列低温加注系统还有一个问题没有彻底归零——液氢加注系统在总检查程序中，火箭起飞（模飞）后，在雷电交加情况下，全部阀门瞬间关闭。如果发生在加注阶段，问题可想而知。这样的案例举不胜举，有哪些要考虑呢？

1）防止水击；

2）防止憋压；

3）防止设备和管路真空系统破空；

4）防止同时出现2个以上的故障；

5）防漏。

这些问题要联系我们现有的系统、设备和文件来思考，进行修改和完善。

3.2 为什么出现的故障事先都没有想到

这是一个一般规律，“质量是永恒的主题”就说明了这个问题。从认识论的观点，我们的认识总是不断地向前发展，技术总是在不断地进步，永无止境。通过努力，对我们从事的工作可以做到好上加好。但是客观上任何故障的发生都有一定的原因，都有一定的条件。这些原因，这些条件决定我们要：

1）学习——向书本学习、向实践学习、向别人学习；

2）预想——想变化、想状态、想特点；

3）总结——总结教训、总结经验、总结规律；

4）固化——条条框框、各种资料、各种文件。

我国低温火箭发射成功比美国晚23年，和其他专业相比，低温专业技术水平与国外差距相对要小。加注系统和地面设备的差距主要是规模小。只要我们努力，不断创新，在未来10年赶上是大有希望。

长征系列火箭地面发射技术的成就与未来

（2002.4.28）

摘　要：文章回顾了45年来长征火箭地面测试发射技术所取得的进步和发展，以及如何迎接21世纪新的挑战。

关键词：火箭　地面发射技术　成就　未来

1965年，我国正式启动人造卫星工程，我院在研制DF－4导弹的基础上研制了CZ－1三级火箭。1970年4月，我国成功地发射了第1颗人造卫星，成为世界上第5个发射人造卫星的国家。卫星的质量300 kg，超过了国外前4颗卫星质量的总和。随后，我国以惊人的速度相继研制了CZ－2、风暴1号、CZ－2C、CZ－3、长征2号捆、CZ－3A、CZ－4A、CZ－2D、CZ－3B、CZ－3C、CZ－2C（改）、CZ－4B、CZ－2F。除CZ－3C研制成功未投入使用外，长征型号为各种卫星发射作出了贡献，取得了举世瞩目的成就。

航天系统是一个巨系统，地面测试发射系统是一个子系统。回顾这45年航天发展的历程，地面测试发射技术同样取得了很大的进步和发展。

首先，15所为12个运载火箭研制了各种地面测试和发射设备，它们包括火箭和整流罩的运输设备、起吊设备、停放设备、发射装置、瞄准设备、常规推进剂加注系统、低温推进剂加注设备、供配气设备、供配电设备等。

15所为火箭各种发射模式进行了卓有成效的论证和研制，并付诸实施。

15所积极参与了酒泉、太原、西昌3个航天发射场的建设，从场区的选点、方案论证到设备的研制、安装、使用和发射都留下了我们的足迹。

15所参加了全部运载型号历次发射任务，详见表1。

表1　我国历次发射卫星飞船一览表（1970—2002.4）

运载火箭名称	发射日期	卫星名称
CZ－1	1970.4.24	东方红1号科学试验卫星
CZ－1	1971.3.3	实践1号科学实验卫星
CZ－2	1974.11.5	返回式卫星
风暴1号	1975.7.26	科学探测和技术试验卫星
CZ－2	1975.11.26	第1颗返回式卫星
风暴1号	1975.12.16	科学探测和技术试验卫星
风暴1号	1976.8.30	科学探测和技术试验卫星
CZ－2	1976.12.7	第2颗返回式卫星
CZ－2	1978.1.26	第3颗返回式卫星
风暴1号	1981.9.20	空间物理探测卫星
CZ－2C	1982.9.9	第4颗返回式卫星

续表

运载火箭名称	发射日期	卫 星 名 称
CZ-2C	1983.8.19	第 5 颗返回式卫星
CZ-3	1984.1.29	东方红 2 号试验通信卫星
CZ-3	1984.4.8	东方红 2 号试验通信卫星
CZ-2C	1984.9.12	第 6 颗返回式卫星
CZ-2C	1985.10.21	第 7 颗返回式卫星
CZ-3	1986.2.1	东方红 2 号通信卫星
CZ-2C	1986.10.6	第 8 颗返回式卫星
CZ-2C	1987.8.5	第 9 颗返回式卫星
CZ-2C	1987.9.9	第 10 颗返回式卫星
CZ-3	1988.3.7	东方红 2 号甲通信卫星
CZ-2C	1988.8.5	第 11 颗返回式卫星
CZ-4	1988.9.7	风云 1 号气象卫星
CZ-3	1988.12.22	东方红 2 号甲通信卫星
CZ-3	1990.2.4	东方红 2 号甲通信卫星
CZ-3	1990.4.7	亚洲 1 号通信卫星
长征 2 号捆	1990.7.16	巴基斯坦科学试验卫星（澳星模拟星）
CZ-4	1990.9.3	风云 1 号气象卫星、大气 1 号甲卫星、大气 1 号乙卫星
CZ-2C	1990.10.5	第 12 颗返回式卫星
CZ-3	1991.12.28	东方红 2 号甲通信卫星
CZ-2D	1992.8.9	第 13 颗返回式卫星
长征 2 号捆	1992.8.14	澳普图斯 B1 通信卫星
CZ-2C	1992.10.6	第 14 颗返回式卫星、瑞典弗利亚科学试验卫星
长征 2 号捆	1992.12.21	澳普图斯 B2 通信卫星
CZ-2C	1993.10.8	第 15 颗返回式卫星
CZ-3A	1994.2.8	实践 4 号科学实验卫星（模拟星）
CZ-2D	1994.7.3	第 16 颗返回式卫星
CZ-3	1994.7.21	亚太 1 号通信卫星
长征 2 号捆	1994.8.28	澳普图斯 B3 通信卫星
CZ-3A	1994.11.30	东方红 3 号通信卫星
长征 2 号捆	1995.1.26	亚太 2 号通信卫星
长征 2 号捆	1995.11.28	亚洲 2 号通信卫星
长征 2 号捆	1995.12.28	艾科斯达 1 号通信卫星
CZ-3B	1996.2.15	国际 708 通信卫星
CZ-3	1996.7.3	亚太 1 号 A 通信卫星
CZ-3	1996.8.18	中星 7 号通信卫星
CZ-2D	1996.10.20	第 17 颗返回式卫星

续表

运载火箭名称	发射日期	卫星名称
CZ-3A	1997.5.12	东方红3号通信卫星
CZ-3	1997.6.10	风云2号气象卫星
CZ-3B	1997.8.20	马部海通信卫星
CZ-2C（改）	1997.9.1	铱星模拟星（双星）
CZ-3B	1997.10.17	亚太2号R通信卫星
CZ-2C（改）	1997.12.8	铱星（双星）
CZ-2C（改）	1998.3.26	铱星（双星）
CZ-2C（改）	1998.5.2	铱星（双星）
CZ-3B	1998.5.30	中卫1号通信卫星
CZ-3B	1998.7.18	鑫诺1号通信卫星（欧）
CZ-2C（改）	1998.8.20	铱星（双星）
CZ-2C（改）	1998.12.19	铱星（双星）
CZ-4B	1999.5.10	风云1号气象卫星、实践5号科学实验卫星
CZ-2C（改）	1999.6.12	铱星（双星）
CZ-4B	1999.10.14	资源1号
CZ-2F	1999.11.20	神舟号无人试验飞船
CZ-3A	2000.1.26	中星22号
CZ-3	2000.6.25	风云2号
CZ-4B	2000.9.1	资源2号
CZ-3A	2000.10.31	北斗导航卫星
CZ-3A	2000.12.21	北斗导航卫星
CZ-2F	2001.1.10	神舟2号无人试验飞船
CZ-2F	2002.3.25	神舟3号无人试验飞船

在45年航天技术发展中，特别是在长征型号研制中，我们的队伍不断成长，我们的技术不断进步，一代航天人付出了毕生精力，大部分人已全身而退。新一代航天人已茁壮成长，新老交替的历史使命已经完成。总结过去成绩辉煌，展望未来波澜壮阔，任重道远。

1　长征运载火箭带动地面发射技术的发展

CZ-1火箭是以DF-4为基础加上固体上面级而研制成的三级火箭，CZ-2火箭是以DF-5为原型进行改型的二级运载火箭。这两种型号它们都采用了原有导弹的地面设备加以适应性改进。但是，技术上有如下进步。

1）大直径长轴距火箭公路运输车全轮转向技术。该技术使公路运输车机动性能大大提高，解决了CZ-1、CZ-2一级火箭在院内总装厂房到振动塔之间的院内运输、市内运输、发射场运输的难点。一级火箭公路运输车如图1所示。

图 1　一级火箭公路运输车

2）四氧化二氮屏蔽泵（如图 2 所示）和偏二甲肼加注屏蔽泵技术（如图 3 所示）。该技术解决了有毒介质在库房向火箭加注时的环境污染问题，改善了人员操作环境，提高了安全性。

图 2　四氧化二氮屏蔽泵

图 3　偏二甲肼屏蔽泵

3）非强制同步牵制释放技术。该技术解决了 CZ－2 火箭发射时安全可靠的释放，同时又可防止支承牵制臂碰撞火箭问题。

4）组合式可自动脱落（如图 4 所示）技术。该技术解决了两级火箭供气的难点。

图 4　气管连接器

上述 4 个技术，除因箭体支点下移，非强制同步牵制释放技术在后来型号上没有采用外，其他三项技术一直沿用至今，并保持国内领先水平。

CZ－3 是我国脱离武器模式单独研制的一种三级火箭，第三级采用新的液氢-液氧发动机。地面设备在 CZ－3 研制中有了很大的发展，除了一、二级火箭地面设备部分借用外，新研制的设备占 65％以上。技术进步点如下所示。

1）液氢、液氧的贮运和输送技术。首次研制了液氢公路自动补加车（如图 5 所示）、液氧公路自动补加车（如图 6 所示）、70 m^3 液氢铁路运输车（如图 7 所示）、液氢真空加注阀（如图 8 所示）和真空加注管路等一整套设备，解决了低温三级火箭加注问题。

图 5　液氢公路自动补加车

图 6　液氧公路自动补加车

图 7　70 m^3 液氢铁路运输车

图 8　真空加注阀

2）氦气贮运技术。解决了氦气瓶库 1.4 m^3 球形气瓶和氦气运输车气瓶贮存氦气时的泄漏问题。

3）风摆自动跟踪瞄准技术。解决了细长运载火箭在 10 m/s 风速下，平台目标棱镜有较大的摆动时跟踪瞄准问题。

4）供气阀门技术。研制了可远控、长寿命双向供气电磁阀（图 9）、高压平衡阀和截荷阀（图 10），解决了原仿苏双向供气电磁阀在氦气状态下漏气、可靠性不高的问题。新研制的两种高压手动阀门体积小，操作省力，扭转了配气技术落后的局面。

图 9　电磁阀

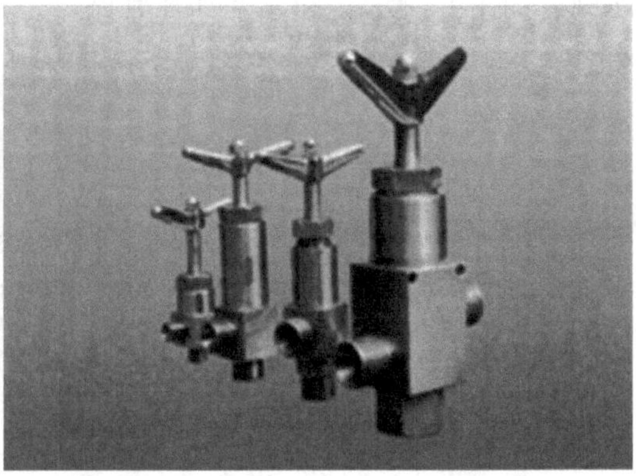

图 10　卸荷阀

5）超低温可远控脱落加注连接器技术。研制了液氢、液氧加注和排气两种自动脱落连接器（图 11），满足了火箭射前补加结束时，－3 min 连接器脱落问题。

6）加注控制台（图 12）采用矩阵网络变换技术。解决了加注时工序中同时开关多个阀门远距离的控制问题。

7）摆线减速器传动技术。满足了发射台载荷增加以后，方位旋转和垂直度调整的要求。

图 11　液氢加注连接器

图 12　加注控制台

CZ-3A 火箭是在 CZ-3 火箭基础上研制的推力更大的一种三级火箭。在长征三号火箭基础上，地面设备在可靠性上、安全性上、自动化水平上有了很大提高，技术上主要进步如下所示。

1）液氢、液氧加注微机测控技术（图 13）。首次实现微机联网自动加注，通过联机和自动程序手段对加注、补加全过程进行控制，能对液氢、液氧加注时的压力、温度、流量、液位参数进行实时显示、自动检测、打印和存贮。监测系统能自动调节阀门开度，达到自动调节加注、补加流量的目的。加注过程动态显示液体流动、阀门开闭状态和各种参数。

图 13　液氢加注微机测控设备

图 14　液氧泵间

2）液氧固定罐及泵式加注技术。首次研制了高效率高扬程低温液氧泵（图 14），使大流量加注时间大大缩短。

3）液氧过冷技术。首次采用过冷器，使液氧流过过冷器后温度降到 83.5 K，提高了液氧品质。过冷器一次过冷液氧 3 t 左右。

4）地面冷氦增压及纯化技术。研制了冷氦分级增压电磁阀、高压低温自动脱落冷氦连接器（图 15）、冷氦换热器、冷氦纯化器、高压真空冷氦输送管路、高压低温测压传感器等一系列设备，使低温氦气达到（80±3）K，纯度达到 99.999%。较好地解决了冷氦连接器与箭的高压低温密封问题，攻克了－2 min 脱落的技术关键。

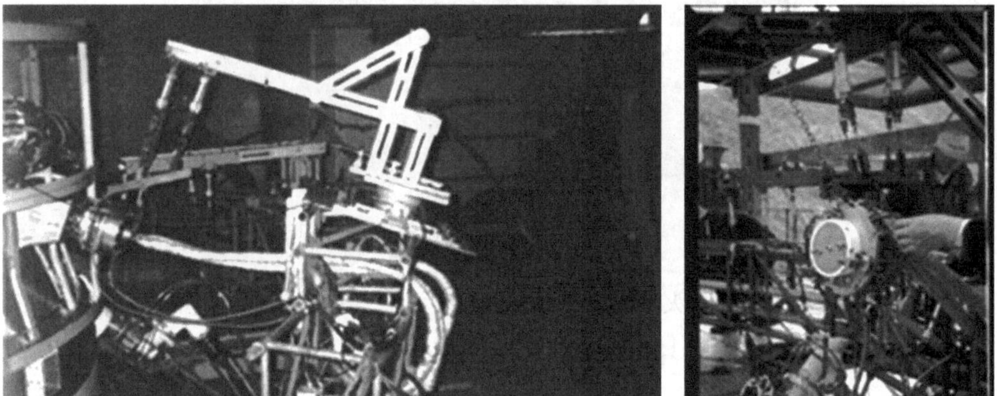

图 15　冷氦连接器

5）大容量液氢贮运技术。研制了可远控自动化加注的 85 m^3 液氢铁路加注运输车（图 16），使真空绝热技术和控制技术上了新的台阶。

CZ－2E 火箭是我国首次研制的捆绑型火箭，地面设备主要技术进步点有两个方面。

1）承载 800 t 的大型发射台（图 17），研制了支承回转调平新的结构型式。发射台直径 14 m，回转范围±180°。

图 16　85 m^3 液氢铁路加注运输车

图 17　大型发射台

2）整流罩和卫星整体吊装技术。研制了整流罩分瓣运输设备和装配桁架、吊篮（图18）、调温牵引车、十字梁大吊具等一整套设备，解决了卫星整流罩合罩、整体运输和星箭对接一整套技术。

CZ－2F 火箭是在 CZ－2E 火箭的基础上，为发射飞船而研制的火箭，地面发射技术的主要进步点如下所示。

1）首次采用“三垂”发射火箭的模式，研制了大型机动发射台（图 19），发射平台长 24.4 m，宽 22 m，高 8.4 m，质量 750 t。

图 18　卫星整体吊装运输设备

图 19　发射平台

2）首次采用中频逆变电源（图 20）代替噪声大的中频机组。

3）研制了逃逸救生火箭发射装置（图 21）。

图 20　30 kVA 中频逆变电源

图 21　逃逸火箭发射台

CZ-2C（改）是在 CZ-2C 基础上采用固体上面级的运载火箭。15 所除借用 CZ-2 的一些地面设备外，适应性地研制了一些新的配套设备。

总之，每个新型号的发展，伴随着推力增大，直径加粗，火箭加长，推进剂用量增加或有效载荷质量和尺寸的变化等，为使地面设备技术不断适应总体的需要和变化，总有难点需要我们去克服，去攻关。15 所的广大技术人员，充分发挥了自己的才智和创造能力，研制出了上面许多个国内第一、许多个国内领先的技术，出色地完成了任务。这里有一点重要的体会，就是我们必须跟踪世界发射技术的前沿水平，密切关注世界航天发射的技术发展，做好技术储备，只有这样才能不失时机地满足型号的需求。

2　科技进步使地面设备不断发展

随着近 20 年多年来，计算机和微电子技术的发展，地面设备发射技术也有了飞速的发展。以激光瞄准设备（图 22）为例，由于在方位角数字显示仪和瞄准信号控制仪使用了单片机，提高了方位测量和准直精度，简化了电路设计，使电路板从 CZ-3 48 块减到 CZ-3A 5 块，方便了调试和操作；由于采用了高精度分光可转换的立方反光镜，实现了使光学瞄准和光电瞄准可同时工作，从而使瞄准仪缩小了体积，减轻了质量，也为准直采用 CCD 图像显示实现了先决条件。CCD 图像显示使瞄准增加了一种可远传至发控台的、直观地判别准直与否的瞄准方法；在光源上采用新颖的可见光半导体激光作为光源代替原来氦氖激光器，从而使寿命有所增加，质量减轻；扩束棱镜装置代替了原先激光瞄准仪较为复杂的风摆自动跟踪系统。其他还有大行程精密导轨、宽直角棱镜装置等。

40 年来，瞄准专业充分利用了光学、电子科学和计算机的成果，大大缩短了与世界先进水平的差距，同时也推动了我国光电技术行业的发展。

地面测试电源，不断跟踪世界先进水平，专业人员进行了卓有成效的工作，不断更新换代。技术进步经历了三个阶段：电子变流的饱和电抗器型和可控硅电源（代替仿苏

图 22　长征 3 号甲激光瞄准设备

直流电机)，解决了电源和火箭系统匹配稳定性问题；高精度的晶体管型大功率直流电源（图 24）及中频逆变电源取代可控硅电源和中频电机，解决了微机和 CAMAC 测试系统要求静态、动态特性精度高的要求；缩小电源体积和减轻质量以适应市场和新一代火箭而研制的模块电源和开关电源（图 23）。形成晶体管直流电源系列、可控硅直流电源系列、软开关直流电源系列、中频逆变电源四大系列。由于 15 所研制的电源品质高，享有很高的信誉。

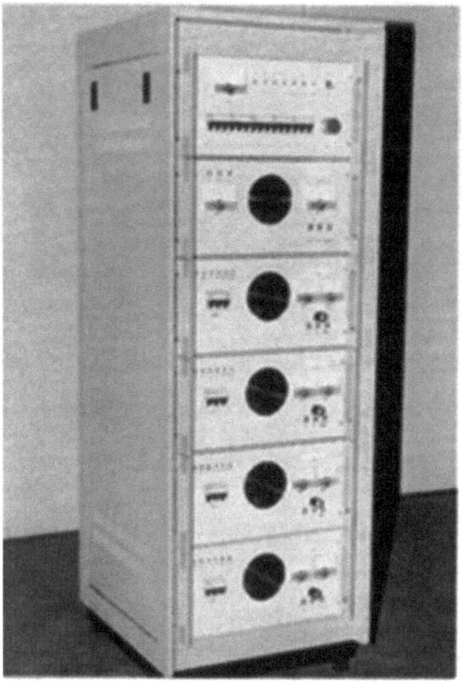

图 23　开关电源

图 24　大功率晶体管电源

发射台从承载几十吨发展到 800t 的大型发射平台和机动发射平台，它的操纵也从手动变到计算机自动控制（继电器）和可编程计算机自动控制。垂直度调整和方位旋转是发射台的主要功能。低速、大承载、小体积减速装置一直是这一专业的攻关的课题，发射专业从圆柱齿轮减速器到 CZ－3 的摆线针轮减速器，CZ－2F 滚柱密切圆活齿针轮减速器，不断创新，不断应用世界先进的传动成果，推动发射技术登上一个又一个的高峰。

航天技术是一个高技术产业，集成了世界科学技术的最新成果，是现代科学技术的高度综合。因此，15 所的发射技术在前进和发展中，不断有新、高技术应用于 15 所各个专业中，工程技术人员紧盯一切新技术和新成果，创造性地在工作中应用这些成果，使产品不断升级换代。同样，我们的产品，推动了各工业部门的建设和发展，促进了他们生产力的提高。

3 抓住历史机遇，不断创新，走向世界

1985 年 10 月，我国政府宣布长征系列运载火箭进入国际市场，承揽对外发射服务。1986 年 1 月 23 日，中国长城工业公司与香港亚洲卫星通信公司正式签订了用 CZ－3 火箭发射亚洲一号卫星的合同。我所抓住机遇，经过艰辛劳动，为亚星研制了：

1）我国第一个卫星密封容器（图 25）；

2）第一辆高性能的卫星密封容器及反推火箭公路运输车（图 26）。集装箱公路运输车（图 27）；

图 25　卫星密封容器与公路运输车

图 26　反推火箭公路运输车

3）第一个整流罩空调自动脱落连接器；

4）实时连续监测智能化振动监测仪。

这些设备，填补了我国空白，克服了一系列技术难点，经受了中美合同规定的各个里程碑严格考核，圆满完成了任务。

根据 1988 年 11 月，我国与澳大利亚空间公司签订两颗通信卫星发射合同，15 所用 18 个月为澳星研制了卫星和整流罩整体吊装一整套设备，其中最主要的有：

1）我国第一个整流罩装配型架（图 28）；

图 27　集装箱公路运输车

图 28　整流罩装配型架

2）我国第一个卫星及整流罩整体吊篮；

3）重载卫星整流罩公路运输车；

4）直径 14 m，承载 800 t 的发射平台。

1997 年 8 月 20 日，CZ－3B 火箭发射了马步海卫星，15 所研制了新一代大直径重载多用途的卫星密封容器（图 29）和卫星环境监测系统，这一容器还在后续的亚太 2R、中卫一号、鑫诺一号中得到应用。同时 15 所研制了第一辆全封闭整流罩轻型包装铁路运输车（图 30）。

图 29　大容量卫星密封容器

图 30　全封闭整流罩轻型包装铁路运输车

外星发射，其意义就国家而言，向全世界展示了中国航天整体实力和地位，无愧一个航天大国；对 15 所而言，无疑推动了地面设备技术的进步和发展，扩大了地面设备的领域，提高了 15 所整体实力，培养了人才，在与国际交往和接触中学到了一些有益的东西，同时也展示了我们的聪明才智，填补了不少国家空白。当然发射外星也使我们在经济上有所获益。

4　紧跟国家战略部署，迎接 21 世纪新的挑战

我国运载火箭技术有了长足的进步，40 多年的自力更生，艰苦奋斗，无私奉献奠定了我国航天大国的地位，但是与发达国家相比，差距仍然很大。如何确保持续发展，缩小差距，仍是我们航天人面临的艰巨任务。根据第九届全国人大四次会议《政府工作报告》中提出的要“重点支持新型运载火箭重大高技术工程，形成我国高新技术产业的群体优势和局部强势”的指示精神，我国要研制“一个系列、两种发动机和三个模块”新一代运载火箭，以及要开展重复使用航天运输系统的研究和月球探测研究等，上述任务给我们提出了新的机遇和挑战。

首先新一代运载火箭对我们提出更高的要求，提出“应坚持低成本、高可靠、适应性强、安全性好的原则，立足于高起点、高定位，实现跨越式发展”。新一代运载火箭要“满足国内空间技术在未来 30～50 年内的发展需求；积极参与国际竞争，扩大在国际商业卫星发射市场上份额；正确处理技术继承和发展的关系，既要重点解决现有火箭中存在的问题，又要充分考虑运载技术的可持续发展能力，为未来重复使用运载器的发展打下基础”。新一代运载火箭采用 50 t 的液氢液氧发动机和 120 t 级的液氧煤油发动机，火箭采用 5 m 直径的模块，使得我所地面测试发射在低温技术、运输技术、发射控制技术、测试电源技术、供配气技术等方面将有很大的发展和进步，在箭—地接口方面将面临新的突破。

各种新技术、新成果将竞相登场，发射场将重新建造。可以预见，新一代运载火箭发射场规模将超过阿里安V，将H-2A远远甩在我们的后面。它给我们火箭技术发展矗立了一个新的里程碑，是21世纪航天事业发展的新亮点。面临这一宏伟的规划，刚刚进入预研的15所每个专业、每一个课题已成为众多同行竞争的对象。这种竞争不仅是技术实力的竞争，也是管理能力和经济实力的竞争。我们如何应对将是一个严峻的考验。

我们必须竭尽全力，不仅要抓紧做好三年新课题的预研工作，做出成绩，取得成果，而且要投入足够的力量，全面应对一些成熟的传统技术和成熟系统的竞争。我们要使成熟系统优化，要注入新的活力，要降低成本。我们深信，有40多年发射技术研制经验的15所一定会对新一代运载火箭诞生做出应有的贡献。

国外运载火箭低温加注系统

（1996.11.1）

摘　要： 本文介绍了美、俄、法、日等主要航天国运载火箭的低温加注系统。介绍了它们的组成、加注流程、加注参数和相关设备。在此基础上分析了他们的特点。

关键词： 运载火箭　地面设备　低温　加注系统

1　前言

低温加注系统包括低温介质的储存、运输、供应、操作控制和安全等内容 。它是运载火箭发射场地面设备的重要组成部分。因低温推进剂本身固有的特性：易燃、易爆炸和易挥发，世界各国对此都非常重视。近几十年来，低温技术得到了长足的进步和发展，下文介绍主要航天国的低温加注系统。

2　国外火箭低温推进剂加注系统

2.1　美国低温推进剂加注系统

土星Ⅴ运载火箭采用液氢、液氧作为推进剂。液氢加注量为 1 275 m^3，（～90 t），液氧总加注量为 1 730 m^3（2 000 t），这是最复杂的液体低温加注系统。它由液氢贮存容器、输送管路、各种低温加主阀门、放气阀门等组成。图 1 是土星Ⅴ运载火箭液氢加注系统。

土星Ⅴ运载火箭液氢贮存容器是球形容器，其容量为 3 217 m^3，也有称为 3 500 m^3，图 2 是这种容器的外形。加注管路是真空绝热不锈钢管，直径为 252 mm，总长 400 m。排气管的直径为 300～400 mm 的铝管。贮罐可以容纳 15 辆公路运输车同时向内转注液氢。汽化器系管径为 110 mm。汽化器一方面提供 116 K 的氢气对火箭箱体预冷，另一方面汽化的氢气进入球形贮罐，作为大小流量向火箭加注时的贮罐增压用气。由于加注流量很大，贮罐需要补充的气氢量也很大，所以汽化系统占地面积很大。图 3 是加注调节阀门。

土星Ⅴ液氧加注系统和液氢加注系统，大相径庭，也是由双层球形罐和输送管路、阀门等组成。不同的是液氧球罐的容积更大，达 3 406 m^3，也有称为 3 500 m^3。液氧加注不采用汽化器挤压，而是采用泵式加注。贮罐增压仍用液氧汽化装置汽化的氧气。

肯尼迪发射场液氢库位于发射台东北象限，液氧库位于发射台区西北象限，它们都离发射中心 440 m。

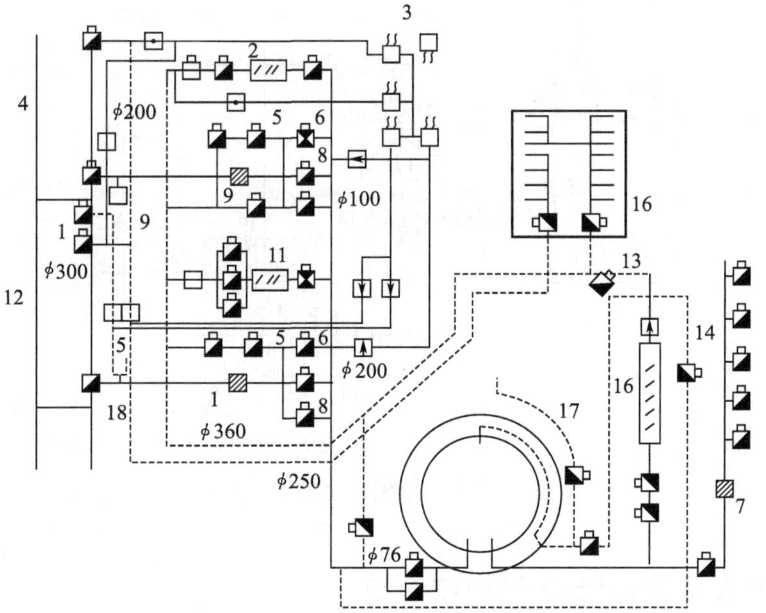

图 1　土星Ⅴ运载火箭液氢加注系统

1、13—放气阀门；2—三级火箭氦热交换器；3、15—气态氦；4—三级液氢箱；5—塔架放气管路；6—加注阀门；7—过滤器；8—主加注阀门；9—气氦（190 L）；10—燃料焚烧池；11—二级火箭氦热交换器；12—二级液氢箱；14—加注管放气；16—蒸发器；17—液氢储存容器；18—滤水池

图 2　土星Ⅴ运载火箭液氢贮罐

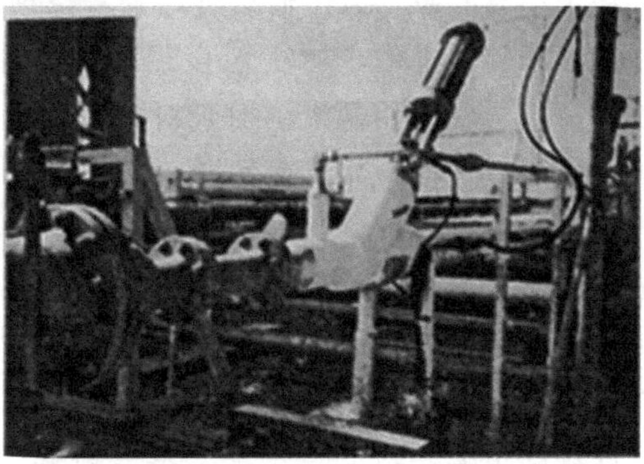

图 3　土星Ⅴ运载火箭液氢加注调节阀

肯尼迪发射中心土星Ⅰ发射场的液氢加注系统与土星Ⅴ液氢加注系统大同小异，主要区别有两个方面：一是储存液氢的主体设备比土星Ⅴ小得多，仅有 437 m^3；二是它有一个液氢过冷器，这种过冷器使输往火箭的液氢过冷到－254.5℃，从而使得补加的液氢成为单向流。为实现液氢过冷，过冷器采用抽真空过冷冷却，为保持过冷气液面不变，压力不变，过冷器有一整套的调节系统。图 4 是土星Ⅰ号液氢加注系统原理图。

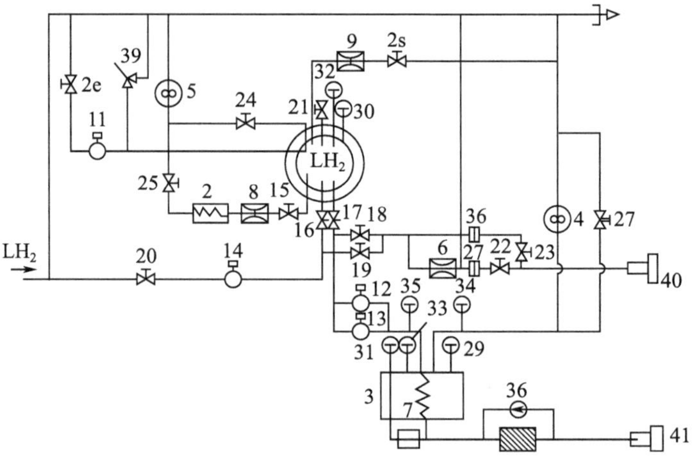

图 4　土星Ⅰ液氢加注系统原理图

2.2　俄罗斯火箭低温推进剂加注系统

俄罗斯东方号系列火箭采用液氧和煤油作为推进剂。能源号火箭助推器采用液氧和煤油为推进剂，芯级用液氢和液氧作为推进剂。俄罗斯液氧加注系统原理见图 5，该系统主要由贮罐、泵组、输送管路、液氧过冷系统贮罐增压系统和排气系统等组成。联盟号火箭液氧采用半地面卧式贮罐贮存，每个容器的容积是 230 m^3，8 个总容积为 1 840 m^3。向火箭加注采用离心泵。液体输送管路为真空绝热，直径为 250 mm，贮罐中的液氧在射前可由铁路槽车转注进罐，加注管直径为 100 mm。在向箭上加注前，先将库存液氧降温到 70 K。降温方法是用两级引射泵对贮存容器的气腔抽空，小离心泵的作用是向汽化器提供液氧，液氧汽化作为液氧罐的增压用气。小离心泵另一作用是预冷直径为 250 mm 的加注管。当加注管预冷合格并充填满后启动大离心泵向火箭正式加注。能源号液氢贮罐是 3 个 1 400 m^3 固定罐。

2.3　法国阿里安火箭低温推进剂加注系统

法国阿里安运载火箭共有 3 个发射场。阿里安火箭第一发射场和第二发射场共相距 500 m。阿里安火箭第一发射场只限于阿里安Ⅰ、Ⅱ、Ⅲ型火箭；阿里安火箭第二发射场可适应阿里安Ⅲ、Ⅳ火箭；阿里安火箭第三发射场专用于发射阿里安Ⅴ火箭。第一，第二两个发射场的低温推进剂加注系统类似。第三发射场有许多改进。

第一、第二发射场液氢和液氧采用卧式储罐，彼此离火箭发射台 400 m，并且中间隔着厚约 1 m 的安全防护用土墙。地面输送管内径为 50 mm。液氢地面管道为真空绝热不锈钢管。发射场自己生产液氧。液氢由法国用 C_{40} 液氢公路槽车从海上用船运抵库鲁发射场。

由于阿里安Ⅴ的芯级液氧箱和液氢箱比阿里安其他型号大得多，液氧为 130 t，液氢为 27 t，分别是阿里安Ⅳ的 14 倍和 13.5 倍，因此第三发射场的低温加注系统与第一、第二发射场加注系统有明显不同。首先，对阿里安Ⅳ的液氧和液氮生产厂做了改造。改造后

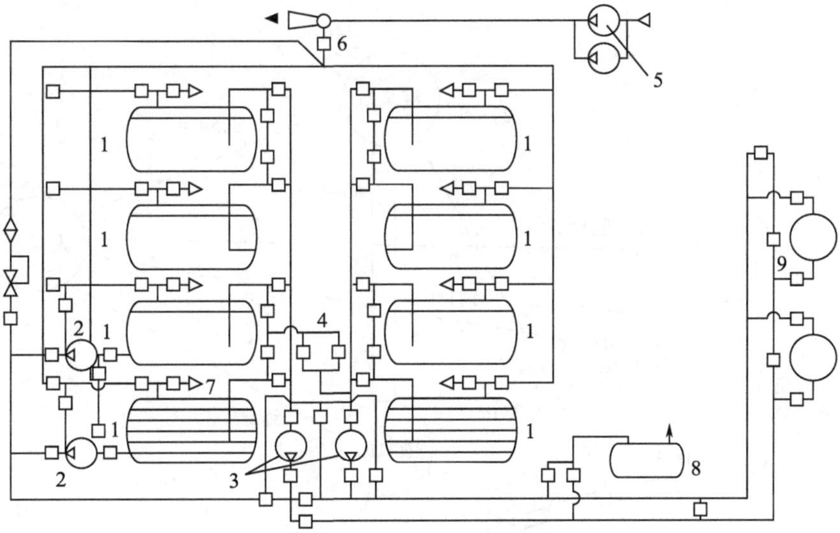

图 5　液氧加注系统原理图

1—容器；2—小离心泵；3—主离心泵；4—阀门控制箱；5—离心压缩机；
6—引射器组件；7—容器增压蒸发器；8—排放容器；9—箭上贮箱

日产液氧 14 m^3，液氮 60 m^3。液氢不从法国运送到圭亚那航天发射中心，而是在发射场建立了一个日产 33 m^3 的液氢制造厂。二是液氢、液氧都是射前将贮罐用公路拖车运送到发射区。液氢是用 3 个 320 m^3 卧式储罐，液氧用 5 个 140 m^3 和 16 个容积为 20 m^3 的贮罐。它们分别位于发射台两侧，离发射台约 200 m。

2.4　日本火箭低温推进剂加注系统

日本 H－2 火箭在吉信发射场发射，Ⅰ级、Ⅱ级均采用液氢和液氧作为推进剂。液氢站主要设备由贮罐、汽化器、气氢液化装置、液氢加压泵、气氢罐、输送管路等组成。液氢罐共 2 个，每个 540 m^3，液氧站主要有液氧贮罐、汽化器、输送管路等组成。液氧站共有 12 个 160 m^3 的液氧罐。

液氢和液氧站离发射台距离是 250 m，分别布置在发射台两侧，互相之间距离为 145 m。图 6 是它们的配置图。从图中可以看出，H－2 火箭试车台和发射台是公用液氢和液氧站，加注时排放氢气主要是燃烧处理，少量氢气通过氢气排放管放到大气中去。执行任务时，液氢车向罐转注液氢。

3　低温加注性能参数介绍

3.1　土星Ⅴ加注性能参数

土星Ⅴ第一级 S－IC 级采用液氧和煤油作为推进剂，－6 h 开始加注，液氧－6 h 到－4.9 h 大流量加注，从－4.9 h 到－3.1 min 一直在补加注推进剂，总加注量为 345 000 加

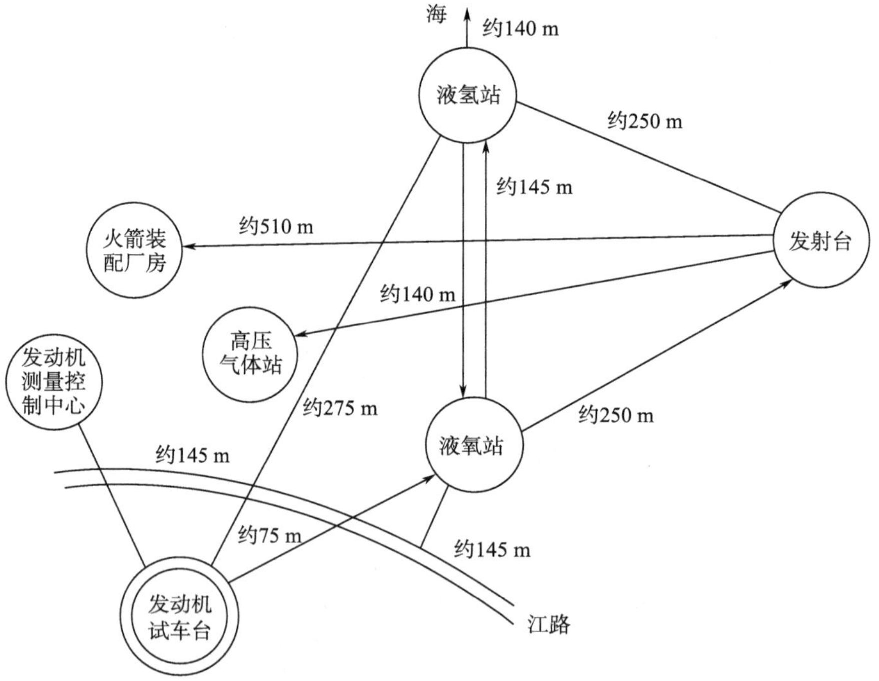

图 6 吉信发射场地面设施布局图

仑（1 305 m^3）。贮箱预冷加注速度较小，以 300 加仑/分钟流量进行，慢速加注流量为 1 500加仑/分，大流量加注为 10 000 加仑/分。当加注量达到 95%时，以 1 500 加仑/分进行减速加注，射前补加流量为 500 加仑/分，直至连接器脱落。三级共加注液氧 1 674.2 m^3。第一级加注耗时 40 min，第二级耗时 56 min。土星Ⅴ第二级 S－Ⅱ和 S－ⅣB 第三级加注性能参数见表 1。

表 1 土星－5 加注性能参数

介质 \ 时段 \ 性能 \ 级别		S－Ⅱ		S－ⅣB	
		加注速率（加仑/分）	贮箱充满率（%）	加注速率（加仑/分）	贮箱充满率（%）
液氧	预冷	300～500	0～5	300～500	0～5
	快速	5 000	5～98	1 000	5～98
	慢速	1 000	98～100	300	98～100
	补加	0～100	100	0～30	100
液氢	预冷	1 000	0～5	0～5	0～5
	快速	10 000	5～98	5～98	5～98
	慢速	1 000	98～100	98～100	98～100
	补加	0～480	100	100	100

土星Ⅴ共加注液氢 1 263.36 m^3，三级加注 274.48 m^3，耗时 30 min，其中预冷占 10 min，二级加注 988.88 m^3，约 35 min，其中预冷占 10 min。

3.2 阿里安火箭加注参数

阿里安Ⅱ和阿里安Ⅲ第三级采用液氢和液氧作为推进剂。阿里安Ⅲ第三级总加注量为10.769 t，其中液氢加注量为1.924 5 t，液氧大约为8.832 t，液氢和液氧均采用固定贮罐、挤压加注和公路槽车自动补加的加注方式。加注从发射前3 h 20 min开始，液氧预冷15 min，液氧流量加注1 h，液氧加注完后液氢箱开始预冷，预冷时间也是15 min。液氢液氧大流量加注速率为600 L/min。大流量加注结束后，用小流量补加直至加注连接器脱落。

3.3 俄罗斯火箭加注参数

俄罗斯东方号火箭在发射台上停留时间，不容许超过10天。一旦加注液氧，必须在24 h之内进行发射。东方号火箭采用液氧和煤油作为推进剂。助推级推进剂质量为156 t，一级推进剂质量为93.2 t，二级推进剂质量为5.9 t。二级型联盟号火箭推进剂量也很大，助推级推进剂158 t，一级推进剂同样为93.2 t，二级推进剂为21 t。所以，大流量加注速率7～10 t/min。加注从－2.5 h开始，先煤油后加注液氧。大流量均采用泵式加注，液氧到95％后用泵进行小流量补加。

4 储运设备

低温加注系统有容器、管路、各种工作阀门和附件。而容器是最主要的设备，在上面系统介绍中我们涉及航天大国的一些贮罐，下面介绍供运输用的其他低温储运设备。

4.1 液氢铁路、公路加注运输车

美国、法国、俄罗斯等国家都有这种运输车，图7是俄罗斯铁路车的外形图，图8是这种铁路运输车的流程图。图9是美国82 m^3液氧贮罐的流程原理图，图10是法国液氧贮罐的流程原理图。

图7 俄罗斯119 m^3铁路运输车外形图

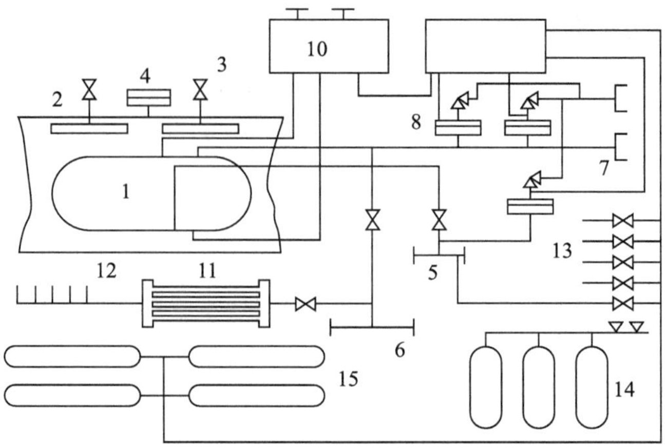

图 8　俄罗斯 119 m³ 铁路运输车流程图

1—内贮罐；2—外贮罐；3—真空阀门；4—保险膜盒；5 加泄连接头；6—外接气源增压接头；7—集气室排放接头；8—保险阀门；9—仪表板；10—控制板；11—汽化氢加热器；12—通往用户的氢气排放管路；13—用氮气吹除终端零件接头；14—消防系统（气瓶组）；15—氮气瓶组

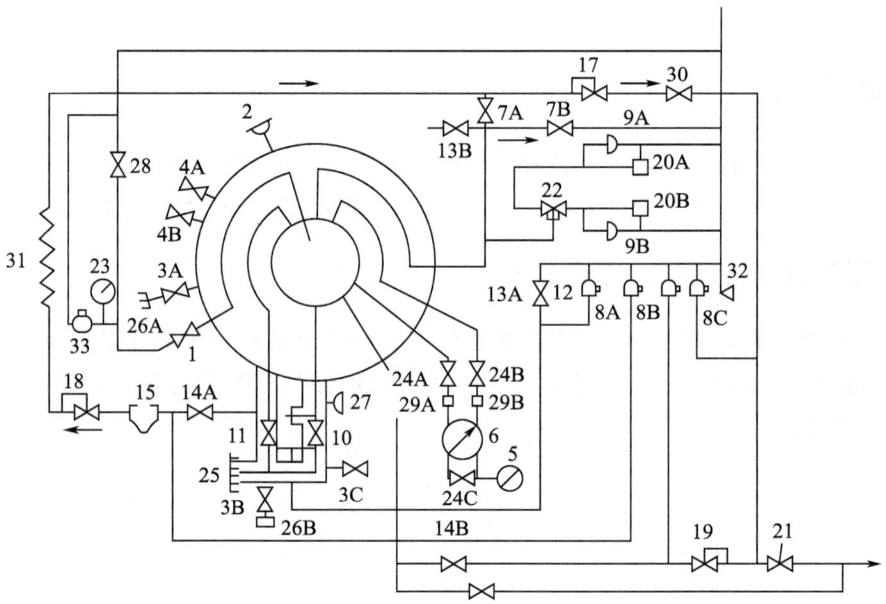

图 9　美国 82 m³ 液氢贮罐的流程原理图

1—充气阀；2—防爆膜；3—真空监测阀；4—抽空阀；5、23—压力表；6—液位计；7—截止阀；8、12、20、33—安全阀；9—易碎片；10—加排阀；11—真空阀；13—吹气阀；14—截止阀；15—过滤器；16—旁通阀；17—压调器；18—增压调节器；19—排液调节器；21—紧急截止阀；22—三通球阀；24—液位计截止阀；25—插入式连接器端盖；26—真空规管；27—真空安全装置和抽真空接头；28—节流阀；29—缓冲器；30—检测阀；31—增压器；32—冷凝、泄出装置

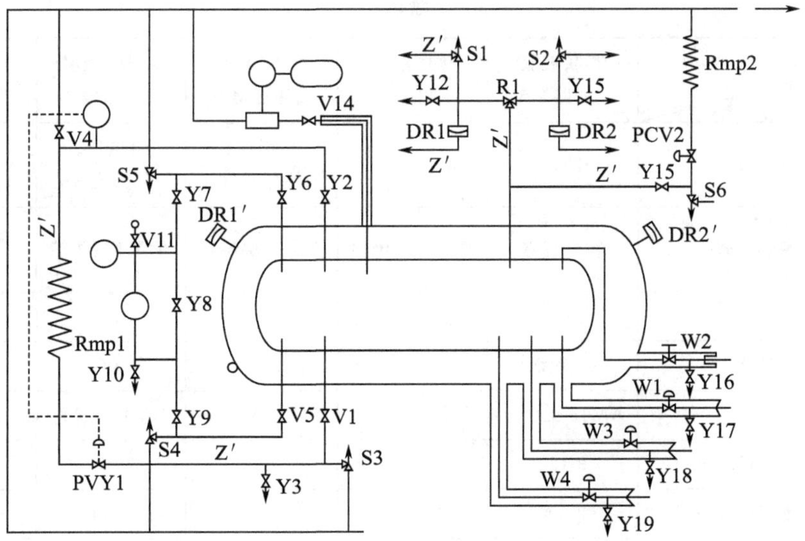

图 10　法国 125 m^3 液氢贮罐的流程原理图

PCV_1——气动阀（压力组合蛇形管调节器用）；PCV_2——气动阀（贮罐压力泄出用）；

DR_1、DR_2——内容器爆破圆形膜片；DR_1'、DR_2'——外容器壳体爆破圆形膜片；

R_1——三通阀；S1、S2——内容器安全阀；S3、S4、S5、S6——管路安全阀；

V_1、V_2——蛇形管切断阀；V_3——分析采样切断阀；V_4——清洗阀；

V_5、V_6——液面计压差切断阀；V_7——上部氢液面切断阀；V_8——氮压计补偿器阀；

V_9——下部氢液面切断阀；V_{10}、V_{11}、V_{12}、V_{13}——单向阀；V_{14}、LS_{nn}——试验开关阀；

V_{15}——贮罐泄压阀；V_{16}、V_{17}、V_{18}、V_{19}——清洗阀；W_1、W_2——加注管路手动操纵阀；

W_3、W_4——泄除管路气动操纵阀；Rmp_2——汽化器；Rmp_1——压力组合蛇形管；

L_1——液面压差计；P_1——压力指示器；

表 2 是美国、苏联/俄罗斯、中国、法国液氢铁路和公路槽车的性能比较表。表 3 是固定容器技术性能比较。

表 2　液氢铁路和公路槽车的性能比较表

序号	车别 性能	苏联液氢铁路车	美国液氢铁路车	70 m^3 液氢加注运输车	85 m^3 液氢加注运输车	法国液氢公路槽车
1	几何容积/m^3	119	107 129	70	85	40.2
2	空重/t	87		63.8	75.6	
3	液氢质量/t	7.1	6.8；8.24	4.5	5.43	2.57
4	工作压力/MPa	0.25		0.35	0.5	0.5
5	泄出速率/（L/min）	400		1 000	2 000	
6	蒸发损失/（%/日）	0.8～1	0.25～0.5	0.445	0.3	0.35

续表

序号 \ 性能 \ 车别		苏联液氢铁路车	美国液氢铁路车	70 m^3 液氢加注运输车	85 m^3 液氢加注运输车	法国液氢公路槽车
7	泄出方式	外部充气		自增压、外部充气	自增压、外部充气	自增压
8	绝热形式	粉末真空	真空多层绝热	真空多层绝热	真空多层绝热	带液氮冷却的真空多层
9	材料					
10	外罐	09 碳钢		20G	20G	A42C
11	内罐	AM15 铝合金		$1C_r18N_i9T_i$	$1C_r18N_i9T_i$	Z6CN18－11
12	外罐直径/mm	3 150		2 800	2 800	
13	内罐直径/mm	2 600		2 600	2 600	
14	外罐壁厚/mm	20		10	12	12.7
15	内罐壁厚/mm	18		6	11	5.9
16	高/mm	5 023		4 795	4 798	3 551
17	宽/mm	3 224		3 340	3 300	2 438
18	泄出管径/mm			₵75	₵75	

表 3　固定容器的技术性能表

容器型号	容积/m^3	工作压力/MPa	质量/kg	直径/mm	长度/mm	昼夜蒸发率/%	公司名称
РЦВ－25/1.6	25	1.6	16 000	3 400	6 210	0.2	(ПНО《Криогенмаш》) 俄罗斯
ST－330V	33	0.5	14 000	3 000	8 350	0.36	(MesserGriessheim) 西德
EF－20 001	22	1.5	11 500	2 500	11 200	0.38	(L'AirLiquide) 法国
C－22 000	22	1.9	15 000	2 600	7 810	0.39	(LindeAG. США) 美国
EF－25 000	22.1	2.0	22 000	2 950	8 200	0.2	(RivoiraS. P. A) 意大利
РЦВ63/0.5	66.3	0.5	23 500	3 400	12 200	0.109	(ПНО《Криогенмаш》) 俄罗斯
РЦВ63/2.5	66.4	2.5	38 500	3 680	12 500	0.109	(ПНО《Криогенмаш》) 俄罗斯
EF－50 001	55 .3	1.5	27 200	－	12 700	0.29	(L'AirLiquide) 法国
R－50 001	52.7	0.29	22 500	3 050	11 700	0.25	(L'AirLiquide) 法国
TL－15 000	60.5	0.53	－	3 100	12 100	0.35	(LindeAG) 美国
РЦГ50/0.5	55	0.5	1 800	－	－	0.2	(ПНО《Криогенмаш》) 俄罗斯
РЦГ100/0.5	112	0.55	49 500	3 752	17 040	0.117	(ПНО《Криогенмаш》) 俄罗斯
TL－25 000	98.5	0.53	－	3 100	19 330	0.3	(LindeAG) 美国
РЦГ255/0.5	227	0.55	95 000	3 890	33 150	0.12	(ПНО《Криогенмаш》) 俄罗斯
TL－50 000	200	0.535	－	3 100	37 300	0.3	(LindeAG) 美国
PC－1 400/0.4	1437	0.4	360 000	16 000	22 000	0.033	(ПНО《Криогенмаш》) 俄罗斯

续表

容器型号	容积/m^3	工作压力/MPa	质量/kg	直径/mm	长度/mm	昼夜蒸发率/%	公司名称
PC-1 400/1	1437	1	360 000	16 000	22 000	0.033	(ПНО《Криогенмаш》)俄罗斯
TLH-18 150N	82	1	34 835	3 300	13 200	1	(TAYLOR-WHARTON)美国
	125	0.4		3 900		0.2	(L'AirLiquide)

5 国外低温加注系统的特点

1)加注方式。无论美、俄还是法、日，液氢均采用固定罐汽化器自身增压加注方式。推进剂量较大的大型运载火箭，无法采用机动运输车加注的方式。液氧采用固定罐泵式加注或汽化器自身增压方式。但是，大运载火箭，如美国土星-V，日本H-2运载火箭，俄罗斯能源号，联盟号均采用泵式加注。采用泵式加注可以较好地实现大流量加注、缩短加注时间和火箭在发射阵地停留时间。为此对大型运载火箭必须研制高扬程、大流量液氧泵。西方航天大国均没有采用机动方式加注。

2)加注顺序。国外运载火箭低温推进剂加注的次序均是先液氧后液氢。开始小流量预冷，到一定时间后或一定量后，进入大流量加注，到达预定液位95%左右，开始慢速加注。

3)为改善低温推进剂品质，改善两相流状况，美、俄、欧等国均采用了液氢或液氧过冷技术。

4)世界各航天国随着卫星发射业务的增加，开始着手在发射场建立液氢和液氧生产厂。这样可以减少运费和蒸发损失，可以满足频繁的发射业务之需。

5)液氢液氧安全问题，在发射场建设中有特殊的重要性。这方面不仅要在距离上进行控制，而且在防雷接地方面都应该制定严格的规范和标准。人员在加注时都应撤离现场。

以上这些特点对我们今后开展火箭低温地面设备的研制和发射场建设都有一定的借鉴作用。

第二篇

火箭地面设备研制设计工作总结

CZ－3 遥三三子级地面设备技术小结

（1986.4.29）

1985年11月19日至1986年2月1日，15所331试验队31人，顺利完成了遥三飞行试验。遥三飞行试验的圆满成功，再次证明CZ－3运载火箭质量是好的，地面设备从总体设计到各分系统设计是正确的，各单项设备性能良好。

遥三任务是在新的历史条件下、在国防科研军转民的形势下、我国航天技术准备走向国际市场，航天技术及其队伍正处于承上启下的关键时刻进行的一次重要任务。它的成功发射，再次证明中国人民有志气，有能力攀登科学高峰。

1 遥三地面设备技术状态

遥三地面设备状态与遥一、遥二基本相同，但有如下改进。

1）氢氧系统加控台外电源用两台交流电子稳压器，原来作为冷备份，为了一旦出现故障能迅速切换，增加了1个交流电源转接盒。

2）液氢补加库加注管路末端两分叉管上各增加1个氢放气转接头，这样做便于液氢加注整体转换时，从补加车处分叉管上的放气转接头的专用螺塞上放气，而改变了敲松软管与补加车1＃阀间的快速接头放气，使快速接头密封面不易损坏，而且改善操作和安全。

3）在液氧加注系统中，为便于2个氧车的转换，在电路和气路系统中各增加1个控制盒，克服了遥一、遥二要换车时，必须从一个车上拆下电缆及供气管路再接到另一个车上的缺点，现只需转换控制盒的手柄，节省了换车时间，减少了麻烦。

4）为保证补加量，氢补加车调压器调压至1.55表压。

2 发射中心准备工作

2.1 瞄准发射设备

从11月29日至12月11日，对存放发射中心的一套激光瞄准设备和北京带的一套激光瞄准设备进行了全面的功能检查和精度调试测定。详见表1和表2。

发射台从11月25日至12月14日，除进行了电液机械性能检查外，与垂直度调整设备、瞄准设备进行了联试。调平精度两个方向（Ⅰ-Ⅲ、Ⅱ-Ⅳ）均＜5″。

表 1　激光瞄准仪功能检查

序号	项目	结果
1	主副台准直功能 近距离（～1 m） 远距离（～120 m）	 正常 正常
2	主副台敏区探测装置功能	正常
3	主副台跟踪功能 近距离（～1 m） 远距离（～120 m）	 正常 正常
4	主副台自动搜索功能和捕捉功能 近距离（～1 m） 远距离（～120 m）	 正常 正常
5	主副台手动切换两个互为热备份激光管功能	正常
6	自动切换主副台准直信号装置功能	正常
7	副台方位角数字打印功能	正常
8	瞄准窗人工控制自动关闭功能	正常
9	与发射台联试发射台操作盒功能	正常

表 2　激光瞄准仪精度调试

序号	项目	要求值	调试结果	
			主台	副台
1	整平误差（10″水准器）	±2.5″	<2.5″	<2.5″
2	对心误差	±0.5 mm	<0.5 mm	<0.5 mm
3	水平轴不水平误差	±4″	2″	2.4″
4	照准误差（2C∞）	C∞＝±10″	1″	1″
5	两光轴平行差	方位±5″ 高低±10″	合格	合格
6	两轴平行差	±5″	1″	1″
7	导轨直线性误差	±5″	－2″	－3″
8	调焦误差（30 m～∞）	±5″	＋2.5″	－1.3″
9	方位角分度误差	±3″	－2.82″	－1.5″
10	60 等分电子细分误差	±1″	上机板 0.5″备份板 调测后 0.5″	上机板 0.5″ 备份板 0.4″

2.2　供气系统

1）氦气加温系统安装保温管 15 m，电缆 120 m，并进行了综合调试，加温管道热平衡后温度见表 3 和表 4。

表 3　温度变化表（$P_{出}$=30 kgf/cm²）

时间 \ 温度/℃	末端气温/℃	加温器水温/℃	备注
压力 300 atm			4 kW
0′	9	92.5	断开
4′	10	92	
14′	16	91	
17′	24	91	
22′	37	92	
24′	41	92.5	
29′	48	92	
32′	51	91.5	
34′	52	91.5	8 kW
39′	54		
44′	54	94	
49′	55	94	
压力 800 atm			
5′	73		
25′	76		限流咀 ϕ 1.6 mm

表 4　温度变化表（$P_{出}$=40 kgf/cm²）

时间 \ 温度/℃	末端气温/℃	加温器水温/℃	备注
0′	26	91	8 kW
3′	48	90	
5′	60	90	4 kW
7′	66	90	8 kW
10′	70	91	
15′	72.5	94	断开
20′	75.5	95	
25′	78	94	
30′	78.5	93	

2）压力、温度监测系统安装了电缆 11 根 3 500 m，对相应的仪表、传感器做了检查，电缆做了阻值和绝缘的测定。

3）减压器做了性能测试及改进试验。lTY25－4A 中压减压器是在遥一、遥二飞行试验中曾因 Y5706－7Ⅰ/002 中压减压器振动而改进设计的产品。中压减压器主要有下列几点改进：增加阻尼，增加主弹簧刚度，改变减压器内腔部分尺寸，使气流通道较平滑以减少涡流。到基地后减震性能明显提高，但在出口无流量情况下，出口压力稳不住，慢慢上升，经过测试，5.5 h 上升为 4.3～4.9 kgf/cm²，开始升得快，以后升得慢。经分析主要是阻尼过大引起的，为此将氟塑料阻尼垫取消，原阻尼垫的位置改用铜垫圈代替，试验结果为：减压器出口压力在无流量的情况下，1 h 内分别上升 1.3～1.6 kgf/cm²，效果比较明显。其试验结果见表 5。

表 5　减压器出口压力稳定测试结果

件号	累计时间/min	0	3	10	15	30	45	60	1 h 升值
	时间间隔/min	0	3	7	5	15	15	15	
01	出口压力值/at	50.7	51.25	51.5	51.5	51.75	51.9	52	
	压力升值/at		0.55	0.25	0	0.25	0.15	0.1	1.3
02	出口压力值/at	50.2	51	51.3	51.5	51.75	51.8	51.8	
	压力升值/at		0.8	0.3	0.2	0.25	0.05	0	1.6
03	出口压力值/at	50.25	50.6	51	51.25	51.6	51.75	51.9	
	压力升值/at		0.35	0.4	0.25	0.35	0.15	0.15	1.65
05	出口压力值/at	50	51	51.2	51.25	51.4	51.5	51.5	
	压力升值/at		1	0.2	0.05	0.15	0.1	0	1.5
13	出口压力值/at	51.25	51.8	52.3	52.5				
	压力升值/at		0.55	0.5	0.2			0.4	1.65/分
14	出口压力值/at	52	53.25	53.8	54.2	54.6	54.6		
	压力升值/at		1.25	0.55	0.4	0.2	0		2.6/40 分

4)　初始氦气量统计如下。

气瓶库　P Ⅰ-1　305 kgf/cm²

P Ⅰ-2　309 kgf/cm²

P Ⅰ-3　253 kgf/cm²

P Ⅰ-4　315 kgf/cm²

P Ⅱ-1　311 kgf/cm²

P Ⅱ-2　310 kgf/cm²

P Ⅱ-3　309 kgf/cm²

P Ⅱ-4　307 kgf/cm²

P Ⅱ-5　310 kgf/cm²

446＃车　P_A　331 kgf/cm²

P_B　329 kgf/cm²

45＃车　P_A　336 kgf/cm²

P_B　337 kgf/cm²

46＃车　P_A　328 kgf/cm²

P_B　298 kgf/cm²

47#车　P_A　　344 kgf/cm^2

　　　　P_B　　343 kgf/cm^2

48#车　P_A　　344 kgf/cm^2

　　　　P_B　　345 kgf/cm^2

2.3 加注系统

1）真空管路的检查。液氢加注真空管共48根，是1981年产品，1982年进行过复查，当时漏放气速率均在10^{-7}～10^{-8}之间，但经两次液氮试验分别发现有9根真空管出现“冒汗”“潮湿”现象。为稳妥起见，将管廊中2根潮湿硬管中的1根硬管做了更换，这样共更换了10根真空管，其出厂编号为2、4、11、12、20、24、26、31、33、40。更换后的管子经过重新抽真空，其真空度均在10^{-1}托，可以满足使用要求。为保证密封质量，在更换真空管时顺便将垫片做了更换，并对8#阀处的液氢过滤器作了检查。

2）液氢加注管路液氮试验。12月4日进行了液氮试验，共预冷55′，浸泡管路1 h，共消耗液氢0.97 t。两辆液氮车的有关参数见表6。

3）电缆网敷设和检查。遥三共敷设加注信号电缆两根，对5 000余米加注电缆作了绝缘导通检查。

4）氢氧加配台更换攻关后的双向电动气活门。

5）其他工作：LO_2过滤器的吹除、流量计二次仪表及前置放大器的修复等。

表6　液氮试验参数

时间	1#LN2车		II#LN2车		备注
	压力/（kgf/cm^2）	液面/t	压力/（kgf/cm^2）	液面/t	
13：35	0	7.05	0	0	准备预冷
14：05	3.2	7.05	0	0	开始预冷
14：15	2.5	6.5	0.4	0	
14：30	3.4	6.05	0.3	0	2#车地面三通管结霜
14：45	3.2	5.5	0.1	0.2	2#车预冷好
15：00	3.3	5	0	0.5	
15：10	3.25	4.5	0	0.7	
15：20	3.3	4.25	0	0.9	
15：30	3.3	4	0	1.1	
15：40	3.2	3.5	0	1.6	
15：50	3.3	3	0	1.9	
16：00	3.3	2.7	0	2.1	
16：10	3.2	2.3	0	2.5	
16：20	3.3	2.1	0	2.7	
16：30	3.2	1.8	0	3.0	总消耗776 L LN_2

2.4 运输设备

公路车进行了外观检查和性能试验，排除了一些故障。主要的性能试验为原地刹车试验、气密性试验、半挂车连接拖挂试验。

2.5 规程的校审及各种预案工作

15 所编写了氦加温操作规程，审查了三级动力规程，修改了液氢液氧加注规程。对供气系统、加注系统、瞄准发射设备编写了各种预案处置及相应的操作细则。共计编写文件 45 份，技术通知单 13 份。详见遥三编写文件清单。

3 遥三测试发射期间主要地面设备工作性能及参数

3.1 液氧加注参数

2 月 1 日下午 2：25 开始预冷，预冷时间共计 22′29″。2 点 52′30″开始加注，经 7′40″后到Ⅰ液位，又经 2′30″后到Ⅱ液位。

表 7 液氧预冷参数表

序号	项目	参数
1	预冷前氧车初始液面	10 t
2	预冷后氧车液面	6.45 t
3	预冷后集液罐液面	1.4 t
4	预冷后箱体液面	1.14 t
5	预冷消耗（含管路中 LO_2 量）	1.01 t
6	预冷时最大流量	245 L/min
7	预冷时平均流量	100 L/min（0.1～1 m^3）

表 8 液氧加注参数表

序号	项目	参数
1	加注前氧车液面	6.45 t
2	加注后氧车液面	1.2 t
3	转注后氧车液面	8.1 t
4	加注时最大流量	511 L/min
5	加注至Ⅰ液位间平均流量	504 L/min
6	Ⅱ-Ⅲ液位间平均流量	102 L/min
7	加至Ⅰ液位时间	7′20″
8	Ⅰ-Ⅱ液位之间加注时间	2′30″
9	Ⅱ-Ⅲ液位往复加注时间	12′

续表

序号	项目	参数
10	总加注时间（预冷十加注）	46′02″
11	总消耗液氧量	11.1 t

加注前，两车共有液氧 17.5 t，加注后液氧车剩下 6.4 t，本次执行任务中，一车液氧含乙炔量超过额定值未能投入使用，故本次 2＃车未执行任务，加注补加均由 1＃氧车承担，101 站车辆作备份车用。

3.2 液氢加注参数

2 月 1 日下午 4 点 10 分开始准备加注，因出现压力表故障而推迟 15′，真正预冷是 4 点 35 分开始。

（1）预冷参数

预冷参数见表 9。

表 9　液氢预冷参数表

序号	名称	参数
1	预冷时铁路车初始液面	59 m^3
2	预冷后铁路车液面	55 m^3
3	预冷后箱体液面	2 m^3
4	预冷消耗（含管子）	4 m^3
5	预冷时箱体最高压力	1.1～4.9 kg/cm^2
6	预冷时最大流量	491 L/min
7	预冷时平均流量	135 L/min
8	预冷时间	37′25″

（2）加注参数

表 10　液氢加注参数表

序号	名称	参数
1	加注前槽罐液面	55 m^3
2	加注后槽罐液面	25 m^3
3	加注前贮箱液面	2 m^3
4	18.2 m^3 前平均流量	997 L/min
5	Ⅰ～Ⅱ液位间平均流量	441 L/min
6	预冷后至Ⅰ液位加注时间	20′25″
7	加注用时间	23′49″

遥三试验中射前补加由铁路加注运输和液氢自动补加车共同完成。铁路车加到Ⅱ液位，补加车从Ⅱ液位加到Ⅲ液位。

3.3 氦气用量及参数

氦气用量见表11。

表11 氦气用量表

序号	名称	消耗量/m^3	参数
1	转场前耗量	140	化验、气检
2	发动机单元测试	23.5	
3	综合测试	28.1	总检查
4	液氢车置换	100	
5	液氢箱及地面管路置换	298.3	
6	转 注	39.8	
7	尾段供气	231	
8	临射前用气	223	气瓶充气等
9	总 计	1 083.7	

3.4 压力监测有关参数

射前监测的尾段供气参数如下。

供气压力 35 kgf/cm^2

供气温度 82.2～83.4℃

液氢箱压力 3.23 kgf/cm^2

液氧箱压力 3.2 kgf/cm^2

气管脱落压力 219.13 kgf/cm^2

平台气瓶压力 221.68 kgf/cm^2

氧瓶压力 232.36 kgf/cm^2

3.5 瞄准

遥三飞行试验由2台激光瞄准仪同时进行。主台装订射击方位角为9°9′22″，副台装订射击方位角为8°59′41″，粗瞄时平台棱镜进入激光瞄准仪准直区，方位上仅偏离射向19″。第二次粗瞄转发射台后偏离射向约30″，平台棱镜中心偏离射面仅5.5mm左右。

精瞄设备受发控台控制，误差为0″。

3.6 发射台垂直度调整参数

发射台垂直度调整参数见表12。

表 12　发射台垂直度调整参数表

序号	程序内容	状态	
		调前	调后
1	吊装Ⅰ级后	Ⅲ－305″ Ⅳ－16″	Ⅰ－6″ Ⅳ－2″
2	吊装Ⅱ级后	Ⅲ－6″ Ⅳ－9″	
3	吊装Ⅲ级后	Ⅲ－91″ Ⅳ－9″	Ⅰ－3″ Ⅳ－1″
4	粗 瞄	Ⅲ－12″ Ⅰ－7″	Ⅱ－30″ Ⅳ－7″
5	安装伺服机构后	Ⅰ－58″ Ⅱ－225″	Ⅰ－4″ Ⅳ－1″
6	装尾翼	Ⅲ－231″ Ⅱ－285″	Ⅲ－3″ Ⅳ－2″
7	垂直度调整		Ⅳ－2″ Ⅲ－3″
8	吊星罩	Ⅰ－3″ Ⅱ－4″	Ⅲ－1″ Ⅱ－3″
9	Ⅰ级加注后	Ⅰ－4″ Ⅱ－180″	Ⅲ－2″ Ⅳ－3″
10	Ⅲ级加注后	Ⅰ－85″ Ⅳ－170″	Ⅰ－10.1″ Ⅳ－335″

4　存在的主要问题

箭体转发射中心后发生的主要问题有如下几点。

1）加泄连接器问题。1986 年 1 月 15 日，在进行加排连接器脱落试验时，发现氢、氧加泄连接器锁紧腔皮碗有漏气现象，更换连接器后，氢加泄连接器仍出现微漏现象。分解后发现大皮碗唇部密封面有砂纸打磨痕迹。

当时院领导和中队领导都非常重视，经总师系统研究，采取如下措施。

703 所组织生产新皮碗，派人送现场；将合练用第一批 5 台连接器参加遥三飞行试验；将第二批 10 台连接器（用新生产的皮碗）作为备份件。经过遥三飞行试验证明，虽然个别连接器螺钉有松动，但关键还是皮碗质量不高。第一批连接器用的皮碗是经过遥二考验的，无打磨痕迹，工艺符合规定。

2）发射台底板悬空问题。在 1 月 11 日晚，进行垂直度调整时，在九层平台部位，拔 1 个遥测插头，Ⅰ级的水平仪数值发生了不应有的变化，原来指示Ⅱ286″、Ⅲ230″变为Ⅱ象限高 300″，Ⅰ象限高 30″，Ⅰ-Ⅲ象限的这一变化属于异常现象。根据这一现象箭体和发射台应存在4.3～6.6 mm的机械间隙，经查实系发射台Ⅰ象限千斤顶底板悬空5 mm所致，后按操作规程对千斤顶的高度进行了调整，使Ⅰ象限千斤顶升高3 mm，Ⅲ象限千斤顶升高9.9 mm，从而得以消除。

3）氮配气台液氧箱增压电磁阀（发射中心）。在单元测试中，发现该电磁阀的减荷活门在打开手动阀JF10（气源伐）升压中，出现瞬时少量的泄漏，事后更换备件。

4）氮配气台平台供气用电磁阀问题（技术中心）。在技术中心控制与遥测匹配及第三次总检查中均发现在JF2（平台供气阀）打开时，压力表升压缓慢，甚至不升压。后经分解发现阀入口一侧阀门上的FB－40密封材料从槽内挤得鼓起，使阀门行程消失，在断电常开状态下虽然JF2打开了，但气体仍然不能通过。事后更换备份件。

5）射前补加液氢未到Ⅲ液位问题。根据704所函数记录仪，液氢延时补加1′后，液氢低于3液位143 L，其原因是当液氢加到Ⅲ液位后，2′时出现信号灯闪亮，正准备补加至稳定亮，但延时补加口令已下，此时此刻只能进行延时补加，而遥三箱体绝热性能已大大下降，管路状态也不如前，所以补进去的量和蒸发消耗量平衡了。本次任务延时补加口令下早了。和遥二状态不一样，遥二延时补加口令是不下的，“01”指挥只下达5′口令。5′口令前保持3液位，3液位口令下后，液氢加控台转射前补加到3液位并延时Ⅰ′，因此如何控制3稳亮，应按遥二的做法。

5　改进意见

1）补加方案应改变。原方案是由公路车进行射前补加3.84～4 m^3液氢，但补加车液位到2 m^3以下时，汽化器能力已显不足，流量已不稳定，无回旋余地，故应改为由铁路车完成加注和补加任务。这样做好处很多，首先补加速度和补加量能确保满足要求，其次可使三级加注规程大大缩减，减少工序转换，操作时还可节省氦气。

2）加注连接器支架安装调整有很多不便，应改进。

3）三级气管脱落电动气活门应改变安装位置，不要直接装在气管插头座上，这样装拆气管连接器方便。

4）中压减压器应进一步摸索，解决压力稳定时间过长问题。

5）平台供气电动气活门要解决密封材料鼓起缺陷。

CZ－3 遥四三子级地面设备工作小结

（1988.2.7）

1　我们的主要任务和目标

四分队共有 28 人，来自 2 个单位（210 厂和 15 所），15 所 27 人是由机关和 5 个科室组成，虽然有不少技术骨干和老同志参加过 Y1～Y3 的飞行试验，但是也增添了不少新生力量，经过这一阶段工作，对于能否圆满完成这次任务，我们心里有了底，树立了一定能胜利的信心。

我们这一阶段对 100 多项专用设备做了详细的检查，现在可以得出结论，设备的状态已处于完好状态，这里 100 多项设备分布在场坪、塔上、洞内，为了使设备处于良好状态，我们做了如下工作。

1）明确当前一段的主要任务。我们一进场，就根据 Y4 战斗口号，结合 15 所实际提出转场前的努力目标“配合技术中心测试，做好发射中心准备工作，迎接产品进发射中心”。

2）认真落实大队、中队有关规定，严格管理队伍，认真执行各种制度。分队每次都认真传达总师、队长、书记的历次讲话精神，真正做到重大问题传达不过夜。为了统一指挥，重申 Y3 制定的分队技术文件签署、汇报制度、文件传递收发制度等继续有效。强调“质量和安全”，到目前为止没有一个同志违反队的纪律。

3）认真贯彻“质量第一”的思想，落实质量复查的各项工作。首先我们传达历次中队有关质量的精神，做到质量问题传达不过夜，使人人重视质量，从舆论上反复宣传质量的重要性，宣传张副秘书长经常讲的“淹死的往往是会水的”。在每周总结会上表扬重视质量的好人好事，解剖麻雀，举一反三。行动上认真落实，并强化质量工作，分队领导深入到有问题的地方了解情况，帮助开展工作。

质量复查中，结合分队的特点确定了第一阶段“检查设备状态达到优良标准为中心，以－30′参试设备为重点”的质量复查工作，力争有问题及早暴露，及时排除 。我们没有满足于地面设备经过合练、问题早已暴露的说法，而是认真领会，贯彻总理生前的十六字方针，领会张浩书记反复强调的防止麻痹思想。实践证明，这一段我们查出了一些问题，有些问题（如氧管路泄漏、氧管路有异物）还相当严重，有可能出危险和导致失败。这一段工作中出现了很多重视质量、兢兢业业工作的好同志。

4）过好党团组织生活，发挥党团骨干的带头模范作用。

2 我们做的主要工作和查出的问题

1）技术交底对口交接。

地面设备一进场就卸产品，接着于 1 月 20 日向技术部测试勤务站用半天时间进行对口交接，其内容分三方面：一是地面设备状态有哪些变化；二是进场后工作；三是有待统一认识研究的问题。这次交底会，部队反映很好，交得比较细。根据卫星发射中心要求，我们就状态变化出了一个文件。

2）编写进场后工作网络（计划）图。

3）参加 331-4 发射中心测试工艺流程及射前口令协调的讨论。

4）参加动力规程，“氢、氧”加注规程、瞄准规程、发射台操作规程等的审查和会签。

5）参加液氢用量的讨论和提出 331-4 液氢量的估算。

6）提出液氢加注工位遥控消防阀的技术通知单。

7）设备挂牌。

8）完成发射中心各设备状态检查和功能检查：

a）瞄准设备功能检查和精度检测（报告）；

b）发射台功能检查和内外部调试；

c）公路运输车状态检查和跑车试验；

d）发射中心吊具的检查；

e）液氢加注管路的气密性检查和保压试验，8＃阀以上管路吹除；

f）液氢系统配气箱的阀门安装及气检；

g）氮配气台管路更换；

h）氢加控台状态检查；

i）氧加控台的状态检查及电源故障排除；

j）氧管路的气检及保压试验及氧管路漏气故障的排除；

k）氢氧加注系统的电缆网导通、绝缘检查；

l）氧测温系统电缆安装及氢测温电缆安装；

m）加泄、排气自动脱落连接器的气检及备份连接器安装；

n）技术中心氮配气台更换减压器、电缆杆头部与电缆连结处重新包扎；

o）发控系统的电缆安装；

p）氦加温管路安装、净化器保险管座更换，温度指示调节仪更换及氦加温系统的气检和调试；

q）压力监测系统安装及调试；

r）氦配气台、氮配气台、空气供气盒的状态检查，氦配气台更换正压通风电动气活门、台前台后管路系统气检；

s）液氢、液氧加泄配气台的状态检查和备件检查；

t）火箭共底的吹氦管路安装。

9）完成下列文件：

a）Y4 地面设备状态变动（已报中队）；

b）331－4 发射台进场检查、调试小结（已报中队）；

c）331－4 激光瞄准仪的功能检查和精度检测报告（已报中队）；

d）331－4 氢氧排气、加泄自动脱落连接器质量保证措施及验收检测报告（已报中队）；

e）331－4 液氢用量计算报告（已报大队）；

f）关于 8＃阀以上氢氧加注管路，吹出多余物情况的报告（已报中队）；

g）CZ－3 激光瞄准仪临射前应急处理预案（已报中队）；

h）CZ－3 临射前人员撤离时激光瞄准仪工作状态（已报中队）；

I）331－4 关于液氢射前补加实施方案报告。

10）完成技术中心测试和总检查的配合工作（7 个设备参加工作）。

11）排除下列问题及故障：

a）加控台电源电压保护；

b）流量计二次仪表（一台备份件）电源烧保险；

c）氦加温管路电缆 1～5 点不通；

d）氧加注管路漏气，更换 7＃阀以及补焊夹杂孔；

e）氢管路 7＃阀接头漏气；

f）发射台近台盒工作异常（原因是压力传感器的显示器电插座未接上）；

g）发射台压力传感器无显示。

3　主要好人好事

1）从电缆沟出现铁丝网段及加控台电源故障排除，看周厚良同志、何伟同志、210 厂王师傅工作中一丝不苟，他们不厌其烦，过细查找，一台一台排除，体现了极端负责精神，不留一点隐患。

2）液氧管路气检中看刘培同志、符一平同志认真抓质量的精神。从 2 月 1 日开始直到 2 月 6 日结束，他们先后查出氧管路在塔架二层处法兰接头锥面有 1 个 1～1.5 mm 夹杂缺陷，并给予排除。继而又查到 7＃阀内漏，使之彻底达到合格。刚开始检查时管路 12 min漏 0.5 个表压，2 月 1 日查了一个下午，2 月 2 日又查了一上午没有查到，后来从塔上再次一段一段查，听到一点声音，打开包扎的塑料及绝热层露出小孔找到了漏点。排除以后再次气检，一昼夜压力从 5.9 atm 降至 4 atm，按理说问题不大，但他们仍然耐心分析，一个一个接头找，一个一个阀门找，终于又找出 7＃内漏，使漏气问题得以彻底解决。

刚开始发射中心不同意对管路进行气检，认为 9 月做过液氮试验，问题不大，当查出后，发射中心大吃一惊，觉得应该查，不查不得了。我们大家要从这中间吸取经验，正因为他们了解到自己工作质量和这一发任务能否圆满完成有紧密关系，严字当头才使得工作做得如此出色。我们学习他们这种认真细致的作风。新同志要从老同志身上学思想、学作风、学技术，用他们的这种工作作风来检查衡量对比。我们大多数同志是很重视质量的。有些产品没有故障也要表扬，说明设计生产质量比较好，家里工作做得扎实。有些问题不到靶场不会暴露，问题是暴露了如何办？这是财富，很宝贵，我们中国人就是认真，一认真我们的火箭就会成功，我们元器件质量不太好，但我们的成功概率还是比较高的。美国火箭技术很高明，但是他们也常出事，有些事从严检查我觉得也是可以避免。

3）发射台刘毅、梁传祥同志在排除发射台合练时遗留的问题也值得大家学习。在九月份发射台检修中，压力传感器指示器不显示，经初步检查是210厂出厂时接线有错，造成短路。这次来换了一个压力指示器，但仍不显示，再查发现是压力传感器有问题，他们层层分析，把原因找准，这点值得大家注意，有些是受害者，而不是元凶。

4）四室陈镜海同志在这一段工作中（技术中心）也很重视质量，而且主动帮助别人工作。

5）刘道芳、付顺昌等同志对规程的学习，消化很认真，积极提出意见，指出差错。

6）贾秀英同志工作量比较大，而且身体不好，但仍埋头工作。

7）年轻同志如吴永刚、乔维克关心分队、中队的活动，使分队显得生动活泼。

4 转场前的任务

1）继续做好发射中心收尾工作。

2）开展故障预想及制定对策，进一步搞好质量复查。

3）落实备件及对备份件检查。

4）贯彻三个不、三个满意、三个放心。三个不：不存一点侥幸心理；不放过一个疑点；不留一个隐患。做到：自己满意，协作单位满意，领导满意。使得：自己放心，一岗放心，指挥放心。

尤其是三个不，大家一定要结合自己工作，不要掉以轻心，不要那样不在乎，无所谓。“出不了大事”，这就是麻痹思想。大家要把好关，不能讲面子，千百万人的财富不能毁于一旦，任何侥幸都是犯罪。大家在下周工作中一定要发扬前一段质量第一的思想，做好各自负责的工作。

867－1任务卫星密封容器与运输车技术工作小结

（1990.6.15）

亚星运输三大设备是卫星密封容器运输车（8QG5－3W1）（图1）、卫星集装箱运输车（8QC6－3W1）（图2）、卫星密封容器组合（8G13－3W1）以及所属卫星密封容器的温控系统和正压保护装置，显示打印记录全套设备。

根据国防科工委的指示，作为发射西星-6S的政治任务，27基地于1987年4月与15所签订上述设备的研制合同，并明确当年9月交付能供使用的合格产品。经过15所有关技术人员、519厂、210厂昼夜奋战如期完成了设计、生产和出厂试验。由于西星公司的倒闭，上述三项设备到1990年才投入亚星发射任务。

卫星集装箱运输车和卫星密封容器运输车参加了2月12日西昌卫星发射中心亚星11个集装箱的运输任务。卫星密封容器、卫星密封存器运输车参加了2月22日运输吊装对接演练以及3月5日—6日，10日外方参加的两次视察演练，亚星经过组装测试后，由卫星密封容器和卫星密封容器运输车进入BS3亚星工作间进行转载，于3月27日转运吊装至发射阵地大封闭间。亚星的成功发射，证明三项设备完全适用于同类国外星的运输需要，填补了我国的空白。容器和运输车在使用中受到外方的好评，性能指标都达到或接近国际同类产品的水平，有些方面优于法国的阿里安火箭的有效载荷容器。

图1　卫星密封容器和运输车

1　卫星密封容器

1.1　卫星密封容器的技术要求

卫星密封容器在国内还是首次研制，它的主要功能是在运输和转载过程中保护卫星并

图 2　卫星集装箱运输车

提供卫星所需要的环境条件。从两个方面提出了对容器的设计要求：一是卫星的需要；二是塔架大封闭空间尺寸和塔架平台承载能力的制约。

卫星方面要求将 1.4 t 卫星装入密封容器后，在运输过程中，容器内必须保持一定的温度和压力。温度为 (24±6)℃（场区的环境温度－5°情况下），压力为 196～392 Pa。水平方向过载为 0.3g，垂直方向过载为 0.5g。保护容器无污染，容器内必须充高纯度氮气进行正压保护。容器要有测温测压接口，以便随时实时监测。

塔架方面的要求：容器的质量不得超过 500 kg，且平台工作空间在 5 800 mm×4 000 mm范围内。容器高度不能大于 3.4 m。

这些要求是相当苛刻的，一个装有效载荷 1.4t 的容器只允许 500kg，这本身就是相当困难的事，可以说是一个先进指标。卫星要求正压保护，容器就要密封，这个性能也高于国外同类设备。法国阿里安 3、阿里安 4 的有效载荷容器只要求使用干燥氮气吹除，并不要求密封。1985 年投入使用的阿里安 4 有效载荷容器在高度上和星的连接尺寸上有所增加，但仍旧对密封未提出要求，而最大过载在 3 个方向上都是 0.5g，这样给我们的研制带来了相当大的困难。

1.2　卫星密封容器的难点和使用情况

在方案论证时，我们曾比较过目前采用的对开式方案和美国上面级装卸罐式两种方案。结合我国西昌卫星发射中心塔架现状、设计指标满足的可能性、操作使用方便性，以及对联合操作程序的影响，决定采用对开式方案。当然后者也有刚性强、密封容易、工艺性好、高度可变化等优点，但装卸费事、操作时间长、总质量大、卸下各层级无处放置等缺点。

现在的容器高 3 400 mm，长 3 200 mm，宽 2 800 mm，筒体外径 ϕ 2 700 mm。设计中要解决的主要技术关键是密封问题、质量问题、加温保温方案、起吊过程中防止翻倒问题、正压保护技术及运输过程中能源方案。因为容器高大，仅密封面长度就达 13 m，经过多种方案比较，决定采用平面加压密封和自动补偿正压保护相结合的办法予以解决。为此专门研制了新的闭孔密封材料。在亚星转运、起吊、停放等全过程中，都始终满足了卫星在洁净的高纯度氮气环境中。3 月 26 日，卫星密封容器进入 BS3 进行亚星转载，美方当晚用自带的一组柱形气瓶及减压装置对亚星进行正压保护。这一工作事先美方没有协调，美方用塑胶管插入容器进气阀进气口内部来完成，说明美方采取的正压措施和我们的方法是一致的。由于容器密封性较好，泄漏量很小，用 15 L 气瓶给容器补气，30 min 仅消耗 2 MPa。为减轻质量，容器本体采用了高强度铝合金，在蒙皮和骨架之间的空隙处采用发泡方式填充硬质聚氨脂泡沫塑料，导轨选用 16Mn 槽钢，充分利用了材料的弹性变形。现在看来，这个质量太先进了。当遇到不平的地面，如塔上平台那样的空间曲面，导向支承轮着不了地，容器的底架变形会吃掉底架和导轨之间锁紧机构的间隙，使容器开合变得相当困难。在演练中为解决平台不平，垫了 4 根 2 m、2 根 2.5 m 的不同斜度的木块。塔上平台垫平后，开闭如履平地，灵活轻便，美方称赞"OK！OK!"。在 3 月 28 日亚星吊出容器后，为减少上塔人员，闭合紧固全过程由美方、塔吊指挥、01 指挥 3 人完成，可见操作极为方便。

由于卫星重心位置比较高，为防止在起吊过程中翻倒的危险，不能采用传统的起吊方式。这次设计时，吊点在底部，在容器上面设了 2 个辅助稳定点，这一设计美方交口称赞。详见图 3。

图 3　卫星密封容器平稳上升

容量的温控系统由加温测温组合和控制台组成。为保证容器内的温度在 (24±6)℃范围内，且在−5℃下仍能使用，容器内壁设置了 16 片铬镍丝加温片，总功率 1.7 kW，最大电流 1 A。为监测容器内上下各处的温度，设置了 5 个温度传感器。美方在 3 月 6 日协调会上提出运输过程中不需要加温，提出在容器上要装 2 个监测仪器，1 个测量温湿度，1 个测量过载加速度。3 月 27 日转运亚星时，容器温度始终保持在 20℃左右。美方休斯公司的监测仪器也同时记录了容器内的温湿度，图 4 为美方正在容器上安装监测仪器。亚星、密封容器（含吊具)、卫星过渡锥和包带总质量是 2 455 kg。

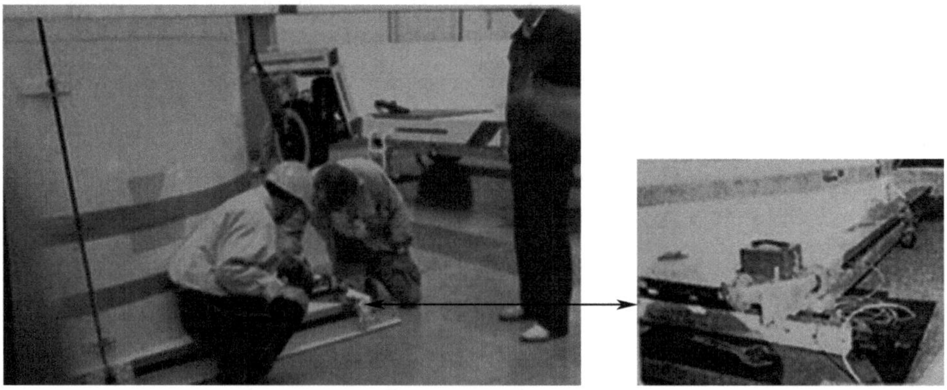

图 4　休斯公司在容器上安装监测仪器

1.3　存在问题和今后改进意见

卫星密封容器在我国是初次设计，由于受到塔架平台空间位置和平台承载能力的限制，容器质量过于轻，乃至牺牲刚度来满足质量要求，很多结构相当单薄。今后设计类似容器在结构质量上应当和有效载荷质量相匹配，过分单薄容易变形。

在生产工艺上有待改进，由于文明生产不够，内表面加温组元毛边太多，加上运输过程中被雨水泡后比较脏，后来准备喷耐高温银色漆，也因运输困难而未能如愿以偿。

一些仪器设备由于不是原生产厂标校，自动补压装置在基地请人标校后失灵，后经我们帮助，恢复功能。逆变器和压力监测仪因没有进行联合标校，使用时不匹配。气瓶到了该标校的时间，但没有按规定进行标校。我们认为仪器设备应当定期标校，否则不能参加工作。

2　卫星密封容器运输车和卫星集装箱运输车

卫星密封容器运输车是双轴挂车，卫星集装箱运输车是三轴挂车。它们都采用反压气室油气弹簧。

2.1　主要技术指标

该两辆车速度大于 10 km/h，最高速度 20 km/h。在此速度情况下，垂直方向振动不得超过 0.5g， 水平方向加速度不得超过 0.3g。

运输中要进行实时监测并自动打印记录过载值，卫星密封容器运输车承载面高度不大于 0.3 m。

最小转弯半径小于 15 m，能在四级公路上运输。

2.2　主要技术难点和使用情况

这两辆车最关键的是减振性能要好。在国内过去的运输车垂直方向过载是 2g， 水平方向是 1g。传统的减振元件，包括第一代油气悬挂已不能满足要求。为此，我们研制了带反压气室的油气弹簧。经过试验件台架试验，证明新研制的油气弹簧完全满足要求。设计时在两个车上采用了串通式油气弹簧平衡悬挂，利用串联技术，使得行驶平顺性大大提高。利用并联效应提高了抗侧倾角的刚度，使车辆行驶横向稳定性有所提高。出厂时经过承载跑车试验达到了设计指标。基地在执行 Y6 任务时，就这两辆车和普通平板运输车进行了对比复测。复测结果得出的结论是："振动加速度值与路面状态、车速及车速平稳性直接有关，横向水平加速度与路面、转弯及错车直接有关，具有减震措施的拖车，垂直方向的振动加速度明显降低。"

两辆运输车参加了 2 月 12 日西昌卫星发射中心亚星集装箱运输。密封容器运输车装的是 1 312.5 kg 的反推火箭（AKN SOLID MOTOR）集装箱（附图 1），卫星集装箱运输车装的是亚星 3 个集装箱（S/C CONTAlNER，SPUN CONTAINER，SOLAR PANELS），质量分别为 862.51 kg，975 kg，675 kg（附图 2）。

运输车油气弹簧工作长度 615～623 mm，轮胎气压 0.64～0.69 MPa，根据现场和美方商定，我们在集装箱上设置了 3 个测振传感器。运输车从下午 5 点 15 分驶离机场，晚上 9 点 40 分到达 581 厂房，途中共 4 个多小时，监测打印加速度共 3 个小时。晚上 8 点 15 分以后，因下雨停止监测。在运输过程中，休斯和加拿大 TELESAT 公司共有 5 个人跟车，随时向他们的领导报告 X、Y、Z 3 个方向的振动加速度。当晚到达 581 厂房后，加拿大 TELESAT 公司卫星系统和高技术工程专家，Robin W. B. SWALLOW 在我们的工作本上写下了如下意见："Excellent design in a11 X.Y. axes，smoth ride Congratulation an efficient desing。"从整个过程看，在 Z 方向一直没有超过 0.5g，最大值仅为 0.36 g，X、Y 方向总体上没有超过 0.3g，只是在起步和制动过程中，在个别测点以及个别时刻 X 方向（纵向）超过 0.3g，其最大值只有 0.34g，在转弯过程中个别测点 Y 方向超过 0.3g，最大值也只有 0.33g。测振仪采样时间间隔为 2 ms，个别测点出现的超差，很快又衰减，足以说明该车性能优良。

X，Y 方向个别测点超过 0.3g 有如下原因：一是路面质量，有些路段达不到四级公路标准，路面质量差；二是与司机的驾驶经验水平有关，当车速平稳明显不会超出；三是监测用的车上电源不稳，当发动机加大油门时，电源电压升高，造成监测的值偏大；四是加速度传感器易受温度影响，出现误差。

卫星密封容器运输车参加了 3 月 5 日—6 日和 3 月 10 日两次有外方在场的演练，在 3 月 26 日参加了卫星转载和 27 日亚星转场。3 月 5 日—6 日演练时，装的是一部带去的供协调使用的假星，质量仅 400 kg 左右。美方要求参加演练的假星质量应是实际质量。故 3 月 10 日演练时，采用了出厂验收时的 1.4 t 假配重。3 月 27 日正式转运亚星时，除我们用振动监测仪进行监测外，美方在容器上安装了机械式加速度测振仪。在运输全过程中记录了 3 个方向的加速度值，记录表明加速度很小（very sma1l! very sma1l!），我们自己的打印值在 3 个方向也远远小于 0.3g。美方十分满意，写下了"Transportation to launch - sad successfully completed"。在正式转运时，运输车 8 个油气弹簧的工作长度为 615～625 mm，4 个轮胎的气压是 6～6.5 kg/cm^2。为排除汽车发动机工作影响，测振仪采用独立电瓶供电（和汽车不共用一个电瓶），效果明显。X 方向加速度没有超过 $0.24g$，Y 方向没有超过 $0.12g$，Z 方向没有超过 $0.25g$。

2.3 存在问题和今后改进意见

高性能的运输车在我国属于首次设计，总的说性能比较好，但是也有不少值得改进的地方，主要是水平方向加速度在起步、加速、减速和转弯过程中的个别点因驾驶技术和路面情况有超过 $0.3g$ 的现象。但从设计上如何防止，应当是有办法的。今后再设计这种车辆，可采取水平减振措施，使水平方向在起步、加速、减速过程中性能更好。

加速度传感器容易受温度变化的影响，应采取措施解决长期稳定性问题，消除温度变化影响；运输车上，贮气筒放水阀用螺塞代替使用极不方便，应改为放水阀。运输车和牵引车脱挂后，制动系统的手动三通阀不能起到放气解除制动的作用。应更换合格件，并考虑更好的方法来解除脱挂制动。

3 主要体会和收获

3.1 既不能妄自菲薄，也不能妄自尊大

综上所述，我们设计的 3 项设备，在车子减振性能上、在容器的保温保压能力上、在质量上、在起吊方式上，外方明显地感兴趣，他们认为都是优秀的设计，而且由于采用反压室油气悬挂，两辆车的潜力比较大，在 15 所帮助下，经过基地对集装箱运输车的挖潜试验，调整油、气压力参数，可用来运输有减振要求的 7.5 t 的澳星集装箱。无疑，阿拉伯星也可采用该两辆减震车，这是一般车达不到的，应当相信我国的科技人员是优秀的。他们在党的培养教育下，不仅思想上无可伦比，在业务上也是“造诣很深”。我们的技术不是都比别人落后，这不符合客观实际。但我们又不能因这次亚星任务的圆满成功而妄自尊大。从总体上，我们和苏、美两国还有很多差距。从这次接触到的美国有关设备，在设计技巧上、力学原理上、在工艺水平上，有很多方面值得学习和借鉴，也使我们开了眼界。在质量管理上，外方也是十分严格的。比如对待静电接地就十分认真，每个操作手手上都有防静电套且和接地网相连。亚星和过渡锥相连接部位、过渡锥和卫星密封容器相连结部位，美方操作手都认真做了清洁工作，而我们对容器清洁工作偏偏漏了结合部位。外方对每一次联合操作程序，都要求三方（休斯、西昌卫星发射中心、万源公司）代表签字。

这次亚星发射成功为祖国赢得了荣誉，是中美双方在技术上的一次合作交流。

3.2 我们在管理工作上疏忽大意，听不进意见值得总结

这次发射亚星，从技术上准备得相对充分些，但在管理上，有些工作是可以做得更好些的。3 月 22 日卫星密封容器上塔后，因平台不平，在开合上遇到困难。问题暴露后，我们就提出排除的方案。在外方要求参观演练前，我们又强调该如何做。但是有的同志不能

虚心听取意见，凑凑合合，结果在外方面前暴露了同样的毛病。美方要求再次演练后，才不得不采纳我的建议，可是又不彻底，导致容器拉不到位，中间楔形木头差 0.5 m。正式执行任务时又将其接长才得以彻底解决。外国人的意见固然要听，中国人的正确意见更应听。本来可以避免的问题，何必让外国人提出来呢？

在合练过程中，对于该协调演练的问题没有充分进行。例如卫星密封容器在塔上的连结关系就没有演练，事后在总结合练工作时才确定供气口、气源阀和电源插头的位置，火箭下塔后，已无法再做接口协调工作，只有等正式整流罩上塔后进入程序才进行连结，万一有点不协调的地方，修改都来不及，显得不太认真。搞我们这个工作不能有任何麻痹大意，疏忽懈怠，这种作风非改不可，否则总有一天要误大事。

亚星发射成功了，成就举世瞩目，回忆起这些年的历程，我们的确走过了一段极不平坦的道路。不知多少人经历了多少不眠之夜，遇到了多少辛酸苦辣，但是成功了，为成功而兴奋，为成功而自豪，为祖国航天事业而骄傲。在一个航天科技人员的心中，没有什么比取得成功而更能使人得到欣慰，我们跨出了重要的一步，愿我国航天事业在此基础上更上一层楼。

CZ－4A 地面设备遥一工作总结*

（1988.9.20）

15 所试验队从 6 月 18 日起陆续进场参加 CZ－4A 首发飞行试验任务，参试人员有王瑞铨、苏冰若、张震江、郑兴华、李玉祥、魏强、袁文娴 7 人，在上海试验队的正确领导和帮助下，圆满完成了任务。

CZ－4A 15 所承担的任务是发射台、加注系统、供气系统，根据 1982 年现场会议精神，发射中心按 3 条原则进行改造：

1）CZ－4A 任务改造发射中心时，不能破坏 DF－5 地面设备的状态。

2）CZ－4A 任务改造发射中心时，按原设计分工，归口。

3）CZ－4A 任务新设计项目按专业归口。

这次飞行试验所用地面设备共 114 台件，其中一部分借用 DF－5 的设备（如制氮设备、配气设备、加注库房等），一部分进行改造（如发射台、三级加注设备和三级供气系统），改造后新增加了一些设备，如三级加注六活门配气箱、净化器等，经过这次飞行试验的考核，证明新设计的设备和整个发射场区的改造是成功的，方案是合理的，设计是正确的。

25 基地 7＃场区扩大了运用范围，不仅可以执行二级火箭的飞行试验任务，而且可以执行常规三级火箭的发射任务。发射台可以承受 250 t 的载荷，且留有余地，可以执行 CZ－4A 的变形火箭发射任务，这一场区的改造并获得成功是地面设备又一新的科研成果，是全体参加 CZ－4A 任务地面设备（加注、供气、发射台）设计人员的共同硕果。

这次任务以上海航天局所属单位为主，15 所人员编入运载中队，同志们充分理解这次 CZ－4A 发射风云气象卫星的重要意义，以高度责任感和主人翁的精神努力工作。15 所进场同志不多，但是正值孩子毕业升学和考试阶段，家庭或多或少都有自己困难的一面，但是同志们顾大局，识大体，以任务为重，一心一意扑在工作上，圆满完成了这次艰巨任务。为什么说这次任务是艰巨的呢？因为除发射台、净化器、三级配气盒、改造的三级加注供气项目是新生产的外，加注供气设备的大部分是沿用的 DF－5 配属的地面设备，这些设备从 1979 年 DF－5 执行两发任务后，至今没有执行任务和返厂大修，因此问题较多，而基地估计不足，我们来队较晚，结果是检查哪里，哪里就有问题。人员进场后，一直比较辛苦，精神和体力负担较重，但同志们发扬了 15 所光荣传统，在环境恶劣的条件下连续作战，直到 8 月 27 日泵车打回流后才稍稍松一口气，在这一阶段 15 所同志严格把质量关，认真检查装备的技术状态，排除了气、液、电路各种故障，受到了基地和上海试验队的好评，上海试验队还为我们出了简报，基地的同志对我们的严格检查从不理解到理解，

* 15 所负责的部分。

并表示感谢，另外发射台从进入任务岗位以来，质量一直很好，没有出任何问题。

质量是生命，这不是一句空话，而是要落实到每一项具体工作中，任何不通过艰苦工作而存在侥幸的心理都是要不得的。为确保一次成功，试验队对加注、供气系统，都严格地过筛子，不轻易放过一个疑点，认真细致做应该做的工作，这种作风是值得发扬的。

关于15所做的具体工作汇报总结如下。

1 发射台

1）进场以后，作了状态检查，和水平仪进行了匹配试验，参加了合练火箭发射中心合练。

2）编写了发射台故障预案。

3）参加了CZ-4A火箭垂直度调整（具体数据见技术总结）。

4）配合火箭进行粗瞄和精瞄。

5）发射台在任务期间没有出现任何故障。

2 供气系统

上海同志在15所进场前发现配气台入口有油污染，继而追问发射中心油污染原因，是44块压力表标校后，标校用油未清洗所致。为解决油污染，在李副总师领导下，对油污染情况进行了认真的查找，并采取了相应的措施。

1）NT139-5Y气瓶库配气台清洗了供气管路，抽样检查证明管路有油。

2）更换了NT139-5Y配气台间塔上供气的出口阀。

3）更换了NT139-5Y的4个过滤器。

4）清洗了NT139-5Y 11块压力表及相连的油管。

5）清洗了NT139-5Y配气台进、出气管路和压力表及相连的油管。

6）清洗了气瓶库到塔架地面管路两遍。

7）清洗了氦气供气管路。

8）清洗了塔架上与Ⅰ-Ⅱ级配气台相连的硬管以及与Ⅲ级配气台相连的硬管。

9）清洗了塔上平台供气、硬管和电缆摆杆上Ⅲ级增压和气瓶充气硬管。

10）清洗了电缆摆杆和固定平台之间连结用软管。

以上清洗管路和重新组装后均进行了气密性检查。

净化器在油污染前再生过一次，导致油污染。排除压力表油污染以后又进行第二次再生，再生后进行保压，测露点满足要求。

气源露点均合格（参数见技术总结）。

供气盒中有一个氦气供给阀内漏严重。

3 加注系统

1）配气台（加泄）被油污染后进行了清洗和吹除，压力表装配后进行了气密性检查，并更换了漏气阀门。

2）对氧化剂、燃烧剂库房全部压力表进行清洗除油，对加控台安装压力表的部位作了检查和吹除。

3）对电缆进行导通绝缘检查，通过检查发现6根电缆的绝缘不符合5 mΩ的要求，其中1根绝缘等于零，它们分别是Ⅰ级、Ⅱ级氧化剂六活门配气箱到氧化剂加控台之间的电缆；氧化剂加控台到八活门配气箱之间的电缆；氧化剂加控台到泵车之间电缆；Ⅰ级燃烧剂六活门配气箱到加控台之间电缆。

4）我们和上海试验队的同志一起对不合格电缆做了清洗处理。对塔上Ⅰ级燃烧剂六活门配气箱和加控台之间这根电缆进行检查，发现在发射台操作间后有一段被烧焦，芯线互相粘连，故导致绝缘等于零，经研究将其和六活门配气箱相连端20 m切断，更换新的电缆。其他电缆绝缘低的原因是年久腐蚀所致。

5）对塔上5个六活门配气箱和库房2个八活门配气箱进行了全面检查，包括导通绝缘、电动气活门阻值测量管路焊缝泄漏的处理，由于时间紧，基地又没有氩弧焊，所以采用了简易工装加生胶带堵的办法，下一发应当拆下补焊，这一方法比较救急，圆满地应付了这次任务。

6）加注软管全部进行了清洗和烘干处理，清洗中发现有砂子、不锈钢丝、油膏等物。

7）备用泵车进行了清洗，氧化剂备份泵车大泵处理了端面密封泄漏，氧化剂主泵车更换了减压器。

8）燃烧剂库房固定台的压力表分割器进行了灌油。

9）加注系统进行了2次气电联试和2次口令协调。

10）为提高一岗业务水平，参加了营里组织的考核和预案交底。编写了加注系统预案。

11）参加了全营和地面加注软管的全系统检查。

12）燃烧剂和氧化剂库分别进行了打回流，考核泵车（主、付）的状态。

13）对2根外表烧焦的信号电缆进行了包扎处理，这其中有1根（通加泄配气台）被老鼠咬坏，经检查对六活门配气箱接头漏点作了一一处理，处理工作主要有307厂负责。检查中还发现二级燃烧剂安溢活门的电动气活门没有工作，管路17＃没有打开，经检查是库房加控台端插头插座接触不良所致，清洗后重插故障排除，另外有8个电动气活门关闭时有异常响声，均对氧化剂库的电动气活门工作50次，发现没有漏气，活门工作仍正常，据分析是系统振动所致，为确保稳妥可靠，拟定了3个预案。

14）对主泵车和备份泵车电路进行了检查，查出虚焊、断路、短路及线路不通之处，现场解决消除隐患。更换了10台二次仪表40个插座，对泵车更换了3条信号电缆，增添了2根电缆线。焊接燃烧剂泵车上和二次仪表相连的20个插头，以及氧化剂泵车上和二次仪表相连的8个插头。修复2台二次仪表，参加鉴定11台二次仪表。

15）对R、Y加控台电路进行了检查，对氧化剂和燃烧剂泵车和固定管路进行了气密性检查（参数见工作小结），对其漏点做了处理，其中值得一提的是氧化剂库房接头有漏，但因基地没有库存，这一发只能勉强处理，进行了包扎，但今后应更换，否则时间长了无人问津，会被人遗忘，误了大事。

本次加注从 9 月 4 日 10.34′到 22.33′结束，各级加注量为Ⅰ级燃烧剂 71 737 L，Ⅱ级燃烧剂 14 297 L，Ⅲ级燃烧剂 4 617 L，Ⅰ级氧化剂 83 512 L，Ⅱ级氧化剂 16 356 L，Ⅲ级氧化剂 5 266 L。

4 几点体会和想法

1）这次来基地以后，心里不很踏实，主要原因是七号发射中心从 79 年执行 2 发 DF－5 任务以来，一直没有任务，CZ－4A 借用 DF－5 地面设备比较陈旧，能否保证执行任务，采取了谨慎态度。上海 CZ－4 总师一开始就讲：“我们上海失败不起！”。因此，我们工作做得比较细，要求比较严，目的是确保 CZ－4A 一次成功，决不能在我们负责的岗位上误事。贻误战机等于犯罪，因此我们立足所有设备都要过筛子，做到心中有数，决不能仓促上阵，马虎从事。

从这次加注、供气出的问题和检查情况看，目前这种机制不利于今后任务的执行，名义上加注供气由 15 所负责，但是实则 15 所只是系统抓总，对基地负责的设备质量很难控制，一对保养情况不清楚，二对检查情况不清楚。这次任务，基地发函邀请我们 8 月 15 日到达基地，幸亏我们提前到基地，要真按这一日期接受邀请，问题就很严重。我们刚到基地，他们在设备上都挂了准用证，可是查到哪里，哪里就有问题，因此今后要总结这次经验，提出保证质量的确切措施。

系统抓总的责任和权利不明确，很含糊，15 所无权过问基地的设备，25 基地也没有义务向 15 所报告设备的状态。例如泵车我们认为早该返厂，但 25 基地下一发也难做到。为了省钱，执行任务时就得冒风险。同样固定管路球阀，库房球阀也应拆洗更换密封垫，但要做到这一点又很困难。质量问题往往出在这里。

2）大力协同，团结战斗。这次地面供气，加注问题较多，但是上海试验队全力以赴，大力支援基地，加注系统出的问题，很多涉及电缆和接插件的处置，上海试验队有求必应，风格很高，正因为有上海和基地的大力配合，才使被动局面得以扭转。

3）确保一箭成功，必须克服麻痹思想，地面设备必须在产品转场前检查完好，只有这样才能不分散领导的精力，确保重点工作做得好上加好。

5 要求和建议

发射中心加注系统（气、液、电）均应进行彻底大修，否则执行任务的把握会越来越小，按照航天部质量部门现行规定，电气元件均超过使用期限，为此基地应认真做出检修计划，落实检修工作。

亚星合练工作总结

（1990.7.15）

1　概况

1990年2月21日至3月10日，为确保亚星的成功发射，在基地发射中心进行了和亚星发射有关程序的合练。

15所参加合练的设备有新设计的卫星密封容器、卫星密封容器运输车、卫星集装箱运输车、整流罩垂直停放支架车、整流罩吊具、空调连接器、空调连接器供气系统（包括解锁供气盒、脱落控制盒、空调连接器支架）。此外为配合上述首次研制的设备进行合练，原配套的CZ-3设备，如三子级和星罩公路运输车、整流罩翻转吊具、三子级水平吊具、三子级翻转吊具等也参加了合练。

在正式合练前，空调连接器供气系统进行了安装及内部调试。卫星过渡锥和卫星密封容器进行了试对。

合练工作是成功的，它为亚星的成功发射奠定了基础。外方表示满意。

2　合练的目的

1）检查三个方面的协调关系：

a）检查地面设备和亚星、整流罩之间协调关系的正确性。

b）检查亚星地面设备之间相互协调关系的正确性。

c）检查亚星地面设备和塔架气电接口及空间尺寸的协调正确性。

2）检查亚星三大地面设备设计指标和工作性能。

3）考核空调脱落系统电路、气路安装的正确性和空调连接器脱落可靠性。

4）验证密封容器的保温保压能力。

3　设备工作情况及存在问题

3.1　亚星密封容器及卫星密封容器运输车

经过合练，密封容器和运输车之间匹配关系是协调的。卫星密封容器和塔架大封闭间的空间尺寸符合原协调要求。协调要求见图1。经过合练，卫星密封容器的开度达3 200 mm。

经过实际验证这一开度可以满足亚星出入卫星密封容器的尺寸需要。

卫星密封容器在合练中由于塔架平台不平，容器开启关闭比较困难，后来填了6块倾

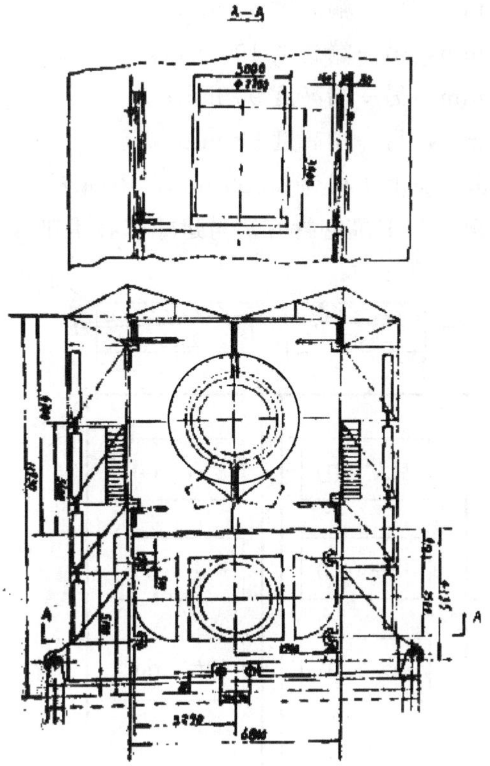

图 1　卫星密封容器与塔架平台空间协调图

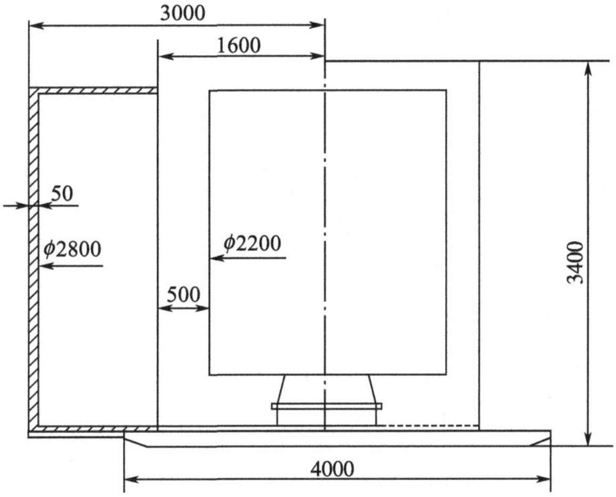

图 2　对开式密封容器

斜木块使问题得以解决。如果今后仍用该容器执行阿星任务，塔架平台又不进行改造，这 6 块木头还是不可少。6 块木头尺寸和分布状态（图 3）如下：

1）后左高度一端 55 mm，另一端高度 85 mm；

2）中左高度一端 55 mm，另一端高度 95 mm；

3）前左高度一端 55 mm，另一端高度 95 mm；

4）前右高度一端 60 mm，另一端高度 100 mm；

5）中右高度一端 45 mm，另一端高度 90 mm；

6）后右高度一端 25 mm，另一端高度 95 mm。

每块木块宽度 120 mm，长度 4 根为 2 000 mm，中间 2 根为 2 500 mm。卫星密封容器和运输车合练的详细情况见《卫星密封容器与运输车技术工作小结》一文。

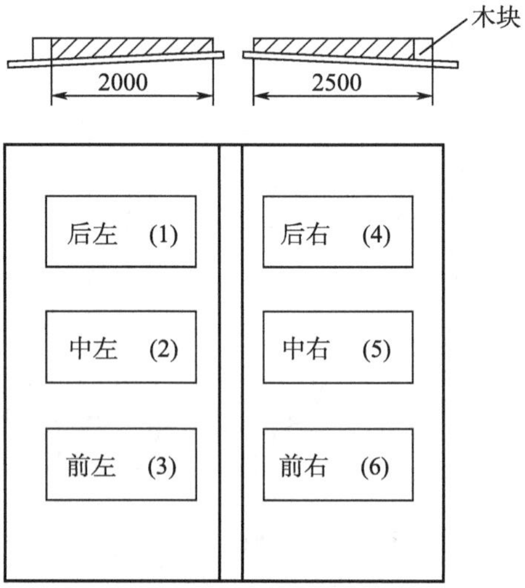

图 3　填木状态图

3.2　空调系统

3.2.1　空调供气设备

空调供气设备包括解锁供气盒、空调供气管路、空调连接器、空调连接器支架、空调连接器脱落信号电缆和控制电缆、空调控制盒。脱落供气管路在合练中根据现场的实际情况作了不少变动。空调供气管路采用风琴式，刚性比较大，质量也比较重，为了有利空调连接器的脱落，同时使空调连接器脱落后让出足够的空间位置，以利于空调口盖从上向下闭合，和空调连接器相连结部分软管改用轻质防静电的挂胶布。

电缆摆杆的高度和离产品距离位置尺寸也作了相应变化，和原协调关系有所区别。调整后实际摆杆离口盖距离 800 mm，空调口的中心和电缆摆杆下端弦杆中心距离 65 mm。为使连接器脱落后向后移动更加灵活方便，在现场增加了导向滑板。空调口盖的支承方式在北京没有进行具体的协调和商量，因此在现场又增设了支承空调口盖的顶杆。

3.2.2　空调连接器

空调连接器在调试过程中进行过二次协调式脱落。由于实验室的条件和现场实际情况出入较大，因此在现场就吊点位置、拉点位置等进行了研究，并做了脱落试验。从脱落情况看，每次都脱下来了，系统是很正常的，但有时有一个爪挂在空调口的法兰边上。如3月3日，脱11次，6次完全离开，5次有1个爪挂边。3月4日，调整3次状态，第一次脱15次，13次完全离开；第二次脱8次，完全脱开5次；第三次状态脱4次，4次全部脱下。这最后的状态也就是3月5日美方视察空调连接器脱落的状态。当天空调连接器和脐带电缆插头的自动脱落相当出色。休斯卫星操作负责人马克先生说“Excellent! Both air - conditioning inlet and umbilical disconnections are excellent，just like Ariane”。

要说明的一点是合练火箭和正式火箭在高度上有区别。火箭垂直度也不一样，所以正式整流罩上塔架又重新调整了状态。试脱落3次，有2次完全脱下未挂住。Ⅰ、Ⅱ级加注以后，火箭的下沉量有25 mm，Ⅲ级加注后下沉量有45 mm，加上垂直度调整后箭空调口位置有变化，所以空调连接器位置又重新进行了调整。我们希望进行脱落1次以观察调整的效果，上级考虑到空调连接器脱落从射前－5 min改为－20 min脱落，已无任何可担心的地方，万一不能全脱，人在现场可以协助脱下，此愿未能实现。

从空调连接器脱落的情况看，可靠性还比较差。其原因一则由于空调口口径大，连接器尺寸也大，二则空间位置总在变化。现在的方案需要不断调整，而调整后又不让做脱落试验，因此在今后方案上还要做适当改进，使得连接器适应箭体下沉及各发火箭垂直度存在的差异、电缆摆杆位置多变造成的影响等。这是完全可以办到的，同时我们也希望箭体空调口盖的锁紧方案做适当改动。目前的口盖锁紧方案和空调口的法兰的距离太小，影响空调连接器脱落后爪的顺利离开。

3.3 整流罩支架车

整流罩垂直停放支架车是在塔上小封闭向外的大封闭间临时停放整流罩的。从合练情况看，达到了设计要求，在大封闭间使用也较方便。

27基地有关同志提出整流罩和支架车整体上塔，好处是可以节省联合操作程序时间。这一意见从技术上是完全可以实现的。阿星如何处理请总体设计部综合考虑。如果采纳基地意见，垂直停放支架车及吊具均要重新设计。

3.4 整流罩公路运输车

从技术阵地向发射阵地转运亚星整流罩，采用原三子级和整流罩公路运输车。从CZ－3首发合练开始，该车的横向稳定性就比较差，晃动比较严重。亚星整流长度增加后，车子仍旧采用旧的，为解决整流罩悬挂问题，整流罩的支撑杆应加强，这给操作带来不便，整车稳定性也更差。当该车沿定圆等速转弯行驶时，本身倾角为5.03°，比额定的值3.5°大了43.8%，故存在着不安全因素。司机开车，比较担心。目前采取限速行使，以防万一。如果阿星整流罩尺寸再变动，该车已不宜采用。今后发射国内星，该车也必须进行维修和修改设计，解决横向稳定性差的问题。

4 合练阶段出的主要技术文件

4.1 内部文件

这次合练共出了内部用文件3份，它们是：《整流罩空调装置合练大纲（815Q12－3W1）》《整流罩空调合练小结》《合练工作小结》。

4.2 外部文件

向外方提供2份文件。它们是：《空调连接器脱落试验》（*Fairing Air Conditioning Disconnection Test*），《卫星密封容器有关参数》（*Sealed container Proof－load data*）。

5 结论

15所参试设备完成了合练任务，达到了预期目的，为亚星成功发射打下了好的基础，文中提到的合练中存在的问题，不能当时处理的，合练后也已经解决，改进意见将在发射阿星的任务中予以完善和改进。空调连接器的脱落可靠性应作为一个主要问题予以解决。

运载火箭和逃逸火箭救生系统地面设备技术经济可行性论证研制工作总结

(1992.8.3)

2月9日，龙乐豪副院长传达了国防科工委召开的“921”工程技术经济可行性论证动员会精神。15所立即成立21人的“921”工程论证组，并宣布了论证工作计划。论证组成员认真学习和讨论了科委领导关于论证的指导思想和要求。

在1991年论证工作的基础上，在“921”论证组和发射场分系统论证组的直接领导下，在总体部配合下，15所重点开展了飞船地面设备、运载火箭地面设备、逃逸救生火箭地面设备3个方面的论证工作。运载火箭地面设备始终围绕着上架方式这一中心进行技术经济可行性论证。下面分4个方面进行总结。

1 “921”工程地面设备论证工作情况

1）收集了美、苏、法、日等国有关飞船发射、运载火箭地面设备的情报资料，这些资料为开展论证工作提供了参考。这些资料主要有：

a）肯尼迪空间中心土星Ⅴ运载火箭的发射设备；

b）吉信发射场的机电设备；

c）肯尼迪空间中心履带运输车的设计；

d）航天飞机地面设备；

e）苏联拜克努尔发射场的设备；

f）阿里安发射基地；

g）联盟号火箭、飞船测试发射工艺流程。

2）收集了我国西昌卫星发射中心、酒泉卫星发射中心有关论证用资料。

3）编写了下列技术文件：

a）《运载火箭地面设备和逃逸救生系统地面设备技术经济可行性论证报告》；

b）《飞船地面设备论证报告》；

c）《垂直整体运输机动发射平台技术经济可行性论证报告》；

d）《箭船水平总装、运输、垂直起竖车可行性论证报告》；

e）《悬架系统论证报告》；

f）《载人飞船工程地面电源系统技术经济可行性论证报告》；

g）《地面设备控制系统方案》；

h）《水平总装运输垂直起竖车的液压系统论证报告》；

i）《飞船地面设备配套表（初稿）》；

j)《运载火箭地面设备配套表（初稿）》；

k)《逃逸救生系统地面设备配套表（初稿）》。

4）编写了飞船技措项目建议书。

5）关于飞船与运载火箭发射工艺流程。

在论证中，由于上架方式不同，涉及地面设备方案、发射场建设方案、运载火箭方案、船箭组合协调方案以及经费问题，因此15所始终围绕这一核心开展可行性论证。在论证工作中取得一致认识的是工艺流程可以统一，换言之，不论何种上架方式，发射工艺流程（详见《运载火箭和逃逸救生系统地面设备技术经济可行性论证报告》）是一样的。当然这些流程在哪里完成，是技术区还是发射区完成，因方案的不同而不同。

2 上架方案

在1991年论证中，提出了三种上架方案，这三种方案分别为传统的分级运输、分级吊装的积木式上架方案，整体水平运输整体起竖上架方案，整体垂直运输方案。1992年对这三种上架方案作了进一步论证，并从技术继承性、研制费用、主要地面设备研制难度、发射场配套设备费用、装配用测试环境条件、技术先进性、对火箭特殊要求、发射工位滞留时间9个方面（详见《运载火箭地面设备和逃逸救生系统地面设备技术经济可行性论证报告》）进行了比较，得出如下结论意见：三种方案在技术上都是可行的，都具有实现的可能性。从总体角度讲，整体水平运输方案因平台不适应水平运输外，火箭也要做相应变化，故不宜采用。垂直整体运输滞留在发射工位时间短，改善了测试装配的环境条件，有利于测试体制变化，有利于带动地面设备技术的发展，整体水平运输整体起竖上架方案比较先进，15所倾向于垂直整体运输上架方案。这一论证结果被“921”论证组采用作为上报中央专委的唯一方案，并批准实施。

3 经费估算

经费估算中，我们采用了经验系数法

$$K_i = K_c \cdot N \cdot F_1 \cdot F_2(1 + F_3 \cdot C)$$

即进行工程经费预估，具有较高的正确性，

式中 K_i——i 系统或设备的研制成本；

K_c——i 系统的参考系统或设备某年度的订货价格；

N—— 规定的配套数量；

F_1——i 系统或设备相对于参考系统或设备的规模、质量系数；

F_2——i 系统或设备与参考系统或设备的复杂程度，研制难度的综合系数；

F_3——年平均物价指数；

C ——成本计算年度与参考价格年度的差。

论证的地面设备总经费作为向中央报预算的依据。

4　有关方案论证工作和关键课题

根据上架方案，我们编制配套表和技措项目，在 921－3 总结会上，提出了有关方案论证工作和关键课题的项目。

（1）分系统和关键设备的方案论证工作

火箭地面设备将开展发射、运输、加注、供气、瞄准、电源等各个系统及地面设备总体方案论证。

逃逸救生火箭地面设备将对运输、试验、吊运、停放等深入论证。

垂直运输方案将开展如下方案论证：

1）机动发射平台的动力是自行还是牵引，是两种都必须具备还是有一种就可以？

2）机动发射平台调平系统和减振系统合一还是分开？调平必要性如何？

3）调平系统敏感元件和方案；

4）机动发射平台的定位精度；

5）机动发射平台兼顾大运载方案；

6）机动发射平台控制系统方案；

7）机动发射平台整体运输稳定性研究。

（2）地面设备提高可靠性工作方面

1）电源系统可靠性试验；

2）油气悬挂可靠性试验；

3）脱落连接器可靠性试验。

（3）开展关键课题的立题论证工作

1）大型铁路自动实时调平系统必要性立题论证。

2）大型铁路运输及飞船垂直运输车高性能伺服减振系统立题论证；

a）大载荷油气悬挂动密封技术；

b）大流量液控单向阀。

3）高精度定位系统的立题论证。

4）机动发射平台稳定性仿真研究的立题论证。

5）超大扭矩减速器的立题论证。

6）逆变中频电源的立题论证。

7）高压大流量液压阀的立题论证。

8）远距离可控的高压减压器立题论证。

经过两年多的论证工作，确定了上架方案、研制经费，提出了垂直整体运输应解决的一些关键课题和整个地面设备大系统各专业应开展的关键课题的立题工作，取得了明显的效果，为 15 所发射技术的进一步发展作出了努力，为“921－3”地面设备方案论证和立题论证打下了基础，为我国“921”工程做出了贡献。

CZ－3B 地面发射支持系统研制总结

（1999.4.6）

CZ－3B 运载火箭地面发射支持系统组成庞大，共有 245 项 2 673 台件。它是在 CZ－3A 运载火箭地面发射支持系统基础上，根据 CZ－3B 运载火箭新的设计要求配套研制的新设计项目 50 项。迄今为止，已参加了 5 次飞行试验。

CZ－3B 地面发射支持系统研制工作主要有两个特点：新设计的设备集中在整流罩、助推级火箭和国外卫星相关的项目方面；借用 CZ－3A 地面发射设备多，占整个 CZ－3B 地面设备的 79％。为了确保设备的可靠性，在 CZ－3B 研制过程中对原 CZ－3A 地面设备做了一些完善和改进，以提高设计质量，确保使用安全和可靠性。

1　新设计配套项目实现了 CZ－3A 系列火箭“下捆”目标

在 CZ－3A 运载火箭的研制初期，龙乐豪总师提出了在 CZ－3 的基础上采取“上改下捆、先改后捆”战略思想。CZ－3A 实现了上改，CZ－3B 成功实现了下捆。地面设备为“下捆”目标的实现，相应地设计了一整套设备。这些设备和原 CZ－3A 地面设备一起组成了 CZ－3B 运载火箭发射支持系统。地面设备在研制过程中，首先根据总体部的要求，制订了整流罩和卫星详细的测试发射工艺流程。根据流程确定了相应的配套设备，这一工艺流程及配套设备经过精心设计和认真的设计评审，在 CZ－3B 合练中通过了考核和验证。

在新设计的项目中，主要的核心设备有整流罩轻型包装铁路运输车、卫星密封容器（图 1）、整流罩装配型架（图 2）、吊篮（图 3）、常规动力测试设备等。火箭铁路运输车的宽度为 3 720 mm，CZ－3B 整流罩直径为 4 000 mm，为使铁路运输车运载能力充分发挥，显然传统的模式已不能采用，必须寻找新的技术途径，经多次论证，共提出了 6 种方案。经龙乐豪总师亲自主持审定方案，采用全封闭轻型包装铁路运输车。经过运输测振试验，模拟吊装协调试验和发射任务考核，证明这一新的运输方式满足了同一辆车不分四瓣运输两个半罩的要求。这种方案充分挖掘了现有设备的潜力，同时也充分发挥了 CZ－3B 铁路运输车的运载能力。这种新的运输方式克服了三个技术难点：质量轻，以适应现有铁路平板车承载仅 10 t 的能力；用新定轴回转吊装方式和尼龙纺织绳吊具完成 45°翻转；半罩倾斜 45°以满足通过涵洞横断面限界的制约。

作为国际市场有竞争力的运载火箭，为适应不同有效载荷的需要，卫星密封容器一开始就贯彻了“三化”要求，除接口与国际接轨外，以变容器高度适应不限高度卫星的要求，以能承载 5 000 kg 以上有效载荷为目标设计容器的结构。卫星密封容器在研制中正确处理了发射塔架大封闭平台承载能力要求卫星容器质量不可超过 2 000 kg，又要确保承载 5 000 kg 卫星的矛盾；大封闭平台面积要求卫星容器外径不超过 4 140 mm，又要确保卫星容器开合过程中与卫星不相碰撞的矛盾；卫星测试间净空吊高要求卫星容器高度不超过8 200 mm，又要确保卫星开合过程中不碰卫星天线的矛盾。在研制中，特大型卫星密封容器与卫星、卫星厂房、塔架大封闭平台空间做到空间方面完美统一，在结构和环境上安全可靠，开创了结构质量与承载质量比为2：5的国际先进范例。星罩上箭后，卫星合罩安全是重要一关，空间和工作面的矛盾，经采用悬浮吊装方法，顺利过关。卫星密封容器经受了合练到发射的多次考验，圆满完成了任务。

图1　新一代卫星密封容器与运输车

图2　整流罩装配型架

图3　整流罩吊篮

2　完善原CZ－3A设计是确保CZ－3B发射支持系统设备可靠性的必要保证

1993年8月，CZ－3B研制开始，我们总结了CZ－3A前两发试验成功的经验；针对原设计的不足和薄弱环节，进行了多项修改。CZ－3A遥三及CZ－3B合练以后，我们又对有关设备进行了适当的修改，到1998年执行完成CZ－3B遥四任务，共计有57项状态更改，较大的有12项。

1）液氢、液氧加排连接器脱落发讯装置的冗余设计。

原连接器的发讯装置采用干簧管—磁钢方案，长期使用发现质量差，脱落发讯不能达到万无一失。液氢、液氧加排连接器在射前－3′脱落，脱落讯号必须准时返回加控台，否则贻误战机。为此针对曾发生过连接器脱落后、没有及时收到讯号的故障采用了先进的磁电、光电发讯方式。有了这两种冗余，只要收到任何一种脱落信号，程序就可往下进行。这一改进使密封、脱落、发讯、结构四个方面可靠性有了新的提高。

2）冷氦连接器按断开关防冻措施和脱落发讯的冗余设计。

CZ－3A在设计时，没有认识到在冷氦充气—停止充气—再充气的程序中存在着结霜（严重时会结冰）—化水—再结霜（或结冰）的物理现象。这种随外界气候变化的现象在湿度大时，水一旦流入发讯装置的开关，就会有冻住的可能，从而导致无法接通脱落信号。这种后果与液氢液氧连接器发不出讯号后果一样严重。CZ－3B连接器座倾斜了18°，充气过程中的霜在停止充气时变成水更易流进开关里，状态更加恶化。为此曾在CZ－3B遥一发生了贻误发射1.32″的故障。针对这一问题，我们采用了防冻措施，使水流不到开关里面去，万一流进去，也冻不住。同时在发讯方面又增加了先进的磁电发讯装置，经CZ－3B多发飞行任务考核，这些措施行之有效。

3）防止液氢液氧管路水锤，在阀门上加装阻尼器。

在CZ－3A液氢管路进行加注时，多次发现阀门喷出液氢，危及现场人员安全和任务正常进行，为此我们从理论上分析了系统和球阀设计中存在的缺陷，提出“快开慢关”方法，并为此研制了阻尼器，从而暂时弥补了原阀门的不足。

4）液氧液氮管路涡流流量计改为进口的涡街流量计。

这一改进解决了预冷和射前补加时小流量的测量精度，同时提高了使用寿命，不损坏可以不进行校验，节省经费和方便管理。

5）液氢液氧低温加注管路密封接头试验及垫片厚度研究。

该问题解决了人们对新的密封接头寿命的怀疑，同时确定了合理的垫片厚度，使低温加注管路的漏点明显减少，从而减轻了劳动强度，提高了管路使用次数和寿命。

6）防液氢加注连接器转接头在发射后拆卸时爆轰措施。

我们分析了两次液氢加注连接器拆卸时出现爆轰机理，分析了潜在的问题，针对性的采取了防止氢气进入连接夹缝积聚的方法，从而避免了再次发生安全问题。

7）液氧过冷器的搬运。

在 CZ－3A 设计时，液氧过冷器与过冷器有关的各个阀门安装在坑道里面。由于坑道排水不畅，长年累月导致过冷器锈蚀，为此龙乐豪总师批准全部从地下搬至地面上。搬运后的好处非常明显，改善了过冷器环境条件，延长了使用寿命，改善了人员工作环境，增加了安全性。

8）液氢 20μ 双向过滤器和液氧 70μ 过滤器研制。

该项改进，使进入箭体箱体的介质更加纯净。

9）供气管路加装 85 个气体过滤器。

该项改进，使进入箭体箱体的介质更加纯净。

10）液氧、液氢安全阀的改进设计。

11）液氮测控系统由工控机改为 S5－II5U 控制机。

这一改进使原设备工艺可靠性得到提高，使液氮测控系统向液氢液氧测控系统硬件靠拢。

12）针对液氧加注时，有关阀门瞬间关闭 1 秒后，又恢复正常所采取的综合性措施。

回顾上述 12 项主要状态变动，明显提高了设计质量，减少了故障率，改善了工作环境，确保了使用安全可靠。实践证明这些完善和改进是完全必要的。这些改进的问题经过充分的必要的审批程序、系统的设计评审程序，最终通过了后来发射任务的考核。作为 CZ－3A 系列火箭，我们已经完成了 CZ－3A 和 CZ－3B 运载火箭的研制任务，它的运载能力也已跻身世界先进行列。C2－3A 和 CZ－3B 运载火箭的研制成功，巩固了我国航天大国地位，同时也培养和造就了一大批青年航天科技工作者，其意义更非同一般。我们近期任务还有：CZ－3C 火箭的研制，整流罩整体吊装，可靠性增长目标的实现。任重道远，来日方长，愿我国的低温运载火箭在新的一代航天人身上再铸辉煌。

100 m^3 液氢铁路加注运输车研制工作总结

（2004.5.28）

上篇

2001 年 3 月 5 日，中-俄双方在北京签订了购买 100 m^3 液氢铁路加注运输车 3 个液氢贮罐的合同。合同明确规定，俄罗斯低温机械联合体提供 3 个贮罐及相应的备附件和文件，运输车底架由中方设计和生产，贮罐的安装和相关试验在中国进行，合同总价为 115 万美元。付款按节点分 4 次付清。

2002 年 12 月底，3 个贮罐先后分两批运抵中国满洲里。第一个贮罐于 2003 年 2 月 11 日在北京 101 所完成了汽化器安装、真空检测和液氢蒸发损失试验，并签署了有关验收纪要。

第二个和第三个贮罐于 2003 年 2 月 23 日，在武昌车辆厂完成了汽化器和贮罐与底架的焊接、安装和试验工作。

2003 年 9 月 17 日到 23 日，中-俄双方参加武昌地区 100 m^3 液氢铁路加注运输车动力学性能试验。2003 年 10 月 15 日，铁道部产品质量监督检验中心机车检验站完成动力学性能试验检验报告，并上报铁道部。

2003 年 12 月 2 日到 2004 年 2 月 9 日，中-俄双方在北京 101 所进行 100 m^3 液氢铁路加注运输车验收试验，2 月 13 日中-俄双方签署了 100 m^3 液氢铁路加注运输车验收协议。100 m^3 液氢铁路加注运输车自 2001 年 3 月 5 日签订合同，历经近两年时间完成第 1 个罐的全部验收工作。其中俄方因合同许可证的审批用了近 7 个月的时间，贮罐验收后俄方过关手续用了近两个半月的时间，因办理出国手续，中方第一个验收团晚了两个月的时间赴俄，实际上有效设计、生产周期基本上是一年左右。第二个和第三个贮罐于 2003 年 2 月 2 日到达武昌，2004 年 2 月 9 日验收完两辆 100 m^3 液氢铁路加注运输车又是一年时间，总共用了近 3 年的时间。期间，15 所先后完成了：100 m^3 液氢铁路加注运输车底架走行部分设计任务书；100 m^3 液氢铁路加注运输车在西昌卫星发射中心使用方案；100 m^3 液氢铁路加注运输车测控设计；2003 年非典期间，中俄在北京验收工作受阻，但仍配合北方交大危险货物研究中心完成 100 m^3 液氢铁路加注运输车安全可行性评估；2003 年 9 月 17—23 日配合铁科院完成 100 m^3 液氢铁路加注运输车动力学性能试验；15 所配合西昌卫星发射中心完成 100 m^3 液氢铁路加注运输车使用场地的改造；并和 101 所配合北京市特种设备检测中心完成 100 m^3 液氢铁路加注运输车贮罐的检测工作，并发放了使用登记证。

现在我们总结一下，研制工作和引进任务完成的情况。

1 全过程主要工作节点

引进俄罗斯贮罐历经10余年。通过调研—申请—技术经济合同谈判—罐与底架的设计与生产—贮罐验收（俄罗斯）—运输—组装与验收试验（中国）—动力学性能试验—车辆安全性评估与出厂评审—应用10个阶段，目前可正式投入使用。

表1　100 m³ 液氢铁路加注运输车工作里程碑

序号	阶段	工作内容
1	调研	1）向美、俄、法、日等国函调； 2）实地考察：1993年10月27日至11月15日，赴俄考察119 m³ 液氢铁路运输车；1998年3月2日—3月16日赴俄考察
2	申请	1）1993年8月31日，15所《关于俄方提供的液氢铁路槽车有关情况的报告》； 2）1993年12月，一院1817号《关于申请进口119 m³ 铁路液氢槽车的立项报告》； 3）1994年3月17日，航天工业总公司综合规划计划部《关于一院购置俄罗斯119 m³ 液氢铁路槽车有关问题的请示》； 4）1994年4月26日，航天工业总公司综合规划计划部《关于一院购置119 m³ 液氢铁路槽车处理情况的汇报》； 5）1997年9月，院综合计划部向航天工业总公司上报《引进国外液氢运输车的紧急请示》； 6）1998年3月24日，15所《关于引进俄罗斯铁路运输用液氢贮罐及技术的立项论证报告》； 7）1998年3月27日，院综合计划部418号文向总公司《关于购置俄罗斯液氢铁路运输贮罐及国产铁路运输底盘的请示》； 8）2004年，航天科技集团公司0352号《购置3个液氢贮罐的请示报告》
3	技术经济合同谈判	1）1993年12月20日，15所毕作滨副所长与俄方通用机械设计局副设计师B·H·克里莫夫在北京签订“购买2ЖВЦ-100槽车技术协议”； 2）1998年3月15日，院科研生产部部长郭绍贵与俄罗斯低温机械联合体总经理果尔巴茨基签订《关于购置液氢铁路运输贮罐的协议》，同时签订的有《液氢铁路运输贮罐的技术协议》； 3）2001年2月19日，中-俄双方在北京进行贮罐的方案设计评审。3月1日，王瑞铨与俄方代表斯果尔拉姆夫正式签订“РЦВГ100/0.3液氢贮罐设计制造技术条件”，3月5日，精密公司刘燕代表中方与俄方签订了商务合同
4	罐与底架的设计与生产	1）2001年5月29日，中国对外经济贸易合作部批准最终用户和最终用途证明； 2）俄罐出口许可证于2001年10月8日通知中方； 3）2001年6月20日，武昌召开底架方案评审会； 4）2001年7月25日，北京召开两辆100 m³ 液氢铁路加注运输车发射场使用方案评审会； 5）2001年11月6日，武昌底架静强度试验； 6）2001年12月18日至31日，中方确认俄方100 m³ 液氢贮罐与总体设计； 7）2002年5月，中国南车集团在京召开100 m³ 液氢铁路加注运输车技术设计评审及图纸审查会； 8）2002年7月9日—23日，中方三人赴俄监造100 m³ 液氢贮罐的生产并部分验收

续表

序号	阶段	工作内容
5	贮罐验收（俄罗斯）	1）2002年8月16日—29日，中方5人验收团赴俄验收第一个100 m^3 液氢贮罐； 2）2002年9月27日，中方7人验收团赴俄验收第二、三个100 m^3 液氢贮罐
6	运输	1）2002年12月2日，第一个100 m^3 液氢贮罐用俄运输车运抵满洲里，办理交接； 2）2002年12月23日，第一个100 m^3 液氢贮罐用中国D22平车运抵北京长辛店； 3）2002年12月8日，第二、三个100 m^3 液氢贮罐运抵满洲里，办理交接； 4）2003年2月2日，第二、三个100 m^3 液氢贮罐运抵武昌车辆厂
7	组装与验收试验（中国）	1）2003年1月22日，俄专家5人抵北京参加汽化器组装，贮罐和支承平台的连接组装，贮罐和汽化器作气密性检查，真空度复测，液氢蒸发损失试验等； 2）2003年2月9日—23日，俄专家3人赴武昌参加第二、三个100 m^3 液氢贮罐的交接、汽化器组装和贮罐与铁路底架连接组装，贮罐汽化器气密性检查； 3）2003年12月3日—2004年2月9日，俄专家6人参加第二、三个罐的真空度复测
8	动力学性能试验	2003年9月22日—23日，中-俄双方在武汉铁路分局的武昌—山坡区段和武昌南环线进行动力学性能试验，最高速度为136 km/h，检测了轮轨垂直力，横向力，车体垂直，水平，纵向振动加速度，摇摆，轴箱弹簧静、动挠度，罐体相对于底架的微量位移；转向架摇枕静动应力；罐体底架、罐体振动应力
9	车辆安全性评估与出厂评审	1）2003年5—8月，根据铁道部5月6日［2003］151号文15所委托北方交大危险货物研究中心完成100 m^3 液氢铁路加注运输车安全性评估； 2）2003年9月2日，北方交大向铁道部运输局汇报评估结果； 3）2003年，15所、101所配合北京特种设备监测中心完成100 m^3 液氢加注运输车的检测工作，并取得相关登记证； 4）2004年3月26日，在北京召开了液氢铁路加注运输车出厂评审会； 5）2004年5月9日，铁道部在北京召开了100 m^3 液氢铁路加注运输车安全性审查会。参加会议的有总后、总装、航天科技集团公司、一院、武昌厂、北方交大等单位
10	应用项目	1）101所场地为适应停放一个固定罐和两辆车，于2002年6月完成了对场地进行的适应性改造； 2）2004年4月，完成兴平场地改造； 3）2004年9月，完成27基地改造； 4）2003年4月—2004年5月，完成上路申请

1.1 函调情况

1989年10月，得到俄ЖВЦ100 m^3 液氢铁路槽车的有关图片和性能参数后，根据上级指示货比3家，向法、俄、日等国进行了函调和资料查询，今将基本情况简介如下。

1）法、日不生产液氢铁路运输车。法液空公司（CRYOLOR）可生产53 m^3 半挂公路运输液氢贮罐和立式66 m^3 液氢贮罐，法国（圭亚那）库鲁航天发射场液氢是活动罐（车运）320 m^3/个，共3个。日本航天采用的是540 m^3 球形固定罐。

2）美俄航天发射场均采用巨大固定球罐贮存液氢。美国土星Ⅴ、航天飞机球形罐3 400 m^3贮存，俄罗斯能源号采用4个1 400 m^3 球形罐贮存。俄采用250 m^3 和119 m^3 液氢铁路运输车运输液氢，前者为铁路运输贮罐，后者为专用铁路运输车。美国采用联合碳化公司生产的107 m^3（20辆）液氢铁路运输车和另一种规格98.5 m^3液氢铁路运输车运输液氢。

3）价格方面：1993年，119 m^3液氢铁路槽车，俄中边境交货价为29万美元；1997年，100 m^3液氢铁路槽车，俄中边境交货价为26万美元。美国82 m^3液氢贮罐价格为23万美元。

4）技术方面：俄罗斯的119 m^3液氢铁路运输车蒸发损失为不大于1.2%（粉末真空、铝合金内罐），轨距1 522 mm（中国1 435 mm）；牵引钩至轨面距离为1 060 mm（中国880 mm）；车高5 023 mm；无汽化器自增压系统。

1.2 技术协议和经济合同

由于85 m^3液氢铁路加注运输车在1997年返京路上破空，损失一车液氢，使发动机试车和发射外星运输液氢任务受到较大的威胁，为此，1998年3月派了一个8人代表团再次赴俄考察，这次考察在历次技术考察的基础上、在引进思路上，从买罐－买车－买罐取得了突破。代表团明确买俄罗斯的100 m^3贮罐装在中国的底架上，构成一个整车，既引进了俄罗斯液氢贮罐的技术，又克服了运输障碍，且便于今后底架的维修和保养。在俄罗斯的谈判为北京的最终技术协议和合同的签署打下了坚实的基础。价格上经过两轮多次谈判，引进3个罐并增加3根金属真空软管及成套备附件，共115万美元的总价格。

1.3 生产与验收试验

100 m^3液氢铁路加注运输车由中俄联合设计，液氢贮罐由俄方生产，底架由中方生产，整车性能由俄罗斯低温机械联合体和中国武昌机车车辆厂各自负责，15所提出整车设计任务书并负责罐、车的协调和校核。

验收试验项目比较多，最关键的是液氢蒸发损失试验。3个100 m^3液氢贮罐2002年9月27日在俄罗斯完成了合同有关的项目验收。期间与俄方专家商订了在京试验验收计划，军品部安排了液氢生产试验。没有想到的是俄罐出关办理手续受阻，迟迟发不了车，加上国内运输时间太长，第一个罐真正运到北京是2002年12月23日，所以液氢损失比较多。第2个和第3个罐于2003年2月2日运抵武昌，2月23日完成贮罐和汽化器与底架组装、总成和相关验收工作。在准备进行动力学性能试验时，赶上了“非典”疫情，以及铁道部认为必须进行安全性评估后才能做动力学性能试验的意见，使得动力学试验拖到同年9月17日才得以进行。液氢蒸发损失的试验在2003年12月2日才开始进行，又因液氢生产线故障使得液氢蒸发损失试验先后用了两个月的时间，无疑使液氢耗量与日俱增。几次延期，使中－俄双方专家工作周期及双方试验经费有较大增加。

1.4 运输

俄罗斯的液氢罐如何从满洲里运抵北京和武昌？原来武昌方案是将生产的100 m^3底架运往满洲里，在满洲里进行贮罐和底架的组装，再各自拉回北京和武昌。到了2002年，真正要实施时，因铁道部安全大检查抓得很紧，对 100 m^3 底架未做动力学性能试验就去拉 100 m^3 液氢贮罐根本就不同意。因此产生了三种方案：第一种将 100 m^3 底架拉至满洲里，在租用铁路线上换装、组焊、检验、探伤，再进行动力学试验，开会评审后再报批；第二方案是 100 m^3 底架先做动力学试验，然后运往满洲里，在满洲里进行换装、组焊、检验、探伤，合格后，进行第二次动力学性能试验，开评审会，上报批准；第三方案是用优选的 D22 平车加一辆押运车从满洲里运贮罐至目的地。D22 平车为国家专用运输大型物件的车辆，做过动力学性能试验。权衡技术上的可行性和经济上的合理性，最终选用第三种方案，为了运输可靠性，对 100 m^3 贮罐加固方案进行了计算，并征得俄方同意，最终上报中国铁道部批准，同时与满洲里海拉尔集装箱运输中心签订了相关的运输合同，先后用 3 辆 D22 平车两批次将贮罐分别运至北京和武昌，使运输问题得以圆满解决。

2　全过程质量控制

两国四方，如何进行质量和计划控制？是整个合同过程时刻关注的大问题。101 所、西昌卫星发射中心，可以通过传统的渠道进行联系和协调，15 所和武昌厂的关系可以通过协作渠道以合同形式体现，各自向所在上级单位负责。俄罗斯通过各个阶段进行质量监控。

两年中，我们向两师系统汇报了各个阶段的工作进展情况、存在的主要问题、今后的工作计划、验收专题报告等。院两师系统主持召开了多次大型协调会，多种评审会。龙副院长亲临西昌卫星发射中心落实两辆 100m^3 液氢铁路加注运输车执行任务时的使用方案。

两年来主要的汇报内容有：

- 两个合同签订情况和下一步工作打算　20010410
- 关于 100 m^3 液氢铁路运输车的报告　20011031
- 100 m^3 液氢槽罐设计访俄情况汇报　20020125
- 100 m^3 液氢槽车 2002 年工作计划　20020320
- 关于 100 m^3 液氢铁路运输车工作情况的报告　20020510
- 100 m^3 液氢运输罐运输方案的报告　20020612
- 100 m^3 液氢罐近期工作情况简况　20020726
- 赴俄监造 100 m^3 液氢贮罐工作总结　20020729
- 100 m^3 液氢铁路运输车贮罐验收情况报告　20020910
- 100 m^3 液氢铁路运输车 2＃、3＃贮罐验收情况报告　20021111
- 100 m^3 液氢槽罐（020406）国内验收总结报告　20030603
- 100 m^3 液氢槽罐武昌车辆厂安装工作总结报告　20030604
- 100 m^3 液氢铁路运输车运输液氢的安全可行性研究主报告　20030815
- 关于 100 m^3 液氢铁路运输车动力学性能试验总结　20040202

两师系统召开的主要会议有：

· 2001 年 2 月 20 日，院召开　　　“100 m^3 液氢贮罐技术方案审查会”
· 2002 年 5 月 21 日，院召开　　　“100 m^3 液氢铁路车后续工作协调会”
· 2002 年 7 月 4 日，院召开　　　“100 m^3 液氢固定罐验收测试方审会”
· 2002 年 12 月 19 日，院召开　　　“100 m^3 液氢贮罐验收试验操作规程评审会”
· 2003 年 12 月 3 日，院召开　　　“100 m^3 液氢贮罐验收试验工作动员会”

对俄质量和计划控制则主要按照合同签订前后各个节点，严格按有关规定，通过传真、评审、验收及试验等环节进行全过程协调和控制。控制的重点是性能指标满足情况。

传真是双方不见面的联系，2001 年到 2002 年两年间，互相联系的传真达 128 份。为了确保设计质量、生产质量，也为了更好地学习俄罗斯的设计、生产技术，我们出国前都写有详细的问题清单。对于俄生产准备阶段，我们充分消化吸收俄罗斯罐的设计资料，始终围绕着以原理图为核心，了解总体设计思路、阀门技术、抽空工艺等，同时也提出了众多的问题，进行深入了解。

2.1　北京方案评审阶段

根据 1998 年 3 月 5 日签订的购买液氢铁路运输车贮罐的协议，俄方于 2001 年 2 月 20 日到达一院进行技术方案答辩。

技术答辩阶段，中-俄双方均作了充分的准备，主要焦点集中在贮罐的蒸发损失、真空寿命、贮罐的压力远传、远控转注液氢、汽化器工作能力保证、与铁路底架连接方案等主要技术方案上。

1998 年 3 月 5 日，签订的技术协议主要是根据 15 所的立项报告，引进 100 m^3 液氢铁路运输贮罐时运输和转注液氢，减少 85 m^3 液氢铁路运输车加注—运输液氢车本身的压力，所以运输液氢是 100 m^3 液氢铁路运输车的主要任务。当时考虑到万一 85 m^3 液氢车破空，100 m^3 液氢车加以适应性改造，也可以履行加注任务，为此预埋了两点：贮罐压力 0.1～0.25 MPa 可调；进出液氢管路的内径尺寸为 ϕ 64。

后来，根据院总师系统和总装的指示精神，希望不仅作运输车用，而且要作加注车。这一更动在评审时有相当多的争论，最终达成一致意见，增加一条汽化器，保证液氢输出流量 1000L/min 的技术要求，贮罐工作压力为 0.25MPa。

这次评审争论的另外一个焦点是贮罐与铁路底架的固定连接方案。武昌厂与俄方意见分歧较大，最后统一到俄方的意见上（现在的贮罐前后支座，一端固定一端活动），这一点也是 100 m^3 与 85 m^3 液氢铁路运输车不同之点。

这次方案审查中，中方对俄方设计的内外筒体的壁厚表示担心，这一问题俄方在技术设计过程中采纳了中方意见。

在评审的基础上，中-俄双方对贮罐的性能、功能、结构和协调关系有了统一的认识，3 月 1 日正式签署了《РЦВГ100/0.3 液氢贮罐设计制造条件》。在签署上述文件时，双方又进一步讨论和明确了中方质量控制办法、整车技术规格、随车文件清单、质量保证计划、备附件清单等。

2.2 设计确认阶段

在设计确认阶段，问题主要集中在计算和文件资料缺什么，提出需要完善的地方，设计方法的探讨及底架与罐的协调。

这一阶段，根据我们的消化及时提出了如下问题，经过充分讨论并得到俄方认同。

1）贮罐与底架连接的强度计算，只考虑了焊缝计算，未考虑纵向冲击及挤压面强度计算，俄方同意将支座厚度由 20 mm 改为 25_{-5} mm。

2）内罐外壁上的纵向焊缝由 3 条减到 2 条。

3）贮罐支座不分三段焊接。贮罐支座平面与底架枕梁上盖板固定平面各自在2 816 mm长度上不平度均控制在 2 mm，绝对高差为 4 mm。

图 1　贮罐与贮罐支座

4）汽化器高度 680 mm 改为 685 mm，以防止汽化器上部与底架中梁下盖板干涉。

5）汽化器支座与底架上中梁和大梁之间的加强板发生干涉，重新商定协调尺寸，避免了干涉。

6）俄方同意修改整车稳定性计算中 38 处不当之处。

7）俄方同意提供贮罐抽真空泵。

8）俄方同意在蒸发损失试验大纲中增加原理图。

以上认同非常重要，尤其是贮罐支座分三段焊问题以及汽化器和底架干涉的解决，不仅解决了质量问题，而且责任明确，减少了武昌车辆厂焊接支座的困难。

确认阶段遗留两个分歧问题：向上一个 g 的动载和俄罐运至北京、武汉的方案。

确认阶段，双方讨论了俄方制订的液氮试验大纲，中方拟制的液氢试验、动力学试验大纲和跑车试验等文件，互相沟通了各自的观点。

中-俄双方签署了相应的纪要和代表团的工作总结。

2.3 监造阶段

监造阶段代表团准备了 30 多个问题，学到了不少东西。

主要参观了内罐伸出 7 个管的走向、2＃罐绝热缠绕、安全阀试验，1＃罐支座焊接、2＃罐套装绝热层缠绕、2＃贮罐外罐封头焊接、2＃贮罐夹层抽空、3＃罐的内罐用 0.53 MPa进行强度试验、3＃罐绝热层缠绕套装等工艺。可以说基本参观了罐的制造全过程。

查阅了大量有关试验报告，X 光检测报告、抽空报告、材料化验结果报告、阀门试验报告等。

协调了有关压力远传测量、铂电阻温度计实际分度值、电缆插头、汽化器焊接试样、中方运输方案、备附件箱运输方案等。

阅看了单向阀、抽空阀、取样器等图纸。

询问了伸出管应力计算方法和最大应力点位置、绝热计算、电缆与外罐之间的密封、取样器原理、K01 阀门信号器使用方法、化学吸附盒及吸附泵、W01 真空阀的漏率要求、吸附剂材料和装填量、K01 阀密封材料等。

指出了安全阀开启压力 0.35 MPa 不对，应为 0.33 MPa，为此重新做了试验调整压力值。

中-俄双方签署了相应的纪要和代表团工作总结。

2.4 第 1 个贮罐验收阶段

代表团任务是按照合同验收第一个罐。在访俄期间，代表团参加了液氮蒸发损失试验，两个罐的液氮冷冲击试验，并查看了全部试验记录和测试设备。代表团对Ⅰ号贮罐（020406）进行了漏放气速率检查、管路漏放气速率检查，Ⅱ号贮罐（020407）真空度检测和管的漏放气速率检查；Ⅲ号贮罐（020305）漏放气速率检查、Ⅰ号罐的称重。检查了备附件箱装箱清单和装箱情况。

代表团协调了运输方案、向上 1 个 g 的外载、100 m^3 贮罐后期工作计划、稳定性计算书、液氢蒸发损失试验设备、动力学试验充氮气等有关问题。除俄方仍坚持向上不存在 1 个 g 的外载外，其余问题俄方均作了承诺或同意中方意见，并写入纪要。

代表团在验收中提出了两个主要问题，俄方接受中方建议，并确保进行修改。

1）附件箱支撑杆和箱门连接强度不够。

2）液氢蒸发损失试验设备如何进行置换应有文件和操作规程。

代表团的主要收获：

1）查阅了有关试验报告，带回了有关分配器装配图等设计资料。

2）液氮蒸发损失结果与液氢蒸发损失的关系。俄方在中方一再追问和要求下，让中方从文件上抄写了相互之间的换算公式，由于有了经验公式，所以俄罐不做液氢蒸发损失试验。

$$\psi_i = \frac{293 - T_i}{293 - T_n} \cdot \frac{Z_n \cdot r_n}{Z_i \cdot r_i} \psi_n \%$$

3）了解了安全阀试验，在俄只做打开关闭压力试验，不做排量试验。关闭压力值为 $0.8\,P_{工作压力}$（20℃，排量系数≥0.87）。试验符合要求。

中-俄双方签署了验收纪要。代表团回京后编写了工作总结报告。

2.5 第二、三个罐的验收阶段

代表团在验收第一个罐的基础上，按照合同和纪要认真进行了第二、三个罐的验收。这是最后一次到俄学习的机会，因此边验收、边问、边看。俄方提供了有关报告，并对 3＃罐的漏放气速度率进行了检测。

中-俄双方对 3 个贮罐的封装工作做了最终检查，并协商了俄罐到达满洲里的时间及互相联络的方法。

代表团按预先准备的问题进行了详细的询问，这些问题主要是阀件的工作原理和功能作用，内外罐加强圈和防波板的数量及安全阀的有关问题等。中-俄双方签署了验收纪要。代表团回京后编写了工作总结。

2.6 第 1 个罐的液氢试验

俄罐到达 101 所前，101 所作了较充分的准备，首先完成了 18＃液氢场地的改造，拆除了原 18＃库房，对场坪进行了混凝土浇注和固定贮罐混凝土支座的浇注，按俄罗斯提出的要求，建立新的测试间，并完成了各种管线、防爆风机、插座的安装，接通了水暖电，安装了接地线，满足接地电阻值为 0.4 Ω 的要求。101 所参加的测试仪器均有合格证。人员经过培训，文件准备齐全，并经过评审。主要文件有：

1）《100 m^3 液氢贮罐增压汽化器焊接工艺》；

2）《100 m^3 液氢贮罐吊装方案》；

3）《压力调节器 R01 调试操作规程》；

4）《100 m^3 液氢贮罐置换、充装液氢操作规程》；

5）《100 m^3 液氢贮罐蒸发损失试验操作规程》。

2002 年 12 月 23 日下午，100 m^3 液氢贮罐到达长辛店，当日停在 101 所 5 股道上。27 日下午完成吊装就位。2003 年 1 月 6 日—7 日，与俄专家一起完成 8 个备附件箱和资料的清单交接，双方确认项目、数量与文件一致。

2003 年 1 月 22 日，俄专家（5 人）到京，下午在 101 站台参观现场，并讨论了工作计划。按照计划，双方完成了下列工作：

1）贮罐状态检查和恢复；

2）贮罐和管路真空度检测设备恢复和真空度检测；

3）贮罐与汽化器的焊接组装；

4）贮罐汽化器气密性检查和强度试验；

5）爆破膜漏气检查；

6）贮罐加注液氢前的置换和吹除（阀门状态检查）；

7）液氢蒸发损失设备调试、测试；

8）汽化器能力试验和R01、K01阀门调试。

2003年2月11日，在各阶段验收基础上，中-俄双方签署了第一个贮罐的验收签字。

通过罐和管的真空度检测、液氢蒸发损失试验、汽化器能力试验，证明贮罐性能满足合同签订的技术性能指标要求。

2.7 第二、三个罐与底架安装验收试验

2003年2月2日，第二、三个液氢贮罐抵达武昌；2003年2月9日，3名俄罗斯专家到达武昌厂；2月10日—2月23日先后完成了贮罐吊装、在底架上定位和2个罐10个备附件文件箱的验收工作。

根据工厂编制的工艺文件，先后完成了：

1）贮罐与底架挡板和压板的焊接；

2）贮罐的状态恢复和检查；

3）贮罐和管路真空度检测；

4）汽化器管路与贮罐的焊接、汽化器与底架的连接；

5）汽化器气密性检查和强度检查；

6）贮罐充氮保护；

7）贮罐车辆手制动、风制动、钩缓装置的交检交验；

8）罐体清洗、补漆；

9）车辆称重。

在上述工作中发现俄罐有下列5个质量问题：

1）S06安全阀进气管路断裂，重新焊接；

2）汽化器与底架连接螺母与螺栓不匹配，临时用武昌厂连接件代替；

3）罐的出液口与底架大梁风管尺寸干涉无法焊接，修改走向，造成一个罐汽化器进液口走向与原图不符；

4）02407♯贮罐真空度1.32×10^{-2} mmHg大于1×10^{-2} mmHg，俄认为是夹层残余气体析出所致，到北京再抽一下，可保证不是质量问题；

5）缺罐与底架的接地线和连接螺母；

6）汽化器一个进液管的管端不圆，且两段管焊口直径偏差大于1mm，有加热痕迹。现场采取重新扩圆，修锉。

中-俄双方就完成上述工作和存在问题达成一致意见并签署了相应纪要《100 m^3液氢槽罐武昌车辆厂安装工作总结报告》。15所与武昌车辆厂就槽罐和底架的安装签署了相应的报告。

2.8 动力学性能试验

铁道部于2003年9月6日向动力学试验有关各方派发了100 m^3液氢铁路车上路进行

动力学性能试验的电报。9 月 17 日，各方在武昌厂作了动力学性能试验前的各种准备工作，其中包括贮罐压力检查、螺母更换、压力远传装置的安装，测点贴片和参试仪器的调试工作。9 月 22 日，武汉铁路分局召开了动力学试验的各方协调会，会议由郑州铁路局领导主持，武汉铁路分局总师、局长及中-俄有关各方参加了会议。试验路线为武昌北→三坡（京广线）→武昌南→武昌东→武昌北的环线内进行，共计 144 km。试验项目包括 60 km/h、80 km/h、100 km/h、120 km/h、135 km/h 速度试验，R 400 m、R 300 m、R 600 m 及 R 800 m 弯道试验（40 km/h、45 km/h），12＃道岔试验等。试验由铁道部产品质量监督检验中心机车车辆厂检验站负责。试验结论为："运行稳定性、平稳性等多项指标均属优或优良，符合《GB5599—85 铁道车辆动力学性能评定和试验鉴定规范》的规定，满足 120 km/h 的运行要求。"

2.9 100 m^3 液氢铁路运输车安全评估和容器压力监测

根据铁道部［2003］151 号文，100 m^3 液氢铁路运输车正式上路使用前应进行安全性评估。为此，2003 年 5 月，我所按院的指示精神委托资质单位北方交通大学危险货物研究咨询中心进行评估，根据《100 m^3 液氢铁路车运输液氢的安全可行性研究调研提纲》和《100 m^3 液氢铁路运输车运输液氢研究大纲》，15 所先后向北方交通大学危险货物研究中心提供了相应的文件 30 份，双方进行了有效的合作。

2003 年 8 月底，北方交通大学危险货物研究中心完成了相应的研究报告，并正式上报铁道部，铁道部于 9 月 2 日听取了相应的汇报。报告指出："中国航天科技集团公司第一研究院第十五研究所就 100 m^3 液氢铁路加注运输车所提供的文件、证书、图纸、试验数据和资料等齐备翔实，发到站专用线的装卸设备及设施、安全检查设施、消防设施、避雷设施及静电导除设施等，作为运输'140 产品'的特殊情况，基本满足要求。……基本具备了 100 m^3 液氢罐车铁路安全运输条件"。同时也向我们提出了相应的建议，主要是车辆运行中的安全保卫和防恐预案、人员培训等，应尽可能搞好协调和预案工作。会后，15 所进一步编写了《100 m^{3}液氢罐车安全性评估报告》。

2.10 液氢铁路车液氢验收试验

根据合同，100 m^3 液氢铁路车于 2003 年 12 月 3 日在 101 所开始做液氢试验有关的各项验收工作，直至 2004 年 1 月 29 日，做完全部试验工作，历时 2 个月。本次试验时间超过第 1 个罐的验收时间 22 天，主要原因是液氢生产线出现故障，直到 2004 年 1 月 23 日才向运输车转注液氢 89.6 m^3。

在整两个月中，中方与俄方专家共同做了 020305 罐汽化器系统检漏、020407 罐 S06 安全阀与真空管接头的检漏、蒸发损失测量系统检漏、020305 罐贮气瓶检漏、2 个罐 ϕ 50 爆破膜的排故、阀门及仪表状态检查、020407、020305 2 个罐的真空度抽测、液氢蒸发损失试验和 R 01 阀调节试验等工作。

液氢蒸发损失试验证明，昼夜损失满足（0.5±0.1）%合同要求，达到 0.34%，R 01 阀调节性能满足合同 1 000 L/min 的要求。

整个验收阶段共签订 12 个纪要。验收阶段，由于 S05 安全阀出口接头处漏气、高压气瓶接头漏气、H01 和 H02 爆破膜片低于工作压力下（0.22 MPa、0.256 MPa、0.265 MPa、0.254 MPa）爆破等问题，使进度受到一定影响，但我们本着对质量严格把关，认真负责的态度，一一予以排除。中方从一开始就认为爆破膜片是批次性质量问题，并在 1 月 8 日向俄方发了传真，俄方在 2 月 13 日纪要中同意更换全部（30 个）备件。

验收阶段主要有两方面的收获：

1）进一步就贮罐结构、阀门设计等与专家进行深入研讨和学习；

2）充分利用排故机会，掌握使用、维修、更换备件的技巧，较全面地掌握了 100 m^3 所有阀门的操作技术和方法。

3 中-俄双方有较大争议的 4 个问题

3.1 向上 1 个 g 动载问题

我方主要是参照美国 107 m^3 液氢铁路车和国产 70 m^3 液氢铁路槽车提出垂直方向应能承受 1 个 g 的冲击载荷要求。

俄方坚持垂直向上无冲击加速度，因此内外罐之间的支承杆及贮罐与底架连接部位的强度计算中均未考虑向上 1 个 g 的冲击。多次协商技术交锋，均无统一认识，这个问题一直遗留到验收。验收时，俄方承认有向上 1 个 g 的动载，但动载和自重互相抵消，合力为零，相应零件不受力。中-俄多次辩论，俄方始终认为过去和现在（海上发射平台用液氢运输车）均无问题。由于中方经过校核，强度已够，且在贮罐液氮试验时，装了 80 m^3（63 414 kg，相对充填率 82.8%）液氮，载荷大大超过实际情况，故这个问题双方各自保留意见。

3.2 整车稳定性计算

由于 100 m^3 液氢槽车重心比较高，行驶稳定性是一个必须重视的问题，俄方计算中曾提出整车稳定性不满足要求，俄方的稳定性贮备系数 $\eta > 0.67$，可中方武昌厂则认为车辆倾覆系数安全值 $D < 0.8$ 满足要求，并经铁道科学研究院确认，后经长达半年多的反复协商，找出在规范和计算之间的差别，因此互相传递计算原始数据和计算结果，最后双方确认，尽管方法不一样，但各自的计算均认为合格，达成稳定性的共识。由于稳定性计算最终由动力学性能试验确定，动力学性能试验经过验证 100 m^3 液氢车符合要求。

3.3 有效容积

原合同 2 中规定有效容积为 90 m^3，装液氢 6 059 kg，这是一对矛盾的数据，在方案审查中我们已经提出来了，俄方解释十分勉强和含糊。俄方于 5 月 17 日提出将有效容积改为 85.1 m^3，我方提出修改原合同附件 2 中装液氢 6 059 kg，使其与有效容积 90 m^3 一致。后俄方多次来函阐明理由，坚持 85.1 m^3。主要有如下几点理由：

1）运输中给贮罐装上大量的液氢，违反了ПВ10－115－96中的规定（第9.1.22条），因为如果在紧急情况下压力达到了0.36 MPa，会导致液氢过热后气枕过小，安全阀不能正常开启，不能将液氢正常地排进大气中。按照中方提的安装自动排放装置，到达0.2 MPa时自动泄压，以确保90 m³。俄方认为按照ПВ10－115－96的规定，不允许增加液氢的运输量，因为它是由安全隔膜装置在事故状态下的动作压力所设定的。根据爆破膜的工作压力$P=0.36$ MPa时，对应介质的最大质量是6 050.24 kg，气枕压力0.1 MPa时，有效容积应是85.1 m³。气枕压力0.13 MPa时，有效容积应是86.4 m³。

2）计算表明，运输液氢2 000 km途中无阻碍，因为计算热流量时［液氢蒸发损失为(0.5±0.1)%/每昼夜］，不要求排放氢，即安装自动排放装置是不必要的。

3）改变了在设计时提出的手动可控（流量不超过100 kg/h）的排放构思，却在站点上通过安全泄放装置进行排放，甚至是氢气燃烧等情况下也能保证连接网线路、对接件、站上建筑物能保持完整。

4）自动排放装置（85 m³）开启贮罐排量为不可控的，即能在隧道中、车站和其他受限制的条件下排放，不安全。

5）自动排放装置在低压下（0.03 MPa），混合装置中的氢气可能燃烧。因为在小流量时，排风（扇）装置不能保证得到安全浓度。

6）制造新的控制阀和脉冲制度下工作的减压阀——排风装置，需要进行科学研究工作和样机设计工作，以保证妥善可靠安全的使用。

7）会使槽车的气液原理图产生非常大的改变；并使槽车的价格、供货周期无必要的增加。

在101所试验时，我们曾对1＃罐加注90 m³液氢，俄方专家未提出异议，如果气枕压力在运输过程中不大于0.2 MPa，装90 m³应当是没有问题的。当然，这和俄标准是相悖的，俄的标准偏于安全。

3.4 运输方案问题

从2001年底设计确认到2002年8月第一个罐验收，每次中-俄协商都有这一问题，各自坚持自己的意见。俄罗斯专家态度有时很生硬，很生气。中方列举俄运输车必须在满洲里换车，主要理由是底架高度不一致、制动、车钩、芯盘结构和技术参数不一致，合同规定满洲里交货，就是这个意思。且与精密公司、铁道部多次调查，15所和武昌的意见是对的。如果不换装应在签订合同时就要经中方铁道部同意，采取相应措施才行，这个措施周期和经费都相当成问题，所以精密公司签订合同时按常规在满洲里交货。

4 图纸和文件

俄罗斯按照合同附件5有关规定按阶段提供了相应的图纸、计算和使用文件。罐验收时，按照文件清单2082　364234　2302　002　ОП3逐一核对无误。应当说俄罗斯的文件质量总体是好的，特别是“安全阀门排量计算”“外罐强度计算”“内罐强度计算”等方面较完整。

从 101 所试验看，汽化器的计算比较准确，能确保 1 000 L/min 的要求。主要文件如《液氢蒸发损失试验大纲和方法》《液氮蒸发损失试验大纲和方法》《槽车操作规程》编写得比我国编写的要全面和细致。一些文件和图纸、计算资料没有提供，但俄罗斯验收的各个阶段也按合同规定提供我们查阅和翻看，有各种阀门的图纸、内外罐图、贮罐总图、各管口图、内罐强度计算及补强计算、外罐强度计算及稳定性计算、内罐的支撑结构计算、传热计算等。我们还抄写了防波板的计算、管路自补偿计算。

可以这样说，俄罗斯执行了合同的有关规定，提供了 100 m^3 铁路槽车运输罐相应的文件、计算资料和图纸。我们与西方国家订货中不可能得到这些资料和图纸。

在各个阶段，尤其在 2001 年 12 月设计验收阶段，我们都力所能及地认真审查了他们的计算，提出了相应的问题。特别是稳定性计算、罐的强度计算、固定件计算等，也看出了俄方由于人员老化和思想不稳定而带来的一些疏漏和马虎。俄方接受了我们提出的上述计算中的意见。

5 备附件

根据合同附件 6，俄方提供的备附件分别在北京、武昌进行了清点，数量均符合要求。考虑到备附件数量多，且又以零件或组件形式提供，有的又装在罐上，其隶属关系不易搞清。故在北京移交时，在配套表中一一标明，该备附件装在哪个部组件上。

这次移交的备附件有如下特点：

1）数量上超出原合同范围。如真空软管，订货 3 根，实际上配了 4 根。抽真空设备配了真空泵和抽空阀及抽空油。

2）成套性比较好。如测量蒸发损失设备，原合同规定一套，其内容不十分清楚。现在看来，这一套包括台架、气压表、测试用软管和各种阀门。抽空设备原为散件，这次同样构成一个系统，包括真空泵和相应管线等。

应当说的一点，在清点过程和装配中，发现汽化器与底架的螺钉和螺母相互不匹配。真空软管 4 根中有一根存在接头加工不到位和焊瘤的缺陷。汽化器与罐相连管路的不锈钢管存在含油量大及脏等问题。

6 100 m^3 俄罗斯液氢贮罐的几个特点

俄罗斯 119 m^3 液氢铁路贮罐，共生产了几十辆。其外形见图 2。

100 m^3 液氢铁路贮罐是根据 15 所提出的主要技术指标专门设计的，其外形见图 3，原理图见图 4。

其原理图较我国 85 m^3 液氢铁路运输槽车要复杂得多。图 5 是我国西安车辆厂生产的 85 m^3 液氢铁路加注运输槽车外形，图 6 是气液原理图。

图 2　119 m^3 液氢铁路运输槽车

图 3　100 m^3 液氢铁路运输罐

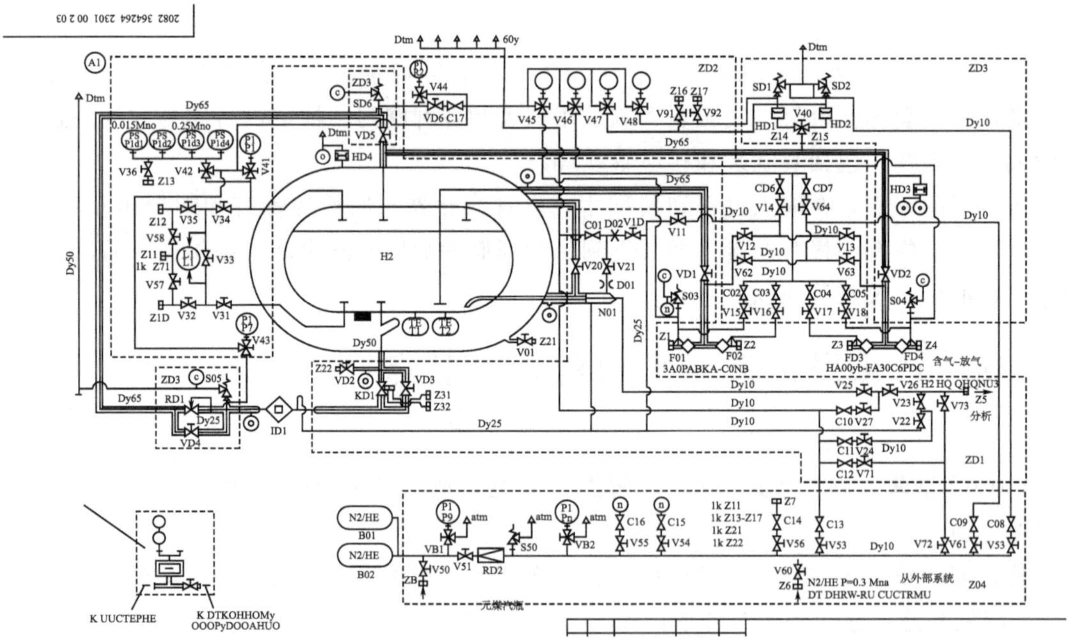

图 4　100 m^3 液氢铁路运输贮罐原理图

图 5　85 m³ 液氢铁路加注运输槽车外形

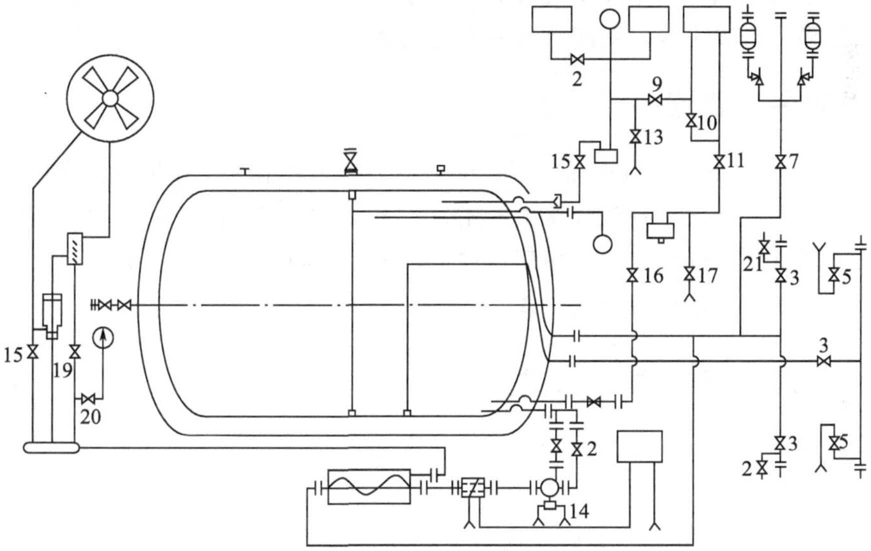

图 6　85 m³ 液氢加注车铁路槽车原理图

从原理图可以看出两个罐差别很大，100 m³ 罐有如下基本特点。

6.1　阀门数量多

贮罐抽空阀 1 个（W01）；管路抽空阀 1 个（W02）；液路真空阀门有 9 个，分别是加排阀（V01）、气液连通恒温阀（V20）、排气阀（V02）、手动阀（V03～05）、气动阀（K01）、压力调节阀（R01）、取样阀（N01）；气路单向阀 17 个（C01～C17）；各种气路阀 53 个；安全阀 7 个；连接安全阀的二位三通阀（V40）1 个；接压力表的三通阀 10 个；压力表 9 个；爆破膜 4 个；压力继电器 4 个；电阻温度计 2 个；过滤器 4 个；液面计 1 个；减压器 1 个；320 L 气瓶 2 个。

从 85 m^3 原理图可以看出，85 m^3 真空阀 6 个，分别是加排阀 1 个、放气阀 1 个、汽化器阀 1 个、调节阀 1 个、气动阀 2 个；气路手动阀 27 个；抽空口 1 个；安全阀 2 个；爆破膜 2 个；气动马达 1 个；稳压器 1 个；缓冲器 1 个；液面计 1 个；压力变送计和差压变送器各 1 个；压力传感器 1 个；外罐安全装置 1 个。

6.2 安全阀多

100 m^3 共有 7 个安全阀，除内罐 2 个安全阀外，液路上还设有 4 个安全阀以防止液路超压，另在气路上设有一个安全阀（S50），防止气路超压。其工作压力均为 0.3MPa。气、液管路上都设置安全阀是有异于 85 m^3 贮罐的。

6.3 爆破膜多

100 m^3 内外罐设有爆破膜外，液路上为防止绝热腔压力升高，还设有防爆膜（H03）。这一点也与 85 m^3 不同。而且内罐 2 个爆破膜互相并联，一方面起到防止内罐超压，另一方面又保护 2 个安全阀。如果安全阀失灵，由于 H01 和 H02 防爆膜的存在，空气与系统是隔绝的。如果一个膜失效，关闭后另一个起冗余作用。

6.4 压力表多，管路多

100 m^3 除 4 个贮罐压力继电器可远控贮罐压力外，还有 9 个压力表。它们可随时显示贮罐压力，还可显示加注—排气管路中的压力、充气、放气管路中的压力、阀门之间吹气管道压力、充气管路之间的压力、减压器进出口压力、防爆膜后边压力、汽化器前后管路压力。因为压力表多，所以各种气管线就多。

7 运输车底架生产与特点

7.1 总体与底架设计

100 m^3 液氢加注运输车底架由资质单位中国武昌车辆厂生产。底架采用中梁侧梁全钢焊接结构。车辆中梁为 GB706—88 45α 工字钢，枕梁为变截面。侧梁为 GB706—88 28α 槽钢，底架的端梁、枕梁及大横梁均采用耐火钢板，端梁采用组焊式端梁。

转向架为 Z26G 型，轮径为 Φ 915 mm，D 轴。中央悬挂双系螺旋弹簧，设液压减振器。

手制动采用货车用链式手制动机。空气制动装置采用改进的 120 型空气制动机。

车钩缓冲装置是采用客车 15 号车钩缓冲装置，车钩及钩尾框为 C 级钢。

配合 24V 直流电源及其充电机。

整车重心高 1 869.3 mm，重车重心高为 1 966.1 mm，均小于 2 000 mm 控制指标。

整车稳定性计算，车辆倾覆系数，空车和重车均小于 0.8 的控制指标。

7.2 本车设计的特点

1）采用Z26G提速转向架，基本结构同客车转向架，最高运行速度为120 km/h。其性能比85 m^3 液氢加注运输车73型改（88型转向架）好。由于构架、摇枕、轴箱等在原客车转向架基础上作了大幅度的加强，结构设计上有较高的安全裕量，所以满足提速要求，其稳定性、平稳性、舒适性均比较好。

2）整车接地装置采用法国阿尔斯通公司生产制造的FERRAZ型接地装置，技术先进。

3）车钩采用15号客车用车钩，缓冲性能优于85 m^3 液氢加注运输车13号下作用式。

4）充电机采用全封闭和免维护的24V直流电源。

5）车辆定距与鞍座中心距重合，布局比85 m^3 合理。

静强度试验证明底架钢结构强度符合TB/T1335—1966《铁道部车辆强度及试验鉴定规范》的要求。

6）罐与底架的连接采用压板与挡板方案固连于底架上，因此不采用鞍座和支承箍带的紧固方式。

7.3 底架生产与组装

武昌车辆厂在完成设计后，2001年9月开始工艺技术准备，先后编制了工艺流程、多种工艺文件、工艺和工序卡片、关键工序明细表，设计了多种工艺装备，中梁组焊胎，中梁调整校工装，底架钢结构组焊工装，底架调挠工装，底架油化平车等。特别根据俄罐组装要求编制了罐体装工艺规程、汽化器安装工艺规程、罐体、汽化器组装工艺卡片，设计了吊装吊具工装，汽化器安装定位架1个，管路对接卡具8套，定位夹具3个。

罐与底架的焊接、汽化器组装和底架焊接，工厂没有承接过，施工难度也比较大。工人在压板和档铁的焊接中，曾试图改变工序，以改善施工条件。我们坚持了俄方规定的组焊要求，确保了正确的施工路线。汽化器的组装和管路焊接，武昌厂委托具有三类压力容器资质的武汉锅炉厂进行，并采用保证同心度的定位夹具，严格按图纸工艺规定进行焊接，并对焊缝100%X光探伤。且在生产中也发现了俄方汽化器管路的一些质量问题，武昌厂的工艺和质检部门在质量上把关是严格的。

因此整个产品生产质量受控，经试验和检测满足设计文件要求。

8 结论

8.1 各阶段结论

1）监造结论：监造代表团认为，整个生产过程有序，质量受控，上下工序交接均经过检测和试验，检测项目及结果符合俄有关标准及设计图纸的要求，质量是好的。

2）贮罐的020406验收结论：贮罐液氮在俄验收中蒸发损失参数 Φ ＝（0.107±

0.007 4)%/昼夜，符合技术文件的要求；真空试验结果证明，低温管路总的漏放气速率为 1×10^{-6} Pa · m^3/s (0.00751 · μmHg/s)；贮罐充液氮试验结果所有参数与技术要求相符，罐的管路没有渗漏；贮罐夹层真空度加液氮后为 1×10^{-3} mmHg，加液氮 24 h 后为 1×10^{-5} mmHg。

3) 020406 贮罐国内验收结论：该罐外形尺寸、贮罐夹层与管路夹层真空度、24 h 液氢蒸发损失、汽化的挤压能力等主要指标都满足中一俄双方合同规定。

4) 020407、020305 贮罐在俄验收结论：真空试验证明内、外罐均无渗漏；内罐的冷冲击试验，充填 40 min 后冷却 2 h，回温后内罐未出现渗漏；内管无渗漏，内管冷冲击试验后无渗漏；低温管路夹层总的漏放气速率分别为 3.1×10^{-7} Pa · m^3/s、3.1×10^{-6} Pa · m^3/s；罐总漏放速率为 1.15×10^{-5} Pa · m^3/s、1.33×10^{-5} Pa · m^3/s。验收团认为 2 个贮罐总体质量达到合同规定要求。

5) 020305、020407 国内安装验收结论：贮罐外形尺寸、贮罐夹层与管路夹层真空层、汽化器系统密封性等主要指标方面均满足中一俄双方合同的规定，罐体和汽化器安装、焊接各尺寸的检查符合设计要求，工艺受控，确认罐体和汽化器安装质量合格。可以进行动力学性能试验。

6) 整车稳定性计算表明：车辆倾覆系数（中国）无论空车或重车工况均小于 0.8 的控制指标，故该车辆在我国现有铁路上运行是安全的，不会发生倾覆事故。俄国采用稳定性储备系数 η 判断，$\eta<0.67$ 为不会倾覆。100 m^3 液氢罐车经武昌至山坡站以及武昌南环线的动力学性能试验验证，在 40～135 kw/h 速度范围内，其运行稳定性、平稳性等多项指标均属优或优良，符合《GB5599—85 铁道车辆动力学性能评定和试验鉴定规范》的规定，满足时速 120 km/h 的运用要求。

7) 100 m^3 铁路加注运输车北京验收结论：020305、020407 2 个贮罐夹层真空度分别为 1.1×10^{-2} mmHg、4.3×10^{-3} mmHg；020407 车液氢蒸发损失试验速率为 0.3418%/昼夜；两车汽化器工作能力及整车性能均满足合同要求，可以投入使用。

8) 2003 年 12 月 8 日，100 m^3 液氢罐车经北京特种设备检测中心检测，北京质量技术监督局审核通过颁发了检验证书和使用登记证。

9) 100 m^3 液氢铁路罐车运输液氢的安全性经过铁道部北方交大项目组研究，认为 100 m^3 液氢罐体由俄罗斯低温联合体设计和制造。其设计、制造和试验程序比较严格，产品质量可靠，其运输安全性优于我国已运行 10 年的 85 m^3 液氢铁路罐车，在我国铁路运输中可以安全使用。

2004 年 5 月 9 日，经专家评审认为该产品可按“140 产品”进行铁路运输。

8.2 总结论

就目前第一个罐液氢试验、使用和两辆车的组装、动力学试验、1 辆车的液氢试验可得出如下结论：

1) 100 m^3 液氢贮罐和 100 m^3 液氢铁路运输车性能满足与俄签订的合同和与武昌签订的合同各项技术性能指标。

2）100 m^3 液氢铁路运输车不仅可以作为运输车使用，而且可以作为 CZ－3A 系列火箭加注车使用。

100 m^3 液氢铁路运输车与 85 m^3 液氢铁路加注运输车性能比较详见表 2。

俄罗斯罐的使用寿命和真空寿命、焊接强度和结构强度、工作间门的强度，在今后长期使用中还应进一步考核和检验，保持一份警觉，还是必要的。

表 2　100 m^3 与 85 m^3 液氢铁路加注运输车性能参数比较表

性能参数	单位	100 m^3 车	85 m^3 车
几何容积	m^3	100	85
有效容积	m^3	85.1	76.5
计算压力	MPa	0.42	0.8
工作压力	MPa	0.3	0.5
内罐壁的最小温度	K	20.4	20.4
装载液氢的最大质量	kg	$6\ 050^{+20}$	5 500
0.3MPa 下液氢的挤压速度（汽化器保证）	L/min（kg/h）	1 000（4 250）	2 000*（8 500）
20℃时的液氢蒸发损失（停放贮存）	kg/h（%每昼夜）	0.5±0.1	0.4
空罐质量	kg	38 030	
罐外形尺寸 长 宽 高	mm	 23 372 3 100 3 450	 17 408 2 832
汽化器尺寸 长 宽 高	mm	 8 120 （平行四根） 1 200 220	 5 896 （平行六根） 翅片式
内罐内径	mm	2 400	2 600
外罐内径	mm	2 900	2 808
鞍座中心距	mm	18 200	14 340
内罐安全阀开启压力	MPa	0.33	0.55
内罐爆破膜爆破压力	MPa	0.36	0.656
外罐爆破膜爆破压力	MPa	0.08～0.15	0.07～0.1
管路安全阀开启压力（内管）	MPa	0.33	无
外管爆破膜爆破压力	MPa	0.08～0.15	无
夹层压力	Pa		
罐（常温）	mmHg	$\leqslant 1.33\times 10^{-2}$	$< 1.33\times 10^{-5}$（封口时）
管（常温）	mmHg	$\leqslant 1.33$	

续表

性能参数		单位	100 m^3 车	85 m^3 车
夹层真空寿命（不再生吸附剂，液氢蒸发损失不加大时）		年	5	3
车自重		kg	66 800	77 500
车长		mm	25 080	23 428
车高		mm	4 670	4 795
车宽		mm	3 100	3 170
整车质心高				
重载			1 954.1	1 980
空载			1 869.3	
定距		mm	18 200	16 750
车钩高度		mm	880±10	880±10
转向架型式			Z26G	88 型转向架
车钩型式			15#	13#下作用式
缓冲器型式			ST 型	MX－1 型
制动机型式			120B 型	LN 型
轨距		mm	1 435	1 435
每延米轨道载重				3.54 t/m
限界			符合 GB146.1－83	符合 GB146.1－83
运行速度		km/h	120	
干线曲率半径 350 m				90
曲线曲率半径 145 m				25～45
干线曲率半径 600 m			60	
干线曲率半径 300 m			45	
直道			40～135	
内罐	筒体名义厚度	mm	6	10
	封头名义厚度	mm	8	14
	总长	mm	22 830	16 476
	材质		0Cr18Ni10Ti	0Cr18Ni11Ti
	设计压力（外压）	MPa	0.42	0.8
外罐	筒体名义厚度	mm	8	12
	封头名义厚度	mm	10	16
	总长	mm	23 372	17 408
	材质		09Г2C	16 MnR
	设计压力（外压）	MPa	0.1	0.1
夹层吸附剂（活性炭）		kg	20	250
内罐加强圈		个	内侧 20	内侧 11

续表

性能参数	单位	100 m³ 车	85 m³ 车
外罐加强圈	个	外侧 41	外侧 13
加排口口径	mm	64	74

* 设计为 0.5 MPa，2 000 L/min，实际加注时为 0.3 MPa，最大为 1 500 L/min

下篇

中方购买俄罗斯液氢贮罐早在 1990 年 12 月中苏两国就和平利用空间签署的纪要附件 8 中就有记载，“向中国提供 2 个液氢铁路槽车的容器”。1993 年 12 月院物资部签发了向航天总公司的报告《关于申请进口 119 m^3 液氢铁路槽车的立项报告》。1994 年 3 月，院计财部又向航天总公司上报了《关于购置俄罗斯 119 m^3 液氢铁路槽车的必要性的报告》。

刘纪元、王礼恒等领导对书面报告作了“同意购买”的批示。1994 年 4 月 26 日，航天工业总公司计划司召开了专题研究会，后因经费不落实，被搁浅下来。

1996 年 7 月 20 日—1998 年，我国两辆 85 m^3 液氢铁路车先后破空，在发射外星和 CZ－3B 02 批发动机试车任务日益繁重的情况下，购买俄罗斯液氢铁路槽车的必要性又重新提到日程上来。1998 年 3 月，以郭绍贵同志首的代表团再次考察了俄罗斯低温机械联合体，并草签了引进 100 m^3 液氢贮罐的技术和商务协议。

总装备部副部长胡世祥对引进 100 m^3 液氢铁路运输罐和经费问题起了关键的作用。2000 年 10 月 23 日，总装备部曹刚川部长对购买液氢贮罐作了正式批示。从此引进 100 m^3 液氢铁路运输罐得以真正落实，进入合同程序。引进俄罗斯 3 个贮罐得到各级领导的关心和支持，从 1993 年 12 月院申请立项到 2004 年 2 月 9 日验收工作结束，共用了 10 年的时间，可以说来之不易。

15 所当时向上级的报告《关于引进俄罗斯铁路运输用液氢贮罐及技术的立项论证报告》明确指出：一方面引进是为了提高运输和使用的安全可靠性，使运输液氢任务和加注液氢任务分开，使试车任务和发射任务分开。另一方面引进俄罗斯的先进技术：管路补偿技术、接头连接技术、真空阀门技术、总体设计技术……，以提高我国的罐体设计水平，缩短与国外先进水平之间的差距。

下面汇报我们引进俄罗斯技术的情况和体会。

1　俄罐的设计

1.1　俄罐 100 m^3 液氢贮罐的总体设计思路

1.1.1　重视安全性设计

上篇已经提到 100 m^3 液氢贮罐安全阀多、防爆膜多、压力表多，已经充分看出俄罗斯对液氢贮罐的安全非常重视。贮罐有安全阀，防止压力升高；加排管路、排气管路、增压管路、氮气管路也都有安全阀防止压力升高。不仅安全阀一种手段，压力表还随时监视。俄罐的排放管路有 4 条途径可以排放，如氢气排放首先应通过排气管线排放，生产厂和使用单位可以通过罐顶的安全排放装置集流管管线排氢。在运输途中进行排氢也必须在选定的合适位置通过集流管管线排气。与集流管相联吹洗的氢、氮排放阀门有 V15～18、V10、V21、V24、V27、V12～V14、V73～V74。安全排放装置设计，为可防止排氢过程中燃烧而导致对铁路上机车电网、邻近列车和站上设施有影响，每个支管有弯曲段指向地面，与地面成 30°，支管上有两条缝隙，保证排出气流与垂直轴成 25°和 60°。第二条排氢管道是在罐后侧的排放竖管，这条管路仅在 Φ 100 mm 安全膜由于贮罐超压而破裂时，氢蒸气打开安全阀排入大气。如图 1 所示。

图 1　4 条排放管路

当真空管路出现超压打开安全阀，可通过 Φ 50 mm 排放气管排出气氢，进入大气。当罐和管夹层出现超压，爆破膜 Φ 100 mm、Φ 50 mm 破裂，氢气通过排放管排入大气。另外，为防止空气进入管道中，设计了 16 个单向阀，为防止空气进入贮罐也设计了单向阀。

俄罐在仪表箱中还装置了自动灭火系统，这种装置当仪表箱温度和环境温度相差 40℃时，信号线能引燃，自动启动消防系统灭火。灭火系统由灭火烟雾发生器、火花保护器和变换器组成。

在技术文件上，对于使用安全和维护保养都有明确的各种规定。这里特别提出的是 100 m^3 罐只允许装 85.1 m^3。他们主要从俄使用安全标准规定出发的，其实装 90 m^3 也是可以的。

1.1.2　重视可靠性设计

在系统上，俄罗斯设计师们非常重视可靠性设计。采取的主要措施尽可能在关键处采用冗余，如汽化器前后进液阀和出气阀均搞阀门冗余。阀门做到既可远控也可手动打开，一旦远控失效可手动打开，确保汽化器不影响工作。内罐的超压防爆膜 H01 和 H02 互为冗余（图 2），一路失效，另一路仍可继续工作。

在结构上，内管线引出管避开了应力集中区的封头端和其他应力较大处，而从罐中间部位引出。所有真空管的补偿采用硬补偿，空间交叉。汽化器的进液管、出气管在罐外空间交叉，以增加补偿能力，如图 4 所示。液面计的内外引压管为使测量精度高，液氢充分气化，在罐内也作了空间交叉。

图 2　防爆膜互为冗余

图 3　汽化器的出液管在罐外空间交叉

1.1.3　总体性能优化，尽可能降低生产成本

俄罗斯抽空采用内罐加温到 60℃的工艺，抽真空时间较 85 m^3 短很多。在结构上设了大、小两个抽空口，大抽空阀（Φ 200）抽到 1×10^{-2} mmHg 就封口，并焊死抽空口，这个抽空口是一个工艺口。封死后用小泵抽，抽至 5×10^{-4} mmHg 停止。一般 10 天，多至两周。但使用起来相当方便，用户可以在使用前随检随抽，从经济角度讲这是非常合理的。实际上罐并不长期贮存液氢，在装液氢前只要达到 1×10^{-2} mmHg 就可以了，因为加液氢后真空度还会提高 1～2 个数量级。这种做法对降低成本非常有利，如图 4 所示。

图 4　罐和管路抽真空

俄罐在生产过程中，内罐内表面并不进行抛光，只是清洗除脂、除油，有一定标准。

液氢车气路、液路的密封是一个特别重要的问题。减少接头是 100 m^3 液氢贮罐在设计和工艺上采取的一个措施，特别是液路，几乎全部焊死。但由于运输不得不将排气管分段，详见图 5。另外内外连接，阀门的拆装处有密封垫片。在我们设计时，总是采用 F4

垫或紫铜垫。但 100 m^3 罐车有所区分，根据温区范围和是否经常拆卸选用不同的材质，只要不接触深冷，大多数场合采用了廉价的石棉橡胶板压制的垫圈。甚至，连接加排管的垫圈（外径 Φ 195mm，内径 Φ 174mm）都采用石棉橡胶板。但超低温的阀门密封材料，则用较好的聚碳酸酯复合密封材料。

图 5　排气管分段

1.2　阀门系列化及其设计思路

1.2.1　阀门系列化

俄罗斯阀门已经形成系列，从温度上分：常温阀门（符号 T）和低温阀门（符号 B）；按控制上分：可调节阀门（符号 Г）和不可调节阀门；结构上分：长时间接触低温的真空阀门（符号 B）和短时间接触低温阀门（符号 K）；功能上分：气动阀门带可远传信号的和不带远传信号的气动阀门。其他有：特种功能阀（符号 C）、安全阀门（符号 П）。

100 m^3 液氢运输贮罐共有下列几种阀门：

1）АЗТ——常温开关阀（V52～V56、V60～61、V72、V81 等）；

2）АСК——短时间接触低温特殊阀（V40）；

3）АЗВ——长时间接触低温的真空阀（V01～V05、V20 等）；

4）АОУ——单向阀（C01～C17 等）；

5）АПК——短时间接触低温安全阀（S01～S06 等）；

6）АПТ——常温安全阀（S50）；

7）АЗК——短时间接触低温，大部分时间为常温状态开关阀（V06、V10～18、V21～27、V31～35、V41～45、V62～64、V73～74、V81、V91～92 等）；

8）АГК——短时间可调节低温阀（蒸发损失试验台用）；

9）АГТ——常温下可调节流量（蒸发损失试验台用）；

10）АРК——压力调节器（R01）。

俄罗斯 100 m^3 液氢贮罐上没有配 АГВ（可调节真空阀），但其原理和结构图在给我们的阀门使用说明书中也已带过来了。

俄罗斯阀门系列化，除进行上述型号和功能分类外，在标注上还可分出阀门直径、工作压力和阀门形式（角阀、直通阀等）。例如：

A3T—40—10/63-5，“63”表示工作压力；“5”表示角阀；“10”表示通径；“40”表示气动阀。

A3T—41—10/63-5，“41”表示信号可远传。

1.2.2 阀门的设计思路

1.2.2.1 关键点阀门搞冗余设置

100 m^3 罐液氢的输出，唯一的方法是利用汽化器自身增压，所以俄在汽化器液路设计中除 K01 截止阀外，还保留了手动阀（V03）。在汽化器后气路设计中，除 R01 调节阀（稳压器）外，并联一个手动阀（V04）。详见图 6。

图 6　K01 截止阀和 V03 手动阀并联

1.2.2.2 取样阀（N01）

为确保取样正确性，液氢取样时，俄液氢取样国家标准规定，气枕压力不小于 0.1 MPa，温度不小于 22.8 K。因为他们认为不同温度杂质含量不同，可信度当然不同。为此俄液氢取样采取四条措施：V20 阀可提供液氢回流一个通路，使气-液两相互相隔开，保证取样器毛细管内液氢温度；毛细管可确保液相温度下，液氢汽化后的成分不受管壁其他杂质（氮和氧等）的影响；从汽化器引出一路约 100K 左右的气氢作为热源（具体是从贮罐返回汽化器后，再从一旁支路引入 100K 左右的气氢），加热贮罐中过来的液氢，使其变成氢气供化验，完成加热的氢气作为废气被排掉；在排气路上还设有一个 D01 限流嘴，目的是限制进入取样器的热氢量，使得后续的汽氢通过取样器速度变慢，起一定憋压作用，使加热后的废氢排放速度变慢，有利于取样器热交换。

由此看出俄罗斯取样阀（图 7）在结构设计上考虑非常周全。

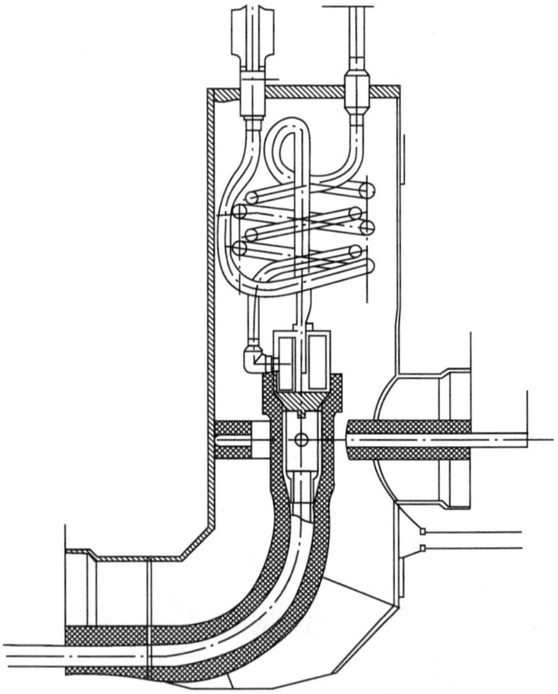

图 7　取样阀结构原理图

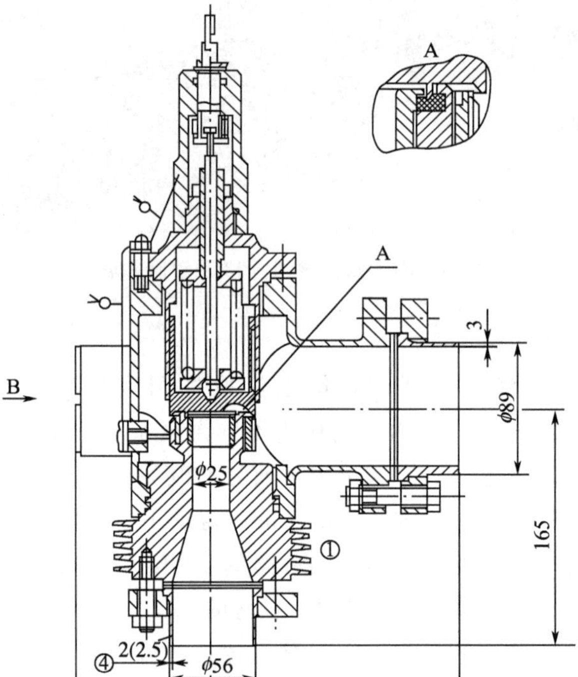

图 8　安全阀的结构总装图

1.2.2.3　安全阀设计

安全阀结构及其设计原理（图 8）与我国没有什么不同点，他们也是按某种故障状态下需要的排量来考虑。但是俄 100 m^3 贮罐的安全阀是按外罐出现裂缝长度 200～400 mm 来考虑。他们的经验是外罐出现裂缝的危险性比内罐大，不按内罐破裂情况算。他们另一观点是内罐与爆破膜有关，即爆破膜的设计是以内罐工作压力超压为依据的。

1.2.2.4　调节阀（R01）

调节阀（图 9）是俄罗斯罐的另一特种结构的阀。它的基本作用是确保 1 000 L/min。该阀必须在液氢状态下调好，调好后不再改变。

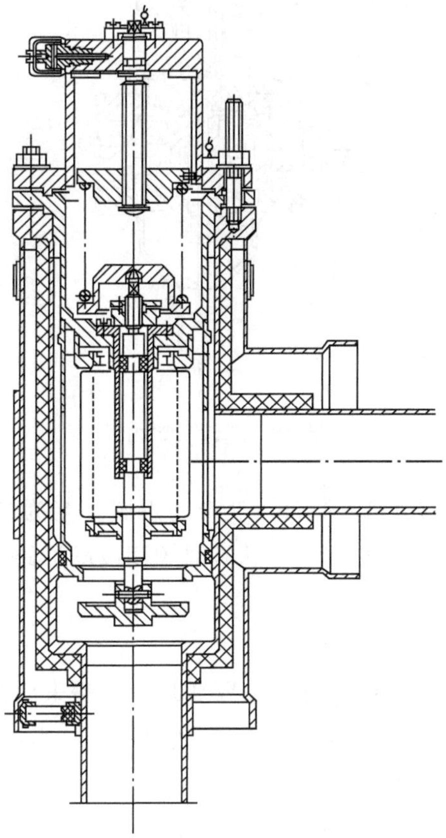

图 9　调节阀的结构总装图

R01 的设计原则是到 0.25 MPa 时即关闭，小于该压力则自己打开。其特点能感受进口的压力，随着压力的升或降而相应的减小或增大流通面积，以确保出口压力的稳定，即贮罐气枕压力的稳压，使流量稳定在 1 000 L/min。

由于 R01 阀存在，进入汽化器的液氢流量就不会增大，即汽化器的汽化能力还受制于 R01 阀，该阀使罐的气枕压力不会超过额定值。这一点排除了发射时担心 85 m^3 液氢车气枕压力不可控的后顾之忧。

俄罐安全阀的阀体下部进气方向，外壁做成锯齿状，目的使冷氢气进入阀体过程中充分换热，减小对密封圈的冲击，排放温度不致太低。

1.2.2.5　二位三通阀（V40）

二位三通阀（图 10）是俄罗斯罐独有的一种新颖结构阀门。它安装在排氢路上。一旦贮罐内外罐破裂，贮罐气枕超压，大量液氢汽化，经过该阀时可使爆破膜引爆，继而打开安全阀放出气氢。

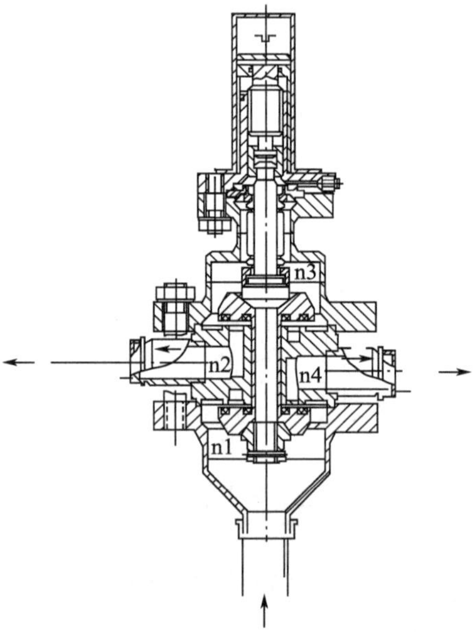

图 10　二位三通阀

这个阀的特点是可以连接 H01 和 H02 2 个防爆膜，互为备份。这 2 个防爆膜可同时工作，也可在一路有故障（H02 或 H01）状态时关闭故障通路，使一路正常工作，可靠性很高。

1.2.2.6　抽空阀（W01、W02）

贮罐有 2 个抽空阀（图 11），Φ 50mm 的 W01 用于贮罐夹层抽空，W02 用于管路夹层抽空。但是在生产过程中，贮罐抽空是用大抽空工艺口进行，当贮罐夹层真空度达到 1×10^{-2} mmHg，焊接封死。用小泵从抽空阀 Φ 50mm 抽空至 1×10^{-4} mmHg。其好处是平常可用小泵在 W01 处抽空，这种抽空阀采用常温橡胶密封，封口阀门与阀座采用平面密封。间隙（Δh ）是胶圈直径（D）的 20%，即压缩量

$$\delta=\frac{\Delta h}{D}=20\%$$

管路分段焊死，采用 W02 阀抽空。其结构与 W01 相仿，这两种阀门使用非常灵活方便。

1.3　罐体与管路设计思路

1.3.1　罐体设计

俄罗斯贮罐采用内加强圈，共计 41 个，分布不均匀，材料为 09Mn2，内罐内加强圈

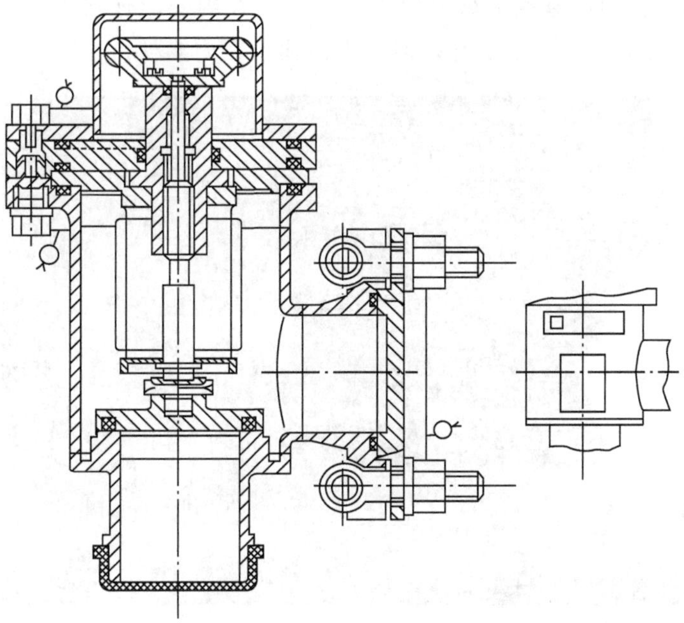

图 11　抽空阀结构总装图

数量是 20 个，采用 90×8×50 角钢，材料为“321”不锈钢，分布也不均匀，最大距离为 1 300 mm。内罐内部还设有 6 块防波板，其形状为 2 m 高的扇形板，中间开 4～5 个孔成为罐内的通路，以减小运输时液氢对防波板的冲击载荷。

1.3.2　内外罐支承的设计

内外罐之间通过支腿相连。内罐上焊有受力的颈块，外罐上焊接支座，颈块和支座之间有钢杆（07Χ21Γ7AM5）互相连接。主要受力件是 Φ 100 mm 的不锈钢杆（也有说是 Φ 16 mm）。内罐颈块和支座之间除连接钢杆外，内外罐运动时靠颈块上方和下方的球铰垫，以保证内罐温度应力变化而产生的伸缩。

内外罐支腿间隙要考虑伸缩量在支腿高度方向的变化量和绝热层厚度，以防互相碰撞。即留有一定的安全余量，俄专家介绍球铰在垂直方向有一定的余量，控制在上 3 mm，下 2 mm，四周方向按前后罐支座支承点距差（7 750 mm）×3‰考虑。支腿处间隙 13 mm左右。内外支座抽成真空。

1.3.3　罐体与管路补偿设计

内外罐之间除有前后支腿相连外，在罐的中间顶部有支点可上下移动 30 mm，罐的下部有 2 个支点，内外罐可纵向相对移动 25 mm。

为了排除管路冷却时产生的温度应力，所以必须进行补偿设计。一般俄罗斯采用的补偿方法有补偿器。补偿器可用不同的弹性元件，如波纹管、软管和膨胀节等，也有采用管路本身的弹性变形（硬补偿）。100 m^3 俄罐，均采用自身硬补偿。在外管路上设应力补偿膨胀节（图 12），或利用管路空间交叉。内罐的引出管均从罐的直筒段中部伸出，在夹层内作适当空间交叉，增大管路之间的跨距，使受力状态成三维空间状况。俄认为能耐 1

000 次以上疲劳循环。引出管路的最大应力点，认为在内外罐连接处，即外罐处。汽化器的进液管和出气管也是空间三维状态，但最大薄弱点在内罐处。

图 12　应力补偿膨胀节

1.3.4　气体分配器

液氢经汽化器汽化后进入贮箱，俄罐内设计了一个分配器，孔口向上，使挤压气体流向罐顶，气体能均匀进入气枕空间，有利于工作中液面稳定。

1.3.5　管路的接头设计和管路的接头气检装置

100 m^3 液氢运输车上，管路与管路的连接、管路与阀门之间的连接几乎都是焊死的（安全阀除外）。这样做的好处是漏点少、可靠、使用方便。但由于从俄运到中国运输安装工艺的要求，也有分段的少数几根管，另外加排口与外接软管连接处也是必须分开连接的。为检查这些管路连接时的气密性，俄罐设计了专门的气密封检查的装置。气检的装置由小气瓶、减压器、分配器、转接头和连接软管等组成。这种气密封检查的装置改变了传统的内部充压-保压方法。这种方法原理图如图 13 所示。按图连接好以后，用这种气密封检查的装置检查时，从外部充压至 14.7 MPa，再用减压器调整好气检压力，然后通过分配器向被测接头供气。当分配器上压力表显示压力（3 min）不降时则合格，如接头漏气，气体通过转接器流入管内，压力表值必然下降。

因此，管路接头处都专门设计有一个特殊的加压接头，气密封检查装置的转接头和管路上的加压接头相连。当管路与管法兰相连时，密封垫在外压下变形压缩使其密封。用气检装置检查时漏气，则说明分配器的气体通过加压接头的气道，进入管路接头密封垫之间的微小通路而漏入管内，此时需重新拧紧接头，直到不漏为止，实在不行则应更换密封垫。

管路接头上除设计有气检接头外，还装有抽空阀，如图 14 所示。

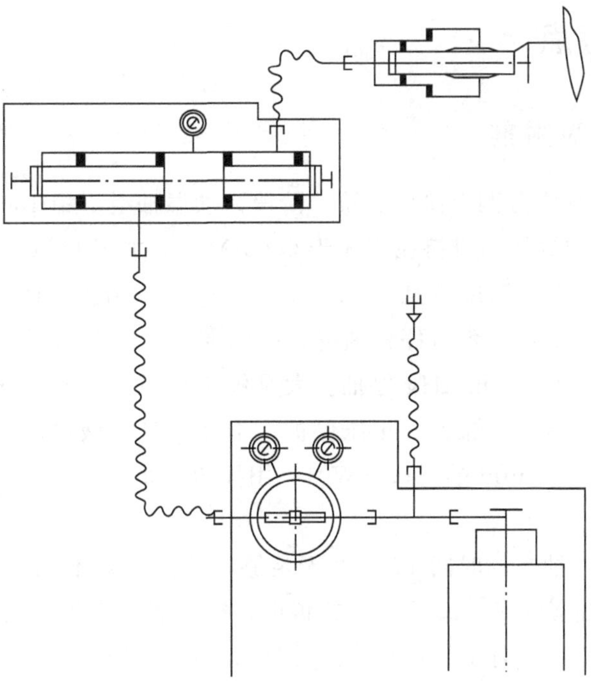

图 13　气检装置连接图

图 14　软管气检

1.4　内罐壁温度测量

100 m^3 罐与 85 m^3 罐不同的一点是在内罐壁设置了 2 个铂电阻温度计。为了输出信号，在贮罐的外罐上装有插头和插座。2 个铂电阻温度计测量值是否正常也能判断罐的工作情况。

2 工艺结构特点

2.1 抽空工艺及吸附剂

100 m^3 液氢贮罐抽空分两个阶段。第一阶段为加温抽空。用 100 km 电设备使空气加温至 60℃充入内罐，内罐压力维持在不大于 0.05 MPa。加温时间说法不一，有的说加温 72 h，有的说一天，但出口温度应是 40℃，低于 40℃则应继续加温，用抽速为 50L/s 的大泵抽到 1×10^{-2}mmHg 后，就可停止抽空。由此推算是两个指标，一是出口温度 40℃，二是抽到夹层真空度 1×10^{-2}mmHg 停抽。大泵停止抽后，Φ 200 mm 工艺抽空口就焊接封死。封口前夹层通 1 atm 干燥氮气正压保护，干燥氮气是液氮汽化后从 Φ 50 mm 抽空口进入。封死后再由 Φ 50 mm 抽空口（W01）用抽速为 20 L/s 的小泵常温抽空，抽至5×10^{-4}mmHg 停止。

按这一抽空工艺，抽空的时间 10～12 天足够，俄的记录不完全，但从介绍情况和记录看，真正抽的时间也就是 7～10 天。俄方说的抽空 3 周是无根据的。这一方法在前面已讲到，有其合理的因素，可降低生产成本，另外大小两个抽空口的方案及其抽空阀的结构使抽空相对容易。罐在北京和武昌做验收试验时验证了这种抽空方法。

真空检测时的抽空泵是机械泵，抽速 5 L/s。

俄罐真空寿命规定为 5 年。真空夹层采用活性炭吸附剂，平时靠吸附剂保持真空寿命，原则上不用抽真空。

俄方装颗粒吸附剂 20 kg，其活化温度为 40～65℃，吸附量为 10 cm^3/g。另一位专家认为是装颗粒吸附剂 70 kg（共 2 包，每包 35 kg），真空夹层容积为 47 m^3。装填装置吸附剂的装填量及装置距离通过计算确定。但 2000 年 12 月设计验收时，吸附剂是碳布，质量为 200 kg，究竟是活性炭还是碳布有待进一步考证。质量从 200 kg 变到 70 kg、20 kg 究竟为什么？也有待释疑。

真空管路充填吸附剂 0.2 kg，其真空容积为 10 L。

2.2 绝热层安装工艺

内罐的基本绝热层是由 5 列按顺序排列，装配在容器表面，并固定在玻璃纤维衬套上，每一列中有热反射层（双面镀铝薄膜层）22 层，玻璃纸衬垫 21 层，这样 5 列共有热反射层 110 层，厚约 3～4 mm。

据专家介绍，热反射层是塑料为基真空涂膜。最外层是锡箔板，$\delta=0.5$ mm，宽500 mm 包裹，防焊接时火花溅落烧坏绝热层。

管路采用宽 50～70 mm、长 5 000 mm 的细绝热束，采用螺旋缠绕方法安装在管路上。绝热束 14～20 层，由玻璃纤维材料分离的热反射层组成。

装配中也采用玻璃带层隔离保护热反射层，每束都一层一层地缝到衬套上。

底架从内部用一组 10 层和 30 层绝热层的直角束和一组端面圆形束缠绕，再用玻璃纤维缝合进行绝热，绝热层上也采用螺旋缠绕的方法装有玻璃带层，用于焊接隔离保护。

支架和罐底中央部分以及传感器导线输出连接点都采用环形和圆形束（30层和45层绝热层），再用玻璃纤维缝合，每束缝到金属结构扣环上或衬套上。

这里要提到的是为了安装需要，在各束中留有十字形切口。安装好绝热层后再缝合切口。

2.3 内罐强度试验

内罐的强度试验除进行 5.3 kgf/cm^2 气密性检查外，还进行了声发射检测试验，这一点在我国液氢罐的生产检查工艺中，尚未采用。俄罗斯采用的声发射仪器是匈牙利生产的 DEFECTOFONNEZ-220 型，共有 12 个通道，变换器为 ДАЭ-002 型声发射变换器。测试时，贮罐压力从 2.0，3.0，4.2 和 5.3kgf/cm^2 依次进行。

3 蒸发损失测试设备和抽空设备

3.1 蒸发损失测试设备

俄罗斯低温联合体给 100 m^3 液氢铁路运输车配备了一套蒸发损失测试设备，如图 15 所示。它由液氢蒸发损失试验台、精密气压计、测温表、气体流量计、液氢汽化装置、各种阀门和管路等组成。这一整套专用设备过去我们是没有的。

图 15 俄蒸发损失设备

俄罗斯专家们强调液氢蒸发损失试验应非常严格，主要体现在：

1）管路必须进行充分置换，先氮后氢气吹洗。所有接头不允许漏气。

2）开始测量前正仲氢的转换必须非常充分，正氢的含量不应超过 0.2%。

3）时间不应短于 12 天。

4）测量时，氢气应排到室外。

5）大气环境与压力和外罐温度都必须认真记录，24 h 昼夜值班。

6）各种仪器仪表都应经过标校，且有检定证书。

7）储罐的上液位压力稳定在比当地大气压高出 133 Pa［北京 101 站为(790±1) mmHg］。

8）在蒸发损失稳定期间压力计应是 1 mmHg，在稳定工况下可为 65 Pa。超过此值应调节测量台上的阀门开度。

俄测量时，气体流量计、气压计均在罩内，方法比我国规范，环境条件控制也非常严格，这是值得我们借鉴的。

俄罗斯专家指出，俄测量的这一套理论和方法是国际上公认的，并指出 95%仲氢是使用标准，而不是蒸发损失测定的标准。正—仲氢转换要放出热量，是必然要产生的，而与贮罐绝热好坏无关。俄专家讲这一套设备首次送给中国，美国、印度买液氢设备均没有这一套设备。

俄罗斯专家指出，根据不同需求，蒸发损失可以用不同方法测量，有些要求可以放松，但误差大一点。

3.2　抽空设备

100 m^3 液氢铁路运输车还配备了一套真空检测设备，如图 16 所示。它由机械泵、集气管、真空吸附泵、冷阱化学吸附盒、抽真空阀和软管、电离真空计、压力真空计等一整套设备组成。

当管路和贮罐夹层真空度下降时，用此设备连接起来，通过罐上 W01、W02 两个阀可分别抽空，更换大的抽空机组，通过 W01、W02 两个阀也可同时抽空。

图 16　真空检测设备

4 使用情况

引进 100 m^3 液氢铁路罐最早的目的是运输液氢，后来增加加注功能，因此对兴平和西昌两地因采用 100 m^3 液氢铁路加注运输车而进行了改造，由于客观条件的制约，铁路加注运输车未能与发射场系统进行合练。但是，根据我们的经验和过细的工作，2 辆100 m^3液氢铁路加注运输车分别在 2004 年 9 月 14 日—10 月 19 日 CZ－3A 遥 9 任务和 2005 年 3 月 4 日—4 月 12 日 CZ－3B 遥 6 任务中担当了液氢大流量加注任务，任务圆满完成。

两次任务除对运输车本身加注性能进行实际使用考核外，对兴平和西昌两地因采用 100 m^3 液氢铁路加注运输车而进行的改造工作也是一次考核。尤其是西昌卫星发射中心，两次任务对液氢铁路车与液氢系统间电气液接口、液氢系统内部电气液接口正确性、新增现场测控盒、远传测控盒、无线测控盒、等效器等设备完好性和规程修改的合理性也是一次考核。

实践证明：

1）液氢铁路加注运输车在长途运输过程中，压力平稳，运行正常；

2）液氢铁路加注运输车压力在 0.25 MPa，最大流量可达 1 200 L/min，超过预期的设计能力 1 000 L/min 的要求。

3）液氢铁路加注运输车与兴平所有接口和排放系统协调正确无误；

4）液氢铁路加注运输车与西昌卫星发射中心接口协调正确无误，技术状态（软、硬件）更改正确无误，一次成功。

5 体会

1）100 m^3 液氢贮罐历经 10 年多才引进到中国，可谓来之不易。从 1992 年 5 月，对俄罗斯低温联合体进行首次考察，以后又有两个团对该单位进行考察。期间，航天部驻莫斯科办事处曹中俄司长做了大量的协调工作。整个过程始终得到了院、集团各级领导的关心，得到了机关的大力帮助，特别是 1998 年以郭绍贵为团长的代表团使引进工作有了新的进展，签订了商务和技术两个协议。总装曹刚川主任，胡士祥副主任对院、集团公司的两级的引进报告作了决策性的批准并给予经费上的支持，使这一工作得以真正落实。

引进工作过程中，以王本合和吴宏恩为代表的院机关做了大量的协调和组织工作。使两国四方的有关问题，尤其是进度、经费、质量、试验等工作得以保证。

2）15 所所有参加这一工作的同志（包括译员），兢兢业业，在全过程中一面消化吸收各阶段提供的资料，一面监督俄方设计、生产中存在的问题和薄弱环节，严格履行合同有关规定，控制性能指标，在验收各个阶段又严格把关，避免了很多质量问题，使产品性能得以保证，真正做到引进了设备，学到了技术，达到了预期目的。在全过程中，15 所编写了各种技术文件和报告，有效地控制国内外工作的质量，同样，武昌和 101 所也编写了各种文件。

3）俄罗斯液氢贮罐很多设计思路是值得我们今后借鉴的。任何墨守成规都有碍我们低温技术的进步和发展。我国在低温技术上的投入、在低温理论上的研究与俄罗斯相比，差距很大。俄罗斯在低温上的论著就不少，现在我们已经通过引进设备，学到了技术，吸收到了新鲜空气，这是和80年代引进法国车最主要的区别。引进C40法国车在技术上的消化和资料的吸收方面不很充分，没有产生后效。此外我们还得到了四本书：《液氢的制取》（已译）《低温液体系统》（已译）《低温学物理原理》《压力容器的安装与安全使用条例》。这对提高我们队伍的整体素质也很有益处，必将产生后效。

4）苏联航天工业全盛时期是20世纪50—80年代末，后来由于经费的关系，有所收缩，到了90年代已显乏力，现在困难就更大。俄罗斯100 m^3 罐是80年代技术，但整体水平不低，后来没有太多的发展，也可以说是当今俄罗斯的技术水平。俄罗斯罐的结构、阀门设计由大量的科研工作和试验根据作为基础。

5）这次引进100 m^3 液氢贮罐用了115万美元，共包括：3个罐、2套设备、3根金属软管、相当数量的备附件、各个时期提供的资料，可以说收获是不少，但也有一定教训，如果早些购买，总价格还低廉，我们错失了一些机会。整个经费严格控制没有超支。验收用的液氢、101所场地和管路的改造和西昌卫星发射中心管路的改造经费均不属于上级所批报告之列，验收用的液氢经费历来更是单拨。

6）由于我们存在语言的障碍，在技术交流上效率较低，什么问题都要通过翻译，这导致时间上不经济，交流上不方便，所以今后要提高这方面的水平，组团不带译员直接交流，收获将更大。

7）由于国际之间来往和外交手续上的不方便，使监督质量和来往组团产生困难，俄罐封头和罐体对接焊接质量太差，这在国内生产是不可能发生的。如何简化出国手续值得研讨。

四分队 CZ-3 Y6 工作总结

（1990.2.6）

1 基本情况

Y6 飞行试验共 26 人，15 所 25 人，210 厂 1 人，从 1989 年 11 月 25 日出发至 1990 年 2 月 4 日发射成功共 71 天，其中技术中心工作从 12 月 1 日开始到 27 日结束，共 26 天，发射中心从 12 月 30 日开始到 2 月 4 日结束共 37 天。这一发时间比较长，主要是由于卫星转场广播线将卫星天线折断造成（其次是箭上安溢活门不合格，备件返京做试验及更换）。整个试验队二中队在技术中心大小质量问题共 24 个，发射中心 10 多个，我们这个分队未出 1 个故障，这是从 331 飞行试验任务以来最好的一次。这次任务共完成技术文件（报告）9 份，通知单 11 份。我们的工作不能说尽善尽美，但是应当是一次圆满成功的飞行试验任务，值得庆贺，值得自豪。

2 特点

Y6 飞行试验队伍上阵最仓促，绝大多数同志上火车，前一个晚上还在工作，但是这次任务完成最好，原因归纳为以下几个方面。

1）坚持质量第一和安全第一。液氧管路的改造是一个大工程，从问题的提出到施工完成，到发射成功，都有很多难处理的问题，但是都一一解决了。飞行试验的结果是理想的，数据是历次飞行试验最好的一次，如果不是坚持质量第一，这个棘手问题是不好解决的。这次成功是由于领导的重视、关心，也感谢兄弟单位的大力协助，可以说是一曲共产主义大协作的凯歌。

大家在检查设备中一丝不苟，不放过一个疑点，诸如加控台改造后，发现电源插头在断电状态下有 0.3 V～3.1 V 电压，经过查找是磁场干扰，只要电扇一启动，电压就有了。又如发射前，大家对备件的排放整整齐齐。如果照个相，加点说明，更可以看出大家认真对待任务的态度，这方面尤其是贾秀英、王瑞芳同志做得好。

2）严格贯彻岗位责任制，认真开展双想和预案工作。大家对自己负责的设备检查工作能够按照总理生前十六字方针做到一丝不苟，站岗期间能认真做记录。

王立兴为确保连接器不出问题，不怕麻烦，和王自力、蒯师傅反复调整达 6 天，功夫不负有心人，在任务中没有出现故障。任何的懈怠都可能铸成大错，终身遗憾。卫星天线出事，不是设备问题，而是管理问题，这不是十分遗憾的事吗？我们的成功是建立在全体参试人员认真站岗的基础上的。

3）我们这支队伍政治思想素质比较好，一个共同的目标是一定要打成功 Y6，为 Y7

打外星打好基础，为90年代第一年五星高照开门红，为国争光，为国争气，这些把我们团结在一起。即使春节不回去，在这里（基地）过第二个春节，我们有想法，但是能以事业为重，大家的这种献身精神值得称颂，也是我们这一代人的骄傲。

4）我们这支队伍业务素质比较好，有Y1～Y5的经验，绝大多数老同志经过了设计一生产一试车一合练一飞行试验的锻炼，情况熟，心里有底，敢拍胸脯，在理论上和实践上都有一套，这是我们成功的基础。

5）年轻人，茁壮成长，是331队伍的生力军，易于接受掌握新知识、新东西。

6）顾全大局，识大体，党员的模范带头作用和全体同志团结战斗。这次我们召开过3次支部大会，党员吃苦带头，同志们互谅互让，如住宿问题，女同志主动克服困难，为他人着想；同志们病了互相关照，问寒问暖，端水送饭。

7）发扬了团结协作精神。

3 存在问题和值得改进方面

1）工作上还有严细不够的方面。

如液氧管路改造后，进行液氮调试时，发现气检口没有堵，信号联试时发现5＃气缸拨叉装反了，开变成关，关变成开位。氦台K3模拟气脱开关在增做总检模拟气脱后撤收状态没有复原，第二天吊罩前要气脱，第一次控制加电，氦台气脱供气气管连接器未脱落。这些问题都不会造成什么后果，但是如果在射前出现这种情况，就比较被动。

2）一些事情，同志们向队里打招呼不够，比如对元件动刀，总检查后动设备状态，出现元件质量问题没有及时打招呼，这点可能同志们还有顾虑：怕一打招呼，惊动上级领导，对部队战士进步产生影响，怕算质量问题。这些完全没有必要，我们知道也可以为大家担点责任，不能搞消极的质量管理，我们相信大家这样做都是为了确保成功，确保稳妥可靠，发现问题这种事，应当表扬，而不是批评。

3）这次对生活管理委员意见比较大，工作不太满意，比较普遍。当队长的我应负责任。从Y1～Y5都有点小意见，在Y6虽过问过，但大家这次的意见更强烈些，生活上的小事不过问会引起不舒畅，我主张器材、文体用品需要一人经办，全体监督管理，公开，有些硬件不要打一发丢一发，今后控制越来越严，买点文体用品都不容易，要保管好，不要变私产。试验队在外面几个月，没有一些文娱、劳保用品也不行，大家要爱惜仅有的一点东西。希望Y7做好一点，负责生活的同志和财务的同志多商量，我想Y7一定可以做好。大家也要支持，个人意见不要太坚持，集体生活应提倡为全队服务，少数服从多数。大家不要太认真，小事就糊涂一点。

第三篇

质量与安全

地面设备总体研究室在型号研制中的质量控制

(2005.4.1)

我们室是地面设备总体室，全室同志经历了13个不同型号的研制任务，一部分同志还经历了从型号预研到定型的完整循环，因此他们积累了一定的总体工作经验和地面设备质量控制的经验，有一些已经形成管理制度。在上级质量部门的帮助和指导下，在部、院领导的正确领导下，我们在质量管理上做了一些工作。尤其通过全面质量管理教育开展以来，经过可靠性基本知识普及教育、QC质量小组活动，总体工作的一些体会和传统做法上升为质量管理的措施，从而提高了总体工作的水平。如我们制定了《地面设备总体研制工作程序》《地面设备总体方案指标评价体系》《飞行试验前四查的规定》《如何站好二岗》《二岗的任务——四个及时》《设计任务书的编写原则》《靶场的质量控制》《建立型号档案和信息收集的几项规定》等。作为总体室，还有很多工作要做，也存在一些薄弱环节，下面谈的仅是一个粗浅的体会。

1　严格按导弹地面设备总体室制定的研制程序进行工作

总体部把型号研制分为5个阶段，即指标论证阶段、方案设计阶段、初样研制阶段、试样研制阶段和定型阶段。但是对于地面设备来说，就不存在初样和试样2个研制阶段，要求应更高，只能一次成功。因此总体室的工作至关重要，要起到承上启下的作用，起到技术力量的组织作用，要正确无误地做到技术指标的分解和技术方案的落实。根据多年的积累，我们把总体工作各个环节归纳为表1所示。从表中可以看出，个别环节，如设备设计不是总体室的任务、但是总体室有一个配合的任务、有协调的工作。因此，该表某种程度上可以看成是型号地面设备研制程序（见表1）。

表1　地面设备研制程序

规划阶段	方案论证阶段		工程设计研制阶段		定型阶段
	使用部队	地面设备总体	总体方案阶段	设计阶段	
1 技措 2 发射方式预研 3 地面设备规划	1 提出型号必要性、作战性使命 2 战术技术指标 3 装备编制方案、列装数量 4 经费和周期设想	1 发射方式方案论证、对比、优选 2 地面设备各分系统论证 3 提出支撑性预研课题 4 完成型号可行论证报告 5 可靠性指标分配	1 提出分系统设计任务书 2 提出单项设备设计任务书 3 提出发射场设备土建工艺要求 4 提出地面设备分系统设备配套表 5 绘制气液电协调图	1 设备设计 2 设备原理性试验 3 分系统设计 4 发射场工艺设计 5 方案评审 6 关键部件可靠性试验 7 设备研制 8 设备典型试验 9 机械合练 10 设计评审 11 发射场安装调试 12 发射场合练 13 地面设备可靠性计算及失效分析 14 飞行试验及总结	1 完成单项设备设计定型 2 完成工艺定型 3 完成工艺定型报告 4 成果的鉴定报批

2 地面设备总体方案论证评价体系

地面设备总体方案实际上是武器的发射方式问题。我室承担着发射方式认证的部分工作。根据对苏美发射方式的分析，他们很重视武器发射方式的预研，如美国对 mx 的发射方向经过多种方案的实验研究，几经周折和讨论，经过几年时间才确定下来，这里的原因很多，有政治的，有经济的。我们搞总体工作的，在发射方式论证、在方案比较时，也经常遇到各种观点的冲突，矛盾，搞总体的要用系统工程的观点，从整体和全局出发来处理这些矛盾，不应该仅考虑各分系统或局部的最佳化，而应强调整体的最佳化。我们的责任还在于，把比较笼统的、初始的研制要求逐步地变为大家的具体工作，并把这些工作，综合为技术上合理、经济上合算、研制周期短，并能协同作战的一个系统。根据多年的经验，为使整体最佳，为使整体能协同作战，我们制定了《地面设备总体方案评价体系》，有了这个体系，加上一些定量分析，在方案抉择时，就有了共同的语言，从而保证了方案的正确性。

地面设备总方案评价体系

- 体系和总体单位的协调有效性
  - 对总体部战术技术要求和系统功能的满足程度
  - 对分系统要求的合理性
  - 对总体部设计要求的环境条件的适应能力
  - 对总体部设计要求的使用方式的协调性
- 系统生存能力
  - 单机分系统先进性与总体先进性协调
  - 分系统和总体完成预定功能对全武器生存概率的影响
  - 对武器系统提供的简化设计和提高性能的有效贡献
  - 完成规定功能所需时间同要求的满足程度
  - 地面设备的生存概率
- 系统可靠性
  - 地面设备总体方案可靠性数学模型
  - 单机与分系统可靠性分配及实现可能性
  - 总体方案可靠性预测
  - 可靠性设计
- 系统经济性
  - 单机设备的继承性和延续性
  - 研究成果的应用和新研制关键项目的数量、经费、周期、操作、使用、维护所需人员数量及经费
  - 设备的研制周期
  - 总投资费用及运行费用
- 系统的标准化程序

3 编好设计任务书是保证型号研制质量的关键

方案确定以后，经主管领导批准，技术指标通过任务书形式下达到各专业和系统室，它是设计工作的依据，设计工作决定了产品的固有质量，而设计的依据是任务书。因此，设计任务书确定了产品的方向、产品的先进程度，所以它是研制阶段一个关键环节。如何编写好任务书对地面设备研制质量有重大影响。根据第一代武器系统研制的经验，我们认为一个好的设计任务书，要符合如下 5 条原则：

1）任务来源有根据；

2）战术技术指标性能数据齐全、准确；

3）协调关系清楚完整；

4）技术要求简明，原理正确；

5）特殊要求必须特别注明，不能遗漏。

根据总体工作提出任务书的体会，特殊要求必须提明确，如环境条件方面、安全方面（有的侧重防爆，有的侧重防泄漏、防火、防噪声、防雷、防静电，有的兼而有之），质量方面、空间尺寸方面、可靠性方面、经济性方面等。

任务书中对于达到上述 5 条原则的具体方案、实施技术途径则不必要过分限制，限制过死会束缚广大科技人员的创造性和积极性。

设计任务书是设计的立法文件，具有严肃性。因此为保证设计任务书的质量，要求做到两不：不漏、不错。不漏以保证设计参数，设计所需的内容完整、齐全、正确，以保证文件内容、数据、协调关系具有高准确性。这两个“不”很重要，往往产品出来了，发现了问题，或是功能不齐全，或有干涉现象，或有和土建工艺不协调。有了问题，首先查询设计要求齐全否，原理正确否，所以设计任务书对设计质量至关重要。

一个任务书在研制初期不是一成不变的。根据第一代武器研制的情况看，由于总体部初样和试样阶段状态变更，也由于对一些技术问题认识不清，还由于经验问题等原因，往往对原来提出的设计参数要加以调整。而地面设备没有初样阶段，产品一经设计和生产出来，更动就比较困难。积累多年的经验，为适应总体参数的变化，地面设备设计任务书对一些性能参数要做到留有余地，尺寸公差方面可以适当加大。如某型号整体支撑部位尺寸公差达 ±100mm。CZ－3A 氦气加温设备，原来的设计温度 50°±7.5°，吹气流量为 0.54 kg/min（气源压力为 50 表压时），到试验现场后更改为 0.648 kg/min，温度提高到 75℃才满足要求。可见冗余设计在地面设备工作中很重要。它可以避免很多不必要的修改，或者使修改工作量大大减少。

4 进行设计评审和可靠性设计

设计评审和进行可靠性设计是最近几年开展的新工作，最早在导弹型号中已开始进行，以后在新型号的方案设计和方案论证中开展了评审活动。评审，是设计过程中保证质量的一个环节，是一个重要措施，不是可有可无的。特别是通过 CZ－3 地面设备设计评审，使我们体会到这是上级和兄弟单位对地面设备设计质量的一次审查会。通过评审再一次抓住中心，抓住关键问题，发现薄弱环节。实践证明，认真组织评审，请有关领导和同行业的兄弟单位参加评审，会从不同角度提出需完善设计的问题，这是开展技术民主的极好形式，这种例子很多，我们就不一一列举了。我们对第一代武器定型工作补做了可靠性评估工作；对于新型号研制，从一开始，就狠抓了可靠性工作，对发射车进行了可靠性评估，对总体提出了可靠性验收要求，并对单项设备进行了可靠性指标分配等。另外我们还编制了导弹地面设备分系统影响武器不能发射的失效树。

5 飞行试验前的质量控制

飞行试验前，我们应当做些什么工作呢？我们归纳为四查：

1）查齐套——设备的齐套和文件的齐套。

2）查状态——批次的状态和设备状态。

3）查岗位责任制的贯彻——落实参试人员和落实岗位。

4）查备份——重要设备的备份和元器件的备份。

这四查是我们多年来工作经验的总结。我们曾经发生过某型号01批公路车和02批弹体互相不匹配的事。弹体状态变了，而公路车没有做相应更改。我们也发生过执行安装任务，可是安装的东西却没有带去，……，这些历史的教训告诉我们，为了做好飞行试验前的准备工作，这四查是非常必要的，也是行之有效的。

6 试验现场的质量控制

根据张院长和谢光选总设计师多次带队执行试验任务中的指示精神，尤其是三抓任务中总结的经验，结合我所实际情况，我们归纳为如下四个方面。

6.1 关于岗位责任制方面

（1）二岗的任务——做到四个及时

1）设备状态是否正确，要及时发现。设备状态指参试状态，工作过程中的状态。二岗的同志应了解自己所处地位、服务对象、动作后果及其目的，与左邻右舍的关系。

2）操作按不按程序，符合不符合规程，不符合则及时制止。每个同志都要熟悉规程，熟悉程序及相应口令，有时可以纠正指挥的差错，这种例子不胜枚举。

3）现象是否正常，符合不符合要求，不符合则及时报告。在测试过程中，正确判断发生的现象，当测试发射过程中遇有不正常现象时，对指挥员防止漫延错误有用，对分析故障原因采取相应措施也很有用。在情况正常时，对指挥员下决心执行下一口令或测试又起到帮助作用。

4）万一出现故障，要提出原因和处理意见，及时上报，及时采取措施。

(2) 如何站好二岗?

1) 熟悉规程，背诵规程。武器到发射阵地，一切根据规程进行，如果不熟悉规程就被动，有盲目性，因此要在岗位上取得主动权就要熟悉规程，背出关键口令。

2) 一听二看三想。听口令正确否，看动作对不对和口令符合不符合，相应的响应正确不正确，指示灯该灭的灭，该亮的亮，开关该关的关，指示仪表正常否。

3) 不越岗，不串岗，严守岗位。不该去的地方不要去，不该到的地方不要到。

4) 不要动手，一岗动手二岗动嘴。在执行任务时，不要以为是自己设计的，可以随便调，随便动，必须对试验负责。

5) 沉着冷静，严肃认真，防止毛糙。出了问题，不要太紧张，不要慌，该停就停，防止波及更大的不良后果。

6) 及时汇报。遇有问题，尤其是不正常的现象，分析清楚后，要及时汇报。

7) 和一岗互教互学，沟通思想，同心同德，遇到问题，态度要谦虚，要做到以理服人。

6.2 岗位秩序册

CZ-3 地面设备共有 106 项，技术复杂，难度大，新的设备多，岗位人员也多。为贯彻张院长和谢总师的指示精神，使参试人员了解全局，掌握进度，在岗期间注意主要技术目的和主要技术指标，掌握各自岗位的任务内容和操作程序，我们编写了《岗位秩序册》。这个册子对于各级领导和分系统指挥及时了解工作进展及指导工作也带来方便。这个岗位秩序册在 CZ-3 任务期间在整个试验队受到了推广，由于篇幅限制，我仅节录−30′以后的内容（见表 2）。

从表中可以看出在相应的发射程序中、每个程序段的 15 所参试设备，明确了应到岗的人员，以及在某一程序段的主要技术指标，便于掌握和观察。

6.3 地面设备撤收时的状态记录表

这项工作是从 CZ-3 开始的，从−30′程序看出，−30′以后还有 30 多项设备参加工作。−30′和−15′时人员分两批撤离。为使这些设备在人员撤离后能保证可靠地工作，我们在以往型号的基础上对每个单项设备提出编制撤离状态检查表，对每个阀门、每个开关、每个仪表在撤离时都作记录，由一岗、二岗互检，并互相签字认可。这种做法是为了确保万无一失，是加强岗位责任制的一种措施，是行之有效的一种制度。

6.4 典型故障专题报告

根据总师的意见和试验队的要求，对靶场发生的典型故障要专题报告，这已成为 15 所的一项规定。这个报告要写明故障情况、原因和排除方法，这有助于我们掌握信息，避免今后发生重复性故障，有利于总结经验教训。

表 2　岗位责任及程序表

日期									
工作时间	−30′	−27′	−25′	−16′	−14′	−4′	−3′	−2′	−0″
程序	准备发动机预冷	Ⅲ级增	发动机预冷	泄　压	射前补加	补压　排空	连接器脱落	气管脱落　关瞄	起飞
参试设备	液氢液氧加注设备 氦配气台 氮配气台 尾段配气台 氦加温设备 压力监测设备	氦配气台 氢箱氧箱配气台压力监测系统 压力监测系统	压力监测系统	液氢液氧加泄配气台 液氢液氧加控台 氢氧排气自动脱落连接器 压力监测设备	液氢液氧加注设备 尾段供气盒 氦加温设备 压力监测系统	氦配气台 氮配气台 液氢液氧加控台 液氢液氧加泄配气台 氢箱氧箱气管连接器 压力监测系统	液氢液氧加泄自动脱落连接器 液氢液氧排气自动脱落连接器	氦配气台 氢箱气管连接器 氧箱气管连接器 压力监测系统	
要求		1 氧箱 $3.2^{+0.1}$表压 2 氢箱 $2.2^{+0.1}$表压		1 氢箱泄压-16′—-15′ 2 氧箱泄压-15′—-14′ 3 -15′人员撤离		1 补加到Ⅲ液位关 加注排气活门 2 下达-4′口令			

7 建立型号档案和信息收集

总体研究室的工作从型号预研开始就介入，到型号定型归档告一段落，不少同志经历了全过程。但是也有些同志因种种原因或换工作，或调离15所，这样一些资料就散失在个人手里。从1978年以来，我们开始建立型号档案，在331工程地面设备做得比较突出，多年来设立了档案卡片、相册、各阶段小结、试验总结、试车总结等。在档案卡中完整地记录了有关地面设备的设计要求、总师和院里指示精神、来往文件、会议纪要等，从这个卡片柜中，可以看出地面设备在研制过程的概貌。

信息的收集和反馈是可靠性工作很重要的基础工作。地面设备可靠性工作开展得比较晚，地面设备可靠性如何计算，认识上还有分歧。地面设备属于机械产品，批量小、状态变化大，型号不同，标准化工作有困难，因此某些统计方法在使用上就有一定局限，算出的可靠性指标、置信度如何就不好说。但是因为这些情况，我们就不去做工作是不对的。总体研究室在信息的收集上，也有很多有利条件，可为可靠性计算积累一些资料。我们规定了几个收集途径：

1）各种（次）大型试验中将故障信息纳入试验总结；

2）合练中将故障信息反映到合练总结中；

3）飞行试验期间收集的故障登入故障登记表中；

4）各次试车中收集的故障反映到试车小结中；

5）地面设备在靶场安装调试中收集的信息记入小结中；

6）在条件许可的情况下，尽可能将故障摄像；

7）利用去基地复查设备，检查装备，查明故障及其情况。

通过我室多年来的努力，现在我们在信息收集和反馈方面做出一点成绩，如CZ-3地面设备总体保存了各阶段的小结、各阶段故障照片、飞行试验中的录音带等珍贵资料。录音很有用，如我们记录了CZ-3氮配气台三级气脱工序没按协调要求动作的情况；记录了第三次总检查中，气管连接器提前在液氢、液氧加注排气连接器前脱落的问题；记录了CZ-3第一发飞行试验射前补加情况。通过事后的录音分析看出，第一个问题是操作错误，第二个问题是地测仪的软件设计有错，第三个问题从录音时间查对和函数记录仪纸带查看，证明射前补加不是液氢公路自动补加车补上去的，而是铁路车补上去的。可见录音有助于故障分析，查明原因，记录当时实时情况，完善设计和避免重复错误。从磁带上还可分析发射程序各个时间安排的合理性，可以改进今后的测试工作。

故障照片（图1）具有直观性，使人一目了然。图1（下部）是CZ-3合练火箭三子级的星罩与铁路车支承部位联结的情况。因为整流罩支点尺寸比理论协调尺寸短了170 mm，使支点轴颈落在支承盒外面，只能用铁丝捆紧出厂。

照片1（上部）是CZ-3合练火箭三子级箭体后运输支点的方销，因箭体变形成八字形导致方销与公路车、铁路车支承盒处的缝隙达3 mm，而且有扭曲……。

总之质量信息和型号档案是我室全面质量管理方面重要的内容，通过去年整顿得到了进一步加强。现在我们不仅在军品上，而且在民品项目上也设质量跟踪卡，加强了质量信息及时传递。

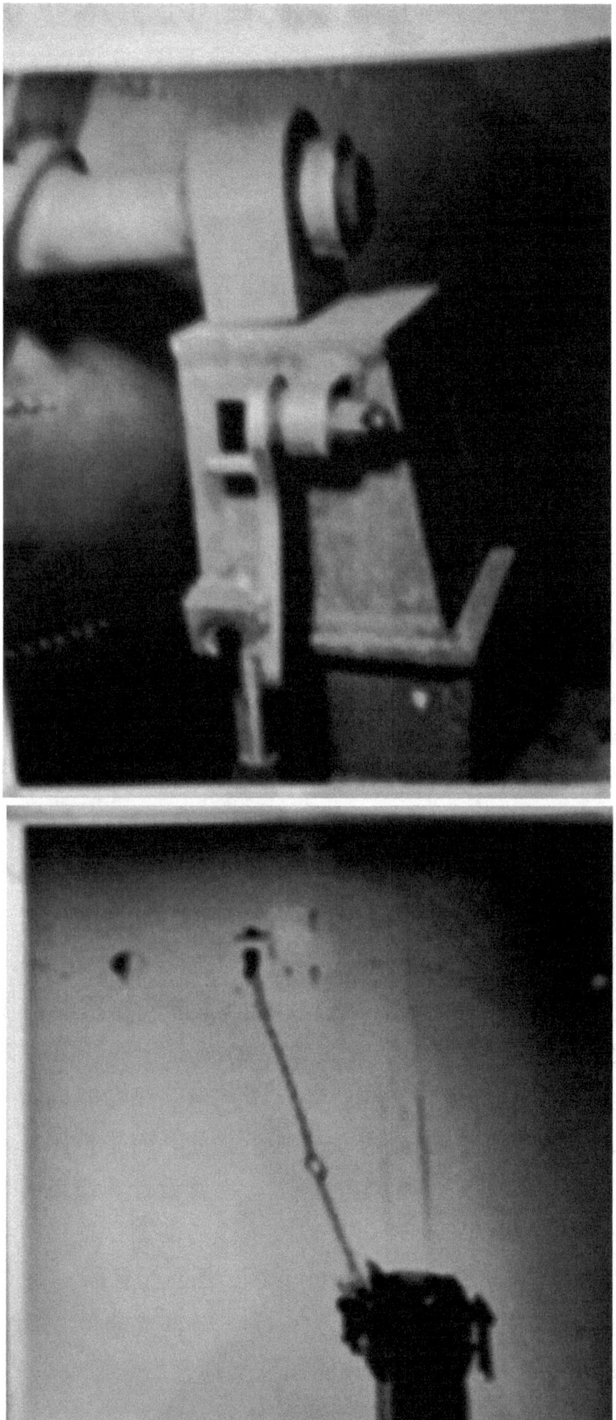

图1　故障照片

8 强调预防为主

预防为主就是将质量工作的重点放在飞行试验前的各个过程，也就是把质量问题消灭在全系统试验以前，不留一个隐患，不存一个疑点，不带一个问题。事先采取了各种措施，将影响系统试验的质量因素统统控制管理起来。如我们熟知的发射预案和事故预想，这都是研究对策，这里介绍一下另外两种做法。

（1）整机备份

过去我们在设备上往往有备件，这是很必要的，根据以往执行任务的经验，我们觉得关键设备整机备份也很必要。如以 CZ－3 为例，前面已提到地面设备有 30 多项是在人员撤走以后工作的，一旦出现问题会贻误战机，因此有必要搞整机备份，有故障时，互相可以自动切换。实际上我们在执行任务中就遇到过这种情况。CZ－3 在总检查中，加控台的内电源与台外电源发生过自动切换；在 CZ－3 第一发飞行试验中，液氢自动补加车加不上去，最后改用液氢铁路车完成射前补加任务。这种关键岗位上的设备，我们在配套时都考虑到了备份，在 CZ－3 三子级地面设备上可以整台切换的有 6 种设备。

（2）电动气活门汇总表

总体工作要抓方案性的，抓根本性的，抓全局性的，一句话是抓“总”的工作。我们将 CZ－3 三子级地面设备上的 44 个电动气活门汇总，制成一张表，以便完整地、全面地了解这些活门的工作时刻、工作时间、工作状态及其性质。同时对今后万一发生故障提供分析的线索，希望对有关的重要的工作时间过长的电动气活门在测试过程中加强观察，一旦发现故障及时更换。这一预见性的工作果然奏效，在遥 1、遥 2 任务中，氮配气台上的电动气活门，液氧、液氢加注配气台上的电动气活门，液氧加注车上的电动气活门都在执行任务中出现过问题，而且有的在加注过程中出现，由于我们早有准备，及时进行了更换和排除。这种汇总工作从事总体工作的同志容易做到。还以电动气活门为例，44 个电动气活门，5 种规格，分别用在液氧加注车、液氧加泄配气台、液氢自动补加车、液氢加泄配气台、氮配气箱、液氢箱气管连接器、液氧箱气管连接器、氦配气台、氮配气台的 9 个设备上，而且绝大多数工作在－30′以后，从事总体工作的同志有一个全局的了解比较好处理这样的技术组织工作。表 3，表 4，表 5 是编排的多种阀门汇总表。

9 结束语

多年来，虽说我们在研制过程各个阶段质量控制工作上做了些工作，有一定的收获，但达到部、院的要求还有很多差距，尤其在可靠性设计方面、可靠性试验和验证方面、可靠性指标分配方面有很多工作没有做深做细。为此我们必须向兄弟单位学习先进经验，改进我们全面质量管理工作。

表3 电动气活门汇总表

序号	时序 / 口令及程序 / 阀门及设备		5.5小时					4小时						2小时						-30′	-27′	-25′	-16′～-14′		-14′～-4′	-4′	-4′～-3′		-2′	0′	管路吹除
			0 预冷	准备加注	加注	0 换车	准备补加	H 预冷	加注	停止加注	前准备补加	前补加	前停止补加	转注	停止转注	后补加				发动机准备预冷	增压	发动机预冷	泄压		射前补加	增压	排脱		气脱	点火	
																铁补	铁停补	公准补	公补				H	O			排空	脱落			
1	氦配气台	氦气瓶充气 HGP 1TY22-1A																											氦——	——	
		燃气发生器吹除 HGP 1TY22-3A																	氦	——	——	——	——	——	——	——	——	——	——	——	
		氢箱增压1TY22-3A																		氦	——					——					
		氧箱增压1TY22-3A																		氦	——					——					
		气源1TY23-1																		氦	——	——	——	——	——	——	——	——	——	——	
2	正压通风DF#		自液氢加注开始时断时通																												
3	氮配气台	平台供气#1TY22-1A																										氮	脱前5″ 开	——	
		H封HRRPC1TY22-1B																								氮	——	——	——	——	
		主活门吹除 HFC# 1TY22-3A																													
		气源1TY23-1																	氮	——	——	——	——	——	——	——	——	——	——	——	
4	氢箱气管连接器1TY22-3A#																											氮	5″后 ——	——	
5	氧箱气管连接器1TY22-3A#																											氮	5″后 ——	——	

—— 工作状态

表4　液氢加注系统阀门工作状态表

序号	阀门及设备		5.5小时					4小时						2小时						-30′	-27′	-25′	-16′～-14′		-14′～-4′		-4′	-4′～-3′		-2′	0′	管路吹除
	时序 / 口令及程序 / 阀门及设备		0预冷	准备加注	加注	0换车	准备补加	H预冷	加注	停止加注	前准备补加	前补加	前停止补加	转注	停止转注	后补加				发动机准备预冷	增压	发动机预冷	泄压		射前补加		增压	排脱		气脱	点火	
																铁补	铁停补	公准补	公补				H	O	铁补	公补		排空	脱落			
1	液氢加注活门						液													至Ⅲ液位												
2	液氢排气活门						液	按口令开												至Ⅲ液位					至Ⅱ液位							
3	液氢铁路加注运输车	1加排阀					1	2 M³	至Ⅱ液位							至Ⅲ液位																
		2排气阀						2	18 M³开																							
		3汽化器阀					3	0.5 atm 10′0.7 20′1	至18 M³ 1.6关					1 atm关	至1.3 atm关		至1.3 atm															
4	2#液氢自动补加车	#1加排阀					#1					至Ⅲ液位														至Ⅲ液位						
		#2汽化器阀					#2	0.3 atm			1.2 atm	2次 至Ⅲ液位																				
		#3放气阀						5′					#3																			
5	#1液氢自动补加车	#1加排阀					#1					至Ⅲ液位								至Ⅲ液位												
		#2汽化器阀					#2	5′ 0.3 atm			1.2 atm	3次开始 至Ⅲ液位						至1.2 atm														
		#3放气阀										3次开始								#3												
6	液氢加泄配气台	电动气活门#9-1					9-1													至Ⅲ液位												
		电动气活门#9-2																		9-2								1′后开				
		电动气活门#9-3																														
		电动气活门#9-4																		至Ⅲ液位												
		电动气活门#10-1																														
		电动气活门#10-2																									10-2					
		电动气活门#10-3																									10-3					
7	氢管	#5阀					#5																									
		#7阀					#7																		至Ⅱ液位							
		#8阀					#8																									
		#13阀					#13																									
8	氮配气箱	#5阀					#5																									
		#7阀					#7																		至Ⅱ液位							
		#4阀																												#4		
		消防																														

表5 液氧加注系统阀门工作状态表

序号	阀门及设备		5.5小时					4小时						2小时						-30′	-27′	-25′	-16′～-14′		-14′～-4′	-4′	-4′～-3′		-2′	0′	管路吹除
																后补加							泄压				排脱				
		时序 / 口令及程序	0预冷	准备加注	加注	0换车	准备补加	H预冷	加注	停止加注	前准备补加	前补加	前停止补加	转注	停止转注	铁补	铁停补	公停补	公补	发动机准备预冷	增压	发动机预冷	H	O	射前补加	增压	排空	脱落	气脱	点火	
1	液氧加注活门																								至Ⅲ液位 关						
	液氧安溢活门																								至Ⅲ液位 关						
3	1#液氧加注补加车	#1加注排阀																													
		#2排气阀																													
		#3增压阀	5′后关	7 atm关																											
		#4手动增压阀	5′后关	至7 atm 后关	至Ⅰ液位 后关																										
		#7电动气活门	5′后关																												
4	2#液氧加注补加车	#1加注排阀																	#1 至Ⅲ液位 -50′				1′灭								
		#2排气阀																								#2					
		#3增压阀																	#3 至Ⅲ液位 -50′						至Ⅲ液位 关						
		#4手动增压阀					至5 atm 后关																								
		#7电动气活门																								#7					
5	液氧加泄配气台	电动气活门#11-1																													
		电动气活门#11-2																							至Ⅱ液位		#11-2				
		电动气活门#11-3																								#11-3					
		电动气活门#12-1																													
		电动气活门#12-2																							至Ⅱ液位		#12-2				
	氧管	#5阀																													
		#8阀																													
		#7阀	5′后关																												

CZ－3 三子级地面设备质量工作总结

CZ－3 三子级地面设备自 1975 年开始分系统研制，至 1981 年年底，基本上完成技术设计和关键课题的预研，先后经过机械合练、101 站试车、靶场安装调试、靶场合练、遥 1 和遥 2 的飞行试验证实，地面设备满足了总体部提出的多种设计要求，满足了 CZ－3 火箭发射的需要。

“331” 工程难度大，技术复杂，要做到一箭成功是件不容易的事。三子级地面设备有发射瞄准设备、加注设备、供气设备、起重运输设备和辅助停放设备 5 个分系统 103 项设备。在这些设备中，有不少技术是第一次遇到，诸如液氢的贮运、使用，氦气质量保证，加注泄出连接器的自动脱落，大口径的气瓶密封，低温阀门的自动控制等。为此，我们在设计过程中贯彻了如下指导思想。

（1）坚持实践是检验真理的唯一标准

在新的问题面前，为了增加认识，为了提高设计质量，提高产品可靠性，几年来我们做了大量的试验工作。

（2）确保安全，稳妥可靠

CZ－3 三子级火箭采用液氢作为介质，考虑到液氢的低温、易积累静电以及氢与空气混合易爆易燃特性，我们在设计中强调了要考虑安全，严格遵循周总理生前“严肃认真，周到细微，稳妥可靠，万无一失”的十六字方针。

（3）应用先进成果和技术

在地面设备研制中，我们应用了一系列的先进技术：如激光瞄准设备采用了激光光源，光学纤维，光电自动跟踪；发射台自动调平；加控台采用矩阵网络……

（4）经济实用

对设备尽可能做到一品多用，如公路运输车，既能运三子级箭体，又能运输风罩；卫星整流罩的水平吊具和翻转吊具合一等。因此，三子级地面设备虽然技术复杂，协调面广，但我们保证了设计质量。

我们的具体做法和体会有下列八个方面。

1　充分的地面试验，让数据说话

地面设备和箭上各系统不一样，它的工作时间长、寿命要求高，与以往型号相比，在射前 30 min 还有 30 多项设备参加工作，气管连接器一直工作到射前 2 min；加注和排气连接器工作到射前 3 min。这样地面设备的可靠性直接关系到 CZ－3 发射的成败，因此我们几年来对一些过去没有经历过的问题做了大量的试验，而且试验的条件往往比使用条件更加苛刻。

(1) 原理性试验是产品设计成功的决定性因素

15 所新设计的有 210 厂生产的液氢、液氧加控台，先后做了输入单元、矩阵网络变换、输出单元原理性试验；激光瞄准设备做了跟踪原理性试验；低温连接器做了自动脱落原理试验；发射台做了单摆线轮减速器试验和自动调平试验。

(2) 元器件及其材料试验是可靠性的关键

加控台做了元件及其参数试验，连接器做了国产新型材料工艺性试验、密封性耐油试验等。激光瞄准设备做了电子细分电路试验。

(3) 模拟发射条件下的各种环境试验

低温连接器做了动密封单项低温试验、防爆试验、冲击敏感性试验、动密封摩擦阻力试验、产品组合件常温试验、产品组合件液氮试验、产品组合件在高湿度低温下的试验；激光瞄准设备做了高温（+45℃）、低温（−40℃）、湿度和运输振动试验、穿雾试验、氢气环境下工作试验等；气管连接器做了氧气环境下的安全性试验；加控台做了抗干扰试验。

(4) 寿命试验和典型试验

加控台做了 200 h 老炼、400 h 寿命试验。低温连接器做了液氢 30 h 长时间连续工作的试验，产品低温使用寿命试验。平衡截止阀做了高温［(50±5)℃］、低温［(−45±5)℃］、常温工作 200 次、保压检查试验、性能试验等典型试验。电动截止阀高压下进行 2 500 次可靠性试验（其中常温 1 500 次，低温 500 次，高温 500 次）。激光瞄准设备做了 200 h 老炼试验。气管连接器做了 584 次常温、低温（−40℃）及浇水破冰的脱落试验。结果表明性能良好，失效概率小于 1%。

(5) 功能性试验

气瓶进行了置换试验。净化器进行净化效果试验。还有气瓶密封试验，过滤器试验，氦压机膜片的寿命试验，公路运输车跑车试验，液氧全启式安全阀试验等。

通过上述 5 种类型的试验，使我们积累了经验，验证了设计思想，摸清了一些规律和问题，做到心中有数，而且积累了大量数据，为可靠性估算提供了依据。如气管连接器做了 584 次脱落试验后，取置信度为 0.9 时，脱落可靠度达到 0.996。

2 总体把关，过细工作

“331”工程的协作面广，协调的接口多，我们要和上海、一部、十二所、科工委设计所和基地进行各种协调。协调内容齐全，结果正确无误，这在以往型号上亦是少有的。这主要是总体的工作切实做到严格把关。CZ-3 研制周期从 1977 年到 1984 年，长达 7 年，总体设计部几易其设计要求，甚至有些产品已设计完了，总体部要求还在变动。因此，我们对总体部来的文件总是一字一句、一个数据一个数据地核对，发现问题就请总体部改正。可以说，在一定程度上，对总体部要求进行了校核和补充。同时，我们还建立了“331”各种来往文件资料卡片的档案。总体工作过细对产品设计质量起到了应有的作用，克服了过去往往因协调工作的疏忽而造成的差错。

总体工作认真贯彻了总师和总体部的各种要求，在防霉、防爆等方面都一丝不苟地认真落实，因此地面设备在“三防”上是严格的。

3 做好设计评审工作

1981年，谢光选总设计师签发了《关于CZ－3设计评审工作的通知》，我所领导和质量部门认真贯彻了这一通知，将地面设备按室、所、院三级审查，制订了评审计划。通过院对地面设备设计评审，汇报地面设备的全貌、配套情况，系统组成及其任务；主要地面设备的性能参数满足情况，主要性能参数计算及设计结论；设计生产中的主要问题，主要试验及采取的技术措施；存在问题和进一步做工作的一些问题。我们通过三级审查，认为评审是研制过程中提高质量的一个重要环节，是向上级质量部门的一次汇报，也是上级和兄弟单位对地面设备质量的一次鉴定。通过审查发现了个别协调不周，以及方案中一些薄弱环节和应解决的一些问题，如确定在氢加注管路中增加防止气堵的放气管路设计内容，以确保加注顺利进行；为满足延长24 h发射，加控台增加了和台内电源互相切换的台外电源。在评审中，兄弟单位也向我们提出了一些新的设计项目，如尾段供气增加气流阀和压力表，以监视尾段供气压力，使尾段供气更趋完善和理想。

通过设计评审活动，实际上是在我所开的一次现场协调会，进一步明确各有关单位应继续做的工作。如在评审会上提出了：继电器柜要提高供电电压，以保证电磁铁工作电压尽可能接近额定电压，会后一部明确了继电器柜供电电压由27V提高到28.3V；又如在会上提出一部应给出气管连接器顶杆尺寸、发射供气程序等，这些要求一部也先后都给予满足。

4 没有安全就没有质量

由于CZ－3三子级采用液氢液氧作为推进剂，一、二级又是偏二甲肼、四氧化二氮，高压气体又在氢补加库附近，这样安全问题很突出。在各个环节，我们坚持贯彻了总师一再申明的“用氢三原则”。在工程布局、设备设计使用、推进剂贮存运输等方面采取了各种措施，在研制中不断加以完善，最终在现场没有出任何事故。归纳起来我们采取了以下具体措施。

（1）设备设计

1）所有液气容器均设有安全阀和薄膜保险器。

2）配气台可能在氢气环境下工作，设计时采用正压通风手段。

3）液氢液氧设计了排放系统。

4）电缆进行全屏蔽。

5）液氢、液氧加注口的部位设有吹除设施，设备本身亦有吹除要求。

（2）工程布局

1）液氢液氧加注库均为敞开式，使气体迅速扩散而不积聚。

2）液氢液氧加注管路分别走塔架两侧。

3）氦气瓶库的屋顶为卸荷式，以防事故发生时不能泄压。

4）高压管路走塔架固定平台下面，人与物碰不到，安全性强。

（3）安全设施

1）液氢液氧的工作区域有事故报警设施。

2）液氢液氧的工作区域均设有消防设施，采用泡沫、干粉联合灭火。

3）电器设备采用等级不低于三级 d 组隔爆设施。

4）所有可能产生静电的容器、管路、电缆、车辆设备都严格地进行静电接地和防雷接地。

（4）使用

1）穿着导电工作鞋、纯棉工作服等。

2）为防止液氢造成的污染固化，对液氢贮罐输送管道进行彻底置换。

3）贯彻用氢安全使用手册。

4）操作工具采用镀铜扳手。

5 强调预防为主

质量是设计出来的，制造出来的，也是管理出来的。预防为主就是事先采取措施，将研制各阶段影响产品质量的因素统统控制起来，除上面讲的设计方面外，从管理角度，我们采取了如下措施。

（1）热备份

地面设备有 30 多种是人员撤走后还在工作的，一旦出现问题为了不耽误战机，我们对重要设备还搞了热备份。备份和备件是两个概念，备件是在元器件损坏情况下，进行及时更换而采取的措施。热备份是 CZ－3 地面设备为了获得高可靠性在人员撤出后，以防万一而采用的设备，互相可以自动切换的措施。如激光瞄准设备用两套，同时值班站岗，它们可以互相自动切换，液氢公路自动补加车和液氧自动加注补加车也是整车进行热备份，而且液氢自动补加车和液氢铁路加注运输车在加注和补加过程中可以互相切换。液氢加控台的台内电源和台外电源也可以进行自动切换。这种措施是行之有效的。如在遥 1 的发射过程中射前补加工序，因液氢自动补加车工作太慢，便立即改用液氢铁路加注运输车工作而未耽误发射时刻。又如在遥 1 测试总检查中，加控台台内电源外线短路，及时切换台外电源。通过重要设备搞整机备份可以保证万无一失。

（2）安全设计裕度

CZ－3 采用液氢作为介质，且总体部的设计文件随着型号研制进展不断完整，技术要求不断提高，因此我们考虑设计指标往往比要求高。多次实践证明，留有一定的余度是非常必要的。如氦气加温系统原总体设计部只要求热氦温度为（50°±7.5）℃，流量0.54 kg/min，但到了发射场经调试发现对主要冷源的致冷量、结构热容量、级间段侧壁传热的热效率没有摸准，经过重新试验，实际温度提高到 80～82℃，流量增加了0.129 kg/min。再如液氢补加流量原要求为 200 L/min，飞行试验证实，仅自流预冷和贮箱蒸发损失就达 120～

150 L/min，如按 200 L/min 补加进入贮箱的量仅 50～80 L/min，这样就得限长补加时间，幸亏液氢补加车的补加能力有贮备，补加流量提高到 350 L/min，满足了发射需要。如果我们在设计时，对主要设备设计指标不留有余地，引起的后果也将是难以处置的。

(3) 失效树分析（FTA）法

我们对 CZ－3 三子级重要的地面设备分系统和关键设备进行了失效分析，建立了失效树。通过供气系统的失效分析，反映了系统的性能及系统各部分之间的联系，找出了提高可靠性途径，得出像 CZ－3 三子级这样复杂的供气系统应采取的措施。主要措施是人员推迟撤离及做好撤离前的状态检查，来消除系统中元件早期失效，以及建立压力监测系统，最终避免供气系统元件损坏而引起的严重后果。加注连接器经失效分析找到了连接器与活门结合处泄漏及未能自动发讯 3 个方面的原因。气管连接器则对脱落、信号返回、对接和充气 4 个方面进行了失效分析，提出了可能失效的原因和对策，进一步完善了设计方案。通过对上述系统和关键设备的失效分析为全过程进行质量控制提供了依据。

(4) 地面设备撤收状态记录表

为保证地面设备在人员撤走后状态符合工作要求，各参试设备都编写了各自的状态记录表，由一岗、二岗人员分别在撤离前检查并签字。这也是我们进行失效分析而采取的具体措施，应当承认对地面设备来说，这一工作量是很大的。但是它对保证人员撤离以后不出事是行之有效的办法。

(5) 岗位秩序册

CZ－3 三子级地面设备很庞杂，参试人员多，如何站好岗，在站岗期间如何把好关，主要技术指标是什么，各设备在测试程序中的工作时序在哪一段等，于是我们编写了岗位秩序册。实践证明它有利于各级领导系统指挥掌握工作进程，有利于指导工作，有利于参试人员更好地工作。

(6) 四查

根据以往几个型号的经验，对“331”这个型号提出要四查。四查做到了、做好了，可保证飞行试验任务圆满完成。这四查就是查齐套（设备齐套和文件齐套），查状态（批次状态，设备状态），查岗位责任制的贯彻，查备份（元器件的备份，重要设备的备份）。通过四查后，执行任务中没有出现漏项，没有重犯过去的错误（如安装气路忘带供气管子等）。

6 重视质量信息的收集

搞总体的同志很注重质量信息的收集工作。CZ－3 的大型试验，如北京地面设备机械合练、4 次简单试车、2 次全系统试车、发射场加注供气设备安装调试、发射场合练、发射场星箭合练等，都写技术小结。对每项设备出现的故障如实记录，有的用照相机现场拍摄，对大型试验进行故障汇总。这样地面设备故障信息、质量信息在研制全过程中收集比较齐全，没有发现重复性故障。

7 执行岗位责任制

根据院领导在多次执行任务中的指示精神，尤其是“580”“331”任务中总结的经验，我们就坚决贯彻，认真执行。关于岗位责任制可以归纳为四条，做到四个及时。

（1）二岗的任务

1）设备状态是否正确应及时发现。设备状态指参试状态、工作过程中的状态。二岗人员应了解自已所处的地位、服务对象、动作后果及其目的，与左邻右舍的关系。

2）操作按不按程序，符合不符合规程，不符合则及时制止。每个同志都熟悉规程，熟悉程序及相应口令，有时可以纠正指挥的差错，这种例子胜不枚举。

3）现象是否正常，符合不符合要求，不符合则及时报告。正确判断发生的现象，当测试发射过程中遇有不正常现象时对指挥员防止蔓延错误有用，对分析故障原因采取相应措施也很有利。在情况正常时，对指挥员下决心执行下一个口令或测试又起到帮助作用。

4）万一出现故障要提出原因和处理意见，及时汇报，及时采取措施，防止故障扩大。

（2）如何站好二岗

根据上述四点，二岗人员应做到下面几点。

1）熟悉规程，背诵射前 30 min 规程。“产品”到发射阵地以后，一切根据规程进行，如果不熟悉规程就很被动，心中无数，有盲目性。因此要在岗位上取得主动权就必须熟悉规程，背下关键口令。

2）一听二看三想。听口令正确否，看动作对不对和口令符合不符合，相应的响声正确不正确，开关该关的关，灯该亮的亮，该灭的灭。二看仪表指示正常否。三要想，想一想这时候的设计状态，想一想下一个口令和设备状态。

3）不越岗，不串岗，严守岗位。越岗、串岗就是离开自己的工作岗位到不该去的地方，这样容易引起别的岗位分散注意力，甚至引起状态变化造成事故，而自己岗位上的事又可能因不在而造成种种问题。

4）一岗动手二岗动嘴。不要以为产品是自己设计的，随便动。一般战士很尊重二岗人员，不好意思制止，这一点要自觉。

5）沉着、冷静，要严肃认真，防止毛糙，出了问题不要太紧张，不要慌，该停就停，以免波及更大的不良后果。

6）及时汇报。

7）和一岗互教互学，沟通思想，同心同德，遇到问题态度上要谦虚，要以理服人。

8 关键设备进行质量控制

前面提到有 30 多项地面设备在射前 30 min 尚在工作，为此我们对重点设备进行了质量控制。仍以气管连接器为例，它工作到 $-2'$ 才脱落，这在 DF-5 导弹上是没有的，它的工况又比 DF-5 导弹的七管连接器恶劣，它的环境条件在低温状态。1982 年在执行尖兵任务时，曾发生过射前脱不下来，因此我们对设计方案上存在的问题组织多次专题分析会，结合长二丙的故障分析及历年来的故障，提出多种可能失效的原因和对策，进一步完善了设计方案。我们制定了《CZ-3 气管连接器生产过程的质量保证细则》，规定从原材料复验，元器件筛选到总体装配试验生产全过程的质量控制。车间有专职负责执行三检制和留名制的师傅，制定了防止混料、防止锈蚀、防止划伤的办法。严格控制 5 个关键零部件的超差处理。对超差处理的零件进行登记编号，用加工质量最好的零部件优选组装，保证用最好的产品交付使用。为了考核可靠性，安排生产了 6 个气管连接器进行了 500 次以上常温、低温（—40℃）及浇水破冰的脱落试验，结果表明通过上述质量管理和控制措施生产的连接器质量、性能完全满足要求，失效概率小于 1%，经遥 1、遥 2 两发飞行试验考核，证明严格的质量控制能得到设备的高可靠性。

在上级质量部门的领导下，我们在“311”工程中做了一些工作，能否归纳大家的经验没有把握。这仅是汇报，讲一讲已做过的一些事情，难免有局限性，不妥之处望指正。

CZ-3A和CZ-3B地面发射支持系统设计质量工作总结

（1998.12.15）

CZ-3A系列迄今为止，在西昌卫星发射中心已执行过10次任务，即2次合练，8次飞行任务。地面发射支持系统组成庞大，CZ-3A地面设备共有187项，CZ-3B地面设备共有245项2 673台件，它是所有运载型号的地面设备中最多最复杂的一个型号。10次任务，地面发射支持系统从总体上讲，各系统和设备从方案到原理都是正确的，使用性能满足运载火箭总体的要求，设计指导思想也是正确的，因此，较好地完成了历次任务。但是在任务中，也暴露了一些设计薄弱环节和思想作风不够严谨的问题。质量问题在15所并非没有，如果稍有疏忽，将会产生严重后果。认真总结10次任务中的设计质量问题是非常有益的，它会使我们头脑更加冷静。

1 从质量归零问题看设计中不足之处

10次任务中，15所共发生质量问题45个。CZ-3A合练任务期间14个，遥2飞行任务期间4个，遥3飞行任务期间1个；CZ-3B合练任务期间7个，遥1任务期间2个，遥2任务期间4个，遥3任务期间6个，遥4任务期间3个，遥5任务期间3个。详见《表1历次任务中质量问题归零情况汇总表》。除1个问题外，其余均已归零。其实任务期间真正发生的问题不止这些，未统计进去的问题主要有两类：一类是液氢铁路运输车在兴平加注时，多次发生接头处泄漏，或者任务后返京过程中破空；另一类是在发射中心自检过程中或测试过程中产生的一些“毛刺”及元器件质量问题没有完全统计进去。从统计表中可以看出：

1）设计原因占22个，接近二分之一，这是不容忽视的基本事实。自CZ-3A遥3以后，设计问题比例明显减小。

2）低层次问题比较多，共34个，比例大而且影响比较大。如液氢管路多余物堵塞过滤器，造成补加不上去；液氧误指挥，造成预冷延时。

3）从发生问题的时段、影响发射可靠性危险程度及技术难度看，45个质量问题中有9个问题比较大，它们分别是：

a）CZ-3B合练发射台380V电压串到220V，导致烧电缆接头和转接盒内变压器；

b）CZ-3B Y1液氢加注连接器脱落发讯故障，造成CZ-3B Y1火箭推迟1′32″发射；

c）CZ-3B Y1过滤器堵塞造成液氢补加延时；

d）CZ-3B Y2 －40′时发射台误操作异常旋转约1°；

e）CZ-3B Y2液氧阀门瞬间关闭1′，又自动恢复；

f) CZ-3B Y2 －2′时，冷氦连接器脱落信号晚发讯近 2′，导致火箭推迟起飞 2′12″；

g) CZ-3A Y2 液氢加注阀门关闭时出现管路水击现象，阀门喷液；

h) CZ-3A Y3 液氢转接头发射后拆卸时出现爆轰；

i) CZ-3B Y4 液氧预冷时，误指挥将液氧加至排氧管。

9 个问题中，设计问题引起的故障 3 个，占 1/3。有的操作问题和设计也有关系，如发射台误转 1°，后来的改进设计就是从防止误操作着眼。过滤器堵塞造成液氢补加延时：一方面是作风不细，刚抽空、清洗、安装的管子，出现如此多的多余物，说明工作质量差，责任心不强；另一方面仅过滤器前面有压力测点而过滤后无测点，设计也不完善，文件上对过滤器清洗、寿命没有规定，也属于和设计有关。液氧阀门瞬间关闭 1′，后又自动恢复正常问题，原因没有找到，故障没有复现。事后采取了综合治理，硬件上作了更新，软件上加了防干扰锁定语句，修改后，Y4 和 Y5 没有出现类似故障。

4）防止误操作、误指挥，丝毫不能掉以轻心。在 45 个问题中，误操作有 7 个。其中 2 个问题比较严重：一个是发射台误操作引起加注推进剂后带箭旋转；一个是液氧，预冷时打开 24＃阀，而没有及时关闭，时间长达 700 s。

5）从质量问题分布来看，机械类设备问题较少，低温加注系统问题比较多，共有 23 个，占一半以上。这说明低温技术有一定难度，低温加注系统的一些质量问题，一方面由于试验太少，经验不多，也可能因认识问题尚有待在理论上深化，如为什么球阀用在 CZ-3 就没有问题，用在 CZ-3A、CZ-3B 就会出现水锤现象等。但有些问题又不属于技术性的，而是责任性的。低温系统在多次任务中出现有惊无险和有惊有险的情况，都要引起我们高度重视，低温系统要树立一个概念“低温问题无小事”。因为低温系统发生的问题往往具有突发性。铁路车几次破空，液氢转接头拆卸时出现爆轰，液氢真空软管在补加时破空，事先都没有征兆。因此，要引起重视，要不断探索不断研究，决不像简单机械类产品能做到一次设计成功，后续任务基本上无需再次进行研究工作。低温系统及设备则不然，因为我们设计队伍比较年轻，设计经验有限，试验工作往往不充分，理论研究不够，因此要不断认识，不断探索，积累实际经验，提高队伍在低温技术方面的理论水平，不断完善改进现有的设备。

2 从设计状态改变认真总结完善设计的必要性

从 CZ-3A 到 CZ-3B，我们技术状态的变动有 3 次：一次在 CZ-3B 遥 1 前，我们总结了 CZ-3A 前 2 发任务和 CZ-3B 遥 1 合练情况进行的修改；第二次是 CZ-3A 遥 3 任务前的状态变化；第三次是 CZ-3B 遥 5 以前的状态变化。3 次状态更改共计 57 项，详见 1995 年 12 月 13 日《CZ-3B 遥 1 火箭地面设备系统技术状态的变化情况》；1996 年 10 月 24 日《CZ-3A 遥 3 地面设备系统技术状态报告》；1998 年 1 月 16 日《CZ-3B 遥 5 地面设备系统技术状态报告》，其中较大的状态变化共有 12 项。

1）液氧、液氢加排连接器脱落发讯装置的冗余设计；

2）冷氦连接器按断开关防冻措施和脱落发讯的冗余设计；

3）液氢、液氧管路防止水锤在阀门上加装阻尼器；

4）液氧过冷器的搬迁；

5）液氧、液氮管路涡轮流量计改为涡街流量计；

6）液氮测控系统由工控机改为S5—115U控制机；

7）液氢双向过滤器和液氧70μ过滤器研制，液氢、液氧管路入口加装40μ过滤器；

8）供气管路加装85个过滤器；

9）液氧、液氢安全阀的改进设计；

10）防液氢加注连接器转接头在拆卸时爆轰措施；

11）液氢、液氧低温加注管路密封接头试验及垫片厚度研究；

12）液氧阀门瞬间关闭1′后，又恢复正常所采取的综合性措施。

57项设计状态的变动，一是为了提高发射可靠性，避免重复性故障的出现，二是为了系统的安全性，三是为了提高操作和使用的方便，四是总体部新提出的要求，五是纠正总体部不合理、不全面、认识不统一造成研制初期带来的问题。这些状态变动经过多发任务证明是完全必要的、正确的，也证明我们的认识在深化。12项主要改进中，低温加注系统改进占11项。

3　CZ-3B遥4、遥5任务中的经验教训

遥4、遥5任务期间共发生6个需要归零的问题。此外需要完成制订加注、供气系统有关控制、检查多余物和地面设备使用、维修检查办法等待办事项。6个问题中，测试阶段发生的有3个，加注阶段发生的有3个。其中元器件占3个，指挥及操作问题2个，认识问题1个。由于箭上发现多余物，在任务期间花费了大量人力、物力，以解决多余物的预防和控制。

从图纸资料、文件的完整性看，大体上存在两方面的问题：一类问题是地面设备的使用寿命；另一类是图纸正确性和文件的完整性。

（1）完善地面设备使用文件

地面设备是一次性投入，多次使用，属于可维修系统，因此，为确保地面设备在使用中的安全可靠，使用文件中对贮存期设备的维修、保养、寿命等，应有非常明确的规定。从最近几次飞行试验的情况看，元器件寿命问题比较突出，但检查我们的文件看，有些有寿命规定，有些没有寿命规定，如过滤器寿命以前就没有规定，有的有规定但执行也不严格，有的规定依据也不够。地面设备，尤其是造价高的大型地面机械设备的寿命期规定依据有待进一步研究。遥4、遥5元器件出现3个问题，基本上属寿命到期。对于这类问题今后要按文件规定，及时更换，以免临时出问题，耽误测试和加注程序的进行。另外，借用CZ-2E的加注信号台多次发生故障，尽管原因不一样，有设计问题，也有元件寿命问题，也有文件规定不细，如对溢出电路检查，文件中未规定在加注前要进行检查，以至造成漏检。如果元件好，漏检没有什么影响，如果元件出现质量问题，漏检就会造成加注时才暴露，影响加注任务的正常进行，今后加注前信号联试的操作规程中应增加“溢出”和

“零液位”信号检查内容。从多次任务中出现问题的统计看，出了问题，去查图纸和文件，总有漏洞，如三级氦配气台在电路上存在潜电流，正常情况下不会暴露，在某些条件具备时暴露出来了。又如冷氦连接器运到基地开箱检查时，发现铟片盒破碎，堵帽脱落多余物进入管接头内部，属包装不当造成，反过来查图纸文件对包装要求明确不够细。又如加排连接器脱落和锁紧插头用同一型号，多次产生误插，导致误发信号，这就是文件上没有具体规定如何防止误操作。

针对有关问题，我们回所后，正在进一步完善地面设备的有关使用文件以及状态检查细则。

我们讲到文件的编写，一是要有标准，二是要向国外学，也要向相关单位学习。文件要有规范化的具体要求，不同的技术文件要有不同的规范。

(2) 制定多余物的控制措施和控制多余物的要求和检查方法

我们在遥 4、遥 5 期间，在多余物检查和预防上采取了很多办法。在技术中心、发射中心加装了过滤器，能靠近箭的尽量靠近火箭，对系统的过滤器和上箭软管全部进行了清洗和吹除，基地配气台的集气管的各种过滤器全部进行了清洗和吹除。从检查中发现过滤器挡住的多余物主要成分是焊接氧化皮、Fe、Cr 和 C，且接头处油膏涂的量较多。基地用的油膏也不规范，其中 204 配气间使用的油膏和介质不相容。从做的工作得出一个结论，地面和箭上多余物可以进行分割。只要严格把关，多余物可以进行控制。对基地供气设施进行检查，暴露两方面问题：一是基地气源系统无明确的维修和检查要求；二是没有一个明确的标准可循。为此今后要对基地控制多余物提出同样的要求，做到统一标准、统一要求、统一检查。目前 15 所已按总公司要求，编写了加注、供气系统控制多余物的要求、措施和完善多余物的检查办法，并正在研制收集多余物的高精度工艺过滤器和装在连接器上的微型过滤器。

(3) 提高业务水平，防止误指挥和操作不到位。

遥 4 任务中，出现液氧预冷时误开 24＃阀门，又没有及时关闭，导致液氧进入排氧管，延长了预冷时间，多耗 6 m^3 液氧。这一问题反映有的同志对业务掌握得不深不牢，对流程原理理解不透，对规程严肃性、法律性理解不深，没有严格按操作规程办。站岗位时，缺乏系统观念，在指挥失误情况下，相关岗位没有做出反映，没有及时纠正误指挥，负责设备的同志不知道自己在系统中的地位及每一个动作所起的作用及后果，机械地、被动地执行命令。误开 24＃阀问题是全局性的，有客观原因，也有主观原因，主要责任在指挥。另一方面管理也是有责任的。发射当日，领导临时将液氧加注提前半小时，其时一岗因－12 h 检查液位，回去很晚休息不充分，临时提前原定的时间，造成指挥仓促上岗，上岗后一岗又受领导批评（未按时到岗），情绪未稳定上来便进入指挥状态。临时改变程序没有充分协商是应总结的，批评分寸的掌握也是很重要的。我所主要负责同志当时不在场，进入液氧控制间时，液氧加到 1.5 m^3，为什么加不上去，前因后果不清楚，后来提醒是否液氧加到排氧管路去了，但是为时已晚。今后系统负责人在关键时段不应管别的事，要专心一致完成任务。

从长远观点看，应从中吸取这样的教训：一个系统的任何一个岗位，都要尽到应有的责任。负责系统要熟悉设备，负责设备也要熟悉系统，每个同志都要熟悉规程，熟悉程序及相应口令，只有这样，一个复杂系统工作时，才能互相配合好，系统才能协同无误工作。有时站设备岗的同志，更能发现指挥的误口令，误指挥。为此必须精通业务，提高素质，加强责任心。

4 我们的奋斗目标

我们总的任务是确保火箭可靠发射。具体的奋斗目标是“一杜绝、二避免”。杜绝影响发射失败的灾难性质量问题，避免影响测试程序正常进行和影响准点发射的质量问题。从目前发生的质量问题的时段和危险性看，离这一目标，做到不发生灾难性问题，不影响准点发射，不影响测试程序，还有很多工作要做。要切实制订各方面的措施。

（1）提高全员质量意识

近两年随着对双五条的贯彻以及正反两方面的经验教训，全员质量意识已有了提高，但是很不平衡，我们仍然要提高出现质量问题后的态度，端正认识。我们队伍中有些同志对火箭测试、加注和发射过程中出的问题有几种认识和表现：一是认为是小事，没有什么关系，何必大做文章；二是不从自己工作中找薄弱环节，找别人问题多，找自己问题少，眼睛盯着别人，埋怨别人；三是出现问题后，设计、生产、协调三者关系界面搞不清；四是认为在测试过程中出的问题不算问题，不影响发射，不影响成败。如 45 个问题中，液氢、液氧加排连接器占 7 个，但在归零中，总要提到“经 CZ－3、CZ－3A、CZ－3B 多次发射，过去没有发生什么问题，近两年三冗余发讯问题也只有一次光电发讯…”，担心领导和同志们否定取得的成绩和成果。这种倾向值得有关同志深思，持这种认识和态度，要改进和完善设计、提高可靠性就有困难。就液氢、液氧加排连接器而言，它的可靠性必须体现在四个方面，即脱落、发讯、结构和密封，缺一不可，必须 4 个 100%。一些问题原因明明是设计不到家，却在填表时扯皮，往生产、协调方面联系，其实根子还在自己，还在设计。一个好的完美的设计应当是工艺性好、动作协调性好、性能指标好。即使生产中发生的问题也要从我们生产过程的监督、监控、验收和设计文件的完整性来检讨自己。

质量问题要克服停留在过去的处理标准和模式上。过去，出现了问题，备份一换算数，基本不分析原因、不定位，不追求责任，一句话，没有按归零双五条标准办。

认识是关键，只有提高质量意识，才能全面改进质量工作。不同设备可靠性内容不完全一样，各有各的特点，各有各的难度。每当发现质量问题要把它看成是财富，是可靠性增长的一个好机会。质量问题在性质上有大有小，程度上有轻有重，但质量问题本身无大小可分，才能确保不产生质量问题。

（2）提高业务知识水平

新的形势，要求我们队伍不断更新和提高业务知识。在归零过程中，发现个别同志对自己设计负责的产品出了问题讲不清。过去处理问题有的是知其然不知所以然，但现在要求每个岗位人员必须精通本岗业务，不仅知其然，而且要知其所以然。15 所的专业面很广，但每个岗位的专业面还是有一定限度的。如果不提高本专业业务水平，将很难胜任当前工作。院、所应尽可能创造条件给技术人员，提供再教育的机会，并加紧设计人员的考核工作。

(3) 建立一支稳定的思想、作风、技术完美统一的队伍

从归零的问题性质看，有些问题是认识不到，如冷氦连接器按断开关被冻住。由于供气程序不连读，有结霜—化水—结冰的过程，连接器倾斜，水漏入开关，但不是每次都结冰，在低温试验时就没有出现过，因此，带有一定偶然性。但偶然里面存在必然，结冰的机会是存在的。液氢管路水锤在 CZ－3 不存在，CZ－3A 加注压力提高了，但在设计时没有采取相应措施，有认识问题和经验问题。为什么每年多次质量复查工作中发现不了，到发射基地检查不到，或者检查不及时，布置的工作走过场，落实上欠认真。为什么同一个人，不同时间，工作质量不一样，我发现和思想不稳定有关。要想消灭“毛刺”，就是要高标准，严要求，认真再认真，细致再细致。技术是根本，思想作风是保证。思想、作风的建设不是一时一事，它是长期的任务。但是只要不断加强队伍思想作风的建设，只要有一支思想、作风、技术完美统一的队伍才能真正消灭低层次问题，才能使“一杜绝、二避免”目标得以实现。否则总会有一天，因我们的一个误动作或粗心大意，给我们的事业造成巨大的损失。

(4) 启动生命工程，为提高 CZ－3A、CZ－3B 发射可靠性而继续努力工作

地面支持发射系统在研制过程中，因种种原因，关键部件可靠性增长试验基本上没有做。诸如低温球阀、各种连接器重复使用、低温安全阀、阻尼器、高压低温传感器等可靠性增长试验都没有做。为此，要达到“一杜绝、二避免”，这些该做的试验是应立即着手进行的。

地面设备尽管经过了 10 次任务考核，但是仍然有一些设备要进行改进设计。像 307 厂设计的球阀，一方面易造成憋压，另一方面在开关过程中密封垫片易磨下粉末，污染管路。过冷器因经验不足，原设计的气枕太小，造成液氧过冷时喷出液氮，使场区工作不安全。冷氦热交换器气密性缺乏检查手段等，具体项目详见表 2《长三 15 所地面设备生命工程项目》，我们认为这些项目都应尽快落实并开展工作。

(5) 建立低温实验室，完善检测手段

这件事我们申请了多年，但始终得不到批准。这是我们很多设备试验不充分的原因之一。一些试验到外单位做，往往试验不充分，要按我们的要求做，价格又承受不了，而且有些试验需要边试边摸索，反复多次。运载火箭地面设备总体上讲，没有初样和试样两个阶段，要一次成功，安装在基地。这样对首次设计的产品也带来不少遗留问题。过冷器气枕太小，就是没有做试验件。各种低温阀门因无条件做试验，只有靠执行任务来不断积累使用经验，暴露问题，改进设计。真空管的绝热性能与基地多次发生分歧，我们拿不出量化可操作的标准，说服不了基地，也和试验不够有关。为此，要发展低温技术，没有一个健全的、可以专门为低温部件或低温系统做试验的条件，要提高队伍的理论素质和低温设备、低温系统固有的可靠性，困难确实是很大的。一个型号的设备经过设计—生产—应用，周期较长，地面设备又是一次性投入、多次使用，队伍无后续研究任务，人员无新的设计任务，技术人员的智慧和经验无处施展，队伍也难稳定。为此，这方面请各级领导大

力支持，逐步创造条件，建立一个针对性强的、实用的实验室。

这些年，我们付出了很多，也深感工作没有做到位。我们经历了成功的喜悦，也经历了失败的苦涩，从中得到了不少经验和教训。这些教训中最主要的是标准要高，管理要严，在质量问题管理上也要与国际接轨，要提高贯彻总公司制订的双五条归零标准的自觉性、主动性，要严格按照“72条”“28条”做工作，防止认识上的反复，要坚持从源头抓起。

表1　历次任务中质量问题归零情况汇总表

	产品名称	问题简述	原因分析及措施	原因分类	归零情况	所属系统	发生阶段
1	氢氧加注测控台	1993年5月13日，在发射中心进行信号联试时，液位信号不协调	协调有误，液氢、液氧测控台更改接线，图纸相应更改	设计	已归零	液氢液氧系统	CZ-3A合练
2	液氮加注补加车	1993年4月21日和4月23日，发现液氮车水箱漏水，离合器挂不上；另一辆车汽化器阀前管结冰不通	保养不当现场维修	维护	已归零	液氮系统	CZ-3A合练
3	一、二级配气台	1993年5月17日，在发射中心进行一级氧化剂及燃烧剂管路吹除时，P5、P6压力表超限	打开JF21、25前，JQ2减压器已调压过高，现场更换压力表	操作	已归零	配气系统	CZ-3A合练
4	冷氦换热器	气检时，换热器出口接头漏气	接头松动，重新拧紧	操作	现场已归零	配气系统	CZ-3A合练
5	双向电磁阀	1993年5月20日，在发射中心发现冷氦连接器配套的1TY22-4双向电磁阀上Y5709电磁铁错配了双孔插座	生产单位未按图纸要求安装双针插座，验收时又未发现，重新更换	生产	已归零	配气系统	CZ-3A合练
6	液氧罐	1993年5月18日，液氧罐气检时，当压力在0.22MPa时，从28号阀排出，发现有一点水喷出，5月19日，压力在0.55MPa，从28号阀放气，管壁下端口有少量水流出	由于杭氧做完液氮试验后，没有及时风干，关闭阀门，造成空气进入而形成水。另外从杭州发至西昌也没封闭好，吹除后排除	生产	现场已归零	液氧系统	CZ-3A合练
7	液氢加注测控台	1993年5月23日，在发射中心进行连接器脱落试验时，液氢加控台控制机加电，连接器脱落，反馈信号灯亮	液氢加注测控台与液氢加泄配气台电缆接点信号不对，现场重焊	生产	已归零	液氢系统	CZ-3A合练
8	液氧加注控制机	1993年5月24日，在发射中心进行连接器正常锁紧备保脱落时，电磁阀频繁开关	软件设计有误，将正常和备保脱落返回信号设计成2个	设计	已归零	液氧系统	CZ-3A合练

续表

	产品名称	问题简述	原因分析及措施	原因分类	归零情况	所属系统	发生阶段
9	液氢加排连接器	1993年5月24日，在发射中心进行连接器检查时，发现固定架变形	强度不足	设计	已归零	液氢系统	CZ-3A合练
10	液氢、液氧加排连接器	1993年5月23日，在发射中心，当液氢、液氧连接器与转接头连接时，发现所配螺栓无法与连接器对接	设计不当	设计	已归零	液氢液氧系统	CZ-3A合练
11	液氢加注控制机	1993年5月24日，在发射中心进行单点脱落时，液氢加排控压力迅速从4.8MPa降至0 MPa，导致液氢加排锁紧备保起作用，连接器无法脱落	设计不协调，使控制机程序有误，更改控制机程序	设计	现场已归零	液氢系统	CZ-3A合练
12	气浮支架	1993年5月17日，在发射中心发现气浮支架的托板与2个供气管接头配合不协调，无法安装	设计不协调，修改托板两孔位置尺寸	设计	现场已归零	配气系统	CZ-3A合练
13	一级Y箱加注支架	1993年5月30日，在发射中心进行全系统气检，支架长度和宽度不合适，无法使用	CZ-3A和CZ-2E箭体上固定孔位置不一致，CZ-3A借用CZ-2E支架导致不匹配	设计协调	已归零	常规加注系统	CZ-3A合练
14	液氧固定罐	1993年5月28日，在发射中心液氧罐蒸发器阀后的法兰及调节阀至蒸发器管之间的法兰在低温下有渗漏	前者为生产质量，后者在设计时没有考虑低温补偿	生产设计	已归零	液氧系统	CZ-3A合练
15	氢排连接器	1994年11月24日，在发射中心第3次总检查结束后，脱落腔放气后连接器三爪不能完全恢复到位，仍有脱落信号发出	连接器内存在多余物铁屑，使大气缸不能运动到位，更换连接器	生产	已归零	液氢系统	CZ-3A Y2
16	冷氦连接器	1994年10月6日，在发射中心开箱检查时，发现工艺管堵帽从连接器上脱落，泡沫塑料粉进入增压管，铟片全部散落	设计上没有强调塑料袋真空封存，运输中振动，堵帽未拧紧。清洗吹除后交付	设计生产	已归零	配气系统	CZ-3A Y2
17	卫星脱插未能够按时脱落	1994年11月24日，在发射中心进行第三次总检查时，“卫星脱落”口令下达后，卫星脱插，未能按时脱落	卸压好模拟开关提前复位，使脱落状态不对，条件不具备。现场临时接通控制台解锁插销	操作	已归零	动力系统	CZ-3A Y2

续表

	产品名称	问题简述	原因分析及措施	原因分类	归零情况	所属系统	发生阶段
18	冷氦连接器	1994年11月30日，冷氦连接器在－2 min发出脱落信号，控制台没有及时收到脱落信号，迟7～8 s后才脱落	连接器增压前的霜化成水，在－2 min箱体增压时水滴结冰，冻住发讯按断开关，脱落后8 s前没有复位接通信号，8 s后解冻，信号返回	设计	已归零	配气系统	CZ-3A Y2
19	液氧过滤器	1997年3月18日，在开箱检查时，发现过滤器滤网多处碰伤，滤筒下端圆柱与壳体内孔配合间隙过大，流道内有多余金属屑，焊渣焊瘤未打掉	生产质量问题，检验未把关	生产	已归零	液氧系统	CZ-3A Y3
20	常规动力控制台	自检过程中，动力台没有接通配气台加电开关，但等效器上电源指示灯亮	常规台正母线通过两个继电器线包串电，使正母线带电。在两正母线之间加二极管使问题解决	设计	现场已归零	动力测试发控系统	CZ-3B合练
21	常规动力控制台	测试过程中，动力台接通配气台加电开关后，助推配气台电源指示灯不亮	继电器柜到助推配气台电源指示灯电缆负母线悬空，负母线接点与负线相连，故障消失	设计	现场已归零	动力系统	CZ-3B合练
22	整流罩装配型架	装配型架带整流罩运输时，两半罩之间距离太小	虚合连接支腿高度不够，没有考虑整流罩和型架两者变形差，加垫片使间隙加大	设计	已归零	运输设备	CZ-3B合练
23	星罩半罩铁路运输支架	固定星罩半罩的4个插销中的1个在运输中脱离防脱板，使插销滑出一半	防止运输中松脱措施不够，临时用铁丝捆绑	设计	已归零	运输设备	CZ-3B合练
24	星罩半罩铁路运输支架	基座固定螺栓头被拧断	外购标准件质量不好，全部更换院标45钢螺栓	设计	已归零	运输设备	CZ-3B合练
25	二级箭体水平吊具吊耳座	吊具原吊耳座双耳片 ϕ 22.5，而二级箭体原吊耳 ϕ 25，边至凸台距离为17.5 mm	设计不协调，用备份卡环过渡连接	设计	已归零	吊装设备	CZ-3B合练
26	发射台	在转发射台卸下Ⅰ、Ⅲ助推级后，没有撤收电缆，下午启动电机，在2根电缆插头处打火花，使插头烧坏，更换插头后，电机发出异常响声，但仍转了40°左右，在CZ-3C抖动试验时，再启动电机烧坏转接盒的变压器	打火花是接插件松动、接触电阻太大引起。更换插头时，插头两绝缘圈1、2点未对好，致使电机缺相运行，把380V送到变压器初级。更换可靠接插件，减少电缆分段根数	设计生产	已归零	发射台	CZ-3B合练

续表

	产品名称	问题简述	原因分析及措施	原因分类	归零情况	所属系统	发生阶段
27	氧加微机站与总体网	1）发射中心进行第一次总检查，氧加系统上总体网取数据时，总体网报警，氧微机站死机； 2）第四次总检查，总体网向各系统发数据，发至氧加系统时，命令堵塞	501板改为503板协调不够，将微机站与以太网通信，由原关中断改为不关中断，并降低中断级别	设计协调	已归零	液氧系统	CZ-3B Y1
28	液氢加注连接器	1996年2月15日，在一3 min连接器脱落后，连接器已经脱落，脱落信号未返回	连接器发讯元件批次性故障，人为发出脱落好信号	生产	已归零	液氢系统	CZ-3B Y1
29	液氢加注液路系统	1996年2月14日，液氢进行补加时，无流量输出	提高液氢车压力到0.41MPa后正常，事后分析是过滤网被堵	安装质量管理	已归零	液氢系统	CZ-3B Y1
30	动力系统直流稳压电源	1997年8月9日，第二次总检查模飞600 s时，电源Ⅱ主机突然断电，过压保护灯亮	过压保护采样电阻受环境（温度、湿度）影响，使保护电压下降；更换备板	元件质量	已归零	动力系统	CZ-3B Y2
31	常规加注信号台	1997年8月19日，在常规加注时，一、二级加注控制台多次收到溢出信号	开关操作顺序有误	设计操作	已归零	常规加注系统	CZ-3B Y2
32	氦配气台	1997年6月6日，漏电100μA	受潮	保管不当	已归零	配气系统	CZ-3B Y2
33	氦配气台	1997年7月3日，三级动力系统地面增压测试中增压不止	手动阀未关死	操作	已归零	配气系统	CZ-3B Y2
34	氦配气台等效器灯亮	1997年8月26日，氦配气台自检过程中，当氦台等效器接通电源开关时，氦台电源开关S3断开状态下，氦配气台电源指示灯和等效器上14只电磁阀工作指示灯呈微亮状态	当S3未接通出现微亮是电路设计缺陷，有潜电流存在。修改设计	设计管理	已归零	配气系统	CZ-3B Y3
35	氦配气台	1997年10月3日，氦配气台上与氢小增并联的反向二极管一端松脱	二极管管脚多次受振松动，重补焊正常	维护检查	已归零	配气系统	CZ-3B Y3

续表

	产品名称	问题简述	原因分析及措施	原因分类	归零情况	所属系统	发生阶段
36	三级监电装置	1997 年 10 月 3 日，三级动力系统在进行气管连接器脱落电路检查前，当给三级监电装置加电后，Ⅲ-2 连接器脱落监电指示灯误亮	干簧管在 Y2 飞行试验后振动失效，更换后工作正常	维护检查	已归零	配气系统	CZ-3B Y3
37	温度传感器	1997 年 9 月 30 日，在吹除管路过程中，氢增温度传感器断路	元件失效	设计生产	已归零	动力系统	CZ-3B Y2
38	液氧加注系统瞬间掉电	1997 年 10 月 10 日，第三次总检结束，连接器脱落后 24′24″，6 个返回信号灯同时灭，1′又亮	加控台瞬间掉电 1′后又自动正常。综合治理，措施有效	不详	未归零	液氧系统	CZ-3B Y3
39	氢加连接器	1997 年 10 月 3 日，氢加连接器与氢加活门对接时发现有干涉	设计不协调； 生产工艺处理不完善，现场修锉整流罩开口	设计协调 生产质量	已归零	液氢系统	CZ-3B Y3
40	氦配气台	1998 年 6 月 17 日，在技术中心第三次总检查前，氦配气台进行状态通气自检时，发现充气管路放气电磁阀排气口不密封，未通电就漏气	1）主活门密封面损坏； 2）弹簧长期受压变形。 更换后工作正常	元器件	已归零	配气系统	CZ-3B Y4
41	常规加注信号台	1998 年 7 月 17 日，常规加注氧化剂时，芯一级和助推Ⅱ、Ⅳ信号台误发溢出信号	三极管失效、现场取消溢出信号，由库房定量	元器件	已归零	常规系统	CZ-3B Y4
42	液氧加注系统	1997 年 7 月 18 日，液氧加注系统预冷时，较长时间预冷达不到 2m³，后发现液氧跑进了排放管	24 阀打开后未关死，液氧从泵后进液氧排放管路，未能上塔	指挥有误	已归零	液氧系统	CZ-3B Y4
43	液氧排气连接器	1998 年 5 月 9 日，发射中心第二次总检查中，发现液氧排气连接器三路脱落信号中的光电信号返回滞后约 5′	光纤感应端紧固螺母未拧紧，光纤感应端松动所致。 重新安装并用扳手拧紧	操作	已归零	液氧系统	CZ-3B Y5
44	液氧排气连接器	1998 年 5 月 28 日，在射前－12 h 状态检查时，发现脱落信号常亮，临时决定取消光电发讯系统	1）光纤受折，光强度改变； 2）调节增压过大，已达临界状态	认识问题	已归零	液氧系统	CZ-3B Y5
45	动力继电器柜	1998 年 5 月 25 日，在发射中心进行加注信号联试时，电源Ⅱ漏电	漏电是动力继电器柜内，控制氢箱预冷活门打开的继电器失效所致，更换继电器正常	元器件	已归零	动力系统	CZ-3B Y5

表 2　长三乙 15 所地面设备生命工程项目

序号	项目名称	完成时间
一	可靠性增长试验	
	氢氧连接器重复使用及可靠性增长试验	1999—2000 年
	冷氦连接器重复使用可靠性增长试验	1999—2000 年
	纯化器低温手动阀可靠性增长试验	1999—2000 年
	低温管路球阀阻尼器可靠性增长试验	1999 年
	低温安全阀可靠性增长试验	1999 年
	三级动力氢增管路测温传感器可靠性增长试验	1999 年
	半导体激光器可靠性增长试验	1999 年
二	改进设计	
	低温加注管路球阀研制	1999—2000 年
	冷氦热交换器改进设计	1999 年
	过冷器改进设计及测点前移	1999—2000 年
	液氮排管改进	1999 年
	液氢温度传感器研制（扩大测量范围）	1998 年
	液氮加注测控电源柜改进设计	1998 年
	液氧泵变频启动设计	1998 年
三	设备更新与完善	
	液氢氧测控微机站控制机及软件更新	1999 年
	更新 4 台助推配气台	1999 年
	发射台电气系统更新设计	1999 年
	靶场吊具吊索更新	1999 年
	供气管路流量计研制	1999—2000 年
	低温气动阀研制	1999—2000 年
四	设备大修	
	发射台检修（二期）	1999 年
	三级动力直流稳压电源检修	1999 年
	液氮加注补加车检修	1998 年
	瞄准设备的检修	1999 年
	靶场配气台返厂检修	1999 年
	氢氧氮测控返厂检修	1999—2000 年
	三级动力测控台返厂检修	1999—2000 年

2000年三颗卫星地面发射测试设备质量情况汇报

（2001.3.26）

1 总的情况

2000年1月26日0点45′，发射了烽火一号卫星。

2000年10月31日0点02′，发射了北斗一号卫星。

2000年12月21日0点20′，发射了第二颗北斗一号F2星。

地面设备保障了3颗卫星的发射，完成了任务，“9.5”卫星发射计划圆满成功，“941”“942”工程（中央批准）圆满完成。

15所地面设备质量总的情况是好的，3发任务共有院级质量问题5个，其中连接器皮碗质量问题2个，其他3个是三级动力台二次仪表电缆插头接触不良以及氦配气台压力信号器压力测试值超差、Ⅲ-2常温连接器监电装置信号时有时无。在设备自检过程中发现42个问题，绝大多数属于设备老化。从1992设备安装到现在，已先后执行11次（CZ-3A 6次，CZ-3B 5次）发射任务，2次合练，长期存放基地维护保管条件很差，但也有个别问题是新生产的备品，如印刷线路板上出现三极管管脚焊错以及元件相碰短路问题，也有因火车运行提速引起设备损坏，反映出产品设计中或出厂时包装存在薄弱环节，今后要考虑提速加强包装工作。

42∶5，今后能否减少，取决于工作，也取决于经费的投入。如果基地不改善环境，不加强维护保养，问题少不了，所以要保持高度警惕，三发连着发射，问题一发比一发少，就是一个证明。因为它处于受控之中。Y4为什么多，因为Y3和Y4相隔时间太长，故障率自然高，Y6就出现了零故障。42∶5还说明一个问题，就是必须认真检查地面设备，必须贯彻“高标准、严要求、细检查、重落实”的检查思想，严格按“检查细则”、按“程序”进行状态检查，只有这样才能不带问题参加测试，才能不影响测试程序正常进行，才能不影响发射可靠性。

CZ-3A Y6发射台恢复过程中，出现Ⅰ支臂高度传感器显示值与实际差值差3 mm，后来检查发现是轴—孔配合间隙增大和小齿轮固定螺钉松动所致，经检修后恢复，如果不是过细工作，将会影响火箭垂直度调整精度。因此疏忽不得，大意不得。

2 低温加排连接器问题

5个问题中，低温连接器的问题最棘手。CZ-3A Y4前，1999年5月，根据质技部下发的文件进行质量复查，发现1月份交付的液氢、液氧加排连接器锁腔皮碗漏气，到2000

年 11 月，用了一年半的时间才基本有了一个清楚的认识。CZ－3 Y12、CZ－3A Y5、Y6 连接器因皮碗不合格无法出厂，Y6 火箭出厂后一个月，Y6 用的加排连接器才运到发射场。CZ－3 Y12 火箭出厂时，连接器也因皮碗生产赶不上进度而未按时出厂，可以说整个 2001 年非常被动。CZ－3A 3 发火箭，连接器不同阶段密封部位出现多种故障模式，先后做过 5 次归零工作。故障几率之高、技术含量之大、时间之长、投入人力物力之多，都是少有的。在整个归零过程中，所领导非常关注，张副所长亲自参加归零工作，主持过多次归零工作会，参加过多次院级归零分析讨论会，汇报会。设计师系统尽了最大的努力，何主任对密封比压分析作出了贡献。在这场旷日持久的争论中，我们应总结什么经验教训呢？在回答这个问题前，我们看一看历史上连接器出现过哪些问题，这有助于全面了解问题的根源和内外因素。

2.1 连接器故障史

1）1983 年，CZ－3Y1、Y2 质量复查时，03 批 10 台连接器中有 3 台大皮碗静密封部分压坏，微漏窜气。后查明是密封齿未按图倒圆，唇部修边超差，改用 02 批大皮碗参加发射任务。

2）1986 年 1 月 15 日，CZ－3 Y3 锁腔大皮碗漏气，重新生产皮碗。后分析唇部密封面有砂纸打磨痕迹，唇部有残余变形。

3）1988 年 3 月，CZ－3 Y4 发生聚酰亚胺轴套在气动脱落时断裂以及液氢加注预冷后，与箭体活门结合处有氢气泄漏的故障。事后分析前者为工艺上二次成型带来缺陷，703 所则认为强度不够，后者为三钩聚酰亚胺螺钉多次使用磨损，导致收缩变形有差异，三爪压力不均。

4）1988 年 12 月，CZ－3 Y5 射前 27′，连接器顶杆未收回，自密封失效，氢气从液氢加注连接器口上冒出（喷出），燃烧 40 min。原因是限位体断裂、两次成型、应力集中、材料缺陷等综合因素。15 所归零报告中认为对聚酰亚胺在低温下的受力认识不足，另外其他因素的影响考虑不足；703 所认为设计对材料敏感性认识不足，按金属材料元件方法进行设计，没有对生产单位提出质量要求；院认为设计选材认识不足，选材不当，列为设计不当案例。

5）1989 年 8 月 28 日，对 CZ－3 Y5 连接器返修时发现聚酰亚胺连接螺母纵向开裂。15 所认为断口有打磨痕迹，与工艺二次成型有关。

6）1988 年 3 月，CZ－3 Y4 单元测试检查发讯不正常，脱落信号未返回（光电信号）重新调整；氧排锁紧腔静密封处微漏，后用力矩扳手拧紧 12 个螺钉。

7）1991 年，CZ－3 Y9 液氧排气连接器静密封漏气。

8）1994 年 10 月 14—17 日，CZ－3A Y2 发射中心自检 10 台中有 3 台做了调整，另外 1 台氢排气连接器在应该发讯位置不发讯，轻微敲击又发讯。18 日脱落电路检查时又发现脱落信号在恢复锁紧情况下不消失，原因是导线脱焊；干簧管两簧片之间有 0.3 mm 见方多余物，导致发讯中断；磁钢距干簧管的距离 11 mm，小于图纸要求的 26～30 mm。

9）1996 年，CZ－3 Y10A 发动机增压预冷阶段液氢加注连接器顶杆返回信号未显示；

氢排脱落信号未返回。

10）1996 年 2 月，CZ－3B Y1 自检中 4 个连接器气动情况下发讯不正常，调整更换了发讯装置，第二次、第三次总检查中，手锁时脱落灯常亮发讯不正常，气锁时又正常；脱落电路检查中有 1 台脱落时信号一闪后消失；发射时－3 min 脱落信号未返回。原因是磁钢、干簧管抗震性差，干簧管质量不稳定。

11）1997 年 4 月，CZ－3A Y3 发射中心止回阀漏气和发讯不稳定，更换止回阀和发讯装置。

12）1997 年 4—5 月，CZ－3A Y3 出厂前安装中，发现磁钢环“退磁，无信号”，在约 7 mm长条无磁性。703 所认为是受到外界磁场或铁磁物质干扰使磁性下降导致干簧管不动作。6 月份，211 厂得出结论为没有充磁和材质不均。

13）1998 年 5 月，CZ－3B Y4 － 12h 程序时，充电式发讯脱落信号指示灯常亮。原因分析是光纤受折，曲率半径变化，光电式发讯系统的传感器调节增益过大，达到了临界状态。

14）1999 年 5 月 15 日—27 日，CZ－3A Y4 出厂前加排连接器质量复查试验中，发现锁腔皮碗漏气（4 件），一月份交付特装库后 4 个月出现问题。703 所归零认为是金属骨架有锋利毛刺、橡胶硬度偏低、皮碗唇部薄厚不匀、规整性差、模具使用多年、局部有锈蚀、配合面磨损。

15）1999 年 11 月 1 日—3 日，CZ－3A Y4 前，再次复查又发现液氢加泄连接器大小皮碗漏气（＜0.2MPa）；液氧加泄连接器锁腔＜0.04MPa 漏；3 个排气连接器大于 1MPa 时漏气。

1999 年 11 月 18 日，评审时结论为：压制模具经多年使用，磨损造成皮碗唇部厚薄不匀，密封性能不稳定，产生泄漏。采取措施是更新模具。借用件未办手续，这是不严密的。

16）1999 年 12 月 15—18 日，CZ－3A Y4 发射场自检中 10 台有 2 台漏；12 月 24 日、1 月 10 日，2 次脱落电路检查又有 4 台漏；第 3 次总检查中氢排有 1 台漏，火箭贮箱量换时又有 1 台氢加漏。即整个 Y4 测试期间 10 台有 8 台漏。原因是唇边有折皱，唇边薄；皮碗内径尺寸偏上差，有的超差；出厂试验时未加附加力，没有暴露新模具的问题。

17）2000 年 10 月 17 日，CZ－3A Y6 氢氧加排连接器出厂阶段在做常温试验时，氧加连接器锁腔低压漏，3h45′从 5MPa 降至 0.64MPa，接着另 2 台排气连接器脱腔大漏。原因是小皮碗压缩率 70％过大，标准规定不应大于 50％，造成皮碗压紧处开裂漏气。采取措施：拧紧力矩减小，皮碗骨架的厚度取下偏差。

18）2000 年 10 月 18 日，CZ－3A Y5 氢排连接器锁紧腔漏气，4.5MPa 经 30′压力降至 1.96MPa（出厂时就有 1 台加注连接器漏气）。原因是轴套去掉氮化钛时二次加工，降低了轴外径尺寸以适应皮碗唇部厚度偏大，造成轴套有椭圆度变形。归零时修改使用文件，解决出厂标准、使用标准和研制标准在一个文件中的矛盾，明确使用时锁脱腔密封压力在 0.8～4.5MPa 范围内可保证密封。

19）此外，因操作失误引起的故障有：

a）CZ－3 合练时，操作失误造成液氢加注连接器重新连接过程中大量液氢气化喷出，造成人员惊慌逃窜。

b）CZ－3B 合练时，连接器固定架变形。

从连接器故障史可以看出，它是故障率很高的一个产品，CZ－3、CZ－3A、CZ－3B 共发射 23 次，合练 4 次，27 次任务中 20 次任务有故障。没有故障的是 CZ－3 Y7、Y8、Y11、Y12；CZ－3A Y1，CZ－3B Y2、Y3。连接器在历次故障分析中，存在着定位不准确，导致重复性故障屡屡出现，原因找的不准，协作单位互相推诿，分析工作不深不透。

2.2 应该吸取什么教训

这次连接器的故障分析工作，长达 1.5 年。连接器是一个复杂产品，技术含量很高，风险很大，但工作时段又很重要，必须万无一失，必须保证打开、关闭（加注活门）、锁紧、脱落、自密封和结构可靠性 6 个 100%，因为它涉及发射的可靠性。这次分析工作重点是皮碗问题，分析问题深入，认识深化，且今后可靠性增长方向更加明确。本次归零工作对年轻同志，是了解连接器研制全过程的一个机会，是对难点在哪里的一次补课。这次归零，得到了曹刚川部长、胡世祥副部长、王礼恒总经理、张庆伟副总经理、许达哲院长等各级领导的关注，客观上也是一种宣传，设计这样的产品的确难度很大，连接器锁紧和脱落机构设计时除了主系统外还有备保系统，互为冗余。本次连接器故障出现在主系统，不会影响任务，但我们应从中吸取教训。

2.2.1 外购件外协件质量控制

过去没有在装配以前做到预先控制，装产品时未先考核皮碗。合格与否全凭 703 所合格证，可合格证上无参数。

液氢液氧加排连接器用了 6 个品种 13 个非金属材料零件，J 型皮碗是 703 所根据 1978 年 CZ－3 任务书研制的。1999 年 5 月，CZ－3A Y4 用的液氢加排连接器在进行质量复查时，发现问题到归零用了 1.5 年的时间，3 次归零，用了 3 种不同的模具。Y4 出发前进行了 2 次归零，否定了旧模具（生锈、磨损），否定了新模具（唇部有折皱、厚度薄），Y4 临加注没有皮碗可用，704 所用了旧模具（芯模、中模、下模）和带定位的新上模，临时压了皮碗由所长带去。来回推诿，什么原因？根子是模具，703 所从 CZ－3 研制以来就存在模具图与模具实物不符，模具无定位基准，骨架自由尺寸，因此报废率很高，全凭经验检查，不测量关键尺寸，模具磨损了，人家不说，我们就不知道，一套模具寿命多少年，能不能用无规定。每批压的皮碗如何验收？根据什么验收，没有按标准。出了问题，分析，化验也是 703 所，他们说什么就是什么。皮碗有缺口，缺口如何形成的？是剪还是摩擦的，无从得知。专家组去审 703 所只审工艺，也没有审图纸和模具，这次归零成果之一是皮碗必须送 102 所检测，每批次皮碗必须按国标规定要先抽检，抽检合格才能交皮碗，按规范，按标准办！今后再出问题，责任清楚。

现在 703 所又重做了模具，唇部分模面的设计不合理。我们的意见是：新模具，新皮碗必须经过试验，必须量化到图纸上，不能因经验、因人而具有随意性，过去成熟的、行之有效的、长期根据试验摸索的尺寸要固化（唇边厚度＞3.5mm，皮碗内径骨架厚度取负差），要检测，新模具要评审，坚持研制程序。

现在领导质量要求很高，总体单位（设计单位）要对研制单位的承制质量问题负责，这和过去不一样，这个变化就要我们加强验收。

2.2.2 技术上要吃透，问题要找根

历史上J型皮碗引起的泄漏，从方向上有背漏和轴漏（串漏），按流量有小漏和大漏，按性质有静密封漏和动密封漏，传统的做法是更换连接器（备份），无连接器就更换皮碗，当时算过去了，事后做出各种解释，或唇部打磨，或唇部修边缺陷，或胶料偏硬，究竟是什么原因？根子是连接器密封问题，703所做的是风险性设计，无论是静密封的压缩量（一般不应大于50%，现70%），还是动密封的工作紧度（一般是－17%，最小应＞1.75%），都是处于临界状态，如何控制风险？第一位的是零件——皮碗要合格，这种设计对密封皮碗尺寸及精度要求非常严格。因此模具精度自然要求很高，但703所模具没有定位基准，内外圆同心度难以保证，当然报废率很高。皮碗压出来又不测量，凭经验，带有盲目性。

再如发讯问题，多次发生问题，其实磁钢（永久磁铁）就有问题，性能不稳定，材质也有问题，703所本身既不生产材料，又不能测试磁性能特性参数，导致调整非常困难。后来我们向生产厂总师学习，根本上是选材不当，矫顽力小，磁特性参数在临界状态，换了别的厂家（经总师批准），效果很好。

2.2.3 借用件要办手续

J型皮碗是借CZ－3连接器的，CZ－3A轴套材料改变了，摩擦副不一样了，我们没有按有关文件办手续，连接器6种13件非金属零件，一定要重视，703所设计的只有1种J型皮碗，其他都是半成品材料，211厂28车间加工，如果我们稍不注意，就会引来1988年3月CZ－3 Y4聚酰亚胺轴套断裂、1988年CZ－3 Y5限位体断裂、螺母断裂引起的问题。

2.2.4 我们文件有不完善的地方，生产处理有不严格的地方

CZ－3A和CZ－3连接器最大的不同是CZ－3A为了锁紧和脱落的可靠性，采取了冗余措施，增加备保锁紧和备保脱落系统，但是我们的技术使用说明书中有3种指标：自检指标“锁紧腔充气到4.5MPa，历时30 min，压降不应大于0.035MPa”“液氢自动脱落连接器锁紧腔的工作压力为4.5～0.8MPa”“常温内漏量和低温内漏量（20气泡/min）结合处泄漏量……”；使用时出现争议，超不超？按哪个指标执行？现场争议，实际上又按出厂指标（自检）进行，自己卡自己。在生产问题处理上，轴套打磨技术条件不允许，但处理上很宽，有些地方面积相当大，这一点要引起注意。

2.2.5 出厂试验条件不能涵盖发射场其他使用条件

CZ－3A Y4第二次归零，按新模具生产J型皮碗在北京出厂试验和常温、低温两个试

验中都无问题，可是到达发射基地就不灵了，10个8个漏，原因是出厂试验时没有加附加力，问题没有暴露，皮碗尺寸唇边薄，处于临界状态，历史上过去都不加附加力，但因为皮碗没质量问题，抗得住，现在抗不住了，这也是一个教训，内因通过外因起作用。

2.2.6 人的制度和问题

1995年5月—2000年12月3发任务中，J型皮碗问题暴露得很集中，其实CZ-3研制初期，Y1、Y2都发生过。这里似乎有一个周期，703所压的皮碗，由于模具定位无基准，报废率历来很高，使用出厂都依靠挑选，唇部靠高倍显微镜用剪刀剪。人员一代代更换，过去试验使用情况不知道，利害关系不知道，图、文、实物互相不符不知道，所以要靠制度。但是人的积极性，事业心是起作用的，为什么老有重复性问题，为什么故障率那么高，为什么有周期性？今后质量还要靠人去抓规章制度的学习，执行也要靠人去贯彻，我深感目前差距太大。市场经济条件下，刺激的东西很多，如何重视人的质量，大有文章可做。

3 如何面对这样的单位？

在归零过程中，有的单位态度是值得分析的，这也可以说是教训的一个方面。有关人员全过程始终眼睛向外，以攻为守，转移重点和视线，向15所提出各种问题，导致失效分析时间不断拖长，对自己本所存在问题回避不谈，在事实面前、领导面前实在说不过去，在会下承认一定的问题，但不落文字，不会签，迫不得已会签时避重就轻。在分析全过程中封锁消息，不主动提供数据、资料。在历次故障分析中推诿责任，在此前历史上有3次大的故障：一是聚酰亚胺轴套断裂，二是限位体及螺母断裂，三是磁钢环和磁钢问题。他们都把问题推向15所设计和211厂工艺保管，实在躲不过去就综合治理。本次他们又提出综合治理，混淆内因和外因。我觉得一是要充分掌握事实根据，弄清真相和技术问题的机理，二是内部必须统一认识，集中正确的意见和主张，三是对于自身的不足，无关大局的决不强词夺理，争取领导和专家们的理解和支持，四是坚信自身的力量，五是姿态要高。我认为领导是清楚的，专家们是听得懂的。CZ-3 Y4 10台8台漏，后来更换皮碗，CZ-3 Y12出厂时用的皮碗，均是更改了模具状态后压制的，但是他们一直瞒着大家，到CZ-3 Y12连接器出厂评审会才被动地公开真情。今后CZ-3连接器模具状态更改必须经过15所同意，必须经过上级部门批准。

4 今后连接器可靠性增长的方向

连接器设计具有复杂性，目前的设计是一种难度高的风险性设计，超常规设计。王立兴同志当年设计成功这种连接器应当说是不简单的，今后我们仍要高度重视，认真严格控制生产、使用质量。我认为风险设计在于以下4个方面：

1）常温橡胶用于低温；

2）结构上过分减重，属一次性使用设计；

3）不少非金属零件是承力件；

4）密封件设计超常规，既要满足气动脱落，又要满足手动脱落的灵活性。

今后，连接器设计上一些因素需要进行可靠性增长来进一步做工作。这次归零对今后找出研究方向是有益的。单纯靠脱落次数增加是没有多大意义的。这方面的主要方向是：

1）静密封方面：解决压紧力——密封齿高——皮碗（硬度、骨架）三者之间最佳组合；

2）动密封方面：皮碗尺寸——轴套尺寸——外圆定位三者之间最佳配合，也可以说皮碗尺寸（厚度）——配合公差——定位精度三者之间最佳组合。

3）皮碗寿命究竟有多长？

贮存期多长？和油混合后影响有多大？这些都是要进行探索和跟踪研究的，重点就在不断地试验，找出最佳组合。

5 经费问题

连接器是一个关键产品，高、难技术不少，但是从研制到现在投入的经费和可靠性增长试验经费加起来，还远远赶不上总体部一个常规活门，这一方面需要扭转。经费投入和重要性有直接关系。地面设备重要性已经奋斗了近40多年，重箭、弹的局面一定要改变，否则永远是一个“笨弹”“傻箭”。俄罗斯火箭方案，如果没有地面设备总师签字不能立项研制，可我们国家不是这样，这是一个指导思想在起作用，导致武器作战性能差、实战性差、运载发射可靠性差、操作性差。

15所的连接器是一个高难产品，附加值不高，恐怕许多设备都存在这种情况。我们要努力奋斗，改变这种局面。

以上发言，未经讨论，纯属个人意见，不当之处，大家批评指正。

发射场地面设备质量控制的重要性及其措施

（1990.10.7）

1984年4月8日和1986年2月1日，我国先后两次用CZ-3运载火箭成功地发射了两颗试验通信卫星——东方红二号。15所106项地面设备参加了这两次飞行试验。通过CZ-3运载火箭的成功发射，再次证明地面设备分系统设计是正确的，满足CZ-3运载火箭总的战术技术指标要求，地面设备质量是好的。

产品质量是设计出来的，也是管理出来的。1983年8月6日，谢光选总师和苗逢辰副院长签发了《长征三号靶场质量管理措施》，15所认真贯彻了这一措施，为了使发射场的工作做到能确保CZ-3一箭成功，结合本所工作的特点和参试设备情况，制定了一系列的规章制度，形成了一整套质量控制方法。我们体会到一发火箭的成功发射，靶场的质量管理也是十分重要的。靶场的质量管理不好会使千百万人的成果毁于一旦，任何粗枝大叶会铸成大错，国内外火箭成功和失败正反两方面的经验和教训都说明了这一点。靶场质量管理工作做得细，管得严，扭转了危局，避免了失败。反之，因不善抓苗头，不能精心测试，因而导致失败，这种例子不胜枚举。下面我们谈谈发射场地面设备的质量控制。

1 靶场质量控制方法及制度

CZ-3地面设备由瞄准、发射、加注、供气、起重、运输等不同分系统组成。专用设备品种多，分布广，因此，每次执行任务试验队的人数多，来自好几个单位，即使是同一个所也来自不同科室。针对这种情况，为了确保安全、可靠、协调，我们制定了一系列制度和方法。制度有：《地面设备岗位责任制》《地面设备挂牌》《地面设备撤收状态记录》《双想活动》《故障登记》《信息反馈》《规程的审定》《典型故障专题报告》《技安措施》等。

1.1 组织管理制度

试验队的技术文件包括通知单、各种技术报告、试验报告、专题报告和规程，发射预案审签等。它规定：

1）技术通知单由各岗位人员负责编写，各专业负责人负责校对，主任设计师负责审查，分队长进行复审，报总师批准。内部技术通知单由分队长批准实施。

2）技术文件和专题报告由各岗位人员编写，各专业负责人负责校对，主任设计师负责审查，分队长批准上报。

3）飞行试验各阶段小结，由各专业负责人编写，主任设计师校审，分队长批准上报。

4）飞行试验小结由总体室编写，主任设计师审校，主管所长或副总师批准，上报存档。

1.2 汇报制度

1）工作任务及计划安排由负责计划调度的同志编写，经分队长审查后，负责向队逐日汇报。每日任务完成情况由计划调度的同志编写，经分队长审阅后逐日汇报。

2）在执岗期间发生的质量信息和故障，由负责质量的同志进行收集，各岗位人员和专业负责人要积极配合。属设备故障的，经分队长和主任设计师审查后，及时上报试验队。对影响全局和关键设备的故障要写专题报告，专题报告由主任设计师审校，分队长批准上报。

3）各专业到达基地后，要及时向分队报告下列情况：

a）氦气贮量及指标；

b）运到基地后，铁路车储存的液氢量；

c）液氧公路车装存量；

d）液氢铁路车向液氢公路自动补加车转注量及液氢铁路车剩余量。

上述报告由各岗位人员负责编写，各专业负责人校对，主任设计师校审，分队长批准后向中队报告。

1.3 专题报告制度

专题报告是指各分系统和单项设备每个阶段的调试总结、典型故障、技术总结。一般各分系统要完成如下报告：

1）氦加温调试报告；

2）液氮调试报告；

3）液氢运送报告；

4）瞄准性能调试报告；

5）发射台调试报告；

6）飞行试验结束后，各单项设备和分系统工作总结报告；

7）故障汇总；

8）飞行试验总结；

9）飞行试验文件汇总。

1.4 文件传递收发制度

技术文件、规程、细则由总体室同志签收保管，按工作需要由分队长批转传阅。

政工文件由指导员统一保管，由指导员批转传阅。

1.5 技安工作规定

根据我们所地面设备工作性质的特点，“二高一低一多”，即高空作业多，接触易爆易燃介质和高压气体，仪器设备多的情况特做如下规定：

1）凡参试人员一定要做到一切行动听指挥，遵守有关安全的规定。

2）凡进行高空工作，事先要研究好确保安全的措施。

3）液氢进场后，分队组织有关液氢操作安全守则的学习。

4）发现不安全的动作，各专业负责人要坚决加以制止。

5）搬运仪器设备固定要牢靠，做到轻拿轻放。

6）工作时间不许串岗。

7）上岗后精力要集中，不许聊天。不擅自离开岗位，不看与岗位无关的图书资料。

8）不允许在岗位上抽烟。

这些制度经过贯彻执行，有如下好处：

1）充分发挥了主任设计师系统的作用，协调了行政和技术之间的关系，工作做得有条不紊。

2）有效地控制了靶场工作各个环节的工作质量，及时发现和解决存在的问题。

3）明确了各个阶段工作内容及完成后应写的总结、工作报告。

4）根据“二高一低一多”的特点，防止技安事故的发生，做到预防为主。

2　编好规程，站好岗

靶场所有的操作工作都是根据指挥员下达的口令进行的。规程是口令的依据，因此规程很关键，规程错了，就会引起一系列的想不到的后果，因此我们特别重视规程的正确性，认真组织了规程的审定。根据历次飞行试验张爱萍同志、部院领导强调的精神，根据同志们多次实践经验，要明确二岗的性质和任务，以及如何站好二岗。

2.1　二岗的性质和任务

二岗主要是技术把关，技术指导，因此事先要充分地进行技术交底，使战士（一岗）熟悉设备的功能，每个动作的意义、后果，熟悉操作规程。

二岗要做到四个及时：

1）设备状态是否正确应及时发现；

2）操作按不按程序，符合不符合规程，不符合及时制止；

3）现象是否正常，符合不符合要求，不符合要及时报告；

4）万一出现故障，要提出原因和处理意见，及时汇报，及时采取措施。

2.2　如何站好二岗

根据二岗的任务和性质，如何站好二岗可以具体地归纳为如下 7 条。

1）熟悉规程，背诵射前 30 min 规程。产品到发射阵地以后，一切根据规程进行，如果不熟悉规程就很被动，心中无数，有盲目性。因此要在岗位上取得主动权就必须熟悉规程，背熟关键口令。

2）一听二看三想。一听口令正确否。一看动作对不对和口令符合不符合，相应的响声正确不正确，该关的关，该亮的亮，该灭的灭；二看仪表指示正常否。三想，想一想这时候的设备状态，想一想下一道口令和设备状态。

3）不越岗、不串岗、严守岗位。越岗、串岗就是离开自己的工作岗位到不该去的地方，这样容易引起别的岗位分散注意力，甚至引起状态变化造成事故，而自己岗位上的事又可能因不在而造成种种问题。

4）一岗动手二岗动嘴不动手。不要以为产品是自己设计的，随便动。一般战士很尊重二岗，不好意思制止，这一点要自觉。

5）沉着冷静严肃认真，防止毛糙，出了问题不要太紧张，不要慌，该停就停，以免波及更大的不良后果。

6）及时汇报。出了故障以后应当向试验队及时汇报。

7）二岗和一岗互教互学，沟通思想，同心同德，遇到问题要谦虚，要以理服人。

2.3 岗位秩序册

为了更好地站好岗位，考虑到 CZ－3 地面设备多而复杂，为了使二岗在执岗期间对每一动作要完成功能及技术指标有一正确的理解，让各岗位人员及指挥员知道在某一时间段有哪些地面设备参与工作，我们编写了岗位秩序册。

根据上述要求，由于大家认真执岗，避免了很多隐患，如遥三气管脱落程序中，二岗发现气管连接器脱落后，箭上气管插座出现细如发丝的开裂。如果二岗不认真，检查不到，谁也不会发现，但将产生危及发射任务成功的重大事故。在三级信号联试中，加泄配气台上出现加排连接器脱落信号灯闪亮 1 s 的不正常现象，如果执岗不严，没有聚精会神，这种现象可能不会发现。

3 地面设备挂牌

设备挂牌是科工委对基地参试设备提出的要求，在 CZ－3 3 次任务中，我所严格按此执行，地面设备挂牌的条件是：产品具有合格证或出厂证明书；仪表仪器经过校验，校验期没有超过规定；设备状态良好；配件、附件齐全。完全满足这 4 个条件时，由设计方和使用方共同对挂牌签字生效。

4 地面设备撤收状态登记制

由于 CZ－3 在临射前尚有 30 多项设备处于工作状态，人撤离时设备的状态是否正确至关重要，因此所有参试设备都填写撤收状态记录，主要有氦配气台、氮配气台、液氢加配台、液氧加配台、液氢公路自动补加车、液氧公路加注补加车、液氢铁路加注车等。一、二岗分别在撤离前检查并签字。虽然工作量很大，但它是岗位责任制的又一具体体现。它记录了撤收前各阀门、各开关的状态，是人员撤离以后不出事的一个行之有效方法。

5 双想活动

双想活动是院质量部门对参加 CZ－3 的各部所厂站布置的一项质量复查工作，后来又在 CZ－3 遥三靶场任务中进一步开展这一活动，15 所认真落实了这一活动，并编制了各系统和关键设备、关键部件的预案，并将一些预案处置程序编入规程，对一些隐患采取了一些相应的措施和应付办法，这一工作是事故预想和回想活动。通过双想活动使我们心中更加有底，工作做得更加深入细致，对薄弱环节引起重视，堵塞了可能疏忽的漏洞，双想活动是动员全体同志投入质量复查的一项重要工作。

6 贯彻十六字方针，做到三满意，三放心

“严肃认真，周到细致，稳妥可靠，万无一失”是周总理生前为我们制定的指导方针，实践证明凡是成功的就是我们贯彻了总理生前十六字方针的，凡是不成功的就是违背了总理生前十六字方针的。

针对 CZ－3 第三次飞行试验，15 所对全体参试人员提出了检验我们工作做得好坏的标准，“三满意、三放心、三个不”。

1）三满意：自己满意，领导满意，协作单位满意。

2）三放心：自己放心，一岗放心，指挥员放心。

3）三个不：不存一点侥幸心理，不放过一个疑点，不留一个隐患。

根据这一标准，在遥 3 任务中各项工作都严格要求，做到精益求精。

7 在技术阵地测试的同时充分做好发射阵地工作

这个问题是张院长首先明确并提出来的，这是一个规律性的工作部署。根据我的理解，由于我们所地面设备绝大部分分散在发射阵地，地处野外，环境条件恶劣，风吹雨淋，加上飞行试验烧蚀，因此每次执行中返修率很高。到了执行试验任务时，必须重视发射阵地地面设备的各项准备工作，因此张院长的这一意见似乎是针对 15 所讲的，我们倍感正确。

另一方面，运载火箭在技术阵地测试时间长，箭上各仪器经过单元测试，各系统经过分系统测试和总检查，一般故障得到暴露并排除，到了发射阵地测试就比较顺利。箭体在发射阵地时间比较短，地面设备的问题到火箭在发射阵地进入程序时暴露，就会感到时间紧迫，如果事先检查不细，小则要贻误程序的正常进行，大则引起严重后果，错过发射窗口，因此在技术阵地测试时，必须充分做好发射阵地准备工作。到了发射场，15 所工作自始至终比较紧张。发射阵地准备工作包括如下几个方面：

1）更新设备的安装和调试。

2）电缆网的重新敷设以及导通绝缘检查。

3）设备状态检查和性能调试。

4）设备挂牌。

5）地面设备分系统（主要是加注系统）的信号联调。

6）各种介质的准备和介质的化验。

8 重视质量信息收集和反馈

信息的收集和反馈是可靠性工作很重要的基础工作。在靶场是信息收集最好的时机，因为在发射场各单项设备都参加工作，暴露问题最集中，且最易暴露系统中接口不协调的问题。我们从CZ-3开始，重视在靶场收集有关质量信息。在以下几个阶段收集信息：

1）靶场合练中，将质量信息反映到合练总结中。

2）地面设备在靶场安装调试中收集信息，并反映到安装调试小结中。

3）飞行试验期间收集的故障登入故障登记表中。

4）利用去基地设备复查，装备检查，查明故障，反映到质量部门。

质量信息的收集，我们采用了下列手段：照片、录音。照片具有直观性，录音具有实时性，它们都具有保存价值。例如，我们拍摄了有史以来地面设备发射台最大的一次故障照片，反映了由于操作错误千斤顶丝杆螺母拉脱和制动螺钉剪断的情景。在录音磁带上我们记录了氦配气台三级气脱开关没按协调要求动作的情况；记录了某次飞行试验任务中气管连接器提前跑到加排连接器前脱落的问题，记录了CZ-3第一发飞行试验射前补加的情况。通过事后分析第一个问题是操作错误，第二个问题是地测仪软件设计问题有错，第三个问题从时间查对和函数记录仪纸带查看，证明射前补加不是液氢公路自动补加车补上去的，而是铁路车补上去的。可见录音、照片有助于分析判断故障，有利于完善设计和避免重复错误，有助于我们吸取一些教训。

9 结束语

种种原因，我们的产品到了发射场，总会或多或少暴露一些问题，这些问题有的是元器件质量问题，有的是生产工艺问题，有的是操作不当，有的是制度规程问题，而产生这些问题有的是责任问题——主观因素，有的是认识不到。发射场的质量控制工作是保证发射成功的很重要的一个环节，因此仍然有预先控制的问题。DF-5在20基地就因速率陀螺断一根线导致失败，这样的问题如果严格把关是可以避免的，因为在技术阵地测试就有征兆。靶场的质量控制不能忽视，它是全面质量管理的重要一环。靶场质量控制与发射成功密切相关，我们面对的是千百万人的劳动成果和心血，因此必须精心操作，精心测试。故靶场质量控制意义重大。

我们的体会只是初步的，在建院30周年回顾一下第一代武器和运载火箭地面设备研制经验，总结一下全面质量管理的重要性，我深感有必要。但是我们的一些体会，一些做法总有局限性。敬爱的周总理生前提出的十六字指导方针是发展航天事业最全面、最完整的指导思想，它也将永远指导我们的质量管理工作。

发射支持系统研制质量工作回顾和今后的工作展望

（2001.7.25）

CZ－3A 系列火箭迄今为止，已经执行过 11 次发射任务，地面发射支持系统总体上讲，经受了历次任务的考验。尤其是低温系统和设备正如龙乐豪总师多次提到过的，这个系统没有出过什么大事。但在 2 次合练和 11 次发射任务中，出现过有惊有险的场面，大大小小 50 个质量问题，10 多年的奋战，伴随我们的是成功的喜悦和失败的苦涩、顺利时的欢快和出问题时的焦急。回顾过去，积累了不少经验和教训，值得我们认真总结和回顾。

1 质量是设计出来的

1.1 认真贯彻指导思想

认真贯彻 CZ－3A 系列火箭研制指导思想，特别是在方案设计中要有贯彻指导思想的坚定性。CZ－3A 系列火箭研制一开始，龙乐豪总师明确了研制的指导思想。这些思想保证了“上改下捆”目标的实现，保证研制出了技术性能先进、能与航天大国匹敌的一组高水平系列化火箭群。根据这一指导思想，地面设备同样制订了 5 点指导思想：

1）面向 21 世纪，瞄准 80 年代世界先进水平，在继承原有 CZ－3 成果的基础上，力争有所前进和突破；

2）高可靠性和高安全性；

3）满足总体部技术指标要求的前提下，尽量简化系统提高经济性；

4）在确保安全可靠的原则下，尽可能采用先进技术，提高自动化水平，方便使用，减少塔上场区工作人员；

5）设备研制考虑一年内发射多发的可能性，适当留有余地以提高应变能力，适应出现的新情况，满足总体部可能提出的新要求。

CZ－3 采用的氢氧加泄连接器有一定的可靠性，但在执行任务期间多次出现动、静密封漏气故障，万一在加注时锁不紧，－3 min 时脱不下来，其后果将是不堪设想，因此必须做到绝对可靠、万无一失，方案设计人员提出为提高脱落和锁紧的可靠性，增加备保脱落和锁紧系统。这一系统涉及锁紧和脱落的控制、配气及使用等一系列技术问题，在采用不采用备保问题上，意见相当分散，绝大多数同志赞成借用 CZ－3 连接器，不赞成搞备保措施的设计。当然大家出发点都是为了可靠，怕系统复杂，备保系统不可靠，多次研究统一不了认识。但设计师系统对提高质量和可靠性有坚定性，权衡利弊不怕麻烦，决定设计备保系统，坚信不同的认识迟早会统一。经过合练和多次发射任务大家认可了它存在的必要。2000 年，CZ-3A 遥 4 任务中出现 10 台连接器 8 台漏，几乎到了无备件可换的尴尬境地；遥 6 任务中连接器出不了厂，如果不是因为有备保系统，专家组评审时绝不会通过，让其转入发射加注阶段，备保系统成了决策的根据。长期的实践证明，锁紧和脱落主系统的风险性设计确实存在不可靠的因素，而新的备保系统且从未出过故障。

再如冷氦增压系统是长三甲的一个新系统，开始任务书提出研究 1 个冷氦增压配气台，在论证中分析这样一个低温配气台要研制不少品种的低温阀件，如远控低温减压器、远控低温电磁阀、高中低压力的低温手动阀等。这样研制周期长，技术风险大，相应的试验费用多，技术风险大，经过设计师系统决策不采用这一方案，采用目前的氦配气台后加冷氦换热器、冷氦真空管路、冷氦连接器上箭的方案。这一方案经过 10 多年使用，证明技术上满足总体要求，减少了研制风险，经济性好。

供配气系统为实现远距离控制，两个最关键的课题是远控减压器和高压可逆电磁阀。在远控减压器的方案论证中，最初提出的方案是研制一种伺服电机，经减速机构驱动减压器的调节螺杆进行远控调压。这一方案带来电机防爆和减压器结构复杂等一系列问题，技术风险相当大，经费投入多，经过有关同志的认真探索，提出了用 2 个控制电磁阀来控制减压器内活塞腔的充气压力，形成不同的加载力以调节减压器的出口压力。电磁阀是通过按钮开关远距离控制其启闭，从而达到远控调压的目的。这一原理的突破为高压减压器和低压减压器的远控打下了坚实技术基础。

液氧泵在液氢氧加注系统中是一个关键设备，在液氧泵方案设计中，密封问题是关键。当时争论的焦点是采用机械密封还是迷宫式充气密封。在泵的设置上有卧式和立式 2 种。从学术上 2 种都是可以实现的，权衡多种意见和利弊，为避免机械密封冻死的弱点，决定采用现在的迷宫式充气密封方案，实践证明这种方案安全性、可靠性好，一次研制成功，没有走弯路。

CZ-3A 液氢液氧加注测控系统在方案设计中有 2 种选择：一种是维持 CZ-3 加控台水平，一种是现有的微机自动控制和手动控制同时互为备份的方案。我们在设计中分析了国内外先进水平和人员技术水平，决定保持原 CZ-3 矩阵网络手动控制，单点干预的优点，同时采用先进的计算机控制技术，配以多种加注参数的传感技术，迎头赶上世界先进水平。通过一系列大量试验工作，新老同志通力合作，克服了不少难点，终于达到了预期的目标。

设计师系统在方案设计中充分发扬技术民主，集思广益，善于听取不同意见，哪怕是少数人的意见，遵循研制指导思想，作出坚定正确的决策，相信大家的力量能够研制出一代全新水平的地面设备，所以说，一个正确的指导思想事关全局。

1.2 冗余设计是确保火箭可靠发射的法宝

地面发射设备大部分临射前 30 min 尚在工作，而 CZ-3A－2 min 尚在工作的有 97 项，占地面设备总数的 49%。而这时岗位人员早已撤离现场，如何确保发射可靠性、确保万无一失、确保按发射窗口准时发射，冗余是地面设备采用的最有效的措施。地面设备往往是一次投入，多年使用，要确保临时不出问题，的确很难。特别是 CZ－3A 系列设备又多，火箭进入倒计时，谁也不希望出问题，因此，研制中特别关注冗余设计，这也是我们成功的重要方面。譬如上面提到的液氢、液氧加注系统的控制有微机和手动两种手段。液氢、液氧射前补加是关键，因此液氢和液氧射前补车都用两辆车互为备份，液氧加注系统射前补加除采用汽化器增压外，还采用外接气源增压。液氧大流量加注用两台泵互为备份，任何一台泵失效可自动切换，不影响正常加注任务。瞄准设备也是热备份，前后台可以随时互相切换。过冷器和换热器液面有点式和连续两种测量手段。动力测试发控系统电源也是热备份。上面提到的液氢液氧加排连接器锁紧和脱落也采取了冗余，当主系统失效，备保锁紧和脱落系统就自动切换。

但是，设计一些关键设备时也有考虑不周的地方。CZ－3B 遥 1 发射－3 min 时，出现加排连接器脱落信号没有返回，导致火箭推迟起飞 1′32″。CZ－3A 遥 2 发射－2 min 冷氦连接器脱落后，因按断开点被冷氦连接器的霜化成的水而冻住，脱落后 8 s 冰化成水才接通信号。这两次任务均延误了火箭正点起飞。后来经过归零对这种关键岗位的发讯装置均采取冗余的办法，从此，连接器脱落发讯的可靠性有了新的增长。

1.3 一品多用，节省研制经费

CZ－3A 火箭研制中，龙总师多次强调一品多用，所以 CZ－3A 配套 187 项设备中，有 17 项是原 CZ－2E 和 CZ－3 地面设备修改而成的，典型的如一级箭体公路运输车等。另外借用其他型号的设备有 62 项，新研制的为 95 项。CZ－3B 研制中，整流罩整体运输是一大难点，我们经过充分论证，采用了火箭转载平板车装运全封闭轻型包装的整流罩，充分挖掘了现有设备的能力，改造后的平板车经铁道部核准，可以超限运输。卫星密封容器设计时，考虑了不同有效载荷需要以变容器高度适应不同高度卫星的要求。目前已经完成了多颗不同高度、不同载荷、不同形状的国外卫星发射任务。一品多用符合“三化”设计原则，它不仅节省经费，而且质量稳定可靠。因此今后仍将在地面设备设计中予以贯彻。

1.4 完善改进设计是进一步提高设备固有可靠性的重要手段

从 CZ－3A 到 CZ－3B，发射支持系统技术状态的变动有 4 次：第一次在 CZ－3B 遥 1 前，我们总结了 CZ－3A 前 2 发任务和 CZ－3B 遥 1 合练情况进行的修改；第二次是 CZ－3A 遥 3 任务前的状态变化；第三次是 CZ－3B 遥 5 以前的状态变化；第四次是“军三星”任务前技术状态的变化。4 次状态变化大大小小共计 83 次，其中较大的状态变化共有 14 项，它们分别是：

1）液氧、液氢加排连接器脱落发讯装置的冗余设计；

2）冷氦连接器按断开关防冻措施和脱落发讯的冗余设计；

3）液氢、液氧管路防止水锤在阀门上加装阻尼器；

4）液氧过冷器的搬迁；

5）液氧、液氮管路涡轮流量计改为涡街流量计；

6）液氮测控系统由工控机改为西门子 S5－115U 可编程控制器；

7）液氢 10μ 级双向过滤器和液氧 70μ 级过滤器的研制，液氢、液氧管路入口加装 40μ 过滤器；

8）供气管路加装 85 个过滤器；

9）液氧、液氢安全阀的改进设计；

10）液氢加注连接器转接头拆卸时防爆轰措施；

11）液氢、液氧低温加注管路密封接头试验及垫片厚度研究；

12）液氧阀门瞬间关闭 1′后，又恢复正常所采取的综合性措施；

13）常规动力系统从三级动力系统中独立出来，Ⅰ-Ⅱ级动力系统设计新的电源；

14）供气管路末端过滤器移至连接器尾端。

这些设计状态的变动，一方面提高了设备固有可靠性，避免重复性故障的出现，二是为了系统的安全性，三是为了提高操作和使用的方便，四是满足总体部新提出的要求，五是配置更趋合理、科学。

这些变动的好处是十分明显的。当然它也说明了设计存在不足，需要完善和改进。而设计存在问题的原因有的是考虑不周，有的是认识问题。譬如液氢管路的水锤现象，冷氦连接器的结霜——化水——结冰等是属于认识问题。另一方面，有些改进的原因是技术在发展，在前进，原先选用的元件可靠性差。诸如涡街流量计代替涡轮流量计，美国罗斯蒙特传感器代替国产传感器等。这些元件寿命高、性能好，管理方便，经济上当然也省。特别是涡街流量计一次投入，多年受益。只要不坏可连续使用无需标校。CZ-3A 系列地面设备设计到现在已经十多年，有些还是借助用其他型号的设备，技术相对落后，世界技术发展很快，今后设备必要的更新还是不可少的。我们体会到一个科技人员，应当密切关注本专业技术发展的最新水平和成果，拿来我用。只有这样，地面设备才会跟上世界和国内的先进水平，用起来放心可靠。

当然状态的变动必须考虑周到，充分论证，试验验证，必须履行有关手续，上级批准。变是绝对的，但变必须越变越好，越变越可靠，但状态变动最好不涉及系统的变化，因为系统级的变化，工作量太大，往往带有方案性，要慎之又慎，没有十足把握，最好不动。这一点也算是一个体会。

2　质量问题是财富，认真归零大有益处

前面提到，迄今为止，我们共有 49 个归零问题。其中 CZ-3A 合练期间 14 个，遥 2 任务期间 4 个，遥 3 任务期间 1 个，遥 4 任务期间 4 个，遥 5 期间 1 个；CZ-3B 合练期间 7 个，遥 1 任务期间 2 个，遥 2 任务期间 4 个，遥 3 任务期间 6 个，遥 4 任务期间 3 个，遥 5 任务期间 3 个。没有问题的是 CZ-3A 遥 1 和 CZ-3B 遥 6。分析这些问题的原因，有的是设计问题，有的是元器件问题，有的是工作质量问题，有的是操作问题，……。通过质量问题的归零，我们有如下体会。

2.1　设计存在薄弱环节

在 50 个归零问题中，设计方面占有 24 个，将近一半，说明设计存在不足。如三级氦

配气台在电路上存在潜电流，正常情况下不会暴露。但某些条件（氦台自检过程中，当氦台等效器按通电源开关时，氦台电源开关 S3 断开状态下，氦台电源指示灯是微亮）具备时，就会暴露出来。冷氦连接器在 CZ－3B 遥 2 时，因按断开关被冻住，导致连接器脱落后发讯推迟 8 s，延误了火箭起飞时间。CZ－3A 遥 2 时，液氢加注阀门关闭时，出现喷液现象。应当承认有些是认识问题，但是大量的还是考虑欠周到，通过归零使我们的技术水平和分析问题的能力有了提高。

2.2 低层次问题误大事

49 个问题中，低层次问题占 36 个，比例大而且影响较大。如液氢管路多余物堵塞过滤器，造成补加不上来；液氧误指挥，造成了预冷延时 700 s；常规加注信号台在加注时因开关操作程序有误，一、二级加注控制台多次收到溢出信号，导致库房紧急停泵等；多余物问题在 CZ－3B 遥 4、遥 5 任务期间花费了大量的人力、物力，正是低层次问题掀大浪。这里我们不难看出在低层次里面隐含的作风问题、责任问题、业务熟悉问题。认真回顾这些问题对提高队伍素质实在是无价之宝。很多故障只要通过过细工作也完全是可以避免的。

2.3 地面设备文件需要不断完善

常规加注信号台在加注过程中多次造成停泵，尽管原因不一样，有元件寿命问题，有误操作问题，但也有文件规定不细的责任，如对溢出电路检查，按 CZ－2E 习惯做法，在准备阶段，文件上是没有规定检查的，信号联试也只是检查加注信号。所以历次漏检，当元件好时，漏检没有什么影响；如果元件出现质量问题，漏检在正式加注时，就必然暴露出来，只好停止加注，等待故障排除。再如低温加注连接器在使用说明书中存在 3 种指标，出现指标“锁紧腔充气到 4.5MPa，历时 30 min，压降不应大于 0.035MPa”，另外一段“液氢自动脱落连接器锁紧腔的工作压力为 4.5～0.8MPa”，还有一种是研制时的指标“常温内漏量和低温内漏量（20 气泡/min）结合处泄漏量……”。3 种指标，使用时出现漏如何掌握？按哪个指标执行？哪个算合格标准？CZ－3A 遥 5 时说不清楚，自己卡自己。又如冷氦连接器在运到基地开箱检查，发现铟片盒破碎，堵帽脱落多余物进入管接头内部，属包装不当造成。反过来查图纸文件，对包装要求不够细。在文件质量问题上任重道远，不出问题谁也不去认真复查。15 所今后仍然需要下大气力。文件要有规范化的具体要求，不同性质的文件要有不同的规范，内容要全面，正确，这也是科研作风。

2.4 值得重视的十个问题

地面设备要警惕在加注阶段、补加阶段，尤其在射前 3′以后出现的问题，从 50 个问题看，有 10 个问题相对比较大，它们分别是：

1）CZ－3B 合练时，发射台 380V 电压串到 220V，导致烧电缆接头和转接盒内变压器。此时助推级正在吊装，无法回转发射台。

2）CZ－3B 遥 1 液氢加注连接器脱落发讯故障造成 CZ－3B 遥 1 火箭推迟 1′32″发射；

3）CZ－3B遥1过滤器堵塞造成液氢补加延时；

4）CZ－3B遥2—40′时，发射台误操作异常旋转约1°；

5）CZ－3B遥2火箭总检查结束起飞过程中，液氧阀门瞬间关闭1′，又自动恢复；

6）CZ－3A遥2—2′时，冷氦连接器脱落信号晚发7～8 s，导致火箭推迟起飞；

7）CZ－3A遥2液氢加注阀门关闭时，出现管路水击现象，阀门喷液氢；

8）CZ－3A遥3撤收时，液氢转接头出现爆轰；

9）CZ－3B遥4液氧预冷时，误指挥将液氧加至排氧管，时间长达700 s；

10）CZ－3A遥4液氢加排连接器10个有8个锁紧腔漏气。

7次任务中10个问题，2个导致推迟发射，4个是误操作引起的，且有4个使测试时段变更，因此在进入加注阶段和射前出消灭故障，将是在发射场密切关注的问题，这就要从技术上、作风上、产品质量上下大气力，警惕再警惕，防止此时段突发性的失误铸成大错。

2.5 低温问题无小事

从质量问题分布来看，50个问题中机械类问题明显少，低温加注系统问题比较多，共有25个，占一半。这说明低温系统技术难度较大，工作难度也大，容易出现质量问题，一些问题认识上还有待深化，如球阀的水击现象，为什么CZ－3不存在？这一现象和系统的加注参数有什么关系？CZ－3B遥1在大流量结束转入补加时，长时间补加液氢不进贮箱，当时在控制间进行了多种处理和判断，但就是没有丝毫效果。后来我上塔到现场，发现有根摆杆端头的一根软管破空且严重结霜。当时我查看了加排连接器和这个软管情况，认为是气堵，作出提高加注压力到0.41MPa的决定，并指挥补加，使问题得以解决。但事后分解过滤器时，发现过滤器被多余物堵塞，过滤网撕破。我当时的判断是误判。当然事出有因，一是这个软管确实破空，二是整个加注管路是刚刚抽空，重新清洗并新安装和调试过的，谁也没有想到多余物会堵住过滤器。事后问题清楚了，是安装质量问题，可见低温问题马虎不得。低温系统还有一个特点是质量问题，它具有突发性。如：满载液氢的液氢铁路运输车在运行中多次破空，每次损失几百万元；拆卸液氢加注连接器转接头时的爆轰；CZ－3B遥1补加时的管路破空事先都没有征兆。因此低温问题无小事的观点必须反复讲，每发任务都要讲，务求慎之又慎。以上这些问题经过了认真归零，采取了相应措施，增长了才干，受益匪浅。当然一些问题还必须加大投入，多做试验，不断探索，不断研究，提高理论水平和实战能力，使问题减少到最低限度。

2.6 质量问题归零时要抓根，技术上要吃透

整个地面设备中液氢液氧加排连接器故障率是最高的。CZ－3、CZ－3A、CZ－3B共执行27次任务，其中发射23次，4次合练。20次任务中有故障，CZ－3遥7、遥8、遥12，CZ－3A遥1，CZ－3B遥2和遥37次任务没有故障。2000年“军三星”中，加排连接器先后5次归零，投入大量人力物力，时间之长均是从未有过的。CZ－3A遥4到液氢箱终期置换前先后出现8台连接器漏，CZ－3遥12，CZ－3A遥5、遥6因连接器皮碗不

合格，生产进度赶不上而未按时出厂，10 台连接器火箭在转场才送到。为什么？历史上连接器也都做过归零，历史上 J 型皮碗引起的漏，从方向上有背漏和轴漏（串漏），按漏率有小漏和大漏，按性质有静密封处漏和动密封处漏。“军三星”的故障现象，几乎全都出现过，传统的做法是更换备份，无连接器就更换皮碗，事后做出各种解释，没有触及根子，因此重复性故障率很高。2000 年归零把根子挖出来了，是连接器密封设计和生产质量问题。703 所的设计是风险性设计，无论是静密封的压缩量（一般不应大于 50%，现在到了 70%）还是动密封的工作紧度（一般是 17%，最小应大于 1.75%）都处于临界状态，按照这种设计，模具和尺寸形位公差的精度必须很高，但 703 所模具没有定位基准，公差配合大，内外圆的同心度难以保证，当然这种模子压出的皮碗报废率很高，皮碗压出来又不测量，图纸和实物也不相符，模具多年使用，生锈了不报废，到了 1999 年—2000 年，问题更加严重。15 所长期以来，在 J 型皮碗的质量管理上存在薄弱环节，如何验收，根据什么判断合格与否，没有要求；703 所出具的合格证没有任何尺寸数据，问题不能暴露在装产品之前；另外，出厂试验条件与发射场使用条件也不一致。CZ-3A 遥 4 出厂装上产品的 J 型皮碗是用新模具压制的，唇边薄处于临界状态，一到发射场出现附加力就抗不住了。“军三星”的归零工作，从机理上清楚了，今后坚持取得的归零成果，皮碗质量问题是典型的技术上没吃透，导致漏气问题的原因得到较好的解决。

连接器的发讯问题也是一个老大难，在“军三星”任务中，磁钢问题再次暴露，到了无合格品供应，影响连接器出厂。这是一个历史问题，长期扯皮，有人认为是 211 厂工艺保管有问题，导致磁性能下降……其实根本上是选材不当，矫顽力小，磁特性参数在边缘状态。请专家一咨询，问题解决了。更换了产品，性能明显改善，连接器调整工作变得极为容易，工人师傅大受欢迎，解决了工厂长期存在的头痛问题。

3　今后工作的展望

CZ-3A 系列是今后很长时间内的主力火箭群体。发射大容量同步通信卫星要靠 CZ-3A，CZ-3B，尽管到目前为止，地面支持系统每次都较好地完成了自身工作，但并不顺利，要保证创金牌火箭还有很多方面要做工作，如何做到杜绝影响发射失败的灾难性质量问题，避免影响测试程序正常进行和避免影响准点发射的质量问题还有很长的路要走。尤其是低温系统多次有惊无险的事实，多次变更测试时段，这说明做到“一杜绝、二避免”绝不是容易的事。我认为一方面要学习过去曾经发生过的案例，从中悟到一些道理，吸取必要的营养，培养好的工作作风，增强质量意识，提高工作质量。此外还应做些实实在在的工作。

（1）加大力度开展低温系统关键部件可靠性增长工作

1）氢氧加排连接器的可靠性增长试验；

2）球阀可靠性增长的试验；

3）冷氦连接器可靠性增长试验；

4）低温安全阀可靠性增长试验；

5）纯化器低温手动阀可靠性增长试验。

这些问题的解决对减少加注过程中突发性问题将会起到明显的作用。

(2) 加快设备的更新步伐

CZ-3A研制到现在，真正更新的地面设备只有CZ-2E加注信号台（CZ-3A遥7可投入使用），检修的设备有发射台机械部分和液压部分、氦氮配气台、一辆液氮车的特装部分、纯化器、三级动力电源、公路运输车等，三级动力台增加了备板。大量的地面设备长期存放基地，维护保管条件很差，因此，为确保后续任务，必须逐年加快更新设备的步伐。这方面主要有：

1) 发射台的更新；

2) 液氮加注发泡管的更新；

3) 吊具吊索的更新；

4) 液氮车的更新；

5) 液氢、液氧、液氮加控台及控制机更新；

6) 远控调节球阀装置的更新。

(3) 改进和完善下列设备的设计

1) 冷氦换交换器的改进设计；

2) 过冷器测温点的前移；

3) 液氢温度传感器扩大测量范围的研制；

4) 液氮加注测控电源柜和切换机柜的改进设计；

5) 液氧泵变频设计；

6) 液氮排放管的改进设计；

7) 液氢过滤器前后均设温度测点的改进设计；

8) 供气管路气体流量计的研制。

(4) 进一步开展设备的大修

1) 液氮车更新前的大修；

2) 瞄准设备的大修；

3) 液氢液氧加泄配气台的大修。

如果说上述工作得以落实，那么从设备状态方面应当说可以放心，技术水准也将有所提高，作为创金牌火箭的地面发射支持系统就会强而有力，故障率会进一步下降，发射可靠性更有把握。

(5) 队伍的建设

执行任务要靠人去驾驭。10多年的奋战，CZ-3A系列培养了一支好队伍，但这支队伍中，原CZ-3A、CZ-3B设计队伍中很多人已经退休，在新老交替过程中，新的年轻一代也已培养出来一大批，有的已充实到其他型号，有的得到了提拔。目前状态是武器型号是重中之重。CZ-3A系列已不是重点型号，因此如何稳定一支为数不多的队伍，且队伍成员不仅熟悉系统、熟悉设备、熟悉规程、熟悉制度而且作风细致严谨，唯有这样才能胜任今后的任务。成功是硬道理，我们的确失败不起，但人是第一位的。当务之急我认为要减少岗位人员，交出部分权力，一些设备可以不设二岗，全部由基地去负责。

航天试验中地面设备的质量管理实践与总结*

（1990.11）

1 概述

从1970年1990年，我国发射了23颗卫星，成功率达到96%。在1990年1年中，我国成功发射了5颗卫星，其中亚星的发射成功举世瞩目。它标志着我国运载火箭的质量是世界一流的，质量管理工作也是一流的。

长二捆成功发射5颗卫星的意义重大，它表明我国运载火箭的能力已进入世界先进行列。仅仅用18个月时间研制成功的长二捆，创造了大型运载火箭研制周期最短的世界纪录。在这项研制工作中，15所有21项新技术的运用获得成功，这同严格的质量管理分不开。

在23次卫星发射工作的实践中，使我们一次又一次地认识到，加强地面设备发射试验的质量管理是运载火箭发射成功的重要保证。实践证明，飞行试验是考核航天产品质量与可靠性水平最重要、最有效的手段。而产品设计方案的正确性、系统的协调性、产品的环境适应性，往往在发射场测试中易于集中表现出来。因此，对于地面设备系统而言，加强飞行试验中发射场的质量管理是提高其可用性的有力手段，有助于确保飞行试验成功，而且对于今后改进产品质量、完善设计和改善质量管理都是非常必要的。

在我国航天技术已跻身于世界先进行列、航天产品已打入国际市场的形势下，通过实践认真研究、认真总结航天试验中地面设备的质量管理工作势在必行。为了更具体地说明问题，现以CZ-3地面设备发射试验中的质量管理工作为例，进行总结。

2 地面设备发射试验的质量管理实践与总结

根据发射场的统计数据，CZ-3第1发到第7发，15所负责的地面设备的质量问题处于下降趋势。根据我院质量部门的统计，CZ-3 Ⅲ子级遥1到遥7飞行试验地面设备故障情况如表1所示。

从表1可以看出，地面设备在历次试验中无重复故障，且故障数量逐渐减少，但是，在Y4、Y5飞行试验中出现了相当尖端和危险的故障，有的同志说“量少质高”，这种说法很形象。

从故障归属看，低温加注方面问题比较多，从Y1～Y5发发都有，而且发生的故障时间，从加注开始到加注结束都有，发生的时间越来越临近发射前。低温加注危险性本来就

---

* 本文第二作者，15所刘宪忠

比较大，出现故障的时间越靠后，对火箭成功发射的影响就越大。尤其在Y5发射加注中出现液氢加注连接器限位体断裂故障，使液氢倒流入铁路车，在发射后出现“天灯”现象，更引起领导对地面设备的重视。为此部、院领导一再嘱咐我们，要做到万无一失，一定要把好质量关。

表1　CZ-3 Ⅲ子级Y1～Y7飞行试验地面设备故障情况统计表

飞行顺序	故障数	主要故障名称	主要故障发生时间	发射中心	技术中心
Y1～Y2	7	1 氢排气连接器大皮碗串气	加排连接器通过试验时	○	
		2 液氧加注车大减压器的声音异常	液氧加注时	○	
		3 液氧加注车大减压器的膜片破裂	液氧加注时	○	
		4 液氧加配台双向电动截止阀漏气	液氧加注时	○	
		5 液氢加配台双向电动截止阀漏气	液氧加注时	○	
		6 氦配气台中压减压器震动	测试时	○	
		7 液氢加控台稳压电源保护断电	加注信号联试时	○	
Y3	5	1 液氧加注连接器轴套断裂	脱落试验时	○	
		2 发射台底板悬空	火箭垂直度调整时	○	
		3 氦配气台氧箱增压电磁阀泄漏		○	
		4 氦配气台平台供气用电磁阀气堵	单元测试时		
		5 加配台双向电动截止阀漏气	三级加注信号联试时	○	
Y4	3	1 液氧加注连接器轴套断裂	脱落试验时	○	
		2 液氧管路测温传感器漏液	液氧加注时	○	
		3 液氧、液氢加注连接器漏气	加注时	○	
Y5	2	1 氮的氢封配气台电动截止阀漏气	第二次总检查测试时	○	
		2 液氢加注连接器限位体断裂	发动机增加压预冷时	○	
Y6	0				
Y7	0				

15所对CZ-3历次飞行试验中地面设备暴露出来的问题和故障是十分重视的，不仅及时进行信息反馈，而且还认真开展故障分析工作，反复强调认真贯彻“系统管理，预防为主，一次成功”的思想，认真贯彻“质量第一、安全第一”方针，这些做法已在实践中取得了一定的效果，我们有两点体会。

1）质量信息反馈是加强型号飞行试验质量管理工作的必不可少的环节。

每次飞行试验之后，试验队回所后的首要任务是详细汇报飞行任务中的问题和故障情况，并及时向所质量部门进行信息反馈。在每次试验的质量总结中，不仅认真分析出现质量问题的原因，而且提出改进措施，经逐步审批，落实到设计、生产中，从而杜绝了重复故障的发生，不断地提高产品质量。在CZ-3的7次飞行试验实践中，15所深深地认识到质量信息反馈是加强型号不可少的环节。

2）认真开展故障分析工作是减少产品故障的有效措施。

对质量信息反馈中的主要故障，开展分析是一项非常重要的工作。因为通过分析，可以找出事实，找出数据，找出原因，采取对策。

Y1 到 Y5，在低温加注方面故障较多。这是因为，低温加注和常温加注不同，低温加注的特点是平时检查没有问题，不能百分之百地说在实际加注过程中没有问题。但是平时的检查工作和液氢、液氧实际加注过程中的流动后的状态有很大差别。但这不是说对低温状态下的问题就不可驾驭和无法控制。

15 所通过开展故障分析，从几个方面采取措施。面对低温加注设备中出现的故障，我们在加注生产过程质量控制的同时，严格对出厂试验进行把关，并在靶场发射期间，严格执行岗位责任制，实践证明，这些措施使产品质量得到了有效的控制。

在 CZ－3 第 5 发发射中，地面设备出现了两个故障，一是液氢加泄连接器限位体断裂，另一个是电动截止阀不能正常工作。以上两个故障情况，15 所下达了正式文件（“89”所字第 17 号），对以上两个主要故障的分析工作提出了具体安排，并宣布成立了故障分析小组，由主管质量工作的所领导任组长。15 所在傅正煊所长及主管质量工作的周载学副所长主持下，对上述故障多次召开分析会。在院领导和总师的关心支持下，在兄弟单位的大力支持协同下，对连接器的故障作出如下结论：“由于限位体采用聚酰亚胺这种新材料，设计、材料成型、加工工艺等各方面，对其性能认识不深刻，加之缺乏系统全面的研究，而当某些方面的缺陷耦合、限位体断裂条件具备时，质量故障就会发生”。对飞行试验中出现的电动截止阀故障问题，15 所认真地进行了故障分析，通过解剖很快找到了故障度的原因，是阀瓣组合体被锈蚀。针对这一问题，采取了有效的措施，杜绝了同类故障的发生。

由于采取了有针对性的措施，在 CZ－3 第六、七发飞行试验中，加泄连接器和电动截止阀都没有出现故障，圆满地完成了发射任务。

目前，15 所在开展故障分析方面，已形成制度，首先是组织落实，成立故障分析小组，确定负责人，然后制订故障分析报告，下达故障分析计划和具体实施办法。在具体分析过程中，首先复现故障现象，然后进行分解，分析原因，简单地说就是对故障找出事实→找出数据→解析→找出原因→采取对策→验证→标准化。这种方法是直观的，科学的，有助于对故障分析取得共同的认识，并得到预期的结果。

由表 1 我们已经清楚地看到，在 CZ－3 Y1～Y7 飞行试验任务中，地面设备的故障越来越少，这与认真开展故障分析工作密切相关。

3）深入贯彻“系统管理、预防为主、一次成功”的思想是确保飞行试验成功的基本保证。

在 1985 年和 1986 年，院先后下发两个文件：《长征三号四、五、六发质量可靠性保证措施》（1985 院技字第 77 号文），《长征三号四、五、六、七发质量检查补充要求》（1986 院技字第 210 号文），对设计、外购件、供应、检验、质量反馈、文明生产，生产管理等方面提出了明确的要求。根据院里要求，结合 15 所的实际，我们认真贯彻了“系统管理、预防为主、一次成功”的思想，并侧重抓了生产过程中和发射现场两方面的质量管理。

（1）加强生产过程和参试前的质量管理

我所除对重点故障进行分析之外，对负责生产的产品资料也十分重视。特别是加强两个质量控制点的工作。当产品进入生产阶段时，查关键组件试验、验收技术条件、产品试验大纲，重点查五个方面的内容：一查验收技术条件全不全，二查验收技术条件够不够，三查技术条件准不准，四查验收技术条件清不清，五查验收技术条件好不好。第二个控制点是设在参试前，主要查试验的准备工作：一查试验大纲的准备性；二查物资保障工作的全面性；三查技术、安全责任制的制定、落实情况；四查事故预想，紧急情况措施制订情况；五查各类仪器、仪表、监测仪表鉴定情况。

为了加强生产过程的质量管理，特别是 CZ－3 第六、七发的质量管理，正式下达了（89）所，技字第 40 号文，重申型号产品生产必须遵循的有关规章制度，明确要求有关机关协助生产单位做好生产前的准备工作，要求生产单位认真落实岗位责任制，并明确了产品出所的质量评审要求，如制订《地面设备产品出厂质量评审办法》。

在生产过程中，我们还认真抓了检验工作，由此保证了有关配套产品图纸与实物的符合性，同时也及时地发现和解决了设计、生产中的质量问题。

（2）严格发射现场的质量管理

发射现场是保证火箭成功发射的最后一道关口。15 所历来重视发射场设备的质量管理工作，很多飞行试验经验证明，发射失败的原因可以查出来。地面设备一次设计，多次使用，从可靠性的观点，地面设备属于可维修系统，在每次飞行试验以后，相当一部分地面设备放在发射场，不返厂检修，而是靠日常管理和现场维修来完成新的飞行试验任务。而目前的现实是由于各种原因，对发射场待发射用的地面设备的质量管理工作还跟不上，而是靠 15 所试验前在现场进行状态检查。为此，我们制定了《现场质量工作保证措施》，以确保每次在运载火箭测试、发射时刻，地面设备始终处于优良状态。在措施中，我们规定了发射现场的质量工作目标，质量管理组织，各级人员质量责任制等。

我们对发射现场的质量管理是严格的，不但建立了一整套制度，而且坚持执行得比较好，从遥 3 开始，在飞行试验任务中，没有出现管理和人为差错，以上措施起到了一定作用。从 Y6、Y7 故障为零的结果也证明了发射场的质量管理是有效的。

15 所今后在发射场的质量管理中，还要继续坚持执行岗位责任制、请示汇报制度、地面设备专题报告制度，地面设备检查、调试工作小结制度，甚至超差状态记录制度等。

（3）认真开展双想、质量复查工作

实践证明，双想、质量复查是条经验。美国很有钱，他们是重视物质的作用，不重视人的作用。谢总曾经说过“资本主义搞的是雇用和被雇用的关系，有着各种层次的和私人的关系”。我们国家一靠技术，二靠人，平常说的“保驾上天”就是这个意思。认真开展了双想和质量复查工作，就是充分发挥人的作用的一种方式。

15 所在执行 Y6 任务之前，对地面设备进行了质量复查，在复查中对所负责的 35 项 314 台件地面设备，逐一进行了严格检查，在出厂前又进行了查齐套、查状态、保证不漏和不错的装箱检查。从全局考虑，重点提出基地负责检修的液氧管路系统和液氧加注补加车的质量问题应予以关注，事实已证明我们的担心不是多余的。为了汇报工作和沟通信息，我们切实地将质量检查情况报院。

在发射场，我们认真地开展了双想活动，根据15所的设计情况，分两个阶段进行双想：第一个阶段，是全体参试人员进场后到运载火箭转场前；第二个阶段是火箭转场后到加注推进剂之前。通过开展双想活动，制定相应对策（预案），可以把测试发射工作做得更细，做到一旦有事儿都有所准备。实际已经证明，凡是想到的问题，必然做了工作，这样就避免了故障的出现，而凡是出现了故障的，一般都没有想到。所以说深入开展双想活动对消灭差错和故障有其实际的作用。

在执行CZ-3遥7任务之前，我们对历次的CZ-3地面设备的故障预想和故障对策做了修订和补充，并将各单项设备、各分系统、跨系统的故障预案和对策打印成册，这是生产、试验、经验的总结。这样做好处很多，避免了人员不熟悉历史情况，避免了经验的流失，起到了质量跟踪的作用。

（4）认真贯彻“质量第一、安全第一”方针，保证发射场各项工作的质量

在CZ-3 Y6任务期间，液氧管路的改造是一个大工程，为确保Y6，特别是Y7发射亚星的成功，总体部为确保运载能力，希望提高液氧温度要求，为此决定将老化的液氧发泡管重新发泡，改善绝热性能。当我们刚进发射场时见到了新的发泡管路质量太差，无论是表观还是后来703所化验结果，都说明补发泡管的技术指标远不如原来的质量好。因为时间太紧，而且现场施工条件又很差，材料也不齐，解决这一问题，阻力很大。在院领导和总师系统支持下，在兄弟单位的大力帮助下，上述问题得到解决。在这个过程中，我所始终坚持以理服人，坚持质量第一方针，先后写出了《液氧管路发泡质量报告》《液氧管路绝热计算》《液氧排放管路原理图》以及各种设备修改技术通知单。经过Y6、Y7两发飞行试验的考核，证明改造方案是好的，液氧温度是历来最低的。CZ-3各发液氧温度详见表2。

表2 CZ-3各发液氧温度

任务号 / 温度 / 测点	Y1	Y2	Y3	Y4	Y5	Y6	Y7
Tyx2		92.7	92.1	92.7	92.2	91.02	90.42
Tyx4	91.6	92.49	2.1※	92.5	95.65※	91.77	1.1※

※此数值因测量问题不准确。

（5）稳定一支新老结合的试验队伍是飞行试验成功的根本保证条件之一

CZ-3 Ⅲ子级地面设备数量多且分散，在发射现场劳动量很大，在每发飞行试验中都有很多事要临时安装，低温高压设备危险性又很大。这些实际情况决定所有参试队伍必须新老结合。这是因为老同志业务素质高，绝大多数老同志经过了设计、生产、试车、合练和飞行试验，既有研制的经验，也有历次飞行试验临场处理、解决实际质量问题的经验。由于情况熟悉，心中有底，敢拍胸脯，他们在理论和实践上都有一套。年轻同志的特点是体力好，易于接受掌握知识，工作有干劲，工作起来生龙活虎，是一支生力军。因我们在组建队伍、落实岗位的时候总是注意到新老结合，这是确保卫星试验成功的根本条件之一。

我们这次新老队伍，除了业务素质比较高之外，更主要的是思想素质好。每个参试人员都有强烈的事业心，责任感，有着一个共同的奋斗目标，一定要完成亚星发射的历史任务，为国争光，为民争气，这是一种政治力量。有这股力量就能克服很多困难，如有的参试人员，得到亲人去世的消息后，忍痛节哀，仍然坚守工作岗位；为了确保氢氧加排连接器可靠脱落，我们克服种种困难，对遥 6 的加排连接器反复调整了 6 天，直到满意为止。为了做到万无一失，我们把所有的备件都进行严格的检查和挑选，然后整齐地摆放好。

以上这些工作，如果离开了参试人员的业务、政治素质，离开了稳定的新老结合队伍，那是很难做到的。所以通过历次试验，我们深深体会到稳定一支新老结合的队伍是飞行试验成功的根本保证条件之一。

3 结束语

产品的固有可靠性是设计出来的，产品的质量靠生产、管理来保证。经过历次飞行试验的考验，在 CZ－3 地面设备的质量管理中已经逐步形成一整套质量控制和管理办法。我们认为只要始终坚持系统管理、预防为主、一次成功的思想，只要坚持执行行之有效的规章制度，认真落实周总理生前制订的“严肃认真、周到细致、稳妥可靠、万无一失”的 16 字方针，我们就能确保每一次飞行试验的成功。

作为航天产品地面设备研制中的质量管理，我们虽然有了一点经验，但是也还存在薄弱环节，与兄弟单位比我们还有差距。我们要虚心学习兄弟单位的宝贵经验，要把 CZ－3 遥 6、遥 7 故障为零的纪录保持下去，要深入细致地做好质量管理工作，为尽快总结出适合航天产品地面设备发射试验的质量管理模式而努力。

液氢加注系统的安全性设计

（2006.9）

液氢是一种无色、无味、透明的低温液体，由于它的沸点低，汽化热小，暴露在大气中时沸腾蒸发非常剧烈。液氢的危险性是由其超低温性（20K）和泄漏性所决定的，低温会造成人体冻伤，有些材料变脆；液氢中存在固氧会引起爆炸、燃烧。氢的危险性主要来源于气氢，因此液氢及汽化产生的氢气是一种相当危险的物料。我国 CZ－3A 系列火箭采用液氢作为燃料，一旦泄漏后，氢与空气的爆炸浓度范围宽、爆炸威力巨大，而且点火能量极小，很容易出现灾害性事故。而液氢在使用时出现事故，不但会给发射场带来灭顶之灾，而且会对现场的人员、运载火箭和有效载荷的安全带来巨大的威胁。

本文将论述液氢加注系统在系统设计、设备设计、工程布局设计、使用（运输、贮存、输送）和操作设计等有关各个方面的安全性设计要求，其他低温系统安全性设计也可参考。

1　系统的安全性设计

液氢加注系统安全性设计应包括液氢运输、液氢输送、液氢贮存和液氢安全防护、液氢转注、液氢排放、液氢操作等多个方面。

液氢加注系统的设计准则：

1）确保系统的安全；

2）确保系统的可靠；

3）系统要高度自动化；

4）确保火箭发射技术的先进性和系统与火箭适应性；

5）贯彻“三化”（系列化、通用化、组合化）原则。

加注系统安全性设计原则：液氢加注系统安全性设计必须遵循三条基本原则，即足够的通风，防止泄漏和消除火源。

加注系统安全性和可靠性设计：

1）系统要采用标准的或经过考验的成熟产品。

2）根据设计任务书的要求，做好加注方案，科学合理安排加注，补加流程，正确制订加注工序和工序表；防止系统出现憋压和水击；液氢的密度小，加注和补加适宜用挤压方案。加注和补加流程设计在满足要求和安全的情况下，管路系统要尽量简化。

3）系统要根据要求进行输送管路流通直径计算、水力计算、漏热计算和耗液量计算。

4）贮箱预冷的速度要慢。

5）加注库的储存量要满足每发火箭正常发射的实际用量，火箭推迟发射用量，还要和全年发射火箭的频率等因素综合一起考虑。

6）系统设计时，关键设备要采取热备份。

7）加注和排气管路的走向设计应遵循直路径原则，只要有可能就要避免管路弯曲和接头。

8）液氢加注管和管路的接头漏热要小，所以设计成高真空绝热管路。

9）液氢容器和高真空绝热管路应设有抽空阀或抽空封口塞。

10）液氢内容器的支撑、内外管路和加注系统的真空管路应充分考虑温度补偿。

11）配气设备间排出的气体应排至室外。氢环境附近的配气间为防止氢的渗透，应采取正压通风。

12）低温系统库区，加注连接器周围应配备吹除或烘干用热氮气。

13）低温系统和配气设备均要设计防多余物的过滤器。

14）液氢容器、管路以及经常处于密封保存的贮氢系统，都应设置防爆膜和安全阀，并应定期检查。

15）液氢的贮存容器、导管、阀门、转接头应采用面心立方体的金属和合金材料，如铝、铜、镍和奥氏体不锈钢等。

16）液氢容器、导管和阀门应进行绝热设计。

17）应尽量避免在液氢容器底部开孔。液氢加排管路也应尽量避免出现低凹（陷阱），以防止污染物积累，如果低凹区域是不可避免的，应保证低凹区域污染的排泄。

18）氢系统设计要考虑排气管放气的流速，一般排放马赫数不能大于 0.2。

19）排气管进大气端应设置单向阀，以防止空气回流。如果排气管直径超过2.54 cm，则在紧接氢流动之前都应该用氮气进行吹除，以防静电积聚和出现固空，导致爆燃和爆轰。

20）放空管应设计有防雨、雪、水汽凝集、冻结和外来异物堵塞措施。

21）电器设备防爆等级应为Ⅱ类 C 级 T_1 组。

22）液氢的贮存、处理、试验场所应设避雷装置，其总散流电阻不大于 10Ω。

23）电气设备应有保护接地和工艺接地，液氢的运输设备必须设计接地装置。液氢加注管线每隔 20～30 m 接地一处，每对法兰之间应搭接。

24）液氢贮存和使用场地应设干粉、水蒸气、二氧化碳、氮气等灭火剂和自动水消防装置。

25）氢现场往往会形成氢的积聚，应设有氢浓度监测。氢浓度探测器的传感器精度和灵敏度要高，安装位置尽可能靠近容易泄漏的地方。探测器应能开动警报器。

26）系统设计时，应考虑设有遥控或手动的应急切断开关，一旦发生事故起火，首先应立即切断氢源，火焰就会自熄。

27）在试验装置的适当部位安放氮气灭火装置，如试验中起火，就可以启动氮气灭火装置进行灭火。

28）贮运、输送设备（包括容器、管路和阀门 ）所用材料应与液氢相容，且低温下不氢脆的奥氏体不锈耐酸钢。

29）铁路运输罐车操作间应设自动消防设备。

30）运输罐车罐内增压应设集气管，集气管的出气孔开在管子的上基线。

31）根据系统的设计要求、加注流程图、加注工序表和发控网数据接口及信号传递约定和外系统设备接口进行控制系统的设计。

32）测控系统设计应进行电磁兼容性设计，远距离传输的检测信号可采用 4～20 mA 电流传输。

33）连接器与火箭阀门接口应相互协调、匹配。

34）连接器与火箭阀门之间的密封应符合要求。密封件应选择低温收缩率小、玻璃化温度点低、无冷流现象的材质，并与液氢相容、耐低温。

2　操作过程中的安全性设计

1）贮运、输送设备的工具必须使用铜、铝或镀铜的工具。

2）设备的标志、包装、运输和贮存应符合 GJB805.8—1990 和 GB191—2000 的规定。

3）罐车根据需要应设置（远传）传感器和直读式压力表，其精度应不低于 1.5 级。

4）液氢罐车的排放管路应高于车顶，排放的氢气流速不得超过 16m/s，以防止静电过高而产生火花或爆炸。

5）液氢容器和管路（包括加注系统和容器的液路气路）使用前必须进行氮气和氢气（或氦气）彻底的清洗置换，直至合格。

6）安全阀应铅直安装在罐体的排气管路上。

7）安全阀在存贮和使用中，应定期检查和维修。

8）贮存容器使用必须保持正压，一般要求高于环境压力 0.5～1 表压。系统避免用螺纹连接，应采用焊接或法兰连接，以防止液氢外溢以及空气和水气进入系统内部。

9）卸压活门或保险装置应经常检查，避免空气及水蒸气凝结堵塞。

10）操作人员应穿着御寒、防火、防静电积累的工作服和专用导电鞋或防静电鞋，工作服应设计成上下身分开的，易脱卸的。头、面部应戴护目镜，应使用长臂的纯棉手套，手套要比较宽大。

3　工程布局中的安全性设计

1）推进剂液氢加注管路系统与液氧（或液氮）加注管路系统应设置在发射勤务塔相对的两侧，液氢与液氧库区（贮罐）也应设置在发射台相对的两侧。

2）液氢排气管路系统与液氧（或液氮）排气管路系统应设置在发射塔相对的两侧。液氢宜引向适当远的地方焚烧（液氮和液氧可从发射勤务塔高处向高空排放，也可引向适当远的地方排放）。

3）原则上不准有含氢的导管进入操作间和地道，不得已要有通风措施。

4）放空管距避雷设施应大于 20 m，放空管应高出附近建筑物 5 m 以上，使低温气氢出口温度大于 90 K。

5）液氢加注库区应与发射勤务塔、建筑物、压力容器库、常规推进剂库、公用道路以及火种保持一定的安全距离。

6）液氢库区不应有高压线通过，库区场地应敞开、平坦、通风。建筑物应采用活动屋顶或通风良好的倒人字形屋顶，避免氢的积存。

7）液氢管路系统要布置在易燃或可燃液体（或气体）管系的上方。

4 使用工艺的安全性设计

1）根据流程和低温加注的特点编制工序表，每一工序应明确阀门开或关的状态。

2）加注流量的调节有两种方法：一种是改变挤压压力的压力调节法，另一种是改变管路阻力的节流调节法。设计时应予以明确。

3）系统在加注或贮存液氢之前，必须进行彻底的清洗置换，一般采用压力吹除置换法和抽空置换法两种。

4）所有贮存容器、输送管道及有关设备，都应设置良好的接地装置，每年至少检查一次接地电阻，确保接地装置的完好性。

5）贮存容器使用必须保持正压，一般要求高于环境压力 0.5～1 表压。

6）有关卸压活门或保险装置应经常检查，避免空气及水蒸气凝结堵塞。

7）液氢贮存容器底部和导管中，往往会积聚杂质，特别是固氧杂质。因此，每年要定期对容器进行一次加温清洗净化和吹除处理。

8）液氢槽车加注管与系统加注口对接时，槽车和加注系统都要先微开加排阀，使加注管空气得到置换然后固紧，再关闭加排阀，等候系统加注口令。

5 安全性评估

液氢加注系统的安全性评估应在设计、生产、施工和使用各个阶段进行。

1）初步设计阶段应进行危险性、事故形式和加注流程的分析；

2）技术设计阶段应对产品设备设计图纸进行功能和性能安全性评估；

3）在液氢（或气氢）设施、设备或系统的生产、安装、建造之前应由负责安全的部门对设计进行安全审核和评估；

4）系统或设备试验前对试验大纲要进行安全评估，并设安全员岗；

5）操作规程重点应进行工序、测试仪器和检测方案的评估；

6）系统加注和设备使用前，应进行安全性检查和最终评估。

液氢和气氢使用上有其危险性，但只要从加注系统设计源头抓起，不断提高认识，改进完善设计，严格遵守各种安全规章制度是完全可以防止崩溃性（灾难性）故障的出现。

做好地面支持系统安全性工作

（2011.3.5）

2010年，我国长征火箭进入高密度发射阶段。今年是第二年，所领导让我讲讲地面系统有关安全的工作。今天参加会议的不少同志和我一样，常年工作在发射场，有一些共同的体会，也有不少新面孔，我就4个方面先做一个发言，供大家讨论。

1　建立大安全概念

各行各业都有安全问题。我们国家领导非常重视安全，颁布了各种法律和法规。每年都要抓好几次，有些行业的性质是天天讲，时时讲，还制定了各自的规章制度；有些行业是每逢节假日要讲，如交通安全、食品安全、住宅安全等。

每时每天每地各行各业都有发生安全问题的可能，因此可以讲安全问题无处不存在，无时不有。为此要有大安全概念、大系统概念、安全第一的概念。

航天是一个特殊的高科技行业，又是高风险的行业，也是高危险的行业，所以我们有很多要注意的、可能发生的、各种安全环境和安全问题。

发射技术还要建立没有安全、就没有质量、就没有成功的概念。反之没有质量的工作，就没有安全，因此任何一种设备和系统在设计中明确规定了安全性设计这一要求。一些设备制定了安全性标准、设计规范、明确了安全性指标。一些专用设备制定了安全操作细则等，有的单位（部门）制定了安全管理体系。

2　高密度发射

2010年，我国共发射了15颗卫星，其中一院发射了9颗，发发成功，今年要发射15～18颗，天联-2、中星-10、亚洲-7、神州舟八号、天宫一号和萤火一号等，占今年世界电联登记发射33颗卫星和预备发射11颗卫星近一半，保成功任务艰巨。

去年到今年，世界上主要航天大国相继发射失败。2010年6月10日，韩国罗老号运载火箭发射后坠毁，遭遇二连败；12月5日，俄罗斯携带有3颗格洛纳斯-M全球导航卫星的质子-M运载火箭由于助推器故障，卫星坠入了太平洋夏威夷附近海域（前10次成功），耗资480亿卢布；12月25日，下午4点，印度搭载GSAT－5P卫星的GSLV－F06运载火箭升空2 min后，火箭突然偏离了轨道，卫星也随之成碎片，耗资1.8亿人民币，2010年4月以来这是第二次运载火箭发动机事故。今年，美国搭载辉煌号地球观测卫星的金牛座XL型运载火箭顶部的整流罩，未按预期分离导致卫星发射失败耗资4.24亿美元。今年2月1日，俄罗斯使用轰鸣号三级火箭发射地球-IK－2（GEO－IK－2）的军用卫星，未能进入预定轨道，任务失败。无论是某国电磁技术干扰还是技术原因，这些问题的综合

“不给力”自然会带来卫星发射的多次失败。

因此，我们要特别注意工作的质量。质量是设计出来的，设备的固有可靠性取决于设计，因此设计的质量具有无可争辩第一性；同时设备又是生产出来的，管理出来的。所以，一个产品从设计—生产—交付—使用中，任何一个环节出现差错就会出现事故，导致火箭失败。历史的教训必须牢记。

高密度发射会造成试验队伍人员疲劳，这是不利因素，但也有有利的一面 ，对参试设备的状态和操作规程比较熟悉。

3 历史的经验教训

火箭发射是高科技产业，同时也是风险的产业，世界上为此奋斗且付出了宝贵的代价。

1）1960 年 10 月 23 日，金星号运载火箭发射时，发动机没有按命令点火。为查明故障，几十名专家接近火箭。突然，火箭二级发动机喷火，继而爆炸，近百名军人、科学家丧生。

2）1961 年 3 月 23 日，第一个上太空的航天员邦达连科在用酒精棉擦完身上固定过传感器的部位后，随手将它扔到了一块电极板上，结果舱内燃起大火，他被严重烧伤，10 个小时后死亡。

3）1967 年 4 月 23 日，航天员科马洛夫乘联盟号宇宙飞船飞行，飞船在再入过程中降落伞失灵。科马洛夫成为世界上第一位在执行空间飞行任务时献身的航天员。

4）1971 年 6 月，联盟号飞船与礼炮号空间站对接飞行 24 天后，在归途中因密封舱漏气，而航天员又未穿航天服，结果 3 名航天员死在舱内。

5）1980 年 3 月 18 日，苏联东方号运载火箭在普列谢茨克发射场进行推进剂加注时发生爆炸，45 名技术人员当场被炸死，另有 5 人送往医院后死亡。

美国在 52 年里，有超过 160 次发射以失败告终，其中就包括今年 2 月 24 日嗅碳卫星发射失败。

1）1957 年 12 月 6 日，火箭在离开佛罗里达州卡纳维拉尔角发射台 2 s 后，运载火箭失去了动力，向下坠落爆炸，第一次尝试向太空发射的先锋 3 号卫星以失败告终（如图 1 所示）。

2）1967 年 1 月，在卡纳维尔角进行阿波罗 1 号飞船模拟发射时，因飞船失火，3 名美国航天员丧生。

3）1968 年 4 月 4 日，土星 V 火箭因纵向耦合振动，有 2 台发动机在火箭第二级燃烧期间提前关闭，导致阿波罗 6 号发射失败。

4）1986 年 1 月 28 日，挑战者号航天飞机右侧固体火箭推进器上的密封圈断裂（如图 2 所示），发射 73 s 后爆炸解体，造成机上 7 名航天员全部遇难。

5）1986 年 5 月 3 日，德尔它火箭在发射后不久即遭到雷击，导致火箭第一级发动机提前关闭，GOES－G 气象卫星发射失败 。

6）1990 年 9 月 7 日，大力神火箭的部分箭体在爱德华兹空军基地从吊车上坠地，引发的大火火焰高达 45 m，造成至少 1 人死亡。

7）2003 年 2 月 1 日，美国哥伦比亚号航天飞机在返航过程中爆炸坠毁。

图 1　先锋 3 号

图 2　挑战者号航天飞机

我国火箭发射成功率 96％：

1）1974 年 11 月 05 日，长征二号火箭发射返回式卫星失败；

2）1991 年 12 月 28 日，长征三号火箭发射东方红二号甲通信卫星失败；

3）1992 年 12 月 21 日，长征二号火箭发射澳普图斯 B2 通信卫星失败；

4）1996 年 02 月 15 日，长征三号乙火箭发射国际 708 通信卫星失败（图 3）；

5）1996 年 08 月 18 日，长征三号火箭发射中星七号通信卫星失败。

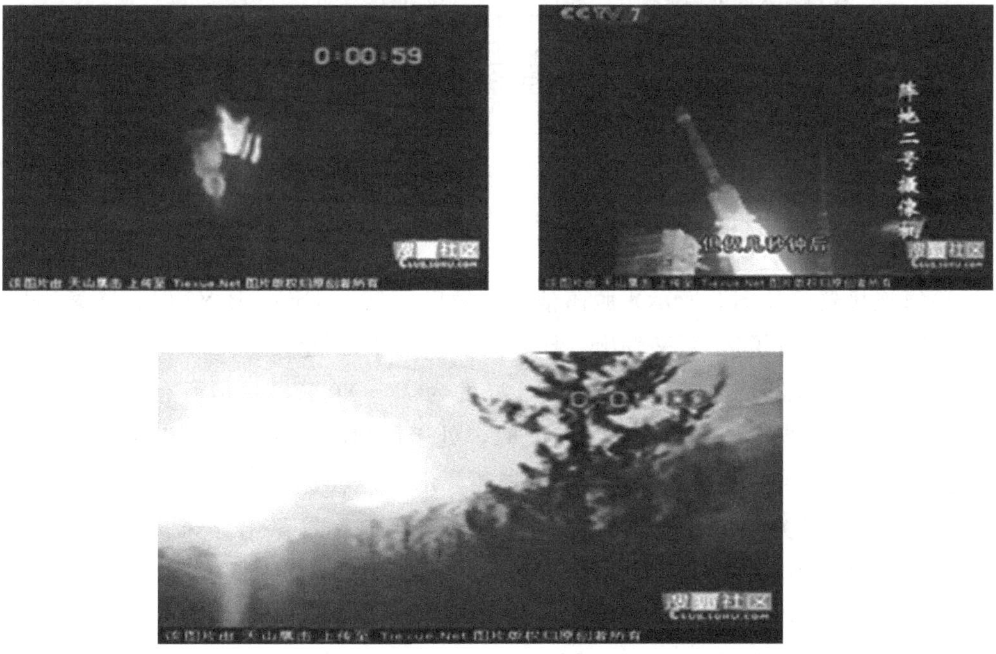

图 3　长征三号乙火箭发射失败

4　我国地面发射支持系统

地面发射支持系统从总体上讲，设计的指导思想和技术方案是正确的，各系统和设备满足火箭总体的要求，确保完成 136 次发射任务。发射任务期间，多次出现有惊有险和有惊无险的情况。地面支持系统在设计、研制试验、生产、产品运输，发射场测试、操作等各个环节都发生过一些故障和事故。15 所的专业面广，学科多，光、机、电、气、液都有，机械设备故障比例相对少一些，低温系统问题多一点，尤其是低温加注连接器，该连接器是王立兴同志在没有任何技术储备的情况下与 703 所毛化民同志一起研制成功并获得 2 项二等发明奖的设备，先后用在 CZ－3 和 CZ－3A 型号发射任务中。但是在密封圈研制和工艺方面留下隐患，导致在 CZ－3A Y4 在发射测试中，液氢液氧加注排气连接器 10 台有 8 台锁紧腔漏气。其他典型的故障有：

1）液氢、液氧加排连接器故障。

2）液氧预冷中，液氧箱 700″未增加液面问题。

CZ-3B Y4 任务中，指挥不当，相关岗位人员没有尽责。氧箱液位出现 0.5 m^3 液氧后，700″液氧箱液面始终不升，而地面液氧贮罐液面减小 6 m^3。

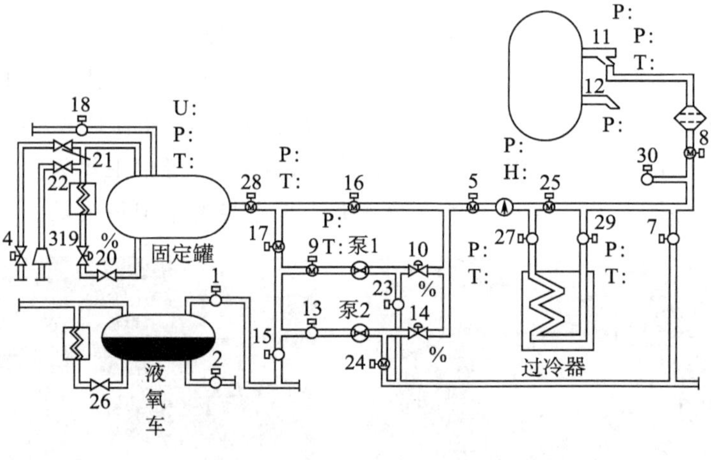

图 4　液氧加注系统原理图

3）冷氦连接器（如图 5 所示）脱落信号晚发出 2′12″。CZ－3B Y2 时，冷氦连接器脱落信号开始未发出，过了 2′12″又发出，导致火箭推迟 2′12″起飞。

原因：冷氦连接器输送高压低温氦气，温度为 77～80 K，不是所有时段都工作。由于供气程序不连续，当增压或冷氦气瓶充气时，处于低温状态，连接器对接面会结霜，不充气时霜会变成水，由于连接器是倾斜 18°安装，水可能会进入发讯按断开关，再充气时水会结冰，将按断开关冻住，冷氦连接器脱落后不释放，发讯电路未接通。1′以后，回温，冰化成水，按断开关在弹簧力作用下弹出，接通电路信号返回。

4）液氢延时补加时，真空金属软管破空。CZ－3B Y1 任务中，液氢大流量结束转入射前补加工序，目标要补到Ⅳ液位。进行了 54″以后，流量指示为零。管末、管中压力一

图 5　冷氦连接器

致，贮箱液面不升，出现故障。

5）2005 年 4 月 29 日 15 时 15 分左右，发射成功，试验队人员撤离回北京。15 所留人做氧泵试验，试验很顺利。但是过了一段时间，液氧现场的液氧过冷器（8ZY30－3A）发生爆破（如图 6 所示）。

爆破造成液氧过冷器上盖法兰、液氧换热管箱的上盖飞出并发生变形，部分表面有烧蚀的痕迹，与上盖法兰相连接的 32 颗螺栓全部拉断，液氧过冷器与系统连接的液、气管路被拉断，发泡绝热层有烧蚀痕迹，液氧过冷器芯体的换热管发生变形。

图 6　过冷器损坏情况

原因是试验结束，后过冷器中的液氧没有排空，有关放气阀门没有打开，导致氧程憋压，引起爆炸。

6）另外，还有液氢加注管路和液氢排放管路有水，导致长时间置换不合格，以及氢燃烧池爆炸 2 个故障。

这些故障有的是设计隐患，有的是操作不当，有的是认识问题，有的是日常设备维护不到位。一句话是工作质量。

5 结束语——5 点体会

5.1 从源头抓起——完善设计

从 CZ－3A 到 CZ－3B，我们技术状态变动有 3 次：第一次在 CZ－3B 遥 1 前；第二次 CZ－3A Y3 任务前；第三次是 CZ－3B Y5 以前。3 次共 57 项状态变动，较大的有 12 项。3 次状态变动：一是为了系统的安全性，二是为了提高可靠性，三是为了提高操作和使用的方便。较大的变动 12 项中，低温加注系统改进占了 11 项。

5.2 低温问题无小事

1）CZ－3　液氢加注阀门与火箭连接处漏液；

2）CZ－3A　Y2 液氢加注阀门关闭时出现管路水击现象；

3）CZ－3B　Y1 过滤器堵塞和液氢真空管路破空造成液氢补加延时；

4）CZ－3B　Y1 液氢加注连接器脱落发讯故障造成火箭推迟 1′32″发射；

5）CZ－3B　Y2 时冷氦连接器脱落信号晚发讯，导致火箭推迟 2′12″起飞。

5.3 低温问题具有突发性

1）CZ－3A　Y2 液氢加注阀门关闭时，出现管路水击现象；

2）CZ－3A　液氢加注连接器转接头发射后拆卸时出现爆轰；

3）CZ－3B　Y1 液氢延时补加摆杆上的液氢加注真空金属软管破空。

5.4 低温系统要防止崩溃性（灾难性）故障的出现

这不是耸人听闻，国外航天大国有过，我们自己型号也有过。CZ－3A 系列低温加注系统还有一个问题没有彻底归零——液氢加注系统在总检查程序中，火箭起飞（模飞）后，在雷电交加情况下，全部阀门瞬间关闭。如果发生在加注阶段，问题可想而知。这样的案例举不胜举。我们要考虑哪些方面呢？

1）防止水击；

2）防止憋压；

3）防止设备和管路真空系统破空；

4）防止同时出现两个以上的故障；

5）防漏和防水。

这些问题要联系我们现有的系统、设备和有关文件（包括操作规程）来思考，修改和完善。

5.5 为什么出现的故障都是事先没有想到

这是一个一般规律，我们经常说“质量是永恒的主题”就说明了这个问题。从认识论的观点，我们的认识总是不断地向前发展，技术总是在不断地进步，永无止境。通过努力，对我们从事的工作可以做到好上加好。

但是客观上任何故障的发生都有一定的原因，都有一定的条件。这些原因，这些条件没有穷尽以前，我们要：

1）学习——向书本学习、向实践学习、向别人学习；

2）预想——想变化、想状态、想特点；

3）总结——总结教训、总结经验、总结规律；

4）固化——条条框框、各种资料、各种文件。

地面设备标准化的现状和发展设想

（1995.06.28）

1　运载火箭地面设备三化工作现状

地面设备研制已有30多年的历史，运载火箭最初的地面设备是从战略武器地面设备中沿用或演变过来的。从CZ－3开始，由于采用低温介质液氢作为推进剂，因此研制了一整套全新的地面设备。15所地面设备总体上讲是比较重视三化工作的，如设备的研制配套中注意到型号之间互相通用，以达到一品多用，表1列出了CZ－1、CZ－2、CZ－4A、CZ－3、CZ－2E、CZ－3A、CZ－3B 7个型号地面设备配套的情况。

表1　运载型号配套情况表

型号＼数目＼类别	配套地面设备和系数总数	修改设计和一品多用数	借用其他型号（含外购）地面设备数	新研制	备注
CZ－1	86	1	75	10	借DF－4
CZ－2	74	1	73		借DF－5
CZ－4A	53	3	46	4	借DF－5
CZ－3	106		34	72	外星配套162项
CZ－2E	141	17	59	65	
CZ－3A	187	17	62	95	借CZ－3，DF－5
CZ－3B	239	1	192	45	借用CZ－3，CZ－3A，CZ－2E

从表1可以看出如下特点：

1）因初期运载火箭是从战略导弹演变而来，所以火箭地面设备借用战略导弹DF－4，尤其DF－5导弹地面设备比较多。

2）地面设备总体人员在总体方案论证和方案设计阶段就注意到了通用化，从而缩短了研制周期，节省了人力和物力。从总体上讲，地面设备研制经费在型号研制中比例1/10都不到。

3）一品多用的思路在第二代运载型号CZ－3A地面设备中得到更多的贯彻。

4）地面设备借用设备比例大，成熟技术继承性好，可靠性高。

部分地面设备三化工作处于领先地位：

1）箭体公路运输车一品多用比较普遍，如CZ－3的二级公路运输车，既可运Ⅱ级箭体，又可运整流罩。CZ－3A、CZ－3B的一级公路运输车是由CZ－2E一级公路运输车改装成的，一车三用。最近铱星的公路运输车是由DF－5导弹公路运输车改装而成。

2）加注，配气系统的各种连接器和阀门标准化工作在80年代得到较大的重视，技术先进，在国内广为推广。现在3个卫星发射场，二炮都已采用15所研制的1TY系列阀门，诸如多种常规加注溢出连接器和多种供配气设备采用的高压、低压平衡阀、过滤器、电磁阀。1TY系列阀门和低温加注排气连接器，已达到世界先进水平。

3）多种地面测试电源已成系列，可供选择使用。

4）压力容器已严格按设计规范进行设计。CZ-3A液氢铁路加注运输车、液氧罐等设计生产严格按规范进行。

部分地面设备产品设计已具备系列化、通用化、组合化的条件。从1985年到现在，15所共制定国军标、部标和行业标准124项，对型号研制起到了一定的推动作用。30多年的研制，我们认为像铁轮支架车、吊具、瞄准设备、供气设备等已积累了相当丰富的设计经验，这些产品的部组件设计已具备模块化的水平，三化的前景是很好的。

2 运载火箭地面设备三化受火箭总体三化工作的制约关系

30多年来，我们研制了7个型号的地面设备，但是地面设备三化受到火箭总体的制约，火箭的结构尺寸参数（长，短、支承距离、宽度）、性能参数（质量、质心、箱体压力参数…）、环境参数（温湿度、振动参数）和结构布局不断变化，使地面设备三化工作进展受到限制，譬如现在火箭的高低温环境参数沿用武器的不肯更动，显然已不适合国情；我国哪一个发射场有－40℃ ，＋50℃的环境，哪一个发射场又有浓雾的条件。火箭支承包角、支承连接形式、支承宽度经常因人而异、因火箭而异，火箭增压压力档次不规范、不标准等，给地面设备三化速度带来影响。

3 地面设备对火箭总体三化的重要作用

早在20世纪60年代初，DF-5总体方案论证时，对直径选择就是成功的一个例证。当时有可能照搬美国大力神导弹系列直径3.05 m的条件下，经过我们对全国铁路桥梁和隧道的调研，并详细分析了箭体装卸过程中的多种误差和动态间隙，按照铁路建筑弯道加宽与车厢尺寸关系的基本理论，提出了车厢的最大安全尺寸和长度，同时采用摄影法测量车厢外壳与隧道的间隙、通过大量试验形成了导弹直径3.35 m，这个尺寸奠定了CZ-2C、CZ-2E、CZ-3、CZ-3A、CZ-3B、CZ-3C运载能力的基础，否则如采用3.05 m直径，上述型号的运载能力将普遍减小约30%。这个例子是典型的，其实地面设备在型号发展过程中对型号三化做出的贡献是不胜枚举的。

4 地面设备三化存在的主要问题

1）前面已经讲到了运载火箭三化工作制约着地面设备的三化，如整流罩的直径目前有3 m、3.35 m、4 m、4.2 m 4种规格，且整流罩的运输方式有分四瓣运输、整体运输、倾斜45°运输多种，在发射场吊装方式有整流罩和卫星一起整体吊装的，有分半罩吊装的，有整流罩单独整体吊装上火箭的。所以目前地面设备三化受到火箭三化的影响，这是第一个问题。

2）三化和技术进步发展关系处理不当。表1列举了地面设备配套的情况，肯定了型号借用量比例大，技术成熟程度高。但是我们队伍中存在着盲目追求先进的倾向，有些设备形成了一个型号，一种状态，从而使得本来可以通用的无法通用，去研制新的。造成这一倾向的客观原因是技术成果评定的具体政策，成果强调技术进步点。这种导向使得科研人员必须年年出“花花点子”，而不是用最简单的原理，设计出满足使用的产品，导致产品可靠性降低。要提高到同样的简单产品的可靠性，采取很多措施，否则满足不了要求。这方面瞄准设备可作为一个例子，从DF-5、CZ-2、CZ-3、CZ-3A，瞄准设备多品种，其实有些型号的瞄准设备是可以通用，因此三化和技术进步之间的关系有待正确处理。

3）三化和经济效益的关系。在当前市场经济条件下，还出现一种倾向就是不出花花点子，产品不能重新研制，那么单位的收益也受到影响，研制费用减少，这是新形势下的新动向。

4）对标准化工作的认识有待提高。这种状态表现在一些同志对标准化的重要性认识不足，没有认识到标准化是航天科技发展的技术基础工作，它涉及产品研制质量和水平。

其次是标准的贯彻上，缺乏法制观念，在贯标和应用上都或多或少存在问题，标准化人员在采用标准的监督方面不严，导致有章不循，有章不知，有章不懂，有章不学。

如果说制图标准是人人皆知、人人皆用的话，那么其他标准使用就达不到这种程度了。

5）相当一部分同志对通用化、系列化认识有待深化，这方面表现在对通用化、系列化的主动性、积极性方面不高。目前全所系列化、通用化的成果不多，例如吊具、支架车、车辆都是可以搞系列化、通用化设计的。当然任何事物的认识总是有一个发展过程，也需要领导组织和发动。

6）三化的经费不足。

7）专业分工的格局受冲击，严重影响三化工作。

在这些年来，各单位之间的分工由于经济利益时有冲突，如地面测试电源、吊具，平台的调温和测温、配气、加注等都是几个单位在搞，一个院内有两个单位在争，院和院之间同一专业无序竞争，造成专业技术改造和技措投资力量分散，建设规模不大，这种局面不利于三化，我们认为在院内应回到专业归口的老路上来，在总公司和科委范围内应尽可能行业归口，这涉及一个体制，涉及高可靠性和低成本，以及专业技术的发展和进步。

5　地面设备三化工作的基本设想

1）继续抓好标准的制订、修订，适当补齐一些必不可少的标准。我所标准工作的重点放在标准实施和监督上，标准化工作人员在图纸的审查上要全面贯标，凡不符合新标准的不履行签字手续。

2）全面推行IS09000系列标准，改革标准观念与国际标准和国际惯例接轨，建立健全质量体系。提高科技人员标准化意识，充分调动实施标准的自觉性和主动性。

3）抓好民品标准化工作。

4）新型号研制中一开始就要对型号标准化进行量化，明确标准化指标以及进行标准化使用性的统计，最大限度提高地面设备标准化程度。

5）开展产品设计系列化、通用化、组合化的试点工作，创造经验并逐步全面铺开。

当前宜对铁路支架车、公路运输车、电源、瞄准、加注、供气元件（阀门、管路、连接器）等条件成熟的设备中选定1～2种对象进行三化试点，摸索出一些经验，做出一些成绩。

第一步，分析上述产品的结构要素，通用化程度，元器件和原材料通用化程度，零部件通用化程度，找出容易三化的共性问题；第二步，在此基础上建立以产品功能设计为目标的结构型谱、零部件型谱、原材料型谱；第三步，进行通用化、组合化、系列化的CAD成果设计，最终成果应达到产品及参数的系列化（这些参数包括基本参数，计算参数）、结构通用化、设计组合化。

其他系统在条件一旦成熟就立即开展三化工作，这里讲的条件是人力、经费、技术准备。

6）三化工作是型号研制发展过程中长期的战略任务，要正确处理好三化和技术进步发展的关系，正确处理火箭总体和地面设备关系，正确处理技术工作忙、进度紧和三化基础建设的关系，正确处理三化和效益的关系研究，以达到高效、优质、有序地进行地面的可靠性、维修性设计。

7）加强计算机软件、硬件标准化的工作，当今计算机接口的发展非常迅速，计算机变更的方向已引起全世界关注，计算机的应用在15所管理和各型号工程设计中已普遍采用。因此计算机软件、硬件设计和管理的标准化工作要迎头跟上。国内、国际已有的行之有效的标准为我所用外，地面设备要在硬件和软件的标准化上做些工作。

a）硬件方面注意外围设备，机件结构设计方面的标准化；

b）接口标准化；

c）语言系统标准化；

d）文件系统标准化；

e）图形的标准化；

f）管路标准化。

8）充实标准化力量，提高标准化人员素质，加强培训力度。

9）加强政策导向。在职称评定、成果评定奖励等方面，采用、引进、消化、吸收国内外成熟技术及其延伸技术做好评定、奖励工作。

10）明确深化工作组织体系。绘制地面设备三化纲要，领导和指导全所三化工作的开展，做到组织落实、人员落实、计划落实。

第四篇

发射场

试论航天靶场建设

（1998.12.15）

1957年10月4日，苏联发射第一颗人造地球卫星，人类进入了宇宙时代。20多年来，苏美在航天领域中展开了激烈的竞争，世界各国的航天活动也非常活跃。加拿大早在1972年建立了世界上第一个国内卫星通信系统，法国的阿里安火箭也已挤进世界市场承接卫星发射业务，并取得了明显的经济效益；日本正在研制自己的H-2火箭，用来发射卫星；印度极地轨道卫星运载火箭于1989年发射……。当前航天活动的趋势：一是航天活动军事化，这方面以苏美为首，他们把未来战争的重要战场扩大到了外层空间。空间利用作为未来战争的战略重要组成部分，空间战就是针对这一目的；二是航天活动商业化，过去航天技术和航天活动的发展主要是以国家一级的财力和技术力量为强大后盾，但近年来西方一些有远见的企业家开始将目光投向太空；三是永久性载人轨道和航天飞机研制已势不可挡。伴随着宇宙时代航天技术发展，航天发射场日益增多。本文的目的是分析一下苏美两国航天发展的特点，并以此作为借鉴，然后综合我国目前建设靶场的经验及其教训，阐明今后我国航天发射场建设的指导思想，从而找出2000年乃至更长一段时间，航天靶场建设方向及航天发射场地面设备面临的新任务、新课题。

1　苏美航天靶场的特点及其发展

美国目前最大的航天发射场为佛罗里达州的肯尼迪航天中心以及加利福尼亚州的范登堡空军基地。苏联当今最大的航天发射场是咸海东面的丘拉坦和列宁斯克附近的拜科努尔航天发射场，以及北部普列谢茨克航天中心。分析可以发现苏联和美国的这些发射场，他们各自的发射设施极其类似。美国的2个发射场有900多项设备相同，而且这些发射场都是原来的导弹发射试验场改建和扩建的。苏美两国在航天靶场建设上走了一条共同的道路——利用原来的导弹试验场。这当然和第一代运载火箭是在导弹技术上发展起来的，谁也没有走单独研制运载火箭的技术路线有关。下面我们稍加详细地分析一下航天靶场的特点及其发展。

1.1　传统的发射工艺流程

以苏联拜科努尔发射场为例：准备发射的火箭（飞船）运到发射场后，首先在运载火箭装配试验楼进行水平测试，测试合格后的飞船由运输车运到离发射场几千米的加注设备楼加注推进剂，然后与运载火箭在装配楼进行水平对接，匹配试验，合格后将火箭及有效载荷一起用专用的运输—起竖车经铁路送至发射台，火箭起竖后进行垂直测试，而后加注推进剂，直至发射。在美国肯尼迪发射中心，大型的运载火箭或航天飞机的助推器、外贮箱，送到30层楼高的阿波罗垂直装配楼内，经过垂直组装和测试，与轨道飞行器一起用履带运输车以垂直状态送到发射台进行测试、加注和发射。

苏联的发射工艺流程远的可以追溯到“1059”，近的和SS-6洲际导弹发射工艺流程非常相似。美国航天飞机的这一发射流程和土星V的流程一样，可见任何一个国家的技术发展都离不开原来的基础，离不开原来的经验。

1.2 设备和技术的继承性

美国是很有钱的，苏联的国力也是很强大的。但是，他们在进行靶场方案和技术方案论证时，仍然非常重视经济性指标，凡是能用旧设备的决不重新研制。运输—起竖车对我们并不陌生，“1059”发射托架就是运输—起竖车，不过简单一些。苏联的运输—起竖这一技术路线始终没有改变，而只是设备本身更复杂，公路牵引困难，改在铁轨上行驶而已。苏联的这种运输—起竖车从1957年以来做过3次改型，在东方红发射期间采用1种开式桁架支撑结构，用作SS-6助推器的底座，此外上面级的上段有2个大型夹紧装置支撑着火箭并将其固定在运输—起竖车上。随着大推力的8 m长的上面级采用，上升号起竖车的上部支撑加长了，到联盟号又使用了更重要的、更坚固的运输—起竖车，其支撑延伸到联盟号护罩的顶端，在护罩圆柱体顶端起到辅助托架的作用。

苏联的脐带服务塔和移动式带工作台的起重机在发射第一颗人造卫星时，火箭没有第二级。当时为了在火箭牵制支撑臂上进行工作，仅采用三层工作平台，经过东方号、上升号、联盟号，现在的起重机高达40 m，有8层工作平台。但是都是在原来基础上随运载火箭发展而改造的，它和发射台的底座铰接方案一直未变更。

美国从1980年进行第一次载人航天飞机飞行，但是他们并非都是重新设计。肯尼迪中心地面设备的设计最大限度利用了原来用于载人航天飞行计划的阿波罗和天空实验室的设备，而范登堡基地的地面设备最大限度利用了原来准备用于载人轨道实验室计划的设备。众所周知的履带运输车原来是土星V的运输设备，在垂直运输航天飞机及助推器、外贮箱时做了些适应性修改。肯尼迪中心原有3个机动发射台，执行航天飞机发射任务时，在此基础上进行了适应性修改，在机动发射台中间开3个孔代替原来的1个孔，以便使轨道级主发动机和2个固体火箭助推器产生的燃气流可以从三孔中顺利排出导流器。由于美国肯尼迪发射中心只能向东发射同步通信卫星，不能发射极轨道和太阳同步轨道卫星，因此在范登堡6#发射阵地补建了一个航天飞机发射场，但其机动服务塔仍然采用了载人轨道实验室计划中保存下来的服务塔。根据发射航天飞机的需要做了某些适应性修改，高度从96 m降到84 m，顶端原为50 t的起重机改为200 t重的桥式起重机。

1.3 建立新的发射工位，研制新的发射设施

美国为了向西发射卫星，在范登堡空军基地建立了航天飞机发射工位。苏联为了和美国在航天飞机上进行势均力敌的竞赛，在拜科努尔繁忙的进行跑道和装配大楼的施工。法国为了提高阿里安运载火箭的发射能力并使之适应发射大型卫星的需要，在库鲁发射场修建了第二发射工位，它离第一发射工位仅500 m。日本为发射H-2火箭，在种子岛空间

中心离 H－1 火箭发射场一大崎约 1 000 m 处的东海角补建了名为吉信崎的发射场。当然，新建的发射工位为克服原工位存在的缺点，同样研制了一些新的发射设施。如肯尼迪航天中心发射航天飞机的工位是旧工位改建的，无论是装配大楼或者运输方案都受到土星Ⅴ的制约。履带运输车明显的缺点是笨重、速度缓慢，时速为 0.9～1.6 km，为此范登堡新建航天飞机发射工位时，取消了履带运输车，而改用新设计的自动胶轮运输车，新的运输车可从装配大楼等地向发射阵地运送轨道飞行器、外贮箱和固体火箭助推器，因此改变了原来肯尼迪航天中心的工艺流程；同时新配置了机动的有效载荷转接设备，该机动设备用来在发射阵地起竖和连接外贮箱与轨道飞行器，并可将有效载荷从“有效载荷准备间”送到发射台。

为满足新的空间活动的需要，除一些设备要重新设计外，一些发射设施也在新的工位建立起来。诸如围绕发射航天飞机用的轨道飞行器着陆场，轨道飞行器处理设施，外贮箱的处理与贮存设施，助推器的接收、贮存处理设施，发射处理系统等，都是随着新的任务而必不可少的。

根据上述特点我们可以归纳如下几点结论性意见：

1）苏、美第一代运载火箭发射场是利用了原来的导弹试验场而后发展的，航天发射场又是在导弹试验场基础上演变的。

2）为适应新的空间活动和日益增多的商业卫星需要，苏、美都在原来的航天发射场建立第二发射工位，并没有建立新的航天靶场。

3）为了降低地面设备的成本，苏、美都充分挖潜，最大限度地利用原有的地面设备，对不适应的地方做了适应性的修改。

4）地面设备充分地体现了原有技术的基础，技术继承性在地面设备发展中占有相当大的比重。

5）航天发射场及地面设备的发展取决于未来的空间活动和竞争，可以看出载人航天飞机永久性轨道站的发射已使航天发射场产生了许多质的变化。

2 我国航天靶场建设的几点意见

1984 年 4 月 8 日，我国成功地发射了一颗地球同步通信卫星，这标志着我国航天技术发展到了一个新的历史阶段。之后，1986 年 2 月 1 日，我国又成功地发射了第 2 颗地球同步广播卫星。航天部宣布我国运载火箭进入世界市场，说明我国在卫星的发射技术上已跨进世界先进行列，我国已具备条件可以承接外星发射业务。但是，随着对外开放承接外星业务谈判的同时，发现我国航天靶场在一些条件和运载能力上尚不完全具备，诸如发射卫星的环境条件等，因此提出了航天靶场的建设问题和改造问题。另外由于我国国内通信需求，认为卫星通信在建设我国现代通信网中具有非常重要的战略地位。通信手段现代化是四化建设中急需解决的重要问题。为了适应这一要求，需要研制新的运载火箭，提高运载能力，而根据新的第二代运载火箭方案，目前的发射场有很多不适应，人们从各个角度提出了航天靶场的建设，意见很多，方案很多，集中在要不要新建一个发射场，要不要在廿七基地建一个新的发射工位以适应新的形势、新的任务。新建发射场的任务和设施是什么?

2.1 我国目前靶场建设的经验教训

众所周知，我国目前已有3个靶场可以承接卫星发射业务，廿基地从1975年成功发射尖兵回收卫星以来，一直在执行发射各种卫星；廿五基地7#或“7号工位”正准备发射风云卫星；廿七基地已成功地发射了2颗地球同步通信卫星。这些基地为完成和即将完成的卫星的发射起着重要作用。但是这些靶场存在不同程度的缺点，主要有：

1）该活动的没有活动，该固定的没有固定——廿七基地最为明显。本来液氢、液氧加注应采用固定罐的方案，但是液氢加注搞成了活动方式。地面勤务塔架本应做成活动的，但是固定了。发射时的火焰冲刷相当厉害，漂移空间扩大已不可能。

2）设备可改造性差、场地考虑后续型号任务需要差。目前的廿五基地，发射场地基下陷，廿七基地发射台地基承载能力导流能力都不足以满足火箭捆绑的需要。发射场的设施技术继承性几乎等于零。

3）基地规模大，工程项目多，配套齐全。但是设备技术水准低，不能完全满足今后航天事业发展的需要。

4）基地地形复杂，山区交通运输不方便，不用可惜，扩建和改建耗资又巨大，选点不尽合理。

2.2 关于我国未来航天靶场建设的几点意见

为了适应我国事业发展和国际上卫星发射市场的需要，我们正在抓紧研制运载能力大、可靠性高、适应中外星的第二代运载火箭。但鉴于我国发射场存在的问题如何办呢?我的观点是立足当前，着眼长远，要统筹规划，从实际出发，远近结合。

（1）充分利用我国现有靶场，满足2000年前的需要

我国发射场尽管有着上述缺点，但是从我国目前的国力、财力看，不能立即再搞一个新的发射场。搞一个新的发射场，涉及选点、移民征地、修筑各种发射设施和道路、组建队伍、配置设备，耗资巨大，周期很长。应当利用原来廿、廿五、廿七基地的规模大、配套项目齐全的特点，进行挖潜，吸取国外的经验，不能再建航天发射场。

成本分析表明，建设和装备一个新的发射场，同改造一个发射场区别很大，另外建一个单一的发射场和一个可以发射多种型号火箭的联合发射场相比，前者的巨大耗资和附加费用将远远超过在原来发射场上新建一工位。国外尚且如此，我国财力不如国外，应从实际出发。

（2）航天发射场的建设和航天发展的规划结合起来

如果没有一个国家级的航天发展规划，去谈航天发射场的建设，必然是走老路，走一步，看一步。过去建造的缺点仍然会得不到重视。在进行航天靶场建设和航天发射场方案选择时，要把当前的任务、2000年前的任务及长远的航天技术发展规划结合起来考虑，做到军民结合，远近结合，一个工位多种用途，避免仓促上阵。发射场的设施要留有充分

的余地，航天发射场的改造要适应今后对外开放的需要。过去我国的卫星在发射阵地处于自然环境下测试，这显然不符合洁净度的要求。

(3) 西昌靶场不适合作为中国唯一的航天中心

建设一个航天发射场，各国所走的道路不尽相同。它们的组成和规模也不完全相同，但是都要考虑如下因素：

1) 发射场尽可能靠近赤道，以便在发射卫星时可以充分地利用地球的自转速度。

2) 发射方向上没有障碍物，发射场地平坦、宽阔、气象条件好，落点好。

3) 运输方便，能保证火箭（航天飞机的外贮箱、助推器）及推进剂的运输。

4) 施工难易程度，投资费用少。

5) 居民稠密大小。

但是西昌靶场要作为我国的航天中心有很多不利条件，主要是这个地区交通运输条件差，对未来大尺寸的运载火箭及航天飞机不能运输，加上这个地区雷雨多，每年可发射期很短。由于雨季较长，给设备维护保养造成很大困难，而且这个地区地形复杂、狭窄可改造性差，加上这里发射场的设备总体布局上有很多先天不足，正如前面所述的“该活动的没有活动，该固定的没有固定”，因而西昌靶场不适合作为中国第二代运载火箭乃至今后航天飞机的发射场。

(4) 未来航天发射场建设

未来的航天发射场建设可以分 2 步来考虑：第一步改建现在的廿七基地，使之适应 CZ-3A 芯级的发射，这样投资很少，可满足 91 年及 91 年后一段时间的发射需要；第二步根据我国的航天规划，以及打外星的要求进行充分论证，综合平衡廿基地和廿七基地的优缺点，在新的地方建立新的发射工位。

3 未来航天发射场的组成和分类

我国未来航天发射场主要受到两方面的影响：一是第二代捆绑式的运载火箭；二是受航天飞机的影响，因此本文从这里出发，探讨未来航天发射场的组成及其分类。航天发射场可分为专用技术设备和通用技术设备。

1) 发射区。发射区的专用设备有机动发射平台、导流槽、机动发射勤务塔、固定的脐带塔、起重对接设备等专用设备。通用设备有通风空调、取暖、消防、供水排水设备、通信设施、电力照明、救生设施等。

2) 固定设施区。在发射区周围设置的专用固定设施有低温加注液氢和液氧固定罐，常规推进剂库、供气库。

3) 测试区。测试区的设施用测试楼、各种组装吊运设备和专用运输设备。

4) 维修、贮存区。该区针对航天飞机而设置的。

5) 机场及跑道。

6) 控制测量中心。

4 地面设备面临的新任务和新课题

将来的地面设备因运输火箭的大尺寸而显得高、大、重、复杂，因此地面设备面临着如何解决一个“笨”的问题，另外地面设备传统的一些构思将受到挑战。

（1）建立一个综合性的发射勤务设施——机动勤务塔

考虑到我国的国情，吸收国外建设机动发射平台的构思，我国未来运载火箭的发射设施也应将组装、测试、发射集于一身，在加注前可撤离到某一安全区，这种机动塔架方案之一是做成两半个，合在一起把捆绑火箭及航天飞机围在中间，在适当层次进行密封空调，以使环境满足仪器舱及有效载荷洁净度的要求。

（2）大型的起重-运输设施

这是解决运输和发射阵地、将运载火箭竖在发射台上的一种组合方案。从测试区火箭沿铁路运至发射中心，完成了起竖任务后即行撤离。

（3）捆绑火箭的支承牵制装置

目前我国的运载火箭和导弹采用发射台支承，用防风拉杆使之固牢于发射台上。这种支承牵制方案比较原始，从“1059”以来有些小的变化，但是基本上没有质的变化。这种牵制对起飞安全是极为不利的，万一没有对称点火，或没有达到额定推力而起飞，其危险性就很大。为此我们应学习国外先进的技术，改变传统的四点支承式发射台结构，如不再采用传统的上下回转盘形式。事实上由于加大载荷后，传动系统如不改变目前的结构方案，已很难实现。我们应当对支承和牵制进行综合考虑，必须研究一种新型的牵制-释放装置，这种装置一旦达到额定推力，发出信号释放牵制机构，火箭随即离开地面。这种装置应满足如下要求：强度足够、操作简便可靠，达到额定推力后，根据信号同时释放，保证火箭的动载荷在火箭设计能力之内。目前可能的有如下几种形式：

1）剪切释放；

2）爆炸释放；

3）气动释放；

4）上述形式的组合释放。

（4）超低温介质系统的贮运、输送等问题

未来，运载火箭包括航天飞机采用的主要推进剂是液氢和液氧。美国、欧联、日本都采用大型球形罐贮存液氢和液氧。我国未来航天发射场也将配属这种设备，但是球形容积（特大型）运输有困难，在现场制造又有困难，因而我国宜采用柱形容器。

为了缩短发射阵地停留时间，最关键的是缩短加注时间。美国肯尼迪发射中心液氢输送速率为 37 854 L/min，而在范登堡新建的航天飞机发射场中，液氢加注速率也达 20 000 L/min，而我们目前加注速率仅为 1 000 L/min，因此必须研制新的低温加注泵。其次，低温推进剂在射前要进行补加，补加流量将远远低于加注速率。如何统一加注大流量、补加小流量可有多种方案，其一是研制不同流量的阀门，大流量阀门和小流量阀门并联，根据需要打开不同流量的阀门。另一种方法是两种管道，大直径管道进行加注，小直径管道用于补加。液氢输送中，尤其是长管道输送中两相流问题不可避免，为了改善这种状态，美国在管道系统中增设过冷器，这种过冷器是采用液氢作为冷却剂的一种热交换器，能使液氢流过时冷到－254.5℃。过冷器需要有一系列的调节系统，用于使过冷器中液氢液面自动保持不变。过冷器的出入口还应当装有温度传感器，指示液氢进入过冷器前后的温度。这一设备在未来航天靶场的低温系统中是必不可少的，我们应当尽快研制。

（5）冷氦系统

为了减轻运载火箭的质量，使有效载荷更大一些，美国、法国均已采用冷氦作为增压用工质。冷氦温度各国是不完全一样，美国为 90K，比法国低。冷氦带来一系列的新问题：如冷源及热交换器，高压冷氦的输送问题，冷氦连接器的脱落问题，这些问题我们要尽快研制。

（6）导流问题

燃气导流应当说不是一个难题，然而由于捆绑火箭的出现，使这一问题增添了新的麻烦。因捆绑的情况不同，方案不尽一样，有几种可取方案供讨论：一种是开一个大的导流孔，火箭芯级和助推器的火焰都排向导流槽，这种方案导流孔很大；另一种方案是将芯级和助推器火焰分别由 3 根导流管排出，引入地下导流槽。该方案本质是多个导流孔；还有一种方案是采用场坪导流器导流助推级火焰，芯级由导流孔排向导流槽。但是不论是何种方案，导流方案必须和火箭捆绑方式、场地大小、发射台方案、支承牵制方案和总体方案结合起来一起考虑，因而本文对上述方案不作具体评价。

（7）地面设备测试自动化

地面设备测试自动化主要是指地面加注系统、供气系统、动力系统测试、控制系统测试。控制系统不属 15 所范围，地面设备自动化是指自动控制阀门开启和关闭，走自动程序、自动记录、自动显示、自检监测、自动查询、出现故障自动报警和自动停止，但是目前 15 所的地面设备尚不能达到这一水平。为此我们应当在今后努力改善这一状态，因为这样可以实现远控，这是未来航天靶场人员安全非常需要的。

5 结束语

航天靶场的建设和航天器发射方式有关。就航天飞机而言，有美国式的垂直起飞水平降落方案，有英国的水平起飞水平降落方案。显然这两种方式的靶场设施有很大区别，本文提到的航天靶场设施是针对大型运载火箭发射以及航天飞机垂直起飞水平降落而言的。我个人认为这一方式能充分发挥我国现有的技术基础，能较快地实现我国未来的空间计划，继续保持我国空间大国的地位。当然对于国外其他形式的航天器及其靶场设施，我们也可进行跟踪和研究。

要加强发射方式预研究

(1983.06)

1 历史的回顾

25 年来，我国导弹武器系统经历了从仿制到自行设计、从单一型号研制到多种型号研制、从无到有、从小到大。1980 年，向太平洋发射了洲际远程导弹，这标志我国第一代战略导弹研制的基本完成，我国第一代战略导弹武器重点是解决有无问题。

地面设备和发射方式，同样经历了从仿制到自行设计，从设计单一型号的地面设备到设计多种型号的地面设备。就战略导弹的发射方式而言，虽基本上参考了美苏第一代、第二代导弹的发射方式，但是我们仍然做了大量的工作，具有我国自己的特点。主要体现在下面几个方面。

1）仿制了“1059”导弹地面设备，研制了 DF-2、DF-3、DF-4、DF-5、CZ-3、巨浪一号 6 个型号的地面设备以及相适应的发射方式。DF-2、DF-3 发射方式和 1059 相近；DF-4 采用地下井发射方式，和宇宙神、大力神Ⅰ发射方式相近；DF-5 的试验井和美国的大力神导弹发射井相近。但在地面设备系统众多单项设备和各分系统井内设施上做了不少本质的改进。采用了一些先进技术成果，如加注自动脱落连接器、全轮转向、气管连接器、自动补加车、整流电源、液氧加注系统等。

2）直接参加了科委 6 个工位的建设、二炮基地的建设。通过上述发射场和基地的建设为武器系统的发射方式、阵地配置积累了经验。

3）积极开展了发射方式预研，初步取得了一些成果。

25 年来，特别是 1975 年以来，我们结合型号进行了多种发射方式的预先研究。先后提出有依托的有限机动坑道发射、陆地区域性机动设想方案、有依托一弹多点、东五洞内准备、洞口场坪托架发射方式、东四铁路机动发射、东五公路洞口托架发射、东五简化井发射方案、气垫船发射方案等多种发射方式。这些方案、设想和意见各有其优缺点，虽未被正式采用作为定型方案。但是探索像 DF-5 这样庞大的导弹武器，作战使用应当考虑些什么问题，积累了一定的经验，开阔了思路，不少设计很有参考价值。在这些方案中，提出过“一弹多点”“洞穴战术”“轻装坑道”“鱼目混珠”“以假乱真”等。这些想法被定型发射方式所采纳，在方案上得以体现，特别是这些方案、设想，对确立我国第二代导弹以陆基机动为主的战术思想起很大作用。

在学习外国先进技术的基础上，我们也创造了像“832”这样区别于美苏的发射方式。它采用了整体起竖，自动脱落加注连接器，洞内准备，洞口场坪托架发射。这一方式提出并定型，较之美国 MX 平行公路、机动发射方式要早 4 年。可见中国人并不笨，中国技术人员有能力、有智慧，可以研究出更多更适合我国国情的新的发射方式。

2　体会和教训

关于战略导弹的发射方式其实是伴随导弹武器本身同时进行的。所谓战略导弹的发射方式，实际上就是导弹武器如何使用的重大问题。在我国远不像研制导弹武器本身那样重视。在苏美也是一样，到了五十年代末期、六十年代初期，美国发现导弹发射方式和地面设备在导弹武器中的地位越来越重要。据统计，导弹地面设备费用，一般占导弹武器总价的50%，有时达到70%，雷神导弹地面设备的费用有时达到79%。因此，导弹发射方式受到苏美军事战略部门特别的重视。历年来，由于导弹发射方式不同，地面设备的费用、作战反应时间，生存能力差异很大。近年来，还因为侦查手段日趋完善，命中精度不断提高，导弹核武器当量增大，并采用了预警系统，所以提高导弹核武器生存能力和突防能力成为美苏研究的重要内容。他们为了适应新的形势，采用了加固地下井和机动发射的道路。

25年来，在发射方式预研中我们积累了一些知识，有一点体会，但也有不少教训，主要有下列4个方面。

2.1　要积极开展发射方式的预研

任何一种发射方式都有其固有的优缺点，对它的采用，受到历史阶段的限制，受到经费、国情、制度，以及技术成熟程度的制约。但是，多种因素中最主要的、最基本的是技术成熟与否。为了“消灭敌人，保全自己”导弹的发射，要做到快速。因此，DF-4“832”托架发射方式，如果没有加注自动脱落连接器的研制成功就难以实现；DF-5“319”井场坪和公路转弯半径较小，如果没有全轮转向的技术，因山区公路的弯道要大得多，不仅隐蔽性差，费用也增加很多。情报资料显示，美国铁路机动两上两下，第一次下马原因之一就是因为技术上遇到发射阵地不固定，给制导部分的瞄准带来困难。以上正反两方面的经验看出，基本的是技术上要成熟。一种先进的设计、构思，如果没有技术储备，只建立良好愿望是不行的。空中机动当然是最好的机动，但是对战略导弹技术难度很大，如飞机释放导弹的分离动力学、飞机导航系统与导弹制导系统的衔接问题、导弹发射时的载荷问题、导弹释放方式等，如果这些问题未能彻底弄清楚，空中机动也只是一种设想。没有设想不行，设想是很重要的，有了设想经过可行性论证就能确定预研课题，通过努力就会变为现实。DF-5地下试验井，预研时定了八大课题，但是由于对发射方式预研究存在着不重视、人员思想不稳定，取得阶段成果后，课题组纷纷解散了。另外，发射方式应当搞多种方式预研，武器投入使用是可以有多种途径的。预研阶段，一开始应进行多种发射方式的论证，探索，试验研究，最后经过有关部门组织裁定。美国MX导弹的发射方式一开始提出十多种方式、方案，最后选择几种方式重点考虑。

发射方式没有预研就没有储备，就会出现DF-5导弹那样，导弹研制出来了，究竟如何发射？定不下来，临时组织队伍，临时提出方案进行论证。第一代导弹因为有美苏经验作为借鉴，武器和发射方式的矛盾在初期并不尖锐，但是随着武器的发展，矛盾已经相当尖锐了。今天 DF-5 地下井的减震方案还定不下来，井的直径定不下来，简化井简化不大，这种教训值得吸取。如果重视发射方式预研，搞减震的课题组和其他课题组不解散，那么从 1975 年到现在应当有许多成果了，井的简化更有把握了。

2.2 放射方式预研应着重考虑的几个原则

1）发射方式，重点应围绕着如何提高武器系统的生存能力和作战使用性能。

任何一种发射方式，不管是机动的（机动疑惑）还是固定的地下井方式，都应使得敌人无法知道我国导弹武器的确切行踪。而且当听到敌人发起进攻的预警信号时，在来袭导弹飞行期内，我国导弹能迅速转移到新的发射点，从而挫败敌人战略企图，使敌人消耗大量的弹头，而我们仍保存打击之后的还手能力。我国的导弹在作战使用性能上，要反应快、发射准备时间短。

2）发射方式的选择要考虑国家战略指导方针和武器运用原则。我国是社会主义国家，从来不打第一枪，因此，我们是后发制人，在别人来袭以后还能有还手之力，能够做到以少胜多，以一当十，达到“消灭敌人，保存自己”的目的。

3）发射方式要贯彻少花钱多办事，办好事的原则，工程力求简化隐蔽。

经济效益是一个考核选择发送方式的很重要指标，尤其对于我们这样一个穷国，更不能浪费人力物力。

4）发射方式，要考虑尽量少占用土地，尤其是少占用农田，对环境影响要小，不破坏自然环境和公共道路。

我国农田面积小，人口多，而发射点的选择往往是远离城市的工矿企业的偏僻山区、丘陵地带。因此，力求不占或少占耕地是一个原则。自然环境不被破坏，对生存能力的提高也很有利，便于隐蔽，液体导弹阵地对环境很有影响，要防止水源污染。

5）发射方式选择要保证发挥导弹武器本身的战术技术性能，结合国情合理部署。

6）发射方式的研究，要充分掌握敌情，做到知己知彼。

导弹武器及侦查手段发展很快，因此应当对敌人武器的特点、性能以及采用的战略战术进行调查研究。我们应结合我国和我军地理及作战上的有利条件，从中探索方向，避短扬长。

2.3 走实验研究的道路

我们如何在第二代导弹研制时摆脱落后状态呢？要搞预研，在新型号研制初期就要搞发射方式预研，而其方法就是要走实验研究这一条道路。我们通过试验研究，可以改进原有的发射方式，探索新的发射方式，增加技术储备。美国对一些有前途的发射方式，诸如空中机动发射，始终在摸索，因为它是生存能力最高的一种机动方式。试验一旦成功，就可以使战略导弹处于连续的“空中警戒”。1974 年 10 月，美国已经成功在 C-5A 飞机上发射了一枚民兵导弹，其次还进行了多次投放导弹质量的混凝土块，MX 导弹重点的几种发射方式都做过实际试验。过去 DF-5 也做过不少试验，如缩比模型试验，地下井的系留点火试验等，所有这些对 DF－5 在试验井做高弹道实弹试验打下了基础。

2.4 三个结合

要开展好发射方式工作，要做到三个结合。

1）导弹武器系统三大组成部分密切结合。

钱学森副主任说过，导弹武器系统，是由导弹、弹头、地面设备三大组成部分组成的。发射方式的预研、设计、核试验与导弹弹头关系密切，往往因为发射方式的需要，要求导弹和弹头作相应的改动，以适应机动、快速、隐蔽。例如要使 DF－5 导弹机动起来，除因导弹本身固有的质量、长度比较难实现外，还有不少地方不适应机动快速要求。例如，现在的东风导弹核弹头，在运输时象限是不一致的，这给水平对接造成困难。如果在预研初期加强协调，就可以使象限一致，以利于水平对接。这样的例子不胜枚举。这是总体和系统的关系，总体对分系统有制约作用，分系统也要影响总体。互相补充，互相协调，才能使导弹武器总体性能更好。

2）研制单位和使用部队结合。

这个道理很明显，这里不加赘述。因为武器系统的战略战术技术指标要求和使用部队关系密切。武器的性能、工程设施、部队的编制直接和发射方式有密切关系。

3）使用和试验部队要密切结合。

导弹武器研制到一定阶段，要进行飞行试验，考核设计指标，在这个阶段，如果部队参与就参加学习，对武器使用提出设想、意见，对产品定型有很多好处，当然对培训部队就更有益了。

3 差距和努力方向

发射方式的研制和导弹武器一样与美苏的差距比较大，我们认为主要是如下原因。

3.1 缺少一支发射方式研究的专业队伍

15 所不少同志根据自己实践经验和实际工作的需要，对发射方式做过不少有益的工作，提出过不少宝贵的意见，但是我们没有一支稳定的专业队伍。任何一种发射方式，在技术上达到成熟的程度，要解决的难关、课题是多种多样的，所需的专业知识，也是千差万别的，没有一支专门的队伍是不行的，应当尽快建立。美国对发射方式的预研很重视，他们除对空中机动感兴趣，目前还开展水—空气、水—真空、空气—真空发射方式的预研，这几种方式是利用“环境势能”。美国试验证实，当发射长 261 m、直径 3 m，采用水—空气的发射方式装置可以使宇宙神导弹获得 10 g 的不变加速度。用空气—真空装置与普通发射方式相比，将允许增加推进剂质量 50%，有效载荷 30%。发射方式的研究有大量的工作要做，急需建立专门机构和专业队伍。

3.2 发射方式更新迫在眉睫

美、苏发射方式不断适应着武器力量对比形势、日趋完善的侦查手段，日新月异的技术，进行着不断地更新，如他们对地下井采取加固措施以提高抗力对付核武器当量增大，采取机动应对命中精度的提高。苏、美近年来在发射方式上，可以简单地归纳为：

1）抗和隐（藏）相结合；

2）机动和提高硬度相结合；

3）地下机动和地面机动相结合；

4）多种发射同时并存。

我们目前建的地下井没有采取相应的措施来适应变化的技术和变化的形势，因此生存能力是相当低的，更新我国第一代导弹的发射方式以求得较高的生存能力，仍旧是我们当今的重要工作。

我们和美苏的差距主要是技术上的差距，另外经济力量也影响我们开展这一工作。但是，只要我们建立起稳定的队伍，政策落实，领导重视，一步一个脚印，发射方式的工作一定可以争得主动，取得成绩。

地面特种设备考察团技术报告

（1987.10.26）

1987年9月12日至10月6日，我部地面设备特种机械考察团赴美、法两国进行考察，这是我部第一次组织地面设备人员对国外的考察。由于考察团技术准备充分，目标明确，思想统一，这次考察任务圆满完成。

考察团在美考察了5州、5个市、3个工厂和3个公司，参观了肯尼迪发射场和约翰逊飞行控制中心、法国考察了3个市、2个公司和4个工厂，此外还参观了高技术展览会，访问了法国的CNAS中心。

这次考察的重点是火箭的发射运输设备、勤务塔架和超低温加注设施。在考察期间，我们边参观、边讨论，我整理了有关地面设备的若干问题，主要有：

1）大力神导弹如何运输到卡纳维拉尔角；

2）美国东、西两个发射场的主要异同点；

3）导弹和航天飞机在发射台上如何固定；

4）何时释放火箭及航天飞机；

5）火箭及有效载荷的运输问题；

6）大力神导弹的Ⅰ、Ⅱ级公路运输车的结构；

7）发射平台的寿命及其采取的措施；

8）液氢、液氧加注时间；

9）液氢、液氧贮存运输问题；

10）氦气来源及火箭贮箱置换问题；

11）发射勤务塔架及测试、总装厂房设施。

根据我们的考察，分三个方面进行技术总结，对第二代乃至今后高技术论证有关地面设备、发射场的建设具有参考价值。

1　美国运载火箭的运输停放车辆

在这次访问中，我们参观了美国大力神Ⅱ导弹运输车及停放设备、土星Ⅴ停放运输设备、航天飞机履带运输车、有效载荷运输车及航天飞机支承停放设备。下面我们分别给以介绍。

（1）大力神导弹运输设备

大力神导弹运输车有一级、二级运输车组成。

从图1、图2可以看出，大力神导弹运输车有一级、二级运输车，是一个全挂式两轴运输车，前后轴都可以转向，车架高度可以调整。图3前后轮组是高度可调式车轴，车上有动力源，车架高度调整是通过轮组车轴上的悬挂来实现的，这在我国第一代导弹运输车上没有采用过。其优点是减震性能好，运输和装载产品时可根据路况及工作场地情况或升或降。

图 1　大力神导弹一级公路运输车

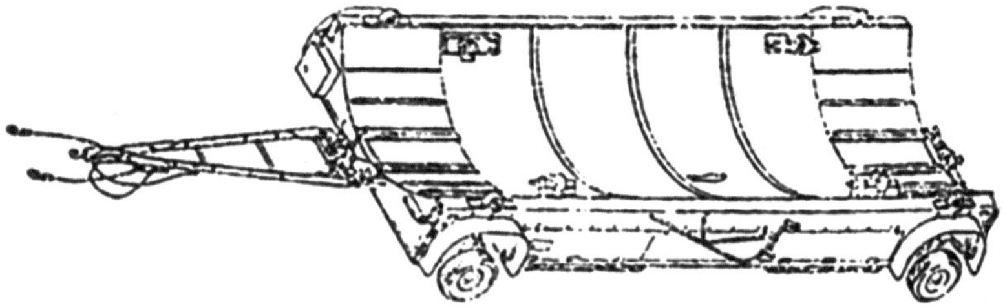

图 2　大力神导弹二级公路运输车

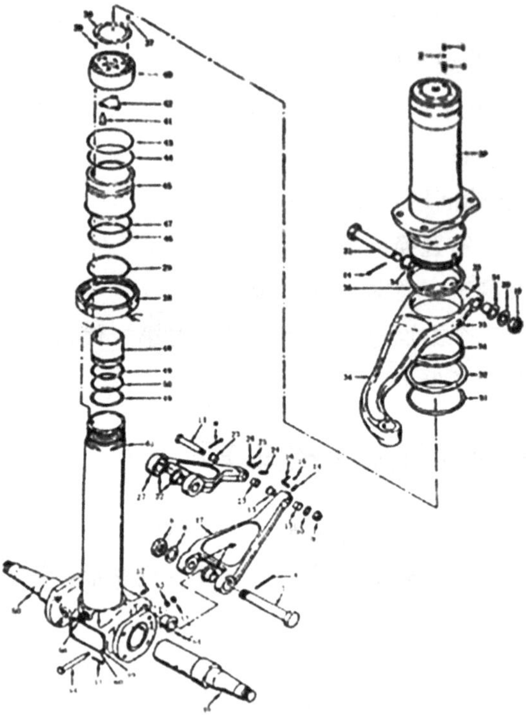

图 3　大力神导弹高度可调式车轴

（2） 土星Ⅴ停放运输设备

土星Ⅴ运载火箭由三级组成：即 S－ⅠC、S2、S－4B。它可以把 143 t 的有效载荷送入地球轨道，把 43 t 重的有效载荷送入月球轨道。

图 4 是土星Ⅴ前停放支架车，图 5 是土星ⅤS－ⅠC 后停放支架车。我们从实物可以看出架车本身可作运输车用。图 6 是火箭运输中转向时用的操纵台，由于火箭自重较大，因此连接点刚性很大，在运输中为防止前后窜动，左尾端有撑顶机构，如图 7 所示。

图 4　土星ⅤS-ⅠC 前停放支架车

图 5　土星ⅤS-ⅠC 后停放支架车

图 6　土星Ⅴ运输车转向操作台

图 7　土星Ⅴ撑顶机构

土星Ⅴ运载火箭高 85.72 m，阿波罗飞船高 28.52 m，采用传统的发射方案，要用 9 个月才能发射，发射场的利用率很低，而且在发射场待命测试 9 个月，其垂直测试环境条件很难保证。因此，美国改变了传统的在发射阵地进行组装测试的方案，取消水平测试，将运载火箭和有效载荷集中在一个装配大楼里进行垂直组装和测试，测试合格后，发射前 2～3 周之内将发射台、脐带塔和土星Ⅴ一起运往发射场。图 8 是土星Ⅴ和机动发射平台的运输车。马丁公司共研制了 3 个这种专用发射平台和 2 辆履带牵引车。

运输车长 41.2 m，宽 34.7 m。它是一个盒型钢结构，顶盖是一个平板，大约 3 个网球场那样大。它由平台、底盘、液压系统、推进系统和动力系统等组成。

图 8 机动发射平台运输车

运输车的动力装置是 2 台功率为 2 750 匹马力的柴油机带动 4 台 1 000 瓦重型直流发电机。发电机对 4 个成对地装在履带车前端和后端牵引马达供电。此外用 2 台 1065 匹马力的柴油机带动 2 台 750 瓦发电机，用于平台调平、起重机和转向系统提供动力。

运输车有 4 个巨大的双履带式履带车提供牵引力，履带车在 4 个角支撑着车身上的底盘，每个履带上方有一个液压千斤顶，用于举升载荷。它可以使装载有土星 V 的发射平台在运输中保持水平状态。

运输车空载速度 3.2 km/h，满载时 1.6 km/h，上坡时 0.8 km/h。39A 发射场与装配大楼距离 4 600 m。土星 V 从装配大楼运送到 39A 发射场就是用这辆履带运输车。

(3) 航天飞机运输车及停放设备

图 9 是航天飞机运输车，它由土星 V 运输车改造而来。航天飞机外贮箱水平运输车是一个桁架式的车体，其外形如图 10 所示，从图中可以看出前端悬伸较多。

图 9　航天飞机及运输车

图 10　航天飞机外贮箱及运输车

航天飞机的维修是在专用厂房进行的，在这个厂房有各种的测试设备、各种工作台梯、配电设备。在维修时飞机本身全部离地，由垂直支撑设备支起，航天飞机的支撑点深入机体内部。图 11 是航天飞机正在维修的情况。

（4）有效载荷运输车

图 12 是有效载荷运输车停在装配大楼前的情况，它有 48 个驱动轮，全长 19.8 m，宽 7 m。每个车轮可以独立转向，且容许向前、向后、侧向移动。运输车自重为 63.5 t。车上装有液压系统、控制系统。空载车速 16 km/h，满载车速 8 km/h，爬坡时最低速度 0.023 km/h，可以水平或者垂直运输有效载荷。

图 11　航天飞机在维修

图 12　有效载荷运输车

2　美国运载火箭发射台及支撑牵制方式

2.1　发射台及支撑机构

众所周知，美国导弹及运载火箭发射台是从 V－2 火箭逐渐演变过来的。在几十年的发展中，发射台的形式也不断变化，发展大体分为两个阶段，第一阶段是传统的四只腿式发射台，第二阶段是发射平台。土星Ⅴ和航天飞机就是在发射平台上进行的。火箭在发射台上支撑牵制方式和支撑位置因火箭类型的不同而异。下面介绍一下美国火箭的支撑方式。火箭支撑在腰部如图 13 所示；火箭支撑在尾部如图 14 所示，但其支承块不是伸进火箭，而是用防风拉杆拉住。

图 15 的支撑机构更为复杂，火箭上有 2 个凸形块，发射台上的锁紧机构将其拉住，这种释放机构很巧妙，但比较费时间。

火箭支撑在尾部，如图 16 所示，它有 4 个桁架支臂托住火箭，火箭的支撑装置类似我国 CZ－3 火箭防风拉杆，从它的外形看是用螺母紧固。

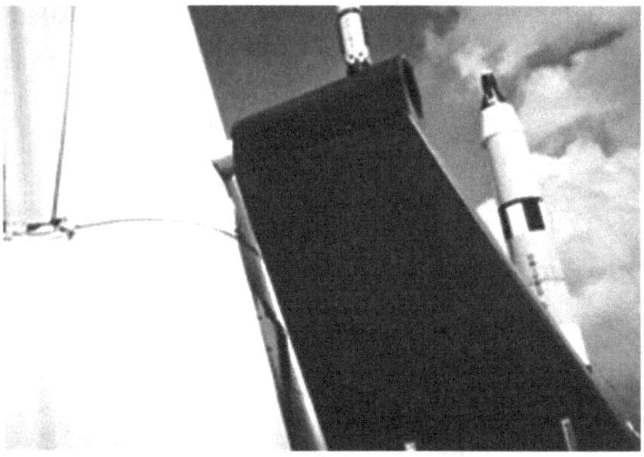

图 13　火箭支撑在腰部的结构形式

图 14　防风拉杆形式

图 15　摇臂式牵制释放机构

图 16　螺母拉杆式支撑装置

土星Ⅴ和航天飞机的发射平台有双重作用，在装配大楼内，它作为一个装配平台，火箭在其上进行装配及测试，测试完成后运输车将其运往发射场，火箭航天飞机在平台上进行加注，射前检查，点火，发射。

这种发射平台是一个两层楼的全焊接矩形盒状结构，如图 17 所示，长 52 m，宽 41.7 m，高 7.6 m。土星Ⅴ发射平台台面分成 41.7m×26m 两部分，一部分被脐带塔占据，另一部分竖立土星Ⅴ和阿波罗飞船。上面开一个排烟方孔，方孔尺寸为 13.7 m×13.7 m，航天飞机的发射平台是用这一平台改造而来的。在该平台上除了脐带塔以外还有 3 个排气口，1 个用于轨道飞行器火箭发动机排气，其余 2 个用于两枚固体火箭排气。

图 17　发射平台

土星Ⅴ在飞行平台上的固定是通过一个机械支撑臂实现的，支撑牵制臂长 3.04 m，宽 1.82 m，高 3.35 m。土星Ⅴ火箭的推力结构的底环被夹紧在臂的头部和上联动装置之间。当发动机点火达到全推力之前的 7～8.9 s 内系留火箭，当 5 台发动机工作都正常，达到额定推力时，牵制机构才松开，如图 18 所示。

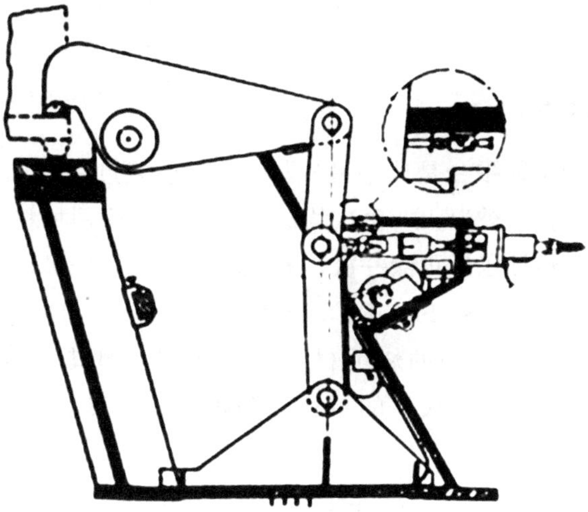

图 18　土星Ⅴ火箭牵制机构

航天飞机的支撑牵制机构，不同于土星Ⅴ，它是用 6～8 个爆炸螺栓，将航天飞机的固体火箭和发射平台相连，在接近额定推力前毫秒级，螺栓进行爆炸。图 19 是航天飞机牵制释放机构最新的原理图。

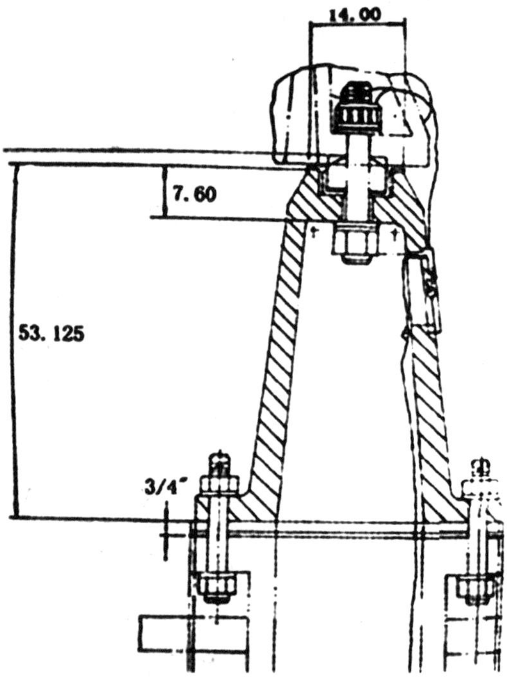

图 19　航天飞机牵制释放机构原理图

2.2　发射台的防热涂料

前面讲到航天飞机用发射平台是从土星Ⅴ发射平台改装过来的，据马丁公司介绍已用过上万次。为了保持发射平台不被退火，每次均涂绝热材料，这种材料可以保持发射台的钢结构始终处于冷状态，每次烧蚀以后再涂一次，有几种涂料可供选择，分别是马丁公司生产的 SLA－220，SLA－561，MA－25S，SilicaRsi，ESA－3560，ESA－5500。

SLA－220 适合用于重复使用的烧蚀材料的防热层，但其表面温度不得超过 1500℉（816℃）。该材料优先使用于登陆火星的雷达热防护、航天飞机外贮箱上及固体火箭助推器、安全天线上升时的热防护。

SLA－561 用于火星防热层、航天飞机轨道飞行器防热层，使用时喷射在防护物表面，在烧蚀期间，它形成坚固高黏性覆盖层。当然喷射前基体必须清洁，喷射硅树脂（GX－3600）底漆，干燥到发粘状态，再使用第二种硅树脂（GX－6300），涂层到发粘状态，最后用 SLA－561 喷射。SLA－561 在环境温度下固化时间为 24 h，在 135～150℉时是 48 h。

MA－25S 是中等密度硅树脂合成物，喷射已含脂肪蝗和芳烃的碳氢化物溶剂的混合物，这种防热材料曾应用于高性能导弹热防护，高速目标靶机热防护的结构绝热（尤其是核热冲击防护）。与 SLA－561 一样，喷射设备使用 BINKS 标准。

RSI 二氧化硅是中等度可重复使用于表面的绝热材料，喷射厚度大约是 12 密耳，在 2 225℉（1 219℃）燃烧。涂层的长和宽公差尺寸控制在±0.015 英寸，厚度上为±0.005 英寸。

ESA－3560，ESA－5500是中等度碳化烧蚀材料，它广泛用于航空航天技术上。如弹体前部防热层、航天飞机外贮箱凸出部防热等。发射台的使用寿命，在我国一直是悬而未解的问题，美国采用防热涂层的办法值得我们借鉴。

3　发射场及其设施

代表团在美国参观了卡纳维拉尔角航天飞机维修厂和39A航天飞机发射场。在法国，我们和CNES公司进行座谈，下面介绍两个发射场的情况。

3.1　肯尼迪发射场

卡纳维拉尔角是当今美国航天工业的重要基地，第二次世界大战结束后不久，就在这里建立了远程导弹发射场。随着战略武器和太空科学的发展，卡纳维拉尔角逐步形成多种太空项目试验的基地。肯尼迪航天中心占地220平方英里，整个发射基地拥有20多个发射工位，图20是卡纳维拉尔角发射场配置图。除发射导弹外还可发射航天飞机，在太空任务方面肯尼迪发射中心任务是：

图20　发射场配置图

1）空间飞行器的装配；

2）空间飞行器及有效载荷飞行前的各种准备；

3）飞行器的试验和测试；

4）飞行跟踪和数据处理；

5）航天飞机的着陆设施及维修。

39A 和 39B 是航天飞机的两个发射场，相距 2.2 英里。这两个发射场的设施完全一样，互为备份，只是地形的高低差别，两个发射场高差为 5 呎。

图 21 所示为航天飞机正在运往 39A 发射场，这里曾经是土星Ⅴ、天空实验室和航天飞机的发射场，发射塔由马丁公司设计和制造。整个发射塔由两部分组成：固定服务塔和旋转 90°的有效载荷测试塔。图 22 是航天飞机正在测试。发射塔多层标高如下：发射台地基标高 48 呎，发射平台标高 95 呎，其他标高分别为 115、135、155、195、215、235、255、275 呎，吊车标高 295 呎。回转塔上有净化间，有效载荷在这里进行测试准备。图 23 是有效载荷容器正在起吊。有效载荷准备好后，回转塔回转至航天飞机附近，在发射前 12 小时安装有效载荷。发射前 8 小时开始加注液氧和液氢。－4′太空人桥撤离，－2.5′液氧和液氢臂摆开，如有故障，－15″太空人桥回到原位。－7″液态发动机点火。飞船点火时航天飞机有一点倾斜。由于航天飞机先点火，外贮箱和助推器向另一侧倾斜，使爆炸螺栓受拉受弯，这一情况在我国研制牵制释放机构时应给予考虑。固体发动机，航天飞机，－4″达到额定推力。航天飞机点火倾斜后，－2″又回到原位，0″爆炸螺栓爆炸，点火起飞。

图 24 航天飞机在爬行履带车上驶离装配大楼。装配大楼高 500 呎，是世界上第三大建筑物，专家介绍说美国国旗上一颗星有 2.5 公尺高，可见其大楼高度。

图 21　航天飞机正在运往发射场

图 22　航天飞机正在测试

图 23　有效载荷容器正在起吊

图 24　航天飞机离开装配大楼

39A 发射场有 2 个大的贮罐，分别设置在发射场的两侧。每个罐盛装 90 万加仑液氢或液氧。液氢用液氢车运送至发射场，每一车装 20 万加仑。图 25 是液氢贮罐，在图上可以看到挤压用氢的蒸发器。

图 25　液氢贮罐

发射塔周围有防声震的水塔、高压气体储存间、液氢燃烧池。航天飞机由波音空运至发射中心。图 26 是航天飞机空运情况。

图 26　航天飞机在驮运中

在肯尼迪航天发射中心，1.5～3 个月发射一发火箭。有效载荷测试时间要长一些。从装配大楼将航天飞机垂直运到 39A 发射场后，10 天可以发射出去。航天飞机着落跑道长4 572 m，宽 91.4 m。图 27 是航天飞机正在着落。

图 27　航天飞机正在着落

3.2　法国库鲁发射场

法国阿里安火箭是在圭亚那库鲁发射场进行发射的。它有 2 个发射工位，这样可以缩短发射周期。我们就有关地面设备的问题进行了讨论，在讨论中明确了如下问题：

1）法国阿里安火箭已不用氦气置换，其主要原因是氦气的价格太昂贵，随着火箭贮箱体积的增加用氦气进行置换投资是很大的。

2）法国阿里安火箭三级液氢采用挤压加注，加注压力为2巴，加注速度为1 200 L/min。

3）三级液氢加注时间为50′，其中箭体预冷10′。

4）液氢采用卧式贮存，固定方案，卧罐旁有2个垂直罐。垂直罐作为液氢贮罐的中间冷却层用，因此卧罐是三层罐。

5）液氢、液氧、液氮贮罐离开火箭距离分别为600 m、160 m、120 m。

6）液氧加注管路上设有过冷器，液氢加注管路上不设过冷器，其理由是液氢管路的绝热性能好。

在访问考察中，我们还了解到如下问题：

1）阿里安火箭发射时不进行方位瞄准，它的释放结构是“复杂机械”结构。

2）阿里安火箭发射台与美国发射台一样，涂了耐烧漆，漆是从英国进口的。

3）阿里安火箭的2个发射工位，可以保证1发火箭在2个月发射出去，3个月可以发射2发。

4 结束语

这次考察对美、法两国航天和导弹地面设备的现状、水平有了一定的直觉，收集到了有关运输、发射、低温方面一些有价值的资料，了解了我们和他们的差距。对我国一些地面设备中，多年来存在的问题，找到了解决的途径。譬如，前面提到如何提高发射台寿命。此外对正在设计的CZ－3A低温加注流量调节方案，通过考察也使得我们对自己的方案更有信心。在美、法两国，液氢加注都采用活动运输固定储存加注，在CZ－3A上，我们也应采用这一方案，通过考察坚定了我们的这种技术主张。

航天发射场的建设要和长远规划结合起来，要适应后续型号的需要。美国发射场及地面设备可改造性好，这点值得我们学习和借鉴。当前，我们正在开展备份工位的探讨和方案论证工作，充分考虑美、法两国的经验，使我国的发射场发挥更大的作用，以防一个型号就建一个发射场。

世界各国的运载火箭都是从战略导弹演变而来的。美国早就完成了这种过渡，一代代运载火箭相继出现，航天地面设备也随之不断更新，大型发射平台代替了传统的发射台，垂直组装垂直测试，代替了水平组装水平测试。我国目前正在研制新的第二代运载火箭，我深信本文对研制第二代运载火箭的地面设备会有一定的参考价值。

俄罗斯运载火箭和飞船地面设备技术

（1992.06.20）

1 前言

1992年5月，航空航天部地面设备考察团，应邀赴俄罗斯进行技术考察，代表团在古比雪夫考察了俄罗斯特种设计局，参观古比雪夫航空学院，并到莫斯科和列宁格勒进行了参观访问。

苏联通用设计工业部有两个设计局：一是科罗廖夫设计局，主要研制能源号、天顶号运载火箭及载人航天器；二是特种设计局，下设航天器总体部、运载火箭总体部、轨道技术服务部、搜索救援综合部、地面数据处理部、地面综合部，主要任务是研制不载人航天器及联盟号、闪电号、东方号3种火箭以及相应的地面测试发射设备。

考察团参观访问时，特种设计局副总设计师弗拉基米尔·伊万诺维奇·克雷伊诺夫详细地介绍了该局的情况和有关问题。下面仅以联盟号运载火箭为例，介绍俄罗斯运载火箭和飞船地面设备等相关技术。

2 联盟号火箭和飞船测试工艺流程

1）俄罗斯联盟号火箭是采用分级铁路运输运至发射中心。到了发射中心，先将火箭从铁路车推到平板车上，然后吊在特种支架车，在高度可调的支架车上进行级间对接。助推器火箭也是在特种支架车上和吊具的配合下，在技术阵地和芯级火箭进行连接。连接时先装最下面的Ⅰ、Ⅳ2个助推火箭，然后靠吊具装上面2个Ⅱ、Ⅲ助推火箭，助推火箭对接好后，在支架车上进行整流罩和救生火箭的水平对接。详见图1所示。

2）航天器运到测试厂房，先卸下来，然后安装有关的仪器。过渡舱段安放在试验台上，着陆舱段在工作平台上安装，航天器进行气密性检查、太阳能电池汽车和使用试验。航天器安装动力装置，通过气检测试合格后，运往加注站进行加注，加注好以后安装到过渡舱段上。太阳能电池与航天器进行对接，安装整流罩。专家在介绍航天器工艺流程时，强调了两点：一是航天器垂直组装，二是有些流程可以平行作业。航天器垂直组装好以后，在安装平台上，翻转成水平状态，以便和火箭进行水平对接，这个翻转设备是一个特别庞大的花盘。

专家在讲到发射场整个工艺流程时，同时讲到了下面观点：初期发射工艺流程准备时间和生产时间相同，第一代航天器4～6个月寿命，地面设备准备也要3～4个月。第二代航天器3个月左右，第3代86 h左右。由于航天器在轨寿命不断提高，结构和系统复杂得多，为了减少工艺操作流程，现在采取了一系列的措施，第一代航天器用120 h准备，第

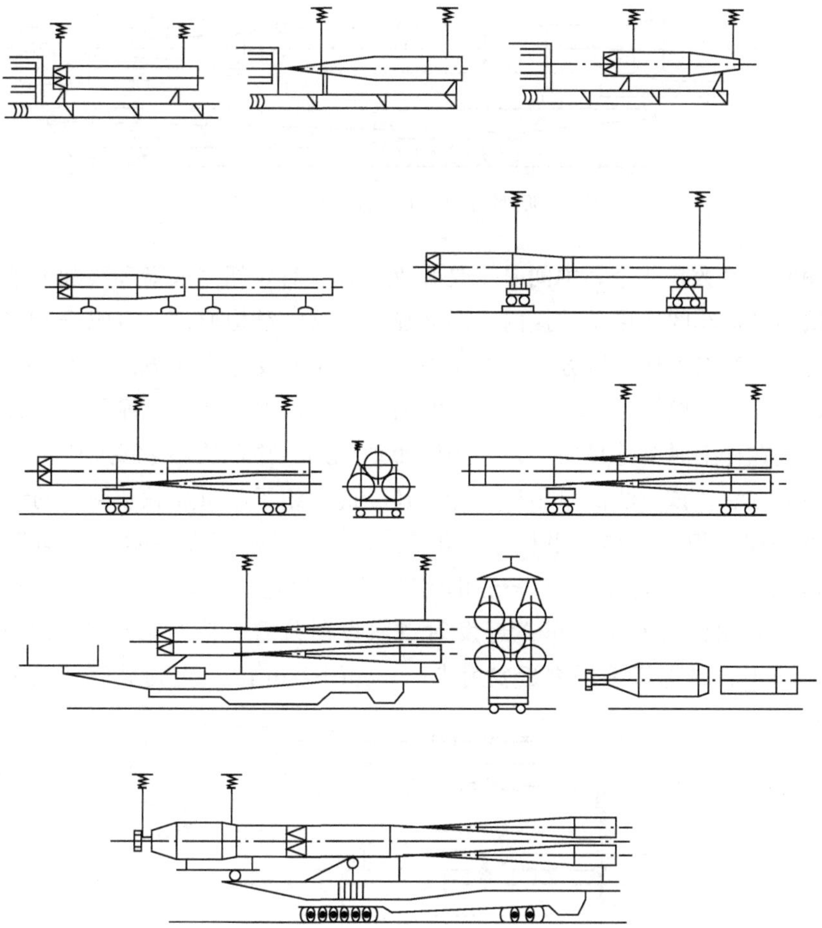

图 1　火箭和飞船测试发射工艺流程

二代航天器用 400 h 准备，载人航天器时间更长。中型火箭 10 昼夜，每昼夜按 10 h 算。上述工艺操作时都是从产品运到发射中心算起，到发射上天为止。

3　联盟号火箭地面设备

3.1　火箭和飞船向发射阵地转运的铁路运输起竖车方面的技术

我们对火箭起竖车进行了较详细的了解，如火箭在该车上的支撑数、支撑机构，该车的动力、速度等。据专家讲，联盟号火箭和飞船及救生火箭采用一车制水平整体运输，和美国的垂直整体运输方式不一样，各有优缺点。美国的垂直整体运输方案需要高的总装测试厂房，公路标准高，造价高；苏联采用的方式是厂房可以低，吊车的吊钩最低点 11 m 就可以，道路条件可以简单，组装好的运输方式最大优点是缩短了在发射阵地装配的时间，电缆电源都装在火箭上，试验时间大大缩短；缺点是有些断面的计算载荷要考虑运输车中的过载，有些隔框计算载荷增加，导致结构质量增加，要牺牲一点有效载荷。

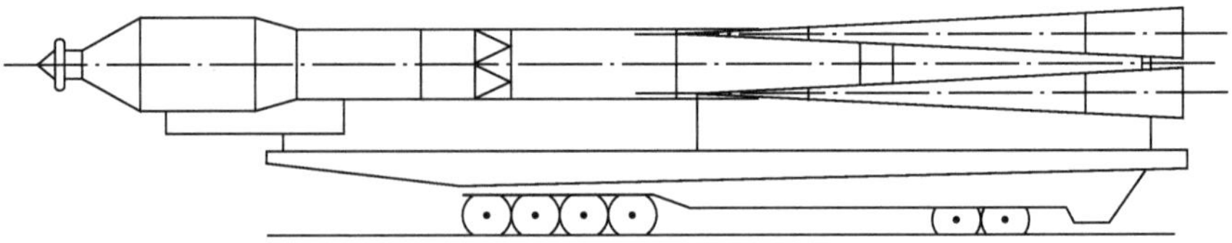

图 2　联盟号火箭的铁路运输起竖车

整体运输时支撑数是 3 个，中间 1 个是弹性支撑，前导部（火箭和飞船）有时采用 2 个支撑，但对铁路平板车的连接是铰接的，图 2 显示了这一结构原理。专家介绍了中间弹性支撑的方案，这一方案对整体运输方式具有参考价值。中间支撑在测试厂房水平对接时，一开始是刚性的，在连接飞船、整流罩和救生火箭时才从刚性变为弹性。刚性的形成是靠杠杆原理，当配重连接在杆上时支撑顶向箭体，当配重取消后，中间支撑就变为弹性支承。图 3 表明了这一处理的方法，该方法简单易行，专家还专门介绍了配重加载和卸载的诀窍。

俄罗斯的铁路平板车是加重平板车，承载 100 t，平板车在技术阵地向发射阵地转移过程中用火车头推着走，速度 4～5 km/h，速度之所以这么低，主要是防止过载。钢轨是精拔的钢轨，铺在水泥基座上。车靠近发射点（发射位置）附近时（大约 2 m），柴油机撤走。这时由车上自带电机慢慢靠近发射点（1 cm…1 mm），直到最后精确定位。

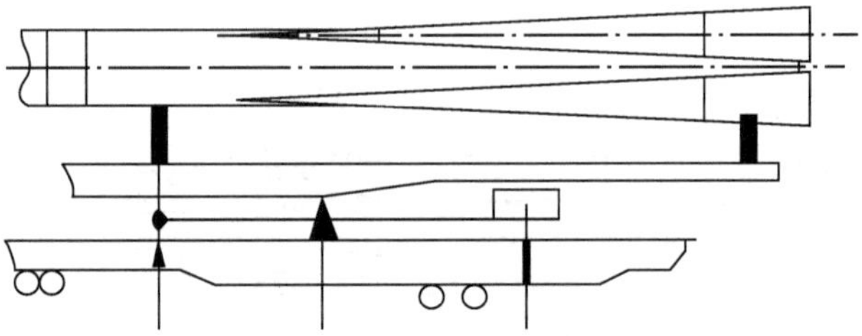

图 3　联盟号中间支撑原理图

专家讲到该车起竖时为了防止起竖过程中火箭滑下，除靠支撑点环抱的卡箍外，还在与托架相连起竖臂上用 3 个吊钩拉住火箭，也就是吊钩上端拴在车上，下端连在助推级火箭上。当火箭竖立到位后，松开卡箍，靠人将吊钩解脱。布置在起竖臂下端的电动按钮控制卡箍松开，吊钩解脱是靠站在起竖臂上的人掌握。

专家讲到火车起竖后精度保证是靠发射平台转盘来实现。联盟号火箭发射平台由于受到电缆长度的影响不能转 360°，在转 45°～ 50°范围内可以实现射向变换。转盘上面有垂直度调整装置，转盘由齿轮传动机构带动。

联盟号起竖车的轨距 1 524 mm，车宽 8 100 mm，车高 9 000 mm，满载最高速度 2.5 km/h。50～100 m 要保证直线，从技术阵地到发射阵地不是直线，但不要转向架。

联盟号火箭运输 7 级列车分舱段运到“前进”工厂，工厂总装。航天器运输采用特制的元宝车运输，元宝车离地最小距离为 700 mm。

3.2 转运中的减震和测震技术

火箭和飞行器水平对接好以后，由铁路平板车推至发射场，这段距离在拜克努尔发射场是 2～3 km，在普列谢茨克发射场 10 km。平板车准确到位以后，起竖臂将火箭竖起。当火箭由发射支撑臂支撑好以后，起竖臂松开卡箍放下火箭。

这里要附带讲的是联盟号火箭支撑点在助推级上，如图 4 所示。支撑臂是 4 个支撑桁架。

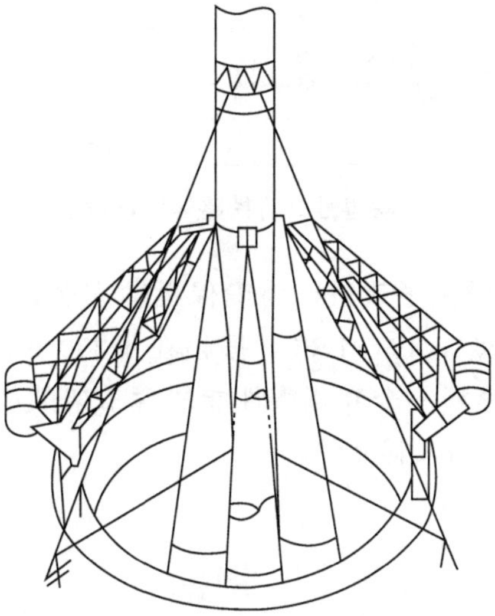

图 4　联盟号火箭的支撑桁架

他们十分重视火箭和飞行器在运输过程中的安全问题。因为火箭和飞行器的运输不是专列，因此，每年有 1～2 次，由于超速行驶运行而要返厂修理。专家讲到根据统计数字表明，每个产品在运输过程中均要碰到 2.5～3.3 个仪器有故障。最大的可能是长时间、低频率、周期性过载影响。尽管苏联运输中对火箭过载有明确的规范，如沿 x 轴方向允许 3 个 g，垂直方向 2 个 g，侧向 0.7 g，但往往由于铁路运输超速和编线的原因，有时过载超过文件规定的 2 倍，所以苏联航天局研制一整套减震装置，图 5 反映了该装置的原理。它实则是一个变刚性的减震器，下面弹簧钢性大，上面刚性小，弹簧下面有一个传感器，当过载值大时，传感器将信号送到顶端的电磁阀，由该阀控制减震气压柱塞的关闭和开启。气压弹簧可将过载降低 2～3 倍，也就是初始震动的 1/2～1/3，超过 10 Hz 以上的高频振动降低到原来的 1/10。而且这种装置，半个周期就衰减下来，这一减震装置，高度为 700 mm，行程为±15 mm。由于这是一套带有伺服反馈系统的减震系统，反压气式油气悬挂要先进，有较大的参考价值和运用价值。

当然单有减震措施，减震效果如何？他们研制了一整套测量装置，能记下超速过载值、过载的时间、过载部位、过载频率，这套装置用了积分原理自动记录，它的外形如同一台双卡录音机，其尺寸为 400 mm×300 mm×300 mm。在整个运输过程中，它记录下 15 个最大值，多于 15 个信息系统进行压缩处理。

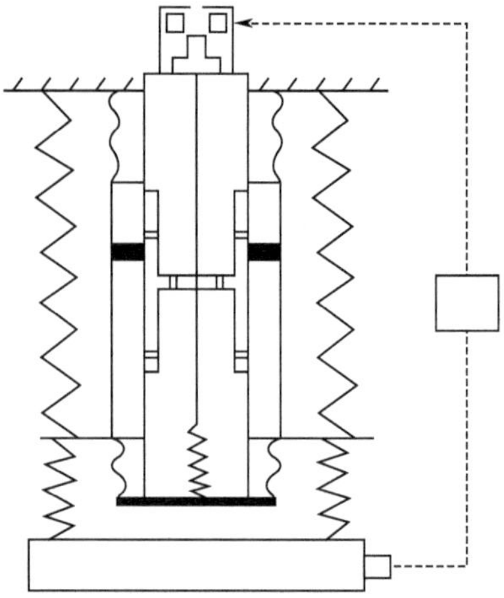

图 5　联盟号火箭铁路运输减震装置

他们对航天器的运输同样做了改进，为确保运输安全，在车厢周围加了减震。飞行器，掉在车厢内，减少加速度 1/40～1/30，振幅在±250 mm 范围内。内部频率40 Hz，行驶速度 120～150 km/h，这样一个高减震性能的含吊架的航天器运输车，价格为 45 万卢布。图 6、图 7 是该车使用的减震元件。

图 6　航天器运输吊架

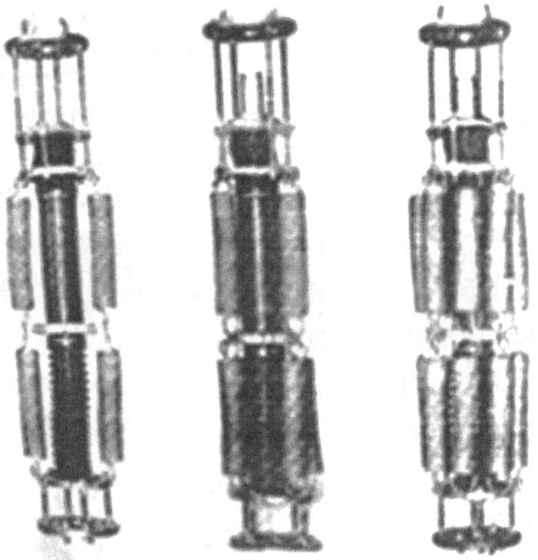

图 7　吊架减震元件

这种减震方法在我国火箭运输和航天器运输中尚无先例，二次减震技术也很重要，这些将具有重大参考价值。苏联的火箭发射频率高，每年最少要发射 50～60 次，有时多达 100 次以上，因此他们统计了运输造成的仪器故障数和返厂修理数，这些经验数据是十分有用的。

3.3 发射支撑牵制释放装置

联盟号运载火箭支撑用 4 个桁架，支撑臂起竖是采用千斤顶。火箭发射时，当推力达到额定值后，靠支撑位的底部配重将火箭释放。释放到位时间是 1 s 左右即全部脱开，如图 8 所示。

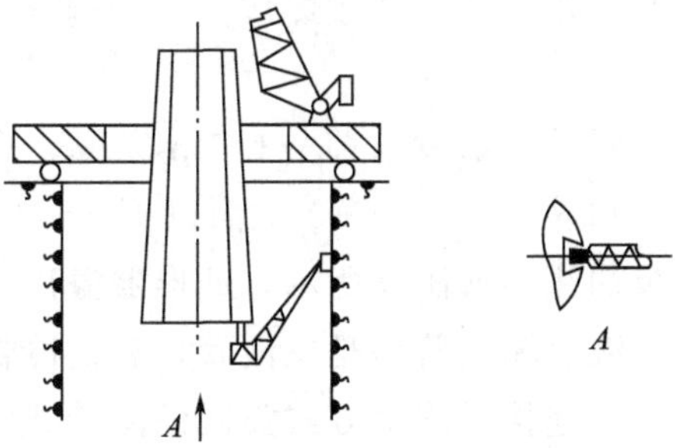

图 8 联盟号火箭支撑状态

图 8 是联盟号火箭支撑情况，火箭悬吊在空间。火箭、0－0 平面以上支撑臂的支撑桁架和 0－0 平面以下也有支撑臂支撑，构成一个三角形稳定平面，使火箭不晃动。支撑臂脱开靠配重，靠近火箭由液压系统承担。槽在火箭上，凸块在支撑桁架上，凸块位置可调。无疑这是他们的一种创新的思维。

联盟号火箭牵制释放机构无控制，靠建立推力平衡释放。每个支撑臂用拉紧螺栓拉在一起，加注前拆开螺栓。

3.4 瞄准及垂直度调整

联盟号火箭起竖以后，由控制设备控制发射平台旋转，由于电缆长度影响，调整范围在 40°～45°，不能转 360°，转台上有刻度，一般 40°～45°也就够了，不需要 360°全方位旋转。

垂直度调整是用发射平台下面机构进行。加注后不再进行垂直度调整，这做垂直度检查。联盟号火箭瞄准分粗瞄和精瞄，在芯的上下各有两个标志，生产出厂时就保证了精度。这个标志是一半途颜色，用普通的两个陀螺经纬仪进行瞄准，一个瞄上面，一个瞄下面。精瞄时瞄箭上平台，瞄准距离为 10m，自准直经纬仪位置不固定，瞄准时液氧已加注完，这种瞄准方案成熟，简单。

3.5 加注问题

联盟号火箭加注的推进剂共 1 000 t，加注次序是先煤油，后液氧，最后是过氧化氢。加注在－2.5 h 开始，有时平行进行加注，加注用 1 h。液氧是先预冷，大流量加注用泵打上去，一般加到 95%，补加也用泵，因流量要求小，所以把溢流阀打开。液氧大流量 7 t/min，此时系统上阀门全部打开。加注的精度由火箭上的液位传感器保证，地面也有定量装置。

液氧放置在球形罐或卧室柱形罐，罐放在地下，地下隔热性能好，球形罐采用真空粉末绝热，在执行任务前将液氧存入罐内。

液氧不进行射前补加，因为连接器在射前 1 h 早已脱落，他们采用的方法是多加些液氧，把蒸发损失的液氧考虑进去。火箭不采用发泡等绝热措施。

苏联加注过程中，出现过爆炸事故，是加注过氧化氢时发生的。有一次过滤器用铅锡合金焊接，加注过氧化氢时发生化学反应导致爆炸。事后调查是工厂生产的过滤器在交班时发生了差错。

加注连接器的脱落，在联盟号火箭发射前－1.5 h 完成。火箭加注时阀门的控制完全是自动的。联盟号火箭的加注口位置，在 0—0 平面以下 2～3m 处，共有 5 个口，5 个口汇总在一起，然后分别向各级加注，如图 9 所示，助推器溢出口在顶端，分别由连接软管排出，芯级溢出口也在上部。液氧输送管路是发泡管，有过冷器。液氧贮存在大小不一的真空贮罐里，贮罐是柱状。煤油连接器连接方式类同消防栓式，手动脱落。液氧连接器是人工自动脱落。输送口径 70～80 mm，长 400～500 mm，直径为 100 mm，采用弹子式结构。

联盟号火箭初期发射采用移动铁路加注槽车，后来改为固定罐。因为发射频率增加，铁路加注方式显然满足不了要求。

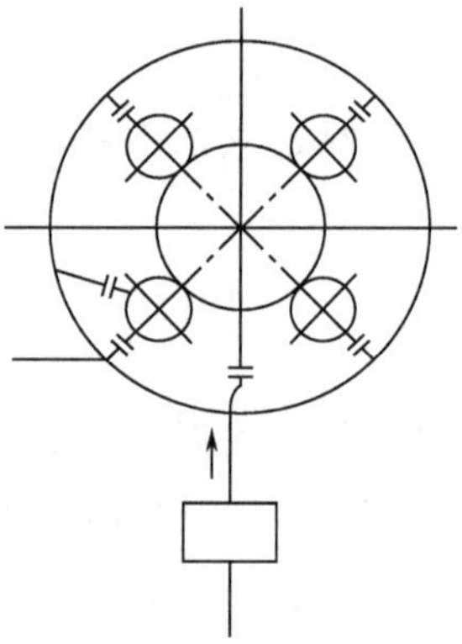

图 9　联盟号火箭加注环

3.6　供气设备

联盟号用压缩空气、氮气和氦气 3 种气体。氮由液氮汽化；氦气压力 150～200 kg/cm^2，也有 400 kg/cm^2 的，共有 40 个柱状气瓶，用于火箭第三级及飞船上。空气瓶、氮气瓶压力为 400 kg/cm^2，高 4 m，直径 400 mm。气体阀门基本上可远控开闭，流量按要求用孔板保证。火箭上一共有 13 个供气口，中有球锁，用力矩扳手可打开球锁（球阀）。共有 5 个自动脱落连接器，为防止脱落后打弹，有弹簧拉紧机构防止回弹。连接器可气动、手动脱落，加注后都采用自动脱落。

座谈时讲到供气口大大小小二十多个，有单管、双管、多管连接器。从我们询问的问题看，专家一时也记不清多少个供气口，但可以肯定供气连接器不是一个，供气和加注也不合在一个连接器上。

3.7 电源设备

联盟号的电源设备共有 12 种型号，27V 直流电源，有 33A，140 A，300A 等。中频电源有 40～50 Hz，目前已研制 1～3 kW 可逆中频电源。双方可共同开发输出功率 50 kW 可逆中频电源。车载电源是自动化的不间断电源，是世界上绝无仅有的。

3.8 火箭在发射阵地工作间及停放时间

专家说非载人航天发射要用两天时间，第一天由工厂和技术人员负责连上所有的管线和电缆，包括电、气、液、暖气、空调等管线。第二天军人和测试人员进行射前测试，例行检查 3 h，将测试参数与记录胶片以及女飞行员健康情况，向国家级专门委员会汇报，确定能否加注。指挥部（委员会）询问各个部门负责人有无问题，审查后下达加注命令。第二天主要任务是加注，所以从起竖到发射共有 2 个发射日，如果是载人飞行，则要 3 个工作日。载人航天器第二天有测试工作，航天员在加注前后进仓。

联盟号火箭在技术阵地是 10 个昼夜。航天员在发射前，14～21 天到达发射场，平时在莫斯科近郊。每一个航天员后面有一个候补航天员。国家委员会由航天器、火箭、飞行程序、承制厂等各界专家组成。

4 航天器的环境保证

从技术阵地向发射阵地运输，无论在拜克努尔发射中心还是普列谢茨克发射中心，保管航天器都要求在（20±5)℃，湿度保持在 40%～80%。这一要求，从生产厂分解运输到技术阵地装配都要保证。为什么要求这样呢！当低于 15℃时，胶片出现结露，这些水珠对胶片和镜头等都不利，在真空环境下，拍摄的胶片会成废品，有时胶片会互相叠在一起；湿度要求太低，如小于 40%，胶片会干燥断裂，高于 30℃胶片塑形差，也容易断裂。

他们在厂房内采用空调系统保证温湿度，在运输中采用闭式回路空气加温，产品竖起以后采用开式下面送上去，气体不返回，都是固定空调加温。

在发射阵地也有被动式保温措施，如涂层或隔热套。另外也有用混合式，如保温套加电热丝通电，套可以自动分开。

从技术阵地向发射阵地运输过程中，温度保持靠恒温调温车，它和整体水平运输垂直起竖平板车连接在一起，也就是说，技术阵地向发射阵地转运不是一辆平板车，而是两辆平板车。一辆平板车装载联盟号火箭，一辆平板车装恒温系统。同时后者也是牵引机车和火箭平板车之间的过渡连接车。一车二用很妙。这种专用平板车在普利切斯克发射中心有 4 套。

拜科努尔发射中心空调是空气加热或冷却，每个房间有 1.5～2.5 kW 空调器，厂房空调拥有 45 kW 空调器。普列谢茨克发射中心不用空调，采用热气冷凝。

5 大直径火箭和运输

苏联的火箭生产厂距离发射中心大于 3 000 km 时，过去采用铁路运输车运输。铁路运输，由于受到铁路涵洞的影响，直径受到限制。目前苏联在铁路上运输，容许的火箭最大直径为 4.1 m。这种铁路运输车底架是特殊的，铁轨到底板距离仅为 150 mm，因此这种运输是超限的。苏联超限分 6 级，超限宽度分别为 3 400 mm、3 600 mm、3 700 mm、4 000 mm、4 160 mm、4 480 mm。联盟号火箭共用 7 个车皮运送，整流罩和头部 1 个车皮，4 个助推器分装 4 个车皮，Ⅰ、Ⅱ级火箭各用 4 个车皮。美国土星Ⅴ火箭，从生产厂到发射阵地要花两个星期，所以美国采用空运。随着火箭直径加大，苏联也开始采用空运，能源号火箭贮箱安装在安 25 飞机上。苏联没有像美国一样研制专门运输飞机。贮箱的飞行有 3 个连接点，2 个连击点在机翼上，另 1 个连接点在机身上，飞机上的火箭贮箱头和尾巴均没有整流罩，以满足空气动力的要求。

据专家讲，空运的优点是速度高，过载小。安 22 做试验飞行 700 h，只有一次过载达到 1.6 g，其为 1.1 ～ 1.2 g。飞机设计时载荷采用 2.4 g，所以地面试验也都在 2.4 g 下进行。航天器和飞机的连接强度按 6 g 设计，这主要是考虑了空中应急情况的出现。

每个航天器起飞着陆的次数，规范规定为 8 次，这些参数对我国今后研制或发展空中运输是有参考价值的。他们的这种大型运输机宽度为 6 600 mm，高为 4 400 mm，这种大型运输飞机可运 250 t，机身里面有温度、湿度保障系统。

飞机运输最大优点是火箭可不分段，不用分离运输方法。电缆网和电源安装在火箭上，到发射场后，只要加注工质就可以发射，从而缩短了运输、装配、测试的时间。

大尺寸、大质量的运输，过去他们采用安 24 飞机空运。大尺寸火箭用挂车从承制厂运到飞机场，然后沿挂车轨道将火箭水平推上飞机。当然飞机上也有相应的轨道。挂车上的轮子高度可调，以适应飞机机舱的需要。这些方法受到飞机高度和载质量的限制。

专家还讲述了大型运输火箭的其他运输方法，诸如气艇，它运输时的巡航速度可到 120 km/h，这种运输方式的特点是无过载，载重量大，速度高，全天候，安全。

值得一提的是专家向我们介绍了“热气球飞行器”，并展示飞行成功的、能吊运 3 t 的、1/4 的样机照片。它由一个直径 40 m 的扁圆充气垫、2 个冲压发动机组成，外形像一个飞碟。充气垫分上下两部分，上部充氦气使其浮起来，冲压发动机排出的热气冲入气垫下部。火箭或被运送的物体挂在下部，目前速度为 100 km/h。1996 年开始生产可运 800 t 的大热气球飞行器，直径为 200 m，可用于大结构件、井架的搬运。生产这种飞行器的地点是乌时扬诺夫斯克。

能源号火箭—暴风雪航天飞机从测试厂房运到发射场地，采用 4 辆火车头，分别布置在运输车的两旁，将运输起竖车牵引向前进。能源号火箭的贮箱采用飞机空运。

6 火箭牵制释放机构

火箭发射牵制机构是当前飞船发射中引人关注的问题。美国、法国、日本、苏联都采用这一技术，俄罗斯不叫牵制装置或牵制机构，而是叫锁定装置。

1）质子号火箭点火后上升 20 mm 才松开 6 点牵制，如火箭不正常则不释放。

2）能源号发射牵制机构：能源号有 4 个助推级，每个助推级上有 8 个固定装置连在发射台上。每个固定装置能承受 140 t，32 个共承受 4480 t。每个装置上有测力传感器，都达到额定推力，保证同时张开。牵制机构有气动和爆炸螺栓互为备份两种方案，试验是很充分的，单个或几个联合试验，经过 100～200 次试验，得出可靠性，批生产还要抽检。每个锁定机构 30～40 kg，能源号有 60 多米高，侧向风力大，因此尾部锁定装置必不可少。牵制机构在能源号中部，起飞前 50 s 释放，它起辅助支撑作用，尾部锁定装置打不开，不发射。能源号发射时风不大，在发射前提前打开，提前释放。设计时达到了额定推力才释放。

7 联盟号运载火箭测试厂房

20 世纪 50 年代初期，建拜科努尔发射场，1959 年建普列谢茨克发射场，1963 年投入使用。

两个发射场，一方面军用，一方面发展航天技术。1957 年建成第一个 P7 发射塔，离丘拉坦 35 km 建立发射点，30 km 处建技术阵地。1957 年 10 月，P7 发射第一颗人造卫星；1980 年，离发射点 17 km 处，又建了一个拜科努尔发射场。拜科努尔发射场生活区有 10 万人，有 1 个飞机着陆场，同时又做暴风雪号航天飞机着陆场。离机场不远，有暴风雪号技术阵地、发射场，能源号测试工作也在此进行。

联盟号火箭技术阵地厂房门高 10 m，净空宽 30 m，有 2 台吊车，1 台吊钩吊 30～50 t，副吊钩 10 t，两边有 5 层楼建筑，普列谢茨克厂房长 132 m，宽 30 m，有 1 个火箭工位，2 个飞行器工位。厂房一角有航天器测试工位，另一处有旋转抽真空的实验舱，还有一处为太阳能帆板展开试验工位。为模拟真空环境，上面将翻板吊起，平衡重力，展开时翻板下有滑轮，这样无重力，阻力也小，无疑这些方法节省试验经费，对我们有很大启示。

航天器工位两边有 4 层工作平台，垂直组装和测试。航天器测试环境保障采用空调。

称重、平衡、质心位置测定均在工厂进行，不在测试厂方进行，上述问题对当前飞船地面设备配套和发射场的布局都有关，我们在工作中可以借鉴。飞船和空间站称重和平衡试验台在“前进”工厂。

8 飞船有关的问题

8.1 气压舱检查设备

飞船要进行气压舱检查，在俄罗斯把气压舱放在检查罐内，先用扩散泵抽真空到10～6 乇，然后充氦气和空气组成的混合气体，进行气密性检查，经过 20 min 看有无氦气泄漏，泄漏量达到要求值则认为合格，泄漏量不合格查明漏点后再重复做实验。整个过程 1

个循环约16 h。检查罐放在支架车上，航天器放在一个小车上推进检查罐，罐和小车均用不锈钢材料做。

试验结束后，必须将剩余氦气排除，因为氦气对无线电元件有害。在这里处理这个问题要用10 h。

为节省时间和经费，专家建议改用F_6S，充F_6S的压力为0.5～1个表压。用这一气体试验后可不必进行处理。但当飞行器寿命大于3个月用F_6S还有缺点，超过5个月它会分解，所以F_6S也有局限。他们研制了有关检漏的仪器，计数器可测定氦和F_6S的泄漏量。

气压舱还有新的检查办法，新的敏感大气中多种成分的仪器在俄罗斯已经结束了研制试验阶段；还有一种简单的方法是看压力降，但这种方法，要记录好环境温度，尤其是箱内温度的变化。

检查气密性主要有两方面原因：一是仪器要有一定温度要求，不密封对仪器寿命有影响；二是电器元件和机器在真空下工作性能变差，事先检查可发现仪器的早期失效。

8.2 救生

载人航天救生是一个很大的问题。这里有两个方面的救生：一是塔上人员，二是航天员。

塔上人员救生，他们采用的半个管道，人可在应急情况下从管道滑下，滑道能进掩体，掩体离发射台30m左右。美国采用吊篮吊索滑至地面，俄罗斯的方法比较简单、可靠。

航天员的救生最早不用火箭，而是弹射座舱，现在采用救生火箭。什么情况下启动救生火箭，事先要制定一个危险准则。首先要判定确有危险，如贮箱和燃烧室压力超过某一定值等。当判定确有危险，翻板打开，发动机点火。联盟号火箭共有8个发动机，小姿控发动机不算。当点火高至1.5 km，飞行器采用降落伞降至安全地带。

航天员能否打开舱门？专家回答，航天员经过几个月飞行，体力消耗大，一般自己是无法打开舱门。在地面起飞前或在轨一周飞行还是可以打开的。

塔上人员，包括航天员在地面发现故障，撤离时可通过围绕火箭的二层刚性平台，距离有2 m宽。另外还有一种塔靠近火箭。

8.3 着陆场

暴风雪号着陆地点也在拜科努尔附近，建设经费很多，长度4.5 km，宽约30 m，水泥厚1 m，跑道表面不平度1 m长之内高度误差不超过3μm，装配试验大楼距跑道8 km。

暴风雪号和能源号火箭，都送到着陆场，着陆场和装配厂房有一段公路要求平整。

在着陆场有起吊设备，能源号和飞机有专用运输车运到装配厂房，机场跑道有机场的一切设施。

8.4 返回舱着陆后如何发现

飞船着落时有安12飞机2架、米格8飞机3架，救援车2台，推进剂加注和泄出飞机 1 架（米格 8），这些设备并不固定。当飞船上闪光后，几十千米均可看到，因此飞船目标发现是比较容易的。

8.5　航天器试验用真空舱

我们参观了低温机械联合体试验用模拟舱，它的容积比真正的小 10 倍，为 1 000 m^3，真正的舱为 10 000 m^3，其直径为 18 m，高 40 m，在该舱可以模拟月亮、太阳的热环境。

航天发射场研讨

（2001.12.10）

1 前言

根据资料介绍，1996年—2010年，900 kg以上的GTO卫星发射任务将达464次，1997年—1998年分别有36颗和40颗卫星待发射，之后每年大约要发射30颗，2004年减少到24颗，然后开始回升，稳定在每年30颗的水平。预计今后20年内，运载火箭的生产数量将达到1 240枚，产值629亿美元。

Teal集团在1998年第49届宇航联大会上披露，今后十年亚太地区将有73颗商业通信卫星需要发射，价值95亿美元；还预测1999年—2008年全球将要发射1 017颗商业通信卫星，总价值约498亿美元；另外，还有用于侦察和对地面观测的军用、民用卫星总数将达到1 697颗。

1999年，预测今后10年间，平均每年要发射105颗商业有效载荷，它比过去10年要增加175%，但发射次数不会增加很多。

巨大的商机和高利润使得世界各国和商业卫星发射公司开展了剧烈的竞争，采取各种手段降低发射成本，或研制新的火箭以应对各种轨道、各种质量的有效载荷，火箭的改进和新的研制计划不断涌现。另外重新建发射场、改造已有的发射场以适应庞大的卫星市场需要，成为各个发射商业公司关注的焦点。诸如1998年澳大利亚吸引4家火箭公司投资，在澳大利亚的伍默拉发射场发射K-1可重复使用火箭、昆士兰北部约克角发射场发射联盟号火箭、达尔文北Gunn Point发射质子号火箭、昆士兰的Glodstone发射俄罗斯的火箭。2001年6月，澳大利亚政府正式批准在基里巴斯政府的圣诞岛上修建发射澳—俄合作的奥罗拉火箭。

日本NASDA计划在靠近赤道（北纬2°）的圣诞岛修建新的发射设施，达到一年四季均可发射。

乌克兰旋风号选用巴西境内的阿尔肯塔拉发射场，主要因为该发射场位于赤道附近，且不久将正式施工。

以色列和欧洲也准备在巴西阿尔肯塔拉发射场发射小型火箭。

美国马丁公司计划在卡纳维尔角和范登堡空军基地建造新的发射台及其相关设施，用于发射改进型的一次性使用的运载火箭。

美国陆军计划将靠近赤道的夸克林导弹靶场改建为商业卫星发射，以弥补美国只有卡纳维尔角可发射同步卫星轨道的不足。

美国与 Kistler 研究公司签订了最终协议，根据协议，Kistler 有权使用拉斯维加西北约千米的内华达试验场 80 号区域建一个商业卫星发射的基地。这样 Kistler 公司除了伍默拉外又增加了 1 个发射场，从而最大限度增加了发射时间安排上的灵活性，更好地满足不同发射方位角的要求。

韩国 2001 年宣布计划在南部沿海地区用 1.01 亿美元修建一个运载火箭发射场。

可以想象，世界各国的卫星发射公司为争取发射份额创造了各种有利条件，以降低成本，寻找低纬度发射场可说是首选。

以上这是一种动态，计划中的事。但是这种计划一旦实现，发射场一旦建成，无疑将再次影响我国火箭在发射市场中的生存和发展。如海上发射公司从 1995 年开始筹建的海上发射平台，在 1999 年 3 月首次发射到 2003 年，就有了 18 个发射合同。原因就是在赤道上进行发射，有效载荷直接进入地球同步转移轨道，火箭运载能力充分发挥，可将卫星送入更高轨道，卫星寿命增加，发射成本降低。1999 年海上发射公司由于首次发射任务从原计划的 1998 年 6 月推到 1999 年 3 月，因而失去了休斯公司的 2 颗全球通信卫星。ICO 公司改用宇宙神和质子号火箭发射，为此多付了 3 000～4 000 美元。

因此，研究一下世界航天发射场的建设经验及其发展趋势，对今后建设我国新一代运载火箭发射场是有益的。

2 国内外航天发射场简介及其特点分析

目前，全世界航天发射场主要有：俄罗斯的普列谢茨克发射场、拜科努尔发射场（俄租用）、卡普斯丁亚尔靶场；美国东部试验靶场、肯尼迪航天中心、加利福尼亚洲西部试验靶场、沃洛普斯飞行中心；法国圭亚那航天中心库鲁发射场；日本种子岛航天发射中心、鹿儿岛航天中心；印度斯里哈里科塔发射场；以色列的帕勒马希姆内格夫发射场；中国的酒泉卫星发射中心、西昌卫星发射中心、太原卫星发射中心；澳大利亚的武麦拉发射场；海上发射场有意大利的圣马科发射场和美、俄、乌、挪威 4 家公司共同组建的发射平台。在众多的发射场中，可以发射卫星的世界级发射场主要有美国的肯尼迪航天中心和范登堡西部试验靶场、俄罗斯的拜科努尔发射场和普列谢茨克发射场、法国的库鲁发射场、日本的种子岛、中国的西昌卫星发射中心。

图 1 是世界各国主要航天器发射场布局图。

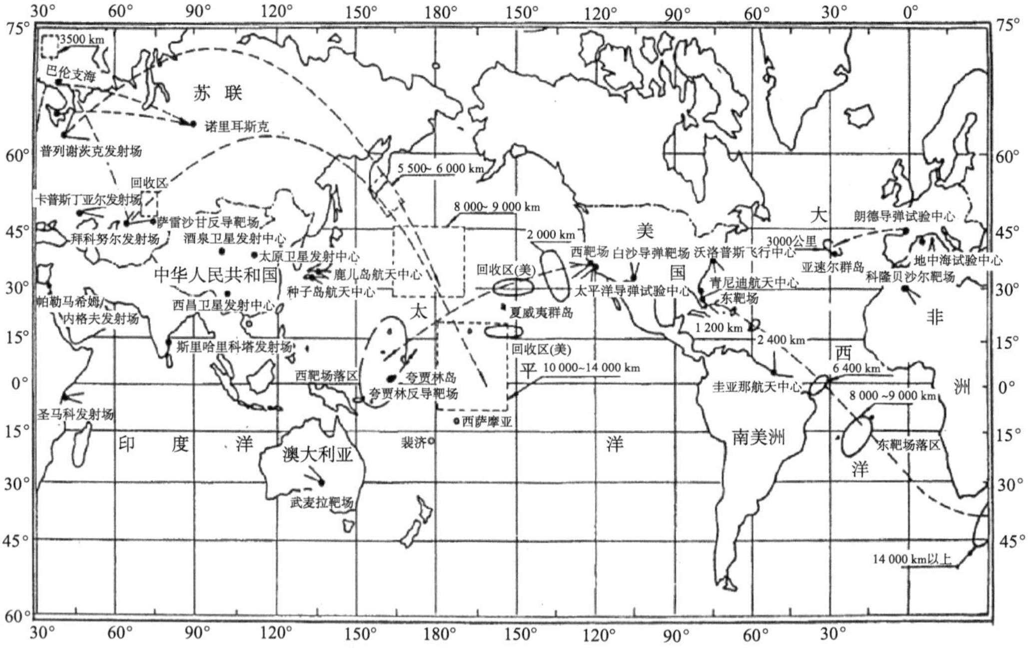

图 1　世界各国主要航天发射场分布图

2.1　航天发射场简介

详见表 1。

表 1　世界主要航天器发射场简介

国别	名称	场址	主要射向	简　　况
美国	东部试验靶场（简称东靶场）	佛罗里达州东海岸卡纳维拉尔角，西经80° 34′、北纬28°28′	东南	美国最重要和规模最大的国家靶场和国防部重点靶场之一，建于1949 年 5 月，1950 年 7 月启用，由空军第 45 航天联队管理，曾多次更名，1964 年前称大西洋导弹靶场。该靶场主要用于战略导弹研制性试验，也可进行各种战术导弹试验，1958 年 1 月 31 日，把美国第一颗人造卫星送入地球轨道，此后又在这里发射了美国的水星计划和双子星座计划的载人飞船。从此，该靶场成为美国发射倾角 0°～60°的各种航天器的基地。截至 1994 年底，共进行了近 440 次航天发射。场区占地面积约 60 km^2，沿卡纳维拉尔角海岸线先后建了 40 多个发射台。目前还在使用的不到 10 个，并大部分归属航天局用来发射各种航天器。其中 40 号发射场的发射设施，适应多种航天器的发射
	西部试验靶场（简称西靶场）	加利福尼亚州西海岸，洛杉矶经西，范登堡空军基地，西径 120° 32′、北纬 34°38′	西南、南	美国战略导弹和军用航天器发射试验基地之一，也是美国国家靶场和国防部重点靶场之一。于 1964 年 5 月成立，由原属海军管理的太平洋导弹靶场阿圭洛角的发射设施和范登堡空军基地的发射设施合并组成，由空军第 30 航天联队管理，主要用于战略导弹使用性试验和武器系统作战试验，1959 年开始用于卫星发射，主要是倾角 70°～115°的各种军用和极轨道卫星，截至 1994 年底，共进行了 504 次航天发射。场区占地面积约 400 km^2，先后建有发射台和地下井 50 多个，大部分已停止使用，目前还在使用的主要是用来发射卫星。作为军用航天飞机发射着陆场，1984 年将 6 号发射区改建成航天飞机发射区，并建造了跑道等航天飞机着陆设施，但至今尚未启用

续表

国别	名称	场址	主要射向	简况
美国	肯尼迪航天中心	佛罗里达州东海岸卡纳维拉尔角西北梅里特岛，西经80° 42′、北纬28°30′	东南	美国最大的载人航天发射基地，1969年7月21日人类实现首次登月的载人飞船就是从这里发射的。该中心成立于1962年7月，美国国家航空航天局管理，包括梅里特岛、卡纳维拉角和范堡空军基地3个地区的设施，用于发射卫星、空间探测器、载人飞船、航天飞机。在梅里特岛为发射“阿波罗”登月载人飞船建成的39号发射场，经改建成为航天飞机发射场，于1981年4月进行首次发射，截至1994年底，共发射了69次
	沃洛普斯飞行中心	弗吉尼亚州东海岸、德尔马瓦半岛，西经75° 20′、北纬37°50′	东南	美国国家航空航天局所属的空间探测和飞行试验的研究基地，用于发射探空火箭、小型科学卫星和研究性航天器（包括部件和分系统试验）、进行化学云试验、航空和生态研究等。该中心原是一个海军航空站，1949年才开始从事火箭试验，1974年改称现名，占地面积12.8 km^2，共建有24个发射台（架），共发射过19颗卫星
	科迪亚克发射场	阿拉斯加州科迪亚克岛窄角		美国阿拉斯加航天开发公司兴建的唯一仅用于商业发射任务的发射场，1998年开始兴建。有2个发射台。2001年9月30日，首次发射了雅典1号运载火箭。该岛具有现代化的航空和水上运输能力，常驻人口约15 000人。发射场位于该市西南部400 km以外的郊区。主要用于发射近地极轨卫星
苏联	拜科努尔发射场（西方称丘拉坦姆发射场）	哈萨克境内锡尔河畔丘拉坦姆火车站正北地区，东经63° 24′、北纬45°36′	东，北	苏联最大的导弹、航天器发射试验基地和航天飞机的发射、着陆基地，建于1955年6月2日。1957年10月4日和1961年4月12日，分别把世界第一颗人造卫星和第一艘载人飞船送入地球轨道。该发射场主要发射倾角52°～65°各种不同用途的卫星、载人飞船、星际探测器和空间站，截至2000年底，共进行了1 150次航天发射，1 185枚洲际导弹的发射。首区东北卡拉干达以西地区为载人飞船和卫星的回收区。为进行战略导弹和大型运载火箭飞行试验，建立了勘察半岛陆上落区和巴伦支海（用于潜地弹）、太平洋海上落区。场区呈“Y”形布局，东西长约137 km、南北宽约88 km，总面积6 717 km^2，建有发射台和地下井约90个。该发射场也曾用于反导、反卫星试验以及部分轨道轰炸系统试验等。发射场由9套发射系统、15个发射装置组成。共有34个技术部门、11个火箭和卫星装配车间、3个航天燃料站、2个机场
	卡普斯丁亚尔靶场（伏尔加格勒站）	俄罗斯境内伏尔加格勒以东卡普斯丁亚尔镇东北，东经45° 48′、北纬48°31′	西北	苏联最早的导弹试验基地，建于1946年底，当时是为试验从纳粹德国缴获的V-2导弹建立的，后发展成用于试验中、远程导弹的基地。1962年，开始发射卫星，倾角都是49°左右的小型科学试验卫星，截至1994年共发射了83颗。场区布局呈“L”形，建有30多个发射台和地下井，占地面积96 km×72 km。它为苏联早期导弹和航天技术的发展发挥过重要作用，也曾进行过反弹道导弹试验和井下发射卫星试验
	普列谢茨克发射场（北部航天发射场）	俄罗斯境内阿尔汉格尔斯克以南普列谢茨克市东北科马斯地区，东经40° 18′、北纬62°42′	东北	苏联的主要导弹和航天器发射试验基地之一，建于1957年，由最初作为火箭技术研究的试验场发展而来，以发射各种大倾角（65°～85°）的军用卫星为主，也进行导弹、大型运载火箭和反卫星以及为战略导弹军事训练服务等。在进行战略导弹试验时，向东北方向发射，使用与拜科努尔发射场同一落区。场区占地面积120 km×80 km，建有30多个发射台和地下井。该发射场是当今世界上发射卫星最多、最繁忙的发射场，截至1994年底，共进行了1 413次航天发射，发射了约1 560颗卫星

续表

国别	名称	场址	主要射向	简　况
以色列	帕勒马希姆内格夫发射场（亦称沙维特发射场）	特拉维夫市以南帕勒马希姆镇南部地区，东经 34° 42′、北纬 31°54′	西北	该发射场于 1988 年 9 月 19 日启用，发射了以色列第 1 颗卫星—“奥费克-1”，1990 年 4 月发射了第 2 颗。因该发射场地处地中海东岸，考虑到靶场安全问题，只能向西北逆地球自旋方向发射，但飞行轨道仍要经过南部欧洲上空
意大利	圣马科发射场	非洲东部肯尼亚海滨近海海面上，东经 40° 18′、南纬 2°54′	东	这是世界上第一个建在海上的发射场，由 2 个海上平台组成，1967 年 4 月投入使用，用美国的“侦察兵”运载火箭发射卫星。至 1994 年底，共发射了 9 次
印度	斯里哈里科塔发射场	印度南部东海岸马德拉斯北 120 千米处的斯里哈里科塔岛，东经 80°15′、北纬 13°47′	东	印度的主要航天器发射场，由印度航天研究组织领导，1971 年正式启用，场区面积 145 km^2，建有“SLV-3”“ASLV”“GSLV”运载火箭的发射设施，该发射场于 1980 年 7 月首次发射卫星成功，迄今共发射 12 次。除了发射卫星外，还发射探空火箭，进行导弹飞行试验
中国	酒泉卫星发射中心	中国甘肃省酒泉市东北，东经 99.9°、北纬 41°20′	东南	中国科学卫星、技术试验卫星和运载火箭发射试验基地之一。始建于 1958 年，1970 年 4 月 24 日发射了中国第一颗人造地球卫星。还发射了一系列返回式卫星，迄今为止已发射 26 枚火箭 27 颗卫星。1999 年至今已发射 2 艘神舟飞船
	西昌卫星发射中心	中国四川省西昌地区，东经 102°、北纬 28°10′	东南	中国发射地球静止轨道卫星为主的航天器发射基地，1983 年建成。1984 年，发射中国第一颗试验通信卫星，后又多次发射实用通信卫星。1990 年，将外星亚洲 1 号成功地送入地球同步转移轨道。迄今为止已发射 31 枚火箭 32 颗卫星
	太原卫星发射中心	中国山西省太原市西北，北纬 37.5°、东经 112.6°		中国科学试验卫星、应用卫星和运载火箭发射试验基地之一。1988 年 9 月和 1990 年 9 月分别成功地将中国的第 1 颗和第 2 颗风云一号气象卫星送入太阳同步轨道。1997 年首次发射铱星。到目前为止，共发射 12 枚火箭 22 颗卫星
法国	圭亚那航天中心（亦称库鲁发射场）	南美洲法属圭亚那库鲁地区，西经 52° 46′，北纬 5°14′	东	法国和西欧各国航天活动的重要基地，建于 1966 年，由法国国家航天研究中心领导，与欧洲航天局共同使用。法国建有探空火箭发射区和钻石-2 号运载火箭发射区（1976 年停止使用）。欧洲航天局建有 3 个阿里安发射区（其中 1 号发射区是用欧洲 2 号运载火箭发射区改建的，已于 1991 年 6 月拆除），3 号发射区用于阿里安 V 运载火箭发射。中心的主要设施沿着大西洋海岸，分布在 30 多千米长的地区内，场区占地面积约 1 000 km^2。阿里安运载火箭自 1979 年 12 月进行首次发射，至 1994 年底共发射了 69 次。该中心靠近赤道，也是一个理想的赤道轨道和极轨道发射的场区

续表

国别	名称	场址	主要射向	简况
日本	种子岛航天中心	九州种子岛南端，东经130°58′、北纬30°37′	东南	日本应用卫星发射基地，由宇宙开发事业团领导，竹崎和大崎相邻的两个区组成，面积8.64 km²。竹崎是小型火箭发射区，于1966年建成；大崎是用N－1、N－2、H－1运载火箭发射卫星的发射区，于1974年建成。在该区东北1 km的海边，又建造了用于发射H－2运载火箭的吉信发射区，于1992年建成，1994年2月4日进行了首次发射。该中心自启用至1994年底，进行了26次航天发射
日本	鹿儿岛航天中心	九州大偶半岛内之浦町，东经130°40′，北纬31°15′	东南	日本科学卫星发射基地，文部省宇宙科学研究所管理，始建于1962年，1964年为发射卫星进行了扩建，场区面积为0.71 km²。日本第一颗大隅号卫星是1970年2月11日在这时用L－4S固体运载火箭发射上天的。该中心除了建有供L、K系列固体探空火箭发射用的发射区外，还建有供M系列固体运载火箭发射用的发射区。自1970年2月进行首次卫星发射至1994年底共进行20次航天发射
	海上发射场	西经150°，赤道上		海上发射公司由美国波音公司、挪威克韦尔纳公司、俄罗斯能源公司、乌克兰尤日诺耶公司1995年共同组建，并研制海上发射装置。基地位于加利福尼亚的长滩。发射点离圣诞岛270 km，使用天顶3号运载火箭发射2.1 t卫星可直接进入地球同步轨道。美国拥有40%的股份、俄罗斯拥有25%股份，乌克兰拥有15%有股份、挪威拥有20%股份。1999年3月27日进行了首次发射并取得成功

2.2 世界级航天发射场主要设施及操作工艺流程

2.2.1 法国库鲁发射场

圭亚那航天发射中心离库鲁城18 km，北纬5°14′09″，西经52°46′29″，共有3个发射场。

(1) 第一发射场及主要设施

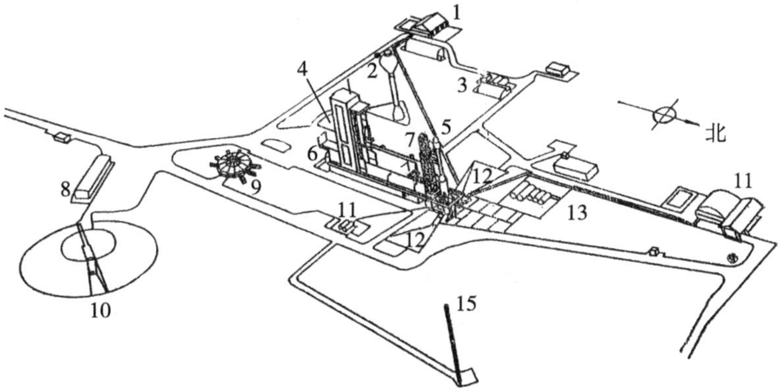

图2 阿里安第一发射场配置图

1—偏二甲肼库；2—水塔；3—液氢库；4—服务塔；5—阿里安；6—氦库；7—脐带塔架；8—办公大楼；9—冷却水设备；10—发射中心掩体；11—液氧库；12—火焰导流槽；13—液氮库；14—四氧化二氮库；15—气象塔

该发射场是1968年开工，1970年建成。最早用于发射欧洲2火箭的发射，1975年改建为阿里安火箭第一发射场，用于发射阿里安Ⅰ、阿里安Ⅱ、阿里安Ⅲ的发射。发射场分4个区，发射区的主要设施有支撑发射台（含双面导流器）、活动勤务塔（高45 m，长15.2米，宽12.2 m）、脐带杆、偏II甲肼库、四氧化二氮库、液氮库（5个贮存罐）、液氧库、液氢库、发控指挥中心（地堡式）。工厂区主要有液氮和液氧生产厂。装配区主要是火箭各级及零部件贮存区，有一座装配楼，1991年拆除。

（2）第二发射场及主要设施

该发射场1981年7月决定开始构筑第二发射场，1983年基本建成，用于发射阿里安Ⅲ和Ⅳ型火箭。第二发射场在第一发射场南面500 m，主要包括两个区：火箭技术区和发射区，两区相距950 m。准备区要完成火箭的起竖和测试检查，发射区主要完成火箭最终测试、有效载荷和整流罩的装配测试。有效载荷准备场区位于技术区内。

技术准备区的主要设施是垂直装配大楼。发射区主要设施有固定式脐带塔、一个移动式服务塔、机动发射平台、发射控制中心等。发射控制中心离发射塔1 000 m。

值得注意的是第二发射场采用的是机动发射平台，箭体在准备区组装和测试。一发火箭准备区周期为一个月，改善了测试环境和缩短了两次发射之间的间隔。

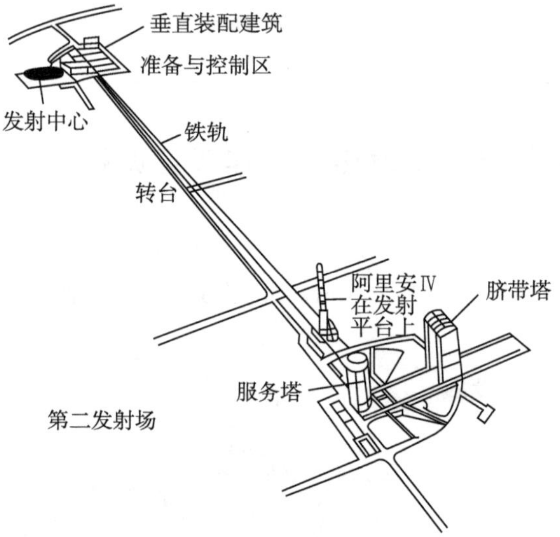

图3　阿里安第二发射场配置图

（3）第三发射场及主要设施

第三发射场用于发射阿里安Ⅴ运载火箭，有4项主要的技术要求：每年发射10枚阿里安运载火箭；可发射航天飞机；投资费用降到最低额；降低操作和维修费用。

第三发射场准备区的主要设施有：助推器组装厂房、运载火箭组装厂房、总装厂房和发控中心。发射区设施有：导流槽、低温推进剂库、电缆沟和各种管线、水塔、避雷针等。

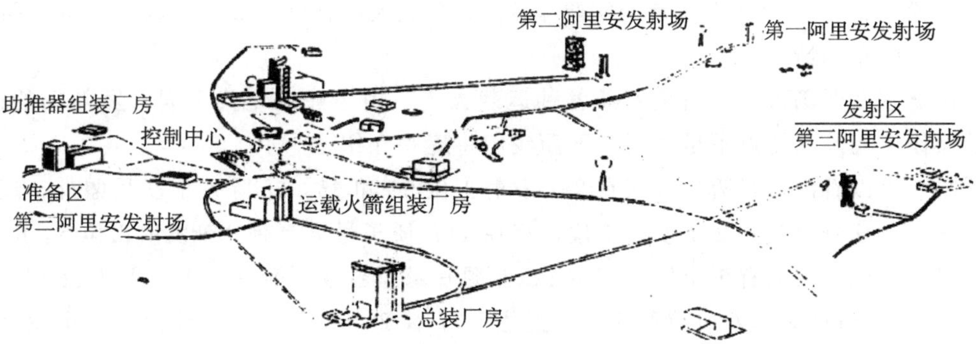

图 4　第三发射场布局图

(4) 阿里安火箭发射工艺流程

阿里安Ⅲ和阿里安Ⅳ在第二发射场发射，阿里安Ⅴ在第三发射场发射，采用的都是机动发射平台，垂直组装、垂直运输、垂直发射。但是，前者有效载荷是在准备场区做完测试、组装、加注和整流罩封装垂直运到发射场，并吊装到服务塔有效载荷平台上，再与火箭对接。后者有效载荷经过准备区各种工作后从准备区运至火箭总装厂房，它与火箭一起垂直运至发射区。

图 5 是运载火箭组装工艺流程。

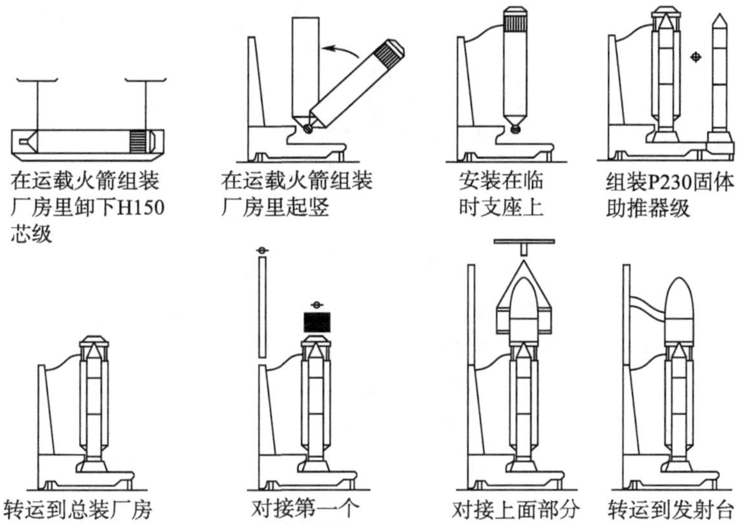

图 5　运载火箭组装工艺流程

2.2.2　俄罗斯航天发射场

俄罗斯的拜科努尔发射场建于 1955 年 6 月 2 日，位于哈萨克境内锡尔河畔丘拉姆火车站正北，东经 63°24′，北纬 45°36′。苏联解体以后，1994 年 12 月，俄、哈签署协议，俄罗斯从 1995 年 8 月 1 日起租用该发射场，租期 20 年，年租金为 1.15 亿美元。今年签订再延长 10 年的协议，发射场总面积 6 717 km^2，共有 34 个技术部门、9 套发射系统、15

个发射装置、11 个火箭和卫星装配实验车间、3 个航天燃料站和 2 个机场。图 6 是拜科努尔发射场设施布局情况。

拜科努尔发射场可以发射俄罗斯各种运载火箭，由于建设年代不同，发射场的设施、火箭的操作流程及其特点不尽相同，下面我们将逐一介绍。

从图 6 可以看出，联盟号火箭有 2 个发射工位 34 和 35。36 除发射联号盟外，还可发射东方号；天顶号火箭有 2 个发射工位，都在 41；质子号火箭有 2 个发射工位 5、6，4 套发射装置；旋风号火箭有 1 个发射工位 1；能源—暴风雪号火箭有 3 个发射工位 14 和 17，其中 14 是发动机试车和发射兼顾的 1 个工位，17 有 2 个发射工位。天顶号 1 个发射工位已在 1990 年 10 月 4 日发射失败时被毁。

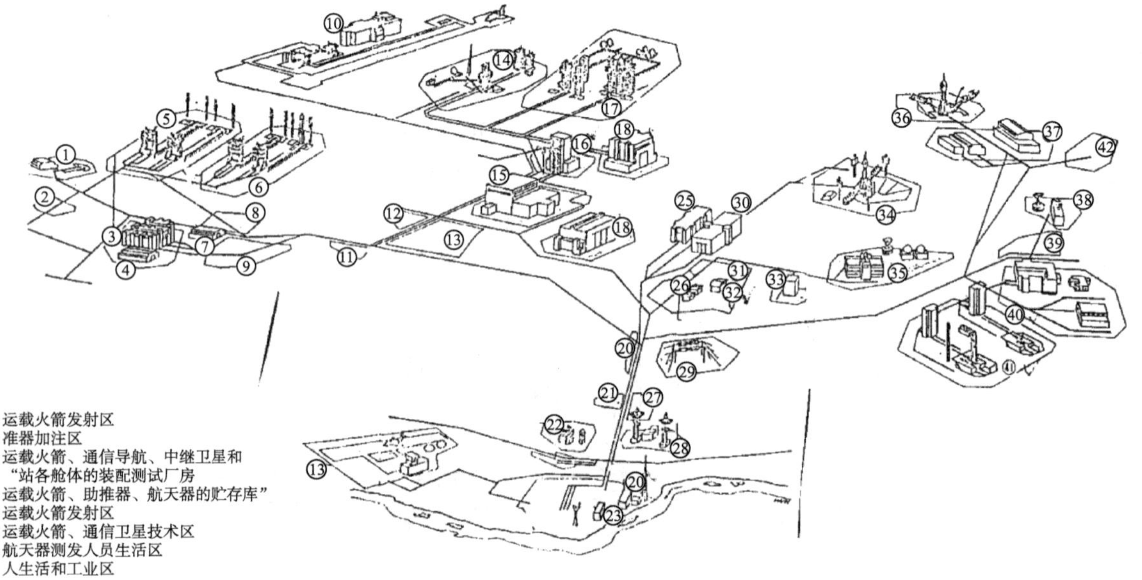

图 6　拜科努尔发射场布局图

1—旋风号运载火箭发射区；2—航天器和助推器加注区；3—质子号运载火箭、通信导航、中继卫星和和平号轨道站各舱体的装配测试厂房；4—质子号运载火箭、助推器、航天器的贮存库；5、6—质子号运载火箭发射区；7—质子号运载火箭、通信卫星技术区；8—运载火箭和航天器测发人员生活区；9、12—施工部队生活和工业区；10—暴风雪号航天飞机着陆场；11—中心配电站；13—能源—暴风雪号测发人员生活区货船装配测试厂房；14—能源号运载火箭点火和飞行试验试车台；15— 能源号运载火箭装配测试厂房；16—能源—暴风雪号动态试验台；17—能源—暴风雪号发射区；18—能源—暴风雪号技术区；19—暴风雪号航天飞机装配测试厂房；20—铁道营生活和技术区；21—航天发射场仓库区；22—织女星外弹道测量系统；23—零号区；24—拜科努尔招待所和航天员宾馆；25—联盟号运载火箭和航天器装配测试厂房；26—科罗廖夫旧居、加加林旧居；27—制氧制氮工厂；28—土星测控站；29—航天发射场无线电发射中心；30—联盟号运载火箭、载人飞船和进步号；31—运载火箭和航天器测发人员生活区；32—航天博物馆；33—通信枢纽；34—联盟号运载火箭发射区；35、38—测量站；36—联盟号、东方号运载火箭发射区；37—联盟号、东方号民用航天器技术区；39、42—运载火箭和航天器测发人员生活区；40—天顶号运载火箭和航天器技术区；41—天顶号运载火箭发射区；43—机场

(1) 联盟号火箭

联盟号火箭是一个两级火箭，推进剂采用的是液氧和煤油。发射台上建有支承联盟号的 4 个 16 m 长的支撑臂，这 4 个支撑臂一方面起支撑作用，另一方面牵制住火箭，一直到发动机产生足够的推力使火箭在几秒钟内离开支撑臂，支撑臂在其配重下向后倒，并像花瓣一样张开使火箭飞离发射台。40 m 高的塔架是两半合拢而成的，每半个塔架与发射台底座相铰接，工作时由千斤顶竖起来，将火箭围绕起来。塔架上有 2～8 层工作平台。一个塔台支撑着电缆，一个塔台布置有加注管道。火箭尾部有一个底面工作台，如图 7 所示。

火箭在技术中心是水平组装对接，测试后装在铁路运输起竖车上运往发射台。从 1957 年以来，运输—起竖车，已改型 3 次。早期的是开式桁架支撑车，桁架安装于改型的铁路车上，桁架当作助推级的底座，上面级有 2 个大型夹紧装置（卡箍）支撑火箭，使火箭固定在运输—起竖车上。后来上面级加长，又作了适应性修改，起竖架的上部支撑加长了，大型卡箍刚好在新上面级顶部的下方把火箭固定住。联盟号发射飞船时，支撑延伸到联盟号护罩的顶端，在护罩圆柱体顶端起到辅助托架的作用。

图 7　联盟号火箭发射台

图 8　联盟号火箭运输——起竖车

除了运输—起竖车，随着火箭的发展而发展外，2 个塔架的工作平台也从 2 层增加到现在的 8 层。

加注：联盟号火箭在发射中心只允许停留 48 h，一旦加注了液氧，必须在 24 h 之内发射出去。火箭在发射中心只是起竖和加注。加注设备（罐）都在离发射台几百米的地下室。各地下室互相隔离，以防溢流污染和意外火灾的蔓延。加注次序是先煤油后液氧。液氧加注－2.5 h开始，大流量加注每分钟7 t。煤油连接器人工脱落，液氧加注连接器则自动脱落。

火箭（分级）和有效载荷从承制厂通过火箭运至技术中心，在装配试验楼完成火箭水平总装和测试。飞船在装配试验楼完成测试，运往发射场的加注设备楼进行加注。加注后的飞船运回主装配试验厂房，和火箭进行水平对接、测试。整个火箭和有效载荷由运输起竖车运往发射场，并竖立在发射台转台上，经测试、加注后进行发射。火箭底部伸进发射台的混凝土结构0—0平面以下7 m。

（2）天顶号运载火箭

天顶号火箭是一个两级火箭，采用液氧和煤油作为推进剂，可发射低轨道和太阳同步轨道卫星，1985年投入使用。1993年发射了三级天顶号火箭，可发射地球同步轨道卫星。

天顶号火箭的组装、有效载荷的装配和发射准备等各阶段都体现了高度自动化，组装工作10天完成。有效载荷装上后再花4～5天，就可把火箭运往发射场，竖立在发射台上。天顶号和有效载荷都是在总装测试厂房进行水平组装和测试。箭上气、电、液接口装置全是自动化，图9是天顶号气、电连接装置。

测试好的火箭用专用的铁路运输起竖车，运往发射场（详见图10），由遥控机械装置进行起竖（详见图11），并按预定程序进行与所有发射台系统连接。图12为自动对接、自动脱落加注连接装置，图13是牵制机构，设计时可同时加注两枚火箭，以实现连续快速发射。图14是天顶号液氧球罐。整个准备和发射设备由计算机自动控制，使之21 h内可以从发射台发射出去。

天顶号火箭，因为设备操作高度自动化，发射场没有塔架，整个场坪显得非常空旷，每次发射后几乎没有维修工作。

（3）能源号火箭

能源号火箭总长60.3 m，总质量2 400 t，采用天顶号火箭作为捆绑火箭，芯级和上面级采用液氢和液氧作为推进剂，主要用来发射暴风雪号航天飞机。有3个发射台，1987年5月，在1号实验台上首次发射，1988年11月15日在2号台上发射暴风雪号成功。

图9　天顶号气、电连接装置图

图10　天顶号火箭正在运往发射中心

图 11　天顶号火箭正竖在发射台上

图 12　天顶号自动对接、自动脱落加注连接装置

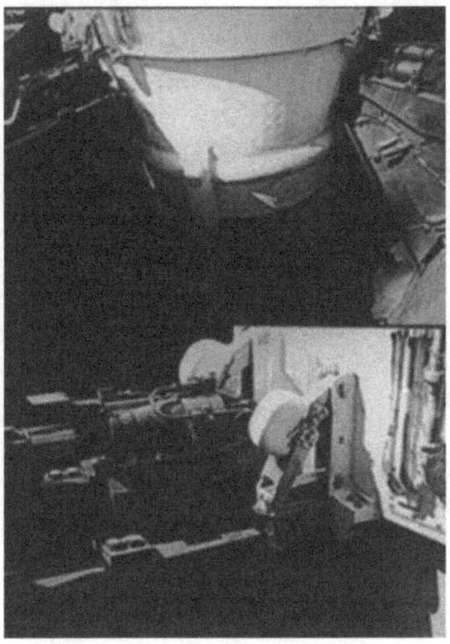
图 13　天顶号牵制机构

图 14　天顶号液氧球罐

能源号火箭的捆绑式助推级是通过铁路从制造厂运往发射场，芯级和轨道器是用安-225 大型运输机从承制厂运往发射场。火箭和轨道器都在总装大楼内进行总装和测试。总装大楼高 60 m，每边长 240 m。合格的火箭连同轨道器由巨型起竖运输车（图 15）运往发射台。1 号发射台基座一侧是高为 64 m 的勤务塔，另外还有一个可移动的勤务塔。液氢和液氧放在 2 km 外的球形真空罐里。发射前人员在加注液氢时都要撤到半径为 15 km 的范围之外。

2 号发射台位于一个直径为 20 m 的圆柱体上，底部有 3 个深 23 m 的火焰导流槽。它有 2 个固定勤务塔，竖立在火箭发射台两侧，1 个 100 m 高可移动的勤务塔，该塔可绕自己轴转动，以便将轨道器围在中间，进行测试。

（4）质子号

质子号火箭是苏联第一种不以导弹为基础的运载火箭，采用偏二甲肼和四氧化二氮作为推进剂，第四级采用煤油和液氧。1970 年正式投入使用。

图 15　能源—暴风雪起竖运输车

图 16　能源 1 号发射塔

图 17　能源 2 号起竖状态

图 18　能源 2 号发射台可转动勤务塔

①发射场主要设施

质子号火箭主要设施及其功能见表 2。

表 2　质子号主要设施及其功能

总装测试大楼	火箭和助推级有效载荷、总装测试
运输起竖车	火箭各级水平对接、总装测试
有效载荷装配厂房	卫星和第四级装配
发射台	支承火箭
发射控制室	发射、指挥

这里要提出的是发射场上没有电缆和脐带塔，但是铁路敞车上装有活动勤务塔。发射时，铁路敞车将安装在上面的勤务塔撤离到安全区，详见发射场布局图 19。加注和供气以及连接器的连接和脱落均是自动的。

图 19　质子号火箭发射场布局

质子号牵制机械随火箭一起上升零点几秒，后缩回至导流槽口保护在防火墙钢盖里面，钢盖构成火焰导流槽壁的一部分。

质子号 4 级为了维护和加注液氧，研制了一些新的设施和新系统。主要增加的设施是蚌壳式活动塔，用于有效载荷和整流罩垂直组装和对接。

②主要操作流程

主要操作流程如图 20 所示。

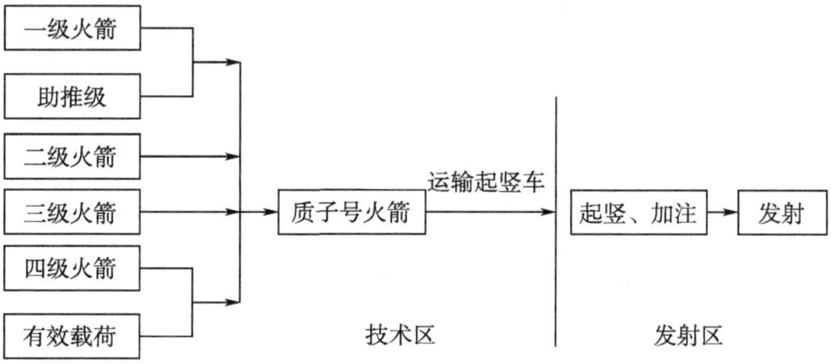

图 20　操作流程简图

上述是一种操作流程，另一种是四级火箭、有效载荷和整流罩从技术区水平运往发射区，垂直组装在发射台的火箭上。

质子号火箭在发射台上起竖安装需要 4 h，经 3～5 天发射出去。

(5) 旋风号火箭

旋风号火箭是一种三级中型运载火箭，采用偏二甲肼和四氧化二氮作为推进剂，也是将火箭和航天器水平对接后以水平状态运往发射台，其地面系统高度自动化，不需要在发射场坪上留人。

2.2.3 海上发射场

海上发射场是美国波音公司、挪威的克韦尔纳公司、俄罗斯的能源公司和乌克兰的尤日诺雅公司 1995 年共同组建的。采用的是天顶 2 号火箭和质子号火箭的上面级，构成天顶 3 号 3 级运载火箭，可将 5 400 kg 有效载荷送入地球同步转移轨道，采用液氧和煤油推进剂。

发射基地位于加利福尼亚的长滩，如图 21 所示。

图 21 海上基地

主要设施有有效载荷处理设施（组装）、加注设施、控制船、发射平台、发射支持设备、海上发射办公大楼和存贮大楼等。发射支持设备，主要由发射台、运输—起竖车及电、气、液（推进剂）设备和管线组成。发射系统高度自动化。

发射操作见表 3。

表 3　操作流程表

运载火箭	有效载荷处理设施	组装和控制船	发射平台
		进行运载火箭的组装	运至发射地点
有效载荷	机械/电气检测加注推进剂	与有效载荷组件对接	发射合练
	将有效载荷安装在连接组件上		检测操作
	将其旋转至水平位置	运载火箭与有效载荷组件联合试验	运至发射台并起竖
	安装有效载荷整流罩		发射前的操作
	将运载火箭与有效载荷组件运至组装和控制船上	将运载火箭与有效载荷组件运至发射平台的运载火箭库中	发射操作

就发射地球同步卫星来说，从库鲁航天中心发射，要比卡纳维尔角节省 15%的推进剂，因此对于典型的地球同步转移轨道发射任务，地点位于西径 150°的赤道上的海上发射平台（图 22）与库鲁和卡角相比，可发射更大的有效载荷。

图 22　天顶号与海上发射平台

2.2.4　种子岛国家航天中心

（1）种子岛航天中心共有 3 个发射场，占地 8.6 km^2

1）竹崎发射场——发射小型探空火箭；

2）大崎发射场——发射 N 型火箭和 H－1 火箭；

3）吉信发射场——发射 H－2 火箭。

布局见图 23。

1986 年，H－1 火箭首发成功，1994 年 H－2 火箭发射成功。吉信发射场从 1984 年兴建到 1991 年建成，吸取了圭亚那航天中心和美国发射场建设的经验，是世界上最现代化的航天港之一。

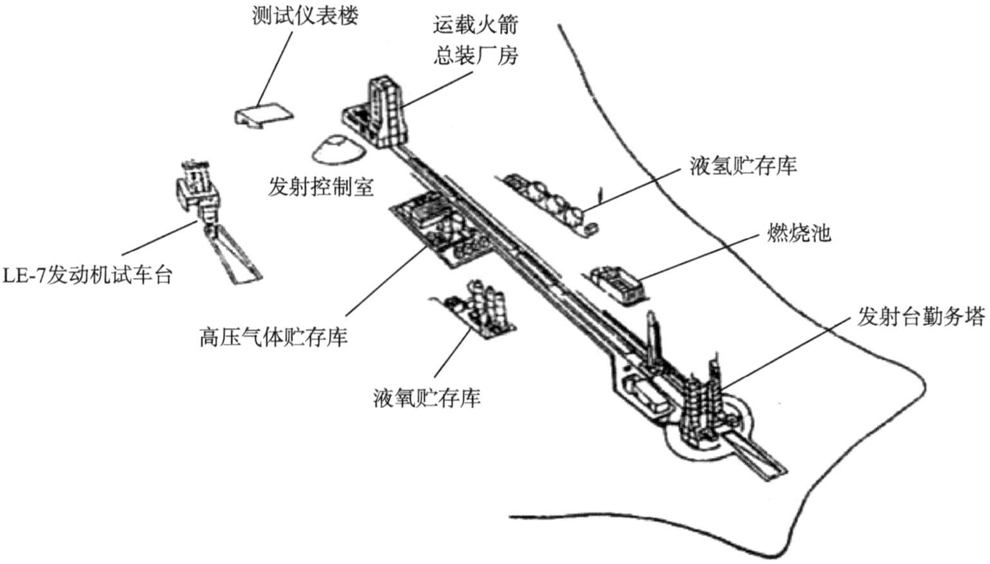

图 23　吉信发射场的总体布局

（2）吉信发射场主要设施

吉信发射场主要设施见表 4。

表 4　吉信发射场主要设施表

配置区域	设施名称	主要任务
技术区	运载火箭组装厂房	起竖（吊装）火箭芯级，连接助推级 起竖（吊装）助推级 进行分系统和总检查初步监测
	固体发动机贮存及检验区域	无损检验及贮存固体发动机 固体发动机部件机、电功能检查
	有效载荷组装厂房	装配和检测有效载荷、加注推进剂、总装（连接配件及合罩）
发射区	控制中心	发射操作、指挥、跟踪和观测
	机动发射台	移动、组装火箭
	勤务塔	火箭系统检测
		气检
		加注推进剂、充气
		发射
	推进剂库	贮存液氢和液氧
	高压气贮存库	贮存各种气体

火箭装配厂房的主要参数见表 5。

表 5　主要机械设备参数表

	项　目	规　格	
	尺寸	低层部分 宽 32 m×长 46 m×高 19.1 m 高层部分 宽 32 m×长 27 m×高 66 m	
	结构	钢结构、钢折板外墙，有一部分电波穿过	
火箭起竖旋转台车	尺寸 行走速度/（m/min） 驱动方式	约宽 5 m×进深 5 m×高 4.5 m 0.2～2 电动	
可掀平台	开合速度/［（°）/30s］ 板块数量	90ec 40	
吊车		低层部分	高层部分
	额定荷数/t 起吊高度/m 跨距/m 升降速度/（m/min） 横向行走速度/（m/min） 台数	25 13 29 0.5、2.6 2.8 2	25 58 11.5 0.5、2.6 1.4
空调设备	温度/℃ 湿度/℃ 通风次数/次	夏 28、冬 18 夏 50%、冬 50% 11	夏 25、冬 20 夏 60%、冬 50% 14

活动发射平台如图 24 所示。

图 24　活动发射平台

活动发射平台主要性能参数见表 6。

表 6　活动发射平台主要性能参数

	项　　目	规　　格
台体	尺寸/m 导流尺寸/m 活动发射平台质量/t 材料	宽 22×长 18×厚 4 宽 9×进深 4 约 700 钢
行走机构 行走轨道 行驶方式	行走台车 行走速度/（m/min） 驱动方式 调速方式 行走方向加速度 内燃机总功率 2 条平行铁道	4 轴 4 轮×4 台 0～8 内燃机 变频器控制 ≤0.02*g* 2×200 kVA 长 500 m 左右 自主行驶
固定支撑台座	结构尺寸 火箭的牵制与释放方式	4 个支座/台×高 700 mm×2 台 爆炸螺栓（各用 4 个）
水冷却设备	排烟冷却流速/（m^3/min） 排烟冷却水幕供水流速/（m^3/min） 发射平台台体冷却水流速/（m^3/min） 平台底座冷却水流速/（m^3/min）	约 75 约 6 约 5 约 4

勤务塔示意图如图 25 所示。

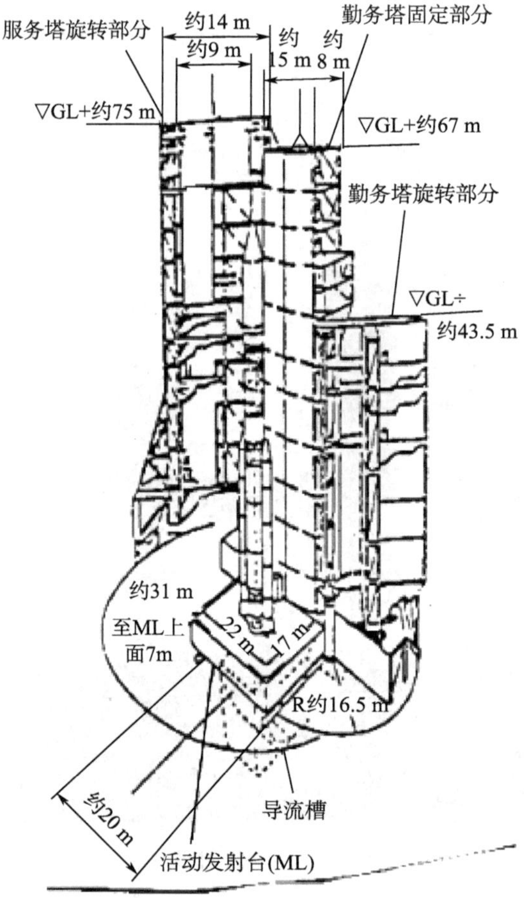

图 25　勤务塔示意图

表 7 为勤务塔主要技术参数。

表 7　勤务塔主要技术参数

脐带塔固定部分	主体尺寸/m 主体质量/t	高×宽×长	67×15×8 1 500
	工作平台/m	层数 各层面积/m²	10 层（第 1～10 层） 100（平均）
脐带塔旋转部分	主体尺寸/m 主体质量/t	高×宽×长	75×30×17 2 500
	旋转限度	旋转范围/（°） 旋转速度/［（°）/min］	170～180 170°/30min
	工作平台	层数 各层面积/m²	第 3～14 层 第 3～11 层，约 100 第 12 层，约 200 第 13、14 层，约 50 对应升降平台，约 150

（3） H－2 火箭的发射操作

H－1 火箭采用的是分级组装活动勤务塔，占用工位长，H－2 改为机动发射平台方式组装，在组装火箭厂房组装好后垂直运往发射工位，在发射工位进行测试和对接有效载荷。

其操作流程见组装框图 26。

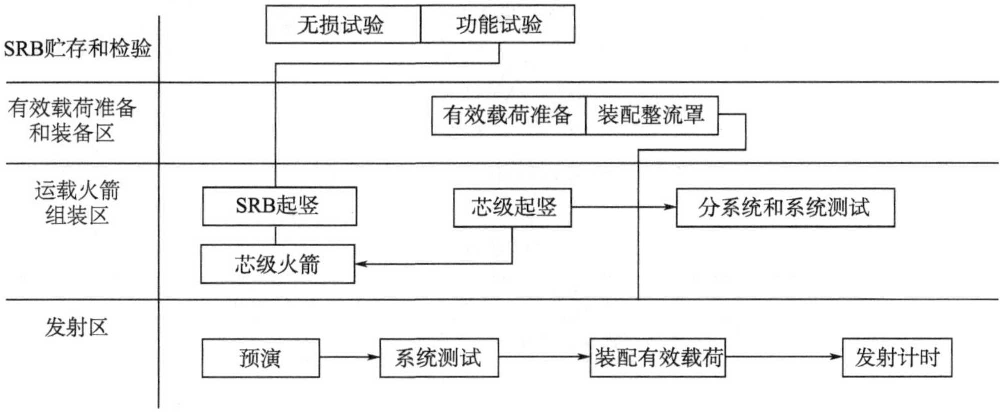

图 26　组装框图

2.2.5　肯尼迪航天发射中心

（1） 宇宙神火箭

它是由导弹演变而来，1958 年发射世界第一颗通信卫星。从 20 世纪 60 年代初期到 21 世纪，宇宙神不断地改型和发展。该系列共研制了 20 种火箭，采用液氧和煤油作为推进剂。上面级人马座采用液氢和液氧作为推进剂。

①发射设施

它在卡纳维尔角空军站 36 号发射场发射，共有 A、B 两个发射工位，图 27 是 36 号 B

台布局图，主要设施有活动勤务塔、脐带塔和地下发射控制室。场区内有供发射用的各种气、液库房和环境控制系统。

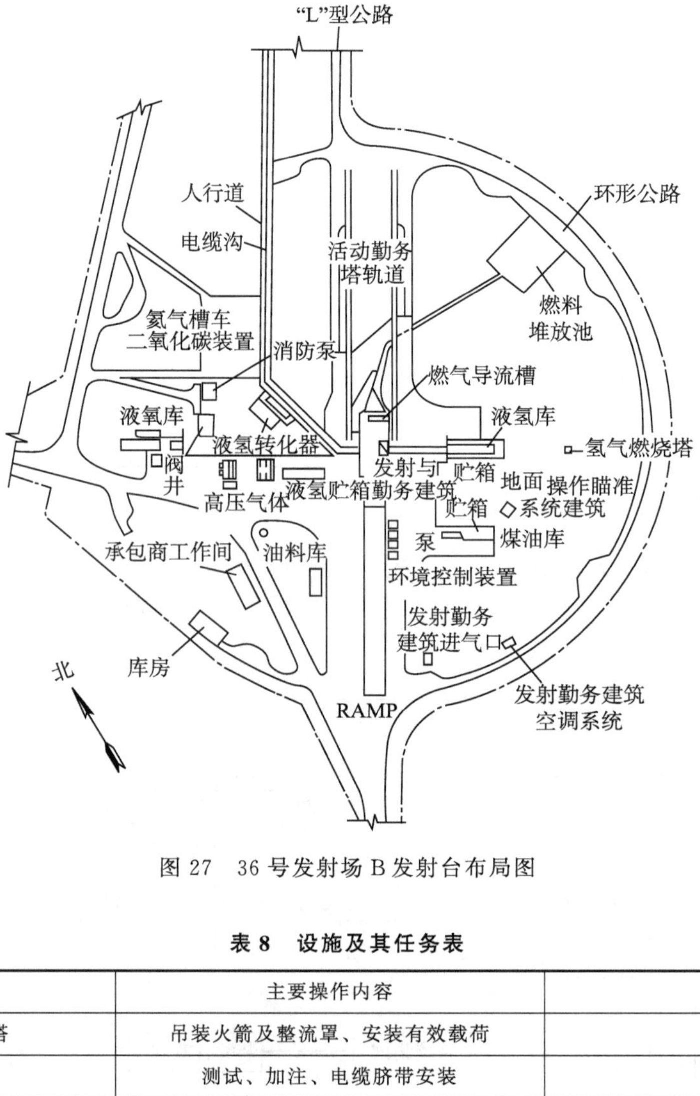

图 27　36 号发射场 B 发射台布局图

表 8　设施及其任务表

设施名称	主要操作内容	备 注
活动勤务塔	吊装火箭及整流罩、安装有效载荷	
脐带塔	测试、加注、电缆脐带安装	
发控台	发控操作、通信、监测	
发射台	支撑火箭、牵制火箭、排烟	有梯形释放装置

②发射操作

火箭采用分级运输、分级吊装上架方式。图 28 是 36 号发射流程图，宇宙神从起竖至发射共需 71 天。

（2）德尔它火箭

1959 年开始研制的德尔它火箭是从雷神导弹一级和先锋号导弹二级、三级改组而成。几十年来，德尔它系列不断地发展演变，共有 20 种，且可发射各种有效载荷。推进剂一级采用液氧和煤油，二级、三级采用四氧化二氮和混肼 50，助推级采用端羟基聚丁二烯。

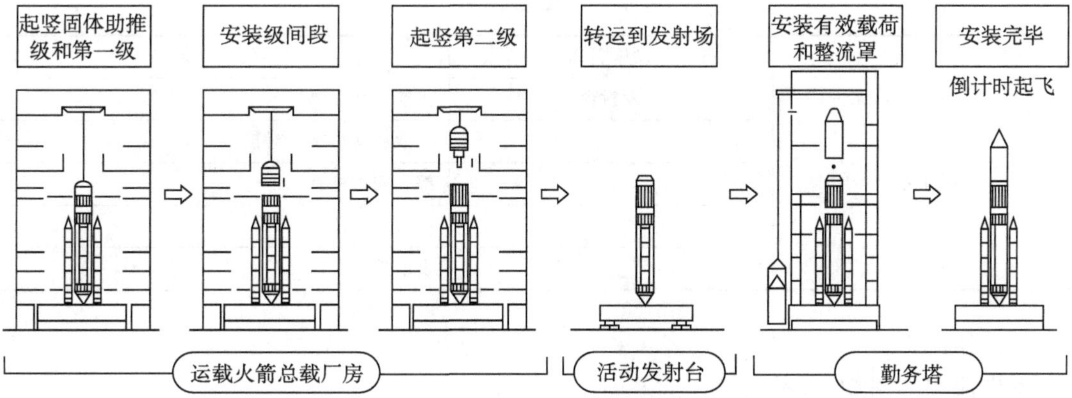

图 28　36 号发射流程图

德尔它 3 在 2000 年 8 月 23 日成功发射，它能将 3.81 t 的有效载荷送入 GTO 轨道。德尔它 4 可将 23 t 的有效载荷送入近地轨道。

①发射设施

德尔它火箭从卡纳维尔角空军站 17 号发射场上发射，有 2 个可供使用的发射台。发射场布局如图 29 所示。

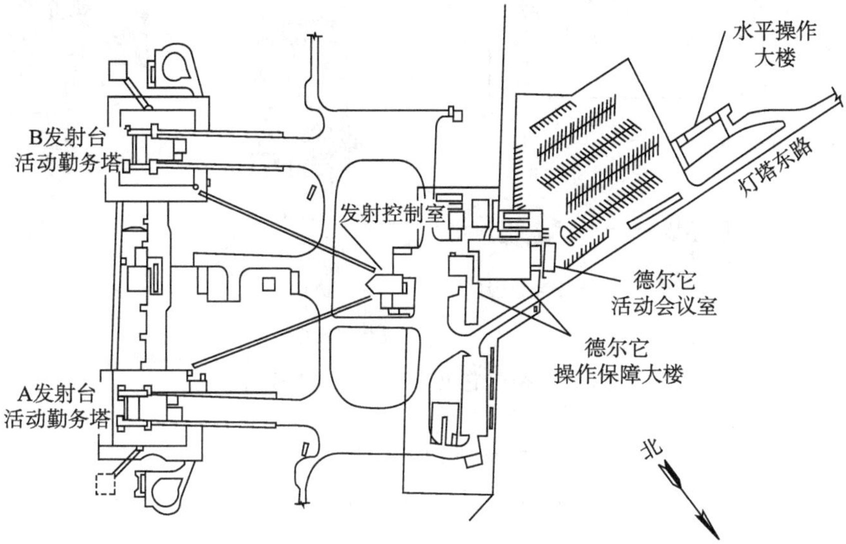

图 29　17 号发射场布局图

表 9　德尔它火箭设施及任务表

	设施名称	任　务
技术区	总装测试区	总装、测试、贮存有效载荷和整流罩垂直合装
	导弹研究试验楼	安装自毁系统和火工品，推进剂泄漏检查
	有效载荷测试区	有效载荷组装、测试，火工品安装

续表

	设施名称	任　　务
发射区	发射台	火箭吊装、测试
		有效载荷吊装、对接
		综合测试检查
		推进剂加注
		发射控制

②操作流程

操作流程如图 30 所示。

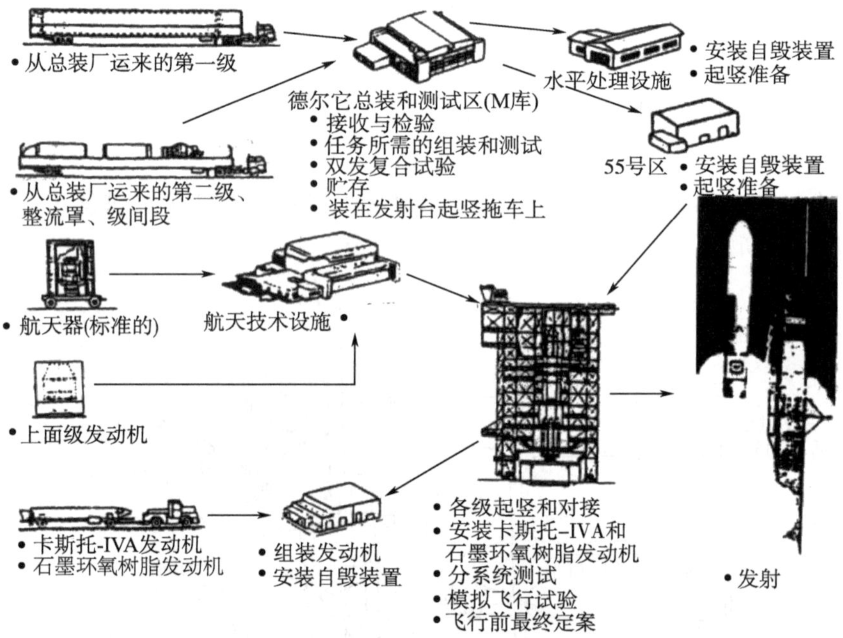

图 30　德尔它火箭发射操作流程图

德尔它 4 在范登堡发射场采用 6＃发射台发射航天飞机的设备，当然这些设备都进行过翻修，新的发射台重 650 t，高 7 m，宽 14 m。采用水平总装、水平整体运输以便提高发射场工作效率，操作时间可减少 10 天。

(3) 航天飞机

美国航天飞机是一种完全可重复使用的两级运载器。1981 年 4 月 12 日，进行了首次发射，并获得成功，它由轨道器和外挂贮箱、2 个固体火箭助推器组成。长度 38.1 m，总质量 2 040 t。

轨道器外挂贮箱采用液氢、液氧推进剂，固体火箭发动机采用端羟基聚丁二烯。

②发射设施

航天飞机在肯尼迪航天中心 39 号发射，有 2 个发射工位。图 31 是发射设施布局图。

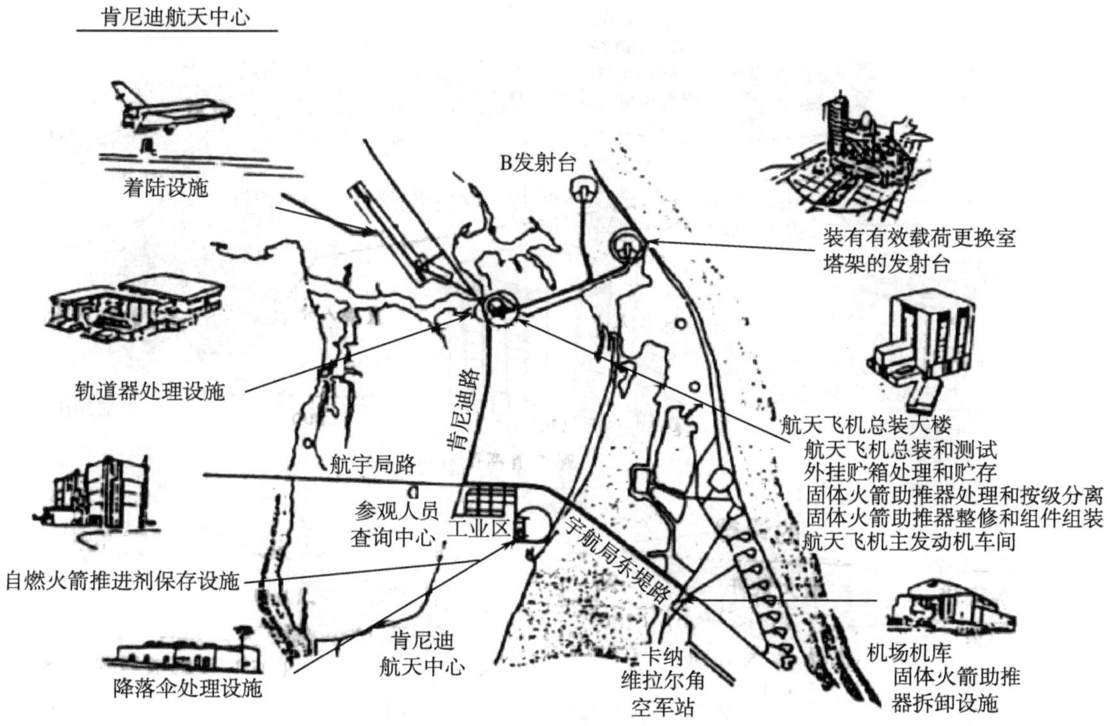

图 31　39 号发射场发射设施布局图

表 10　航天飞机设施及其任务表

	名　称	任　务
技术区	垂直装配大楼	飞机总装、测试；外挂贮箱和助推器处理、贮存
	轨道器处理厂房	有效载荷的组装、总装和测试
	固体火箭拆卸厂房	拆卸、清洗助推器
	固体火箭处理厂房	整修和组件组装
发射区	机动发射台	支承运输航天飞机、发射
	固定式勤务载塔	飞机工作塔，加注液氢和液氧
	回转式勤务塔	有效载荷安装、拆卸、加注推进剂
	发射控制中心	测试、发射

②发射操作

航天飞机的工作方案，遵循垂直总装—垂直测试—垂直运输—垂直发射。图 32 是航天飞机再次准备发射的地面工作流程图。其中轨道器第二次飞行整修 160～200 工作日（三班制）。

固体火箭助推器组装测试需 33 个工作日（三班制），有效载荷如果在发射中心只进行运输和发射，可在发射前 2～50 天装到轨道器上，如果要进行安装、测试、总装，则必须一年的时间，即要提前一年运至发射场。

加注从倒计时－6～－7 h 开始。

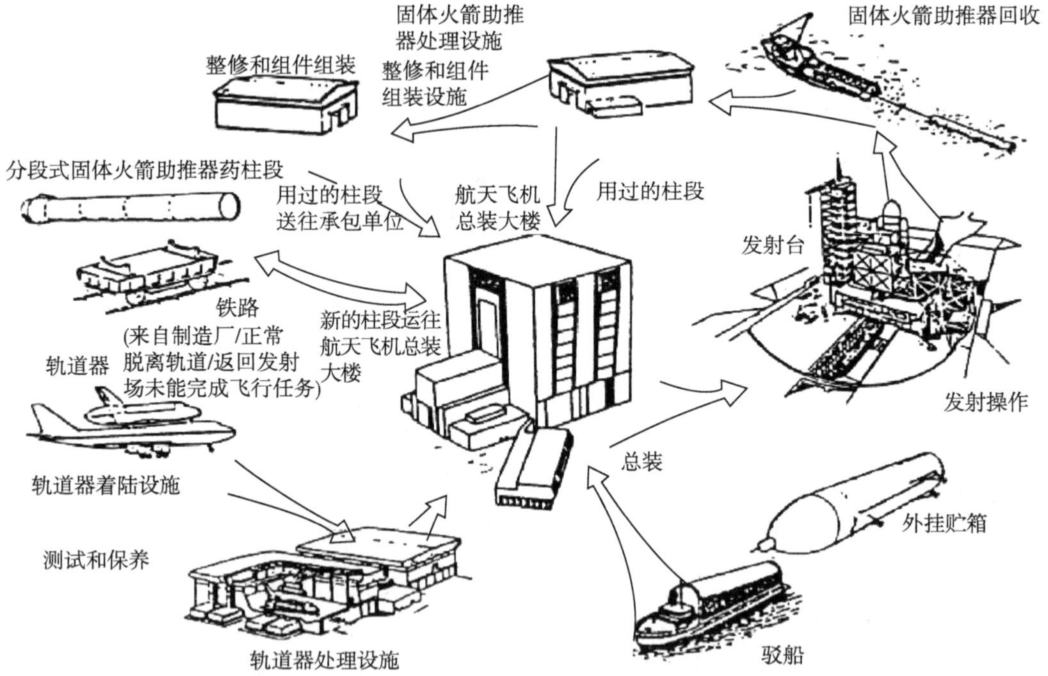

图 32　航天飞机地面工作流程图

2.3　世界航天发射场的发展方向及其主要特点

2.3.1　世界航天发射场的发展

从前面简要的介绍，可以看出航天发射场的发展是和运载火箭的发展紧密相联的，因此世界航天发射场的发展史，到目前为止，大体可以分为三个阶段：第一阶段为沿用原来的导弹发射场，第二段为改造原有发射场，第三段为建立新的沿海发射场。

(1) 沿用导弹的发射场，满足运载火箭的发射

导弹技术的发展才几十年，运载火箭的发展历史就更短。世界各国第一代运载火箭都是在导弹技术基础上发展起来的，导弹发射场和第一代运载火箭具有很好的适应性。因此这一阶段的发射场特点可以归纳如下。

①设备和技术的继承性强

我国酒泉的 138 工位，原为 DF－5 的发射工位，后来改造为 CZ－2 的发射工位，设备几乎没有任何变化，5020 工位原为 DF－4 发射工位，后改为 CZ－1 发射中国第一颗人造卫星的发射工位。美、俄无一例外，美国两个最大发射场有 900 多项设备相同。苏联联盟号火箭是从洲际导弹 SS－6 演变而来的，1957 年 8 月，SS－6 导弹首飞，两个月后作为运载火箭发射了世界第一颗人造卫星。它的发射设施同样没有任何变化。

②传统的工艺测试发射流程

这一阶段测试发射技术和导弹没有很大的变化，在技术阵地厂房进行测试，分级运往发射阵地，在发射台上进行火箭的装配、测试、加注和发射。这种模式来源于美国和苏联。

以苏联拜克努尔发射场为例：准备发射的火箭（飞船）运到发射场后，首先在运载火箭装配试验楼进行水平测试。合格后的飞船由运输车运到距离几千米的加注设备楼进行加注推进剂，然后运回与装配大楼进行水平对接、匹配试验，合格后将有效载荷-火箭用运输起竖车经铁路运往发射台。火箭起竖后进行垂直测试，加注推进剂，直至发射。

③有效载荷和火箭停放在同一个总装大楼的不同测试间

这种传统的模式具有明显的缺点，也不适应新的运载火箭发射需要，主要是发射场利用率低；火箭工作环境条件差（不能控制和维持环境条件）；适应能力差。针对这种情况，世界各国在发射场的建设上出现了两种不同的发展方向，或者说两种技术途径，一种是改造原有的发射场，一种是建立新的发射工位或在沿海建立低纬度的发射场。

（2）发射模式不变，改造原有发射场

这种途径主要被世界航天大国俄、美所采用，因为老的发射场投资和规模都很大。如：俄罗斯拜克努尔发射场，总面积有 6 717 km^2，地下井有 90 多个，普列谢茨克发射场场区占地 9 600 km^2，有 30 多个发射台和地下井。美国西部试验靶场 400 km^2，先后建有发射台地下井 50 多个。为适应火箭运载能力的不断扩大，俄罗斯不得不对现有发射场进行不断的改造。仍以联盟号为例，苏联的脐带服务塔和移动式工作台的起重机，在发射第一颗人造卫星时，火箭没有第二级，当时为了在支撑火箭牵制臂上进行工作，仅采用 3 层工作平台。经过东方号、上升号、联盟号，现在的起重机高达 40 m，有 8 层工作平台。

美国从 1980 年进行首次载人航天飞船飞行，当时采用的机动发射平台只有 1 个导流孔，为了执行航天飞机的发射，在机动发射平台中间开了 3 个孔，以便使轨道级主发动机和 2 个固体火箭发动机产生的燃气流顺利排出。同样范登堡空军基地，将载人轨道实验室保存下来的机动服务塔，作了适应性修改，高度从 96 m 降到 84 m，顶端为 50 t 的起重机改为 200 t 的桥式起重机。

我国的太原卫星发射中心 7＃塔架，原为发射 DF－5 的工位，后来对塔架作了适应性修改，可以发射 CZ－4 三级火箭。西昌发射中心原为 CZ－2E 发射工位，后来改造成为 CZ－3A 三级火箭的发射工位，相应增加了液氢、液氧、液氮等地面设施。这一阶段的特点为：

1）测试发射模式不变；

2）成本低，发射设施基本不变；

3）技术继承性得以延续；

4）有效载荷基本都有单独的测试楼，环境条件基本改善。

（3）改变发射模式，建立新的发射工位和发射场

以上两个阶段都是早期的做法，改造受到原有火箭设施的局限，原有的模式已不适应低成本、高可靠、好环境、适应性强的需要。或者从技术上，原工位和设施根本达不到要求，必须新建立发射工位，才能满足运载火箭的发射需要。

譬如俄罗斯的能源—暴风雪号、天顶号、质子号在拜克努尔建立自己的发射工位。美国为了向西发射有效载荷，在范登堡基地建立航天飞机发射工位。日本为了 H－2 火箭建立吉信发射场。法国为了发射阿里安Ⅳ、Ⅴ，建立了阿里安第二、第三发射场。中国为了

CZ－2F在酒泉卫星发射中心建立了“921”发射工位。当然在新的发射工位为了克服原工位的缺点，根据火箭和有效载荷的需要，同样研制了一些新的发射设施。如在范登堡空军基地取消了机动发射平台的履带牵引车，而改用新的自动胶轮运输车，同时新配置了机动的有效载荷转接设备，可将有效载荷从有效载荷准备间送到发射台，该机动设备用来在发射阵地起竖和连接外贮箱与轨道飞行器。范登堡基地的发射模式不同于肯尼迪发射中心。俄罗斯的天顶号、质子号、能源号，中国的CZ－2F，法国的阿里安Ⅳ均从传统的积木式改为“水平整体测试—整体运输—整体起竖”的发射模式或“三垂”模式。

这一阶段的特点是由于商品经济和发射市场竞争的必然结果，也是火箭技术发展的迫切需要。世界各国也从中得到获益。其特点：

1）发射场建设从解决有无问题过渡到追求安全、优质、高效、新的层次。

2）世界各国在发射上架方式上互相渗透，一个国家出现了多种发射模式并存的格局。

美国德尔它4、K－1新的发射设施均采用水平整体总装、运输、起竖方案。

中国的CZ－2F采用了垂直机动发射方式

（4）建立低纬度沿海发射场

海上发射平台可以说是20世纪最为引人注目的一个发射场。受此影响，美国在伍墨拉建造K－1重复使用运载器发射场，并准备开放靠近赤道的夸克林导弹靶场；日本和澳—俄准备在北纬2°的圣诞岛上新建发射场；澳大利亚多处被选中建发射场；乌克兰和以色列—欧准备在巴西阿尔肯塔拉建发射场。都是以低纬度的沿海发射场为大家首选的目标，而在这些沿海发射场中，天顶号海上机动发射平台，法国阿里安Ⅴ的第三发射场和日本H－2A吉信发射场更具有较大的参考意义。

2.3.2 法、日、多国航天发射场建设特点

（1）阿里安Ⅴ火箭第三发射场建设的特点

1）火箭和有效载荷的整个准备和测试阶段都并联进行，每发工作周期为6周；

2）火箭和地面之间的连接检查只进行1次；

3）发射场坪只有导流槽，只进行低温推进剂加注和发射，万一发生事故，恢复最快；

4）每个厂房只进行一种操作、专业性很强；

5）试车和发射合一；

6）3号发射场在原生产液氮、液氧工厂的基础上增加了生产液氢的工厂。

（2）H－2A火箭吉信发射场建设的特点

H－2A发射场建设考虑三项基本原则：简单可靠的发射、发射灵活性和低成本的发射操作。

①简单可靠的发射

简化火箭和地面系统之间的接口。保持火箭和地面系统处于完成最后测试时的技术状态，一直到发射。

②发射灵活性

在改变发射计划时，或在每年有多次发射计划时，发射场具有适应灵活性。

③低成本的发射操作

1）缩短发射周期，减轻发射作业任务和减少人力；

2）采用自动测试系统；

3）尽可能自动操作地面系统；

4）简化火箭和地面系统之间的接口。

根据以上三条原则，对发射系统提出 10 条要求：

1）每年能从 2 个发射台发射 8 枚火箭，每季度 2 枚（45 天内能发射 2 次）。即使在 2 个机动发射平台发生严重事故的情况下，也能在 6 个月内修复。

2）H－2A 发射作业的指标是：从火箭抵达总装场房之日到发射日之间的发射场作业周期，少于 15 个工作日。

3）从发射日作业开始，到发射之间的周期少于 12 h。

4）在末段倒计时期间，发生故障或紧急中止的情况下，应能在 24 h 之内重新组织发射。

5）火箭总装能在任何条件下进行，一发火箭在发射工位，另一发火箭在厂房进行装配。

6）火箭同地面系统之间进行功能分配时，应注意考虑火箭控制与监测系统的维护性，并简化火箭同地面系统之间的接口。

7）脐带系统应简单且易于维护：

a）应减少电气线路和推进剂管路数量；

b）应尽可能保护脐带系统，使其免受发射火焰和烟雾侵害；

c）应采用脱拔分离系统。

8）从发射日到发射后地面系统修复完成日应少于 10 天。

9）发射系统应能适应 H－2A 火箭系列各构型和各种有效载荷。

10）缩短研制周期。H－2 火箭地面系统的研制花了约 7 年时间。通过利用现有设施和与 H－2A 火箭协同研制，在大约 4 年内完成了 H－2A 火箭地面系统的研制。

三项基本原则其实也就是 H－2A 火箭发射场建设的特点。和其他发射场比较，有以下 5 点是比较明显的。

1）为了节省投资，在设计和施工中考虑了发射能适应发动机试车和火箭的系留点火，使地面系统得以充分利用。

2）地面操作尽可能自动化，为此箭的接口大量减少。

3）发射场测试尽量减少，工厂和发射场适当地分担测试任务。

4）采用遥测代替有线测量，使地面测控系统任务和设备减少。

5）火箭装配任务方面，发射场与工厂做了适当分工。

（3）天顶 3SL 海上机动发射平台的建设特点

如果说航天飞机机动发射平台建设是美国的创造，法国、日本、中国紧随其后，那么俄、美、乌、挪四国公司的杰作——海上机动发射平台则是集发射自动化、快速机动之大全。它们把机动的最佳位置放在赤道上，从而使得运载能力得到最充分的发挥，发射火箭时间最短等创造了多项世界第一。表 11 是世界主要运载火箭发射时间表，从表中可以看到海上发射公司的竞争力是多方面，选择了赤道，选择了世界自动化程度最高的火箭。难怪它刚宣布成立就有了 18 份合同订单，日前也已发射了 7 发，订单增加到 19 发。

表 11　世界主要运载火箭测试发射时间表

	技术区	发射区	发射日至发射	备注
H-2A	<15 天	12 小时		
联盟号		24 天		
阿里安 5	6 周			
阿里安 4	30 天			
天顶号	15		21 小时	
海上天顶号	3 天			从海上基地到发射点 7～12 天
CZ-3$^{A}_{B}$	24～30 天	12～15 天		
宇宙神		71 天		

2.3.3　俄罗斯火箭上架方式之特点

俄罗斯从早期的积木式上架方式发展到水平整体运输—测试—起竖发射的模式，从此之后，一直没有改变。而其主要设备运输起竖车的方案也始终未变，包括车架整体结构、千斤顶起竖、托架支承等，因此车的技术方案继承性最强。不论火箭如何变化，发射上架模式不变也是一种方案继承性，且是最大的继承，但是这种发射车技术的发展又发挥得淋漓尽致。

这种发射车的另一特点是不求单项技术的先进，而求整体性能和功能的最优。车的中间支撑（弹性支撑）始终采用杠杆原理，只是根据变形和载荷的大小改变配重质量。火箭支撑方案始终用托架，只是根据箭体的需要增设支撑数等。但是，为使火箭自动化程度提高，各种附件又是千变万化的。

3　我国新一代运载火箭发射场建设

3.1　我国发射场与世界航天发射场的差距

我国现有 3 个发射场，他们分别建于 50 年代末、70 年代和 80 年代，除西昌发射场外，均是导弹和火箭合一的发射场。我们也和世界各国一样，火箭的地面设施和设备初期也是基本上借用导弹武器的设施和设备。同样，我们在发射场的建设中，也经历了改造和新建工位的历程。回过头来总结，也有很多不足，主要是缺乏一个整体规划，缺乏参与国际竞争的意识。这是人们认识上的局限，我国的国情和当时的国际形势决定了的，这一点是历史的必然。我们国家比较穷，经济不很发达，先解决有无是主要的。我国运载火箭发射场建设的点均在内陆，这一点受到“山、散、隐”的影响。

我国发射场与世界航天发射场的主要差距：

1）纬度较高（表 1 所示），运载能力受到限制；

2）发射场地处内陆，航区和落点安全问题一直存在，民事纠纷不断（表 1）；

3）发射操作自动化程度低，气、液连接器多达 32 个（CZ－2E）和 39 个（CZ－3B），影响发射可靠性；

4）发射设施多，工作环境条件差；

5）测试技术落后，有线为主；

6）适应能力差，发展受到限制；

7）交通条件差，技术保障服务能力低。

我们应建立一个什么样的发射场呢？我觉得应吸取世界各国建发射场的正确原则和我们自己的实践经验，建立一个开放的、现代化的、具有国际水准的、技术先进的世界级航天发射场，这是我们的目标。

3.2 发射场场址的选择

发射场地点的选择，前面已多次提到，当今已成为航天同行们关注的第一要素，特别是航天大国和一些商业发射服务公司，为了商业发射市场竞争的需要以及争取利润的最大化，对纬度低的发射场给予了密切关注。发射场纬度越低，它的转动速度就越大，从赤道向东发射火箭，火箭的速度与地球速度的转动分量叠加起来就形成其轨道速度。发射同样质量的有效载荷，火箭推进剂质量可节省，同样的火箭在不同的纬度发射场发射，纬度低的发射场发射的有效载荷质量大于纬度高的发射场，或者可使同样质量的有效载荷轨道更高，从而提高有效载荷的在轨寿命。因此，我们在选择新建发射场时，要选择纬度低的地点，有利于参加世界市场的商业竞争。法国阿里安和海上机动发射平台之所以争取到较多的发射份额，纬度低是最重要的原因之一。目前我国三个发射场，西昌纬度最低，但地处山区，大直径运输有困难，也无发展前途，航区和落区存在安全问题等，缺点较多。这方面已有许多文章论述，这里不再详述，因此海南建点是一种理想的选择。发射场场点的选择不仅仅要考虑纬度，还有其他各种因素。

3.3 发射场建设的指导思想和原则

世界各国都很重视场址的选择，法国阿里安火箭建立第一发射场选点工作从 1963 年开始，一直到 1964 年经过仔细的勘察工作与反复研究，考虑到纬度位置、气候条件、可利用面积、投资费用、施工难度、居民安全以及当地劳动力等各种因素，最终才在圭亚那中部的库鲁地区兴建航天中心。阿里安 5 第三发射场建设又增加了一些新的要求。日本 H－2A 发射场建设为了适应商业发射服务竞争的需要，对测试、装配作了适当的、合理的分配，减少重复。

因此，我们认为新一代运载火箭发射场建设必须要有一个明确的指导思想：

1）前瞻性——新的发射场既要满足 2008 年新一代运载火箭的需要，也要考虑到 2008 年以后相当长一段时间使用的可靠性和可维修性。

2）先进性——新的发射场要瞄准国际先进水平，在操作自动化程度、安全性设计、测发手段和能力、设备的优化配置上，在相当一段时间上，均应是世界一流的。

3）发展性——发射场建设必须留有余地，具有发展的空间。一般均应考虑2个发射工位，以适应市场的需求，而体现相应的灵活性。

4）经济性——这里不是单指建造经费要省，更重要的是宏观、长远的观点，要争取发射场建设为赢利服务，适应市场的各种需求，为用户提供优质服务。

发射场自身建设的原则：

1）操作高度自动化。发射场的现代化可降低发射成本，美国历时12年的发射场操作自动化计划，用10亿美元给我们的启示，应从现在就开始。天顶号3SL的巨大市场也证明这一点。

2）年发射能力要明确，不得少于12次，发射工位应有2个。

3）发射周期要短，一个月之内应能完成一次发射任务。

4）发射场建设要考虑兼顾试车的需要。

5）厂房要考虑测试和总装的两种需求。

以上几点，俄罗斯的能源号、日本的H-2A、法国的阿里安、美国的航天飞机均具备，主要是考虑发展和市场反应的灵活性和应变能力。

未来航天活动会逐渐增加，不仅是国外市场，随着国家经济实力的增强，国内市场也很大。我国这样一个大国，一定要就外层空间活动对世界做出我们的贡献，因此，一定要着眼近期，兼顾长远。

3.4 发射场评价体系

美国的发射场工程公司，对目前世界级航天发射场进行了调查，综合评估的结果是美国的范登堡空军基地最优，其次是圭亚那库鲁发射场和美国的肯尼迪航天发射中心。了解这一评价体系对于我们建设发射场是有益的：

1）基础设施和用户服务。

2）管理制度与机构效率。

3）地方服务、运输能力和交通便利。

4）发射场进度、场区技术保障服务。

3.5 我国新一代运载火箭发射场建设设想

航天发射是一个巨系统，涉及有效载荷、火箭、发射场（首区）、航区、落区、测控等诸多方面。本文重点是论述首区的建设。发射场首区的建设也是一个大系统工程，地面设施和地面发射支持系统是其关键。

3.5.1 关于新一代运载火箭上架方式

世界上最先进的两种上架方式：三垂模式和水平整体模式，就目前我国技术水平讲，实现任何一种模式均无技术难度。我们当前的任务是要深入进行技术经济可行性论证，结合新一代运载火箭系列作适应性论证，不单纯进行两种主体产品（机动发射平台和运输—起竖运输车）的比较，还要结合火箭、有效载荷及地面设施发射等各方面进行综合比较。搞清火箭、有效载荷有哪些不适应，有哪些技术问题，分析这些不适应的技术问题，研究能不能有相应的措施可以解决，并在此基础上分析解决这些技术问题需要的时间和经费，只有把技术、工程和经费都搞清楚了，上架方式才能最终确定。

下面我们具体研究下列问题，对开展综合论证是必要的。

（1）同一种上架方式，地面设施不一样

法国、美国、日本、中国都有采用机动发射平台的火箭，但地面设施差距很大，见表 12。

表 12　机动发射平台与设施等的关系

火箭型号	有无固定塔架	有无脐带塔	运输前后测试状态	平台上有无工作间	有效载荷与火箭连接否
阿里安Ⅴ	无	有	不改变	有	连接
H-2A	有固定脐带塔和活动回转塔		有改变	有	不连接
航天飞机	有固定脐带塔和活动回转塔		有改变	有	均可
CZ-2F	有	无	有变化	无	连接

从表中可以看出各个国家设计思路不一致，日本有效载荷在技术区是不连接在火箭上的，而是单独运往发射区（如图 33 所示）。

图 33　H－2A 有效载荷运输车

（2）不同上架方式，地面设施有很大区别

表 13 列出了几种火箭的主要地面设施情况。

表 13　不同火箭上架方式主要地面设施比较表

火箭	厂房（高×长×宽）m	固定塔	脐带塔	备 注
阿里安Ⅴ		无	有	脐带塔在平台上
航天飞机	160×218×158	有固定塔和可回转活动塔		
CZ-2F	93.56×73.6×45.8	有		地下一层 4.5 m
H-2A	66×32×27	有固定塔和可回转活动塔		
联明号	有	有		
质子号	有	无		
天顶号	有	无		
能源号	60×240×240	有		每个工位塔型式不一

从表中可以看出美国航天飞机厂房是最高，其次是中国。美国航天飞机是沿用土星Ⅴ运载火箭的厂房，所以高度较为特别。不同火箭设施不一样，造价也不一。

3.5.2　关于新一代运载火箭测试发射工艺流程

这一点无论何种火箭都是要研究的。这一方面取决于上架方式，另一方面也取决于火箭设计水平、思路，当然也取决于各分系统技术对火箭的支撑力度。天顶号火箭目前是世界上自动化程度最高的一种火箭。火箭的测试、各种脐带的连接与脱落、加注发射各个环节均是高度的自动化，因此发射台上除避雷针几乎看不到任何设施。阿里安Ⅴ目前在发射场坪上除 3 根避雷针（塔）外，也没有任何设施。H－2A 火箭和阿里安Ⅴ火箭在发射场设计思路上有很多相似点，但在有效载荷流程上不同，H－2A 认为各种气、电连接装置免不了插拔，所以到发射区才进行连接，固定塔和脐带塔均没有省去。

我国运载火箭对这个问题要开展全面论证，但是有几点应该肯定：

1）有效载荷应在技术区完成对接，以减少发射区的操作，确保安全。

2）测试状态从技术区到发射区可不改变，因为行驶速度很慢，为此不论何种状态上架，均要有工作间，随时可监视系统的变化。

3）发射区只应作气、电、液管线的连接，各种连接器应实现自动对接。

4）发射区复测项目要少，主要完成加注和发射。

3.5.3　关于发射场防盐雾问题

几乎所有沿海发射场都存在这一问题。如何防盐雾，防止钢结构侵蚀，一直是工业部门十分关注的问题。美国年报全国腐蚀费用高达 150 亿美元，盐雾是其重要的一项。防盐雾问题研究包括措施及防盐雾的试验，通过试验进行设备性能和功能评定，以确定设备的工作能力以及涂层和表面处理层的耐用性。

法国库鲁对盐雾的防护，采取的办法是用漆涂覆，另外采用特种水泥和钢结构的复合结构，尽量减少钢结构与大气的直接接触。美国普遍采用热喷涂锌和铝，防止铁和钢的腐蚀，喷涂后还采用各种不同的有机材料作为封闭处理的覆盖涂层。封闭处理不仅延长了喷涂层的使用寿命，而且改善了结构的外部面貌。美国对这种技术进行了广泛的试验和检测，发现喷涂铝和锌的栏栅，原设计使用 12 年，通过评估，还可用 20 年才能损坏。百老汇——乌德维那旱桥经受了冰冻温度和盐破冰 20 年考核，发现 99%喷涂的面积保持原封不动。此外在 KAW 大桥纽约 Grand 岛上的桥梁、麦卡锡幽谷的跳水塔、油井井架、海上油管等都经受了考验。

我国热喷涂锌和铝的技术在航天、航空、冶金、机械制造、煤炭、电力、石油、化工等工业部门得到广泛应用，并相继列为重点推广新技术之一。热喷涂已取得了丰硕的成果和积累了丰富的经验。因此防盐雾不是发射场的障碍。

3.6 关于液氧、液氮、液氢生产供应问题

新一代运载火箭采用低温推进剂，安全问题突出，其设备和造价也相当引人注目。在发射场建设时，对液氧、液氢和煤油的布局将是十分重要的，表 14 是世界各国运载火箭有关加注参数的比较表。

从表中可以看出箭罐之间距离 300～450 m 这个范围是较合适的。国外，液氢和液氧采用球形真空罐也是较合理的。煤油可以放在地下库房中。

根据目前新一代运载火箭的方案，液氧最大加注量为 476.9 m^3（542.4 t），液氢最大加注量为 404.64 m^3（28.5 t），煤油最大加注量为 233.27 m^3（153.8t）。考虑到贮箱和管路的预冷消耗、贮箱的蒸发损失，以及 2 个窗口等，液氢和液氧量应是它的 3 倍以上，因此，液氢、液氧的贮存和运输是一个相当重要的问题。世界级航天发射场，无一例外液氧和液氮均采用在现场制取，建有氮、氧站。液氮是过冷液氧和冷氦的制造工质，同时也是氮气的原料。而液氢情况就各不相同了，法国库鲁阿里安Ⅴ和日本种子岛 H－2A 是在现场建有液氢站。日本更进一步对液氢贮罐自然升温的氢气进行回收，重新液化以节约价格昂贵的液氢。日本氢再液化系统有两种方式：以氢作为工作流体的直接液化方式和以氦作为工作流体的氦冷冻机方式。从防爆措施及安全性考虑，吉信发射场选用了氦冷冻机方式，即应用较多的膨胀涡轮式氦布雷顿循环冷冻机和喷油螺旋式压缩机。

海南发射场地下蕴藏有丰富的天然气，可以利用天然气原料作为氢的来源，在发射场建液氢制造厂。另外也可利用海南东方中海石化公司的 30 万吨合成氨，生产线的原料氢（9 000 N m^3/h）纯化而成。前者好处是独立性强，不依赖于外部，贮运费用低，不通过民用公路安全性好。后者受制于中石化公司，且要补贴由于厂方合成氨生产下降造成的损失费。中石化公司现有生产线需要引进气氢的液化和提纯设备，从技术上要进行评估才能最终确定，优点是原料氢的设备和产量可以满足需要。这两种方案要进一步开展深入的技术经济可行性论证。论证要从设备费、贮运设备费、运输费、经济补偿费及安全、技术和用氢管理等方面深入开展，权衡利弊得失。

表 14　世界各国主要运载火箭加注参数比较表

型号	级数	火箭长度和直径/m	低温介质		常温介质				加注容器		罐箭之间距离/m	备注
			LH_2/t	LOX/t	偏二甲肼/L	四氧化二氮/L	煤油/t	液氧/t	LH_2/m^3	LOX/m^3		
CZ-3	3	$L=44.6$ $\phi_{I-II}=3.350$ $\phi_{III}=2.250$	1.486	7.189	V_I：72183 V_{II}：14949	V_I：82530 V_{II}：16731			70 $m^3\times2$	10 $m^3\times3$	150（LOX） 304（LH_2）	
CZ-3A	3	$L=52.5$ $\phi_{I-II}=3.350$ $\phi_{III}=3.000$	3.1	15.1	V_I：69765 V_{II}：12514	V_I：80156 V_{II}：14299			85 $m^3\times2$	45 m^3	200（LOX） 350（LH_2）	
AR1	3	$L=47.7$ $\phi_{I-II}=3.8$ $\phi_{III}=2.6$	8.142		178.6t（固定贮罐125 m^3各1个）				固定贮罐 100 $m^3\times2$	固定贮罐 100 $m^3\times2$	400	1）液氮贮罐5个能贮存300 m^3。 2）液氢液氧贮罐分别在火箭两侧，中间隔一土墙。 3）液氢补加采用C_{40}^{1}液氢公路车
			1.492	6.65	$V_I=65920$ $V_{II}=15520$							
AR2	3	$L=49.5$ $\phi_{I-II}=3.8$ $\phi_{III}=2.6$	10.7		181.5t（固定贮罐125 m^3各1个）				固定贮罐 100 $m^3\times2$	固定贮罐 100 $m^3\times2$	400	1）AR1第2次飞行试验后偏二甲肼改为混肼。 2）氢氧箱加长
					$V_I=65920$ $V_{II}=15520$							
AR3	3	$L=49.5$ $\phi_{I-II}=3.8$ $\phi_{III}=2.6$	10.7		181.5t				固定贮罐	固定贮罐	400	1）一级贮箱每个加长了3 m。 2）AR3捆2台固体助推器
					$V_I=65920$ $V_{II}=15520$							
AR4	3	$L=57-59.8$ $\phi_I=3.8$ $\phi_{II-III}=2.6$	10.7		204～268t				固定贮罐	固定贮罐	400	1）捆2～4个固体或液体助推器。 2）一级贮箱每个加长了3 m

续表

型号	级数	火箭长度和直径/m	低温介质		常温介质				加注容器		罐箭之间距离/m	备注
			LH_2/t	LOX/t	偏二甲肼/L	四氧化二氮/L	煤油/t	液氧/t	LH_2/m^3	LOX/m^3		
AR5	2	L =54.65～59.8 ϕ_{I} =5.4 ϕ_{II} =3.6～3.94	27	130	7.2～9.7 天 一甲基肼	7.2～9.7 天 四氧化二氮			活动贮罐 320 m^3×5	活动贮罐 140 m^3×5 20 m^3×16	200	1）LH_2 用 3 个 320 m^3 活动贮罐。 2）捆 2 台固体推进级，推进剂质量 2×230 t
H-Ⅰ	3	L =40.3 ϕ =2.44	8.8				81.4		固定贮罐	固定贮罐		捆 9 个固体助推器
H-Ⅱ	2	L =49 ϕ =4	Ⅰ级 86.2 Ⅱ级 14						球罐 540 m^3×2	固定贮罐 160 m^3×2	250	1）捆 2 个固体助推级。 2）50 m^3 液氢贮罐提供泵和汽化器用。 3）160 m 和 640 m^3LN 贮罐各 1 个
土星Ⅴ	SⅠC	L =42.6 ϕ =10.0534	19.35				681.1	1488.8	球罐 3 217.59	球罐 3 406	440	粉末真空绝热
	SⅡC	L =24.8412 ϕ =10.0584	47	411								
	SⅣB	L =18.0746 ϕ =6.614	20.636	91.2								
能源	2	L =60 ϕ =8（芯级）	100	600			1300		球罐 1 400 m^3×4	球罐 1 400 m^3×3		每个工位 10 个球形罐，其中 LH_2 4 个；LOX 3 个；LN_2 3 个。两个工位相距 15 km，共 20 个球形罐
联盟	2	L =49.52（载人） ϕ =2.66（二级）					300		煤油固定罐	固定罐 230 m^3×8		液氧罐粉末真空绝热
天顶	2	L =54-57 ϕ =3.9					Ⅰ级 325.3 Ⅱ级 82.5		煤油固定罐	固定罐 1 400 m^3×3		煤油固定罐位于地下。 三级天顶号长 58.9～61.4 m

3.7 新一代运载火箭应建的发射设施

(1) 技术区主要设施

①火箭总装测试厂房

任务：完成火箭的总装测试、对接和转载。

组成：应有 2 个总装测试厅以及各个系统的测试间、工作间、电源间、配气间、通信机房、空调机房及辅助用房。厂房建设时应有总装测试用的工作平台、吊车等，可参考俄罗斯能源号和美国航天飞机总装测试间的设计布局。厂房设有供配电系统、空调系统、消防系统、供暖系统、通信系统等。

这里有 2 个总装测试间，主要是参考先进航天大国的经验，为了提高发射频率，充分发挥发射场的效应。

②有效载荷总装测试厂房

任务：完成有效载荷、分解、总装、检漏、测试、联调。

组成：有效载荷总装测试大厅气闸室、工作间、吊车等组成。厂房内应有空调系统、供电系统、供配气系统、消防系统。

③水平转载间

任务：完成火箭和有效载荷的转载。

组成：吊车、轨道、供配电系统、空调和消防系统等。

④测发控制中心楼

任务：完成火箭、有效载荷等的综合测试、功能检查、指挥监控和发射点火控制等。它是发射场测发系统的指挥控制中心。一般离发射点 5 km 左右。

组成：火箭、有效载荷指挥厅，各分系统测试指挥间等。应设有空调系统、供配电系统、指挥网络与显示系统、消防系统。

⑤有效载荷和整流罩装配厂房

任务：完成有效载荷的加注、称重、整流罩的清洁和测试，合罩、转运。

组成：由转载间、加注间、整流罩装配厅和吊具、空调系统、供配电和供配气系统、消防系统等。

⑥火工品检测存放间

任务：火工品的检测与任务；

组成：检测间和贮存间组成。

⑦压缩机站

任务：生产高压洁净的空气；

组成：主要由压缩机房、测控间、配电间、器材间等组成。

⑧气瓶库

主要任务是贮存空气、氮气和氦气，由气瓶库和配气间等组成。

⑨氮气、氦气增压间

主要任务是生产高压氮气和氦气，由气瓶车、膜压机、配气间、供水系统等组成。

⑩中心变电站

任务：发射场的总变电站，为发射场各分变电站提供电源，为发射任务提供合格的电力保障。

组成：主要由高压配电室、中央控制室、变压器间以及其他工作间等组成。

⑪动力站

任务：负责技术区厂房空调系统的空调用水，以获得冷、热源。

组成：由空调冷冻机房、供配电间、泵房等组成。

⑫气象站

任务：场区的气象预报。

组成：包括气象雷达机房、制氢机房等。

(2) 发射区主要设施

1) 发射台。任务：支撑火箭，进行垂直度调整。组成：由支撑臂、牵制机构和液压系统、电控系统等组成。

2) 导流槽。任务：把火箭芯级和助推级发动机喷出的高温高压燃气迅速排导出去。

3) 加注系统。任务：完成大运载火箭煤油、液氧、液氢的加注。组成：煤油库区、液氧库区、液氢库区三大部分。液氧和液氢宜用球形真空罐，以减少蒸发损失。煤油可设在地下。液氧和煤油采用泵式加注。液氢、液氧管线和阀门为真空绝热。各库间有远控加注的前置设备。

4) 供配气系统。任务：为火箭提供气检、增压、吹除、消防用的空气、氮气、氦气。组成：由氮气瓶库、氦气瓶库、空气瓶库和高压空气压缩机站、各种管线阀门等组成。

5) 瞄准间。任务：赋予火箭正确的射向。

6) 废气和污水处理设施。

7) 配电间。任务：为火箭测试和场区照明供配电。组成：高压室间、变压器间、低压配电间、控制室等组成。

8) 加压泵房。任务：发射时提供消防，导流槽灭火用水和液氢、液氧、煤油库房用水。组成：主要由泵控制室、蓄水池、污水井、泵间等组成。

9) 避雷针塔。

(3) 道路与场坪

海南新建发射场在道路和场坪方面也要进行规划。这方面有：

1) 港口建设；

2) 港口至技术区公路建造；

3) 技术区至发射区公路建造和转运铁路轨道建设；

4) 生活区公路建造。

(4) 场区生活服务设施建设（略）

本节没有提到要不要搞固定塔和脐带塔，但是在第一部分已讲到不同国家、不同上架方式，设计思路是不一样的，取决于火箭总体结构、上架方式和发射流程的安排，特别是发射日工作的安排。这一点要充分论证，是省还是不省，还是部分省。

文章没有涉及发射场非标系统的设施，空调系统、给排水供暖、消防系统、供配电接地系统的设施。

4 结束语

新一代运载火箭发射场的建设是一个重大的工程项目，它的论证、设计和建造周期比较长。我国 CZ－2F 发射工位设计完成后，垂直总装厂房施工用了整整 3 年，脐带塔施工用了 3 年 3 个月，它是我国 3 个基地建设最快的发射工位。日本 H－2 火箭地面设备和设施用了 7 年时间，H－2A 火箭发射场在 H－2 设施基础上用了 4 年的时间才建成，海上发射平台改造用了 4 年的时间。新一代运载火箭系列采用液氢、液氧低温推进剂，其工程规模和设施远非 CZ－2F 可比。因此应尽快立项，开展前期的工作。发射场的建设和地面支持系统，必须和运载火箭同步论证、同步研制，否则将影响新一代运载火箭的研制。

由于诸多因素，发射场的建设论证工作也刚刚开始，不少问题尚未明确，因此本文的性质是研讨，供发射场进一步论证。

可以期盼，一个既满足新一代运载火箭系列，又兼顾长远的，具有世界先进水平的，高标准开放式的，多功能综合性航天发射场一定会矗立在祖国的海岸线上。

运载火箭发射模式

（2001.4.20）

世界各国运载火箭发射模式最初都是从导弹发射模式演变而来，如1958年美国发射世界上第一颗通信卫星的宇宙神运载火箭是从宇宙神导弹改装而成的；1960年美国的德尔它火箭发射无源通信卫星，是从雷神导弹改装而成；俄罗斯的宇宙号运载火箭是从SS-5导弹基础上发展的；1957年，苏联发射世界上第一颗人造卫星的卫星号运载火箭和东方号、闪电号、联盟号运载火箭是从SS-6导弹基础上发展的。随着运载火箭技术的不断发展和发动机推力的增加，火箭从单级到二级、三级和捆绑，运载火箭发射模式有了变化。目前多级运载火箭发射模式主要有分级测试、分级运输、分级垂直组装发射（积木式组装）；垂直测试、垂直运输、垂直发射（三垂）；水平测试、水平运输、水平组装、整体起竖发射（三平）。美国三种模式都有，但俄罗斯无论火箭直径和发动机推力多大，都是采用传统的"三平"模式。导弹技术的发展，发射模式有很大变化，根据用途不同分陆基、空基和海基等发射模式，除天顶号外，都是陆基。

1　国外火箭发射模式

1.1　俄罗斯火箭"三平"发射模式

（1）东方号系列火箭

苏联卫星号火箭于1957年10月4日成功发射，火箭总高48.55 m，一级火箭直径2.95 m，它发射过3颗卫星。东方号火箭和各层工作平台也都是整体起竖。图1是东方号火箭在3个支撑桁架支撑下竖立在发射台上，从图中可以看出工作平台的起竖臂和火箭起竖臂已倾倒，火箭在支撑臂支撑下待命发射。

（2）联盟号火箭

联盟号火箭分二级和三级形两种。1963年首次成功发射的是二级火箭，后来联盟号发展成为系列火箭，包括上升号、闪电号、联盟号、联盟号U、联盟号3等10多个型号。联盟2号火箭总高46.1 m，一级火箭直径2.95 m，最大直径10.3 m。联盟号火箭发射过各种卫星、飞船，是俄罗斯当今的主力火箭。图2是联盟号火箭待命发射的状态。图3是联盟号火箭在运输途中。

图 1　东方号火箭待命发射

图 2　联盟号火箭待命发射

图 3　联盟号火箭在运输途中

(3) 天顶号火箭

天顶号有二级和三级共 4 种型号。天顶号 2 火箭是 1976 年研制的 2 级火箭，火箭总高 57 m，直径 3.9 m。天顶号 3SL 是三级火箭，发射过多颗卫星。目前是世界上设计最先进的火箭，其测试自动化水平最高，发射设施最简单。图 3 是海上天顶号火箭在运输时的情况。图 5 是天顶号 3SL 火箭在海上整装待发。起竖臂已将火箭竖起（起竖臂尚未倾倒）但起竖车不撤离。

图 4　天顶号火箭在运输途中

图 5　海上天顶号火箭整装待发

(4) 质子号

质子号火箭是苏联 60 年代研制的火箭，有二级、三级和四级三种型号。二级火箭 1965 年成功发射质子 4 号卫星，最大直径 7.4 m，它发射过各种卫星，质子号 K 和 M 是三级火箭。质子号 K 火箭总高 57.85 m，火箭捆绑 6 个固体火箭。图 6 是质子号火箭正在起竖，图 7 所示是质子号火箭发射。

图 6　质子号火箭正在起竖

图 7　质子号火箭发射

(5) 能源号火箭

能源号火箭是苏联最大的二级火箭，采用液氢和液氧作为推进剂。火箭总高58.735 m，芯级直径 7.75 m，最大宽度 18 m，起飞质量 2 200 t。它用于发射暴风雪号航天飞机。图 8

是能源号火箭在运输途中。图 9 是能源号火箭在起竖过程中。从图中可以看出两大特点：一是由于能源号火箭体积十分庞大，质量很大，所以它的起竖系统很有特色，是液压和机械连杆联合式；第二是火箭尾部有一个大的平台，该平台有很多用处，如起竖后停放支撑火箭、连接各种附件以及发射时导流火焰、在平台两侧布置推进剂管路等。

图 8　能源号火箭在运输途中

图 9　火箭在起竖过程中

1.2　美国火箭发射模式

美国是一个个性化的社会，技术上各种可行的方案都能互相包容，因此火箭各种发射模式都存在。垂直测试、垂直运输、垂直发射（三垂）模式最早在美国土星火箭上被采用。后来航天飞机、宇宙神Ⅳ、宇宙神Ⅴ等也相继采用。图 10 是土星Ⅴ在运输车的底盘，图 11 是美国肯尼迪发射场土星Ⅴ在运输途中，图 12 是美国肯尼迪发射场航天飞机运往发射场途中的情况，图 13 是宇宙神Ⅴ在运输途中，图 14 是宇宙神竖立在发射场上待命发射，图 15 是大力神Ⅳ在运输途中。近年来，美国在大型火箭采用的水平测试、水平运输、水平组装、整体起竖发射（三平）发射模式上又有新的尝试，如大力神、宇宙神、德尔它Ⅳ和猎鹰系列。

猎鹰系列是美国私营航天企业太空探索技术公司负责研制，目前在研的火箭型号包括猎鹰 1、猎鹰 5 和猎鹰 9，可将轻型、中型和重型航天器送入不同倾角和不同高度的轨道，包括低地球轨道、地球同步转移轨道和行星际轨道。2008 年首次成功发射猎鹰 1 号，2010 年 06 月 4 日成功发射猎鹰 9。猎鹰 9 火箭箭身长 55 m，为两级捆绑火箭，燃料为液态氧和航空煤油。猎鹰 9 中型和重型火箭是美国唯一具有发动机停车可靠性的运载火箭，而且两级火箭均可重复使用，是世界上第一种完全可重复使用的火箭。猎鹰 1 号在夸贾林环礁奥莫莱克岛上的发射场发射，猎鹰 9 的发射用 SLC－40 空军大力神Ⅲ和大力神Ⅳ火箭的发射场。未来，猎鹰 9 还可能在加州的范登堡空军基地发射，用于向高倾角轨道发射军用载荷。SLC－40 采用的是水平总装和台架起竖方案，发射架结构非常简单。图 16 是猎鹰 9 火箭在运输中。

图 10　土星Ⅴ在运输车底盘

图 11　土星Ⅴ在运输途中

图 12　美国飞机运输途中

图 13　宇宙神Ⅴ运输途中

图 14　宇宙神待命发射

图 15　大力神Ⅳ在运输途中

图 16　猎鹰火箭在运输中

从这些图片中，可以看出三点：机动运输发射平台底盘结构方案有了较大的变化。土星Ⅴ是履带运输车底盘，大力神Ⅳ-1 和大力神Ⅴ是轮轨式台车底盘；无论是三垂模式还是三平模式都有一个平台。该平台停放支撑火箭、连接各种附件以及发射时导流火焰等。土星运输车将火箭运输到发射位置后，将该平台放下并固定支撑好，土星运输车底盘才撤离现场到一个适当的地方。推进剂管线布置在发射平台两侧。宇宙神Ⅳ和宇宙神Ⅴ牵引车到发射位置后，将发射平台放下并固定好，可撤离现场，到一个适当的地方；宇宙神Ⅳ、宇宙神Ⅴ和大力神Ⅳ-1 平台上多了一个高大的脐带塔，火箭发射后各种连接器和脐带被收回到脐带塔内，推进剂管线布置在发射平台两侧，测发和测控的前端设备放置在发射平台的工作间。发射场得以大大简化，在土星Ⅴ发射平台上脐带塔相对要矮小些。

猎鹰火箭采用三平模式，没有发射平台。

1.3　法国火箭发射模式

法国火箭主要是阿里安系列，阿里安 1 火箭于 1973 年 12 月开始研制，1979 年首飞；阿里安Ⅱ、阿里安Ⅲ火箭于 1980 年 7 月开始研制；阿里安Ⅳ火箭于 1882 年开始研制；阿里安Ⅴ火箭于 1988 年 1 月开始研制。阿里安Ⅰ发射见图 17，图 18 为阿里安Ⅱ在运输途中，阿里安Ⅲ、阿里安Ⅳ火箭已淘汰。阿里安Ⅴ总高 54.05 m，直径 5 m。阿里安 1-3 采用分级吊装，阿里安Ⅳ和阿里安Ⅴ是采用机动发射平台三垂模式（图 19～图 20）。阿里安Ⅴ发射平台上和美国一样，也有一个高大的脐带塔。

图 17　阿里安Ⅰ火箭升空

图 18　阿里安Ⅰ在运输途中

图 19　阿里安Ⅴ火箭待命发射

图 20　阿里安Ⅳ火箭在运输途中

1.4　日本火箭发射模式

日本火箭先后研制了 N 系列火箭（N1，N2）、H 系列火箭，主要有 H－1，H－2，H－2A。N 系列火箭，H－1，H－2 火箭已淘汰，图 21 是 N1 火箭Ⅰ级吊装，图 22 为 N1 火箭发射状态，图 23 是 N2 火箭发射状态，图 24 是 H－2 火箭发射状态，图 25 是 H－2A 火箭发射状态。H－1，H－2 火箭采用分级吊装模式，H－2A 火箭采用三垂模式。

图 21　N1 火箭Ⅰ级吊装

图 22　N1 火箭发射状态

图 23　N2 火箭发射状态

图 24　H－2 火箭发射状态

图 25　H－2A 火箭发射状态

H－2A 火箭的机动发射平台最初采用的是轨道运输，后来改为多轮式运输台车。发射平台具有支撑火箭、连接各种附件以及发射时导流火焰的功能。发射平台上的脐带塔用于回收脐带装置和布置推进剂、液压、空调、电气管线。发射平台为两层结构，内置地面支持设备具有综合测试能力。火箭支撑装置采用易碎螺母牵制装置等。

1.5　印度韩国火箭发射模式

印度火箭模式如图 26 所示。韩国火箭起竖和发射状态分别如图 27、28 所示。

图 26　印度火箭发射状态

图 27　韩国火箭在起竖

图 28　韩国火箭发射状态

2　分析和盼望

2.1　三种火箭发射模式各有特点

最早采用的水平整体起竖模式源于战略导弹，最适合单级火箭。随着火箭技术从单级向多级、火箭推力加大和尺寸的加长、加粗，火箭发射模式开始向其他两种方式转移。但是在俄罗斯，无论火箭技术如何发展，水平整体起竖模式一直沿用至今，起竖技术的发展到了淋漓尽致的程度。三垂模式设备复杂，研制经费较多，但是发射周期较短，组装测试条件较好，发射场停放时间较短，因此美国、法国、日本都采用这一模式。积木式组装最早被多级和捆绑火箭采用，优点是设备简单、研制经费较少、组装测试条件较差、发射周期较长。“三平”模式和“三垂”模式具有同样的优缺点。除俄罗斯外，近年在美国也已采用。“三平”和“三垂”模式是当今世界各国主流发射模式，或者是各国发展的主要趋向。

“三垂”模式主要的技术有发射平台的结构总方案、发射平台的牵引驱动方案、火箭运输减震方案、火箭发射导流消噪方案、脐带收放方案和火箭支撑停放牵制方案等。主要关键技术是发射平台的结构总方案、火箭支撑停放牵制技术以及火箭发射消噪技术。

俄罗斯“三平”模式有两种：能源号模式有与“三垂”模式类似的主要技术，此外还有“三平”模式特有的关键技术：火箭运输起竖测试发射一体化方案、火箭与运输车辆的连接闭锁和回抱技术以及火箭发射消噪技术。

东方号、上升号、联盟号和质子号因为没有发射平台且火箭起竖后火箭的底部在 0－0 平面以下，天顶号火箭支撑停放、牵制、加注供气连接器及脐带收放方案消噪等技术都在 0－0 平面以下的导流孔洞内实现。因此火箭与地面设施连接关系（接口）得以最大限度减少。俄罗斯“三平”模式起竖用千斤顶和地面没有任何联系，在运输车上直接起竖火箭，从而使发射场更简化，操作更加简便。

俄、美、日、法发射平台的功能和布局有很多类同。但是，即使同一种“三平”发射模式在每一个技术问题方案、结构设计和具体技术应用上差别也很大，尤其是起竖技术方面。

2.2 火箭发射模式的采用与各国火箭总体设计的先进性和地面支持设备技术水平关系密切

选择哪一种模式，与火箭总体设计水平、地面支持技术设计能力有关。俄罗斯能源号、东方号、天顶号、质子号火箭采用“三平”模式说明了俄罗斯火箭和地面支持设备总体设计能力和水平。如能源号直接起竖方案，采用液压和机械杆系结合，解决了重载荷起竖的关键难题，又如天顶号、质子号将火箭在不同高度、不同方位，通过众多的脱落连接器进行组合，测试发射高度自动化；采取减少高空作业操作，简化发射场的设施；取消发射塔及工作平台方面，火箭和地面设施设计的巧妙和匹配使很多设计人员赞叹和佩服。

日本 1994 年建成的发射 H－2 火箭吉信发射区有比较高而复杂的勤务塔，但发射 H－2A 火箭时，改建后的吉信发射区则取消了勤务塔，只有矮小简单的脐带塔，而且脐带连接系统将分别与各个系统接口改为一体化接口，大大减少了线缆数量。

同样，欧洲阿里安Ⅴ第三发射场的发射区十分简单，场地上只能看到 4 个避雷塔和消防水塔，固定脐带塔被活动发射台上的脐带杆代替。

火箭发射模式的选用及先进性在很大程度上受到火箭总体设计水平和思路的影响。

3 发射模式是航天发射场建设研究的重要课题

航天发展日益得到世界各国的重视，航天活动日趋频繁，特别是新兴的发展中国家投入力量不断增加，航天发射场的建设是航天发展的基础，近年来改建原有的发射场和新建现代化的航天发射场已成为各国航天发展的一个重点。发射模式又是发射场建设最重要的内容，它投资大、建设周期长，如何适应航天发射高密度的需要，提高快速机动发射能力，缩短发射场停留时间，简化测试发射工作程序，减少发射场设备维护和维修工作，降低发射成本，已经成为各国的共识。

上文已系统地介绍了世界各国的发射模式，采用“三垂”和“三平”模式在发射场的优点非常明显。我们在发射场的建设中要认真分析国外火箭以及发射模式中采用的先进设计理念和先进技术，在发射场改造和新建中，找出同类火箭和发射模式方面的技术差距，优化火箭和地面发射设备的设计，完善我国现有发射模式，为建设高标准、高水平、现代化的发射场做出贡献。

祝贺与回忆——难忘 CZ-3A 难忘西昌

（2012.3.11）

3 月 31 日 18 时 27 分，西昌卫星发射中心用 CZ-3B 运载火箭，将亚太 7 号卫星成功送入太空预定转移轨道。这次发射是 1994 年 2 月 8 日 CZ-3A 首次成功发射实践 4 号卫星以来，CZ-3A 系列火箭的第 50 次发射。50 次发射中，共发射国内外 51 颗卫星（其中有 1 颗是模拟星）。除 1996 年 CZ-3B 发射国际星 708 号因控制系统平台的电子元件故障导致失败外，我们取得了 49 次成功。

1996 年以来，CZ-3A 系列火箭 26 年连续 47 次发射成功。尤其 2010 年高密度发射以来，每年都在 8 发以上，发射成功率达到 100%，在世界上绝无仅有。在这里我向正在 CZ-3A 火箭系列队伍工作的新一代航天人表示祝贺，你们辛苦了。以上成绩是中国人的骄傲，中国航天人的骄傲，也是 CZ-3A 火箭系列队伍的骄傲。连续 47 次发射成功，说明我们在火箭技术、发射技术和管理水平已经达到世界一流先进水平，这是新一代航天队伍成熟的标志。

CZ-3A 系列火箭是当前我国唯一的可发射高轨道卫星的大推力运载火箭。第三级采用液氢和液氧低温推进剂，每年承担发射各种大容量卫星，担当重要的发射任务。2007 年我退休离开主战场后，作为参与 CZ-3A 系列火箭研制全过程的一员，深厚的航天情结使我仍然非常关心每次的发射。航天事业是一个高风险的事业，火箭是箭体结构、控制系统、发动机系统、动力输送系统、遥外测系统和各种脐带装置的大系统，成千上万的元器件如有 1 个发生问题，大则失败，小则影响发射程序的正常进行。此外火箭的发射还和发射场系统及发射设施、设备密切有关，谁也不能确保 100%的成功。但是我们可以通过努力和认真细致万无一失的工作，避免一切不应该发生的问题，把火箭固有的可靠性充分地发挥出来。火箭的固有质量是设计出来的，但也是管理出来的。一个成熟火箭的生产、总装、测试、运输、发射管理，这些环节都是环环相扣不能有丝毫大意。我们航天人有很多的经验，很多已固化上升为制度、标准，我感到 CZ-3A 这个队伍做得比较好。CZ-3A 系列火箭可靠性很高，控制系统的冗余更使大家放心。当然认识不到、想不到问题也许还会有，但是重点要防止人为的差错，避免工作没有做到位。现在 CZ-3A 系列火箭队伍中 60 后、70 后的大学毕业生已是主力，历史已经证明这一代航天人一定会把工作做好，确保发射成功。我衷心希望 CZ-3A 系列火箭在未来的发射中争取更好的成绩。

回顾我工作以来，先后参加了 CZ-2、CZ-2C、CZ-2E、CZ-2F、CZ-3、CZ-4、CZ-3A、CZ-3B、CZ-3C、DF-3、DF-5 等 11 个型号地面设备的研制，参加过 40 发以上的飞行试验，参加过 2002 年以前 CZ-3A 系列火箭历次发射任务，为完成 331、580、711、862、867 等工程对 3 个发射场建设和型号研制做了一点工作。回忆我参加的重要发射有：1974 年 11 月 5 日，CZ-2 首次发射返回式卫星（失败）；1975 年 11 月 26 日，CZ-

2C 首次成功发射返回式卫星；1980 年 5 月 18 日，DF－5 首次向太平洋成功发射导弹；1983 年 1 月 29 日，CZ－3 首次发射东方红二号地球同步通信卫星（失败）；1984 年 4 月 8 日，CZ－3 首次成功发射东方红二号地球同步通信卫星；1990 年 4 月 7 日，CZ－3 首次为亚太公司成功进行商业发射；1990 年 9 月 3 日，CZ－4 首次成功发射风云一号气象卫星；1996 年 2 月 15 日，CZ－3B 首次发射国际 708 卫星（失败）；1997 年 8 月 20 日，CZ－3B 首次成功发射马步海卫星；2000 年 10 月 31 日，首次发射北斗导航试验卫星等。我先后奔走在酒泉、太原、文昌和西昌卫星发射中心，应该说我和我的同事做了不少的事。但是我最满意的还是从事低温火箭地面设备的研制，原因有两个：一是 CZ－3 和 CZ－3A 系列火箭和西昌卫星发射场是我从头（立项）到尾（退休）经历的最完整的 2 个型号；二是低温技术和发射外星任务研制新设备的挑战。

70 年代中，根据我国"三抓"任务的决策，自主研制 CZ－3 运载火箭，为此研制了一整套低温加注地面设备，使我国低温技术上了一个台阶。液氧因为有苏联提供的一些 P1 导弹地面设备资料，但对于难驾驭的深冷介质 20 K 的液氢可是没有任何的资料和实物，我们仍在液氢生产、运输设备和加注技术上得到了突破，使低温技术（真空、绝热、材料、结构、贮运、制造工艺等）和设备上了一个大台阶。80 年代中期，我国决定研制的 CZ－3A，CZ－3A 火箭各系统采用很多高新技术，重大新技术项目有 41 项。低温加注系统与 CZ－3 相比，在设备规模、使用安全性、技术先进性和技术难度方面都有了很大的变化。CZ－3A 系列火箭低温设备的研制又使我国低温技术有了一个跨越式的发展。

此外大型重载耐烧蚀自动调平发射平台和自动跟踪激光瞄准配套投入发射使用。

为发射国外大容量卫星，研制了 CZ－3B 火箭，CZ－3B 火箭地面新设备有卫星和整流罩整体吊装用吊篮、轻质大容量卫星密封容器和单梁吊具、大直径整流罩半罩铁路运输 3 项。

现在西昌有 2 个发射工位，地面设备共有 2 000 多种，每次发射轮番上阵，接受发射的考验，尤其发射前 30 min 到射前 2 min 是最严峻的时刻，一定要确保万无一失。龙乐豪总师说过："地面设备还是比较可靠的"。

回顾 CZ－3A 发射技术的发展历程，对如下技术进步做出了贡献的同志表示感谢。

（1）液氢、液氧、液氮微机测控技术

液氢、液氧、液氮加注实现微机联网自动远控加注是以往所没有的。微机测控可实现联机（联合控制机）、自动（控制机单独控制）和手动（加注控制台控制）3 种方式全过程控制加注、补加任务，能对液氧液氮系统压力、温度、流量、液位所有参数和液氢压力、温度、密度、液位、流量所有参数进行自动检测、显示、存贮和实时打印。

该技术对液氧、液氢加注、补加流量实行闭环自动调节，使加注补加过程流量稳定，火箭贮箱液面平稳、安全。监测系统对液氢车和液氧贮罐测得的压力经微机处理后，送入计算机并和流量算法公式进行比较，可调节阀门开度，控制进入液氢铁路车汽化器的量，达到罐内压力的平稳。微机测控的全部加注流程及参数，可动态显示在屏幕上。为此对液氢质量流量传感器、液氢密度变换器、液氢夹气量密度计进行了技术攻关。

(2) 液氧固定罐及泵式加注技术

国内首次应用最大流量、最高扬程的液氧泵，加注量是 CZ－3 的一倍。预冷后不到 10 min 完成大流量加注，缩短了加注时间。泵的设计效率高，并较好地解决了低温介质排气和用普通轴承在低温泵轴上合理布局的 2 个难点。

(3) 大容量液氢贮运、输送技术

CZ－3 研制了 70 m^3 液氢铁路加注运输车，但因为 CZ－3A 火箭液氢加注量达到了 40 m^3 以上，而且实现微机自动远控加注，所以原来 70 m^3 液氢铁路车满足不了要求，新研制的 85 m^3 液氢加注运输铁路车在内外罐安全性设计、液位和压力监测等方面做了改进。为了进一步提高液氢加注运输铁路车的使用寿命，1999 年引进了俄罗斯 100 m^3 液氢贮罐，经改造成为可远控加注的 100 m^3 液氢铁路运输车。

(4) 高压低温自动脱落连接器技术

CZ－3 研制了低温加注自动脱落连接器，CZ－3A 研制了更可靠的带备保冗余低温加注自动脱落连接器；由于火箭采用冷氦增压技术，新研制了高压低温冷氦自动脱落连接器，从而解决了氦气瓶、氢箱增压、氧箱增压三路不同压力供气的密封问题和临射前一2 min自动脱落的技术，该产品系国内首创。

(5) 地面冷氦增压及纯化技术

该项技术是指冷氦大、小增压，大流量增压保时间，小流量增压保精度。研制了换热器、纯化器和冷氦高压真空金属管，使常温氦气变为低温氦气（80 K±3 K），纯度从 99.99%提高到 99.999%。

(6) 液氧过冷技术

为提高运载能力和改善液氧品质，CZ－3A 首次采用该技术，使液氧过冷后温度达到 81.5 K，过冷效果明显，过冷量大，一次过冷 3 t，每小时可过冷 20.5 t 液氧。

(7) 远控供配气技术

在 CZ－3A 火箭地面测试发射设备中，由于增加了冷氦系统、液氢液氧加注自动备保脱落、备保锁紧系统，使三级配气技术大为复杂，为此研制了远控减压器、高压可逆电磁阀、全卸荷截止阀、二位三通电磁阀。系统通过动力测试发控台、加泄配气台，实现一、二、三级供气和氦气瓶库供气远距离自动控制和调节；远控贮箱置换、增压、卸压、补压；气瓶置换、充气、放气；发动机预冷、吹除；一级，二级常温、冷氦及空调连接器脱落；卫星脱落插头脱落；氦气瓶库高低压供配气；尾段加温速度、吹除压力调节。同时能实时显示 19 个压力、5 个温度参数的测量；对氢箱压力、冷氦气瓶压力、氧箱压力等值超过预定值予以自动报警；能与计算机联合完成自动控制、自动查询、采集和传输各种数据；接受控制系统、低温加注系统、常规加注系统、推进剂利用系统、卫星系统、遥测系统的信号和有关数据。

15 所 CZ－3A 队伍中每个人都有太多的故事。虽然我们经历过各种困难、曲折和磨练，常年在发射场工作的寂寞，生活上也遇到过研究导弹的不如卖茶叶蛋的年月……，但我们为航天事业的发展付出了毕生精力，青春无悔，我们应该感到自豪和骄傲。

我的很多同事已经从 CZ－3A 这个队伍退休了，彼此相见谈及 CZ－3A 的每一次成功，都会流露出对 CZ－3A 和 CZ－3A 队伍的深厚感情。我想是因为这个队伍有不断创新的活力；因为曾经艰辛的日日夜夜，因为技术攻关失败的苦恼和柳暗花明成功的喜悦，因为太多的第一次设计的磨练，因为在发射场不知道多少个节假日不能和家人团聚的苦涩，因为多少次发射时雷雨交加火箭刺破苍天有惊无险发射的一幕；因为连外国朋友也感到中国设计的精巧的自豪；因为曾经被法国记者描绘成“牛拉犁耙的四个现代化”的西昌，今天已经变成世界闻名的发射高轨道卫星的绿色航天城……，我总感到这个队伍有一种精神：团结、拼搏、奋进、不言败，这种精神使所有曾经在这个队伍的人难忘 CZ－3A，难忘西昌。年华易逝，往事如昨，任重道远，明天更美。

航天质量技术丛书

通用质量特性

中国航天科技集团公司　组织编写

中国宇航出版社
·北　京·

图书在版编目（CIP）数据

通用质量特性 / 中国航天科技集团公司组织编写
. --北京: 中国宇航出版社, 2017. 5（2023.4 重印）
（航天质量技术丛书）
ISBN 978 - 7 - 5159 - 1313 - 1

Ⅰ. ①通… Ⅱ. ①中… Ⅲ. ①航天工业 - 质量管理 - 研究 - 中国 Ⅳ. ①F426. 5

中国版本图书馆 CIP 数据核字（2017）第 111261 号

责任编辑　舒承东
责任校对　祝延萍　　**装帧设计**　宇星文化

出版发行　中国宇航出版社
社　址　北京市阜成路 8 号　邮　编　100830
（010）68768548
网　址　www. caphbook. com
经　销　新华书店
发行部　（010）68767386　（010）68371900
（010）68767382　（010）88100613（传真）
零售店　读者服务部
（010）68371105
承　印　北京厚诚则铭印刷科技有限公司

版　次　2017 年 5 月第 1 版
2023年 4 月第 7 次印刷
规　格　787 × 1092
开　本　1/16
印　张　7
字　数　167 千字
书　号　ISBN 978-7-5159-1313-1
定　价　32.00 元

本书如有印装质量问题，可与发行部联系调换

《航天质量技术丛书》

编审委员会

编写组

组　长　师宏耕

副组长　杨多和

成　员　（按姓氏笔画排列）

王立炜　王志峰　王　栋　王晓明　王　静

王　磊　冯小琼　刘轻骑　米　凯　许　皓

许　蕾　杨　铭　李文钊　李　胜　李祚东

李彩霞　李凰立　肖　波　吴彦森　吴　琨

张博翰　陈　材　苗宇涛　范艳清　岳盼想

赵海涛　段　波　贾成武　贾纯锋　盛丽艳

梁国文　韩天龙　鲍智文

序

质量是航天事业的生命，质量工作贯穿于航天科研生产全过程的每个阶段、每个环节、每个岗位。60 多年来，航天科技工业始终践行“军工产品质量第一”的方针，始终秉承“严肃认真、周到细致、稳妥可靠、万无一失”的指导思想，创新和发展了零缺陷系统工程理论，在载人航天、月球探测、北斗卫星导航等重大专项任务的工程实践中，建立和完善了具有中国航天特色的质量管理模式、方法和工作体系，探索和实践了航天质量工作科学发展的规律，为航天辉煌业绩的取得提供了有效的支撑和保障。

面向未来，创新驱动、军民融合、中国制造2025 和质量强国战略相继实施，新形势和新任务对航天质量工作提出了新的、更高的要求，我们必须牢记使命，坚持质量至上，坚持质量就是生命、质量就是胜算的理念，把握质量发展规律，优化和创新质量管理模式，深化航天精细化质量管理，全面提升航天员工质量素养，有效应用先进的质量工程技术和工具方法，充分识别和控制航天型号风险，固化和推广成功经验，确保航天工程任务实现“一次成功”的目标，为发展航天事业、建设航天强国奠定坚实基础。

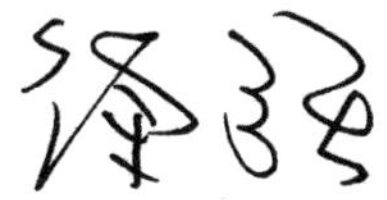

2017 年 3 月

前　言

根据《国家质量发展纲要（2011—2020）》的要求，航天科技集团公司以“瓶颈突破工程、精品塑造工程、用户满意工程、基础夯实工程”为抓手，实施航天质量提升工程，全面提升质量保证能力，确保航天产品质量。为了贯彻质量提升工程目标要求，深化质量可靠性技术应用，全面推进全员质量培训，我们组织编写了《航天质量技术丛书》（以下简称《丛书》）。

该《丛书》分为《航天质量管理基础》、《通用质量特性》、《产品保证》和《航天质量管理方法与工具》四个分册。《丛书》既包含了航天各类人员应掌握的质量管理基本知识，也包括了航天质量管理成功经验和有效做法，以及国外先进质量管理方法的介绍，可以为质量培训以及各类人员学习航天质量知识提供参考和借鉴。

第二分册《通用质量特性》共分7章。第1章是概述，包括通用质量特性的内涵、发展历程和后续发展展望；第2章是可靠性，包括常用可靠性指标与要求、可靠性工作项目与流程、可靠性管理、可靠性设计与分析、可靠性验证与评价等相关内容；第3章是维修性，包括常用维修性指标与要求、维修性工作项目与流程、维修性管理、维修性设计与分析、维修性验证与评价等相关内容；第4章是保障性，包括常用保障性指标与要求、保障性工作项目与流程、保障性管理、保障性设计与分析、保障性验证与评价等相关内容；第5章是测试性，包括常用测试性指标与要求、测试性工作项目与流程、测试性管理、测试性设计与分析、测试性验证与评价等相关内容；第6章是安全性，包括常用安全性指标与要求、安全性工作项目与流程、安全性管理、安全性设计与分析、安全性验证与评价等相关内容；第7章是环境适应性，包括常用环境适应性指标与要求、环境适应性工作项目与流程、环境适应性管理、环境适应性设计与分析、环境适应性验证与评价等相关内容。

本分册编写分工是：第 1 章 李文钊；第 2 章 李文钊、苗宇涛；第 3 章 刘轻骑；第 4 章 王静；第 5 章 王晓明、李文钊；第 6 章 李彩霞；第 7 章 吴彦森、李凰立。本分册由李文钊负责统稿。

由于受编写时间和作者水平所限，《丛书》中难免有疏漏与不妥之处，敬请读者批评指正。

《丛书》编写组

2016 年 12 月

目　录

第 1 章　概述

本章介绍了通用质量特性的内涵，简要讨论了各类通用质量特性之间的联系与区别，梳理了美国军用标准、中国国家军用标准和航天行业标准相关标准的制修订历程，并对通用质量特性工作后续发展进行了展望。

1.1　通用质量特性内涵

通用质量特性是可靠性、维修性、保障性、测试性、安全性和环境适应性的统称。通用质量特性均是产品的固有属性，由设计赋予、生产实现、管理保证并在测试或使用中体现出来。“产品”是一个泛词，可以是元器件、零部件、组件、设备、分系统或系统，可以是硬件、软件或二者的结合。

可靠性的定义为：“产品在规定的条件下和规定的时间内，完成规定功能的能力。”

维修性的定义为：“产品在规定的条件下和规定的时间内，按规定的程序和方法进行维修时，保持或恢复到规定状态的能力。”

保障性的定义为：“装备的设计特性和计划的保障资源满足平时战备完好性和战时利用率要求的能力。”

测试性的定义为：“产品能及时并准确地确定其状态(可工作、不可工作或性能下降)，并隔离其内部故障的能力。”

安全性的定义为：“产品所具有的不导致人员伤亡、系统毁坏、重大财产损失或不危及人员健康和环境的能力。”

环境适应性的定义为：“装备在其寿命期预计可能遇到的各种环境的作用下能实现其所有预定功能、性能和(或)不被破坏的能力。”

可靠性、维修性、保障性、测试性、安全性和环境适应性相互之间既有联系、又有区别，如表 1－1 所示。

表 1－1　通用质量特性的联系与区别

	可靠性	维修性	保障性	测试性	安全性	环境适应性
可靠性	—	1)产品可靠性高，其维修性不一定高； 2)产品可靠性低，其维修性不一定低； 3)产品不可靠，对维修的需求就高	1)产品可靠性高，其保障性一般就好； 2)产品可靠性低，其保障性就差； 3)产品不可靠，平时和战时对保障的需求就高	1)产品可靠性高，其测试性不一定好； 2)产品可靠性低，其测试性不一定差； 3)产品不可靠，对测试性的需求就高	1)产品可靠性高，其安全性一般就好(但正常工作也可能产生事故)； 2)产品可靠性低，其安全性一般就差； 3)产品不可靠，安全性就较难保证	1)产品可靠性高，其环境适应性一般就好； 2)产品可靠性低，其环境适应性不一定低； 3)产品不可靠，提高环境适应性是重要措施

续表

	可靠性	维修性	保障性	测试性	安全性	环境适应性
维修性	1)产品维修性好，其可靠性不一定高； 2)产品维修性差，其可靠性不一定低； 3)产品不可维修或不好维修，应提高其可靠性	—	1)产品维修性好，其保障性一般就好； 2)产品维修性差，其保障性一般就差； 3)产品不可维修或不好维修，就要通过提高可靠性来提高保障性	1)产品维修性好，其测试性不一定好； 2)产品维修性差，其测试性不一定差； 3)产品可维修，就要提高其测试性	1)产品维修性好，其安全性不一定好； 2)产品维修性差，其安全性不一定差； 3)产品可维修，就要保证维修工作的安全性	1)产品维修性好，其环境适应性不一定好； 2)产品维修性差，其环境适应性不一定差
保障性	1)产品保障性好，其可靠性一般都高； 2)产品保障性差，其可靠性一般不高； 3)若产品的保障资源不好保证，应提高产品可靠性	1)产品保障性好，其维修性一般都好； 2)产品保障性差，其维修性一般不好	—	1)产品保障性好，其测试性不一定好； 2)产品保障性差，其测试性不一定差	1)产品保障性好，其安全性不一定好； 2)产品保障性差，其安全性不一定差	1)产品保障性好，其环境适应性不一定好； 2)产品保障性差，其环境适应性不一定差
测试性	1)产品测试性好，其可靠性不一定高； 2)产品测试性差，其可靠性不一定低； 3)产品不可测试，就要保证其高可靠性	1)产品测试性好，其维修性不一定好； 2)产品测试性差，其维修性一般就差	1)产品测试性好，其保障性不一定好； 2)产品测试性差，其保障性一般就差	—	1)产品测试性好，其安全性不一定好； 2)产品测试性差，其安全性不一定差	1)产品测试性好，其环境适应性不一定好； 2)产品测试性差，其环境适应性不一定差
安全性	1)产品安全性高，其可靠性一般都高； 2)产品安全性低，其可靠性一般都低； 3)产品含有潜在安全隐患，通过提高可靠性来保证安全是重要方面，但非全部	1)产品安全性高，其维修性不一定好； 2)产品安全性低，其维修性不一定差； 3)产品含有潜在安全隐患，应尽量避免过多维修操作	1)产品安全性高，其保障性不一定好； 2)产品安全性低，其保障性一般就差； 3)产品含有潜在安全隐患，应关注平时和战时的安全管控	1)产品安全性高，其测试性不一定好； 2)产品安全性低，其测试性不一定差； 3)产品含有潜在安全隐患，应关注测试操作的安全管控	—	1)产品安全性高，其环境适应性一般都好； 2)产品安全性低，其环境适应性一般都差； 3)产品含有潜在安全隐患，应关注环境因素的影响和应对
环境适应性	1)产品环境适应性好，其可靠性一般就高； 2)产品环境适应性差，其可靠性一般就低； 3)提高产品环境适应性是提高产品可靠性的重要措施，但非全部	1)产品环境适应性好，其维修性不一定好； 2)产品环境适应性差，其维修性不一定低	1)产品环境适应性好，其保障性一般就好； 2)产品环境适应性差，其保障性一般就差	1)产品环境适应性好，其测试性不一定好； 2)产品环境适应性差，其测试性不一定差	1)产品环境适应性好，其安全性一般就好； 2)产品环境适应性差，其安全性一般就差； 3)提高产品环境适应性是提高产品安全性的重要措施，但非全部	—

由表1-1可见：

1)提高可靠性，一般也有利于提高保障性、安全性、环境适应性，但不能提高维修性、测试性；

2)提高维修性，一般也有利于提高保障性，但不能提高可靠性、测试性、安全性、环境适应性；

3)提高保障性，不能提高任何其他几性，而是要依靠提高其他几性来实现；

4)提高测试性，一般也有利于提高维修性、保障性，但不能提高可靠性、安全性、环境适应性；

5)提高安全性，一般也有利于提高可靠性、保障性、环境适应性，但不能提高维修性、测试性；

6)提高环境适应性，一般也有利于提高可靠性、保障性、安全性，但不能提高维修性、测试性；

7)产品可靠，就可以适当降低对维修、保障、测试的需求，安全性也就更有保证，因此应坚持"以可靠性为中心"；

8)产品含有潜在安全隐患，就必须关注包含维修、保障、测试等过程的全寿命周期安全管控。

1.2 通用质量特性发展历程

对通用质量特性的认识和研究最早是从二战时期开始的。德国人率先研究V-1导弹的可靠性模型，采用串联系统模型计算了该导弹的可靠度。在20世纪40年代，美国人针对电子管可靠性差的问题，组织成立了电子管研究委员会，可靠性的概念和理论开始萌芽。50年代是可靠性理论兴起的年代，在此期间发布了《军用电子设备可靠性》，标志着可靠性已成为一门独立学科。60年代是可靠性工程全面发展的阶段，美国制定发布了一系列标准规范，武器系统研制中开始贯彻执行可靠性等大纲。70年代是可靠性技术步入成熟的阶段，以美国成立全国性的数据交换网为标志之一。80年代可靠性工程向更深、更广的方向发展，美国国防部首次发布可靠性及维修性指令5000.40。90年代，可靠性工作逐步转向军方弱化要求而企业自发加强，由市场发挥决定性作用。在通用质量特性技术发展过程中，可靠性、安全性、维修性和环境工程几乎是并驾齐驱的，而保障性、测试性的概念、理论和方法相对晚了20年左右。

本教材重点从美国军用标准、我国军用标准和航天行业标准的制修订情况来简要介绍通用质量特性的发展历程。

1.2.1 相关美国军用标准发展历程

1961年，美国海军制定发布了MIL-STD-721(NAVY) Definition Of Terms For Reliability Engineering；1962年，修订发布了721A；1966年，修订发布了721B；1981年，修订发布

了 721C；1995 年，宣布废止。

1965 年，美国制定发布了 MIL - STD - 785 Requirements For Reliability Program（For Systems And Equipments）；1969 年，美国修订发布了 785A“Reliability Program For Systems And Equipment Development And Production”；1980 年，修订发布了 785B。1986、1988 年，先后两次发布修改单；1998 年，宣布废止。

1966 年，美国制定发布了 MIL - STD - 470 Maintainability Program Requirements（For Systems And Equipments）；1983 年，修订发布了 470A Maintainability Program For Systems & Equipment；1989 年，修订发布了 470B；1995 年，发布了 470B 的一份修改单。

1969 年，美国制定发布了 MIL - STD - 882 System Safety Program For Systems And Associated Subsystems And Equipment；1977 年，修订发布了 882A System Safety Program Requirements；1984 年，修订发布了 882B；1993 年，修订发布了 882C；2000 年，修订发布了 882D Standard Practice For System Safety；2012 年，修订发布了 882E。

1985 年，美国制定发布了 MIL - STD - 2165 Testability Program For Electronic Systems And Equipments；1993 年，修订发布了 2165A Testability Program For Systems And Equipments；1995 年，发布 MIL - HDBK - 2165 Testability Handbook For Systems And Equipment，取代 MIL - STD - 2165A。

1985 年，美国空军制定发布了 MIL - STD - 2097（AS）Requirements For Acquistion Of End Items Of Support Equipment，Associated Integrated Logistics Support，And Related Technical Data For Air Systems；1989 年，修订发布了 2097A Acquisition Of Support Equipment And Associated Integrated Logistics Support。

1964 年，修订发布了 MIL - STD - 810A（USAF）Environmental Test Methods；1967 年，修订发布了 810B；1983 年，修订发布了 810D Environmental Test Methods And Engineering Guidelines；1989 年，修订发布了 810E；2000 年，修订发布了 810F Environmental Engineering Considerations And Laboratory Tests；2008 年，修订发布了 810G。

1.2.2　相关中国军用标准发展历程

1987 年，我国制定发布了 GJB 368.1 ~6《装备维修性通用规范》系列标准，为装备全寿命过程各阶段维修性管理规定了一般的程序和要求；规定了维修性基本要求；规定了紧固件、润滑装置、轴承、密封件、接插件等与维修性关系密切的常用件应用的维修性要求；规定了维修性分配和预计方法；规定了维修性试验基本程序、方法和判据；规定了建立装备维修保障分系统的原则和方法。1994 年，我国修订 GJB 368.1 ~6 系列标准，形成了 GJB 368A—1994《装备维修性通用大纲》，规定了装备维修性工作的一般要求和工作项目。2009 年，修订 GJB 368A—1994，形成了 GJB 368B—2009《装备维修性工作通用要求》，增补了“维修性及其工作项目要求的确定”工作项目系列（称之为 100 系列），增补了“使用期间维修性评价与改进”工作项目系列（称之为 500 系列），并增补和修订了其他工作项目系列。

1988 年，我国制定发布了 GJB 450《装备研制与生产的可靠性通用大纲》，规定了军用系统和设备在研制与生产阶段可靠性监督与控制、设计与评价、试验等方面的通用要求和工作项目，作为订购方提出可靠性要求和承制方制定可靠性大纲，指导可靠性工作的基本依据。2004 年，我国修订 GJB 450 形成了 GJB 450A《装备可靠性工作通用要求》，增补了“可靠性及其工作项目要求的确定”工作项目系列（称之为 100 系列），增补了“使用可靠性评估与改进”工作项目系列（称之为 500 系列），并增补和修订了其他工作项目系列。

1990 年，我国制定发布了 GJB 451《可靠性维修性术语》，该标准中给出了可靠性、维修性、保障性、测试性的定义；该版标准没有把环境适应性作为一个概念定义出来。2005 年，我国修订 GJB 451，形成了 GJB 451A《可靠性维修性保障性术语》，该版标准增加了安全性和环境适应性的定义。

1990 年，我国制定发布了 GJB 900《系统安全性通用大纲》，给出了安全性的定义，规定了军用系统安全性的一般要求和管理与控制、设计与分析、验证与评价、培训、软件系统安全性等方面的工作项目。2012 年，我国修订 GJB 900，形成了 GJB 900A—2012《装备安全性工作通用要求》，增补了“安全性及其工作项目要求的确定”工作项目系列（并作为新工作项目 100 系列），增补了“装备的使用安全”工作项目系列（并作为新工作项目 500 系列），并增补和修订了其他工作项目系列。

1995 年，我国制定发布了 GJB 2547《装备测试性大纲》，规定了制定测试性工作计划、确定诊断方案和测试性要求、进行测试性设计与评价、实施测试性评审的统一方法。2012 年，我国修订 GJB 2547，形成了 GJB 2547A—2012《装备测试性工作通用要求》，增加了“测试性及其工作项目要求的确定”（工作项目 100 系列），增加了“使用期间测试性评价与改进”（工作项目 500 系列），并增补和修订了其他工作项目系列。

1996 年，我国制定发布了 GJB/Z 9001《质量体系——设计、开发、生产、安装和服务的质量保证模式》，在第 4.4.2 节“设计和开发的策划”中规定：“……在策划设计活动时，应确保：……b）运用优化设计和可靠性、维修性等专业工程技术，对产品性能、跨学科、维修性、安全性和保障性等进行系统分析，综合权衡，以求最佳的费用效能；……”2001 年修订 GJB/Z 9001、GJB/Z 9002、GJB/Z 9003，形成了 GJB 9001A—2001《质量管理体系要求》，在第 7.3.1 节“设计和开发策划”中规定：“在策划设计和开发活动时，还应确保：……h）运用优化设计和可靠性、维修性、综合保障等专业工程技术进行产品设计和开发；……”。2009 年，我国修订 GJB 9001A—2001，形成了 GJB 9001B—2009《质量管理体系要求》，首次在第 4.1 节“总要求”中规定：“适用时，组织应建立、实施和保持产品的可靠性、维修性、保障性、测试性、安全性和环境适应性等工作过程。”首次在第 7.1 节“产品实现的策划”中规定：“在对产品实现进行策划时，组织应确定以下方面的适当内容：……g）产品可靠性、维修性、保障性、测试性、安全性和环境适应性等要求；……”在第 7.3.1“设计和开发策划”中改为要求：“在进行设计和开发策划时，组织应确定：……h）运用优化设计和可靠性、维修性、保障性、测试性、安全性和环境适应性等专业工程技术进行产品设计和开发；……”首次在第 7.3.3 节“设计和开发输出”中规定：

“设计和开发输出应：……适用时，给出可靠性、维修性、保障性、测试性、安全性和环境适应性等设计报告。”首次在第7.3.4节“设计和开发评审”中规定：“……必要时，进行可靠性、维修性、保障性、测试性、安全性和环境适应性，以及计算机软件、元器件、原材料等专题评审……”

1999年，我国制定发布了GJB 3872《装备综合保障通用要求》，规定了装备寿命周期综合保障的要求和工作项目，适用于新研装备和重大改进装备。

2001年，我国制定发布了GJB 4239《装备环境工程通用要求》，给出了环境适应性的定义：“装备（产品）在其寿命期预计可能遇到的各种环境的作用下能实现其所有预定功能和性能和（或）不被破坏的能力。是装备（产品）的重要质量特性之一。”

1.2.3 相关中国航天行业标准和航天科技集团公司企业标准发展历程

1988年，制定发布了QJ 1408《航天器和导弹武器系统可靠性大纲》，首次规定了航天器、导弹武器系统及设备可靠性大纲的要求与程序，规定产品研制单位应根据合同（或任务书）及该标准的要求制定和实施可靠性大纲。1994年，修订形成了QJ 1408《航天器和导弹武器系统可靠性大纲要求》，规定了航天器（卫星、飞船等）、运载火箭和战略导弹武器系统可靠性大纲的一般要求和工作项目，适用于航天器、运载火箭和战略导弹武器系统的研制和生产。该版标准不再要求编制可靠性大纲。1998年修订QJ 1408，形成了QJ 1408A—1998《航天产品可靠性保证要求》，规定了航天产品可靠性保证的通用要求、工作项目与实施要求，适用于航天器和运载器（含地面设备）的可行性论证、方案、工程研制和使用各阶段。

1988年制定发布了QJ 1557《战术导弹武器系统维修性大纲》，规定了战术导弹武器系统和设备的维修性大纲要求。2000年，制定发布了QJ 3124《航天产品维修性保证要求》，规定了航天产品维修性保证的一般要求、工作项目与实施要求，适用于各类航天器、运载火箭、战略和战术导弹武器系统研制、改型与改进项目各研制阶段产品。QJ 1557被作废。

1991年，制定发布了QJ 2171《航天产品保证大纲要求》，在第5.2节“设计分析”中规定了FMEA、元器件与零件应力分析、最坏情况分析或容差分析、可靠性和维修性分析、安全性分析等要求，在第5.3节“设计规范与文件”中规定设计文件、标准、资料包括可靠性、维修性、安全性、电磁兼容设计等设计规范或准则，在第5.9节“研制试验”中规定了可靠性试验的有关要求。1998年，修订QJ 2171，形成了QJ 2171A—1998《航天产品保证要求》，规定了航天产品保证的一般要求、产品保证管理和编制产品保证大纲的基本要求，适用于航天产品的研制与生产；该标准规定产品保证工作包括产品保证管理，质量保证，可靠性保证，维修性保证，安全性保证，元器件保证，材料、机械零件和工艺保证，以及软件产品保证。

1992年，制定发布了QJ 2236《航天器和导弹武器系统安全性大纲》，规定了航天器和导弹武器系统安全性大纲的一般要求和工作项目，适用于航天器和导弹武器系统的工程研制、生产和飞行试验。规定承制方应根据合同（或任务书）及该标准的要求制定和实施具体的安全性大纲。1999 年，修订 QJ 2236 形成了 QJ 2236A—1999《航天产品安全性保证要求》，规定了航天产品安全性保证的通用要求、工作项目与实施要求，适用于航天器和运载火箭(含地面设备)的可行性论证、方案、工程研制和使用各阶段。该版标准为航天工业行业的强制性标准。

1998 年制定发布了 QJ 3051《航天产品测试性设计准则》，规定了航天产品测试性设计的一般要求、系统和设备的测试性设计准则。

1998 年制定发布了 QJ 9000《航天工业质量管理和质量保证要求》。2003 年，修订 QJ 9000，形成了 QJ 9000A—2003《质量管理体系 要求》。该标准覆盖了 GB/T 19001—2000《质量管理体系 要求》的内容，并增加了航天工业特殊要求的内容，这些特殊要求涵盖了 GJB/Z 9001A—2001《质量管理体系 要求》和 GJB 9001A—2001《质量管理体系 要求》中反映军工产品特殊要求的内容。

2001 年，制定发布了 QJ 3135《导弹武器系统、运载火箭和航天器环境工程大纲》，规定了制定和实施导弹武器系统、运载火箭和航天器环境工程大纲的通用要求、工作项目与实施要求，适用于导弹武器系统、运载火箭和航天器的方案设计、工程研制、生产和使用等阶段环境工程大纲的编制和实施。2014 年，中国航天科技集团公司制定发布了 Q/QJA 182《运载火箭力学环境工程要求》，规定了运载火箭力学环境工程的原则要求、管理要求和技术工作要求。

2003 年，中国航天科技集团公司制定发布了 Q/QJA 14.5《航天型号出厂评审 第 5 部分：可靠性和安全性专项评审要求》。2009 年，中国航天科技集团公司修订发布了 Q/QJA 14.5A《航天型号出厂评审 第 5 部分：可靠性和安全性专项评审要求》。

美军标、国军标、航天行业标准中与通用质量特性相关的主要标准制修订历程形成了一览表，如表 1-2 所示。

表 1-2　通用质量特性国内外主要标准制修订历程一览表

年	可靠性			维修性			保障性			测试性			安全性			环境适应性			备注
	MIL	GJB	QJ	MIL	GJB	QJ	MIL	GJB	QJ	MIL	GJB	QJ	MIL	GJB	QJ	MIL	GJB	QJ	
1961	721																		
1962	721A																		
1964																810A			
1965	785																		
1966	721B			470									721B						
1967																810B			
1969	785A												882						
1977													882A						
1980	785B																		
1981	721C			721C									721C						

续表

年	可靠性			维修性			保障性			测试性			安全性			环境适应性			备注
	MIL	GJB	QJ	MIL	GJB	QJ	MIL	GJB	QJ	MIL	GJB	QJ	MIL	GJB	QJ	MIL	GJB	QJ	
1983				470A												810D			
1984													882B						
1985							2097			2165									
1986																	150		
1987					368														
1988		450	1408			1557													
1989				470B			2097A							810E					
1990		451			451			451			451			900					
1992															2236				
1993										2165A			882C						
1994			1408		368A														
1995										H2165	2547								
1996																			GJB/Z 9001
1998			1408A									3051							
1999								3872							2236A				
2000						3124							882D			810F			
2001																	4239	3135	GJB 9001A
2003																			QJ 9000A
2004		450A																	
2005		451A			451A			451A			451A			451A			451A		
2008																810G			
2009					368B												150A		GJB 9001B
2012											2547A		882E	900A					
2014																		182	Q/QJA 182

注：MIL—美军标；GJB—国家军用标准；QJ—航天行业标准；Q/QJA—中国航天科技集团公司标准；H2165—MIL-HDBK-2165。

1.3 通用质量特性工作展望

当前，武器装备向实战化、体系化方向发展，宇航产品向市场化、国际化方向发展，良好的通用质量特性将为此奠定坚实基础。

展望未来，通用质量特性工作将朝以下方向发展。

1.3.1 一体化

用户对装备系统的功能、性能、通用质量特性和经济性的要求越来越高，市场竞争越来越激烈，客观上要求组织要快速响应用户需求，缩短装备系统研制周期，一次就把事情做对，避免反复。因此，必然要求产品研制过程中从管理上和技术上都要进一步加强功能、性能、通用质量特性与经济性的一体化。

在管理上，六种通用质量特性的各级标准都分别要求成立工作系统、制定工作计划、开展技术评审、严格供方管控等，显然六种通用质量特性的工作系统都应该是在项目负责人的统一领导指挥下，而不是搞六个相互不联系的工作系统；型号研制计划必然既要包含常规工作，也要包含通用质量特性工作，保证计划考虑周全、工作一步到位；技术评审时对六种通用质量特性都要同时进行把关，而不是分开组织大量的评审；对供方提出的要求和验收也要六种通用质量特性一个也不能少，而不是提六个合同或任务书、进行六次验收。

在技术上，六种通用质量特性虽然有所区别，但或多或少都存在着相互联系，有时候还可能存在矛盾。例如，为了防止增压管路泄漏，设计上采用焊接连接形式，有利于提高密封可靠性，但却不利于提高维修性。因此，在开展产品设计时，要通盘考虑功能、性能、通用质量特性和经济性，当相互之间存在矛盾时，要进行综合权衡，选取最优方案；在对设计进行分析时，要加强六种通用质量特性分析工作的相互借鉴、分析结果的相互利用，避免编写大量繁杂的分析报告；在规划试验项目、制定试验方案时，既要考虑功能、性能的验证，也要考虑六种通用质量特性的验证。

1.3.2 集约化

组织的资源是有限的，项目研制周期也是有限的，组织在产品研发上越来越需要提高效率和效益，故通用质量特性工作也不应把摊子铺得太大，而要抓住关键和重点，工作要精，效率要高，效果要好，实现集约化。

人力资源是最宝贵的资源，设计师的时间和精力是有限的，做方案、制图、计算、跟生产、跟试验、验收，都需要时间。无论是组织还是个人，都对提高效率有强烈的需求。六种通用质量特性相关标准里都有不少分析工作项目，如何突出关键、抓住重点、做深做细，大家都在探索。例如，GJB 900A 设计与分析工作项目里有初步危险分析、系统危险分析、使用与保障危险分析、职业健康危险分析四个危险分析工作项目，就适宜做一次危险分析时要考虑到四大方面，而不是用不同的时间分别做这四大危险分析。

与设计、分析工作相比，生产和试验的进度刚性更强、费用更高，一次试验、多项验证，多个试验、互不重复，是降低研制成本、提高试验效益的重要措施。例如，高压气瓶采用充放气疲劳试验后的静力爆破试验，既能考核强度，又能考核可靠性、安全性；再例如，电子产品的环境应力筛选、老炼和验收试验，在高低温试验项目上就可以适当优化，避免重复。

1.3.3 信息化

通用质量特性工作的对象是产品，产品的通用质量特性可以信息化，因而围绕产品开展的通用质量特性工作也可以信息化，通过充分利用信息化手段，促进通用质量特性技术与大数据、“互联网+”等技术的融合，实现技术提升，促进生产力发展。

产品通用质量特性的信息化，形成覆盖产品全寿命周期，打通设计、生产、试验部门和用户的信息通道的信息系统，将有助于减少人力劳动、提高工作效率。例如，针对一个产品，其指标要求、寿命剖面、任务剖面、故障模式、危险因素、设计参数、元器件、原材料、工艺参数、检验结果等信息，都可以在组织内部流通，将对保证产品通用质量特性满足要求大有裨益。

产品通用质量特性工作的信息化，例如采用计算机、网络和数据库技术，将各种通用质量特性分析过程和结果、各种试验项目和试验结果统一存储、管理起来，将有助于提高工作效率，实现信息共享，提升自动化水平。

参 考 文 献

[1] GJB 368B—2009《装备维修性工作通用要求》.
[2] GJB 450A《装备可靠性工作通用要求》.
[3] GJB 451A—2005《装备可靠性维修性保障性术语》.
[4] GJB 900A—2012《装备安全性工作通用要求》.
[5] GJB 2547A—2012《装备测试性工作通用要求》.
[6] GJB 3872《装备综合保障通用要求》.
[7] GJB 4239《装备环境工程通用要求》.
[8] GJB 9001B—2009《质量管理体系 要求》.
[9] QJ 1408A—1998《航天产品可靠性保证要求》.
[10] QJ 2171A—1998《航天产品保证要求》.
[11] QJ 2236A《航天产品安全性保证要求》.
[12] QJ 3051《航天产品测试性设计准则》.
[13] QJ 3124《航天产品维修性保证要求》.
[14] QJ 3135《导弹武器系统、运载火箭和航天器环境工程大纲》.
[15] QJ 9000A—2003《质量管理体系 要求》.
[16] Q/QJA 14. 5A《航天型号出厂评审 第 5 部分：可靠性和安全性专项评审要求》.
[17] Q/QJA 182《运载火箭力学环境工程要求》.

第2章　可靠性

可靠性是六种通用质量特性的基础和关键，提高可靠性可以降低对测试性、维修性的需求，也有利于促进保障性、安全性的提高。可靠性工作既是一个航天装备研发过程中的重要工作内容，也是一个组织加强基础能力建设的重要方面。基于"可靠性是设计出来的，也是生产出来的、管理出来的"之理念，本章介绍了常用可靠性指标与要求、可靠性工作项目与流程、可靠性管理、可靠性设计与分析、可靠性验证与评价等内容。

2.1　常用可靠性指标与要求

2.1.1　可靠性相关术语

1)基本可靠性：产品在规定的条件下，规定的时间内，无故障工作的能力。基本可靠性反映产品对维修资源的要求。确定基本可靠性参数时，应统计产品的所有寿命单位和所有的关联故障。

2)任务可靠性：产品在规定的任务剖面内完成规定功能的能力。

3)固有可靠性：设计和制造赋予产品的，并在理想的使用和保障条件下所具有的可靠性。

4)使用可靠性：产品在实际的环境中使用时所呈现的可靠性。它反映产品设计、制造、使用、维修、环境等因素的综合影响。

5)贮存可靠性：在规定的贮存条件下和规定的贮存时间内，产品保持规定功能的能力。

6)可靠性工程：为了确定和达到产品的可靠性要求所进行的一系列技术与管理活动。

7)可靠性保证：为使人们确信产品满足规定的可靠性要求所必须进行的系统的、有计划的、有组织的全部活动。

2.1.2　可靠性参数

1)可靠性参数可分为使用参数和合同参数，如图2-1所示。

a. 可靠性使用参数：直接反映对装备的使用需求的可靠性参数，其量值要求称为可靠性使用指标，用使用可靠性值表示，可分为目标值和门限值。

b. 可靠性合同参数：在合同和研制任务书中表述的订购方对装备可靠性要求且是研制方在研制与生产过程中能够控制的参数，其量值要求称为可靠性合同指标，一般用固有可靠性值表示，可分为规定值和最低可接受值。

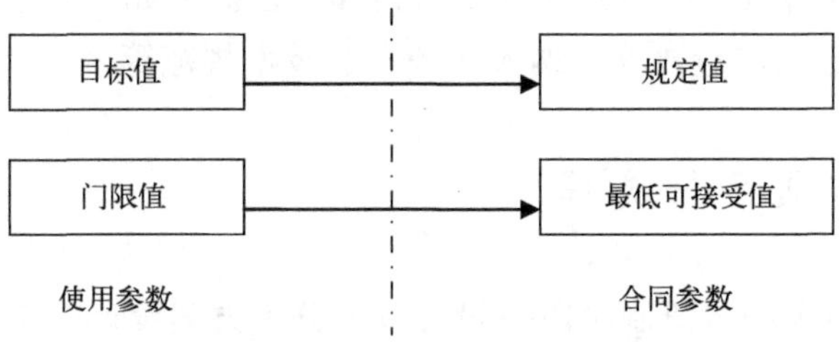

图2-1　可靠性使用参数与合同参数

2）可靠性合同参数中，规定值是开展可靠性设计的依据，由使用参数的目标值转换而来；最低可接受值是开展可靠性验证考核的依据，由使用参数的门限值转换而来。

3）对于航天产品，常用可靠性参数有可靠度、故障率或失效率、平均故障间隔时间、平均故障前时间、工作寿命、贮存期等：

a. 可靠度：产品在规定的条件下和规定的时间内，完成规定功能的概率。

b. 故障率/失效率：在规定的条件下和规定的期间内，产品的故障总数与寿命单位总数之比。亦称失效率。

c. 平均故障间隔时间（MTBF）：在规定的条件下和规定的期间内，产品寿命单位总数与故障产品总数之比。适用于可修复产品。

d. 平均故障前时间（MTTF）：在规定的条件下和规定的期间内，产品寿命单位总数与故障产品总数之比。适用于不可修复产品。

e. 使用寿命：产品使用到必须大修或报废时的寿命单位数。

f. 贮存期：在规定的贮存条件下，满足规定贮存可靠度要求的贮存寿命。

4）航天型号（弹、箭、星、船、器等）各级产品应根据任务需求和产品特点选用可靠性参数。在确定可靠性指标时，必须兼顾必要性（任务要求）和可行性（现实可行）两方面，还应在多个可靠性参数之间以及可靠性、性能、费用和进度等要求之间进行综合权衡，寻求各项参数的最佳组合；另外，应同时考虑可靠性指标的验证方法。

2.1.3　可靠性要求

1）可靠性要求一般包括定量要求和定性要求。

2）可靠性定量要求一般包括：

a. 可靠性指标；

b. 与可靠性指标相对应的任务剖面、寿命剖面的描述；

c. 故障判据；

d. 可靠性验证的判定风险或统计置信水平。

3）可靠性定性要求一般包括：

a. 可靠性工作项目要求；

b. 其他定性要求，如可靠性设计要求等。

4)可靠性要求应通过有效的载体形式及时传递到位。例如，总体对分系统、分系统对设备(软件)的可靠性定性定量要求应纳入任务书、技术规范等。

2.2 可靠性工作项目与流程

按照研制程序，航天型号研制阶段一般可以划分为方案设计、工程研制(含初样、正/试样)、定型、生产阶段等。对于运载火箭和航天器，一般没有定型阶段、生产阶段。各阶段可靠性工作项目如表2-1所示。

表2-1 可靠性工作项目适用情况

序号	工作项目名称	研制阶段			生产阶段
		方案	工程研制	定型	
1	制定可靠性工作计划	√	√	√	○
2	对转承制方和供方的监控	√	√	√	√
3	可靠性评审	√	√	√	○
4	故障报告、分析和纠正措施系统	×	√	√	√
5	建立可靠性模型	√	√	√	○
6	可靠性分配	√	√	△	○
7	制定可靠性设计准则	√	√	△	○
8	可靠性预计	√	√	△	○
9	故障模式和影响分析	√	√	△	○
10	可靠性关键项目的确定和控制	△	√	√	√
11	故障树分析	△	△	△	△
12	潜在通路分析	×	√	△	○
13	最坏情况分析	×	√	△	○
14	功能测试、包装、贮存、装卸、运输及维修对产品可靠性的影响控制	×	√	√	○
15	环境应力筛选	×	√	√	√
16	可靠性研制试验	×	√	×	○
17	可靠性鉴定试验	×	×	√	○
18	可靠性评估	×	√	√	△

注：√—适用；△—根据需要选用；○—适用于设计变更；×—不适用。

上表根据航天型号特点，对GJB 451A—2004列出的一些工作项目进行了剪裁，对一些工作项目的适用情况进行了调整。需要说明的是，标记为“适用”的工作项目也并非对所有类型的产品都适用，例如“环境应力筛选”对于非电产品来说并不适用，但对于一个航天型号而言，必然含有电子产品，故仍将“环境应力筛选”标记为“适用”项目。类似的可靠性工作项目还有潜在通路分析等。

2.3　可靠性管理

可靠性管理包括可靠性工作的计划、组织、领导与控制。其核心是明确各相关部门与岗位的职责，确定工作项目及其完成时间、完成形式和责任单位，协调保障可靠性工作所需的人力、经费、场地、设备设施、物资、材料等资源，对工作的进度和质量进行指挥、调度、监督与控制，及时协调处理工作中遇到的问题，确保实现项目目标。

2.3.1　建立可靠性工作系统

1)航天型号研制过程中应建立并保持可靠性工作系统，明确相关部门及岗位的可靠性工作职责。集团公司文件明确规定承制单位正职是本单位可靠性工作的第一责任人，承制单位应明确可靠性工作职能部门，建立可靠性工作管理、监督检查和奖惩制度。

2)航天型号可靠性工作系统一般由型号“两总”、管理部门、设计部门、生产部门、试验部门和物资部门等组成。相关部门、岗位可靠性工作职责如下：

a. 型号总指挥：是本型号可靠性工作的第一责任人。

b. 型号总设计师：对本型号可靠性技术工作负全责。

c. 管理部门：负责制定下达可靠性工作计划，对可靠性工作实施有效的监督控制，提供必要的资源保障，组织可靠性培训等。

d. 设计部门：负责可靠性设计工作。各级产品设计师是型号可靠性工作的主体，具体负责产品可靠性设计、分析、试验与信息收集等工作。

e. 生产部门：负责按照设计图样和技术条件等要求，进行产品工艺可靠性攻关，对产品制造全过程实施可靠性控制，确保满足设计要求。

f. 试验部门：负责可靠性试验的实施，对可靠性试验结果负责。

g. 物资部门：负责基础物资(元器件、原材料、标准件等)的可靠性控制。

h. 专业机构：为型号可靠性设计、分析、试验等工作提供技术支持、指导与评价。

3)航天型号从产品层次上可划分为总体、分系统、设备、元器件等层级，可靠性工作责任制上也相应地应遵循逐级分解、逐级落实、逐级把控的原则。

2.3.2　制定可靠性工作计划

制定并实施可靠性工作计划，目的是对产品全寿命周期可靠性工作进行系统、协同安排，合理调配资源，确保产品满足合同规定的可靠性要求。

本工作项目涉及到可靠性大纲的制定与实施问题，在此简要讨论如下：

1)与GJB 450相比，GJB 450A—2004不再要求承制方制定具体产品的可靠性大纲，但由于集团公司各级单位的有关程序文件、标准规范等尚未做出统一修订，仍有不少文件或标准要求制定和实施型号可靠性大纲，因此，新立项研制的型号可根据适用的有关文件和标准要求，制定和实施型号可靠性大纲；

2）航天型号可靠性大纲应在方案阶段编制，根据型号可靠性要求，结合型号具体特点和标准规范要求，突出“系统、有效、可实施、可检查”，并随着研制进展加以完善；

3）航天型号可靠性大纲应对总体和分系统提出细化的可靠性要求，并在方案评审、转阶段评审、验收评审等环节检查是否符合大纲要求；

4）分系统可靠性大纲应对型号可靠性大纲要求进行分解、细化，根据分系统产品特点加以剪裁；

5）型号总体对分系统提出的研制任务书、分系统对设备（软件）提出的研制任务书中均应引用型号、分系统可靠性大纲。为此，型号、分系统可靠性大纲应与任务书一道传递到所有需要执行大纲的转承制方或供方单位。

可靠性工作计划的制定与实施相关要求包括：

1）研制单位应根据所承制产品的特点，制定可靠性工作计划，并纳入产品研制计划，保证开展可靠性工作所需的各项资源，制定相应的管理措施。

2）可靠性工作计划的主要内容包括：

a. 编制依据；

b. 职责分工；

c. 基本要求；

d. 各项可靠性工作项目及其实施要求；

e. 各项可靠性工作项目的进度要求、完成形式和保障条件，与研制计划中其他工作的协调；

f. 可靠性数据、信息资料的收集和传递要求；

g. 可靠性评审安排；

h. 风险及应对措施。

3）型号可靠性工作计划应经评审和订购方认可；应随着型号研制的进展而完善。

4）型号、总体、分系统、设备（软件）研制单位应在每年年初制定的年度工作策划中，细化安排可靠性工作计划，将计划明确到责任单位、责任人、完成时间。

2.3.3　对转承制方和供方的监控

1）加强对转承制方和供方承制产品的可靠性监控，尤其是对外协、外购的关键产品，除了严格进行产品的验收把关外，在签订合同之前应对供方的可靠性保证能力进行考查；在技术要求中应明确可靠性指标，在研制过程中要对产品的可靠性设计进行评审，对生产过程进行监督。

2）对转承制方和供方进行监控的主要内容包括：

a. 产品的可靠性定性定量要求；

b. 产品的可靠性工作计划和实施情况；

c. 产品的可靠性设计和试验；

d. 产品的技术状态；

e. 产品的故障报告、分析和纠正措施系统(FRACAS)运行情况;

f. 对下级供方的控制和监督。

3)对转承制方和供方单位所承担的责任应以合同、协议或任务书加以规定。任务提出方要对外协产品的可靠性、交付文件和数据等提出明确要求，并参加转承制方和供方单位的设计评审、故障分析、鉴定和验收试验等。

2.3.4 可靠性评审

1)可靠性评审的目的是发挥专家和相关方的技术把关作用，确保可靠性技术工作的实施满足规定的要求。

2)应根据研制和生产的进展情况，参照 GJB/Z 72—1995《可靠性维修性评审指南》，在重要节点上对型号产品进行可靠性评审。评审可以结合产品设计评审进行，必要时可单独进行。

3)评审提交的文件按设计评审的相关要求编写，航天型号出厂专项评审报告一般参考 Q/QJA 14.5A 编写。

2.3.5 故障报告、分析和纠正措施系统

1)质量问题归零和举一反三是具有中国航天特色的 FRACAS，但两者略有区别。

2)产品在试验、使用中发生故障，应按照 Q/QJA 11A—2007《航天产品质量与可靠性信息管理要求》进行故障信息收集、报送和维护。

3)研制单位应按照 Q/QJA 10《航天产品质量问题归零实施要求》的要求，针对试验、使用中出现的质量问题，从技术和管理上分析原因、机理，采取措施，避免问题重复发生。

2.4 可靠性设计与分析

设计决定产品固有可靠性的上限。在产品研制过程中，必须合理采取各种可靠性设计措施，从设计源头提高产品固有可靠性。为了做好产品可靠性设计，要建立产品可靠性模型、逐级开展可靠性指标分配，还要同步开展必要的可靠性预计和分析工作，提前发现和解决产品设计中存在的可靠性薄弱环节，避免将问题和缺陷带到大型试验和使用中。

2.4.1 建立可靠性模型

1)可靠性模型是产品可靠性与其组成单元可靠性之间的关系。可靠性模型一般包括可靠性框图和相应的数学模型。建立产品的可靠性模型是可靠性分配、预计、分析和评价的前提。

2)常用可靠性模型一般包括：串联模型、并联模型、串并联模型、并串联模型、n 取 k 模型等。

a. 串联模型。由 n 个单元组成的产品，只要任意一个组成单元发生故障，该产品就发生故障，则该产品的可靠性模型为串联模型，其可靠性框图如图 2－2 所示。

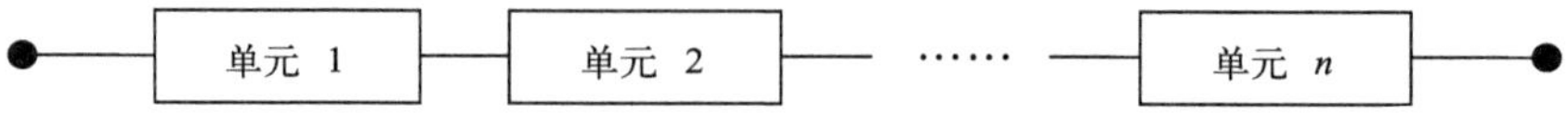

图 2－2　串联模型可靠性框图

其可靠性数学表达式为

$$R_s = R_1 \times R_2 \times \cdots \times R_n = \prod_{i=1}^{n} R_i \tag{1}$$

b. 并联模型。由 n 个单元组成的产品，当所有组成单元发生故障时，该产品才发生故障，则该产品的可靠性模型为并联模型，其可靠性框图如图 2－3 所示。

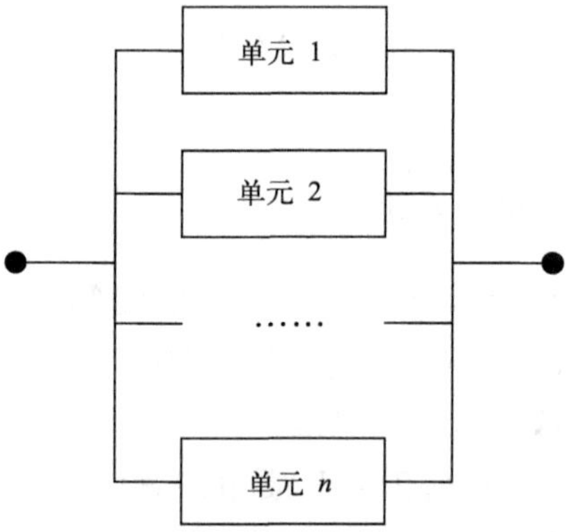

图 2－3　并联模型可靠性框图

其可靠性数学表达式为

$$R_s = 1 - (1 - R_1) \times (1 - R_2) \times \cdots \times (1 - R_n) = 1 - \prod_{i=1}^{n} (1 - R_i) \tag{2}$$

c. 串并联模型。典型串并联模型可靠性框图如图 2－4 所示。

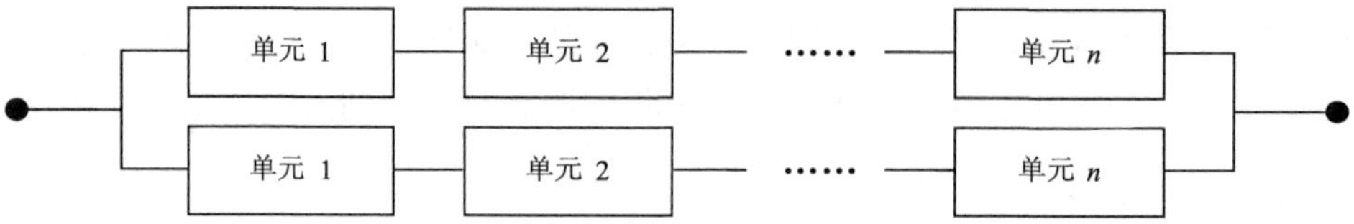

图 2－4　典型串并联模型可靠性框图

其可靠性数学表达式为

$$R_s = 1 - (1 - R_1 \times R_2 \times \cdots \times R_n)^2 = 1 - (1 - \prod_{i=1}^{n} R_i)^2 \tag{3}$$

d. 并串联模型。典型并串联模型可靠性框图如图 2-5 所示。

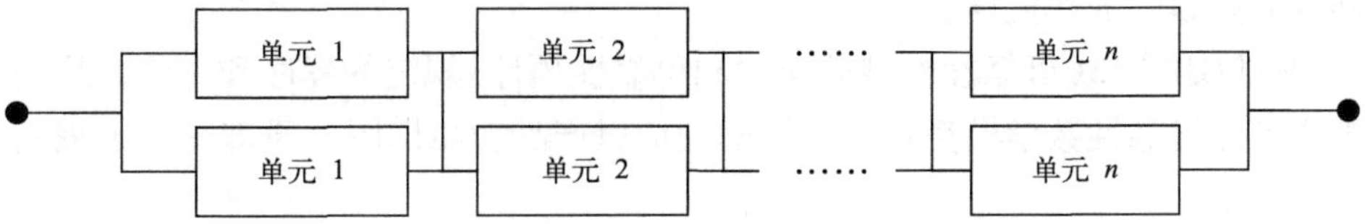

图 2-5　典型并串联模型可靠性框图

其可靠性数学表达式为

$$R_s = [1-(1-R_1)^2]\times[1-(1-R_2)^2]\times\cdots\times[1-(1-R_n)^2]$$

$$=\prod_{i=1}^{n}[1-(1-R_i)^2] \qquad (4)$$

e. n 取 k 模型（亦称表决模型）。由 n 个单元组成的产品，当其中 k 个组成单元正常工作，产品就能正常工作，则该产品的可靠性模型为 n 取 k 模型，其可靠性框图如图 2-6 所示。

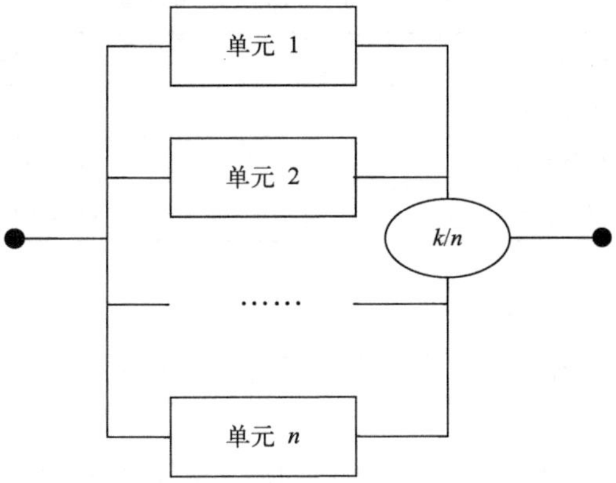

图 2-6　表决模型可靠性框图

当 n 个单元的可靠性均为 R、表决器可靠性为 1 时，其可靠性数学表达式为

$$R_s = \sum_{i=k}^{n}\binom{n}{i}R^i(1-R)^{n-i} \qquad (5)$$

其中

$$\binom{n}{i}=\frac{n!}{i!\,(n-i)!}$$

3）可靠性建模工作要点包括：

a. 应明确是要建立产品的基本可靠性模型还是任务可靠性模型，任务可靠性模型是针对一个任务阶段还是多个任务阶段；

b. 应针对要建模的每一任务阶段，梳理产品各项功能或工作模式；根据产品组成清单（系统配套表或产品明细表等），逐项梳理产品各项功能或工作模式涉及的组件、部件或零件；

c. 应针对每一组件、部件或零件，分析其潜在的故障模式，并分析各个组件、部件或零件之间各故障模式的相关性；

d. 应按照 GJB 813《可靠性模型的建立和可靠性预计》规定的程序和方法，绘制可靠性框图或拟定产品可靠性数学模型；可靠性框图应以产品功能框图、原理图、工程图为依据且相互协调；

e. 可靠性模型应该随着产品技术状态、任务剖面、工作模式等的更改而作适应性修改。

2.4.2 可靠性分配

1）航天型号应按照从系统、分系统到设备的顺序，“自上而下”逐级进行可靠性分配，将系统的可靠性指标细化分解到便于实施试验验证的产品层次，用以指导产品可靠性设计和试验。

2）常用的可靠性分配方法见表 2-2。

表 2-2　常用可靠性分配方法

序号	分配方法	适用范围
1	比例分配法	基本可靠性分配
2	评分分配法	基本或任务可靠性分配
3	重要度、复杂度分配法	基本或任务可靠性分配

3）可靠性分配工作的要点是：

a. 面向任务：可靠性分配应围绕产品的不同任务剖面，基于任务可靠性框图进行分配。

b. 对象齐全：产品可靠性模型中的单元均应分配可靠性指标，不能遗漏；同时应分配到可以单独进行可靠性试验的产品层次。

c. 指标全面：可靠性分配要分配规定值，用于约束可靠性设计；同时要分配最低可接受值，用于约束可靠性验证试验。

d. 合理可行：可靠性分配要考虑产品的重要性、可实现性(影响可实现性的因素包括复杂性、环境严酷性、继承性等)；产品可靠性指标要进行横向、纵向比对，合理可行；指标分配时应留有适当余量，以适应技术状态更改或部分单元出现偏差的情况，必要时进行适当调整。

e. 传递到位：可靠性分配值应列入组成单元的任务书或技术规范，传递到位。

2.4.3 制定可靠性设计准则

1）制定可靠性设计准则，就是通过总结提炼同类产品可靠性设计经验教训，以及产品设计必须遵循的可靠性设计具体要求，形成文件或技术规范，用以约束和指导设计人员开展产品可靠性设计。

2）一般地，总体单位应制定型号专用的可靠性设计准则，用于约束和指导总体、分系统可靠性设计；必要时，分系统单位进一步制定分系统可靠性设计准则，用于约束和指导分系统及所属设备（包括硬件和软件）可靠性设计。

3）可靠性设计准则可参考表2－3所列可靠性设计方法，针对任务要求、产品特点及其寿命剖面，进一步细化制定。

表2－3　常用可靠性设计思路

可靠性设计思路		可靠性设计方法	备注
不故障	继承	1）采用成熟设计； 2）采用成熟工艺； 3）采（借）用可靠产品	"产品"可以是元器件、标准件，也可以是零件、部件、组件、设备、分系统等
	简化	1）减少产品功能； 2）简化系统组成； 3）简化工艺路线； 4）减少流程环节； 5）减少人工操作	"操作"可以是零件加工、组件装配，也可以是型号总装、发射场操作、飞行遥控操作等
	裕度	1）强度裕度； 2）刚度裕度； 3）寿命裕度； 4）性能裕度； 5）降额设计； 6）电路容差设计； 7）防瞬态过应力设计； 8）力学环境裕度； 9）热环境裕度； 10）自然环境裕度； 11）电磁环境裕度； 12）空间环境裕度； 13）其他裕度	1）力学环境包括振动、冲击、噪声、加速度等； 2）热环境包括高温、低温、温度冲击、热流、热真空等； 3）电磁环境包括静电、雷电、电磁场等； 4）自然环境包括高温、低温、湿度、霉菌、砂尘、雨、雾、风、霜、结冰、冰雹等； 5）空间环境包括地球重力场和磁场、中性和感生大气、太阳光、电场、带电粒子、等离子体、原子氧、微流星碎片等
	防错	1）防差错设计； 2）人素工程	
	防意外工作	1）预防潜通路； 2）防误操作	
故障－工作		1）冗余设计； 2）容错设计； 3）故障隔离设计	冗余设计是用多于一种的途径来完成规定的功能，以提高系统的任务可靠性

4）可靠性设计准则一般在方案阶段制定，并可动态修改完善；在产品方案设计评审、图样审签、转阶段评审或产品验收时，应检查可靠性设计准则的落实情况。

5）可靠性设计准则可单独成文，亦可纳入可靠性大纲（或工作计划）或任务书。

2.4.4　可靠性预计

1）预计产品的基本可靠性和任务可靠性，主要目的是在产品尚缺少试验数据的情况下，通过定量的方法分析评价产品设计方案能否满足规定的可靠性指标要求。

2）工程中常用的可靠性预计方法见表 2－4。

表 2－4　工程中常用的可靠性预计方法

序号	预计方法	适用产品/适用内容	适用阶段
1	相似产品法	机械、电子、机电类产品/基本或任务可靠性预计	方案设计
2	元件计数法	电子类产品/基本可靠性预计	方案设计
3	元件应力分析法	电子类产品/基本可靠性预计	初样、试样（正样）

3）可靠性预计工作要点主要包括：

a. 电子产品应按 GJB 813、GJB/Z 299 和 GJB/Z 108A－2006 中提供的方法和元器件失效率数据进行设备级可靠性预计（国外元器件用相应标准或手册的数据，如 MIL－HDBK－217F）；

b. 非电子产品可靠性预计可采用相似产品法或其他适合的方法进行，但应经任务提出方认可；

c. 可靠性预计值应高于可靠性规定值；

d. 方案评审时，方案设计报告中应包含可靠性预计章节，或者形成专门的可靠性预计报告。

2.4.5　故障模式及影响分析（FMEA）

1）故障模式是指产品故障的表现形式，如断裂、泄漏、腐蚀等；故障影响是指故障模式对产品使用、功能或状态所导致的后果。开展 FMEA 就是预先系统地分析产品所有可能的故障模式以及每一种故障模式的原因和影响，提出针对的改进措施，以预防产品在试验和使用中发生故障。

2）FMEA 一般“自下而上”分阶段不断迭代进行，最主要工作是进行表格化分析。常见 FMEA 表格见表 2－5（此表格在 GJB/Z 1391－2006《故障模式、影响及危害性分析程序》相关表格基础上有所修改）。

表 2－5　故障模式及影响分析表

代码	产品或功能标志	功能	故障模式	故障原因	任务阶段与工作方式	故障影响			严酷度类别	发生可能性等级	故障检测方法	应对措施	备注
						局部	高一层次	最终					

3）严酷度类别一般分为：

a. Ⅰ类（灾难的）：引起人员死亡或产品毁坏、重大环境损害；

b. Ⅱ类（致命的）：引起人员的严重伤害或重大经济损失或导致任务失败、产品严重损坏及严重环境损害；

c. Ⅲ类（中等的）：引起人员的中等伤害或中等程度的经济损失或导致任务延误或降级、产品中等程度的损坏及中等程度环境损害；

d. Ⅳ类（轻度的）：不足以导致人员伤害或轻度经济损失或产品轻度的损坏及环境损害，但它会导致非计划性维护和修理。

4）发生可能性等级一般分为：

a. A 级（经常发生）：某一故障模式的发生概率大于产品总故障概率的 20%；

b. B 级（有时发生）：某一故障模式的发生概率大于产品总故障概率的 10%，但小于 20%；

c. C 级（偶然发生）：某一故障模式的发生概率大于产品总故障概率的 1%，但小于 10%；

d. D 级（很少发生）：某一故障模式的发生概率大于产品总故障概率的 0.1%，但小于 1%；

e. E 级（极少发生）：某一故障模式的发生概率小于产品总故障概率的 0.1%。

5）FMEA 工作要点：

a. 对象齐全：要针对产品的每一个组成单元进行分析，确保产品组成无遗漏，包括接口、直属件、软件等。

b. 模式全面：要全面分析产品任务剖面及每一个任务剖面内组成单元的功能、性能，全面掌握同类产品历史故障，可以从“动作 - 参数 - 安全”三个维度辨识故障模式；

c. 影响清楚：要上下结合，分析清楚每一个故障模式对局部、高一层次、最终的影响。

d. 措施有效：针对每一个故障模式及其原因、影响，从全寿命周期各环节采取措施，措施应具体、可操作、可检查。

e. 落实到位：FMEA 表格提出的措施要具体落实在方案报告、图样、测试细则、应急预案或使用说明中。

2.4.6　可靠性关键项目的确定和控制

1）可靠性关键项目是指其一旦发生故障将造成重大不利影响的项目（硬件或软件）。识别可靠性关键项目并投入更多资源实施重点控制，是抓关键、抓重点的体现。

2）可靠性关键项目一般通过 FMEA 加以识别。系统、分系统的可靠性关键项目一般识别到设备级；设备的可靠性关键项目识别到分立器件、零部件、模块级。

3）具有Ⅰ、Ⅱ类故障模式，且符合以下判别准则之一的项目可确定为可靠性关键项目：

a. Ⅰ、Ⅱ类故障模式为单点故障模式且发生可能性为“D”级或以上；

b. 采用新设计、新工艺或新器件；

c. 设计上没有成熟理论、方法和技术标准；

d. 地面试验无法充分验证；

e. 对制造、贮存、装卸、包装、运输、测试、使用等有特殊要求；

f. 难以生产或采购；

g. 同类产品经常发生故障。

4）可靠性关键项目的控制措施一般包括：

a. 预先开展故障树分析、潜通路分析、最坏情况分析等；

b. 组织第三方开展设计复核复算；

c. 开展专项可靠性试验或裕度试验；

d. 设置关键特性、重要特性、关键件、重要件进行控制（图样做相应标识）；

e. 设置必要的强制检验点（技术条件明确）；

f. 多媒体记录（技术条件明确）；

g. 其他。

2.4.7　故障树分析（FTA）

1）FTA 是一种从顶事件（故障模式）出发，“自顶向下”系统梳理导致其发生的所有底事件（故障原因），在具有基础数据时计算顶事件发生概率及其他定量指标的方法。FTA 既可以用于事后分析，也可以用于事前分析。FTA 可以有效发现薄弱环节，为采取改进措施提供依据。

2）故障树一般由顶事件、中间事件、底事件、逻辑门及它们之间的连线组成，详见 GJB/Z 768A－1998《故障树分析指南》。根据某电机工作原理图（如图 2－7 所示），以“电机过热”为顶事件，示例建立故障树，如图 2－8 所示。

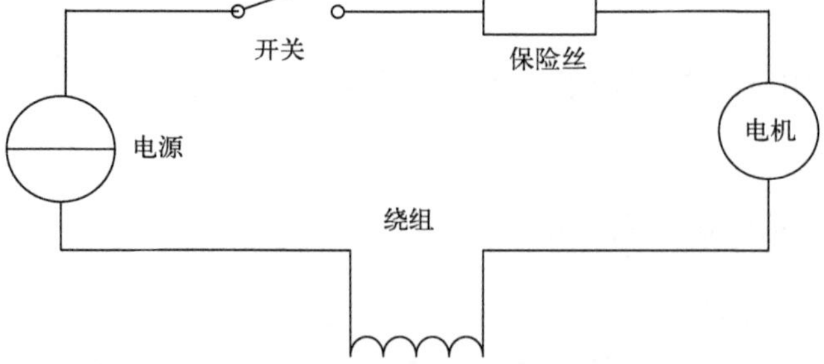

图 2－7　电机工作原理图

3）FTA 工作要点：

a. 顶事件的确定和描述要避免空泛的“××产品故障”、“××产品失效”等事件描述，导致故障树规模极其庞大。

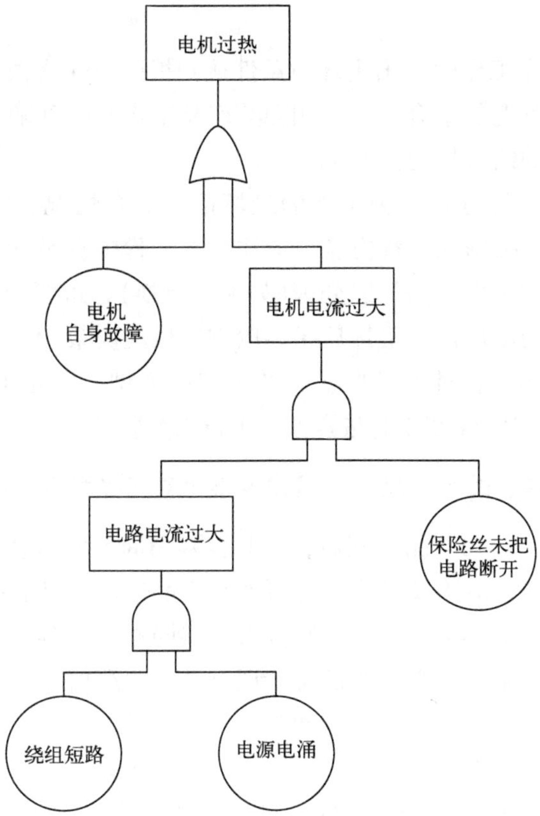

图2－8　电机过热故障树

b. 事先开展FTA重点针对影响安全和任务成败的Ⅰ、Ⅱ类故障模式进行，聚焦于产品的动作是否正常、参数是否正常或结构是否破坏等，如发动机未点火、星箭未分离、太阳能帆板未打开等。

c. 系统、分系统级FTA要总体、分系统设计人员共同参与研究讨论，设备级FTA要设计、工艺人员共同参与研究讨论，避免遗漏底事件。

2.4.8　潜在通路分析

1）潜在通路是指电子系统中存在的可导致非期望功能或抑制期望功能的电路。潜在通路是设计者无意地设计进系统的，一旦被激发就会影响设备正常工作。潜在通路有潜在路径、潜在时序、潜在指示、潜在标志等四种形式。

2）QJ 3217《潜在分析方法和程序》提供了两种分析方法（基于网络树生成和拓扑模式识别的分析方法、基于功能节点识别和路径追踪的分析方法）。

3）潜在通路分析过程复杂、工作量大，一般需要借助计算机辅助手段，针对重点电路进行，例如运载火箭地面测发控电路和箭上控制电路等。

2.4.9 最坏情况分析

1）最坏情况是指产品工作时，出现环境条件达到极限、输入条件达到极限、元器件参数漂移达到极限的各种可能的组合情况，例如某产品工作时碰到随机振动条件达到鉴定量级、输入电压降到下限的组合情况。

2）最坏情况分析是一种分析各种可能的最坏情况组合情况、产品是否能够完成其功能、进而提出必要的改进措施的工程方法。应注意，工程中有时针对产品在测试中出现的异常情况，由于各种限制条件无法加以处理（如无法更换），也要做最坏情况分析，此时主要分析不处理产品故障会出现何种最坏后果，以支撑风险决策。

3）最坏情况分析适用于各种产品层次、各种产品类型。电路可以参照 GJB/Z 223《最坏情况电路分析指南》、GJB/Z 89《电路容差分析指南》进行。

2.4.10 功能测试、包装、贮存、装卸、运输及维修对产品可靠性的影响控制

1）产品完成零部件生产和产品装配后，在其全寿命周期的后续每一个环节，包括功能测试、包装、贮存、装卸、运输及维修，都可能对产品造成不利影响，从而降低其使用可靠性。为此，要由设计人员牵头、各相关岗位人员共同参与，辨识各环节可能产生的不利影响，制定相应的控制措施，经必要的试验验证有效，并严格落实。

2）各环节可能产生不利影响的原因主要有：

a. 测试状态、测试项目错误；

b. 过大的测试应力、过多的动作次数、过长的测试时间；

c. 包装密封性不满足要求；

d. 对运输、装卸过程中产生的振动、冲击未加以抑制；

e. 贮存环境条件不满足要求；

f. 检测周期不合适；

g. 装卸、维修错误或未实施量化控制，对产品安装位置附近的其他产品造成次生损害；

h. 其他。

3）应将制定的各种控制措施落实在具体文件中（如技术条件、测试细则、操作规程、使用说明等）。

2.5 可靠性验证与评价

产品研制过程中尽管开展了各种可靠性分析，但仍有必要借助可靠性试验来暴露可靠性分析发现不了的薄弱环节，通过试验的方法来验证各种可靠性设计、工艺措施的有效性，通过试验和评估的方法来回答产品是否满足规定的可靠性要求，通过环境应力筛选的方法来剔除早期缺陷，保证交付产品的使用可靠性。

2.5.1　环境应力筛选(ESS)

1)ESS 主要适用于电子产品，也可用于电气、机电、光机电、光化学产品。ESS 是生产过程中的一道工序，主要目的是剔除产品中潜在的元器件、材料及工艺缺陷，避免将有缺陷的产品交付使用。

2)ESS 以“既不漏过有缺陷的产品，也不损害无缺陷的产品”为原则，故对产品施加的环境应力要将潜在缺陷加速激发为故障，不强调要模拟使用环境。根据实践经验，典型的环境应力及其筛选效果和费用比较如表 2－6 所示。从表中可以看出，筛选效果最好的依次是随机振动、温度循环以及两者的组合，但费用也相对较高。

表 2－6　典型的环境应力

<table>
<tr><th></th><th colspan="2">应力类型</th><th>筛选效果</th><th>费用</th></tr>
<tr><td rowspan="4">温度</td><td colspan="2">恒定高温</td><td>低</td><td>低</td></tr>
<tr><td rowspan="2">温度循环</td><td>慢速温变</td><td>较高</td><td>较高</td></tr>
<tr><td>快速温变</td><td>高</td><td>高</td></tr>
<tr><td colspan="2">温度冲击</td><td>较高</td><td>适中</td></tr>
<tr><td rowspan="2">振动</td><td colspan="2">扫频正弦</td><td>较低</td><td>适中</td></tr>
<tr><td colspan="2">随机振动</td><td>高</td><td>较高</td></tr>
<tr><td>综合</td><td colspan="2">温度循环与随机振动</td><td>高</td><td>高</td></tr>
</table>

3)各种筛选应力能激发的典型缺陷见表 2－7。

表 2－7　各种环境应力筛选能激发的典型缺陷

温度循环	随机振动	温度循环和随机振动
	粒子污染	
元器件参数漂移	压紧导线磨损	
电路板开路、短路	晶体缺陷	焊接缺陷
元器件安装不当	混装	硬件松脱
错用元器件	临近板摩擦	元器件有缺陷
密封失效	元器件短路	紧固件问题
化学污染	导线松脱	元器件破损
导线束端头缺陷	元器件粘接不良	电路板蚀刻缺陷
夹接不当	大质量元器件紧固不当	
	机械性缺陷	

4)航天电子产品环境应力筛选一般分元器件、单板、设备三级进行，元器件筛选一般参照 GJB 128A－1997《半导体分立器件试验方法》、GJB 548B－2005《微电子器件试验方法和程序》等有关标准进行，单板、设备筛选一般参照 GJB 1032《电子产品环境应力筛选方法》进行。产品承制单位应根据产品特点，按照“既不漏过有缺陷的产品，也不损害无缺陷的产品”的原则，制定有效的筛选条件，经上游单位会签后实施。

5）航天电子产品 ESS 一般遵循以下程序：

a. 初始性能检测；

b. 随机振动（缺陷剔除）；

c. 温度循环（缺陷剔除）；

d. 温度循环（无故障检验）；

e. 随机振动（无故障检验）；

f. 最终性能检测。

6）环境应力筛选要点：

a. 在制定电子产品技术条件时，应将 ESS 和环境验收试验项目结合考虑，力求试验更加经济有效。GJB 1027A—2005《运载器、上面级和航天器试验要求》提出可靠性标准中规定的 ESS 实际上包含在验收试验中；

b. 在单板级应优先选择温度循环筛选，在单板级随机振动筛选效果不大；在整机级应优先选择随机振动和温度循环组合筛选；

c. 在正式筛选前，应预先开展振动摸底试验，测定单板上的振动响应，避免振动放大过大造成产品损坏；

d. 在筛选过程中应进行有效的检测，避免漏过已激发出的缺陷，导致有缺陷的产品流入后续试验和使用环节。

2.5.2　可靠性研制试验（RDT）

1）可靠性研制试验是指对样机施加一定的环境应力和（或）工作应力，以暴露产品设计、工艺可靠性薄弱环节，验证可靠性措施有效性的试验，可以为改进产品设计和工艺、提高产品固有可靠性以及评估产品可靠性提供依据。

2）可靠性研制试验包括多种类型：

a. 按产品层次可分为器件可靠性研制试验、设备可靠性研制试验、分系统可靠性研制试验、系统可靠性研制试验；

b. 按产品类型可分为电子产品可靠性研制试验、结构产品可靠性研制试验、机电产品可靠性研制试验、火工品可靠性研制试验、火箭发动机可靠性研制试验、软件产品可靠性研制试验等；

c. 按试验方法可以分为可靠性强化试验（RET）、可靠性增长试验（RGT）、可靠性摸底试验等。

3）航天型号研制过程中一般针对设备级开展可靠性研制试验，其中电子产品、机电产品开展可靠性强化试验或可靠性增长试验，非电产品根据产品可靠性指标、可靠性特征量及分布类型，开展功能性能可靠性结合试验或专项可靠性研制试验。

4）可靠性强化试验是通过系统地施加逐步增大的环境应力和工作应力，以便快速激发和暴露产品设计、工艺上的薄弱环节，快速提高产品固有可靠性、固化产品技术状态、摸清产品裕度的试验。RET 试验条件不需模拟产品使用环境，效率高，通常需要专门的试验箱，试验项目一般包括：

a. 降温步进试验；

b. 升温步进试验；

c. 温度循环步进试验；

d. 随机振动步进试验；

e. 温度循环－随机振动综合步进试验。

5）可靠性增长试验是通过施加模拟使用环境的环境应力及工作应力，以便暴露设计和工艺薄弱环节，提高产品固有可靠性的试验。电子产品可靠性增长试验条件一般采用“温度＋湿度＋随机振动”的综合环境应力。由于可靠性增长试验与可靠性鉴定试验的试验条件相同，通常可以将成功的可靠性增长试验代替可靠性鉴定试验。在航天型号实践中，由于航天产品小子样的特点，可靠性增长试验通常按 QJ 3127《航天产品可靠性增长试验指南》采用无增长模型的试验方案，而不采用 GJB 1407《可靠性增长试验》的有增长模型（Duane模型或 AMSAA 模型）试验方案。

6）可靠性摸底试验与可靠性增长试验做法类似，不同之处在于试验时间（循环数、通电时间或动作次数等）不跟产品可靠性指标关联，而是事先确定一个较短的试验时间（如 10～20 个循环）。通过试验，可以在一定程度上暴露产品设计、工艺薄弱环节，也可以积累一定可靠性评估子样。

7）可靠性研制试验要点：

a. 重要的新研产品应开展可靠性研制试验；

b. 可靠性研制试验一般应在初样阶段开展，以使首飞产品是采取了改进措施的可靠产品，因此在初样阶段样机产品投产和试验安排上要加以考虑；

c. 应注重试验效率，选择效率高的试验项目、对产品可靠性影响大或激发产品故障效率高的环境条件；

d. 试验中出现的故障应详细记录，故障可分为关联故障和非关联故障，关联故障又可分为责任故障和非责任故障，承制单位应对责任故障进行分析、改进并举一反三。

2.5.3　可靠性鉴定试验（RQT）

1）可靠性鉴定试验是指为验证产品设计是否达到规定的可靠性要求，由订购方认可的单位按选定的抽样方案，抽取有代表性的产品在规定的条件下所进行的试验。可靠性鉴定试验将给出“接收”或“拒收”的结论，对产品能否定型提供依据。

2）GJB 899A－2009《可靠性鉴定和验收试验》提供了指数分布型产品可采用的可靠性鉴定试验方案，包括：

a. 定时截尾试验：指事先规定试验截尾时间 t_0，利用试验数据评估产品的可靠性特征量。该试验方案的优点是：事先已确定了最大累积试验时间，便于计划管理，并能对产品 MTBF 的真值作出评估，所以得到广泛的应用。

b. 定数截尾试验：指事先规定试验截尾的故障数，利用试验数据评估产品的可靠性特征量。由于事先不易估计所需试验时间，所以该试验方案应用较少。

c. 序贯截尾试验：按事先拟定的接收、拒收及截尾时间线，在试验期间，对受试产品进行连续的观测，并将累积的相关试验时间和故障数与规定的接收、拒收或继续试验的判据做比较的一种试验。常用于可靠性验收试验。

3）连续型（指数分布）的统计试验方案中共有五个参数：

a. MTBF 的检验上限 θ_0：它是可接受的 MTBF 值。当受试设备的 MTBF 真值接近 θ_0时，标准试验方案以高概率接收该设备。要求受试产品的可靠性预计值 $\theta_p > \theta_0$才能进行试验。

b. MTBF 的下限 θ_1：它是拒收的 MTBF 值。当受试设备的 MTBF 真值接近 θ_1时，标准试验方案以高概率拒收该设备。

c. 鉴别比 d：$d = \theta_0/\theta_1$，d 越小，则做出判断所需的试验时间越长，所获得的试验信息也越多。一般取 1.5、2 或 3。

d. 生产方风险 α：当产品的 MTBF 真值等于 θ_0时被拒收的概率，即本来是合格的产品被判为不合格而拒收，使生产方受损失。

e. 使用方风险 β：当产品的 MTBF 真值等于 θ_1时被接收的概率，即本来是不合格的产品被判为合格而接收，使用方受损失。α、β 一般在 0.1 ~ 0.3 范围内。

4）可靠性鉴定试验工作要点：

a. 可靠性鉴定试验应在订购方认可的有资质的第三方实验室或由第三方监督的承制方实验室进行；

b. 可靠性鉴定试验应尽量在较高层次的产品上进行；

c. 可靠性鉴定试验在定型阶段开展，可以与产品定型试验结合进行；

d. 可靠性鉴定试验针对最低可接受值进行；

e. 参试产品应是定型状态的验收合格产品。

2.5.4 可靠性评估

1）可靠性评估是指利用产品研制、试验、使用等过程中收集到的数据和信息来估算和评价产品可靠性是否满足规定的可靠性要求的一种活动，一般在试样阶段或定型阶段进行。

2）可靠性评估一般按照“自下而上”的顺序（即从设备、分系统到系统），采用定性评价与定量评估相结合的方法进行：

3）定性评价一般包括：

a. 通过可靠性工作计划完成情况，评价产品可靠性；

b. 通过可靠性预计结果，评价产品可靠性；

c. 通过可靠性设计准则落实情况，评价产品可靠性；

d. 通过 FMEA、FTA、最坏情况分析等结果，评价产品可靠性；

e. 通过可靠性试验情况，评价产品可靠性；

f. 通过分析产品生产、测试、包装、贮存、装卸、运输和维修等环节采取的控制措施，评价产品可靠性。

4）定量评估一般包括：

a. 单元可靠性评估，一般分为成败型单元、指数分布型单元、威布尔分布型单元、正态分布型单元等；

b. 系统可靠性评估，一般按照金字塔式、利用组成系统的单元信息来综合评估系统可靠性，常用的综合方法包括 MML 法、L－M 法、修正的 L－M 法等。

可靠性定量评估一般程序包括：

1）定义产品；

2）明确产品可靠性评估指标；

3）明确产品故障判据；

4）建立产品可靠性模型；

5）确定产品可靠性特征量及分布类型；

6）收集和处理试验数据；

7）可靠性定量计算；

8）形成评估结论。

可靠性评估工作要点：

1）应针对产品的不同任务剖面分别进行；

2）应充分利用研制试验、鉴定试验及实际使用的有效数据，并合理采用相似产品数据；

3）对于失效子样的取舍应十分谨慎。

参考文献

[1] GJB 128A—1997《半导体分立器件试验方法》.

[2] GJB 450A—2004《装备可靠性工作通用要求》.

[3] GJB 451A—2005《可靠性维修性保障性术语》.

[4] GJB 548B—2005《微电子器件试验方法和程序》.

[5] GJB 813—1990《可靠性模型的建立和可靠性预计》.

[6] GJB 899A—2009《可靠性鉴定和验收试验》.

[7] GJB 1027A—2005《运载器、上面级和航天器试验要求》.

[8] GJB 1032—1990《电子产品环境应力筛选方法》.

[9] GJB 1407—1992《可靠性增长试验》.

[10] GJB 1909A—2009《装备可靠性维修性保障性论证》.

[11] GJB/Z 72—1995《可靠性维修性评审指南》.

[12] GJB/Z 89—1997《电路容差分析指南》.

[13] GJB/Z 108A—2006《电子设备非工作状态可靠性预计手册》.

[14] GJB/Z 223—2005《最坏情况电路分析指南》.

[15] GJB/Z 299C—2006《电子设备可靠性预计手册》.

[16] GJB/Z 768A—1998《故障树分析指南》.

[17] GJB/Z 1391—2006《故障模式、影响及危害性分析程序》.

[18] QJ 1408A—1998《航天产品可靠性保证要求》.

[19] QJ 2172A—2005《卫星可靠性设计指南》.

[20] QJ 3050A—2011《航天产品故障模式、影响及危害性分析指南》.

[21] QJ 3127—2000《航天产品可靠性增长试验指南》.

[22] QJ 3217—2005《潜在分析方法和程序》.

[23] Q/QJA 10—2002《航天产品质量问题归零实施要求》.

[24] Q/QJA 11A—2007《航天产品质量与可靠性信息管理要求》.

[25] Q/QJA14. 5A—2009《航天型号出厂评审 第5部分：可靠性和安全性专项评审要求》.

[26] Patrick D. T. O'Connor，等. 实用可靠性工程(第四版)[M]. 李莉，等，译. 北京：电子工业出版社，2005.

[27] 科技质量部. 型号可靠性知识培训讲义，2002.

[28] 编委会. 可靠性设计大全. 中国标准出版社，2006.

[29]《关于印发〈强化航天型号可靠性工作的若干要求〉的通知》，2009.

[30] 任立明. 可靠性工程师必备知识手册[M]. 北京：中国标准出版社，2009. .

[31] 刘春和，等. 武器装备可靠性评定方法[M]. 北京：中国宇航出版社，2009.

[32] 许达哲. 航天型号可靠性守则[M]. 北京：中国宇航出版社，2014.

第3章　维修性

维修是对装备或设备进行维护和修理的简称。这里所说的维护是指为保持装备或设备完好工作状态所开展的工作，包括清洗、润滑、检查、调校、能源补充等；修理是指恢复装备或设备完好工作状态所开展的工作，包括检查、故障诊断、故障隔离、故障排除、系统恢复与测试等。由此可见，维修是为了保持和恢复装备或设备完好工作状态而进行的活动。

维修性是产品的重要质量属性，即使产品维修简便、高效、迅速的设计特性。随着科学技术与军事技术的不断发展，维修性和可靠性已经被置于与作战性能、费用、研制周期等同等重要的地位，受到世界各国军方和国防工业部门的高度重视。欧美各国经历了几十年的发展，积累了丰富的工程实践经验。美军先后出版了《维修性设计指导》、《维修性设计技术》等手册供设计人员借鉴、参考。20世纪80年代后，在工程设计中，利用先进的计算机技术，在维修性的工程化、计算机辅助化、可视化及综合化方面得到了新的发展。与此相比，我国的维修性工程起步较晚，无论从发展需求或与国外水平相比，均有明显差距。

随着我国航天型号通用质量特性的深入开展，人们认识到从装备战备完好性和寿命周期费用的观点出发，仅提高可靠性不是一种最有效的方法，必须综合考虑可靠性及维修性才能获得最佳的结果。

维修性保证是通过一系列技术与管理活动，保证产品完成任务的能力并降低产品寿命周期费用。维修性保证包括管理、设计与分析、验证与评价等方面的工作。本章主要从航天型号实际工作出发，对维修性指标与要求、维修性工作项目与流程、维修性管理、维修性设计与分析、维修性验证与评价等方面进行介绍。

3.1　常用维修性指标与要求

3.1.1　维修性指标

GJB 451A规定的维修性指标包括维修度、修复率、平均修复时间、系统平均恢复时间、平均预防性维修时间、平均维护时间、最大修复时间、恢复功能用任务时间、维修工时率、维修事件的平均直接维修工时、维修活动的平均直接维修工时、重构时间、重要部件更换时间等。

其中，平均修复时间(mean time to repair：MTTR)、最大修复时间、维修度、修复率为航天型号常用维修性指标。指标定义如下：

1）平均修复时间：产品维修性的一种基本参数，它是一种设计参数。其度量方法为：在规定的条件下和规定的期间内，产品在规定的维修级别上，修复性维修总时间与该级别上被修复产品的故障总数之比。

2）最大修复时间：产品达到规定维修度所需的修复时间。

3）维修度：维修性的概率度量。

4）修复率：产品维修性的一种基本参数。其度量方法为：在规定的条件下和规定的时间内，产品在规定的维修级别上，被修复的故障总数与在该级别上修复性维修总时间之比。

3.1.2　维修性要求

除维修性定量指标外，航天型号维修性要求还包括一些定性要求，主要包括：

1）标准要求：如应严格按照 GJB 368B《装备维修性工作通用要求》开展设计等；

2）维修级别要求：如维修体制符合基地级、中继级、基层级的三级维修体制，或基地级、基层级两级维修体制等；

3）维修性设计与分析要求：如开展基于使用任务剖面的维修性指标的分析、预计、分配和迭代优化等设计工作，使产品尽量简化，预留电、气、液等各种维修保障接口，具有良好的维修操作性、可达性、互换性、防差错性能、维修安全性、维修经济性、维修人素工程、抢修性等基本性能，维修工作的标准化、模块化、通用化程度高。

常见的维修性设计与分析要求包括：

a. 可达性：要求维修部位看得见、摸得着，拆装方便，不影响上下左右，同时有足够的维修作业空间；

b. 标准化：要求产品通用化、系列化和组合化，减少维修备件的品种和数量；

c. 模块化：要求产品按功能和（或）结构划分为现场可更换单元（LRU）和车间可更换单元（SRU）；

d. 互换性：要求同种产品之间在实体上（形状、尺寸）、功能上能够互相替换；

e. 可测性：应进行维修所需的可测试性设计，合理配置测试点，提高自动检测和故障隔离能力，降低对专用测试设备的需求；

f. 防差错及识别标记：要求有完善的防差错措施及识别标记，以防止差错、杜绝事故；

g. 维修安全：要求实施维修作业时不会发生人员伤亡、设备损坏等事故；

h. 减少维修内容和降低维修技能：要求减少维修工作量，缩短维修时间和人员培训时间；

i. 人素工程：要求产品设计符合人素工程需要，提高维修工作的质量和效率；

j. 文件资料：维修手册或说明书应简单、准确、易懂，图文并茂，积极采用电子手册，将文字、图像和视频相结合；

k. 应急维修：应考虑使用过程中潜在紧急情况的应急维修；

l. 维修策略：预防性维修的维修策略应合理、可行；

m. 维修保障：应围绕关键任务需求，明确维修保障要求，特别是使用阶段备品备件的要求。

3.2 维修性工作项目与流程

3.2.1 维修性工作项目

航天型号研制过程中，根据承制方的角色分工以及总体、分系统、单机单位的组织管理模式，结合航天型号维修性工作重点的不同，充分融合 GJB 368B 及 QJ 3124 标准要求，形成航天型号维修性工作项目见表 3－1。

表 3－1 维修性工作项目在型号研制阶段适用情况

序号	工作项目名称	研制阶段			生产阶段
		方案	工程研制	定型	
1	维修性工作计划	√	√	√	√
2	对转承制方与供方的监控	√	√	√	√
3	维修性评审	√	√	√	△
4	建立维修性数据收集、分析和纠正措施系统	△	√	√	√
5	建立维修性模型	√	√	○	○
6	维修性分配	√	√	△	○
7	维修性预计	√	√	△	○
8	制定维修性设计准则	√	√	△	○
9	维修性分析	△	√	△	△
10	抢修性分析	△	√	△	△
11	维修性验证	△	△	√	○
12	维修性评估	×	△	√	○

注：√—适用；×—不适用；△—根据需要选用；○—适用于设计变更。

选择并确定维修性工作项目，以可接受的寿命周期费用，实现规定的维修性要求。实际型号维修性工作项目的选择应根据型号实际情况，考虑要求的维修性水平、产品的类型和特点、产品的复杂程度和重要性、产品新技术含量、费用和进度及所处阶段等综合确定，维修性工作项目可以与可靠性、测试性和综合保障等工作项目相协调，综合安排，相互利用信息，减少重复工作。

3.2.2 维修性工作流程

维修性工作流程如图 3－1 所示。

第一步是论证确定型号的维修性战术技术指标要求。总体设计部门应在型号两总的领

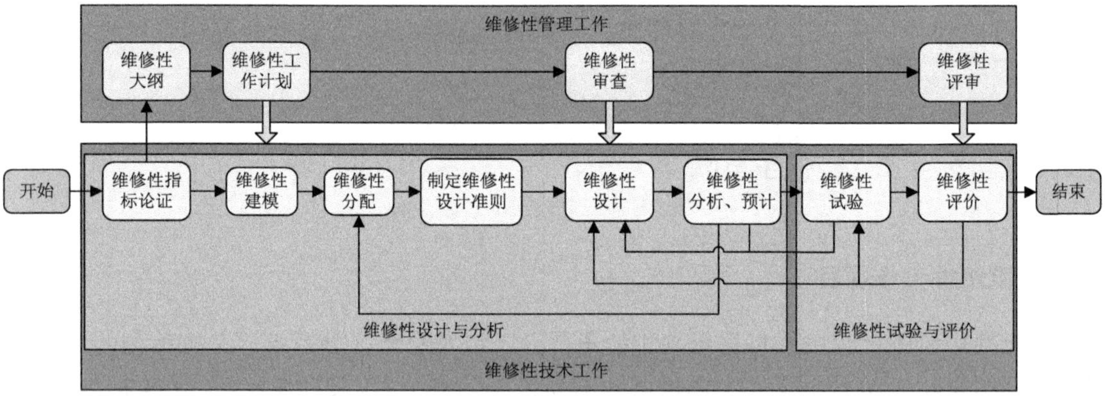

图 3－1　维修性工作流程

导下，根据型号特点及研制周期、经费等限制条件，参考 GJB 1909A—2009 及 GJB 368B 工作项目 101，与用户协调论证确定型号维修性参数及具体量值，使之科学、合理、协调、可实现、可验证。

第二步是开展全寿命周期维修性工作策划，制定维修性大纲。总体设计部门应在型号两总领导下，根据上级或用户提出的研制总要求，参考 GJB 368B 工作项目 102 等标准规范的有关要求，结合型号特点，确定各阶段要开展的工作项目及有关要求。分系统抓总单位应根据型号大纲，制定分系统大纲(或要求)。

第三步是按照型号或分系统大纲的规定，按阶段、按年度制定维修性工作计划，可参考 GJB 368B 工作项目 202 开展。型号办及各单位计划部门应在设计、质量部门的配合下，将维修性工作纳入型号研制计划，使大纲的要求得到贯彻落实。各单位应在型号办制定的大节点计划基础上，将维修性工作分解到各系统、各单机，并纳入考核。

第四步是按照维修性工作计划，开展维修性具体工作。主要依据 GJB 368B 工作项目要求开展维修性建模、指标分配、设计、分析、预计等工作。各项工作完成后，应由各级质量部门依据大纲要求及工作计划开展维修性审查，确保维修性相关要求得到贯彻落实。

第五步是在维修性设计与分析工作基本完成后，主要依据 GJB 368B，结合实际产品与研制试验，开展维修性试验与评价，并在转阶段、出厂等重要节点结合设计评审开展维修性评审。装备交付后也应不断收集使用与维护相关信息，对维修性评价结果进行修正与验证。

3.3　维修性管理

3.3.1　建立型号维修性保证工作系统

应建立型号的维修性保证工作系统，由型号总师系统、质量管理部门、计划管理部门和维修性专业设计师组成。在型号的系统级和分系统级设立专职或兼职维修性设计师。其工作职责是：

(1)型号总指挥的职责

1)对型号维修性管理工作全面负责；

2)负责组织型号维修性工作的实施。

(2)型号总师的职责

1)负责型号维修性工作的总体策划；

2)负责组织型号维修性要求的论证；

3)协调解决型号研制中重大的维修性问题，组织维修性技术攻关；

4)审批型号维修性工程技术文件。

(3)管理部门的职责

1)计划管理部门负责将各阶段维修性工作计划纳入科研生产研制计划，对维修性工作项目提供保障条件，保证人员、经费、设备等资源的落实；负责对维修性工作进行协调、落实，对计划完成情况进行监督、检查；

2)质量管理部门负责组织维修性保证工作策划，根据型号具体要求，组织制定型号维修性保证大纲和维修性设计准则并对其实施情况进行监督、检查；组织提出维修性工作项目；组织对各阶段维修性设计评审；结合型号研制阶段，组织对型号设计师进行的维修性相关知识培训。

(4)维修性设计师的职责

1)负责型号维修性策划，并编制相关文件；

2)提出维修性指标要求，制定维修性设计准则；

3)负责产品的维修性技术支持；

4)负责维修性试验策划，协助组织维修性试验；

5)参加维修性设计评审、故障分析，负责对产品鉴定和验收的维修性做出评价；

6)负责对维修性信息的分析和评价，并提出建议。

(5)产品设计师的职责

1)对所设计产品的维修性负责；

2)分析各级产品的寿命剖面与任务剖面，制定产品的维修性设计方案；

3)制定维修策略和维修方案；

4)进行产品的维修性和测试性设计；

5)负责产品的功能分析、故障模式影响分析(FMEA)、故障判据；

6)完成产品的维修性工作项目；

7)负责产品维修性信息的收集、传递；

8)参加产品的维修性追踪和评价，并落实改进措施。

3.3.2 制定维修性工作计划

各研制单位应根据所承制产品的特点，制定维修性工作项目计划，并纳入研制计划，保证开展维修性工作所需的各项资源，制定相应的管理措施。

维修性工作计划的主要内容包括：

1）维修性工作项目的实施范围；

2）维修性工作项目的实施要求和实施方法；

3）维修性工作项目的实施组织、单位、人员及分工和职责；

4）各项维修性工作的进度要求、完成形式和保证条件；

5）维修性数据、信息资料的提供、收集和传递要求；

6）人员的维修性培训安排；

7）各维修性工作项目实施时的检查点和评审点。

维修性工作计划应随着型号研制的深入开展而不断完善。

3.3.3 对转承制方与供方的监控

应对外协单位所提供产品的维修性工作进行监督与控制，必要时采取措施，保证其产品符合规定的维修性要求。

任务提出方对外协和外购产品的合同或任务书中应规定维修性要求，其主要内容为：

1）维修性定性、定量要求与相应的验证方式和要求；

2）维修级别和备件要求；

3）外协单位应开展的维修性工作项目和要求；

4）维修性资料要求。

对外协、外购产品进行监控的内容和方法包括：

1）参加外协产品的设计评审，评审维修性预计与分析方法及其结果的准确性，以及同总体要求的一致性；

2）监控外协单位对其产品生产与使用过程中所提供的技术与管理保障，例如：FMEA，技术手册和测试软件等；

3）监控外协单位提供保障性分析所需的维修性数据。

3.3.4 维修性评审

维修性评审的目的是确保维修性设计、验证的实施，保证产品达到规定的维修性要求，及时发现设计缺陷，降低决策风险。

根据研制和生产的进展情况在重要节点上，对型号系统、分系统和设备进行维修性评审。评审可以结合产品设计评审进行，必要时可单独进行。

维修性评审应参照 GJB/Z 72—1995 和型号的相关要求进行。

3.3.5 建立维修性数据收集、分析与纠正措施系统

按照 GJB 841—1990 的要求建立型号故障报告、分析和纠正措施系统(FRACAS)，收集维修性信息，实现维修性问题的闭环管理。

应从维修性分析、工程试验、维修性验证试验以及装备的使用、维修、贮存和运输过程等方面收集维修性、测试性和故障诊断数据。维修性数据收集的范围一般包括：

1)故障部位、现象、原因和模式；

2)维修措施；

3)工作小时数；

4)故障诊断时间；

5)修理实施时间；

6)校验时间；

7)使用环境；

8)需用的测试、维修人员的数量和技术水平；

9)需要的维修设备、器材等。

3.4 维修性设计与分析

3.4.1 维修性建模

建立产品的维修性模型，用于定量分配、预计和评定产品的维修性。

(1)输入/约束

1)功能层次及其框图；

2)结构特性，如机械、电子、化工、火工品等不同结构及其布局；

3)维修级别、保障条件和保障方案；

4)影响产品维修性的设计特征，如可达性、互换性、故障检测和隔离特性、故障频率等；

5)可靠性分析资料，如产品的可靠性水平、FMEA 的结果。

(2)工作项目要点

确定建模的参数，包括：

1)根据掌握的信息和建模目的确定建模的参数；

2)确定的建模参数一般应为 GJB 1909 或合同定义的参数。

收集和整理产品或相似产品的相关信息、资料及维修约束条件。主要包括：

1)功能层次及框图；

2)结构特性，如机械、电子、化工、火工品等不同结构及其布局；

3)维修级别、保障条件及保障方案；

4)影响产品维修性的设计特征：如可达性、互换性、故障检测与隔离特性、故障频率等；

5)已知相似产品或相似单元的可靠性维修性定量数据和定性要求；

6)可靠性分析资料，如产品可靠性水平、故障模式影响分析(FMEA)、故障树分析(FTA)的结果。

建立模型，包括：

1)选择或建立适用的模型。参照 GJB/Z 145 选择适用的模型，当无适用的模型时，应按提供的建模方法建立模型。

2)维修时间(项目)分析。如维修事件与维修职能关系、产品维修与产品维修事件关系、产品维修事件与相应的维修活动关系以及维修活动与基本维修作业之间的关系。

3)维修任务分析。如串行作业、并行作业、网络作业以及产品维修任务与组成单元维修作业之间的逻辑关系等。

4)确定输入输出关系，建立相应的模型。

5)装备的维修性模型可以有多种，尽量先简后繁，在满足精度条件下应尽量简化。

模型确认。模型的确认是检验构造的模型能否真正代表所建模产品(或所设计系统)的基本性能。模型的确认过程是对模型和产品反复比较的过程，并且利用二者的差别来改进和修正模型，使之逐步向产品特征逼近，直到模型被确认为能真正代表产品时为止。

3.4.2　维修性分配

将产品顶层的维修性定量要求逐层分配到规定的产品层次，作为维修性设计和提出外协、外购产品维修性定量要求的依据。

(1)输入/约束

维修性指标、维修性模型、产品的可靠性水平(或故障率)。

(2)工作项目要点

1)首先进行系统维修职能分析，确定各维修级别及维修工作流程；

2)进行系统功能层次分析，确定系统各组成部分的维修措施和要素，并用包含维修的系统功能层次框图表示；

3)确定系统各组成部分的维修频率，包含修复性和预防性维修的频率；

4)将系统维修性指标分配到各部分；

5)研究分配方案的可行性，进行综合的权衡，必要时局部调整分配方案；

6)维修性分配应与维修性预计相结合，考虑各部分指标实现的可能性，并与可靠性分配、保障性分析密切协调。

3.4.3　维修性预计

估计产品的维修性，评价所提出的设计方案在规定的保障条件下，是否能够满足规定的维修性定量要求。

(1)输入/约束

已有历史经验数据和相似产品数据，包括产品的结构和维修性指标；已确定的维修方案(维修级别、维修资源、维修类型等)和产品功能层次；各功能层次的故障率信息。

(2)工作项目要点

维修性参数预计可采用GJB/Z 57规定的方法，或订购方批准、提供的其他方法。常用的预计方法如表3－2所示。

表3－2　维修性预计方法

序号	方法	适用范围	简要说明
1	概率模拟预计法	电子、机电设备、系统外场级修复时间等参数	通过基本维修作业时间分布估计，逐步计算、累加，求得系统停机时间分布参数值
2	抽样评分预计法	地面电子系统与设备的修复时间预计	利用随机抽样原理，结合以经验数据为基础的专用核对表评分和计算停机时间
3	运动功能预计法	各种系统与设备维修时间预计	将修复性维修与预防性维修结合在一起，利用所建立的模型计算时间
4	时间累计预计法	各种电子设备的维修参数值预计	给出了多个维修作业时间数据，按其规定程序，由基本维修作业逐步计算，累加求得修复时间、工时等维修性参数
5	单元对比预计法	各种产品维修性参数值的早期预计	以某个维修时间已知或能够估测的单元为基准，通过对比确定其他单元的维修时间，再按维修频率求平均值，得到维修时间

3.4.4　制定维修性设计准则

制定并贯彻维修性设计准则，将维修性的定性要求、定量要求及使用和保障要求转化为具体的产品设计，以规范设计人员进行维修性设计。

根据型号的特点和使用要求，结合可靠性和电磁兼容性设计准则，制定型号维修性设计准则，主要包括以下内容：

(1)简化设计

在满足技术性能要求的条件下，通过减少分系统、设备、组件的数量和类别，减轻质量，简化安装对接等设计，尽量降低武器系统的复杂程度。

(2)可达性

产品的配置应根据其故障率的高低、维修的难易、尺寸和质量的大小以及安装特点等统筹安排，使总体布局合理。检测、维护点应布局在便于接近的位置；维修部位应看得见、摸得着，拆装方便，同时有足够的维修作业空间。

(3)互换性与标准化

产品尽量通用化、系列化和组合化(模块化)(简称“三化”)，并进行接口标准化设计，减少维修备件的品种和数量。优先选用“三化”的产品，减少其品种、规格和生产厂家，减少基层级维修的专用工具。

(4)测试性与诊断设计

在机内测试、外部自动测试与人工测试之间进行费用效能的综合权衡，使系统诊断能力与费用达到最优化。把产品按功能和结构合理地划分为 LRU、车间可更换单元(SRU)等易于检测和更换的单元，以提高故障隔离能力；设置充分的内部和外部测试点，便于在各级维修测试时使用，测试点应有明确的标记；对影响安全和任务完成的产品，必须进行性能监控，并有报警要求。

(5)自动化检测

系统应该具备功能自检、实时监测和故障定位功能。自动检测功能应按故障检测率要求覆盖影响使用的故障模式，借助机内测试设备(BITE)实现对分系统和设备工作状态的快速确认，判断其工作是否正常和发生故障的位置。各分系统的自动检测功能应相对独立，减少对外部测试设备的依赖，测试设备要求兼容，简化操作程序，降低对使用人员的要求。

(6)测试性设计

在总体设计时同步开展测试性设计。

(7)防差错及识别标志

产品应有防差错设计，以避免或消除在使用操作和维修时造成人为差错的可能。外形相近而功能不同的零件、重要连接部位和安装易错的零部件，应在结构上加以限制或做出醒目标记；对火工品、易燃品及有毒品，应有专用标志；各级维护保养的润滑点、测试点、调整点等应具有明显的识别标志。

(8)维修安全

实施维修作业时不会发生人员伤亡、设备损坏等事故。对危及人员安全的部位，应有醒目的警告标志和防护措施，并在技术资料中提出注意事项。对于运动部位、机件，维修时肌体必经的通道、需要移动的笨重装置或机构，均应有防机械损伤的设计；维修对象应有防意外通电的保险设计，如防差错接电、防雷电、防静电、防高压等技术措施。

(9)维修的人素工程

要求产品设计符合人素工程，提高维修工作的质量和效率。尽量减少单人无法搬动的 LRU 的维修项目；系统及设备应有保证使用维修操作人员正常工作的环境防护设计；车内安装的各种监视仪表应便于乘员观察，并按重要程度分层次布置，并且仪表盘对正常工作范围和不正常工作范围应有明显的标志。

(10)维修经济性

在确定系统可靠性、维修性和维修保障要求，以及机内自动检测、备件贮存与供应等项目时，必须权衡其经济效益，从系统总体上降低全寿命周期费用。贵重部件应为可修复式的，弃件式部件中元器件的寿命应选配得大致相等，可靠性较高的部件应采用无维修设计。

(11)减少维修内容和降低维修技能

要求产品设计能尽量减少维修工作量，缩短维修时间和人员培训时间，应该考虑检测方便，尽量设置不解体检测点；采用换件的维修方法，更换 LRU 后原则上不应进行调试，降低对维修人员技术水平的要求和维修作业难度。

按照 GJB/Z 91 和型号维修性设计准则进行产品的维修性设计。应从设计阶段早期开始贯彻维修性设计准则，并应随着设计的进展不断地对这些准则进行完善和补充。应随研制进展，在研制过程中对维修性设计准则的符合性进行检查。

3.4.5　维修性分析

(1)输入/约束

可靠性、FMEA、产品设计方案、产品维修保障方案。

(2)工作项目要点

1)将 FMEA 分析结果应用到产品维修性分析当中，分析确定地面设备最小可更换单元，确定预防性维修项目以及修复性维修项目；

2)在设计过程中，系统单位应对维修性要求及有关约束进行分析。通过分析，使维修性要求更加具体、明确并与其他要求协调一致，且与产品的具体特点更加紧密联系，从而使维修性要求能够结合到具体的设计中；

3)应对产品设计方案进行维修性的权衡分析，包括维修性设计自身的权衡、维修性与其他性能设计的权衡，确保整体优化；

4)系统单位应结合装备维修保障方案对装备维修时间进行分析，为维修性设计准则的建立、测试性要求的提出与细化提供依据；

5)系统单位应对产品的故障检测能力进行分析，评价故障检测能力能否满足维修性要求，为更详细的维修性设计提供输入；

6)系统单位应对产品维修进行人素分析，包括维修作业用力分析、可达性分析、维修操作空间分析、可视性分析、维修安全性分析等。应充分利用电子样机，采用仿真手段尽早进行上述分析，及时发现并反馈设计缺陷；

7)应综合利用可靠性、维修性、保障性的有关信息进行维修费用预测分析。费用预测结果不合理时，应及时调整设计。

(3)输出

维修性设计准则、产品故障及其维修具体活动和作业的相关信息，如故障维修级别、故障定位隔离方式和所需测试设备、维修所需工具和备件等。

3.4.6　抢修性分析

分析评价潜在的战场损伤的抢修快捷性与资源要求，并为战场抢修分析提供相应输入。

(1)输入/约束

作战任务剖面、可能存在的损伤源、FMEA 和/或 DMEA 结果。

(2)工作项目要点

1)根据产品的预定作战任务对产品基本功能项目进行分析，确定潜在战场损伤，必要时应进行模拟试验；

2)以产品 FMEA 和/或 DMEA 结果为依据，对战场损伤进行逻辑决断，确定适当的抢修工作类型；

3)分析和评价装备抢修的快捷性和所需资源，对抢修性的薄弱环节提出改进意见。

3.5 维修性验证与评价

维修性验证与评价根据实施阶段与实施目的的不同，可以分为维修性核查、维修性验证、维修性评价三类：

1)维修性核查是承制方在订购方监督下，为有助于实现装备的维修性要求，自签订合同起，贯穿于从零部件到系统的整个研制过程的维修性试验与评定工作；

2)维修性验证是为确定装备是否达到了规定的维修性要求，由指定的装备试验机构进行或由订购方与承制方联合进行的试验与评定工作，一般在定型阶段进行；

3)维修性评价是订购方在承制方配合下，为确定装备在实际使用、维修及保障条件下的维修性所进行的试验与评定工作。

具体地，维修性评价的内容包括维修性定性要求、定量要求两个方面：

1)维修性定性要求的评价，应事先拟定评价的项目，如可达性、互换性、维修安全性、测试性、标准化，常用件的维修性、安装工艺特性等。项目的条款内容应按要求拟定。维修性定性要求的评价主要采用加权打分的方法，进行量化评价。

2)维修性定量指标的评价主要包括平均修复时间、最大修复时间等指标的评价。

3.5.1 维修性验证

检验设备的可达性、互换性、设备拆装与检验的方便性和快速性，考核、验证产品满足维修性定量与定性要求的程度，作为产品鉴定或验收的依据。

(1)工作要点

1)维修性(含测试性)验证试验在设计定型阶段进行，武器系统装备级产品按照 GJB 2072—1994 进行验证与评定；

2)武器系统定型试验的维修性验证方案由订购方和承制单位共同商定；

3)维修性验证优先采用自然故障的维修性试验，如果在试验期间不能保证有足够的维修作业满足最小样本量要求时，可以采用模拟故障。

(2)维修性验证试验一般流程

以基层级修复性维修为例，维修性试验的一般流程见图 3-2。

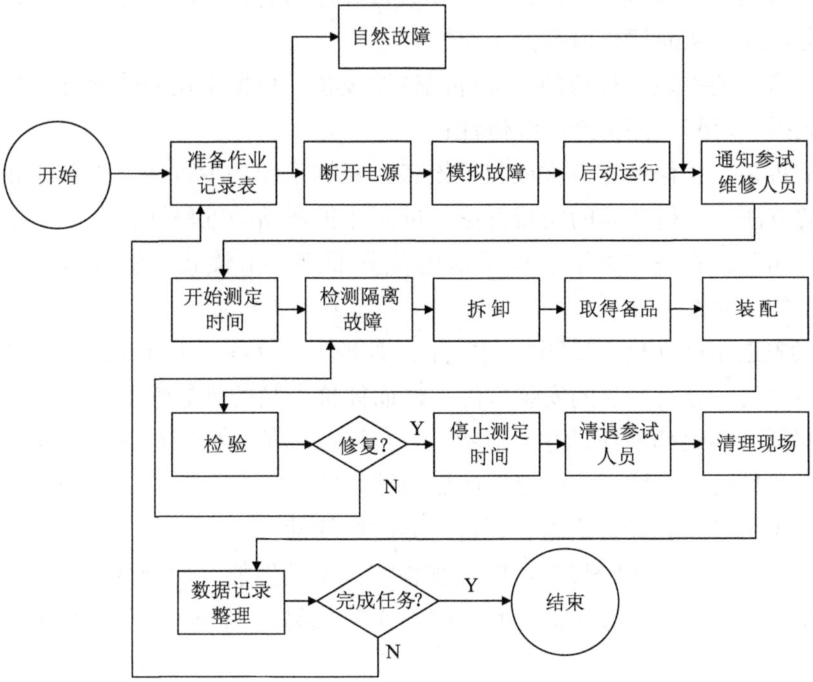

图 3－2　维修性试验的一般流程(以基层级修复性维修为例)

3.5.2　维修性评价

根据维修性检查单，结合维修性演示、试验进行维修性设计检查及评价，发现和鉴别维修性设计缺陷，通过改进设计或改善保障条件来提高维修性，实现维修性增长。

(1)工作要点

1)维修性设计评价工作适用于整个研制过程；

2)根据维修性设计准则内容编制维修性检查单，检查和评定产品维修性设计符合维修性设计准则的程度和水平，并对检查出的设计缺陷及时采取措施，改进设计；

3)开展本工作项目后，应形成包括维修性设计准则符合性、维修性设计评价、设计改进意见等内容的设计评价(分析)报告。

(2)维修性定性评价

各分系统利用维修性项目核查表评价产品满足维修性定性要求的程度。系统根据各分系统的评价结果，对简化维修、可达性、标准化和互换性、可检测性、防差错、维修安全性、维修的人素工程、抢修性等方面内容进行评价。主要包括以下内容：

1)对于故障率高的、维修困难的零部件及仪器设备，根据其布局情况以及其周围是否留有必要的操作空间，分析其可达性，进而评价其维修性；

2)根据弹上设置必要的、方便的检查、维修窗口，分析产品是否易检测、易修理，从而评价产品的维修性；

3）根据维修通道除能容纳维修人员的手或臂外还留有供观察的适当间隙，分析产品是否易检测、易修理，从而评价产品的维修性；

4）对于经常需要拆装、检修的零部件或仪器设备，根据采用的快速拆装机构或拆装方法，尽量缩短拆装时间，评价产品维修性；

5）对于需拆装、检修的零部件或仪器设备，根据采用的少拆卸、少移动相邻的零部件或仪器设备的方法，分析产品的安装方法、进而评价产品的维修性；

6）根据零组部件在安装方法上所采取的优先顺序：卡锁式、螺丝紧固式、铆接、焊接，评价产品的维修性；

7）根据优先选用标准化、通用的元器件、零部件、设备、工具，并减少其品种、规格及生产单位的原则，分析产品的安装方法，进而评价产品的维修性；

8）根据同样的零组部件在尺寸、形状、安装以及其他结构特性方面避免出现差别的选用原则，分析产品的互换性，从而评价产品的维修性；

9）根据采用的模块化设计措施，评价产品的维修性；

10）根据检测点的配置情况（如不降低被检测设备的性能、使测试值不受外界干扰、具备良好可达性、检测点有醒目标记、使测试操作简便易行），分析产品的测试性，进而评价产品的维修性；

11）根据检测点布局是否集中或分区集中，评价产品维修性；

12）根据检测点的选配是否适合产品原位检测和不解体检测，评价产品维修性；

13）根据对检测设备的选用是否考虑其本身的可用性、安全性、操作性、易得性，评价产品维修性；

14）根据检测设备是否具有自检、自校功能，分析故障检测率与虚警率，评价产品维修性；

15）根据检测设备与主装备是否具备相容性，分析评价产品的维修性；

16）根据对维修操作可能会发生危险的部位是否设置醒目的安全标记，分析评价产品的维修安全性；

17）根据对产品检测、维修中可能产生的危害人员与设备的电磁辐射、有害气体、腐蚀性介质是否采取相应的防护措施，分析评价产品的维修安全性；

18）根据产品维修场所是否采取适当的防爆、防霉、防静电措施，分析评价产品的维修安全性；

19）根据火工装置引爆电路阻值测试时是否对检测电流与检测时间有妥善的限制，评价产品的维修安全性；

20）根据产品设计中是否考虑消除或避免维修时造成人为差错的可能性，以及即使发生差错也能立即发现并纠正，分析评价产品的防维修差错能力；

21）需要经常拆装和维修的功能不同的部件或仪器设备，根据其设计中是否充分考虑避免将外形设计得十分相似，分析评价产品的防维修差错能力；

22）对于外形相似而功能不同的部件或仪器设备，根据其是否从结构本身上对差错加以限制，分析评价产品的防维修差错能力；

23) 对于容易发生维修差错的零部件或仪器设备，根据所设置的明显的识别标记，分析评价产品的防维修差错能力；

24) 根据产品设计中是否考虑维修人员不同操作姿态的体力限度，避免容易疲劳或致伤的姿态，保证维修人员持续工作能力和维修质量，分析评价产品的维修性；

25) 根据对产品的维修部位是否有适度的照明条件，分析评价产品的维修性；

26) 根据对维修作业可能存在的噪声、污染等有害环境是否符合国家有关标准规定以及是否采取保护措施，分析评价产品的维修性。

(3) 维修性定量评估

设故障修复时间为 x_1，x_2，…，x_n，则设备的平均修复时间 M 的单侧置信上限 M_U、设备的最大修复时间(p 分位数)的单侧置信上限 M_{max} 由下式求得

$$M_U = \bar{x} + Z_\gamma \frac{\sigma}{\sqrt{n}}$$

$$M_{max} = \bar{x} + Z_\gamma \cdot \sigma$$

式中　x_i——第 i 次修复时间($1 \leqslant i \leqslant n$)；

n——修复作业次数；

$\bar{x}$——修复时间的样本均值；

σ——修复时间的标准差，可由历史数据估计值代替；

Z_γ——标准正态分布的 γ 分位数；

γ——平均修复时间的评估置信度，最大修复时间的 p 分位数。

参 考 文 献

[1] 宋太亮，等．GJB 451A—2005《可靠性维修性保障性术语》．总装备部军标出版发行部出版，2005.

[2] 郝建平，等．GJB 368B—2009《装备维修性工作通用要求》．总装备部军标出版发行部出版，2009.

[3] 周鸣岐，等．QJ 3124—2000《航天产品维修性保证要求》．中国航天标准化研究所出版，2000.

[4] 伍平洋，等．QJ 3213—2005《航天产品维修性设计与验证指南》．中国航天标准化研究所出版，2005.

[5] 虞聘全，等．GJB 1288—1991《地地战略导弹维修性要求》.

[6] 李启明，等．GJB 1563. 2—1992《海军导弹武器系统维修性通用要求 导弹 》.

[7] 古怀涛，等．GJB 1563. 4—1992《海军导弹武器系统维修性通用要求 导弹保障设备》.

[8] 徐绪森，等．GJB/Z57—1994《维修性分配与预计手册》.

[9] 于永利，等．GJB/Z145—2006《维修性建模指南》．总装备部军标出版发行部出版，2006.

[10] 甘茂治，等．GJB/Z91—1997《维修性设计技术手册》.

[11] 甘茂治，等．GJB 2072—1994《维修性试验与评定》.

第 4 章　保障性

随着近年来高新装备的大量交付和部队演习次数的增加，装备的保障问题日益突出，从批产保障部门及使用部队反馈的信息分析，装备在综合保障方面存在战备完好率低、使用操作不方便以及备件的品种和数量配置不合理等问题，上述问题将严重影响装备的实战能力。因此，如何搞好装备全寿命周期综合保障工作已经引起各有关方的高度重视。

在吸收和借鉴国外经验的基础上，我国从 20 世纪 90 年代开始推进装备的综合保障工作，陆续制订并颁布了 GJB1371—1992《装备保障性分析》、GJB3872—1999《装备综合保障通用要求》等相关标准，为装备综合保障性能的实现提供了依据。但由于起步较晚，相对于美国等发达国家，在意识、机制和技术等方面存在亟待解决的问题，特别是在装备研制阶段还缺乏全面、系统地实施综合保障工作的实践，对于装备来讲，目前较为普遍的做法仍是在定型交付、甚至在使用部队提出反馈意见后，才开始考虑其保障问题，这种做法严重影响到装备战斗力的发挥。

为确保装备在部署后能得到良好的保障，尽快形成战斗力，充分发挥其使用效能，必须将综合保障工作贯穿于装备的整个寿命周期，在研制阶段确定保障性要求、进行保障性设计、规划并研制保障资源，在使用阶段建立经济有效的保障系统、提供装备所需的保障。由于研制阶段综合保障的工作成效决定着使用阶段装备获得保障的难易和充足程度，因此，本章重点围绕装备“好保障”性能的实现，提出装备在研制阶段保障性工作流程、工作项目及实施要求等。

4.1　常用保障性指标及要求

4.1.1　保障性相关术语

(1)保障性

保障性是系统的设计特性和计划的保障资源能满足平时和战时使用要求的能力。保障性是装备系统的固有属性，它包含两方面的含义，即与装备保障有关的设计特性和保障资源的充足和适用程度。

1)“系统的设计特性”，是指装备本身与使用和维修保障有关的设计特性，如可靠性、维修性、测试性、安全性、可部署性等，以及使装备便于操作、检测、维修、装卸、运输、消耗品(油、水、气、弹)补给等的设计特性。这些都是通过设计途径赋予装备硬件和软件的，因此必须在装备设计时加以考虑。如果装备具有满足使用与维修要求的设计特性，就说明它是可保障的。

此外，装备的保障方案和所能达到的战备完好性水平，也是通过对装备的保障系统的规划与设计来实现的，而不是在装备设计完成后才开始考虑的，也就是说，需要用保障方案的规划与设计来约束主装备的设计。例如对维修级别、维修间隔期的考虑，监测与诊断方案的考虑，以及对保障人员数量与技术等级的考虑等，都会对装备设计特性提出相应的要求。

2)“计划的保障资源”，是指为保证装备完成平时和战时使用要求，所规划的人力和物力资源。其中，有些是沿用现役装备的保障资源，但是其中的大部分(如保障设备、训练设备、维修备件、使用维修技术资料等)需要重新研制，人员也需要进行专门训练。保障资源的满足程度有两方面的含义：一是指数量与品种上满足装备使用与维修要求；二是保障资源要与装备相互匹配。这两方面都需要通过保障性分析和保障资源的设计与研制来实现。

(2)保障系统

保障系统是在装备寿命周期内用于使用和维修装备的所有保障资源及其管理的有机组合，是为达到既定目标使所需的保障资源相互关联和相互协调而形成的一个系统。

保障系统包括装备所需人力、物力、信息等各种资源以及这些资源的管理。只有通过合理的管理，才能将分散的各种资源组成具有一定使用和维修功能的系统。保障系统主要由使用保障、维修保障、备件供应和人员保障等功能组成。所以保障系统又是为了实现上述保障功能的一整套资源和管理的系统。

(3)保障方案

保障方案是指保障系统完整的总体描述。它满足装备的保障要求并与设计方案及使用方案相协调，一般包括使用保障方案和维修保障方案两类。

使用保障方案是完成使用任务所需的装备保障的描述。其中应规定装备使用的主要内容和完成的准则、装备集中和分散使用的保障供应、装备储存和运输的方式、油料与弹药的补充、使用的约束及主要保障资源的基本要求等。

维修保障方案是装备采用的维修级别、维修原则、各维修级别的主要工作等的描述。其中，维修类型需规定装备在计划维修和非计划维修两种类型中应进行的具体工作(保养、检查、更换等)和工作时机；维修原则要求产品可设计成不可修复的、局部可修复的和全部可修复的三种，对不可修复的产品有故障时用备件予以更换。

(4)保障性设计方案

装备保障性设计工作的规划，主要包括薄弱环节的梳理、保障性设计项目的确定、技术措施与改进途径分析等内容。

4.1.2 保障性定性要求与定量参数

(1)定性要求

保障性定性要求包括以下两部分：

1）研制总要求中对装备保障性提出的定性要求；

2）“两自主”要求：导弹技术准备部队自主保障和地（舰）面设备基层级部队自主保障。

其中，“技术准备”指导弹从进入贮存库到发射阵地完成发射准备的整个作业过程；“基层级”指发射阵地、发射车、发射井、载机、载舰上的整个作业过程。具体来说，即满足导弹和地面设备的“好保障”五项要求。

1）导弹“好保障”设计要求

a. 实现整弹（或弹头、弹体）交付、整弹测试，缩短导弹技术准备时间，满足实战要求；

b. 部队能安全、快捷地自主完成所应进行的日常检查、维护保养、装卸运输、头体对接、射前检查及发射诸元装定与发射等全部工作；

c. 部队能安全、快捷地自主使用承研承制单位提供的测试设备对导弹（或弹头、弹体）进行功能检查，判断导弹是否满足执行战备值班要求；

d. 部队能安全、快捷地自主完成导弹的校准标定；

e. 所规划的保障资源能够满足部队完成上述自主保障工作的要求。

2）地（舰）面设备“好保障”设计要求

a. 部队能安全、快捷地自主完成在基层级应开展的日常维护保养和使用操作全部作业；

b. 部队能安全、快捷地自主完成设备的定期校准、标定；

c. 部队能安全、快捷地自主完成设备的预防性维修作业；

d. 部队能自主实时监测设备状态，对发生概率高和比较高的故障能及时发现，并准确定位、快速排除，满足平均修复时间、故障检测率、故障隔离率、虚警率等指标要求；

e. 所规划的保障资源能够满足部队完成上述自主保障工作的要求。

（2）定量参数

由于保障性是装备系统的综合特性，很难用单一参数来评价整个装备的保障性水平，通常需要用多个或一组参数来表示。根据保障性的定义和内涵，装备的保障性参数可综合归纳为三类：

1）保障性综合参数——这是根据装备的保障性目标要求而提出的参数，它从总体上反映装备的保障性水平，因而称为保障性综合参数。常用的保障性综合参数有：使用可用度、技术准备完好率、准备时间等。其中，使用可用度是与能工作时间和不能工作时间有关的一种可用性参数，其一种度量方法为：产品的能工作时间与能工作时间、不能工作时间的和之比；技术准备完好率是指接到作战准备命令后，贮存状态的导弹装备系统，在技术准备结束时按照规定时间、规定要求完成技术准备的概率；准备时间指在规定的任务阶段完成全部准备工作所需的时间，通常包括技术准备时间、待机准备时间和发射准备时间。

2）保障性设计参数——这是与装备保障性有关的具体设计参数。常用的保障性设计参数有：发射可靠度、飞行可靠度、平均故障间隔时间、一次连续工作时间、累计工作时间、平均修复时间、故障检测率、故障隔离率、虚警率等。保障性设计参数和量值有时可以直接从保障性综合参数指标分解得到，有时还要通过与综合参数指标的权衡和协调中得到。

3）保障资源参数——这是根据装备的实际保障要求而定的参数。常用的保障系统参数有：人员数量与技术等级、备件种类和数量、备件利用率和满足率、保障设备的类型和数量、保障设计利用率和满足率等。

4.2　保障性工作项目及工作流程

装备的保障性水平是在产品实现过程中形成的、固化的，因此，装备保障性能在研制阶段的实现途径是：将保障性设计、保障资源研制、保障性试验验证等工作融入装备研制工作流程之中统一组织实施。

考虑到我国开展保障性工作的时间不长，缺乏相关的经验，技术和管理水平均存在较大的差异，因此完全照搬美国综合保障的做法和程序，按照美国综合保障的要求开展工作是不现实的。为了能够在型号的研制过程中把保障性工作逐步开展起来，及时有效地解决目前在装备保障方面所遇到的主要问题，根据我们目前的实际水平，从实际出发提出型号保障性工作的目标，并围绕这个目标确定保障性工作项目，明确保障性工作流程。

根据目前型号的研制特点，确定研制各阶段保障性工作项目和工作流程分别如表 4－1 和图 4－1 所示。

表 4－1　保障性工作项目实施表

序号	工作项目名称	研制阶段			生产阶段
		方案	工程研制	定型	
1	制定保障性工作计划	△	△	△	△
2	对转承制方与供方的监控	○	△	△	△
3	保障性信息收集与管理	○	△	△	△
4	保障性评审	○	△	△	－
5	保障性要求分析确认	△	－	－	－
6	作战使用及日常维护流程保障性薄弱环节梳理	△	－	－	－
7	在役类型型号保障性薄弱环节梳理	△	－	－	－
8	保障性设计项目确定	△	－	－	－
9	保障性设计项目的方案设计	△	○	－	－
10	以可靠性为中心的维修分析（RCMA）	－	△	－	－
11	维修可达性及可测试性设计完善	－	△	－	－
12	使用与维修工作分析	－	△	－	－
13	保障方案制定及保障资源研制	△	△	－	－
14	综合参数的验证与评价	－	○	△	－
15	设计参数的验证与评价	－	○	△	－
16	保障资源参数的验证与评价	－	○	△	－

注：△—必做；○—选做；－ —不做。

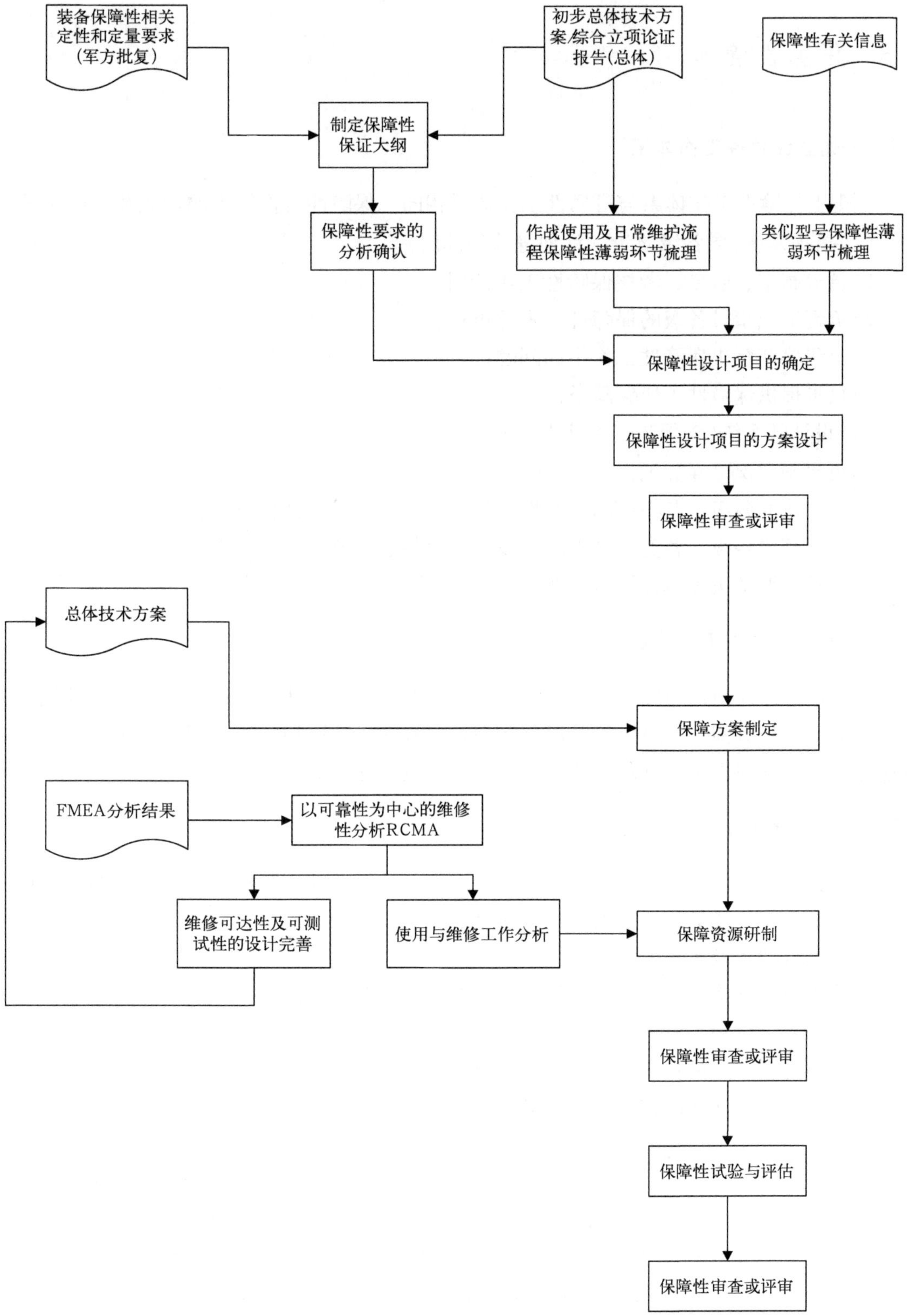

图 4－1　研制阶段保障性工作流程图

4.3 保障性管理

4.3.1 建立保障性工作体系

原则上保障性工作体系与可靠性工作体系相同。保障性工作体系的构成及职责如下：

(1)指挥系统(含各级质量、计划等管理部门)

1)负责制定、监督、考核保障性工作计划；

2)负责组织型号各级的保障性技术评审；

3)负责协调解决保障性工作中的问题；

4)负责提供保障性工作保障条件。

(2)设计师系统(含保障性专业人员)

1)负责制定保障性大纲；

2)负责研究各级、各类产品保障性设计、分析、试验、评估方法；

3)负责完成各级、各类产品保障性设计、分析、试验、评估工作；

4)负责协调解决保障性技术问题。

4.3.2 制定保障性工作计划

保障性工作计划是型号研制计划的重要组成部分，保障性工作计划应与型号其他研制计划相适应、相协调。保障性工作计划应纳入型号的研制计划，统一组织实施。其主要内容应包括：保障性工作项目及要求、完成形式、负责部门等。

4.3.3 对转承制方与供方的监控

承制方应对转承制方与供方的保障性工作进行及时有效的监督与控制。承制方应在合同、任务书或其他技术文件中规定并实施以下监控内容：

1)保障性要求及其落实情况；

2)应遵循的保障性技术管理文件、标准规范及其落实情况；

3)保障性工作项目、要求及其落实情况；

4)承制方应参加的技术评审和试验项目；

5)转承制方应向承制方提供的保障性数据、文件资料等。

4.3.4 保障性信息收集与管理

为了实现型号保障性信息的闭环管理，保障性信息按照产品结构层次采用分级收集与管理模式，并形成自下而上、自上而下的保障性数据双向传递机制。保障性信息一般包括：使用与维修要求；产品的可靠性、可用性和维修性特征；可靠性、维修性、测试性分析结果；使用与维护工作清单；人员与保障要求；保障设备要求；保障设施要求；人员技能要求；包装与供应要求；运输性要求等。另外，还应收集在役类似型号使用、维修和保障资源等保障性相关信息。

4.3.5 保障性评审

型号研制过程中，应对保障性设计方案、保障方案、相关试验方案(或大纲)、评估报告等进行审查或评审。在转阶段评审、验收评审、出厂评审或定型评审时，应根据保障性大纲等，对单机、分系统、装备综合保障工作开展情况进行审查或评审。保障性评审可结合设计评审进行，必要时可安排专项评审。

4.4 保障性设计与分析

4.4.1 保障性要求分析确认

方案阶段，根据现有技术水平，以类似型号达到的水平和已实现的程度为依据，型号总体对战术技术指标规定的保障性相关定量和定性要求进行可行性分析。经分析确认能够实现的要求，应考虑如何落实到型号设计中；对于现阶段不能实现的要求，则应梳理出其存在的薄弱环节。上述分析确认情况需填写型号保障性要求分析确认表，其格式见表4-2。

表4-2 保障性定量参数要求分析确认表格式

保障性要求类别		参数名称	能否实现	简述如何落实到设计	简述存在的薄弱环节
定量	综合类				
	设计特性类				
	保障资源类				
定性	综合类				
	设计特性类				
	保障资源类				

4.4.2 导弹武器系统作战使用及日常维护流程保障性薄弱环节梳理

方案阶段，根据型号作战使用任务及初步总体技术方案、各级产品初步技术方案等，型号总体、相关分系统分别梳理导弹武器系统和分系统的作战使用及日常维护流程；对照导弹和地(舰)面设备“好保障”五项要求，型号总体及相关分系统对流程中的每一个环节进行分析，找出不满足要求的薄弱环节；上述梳理情况需填写作战维护流程保障性薄弱环节分析表，其格式见表4-3。

表 4－3　作战维护流程保障性薄弱环节分析表格式

保障任务对象	保障任务名称	保障任务执行环节	薄弱环节	不满足“好保障”五项要求哪项？				
				1	2	3	4	5
地面设备								
导弹								

其中，地(舰)面设备保障任务包括保障资源及备件设备运输、维护保养、定期校准标定、装备使用操作等；导弹保障任务包括贮存及贮存期间相关操作、运输、技术阵地操作、发射阵地操作等。

4.4.3　在役类似型号保障性薄弱环节梳理

方案阶段，型号总体及相关分系统对类似型号及产品的使用保障、维修保障和保障资源等保障性有关信息进行收集，其中部队反馈的使用过程中的问题是保障性信息的主要来源；对照导弹和地(舰)面设备“好保障”五项要求，型号总体及相关分系统对上述保障性信息进行分析，找出不满足要求的薄弱环节；上述梳理情况需填写类似型号/产品保障性薄弱环节分析表，其格式见表 4－4。

表 4－4　在役类似型号保障性薄弱环节梳理表格式

序号	薄弱环节	所属设备/系统	导弹/地(舰)面	不满足“好保障”五项要求哪项？				
				1	2	3	4	5

4.4.4　保障性设计项目确定

各级产品综合分析工作项目中的薄弱环节，提出在型号中需要开展的保障性设计项目清单，逐级上报；型号总体在对各分系统及总体的保障性设计项目进行综合权衡后，确定本型号保障性设计项目，形成型号保障性设计项目清单，填写型号保障性设计项目汇总表，其格式见表 4－5。

表 4－5　型号保障性设计项目汇总表格式

序号	薄弱环节	所属设备/系统	导弹/地(舰)面	不满足“好保障”五项要求哪项？					对应的保障性设计项目	是否在本型号改进？	制约因素	备注
				1	2	3	4	5				

4.4.5　保障性设计项目的方案设计

重点针对确定的保障性设计项目，确定保障性设计方案：

1)方案阶段，总体和相关分系统针对上述确定的保障性设计项目，根据保障性设计项目的具体情况，分别从设计特性的保障性设计和保障资源的保障性设计等方面确定需采取的技术措施；

2)对于使用保障类(部队不能独立自主完成操作或部队能自主完成但对技能要求偏高、操作复杂费时、容易出差错等)的项目，一般应采用新的技术途径和技术方案重新开展设计；

3)对于维修保障类(设备不具备实时监测功能；发生概率高的故障难以发现并准确定位、快速排除；或设备虽有此功能，但部队无法自主完成)的项目，应开展保障性与可靠性、维修性和测试性的综合协同设计，以改进提高其维修保障水平；

4)对于保障资源类的项目，应进行保障资源规划，提出新研或改进保障设备、补充完善技术文件资料、备品备件优化等针对性的措施；

5)根据用户需求建设型号综合保障信息系统；

6)综合上述各项工作，形成保障性设计方案；

7)保障性设计方案中的相关内容应补充完善到型号总体技术方案中，相应的要求也应落实到分系统、单机的研制任务书中。

(1)设计特性的保障性设计

根据任务需求及产品的具体特点，从简化设计、防差错设计、测试性设计、维修可达性设计、维修安全性设计、维修的人素工程设计等方面提出设计措施，并将提高保障性水平的技术措施落实到相应产品的设计中。设计特性的保障性设计要求一般包括：

1)应对产品及其维修、使用方案进行简化、优选，通过对产品功能进行分析权衡，合并或去掉不必要的功能，以简化产品和维修、使用操作；

2)产品设计应尽可能采用容错技术，即使有些差错也会提示或告警，并且不会造成重大事故；

3)测试性设计应能覆盖全部影响系统作战功能及使用性能的故障，各分系统、设备中具备独立结构和独立用途的整件或组件应配备独立的测试设备，保证各分系统、设备的可测试性；

4)根据系统功能单元的不同层次和维修等级，设计不同的可达性维修方法，维修通道设计应满足视觉可达、空间可达、测试可达要求；

5)在产品设计中对维修操作可能会发生危险的部位(旋转装置、部位和传动机构等)，应设置醒目的安全标记，并设计维修安全防护装置；

6)在进行产品设计时，应充分考虑人素工程学要求，噪声、振动、照明、温度等条件，都应在人体的承受能力范围内，并从减少疲惫、减小误操作概率及增加易用性方面开展设计。

(2)保障资源的保障性设计

保障资源的设计要素一般包括维修规划，人力与人员，供应保障，训练和训练保障，保障设备，技术资料，计算机资源保障，保障设施，计量保障，包装、转载、储存、运输，设计接口等，围绕上述设计要素，总体及分系统在研制过程中应开展的主要工作内容包括：

1)明确各维修级别可以进行预防性维修和修复性维修的设备、部件或项目；

2)提出平时和战时使用与维修导弹武器系统所需的人员数量、技术等级和专业类型等；

3)根据系统或设备的使用要求、保障性水平、任务剖面、生产周期、备件失效率和价格等因素，对备件需求量进行概算，合理配置备品备件；

4)在研制过程同步考虑对部队人员的培训问题，制定训练方案及计划，根据部队使用与保障人员素质编制训练教材，实施对部队使用和维修人员的培训；

5)从简化品种、考虑抢修和保障设备自身保障三个方面规划保障设备，优先采用已有的或同类型号的保障设备，精简保障设备的种类和数量，实现通用化、系列化和组合化；

6)根据系统配套表、使用文件汇总表和使用维修资料清单，提供相应的使用维护技术资料，所提供的技术资料应符合规范或标准，并考虑使用、维修人员的接受水平和阅读能力，简明扼要，通俗易懂；

7)计算机软件应采用统一规定或推荐使用的计算机语言和操作系统，交付使用前应通过相关的测试；

8)充分利用现有阵地及配套设施，提出靶场首区建设要求和战斗弹基地建设要求等详细技术要求；

9)确定系统及其保障设备、备件、消耗品等的包装、装卸、贮存和运输程序、方法和所需的资源；

10)需要计量的设备应在设计时留有计量接口，避免计量时拆卸设备，并明确各类计量保障对象及其需校准的全部参数和技术要求；

11)根据用户需求建立综合保障信息系统，综合保障系统应由数据中心和应用分系统组成，应用分系统包括数据集成管理与应用分系统、技术支持分系统和模拟训练分系统。

4.4.6 以可靠性为中心的维修分析(RCMA)

根据工程研制阶段 FMEA 结果，将故障严酷度等级高(Ⅰ、Ⅱ类)或发生可能性等级高(C 级或 C 级以上)的产品划分为重要功能产品，作为 RCMA 工作的对象；针对 RCMA 工作对象，采用逻辑决断分析流程对每个分析对象按照预防性维修、修复性维修以及改进设计项目进行分类，并根据在役相似型号和相似产品确定预防性维修工作的维修级别、维修间隔期以及修复性维修工作的维修级别；根据分析结果，型号总体汇总形成型号 RCMA 报告。

4.4.7 维修可达性及可测试性设计完善

根据RCMA的分析结果，对相关产品进行维修可达性及可测试性设计完善，主要内容包括：

1)针对RCMA分析记录表中维修级别为基层级的预防性维修项目，复查其维修可达性情况；

2)针对RCMA分析记录表中维修级别为基层级的修复性维修项目，将其设置为现场可更换单元(LRU)；

3)根据上述第1)、第2)条，对型号的结构布局进行调整和完善，以便满足预防性维修作业的要求，并使所有LRU都具有良好的可达性；

4)针对RCMA分析记录表中维修级别为基层级的预防性维修项目，复查其可测试性，对可测试性差的产品进行相应的可测试性设计改进，以满足预防性维修作业的要求；

5)针对LRU进行可测试性设计复查，确认在全部LRU上都已合理设置BITE，对不便使用系统软件对故障进行检测和定位的LRU，设置相应的检测端口和指示灯，并根据需要设置简易的检测设备；

6)上述维修可达性及可测试性设计改进措施应在工程研制阶段的相关设计文件中予以明确。

4.4.8 使用与维修工作分析

重点针对RCMA分析记录表中维修级别为基层级的维修项目(包括预防性维修和修复性维修)，开展使用与维修工作分析，确定每个基层级维修项目所需的保障资源，包括人力人员、设备工具、备品备件、技术资料等。

4.4.9 保障方案制定

根据军方对保障系统和保障资源的要求、型号总体技术方案、保障性设计方案、使用与维修工作分析等，在工程研制阶段型号总体对导弹武器系统部署后的使用保障、维修保障和保障资源进行规划，形成型号保障方案。

4.4.10 保障资源研制

根据型号研制工作的具体情况，将保障资源研制纳入型号工程研制阶段工作计划，与主装备同步完成保障资源研制工作。

4.5 保障性验证与评价

如前所述，保障性参数包括综合类参数、设计特性类参数和保障资源类参数三大类。鉴于不同型号受任务需要、产品特点等诸多因素的影响，对每项指标的验证与评估方法很难做到完全统一，因此本章仅对给出各类参数的考核验证给出原则性的指导意见，具体的评估模型及评估方法不做具体介绍。

4.5.1　综合参数的验证与评价

(1)使用可用度

该定量要求的考核要在部队实际使用条件下进行，以保证统计得出的维修和延误时间能够反映装备的实际使用状况，因此适宜采用外场试验方法考核。在批准后的考核大纲规定的时间区间内，通过对外场试验数据进行统计，给出导弹装备系统能工作时间和不能工作时间，对其使用可用度进行点估计。

(2)技术准备完好率

在设计定型阶段，一般导弹装备系统不能通过专门的试验来考核其技术准备完好率，一般应通过外场试验、相似产品和日常使用等得到的数据，选择合适的模型进行评估。主要数据包括:

1)规定的技术准备时间;

2)外场试验、相似产品和日常使用中武器系统每次的技术准备时间;

3)收集数据的环境条件和技术阵地环境条件的差异记录。

外场试验数据是装备系统在设计定型过程中各类试验记录的数据，一般设计定型时数据量少，数据需要修正(环境数据综合)；相似产品数据的数据量较大，但不是新研产品数据，需要考虑新旧产品的各种差异进行修正；利用新研产品在技术阵地上的非系统级数据时，则需要进行系统综合。

(3)待机准备完好率

在设计定型阶段，一般导弹装备系统不能通过专门的试验来考核其待机准备完好率，一般通过相似产品和日常使用等得到的数据进行导弹装备系统待机准备完好率的评估，相似产品之间的差异性可通过选择合适的修正系数进行修正。主要数据包括:

1)规定的待机准备时间;

2)相似产品和日常训练使用中武器系统每次的待机准备时间;

3)收集数据的环境条件和待机阵地环境条件的差异记录。

(4)技术准备/待机准备/发射准备时间

在定型试验中进行测试考核，根据定型试验的统计数据，结合飞行试验中的实际时间信息，进行综合评定。

4.5.2　设计参数的验证与评价

与保障性有关的设计特性类参数可归结为可靠性参数、维修性参数和测试性参数，因此，其指标的验证与评估问题也就归结为可靠性指标、维修性指标、测试性指标的验证与评估，本章不再赘述。

4.5.3　保障资源参数的验证与评价

(1)备件满足率

备件满足率是指在规定的维修级别及规定的时间周期内，提出备件需求时，能提供的备件数与需求的备件数之比，用百分数表示。其考核方法是：在装备试用或使用阶段，记录一段时间内当装备需要更换备件时的备件满足情况，包括装备能够提供使用的备件数量和装备实际需求的备件数量，并按照定义对该段时间内的备件满足率进行计算。

需要说明的是，装备能够提供使用的备件品种和数量需要在装备研制阶段进行规划和确定。备件数量的确定目前一般采用类比法或估算法：类比法的基本思路是通过选定基准比较系统，根据基准比较系统的备件配套情况及实际使用情况确定装备所需的备件数量，同时兼顾部队编制、维修方案、维修专业划分等因素；估算法是通过利用备件的使用时间、失效率等来估算其数量，然后再综合考虑并行任务、战时特点等因素对其进行权衡。

(2)保障设备满足率

保障设备满足率是指在规定的维修级别及规定的时间周期内，能提供使用的保障设备数与需用的保障设备数之比，用百分数表示。其考核方法是：在装备使用阶段，记录一段时间内当装备需要使用与维修保障时保障设备的满足情况，包括装备能够提供使用的保障设备数量和装备实际需求的保障设备数量，并按照定义对该段时间内的保障设备满足率进行计算。

需要说明的是，装备能够提供使用的保障设备品种和数量需要在装备研制阶段进行规划和确定。保障设备数量的确定目前一般采用类比法或估算法，具体方法同上。

(3)备件利用率

备件利用率是指在规定的维修级别及规定的时间周期内，实际使用的备件数量与该级别实际拥有的备件总数之比，用百分数表示。该指标考核方法是：在装备试用或使用阶段，记录一段时间内当装备需要更换备件时的备件使用情况，包括装备实际使用的备件数量和装备能够提供使用的备件数量，并按照定义对该段时间内的备件利用率进行计算。

需要说明的是，装备能够提供使用的备件品种和数量需要在装备研制阶段进行规划和确定，具体确定方法同上。

(4)保障设备利用率

保障设备利用率是指在规定的维修级别和规定的时间周期内，实际使用的保障设备数量与该级别实际拥有的保障设备总数之比，用百分数表示。该指标考核方法是：在装备试用或使用阶段，记录一段时间内当装备使用与维修保障时保障设备的使用情况，包括装备在使用与维修中实际使用的保障设备数量和装备能够提供使用的保障设备数量，并按照定义对该段时间内的保障设备利用率进行计算。

需要说明的是，装备能够提供使用的保障设备品种和数量需要在装备研制阶段进行规划和确定，具体确定方法同上。

参 考 文 献

[1] GJB 3872《装备综合保障通用要求》.
[2] MIL - STD - 2097A. Acquisition of Support Equipment And Associated Integrated Logistics Support.

第5章 测试性

测试性也是复杂系统在设计阶段所赋予的固有属性。航天型号开展测试性工作，不仅是要满足战术技术指标要求，更是为了全面提高系统的使用性能。本章从常用测试性指标与要求、测试性工作项目和流程、测试性管理、测试性设计与分析、测试性验证与评价几个方面进行介绍。

5.1 常用测试性指标与要求

测试性指标要求一般包括定量要求和定性要求。

测试性定量指标一般包括故障检测率、故障隔离率、虚警率等：

1)故障检测率(P_D)：是指用规定的方法正确检测到的故障数与故障总数之比，用百分数表示。

2)故障隔离率(P_{IL})：是指用规定的方法检测到的故障正确隔离到不大于规定模糊度的故障数与检测到的故障数之比，用百分数表示。L表示模糊度。

3)虚警率(P_{FA})：是指在规定的期间内发生的虚警数与同一期间内故障指示总数之比，用百分数表示。

测试性定性要求一般包括：

1)重要系统、设备具有性能测试、状态检测和故障监测及快速定位能力，并提供故障指示；

2)依据不同级别的维修需求，在尽可能少地增加硬件和软件的基础上，通过合理划分产品单元和选择测试方法，在设备内、外合理设置必要的测试点，实现检测诊断简便、迅速、准确；

3)在使用中要求监测武器系统状态和参数时，应在不间断工作的情况下及时检测到故障。现场维修时，故障隔离定位到最小可更换单元，可短时间中断工作；中继级或基地级维修时，要求隔离到部组件；

4)系统的划分应使各模块易于进行故障检测和故障隔离，最小可更换单元之间交联最少，测试设备易于连接，便于故障隔离；

5)对系统的安全隐患及时预警，有效避免重大安全事故；

6)建立完整的测试性工作体系，形成系统性的设计思路、工作目标、设计方法和考核手段。

5.2　测试性工作项目与流程

航天型号各研制阶段测试性工作项目可参照表 5－1 进行安排和剪裁。

表 5－1　测试性工作项目

序号	测试性工作项目	研制阶段			生产阶段	备注
		方案	工程研制	定型		
1	制定测试性工作计划	√	√	√	√	
2	对转承制方与供方的监控	√	√	√	√	
3	测试性评审	√	√	√	△	
4	测试性数据收集、分析和管理	√	√	√	√	
5	测试性建模	√	○	×	×	
6	测试性分配	√	○	×	×	
7	测试性预计	√	○	×	×	
8	制定测试性设计准则	√	△	×	×	
9	测试性验证试验	×	√	△	△	
10	测试性分析评价	×	△	√	△	

注：√—适用；×—不适用；△—根据需要选用；○—适用于设计变更。

5.3　测试性管理

5.3.1　制定测试性工作计划

围绕型号测试性要求，型号总体部门应牵头确定型号测试性工作目标和研制过程中需要开展的测试性工作项目。型号各级计划部门应根据型号研制阶段特点，将测试性工作项目纳入型号研制工作，与其他研制工作一起，统一规划、统一协调、统一落实，具体规定各工作项目完成的时间节点，监督、考核计划执行情况，并统一调度和提供保障条件，确保测试性工作能够与型号研制同步进行，使得测试性能够与产品性能综合考虑、权衡优化。

5.3.2　对转承制方与供方的监控

型号总体部门应对分系统、分系统应对供方逐级实施监督和控制。上游单位应对下游单位提出测试性技术和管理要求，并在研制过程中对要求的落实情况进行监督、在验收时应进行检查，确保落实。

5.3.3　测试性评审

在型号产品研制过程中应组织测试性评审，确保产品满足测试性要求，以及测试性工作得到有效落实。测试性评审可结合方案评审、转阶段评审、验收评审等进行，也可以结合其他通用质量特性评审进行，必要时也可以组织专题评审。应邀请用户代表参加评审。

5.3.4　测试性数据收集、分析和管理

测试性数据是有关产品测试性指标要求、测试性设计与分析和验证评估结果等测试性相关数据、报告和资料的总称。为了确保导弹武器系统型号测试性信息的闭环管理，总体单位与各级研制单位应进行测试性设计、分析、评估信息的传递，形成测试性信息的双向传递：

1)单机设计单位将单机的测试性设计、分析和评估结果信息及时提供给分系统；

2)分系统设计单位将系统级试验中有关单机产品的测试性信息及时反馈给单机设计单位，并将系统级测试性信息及时报送给型号总体设计单位；

3)型号总体设计单位将大型地面试验、飞行试验和使用中的分系统测试性信息反馈给分系统单位。

5.4　测试性设计与分析

5.4.1　测试性建模

测试性模型是指描述系统测试性的物理模型和数学模型。测试性建模是开展测试性分配、预计、分析、评定工作的前提。

物理模型主要采用功能框图、测试流程图等形式，示出产品层次、部位或各项测试活动间的顺序，以及相互之间的影响。为故障诊断和维修方便，系统或分系统从构成上可进一步划分为外场可更换单元(LRU)，LRU 又可进一步再划分为车间可更换单元(SRU)或部件。

数学模型则是表征系统各组成单元的测试性与系统测试性之间的数学关系式，主要有：

(1)故障检测率

$$P_D = \sum_{i=1}^{m} \lambda_{Di} \Big/ \sum_{i=1}^{n} \lambda_i \tag{1}$$

(2)故障隔离率

$$P_{IL} = \sum_{i=1}^{k} \lambda_{Li} \Big/ \sum_{i=1}^{m} \lambda_{Di} \tag{2}$$

(3)虚警率

$$P_{FA} = \sum_{i=1}^{l} \lambda_{Fi} \Big/ \left(\sum_{i=1}^{m} \lambda_{Di} + \sum_{i=1}^{l} \lambda_{Fi} \right) \tag{3}$$

(4)系统指标

$$P_S = \sum_{i=1}^{n} N_i \lambda_{Ui} P_i \Big/ \sum_{i=1}^{n} N_i \lambda_{Ui} \tag{4}$$

(5)第 i 个 LRU 指标

$$P_i = P_S K_i \sum_{i=1}^{n} N_i \lambda_{Ui} \Big/ \sum_{i=1}^{n} N_i \lambda_{Ui} K_i \tag{5}$$

以上各式中：

λ_i——第 i 个故障模式的故障率(10^{-6}h)；

λ_{Di}——第 i 个可检测故障模式的故障率；

λ_{Li}——第 i 个可隔离到≤L 个可更换单元的故障模式的故障率；

λ_{Fi}——第 i 个可导致虚警的事件的发生频率；

P_i，λ_{Ui}，N_i，K_i——第 i 个 LRU 的指标、故障率、数量、加权系数。

5.4.2　测试性分配

测试性分配的目的是将系统的测试性指标逐层分配到规定的产品层次，以明确各层次产品的测试性要求，作为开展测试性设计和验证的依据。

测试性分配的基本要求是：在使用要求和系统特性等约束条件下，由系统要求指标求得各组成单元的指标，并保证由各组成单元分配指标综合得到的系统指标等于或大于原要求指标。

测试性分配主要分配故障检测率和故障隔离率，一般采用加权分配法进行，主要步骤包括：

1)画出系统功能框图；

2)收集 FMEA 报告及有关项目、部件的故障率数据；

3)分析故障检测与隔离的难易程度、成本；

4)确定每个 LRU 的各影响因素的加权因子(k_1、k_2、k_3、k_4、k_5)和加权系数(K)；

5)根据系统指标 P_S，采用式(5)计算各个项目的分配值 P_i；

6)适当调整 P_i；

7)用式(4)验算系统的 P_S；

8)填写测试性分配表(参考表 5-2)。

表 5－2　测试性分配表

序号	项目名称/代号	数量	故障率	加权系数						$N_i\lambda_{Ui}K_i$	P_i	
				k_1	k_2	k_3	k_4	k_5	K		计算值	修正值
/	合计	/										

注：k_1—故障率因子，故障率高，k_1取大值；k_2—故障影响因子，故障影响大，k_2取大值；k_3—维修时间因子，平均修复时间(MTTR)小，k3 取大值；k_4—难易因子，实现故障检测和隔离容易，k_4取大值；k_5—成本因子，实现故障检测和隔离成本低，k_5取大值；K—加权系数，$K = k_1 + k_2 + k_3 + k_4 + k_5$。

5.4.3　测试性预计

测试性预计是从 SRU 到 LRU，再到分系统和系统的综合分析评估过程，以提前定量评价测试性设计能否满足系统测试性指标。如果不满足，则需要改进测试性设计。

测试性预计的主要步骤包括：

1)画出系统功能框图；

2)获取系统组成、故障模式、故障率等数据；

3)分析各部件、项目的各种故障模式的检测与隔离方法、手段；

4)分析和核查预防虚警措施和导致虚警的事件的发生频率；

5)计算各类故障率总和；

6)计算部件和 LRU 的故障检测率和故障隔离率、系统的故障检测率和隔离率、虚警率；

7)将预计值与要求值做比较，给出结论；

8)填写测试性预计表。

5.4.4　制定测试性设计准则

为使航天型号具备良好的测试性，应制定测试性设计准则，规范型号产品测试性设计工作。

应遵循的通用测试性设计准则一般包括：

1)测试性设计的各项要求应与可靠性、维修性、安全性、保障性、技术经济性及人素工程设计等进行综合、协调和权衡；

2)故障检测率、隔离率、虚警率以及测试模型的设计应根据不同系统、产品和不同的使用任务剖面分层次、分级考虑和设计；

3)测试性设计所采用的技术(包括软硬件模块)应贯彻通用化、系列化、组合化设计原则；

4)测试性设计要求应该反映在总体对分系统、分系统对单机的各级设计任务书中；

5)测试性设计中应保证余度单元能进行独立测试；

6）在满足故障检测与隔离要求的条件下，测试点的数量应尽可能少；

7）有源测试单元或模块与被测功能单元应保持良好的电气隔离；

8）对可能造成Ⅰ类、Ⅱ类故障的关键环节需要进行实时监视；

9）测试性设计不仅力求能够对故障进行快速准确检测、隔离、定位，还力求对可能导致发生重大安全性事故的隐患进行预警；

10）在确定总体方案时，尽可能采用成熟技术，提高继承性，遵循简单可靠的设计原则；

11）根据不同地点、不同使用阶段的诊断维修策略的要求，应合理地设计测试项目、测试状态，提出与之相适应的测试设备配置要求。

5.5 测试性验证与评价

5.5.1 测试性验证试验

为了验证产品是否满足规定的测试性指标，应适当开展测试性验证试验。通过对受试产品注入一定数量的故障，用规定的测试方法进行故障检测与隔离，根据试验结果来估计产品的测试性水平，判断是否达到规定的要求，决定接收或拒收。

测试性验证试验可结合产品可靠性试验、维修性试验、性能试验等进行，也可以安排专项试验。

测试性验证方法通常包括二项分布法、泊松分布法、正态分布法和多项分布法等。二项分布法适用于验证服从二项分布的参数，如故障检测率、故障隔离率、虚警率等；泊松分布法适用于验证服从泊松分布的参数，如平均虚警率等；正态分布法适用于验证具有渐近正态分布的参数，如故障检测率、故障隔离率、虚警率等；多项分布法适用于同时验证具有多个层次的故障隔离率，但工程应用十分困难。从工程实践来看，一般首选二项分布法。

5.5.2 测试性分析评价

对于未能开展测试性验证试验的产品，经与订购方协商同意后，可采用分析评价方法代替验证试验方法。

开展测试性分析评价，一般应从定性分析和定量评估两个方面综合进行。

测试性定性分析应当充分利用产品及其组成部分的各种相关信息，包括：

1）测试性工作计划完成情况；

2）测试性指标分配与预计情况；

3）测试性设计准则制定与贯彻落实情况；

4）各种试验和试运行数据、相似产品的试验和运行数据；

5）各种评审、复核情况。

测试性定量评估可根据产品试验数据，采用以下公式进行。

(1)故障检测率

$$P_D = \frac{N_D}{N_T} \times 100\% \tag{6}$$

式中　N_D——在规定的时间内、用规定的方法正确检测到的实际故障数；

N_T——在规定的时间内实际发生的故障总数。

(2)故障隔离率

$$P_{IL} = \frac{N_L}{N_D} \times 100\% \tag{7}$$

式中　N_L——用规定的方法正确隔离到不大于规定的可更换单元的故障数。

(3)虚警率

$$P_{FA} = \frac{N_{FA}}{N_F + N_{FA}} \times 100\% \tag{8}$$

式中　N_{FA}——虚警数；

N_F——真实故障指示次数。

参考文献

[1] GJB 2547A—2012《装备测试性工作通用要求》.

[2] QJ 3051《航天产品测试性设计准则》.

[3] MIL - HDBK - 2165. Testability Handbook For Systems And Equipment.

[4] 刘刚，等．复杂装备测试性建模问题研究[J]. 舰船电子工程，2013(5)：137 - 139.

[5] 田仲. 测试性分配和预计[J]. 北京航空航天大学学报，1995(10)：13 - 16.

[6] 朱美娴，等．航天产品测试性设计准则[J]. 现代防御技术，1994(4)：50 - 64.

[7] 周玉芬，等．测试性验证的理论和方法研究[J]. 电子产品可靠性与环境试验，1998(2)：10 - 15.

[8] 田仲，等．现有测试性验证方法分析与建议[J]. 质量与可靠性，2006(2)：47 ~ 51.

第 6 章　安全性

安全性作为六种通用质量特性之一，需要放在至高无上的位置。在航天型号研制中要坚持“安全第一”的理念，研制全过程要开展安全性工作，在产品全寿命周期要实施安全性控制。安全性研制工作包括安全性管理、安全性设计、安全性分析、安全性验证与评价等。研制过程中首先开展安全性指标与要求的论证，然后根据安全性指标和要求开展安全性分析和设计，设计完成后开展安全性的验证与评价，最终给出安全性是否满足研制要求的结论等。

6.1　常用安全性指标与要求

安全性要求一般包括定性要求和定量要求。

6.1.1　定性要求

安全性定性要求一般包括安全性设计要求、标准符合性要求、安全风险要求等方面内容：

1) 安全性设计要求指结合行业经验、任务需求、初步方案等提出的安全性基本要求，如“应系统策划安全性验证和评价工作……”、“火工品应保证在……使用中的安全”、“开展故障容限设计……”；

2) 标准符合性要求指依据初步方案识别诸如压力容器、推进剂、火工品等在内的相关法律、法规和标准规范，作为安全性设计的基本要求；

3) 安全风险要求指依据标准要求和型号需求提出的危险风险指数评价方法及对应的风险接受原则。

6.1.2　定量要求

安全性定量要求一般包括非概率要求和概率要求等方面内容。

1) 非概率要求指与安全性相关的非概率指标要求，如 × 米跌落不爆炸、推进剂堵漏能力不小于 × L/min、气瓶压力不超过 × MPa 等；

2) 概率要求指对某类严重程度事故的发生概率的要求，如航天员安全性指标 0.999、灾难性事故率不超过 $\times e^{-6}/h$ 等。

6.2　安全性工作项目与流程

航天型号在研制初期按照上级要求及 GJB 900A、QJ 2236A 等标准，系统开展安全性工作策划，制定型号安全性保证大纲，规定型号安全性管理、设计与分析、验证与评估等工作项目及其基本要求，并以此作为型号开展安全性工作的依据。各级研制单位以安全性保证大纲为依据，结合型号特点，进行论证阶段、方案阶段、初样阶段、试样阶段、定型阶段等各研制阶段的安全设计与分析、安全性验证与评价，并在过程中实施安全性策划、安全性评审等安全性管理工作，具体工作项目见图 6－1。

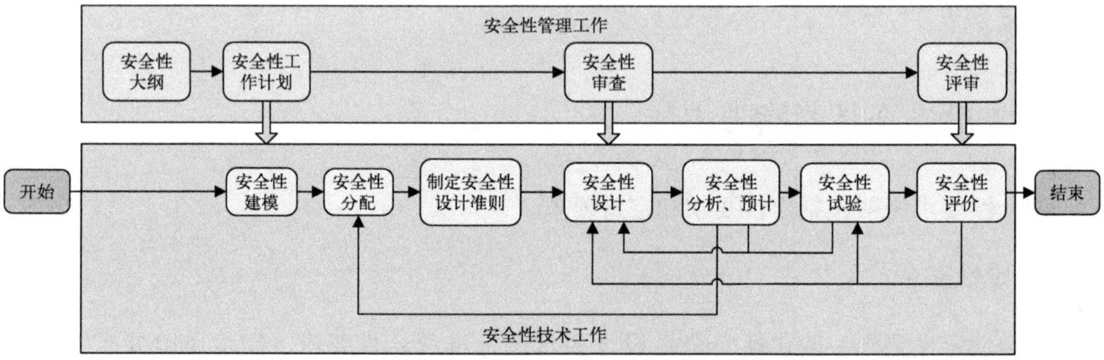

图 6－1　安全性研制流程

各研制阶段的安全性工作项目见表 6－1，可为型号初步选择提供一般性的指导。

表 6－1　安全性工作项目应用矩阵表

序号	工作项目名称	方案阶段	工程研制阶段	定型阶段	生产阶段
1	制定安全性工作计划	√	√	√	√
2	对转承制方、供方的监控	△	△	△	△
3	安全性评审	△	△	△	△
4	安全性信息闭环管理	△	√	√	√
5	安全性控制	√	√	√	√
6	初步危险分析	√	√	√	○
7	制定安全性设计准则	√	√	√	√
8	系统危险分析	×	√	√	○
9	使用和保障危险分析	△	√	√	○
10	安全性验证	△	√	√	△
11	安全性评价	△	△	△	△

注：√—适用；△—可选用；○—仅设计更改时适用；×—不适用。

6.3 安全性管理

6.3.1 建立安全性工作体系

研制阶段应建立安全性工作体系，安全性工作体系与可靠性工作体系可相同，安全性工作体系的构成及职责一般包括：

(1)型号指挥系统

1)负责制定、监督、考核安全性工作计划；

2)负责组织型号各级的安全性技术评审；

3)负责协调解决安全性工作中的问题；

4)负责提供安全性工作保障条件。

(2)设计师系统

1)负责制定安全性大纲；

2)负责研究各级、各类产品安全性设计、分析、试验、评估方法；

3)负责完成各级、各类产品安全性设计、分析、试验、评估工作；

4)负责协调解决安全性技术问题。

6.3.2 制定安全性工作计划

产品各承制单位，应制定相应的安全性工作计划，以实现研制阶段安全性全部工作项目。安全性工作计划包括执行工作计划的方法、合格的人选、各级管理部门的职责以及确保工作完成所需的资源。计划的安排应与设计、试验、可靠性、维修性等其他研制及使用工作协调，并纳入产品研制总计划，安全性计划与型号研制计划应紧密结合，相互协调，由计划调度部门统一调度并保证相应资源。系统安全性工作计划一般包括：

1)根据大纲规定安全性工作项目及要求；

2)明确各工作项目的实施细则，如工作项目要求、工作内容、完成形式、检查方法等；

3)安全性工作进度；

4)明确各工作项目的负责部门、人员及其分工职责和接口关系；

5)描述各工作项目与相关的其他研制工作的相互关系及工作项目的输入条件和相关要求，包括与可靠性、维修性计划的协调；

6)安全信息收集、传递、分析、处理和归档等程序的说明；

7)对设计人员、使用和维修人员的安全性培训的计划；

8)系统安全性与其他领域之间的接口：如核安全、靶场安全、爆炸物、化学和生物安全、激光安全等；

9)落实各工作项目的保障条件：如质量管理、可靠性、维修性、健康保障等。

安全性工作计划在研制的方案阶段初步拟定，在后续研制阶段根据研制进展作必要的调整、修订。安全性工作计划由质量管理和产品设计部门提出，由计划管理部门纳入型号的研制计划，统一组织实施、考核。

6.3.3 对转承制方与供方的监控

承制方应对转承制方实施全过程安全性协调、指导或监控管理，而不是只满足于最终验收环节上，以使转承制方的产品满足系统安全性要求。承制方应在合同或技术文件上规定并按此实施以下监控内容：

1)提出外协、外购件安全性定性、定量要求；

2)转承制方应开展的安全性工作要求，包括工作项目和安全性保证措施和计划；

3)承制方对转承制方实行全过程监督，参加安全性评审和安全性检查试验；

4)转承制方向承制方及时提供安全性信息与资料。

6.3.4 安全性评审

1)安全性评审的目的是通过评审及时发现系统安全性及有关工作中存在的问题，并提出改进建议以确保系统安全性工作能正常实施，并且使系统最终满足规定的安全性要求。

2)安全性评审工作要点：

a. 承制方应制定系统安全性工作评审计划，计划内容包括评审点设置、评审方式、评审项目及评审内容要求等，它应符合 QJ 2932—1997 的规定；

b. 系统安全性评审应通知订购方(合同要求时)、有关的转承制方、系统安全性职能部门及其他有关各方参加，评审工作程序执行有关的规定；

c. 除大型试验前安全性控制措施与应急预案的评审、发射前系统安全性专题评审等以外，研制阶段的系统安全性评审一般宜结合性能、可靠性、维修性等的设计评审一起进行，必要时也可单独进行。

3)安全性工作评审的内容在各研制阶段有所不同，应按 QJ 2932—1997 予以确定，一般应包括：

a. 系统安全性工作计划及其进展情况；

b. 系统安全性设计准则及其贯彻情况；

c. 危险分析结果、安全性关键项目清单及其安全性措施落实情况；

d. 系统安全性满足规定要求的情况或风险评价；

e. 安全性关键项目的安全性验证方案及其结果；

f. 残余危险的处理及跟踪情况；

g. 是否存在安全性重大隐患，相应的防止措施如何；

h. 遗留问题是什么，解决途径是否清楚。

6.3.5　安全性信息闭环管理

应按 GJB 900A—2012 要求，执行安全风险报告、跟踪及纠正措施系统制度。各参研单位设计部门在产品生产、装配、试验、贮存、运输、测试、使用、销毁等过程中发现安全隐患或发生安全事故时，应向各单位质量部门报告，并启动分析处理工作，分析隐患/事故原因，需要时从设计上加以改进或采取防护、告警等措施。安全事故的报告、归零按 QJ 3183—2003 实施。

为了实现型号安全性信息的闭环管理，安全性信息按照型号产品结构层次采用全箭(弹)、分系统、单机三级管理模式进行采集、处理、存储和传递，并与型号可靠性信息收集和管理系统匹配、协调。单机(或部、组件)设计单位将单机(或部、组件)的安全性设计、分析、试验等信息及时提供给分系统，分系统研制单位将系统级试验中有关单机(或部、组件)产品的安全性信息及时反馈给单机(或部、组件)设计单位，并将系统级安全性信息及时报送给型号总体单位，形成安全性信息的双向传递。

6.3.6　安全性控制

(1)生产过程安全性控制

设计部门与生产部门应对生产过程的安全性实施控制:

1)生产单位应全面识别和分析生产过程的危险源，制定生产过程安全性保证措施；

2)对涉及人员安全的关键工艺须进行安全性评审；

3)控制工程更改和超差、代料，避免更改、超差、代料降低产品生产和使用安全性；

4)当从生产方面采取措施难以将风险等级降低到可接受水平时，生产部门应向设计部门反馈，设计部门应从设计上采取措施。

(2)试验安全性控制

设计部门与试验部门应对各类试验过程的安全性实施控制，以消除或降低试验中的灾难性危险和严重性危险:

1)大型试验及各种存在危险源的试验，试验抓总设计部门应组织全面识别和分析试验过程的危险源，包括对人员、产品、设备、设施、环境的影响，制定试验过程的安全性保证措施；

2)飞行试验前应形成安全性分析报告，并经审定；

3)试验抓总设计部门应在试验方案(大纲)中提出试验全过程安全性要求及应急预案，各分系统均应制定飞行试验的应急预案；

4)试验部门应在试验实施方案(大纲)或有关文件中明确相关方的安全职责及试验现场安全管理机制。

5)在试验前，试验方案(大纲)、试验实施方案(大纲)及应急预案等应通过安全性评审。

6.4 安全性设计与分析

6.4.1 初步危险分析(PHA)

1)PHA 的主要目的有识别危险，确定安全关键部位、评价各种危险的风险、确定安全性设计准则、提出消除或控制危险的措施、帮助初步的系统安全工作。

2)初步危险分析属于定性分析法，是分系统或系统在寿命周期内进行系统安全分析的第一种技术，是进行其他分析的基础。这种分析最好在系统或设备研制的初期就应进行。如果可能的话，在论证阶段应开始。随着设计及研制工作的进展，这种分析应不断改进。若分系统的设计已达到可进行详细的分系统危险分析，则应终止 PHA。对于现役的系统或设备也可采用 PHA 以初步了解其安全性。

3)初步危险分析可用表格化方式进行，可参照表 6－2。初步危险分析应包括分析设计方案中潜在的危险及其严重性和发生的可能性，还应包括提出消除危险或降低相关风险的安全性措施和方案。在进行初步危险分析时至少应考虑以下内容：

a. 危险品(如推进剂、火工品、炸药、有毒物质、压力系统及其能源等)；

b. 与系统各组成部分间接口有关的安全性(如材料相容性、电磁干扰、意外触发、火灾、爆炸的引发与蔓延、硬件与软件的控制等)；

c. 软件(包括与系统配套的软件)运行对系统、分系统的影响可能造成的事故；

d. 包括使用环境在内的环境约束条件(如坠落、冲击、振动、极限温度、噪声、接触有毒物质、静电放电、雷电、电磁环境、离子辐射等)；

e. 操作、试验、维修、机内测试、故障诊断和应急规程(如人素工程、操作人员职能有关的人的失误分析、爆炸性武器退役安全与应急处理、推进剂泄出处理等)；

f. 与安全性有关的设备、安全防护装置和其他可供选择的消除危险或降低相关风险的方法；

g. 系统、分系统或软件的非正常工作状态的影响，每项非正常工作状态都应详细说明已确定的事件的因果关系、已确定的危险程度和适用的规范或设计更改。

表 6－2 初步危险分析(PHA)的一般格式

名称	运行形式	危险因素	危险状况	影响	概率估计	危险等级	风险指数	预防措施	确认

4)对危险的可能性和严重程度综合起来衡量风险大小及重要程度，并按大小和重要程度对风险进行分类排序，针对不同种类风险采取不同的措施，确定是接受风险还是改进设

计、改善材料工艺、改变工作流程、加强人员培训以减小风险等。QJ 2236A 给出了危险严重性等级划分见表 6 -3，危险可能性等级划分示例见表 6 -4，风险指数矩阵示例见表 6 - 5，对危险的风险指数的不同取值，所采取的一般处理原则示例见表 6 -6。

表 6 -3　危险严重性等级

程度	等级	事故后果
灾难的	Ⅰ	人员死亡，系统完全损失或报废，环境严重破坏
严重的	Ⅱ	人员严重伤害，系统或环境较严重破坏
轻度的	Ⅲ	人员轻度受伤，系统或环境轻度破坏
轻微的	Ⅳ	轻于Ⅲ级的人员伤害、系统或环境破坏

注：不同类型产品可参照给出更具体的定义。

表 6 -4　危险可能性等级(示例)

程度	等级
经常	A
有时	B
偶然	C
很少	D
极少	E

表 6 -5　风险指数矩阵(示例)

危险可能性等级	危险严重性等级			
	Ⅰ(灾难的)	Ⅱ(严重的)	Ⅲ(轻度的)	Ⅳ(轻微的)
A(经常)	1	3	7	13
B(有时)	2	5	9	16
C(偶然)	4	6	11	18
D(很少)	8	10	14	19
E(极少)	12	15	17	20

表 6 -6　处理原则(示例)

危险的风险指数	处理原则
1 ~5	不可接受
6 ~9	不希望(需要管理者决策)
10 ~17	可接受，但须管理者评审
18 ~20	不须评审即可接受

注：不同型号可结合实际，制定本型号处理原则。

6.4.2 制定安全性设计准则

安全性设计是指通过采取设计措施消除和控制各种安全风险的一种活动。在航天型号研制之初，应参考图6－2安全性设计思路，制定安全性设计准则，指导和约束产品安全性设计。

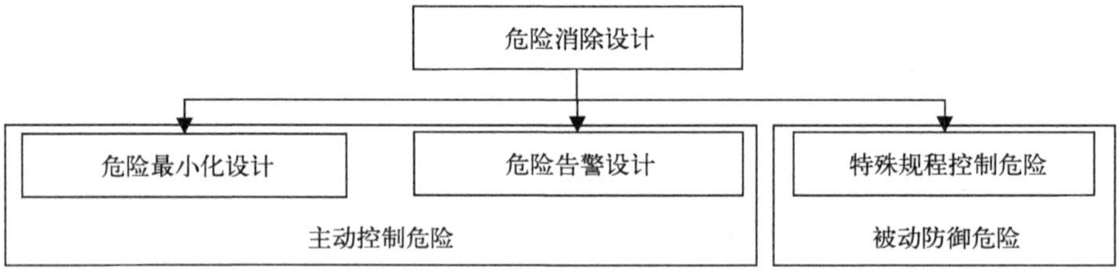

图6－2　安全性设计思路

1)危险消除设计：首先在功能性能设计上消除危险，总体消除不了的告知分系统消除，分系统消除不了的告知设备。

2)危险最小化设计：当总体、分系统和设备安全性设计不能消除危险，应利用最小危险设计原理，通过故障安全设计、故障容限设计、故障隔离设计、冗余设计、联锁、闭锁等设计，降低危险发生的严重性和可能性。

3)危险告警设计：当总体、分系统和设备安全性设计不能消除危险，通过视觉、听觉、嗅觉、触觉和味觉等多种安全性设计方法，并利用安全告警装置来检测危险，及时发现危险并产生报警信号，其中标志是一种最常用的告警方法，在设计师的指导下进行设计并标在设备的特定位置上，它包括文字、颜色和图样，以满足告警的要求。

应在产品任务书、制造验收技术条件等有关技术文件中，对产品安全相关的内容进行提示或告知，主要包括：

a. 产品中有关液体、固体、气体化学性质、毒性、放射性、电压、温度、湿度、压力、起重、运输、包装等易对人员、产品构成危害的危险因素；

b. 可能出现的危险因素；

c. 产品外观及包装上对可能出现的危险因素及应急处理措施的标识要求。

4)特殊规程控制危险：当总体、分系统和设备安全性设计不能消除危险，要制定专门的防范规程，包括逃逸、救生和营救程序、安全操作程序、个人防护装置等被动防御危险，并通过试验加以鉴定及对从事安全相关工作的人员进行培训和资格认定。

在产品方案设计评审、转阶段评审、产品验收等环节，应对安全性设计准则落实情况进行检查。

6.4.3　系统危险分析

1）系统危险分析（SHA）是在分析对象下一级别产品安全性分析完成后实施的综合分析活动，其目的是在分析对象范围内，将已完成的下一级别产品的安全性分析结果进行综合、对各组成部分之间的接口危险实施分析、分析并评价产品的安全性并对后续安全性工作提出建议。其主要内容与分系统危险分析基本相同。

2）系统危险分析用于确定整个系统设计中有关安全性问题的部位，包括安全关键的人为差错，特别是分系统间接口的危险，并评价其风险。SHA 主要用于审查如下有关各分系统相互关系的问题：

a. 符合系统或分系统文件规定的安全性设计准则；

b. 独立的、相关的和同时发生的危险，包括安全装置的故障或产生危险的共同原因；

c. 由于某分系统的正常使用导致其他分系统或整个系统的安全性下降；

d. 设计更改对分系统的影响；

e. 人为差错的影响；

f. 软件事件、故障和偶然事件（如定时不当）对系统的安全性的可能影响；

g. 软件规格说明中的安全性设计准则是否已得到满足；

h. 软件设计需求及纠正措施的实现方法不影响或降低系统的安全性或引入新的危险。

3）在初步设计评审后应开始 SHA，在设计完成之前应不断修改；当设计更改时，应评价这些更改对系统及分系统安全性的影响；SHA 应提出消除或降低已判定的危险及其风险的纠正措施。原则上讲，前面分系统危险分析的方法都适用于 SHA。然而在 SHA 中，不仅限于分析各独立分系统的危险，而且必须考虑各分系统的相互作用和作为系统整体而工作所存在的危险。分析的格式可参照表 6－7。

表 6－7　系统危险分析表格式

序号	产品图代号	产品名称	危险源	任务阶段	危险事件	危险后果	危险严重性等级	危险可能性等级	风险指数	危险检测、报警方法	危险原因	安全措施		备注
												防止危险发生的措施	危险发生后的处置措施	

6.4.4　使用和保障危险分析

1）使用和保障危险分析（O&SHA）是针对航天产品使用、维修过程实施的安全性分析活动，其主要目的是依据已确定的安全性要求和安全性分析结果（包括初步危险表、初步危险分析、分系统危险分析和系统危险分析），针对航天产品的研制、使用、维修过程中的各项活动开展危险分析、提出安全性改进建议，针对所确定的使用、维修规程开展安全性分析并评价危险风险。其主要内容与系统危险分析基本相同。

2）使用和保障危险分析是为了确定和评价系统在试验、安装、改装、维修、保障、运输、地面保养、贮存、使用、应急脱离、训练、退役和处理等过程中与环境、人员、规程和设备有关的危险；确定为消除已判定的危险或将其风险减小到有关规定或合同规定的可接受水平所需的安全性要求或备选方案。

3）使用和保障危险分析应考虑使用中各种因素可能导致的危险；对已识别的危险应按规定的准则确定将相应风险减小到可接受水平所必需的安全性措施。通过使用和保障危险分析应确定：

a. 在危险条件下进行的工作、工作的时间或周期及为使相关风险降低到可接受的水平所必需的措施；

b. 为消除或控制已识别的危险或减少相关风险，需在功能或设计要求方面对软件、硬件、设施、工具或保障设备进行的更改；

c. 安全装置（包括人员安全和生命保障设备）的要求；

d. 警告、提示标志或专门的应急规程（如出口、营救、逃离、废弃、爆炸性物质处理等），包括用于转入安全控制的计算机软件失效时所需的应急规程；

e. 有害材料的包装、装卸、运输、贮存、维修和废弃处理等要求；

f. 安全培训和人员资格的要求；

g. 操作人员控制下的有潜在危险的系统状态；

h. 使用和保障危险分析应对下列操作规程的系统安全性作分析评价：系统的生产、存放、安装、试验、使用、维修、服务、运输、贮存、改进、退役和废弃处理。

4）为了向系统设计提供有效的输入信息，应尽量早地进行 O&SHA，一般应在系统试验和使用前进行。在系统设计更改前也应进行这种分析，评价工程更改建议。分析格式可参照表 6－8。当系统的设计或使用条件变化时，应修改 O&SHA。此外，在设施的订购中也可有选择地应用这种分析，以保证使用和维修手册中含有合理的安全性和健康要求。

表 6－8　使用和保障危险分析表格式

组成单元名称	规定动作的说明	可能的其他动作	其他动作的潜在影响	避免其他动作的措施	避免其他动作影响的措施	注释	警告和注意

5）使用和保障危险分析可分为规程分析和意外事件分析两类。规程分析是对各种操作

规程的正确性进行评价；意外事件分析是对可能演变为事故的使用情况和防止事故发生的方法进行研究。

6.5　安全性验证与评价

6.5.1　安全性验证

1) 安全性验证方法包括试验验证、演示验证、分析验证和检查验证。

2) 安全性试验验证可采用以下方式：

a. 专门的安全性措施的试验验证；

b. 结合可靠性的验证试验；

c. 结合研制试验的验证试验。

3) 试验验证是用仪器设备测量具体参量的验证方法，通过对试验数据的分析或评审来确定所测定结果是否处于所要求的(或可接受的)限度之内。通过试验也可观察到产品在规定的载荷、应力或其他条件下会不会引起危险、故障或损伤。

4) 演示验证是一种试验性的定性验证方法，用来确定产品的安全性是否达到所规定的要求。它通常不是用测量设备来测量参量而是用“通过”或“通不过”的准则来验证：产品是否以安全的、所期望的方式运行，或者一种材料是否具有某种性质。

5) 分析验证分析原来的工程计算，以确定所设计的硬件按要求运行时能否保持其完整性。核算各种器材所受的载荷与应力，及其相应的尺寸、加速度、速度、反应时间等。验算设计师对产品安全性设计所作的其他工程计算等。

6) 检查验证是通过目视检查或简单的测量，对照工程图样、流程图或计算机程序清单来确定：产品是否符合规定的安全性要求，如是否存在某种有害状态、有无不适合的材料、有无所需要的安全装置等。

6.5.2　安全性评价

1) 安全性评价方法包括安全性定量评价方法和安全性定性评价方法。

2) 安全性定性评价方法一般包括：

a. 通过安全性工作计划完成情况，评价产品安全性；

b. 通过安全性设计准则落实情况，评价产品安全性；

c. 通过危险分析、FTA、潜在通路分析等结果，评价产品安全性；

d. 通过安全性试验情况，评价产品安全性；

e. 通过分析产品生产、测试、包装、贮存、装卸、运输和维修等各环节采取的控制措施，评价产品安全性。

3)安全性定量评价方法一般包括：

a. 概率风险评估(PRA)方法，参考 GB/T 29075—2012；

b. 故障树分析(FTA)方法，参考 GJB/Z 768A—1998；

c. 可靠性评估方法，参见第 2 章。

参 考 文 献

[1] GJB 900A—2012《装备安全性工作通用要求》.
[2] GJB/Z 99—1997《系统安全工程手册》.
[3] QJ 2236A—1999《航天产品安全性保证要求》.

第 7 章　环境适应性

“环境适应性是质量特性之一”这一概念是 1997 年 GJB 150 十周年研讨会上提出的；2009 年颁布的 GJB 9001B《质量管理体系　要求》第 4 章“质量管理体系”进一步将“环境适应性”与“可靠性”、“维修性”、“保障性”、“测试性”、“安全性”这 6 个质量特性要求纳入质量管理体系，第 7 章“产品实现”中明确规定在策划产品的实现时，应明确“产品可靠性、维修性、保障性、安全性和环境适应性”等要求；由此可见“环境适应性”的重要地位，环境适应性的要求确定、分析和设计、试验与评价等工作必须纳入型号研制各个阶段，才能确保质量工作得到切实的贯彻实施。

7.1　常用环境适应性指标与要求

根据 GJB 4239《装备环境工程通用大纲》，环境适应性是指装备(产品)在其寿命期预计可能遇到的各种环境的作用下能实现其所有预定功能和性能和(或)不被破坏的能力；环境适应性是装备(产品)的重要质量特性之一。该定义中的环境是指寿命期中遇到的，具有一定风险的极端环境；其基本思路是认为能适应极端环境的装备，一定也能适应较其温和的环境。定义中的功能是指装备实现或产生规定的动作或行为的能力。只有功能并不能说明达到规范规定的技术指标，因此还要求其性能满足要求；只有功能和性能均满足要求才能说明其在预定环境中能正常工作，这是环境适应性的一个标志；另一个标志是装备在预定环境中的不被破坏能力，例如经受振动等力学环境作用，结构不损坏；经受高、低温和太阳辐射等气候环境作用时，产品材料不老化、劣化、降解和产生裂纹等。应当指出，若装备在某一极端环境中不能工作或正常工作，但当环境缓和后，又能恢复正常工作时，只要技术规范不要求在此极端环境中正常工作，仍然可以认为其环境适应性满足要求。

产品的环境适应性要求作为产品的技术指标之一，在研制任务书、设计要求或合同等有关文件中规定，并纳入产品研制的有关技术文件。

7.1.1　环境适应性指标的表征方法

装备在寿命期内贮存、运输和使用过程中将暴露在各种自然环境和诱发环境中，这些环境涉及各种不同环境因素。由于不同的环境因素的强度(或严酷度)表征方式、对装备影响的机理和作用速度各不相同，表征装备环境适应性这一能力变得十分复杂，不能像可靠性那样用一些简单的参数如故障间隔时间和可靠度等来表示，而只能针对经分析确定应考虑的每一类环境因素分别提出相应的环境适应性要求，然后将其组合成一个全面的要求。

对每一环境因素的环境适应性要求可以是定量要求，也可以是定性要求，或两者组合。对于大多数可定量地表征其应力作用强度的环境因素如温度、振动等，环境适应性要求分两个方面表征：一方面是要求装备能在其作用下不受损坏或能正常工作的环境因素应力强度；另一方面则是装备的定量和定性合格判据，如是否允许破坏，允许破坏程度或允许性能偏差范围。对于无法定量表征其应力强度的环境因素如生物因素，只能定性地规定一个有代表性的典型环境，加上定量和定性的表征装备受损程度的合格判据。需要指出的是，产品受到环境应力的作用效果不仅取决于应力强度，还取决应力作用的时间，产品破坏的时间累积效应是不容忽视的。理论上讲，应当给出应力作用时间，而且要使指标中给出的应力强度和应力作用时间产生的效果与实际寿命周期该环境因素作用效果完全一致。在产品寿命周期内，一个环境因素作用于产品的应力大小往往会随时间变化，这种变化规律难以预先确定，此外同一环境因素高量值和低量值对产品的影响之间不一定成规律性关系，因此要想找到等效于实际环境影响的、对应于确定的极端环境应力所需的作用时间非常困难。所以，在目前的环境适应性指标中，一般不规定应力作用时间，而往往是将其放到验证试验方法中去解决。例如，GJB 150/GJB 150A 的许多试验方法中均提供了试验验证时间，如高温贮存时间48 h、湿热试验10 d、盐雾试验48 h或96 h、振动功能试验1 h等，这一时间实际上是经验的总结。目前在型号研制总要求或研制合同协议中可以将GJB 150中规定的时间作为指标放入环境适应性要求。实际上，指标中可不列时间，而在验证要求中有就可以。

综上所述，环境适应性要求是一个十分复杂的战技指标，由于这一要求复杂多样，在以往装备的立项论证中往往只能将其原则化，例如某装备应在某地域范围环境中能正常工作，有时再加上工作温度和腐蚀方面的具体要求。由于要求提得过于笼统和原则，可操作性差，而且往往很不明确，承制方不得不根据这一原则要求，将其落实到装备下层产品，即落实到系统、分系统和设备各个等级，在各个等级中针对各种因素分别提出相应的环境适应性要求，这些要求构成了型号工程下层产品合同或协议书中环境适应性要求的内容。

7.1.2　环境适应性要求

环境适应性要求是描述研制装备应达到的环境适应性这一质量特性水平的一组定量和定性目标。

环境适应性要求实质上也是一种设计要求，可称为装备进行环境适应性设计的最低要求，通常也是指设计用的最低环境条件，即必须满足的要求和条件；设计人员将产品的环境适应性水平设计得高于此条件，就会有裕度，高出的裕度越多越安全。

(1)环境适应性要求的范围

产品环境适应性要求应包括：

1)代表产品寿命期中每一阶段使用环境条件下的产品预期使用情况；

2)产品在其寿命期中应达到的一系列功能和性能；

3)产品在其寿命期中每一阶段的预期环境作用下应具有的完成规定任务的能力水平。

(2) 环境适应性要求的确定原则

环境适应性要求的确定应遵循下列原则：

1) 在按使用要求规定环境适应性时，应明确相应的寿命剖面、任务剖面、产品合格与失效判别准则和约束条件；

2) 在按环境要求规定环境适应性时，应明确相应的验证方法和通过或不通过判据；

3) 环境适应性要求是产品研制的原始依据，一般不得变更。在特殊情况下需要进行必要的调整时，应经过充分论证和严格审批。

(3) 环境适应性要求的特点

环境适应性属于质量特性，既然与质量有关，环境适应性就主要取决于产品自身结构设计和选择的材料、元器件的防护或耐各种环境应力作用的能力。环境适应性要求具有以下特点。

①唯一性

在产品的设计寿命期内，必定会反复遇到各种环境应力的单一和/或综合作用，在某些情况下必定会遇到极端应力。从环境适应性定义可以看出，产品在这种极端应力的作用下，不应受到破坏和/或失去功能和性能，否则就是环境适应性不满足要求，因此只存在适应和不适应两种情况。可见环境适应性要求只有一个，即适应环境，否则就不能投入使用，因此这也是唯一的要求。环境适应性要求基本上是行、还是不行的问题，是零故障的概念，因此不可能用故障率来表示，这也就导致了环境适应性要求表征的复杂性。

②综合性

产品寿命期遇到的环境多种多样，其环境适应性要求是指对所有遇到的各种环境都要适应。产品寿命期遇到的环境，有时是单一环境因素为主，有时是综合环境因素为主，有时是几个部分环境因素综合，有时存在这种环境，有时不存在这种环境。不管什么样的环境组合，产品在各种最严酷的环境应力作用下都不许出现故障，所以环境适应性要求的表征就不可能是一言中的，或一数定量；环境适应性必须是与各种环境应力强度结合起来表达，由此导致了环境适应性要求的多样性。环境适应性要求是产品对各种类型环境适应性的要求的集成，即是对各种环境因素适应性要求的综合，而且只要产品对任何一种环境因素不能适应，其环境适应性就不合格，就不能投入使用。

③半定量性

环境适应性要求不可能完全定量地加以表征，但也不是毫无定量的概念。例如，耐环境应力强度大小就可以从一个方面表示对产品的环境适应要求的高低；在同样应力作用下，产品失效判据中允许性能容差范围或其他劣化程度的大小则可以从另一个方面来表达对产品环境适应性要求的高低，允许容差范围越小，表明对装备环境适应要求越高。可见环境适应性要求虽然不能像可靠性那样用一个数值表示，但同样有定量表达的成分，其非定量表达的成分则是结构破坏、失去功能等，可见环境适应性要求具有半定量特征。

7.2　环境适应性工作项目与流程

环境适应性工作项目、适用的研制阶段如表 7－1 所示。

表 7－1　环境适应性工作项目

序号	工作项目	研制阶段			生产阶段
		方案	工程研制	定型	
1	制定环境工程工作计划	√	√	△	×
2	环境适应性评审	√	√	√	△
3	环境信息收集和管理	√	√	√	√
4	对转承制方和供方的监控	×	√	√	√
5	确定环境类型及其量值	√	√	△	×
6	实际产品试验的替代方案	√	×	×	×
7	制定环境适应性设计准则	√	△	×	×
8	环境适应性设计	√	√	△	×
9	环境适应性预计	√	√	△	×
10	制定环境试验与评价总计划	√	√	×	×
11	环境适应性研制试验	×	√	△	×
12	环境响应特性调查试验	×	√	△	×
13	飞行器安全性环境试验	×	×	√	×
14	环境鉴定试验	×	×	√	×
15	批生产装备(产品)环境试验	×	×	×	√
16	自然环境试验	×	△	√	×
17	使用环境试验	×	√	√	√
18	环境适应性评价	×	×	√	√

注：√—适用；△—可选用；×—不适用。

7.3　环境适应性管理

环境适应性管理工作应贯穿于产品研制的全部过程。在产品研制的各个阶段，型号指挥系统应对环境适应性的各项工作实施全面管理，包括制定、监督、协调环境工程工作计划；组织型号各级环境适应性设计评审；主持讨论、解决、仲裁各种环境工程问题等。

7.3.1　建立环境适应性工作体系

1) 型号指挥系统负责制定、监督、协调环境工程工作计划；落实各工作项目的保障条件，编制环境工作项目的进度、完成形式、关键节点、考核要求和培训计划，组织型号各类环境适应性设计、验证、评审；主持讨论、解决、仲裁各种环境工程问题；策划、组织、实施环境培训工作；

2）设计师系统负责型号环境适应性设计、分析、验证、确认、评估等技术工作，了解各级、各系统开展环境工作情况，发现问题、改进设计；

3）质量保证部门负责产品质量保证，参与、监督产品研制全过程的环境工程相关工作；

4）环境工程专业人员参与型号环境适应性大纲与工作计划的编制；负责研究、提供环境设计、分析、试验、确认、评估及相关方法研究，并协助、指导设计师系统开展工作；参加各级的设计评审；实时报告环境工程工作状况并提出建议。

7.3.2 制定环境工程工作计划

1）总体部通过型号环境适应性大纲向各分系统提出环境工程工作项目及要求；各分系统根据型号环境适应性大纲制定分系统环境适应性保证大纲，向各单机设备研制单位提出环境适应性保证要求；分系统以下各级根据型号大纲和分系统保证大纲制定环境适应性保证措施计划。

2）根据 GJB 4239《装备环境工程通用要求》、QJ 3135《导弹武器系统、运载火箭和航天器环境工程大纲》的相关要求，全面规划系统寿命周期的环境适应性工作，制定环境适应性工作计划，使规定的工作能按要求有计划地实施，以确保环境适应性满足要求。

3）环境适应性工作计划主要内容包括：

a. 环境适应性要求和环境适应性工作项目要求；

b. 系统和设备的环境适应性工作项目、内容、完成阶段、完成形式、完成单位、协作单位及检查方法等；

c. 环境适应性评审安排；

d. 环境适应性工作计划与产品研制计划的协调，包括与质量管理、可靠性、维修性、安全性等工作计划之间的协调；

e. 明确环境信息收集、传递、处理的必要程序及管理要求。

4）环境工程工作计划是型号研制计划的重要组成部分，应统一纳入产品的研制生产管理计划，与型号研制计划相适应、相协调，以达到最佳费效比。

7.3.3 环境适应性评审

1）通过对环境适应性工作计划中相关工作项目执行情况进行评审，使环境适应性工作项目随型号研制阶段的推进而全面开展和落实，为转阶段、出厂、定型提供决策依据，确保设备环境适应性满足规定要求。

2）环境适应性评审分为专项评审、结合评审和文件审签等形式，专项评审是指单独组织的针对环境适应性工作的评审；结合评审是指结合产品设计评审、出厂评审和转阶段评审等对环境适应性相关内容进行审查的评审；文件审签是指对研制过程中产生的环境适应性相关文件进行审查确认。环境适应性评审主要内容包括：

a. 方案阶段对环境适应性工作计划、环境试验条件和环境试验策划等进行专项评审。

b. 工程研制阶段，结合产品设计评审、出厂评审、转阶段评审等进行环境适应性评审。评审内容主要有：环境适应性设计准则的符合性，使用环境条件、环境试验条件的合理性等，研制过程中发现的环境适应性关键问题解决情况，研制中发生的故障及纠正措施落实情况等。除评审外，在研制过程中，总体设计部门需要对环境适应性相关文件进行审签，对环境适应性工作进行审查确认。

c. 设计定型阶段，结合设计定型审查对产品环境适应性工作完成情况进行评审，评审内容主要有：环境鉴定试验总结，研制过程中发现的重大故障及纠正措施落实情况等。

d. 环境试验前对环境试验大纲和试验实施方案组织专项评审，试验完成后对环境试验结果及试验分析报告组织评审，对环境试验中发生故障采取的纠正措施及落实情况进行评审。

7.3.4　环境信息收集和管理

1）环境工程信息包括产品方案、工程研制、生产和使用阶段中有关环境工程的数据、资料和文件等。本工作项目要求产品研制单位对环境工程信息进行科学合理的管理，为环境适应性设计、试验与评价等提供充分的信息支持。

2）根据 GJB 4239、QJ 3135 的有关要求，本工作项目主要内容如下：

a. 产品研制单位（总体、分系统和单机）应建立并运行环境工程信息管理系统，并制定信息的收集、传递、反馈、分析、处理等必要的程序和管理要求；

b. 订购方（总体、分系统）应按产品环境适应性大纲的要求，向产品研制单位（分系统、单机）提供有关的环境工程信息，主要包括产品全寿命周期环境剖面、产品所要承受的自然环境和诱导环境等；

c. 产品研制单位（分系统和单机）应按总体要求或信息管理要求，对产品研制生产、试验和使用过程中所得到的环境工程信息进行收集、传递、反馈、分析、处理和归档，主要包括产品所经历的环境试验项目（包括具体试验条件、试验边界条件等）、所出现的故障、故障原因分析及采取的改正措施等；

d. 产品研制单位（分系统和单机）应按照任务书或合同规定的要求，向订购方（分系统、总体）提供产品环境工程大纲各工作项目的有关数据和文件；

e. 在可能的情况下，产品研制单位（总体和分系统）应建立产品的环境工程数据库，以支持各项环境工程工作。

7.3.5　对转承制方和供方的监控

1）承制方明确对转承制方和供方的环境适应性要求和环境适应性工作要求，对其环境适应性工作执行情况进行监督与控制，以保证设备满足规定的环境适应性要求。

2）对转承制方和供方的监控主要内容包括：

a. 明确所负责产品的环境适应性要求；

b. 明确环境适应性工作项目的要求；

c. 审查环境适应性工作计划；

d. 参加设计评审、转阶段评审、环境试验等活动，对环境适应性工作进行监督和控制；

e. 审查环境适应性文件和报告等资料项目，如环境适应性设计与分析报告、环境试验报告等。

7.4 环境适应性设计与分析

7.4.1 确定环境类型及其量值

1）通过研究确定环境类型及其量值，为产品设计和试验提供依据。在航天系统，一般称该项工作为“制定环境试验条件”，用于提供作为产品环境适应性设计和试验验证依据的实验室环境试验条件。在分析寿命周期环境剖面中涉及的全部环境具体数据的基础上，整理归纳出构成产品的环境设计工况的环境条件，按照相应设计规范制定出作为产品设计依据之一的环境试验条件。

2）环境试验条件的编制应在产品正式研制开始之初完成。由于在产品研制之前不可能精确地描述某些与产品特性有关的环境，在初步的环境试验条件文件中，对这些环境仅是初始估计，需要随产品研制进程进行修正。因此，环境试验条件是一种动态文件，应随产品研制工作的进展定期检查和修订，环境试验条件的检查和修订应列入环境工程管理计划。

3）总体设计部门制定地面使用环境条件、力学环境、热环境等环境试验条件。环境试验条件文件应作为产品设计的主要依据之一，包含在产品研制任务书或总技术要求文件中。设备承制单位在此基础上制定设备的环境试验条件。

7.4.2 实际产品试验的替代方案

1）针对有环境适应性要求但可不用实际产品进行试验的产品，应研究制定其试验替代方案，以降低试验件生产和开展试验所带来的高费用。

a. 在方案阶段，确定能用建模与仿真来代替实际产品。只有具备了相关类型数据时、或者仿真技术预计的有效性已得到证实时，才能够利用环境影响数据库/知识库，利用仿真技术和虚拟验证技术替代实际产品试验，然后据此预计产品的环境适应性。

b. 确定能用试验样机来代替实际产品试验的产品。

c. 确定能有相似法来代替实际产品试验的产品。需要试验的设备，若在安装平台环境和结构、功能等方面都与已经通过试验设备几乎相同，且经分析认为这些方面的差别不会产生不同的环境响应，则可考虑免去试验。

2)无论是采取上述哪一种方法取代实际产品试验，均应提供费用/效益/风险分析报告，组织评审，并按规定程序批准。

7.4.3　制定环境适应性设计准则

1)确定产品环境适应性设计准则，以指导设计人员进行环境适应性设计，提高产品的环境适应性，进而提高设计质量，以达到环境适应性的设计要求。

2)对于产品的环境适应性设计要求包括环境类型和应力强度(量值和作用时间)，以及环境适应性设计的限制性条件。

3)在方案阶段或工程研制阶段早期，由总体设计部门根据有关标准、手册和工程经验规定，确定系统环境适应性设计准则。各设备的承制单位在设计产品时应遵循这些设计准则和设计要求。各级产品在设计过程中，设计人员应贯彻实施环境适应性设计准则，并在执行过程中修改完善这些设计准则。

7.4.4　环境适应性设计

1)进行环境适应性设计，使所设计的产品能满足规定的环境适应性要求。

2)根据产品的寿命期环境剖面和相应的环境试验条件，对产品预计的环境效应进行工程分析，并在产品设计中采取相应的技术措施以满足环境适应性要求。

3)产品设计过程中根据环境适应性要求，参考相应的环境适应性设计手册，采用适当的技术和方法，使产品达到规定的环境适应性水平：

a. 在产品设计过程中，应按专用的环境适应性设计准则进行环境适应性设计；

b. 应根据产品的寿命周期环境剖面和相应的环境条件，对产品在寿命期环境应力作用下预计的响应(环境效应)进行工程分析，参考相应的环境适应性设计准则或设计手册，提出产品的环境设计要求，并在产品设计中采取必要的防护措施以满足环境适应性要求；

c. 环境适应性设计应与环境响应特性调查试验、环境适应性研制试验、环境鉴定试验等紧密结合，充分利用这些试验的信息，在产品失效分析中合理判断和解释试验结果，对所发现的环境适应性薄弱环节采取设计措施加以纠正；

d. 环境适应性设计主要应考虑：成熟的环境适应性设计技术，适当的设计余量，防止瞬态过应力作用的措施，选用耐环境能力强的零部件、元器件和材料，采用改善环境或减缓环境影响的措施(如减振、隔冲等)，环境防护设计(如保护涂层、进行密封设计等)；

e. 考虑防热问题，并对热防护系统使用的材料策划实验室环境试验，考核相关材料对环境的适应能力以及经历各种环境后的性能变化情况；

f. 设备应根据总体提出的环境条件，分析局部环境，通过贯彻环境适应性设计准则，并充分借鉴成熟的环境适应性设计技术，开展环境适应性设计。

7.4.5　环境适应性预计

1)通过预计产品的环境适应性，并对提出的设计方案或已研制出的产品的环境适应性设计能否满足规定的环境适应性要求作出评价。

2）对产品的环境适应性进行预计时应充分考虑产品的每一种工作模式；应根据平台、产品自身工作特性和相邻产品工作情况确定产品所处的最恶劣环境（环境类型及量值）；同时利用材料、元器件及零部件的有关手册提供的有关数据确定产品的定量耐环境极限能力，进行分析比较，确定产品能否承受最恶劣环境的作用以及产品耐受最恶劣环境作用的余量。

7.5　环境适应性验证与评价

为了保证研制的产品满足环境适应性要求，应在研制的各个阶段对产品的不同装配级进行全面的验证，以证明产品的设计满足使用要求，并能在寿命期间保持其工作能力。

环境适应性验证最重要的方法是试验方法，此试验即"环境适应性试验"。除试验方法外，比较常用的方法包括计算、检验、演示、仿真、类比等。

7.5.1　制定环境试验与评价总计划

1）通过制定环境试验与评价的总计划，统一安排有关试验与评价工作。在航天系统，通常称该项工作为环境试验策划。环境试验包括自然环境试验、使用环境试验和实验室环境试验：

a. 自然环境试验，包括需要进行的自然暴露试验的材料、构件、试样或产品，试验采用的程序和方法等。

b. 使用环境试验，包括研制阶段和使用阶段的试验。

c. 实验室环境试验，包括工程研制阶段的环境适应性研制试验、定型阶段的环境鉴定试验、批生产中的环境验收试验和环境例行试验等。

2）根据产品寿命周期环境剖面进行环境试验策划，确定进行环境试验的具体项目和要求，以及各项环境试验的进度和顺序安排。

3）根据设计和装备环境工程工作的进展情况，对环境试验与评价总计划进行修订和完善。

4）工作要点：

a. 明确实验室环境试验、自然环境试验、使用环境试验的范围，实施上述试验所必须的条件和费用。

b. 总体设计部门在方案设计阶段完成环境试验策划，在进行环境试验策划时，应与其他总体试验（如发动机热试车、挂飞试验、飞行试验等）协调安排，统筹考虑，避免重复或遗漏；

c. 根据参试产品的不同装配级别，总体的系统级环境试验策划应侧重获取相关环境数据，并适当兼顾设备考核；设备的环境试验策划应侧重进行产品的环境适应性验证和考核；

d. 试验策划中应说明各项环境试验所采用的试验方法在评价产品环境适应性方面的局限性，分析地面试验状态与实际使用状态的差异性，落实试验边界条件模拟的真实性；

e. 若某项环境试验是一系列环境试验序列中的一部分，应给出该项试验在环境试验顺序中的位置，并明确此项试验与其他试验的因果关系。环境试验顺序应根据试验目的、相关的环境试验标准（如 GJB 150A—2009）和剪裁过程的结果确定。

7.5.2　环境适应性研制试验

1）通过对产品施加一定的环境应力和工作载荷，寻找设计缺陷和工艺缺陷，采取纠正措施，增强产品的环境适应性。

2）工作要点：

a. 根据环境试验策划制定一个具体的环境适应性研制试验计划，主要内容包括需要考虑的环境应力种类、量值和施加方法、产品的检测要求等。

b. 根据试验计划开展环境适应性研制试验，并通过“试验—分析—改进”的反复过程逐步增强产品的环境适应性。

c. 环境适应性研制试验可用加大应力量值的单应力和（或）综合应力进行。

d. 根据系统的特点，环境适应性研制试验主要包括加速度试验、振动试验、分离试验、高低温试验等。这些试验既是确定力学环境和热环境的重要数据来源，又是进行力、热环境适应性考核的重要手段。

7.5.3　环境响应特性调查试验

1）通过确定产品对主要环境（例如力学、热学环境等）的物理响应特性，确定影响产品的关键性能的环境应力临界值，为后续试验的控制和实施及使用方使用产品提供基本信息。

2）工作要点：

a. 确定产品对热环境的响应特性，包括产品热流分布、温度梯度；产品在规定的环境温度下达到温度稳定的时间，产品热容量最大的部位，产品对冷、热敏感的部位和薄弱环节等。热响应特性调查应尽可能地在材料和结构等方面基本确定的样机上进行，以确保所得数据的准确性。

b. 确定产品对力学环境的响应特性，包括产品的共振频率和优势频率、振动响应最大的部位、对振动应力敏感的部位和薄弱环节等；振动响应特性调查尽可能在材料和结构等方面基本确定不变的样机上进行，以确保所得数据的准确性。确定产品可耐受到最大环境应力值，例如产品保持正常工作或不损坏的实际的最高温度、最低温度、最高温度变化速率和最大振动量值等。

c. 确定在研产品在某些其他环境作用下的薄弱环节。

d. 确定在研产品可耐受的最大环境应力值，例如在研产品保持正常工作或不损坏的实际的最高温度、最低温度、最高温度变化速率和最大振动量值等。

e. 总体设计部门明确测点及测量要求，对试验获得的数据进行分析；

f. 搭载测量时，总体设计部门和分系统承制单位应分别明确测点及测量要求，对试验获得的数据联合进行分析；

g. 试验前后需要进行评审。

7.5.4 飞行器安全性试验

1)通过进行飞行器首飞前的安全性环境试验，确保飞行器首飞的安全。

2)在飞行器首飞前，承制方根据环境试验与评价总计划，制定一个具体的安全性环境试验计划，对涉及飞行安全的产品，选择关键(敏感)的环境因素安排相应的环境试验，保证首飞安全。

3)工作要点：

a. 飞行器安全性环境试验，原则上应采用会使产品很快产生破坏或很快影响产品正常功能从而影响飞行器安全的环境试验项目；

b. 通常不选择通过长时间作用才产生影响的环境试验项目(如振动耐久试验、霉菌试验和盐雾试验等)，也不选择一些对飞行安全影响不大的其他环境试验项目。

c. 承制方根据要求编制相应的试验报告。

7.5.5 环境鉴定试验

1)在定型阶段进行环境鉴定试验，以验证产品环境适应性设计是否达到了规定的要求。

2)根据产品的特点，制订环境鉴定试验方案。例如，明确试验实施场所、参试产品对象、试验样本技术状态、试验项目、试验分组、各组试验顺序、试验环境条件、负载条件、故障判别准则，提交的资料项目及其要求等。

3)工作要点：

a. 重要产品的环境鉴定试验应优先在独立于订购方和承制方的第三方实验室进行，也可在订购方代表监督下，在指定的其他实验室进行；

b. 承担环境鉴定试验的单位均应通过资格认证和计量认证；

c. 应制定具体产品的环境试验大纲并经订购方批准认可；

d. 承试方应根据具体产品的试验大纲和相应试验项目的试验大纲制定环境试验程序；

e. 试验件在环境鉴定试验之前，应按照 GJB 1032 或相关标准的规定进行环境应力筛选；

f. 承试方应根据试验程序实施试验；

g. 承试方应根据有关要求编制试验报告。

7.5.6 批生产环境试验

通过在生产阶段进行环境验收试验和环境例行试验，检查批生产过程工艺操作和质量控制过程的稳定性，验证批生产产品环境适应性是否仍满足规定的要求。

工作要点：

1）根据系统特点，配合批生产环境试验方案，明确参试产品对象、试验项目、试验顺序、试验环境条件等；

2）批生产产品在订购方代表的主持下，按有关文件规定进行环境验收试验；

3）批生产产品达到一定时间周期或达到一定数量时，订购方在承制方协助下，进行例行试验；

4）订购方制定环境试验的主要事项，例如：

a. 环境验收试验的试验项目和试验条件；

b. 环境例行试验的试验项目和试验条件；

c. 例行试验的时间间隔或抽样基数；

d. 故障判别准则。

7.5.7　自然环境试验

1）通过开展自然环境试验，确定自然环境各种因素综合作用对产品的影响。

2）根据产品的特点，制定自然环境试验方案，明确参试产品对象、试验项目、试验顺序、试验环境条件等。

3）具体实施要求主要包括：

a. 在批生产交付前完成自然环境试验；

b. 总体设计部门配合制定自然环境试验方案；

c. 设备承制单位根据研制任务书规定的验收环境试验项目、条件及要求，开展自然环境试验；

d. 根据实际情况，部分自然环境试验在工程研制阶段开展，部分结合定型试验开展；

e. 对环境试验过程中暴露的薄弱环节，采取相应的措施进行改进；

f. 自然环境试验前后需要进行评审，必要时，还应安排试验过程中评审。

7.5.8　使用环境试验

1）进行使用环境试验，以确定产品使用过程中自然环境和诱发环境对其的影响，为改进环境适应性设计和评价产品环境适应性提供信息。使用环境试验中使产品经受自然和诱发环境和人的因素的综合作用，是实际使用环境对产品的考核，是实验室环境试验和自然环境试验无法替代的。

2）开展使用环境试验前应制定并实施使用环境试验大纲，环境试验大纲报告应包括以下内容：

a. 试验平台；

b. 试验件；

c. 平台的任务剖面；

d. 环境测量方案；

e. 故障判据和故障记录要求。

3）具体实施要求主要包括：

a. 试验过程中应尽可能准确记录故障现象及其发生的时间，以及故障发生时的平台环境条件，以便提供实测环境数据，分析故障原因，并为实验室复现故障和故障分析定位提供数据支持。

b. 进行使用环境试验的环境，应能充分代表产品在其寿命周期中可能遇到的典型环境，以保证其试验结果的准确性。

c. 在工程研制阶段应尽可能将使用环境试验与实验室环境试验相结合进行，以便利用实验室试验来复现使用环境中发生的故障，进行故障定位，采取纠正措施，并验证纠正措施的有效性。

7.5.9　环境适应性评价

1）环境适应性评价的目的是根据环境试验和分析的结果确定所研制的产品是否满足环境要求文件规定的各项环境适应性要求。

2）环境适应性评价一般包括以下三项内容：

a. 环境试验评估；

b. 设计验证评估；

c. 环境适应性评定。

3）开展环境适应性评价工作的主要程序为：

a. 收集按自然环境试验计划安排的自然环境试验的结果和有关信息及相应的自然环境记录数据；

b. 收集装备在一般的运输和贮存过程中的有关故障和问题的信息；

c. 收集根据使用环境试验计划安排的使用环境试验中得到的故障信息及相应的平台环境记录数据；

d. 分析自然环境试验中遇到的自然环境条件和使用环境试验的平台环境条件的代表性和可信性；

e. 综合考虑自然环境和使用环境试验及装备贮存运输、使用中得到的故障信息和环境影响数据，对整个装备或某些系统的环境适应性做出评价。

f. 收集飞行试验等实际使用试验中得到的故障信息及相应的平台环境记录数据，分析故障对产品效能的影响，对环境适应性进行评价。

参 考 文 献

[1] GJB 4239—2001《装备环境工程通用要求》.
[2] GJB 150《军用装备实验室环境试验方法》.
[3] QJ 3135—2001《导弹武器系统、运载火箭和航天器环境工程大纲》.